August Husemann

Die Pflanzenstoffe in chemischer, physiologischer und toxikologischer Hinsicht

Erster Band

Verlag
der
Wissenschaften

August Husemann

Die Pflanzenstoffe in chemischer, physiologischer und toxikologischer Hinsicht

Erster Band

ISBN/EAN: 9783957004277

Auflage: 1

Erscheinungsjahr: 2015

Erscheinungsort: Norderstedt, Deutschland

Webseite: http://www.vdw-verlag.de

Cover: Foto ©Susanne Schmich / pixelio.de

Die
Pflanzenstoffe

in

chemischer, physiologischer, pharmakologischer
und toxikologischer Hinsicht.

Für Aerzte, Apotheker, Chemiker und Pharmakologen

bearbeitet

von

Dr. Aug. Husemann,
weil. Professor der Chemie an der Kantonschule
in Chur,

Dr. A. Hilger,
Professor an der Universität Erlangen,

und

Dr. Theod. Husemann,
Professor der Medicin an der Universität Göttingen.

Zweite völlig umgearbeitete Auflage.

In zwei Bänden.

Erster Band.

Berlin.

Verlag von Julius Springer.

1882.

Vorwort zur ersten Auflage.

Die Bearbeitung eines besonderen Werkes über Pflanzenstoffe in Hinsicht ihrer Eigenschaften und ihrer Beziehungen zum
Organismus, zu welcher sich die Unterzeichneten in der Weise
verbanden, dass dem Einen von uns die Darstellung der gesammten chemischen Verhältnisse, dem Anderen die Schilderung
des Verhaltens und der Wirkung derselben im Körper obgelegen
hat, kann für denjenigen, welcher mit dem von uns als Gegenstand dieses Buches erwählten Gebiete sich vertraut gemacht
hat, etwas Ueberraschendes und Auffallendes nicht haben. Dass
für den Chemiker von Fach die kritische und mit allen Literatur-
nachweisen versehene, gründliche Bearbeitung einer ausgedehnten
Abtheilung der Chemie, deren einzelne Angehörige sich durch
ihre Abstammung eng aneinander schliessen, die aber trotz ihrer
grossen Anzahl und Wichtigkeit in manchen Handbüchern gewissermassen als Nebenartikel figuriren, nicht unerwünscht sein
kann, unterliegt wohl keinem Zweifel. Ebenso dürfte bei der
wohlberechtigten Richtung der neuern Medicin, der Anwendung
möglichst reiner Substanzen, wie sie allein einer wissenschaftlichen pharmakologischen Prüfung zugängig sind und deren
Wirkung nicht durch Beimengungen geschwächt oder verändert
werden, den Vorzug zu geben, die Zusammenstellung der pharmakologischen Forschungen auf dem Gebiete der Pflanzenstoffe
von Interesse und Nutzen sein, zumal da, wie ein Durchmustern
dieses Buches leicht lehren wird, die einzelnen Arbeiten nur zum
Theil in medicinischen Zeitschriften und selbst nicht in den
besten Sammeljournalen sich finden. Dass die Zahl der medicinisch angewendeten Substanzen aus der Reihe der reinen Pflanzenstoffe noch in der Zunahme begriffen ist, darf mit Sicherheit

behauptet werden, und so wird der Arzt wohl thuen, sich mit den chemischen Eigenschaften der bekanntren wohl vertraut zu machen. Aber auch dem Chemiker und Pharmaceuten dürfen Wirkung und Anwendung, ja die Beziehungen der Pflanzenstoffe überhaupt zum menschlichen und thierischen Organismus nicht verborgen bleiben, da beiden aus deren Kenntniss erheblicher praktischer Nutzen erwächst, wie ja der gerichtliche Nachweis mancher Vergiftungen die Kenntniss der physiologischen Action auf gewisse niedere Thiere geradezu erforderlich macht. Es ist daher die Vereinigung der durch exacte Forschung über die Pflanzenstoffe festgestellten Thatsachen vom chemischen, physiologischen und pharmakologischen Standpunkte unseres Erachtens eine wohl motivirte und gerechtfertigte.

So ist es denn der Zweck dieses Buches, dem Chemiker und Pharmaceuten einerseits, dem Arzte andrerseits eine Darstellung sämmtlicher bis jetzt untersuchter Pflanzenstoffe vom chemischen und medicinischen Standpunkte zu geben, aus welcher beide die ihnen erforderlichen Aufschlüsse in möglichst vollständiger Weise zu entnehmen im Stande sind. Ueber die Reihenfolge, welche bei der Bearbeitung der verschiedenen Verhältnisse der einzelnen Stoffe innegehalten wurde, und über die Behandlung des Materials selbst glauben wir uns jeder Bemerkung enthalten zu können, wie wir auch wegen des von uns gewählten Eintheilungsprincips mit dem Hinweis auf die S. 16—18 entwickelten Gründe für dasselbe uns begnügen. Ebenso wird es einer Rechtfertigung nicht bedürfen, dass wir bei den allgemein verbreiteten Pflanzensäuren diejenigen, welche auch im Thierreiche ebenso allgemein vorkommen (z. B. gewisse Fettsäuren) oder hauptsächlich als organische Artefacte (Essigsäure, Oxalsäure) Bedeutung besitzen, nur hinsichtlich ihres Vorkommens im Pflanzenreiche abgehandelt haben. Auch glaubten wir von einer in's Einzelne gehenden Beschreibung der zahlreichen Metallsalze der Pflanzensäuren absehen zu sollen, um nicht den Umfang des Werkes ohne erheblichen Nutzen allzusehr zu vergrössern. Dass bei den sich nicht als chemische Individuen characterisirenden Stoffen nur ätherische Oele, Harze und Pflanzenfette in's Auge gefasst wurden, dagegen gewisse als Extracte zu bezeichnende Droguen, wie Katechu, Aloë, Guarana, deren Einzelbestandtheile in den früheren Abschnitten ausführlich behandelt sind, übergangen wurden, ist, wie leicht einzusehen, dem Plane des Werkes, das durchaus nicht das Streben hat, ein Handbuch der Pharmakognosie zu sein, durchaus conform.

Zum Schlusse erlauben wir uns, denjenigen Herren, welche die Freundlichkeit hatten, uns während des Druckes ihr Interesse an unserer Arbeit durch die Mittheilung noch ungedruckter oder in schwer zugänglichen Zeitschriften publicirten Arbeiten kundzugeben, unsern besonderen Dank auszusprechen.

Chur und Göttingen, den 1. April 1871.

Die Verfasser.

Vorwort zur zweiten Auflage.

Bei der Herausgabe der zweiten Auflage der Pflanzenstoffe, zu der wir uns nach dem Ableben von Professor August Husemann verbanden, ist, wie bei der ersten, die Arbeit in der Weise getheilt worden, dass dem Einen von uns die Darstellung der chemischen Verhältnisse sämmtlicher Substanzen, dem Andern die des Verhaltens und der Wirkung der für den Arzt wichtigen Stoffe als Aufgabe zufiel. Es handelte sich vor Allem darum, die wahrhaft grossartigen Fortschritte der Chemie und Pharmakologie, welche das letzte Decennium zuwege gebracht hat, in möglichst vollem Masse dem Buche zuzuwenden, ohne den Umfang desselben in allzu bedeutender Weise zu vermehren, eine Aufgabe, welche natürlich eine vollständige Umarbeitung der meisten einzelnen Artikel nothwendig machte. Man wird bei einer Durchsicht des ersten Bandes, den wir heute vorlegen, sich leicht davon überzeugen können, dass wir bestrebt gewesen sind, nicht nur die neuesten wissenschaftlichen Errungenschaften nutzbar zu machen, sondern auch durch sorgfältige Benutzung der älteren und neueren Quellen das bereits Vorhandene zu sichten und zu klären. Hervorragende neue Entdeckungen oder Omissa, welche uns erst während des Druckes des Buches bekannt geworden sind, werden wir am Schlusse in einem Nachtrage zusammenstellen.

Eine vollständige Umgestaltung hat die Anordnung erleiden müssen, indem uns weder die Eintheilung der Pflanzenstoffe in Basen, Säuren und indifferente Stoffe, noch das zu den Unterabtheilungen benutzte botanische System noch zeitgemäss erscheinen konnte. Es sind daher nur die allgemein verbreiteten Pflanzenstoffe nach chemischen Principien (Kohlehydrate, Säuren, Eiweissstoffe, Fermente, Pflanzenfarbstoffe, Amidoverbindungen) geordnet, während für die Pflanzenstoffe beschränkter Verbreitung das botanische System von Eichler gewählt wurde, das ja jetzt in Deutschland immer mehr als Grundlage des botanischen Unterrichts an Hochschulen in Aufnahme und dadurch zur allgemeinen Kenntniss derjenigen Kreise kommt, für welche das vorliegende Werk bestimmt ist. Indem wir so die Pflanzenstoffe nach den Familien, Gattungen und Arten, in denen sie sich finden, vorführten, konnten wir ohne erhebliche Ausdehnung des Umfanges den Inhalt leicht so modificiren, dass das Werk nicht nur den in der Vorrede zur ersten Ausgabe angegebenen Zwecken wie bisher dient, sondern auch als vollständige Phytochemie brauchbar ist. Dabei ist jedoch zu betonen, dass „die Pflanzenstoffe“ weder den Charakter eines Lehrbuches, noch eines vollständigen Handbuches der Phytochemie und Pharmakologie an sich tragen, eben so wenig das Gesammtgebiet der physiologischen Chemie der Pflanze oder der Pflanzenphysiologie in diesem Werke eine eingehendere, als zur Charakteristik der einzelnen Stoffe nothwendige Berücksichtigung finden konnte. Um übrigens dem chemischen Standpunkte gebührend Rechnung zu tragen, das Nachschlagen zu erleichtern und eine Gesammtübersicht über die hier aufgenommenen chemischen Verbindungen zu geben, wird am Schlusse ein Verzeichniss der Pflanzenstoffe, nach chemischen Gesichtspunkten geordnet, beigefügt werden.

Das alphabetische Sachregister wird ebenfalls mit dem zweiten Bande verbunden werden.

Erlangen und Göttingen, im December 1881.

Husemann. Hilger.

Inhalt des ersten Bandes.

I. Allgemeiner Theil.

A.

Chemische Vorgänge im pflanzlichen Organismus. Entstehung organischer Substanz.

Die chemischen und physikalischen Vorgänge, welche auf unserem Erdballe ununterbrochen thätig sind, vereinigen die Atome der uns bis jetzt greifbaren Elemente zu den mannigfaltigst zusammengesetzten Molecülen, welche die sogen. anorganischen und organischen Naturkörper bilden. Die letzteren, die pflanzlichen wie thierischen Organismen, verdanken ihren Stoffwechsel überhaupt nicht, wie noch bei Beginn unseres Jahrhunderts angenommen wurde, einer besonderen Kraft, der Lebenskraft, sondern denselben Kräften, welche in der anorganischen Natur thätig sind, wenn auch der Lebensprocess des Organismus noch Geheimniss bleibt. Haben uns in erster Linie Liebig's Forschungen zu einer solchen Auffassung, einer Nichtannahme einer besonderen Lebenskraft, gedrängt, so haben später besonders die chemischen Synthesen der Bestandtheile der Organismen, mit Wöhler's künstlicher Darstellung des Harnstoffes im Jahre 1828 eröffnet, durchschlagend gewirkt, indem die Neuzeit diese längere Zeit vereinzelt dastehende Synthese durch die glänzenden Arbeiten von Berthellot (Synth. der Ameisensäure), Gräbe u. Liebermann (künstliche Darstellung des Alizarins), Baeyer's (Synth. des Indigo) und vielen Anderen bedeutend vermehrte. Auch werden die complicirten Molecüle vieler im Pflanzenreiche sehr verbreiteter Stoffe, der Cellulose, Stärke, der Eiweisskörper in ihrer Entstehung uns wohl ebenfalls im Laufe der Zeiten bekannt werden können, wenn wir die exacten Forschungen auf dem Gebiete der Physiologie und Chemie berücksichtigen. —

Thier und Pflanze zeigen in ihren höher entwickelten Formen in der Ernährung wesentliche Unterschiede. Während der Organismus des Thieres seine Nahrung vorwiegend aus jenem Materiale wählt, welches das Pflanzenleben erzeugt hat, ist der pflanzliche Organismus auf die anorganische Natur angewiesen. Derselbe verarbeitet anorganisches Material zu organischer Substanz und zwar sind es Reductionsvorgänge, welche höhere Oxyde einzelner Elemente erleiden, um neuen Baustoff für den Körper der Pflanze zu erzeugen. Geht dieser Körper zu Grunde, so sind es wieder Oxydationsvorgänge, welche jenes Material als Product der Vermehrung erzeugen, das in der That der Pflanze abermals als Nahrungsmittel dient.

Der pflanzliche Organismus ist es aber, dem wir unsere Aufmerksamkeit zuzuwenden haben, wesshalb zunächt in allgemeinen Zügen das Wesentliche über die Entstehung und Ernährungsweise der Pflanze zusammengefasst werden soll.

Die Elemente, welche als Bestandtheile des pflanzlichen Körpers beobachtet werden, sind: Kohlenstoff, Wasserstoff, Sauerstoff, Stickstoff, Phosphor, Schwefel, Chlor, Kalium, Natrium, Calcium, Magnesium und Eisen als wesentliche, ausserdem Brom, Jod, Fluor, Silicium, Aluminium, (Kupfer, Mangan, Lithium, Baryum, Zink, Strontium etc.). Theils in Form von Salzen, theils in Form complicirter zusammengesetzter Kohlenstoffgruppen, Kohlenstoff, Wasserstoff, Stickstoff, Sauerstoff, sind diese Elemente im Gesammtorganismus vertheilt und sind auch gleichzeitig wieder Nahrungsmittel der Pflanze, vorwiegend in Form von Oxyden oder Salzen. Vor Allem sind es die Verhältnisse des Wassers, der Kohlensäure, des Ammoniakes, der Salpetersäure, des Sauerstoff und einiger Salze, welche das Gedeihen der Pflanze bedingen. Diese allgemeinen Gesichtspunkte über die Zusammensetzung und die Ernährungsvorgänge der Pflanzen führen vor Allem zu jenem Elementarorganismus, welcher allein die Production organischer Substanz auszuführen hat, der Pflanzenzelle. —

Die vegetabilische Zelle bildet ein ringsum geschlossenes Bläschen, von meist runder oder ovaler Form, auch wohl durch verschiedenartigen Druck polyedrisch geworden. Eine Zellhaut umschliesst das Bläschen, dessen Inhalt, im entwicklungsfähigen Zustande, schleimiger Natur aus sog. Protoplasma, mit zahlreichen Fetttröpfchen untermengt, besteht. In diesem Protoplasma liegt der Zellkern, aus derselben Substanz gebildet, der jedoch bei weiterem Wachsthum verschwindet und einer wässrigen Flüssigkeit Platz macht, welche als Zellsaft schlechtweg bezeichnet wird. Der Zellsaft enthält die gelösten Bestandtheile, Stärke, Krystalle, Fette, Farbstoffe (Blattgrün). Das Protoplasma, der eigentliche Leib der Pflanzenzelle, an welches sich die wichtigsten Lebensvorgänge der Pflanze überhaupt knüpfen, ist eine schmierige, farblose, durchsichtige Masse, stets wasserhaltig, öfter Fetttröpfchen, Krystalle von kohlensaurem Kalke, Stärkekörnchen enthaltend. Alkohol, Glycerin, Zuckerlösung, sowie Temperaturen von 50—60° C. bringen es zum Gerinnen, Jod färbt es braun, Schwefelsäure rosenroth, verdünnte Kalilauge löst dasselbe. Das Protoplasma besteht aus anorganischen Substanzen und organischen Substanzen, unter welch' letzteren die Eiweissstoffe und deren Umwandlungs- und Zersetzungsproducte eine wichtige Rolle spielen. Die lufttrockne Substanz des Plasmodiums von Aethalium septicum enthält nach Dr. Rodewald 29,23% Asche, welche besteht aus: Kalk 54,34%, Magnesia 0,71%, Kali 1,42%, Natron 0,18%, Eisenoxyd 0,13%, Kohlensäure 36,02%, Phosphorsäure 6,49%, Schwefelsäure 0,42%, Chlor 0,21%.

Das Aetherextract des Protoplasma enthält: Paracholesterin,[*]) einen dem Cholesterin isomeren Alkohol, 22%, Fettsäuren (wahrscheinlich Oelsäure und feste Fettsäuren) 3%, Lecithin, Spuren von Glycerin und Harze. Ausserdem sind Kohlenhydrate, Eiweissstoffe und andere stickstofthaltige Körper vorhanden, die mehr Zersetzungsproducte des Eiweisses sind. Sicher sind diastatische, fettemulsirende, invertirende Fermente. darin enthalten, ausserdem Plastin, ein fibrinähnlicher Eiweisskörper, Myosin, Guanin, Sarkin, Xanthin, Ammoncarbonat, Buttersäure, Ameisensäure. — An den Stellen, an welchen es mit der Zellhaut in Berührung tritt, bildet es stets eine Hautschichte, den sog. Primordialschlauch.

Bestimmte Theile des Plasma's nehmen krystallähnliche Formen an, Würfel, Tetraeder, etc., die sog. Krystalloide. Ausserdem sind in der Protoplasmamasse fettreicher Samen, reichlich rundliche Körner ausgeschieden, Aleuron- oder Proteinkörner, aus Eiweissstoffen bestehend, entweder homogen, oder abermals rundliche, traubenförmige Bildungen einschliessend, Globoide, die meist aus einer Verbindung von Kalk, Magnesia mit Phosphorsäure (einer gepaarten), seltner aus oxalsaurem Kalke bestehen.

Die Aleuronkörner sind in Wasser mehr oder weniger löslich, auch unlöslich, in Kali löslich, die Globoide in Essigsäure und anderen verdünnten Mineralsäuren löslich.

Der Zellkern (Cytoblast, Nucleus) stimmt in seiner ganzen Masse mit dem Protoplasma überein und enthält öfters noch kleinere Körnchen (Nucleoli).

·Die Zellhaut (Cellulosemembran) bildet bei jugendlichen Zellen stets ein sehr dünnes, zartes, farbloses, elastisches Häutchen, das in hohem Grade diffundirt. Im Laufe des Wachsthums der Pflanzen erleidet die Zellhaut die mannigfachsten Veränderungen, Verdickungen, Einlagerungen etc., welche selbstverständlich den

----

*) Reineke, J., Rodewald H. Liebig's Ann. Bd. 207. 229.

chemischen und physikalischen Charakter derselben verändern. Die jugendliche Zellhaut besteht aus reiner Cellulose ($C_6 H_{10} O_5$), färbt sich mit Jod und Schwefelsäure oder Chlorjodzinklösung blau, löst sich in concentrirter Schwefelsäure und Kupferoxydammoniak. Die Pilzcellulose wird durch Jod und Schwefelsäure nicht gefärbt.

Bei der Cuticularisirung, Verkorkung, treten chemische Veränderungen insoferne ein, als Jod und Schwefelsäure cuticularisirte Membran nicht mehr blau färben, Schwefelsäure und Kupferoxydammoniak nicht mehr lösen, dagegen nur concentrirte Kalilauge und das Schultze'sche Reagens (Salpetersäure $+$ chlorsaures Kali) lösen. Die verholzten Membranen quellen mit Kupferoxydammoniak, concentrirte Schwefelsäure löst dieselben meistens.

Die Einlagerungen von anorganischen Substanzen in die Zellhaut finden sehr häufig statt und zwar in Form von kohlensaurem Kalke und Kieselsäure, auch oxalsaurem Kalke. Ersterer bildet Körner oder krystallinische Massen, Kieselsäure ist häufig in den Oberhautzellen (Diatomeen, Equisetaceen, Gramineae, Caricineae etc.), oxalsaurer Kalk ist eingelagert in Körnern häufig in Pilz- und Flechtenmembranen, Gymnospermen spez. bei Dracaena in Krystallen. — Die Cellulosemembran giebt bei vielen Pflanzen Veranlassung zur sog. Gummibildung, auch Harzbildung durch Desorganisation, wodurch allmälige Verflüssigung eintritt, die Cellulosereactionen verschwinden und eine in Wasser lösliche (Arabin) oder nur darin aufquellende (Bassorin) Substanz entsteht. Derartige Vorgänge finden statt bei Astragalus, Acaciaarten (Gummi arabicum, Tragacanth), Prunus (Kirschgummi), bei Xanthorea (Gelbharz) etc. —

Chlorophyll. Das Chlorophyll (Blattgrün), ebenfalls ein wesentlicher Theil der entwickelungsfähigen Zelle, tritt stets, im Gegensatz zu den übrigen Farbstoffen der Pflanzen, in Körnern, oder seltner in bandförmig und sternförmig gelagerten Massen auf, eingebettet in das Plasma. Die chemische Grundsubstanz ist mit dem Protoplasma identisch, der Farbstoff lässt sich durch Alcohol, Aether etc. leicht extrahiren. Die Lösungen zeigen blutrothe Fluorescenz und im Spectrum 7 Absorptionsstreifen, von denen die 4 ersten bis zum gelbgrün gelagert sind und besonders einer im Roth, zwischen B und C gelagert, als der charackteristischste auftritt. In den einzelnen Pflanzenfamilien und species lassen sich mancherlei Modificationen des Chlorophylles beobachten, die vorläufig kurze Erwähnung finden sollen. Es sind dies:

1) das Xantophyll, der gelbe Farbstoff der Blätter im Herbste,
2) Anthoxanthin, der in vielen gelben Blüthen verbreitete Farbstoff,

3) Etiolin, der Farbstoff der bei Abschluss des Lichtes gekeimten und wachsenden Pflanzen.

4) Phycoerythrin, das Florideenroth, in den Zellen der Rothalgen, neben,

5) dem Florideengrün.

Auch wohl andere braune und gelbe Farbstoffe lassen sich als Modificationen von Chlorophyll ansehen. — Der Chlorophyllfarbstoff entsteht nur vollständig bei Lichtzutritt, sowie bei Gegenwart von Eisen. Nur selten beobachtet man Chlorophyllbildung bei Abschluss von Licht. Auch ist Wärme, 6—15 ⁰ C., zur Bildung dieses wichtigen Bestandtheiles der Zellen nöthig. Die Bedeutung des Chlorophylls für das Pflanzenleben liegt darin, dass derselbe die Kohlensäure in Sauerstoff und Kohlenstoff, sowie das Wasser in seine Bestandtheile zu zerlegen vermag und zwar, bei Einwirkung des Lichtes, einen Vorgang unterhält, der mit dem Namen Assimilation bezeichnet wird. — Chlorophyllfreie Pflanzen vermögen nicht zu assimiliren, diesen für die Production von organischer Substanz wichtigen Reductionsvorgang durchzuführen. Die neuesten Forschungen Pringsheim's (Jahrb. für wissenschaftliche Botanik XII, 3. H.) über Lichtwirkung und Chlorophyllfunction in der Pflanze geben ferner die hiernach erwähnenswerthe Thatsache, dass die Chlorophyllkörner der grünen Pflanze eine ölartige, krystallisirbare Substanz, das Hypochlorin enthalten, das sich gegen Lösungsmittel wie Chlorophyll verhält. Dasselbe entsteht nur unter der Einwirkung des Lichtes und ist wahrscheinlich das erste Assimilationsproduct, das erste Umwandlungsproduct der Kohlensäure in der Pflanze, das unabhängig von der Stärke, ja wohl früher als die Stärke, besonders reichlich an Amylumheerden entsteht, mittelst verdünnter Salzsäure am besten abgeschieden werden kann. Wie sich das Chlorophyll unter den Augen des Beobachters im Sonnenlichte bei starker Beleuchtung unter gesteigerter Sauerstoffabsorption zersetzt, so verschwindet auch das Hypochlorin unter denselben Bedingungen bei Gegenwart von Sauerstoff noch rascher als das Chlorophyll. Ist der Sauerstoff ausgeschlossen, so hat das concentrirte Sonnenlicht auf beide keinen Einfluss. —

Als erstes Assimilationsproduct der Thätigkeit des Chlorophylles tritt die Stärke in der Pflanzenzelle auf und zwar in Körnern von verschiedener Form und Grösse, vollkommen geschichtetem Baue und verschiedenem Wassergehalte. Stets beobachtet man bei jedem Stärkekorne 2 Modificationen, die Granulose und Stärkecellulose. Erstere ist eine Stärke von der Zusammensetzung der Cellulose, sich mit Jod tief blau färbend.

Stärke.

Als wichtiger Baustoff beim Leben der Pflanze wird die Stärke in der Zelle gelöst, d. h. in Zucker unter bekannten Umwandlungsstadien verwandelt, um die Zellhaut durchdringen zu können. Diese Vorgänge werden überall beobachtet, wo die Stärke als Reservenahrung dient, wie bei der Keimung etc., nicht minder dort, wo die Stärke direct entstanden ist, im Chlorophyll. —

Fettes Oel. Auch fettes Oel kann erstes Assimilationsproduct sein und tritt im Plasma in Form von Fetttröpfchen auf, in Aether löslich. Reichlich wird dasselbe oft als Reservenahrung in Früchten angesammelt, um bei der Keimung thätig zu sein.

Zellsaft. Endlich gehört zu den wesentlichen Theilen der Zelle der Zellsaft, das Wasser, das jede Zelle je nach Alter und Natur in grösserer oder geringerer Menge enthält das bei der Assimilation sowohl als bei der Wanderung der Baustoffe beim Pflanzenleben eine wichtige Rolle spielt.

In dem Zellsafte gelöst sind beobachtet worden; Inolin, Zucker, Gerbstoff, oxalsaurer Kalk und Farbstoffe, besonders das Anthokyan, den mit Nuancierungen von Roth bis Blau sehr verbreiteten Blüthenfarbstoff. —

Nährstoffe der Pflanze. Mit dem Elementarorganismus des Pflanzenlebens, der Zelle, im Allgemeinen nun vertraut, wird es möglich sein, ein weiteres Bild über die Ernährungs- und Lebensverhältnisse der Pflanze zu geben. Schon oben wurde bemerkt, dass die Elemente, welche als Bestandtheile des pflanzlichen Organismus auftreten, als Nahrungsmittel zu betrachten sind. Fragen wir aber nach dem Materiale, welches als zur Ernährung absolut nothwendig, der Pflanze geliefert werden muss, so sind nachstehende Elemente und chemische Verbindungen zu nennen: Sauerstoff, Kohlensäure, Wasser, Stickstoff in Form von Ammoniak und Salpetersäure, Schwefel, als schwefelsaurer Kalk meistentheils aufgenommen, Phosphor, Kalium, Calcium, Magnesium und Eisen und zwar als phosphorsaures Eisen, phosphorsauren Kalk, schwefelsauren Kalk, Kalium, Calcium und Magnesium, wohl auch in Form von Sulfaten, Nitraten, Chloriden.

Zu diesen absolut nöthigen Nahrungsmitteln gesellt sich ferner, als in vielen Beziehungen werthvoll, Chlor, Silicium, Natrium in Form von Chloriden des Natrium's, Kalium's, Kieselsäure etc.

Brom und Jod scheinen für die Meerpflanzen bedeutungsvoll zu sein. —

Das Wasser unentbehrlich als Lösungsmittel, sowie als Sauerstoff und Wasserstoff lieferndes Material, macht einen Hauptgewichtstheil des Pflanzenkörpers aus und ist in allen Geweben zu finden. Seine Menge beträgt bei krautartigen Pflanzen 60—80 %, bei Wasserpflanzen und anderen oft 95 %.

Die Kohlensäure, welche die Luft bietet, liefert ausschliesslich der Pflanze den Kohlenstoff, der circa die Hälfte der Trockensubstanz ausmacht. Den Sauerstoff nimmt die Pflanze nicht direct aus der Luft auf, sondern aus dem Wasser und der Kohlensäure, auch wohl aus den sauerstoffhaltigen Salzen, die die Pflanze aufnimmt. Ebenso wird der Stickstoff nicht direct von der Pflanze aufgenommen, sondern nur in Form von Ammoniak- und salpetersauren Salzen, um die Proteinstoffe zu bilden, bei welchem Vorgange der Schwefel, als schwefelsaures Salz aufgenommen, eine hervorragende Rolle spielt. Nicht minder werthvoll scheinen für die Bildung der Eiweissstoffe die phosphorsauren Salze zu sein, die sich stets reichlich in Begleitung von Eiweisskörpern (Samen) finden. Die Nothwendigkeit des Eisens für die Chlorophyllbildung ist bereits erwähnt und was endlich Kalium, Calcium, Magnesium betrifft, so ist deren Stelle bei der Ernährung allerdings noch nicht klar gestellt, dennoch ist Thatsache, dass die Stärkebildung, auch Anreicherung von Zucker in verschiedenen Pflanzen ohne Kalium nicht möglich ist. Für Calcium und Magnesium sind bis jetzt am wenigsten sichere Anhaltspunkte gewonnen, wohl sind diese beiden Neutralisationsmittel für die Säuren, auch für die Blatt- und Fruchtbildung nöthig. —

Die molecularen Gleichgewichtsstörungen, veranlasst durch die chemischen Vorgänge im Pflanzenkörper selbst, bedingen im Grossen und Ganzen die Aufnahme der erwähnten Nährstoffe, indem diese Gleichgewichtsstörungen in den Zellen für die gelösten Stoffe auch auf die äussere Umgebung einwirken und dadurch die Aufnahme und Verbreitung der flüssigen Nährstoffe im Pflanzenorganismus durch Diffusion erfolgen kann.

Bei den Wasserpflanzen ist die ganze Oberfläche Nährstoffe aufnehmendes Organ, bei den Landpflanzen hat die Wurzel die Function der Stoffaufnahme aus dem Boden, welche durch die Epidermisbildungen (Wurzelhaare etc.) einerseits für die in Wasser gelösten Stoffe möglich wird, andererseits für die vom Boden absorbirten und unlöslichen Stoffe durch die sauren Secrete der Wurzeln, sowie die ausgeschiedene Kohlensäure geschehen kann. —

„Nur die chlorophyllführende Zelle ist im Stande, Assimilation. organische Substanz und zwar stickstofffreie zu produciren." — Dem Chlorophyll, und zwar dem mit dem lebenden Protoplasma innig verbundenen, ist die Stelle allein zugetheilt, Kohlensäure und Wasser in ihre Bestandtheile zu zerlegen, unter Mithilfe von Licht und Wärme. Directe Insolation wirkt energischer als diffuses Tageslicht, die verschieden gefärbten Strahlen des Spectrum's wirken verschieden.

Im gelben Lichte ist die Assimilation am stärksten, dann folgen, je nach der Stärke der Wirkung Orange, Grün, Roth, Blau, Violett, Indigo und zwar, wenn man die in einer gewissen Zeit ausgeschiedenen Gasblasen als Maassstab nimmt, und Gelb als Einheit setzt = 100 Roth 25,4 — Orange 63 — Grün 37,2 — Blau 22,1 — Indigo 13,6 — Violett 7,1. Die Minima und Maxima der Temperatur scheinen zwischen 0° und 40—45° C. zu schwanken. Neben diesen beiden Factoren, Licht und Wärme, ist bei der Assimilation der Kohlensäuregehalt der Luft von bedeutendem Einflusse, indem mit Zunahme der Kohlensäure und Lichtintencität auch die Assimilation wächst. Als erste Producte, und zwar sichtbare, der Assimilation treten vor Allem Stärke auf, seltener Fett, auch wohl Traubenzucker. Die Stärkebildung ist nachgewiesenermassen durch die Gleichung $12\ CO_2 + 10\ H_2\ O = C_{12}\ H_{20}\ O_{10} + O_{24}$ sicher gestellt, was nach dem bei der Stärkebildung der Kohlensäure entsprechenden Quantum Sauerstoff wieder von den assimilirenden Organen ausgeschieden wird.

Zwar hätte die chemische Theorie hier reichlich Spielraum, Hypothesen über die Art und Weise des Aufbaues der stickstofflosen Substanz als Product der Assimilation aufzustellen, nicht minder bei der Bildung der Stickstoff enthaltenden Stoffe. Dennoch soll hier diese Controverse nicht geführt und nur der Thatsachen gedacht werden, welche in dieser Hinsicht vorläufig aufzustellen sind.

Bei der Stoffwanderung und dem Stoffwechsel in der Pflanze lässt sich mit Bestimmtheit zunächst behaupten, dass die Stärke, das erste Assimilationsproduct, einerseits Oel, andererseits Zucker bilden kann, ebenso auch Zucker Oel resp. Fette und Oel wieder Stärke zu bilden vermag, dass ferner die stickstoffhaltigen Bestandtheile des Pflanzenorganismus aus stickstofflosem Materiale, wahrscheinlich Zucker, unter Zuhilfenahme von anorganischen Quellen, Ammoniak und Salpetersäure entstehen, bei welchem Vorgange jedenfalls eine Wasser- und Kohlensäurebildung stattfinden muss. Auch ist ferner bei der Entstehung und dem Stoffwechsel der Eiweisskörper sicher dem Asparagin eine Rolle zuzuschreiben. Die Producte des Stoffwechsels lassen sich leicht hinsichtlich ihres Werthes noch ordnen in Baustoffe, (Reservestoffe) wohin gehören Zucker, Stärke, Inulin, Fett, Asparagin und Eiweissstoffe und Nebenproducte, wie Alcaloide, ätherische Oele, Harze, Gummi, Säuren, Glucoside etc., welche jedenfalls beim Stoffwechsel theilweise energisch thätig sind. —

Die Wanderung des erzeugten Stoffes wird stets dorthin am

ergiebigsten stattfinden, wo am meisten verbraucht wird. Immer ist eine Wanderung der Baustoffe in jene Organe, wo lebhafter Stoffwechsel stattfindet, Knospen etc. zu beobachten und ebenso eine Rückwanderung des assimilirten Materiales nach jenen Organen, in welchen die Reservestoffe aufgespeichert werden. Stickstoffloses wie stickstofthaltiges Material nimmt hierbei Antheil, wobei jedoch zu bemerken ist, dass der Weichbast vorzüglich die stickstoffenthaltenden Materialien transportirt. Ob die Eiweisskörper in gelöster Form oder in Umwandlungsstadien (als Asparagin oder verwandte Körper) hierbei weitergeführt werden, ist nicht bestimmt festzustellen.

Bei der Assimilation sind ferner als wichtige Factoren zu bezeichnen, die Wärme, sowie das Verhältniss der Trockensubstanz des pflanzlichen Organismus zum Feuchtigkeitsgehalt des Bodens. — Ueber die Functionen des Chlorophylls in der Pflanze, sowie die Wirkungen des Lichtes in concentrirterer Form hat N. Pringsheim in neuester Zeit interessante Aufschlüsse, wie oben schon bei Protoplasma erwähnt, gegeben. (Jahrbücher f. wissenschaftl. Botanik Bd. XII. 3. Heft.)

Neben den Assimilationsvorgängen unterhält der Organismus der Pflanze einen Vorgang, der für den normalen Stoffwechsel unentbehrlich, der thierischen Athmung analog, in der Weise verläuft, dass die Pflanze Sauerstoff aus der Atmosphäre aufnimmt, Kohlensäure dafür abgiebt, demnach neben der Reduction (Assimilation) einen Oxydationsvorgang unterhält. Bei Tageslicht athmet und assimilirt die Pflanze gleichzeitig, während im Dunkeln (des Nachts) dieselbe nur den Athmungsprocess unterhält. Diese Athmungsvorgänge veranlassen auch die Bewegungen des Plasma's, sonstige Reizbewegungen. —

Athmung.

Durch die Assimilation und Athmung, besonders durch die bei letzterer erzeugten Wärme werden in der Pflanze noch Vorgänge, besonders Bewegungserscheinungen unterhalten, welche für die Gesammtentwickelung des Organismus unumgänglich nöthig sind. Es sind dies die Bewegungserscheinungen des Wassers in Form von Strömungen im Holze, sowie der ganzen Pflanze, Transpiration, dem sog. Wurzeldruck, sowie auch Bewegungen der Gase, besonders Sauerstoff und Kohlensäure, welche nie normales Wachsthum veranlassen. Wachsthum wird aber nur dann möglich sein, wenn im Innern der Pflanze die Assimilation, die Nährstoffaufnahme, die Athmung und alle damit zusammenhängenden Functionen normale sind, die Atmosphäre, Kohlensäure und Sauerstoff enthält und im Aeusseren gewisse physische Kräfte, Wärme, Licht, Schwere, Druck, Zug in richtiger Weise zusammenwirken. —

B.
Chemische Charakteristik der Pflanzenstoffe.

Kohlenhydrate.

Kohlen-
hydrate.

Unter dem Namen „Kohlenhydrate" werden eine Reihe im Pflanzenreiche sehr verbreiteter und fast nur dort gebildeter, mit wichtigen physiologischen Functionen versehener, chemischer Verbindungen bezeichnet, welche, aus C, H, O bestehend, H und O in dem Verhältnisse enthalten, in welchen dieselben Wasser bilden. Sie enthalten 6 oder 12 Atome Kohlenstoff und sind als Derivate 6 atomiger Alkohole $C_6 H_{14} O_6 = C_6 H_8 (OH)_6$ aufzufassen, welch' letztere, ebenfalls als Producte des Pflanzenlebens, gewöhnlich den Kohlenhydraten zugezählt werden. Die bis jetzt bekannten 6 atomigen Alkohole sind:

Mannit, Dulcit (Melampyrit) und Sorbit. Der erstere ist ein Derivat des normalen Hexans, der Dulcit wahrscheinlich ein Derivat des Aethyl-Isobutyls.

Diese 3 Repräsentanten sind durch ihre Löslichkeit in Alkohol und Wasser ausgezeichnet, dieselben reduciren alkalische Kupferlösung nicht und sind nicht gährungsfähig. Die eigentlichen Kohlenhydrate lassen sich in 3 Gruppen theilen:

I. Traubenzuckergruppe. $C_6 H_{12} O_6 = C_6 H_7 O (OH)_5$ (Glycosen).

Die hierher gehörigen Körper sind als die Aldehyde der 6 atomigen Alkohole zu betrachten; verschiedene liefern mit Wasserstoff im status nascendi Mannit oder Dulcit. Es gehören hierher: Traubenzucker (Dextrose), Fruchtzucker (Lävulose), Lactose, Sorbin, Inosit, Arabinose, Dambose (Kautschuk), Sorbin, Eucalyn.

II. Rohrzuckergruppe: $C_{12} H_{22} O_{11}$. Die Repräsentanten dieser Gruppe entstehen durch Zusammentritt zweier Molecüle der Aldehyde unter Austritt von einem Molecül $H_2 O$. Sie sind daher gleichsam die Anhydride der Glycosen und nehmen leicht, besonders bei Gegenwart verdünnter Säuren wieder ein Molecül H_2O auf, um in die Gruppe I wieder überzugehen.

Hierher gehören: **Rohrzucker, Maltose, Milchzucker, Mycose (Trehalose), Melecitose, Melitose, Synanthrose.**

III. **Cellulosegruppe**, von der empyrischen Formel $C_6H_{10}O_5$, welche wohl eine Verdopplung oder Verdreifachung erfahren muss. Unter Wasseraufnahme gehen die Körper dieser Gruppe in Glycosen über. Hier sind zu nennen: **Cellulose, Stärke, Inulin, Dextrin, Moosstärke, Gummi, Pfanzenschleim (Bassorin), (Glycogen), Triticin, Glycosan, Lävulosan.**

Als charakteristische Eigenschaften der Gruppe der Kohlenhydrate überhaupt lassen sich noch erwähnen, die verhältnissmässig leichte Löslichkeit, Cellulose ausgenommen, das Drehungsvermögen der Polarisationsebene nach Rechts oder Links in Lösungen (optische Zuckerprobe), die Einwirkung verdünnter Säuren, geformter, wie ungeformter Fermente, wobei Glycosen resultiren und leicht weitere Spaltungen des Molecüles auftreten, die als Gährungserscheinungen uns bekannt sind. Wir beobachten Spaltungen der Glycosen in Kohlensäure und Alkohol neben Bildung von Glycerin und Bernsteinsäure bei Gegenwart von Hefe (alkoholische Gährung), Umwandlungen von Glycose in Milchsäure, oder Buttersäure, auch Bildung einer schleimigen Substanz unter Kohlensäureentwicklung und Auftreten von Mannit und Milchsäure.

Mit starken Basen, CaO, BaO, PbO geben manche Kohlenhydrate Verbindungen, mit Alkalien erhitzt, werden sie allmälig in Humussäuren umgewandelt und geben beim Schmelzen Oxalsäure. Viele Glycosen reduciren in alkalischer Lösung Metalloxyde, Kupferoxyd, Wismuthoxyd, Quecksilberoxyd, welche Reductionserscheinungen zur quantitativen Bestimmung Einzelner benützt werden. Mit Essigsäureanhydrid liefern dieselben meistens Acetylverbindungen, mit Salpetersäure Zuckersäure, Schleimsäure, Oxalsäure und Andere.

Glycoside.

Unter dem Namen „Glycoside" sind wir gewohnt, eine Reihe von im Pflanzenreiche sehr verbreiteten Stoffen zusammen zu fassen, welche an und für sich indifferenter Natur, aus C, H und O bestehen, seltener N haltig sind und sämmtlich die Eigenschaft! besitzen, durch Einwirkung von verdünnten Säuren (H_2SO_4, HCl etc.), geformten oder ungeformten Fermenten, verdünnten Alkalien, ja sogar Wasser bei 100° C in Glycose oder einen Körper der Trauben- oder Rohrzuckergruppe und ausserdem in einen weiteren Spaltungskörper zu zerfallen. Dieselben sind nach unseren jetzigen Erfahrungen complicirte ätherartige Verbindungen des Traubenzuckers, welch' letztere nicht fertig gebildet darin enthalten ist, sondern erst bei der Zersetzung durch Assimilation der Elemente von Wasser entstehen. Die Spaltungskörper, welche neben Glycose entstehen, sind Hydroxylverbindungen (Phenole, Alkohole, Aldehyde, Säuren), der Gruppe der aromatischen oder Fettkörper angehörig. Nur von wenigen ist die Constitution vollkommen klar gelegt, wenn auch nicht zu leugnen ist, dass das Studium der Zersetzungsproducte (es bedarf nur des Hinweises auf die Synthese des Vanillin's durch Tiemann) uns sehr interessante Aufschlüsse über die Natur dieser Körper gegeben hat, wohl geeignet, auch für die Pflanzenphysiologie werthvolles Material zu liefern. Dass die Glycoside als Reservestoffe bei der Ernährung der Pflanze vor Allem als Zucker bildende Materialien eine Rolle spielen, wird kaum zu bezweifeln sein, nicht minder, dass dieselben überhaupt beim Stoffwechsel der Pflanze wegen ihrer jedenfalls weiteren Verbreitung, als uns bis jetzt bekannt, lebhaft thätig sind.

Eigenschaften und Darstellung. Die meisten Glycoside sind in Wasser löslich, auch viele in Alkohol, theilweise krystallinisch, manche bis jetzt nur amorph hergestellt. Ihre Darstellung geschieht im Allgemeinen dadurch, dass die wässrigen oder alkoholischen Auszüge der Vegetabilien mit neutrale nBleiacetat gefällt werden (zur Beseitigung von Säuren, Gerbstoffen etc.), das Filtrat dieser Fällungen entweder durch bas. Bleiacetat von dem Glycosid befreit wird, oder auch, nach Beseitigung des Bleies durch Schwefelwasserstoff, zum Zwecke der Abscheidung concentrirt oder nach Umständen mit Alkohol versetzt wird. Oft genügen auch Extractionen der betr. Vegetabilien mittelst Alkohol, Aether, auch Wasser, welche Auszüge bei der Concentration das Glycosid abscheiden. Eine kurze Uebersicht der wichtigsten Glycoside nebst deren Spaltungskörper möge folgen:

Spaltungsproducte:

Amygdalin, N haltig, Blausäure, Bittermandelöl, Traubenzucker.

Solanin, N haltig, Solanidin und Zucker.

Salicin, Zucker und Saligenin (Orthooxybenzylalkohol) oder Saliretin.

Coniferin, Traubenzucker und Coniferylalkohol, durch Oxydation Vanillin (Methylprotocatechualdehyd).

Aesculin, Zucker und Aesculetin.

Daphnin, Daphnetin und Zucker.

Phloridzin, Traubenzucker und Phloretin, mit Alkalien Phloroglucin (Trioxybenzol) und Phloretinsäure.

Quercitrin, Quercetin und Zucker mit Alkalien Phloroglucin, Protocatechusäure (Dioxybenzoesäure).

Hesperidin, Zucker und Hesperetin, mit Alkalien Phloroglucin und
    Hesperetinsäure.

Frangulin, Frangulinsäure und Zucker.

Ruberythrinsäure, Alizarin und Zucker.

Arbutin, Zucker, Hycrochinon und Methylhydrochinon.

Fraxin, Fraxetin und Zucker.

Myronsäure, Allylsenföl, Zucker und saures schwefelsaures Kali.

Convolvulin, Zucker und Convolvulinol.

Jalappin, Zucker und Jalappinol.

Saponin, Zucker und Sapogenin.

Caïncin, Caïncetin und Zucker, mit Alkalien Buttersäure und
    Caïncigenin.

Chinovin, Chinovasäure. Mannitan.

Pinipikrin, Ericinol und Zucker.

Helleborein, Zucker und Helleboretin.

Helleborin, Zucker und Helleborein.

Glycyrrhizin, Zucker und Glycyrrhetin mit Alkalien Parooxyben-
    zoesäure.

Digitalin, Zucker und Digitalretin.

Bitterstoffe und Farbstoffe.

Eine bestimmte chemische Charakteristik dieser beiden Gruppen
von Pflanzenbestandtheilen zu geben, ist in der That unmöglich, da
unter diesen Namen noch Körper genannt werden, welche im chemischen Verhalten sehr auseinander gehen, noch theilweise schwer
rein darzustellen sind. Die krystallisirt bis jetzt dargestellten dieser
beiden Gruppen sind uns näher bekannt geworden, als die amorphen.

Die sog. Bitterstoffe sind theilweise wirksame, für die Medicin be-
achtenswerthe Bestandtheile von Pflanzen und Pflanzenextracten, die
Pflanzen-Farbstoffe mitunter noch von hoher technischer Bedeutung.
Die letzteren treffen wir meistentheils als Chromogene, ungefärbt
in den Pflanzentheilen, durch Oxydation in den Farbstoff übergehend.
Diese Farbstofflösungen besitzen die Fähigkeit, entweder die vege-
tabilische Faser (Baumwolle — Leinen) oder die thierische (Seide,
Wolle) direct zu färben, oder erst dann, wenn die Faser mit einem
Beizmittel in Form von Thonerde und Zinnsalzen, auch Dextrin,
Gummi etc. zuvor imprägnirt wurde.

Die Farbstofflösungen haben ferner die Eigenschaft, durch
Thonerde, Zinnoxyd, Quecksilberoxyd etc. aus ihren Lösungen gefällt
zu werden, wodurch Fällungen entstehen, welche als Lackfarben
eine wichtige Rolle spielen. Wenn auch die eingehendere Be-

sprechung dieser Substanzen im speciellen Theile erfolgen wird, dürfte eine kurze Uebersicht sich, hier anreihend, empfehlen.

Aloïn, Athamanthin, Antiarin, Betulin, Brasilin, Carotin, Carthamin, Cascarillin, Chlorophyll, Columbin, Chrysin, Curcumin, Hämatoxylin, Gentisin, Laserpitin, Ostruthin, Peucedauin, Pikrotoxin, Quassiin, Santalsäure, Santonin, Scoparin und Smilacin (u. A.).

Gerbsäuren (Gerbstoffe).

Gerbsäuren. — Eine Reihe im Pflanzenreiche weit verbreiteter Stoffe, kohlenstoff- und sauerstoffreicher als die Kohlenhydrate, führt den Namen Gerbsäuren. Weit verbreitet in den Rinden der Bäume, oft gemeinschaftlich mit Harzen, ferner in krankhaften Auswüchsen, Blättern, Früchten, Wurzeln, ja im gekeimten Samen sind diese chemischen Verbindungen ausgezeichnet durch einen charakteristischen zusammenziehenden Geschmack, Löslichkeit in Wasser und Alkohol, die Fähigkeit, mit Eisensalzen entweder grüne oder schwarze Färbungen zu geben, überhaupt mit den schweren Metallen unlösliche Verbindungen einzugehen, endlich auch mit den Proteinstoffen der thierischen Haut sich zu einer (der Fäulniss widerstehenden) Substanz zu vereinigen (Leder).

Die Gerbsäuren haben schwachsauren Charakter und sind wohl ihrer Constitution nach meistens als ätherartige Verbindungen der Gallussäure mit Zucker oder Phloroglucin zu betrachten. Die gewöhnliche Eichengerbsäure, Tannin, ist im ganz reinen Zustande kein Glycosid, dagegen wie uns H. Schiff gezeigt hat, Digallussäure. Die Gerbsäuren geben, mit Alkali geschmolzen, meist Phloroglucin und Protocatechusäure neben Zucker, ausserdem mit Säuren roth gefärbte Spaltungsproducte, die oft neben den Gerbsäuren in den Pflanzen zu finden sind. Die wichtigsten näher gekannten Glieder dieser Abtheilung sind: Eichenrindengerbsäure, Gerbsäure von China, Filix, Rathania, Tormentill, Catechu, Kino, Moringerbsäure (Maclurin), Kaffeegerbsäure.

Pectinstoffe.

Pectinstoffe. — Eine Anzahl Pflanzenstoffe, besonders verbreitet in fleischigen Früchten und Wurzeln, jedoch auch in Rinden, Blättern, Holztheilen, überhaupt nach Braconnot in keiner Pflanze fehlend (?), in ihrer empirischen Zusammensetzung den Gerbstoffen gleichend, jedoch in dem chemischen Verhalten der Kohlenhydrate näherstehend, führt den Namen Pectinstoffe und veranlasst die Geléebildung vieler Früchte, Johannisbeeren, Aepfel, Birnen etc. Noch fehlen uns genügende Anhaltspunkte über die chemische Constitution dieser Stoffe, dennoch sind wir vielleicht berechtigt, die Formel $C_8 H_{10} O_7$ als Grundlage anzunehmen, aus welcher durch Addition der Elemente von Wasser die verschiedenen Zustände hervorgehen, welche uns hier bekannt geworden sind.

Pflanzensäuren.

Die Pflanzensäuren sind chemisch genau charakterisirte, ihrer Constitution nach bekannte Körper, welche in bestimmten Repräsentanten wie beispielsweise

Pflanzen-
säuren.

$$\text{Oxalsäure} \begin{cases} CO.OH \\ | \\ CO.OH \end{cases}, \quad \text{Citronensäure} \begin{cases} CH_2.CO.OH \\ | \\ C(OH).CO.OH, \\ | \\ CH_2 - CO.OH \end{cases}$$

$$\text{Aepfelsäure} \begin{cases} CH.(OH).CO.OH \\ | \\ CH_2.CO.OH \end{cases} \quad \text{Weinsäure} \begin{cases} CH.(OH).CO.OH \\ | \\ CH.(OH).CO.OH \end{cases}$$

eine ausserordentliche Verbreitung finden. Nicht bloss aus der Reihe der Fettkörper, sondern auch der aromatischen Verbindungen sind zahlreiche Glieder im Pflanzenreiche vertreten, alle, wie überhaupt der Begriff Säure lehrt, durch das Vorhandensein der Gruppe $CO.OH$ (Carboxyl) im Molecül ausgezeichnet, welche mittelst der 4. Affinität des Kohlenstoffatomes an Kohlenwasserstoffreste gebunden ist. Der Wasserstoff der Carboxylgruppe ist ersetzbar durch Metalle, wodurch die Salze entstehen. Die Basicität der Säuren ist durch die Anzahl der vorhandenen Carboxylgruppen bestimmt. — Ihre Entstehung ist im Allgemeinen auf Oxydationsvorgänge zurückzuführen, was jedenfalls auch für die allgemeiner in der Pflanze verbreiteten Säuren gilt, welche als Oxydationsproducte der Kohlenhydrate und ihrer Umwandlungsproducte zu betrachten sind.

Die Kenntniss der Pflanzensäuren reicht weiter zurück als die der Pflanzenbasen. Als die zuerst in reinem Zustande direct aus pflanzlichem Material dargestellte Pflanzensäure wird man die Benzoësäure zu betrachten haben, welche schon im 16. Jahrhundert bekannt gewesen zu sein scheint, jedenfalls bereits im Jahre 1608 von Vigenère durch Sublimation, 1671 durch Hagedorn auch auf nassem Wege aus dem Benzoëharz rein dargestellt und 1675 von Lemery als Säure erkannt worden ist. Die viel länger gekannte

Essigsäure wurde erst im Anfang dieses Jahrhunderts von Vauquelin und Hermbstädt als Pflanzenbestandtheil nachgewiesen
und auch die Bernsteinsäure, obgleich unter dem Namen Bern-
steinsalz als ein durch trockne Destillation des Bernsteins erhält-
liches Product schon von Agricola 1550 erwähnt und von Lemery
1675 bestimmt als Säure bezeichnet, ist in lebenden Pflanzen erst
seit dem 4. bis 5. Decennium dieses Jahrhunderts nachgewiesen
worden. An die Entdeckung der Benzoësäure reihte sich diejenige
der Weinsäure, deren Isolirung aus dem schon den Alchymisten
des 11. Jahrhunderts bekannt gewesenen und irrthümlich lange für
eine Säure gehaltenen Weinstein im Jahre 1769 Scheele gelang. Es
folgte dann 1779 die Darstellung der Oxalsäure durch Wiegleb
aus dem bis dahin gleichfalls vielfach als Säure angesehenen Sauer-
kleesalz. Im Jahre 1784 erhielt wiederum Scheele aus dem Citronensaft die schon sehr früh den Chemikern aufgestossene, aber immer
mit anderen Säuren verwechselte Citronensäure im krystallisirten
Zustande und bewies ihre Eigenthümlichkeit, und schon ein Jahr
darauf glückte demselben fruchtbaren Forscher die Auffindung der
Aepfelsäure im Saft von unreifen Aepfeln und Stachelbeeren.
Damit waren gerade die verbreitetsten der Pflanzensäuren noch vor
dem Beginn des gegenwärtigen Jahrhunderts, also noch zu einer
Zeit aufgefunden, in welcher den Chemikern auch nicht die leiseste
Ahnung von der Existenz basischer Pflanzenstoffe aufstieg. Seitdem
hat sich die Zahl der bekannt gewordenen wirklichen Pflanzensäuren
so vermehrt, dass dieselbe etwa auf 200 und noch mehr veranschlagt
werden kann. —

Bezüglich ihrer Darstellung beschränken wir uns, auf die ausführlichen Angaben bei den einzelnen Säuren verweisend, hier auf
einige wenige Andeutungen. Flüchtige Säuren können, wenn sie,
wie z. B. flüchtige Säuren salicylige Säure, frei im Pflanzensaft
vorkommen, ohne Weiteres durch Destillation des pflanzlichen Materials mit Wasser, sonst durch Destillation desselben unter Zusatz
einer stärkeren, nicht flüchtigen Säure, Sättigung des sauren Destillats
mit Soda und Zerlegung des beim Abdampfen hinterbleibenden
Natronsalzes durch nochmalige Destillation mit Schwefelsäure oder
Phosphorsäure gewonnen werden. Die nicht flüchtigen Säuren
werden in der Regel aus dem wässrigen oder weingeistigen Auszuge
der Rohstoffe zunächst als schwer lösliches Salz, gewöhnlich als
Bleizalz, abgeschieden, aus dem man sie dann in geeigneter Weise
isolirt. Kommen mehrere Pflanzensäuren in den nämlichen Pflanzen
vor, so lässt sich gewöhnlich, wie bei den Pflanzenbasen, auf die Verschiedenheit ihrer eignen physikalischen Eigenschaften oder der-

jenigen ihrer Salze, wie Flüchtigkeit, Krystallisirbarkeit, Löslichkeitsverhältnisse u. s. w., ein Trennungsverfahren gründen. Auch hinsichtlich der Reinigung der Säuren gelten ähnliche Principien, wie
sie bei den Alkaloiden in dieser Beziehung erörtert werden.

Auf die physikalischen und chemischen Eigenschaften, sowie
auf die Verbindungsverhältnisse der Pflanzensäuren brauchen wir
hier nicht einzutreten, da erstere zu mannigfaltiger Art sind, um
eine allgemeine Besprechung zu gestatten, bei letzteren aber die
nämlichen Gesetzmässigkeiten Platz greifen, wie bei allen übrigen
organischen Säuren. Was die analytische Nachweisung der Pflanzensäuren betrifft, welche namentlich weiter verbreitet sind, so sind
es die Kalkverbindungen in verschiedenen Lösungsverhältnissen,
welche sichere Anhaltungspunkte liefern, ferner das Verhalten der
Silber- und Barytsalze, auch wohl charakteristische Färbungen
mit Eisenoxydsalzen, sowie die Löslichkeitsverhältnisse der Bleiverbindungen.

Die Pflanzenbasen oder Alkaloide.

Als Pflanzenbasen oder Alkaloide bezeichnet man eine Anzahl
eigenthümlicher, häufig durch hervorragende physiologische Wirkungen ausgezeichnete Pflanzenstoffe, welche an Elementarbestandtheilen
ausser Kohlenstoff, Wasserstoff und Sauerstoff, von denen der letztere in
wenigen Fällen fehlt, stets Stickstoff enthalten und sämmtliche
basische Eigenschaften besitzen.

Sämmtliche die Pflanzenbasen betreffenden Forschungen gehören Geschichte.
dem gegenwärtigen Jahrhundert an. Das zuerst bekannt gewordene
Alkaloid ist das Morphin, und als Entdecker desselben muss der
1841 in Hameln an der Weser verstorbene Apotheker Sertürner
angesehen werden. Zwar hatte, wie sich später herausstellte, schon
im Jahre 1803 Derosne, Apotheker zu Paris, zwei Alkaloide des
Opiums, das Narkotin und das Morphin isolirt; aber er erkannte
ebensowenig ihre Verschiedenheit als ihre basischen Eigenschaften.
Er bezeichnete seine auf verschiedenem Wege aus dem Opium gewonnenen krystallisirbaren Präparate als Opiumsalz und schrieb die
an einem Theile derselben (welcher nach der Art der Darstellung
Morphin gewesen sein muss) beobachtete alkalische Reaction einer
Verunreinigung mit dem zur Fällung benutzten fixen Alkali zu.
Auch Seguin scheint schon im Jahre 1804 das Morphin in Händen
gehabt und seine alkalische Reaction beobachtet, ohne jedoch daran

weitere Folgerungen über die basische Natur dieses Körpers geknüpft zu haben. Die ersten Untersuchungen Sertürner's über das Opium datiren aus dem Jahre 1805. Er entdeckte zu dieser Zeit, ohne von Derosne's Arbeiten Kenntniss zu haben, die eigenthümliche Säure des Opiums, die Mekonsäure, und ausserdem einen eigenthümlichen krystallisirbaren Körper, von dem er in einer 1806 publicirten Abhandlung sagt, dass er alkalische Reaction besitze, sich dem Anschein nach mit Säuren verbinde, und im Opium wahrscheinlich mit Mekonsäure verbunden vorkomme. Der damals noch vorsichtig geäusserten Ansicht über die basischen Eigenschaften dieses krystallisirbaren Körpers gab er dann, nachdem dieselbe elf Jahre lang ohne alle Beachtung geblieben war, im Jahre 1817 in einer Abhandlung „über das Morphium, eine neue salzfähige Grundlage, und die Mekonsäure, als Hauptbestandtheile des Opiums" den bestimmtesten Ausdruck. Er erklärte das Morphium für ein wahres, sich zunächst dem Ammoniak anschliessendes, mit Säuren zu Salzen verbindbares Alkali.

Erst jetzt wurde der so wichtigen Entdeckung die verdiente Aufmerksamkeit zu Theil, namentlich, nachdem durch Robiquet's bestätigende Versuche die Zweifel an der Existenz eines Körpers von so auffallenden Eigenschaften, wie sie Sertürner dem Morphin zuschrieb, beseitigt worden waren. Man begriff, dass wenn das Morphin, wie Sertürner gleichfalls gefunden hatte, die medicinischen Wirkungen des Opiums in potenzirtem Grade hervorzubringen vermöge, auch in anderen stark wirkenden Pflanzen isolirbare Stoffe existiren könnten, die gewissermassen die Träger ihrer arzneilichen Eigenschaften wären. Schon in den nächsten Jahren wurden verschiedene vegetabilische Salzbasen entdeckt, und nach kaum 1 ½ Decennien war bereits eine ganze Reihe der allerwichtigsten Alkaloide aufgefunden und untersucht worden. Noch im Jahre 1817 bewies Robiquet die Eigenthümlichkeit und die basische Natur des Narkotins. Dann folgten 1818 die Entdeckungen des Strychnins (Pelletier und Caventou) und des Veratrins (Meissner). Im Jahre 1819 wurden weiter die Alkaloide Brucin (Pelletier und Caventou), Delphinin (gleichzeitig von Brandes, Lassaigne und Feneulle) und Piperin (Oerstedt), im Jahre 1820 Chinin und Cinchonin (Pelletier und Caventou), Solanin (Desfosses) und Coffeïn (Runge) aufgefunden. Daran reiheten sich, von einigen weniger wichtigen Pflanzenbasen abgesehen, im Jahre 1825 das Chelidonin (Godefroy), 1826 das Corydalin (Wackenroder), 1827 das Coniin (Giesecke), 1828 das Nicotin (Reimann und Posselt), 1832 das Codeïn (Robiquet), 1833 Atropin, Aconitin und Hyoscyamin (sämmtlich von Geiger und Hesse entdeckt). Seit dieser Zeit brachte fast jedes Jahr neue Entdeckungen von Pflanzenbasen. Die Zahl der gegenwärtig bekannten mag weit über 100 betragen, wird aber voraussichtlich noch erheblich vergrössert werden. Insbesondere berechtigt die in neuester Zeit erfolgte Auffindung einiger in Wasser sehr leicht löslicher Alkaloide zu der Hoffnung, dass noch in manchen, bisher mit negativem Erfolg geprüften Pflanzen Körper dieser Art vorhanden sind. Die älteren Darstellungsmethoden basirten nämlich grösstentheils auf der fast immer an den Alkaloiden wahrgenommenen sehr geringen Löslichkeit in Wasser, und mussten daher für leicht lösliche Alkaloide erfolglos bleiben.

Aus dem eben Gesagten zu folgern, dass vielleicht in allen Pflanzen Alkaloide vorkämen, dürfte übrigens wohl eben so irrig sein, als die anfängliche Meinung, dass nur die narkotisch wirkenden Pflanzen Alkaloide enthielten. Die bisherigen Erfahrungen lehren, dass das Vorkommen dieser Stoffe mit dem Familiencharacter der Pflanzen mehr oder weniger in Zusammenhang steht. Es giebt Pflanzenfamilien in denen jedes Genus ein besonderes, ja bisweilen mehrere Alkaloide aufzuweisen hat. In anderen Familien, wie z. B. den Loganiaceen, führen sämmtliche oder doch viele Genera ein und das nämliche Alkaloid. Seltener ist ein solcher Stoff über mehrere Familien verbreitet, wie das Berberin über Genera aus den Familien der Berberideen, Cassieen, Menispermeen, Rutaceen, Papaveraceen, Anonaceen und Ranunculaceen, das Coffeïn, welches in den Familien der Rubiaceen, Camelliaceen, Aquifoliaceen und Sapindaceen angetroffen wird und das Buxin (Bebeerin) in den Familien der Euphorbiaceen, Laurineen und Menispermeen. In der grösseren Mehrzahl der Pflanzenfamilien hat man bis jetzt keine Alkaloide aufgefunden, und zu diesen gehören gerade einige sehr hervorragende Familien, wie die Labiaten und die Compositen. Die alkaloidführenden Familien gehören mit wenigen Ausnahmen zu den dicotyledonischen Gewächsen. Von den Monocotyledonen hat eigentlich nur die Familie der Colchicaceen entschiedene Pflanzenbasen aufzuweisen. Unter den Acotyledonen enthalten ohne Zweifel verschiedene Pilze, wie es scheint auch einige Lycopodiumarten, Alkaloide; aber erst ein einziges derselben, das Muscarin, ist kürzlich in reinem Zustande dargestellt und genauer untersucht worden.

Was die Verbreitung der Alkaloide im Pflanzenkörper anbetrifft, so hat man sie zwar in sämmtlichen hervorragenderen Organen aufgefunden; am häufigsten indess und in reichlichster Menge werden sie in den Früchten und Samen, bei baumartigen Gewächsen auch in den Rinden angetroffen. Wie es scheint, kommen sie meistentheils nicht in den eigentlichen Zellen, sondern in besonderen Secretionsbehältern oder in den Milchgefässen vor. Sie finden sich darin, wie dies bei der grossen Verbreitung der Pflanzensäuren kaum anders zu erwarten ist, wohl nur selten, vielleicht niemals frei, sondern in Form von Salzen, und zwar vielfach von sauren Salzen. In der Regel sind es die im Pflanzenreiche sehr verbreiteten Säuren, wie Aepfelsäure und die Gerbsäuren, mit denen sie verbunden vorkommen. Bisweilen freilich finden wir sie auch mit eigenthümlichen, für die betreffenden Pflanzen characteristischen Säuren vereinigt: so die Opiumalkaloide mit Mekonsäure und die Chinaalkaloide mit Chinasäure.

Darstellung. Zur Darstellung der meisten Alkaloide können verschiedene Wege mit ziemlich gleichem Erfolge eingeschlagen werden, die indess für die einzelnen bei der Verschiedenheit ihrer physikalischen Eigenschaften oft sehr von einander abweichen. Von entscheidender Bedeutung für die Wahl des zur Isolirung eines Alkaloides einzuschlagenden Verfahrens ist sein Verhalten in der Wärme und gegen Wasser. Die meisten Pflanzenbasen werden in höherer Temperatur zersetzt oder lassen sich doch nicht ohne partielle Zersetzung verflüchtigen. Nur einige flüssige Alkaloide, nämlich Coniïn, Nicotin, Spartëin, Trimethylamin, Capsicin, Hygrin, Jaborandin, Lobelin, können unverändert destillirt werden und verflüchtigen sich trotz des bei den drei erstgenannten Basen durchschnittlich zwischen 200° und 250° gelegenen Kochpunktes schon bei der Siedetemperatur des Wassers mit den Wasserdämpfen in reichlicher Menge.

Darstellung der leicht flüchtigen Basen. Die eben erwähnten flüchtigen Basen lassen sich am einfachsten gewinnen, indem man die passend zerkleinerten Vegetabilien nach Zusatz von Natron- oder Kalkhydrat und der erforderlichen Menge Wassers der Destillation unterwirft. Das Destillat ist bei der beträchtlichen Löslichkeit der flüchtigen Alkaloide in Wasser eine wässerige Lösung der freien Base und einer grösseren oder geringeren Menge freien Ammoniaks, welches wohl der Hauptsache nach bereits fertig gebildet im pflanzlichen Material vorhanden war. Man neutralisirt genau mit Schwefelsäure, auch Oxalsäure, verdunstet zur Syrupsconsistenz und schüttelt mit Aetherweingeist. Dieser löst nur das Sulfat oder Oxalat der organischen Base, welches dann nach Entfernung des Lösungsmittels mit sehr concentrirter Kalilauge in einem Strome von Wasserstoffgas destillirt wird. Die der so erhaltenen freien Base noch beigemengten Wasseranantheile lassen sich durch Eintragen kleiner Stückchen festen

Kalihydrats und nochmalige Destillation im Wasserstoffstrome beseitigen. Ist, wie bei den Tabaksblättern, das Volumen des auf ein flüchtiges Alkaloid zu bearbeitenden Materials sehr beträchtlich im Verhältniss zu seinem Gewicht und seinem Gehalt an der Base, so erschöpft man dasselbe zweckmässig mit Wasser, verdampft den Auszug vorsichtig zur Trockne und zieht aus dem Rückstande, der oft beträchtliche Mengen in Weingeist unlöslichen äpfelsauren Kalks enthält, das betreffende Alkaloidsalz mit Weingeist aus. Letzteres kann alsdann nach Entfernung des Weingeists in bequemer Weise der Destillation mit Alkalien unterworfen werden.

Unter den **nicht flüchtigen oder schwer flüchtigen** Alkaloiden ist die überwiegende Mehrzahl in Wasser schwer löslich, während ihre natürlich vorkommenden Salze vielfach schon von reinem, stets aber von mit Mineralsäuren angesäuertem Wasser, ausserdem auch von Weingeist gelöst werden. Die Darstellung der hierhergehörigen Alkaloide kann daher im Allgemeinen darauf gegründet werden, dass ätzende oder kohlensaure Alkalien und alkalische Erden sie aus den sauren wässrigen Lösungen ihrer Salze im freien Zustande niederschlagen müssen. Man extrahirt die zerkleinerten Pflanzentheile in der Wärme mit angesäuertem Wasser oder Weingeist und fällt die Auszüge nach vorhergegangener Concentration, eventuell nach dem Abdestilliren des Weingeistes, mit ätzendem oder kohlensaurem Alkali, mit Ammoniak, Kalk oder Magnesia. Aus dem die freie Base enthaltenden Niederschlage lassen sich beigemengte vegetabilische Pigmente nicht selten durch Behandlung mit schwacher Kalilauge oder mit verdünntem Weingeist entfernen, worauf dann die erstere durch kochenden Weingeist in Lösung gebracht und, wenn sie gut krystallisirbar ist, daraus durch Krystallisation gewonnen werden kann. Bei geringem Krystallisationsvermögen führt man das beim Verdampfen der weingeistigen Lösung zurückbleibende unreine Alkaloid in ein gut krystallisirendes Salz über, reinigt dieses durch Behandlung mit Kohle und wiederholtes Umkrystallisiren und fällt endlich aus dessen farbloser concentrirter Lösung mittelst kohlensaurem Natron die freie Base.

Enthalten die Auszüge der verarbeiteten Pflanzentheile ausser dem Alkaloid beträchtliche Mengen anderer stark färbender oder sonst schwierig zu trennender Stoffe, so ist es vortheilhaft und oft nothwendig, diese durch Ausfällen mit neutralem oder basischem Bleiacetat zu entfernen, darauf den Ueberschuss des Bleies durch Schwefelwasserstoff oder Schwefelsäure fortzuschaffen und nun erst die Fällung durch Alkalien oder alkalische Erden folgen zu lassen.

Einige Alkaloide lösen sich im Ueberschuss der alkalischen

Fällungsmittel, so z. B. das Morphin in Kalkhydrat und ätzenden fixen Alkalien und das Chinin in warmem wässrigem Ammoniak. In solchen Fällen ist natürlich die richtige Wahl des Fällungsmittels von besonderer Wichtigkeit: das Morphin z. B. muss mittelst Ammoniak und das Chinin mittelst fixer kohlensaurer Alkalien abgeschieden werden. — Auch bei Vornahme der Extraction des pflanzlichen Materials muss bisweilen besonderen Umständen Rechnung getragen werden. So erfährt z. B. das Solanin in Berührung mit verdünnten Mineralsäuren selbst in der Kälte eine Zerlegung, was natürlich die Anwendung von Mineralsäuren bei der Extraction dieses Alkaloides nicht rathsam erscheinen lässt. Andere Alkaloide, wie Aconitin, Atropin, und Hyoscyamin, erleiden schon in rein wässriger Lösung allmälig eine partielle Zersetzung. Hier muss Weingeist als Extractionsmittel benutzt werden, dessen Anwendung sich ausserdem in allen denjenigen Fällen empfiehlt, wo das pflanzliche Material sehr erhebliche Mengen von Pflanzenschleim, Gummi, Eiweissstoffen und anderen in wässrige, aber nicht in weingeistige Lösung übergehenden Stoffen enthält. Man versetzt alsdann den alkoholischen Auszug in der Regel am besten mit überschüssigem Kalkhydrat. Dieses bindet die Säure des Alkaloidsalzes und fällt zugleich das mit in Lösung gegangene Chlorophyll. Nach geschehener Filtration übersättigt man die weingeistige Lösung der nun freien Base mit Schwefelsäure, destillirt den Weingeist ab und zersetzt das zurückbleibende saure Sulfat in concentrirter wässriger Lösung durch kohlensaures Natron.

Darstellung der nicht oder schwer flüchtigen in Wasser leicht löslichen Basen. Für die in Wasser leicht löslichen und nicht flüchtigen Alkaloide, wie Colchicin, Cytisin, Lycin, Curarin u. a. mehr, kann die geringe Löslichkeit, welche gewisse Salze und Doppelsalze fast aller Pflanzen-Basen zeigen, zur Abscheidung benutzt werden. Ganz besonders schwer löslich, auch in sauren Flüssigkeiten, sind ihre Verbindungen mit der Phosphormolybdänsäure. Zugleich lässt sich aus diesen Verbindungen die Base leicht und vollständig wieder isoliren. Versetzt man daher den mit angesäuertem Wasser bereiteten, durch Ausfällen mit Bleiessig gereinigten, mittelst Schwefelsäure wieder bleifrei gemachten, durch Eindampfen genügend concentrirten und bei zu stark saurer Reaction mit Soda theilweise abgestumpften Auszug des pflanzlichen Materials mit der zur Ausfällung erforderlichen Menge von phosphormolybdänsaurem Natron*), so enthält der entstehende flockige, meistens gut

---

*) Das phosphormolybdänsaure Natron kann für diesen Zweck genügend rein erhalten werden, indem man 30 Aequiv. Molybdänsäure (2160 Gew.-Th.) in etwas über-

sich absetzende Niederschlag den weitaus grössten Theil der organischen Base als phosphormolybdänsaures Salz. Er wird gesammelt, mit Wasser etwas, jedoch nicht zu lange gewaschen, abgepresst und darauf durch Eintrocknen mit Kalk- oder Barytcarbonat (auch wohl Calcium und Baryumhydroxyd) bei einer 100° nicht übersteigenden Temperatur zersetzt. Kochender Weingeist bringt nun die jetzt frei im Rückstande vorhandene Base in Lösung, aus der sie entweder direct oder nach vorgängiger Ueberführung in ein gut krystallisirbares Salz gewonnen werden kann.

Auch die Eichengerbsäure giebt mit den meisten Pflanzenbasen in neutralen oder schwach sauren Flüssigkeiten schwer lösliche Verbindungen und ist bei der Darstellung mehrerer neu entdeckter leicht löslicher Alkaloide mit Vortheil benutzt worden. Die Fällung der in der eben beschriebenen Weise vorbereiteten Auszüge mittelst Tanninlösung muss bei möglichst neutraler und durch successiven Zusatz von Soda während der Operation neutral zu erhaltender Reaction stattfinden. Der mit wenig Wasser gewaschene und gut ausgepresste Niederschlag wird mit überschüssiger geschlämmter Bleiglätte oder besser noch mit reinem Bleioxydhydrat unter öfters wiederholter Ersetzung des verdampften Wassers und stetem Umrühren so lange auf dem Wasserbade erwärmt, bis das Filtrat einer mit etwas Weingeist zusammengeschüttelten Probe durch Eisenchlorid nicht mehr dunkel gefärbt wird. Der hierauf zur Trockne gebrachten und gepulverten Masse entzieht kochender Weingeist die freie Base. — Bei den schwer löslichen Alkaloiden, für deren Darstellung Henry die Gerbsäure schon früh empfohlen hat, gewährt diese Methode keinerlei Vortheile, sondern führt nur erhebliche Verluste herbei. Henry zersetzte den Gerbsäure-Niederschlag durch Zusammenbringen mit Kalkhydrat, das die Gerbsäure allmälig unter Hervorrufung von blauer, grüner und endlich brauner Färbung in Gallussäure und Zucker zerlegt, trocknete darauf ein und kochte den Rückstand mit Weingeist aus. Die weingeistige Lösung ist unter diesen Umständen weit unreiner als bei Anwendung von Bleioxyd an Stelle des Kalks.

Endlich hat man für die Gewinnung einiger in Wasser leicht löslicher Alkaloide in neuester Zeit auch von der Schwerlöslichkeit der Doppelsalze Nutzen gezogen, welche die chlorwasserstoffsauren Salze

---

schüssiger Natronlauge löst, damit so lange kocht, als noch Ammoniak entweicht (die käufliche Molybdänsäure ist fast immer ammoniakhaltig) und dann die wässrige Lösung von 1 Aequiv. phosphorsaurem Natron (vom gewöhnl. krystallisirt. Salz 358 Gew.-Th.) hinzufügt.

der Pflanzenbasen mit dem Quecksilberchlorid bilden. Die gereinigten und stark concentrirten Auszüge werden mit einer concentrirten Auflösung von Quecksilberchlorid oder von Kaliumquecksilberchlorid ausgefällt. Der Niederschlag wird in Wasser suspendirt, mit Schwefelwasserstoff zersetzt und aus dem Filtrat, einer sauren Lösung des chlorwasserstoffsauren Salzes der Base, diese in geeigneter Weise isolirt. Auch ist hier erwähnenswerth, dass die Fällungen, welche sämmtliche Alkaloide mit Lösungen von Quecksilberjodür oder -Jodidjodkalium liefern, zur Isolirung der reinen Alkaloide geeignet sind, nicht minder auch die Fällungen mit einer Auflösung von Jod in Jodkalium (A. Hilger, Habilitationsschrift, 1869. A. Stuber). Die ersteren Fällungen werden anolog den Niederschlägen mit phosphormolybdänsaurem Natron durch Eintrocknen mit Kalk- oder Barythydrat zerlegt, wodurch das Alkaloid in Freiheit tritt und leicht mit kochendem Alkohol oder Aether etc. extrahirt werden kann und zwar verhältnissmässig rein. Die Jodfällungen lassen sich leicht mit Silbernitrat und -sulfat zerlegen, wodurch das entsprechende Alkoloidsalz in Lösung tritt oder auch durch Eintrocknen mit Magnesiumoxyd (Magnesia usta) und Extraction der trocknen Masse mit Aether oder Alkohol wobei das Alkaloid meist sehr rein erhalten wird. Die Jodfällungen selbst müssen ihrer leichten Zersetzbarkeit halber jedenfalls sehr rasch verarbeitet werden. — In hohem Grade Beachtung verdient ferner das Fällungsmittel von C. Scheibler (Zeitschrift für die Zuckerindustrie des deutschen Reiches, 1874), die Phosphorwolframsäure in Form des Natronsalzes, deren Fällungen leicht nach der bei dem phosphormolybdansäuren Natron angegebenen Methode leicht zerlegt werden können. Noch manche andere Darstellungsmethoden werden bei der Besprechung der einzelnen Alkaloide eine Stelle finden.

In oft nicht geringem Grade ist die Reindarstellung der Alkaloide in solchen Fällen erschwert, wo gleichzeitig mehrere derselben in der nämlichen Pflanze vorkommen. Hier gilt es, Unterschiede in den Löslichkeitsverhältnissen, sei es der freien Basen, sei es ihrer Salze, aufzufinden, um darauf gestützt eine Trennung zu bewirken. So ist beispielsweise das Chinin leicht löslich in Aether und Weingeist, während das gleichfalls in den Chinarinden vorkommende Cinchonin von letzterem schwer, von ersterem fast gar nicht gelöst wird; andererseits besitzt das schwefelsaure Cinchonin eine weit grössere Löslichkeit in Wasser als das schwefelsaure Chinin, und krystallisirt daher aus einer wässrigen Lösung später als letzteres. Aehnliche Unterschiede der Löslichkeit bestehen für Strychnin und Brucin, zwei in den Brechnüssen gemeinsam vorkommende Alkaloide,

gegenüber Wasser und verdünntem Weingeist, welche Brucin und
sein salpetersaures Salz bei weitem leichter lösen, als Strychnin und
salpetersaures Strychnin. Morphin und Narkotin, zwei von den Alkaloiden des Opiums, können sowohl durch Aether wie auch durch alkalische Flüssigkeiten getrennt werden: in ersterem ist das Morphin, in
letzteren das Narkotin unlöslich.

Auch die völlige Befreiung der nach irgend einer der besproche- Reinigung.
nen Methoden gewonnenen nicht flüchtigen Alkaloide von anhängenden färbenden Substanzen ist nicht selten mit besonderen Schwierigkeiten verbunden. Zur Entfernung dieser Verunreinigungen pflegt
man das Alkaloid in irgend ein gut krystallisirendes Salz zu verwandeln, dieses durch wiederholtes Umkrystallisiren, nöthigenfalls
unter Anwendung der so kräftig entfärbenden Blutkohle, zu reinigen,
daraus, wenn die Base unlöslich ist, sie wieder durch Ammoniak
oder Kali zu fällen und dann aus Weingeist oder Aether zu krystallisiren. An Stelle der Kohle kann, namentlich bei Darstellungen
in kleinerem Massstabe, auch frisch gefälltes Schwefelblei als Entfärbungsmittel mit Vortheil benutzt werden. Stark gefärbte Salzlösungen der Pflanzenbasen werden oft wasserklar, wenn man sie
mit etwas Bleizucker versetzt und darauf das Blei durch Schwefelwasserstoff ausscheidet. Zu beachten ist übrigens, das Schwefelblei
nicht minder als Kohle die Eigenschaft besitzt, in wässrigen
Lösungen eine grössere oder geringere Menge des Alkaloids auf sich
niederzuschlagen. Um Verluste zu vermeiden, ist es daher immer
rathsam, das durch Filtration getrennte Entfärbungsmittel zu trocknen und mit Weingeist auszukochen. Die benutzte Thierkohle muss
selbstverständlich völlig rein und zu diesem Zwecke vorher sorgfältig mit Salzsäure ausgezogen sein; anderenfalls kann sie sehr
leicht zu einer Verunreinigung des Alkaloids mit phosphorsaurem
Kalk Veranlassung geben.

Ausser phosphorsaurem Kalk können auch Gyps, Mag- Prüfung auf
nesia und andere Körper als von der Darstellung herrührende Ver- Verunreini-
unreinigungen in den Alkaloiden angetroffen werden. Sind die- gungen u. Ver-
selben käuflich bezogen worden, so muss bei der Prüfung auf ihre fälschungen.
Reinheit auch auf absichtlich beigemengte Stoffe, auf Verfälschungen, welche sich die moderne Industrie, verführt durch den hohen
Preis der meisten Alkaloide, nicht selten erlaubt hat, Rücksicht genommen werden. Von unorganischen Substanzen hat man ausser
den schon genannten auch Kreide, Glaubersalz, Bittersalz, Borsäure und verschiedene Ammoniumsalze beigemengt gefunden. Bis
auf die letzteren sind alle diese Körper leicht dadurch zu entdecken,
dass sie beim Verbrennen einer Probe auf Platinblech als feuerbeständig

zurückbleiben und dann nach den Regeln der analytischen Chemie erkannt werden können. Die Gegenwart von Ammonium-Verbindungen aber giebt sich durch die beim Uebergiessen mit kalter Kalilauge eintretende Ammoniak-Entwicklung sofort zu erkennen. Mehr Schwierigkeiten macht im Ganzen die Auffindung beigemengter organischer Substanzen, von denen besonders Stärke, die verschiedenen Zuckerarten, Mannit, Salicin, Phloridzin, Benzoësäure und Stearinsäure auch Santonin als Verfälschungen benutzt worden sind. Die Stärke erkennt man, indem man eine Probe mit Wasser aufkocht und nach dem Erkalten mit Jodtinctur versetzt, worauf bei Vorhandensein die bekannte Blaufärbung eintritt. Stearinsäure erzeugt beim Kochen mit Wasser aufschwimmende Fetttropfen. Zur Nachweisung der übrigen Substanzen kocht man, wenn, wie es die Regel, das Alkaloid ein im Wasser schwer lösliches und als Salz vorhanden ist, etwa ein Gramm davon mit überschüssigem Barytwasser, wodurch das Alkaloid in den meisten Fällen ausgeschieden wird. Leitet man hierauf Kohlensäure ein, bis die alkalische Reaction verschwunden ist, und kocht dann auf's Neue, etwa eine Viertelstunde lang, so enthält die nun abzufiltrirende Lösung ausser dem Barytsalz der Säure (Schwefelsäure ausgenommen), welche an das betreffende Alkaloid gebunden war, nur die Verfälschungsmittel. Man verdampft zur Trockne und behandelt den Rückstand mit 75--80 % Weingeist. Dieser löst Zucker, Mannit, Salicin und Phloridzin, von denen die ersteren an ihrem süssen Geschmack und ihren sonstigen characteristischen Eigenschaften, die letzteren an der rothen Färbung erkannt werden, die sie mit conc. Schwefelsäure hervorbringen. Benzoësäure endlich würde sich als Barytsalz in dem in Weingeist unlöslichen Rückstande finden. Löst man diesen in möglichst wenig Wasser und versetzt mit Salzsäure, so wird die Benzoësäure gefällt und kann, nachdem sie durch Erwärmen wieder in Lösung gebracht ist, beim Erkalten daraus in glänzenden Blättchen krystallisirt erhalten werden. (Siehe übrigens den speciellen Theil).

Eigenschaften. Sämmtliche Alkaloide, mit Ausnahme der leicht flüchtigen Basen Coniïn, Nicotin, Spartëin, Lobelin, Hygrin, Capsicin, Jaborandin, Lupulin sind bei gewöhnlicher Temperatur fest. Die flüssigen sind wasserhelle, meist ziemlich hoch siedende, unverändert destillirbare Flüssigkeiten, die sich in Berührung mit der Luft unter Zersetzung dunkler färben. Sie besitzen meistens einen sehr intensiven und zugleich characteristischen Geruch. In Wasser sind nur Coniïn und Spartëin schwer löslich, die übrigen lösen sich darin sehr leicht. Von Weingeist, Aether und Chloroform werden sie in allen Verhältnissen gelöst. Die Lösungen reagiren stark alkalisch.

Die festen Alkaloide sind grösstentheils nicht unzersetzt flüchtig. Wenn auch, wie weiter unten noch genauer angeführt werden wird, sich manche, vielleicht die meisten, in ganz minimalen Mengen bei sehr vorsichtigem Erhitzen sublimiren lassen, so sind es doch nur wenige, von denen erheblichere Quantitäten ganz oder doch theilweise unzersetzt verflüchtigt werden können. Beinahe ohne alle Zersetzung und verhältnissmässig leicht sind Conydrin, Aribin, Coffeïn und Cytisin zu sublimiren, unter partieller Zersetzung auch Cinchonin, Atropin, Hyoscyamin und einige andere. Die meisten krystallisiren, manche jedoch, so u. a. Aconitin, Berberin, Buxin, Curarin, Delphinin, Emetin, wurden bis jetzt nur in amorphem Zustande erhalten. In Wasser löst sich die Mehrzahl schwierig oder gar nicht. Einige dagegen, wie Colchicin, Cytisin, Curarin, Lycin, werden davon sehr leicht, zum Theil in jedem Verhältniss gelöst; das zuletzt genannte zerfliesst sogar an der Luft. Weingeist löst sie ohne Ausnahme. Aether ist für manche Alkaloide ein noch besseres Lösungsmittel, während andere sich darin sehr schwer oder gar nicht lösen. Gute Lösungsmittel sind in den meisten Fällen auch Benzol, Amylalkohol und namentlich Chloroform Methylalkohol, auch Glycerin. Die Lösungen der meisten reagiren schwächer oder stärker alkalisch. Alle festen Alkaloide sind geruchlos, von mehr oder weniger bitterem Geschmack und mit wenigen Ausnahmen farblos.

Viele Alkaloide, vielleicht alle, ertheilen ihren Lösungen die Fähigkeit, die Schwingungsebene des polarisirten Lichtes zu drehen. Sie unterscheiden sich dadurch von den künstlich darstellbaren Basen, denen die Eigenschaft der Circularpolarisation wahrscheinlich durchweg abgeht. Nach den Versuchen von Bouchardat und Boudet (Journ. Pharm., (3) 23. 288), die sich neben Pasteur am eingehendsten mit dieser Frage beschäftigten, sind die meisten Pflanzenbasen, insbesondere Chinin, Morphin, Codeïn, Narkotin, Strychnin, Brucin, links drehende; auffallend stark rechts drehend wirkt das Cinchonin, Conchinin, Coniin, Laudanosin. Die Bemühungen, auf die qualitative oder graduelle Verschiedenheit des Rotationsvermögens eine Methode zur Unterscheidung der einzelnen Alkaloide zu gründen, lassen übrigens vorläufig wohl kein günstiges Resultat erwarten. Ohne Wirkung auf das polarisirte Licht sind: Atropin, Berberin, Betaïn, Cryptopin, Emetin, Narceïn, Veratrin, Coffeïn.

In ihrem Verhalten gegen Säuren stellen sich die Alkaloide nicht sowohl, wie aus dem Namen hervorzugehen scheint, neben die eigentlichen Alkalien, sondern neben das Ammoniak. Wie bei diesem erfolgt ihre Vereinigung mit den Säuren ohne Elimination von Wasser. Ihre Affinität zu den Säuren ist bald stärker, bald schwächer, im Allgemeinen aber geringer als die der Alkalien, alkalischen Erden und des Ammoniaks, dagegen grösser als diejenige der Oxyde der schweren Metalle. Während sie durch die ersteren gewöhnlich aus ihren Salzen abgeschieden werden, fällen sie ihrerseits in vielen Fällen die Salzlösungen der schweren Metalle. Einige Alkaloide verbinden sich mit gewissen Säuren, insbesondere mit Salzsäure, Schwefelsäure, Oxalsäure und Weinsäure, in zwei Verhältnissen.

Alle Akaloidsalze, auch die der flüssigen Basen, sind fest und werden beim Erhitzen zersetzt. Sie sind, soweit sie geruchlose Säuren enthalten, durchweg geruchlos und besitzen den bitteren Geschmack der freien Basen. In ihrem Verhalten gegen Lösungsmittel finden die grössten Verschiedenheiten statt. Weingeist löst sie im Allgemeinen besser als Wasser und Aether. In solchen Fällen, wo ein Alkaloid mit den oben genannten Säuren zwei Verbindungen eingeht, ist diejenige mit dem Maximum des Säuregehalts stets in Wasser leicht löslich. Einige Säuren, vornehmlich Gerbsäure, Pikrinsäure, Phosphormolybdänsäure, Metawolframsäure, Phosphorwolframsäure bilden mit beinahe allen Alkaloiden in Wasser und verdünnten Säuren schwer lösliche Salze, was sowohl für die Darstellung (siehe oben) als auch für die Erkennung derselben von Bedeutung ist. Die phosphormolybdänsauren Alkaloidsalze zersetzen sich nach Seligsohn (Zeitschr. Chem. 1867. 394) beim Erwärmen mit wässrigen essigsauren Alkalien unter Ausscheidung des Alkaloids und Freiwerden von Essigsäure.

Doppelsalze. Wie das Ammoniak und die künstlich dargestellten basischen Ammoniakderivate haben auch die Pflanzenbasen grosse Neigung, Doppelhaloidsalze mit den Cloriden, Jodiden und auch den Cyaniden einiger Metalle (Quecksilber, Wismuth, Cadmium) zu erzeugen. Von diesen haben die Chlorplatin- und Chlorgolddoppelsalze, welche wegen ihrer Schwerlöslichkeit fast immer durch Fällung wässeriger Lösungen der Alkaloidsalze mit Platin- resp. Goldchlorid als krystallinische oder amorphe, zum Theil aus heissem Wasser oder verdünnter Salzsäure gut krystallisirende Niederschläge zu erhalten sind, insofern besondere Bedeutung, als sie bei ihrer constanten Zusammensetzungsweise (sie enthalten in der Regel auf je 1 At. der mit der Base verbundenen Chlorwasserstoffsäure 1 At. $PtCl^4$ resp. $AuCl^3$) mit Vortheil zur Bestimmung des Moleculargewichts der Basen benutzt werden können. — Die Quecksilber- und Cadmiumdoppelsalze sind in ihrer Zusammensetzung viel variabler und enthalten nicht selten auf 1 At. HCl resp. HJ 2 oder mehr Atome des Metallsalzes; ja bisweilen fehlt darin die Wasserstoffsäure ganz und ist das Metallsalz unmittelbar mit der freien Base vereinigt.

Aehnliche Verbindungen vermögen manche Pflanzenbasen auch mit Silbernitrat und einigen anderen Sauerstoffsalzen einzugehen.

Nach R. Palm (Russ. Zeitschr. Pharm. II. 337. 361. 385) bildet eine Anzahl von Alkaloiden Sulfurete, Hypersulfurete und Sulfhydrate, von denen die ersteren durch Vermischen der Alkaloidsalze mit löslichen Schwefelmetallen oder durch Behandlung der in Weingeist gelösten Base mit Schwefelwasserstoff, die Hypersulfurete durch Fällung mit Fünffach-Schwefelkalium und die Sulfhydrate (von Coniïn und Trimethylamin) durch Sättigen der Base mit Schwefelwasserstoff entstehen sollen. Die Schwefelverbindungen der sauerstoffhaltigen Basen sind nach Palm theils amorphe, theils krystallinische farblose, gelbe oder rothbraune Niederschläge, die sich meistentheils schon beim Trocknen oder Aufbewahren zersetzen.

Nicht immer beschränkt sich die Wirkung der Säuren auf die Alkaloide darauf, mit ihnen Salze hervorzubringen. Wie die Untersuchungen der letzteren Jahre gezeigt haben, werden einige dieser Körper bei längerer Berührung mit verdünnten Mineralsäuren, besonders in der Wärme, unter Aufnahme der Elemente des Wassers in ganz ähnlicher Weise in zwei oder drei Körper gespalten, wie dies für das indifferente stickstoffhaltige Amygdalin und für eine grosse Anzahl indifferenter stickstofffreier Pflanzenstoffe, wie Salicin, Populin, Peucedanin u. a. mehr, schon länger bekannt ist. Nachdem 1858 und 1859 O. Gmelin einer- und Zwenger und Kind andererseits die Spaltbarkeit des Solanins (in Solanidin und Traubenzucker) erkannt hatten, wurde dieselbe später auch für Cocaïn (in Ecgonin, Benzoësäure und Methylalkohol) und für Atropin (in Tropin und Tropasäure) nachgewiesen und gilt vielleicht noch für manche andere dieser Körper. Bei den bis jetzt gespaltenen Alkaloiden besitzt das stickstoffhaltige Spaltungsproduct wiederum basische Eigenschaften.

Ueber die chemischen Veränderungen, welche den schon lange bekannten eigenthümlichen und oft sehr schönen Färbungen zu Grunde liegen, die manche Alkaloide beim Zusammentreffen mit einigen concentrirten Säuren, namentlich mit Schwefelsäure und Salpetersäure entweder direct oder auf nachherigen Zusatz von Oxydations- oder Reductionsmitteln erzeugen, wissen wir im Allgemeinen noch sehr wenig. Nur in einigen Fällen sind die Wirkungen der genannten Säuren etwas genauer erforscht. So steht es fest, dass concentrirte Schwefelsäure mit einigen Pflanzenbasen, z. B. mit dem Chinin, eigenthümliche gepaarte Säuren hervorbringt. Bei Behandlung mit Salpetersäure oder anderen oxydirend wirkenden Agentien werden in der Mehrzahl der Fälle nur wenig characteristische Producte erhalten; gewöhnlich entstehen dunkel gefärbte, harzartige Verwandlungsproducte, über deren Natur die chemische Untersuchung nur ungenügende Aufschlüsse gab. Bei einigen Alkaloiden, z. B. Narkotin, Strychnin und Cinchonin, wurden indess gut characterisirte Oxydationsproducte erhalten, und einige andere, wie Codeïn, Harmalin und Harmin, hat man mittelst concentrirter Salpetersäure zu nitriren vermocht.

durch die Halogene; Von den Halogenen bringt das Chlor im Allgemeinen die stärksten, das Jod die am wenigsten eingreifenden Veränderungen bei den Alkaloiden hervor. Während das erstere durch secundäre Oxydation gewöhnlich harzartige Zersetzungsproducte und nur selten reine Substitutionsproducte erzeugt, wirkt das Brom in der Regel substituirend und tritt an Stelle von austretendem Wasserstoff in das Alkaloid ein. Das Jod endlich geht meistens mit den Basen directe Verbindungen ein, die bei den meisten von ihnen durch Zusatz von weingeistiger Jodlösung oder von wässrigem Jod-Jodkalium zu den Auflösungen der Alkaloide oder Alkaloidsalze in Form bräunlicher, schwer löslicher, oft krystallinisch werdender Niederschläge erhalten werden.

durch Alkalien und alkalische Erden; Fixe Alkalien oder alkalische Erden rufen bei einigen Alkaloiden, z. B. dem Atropin, Sinapin und Piperin, wenn sie damit in wässriger Lösung erhitzt werden, ähnliche Spaltungen hervor, wie dies vorhin bei den Säuren angegeben wurde. Bei der trocknen Destillation mit Kali- oder Kalkhydrat werden natürlich sämmtliche Pflanzenbasen zerlegt. Jedoch tritt dabei nicht immer der gesammte Sticktoffgehalt als Ammoniak, sondern nicht selten zu einem Theil als Methylamin und Aethylamin und in Form anderer flüchtiger Aminbasen aus, was bei der Elementaranalyse der Alkaloide zu berücksichtigen ist.

durch die Haloidäther. Von ganz besonderem Interesse ist die freilich erst bei verhältnissmässig wenigen Alkaloiden untersuchte Einwirkung der Haloidäther, insbesondere der Jodüre und Bromüre der Alkoholradikale. Wir müssen bezüglich des Näheren auf die einzelnen Alkaloide verweisen, bemerken aber, dass das Studium derselben bereits gewisse Aufschlüsse über die Constitution dieser Körper gegeben hat.

Chemische Constitution der Alkaloide. Von der chemischen Constitution einer grossen Zahl Alkaloide ist uns im Ganzen wenig mehr als ihre Elementarzusammensetzung und — jedoch keineswegs immer mit Sicherheit — auch ihr Atomgewicht bekannt. Auf Grund der ganz unzweideutig hervortretenden Aehnlichkeit ihres chemischen Verhaltens mit demjenigen des Ammoniaks machte Berzelius die Annahme, sie enthielten Ammoniak, gepaart mit einer indifferenten, die chemische

Natur dieser Körper nicht beeinflussenden Atomgruppe, welche in einigen Fällen ein Kohlenwasserstoff sei, meistens aber aus Kohlenstoff, Wasserstoff und Sauerstoff bestehe, zu denen bisweilen sich auch noch Stickstoff geselle. Von anderer Seite ist die Ansicht aufgestellt worden, es sei ein Theil des Stickstoffs in näherer Verbindung mit Sauerstoff vorhanden. Auch Cyan hat man als näheren Bestandtheil darin vermuthet. Von Liebig (Handwörterbuch der Chemie, 1. Aufl., Bd. 1, S. 697; 2. Aufl., Bd. 2, Abth. 1, S. 690) ist dann die Meinung ausgesprochen worden, die organischen Basen seien Amidverbindungen, d. h. Ammoniak, in welchem 1 Atom Wasserstoff durch ein organisches Radikal vertreten ist. Seitdem nun in neuerer Zeit, namentlich durch die Untersuchungen von Hofmann und Wurtz, die Existenz zahlreicher künstlicher organischer Basen nachgewiesen worden ist, die zweifellos Substitutionsproducte des Ammoniaks sind, sei es eines einfachen oder eines multiplen Ammoniakmoleküls, bei denen aber die Substitution des Wasserstoffs nicht bei einem Atom stehen blieb, sondern sich über mehrere, oft über alle, erstreckte, neigt man gegenwärtig allgemein der Ansicht zu, dass auch die Pflanzenbasen als partiell oder vollständig substituirte Ammoniake (als Amine oder Amid-Amine) zu betrachten seien.

Um zu entscheiden, ob eine künstlich dargestellte organische Base noch substituirbaren Wasserstoff enthält oder nicht, behandelt man sie in höherer Temperatur mit dem Haloidderivat eines Alkohols (einem Haloidäther), etwa Methyljodür oder Athyljodür. Ist das Product der Einwirkung eine Jodverbindung, welche durch Erwärmen mit Kali oder Natron unter Elimination von Jodwasserstoff zersetzt wird, so hat Substitution von Wasserstoff der Base durch das Radikal des Haloidäthers stattgefunden. Die Analyse hat dann darüber Aufschluss zu geben, wie viel Wasserstoffatome ersetzt wurden, und eine nochmalige Behandlung des gewonnenen Substitutionsproductes mit dem Haloidäther entscheidet darüber, ob noch weiterer vertretbarer Wasserstoff vorhanden ist. Enthält nämlich die Base überhaupt keinen vertretbaren Wasserstoff, oder ist nach bereits stattgehabter Substitution kein solcher mehr vorhanden, so entsteht beim Erhitzen mit dem Jodür eines Alkoholradikals ein Product, auf welches die fixen Alkalien nicht verändernd einwirken, welches aber durch feuchtes Silberoxyd in der Weise zerlegt wird, dass Jod austritt und für jedes Atom desselben ein Atom eines Wasserrestes (Hydroxyl $=$ OH) aufgenommen wird. Der nun entstandene, meistens stark basische und in Wasser leicht lösliche Körper ist ein sogenanntes Hydratamin oder eine Ammoniumbase und

kann als Ammoniumoxydhydrat betrachtet werden, in welchem sämmtlicher der Ammoniumgruppe angehöriger Wasserstoff durch Radikale
ersetzt ist.

Die Synthese eines Alkaloides ist bis jetzt noch nicht gelungen. Trotzdem sind im letzten Jahrzehnte, auch wohl schon
früher, eine Reihe experimenteller Thatsachen festgestellt worden,
welche uns über die Constitution der Alkaloide werthvolle Beiträge
liefern. Es mögen demnach gerade hier jene Arbeiten eine kurze
Zusammenstellung finden, welche in dieser Richtung beachtenswerth
erscheinen.

Wertheim (Liebig Annal. **100.** 328) führte Conydrin C_8H_7NO
in Coniin über durch Einwirkung von Phosphorsäureanhydrid. Sonnenschein (Berl. Ber. 1875. 828) hat durch Salpetersäureeinwirkung
auf Brucin Strychnin erhalten. Strecker (Liebig Ann. **118.** ·151)
hat aus Theobrominsilber durch Einwirkung von Jodmethyl Coffeïn
erhalten, Fritsche (Ebend. **64.** 360) durch Oxydation von Harmalin = Harmin, Matthiesen u. Whright (Supplmtb. **7.** 170)
aus Codeïn durch Erhitzen mit Salzsäure Apomorphin, das Anhydrid
des Morphiums. Das Studium der Oxydationsproducte und der Einwirkung von Alkalien auf die Alkaloide führte in vielen Fällen
·zu interessanten Thatsachen, von welchen eine Auswahl der Wichtigsten folgen soll.

Anderson (Liebig Annal. **77.** 374) erhielt bei Einwirkung
von Natronkalk auf Codeïn in der Wärme Methylammin, Trimethyl-
ammin. Aus dem Morphin erhielt Wertheim durch Erhitzen mit
Kalihydrat Methylammin, aus dem Piperin Piperidin (Anderson u.
Cahour). Die Zersetzungen von Coffeïn durch Alkalien führte nach
den Arbeiten von Rochleder (Jahresb. f. Chem. 1849), Strecker
(Liebig Annal. **123.** und **157.**), Schultzen (Jahresb. Chem. 1867.
516) zuerst zur Bildung von Coffeïdin unter Aufnahme von 1%
Wasser und später unter weiterer Wasseraufnahme zu Kohlensäure,
Ameisensäure, Ammoniak, Methylammin, Sarkosin (Methylglycocholl).
Gerhardt (Liebig Annal. **42.** 310 und **44.** 279) stellte durch
Schmelzen von Chinin, Cinchonin und Strychnin mit Kali Chinolin
dar. Es gehören ferner hierher die Spaltungen des Atropins durch
Kali oder Salzsäure in Tropasäure, Atropasäure und Tropin durch
Kraut (1863), und Lossen, des Cocaïnes in Ecgonin, Benzoësäure
und Methylalkohol, des sulfocyansauren Sinapin durch v. Babo und
Hirschbrunn (Liebig Annal. **84.**) in N freie Sinapinsäure und
Sinkolin, das als identisch mit Bilineurin und Cholin von Claus
erwiesen wurde (Jahresber. Chem. 1867. 494), wodurch die Formel

$$CH_2.OH$$
$$|$$
$$CH_2.N(CH_3)_3.OH$$

für Sinkolin aufzustellen ist, die Spaltungen von Piperin in Piperidin und Piperinsäure (N-frei), die Umwandlungen der Veratrum- und Aconitalkaloide durch alkoholisches Kali, von **Wright** und **Luff** veranlasst, in noch wenig bekannte Basen und Methylcrotonsäure, Veratrin- und Benzoësäure, die Oxydation von Narcotin in Cotarnin und N freie Opiansäure und Hemipinsäure. Diese Säuren, welche als N freie Spaltungsproducte auftreten, sind ihrer Constitution nach zum grossen Theile bekannt. So haben die Forschungen von **Matthiesen** und **Foster** (Liebig Annal. Supplmt. I. II), sowie **Beckett** und **Wright** (Jahresber. Chem. 1876.) und **Hessert's** (Berl. Ber. 1878) ergeben, dass Opiansäure mit Kalilauge, Meconin und Hemipinsäure liefert, Opiansäure mit Natronkalk Methylvanillin, die Hemipinsäure Dimethylbrenzcatechin und Protocatechusäure liefern kann, wodurch Formeln für Hemipinsäure und Opiansäure aufgestellt werden können:

<table>
<tr><td align="center">Hemipinsäure</td><td align="center">—</td><td align="center">Opiansäure</td></tr>
<tr><td align="center">$C_6H_2\begin{cases}CO.OH \\ CO.OH \\ OCH_3 \\ OCH_3\end{cases}$</td><td align="center">—</td><td align="center">$C_6H_2\begin{cases}CHO \\ CO.OH \\ OCH_3 \\ OCH_3\end{cases}$</td></tr>
</table>

Die Arbeiten von **Fittig**, **Mielck**, **Remsen**, **Strecker** (Liebig Annalen **118. 152. 159. 168. 172.**) haben über die Constitution der Piperinsäure Klarheit gebracht. Kali wandelt diese Säure in Essigsäure, Oxalsäure und Protocatechusäure um, Kaliumpermanganat in einen Aldehyd, Piperonal, der durch weitere Oxydation in Piperonylsäure übergeht. Leztere geht mittelst HCl in Protocatechusäure und Kohlenstoff, mit Wasser bei 210° C in Brenzcatechin, Kohlensäure über, mit Natriumamalgam Hydropiperinsäure, mit Brom ein Tetrabromid. Die Formel für Piperinsäure ist wahrscheinlich:

$$C_6H_3 <^O_O> CH_2$$
$$\diagdown CH:CH.CH:CH.CO.OH.$$

Auch über die mit Phenylmilchsäure isomere Tropasäure, sowie die unter sich und mit Zimmtsäure isomeren Atropasäure, Isatropasäure und die Hydratropasäure haben die Versuche von Lossen, Kraut, Fittig und Wurster (Liebig Ann. **195**), Pagenstecher (Berl. Ber. 1879), endlich Ladenburg und Rügheimer (Berl. Ber. 1880) Aufschluss hinsichtlich ihrer Constitution ertheilt und es lassen sich für diese Säuren nachstehende Formeln aufstellen:

Hydratropasäure

$$C_6H_5 <{\begin{matrix} CH_3 \\ CH \\ CO.OH \end{matrix}}$$

Atropasäure

$$C_6H_5\,C <{\begin{matrix} CH_2 \\ CO.OH \end{matrix}}$$

Atrolactinsäure

(durch Kochen der Bromhydratropasäure mit Sodalösung erhalten)

$$C_6H_5 <{\begin{matrix} CH_2.OH \\ CH \\ CO.OH \end{matrix}}$$

Tropasäure

nach Fittig:

$$C_6H_5 {\begin{matrix} CH_2.OH \\ COH \\ CO.OH.; \end{matrix}}$$

für Atrolactinsäure

$$C_6H_5. — C(OH) <{\begin{matrix} CH_3 \\ CO.OH \end{matrix}}$$

— Tropasäure

$$C_6H_5.\,CH <{\begin{matrix} CH_2.OH \\ CO\quad OH. \end{matrix}}$$

Die Identität der Methylcrotonsäure mit Tiglinsäure ist ebenfalls festgestellt, für welch' letztere Fittig die Formel

$$CH_3.CH = C <{\begin{matrix} CH_3 \\ CO.OH \end{matrix}} \quad \text{aufstellt.}$$

(Wright und Luff Jahr. Chem. 1878, Pagenstecher (Liebig A. **195**).

Veratrinsäure liefert beim Schmelzen mit Kali Protocatechusäure, ist, von Köner (Jahresb. 1876) synthetisch dargestellt, als Dimethyl-protocatechusäure erkannt. Die bei der Spaltung der Alkaloïde auftretenden Säuren gehören demnach mit Ausnahme der Methylcrotonsäure den aromatischen Säuren an, der Protocatechusäure nahestehend.

Ueber die Art und Weise der Verkettung der Säuren mit den stickstoffhaltigen Spaltungskörpern der Alkaloïde sind noch wenig sichere Anhaltspunkte gewonnen. Erwähnenswerth bleiben hier die Arbeiten von v. Gerichten (Berl. Ber. 1880. 1881.), Ladenburg (Berl. Ber. 1879) auch besonders die Darstellung des Atropin aus Tropin und Tropasäure (Berl. Ber. 1879. 1880. 104. 254. 287. 380. 607. 909. etc.) Die Zersetzungen der Alkaloïde durch Oxydation (Chlor, salpetrige Säure, Kaliumpermanganat etc.) haben ebenfalls interessante Beiträge zur Aufklärung der Constitution derselben geliefert. Vor Allem sind hier erwähnenswerth die Oxydationsprodukte von Coffeïn, durch Rochleder (Liebig Annal. **69. 120. 71. 73.**) und Strecker Ebend. **118.** und **157.**) klar gelegt, wonach durch Chloreinwirkung Methylammin, Chlorcyan und Amalinsäure, welche als methylirtes Alloxantin zu betrachten ist, entstehen. Strecker hat namentlich die nahen Beziehungen zwischen Quanin, Xanthin, Theobromin, Coffeïn (Methyltheobromin) erkannt, diese Körper als Quanidinderivate charakterisirt, und in Folge dessen auch die Beziehungen zu Kreatin festgestellt. Auch die Oxydationsprodukte des Coniin, durch salpetrige

Säure etc. erzeugt, Ammoniak, Kohlensäure, Buttersäure (Normal), sind erwähnenswerth, welche Versuche zum Zwecke der Synthese des Coniins veranlassten. (Blyth, Liebig Annal. **70.**, Grünzweig, Ebend. **158.**, Wertheim, Ebend. **123. 130.** Kékulé und Planta, Ebend. **89.**, Schiff, Ebend. **157. 166.**)

W. Königs Ausspruch über die Constitution der Alkaloïde in seiner hervorragenden Arbeit „Studien über die Alkaloïde" muss hier vor Allem Erwähnung finden:

Unter Alkaloïden versteht man diejenigen in den Pflanzen vorkommenden organischen Basen, welche Pyridinderivate sind".

Zur Motivirung dieser Definition ist zunächst an die Pyridincarbonsäuren zu erinnern, welche durch Oxydation der Alkaloïde dargestellt worden sind. Weidel (Liebig Annal. **165**) und Laiblin (Berl. Ber. 1877) haben aus Nicotin, Huber aus Coniin eine Pyridincarbonsäure hergestellt. (Berl. Ber. 1870). Hoogewerff, v. Dorp (Liebig Annal. **204**), Ramsay und Dobbie (Journal Chemie Societe 1879) haben aus Chinin, Cinchonin, Chinidin, Cinchonidin durch Oxydation eine Tripyridincarbonsäure hergestellt, W. Königs (Berl. Ber. 1879) oxydirte das Piperidin $C_5H_{11}N$ zu Pyridin C_5H_5N, v. Gerichten (siehe oben) hat aus dem Oxydationsprodukt des Cotarnins, der Apophyllensäure durch Einwirkung von Salzsäure bei 240—250° C unter Abspaltung von Methylchlorid eine Pyridincarbonsäure dargestellt, endlich hat Weidel aus Berberin eine Pyridintricarbonsäure hergestellt. Indem hinsichtlich der Constitutionsverhältnisse der Alkaloïde auf die oben erwähnte Arbeit von Dr. W. Königs verwiesen werden muss, dürften einige Citate aus dieser Schrift unbedingt, der hohen Bedeutung wegen, hier am Platze sein.

„Für die Alkoloide wäre demnach der Pyridinkern ebenso charakteristisch wie der Benzolkern für die aromatischen Verbindungen."

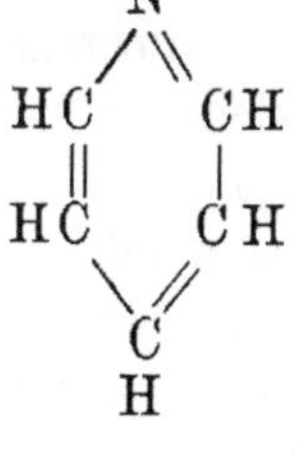

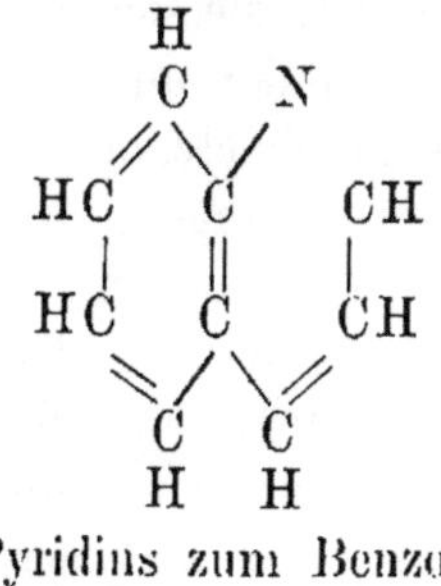

„Ueber die Beziehungen des Pyridins zum Benzol hat Körner vor etwa 12 Jahren die Vermuthung geäussert, das Pyridin könne als Benzol betrachtet werden, in welchem eine CH gruppe durch

N vertreten sei und das Chinolin stehe zu Pyridin, wie das Naphtalin
zu Benzol. Diese Hypothese kann durch die Ueberführung von Hydro-
carbostyril in Chinolin und die Oxydation dieser Base zu Pyridin-
dicarbonsäure als bewiesen gelten."

Die Versuche, welche W. Königs zur Reduction des Chinolins
und zur Oxydation von Piperidin, Nicotin und Coniin zu Pyridin-
basen anstellte, sowie zur Darstellung O freier Basen aus Cinchonin
und Chinin, veranlassen denselben zu weiterer Modifirung seiner
Ansichten.

„Das secundäre Piperidin lässt sich durch Oxydation in das
tertiäre Pyridin überführen. Piperidin wird für ein Pyridin erklärt,
in welchem die 3 doppelten Bindungen durch Addition von 6
H-atomen aufgehoben sind.

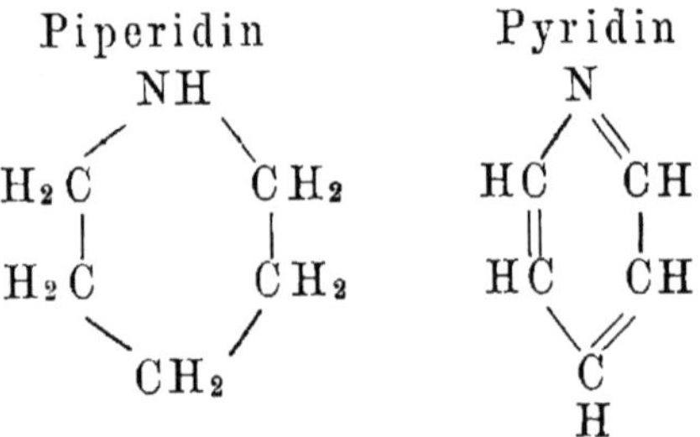

Mit Bezugnahme auf die Oxydation des Coniins von Cahours
und Etard zu einer H ärmeren Basis, der Umwandlung des Tropins
nach Ladenburg in Tropidon durch rauchende Salzsäure und Eisessig,
ferner die von Ladenburg ausgesprochenen Beziehungen der drei Basen:
Collidin $C_8 H_{11} N$, Tropidin $C_8 H_{13} N$, Coniin $C_8 H_{15} N$
darf angenommen werden, dass die sauerstofffreien Alkaloide zu
den Basen der Pyridinreihe oder deren Polymere in einer ähnlichen
Beziehung stehen, wie die Terpene zum Cymol. Dass die Alkaloide
reducirte Pyridinkerne enthalten, scheint ferner aus dem Umstande
hervorzugehen, dass man in einigen Fällen in denselben Pflanzen
Basen angetroffen hat, die sich durch den Gehalt an weniger Wasserstoffatomen von einander unterscheiden, wie Harmalin und Harmin,
Cinchotin und Cinchonin etc. und man muss sich diese H-reicheren Basen
durch eine weiter gegangene Reduction von den zuerst gebildeten
Alkaloiden oder deren Muttersubstanzen entstanden denken."

Königs glaubt ferner, dass zwischen den sauerstoffhaltigen
und den sauerstofffreien, sowie den Basen der Pyridin- und Chinolin-
reihe und deren Polymeren ähnliche Beziehungen sich ergeben, wie
zwischen den Camphern und Terpenen, sowie dem Cymol. — Wir
werden Gelegenheit haben, in dem speciellen Theile auf die Arbeiten
Königs wiederholt zurückzukommen.

Von den Alkaloiden erleiden manche, und zwar gerade die-jenigen, welche die stärksten und bei irgend grösserer Gabe giftigsten Wirkungen auf den Organismus ausüben, medicinische An-wendung. Sie müssen zu diesem Zwecke fabrikmässig dargestellt werden und sind demnach Handelsgegenstände. So erklärt es sich, dass sie in neuerer Zeit vielfach als Gifte in verbrecherischer Ab-sicht benutzt worden sind. Es trat daher an die forensische Chemie die Aufgabe heran, Mittel aufzufinden, welche die Nachweisung kleinster Mengen dieser Stoffe in den Organen des menschlichen Körpers, im Blut, im ausgeschiedenen Harn, im Erbrochenen, in Speiseresten, kurz in organischen Massen der verschiedensten Art, ermöglichten. Für viele der giftigsten Pflanzenbasen ist diese Auf-gabe mit Glück gelöst worden, und wir wollen versuchen, nach-stehend die nach dem gegenwärtigen Standpunkte der Wissenschaft zuverlässigsten Methoden zu schildern, mit deren Hülfe diese Körper aus den genannten Untersuchungsobjecten isolirt werden können, um dann an den für sie charakteristischen Merkmalen, ins-besondere an ihrem Verhalten gegen gewisse Reagentien mit Be-stimmtheit erkannt zu werden.

Es ist klar, dass jedes diesem Zwecke dienende Verfahren da-mit beginnen muss, das in dem meistentheils festen oder brei-förmigen Untersuchungsmateriale vorhandene Alkaloid in Lösung zu bringen. Dies kann durch Digestion mit angesäuertem Wasser oder mit starkem, zweckmässig auch mit etwas freier Säure ver-setztem Weingeist immer bewirkt werden. Die gewonnene Flüssig-keit enthält dann aber neben dem Alkaloid stets gewisse Mengen fremder Stoffe, von denen ersteres getrennt werden muss. Zu diesem Zwecke bieten sich zwei Wege dar. — Es kann erstens die Schwer-löslichkeit der Verbindungen benutzt werden, welche, wie bereits erwähnt wurde, fast alle Pflanzenbasen mit Gerbsäure, Phosphor-molybdänsäure und anderen Körpern eingehen, um sie in dieser Form aus ihren Lösungen zu fällen. Dieser Weg, obgleich vielfach geprüft und hier und da auch empfohlen, hat sich im Allgemeinen als nicht besonders brauchbar erwiesen. Abgesehen davon, dass die gefällten Alkaloidverbindungen keineswegs ganz unlöslich sind, wo-durch Verlust herbeigeführt wird, ist auch die Isolirung der freien Basen aus den erhaltenen Fällungen im Zustande genügender Rein-heit schwierig, da jene Reagentien auch andere Stoffe mit nieder-schlagen.

Viel bessere Erfolge hat der zweite Weg aufzuweisen, welcher sich auf die sehr abweichenden Löslichkeitsverhältnisse gründet, die den freien Pflanzenbasen gegenüber ihren Verbindungen mit den stärkeren Säuren zukommen. Während die letzteren, namentlich bei Ueberschuss von Säure, von Wasser gut gelöst werden, dagegen in Aether, Amylalkohol, Chloroform, Benzol und anderen mit Wasser nicht oder doch nur schwierig mischbaren Flüssigkeiten unlöslich sind, werden weitaus die meisten freien Alkaloide von den letzteren leicht, von Wasser aber sehr schwierig gelöst. Es folgt daraus, dass man einer angesäuerten wässrigen Lösung eines Alkaloidsalzes durch Schütteln mit einer der genannten Flüssigkeiten allerlei darin lösliche fette und färbende Stoffe entziehen kann, ohne Einbusse an ersterem zu erleiden, und dass ferner die so behandelte Lösung, nachdem sie mit Ammoniak oder mit ätzenden oder kohlensauren Alkalien übersättigt ist, an die gleichen Schüttelflüssigkeiten das nun frei gewordene Alkaloid abtritt, welches alsdann beim Verdunsten derselben zurückbleibt. War endlich die zuletzt erwähnte Lösung noch gefärbt, so dass sie das Alkaloid nicht rein zu hinterlassen verspricht, so lässt sich dieses daraus durch Zusammenschütteln mit angesäuertem Wasser als Salz wieder vollständig in wässrige Lösung überführen, der man es dann nach nochmaligem Uebersättigen mit Ammoniak oder einem fixen Alkali wiederum durch Aether oder eine der anderen Flüssigkeiten entzieht. Leider ist unter diesen Schüttelflüssigkeiten keine, welche für die Abscheidung aller Alkaloide gleich gut geeignet wäre. Eine einfache und doch allgemein anwendbare und in jeder Beziehung befriedigende Methode, die sich auf das eben erörterte Princip gründet, besitzen wir daher noch nicht. Immerhin können aber die vorhandenen Methoden in ihrer gegenwärtigen Ausbildung für den Nachweis der bisher bei gerichtlichen Untersuchungen in Frage gekommenen Alkaloide als ausreichend bezeichnet werden.

Methode von
Stas und
Otto. Das erste hierher gehörige Abscheidungsverfahren wurde von Stas (Liebig Annal. 84, 379) aufgestellt und pflegt in der verbesserten Form, die ihm Otto 100, 44 und Anleitung zur Ausmittel. d. Gifte, 3. Aufl. S. 35 u. folg.) gegeben hat, noch gegenwärtig sehr viel bei gerichtlichen Untersuchungen benutzt zu werden. Man digerirt nach Otto die zu untersuchenden Massen, welche, wenn sie aus festen Organen, wie Leber, Lunge u. s. w. bestehen, recht fein zerschnitten werden müssen, längere Zeit mit dem doppelten Gewichte, möglichst starken, fuselfreien Weingeists unter Zusatz von Weinsäure bis zur entschieden sauren Reaction. Nach dem Erkalten wird filtrirt, der Rückstand mit Weingeist ausgewaschen und das vereinigte Filtrat im Wasserbade bis zur Entfernung des Weingeistes verdunstet. Die nun wässrige, gewöhnlich Fett und harzige Stoffe abgeschieden enthaltende Flüssigkeit wird durch ein mit Wasser benetztes Filter filtrirt und darauf im Wasserbade bis zur Extract-Consistenz verdampft. Den gebliebenen Rückstand vermischt man nach und nach mit soviel absolutem Weingeist, als zur Ausscheidung des dadurch Abscheidbaren erforderlich ist und lässt nun entweder klar absetzen oder filtrirt. Die weingeistige Lösung wird wiederum verdunstet und ihr Rückstand in wenig Wasser aufgenommen. Ist die erhaltene Lösung sehr sauer, so versetzt man sie (damit nicht Weinsäure später in den Aether übergeht) mit verdünnter Natronlauge, bis sie nur noch schwach saure Reaction zeigt und schüttelt sie darauf mit Aether. Dieser löst ausser färbenden Substanzen eventuell auch Colchicin, Spuren von Atropin und die bei derartigen Untersuchungen mit in Betracht zu ziehenden Bitterstoffe Pikrotoxin und Digitalin. Nachdem sich die Aetherschicht getrennt hat, wird sie mittelst einer Pipette abgehoben und mit neuen Mengen Aethers die Reinigung der wässrigen Flüssigkeit so lange fortgesetzt, als sich der Aether noch färbt. Sämmtliche Aetherlösungen werden dann zur etwa nöthig werdenden Prüfung auf die eben genannten giftigen Stoffe zurückgestellt. Die wässrige Flüssigkeit wird jetzt durch Erwärmen von allem Aether befreit (mit Rücksicht auf Morphin, welches im Moment des Freiwerdens von Aether in bemerkbarer Menge gelöst wird) und mit Natronlauge genügend stark alkalisch gemacht, um etwa vorhandenes Morphin im Ueberschuss der Lauge gelöst zu erhalten. Sie wird darauf zu wiederholten Malen mit völlig reinem Aether ausgeschüttelt, der alle wichtigeren Alkaloide mit Ausnahme des Morphins löst. Man verdunstet nun eine Probe von dem zuerst abgehobenen, also concentrirterem Aetherauszuge auf einem Uhrschälchen in gelinder Wärme, um zu erkennen, ob der Aether überhaupt etwas aufgenommen hat und, wenn ein Rückstand bleibt, ob dieser flüssig oder fest ist und zur Anstellung von Reactionen genügend rein erscheint. — Die flüssigen Alkaloide Nicotin und Coniïn bleiben beim Verdunsten der Aetherlösung als ölige riechende Tröpfchen zurück. Hat die Vorprobe ihre Anwesenheit wahrscheinlich gemacht, so werden die vereinigten Aetherauszüge zweckmässig durch Schütteln mit einigen Stückchen Chlorcalcium zuvor entwässert und dann an einem etwa 30° warmen Orte in einem kleinen Schälchen in der Weise verdunstet, dass in dem Maasse, wie der Aether sich verflüchtigt, neue Lösung nachgegeben wird. Ist die Menge der Aetherlösung beträchtlicher, so kann das erste Eindampfen auch in einem weithalsigen Kochfläschchen stattfinden. Die hinterbleibenden Oeltröpfchen werden zunächst auf ihren Geruch und dann sowohl mit den für alle

Alkaloide geltenden, weiter unten genauer besprochenen Reagentien, wie Gerbsäure, Jodlösung u. s. w. geprüft, als auch den speciell für Coniin und Nicotin charakteristischen Reactionen unterworfen. — Deutet der beim Verdunsten der Aetherprobe bleibende Rückstand auf das Vorhandensein eines festen Alkaloides, erscheint dasselbe aber noch nicht genügend rein, so lässt sich eine weitere Reinigung sehr bequem so ausführen, dass man die vereinigten Aetherauszüge mit Wasser schüttelt, dem soviel Weinsäure oder verdünnte Schwefelsäure zugesetzt war, dass es auch nach dem Zusammenschütteln noch deutlich sauer ist. Dadurch werden die Alkaloide als saure Salze in das Wasser übergeführt, während die verunreinigenden Stoffe im Aether zurückbleiben. Dieser wird abgegossen und noch ein- oder zweimal durch frischen Aether ersetzt, um der wässrigen Lösung die letzten Antheile von in Aether löslichen Stoffen zu entziehen. Nun wird sie abermals mit Natronlauge übersättigt und durch wiederholtes Schütteln mit reichlichen Mengen reinen Aethers das wieder in Freiheit gesetzte Alkaloid ausgezogen. Beim Verdunsten der Aetherauszüge verfährt man in der vorhin angegebenen Weise. Der möglicher Weise krystallinische Verdampfungsrückstand wird nun zunächst darauf geprüft, ob er wirklich ein Alkaloid ist. Hierzu verwendet man zweckmässig die unreineren, den Rand des Rückstandes bildenden Antheile. Man löst etwas davon ab, übergiesst dieses in einem Uhrgläschen mit einem grösseren Tropfen Wasser, fügt eine Spur Salzsäure hinzu und vertheilt die gebildete Salzlösung in Form kleiner Tröpfchen auf einigen Glasplättchen, die auf dunklem Papier liegen. In jedes dieser Tröpfchen wird dann mit einem Glasstäbchen ein wenig von einem der allgemeinen Alkaloidreagentien (Gerbsäure, Pikrinsäure, Jodlösung, Platinchlorid, Kaliumquecksilberjodid u. s. w.) gebracht und die eintretende Veränderung beobachtet. Ist so die Anwesenheit einer Pflanzenbase überhaupt constatirt, so wendet man sich nun zur näheren Bestimmung derselben mit Hülfe der Specialreagentien. Hier lässt man sich selbstverständlich von den jeweiligen Umständen leiten, da wohl in weitaus den meisten Fällen irgend ein bestimmter Verdacht bezüglich der Art des vorhandenen Giftes besteht. Man verwendet also in erster Linie einen weiteren und möglichst reinen Theil des Verdampfungsrückstandes zur Prüfung auf das vermuthete Alkaloid, um dann im Falle eines negativen Resultats der Reihe nach auch die übrigen giftigen Alkaloide in Betracht zu ziehen. — Bei dem beschriebenen Gange der Untersuchung bleibt das Morphin in der ersten mit Natronlauge übersättigten wässrigen Lösung zurück. Sind irgend grössere Mengen davon vorhanden, so kann man mit concentrirter Salmiaklösung im Ueberschuss versetzen, wodurch das Morphin gefällt oder doch nach längerem Stehen in kleinen Krystallen abgeschieden wird. Besser indess säuert man mit Salzsäure an, übersättigt dann schwach mit Ammoniak und zieht das Morphin durch Schütteln mit reichlichen und einige Male erneuerten Mengen heissen reinen Amylalkohols aus, der es verhältnissmässig gut löst. Die Amylalkohollösung wird in einem kleinen Schälchen verdampft. Zeigt sich der bleibende Rückstand noch gefärbt, so löst man ihn in angesäuertem Wasser, behandelt die erwärmte saure Lösung zur vollständigen Entfärbung wiederholt mit Amylalkohol, macht sie darauf wieder mittelst Ammoniak alkalisch und entzieht ihr das Morphin durch Schütteln mit mehrfach erneuertem Amylalkohol in der Wärme. Mit dem nun erhaltenen Verdampfungsrückstand werden die zur Constatirung des Alkaloids erforderlichen Reactionen angestellt. — Ausser dem Morphin ist auch das Colchicin, wie schon erwähnt, an einem besonderen Orte aufzusuchen. Es wird neben Spuren von Atropin und den nicht alkaloidischen Bitterstoffen Digitalin und Pikrotoxin schon aus saurer Lösung von Aether aufgenommen, muss sich daher gleich wie diese wenigstens zu einem Theile in dem Aether finden, der zum Entfärben der ursprünglichen sauren wässrigen Lösung gedient hat. Man verdunstet ihn und behandelt den Rückstand mit heissem Wasser, das alle drei Körper löst, dagegen fette und harzartige Beimengungen ungelöst lässt. Gelbe Färbung der filtrirten Lösung würde Colchicin vermuthen lassen, bitterer Geschmack deutete auf Colchicin oder Pikrotoxin, ekelhaft kratzender Geschmack auf Digitalin. Pikrotoxin giebt die allgemeinen Alkaloidreactionen nicht, Digitalin einige, u. a. Fällungen mit Gerbsäure und Phosphormolybdänsäure. Die characteristischen Specialreactionen sind bei diesen Stoffen selbst mitgetheilt.

An Stelle des Aethers ist von Rodgers und Girwood (Pharmaceutical Journ. 16. 497), Prollius (Chem. Centralblatt 1857, 231), Thomas (Zeitschrift analytische Chemie 1. 517), A. Husemann, (Handbuch der Toxikologie von Th. und A. Husemann, p. 202) und Anderen Chloroform als Schüttelflüssigkeit empfohlen worden. Dieses bietet in der That für gewisse Alkaloide, insbesondere für Strychnin und Brucin den sehr wesentlichen Vortheil dar, dass es dieselben viel reichlicher löst und alkalisch gemachten Flüssigkeiten ungleich leichter vollständig entzieht. Hätte man Veranlassung bei einer Untersuchung diese Alkaloide speciell in's Auge zu fassen, so möchten wir empfehlen, zuerst nach dem Verfahren von Stas und Otto vorzugehen, auch die Reinigung der schwach sauren

Methoden, bei denen Chloroform als Schüttelflüssigkeit dient.

wässrigen Lösung durch Ausschütteln mit Aether vorzunehmen, ein letztes Mal sie dann mit Chloroform zu waschen und endlich nach Uebersättigung mit Natronlauge (Ammoniak, kohlensaurem Natron) das Alkaloid mit Chloroform anstatt mit Aether auszuschütteln.

Methode von Erdmann und v. Uslar.

Von Erdmann und v. Uslar (Liebig Annal. CXX. 121 u. 360) ist Amylalkohol zum Ausschütteln sowohl der sauren als der alkalisch gemachten Lösungen in Vorschlag gebracht worden. Die genannten Chemiker extrahiren das Object durch zweimalige 1—2stündliche Digestion mit salzsäurehaltigem Wasser (Palm giebt der Phosphorsäure, Dragendorff der Schwefelsäure den Vorzug vor der Salzsäure) bei 60—80° und verdunsten die mit Ammoniak stark übersättigten Auszüge zur Trockne. Den gepulverten Rückstand kochen sie wiederholt mit Amylalkohol aus, schütteln die heiss filtrirten Lösungen mit dem 10—12fachen Volumen salzsäurehaltigen Wassers zusammen, reinigen die so erhaltene saure wässrige Alkaloidlösung durch mehrfaches Ausschütteln mit Amylalkohol, neutralisiren endlich mit Ammoniak und führen das Alkaloid wieder in erwärmten Amylalkohol über, der nun dasselbe mitunter schon genügend rein beim Verdunsten hinterlässt. Sollte dies nicht der Fall sein, so wird der Verdunstungsrückstand in verdünnter Salzsäure gelöst und das Ausschütteln der sauren Lösung und die endliche Ueberführung des durch Ammoniak frei gemachten Alkaloids in Amylalkohol wiederholt. — Dass Amylalkohol für Morphin die einzig brauchbare Schüttelflüssigkeit ist, wurde schon oben erwähnt. Für die übrigen Alkaloide gewährt derselbe aber keinerlei Vortheile, löst dieselben vielmehr nicht selten schwieriger als Aether und namentlich Chloroform und belästigt endlich den damit Arbeitenden durch seine unangenehmen Wirkungen auf die Respirationsorgane.

Methode von Dragendorff.

Sehr ausführliche Studien sind in neuester Zeit von Dragendorff über das Verhalten der Alkaloide und ihrer Salze gegen Lösungsmittel ausgeführt worden, wobei ausser den giftigen auch solche berücksichtigt wurden, die als Bestandtheile von Nahrungs-, Genuss- und häufig angewandten Arzneimitteln bei gerichtlich-chemischen Untersuchungen aufgefunden werden und zu Verwechslungen Veranlassung geben können. Gestützt hierauf hat dieser Forscher (man vergl. Dragendorff, Gerichtl.-chem. Ermittel. von Giften Untersuchungen aus dem pharmac. Institute Dorpat. I. II. Heft. G. Dragendorff. Die chem. Werthbestimmung scharf wirkender Droguen. G. Dragendorff. Arch. Pharm. 1874 Aprilh. Pharmac. Zeitschr. Russl. 1879) einen Untersuchungsmethoden aufgestellt, welche, die Auffindung aller irgend erheblichen Alkaloide berücksichtigend, zugleich bei gemeinschaftlichem Vorkommen ihre Trennung in's Auge fassen. — Man extrahirt nach Dragendorff die, wenn nöthig, gut zerkleinerten Objecte durch zweimalige mehrstündige Digestion mit schwefelsäurehaltigem Wasser (auf je 100 Cub.-Cent. Speisebrei etwa 10 Cub.-Cent. verdünnter (1:5) Schwefelsäure) bei 50°. Nur wenn Solanin, Colchicin (und Digitalin) zu vermuthen sind, bewerkstelligt man die Extraction besser bei gewöhnlicher Temperatur, da diese durch Einwirkung der Säure in der Wärme allenfalls zerlegt werden könnten. Die vereinigten Auszüge werden mit Magnesia so weit abgestumpft, dass nur noch schwach, aber deutlich saure Reaction stattfindet, dann im Wasserbade bis zur dünnen Syrupsconsistenz eingedunstet und hierauf der Rückstand mit dem 3—4fachen Volumen Weingeist, dem etwas Schwefelsäure zugesetzt ist, 24 Stunden bei 30° (für die eben genannten Alkaloide bei gewöhnl. Temperatur) digerirt. Man filtrirt, wäscht den Filterrückstand mit Weingeist von 70% Tr., destillirt von den vereinigten Flüssigkeiten den Weingeist ab, verdünnt das Residuum, wenn nöthig, mit etwas Wasser und schüttelt nach vorgängigem Filtriren so lange und so oft bei 40° mit frisch rectificirtem Petroleumäther aus, als dieser noch färbende Bestandtheile aus der Flüssigkeit aufnimmt. Von Alkaloiden würde aus der sauren Flüssigkeit nur Piperin in den Petroleumäther übergehen und daraus beim Verdunsten krystallinisch hinterbleiben. Die saure Flüssigkeit wird nun in gleicher Weise mit Benzol behandelt, welches ausser färbenden Stoffen auch Coffeïn, Delphinin, Colchicin und Spuren von Veratrin, Physostigmin und Berberin (auch Digitalin und Cubebin) aufnimmt. Endlich schüttelt man, namentlich wenn Opiumalkaloide vermuthet werden können, die saure wässrige Lösung noch in gleicher Weise mit Chloroform aus. Dieses löst von Alkaloiden Narcotin, Papaverin, Thebaïn, Veratrin nebst Spuren von Narceïn, Brucin, Physostigmin und Berberin. Nun macht man die Flüssigkeit mit Ammoniak deutlich alkalisch und behandelt sie mehrere Male hintereinander bei 40° mit Petroleumäther, in welchen jetzt Coniïn, Nicotin, Strychnin, Brucin, Chinin, Emetin (und Reste von Veratrin und Papaverin) übergehen. Nach Abhebung des Petroleumäthers schüttelt man die alkalische Flüssigkeit in der nämlichen Weise wiederholt mit Benzol aus, welches Atropin, Hyoscyamin, Aconitin, Cinchonin, Chinidin, Codeïn und Physostigmin aufnimmt. Jetzt wird die wässrige Flüssigkeit wieder angesäuert, auf 50—60° erwärmt, mit Amylalkohol überschichtet und nach Zusatz von überschüssigem Ammoniak damit ausgeschüttelt. Der Amylalkohol löst das Morphin, das Solanin und einen Theil des Narceïns. In der wässrigen Flüssigkeit kann jetzt nur noch Curarin und ein Theil Narceïns und Berberins (und Digitalins) vorhanden sein, über deren Isolirung, sowie auch über die weitere Trennung der übrigen Alkaloide weiter unten bei den einzelnen Stoffen das Nöthige angegeben ist.

Zur Erkennung der nach einer der oben geschilderten Methoden in möglichst reinem Zustande abgeschiedenen Alkaloide stehen dem Gerichts-Chemiker die mikroskopische Beobachtung der Krystallformen, und zwar nicht nur der freien Basen, sondern auch gewisser Verbindungen derselben, ferner vor allen die chemische Prüfung mit Reagentien und endlich, abgesehen von Geruch und Geschmack, die in einzelnen Fällen characteristisch sind, das an Thieren anzustellende physiologische Experiment zu Gebote.

Erkennung durch mikroskopische Prüfung. Die mikroskopische Seite des Nachweises der giftigen Alkaloide ist in neuerer Zeit ganz besonders von Helwig studirt und in seinem mit Photographien mikroskopischer Präparate ausgestattetem Werke „Das Mikroskop in der Toxikologie" erörtert worden. Als Lösungsmittel für die freien Alkaloide benutzt derselbe Wasser, Weingeist, Amylalkohol und Benzol; Aether und Chloroform liefern, da sie zu rasch verdunsten, keine brauchbaren Präparate. Um schöne Krystallisation zu erhalten, muss ein Tropfen der betreffenden Lösung auf dem Objectgläschen bei möglischt niedriger Temperatur der freiwilligen Verdunstung überlassen werden. — Neu und für die Diagnose der Alkaloide von gewisser Bedeutung sind die Versuche Helwig's durch sehr vorsichtige Sublimation minimer Mengen derselben characteristische Objecte für die mikroskopische Beobachtung zu gewinnen. Er bringt zu diesem Zweck ein Minimum des zu untersuchenden Alkaloids (höchstens ½ Milligramme; es genügen indess bei den meisten Alkaloiden ¼₀₀, beim Strychnin sogar ¹⁄₁₂₀₀ Milligrm.) in eine kleine halbkuglige, in der Mitte eines Platinblechs von mittlerer Stärke angebrachte Vertiefung, legt ein Objectgläschen darüber und erwärmt nun vorsichtig mittelst einer kleinen Flamme bis zum Schmelzen des Alkaloids, worauf sich das Sublimat auf dem Gläschen niederschlägt. Helwig behandelt nun die so erhaltenen, bisweilen an sich schon characteristischen Sublimate weiter mit gewissen Reagentien, wie Wasser, wässrigem Ammoniak, verdünnten Mineralsäuren, Chromsäure u. s. w., um so neue characteristische Formen von Umwandlungsproducten zu erzielen. Die von ihm in dieser Richtung erlangten Resultate sind indess meistens von der Art, dass sie nicht im Auszuge mitgetheilt werden können und müssen wir schon um der beigegebenen Abbildungen willen auf dessen oben citirtes Werk verweisen. Bei ihrer Verwerthung für gerichtlich-chemische Zwecke dürfte unter allen Umständen auch neben der Benutzung der Helwig'schen Abbildungen die Anstellung von Gegenproben mit dem Alkaloid, welches man vermuthet, anzurathen sein. Nach Helwig genügt in den meisten Fällen 80 malige Vergrösserung. — Wir geben hier noch folgende Zusammenstellung einiger von Helwig gemachten Beobachtungen:

Aus Wasser krystallisiren Brucin und Atropin; aus Weingeist krystallisiren Morphin, Strychnin, Atropin und Solanin; aus Amylalkohol krystallisiren Morphin, Strychnin und theilweise auch Solanin; aus Benzol krystallisiren Strychnin, Veratrin und theilweise auch Atropin. Aconitin (und Digitalin) werden aus allen diesen Lösungsmitteln nur amorph abgeschieden; ebenso die oben genannten Alkaloide aus denjenigen Lösungsmitteln, für welche sie nicht als krystallisirend aufgeführt wurden, vorausgesetzt, dass überhaupt Lösung stattfindet. — Durch Sublimation werden krystallinisch erhalten: Veratrin und Solanin; in dichten Körnerschichten sublimiren: Morphin, Strychnin, Brucin; in Tropfenform sublimiren: Atropin, Aconitin, (Digitalin). — Von den durch Sublimation erhaltenen Producten werden durch Wasser in Krystalle umgewandelt: die Sublimate von Morphin, Strychnin und Atropin; mit wässrigem Ammoniak geben Krystalle die Sublimate von Morphin und Strychnin: durch verdünnte Salz-, Salpeter- und Schwefelsäure werden zum Krystallisiren gebracht: die Sublimate von Morphin und Strychnin augenblicklich, die Sublimate von Brucin, Atropin, Solanin, Aconitin (und Digitalin) nach längerer Zeit; durch verdünnte Chromsäure endlich werden characteristisch verändert: die Sublimate von Strychnin und Brucin.

Von Guy (Pharm. Journ. (2) VIII. 719; IX. 10. 58. 106. 195) ist die von Helwig angegebene Art der Microsublimation dahin modificirt worden, dass er als Unterlage für den zu sublimirenden Stoff statt des Platinblechs Porcellan anwendet, um allzu rasche und starke Erhitzung zu vermeiden, das Object mit einem kleinen Glasring von $\frac{1}{8}$ Zoll Dicke und $\frac{2}{3}$ Zoll Kreisdurchmesser umgiebt und auf diesen das zur Aufnahme des Sublimats bestimmte Objectgläschen legt. Er erhielt auf diese Weise auch mit Morphin und Strychnin, die Helwig nur körnige Sublimate lieferten, schöne krystallinische Anflüge. Um möglichst gute Sublimate zu erzielen, muss die Erwärmung nach Guy eine sehr allmälige sein (die Spitze der Flamme muss 3—4 Zoll vom Porcellan entfernt bleiben) und, sobald das aufgelegte Deckgläschen sich zu trüben beginnt, dieses durch ein neues ersetzt und die Lampe entfernt werden. — Waddington (Pharm. Journ. 1868. 551), welcher gleichfalls ausführliche Studien über die Microsublimation unternahm, bringt das zu sublimirende Object auf eine Glasplatte, die auf einem Eisenblech liegt, welches etwas von der Seite mit der Spiritusflamme erwärmt wird; das Sublimat wird auf dicken, vor dem Auflegen etwas erwärmten Gläsern aufgefangen, da dünne Gläser zu rasch abkühlen.

Von Guy (Pharm. Journ. 1868. 860) sind neuerdings auch die Temperaturen genauer bestimmt worden, bei welchen das Schmelzen und Sublimiren einer Anzahl von Alkaloiden eintritt:

	Schmelzpunkt:	Sublimationspunkt:
Aconitin	circa 60°	circa 205°
Atropin	„ 65°	„ 138°
Delphinin	„ 65°	„ 149°
Narceïn	„ 76°	„ 221°
Veratrin	„ 93°	„ 182°
Paramorphin	„ 98°	„ 160°
Papaverin	„ 98°	„ 155°
Codeïn	„ 105°	„ 105°
Narcotin	„ 115°	„ 155°
Brucin	„ 115°	„ 205°
Morphin	„ 141°	„ 166°
Cryptopin	„ 176°	„ 177°
Solanin	„ 215°	„ 215°
Strychnin	„ 222°	„ 174°

Nach Guy sublimiren auch viele Alkaloidsalze krystallinisch, so namentlich essigsaures, schwefelsaures, salzsaures und phosphorsaures Strychnin, schwefelsaures Atropin, schwefelsaures Chinin und Chinidin, essigsaures Morphin.

Von Sedgwick (Brit. Rev. LXXXI. 262) sind gegen die Anwendung der Microsublimation für den gerichtlich-chemischen Nachweis von Giften, insbesondere von Alkaloiden, verschiedene nicht unberechtigte Bedenken erhoben worden. So hebt derselbe namentlich hervor, wie leicht Täuschungen dadurch bewirkt werden können, dass nicht nur ein und das nämliche Alkaloid oft verschiedene Krystallformen beim Sublimiren liefert, sondern manche Alkaloide auch gleiche, nicht zu unterscheidende Sublimate geben, und wie überhaupt die Beschaffenheit der Sublimate von zum Theil völlig der Controle sich entziehenden Momenten abhängig sei, wie z. B. von der Dauer der Sublimation, von der grösseren oder geringeren Reinheit der Objecte, von der eingehaltenen Temperatur u. s. w. Uebrigens verkennt Sedgwick die Bedeutung mikroskopischer Krystalle an sich für die Diagnose der Alkaloide durchaus nicht und bezeichnet als sehr characteristisch und leicht zu erhalten die Jodosulfate der Alkaloide. Zu ihrer Darstellung behandelt man ein Pröbchen der letzteren mit etwas Weingeist und verdünnter Schwefelsäure, und lässt einen Tropfen der erhaltenen Lösung auf dem Objectgläschen mit einem Tropfen Jodtinctur zusammenfliessen. Es bilden sich dann meistens röthlich braune oder rothe, ausgezeichnet schöne Krystalle, deren Verhalten im polarisirten Lichte besonders characteristisch ist.

Die zur Erkennung der Alkaloide dienenden chemischen Reactionen sind theils allgemeine, mehr oder weniger für alle Pflanzenbasen geltende und zur Unterscheidung derselben von anderen organischen Körpern dienende, theils specielle, für die einzelnen Alkaloide charakteristische. Mit Hilfe der ersteren, für die man einen Theil des isolirten Productes verwendet, überzeugt man sich, ob überhaupt ein Alkaloid vorhanden ist. Es gehören hierher die schon oben erwähnten Niederschläge, welche Alkaloidsalzlösungen mit Gerbsäure, Pikrinsäure, Phosphormolybdänsäure, Jod-Jodkalium, Kaliumquecksilberjodid, Quecksilberchlorid geben auch mit Lösungen von Kadmiumjodidjodkalium, Wismuthjodidjodkalium, Quecksilbercyanürcyankalium, Phosphorwolframsäure u. A. Genauere Mittheilungen hierüber, sowie über die dann weiter anzustellenden Specialreactionen finden sich bei den einzelnen Alkaloiden.

Auch bezüglich der physiologischen Versuche, die in einzelnen Fällen für die Erkennung der Alkaloide von Bedeutung sind, verweisen wir auf den speciellen Theil.

Eine quantitative Bestimmung der bei gerichtlich-chemischen Untersuchungen abgeschiedenen Alkaloide wird nur in den seltensten Fällen bewerkstelligt werden können. Soll sie ausgeführt werden, so ist die zuletzt erhaltene möglichst reine Lösung des Alkaloids in einem gewogenen Schälchen zu verdunsten, wobei die für die einzelnen Alkaloide etwa nothwendigen Vorsichtsmassregeln zu beobachten sind, und dessen Gewichtszunahme zu bestimmen. — Für technische Zwecke verdient eine von Mayer (Viertelj. pract. Pharm. 13. 43) empfohlene maassanalytische Bestimmungsmethode Beachtung, welche sich auf die grosse Schwerlöslichkeit der Jodquecksilberdoppelsalze der meisten Alkaloide gründet. Löst man 13,546 Grm. Quecksilberchlorid und 49,8 Grm. Jodkalium in Wasser auf und bringt die Lösung auf 1 Liter, so fällt nach Mayer je ein Cub.-Cent. dieser Flüssigkeit von Strychnin 0,0167 Grm., von Brucin 0,0233 Grm., von Chinin 0,0108 Grm., von Cinchonin 0,0102 Grm., von Chinidin 0,0120 Grm., von Atropin 0,0145 Grm., von Aconitin 0,0268 Grm., von Veratrin 0,0269 Grm., von Morphin 0,0200 Grm., von Narcotin 0,0213 Grm., von Nicotin 0,00405 Grm., von Coniïn 0,00416 Grm. aus ihren Lösungen aus. Die Alkaloide werden nach Dragendorff am besten in nicht zu stark schwefelsaurer Lösung, deren Concentration etwa 1 : 200 beträgt, der Bestimmung unterworfen. Diese wird in der Weise ausgeführt, dass man zu einer abgemessenen Quantität der zu untersuchenden Alkaloidlösung so lange von dem Reagens aus einer Bürette zufliessen lässt, bis die Ausfällung beendet ist. Das Ende der Reaction wird daran erkannt, dass ein mit einem stark geriebenen Glasstabe aus der Flüssigkeit herausgenommenes und auf eine unten geschwärzte Glasplatte gebrachtes klares Tröpfchen beim Zusammenbringen mit einem Tröpfchen der Alkaloidlösung eben beginnende Trübung zeigt, also bereits einen kleinen Ueberschuss der Quecksilberlösung verräth. Die Methode von R. v. Wagner (Journ. pract. Chem. XCVII. 510) mittelst Jod-Jodkaliumlösung die Alkaloide zum Zwecke der quantitativen Bestimmung abzuscheiden und mittelst unterschwefligsaurem Natron etc. schliesslich in schwefelsaures Salz zu verwandeln, hat keinen Anspruch auf Brauchbarkeit.

Zur quantitativen Bestimmung der Alkaloide empfiehlt Lösch (Pharm. Ztschr. Russland. 18. Jahrg. 545.) Verfahren, welche hinsichtlich ihrer Resultate noch sehr der Bestätigung bedürfen, weshalb auf das Original verwiesen werden muss (siehe auch Jahresber. Pharmac. 1879. 14. Jahrg.).

Fette. (Wachsarten.)

Fette. Die natürlich vorkommenden Fette sind sowohl Producte des Thier- als Pflanzenreiches, theils feste, theils flüssige Körper (fette Oele), im reinen Zustande farblos, ohne Geruch und Geschmack, gewöhnlich aber gelb gefärbt durch Beimengungen verschiedener Art, sowie mit charakteristischem Geruche versehen. Sie sind sämmtlich specifisch leichter als Wasser, darin unlöslich, nur wenig löslich in Alkohol, dagegen leicht löslich in Aether, Schwefelkohlenstoff, Petroleumäther, Steinkohlentheeröl, Benzol auch Essigsäure.

Verbreitung. Ihre Verbreitung im Pflanzenorganismus ist sehr ausgedehnt, ja es darf wohl angenommen werden, dass dieselben überall, wenn auch nur in Spuren getroffen werden, vorzüglich sind aber dieselben Bestandtheile der Samen (Cruciferen, Amygdaleen, Papaveraceen, Urticeen, Lineen), speziell der Cotyledonen, ferner des Fruchtfleisches, wie bei Olea europaca, Moringa oleifera und aptera, endlich seltner der Wurzeln, wie bei Cyperus esculentus und Aspidium filix mas. Unstreitig spielen die Fette beim Stoffwechsel der Pflanze eine ähnliche Rolle, wie Rohrzucker und Inulin, d. h. sie sind Reservestoffe, seltner directe Assimilationsproducte der Chlorophyllthätigkeit (Cacteen). Aus ihnen entstehen unter Wasser- und Sauerstoffaufnahme durch Oxydation sicher Glycose, und zwar die doppelte Menge. Erwähnenswerth ist ausserdem das fast vollständige Fehlen der Fette in jenen Organen, welche direct bei der Knospenbildung thätig sind, Knollen, Wurzeln dem Holze. —

Der grösste Theil der Fette besteht aus neutralen Estern des Glycerins $C_3 H_5 \begin{smallmatrix} OH \\ OH \\ OH \end{smallmatrix}$ in variirender Mischung. Die Säurereste, welche die Esterbildung durch Ersatz des Hydroxylwasserstoffes veranlassen, stammen aus der Reihe der Fettsäuren $C_n H_{2n+2} O_2$ oder der ungesättigten Oelsäuregruppe $C_n H_{2n-2} O_2$ und zwar können als von hervorragender Bedeutung hinsichtlich des Vorkommens in der Pflanze genannt werden:

Zusammensetzung, chemische Charakteristik.

I. aus der Fettsäurereihe:

Capronsäure	$C_6 H_{12} O_2$	resp.	$C_6 H_{11} O (OH)$
Caprylsäure	$C_8 H_{16} O_2$		
Caprinsäure	$C_{10} H_{20} O_2$		
Laurinsäure	$C_{12} H_{24} O_2$		
Myristinsäure	$C_{14} H_{28} O_2$		
Palmitinsäure	$C_{16} H_{32} O_2$		
Stearinsäure	$C_{18} H_{36} O_2$		
Arachinsäure	$C_{20} H_{40} O_2$		
Cerotinsäure	$C_{28} H_{54} O_2$	etc.	

II. aus der Oelsäurereihe:

Crotonsäure	$C_4 H_6 O_2$
Hypogäasäure	$C_{16} H_{30} O_2$
Oelsäure	$C_{18} H_{34} O_2$
Leinölsäure	$C_{16} H_{26} O_2$
Ricinolsäure	$C_{18} H_{34} O_3$
Brassicasäure	$C_{22} H_{22} O_2$

ausserdem der Oelsäure verwandte Säuren.

Triglyceride sind demnach die Fette von beispielsweise folgender Zusammensetzung:

$$\text{Tristearin} \qquad\qquad \text{Triolein}$$

$$C_3 H_5 \begin{smallmatrix} O(C_{18} H_{35} O) \\ O(C_{18} H_{35} O) \\ O(C_{18} H_{35} O) \end{smallmatrix} \qquad\qquad C_3 H_5 \begin{smallmatrix} O(C_{18} H_{33} O) \\ O(C_{18} H_{33} O) \\ O(C_{18} H_{33} O) \end{smallmatrix}$$

Mit dem Vorwalten des Trioleïnes nimmt die flüssige Beschaffenheit zu.

Es dürfte in dieser allgemeinen Charakteristik der Arbeiten von J. König, Aronheim und Kiesow über die Constitution einiger Pflanzenfette zu gedenken sein (Jahresber. Agriculturchem. 1873/74. I. 254), wonach das Wiesenheufett und Haferstrohfett aus einem Kohlenwasserstoff (nicht nachweisbar im Haferstrohfett), Cerotinsäure, Palmitinsäure und Oelsäure, nebst einem Alkohol, unter dem Cerylalkohol liegend, Cholesterin (Isocholesterin) besteht. Die Säuren sind vielleicht als Cholesterinäther vorhanden. Das Fett von Hafer, Roggen, Wicken und Lein enthält Oelsäure resp. Leinölsäure neben Palmitin- und Stearinsäure, welche Säuren grösstentheils frei, zum geringen Theile als Glyceride vorhanden sind.

Die flüssigen Fette (fette Oele) besitzen theilweise die Fähigkeit, rasch an der Luft einzutrocknen, weshalb trocknende (Glyceride der Leinölsäure und Ricinusölsäure), sowie nicht trocknende (Glyceride der Oelsäure) unterschieden werden. Zu den ersteren gehören Leinöl, Hanföl, Mohnöl, Nussöl, Ricinusöl, zu den letzteren Mandelöl, Olivenöl, Rapsöl, Rüböl.

Alle Fette werden durch Alkalien (auch alkalische Erden) zerstört unter Bildung des betreffenden Alkalisalzes und Freiwerden des Glycerines (Verseifung). Dieselben Zersetzungen in freie Fettsäuren und Glycerin können veranlasst werden durch überhitzte Wasserdämpfe, concentrirte Schwefelsäure, Reactionen, welche in der Technik vielfach bei der Verarbeitung der Fette zu Seifen, Stearinkerzen etc. benützt werden. Handelt es sich um das Studium der Zusammensetzung der Fette, so wird zunächst die Verseifung eingeleitet, um die Kalium- oder Natriumverbindungen, auch wohl Bleiverbindungen der Säuren herzustellen (Bleioleat ist in Aether löslich). Aus diesen Alkalisalzen setzt man durch Mineralsäuren (HCl oder H_2SO_4) die Säuren des Glycerides in Freiheit, welche in alkoholischer Lösung (auch an Ammoniak gebunden) bei grosser Verdünnung mit Magnesiumacetat oder Baryumacetat durch fractionnirte Fällung isolirt werden. (Heintz. Liebig Annal. **92.** 291. **88.** 298. Jahresber. Chem. 1877.)

Die wahren Fette, Glyceride, geben bei der trocknen Destillation Akroleïn.

Gewinnung aus den Vegetabilien. Die Darstellung der Fette (fetten Oele) geschieht durch Zerstampfen, Zerquetschen der entsprechenden, ölführenden Pflanzentheile, welche hierauf durch Druck (besonders hydraulischen Druck) mit oder ohne Anwendung von Wärme vom Fette befreit werden.

Das gepresste Oel bedarf stets der Reinigung von Albuminaten, Farbstoffen etc., was durch Behandlung mit concentrirter Schwefelsäure und Auswaschen mit Wasser ermöglicht werden kann.

Andere Methoden der Gewinnung sind: Auskochen der Pflanzentheile mit Wasser, wobei das Fett als specifisch leichter auf Wasser schwimmt, oder, was in neuerer Zeit vielfach benutzt wird, Extraction der fetthaltigen Pflanzentheile mit Schwefelkohlenstoff in der Wärme.

Die Wachsarten sind sehr weit im Organismus der Pflanze Wachs. verbreitet, der Cuticula, dem Chlorophyllkorn (Früchten, Blättern) und sind wohl werthvolle Baustoffe, niemals Reservestoffe. Dieselben sind unlöslich in Wasser, etwas löslicher in Weingeist als die Fette, leicht löslich in Aether und ätherischen Oelen, leicht schmelzbar und brennbar.

Es sind keine Glycerinester, sondern zusammengesetzte Ester der einatomigen Alkohole und höheren Glieder der Fettsäurereihe, gemengt mit freien Fettsäuren und Alkoholen.

Aetzende Alkalien zersetzen dieselben nur schwierig oder fast gar nicht.

Aetherische Oele.

Unter dieser Bezeichnung pflegt man eine Reihe stark riechen- Aetherische
Oele. der, flüchtiger, bei gewöhnlicher oder doch nur sehr wenig erhöhter Temperatur flüssiger, in Wasser wenig, in Weingeist und Aether leicht löslicher, mit lebhafter, stark russender Flamme brennbarer, meist indifferenter Körper zusammen zu fassen, welche sich grösstentheils im Pflanzenreich fertig gebildet vorfinden, nur selten im Thierreich angetroffen werden, aber unter gewissen Umständen auch künstlich aus organischen Substanzen erzeugt werden können, so namentlich durch Gährung, durch Einwirken von Säuren und durch trockene Destillation.

Von den ätherischen Oelen des Pflanzenreichs, die uns hier Geschicht-
liches. allein interessiren, sind einige, wie Terpenthinöl und Citronenöl, schon den Alten in reiner Form bekannt gewesen; andere verstanden sie wenigstens in Vermischung mit fettem Oel aus verschiedenen stark riechenden Pflanzen durch Extraction derselben mit Olivenöl zu erhalten. Ausgedehntere Kenntniss von diesen Stoffen treffen wir bei den Alchymisten an, und von Paracelsus und dessen Schülern und Anhängern wurden bereits aus zahlreichen Pflanzen ätherische Oele dargestellt, in der Meinung, damit deren wirksame Bestandtheile, ihre Quintessenz, isolirt zu haben. Auch über die chemischen Eigenschaften der ätherischen Oele liegen schon aus ziemlich früher Zeit Beobachtungen vor. So hat man bereits im 17ten Jahrhundert der Abscheidung von festen krystallinischen Stoffen, den späteren Stearoptenen, aus den Oelen Beachtung geschenkt, und um die gleiche Zeit kannte man deren Entzündbarkeit beim Zusammentreffen mit rauchender Salpetersäure. Ihre genauere Erforschung fällt freilich wie die aller übrigen organischen Substanzen erst in das gegenwärtige Jahrhundert.

Die ätherischen Oele besitzen wahrscheinlich eine viel grössere Verbreitung im Pflanzenreich, als gewöhnlich angenommen wird. Denn wenn sie in reichlicher Menge auch nur in solchen Pflanzen vorkommen, von denen wenigstens einzelne Theile starken Geruch zeigen, und diese sich wiederum in gewissen, nicht allzu zahlreichen Familien zusammendrängen, so namentlich in den Familien der Umbelliferen, Labiaten, Synanthereen, Cruciferen, Aurantiaceen, Myrtaceen, Laurineen, Cupressineen, Abietinen und Amomeen, so dürften doch Spuren dieser Körper in keiner Pflanze fehlen. Sie finden sich in den verschiedensten Organen, am häufigsten und reichlichsten in Blüthen, Samen und Fruchtschalen, weniger in Blättern, Rinden, Wurzeln und im Holz, — und zwar in denselben theils besondere Zellen und Gefässe ganz erfüllend, theils im gewöhnlichen Zellsaft gelöst. In der Regel scheinen die verschiedenen Organe einer und der nämlichen Pflanze das gleiche Oel zu führen, jedoch kommen auch Ausnahmen vor, wie z. B. beim bitteren Pomeranzenbaum, von dem aus Blüthen, Früchten und Blättern drei verschiedene Oele gewonnen werden. — Cryptogamen haben bis jetzt kein ätherisches Oel geliefert.

Ueber die Genesis der ätherischen Oele in den Pflanzen wissen wir so gut wie nichts. Dagegen scheint es kaum zweifelhaft zu sein, dass manche derselben schon im Pflanzenkörper eine auf Oxydation beruhende weitere Verwandlung in Harze (s. diese) erleiden. Die ätherischen Oele werden von der Pflanzenzelle nicht wieder aufgenommen, nehmen demnach keinen Antheil am Stoffwechsel des Pflanzenorganismus, sind Producte der rückgängigen Stoffveränderung, Excrete. Einige pflanzliche ätherische Oele, oder vielmehr die Hauptbestandtheile von einigen derselben, hat man auch künstlich darzustellen vermocht, so den Salicylsäure-Methyläther des Wintergrünöls, die salicylige Säure des Spiräaöls, den Zimmtaldehyd des Zimmtöls u. s. w.

Die Darstellung der ätherischen Oele kann nur in den seltensten Fällen durch blosses Auspressen bewerkstelligt werden, wie dies bei den Oelen verschiedener *Citrus*-Arten der Fall ist; hier genügt es, die ölführenden Drüsen der Fruchtschalen in geeigneter Weise mechanisch zu zerreissen und das ausfliessende Oel durch Pressen zu entfernen. In der Regel muss man die betreffenden Pflanzentheile einer Destillation unterwerfen, jedoch nicht für sich, da bei dem hochgelegenen Siedepunkt der Oele sich flüchtige Zersetzungsproducte der begleitenden organischen Substanzen beimengen würden, sondern mit Wasser, in dessen Dämpfen sich die Oele schon weit unterhalb ihrer Siedetemperatur verflüchtigen. Man erhält so ein mehr oder weniger getrübtes Destillat, aus welchem sich bei ölreicherem Material der grösste Theil des Oels, je nachdem es leichter (was die Regel) oder schwerer als Wasser ist, bei einigem Stehen entweder zu oberst oder unten abscheidet. Dabei bleibt dann das Wasser selbst mit Oel gesättigt und zeigt dessen Geruch und Geschmack. Bei sehr ölarmen Pflanzenstoffen kann alles Oel im überdestillirten Wasser gelöst bleiben. In solchen Fällen bringt man den Weg des sog. Cohobirens zur Anwendung, d. h. man destillirt das gewonnene Wasser so oft über frische Mengen des ölführenden Materials, bis es übersättigt ist und einen Theil des Oels abscheidet. Um die Trennung des Oels vom Wasser zu erleichtern, benutzt man bei den leichteren Oelen während der Destillation als Vorlage eine sog. Florentiner Flasche (bei Darstellungen im Grossen ein entsprechend geformtes Blechgefäss), welche sich nach oben konisch verengert und mit einem nahe vom Boden und nicht ganz bis zur Höhe der Flasche aufsteigenden, oben abwärts gebogenen Ausflussrohr versehen ist. Wenn das Destillat in die Flasche gelangt, sammelt sich das leichte Oel in ihrem oberen verengten Theile, während das Wasser vom Boden aus durch das seitliche Rohr abfliesst. Bei Oelen, welche schwerer als Wasser sind, lässt man das Destillat mittelst eines langen Trichterrohrs auf den Boden einer Vorlage fliessen, die in ihrem oberen Theile eine Abflussöffnung für das Wasser hat und daher eine Ansammlung des Oels am Boden gestattet. Die Trennung selbst wird mittelst eines Scheidetrichters oder einer Saugpipette bewerkstelligt.

Statt der gewöhnlichen Destillation mit Wasser, bei welcher, wenn nicht die Pflanzentheile auf ein in die Destillirblase eingesetztes Sieb gelegt sind, leicht Anbrennen derselben eintritt, kann in vielen Fällen mit Vortheil Dampfdestillation angewendet werden; jedoch ist zu berücksichtigen, dass harte Substanzen, wie Rinden, Hölzer und Samen, von den Wasserdämpfen schwieriger durchdrungen werden, so dass hier die Eintauchung des Materials in das siedende Wasser zweckmässiger erscheint. Die Dauer der Destillation richtet sich natürlich nach der Substanz: während manche Kräuter schon nach verhältnissmässig kurzer Zeit völlig erschöpft an Oel sind, müssen z. B. Gewürznelken 4—6 mal mit neuem Wasser destillirt werden, um alles Oel aus ihnen zu gewinnen. Die Erfahrung, dass manche Pflanzentheile trocken mehr Oel liefern, als bei Anwendung entsprechender Quantitäten im frischen Zustande, mag in einer beim Trocknen sich vollziehenden theilweisen Oxydation des Oels, wodurch es in Wasser schwer löslicher wird, seinen Grund haben. Gummiharze, wie Myrrhe u. a., geben bei unmittelbarer Destillation mit Wasser ihren Gehalt an ätherischem Oel oft nur sehr unvollständig ab. Man extrahirt sie daher zweckmässig wiederholt mit nicht zu grossen Mengen kalten Weingeistes, verdunstet die Tinctur bei möglichst niedriger Temperatur und unterwirft nun den terpentinartigen

Rückstand der Destillation mit **Wasser**. Um aus solchen stark riechenden Pflanzentheilen, die, wie die Blüthen der Veilchen, Lilien, Linden u. a. m., auch bei oft wiederholter Cohobation mit **Wasser** kein ätherisches Oel liefern, sei es, weil zu wenig davon vorhanden, oder weil es in Wasser zu löslich ist, oder endlich weil es sich während der Destillation zersetzt, das riechende Princip zu gewinnen, kann man sie im Verdrängungs-apparate mit Aether ausziehen und den Auszug der freiwilligen Verdunstung überlassen.

Ausbeute. Die Ausbeute an ätherischem Oele ist bei der nämlichen Pflanzensubstanz auch bei völlig gleicher Darstellung oft sehr un-gleich, was theils in der Zeit des Einsammelns, theils in der kürzeren oder längeren Aufbewahrung derselben, theils aber auch in den der Entwicklung des Oels mehr oder weniger günstigen Verhält-nissen des Klimas und Bodens seinen Grund haben kann. Ein-gehendere Untersuchungen über die Ausbeute, welche bei den ver-schiedenen Oelen erzielt wird, haben in neuerer Zeit van Hees (Chem. Centrlb. 1847. 380) und namentlich Zeller (Chem. Centrlbl. 1855. 189. 204) ausgeführt.

Eigen-schaften. Die grosse Mehrzahl der ätherischen Oele ist bei gewöhnlicher Temperatur flüssig, aber bei niedriger Temperatur scheiden manche derselben feste krystallinische Substanzen aus, die man nach Ber-zelius' Vorgange gewöhnlich als „Stearoptene", auch wohl als Campher (nach Naumann), bezeichnet, während der flüssig blei-bende Antheil „Eläopten" genannt wird. Im völlig reinen Zu-stande sind viele farblos, andere kennt man nur mit gelber, rother oder brauner, wenige auch mit grüner oder blauer Farbe. Neben einem starken, oft sehr angenehmen Geruch besitzen sie einen brennenden scharfen Geschmack. Ihr specifisches Gewicht liegt zwischen 0,84 und 1,095, jedoch sind die meisten leichter als Wasser. Der Siedepunkt entfernt sich in der Regel nicht weit von 160°, kann jedoch bis 120 hinunter und, was häufiger ist, über 200, ja 250° hinausgehen. Dass derselbe bei den rohen Oelen fast niemals constant ist, sondern sich während der Destillation erhöht, ist eine nothwendige Folge der gemengten Natur dieser Körper. Nicht alle lassen sich für sich unzersetzt destilliren. Dagegen ver-flüchtigen sich alle schon bei gewöhnlicher Temperatur sehr lebhaft und erzeugen daher auf Papier keinen bleibenden Oelfleck. Sie brechen das Licht stark und besitzen fast ohne Ausnahme bald nach rechts, bald nach links wirkendes Rotationsvermögen (man vergl. J. H. Gladstone, Chem. Soc. J. (2) II. 1; auch Chem. Centrbl. 1864. 575).

Von Wasser werden die ätherischen Oele nur in geringer Menge aufgenommen, aber sie ertheilen demselben ihren Geruch und Geschmack. Durch Sättigen von solchem ölhaltigen Wasser mit Kochsalz lässt sich das Oel wieder zur Abscheidung bringen; auch kann es demselben durch Ausschütteln mit Aether entzogen werden. Weingeist löst die Oele um so reichlicher, je stärker er ist; mit absolutem mischen sich die meisten in jedem Verhältnisse. Im Allgemeinen scheint die Löslichkeit darin mit dem Sauerstoffgehalt der Oele zuzunehmen. Auch Aether, Holzgeist, Aceton, sowie viele Alkohole und Aetherarten lösen sie sämmtlich leicht, und mit fetten Oelen, Schwefelkohlenstoff, Chlorschwefel und Chlorkohlenstoff, sowie unter einander, lassen sie sich nach allen Verhältnissen mischen. — Ihrerseits besitzen die ätherischen Oele ein beträchtliches Lösungsvermögen für alle Fette, viele Harze, für Schwefel, Phosphor und mancherlei andere Stoffe.

Die ätherischen Oele bilden keine abgeschlossene chemische Gruppe. Entweder sind dieselben Kohlenwasserstoffe von der Formel $C_{10}H_{16}$, Terpene, in Form verschiedener Isomerien auftretend, theils wirkliche polymere, theils physikalische Isomerien von dem Siedepunkte 155—175° C. Hierher gehören Terpenthinöl, Citronenöl (Citren), Pomeranzenöl (Hesperiden), Bergamott-, Mandarinen-, Apfelsinen-, Limettöl, Thymian-, Spicköl, Pfefferöl, Petersilienöl, Kümmelöl, Calmusöl, letztere Thymen (Siedep. 165° C) enthaltend. Sämmtliche Terpene drehen die Polarisationsebene entweder nach Rechts oder Links und bilden mit HCl, auch IH theils krystallinische Verbindungen, stehen in naher Beziehung zum Cymol $C_{10}H_{14}$, in welches sie leicht umgewandelt werden können. Mit Salpetersäure liefern sie Toluyl- und Terephtalsäure. Ein Theil der ätherischen Oele ist wieder sauerstoffhaltig und tritt entweder als Gemenge von Terpenen mit sauerstoffhaltigen Atomgruppen auf oder ist frei von Terpenen. Die sauerstoffhaltigen, es sind Aldehyde (Zimmtöl = Zimmtsäurealdehyd), oder Ketone (Rautenöl = Methylnonylketon), Säuren, (Nelkenöl), zusammengesetzte Aether (Spiräaöl, Wintergrünöl = Salicylsäuremethyläther), ja sogar Alkohole (Menthaöl) und Phenole. —

An der Luft absorbiren die ätherischen Oele Sauerstoff, verdicken sich dabei gewöhnlich, werden schwächer an Geruch, und nehmen saure Reaction an. Im Allgemeinen ist diese Aufnahme bei frischen Oelen am stärksten und nimmt später ab. Das Licht scheint sie zu begünstigen. Die aldehydartigen Bestandtheile gehen in Folge der Oxydation in die entsprechenden Säuren über, die dann wohl auskrystallisiren, wie Zimmtsäure aus dem Zimmtöl, Benzoesäure aus dem Bittermandelöl. Die Kohlenwasserstoffe verwandeln sich in nichtflüchtige harzartige Producte unter gleichzeitiger Bildung von Kohlensäure, Ameisensäure, Essigsäure und anderen Producten. Eine ähnliche Wirkung wie der atmosphärische Sauerstoff üben salpetrige Säure und andere kräftig oxydirende Substanzen auf die Oele aus. Auch Chlor und Brom erzeugen mit den Oelen, indem sie ihnen einen Theil ihres Wasserstoffs entziehen, zähe harzartige Materien. Besonders energisch ist die Einwirkung des Jods auf viele sauerstofffreien Oele, die damit, wenn sie frisch sind, sich lebhaft erhitzen und eine Art von Verpuffung erleiden, während es von den sauerstoffreichen Oelen ohne oder doch nur unter geringer Erhitzung gelöst wird. Concentrirte Salpetersäure ruft bei manchen Oelen unter lebhafter Gasentwicklung eine sich bis zur Entflammung steigernde Erhitzung hervor, eine Wirkung, die auch bei den übrigen Oelen eintritt, wenn die Salpetersäure mit ihrem halben Volumen conc. Schwefelsäure vermischt wird. Beim Zusammenbringen der Oele mit conc. Schwefelsäure entsteht gewöhnlich unter Wärmeentwicklung eine dicke braune Flüssigkeit, die beim Erhitzen schweflige Säure entwickelt und verkohlt. Nur wenn sehr kleine Mengen beider vorsichtig gemischt werden, nehmen die Oele manchmal charakteristische Färbungen an, die sich zur Erkennung derselben eignen (man vergl. Flückiger, Schweiz. Wochenschr. Pharm. 1870. 262). Zur Erkennung und besonders chemischer Characteristik geeignet sind einige Reagentien, welche entweder auffallende Färbungen veranlassen, oder neue Producte mit den ätherischen Oelen erzeugen, welche dazu geeignet sind, die chemische Natur aufzuklären. Es gehören hierher:

a. concentrirte Schwefelsäure,

b. trocknes Chlorwasserstoffgas, das mit Terpenen in Reaction tritt,

c. Hydroxyde der Alkalien, in wässriger Lösung, zur Erkennung vorhandener Säuren, Ester, Phenole und auch

d. Salpetersäure, um Aldehyde in Säuren umzuwandeln. —

Vielleicht ist auch anwendbar Natriumbisulphit, um Ketone und Aldehyde in krystallinische Verbindungen umzuwandeln.

Anwendung. Die Anwendungen der ätherischen Oele sind sehr mannigfaltig. Abgesehen von ihrer Bedeutung für die Therapie dienen manche zur Anfertigung von Liqueuren und zum Würzen von Speisen, die wohlriechenden werden in ausgedehnter Weise zur Darstellung von Parfümerien, die billigen als gute Lösungsmittel von Harzen zur Firnissbereitung benutzt.

Verfälschungen und Prüfung. Die absichtlichen Verfälschungen, welche bei den ätherischen Oelen wegen ihres hohen Preises vorkommen können, bestehen in Zusätzen von fetten Oelen, besonders Ricinusöl, Alkohol, Chloroform, Schwefelkohlenstoff, Benzin, und billigeren ätherischen Oelen. — Was die Nachweisung von Schwefelkohlenstoff, Alkohol, Chloroform, Benzin betrifft, so ist hier vor Allem an die Siedepunkte der einzelnen Flüssigkeiten zu erinnern und die Methode der fractionnirten Destillation, im kleinen Fractionnirkölbchen durchgeführt, als die beste Orientirungsprobe zu empfehlen, da dieselbe nicht nur im Stande ist, die Zusätze der fremden Körper, wie Schwefelkohlenstoff, Alkohol, Chloroform direct nachzuweisen, sondern darüber unter Umständen Aufschluss giebt, ob fette Oele beigemengt sind, die Destillationsrückstände bilden, oder andere ätherische Oele untermischt sind. Zur Erkennung von Alkohol lassen sich noch anwenden:

1) Vermischen mit der gleichen Menge Wasser, wobei bei Alkoholgegenwart Volumenabnahme stattfindet (Lipowitz),
2) Zusatz von kleinen Mengen Chlorcalcium (Borsarelli) oder essigsaurem Kali im geschmolzenen Zustande (Bernoulli), welche Substanzen durch Alkohol feucht werden oder zerfliessen (auch durch Wasser),
3) Zusätze kleiner Mengen Tannin, (Hager) welches bei den kleinsten Mengen von Alkohol sich zusammenballt,
4) Fuchsin durch die entstehende intensivrothe Lösung,
5) Natriummetall, welches natürlich nur bei sauerstofffreien ätherischen Oelen zur Erkennung von Alkohol angewendet werden kann, um in solchem Falle eine Wasserstoffentwicklung lebhafter Art zu veranlassen.

Die Erkennung fetter Oele ist noch gesichert durch die Entstehung eines bleibenden Fettfleckes, wenn das fragliche Oel auf Papier, am besten Briefpapier gebracht wird; auch lösen sich fette Oele enthaltende ätherische Oele in 8 Theilen Weingeist von 0,823 sp. G., nicht auf (Ricinusöl ausgenommen). Die Erkennung fremder ätherischer Oele als Beimengung bleibt trotz der mannigfachen Vorschläge in dieser Richtung unter Umständen stets eine schwierige Aufgabe und lassen sich hierüber durchaus keine sicheren, allgemeinen Reactionen aufstellen. Unstreitig verdient hier das Drehungsvermögen des polarisirten Lichtes Beachtung, auch die Färbungen vieler ätherischer Oele mit concentrirten Säuren (Schwefelsäure, Salpetersäure). Weniger Zuverlässigkeit besitzen die Vorschläge von Tucher, Anwendung von Jod zur Erkennung von Terpenthinöl und von Hope, Nitroprussid-Kupfer zur Erkennung sauerstoffhaltiger Oele in sauerstofffreien. Ein genaues, vergleichendes Studium der verdächtigen Waare mit einer reinen ist in solchen Fällen das beste Erkennungsmittel.

Campher.

Mit den ätherischen Oelen meist gemeinschaftlich vorkommend und aus diesen wohl durch Oxydationsvorgänge entstanden, sind die Campherarten, meist sauerstoffhaltige, krystallinische Substanzen, farblos, durchscheinend, mit 10 Atomen Kohlenstoff, die sich meist durch charakteristischen Geruch auszeichnen. Dieselben sind spec. leichter als Wasser, flüchtig, wenig löslich in Wasser, leicht löslich in Alkohol, Aether, Essigsäure und ätherischen Oelen. Campher.

Die beiden Hauptrepräsentanten sind der Japancampher (Laurineencampher) $C_{10} H_{16} O$ und Borneocampher $C_{10} H_{18} O$, welche in dem Verhältnisse eines Ketones zu einem secundären Alkohole stehen und ebenfalls in nahen Beziehungen zum Cymol stehen, welches aus denselben durch Einwirkung von Zinkchlorid oder Phosphorsäureanhydrid auf Japancampher entsteht. Die Gewinnung des Camphers geschieht durch Destillation der betreffenden Pflanzentheile mit Wasser und darauffolgende Sublimation mittelst Kohle und Kalkzusatz. Sehr häufig scheiden sich aus ätherischen Oelen Campherarten ab, die schon früher als Stearoptene bezeichnet wurden.

Harze. (Balsame).

Harze.

Noch unbestimmter und schwieriger definirbar als der Begriff der ätherischen Oele ist derjenige der Harze. Fast mehr noch als bei jenen sind nicht sowohl die chemischen Eigenschaften der unter diesem Begriff zu vereinigenden Körper, als vielmehr die Gemeinsamkeit ihres Ursprungs und die Uebereinstimmung gewisser physikalischer Merkmale das Bestimmende. Die neuere Chemie sucht sich desselben daher mehr und mehr zu entledigen, aber gewisse practische Wissenszweige, insbesondere die von uns im Auge zu behaltenden, können sich bis jetzt davon nicht los sagen.

Die ältere Schule rechnet zu den Harzen solche halbfeste oder feste und dann durch Wärme erweich- oder schmelzbare, grösstentheils amorphe, in Wasser unlösliche, in Weingeist, Aether und ätherischen Oelen ganz oder theilweise lösliche Substanzen vegetabilischer Abkunft, die entweder durch freiwilliges Eintrocknen ausgeflossener Pflanzensecrete entstehen, oder mit Hülfe von Weingeist aus Pflanzentheilen ausgezogen werden können, oder endlich zwar im Mineralreiche angetroffen werden, aber unzweifelhaft von einer untergegangenen Vegetation herrühren. Sie bezeichnet die festen und bei gewöhnlicher Temperatur harten und spröden unter diesen Stoffen als Hartharze, die elastischen als Federharze, die weichen und zwischen den Fingern knetbaren als Weichharze, die halb oder ganz flüssigen als Balsame und unterscheidet endlich noch diejenigen, welche eine reichliche Beimengung von in Wasser löslichem Gummi oder Pflanzenschleim enthalten als Gummi- oder Schleimharze. Die mineralogisch sich vorfindenden fossilen oder Erdharze werden hier keine Berücksichtigung finden.

Vorkommen.

Die Harze gehören zu den verbreitetsten Pflanzenstoffen und finden sich vielleicht in allen höher organisirten Gewächsen, wenn auch, wie z. B. in den Gräsern, oft nur in kaum bemerkbarer Menge. Pilze und Algen scheinen kein echtes Harz zu erzeugen, wenn auch eine Verwandlung ihrer Zellensubstanz in harzähnliche Producte, wie sie z. B. von Harz (Viertelj. pract. Pharm. XVII. 486) bei

Polyporus officinalis beobachtet ist, vorkommen kann. Im Allgemeinen sind tropische Pflanzen harzreicher, als kälteren Klimaten angehörende. Während bei uns nur die Abietinen einen grösseren Reichthum an Harz aufzuweisen haben, gehören in südlicheren Gegenden auch die Familien der Caesalpineen, Papilionaceen, Amyrideen, Euphorbiaceen, Garcinieen, Dipterocarpeen, Umbelliferen und Cupressineen zu den harzreichen. — Die Harze kommen in allen Organen und mit Ausnahme des Cambiums in allen Geweben der Pflanze vor. Meistens machen sie einen Bestandtheil der Zellwand aus, bisweilen in dem Grade, dass die Zellenmembran ganz in Harz verwandelt ist (z. B. bei den Gattungen *Pinus, Abies* und *Xantorrhoea*), seltener sind sie im Zelleninhalt gelöst vorhanden (z. B. bei der *Garcinia*). Die hauptsächlichste Bildungsstätte der Harze ist die Rinde, von der aus sie sich dann gewöhnlich nach Aussen, seltener in die inneren Theile ergiessen. In harzreichen Gewächsen finden sich oft ganz mit Harz erfüllte Hohlräume, die sogen. Harzgänge. (Man vergl. Wiesner, die technisch verwendeten Gummiarten, Harze und Balsame).

Dass die Harze Producte der regressiven Stoffmetamorphose des pflanzlichen Organismus sind, kann kaum zweifelhaft sein, aber bezüglich der Stoffe, aus denen sie durch Umbildung erzeugt werden, gehen die Ansichten der Pflanzenphysiologen und Chemiker auseinander. Die Ersteren (man vergl. Wiesner l. c.) glauben eine directe oder durch intermediäre Bildung von Gerbstoffen vermittelte Harzerzeugung aus Cellulose und Stärkmehl annehmen zu müssen. Dagegen folgern die Chemiker sowohl aus dem Umstande, dass die Harze sehr oft bald grössere bald kleinere Mengen ätherischer Oele beigemengt enthalten, als auch namentlich aus der auf künstlichem Wege zu bewirkenden Ueberführung der letzteren in harzartige Producte, dass auch die natürlichen Harze wenigstens theilweise (die echten Harze) aus ätherischen Oelen ihre unmittelbare Entstehung nehmen. Dass die in der Mehrzahl der ätherischen Oele vorhandenen Camphene oder Terpene schon an der Luft Sauerstoff aufnehmen und dabei verharzen, auch durch kräftige Oxydationsmittel in dieser Weise verändert werden, ist oben besprochen worden. Neuere Versuche von Hlasiwetz und Barth haben gezeigt, dass diese Kohlenwasserstoffe auch durch Erhitzen mit weingeistigem Kali in colophoniumähnliche Producte übergeführt werden. Wenn nun ferner auch die Zusammensetzung vieler natürlicher Harze sie als einfache Oxydationsproducte der Camphene erscheinen lässt — z. B. diejenige der Harze im Terpenthin, Mastix, Sandarak, Elemi, Bdellium u. s. w., die der Formel $C^{20}H^{30}O^2 = 2\,C^{10}H^{16} + 3\,O - H^2O$ entspricht, sowie die der Harze im Olibanum, Euphorbium, Ladanum u. a., welche durch die Formel $C^{20} H^{30} O^3 = 2 C^{10} H^{16} + 4 O - H^2 O$ ausgedrückt wird —, so muss die natürliche Entstehung von Harzen aus Kohlenwasserstoffen wohl als sehr wahrscheinlich angesehen werden. Aber auch die aldehydartigen Bestandtheile der ätherischen Oele dürften bei der Harzbildung betheiligt sein. Die Bildung harzartiger Producte aus Essig- und Acrylaldehyd beim Behandeln mit Kali ist längst bekannt. Neuerdings hat nun Hlasiwetz (Ann. Chem. Pharm. CXXXIX. 83) auch aus den aldehydartigen Verbindungen verschiedener ätherischer Oele, insbesondere des Bittermandel-, Rauten-, Anis- und Nelkenöls, durch Behandeln mit wasserfreier Phosphorsäure Harze erhalten, die sich in ihrem Verhalten durchaus nicht von den natürlichen Harzen unterschieden. Uebrigens muss vom chemischen Standpunkt aus zugegeben werden, dass manche zu den Harzen gerechnete Substanzen Abkömmlige von Gerbsäuren oder anderen Glucosiden sein mögen. Auch ist noch zu bemerken, dass die Harzbildung wohl nicht immer eine Function der Pflanze selbst ist, sondern öfters unter Concurrenz des atmosphärischen Sauerstoffs erfolgt, der entweder von Aussen in die unverletzten Zellen eindrang oder erst später mit deren Ausscheidungen in Contact kam. (Man vergl. Hlasiwetz in Wiesner's oben citirtem Werke).

Gewinnung. .In manchen Fällen fliessen die Harze als Balsame aus der Rinde sehr harzreicher Pflanzen freiwillig aus und erhärten dann allmälig an der Luft, häufiger aber wird ihr Austritt durch Einschnitte künstlich gefördert und dann bisweilen durch Erhitzen unterstützt. Bei weniger harzreichen Gewächsen muss man zu einer Extraction mittelst Weingeist seine Zuflucht nehmen und sie aus der Lösung durch Zusatz von Wasser und Abdestilliren des meisten Weingeists abscheiden.

Eigenschaften. Die natürlichen Harze sind selten ganz farblos, sondern besitzen gewöhnlich eine gelbe bis braune Farbe, die an der Luft nachdunkelt. Manche sind völlig durchsichtig, die anderen, wenigstens in dünnen Splittern, durchscheinend. Beim Reiben werden sie sämmtlich stark negativ electrisch. Die Balsame, Weichharze und viele Gummiharze zeigen einen charakteristischen Geruch und Geschmack, die eigentlichen Hartharze sind aber bei gewöhnlicher Temperatur meistens geruchlos und auch geschmacklos. Das specif. Gewicht der festen Harze ist grösser als das des Wassers und geht bis 1,2 oder 1,3 hinauf, dasjenige der Balsame erniedrigt sich bis auf 0,9. Der Schmelzpunkt der festen Harze variirt zwischen 75 und 360°. Von ihrem Gehalt an Arabin und Bassorin abgesehen, sind die Harze in Wasser unlöslich. Weingeist löst viele schon in der Kälte, manche erst beim Kochen, einige aber auch bei Siedhitze nicht. Durch Wasserzusatz werden die weingeistigen Lösungen in Folge der feinen Vertheilung des sich ausscheidenden Harzes milchig getrübt. Gute Lösungsmittel für die Harze sind ferner ätherische Oele, Benzol, Schwefelkohlenstoff, vielfach auch Aether und Chloroform. *(vergl. Anmerk. S. 64).

Die Bestandtheile der natürlichen Harze sind sehr mannigfaltiger Art. Die Hauptmasse der Hartharze besteht aus Harzen im engeren Sinne, d. h. aus stickstofffreien, sehr kohlenstoffreichen und sauerstoffarmen, gewöhnlich amorphen, bisweilen aber auch krystallisirbaren, in Wasser völlig unlöslichen, in Weingeist meistens löslichen Substanzen, die häufig den Charakter von schwachen Säuren besitzen und dann wohl als Harzsäuren bezeichnet werden, vielfach aber auch völlig indifferent sind und in einzelnen Fällen (Convolvulin, Jalapin) sich als Glucoside herausgestellt haben. Die Harzsäuren zeigen in weingeistiger Lösung in der Regel schwach saure Reaction und verbinden sich mit den Basen zu Salzen, den sogen. Resinaten, von denen diejenigen mit alkalischer Basis, die Harzseifen, mit Wasser schäumende Lösungen geben und durch Auflösen der Harze in ätzenden, vielfach auch in kohlensauren Alkalien, deren Kohlensäure dann ausgetrieben wird, dargestellt werden können. Auch wässriges Ammoniak bringt die Harzsäuren in Lösung, die aber beim Verdampfen öfters das Ammoniak verliert und unverbundenes Harz hinterlässt. — Ein und dasselbe natürliche Harz enthält gewöhnlich mehrere dieser, oft nur geringe Unterschiede zeigenden und nur schwierig durch Anwendung verschiedener Lösungsmittel von einander zu trennenden einfachen Harze, die man dann nach dem Vorgange von Unverdorben und Berzelius durch vorgesetzte griechische Buchstabennamen (Alphaharz, Betaharz u. s. w.) auseinander zu halten pflegt. Einige natürliche Harze enthalten neben sauren und indifferenten Harzen auch wirkliche Säuren, wie Benzoësäure, Zimmtsäure, Ferulasäure, Guajaksäure u. a. m. Aetherische Oele finden sich in grösserer Menge in den Weichharzen und Balsamen, welche letztere geradezu als Auflösungen von Hartharzen in ätherischen Oelen angesehen werden können. Die Gummiharze haben, wie schon erwähnt wurde, einen oft sehr beträchtlichen Gehalt an gummiartigen Bestandtheilen. Endlich trifft man noch Gerbstoffe, Cellulose, Stärke, Huminsubstanzen und allerlei mechanische Einschlüsse in den Harzen an.

Durch Hitze werden alle natürlichen Harze zerstört. An der Luft erhitzt verbrennen sie mit stark leuchtender russender Flamme, und bei Abschluss von Luft liefern sie die gewöhnlichen Erzeugnisse der trocknen Destillation stickstofffreier organischer Substanzen, unter denen gasförmige und flüssige Kohlenwasserstoffe besonders reichlich auftreten und bei einigen Harzen, namentlich aus der Familie der Umbelliferen, sich als eigenthümliches Product das mit dem Chinon gleich zusammengesetzte Umbelliferon (man vergl. Galbanum) befindet. Von besonderem Interesse ist das von Hlasiwetz und Barth (Annal. Chem. Pharm. **139.** 83) studirte Verhalten der Harze beim Schmelzen mit Kalihydrat. Während die Harze der Abietinen, ferner Mastix, Olibanum, Dammar, Sandarak u. s. w., also alle diejenigen Harze, die zweifellos Oxydationsproducte von Kohlenwasserstoffen der Formel $C^{10}H^{16}$ sind (die Terpenharze, wie Hlasiwetz sie nennt), sich bei dieser Behandlung sehr widerstandsfähig zeigen und kaum angegriffen werden, werden andere, namentlich die harzigen Bestandtheile der Gummiharze, dadurch sehr leicht und unter Bildung charakteristischer Producte zersetzt. So erhält man ausser den gewöhnlichen flüchtigen Verbindungen, die bei der einfachen trocknen Destillation entstehen, ausser humusartigen Producten und flüchtigen Fettsäuren, vornehmlich Protocatechusäure aus Guajak, Benzoë, Drachenblut, Asa foetida, Myrrhe, Acaroïdharz und Opoponax, Paraoxybenzoësäure ($C^7H^6O^3$) aus Benzoë, Drachenblut, Aloë und Acaroïdharz, Phloroglucin aus Drachenblut und Gummigutt, Resorcin (s. Galbanum) aus allen Umbelliferon liefernden Harzen, Orcin aus Aloë, Isuvitinsäure aus Gummigutt. — Von concentrirter Schwefelsäure werden viele Harze in der Kälte ohne Zersetzung gelöst und daraus durch Wasser unverändert wieder gefällt; beim Erhitzen tritt Verkohlung ein. Concentrirte Salpetersäure wirkt meistens sehr heftig ein: es erzeugen sich anfangs gewöhnlich amorphe gelbe Nitroverbindungen, aber bei fortdauernder Einwirkung pflegen Pikrinsäure und Oxalsäure zu entstehen. Die Einwirkung des Chlors und Broms ist noch sehr wenig untersucht.

Technisch werden die Harze namentlich zur Bereitung von Firnissen und Kitten (Siegellack), auch zur Darstellung von Harzseifen verwandt.

* **Anmerk.** Ueber das Verhalten einer Anzahl der wichtigsten technisch verwendeten Harze gegen Lösungsmittel gelangte Sacc (N. Jahrb. Pharm. XXXII. 227) zu den folgenden Resultaten: In Weingeist lösen sich Dammar und Bernstein nicht, Copal backt darin zusammen, Elemi löst sich schwierig, Colophonium, Schellack, Sandarak und Mastix lösen sich leicht. In Aether sind unlöslich Bernstein und Schellack, Copal schwillt auf, Dammar, Colophonium, Elemi, Sandarak und Mastix lösen sich leicht. In Essigsäure schwillt nur das Colophonium auf, alle übrigen werden nicht

angegriffen. Natronlauge löst Schellack leicht, Colophonium schwierig, die übrigen nicht. Schwefelkohlenstoff löst Schellack und Bernstein nicht, Copal schwillt an, Elemi, Sandarak und Mastix lösen sich schlecht, Dammar und Colophonium leicht. Terpentinöl löst Schellack und Bernstein nicht, Copal schwillt auf, Dammar, Colophonium, Elemi und Sandarak werden gut, Mastix sehr gut gelöst. Benzol löst Copal, Bernstein und Schellack nicht, Elemi und Sandarak schlecht, Dammar, Colophonium und Mastix sehr gut. Petroleumäther löst nur Dammar und Mastix gut, Colophonium, Elemi und Sandarak schlecht, die übrigen gar nicht. Siedendes Leinöl wirkt nicht auf Copal und Bernstein, schwierig auf Schellack Elemi und Sandarak, löst aber Dammar, Colophonium und Mastix leicht. Ammoniakflüssigkeit löst nur Colophonium leicht. Conc. Schwefelsäure löst alle mit brauner, nur Dammar mit lebhaft rother Farbe. (Ueber das Verhalten der Harze gegen Lösungsmittel siehe die Arbeiten von Johansen Arch. Pharm. 1878/79.)

Proteïnstoffe.

Die Proteïnstoffe (Eiweisskörper), beim Leben der Pflanze und des Thieres unentbehrliche Körper, finden in beiden Organismen die grösste Verbreitung, werden aber nur bei dem Stoffwechsel der Pflanze erzeugt. Dieselben sind Baustoffe in ihren löslichen Formen, als Pflanzeneiweiss, Pflanzenalbumin, auch identisch mit dem Eiweiss des Protoplasma's oder auch Reservestoffe (Legumin, Fibrin etc.).

Ihrer Zusammensetzung nach bestehen dieselben aus Kohlenstoff, Wasserstoff, Sauerstoff, Stickstoff und Schwefel, sehr häufig sind denselben Phosphate des Calciums innig beigemengt. Ein Bild ihrer procentischen Zusammensetzung giebt ungefähr folgende Uebersicht: *Zusammensetzung und Eigenschaften der Proteïnstoffe.*

$$C = 53,5\,\%$$
$$H = 7,0\,,,$$
$$N = 15,5\,,,$$
$$O = 22,4\,,,$$
$$S = 1,6\,,,$$

Eine bestimmte Molecularformel für die Proteïnstoffe lässt sich nicht aufstellen, am meisten Berechtigung hat immer noch die Lieberkühn'sche Formel $C_{72} H_{112} N_{18} O_{22} S$.

In 2 Zuständen treten die Proteïnstoffe meistens auf, in einem löslichen oder unlöslichen (coagulirten), welch' letzterer durch Einwirkung von Wärme oder Säuren entstehen kann. Die löslichen Repräsentanten können aus ihren Lösungen durch Verdunsten unter $50^{\,0}$ C erhalten werden, wenn auch nicht rein, wie überhaupt die Darstellung im absolut reinen Zustande eine schwierige Aufgabe ist. Auf solche Weise abgeschieden stellen die löslichen Eiweisskörper dem arabischen Gummi ähnliche Massen dar, ohne Geschmack und Geruch, löslich in Wasser, unlöslich in Alkohol und Aether. Die Lösungen der Proteïnstoffe drehen die Polarisationsebene nach links. Im coagulirten Zustande bilden dieselben weisse, flockige, amorphe, in den gewöhnlichen Lösungsmitteln unlösliche Massen, theilweise löslich in verdünnten Mineralsäuren, löslich in concentrirter Essigsäure, ebenso in verdünnten Alkalien bei Temperaturen von 60 ° C.

Zur chemischen Charakteristik der Proteïnstoffe im Allgemeinen lassen sich noch folgende Reactionen anführen:

Salpetersäure färbt die Proteïnstoffe, besonders beim Erwärmen gelb, mit Ammoniak sich dunkler färbend. (Xanthoproteïnreaction.)

Das Millon'sche Reagens. (Eine Auflösung von 1 Theil Quecksilber in 1 Theil conc. kalter Salpetersäure, mit gleichem Volumen Wasser vermischt) färbt sich violettroth mit Proteïnstoffen, besonders bei Mithilfe von Wärme. Eine alkalische Kupfersulfatlösung löst die Proteïnstoffe mit violetter oder violettblauer Farbe, besonders beim Erwärmen. Concentrirte Salzsäure löst ebenfalls diese Körper mit theilweise charakteristischer bläulich-violetter Färbung.

Zucker und conc. Schwefelsäure färben, besonders bei Luftzutritt, dieselben blutroth. In Eisessig gelöst, geben sie mit concentrirter Schwefelsäure eine schön violette, schwach fluorescirende Lösung, die sogar bei bestimmter Concentration im Spectrum zwischen den Linien b und F. Absorption veranlasst. Die Lösungen der Proteïnstoffe werden theils schon für sich beim Erhitzen coagulirt, theils auf Zusatz von Säuren (Essigsäure), Mineralsäuren (HNO^3, HCl) fällen dieselben, ebenso Alkohol, Aether, viele Metallsalze wie neutrales und bas. Bleiacetat, Kupfersulfat, Quecksilberchlorid, Eisenchlorid etc., Phosphorwolframsäure in saurer Lösung (C. Scheibler[*]) sowie Jodkaliumwismuth (Fron[**]) fällen sehr empfindlich die Proteïnstoffe.

[*] Zweifachwolframsaures Natron wird unter Zusatz der Hälfte Phosphorsäure (1,13) mit Wasser längere Zeit im Sieden erhalten und stehen gelassen. Es krystallisirt beim Erkalten Phosphorwolframsaures Natron heraus, in Krystallen des triklinen Systemes krystallisirend. Die Lösung, mit Chlorbaryum gefällt, giebt die schwerlösliche Barytverbindung, die in heisser verdünnter Salzsäure gelöst, mit Schwefelsäure von Baryt befreit, nach dem Verdunsten Krystalle von Phosphorwolfram-Säure liefert, leicht löslich in Wasser.

[**] 1,5 Gramm frisch gefälltes basisch salpetersaures Wismuth, in 20 Gr. Wasser vertheilt, bis zum Kochen erhitzt, giebt aus Zusatz von 7 Gr. Jodkalium und 20 Tropfen Salzsäure die betreffende Lösung von Wismuthjodidjodkalium.

Die qantitative Bestimmung der einzelnen Proteïnstoffe ist vorläufig noch eine Unmöglichkeit, falls man exacte Resultate beansprucht. Für die gewöhnlichen Bedürfnisse genügend bleibt immer jene Methode, welche sich darauf gründet, den Stickstoffgehalt durch Verbrennung mit Natronkalk in Form von Ammoniak zu bestimmen. Die für N aus dem Ammoniak berechneten Zahlen werden hierauf mit 6,25 multiplicirt, um eine Zahl für die Proteïnstoffe zu erhalten, mit Berücksichtigung eines normalen Stickstoffgehaltes der Proteïnstoffe von 16 %. —

Die Proteïnstoffe erleiden bei Einwirkung von Wärme mannig- Zersetzungen. fache Zersetzungen, nicht minder bei eintretender Fäulniss, in welchem Falle Ammoniak, Schwefelammonium, Säuren der Fettsäurereihe, Leucin, Tyrosin etc. enstehen. Das Studium über den Zerfall des Eiweissmolecüles durch Einwirkung der verschiedensten Agentien war im letzten Jahrzehnte besonders Gegenstand verschiedener Forschungen. Besonders Hlasiwetz und Habermann, H. Ritthausen, Schützenberger, Béchamp, Ritter, Pott, Knop, Staedeler, O. Loew, O. Tappeiner, F. Keller, A. Fröhde u. A. haben uns Resultate vorgelegt, welche dazu bestimmt sind, allmälig Einblicke in die Constitution der Proteïnstoffe zu gewinnen. Die hervorragendsten Resultate dieser Forschungen mögen hier eine Stelle finden, wobei wir aber zum Zwecke eingehenden Orientirung auf den speciellen Theil verweisen müssen.

Beim längeren Erhitzen der Proteïnstoffe mit verdünnter Schwefelsäure oder Salzsäure und Zinnchlorür entstehen bei vollständiger Zersetzung aus den Proteïnstoffen: Leucin, Tyrosin, Asparaginsäure, Glutaminsäure und Ammoniak. Die Quantitäten der hier auftretenden Stoffe sind je nach dem Proteïnstoffe, der angewandt wurde, verschieden. *)

Schützenberger erhielt bei Einwirkung von Barythydrat bei 150 ° C:

1) Amidosäuren ($C_n H_{2n+1} NO_2$)

   Amidopropionsäure (Alanin)

   Amidobuttersäuren,

   Amidovaleriansäure (Butalanin),

   Amidocapronsäuren (Leucin),

   Amidoönanthylsäure,

2) Asparaginsäure und Glutaminsäure.

3) Stickstoffverbindungen von den Formeln: $C_4 H_7 NO_2$

                                $C_5 H_9 NO_2$

                                $C_6 H_{11} NO_2$

____

*) Chem. Centralblatt. 1875. 614 – 696.

4) Tyrosin,

5) Harnstoff, dessen Entstehung von Béchamp, Ritter bestätigt, aber von Staedeler, Loew, Pott etc. widersprochen wird.

6) eine dextrinähnliche Substanz.

Die Oxydation, in energischerer Form angewandt, liefert Aldehyde der flüchtigen Fettsäuren auch Benzoësäure, ferner flüchtige Fettsäuren von Ameisensäure bis Valeriansäure, Capronsäure, Caprylsäure, Blausäure, etc. Durch Einwirkung von verdünnter Salzsäure (0,1 %) und Pepsinlösungen bei 30—40° C gehen die Proteïnstoffe in Peptone über, in Wasser lösliche Substanzen, nicht coagulirbar, nur fällbar durch Alkohol, nicht durch die übrigen Salze, welche die löslichen Eiweisskörper abzuscheiden im Stande sind.

Endlich ist durch Einwirkung von schmelzendem Kali auf Proteïnkörper, auch bei der Fäulniss derselben Indol, nachgewiesen worden. —

Zersetzungsprodukte der Eiweissstoffe sind ferner noch näher studirt worden durch die Arbeiten von J. Horbaczewski (Sitzungsberichte der Wiener Academie II. 80. 101.), der durch Einwirkung von Salzsäure auf Horn, Haare, Leim, Hornhaut nachstehende Produkte erhielt:

Horn und Haare	Leim	Hornhaut.
Glutaminsäure	—	—
Asparaginsäure	—	—
Leucin	—	—
Tyrosin	Glycocoll	—
Ammon	—	Tyrosinsäure
Schwefelwasserstoff	—	Ammon. Schwefelwasserstoff.

M. Bleunard wies durch Einwirkung von Aetzbaryt auf Eiweissstoffe nach: Ammon, Kohlensäure, Oxalsäure, Essigsäure, Tyrosin, Amidobaldriansäure, Alanin. Die Zersetzung der Eiweissstoffe durch Verdauungsvorgänge, beginnende, vorgeschrittene Fäulniss ist besonders in neuerer Zeit durch die Arbeiten von Kraus, Salomon, E. und K. Salkowsky, E. Baumann und Brieger u. A. eingehender untersucht worden und haben sich als Fäulnissprodukte resp. Zersetzungsprodukte namentlich gezeigt: Xanthinkörper, speciell Hypoxanthin, Indol, Skatol ($C_9 H_9 N$), Phenole, (Parakresol) und aromatische Oxysäuren der Pararcihe. (Siehe die Literatur über Eiweiss im speciellen Theile).

A. Stutzer (Berl. B. XIII. 251) theilt mit, dass die meisten Proteïnstoffe durch Einwirkung von saurem Magensafte (Pepsin + Salzsäure) in 2 Gruppen von Körpern zerfallen. Einerseits entstehen die bekannten Zersetzungsprodukte der Eiweissstoffe, Peptone, Acidalbumine etc., während ein anderer Theil ungelöst bleibt, der Stickstoff, Phosphor enthält und dem Nucleïn nahe zu stehen scheint.

Dass die Eiweissstoffe im lebenden Organismus der Pflanze, besonders in den Samen beim Keimungsprocesse eine ganz analoge Zersetzung erfahren, wie solches experimentell durch Einwirkung von Salzsäure und Baryt etc. nachgewiesen ist, beweisen zahlreiche Versuche, unter denen besonders die Arbeiten von E. Schulze, Barbieri, O. Kellner, v Gorup u. A. zu nennen sind. Besonders erwähnenswerth scheinen in dieser Richtung die Resultate von E. Schulze und Barbieri, welche diese Forscher bei ihren Untersuchungen über die Eiweisszersetzung bei Kürbiskeimlingen erhielten. In den Kürbiskeimlingen waren als Zersetzungsprodukte des Eiweisses (wohl Conglutin) nachzuweisen Glutamin, Asparagin, Leucin und Tyrosin, auch Ammoniak. —

Trotzdem auf dem Gebiete der Umwandlungsvorgänge der Eiweissstoffe zahlreiche Erfahrungen vorliegen, so bleibt die Frage über die Constitution der Eiweissstoffe stets noch eine offene. Schon vielfach wurde die Constitution des Eiweissmolecüles festzustellen versucht und manche Hypothese in dieser Richtung aufgestellt, die dessen Bildung erklären sollte, jedoch nicht mit zuverlässigem Erfolge. In neuerer Zeit hat O. Loew (Pflüger's Archiv XXII. 503) eine Hypothese der Eiweissbildung aufgestellt, welche das Albumin, analog dem Zucker und Stärkemehl, als ein Condensationsprodukt eines verhältnissmässig einfachen Körpers betrachtet. Zu dieser Ansicht führt zunächst die Thatsache, dass im Pflanzenkörper keine unmittelbare Vorstufe des Eiweisses, auch keinerlei Zwischenprodukt zu beobachten ist, andererseits wieder Pilze nach v. Nägeli's Versuchen aus einfach constituirten Körpern, essigsaurem Ammon, bei Gegenwart von Zucker, Mannit, Butylalkohol etc. Eiweiss bilden können. Loew hält CH_2OH, das Isomere des Ameisensäurealdehydes, das Methylenoxyd für die erste, zur Eiweissbildung nothwendige Gruppe, demnach jenes Molecul, welches auch für die Entstehung der Kohlenhydrate als erstes bezeichnet worden ist.

Vier Molecule dieser Gruppe können mit 1 Molecul Ammoniak zusammentreten und einen Körper bilden, der durch Condensation

Eiweiss zu liefern im Stande wäre. Das Verhältniss der Kohlenstoff- zu den Stickstoffatomen ist 4 : 1 und ein solcher Körper ist das noch nicht dargestellte Asparaginsäurealdehyd

$$4\,CH\,OH + H_3\,N = H_2\,N\,.\,CH\,.\,COH$$
$$\mid$$
$$CH_2\,CO\,H + 2\,H_2\,O.$$

3 Molecüle dieses Aldehydes können unter Austritt von $2(H_2\,O)$ bilden $C_{12}\,H_{17}\,N_3\,O_4$, welches Molecül unter reducirenden Einflüssen und Eintritt von Schwefel in Eiweiss übergehen könnte.

$$6\,C_{12}\,H_{17}\,N_3\,O_4 + 6\,H_2 + H_2\,S =$$
$$C_{72}\,H_{112}\,N_{18}\,SO_{22} + 2\,H_2\,O$$

Bei Annahme dieser Hypothese werden manche physiologische Vorgänge erklärlich, die Rückbildung des Asparagins aus Eiweiss, die Zuckerbildung bei Eiweissfütterung im Thierkörper, auch die Fettbildung aus Eiweiss im Thierkörper. Auch die Fettbildung kann leicht durch Condensation der Gruppe $CH\,OH$ möglich sein, indem durch Zutritt von H_2 und 3fache Condensation Glycerin entstehen kann und durch Condensation unter reducirendem Einflusse Oelsäure und Stearinsäure werden.

$$C_{18}\,H_{38}\,O_{13} - 2\,H_2\,O - 9\,O = C_{18}\,H_{34}\,O_2$$
$$\text{Hexaglycerin} \qquad\qquad \text{Oelsäure.}$$

Ist es auch schwer, nach unserer jetzigen Kenntniss der in dem Pflanzenreich verbreiteten Proteïnstoffe, eine nach allen Seiten hin genügende Eintheilung derselben aufzustellen, so scheint es doch gerechtfertigt, hier an der Hand der Arbeiten von H. Ritthausen, eine übersichtliche Classification zu versuchen und zwar in folgender Gruppirung:

I. Pflanzenalbumine (die Albuminate des Protoplasma's), löslich in Wasser, coagulirbar in der Wärme.

II. Pflanzencaseïne, schwer löslich in Wasser, löslich in verdünnten Alkalien und phosphorsauren Salzen, fällbar aus Lösungen durch Säuren, enthalten alle Phosphorsäure, die schwer zu trennen ist. a) Legumin, b) Conglutin, c) Glutencaseïn.

III. Kleberproteïnstoffe, zähe, schleimig in Wasser, etwas löslich in Wasser, leicht löslich in Alkohol und schwach saurem oder alkalischem Wasser. Dieselben liefern bei der Zersetzung mittelst Schwefelsäure mehr Asparaginsäure und Glutaminsäure als die anderen Proteïnstoffe. a) Gluten-Fibrin, b) Gliadin oder Pflanzenleim und c) Mucedin.

IV. Die Proteïnstoffe der Krystalloide und Proteïnkörner.

V. Die ungeformten Fermente des Pflanzenreiches, in
den Samen, dem jungen Holze, Zwiebeln, Knollen etc. verbreitete, jedenfalls den Proteïnstoffen angehörende Substanzen, welche die Fähigkeit besitzen, Stärkemehl in Dextrin
und Zucker umzuwandeln, Glucoside zu zerlegen, vielleicht
auch Peptone zu bilden.

VI. Diastase, Emulsin, Myrosin etc.

Die Arbeiten von Th. Weyl (Pflüger's Archiv. **82.** Zeitschr.
physiol. Chemie. I. 72.) haben für die Classification der thierischen
und pflanzlichen Eiweisskörper hohe Bedeutung, weshalb hier die
wesentlichen, bis jetzt gewonnenen Resultate folgen sollen.

Weyl unterscheidet I. thierische Globuline: Vitellin,
Myosin, Serumglobuline; II. pflanzliche Globuline: Pflanzenvitellin, krystallinisches Pflanzenvitellin, Vitellin-
krystalle aus der Paranuss, Pflanzenmyosin, Pflanzen-
Caseïn. Zur näheren Charakteristik dieser Stoffe dienen nachstehende Bemerkungen:

1) Vitellin aus Eigelb coagulirt aus circa 10 % NaCl-Lösung
bei 75 ⁰ C.

2) Myosin aus Pferdefleisch coagulirt in derselben Lösung bei
45—60 ⁰ C.

3) Serumglobulin, Bestandtheil des Blutserums ist aus neutraler
Kochsalzlösung durch Ueberschuss von Kochsalz nur unvollkommen fällbar. In 10 % NaCl-Lösung coagulirt der Körper
bei 75 ⁰ C.

4) Die pflanzlichen Globuline verhalten sich wie die thierischen
Globuline und zeigen dieselben Reactionen.

5) Es giebt im frischen Pflanzensamen keine caseïnartigen Körper
(Albuminate). Die letzteren sind Kunstprodukte, oder durch
secundäre Prozesse in den Samen entstanden, welche mit
der natürlichen Entwickelung der Pflanzen nichts zu thun
haben.

6) Bei Berührung mit Wasser, mit Säuren oder Alkalien gehen
wahrscheinlich alle thierischen und pflanzlichen Globuline erst
in Albuminate, dann in coagulirte Eiweissstoffe über.

Die Veränderungen, welche die Eiweissstoffe durch verdünnte   Peptone.
Säuren bei Gegenwart von Fermenten erleiden, werden unter dem
Begriffe Peptonisirung zusammengefasst. Diese Peptone, über deren
Verbreitung, Existenz und Verhalten im pflanzlichen Organismus
noch sehr wenig bekannt ist, sind im Allgemeinen charakterisirt

durch ihre leichte Löslichkeit in Wasser, Diffusionsfähigkeit, Unlöslichkeit in Alkohol und Aether, Nichtgerinnbarkeit in schwach saurer Lösung, linksseitige Polarisation. Zu deren Nachweis benützt man die sog. Biuretreaction, welche darin besteht, dass Peptonlösungen, mit Kalilauge versetzt, auf Zusatz einer sehr verdünnten Kupfersulfatlösung eine schwach rosarothe Färbung geben. Die Lösungen der Peptone in Eisessig sollen mit concentrirter Schwefelsäure eine violettblaue Färbung mit grüner Fluorescenz geben, welche Lösung einen Absorptionsstreif im Spectrum zwischen b. und F. besitzen soll.

C.

Wirkung und Anwendung der Pflanzenstoffe.

Der segensreiche Einfluss, welchen die Chemie durch die Reindarstellung der wirksamen Principien der meisten vegetabilischen
Medicamente auf die Medicin ausgeübt hat, wird gegenwärtig wohl
kaum noch unterschätzt. Es wurde dadurch dem Arzte nicht allein
möglich, die von ihm zu benutzenden Mittel des Pflanzenreichs in
grösster Concentration in Anwendung zu bringen, sondern er gewann dadurch auch grössere Sicherheit für den Eintritt der beabsichtigten Wirkung auf den Körper, insofern die Vegetabilien nach
Standort, Einsammlungszeit und anderen äusseren Verhältnissen
ihre activen Principien in wechselnder Menge enthalten und insofern die Extracte, welche früher allein dazu dienten, die wirksame
Substanz in Pflanzentheilen auf ein geringeres Volumen zu reduciren,
leichter als die meisten isolirten reinen Substanzen der Zersetzung
unterliegen; er gewann dadurch ferner nicht allein die Beseitigung
von unnützem Ballast, der den Magen der Kranken beschwerte,
sondern auch in einzelnen Fällen von Stoffen, welche die Wirkung
beeinträchtigen können, da ja in manchen Drogen mehrere, z. Th.
einander entgegenwirkende, eigenthümliche Stoffe vorhanden sind.
Wenn vielleicht vom teleologischen Standpunkte aus hier und da
der Wahn sich geltend machte, dass die Natur die Pflanzen in
ihrer Totalität erschaffen habe und die Assimilation des wirksamen
Princips besser und zweckmässiger in dieser erfolge, gerade wie die
Natur ja auch die Nahrungsmittel nicht in concentrirter Form, sondern
mit mancherlei nicht assimilirbarer Substanz gemengt dem Menschen
darreiche: so hat die ärztliche Erfahrung längst den Stab über
eine solche Ansicht brechen lassen. Schon 1857 konnte W. Reil
seine Materia medica der reinen chemischen Pflanzenstoffe als zeit-
gemässe Arbeit veröffentlichen, und seit dieser Zeit ist die Bedeu-

tung dieser Substanzen nicht nur durch die Entdeckung neuer, zu Heilzwecken verwendbarer und wirksamer Pflanzenstoffe, sondern namentlich in Folge exacterer Untersuchungen über die Wirkung und durch die Einführung neuer Applicationsweisen, insbesondere der Subcuteninjection, in kaum glaublicher Weise gewachsen.

Schon die 1826 von Lambert und Lesieur eingeführte Methode der Application von Arzneimitteln auf die von der Epidermis entblösste Haut, die sogenannte endermatische, machte in überwiegender Weise von reinen Pflanzenstoffen (Morphin, Strychnin, Chinin) Gebrauch und musste solche in erster Linie benutzen, weil sie in kleinen Mengen wirksamer Stoffe bedurfte. Dieses Bedürfniss hat noch mehr die als hypodermatische oder subcutane Injection bezeichnete, jetzt allgemein übliche Einführung an sich flüssiger oder gelöster Medicamente in das subcutane Bindegewebe, ein Verfahren, welches nicht nur die Belästigung des Geschmacks durch widrige Arzneimittel vermeidet, sondern auch raschere Aufnahme in das Blut und energischere Allgemeinwirkung ermöglicht. Obschon diese Methode jetzt auch vielfach auf die Anwendung theils unorganischer Arzneimittel, theils organischer Artefacte übertragen wird und hier und da auch stark wirkende Extracte und Tincturen verwendet, ist ihr eigentliches Gebiet unstreitig doch das der reinen Pflanzenstoffe, aus welchem in der Gegenwart nahezu 30, und darunter gerade die am meisten therapeutisch in Gebrauch gezogenen, in dieser Form applicirt werden.

Eine weitere Bedeutung für den Arzt haben die chemisch reinen Pflanzenstoffe dadurch gewonnen, dass eine Reihe derselben in bestimmten Mengen dem Organismus schädlich werden und das Leben sogar vernichten kann, und zwar den unorganischen Giften gegenüber in verhältnissmässig kleinen Quantitäten und zum Theil in auffallend kurzer Zeit. Nimmt man diesen Umstand mit der ausserordentlichen Zunahme des medicinischen Gebrauches der Pflanzenstoffe zusammen, so wird man sich über das Vorkommen zahlreicher Fälle medicinaler Vergiftung nicht wundern können, welche theils unter die Kategorie der acuten, theils unter die der chronischen Intoxication fallen, zu welchen letzteren in der neuesten Zeit besonders der übertriebene und den Händen der Patienten überlassene Gebrauch des Morphins zu subcutanen Injectionen ein ansehnliches Contingent gestellt hat. Neben unabsichtlichen Vergiftungen liegt aber auch eine nicht unbedeutende Zahl von Selbst- und Giftmorden durch reine Pflanzenstoffe vor. Die freilich durch die Forschungen der neueren Zeit über den Haufen geworfene Annahme, es sei die Wiederauffindung der Pflanzenstoffe im Organismus unmöglich, hat zur Mehrung dieser Art von Verbrechen erheblich beigetragen.

Wie ein Arzt, Castaing, 1823 den Reigen der Giftmörder, die sich chemisch reiner Pflanzenstoffe bedienten, eröffnete, so sind es auch Angehörige des ärztlichen Standes — dem sich ja auch gewissermassen die Krankenwärterin Jeanneret anschliesst —, wie Palmer, Jahn und De la

Pommerais, oder mit chemischen Studien Vertraute, wie Graf Bocarmé, die sich dieses Materials zum Giftmorde bedienten. Es haben in dieser Hinsicht bis jetzt Morphin, das zuerst von Castaing benutzte Alkaloid, Nicotin, Strychnin (am häufigsten benutzt), Atropin und Digitalin gerichtsärztliches Interesse gewonnen. Zu Selbstvergiftungen dienten Morphin, Strychnin, Nicotin und Cocaïn, während zu unabsichtlichen Vergiftungen noch viele andere, wie Colchicin, Aconitin, Santonin, Camphor, verschiedene ätherische Oele u. a. m., führten.

Wenn dies Alles den Arzt und besonders den Gerichtsarzt zu einer genaueren Beschäftigung mit den Pflanzenstoffen und den durch dieselben bewirkten Erscheinungen bei Lebzeiten und Veränderungen post mortem drängt, so wird letzterer noch besonders zu einem gründlichen Studium der Wirkung derselben dadurch veranlasst, dass man aus dieser den Nachweis der Vergiftung zu führen versucht, wo die chemische Analyse im Stiche lässt. Die umfassenden Studien, welche man in dem letzten Decennium in allen civilisirten Ländern über die Wirkung giftiger Pflanzenstoffe auf einzelne Organe bei den verschiedenen Thierclassen gemacht hat, setzen uns in den Stand, aus dem Eintreten bestimmter Erscheinungen bei andern Thieren auf das Vorhandensein eines zu einer bestimmten Gruppe· von Giften gehörigen Pflanzenstoffes zu schliessen, wenn die betreffenden Veränderungen nach der Application eines aus Leichentheilen dargestellten Extracts in charakteristischer Weise hervortreten. Wir erhalten dadurch eine physiologische Reaction des Giftes, die in manchen Fällen durch weit kleinere Mengen zu Stande kommt als die feinste chemische Reaction des fraglichen toxischen Stoffes. Hier kann der sogenannte physiologische Nachweis der Vergiftung für die Constatirung des Thatbestandes von entscheidender Bedeutung sein, während er bei den meisten Giften nur als Unterstützungsmittel des chemischen Beweises dient, indem überwiegend die chemischen Reactionen mit geringeren Mengen des reinen Stoffes bewirkt werden, wie die physiologischen Wirkungen bei kleinen Thieren. Wenn man überall auch im Auge behalten muss, dass in Cadavern selbst durch die Fäulniss Stoffe gebildet werden können, denen eine gewissen Pflanzengiften ähnliche Action zukommt, so ist der physiologische Nachweis, in geeigneter Weise angestellt, doch ein entschiedener Fortschritt gegenüber den in älterer Zeit üblichen Verfütterungsversuchen mit unreinem Material, die selten zu positiven Resultaten führen. Auch der Gerichtschemiker hat Anlass sich mit der Action der hauptsächlichsten Gifte auf niedere Thiere und einzelne Organe und Systeme derselben bekannt zu machen. Ueber die Wahl des Versuchsthieres und die Applicationsmethode lassen sich allgemeine Regeln nicht aufstellen.

Weder in Bezug auf den gesunden noch auf den kranken Organismus bieten die Pflanzenstoffe hinsichtlich ihrer Wirkung ausgeprägte Differenzen von Mineral- oder Thierstoffen oder von künstlich erzeugten organischen Verbindungen. Die ältere Annahme, dass mineralische Stoffe im Allgemeinen die intensivste, Pflanzenstoffe weniger feindselige Wirkung auf den Organismus hätten, während animalische Substanzen demselben am meisten homogen seien, ist bekanntlich unhaltbar, seit wir im Nicotin, Strychnin und Aconitin Pflanzenstoffe kennen, welche in äusserst geringer Menge das Leben in kurzer Zeit zu vernichten im Stande sind. Den organischen Artefacten gegenüber lässt sich ein bestimmter Gegensatz der Pflanzenstoffe um so weniger aufstellen, als verschiedene Pflanzenstoffe auch auf künstlichem Wege dargestellt werden können, wo sie dann, wenn es sich um wirklich identische und nicht blos isomere Verbindungen handelt, auch eine Gleichheit der Wirkung zeigen, wie dies bezüglich der antiseptischen Action der Salicylsäure feststeht. Auch dem Thierreiche gegenüber ist ein solcher Gegensatz nicht statthaft, da verschiedene Gruppen von Stoffen, welche beiden Reichen gemeinschaftlich angehören, z. B. die der Eiweissstoffe und Fette, den gesunden und kranken Körper in gleicher Weise beeinflussen.

Die Wirkung der Pflanzenstoffe im Organismus ist wie die der übrigen Medicamente und Gifte von ihren chemischen und physikalischen Eigenschaften abhängig. Die grosse Mannigfaltigkeit dieser erklärt es, dass die Pflanzenstoffe Repräsentanten zu jeder Classe eines beliebigen toxikodynamischen oder pharmakodynamischen Systems liefern. Sowohl in Bezug auf das Zustandekommen örtlicher und entfernter Wirkungen als auf die Veränderungen der Pflanzenstoffe im Organismus, ihre Resorption und Elimination gelten die allgemeinen Gesetze und Regeln der Pharmakodynamik, deren Kenntniss hier vorausgesetzt werden muss.

Dass wirklich sämmtliche Classen der Medicamente durch Pflanzenstoffe Vertretung finden, lehrt die folgende Uebersicht: Zu den antiparasitischen Mitteln gehören Kossin, Filixsäure, Santonin, Oleum Tanaceti, Veratrin, Delphinin, Perubalsam und Styrax; zu den Antidoten Tannin, verschiedene Pflanzensäuren; zu den Antiseptica Salicylsäure, Thymol und Nelkenöl. Die mechanisch wirkenden, einhüllenden und deckenden Mittel sind durch ganze Gruppen der Pflanzenstoffe, die Kohlehydrate und Pflanzenfette, die Contentiva durch Kautschuk und Gutta-Percha, die Cosmetica durch Farbstoffe und ätherische Oele vertreten. Kaustische Wirkung besitzen die Essigsäure und verschiedene Pflanzensäuren; styptische die ganze Gruppe der Gerbsäuren, hautreizende Cardol, Capsicol, Senföl, Oleum Terebinthinae und verschiedene andere ätherische Oele und Harze. Verdauungsbefördernd durch Reizung der Magenschleimhaut wirken diverse ätherische Oele und Bitterstoffe, wie Quassin, Gentiopikrin, Cnicin, auch die letzteren sich anschliessende Cetrarsäure und die Alkaloide Berberin und Strychnin. Brechenerregend wirken Emetin, Violin, Asclepiadin und das künstlich aus Morphin dargestellte Apomorphin, purgirend Mannit, Ricinölsäure, Cathartinsäure, Chrysophansäure, Aloïn, Linin, Jalapin, Convolvulin, Podophyllumharz, Colocynthin, Elaterin, Gambogiasäure, Crotonöl u. a. m.; niesenerregend Asarin und Veratrin. Zu den plastischen Mitteln rechnet man ausser den bereits oben angeführten Bitterstoffen, denen sich noch Acorin, Absynthin, Taraxacin, Quassin und verschiedene andere anreihen, manche Kohlehydrate und sämmtliche Proteïnstoffe des Pflanzenreichs, auch Coffeïn und Theobromin; zu den antidyskratischen oder alterirenden Arzneimitteln Smilacin, Guajakharz, Colchicin, Sanguinarin und Anemonin. Antitypische Mittel stellen Chinin, Cinchonin und die übrigen Alkaloide der Chinarinden, Eucalyptol, Bebeerin, Adansonin, Caïlcedrin und Salicin dar; reine Antipyretica ausser Chinin und den Nebenalkaloiden desselben Salicylsäure, Veratrin, Weinsäure, Citronensäure und andere Pflanzensäuren. Die Zahl der auf das Nervensystem wirkenden Pflanzenstoffe ist ausserordentlich gross und ist kein Theil desselben ihrem Einflusse entzogen. So werden die peripheren Nervenendigungen durch Curarin, Ditaïn und verschiedene künstlich aus Pflanzenbasen dargestellte Verbindungen gelähmt; das Grosshirn durch verschiedene ätherische Oele erregt und bei grösseren Dosen in einen Depressionszustand versetzt, durch Morphin, Narceïn, Papaverin, Conessin und Lactucin ohne vorgängige bedeutendere Erregung in einen Depressionszustand versetzt; Pikrotoxin, Santonin, Coriamyrtin, Codeïn, Camphor und diverse ätherische Oele wirken erregend auf motorische Centren im Gehirn und verlängerten Marke; Strychnin, Brucin und Thebaïn steigern die Reflexaction des Rückenmarkes; das Athemcentrum in der Medulla oblongata wird durch eine Reihe von ätherischen Oelen zuerst erregt, dann herabgesetzt. Interessante Beispiele für die Effecte einzelner Pflanzenstoffe auf bestimmte Hirnnerven und Hirncentren geben besonders Atropin, Hyoscyamin und Duboisin, ferner Physostigmin, Muscarin, Aconitin, Digitalin und andere Digitalisglykoside; endlich Santonin, auch Morphin und Strychnin. Eine Einwirkung auf die quergestreiften Muskeln kommt besonders dem Veratrin zu, welches auch den Herzmuskel mit afficirt, der in besonderer Weise noch neben dem Vagus durch Digitalin, Helleboreïn, Thevetin, Scillitoxin und die sogenannten Herzgifte betroffen wird. Das vasomotorische Nervensystem wird durch Atropin, Strychnin, Ergotin u. a. m. afficirt. Besondere Beziehungen zu den Respirationsorganen und der Secretion in den Bronchien werden dem Saponin und dem Anisöl, sowie einigen anderen ätherischen Oelen zugeschrieben; eine vermehrende Wirkung auf letztere besitzt das Pilocarpin, welches auch, und zwar offenbar durch Erregung besonderer Abschnitte des Nervensystems, die Secretion der Speichel- und Schweissdrüsen in hohem Grade erregt und in dieser Beziehung mit Physostigmin und Muscarin in einer Linie steht, während Atropin, Hyoscyamin und Duboisin Schweiss- und Speichelsecretion vermindern. Als harntreibende Nierenmittel gelten Scoparin, verschiedene Digitalisglykoside, Scillipikrin und Scillitoxin, Erytrophlaeïn, Terpentinöl, Wachholderbeeröl und andere ätherische Oele; als antiblennorhagische Sexualmittel die Oele und Harzsäuren des Copaivabalsams und der Cubeben; als Gebärmuttermittel Oleum Sabinae, Oleum Cedriae und diverse Stoffe des Mutterkorns; als Galactagogum Fenchelöl.

Alkaloide als
Arzneimittel
und Gifte.

Betrachtet man die einzelnen grösseren Abtheilungen der Pflanzenstoffe, wie sie sich vom chemischen Gesichtspunkte aus ergeben, so ist die der Alkaloide unstreitig die für den Arzt wichtigste, indem dieselbe nicht nur eine von Jahr zu Jahr zunehmende Zahl officieller Medicamente, und noch dazu solcher, die, wie Chinin, Morphin und Atropin, für die Therapie unentbehrlich sind, enthält, sondern auch durchgängig die in den kleinsten Mengen den Organismus am stärksten afficirenden Stoffe einschliesst, die daher auch am leichtesten zu Vergiftungen Veranlassung giebt. Diese bei Einführung grösserer Mengen nach ihrer Resorption im Thierkörper meist nicht völlig destruirten Substanzen sind im Allgemeinen von den nichtbasischen Pflanzenstoffen durch das Vorwalten entfernter, auf das Nervensystem gerichteter Wirkungen verschieden. Ueber den Grund zu ihrer besonders kräftigen Action und über die Abhängigkeit derselben von ihrer chemischen Zusammensetzung und Constitution sind wir noch nicht völlig im Klaren.

Oertliche Wirkungen fehlen den Alkaloiden keineswegs ganz und treten zum Theil wie beim Emetin mit ziemlicher Intensität hervor; dieselben sind aber niemals exclusiv und selbst bei Alkaloiden, welche Eiweiss coaguliren, wie Coniin, kommt es bei grossen Dosen zu einer Applicationswirkung oft deshalb nicht, weil durch die rasche Resorption des in sehr kleinen Mengen toxisch wirkenden Stoffes dem Leben vor Ausbildung der örtlichen Irritationserscheinungen ein Ende gesetzt wird. In anderen Fällen wird die örtliche Läsion durch Verdünnung oder die Form der Darreichung verhindert. Häufig kommt der Fall vor, dass das Alkaloid selbst vermöge Affinität zum Eiweiss irritirend wirkt, dagegen den z. Th. deshalb auch in der medicinischen Praxis, besonders zu subcutaner Verwendung, bevorzugten Salzen die örtliche Action abgeht, welche unter Umständen verzögernd auf die Resorption und damit im Zusammenhange auf das Eintreten entfernter Erscheinungen wirkt. Bei Einführung in den Magen wirkt die dort vorhandene Salzsäure neutralisirend und lässt deshalb örtliche Erscheinungen nicht aufkommen, die bei Application auf andere Schleimhäute, z. B. auf der Conjunctiva oder bei subcutaner Application sich geltend machen. Dass Alkaloide, und zwar nicht nur sehr leicht in Wasser lösliche, auch ohne Beihülfe von Säuren resorbirt werden können, lehrt das Eintreten von Vergiftungen nach Application in den Mastdarm oder in die Blase. Einzelne Pflanzenbasen (Strychnin, Nicotin) wirken sogar vom Mastdarm aus rascher toxisch als vom Magen aus, vielleicht im Zusammenhange mit deren Leichtlöslichkeit in alkalischen Flüssigkeiten.

Nach ihrer Aufnahme in das Blut, die für eine bedeutende Anzahl erwiesen ist, mag theilweise Destruction der Alkaloide durch Oxydation u. s. w. stattfinden; doch ist diese Zerstörung sicher nur partiell und nicht, wie früher vielfach auf Grund einzelner, meist mit sehr unvollkommenen Methoden ausgeführter, fehlgeschlagener Versuche des Nachweises in Körpergeweben oder Secreten behauptet wurde, eine totale. Vielmehr kann die Mehrzahl der Alkaloide, selbst solcher, welche sich, wie Coniin, durch sehr leichte Zersetzbarkeit auszeichnen, in einzelnen Organen, nach interner

Application z. B. in der Leber, und in verschiedenen Secreten, insbesondere im Urin, chemisch oder physiologisch nachgewiesen werden. Weitere quantitative Untersuchungen über die mit den einzelnen Secreten eliminirten Mengen der einzelnen Pflanzenbasen sind unumgänglich nöthig, um über die Frage, inwieweit Destruction statthat, endgültig zu entscheiden, und lässt sich bis jetzt nur sagen, dass nicht nur bei toxischen und letalen Gaben, sondern auch nach medicinalen Dosen bei einzelnen der Nachweis im Urin gelungen ist, der natürlich um so leichter möglich ist, je grösser die Dosis medicinalis des betreffenden Alkaloids ist, je sicherer es abgeschieden und durch charakteristische Reactionen erkannt werden kann. In einzelnen Fällen wird durch den Urin bei einem vergifteten Thiere soviel Alkaloid eliminirt, dass dadurch ein Thier derselben Species vergiftet werden kann, und selbst der Urin des zweitvergifteten Thieres wirkt auf ein drittes toxisch u. s. f. (Curarin). Ueber die Betheiligung der einzelnen Secretionsorgane an der Elimination sind zur definitiven Aufstellung von Gesetzen weitere Untersuchungen nöthig; mit Sicherheit behaupten lässt sich, dass die Nieren unter gewöhnlichen Verhältnissen überall die Hauptrolle spielen.

Ueber die Veränderungen der Nervensubstanz durch Alkaloide, welche wir als Grund ihrer neurotischen Wirkung anzusehen haben, sind wir bis jetzt nicht aufgeklärt. Die Kenntniss der Bestandtheile des Nervensystems ist noch immer eine so unvollkommene, dass jedwede Erklärung für das merkwürdige Factum fehlt, dass einzelne Gifte besondere Partien nicht nur des Nervensystems überhaupt, sondern sogar eines einzelnen Nerven afficiren. Mit höchster Wahrscheinlichkeit lässt sich sagen, dass als Angriffspunkt nicht, wie Gubler wollte, das überhaupt als chemische Einheit problematische Myelin, noch das auch im Blute existirende Lecithin, sondern die als Hauptbestandtheil der Axencylinder und der Nervenzellen anzuschenden eiweissartigen Körper betrachtet werden müssen. Buchheim hat als Stütze dieser Ansicht das Factum hervorgehoben, dass alle Stoffe, welche auf die Muskeln wirken, wobei doch nur eiweissartige Körper in Frage kommen können, auch die Nerven afficiren. Rossbach (Würzb. Verhandl. 346. 1863) hat ermittelt, dass Hühnereiweiss, Blutserum und Muskelflüssigkeit nach Zusatz minimaler Mengen von Morphin, Chinin und Veratrin, Strychnin und Atropin eine Erhöhung ihrer Gerinnbarkeit zeigen, ein Verhältniss, welches vielleicht auch bei andern Alkaloiden statthat, jedoch nur dann für die Frage Bedeutung besitzt, wenn diese Einwirkung anderen, auf das Nervensystem wirkenden Pflanzenbasen, nicht zukommt. Die eigenthümliche Dunklung der Zwischensubstanz, welche nach Binz (1877) frische Hirnrindensubstanz unter Einwirkung sehr verdünnter Morphinlösungen und anderer schlafmachender Mittel fand, die dagegen nicht nach Atropin und Coffeïn sich einstellen sollen, bedarf vor ihrer Verwerthung für die Theorie der Nervenwirkung der Alkaloide noch weiterer Aufklärung.

Ein sehr gewagtes Unternehmen bleibt es immer, den Grund der Giftigkeit in den Verhältnissen der chemischen Zusammensetzung einer giftigen organischen Substanz zu suchen, ohne sich um die Beziehungen derselben zu den Körperbestandtheilen zu kümmern. Versuche dieser Art sind auf dem Gebiete der Alkaloide vielfach unternommen. So wollte man früher namentden Grund der Giftigkeit mit ihrem Stickstoffgehalte in Bezug setzen, wogegen schon a priori der Umstand spricht, dass auch stickstofffreie Pflanzenstoffe, wie Pikrotoxin, Coriamyrtin und Digitalin, eine ähnliche Wirkung auf das Nervensystem wie verschiedene Alkaloide (Codeïn, Erythrophlaein) zeigen. Aber auch in der Gruppe der Alkaloide selbst ist es absolut unmöglich, den grösseren Stickstoffgehalt mit dem Grade und der Art der Wirkung in irgend ein Verhältniss zu bringen. Von solchem Gesichtspunkte aus müsste Chinin weit giftiger als Morphin, Theobromin, deleterer als Strychnin, Piperin mit dem Morphin in seiner Wirkung identisch sein. Auch der Sauerstoff ist für den Grad der Giftigkeit der Alkaloide verantwortlich gemacht, doch lehrt die grosse Giftigkeit des Nicotins und Coniins, die beide keinen Sauerstoff enthalten, übrigens in der Qualität ihrer Wirkung erhebliche Differenzen zeigen, dass dies nicht angeht. In dem letzten Decennium hat man in Folge des Vorkommens verschiedener isomerer, aber qualitativ oder quantitativ verschieden wirkender organischer Verbindungen (unter den Alkaloiden z. B. des Atropins und Daturins) von der elementaren Zusammensetzung abstrahirt und Beziehungen zwischen der Constitution und der physiologischen Wirkung zu statuiren versucht. Von besonderem Interesse sind in dieser Richtung die zuerst von Crum Brown und Fraser (1868) unternommenen, dann von Jolyet, Cahours und Pelissard und in Deutschland von Buchheim und Loos fortgesetzten Studien zum Vergleiche der Wirkung verschiedener Alkaloide mit den aus ihnen durch Substitution von Wasserstoffatomen durch Alkoholradicale (Methyl, Aethyl, Amyl) zu erhaltenden neuen Basen. Die bisherigen Untersuchungen beziehen sich auf derartige Derivate des Strychnins, Brucins, Thebaïns, Codeïns, Morphins, Atropins, Nicotins, Coniïns, Chinins, Cinchonidins, Chinidins, Delphinins und Veratrins und ergaben mit Sicherheit so viel, dass die Veränderung in der Constitution auch eine Alteration der Wirkung bedingt und dass letztere in der Regel eine lähmende ist, selbst wenn die Pflanzenbase, von der die betreffende Ammoniumbase abgeleitet wurde, höchst differente Wirkung zeigt und selbst heftige Convulsionen erregt. Die meisten dieser Ammoniumbasen zeigen in ihrer Wirkung die das Curarin charakterisirende Erscheinung von Paralyse der motorischen Nervenendigungen, wie solche sich durch das Ausbleiben der Lähmung an einer Extremität, deren zuführende Arterie unterbunden ist und deshalb das Gift nicht zu den Nervenendigungen gelangen lässt, nachgewiesen werden kann. Abgesehen davon, dass die eigenthümliche Curarewirkung einzelnen Ammoniumbasen fehlt, z. B. dem Methylnicotin, würde auch ihr constantes Vorkommen für die Erklärung der giftigen Alkaloide und deren Differenzen bei den einzelnen wenig Werth besitzen, da weder Curarin noch Ditaïn, die beiden hauptsächlichsten, die motorischen Nervenendigungen lähmenden Alkaloide, Analogie in der Zusammensetzung mit jenen zeigen. Uebrigens ist diese Action auch einer Anzahl krampferregender Alkaloide im höheren oder geringeren Grade eigen, insbesondere dem Brucin. Alle sonstigen, in Bezug auf die Ammoniumbasen ausgesprochenen Sätze sind von mehr untergeordneter Bedeutung und z. Th. irrig. So ist die Annahme, dass die Substitution zu einer Abschwächung der toxischen Wirkung führe, unrichtig, da z. B. Methylconiin nicht schwächer als Coniin, Methyl- und Aethylatropin weit giftiger als Atropin, ebenso die Derivate der Chinaalkaloide heftiger toxisch als letztere wirken. Auf einen Zusammenhang der Constitution mit der Wirkung der Alkaloide hat Buchheim für gewisse Gruppen von Pflanzenbasen hingewiesen, nämlich für die Gruppe des Piperins und des Atropins. In der erstgenannten Gruppe (nach Buchheim Piperin, Chavicin und Pyrethrin) tritt bei Spaltung mit Kali ein und dieselbe Base, das nach Art der Ammoniaksalze wirkende Piperidin, neben verschiedenen, auf den Organismus nicht influirenden Säuren auf. Atropin und Hyoscyamin, so wie die von Buchheim als Belladonnin und Sikeranin bezeichneten Nebenalkaloide der Belladonna und des Bilsenkrautes, liefern bei der Spaltung ebenfalls unwirksame Säuren neben gleichwirkenden, in ihrer elementaren Zusammensetzung jedoch verschiedenen Basen, welchen die mydriatische Wirkung der Atropingruppe abgeht, dagegen die eigenthümliche Action derselben auf die Herzvagusendigungen erhalten ist. Immerhin sind die Thatsachen, wenn auch die chemischen Verhältnisse des Chavicins, Pyrethrins und der Nebenalkaloide des Atropins und Hyoscyamins noch näherer Aufklärung bedürfen, der Beachtung werth.

Indem wir davon absehen, an diesem Orte Angaben über die Wirkung der Alkaloide auf die verschiedenen Theile des Organismus und des Nervensystems zu machen, halten wir es für angezeigt, zur Vermeidung von Wiederholungen einige allgemeine Bemerkungen über die Behandlung der Intoxication mit Alkaloiden voraufzuschicken und namentlich darauf hinzuweisen, dass die schleunigste Entfernung des Giftes von der Applicationsstelle um so eher Noth thut, als gerade hier die Wirkung sich manchmal mit grosser Rapidität und Intensität geltend macht, weshalb Brechmittel und wo möglich die Magenpumpe schleunigst anzuwenden sind. Als chemisches Antidot der giftigen Alkaloide empfiehlt sich durchweg das Tannin (Gerbsäure), bezüglich dessen Gebrauchsweise wir auf den diesem Pflanzenstoffe gewidmeten Artikel verweisen und dem in Ermanglung der reinen Substanz concentrirte gerbstoffhaltige Decocte zu substituiren sind. Es werden dadurch die betreffenden Alkaloide als Tannate gefällt, die zwar keine absolute Unlöslichkeit in Wasser und im Magen- und Darmsaft besitzen und die namentlich im Ueberschusse des Fällungsmittels wieder aufgelöst werden, welche aber sämmtlich schwer löslich sind und so nur langsam in die Circulation aufgenommen werden. Gerade für die Neutralisation der Gifte im Magen eignet sich das Tannin um so mehr, weil die Salzsäure häufig die Abscheidung des Niederschlags befördert. Es darf der Umstand, dass die fraglichen gerbsauren Verbindungen der Alkaloide schon an sich nicht völlig unlöslich sind und ausserdem sehr rasch in die noch mehr löslichen gallussauren Verbindungen

(Randbemerkung:) Behandlung der Vergiftung mit Alkaloiden.

übergehen, nicht übersehen werden, da sich daraus die Nothwendigkeit ergiebt, neben und nach Anwendung des chemischen Antidots noch die entleerende Methode in Gebrauch zu ziehen, um durch Erbrechen die etwa von der Resorption des Gallotannats abhängigen Gefahren zu beseitigen. Auch die Entleerung nach unten durch abführende Mittel kann indicirt sein, wenn man erst ziemlich spät zu der Vergiftung gerufen wird. Immer muss das entleerende und antidotarische Verfahren combinirt werden.

Bezüglich der Magenpumpe gelten die bei Behandlung der Vergiftungen überhaupt massgebenden Regeln. Das Instrument ist in Deutschland weniger verbreitet als es verdiente, und zwar namentlich in Hinsicht einiger Alkaloidvergiftungen oder Vergiftungen mit alkaloidhaltigen Pflanzentheilen von narcotischem Character, wo es nicht möglich ist, mit den gewöhnlichen Dosen der Emetica Brechen zu erzielen. Andrerseits giebt es auch Fälle, wo wegen Bestehen von Trismus es unmöglich ist, die Magensonde durch den Mund einzuführen oder wo die gesteigerte Reflexerregbarkeit überhaupt die Application der Magenpumpe verbietet, so dass man seine Zuflucht zu den Brechmitteln nehmen muss. Was die Wahl der letzteren anlangt, so erscheint es, da den Alkaloiden selbst mit wenigen Ausnahmen die irritirende Wirkung abgeht, und da die narkotischen Alkaloide auf die Entfaltung der emetischen Wirkung einen hemmenden Einfluss ausüben, gerathen, den kräftigsten, nämlich dem Zink- und Kupfervitriol, den Vorzug zu geben, von welchen man durchschnittlich 0,3—0,5 zu reichen pflegt. Ipecacuanha oder Emetinum sind contraindicirt, weil bei gleichzeitiger antidotarischer Behandlung mit Tannin oder Jod eine Bindung oder Zersetzung des Emetins und in Folge davon eine Abschwächung der Wirkung stattfinden muss. Apomorphin ist bei keiner Alkaloidvergiftung contraindicirt und muss in allen Fällen gebraucht werden, wo Trismus oder gesteigerte Reflexerregbarkeit die interne Darreichung von Brechmitteln verhindert. Dass es sich bei den Vergiftungen mit Alkaloiden namentlich um schleunigste Entleerung des Magens handelt, ist klar und wird man deshalb, wo brechenerregende Medicamente nicht sofort zur Stelle sind, nicht zu säumen haben, durch Kitzeln des Zäpfchens, Trinken lauen Wassers oder Baumöls, Kochsalzlösungen (1—2 Esslöffel auf ½ Maas Wasser) oder durch das in England recht beliebte Senfpulver (1—2 Theelöffel in einer Obertasse voll lauwarmem Wasser) zum Zwecke zu gelangen. In Bezug auf Purganzen muss den intensiver wirkenden der Vorzug gegeben werden, so Crotonöl, Coloquinten, Jalapa, und zwar den in fester Form zu verabreichenden, da man sich namentlich zu hüten hat, durch grössere Mengen flüssigen Vehikels der Lösung und Resorption der Alkaloide Vorschub zu leisten. Zu meiden sind deshalb namentlich purgirende Salina.

Bezüglich der antidotarischen Behandlung ist hervorzuheben, dass die Fällung der Alkaloidtannate durch Gerbsäure in Substanz vollständiger geschieht als durch Decocte gerbstoffhaltiger Rinden, deren Darstellung überdies zeitraubend ist. Galläpfel, die sich am besten zur Anfertigung der letzteren qualificiren, werden in der Regel nicht zur Hand sein und würden deshalb Eichen- und Weidenrinde oder gebrannter und ungebrannter Kaffee oder sog. Eichelkaffee in Betracht kommen. Abkochungen von Chinarinde oder Radix Ratanhae erst auf der Apotheke anfertigen zu lassen, wäre Zeitverlust. Grüner Thee enthält zu wenig Gerbsäure.

In Frankreich ist an Stelle des Tannins das zuerst von Donné empfohlene Jod Lieblingsmittel, das zwar nicht absolut verworfen werden kann, aber auch keinen erheblichen Vortheil vor Gerbsäure darbietet. Neben demselben haben auch Chlor und Brom Empfehlung gefunden. Alle diese Antidote wirken, wenn sie in etwas concentrirter Form gegeben werden, entschieden mehr ätzend auf die Magenschleimhaut als die Gerbsäure; die entstandenen Niederschläge sind ebenfalls nicht völlig unlöslich, ja man ist im Stande, z. B. durch 0,015 des mittelst Jodtinctur in Strychninlösungen gebildeten Niederschlages Thiere zu vergiften, was allerdings die Angabe von Pelletier und Caventou, die die betreffenden Niederschläge als erheblich minder giftig bezeichnen, sehr abschwächt. Noch löslicher in dem Magensafte bei Körpertemperatur ist der Niederschlag, den man durch die von Bouchardat empfohlene Aqua jodata (nach Art der Lugol'schen Solution aus 0,2 Grm. Jod, 2 Grm. Kalium jodatum und 500 Grm. Wasser componirt, wovon alle 2—5 Minuten ein Glas voll genommen werden soll) erhält. Auch die ungiftige Wolframsäure, welche einen im Ueberschusse des Lösungsmittels unlöslichen Niederschlag erzeugt, macht nach Versuchen von Th. Husemann die emetische Behandlung nicht überflüssig. Wendet man Aqua jodata an, so ist es zweckmässig, als Brechmittel nicht Kupfer- oder Zinkvitriol zu geben, da der Niederschlag sich in den Metallsalzsolutionen löst, was nicht nur für das Strychnin (Gallard), sondern auch für diverse andre Alkaloide gilt. Hier ist somit der Brechweinstein am Platze.

Die fernere Behandlung der Vergiftung mit Alkaloiden richtet sich nach den für die Therapie acuter Intoxicationen gültigen Regeln. Durch die genaueren physiologischen Untersuchungen über die Wirkung der Alkaloide ist gerade für manche dieser Giftstoffe ein hie und da sehr klarer Gegensatz der Wirkung ermittelt worden, den man mit dem Namen Antagonismus gekennzeichnet und in Hinsicht der Behandlung der Vergiftung praktisch zu verwerthen gesucht hat.

Die Lehre von der Behandlung von Intoxicationen durch antagonistisch wirkende Substanzen ist eigentlich nur eine Erweiterung der längst bekannten Doctrin von den sog. organischen Antidoten oder dynamischen Gegengiften und es ist principiell kein Unterschied darin, wenn man jetzt z. B. Morphin gegen Atropinvergiftung und umgekehrt oder wenn man früher ein Infusum Coffeae tostae bei Morphinvergiftung oder Morphin bei Tetanus in Folge von Strychnin anwandte. Nur glauben einige neuere Autoren eben als etwas Neues gefunden zu haben, dass eine giftige Substanz mit der anderen antagonistisch wirkenden zugleich in Dosen eingeführt werden kann, die ohne die Beiwirkung der letzteren toxisch und selbst letal wirken würden. Die Thatsache lässt sich an sich nicht in Abrede stellen, ist aber insofern nichts Neues, als wir längst wissen, dass bei gewissen Zuständen des Nervensystems manche Substanzen höherer Dosen bedürfen, um eine Wirkung zu äussern, und selbst in Gaben gereicht werden müssen, welche die Maximalgaben erheblich überschreiten, wie das ja z. B. beim Tetanus mit den Opiaceen der Fall ist. Andererseits aber wäre es verkehrt, wenn man glauben wollte, dass dieser fragliche Antagonismus so weit ginge, dass die beiden Gifte einfach gegenseitig ihre Wirkung auf den Organismus aufhöben, so dass durch keines derselben diesem ein Schaden zugefügt würde; das steht in strictem Widerspruche zu den Thierversuchen, welche beweisen, dass, wenn auch die Action auf ein bestimmtes System aufgehoben wird, damit doch nicht immer der deletere Effect beseitigt wird. Es ist somit unter allen Umständen die grösste Vorsicht bei der antagonistischen Behandlung zu empfehlen.

Die Lehre vom Antagonismus giftiger Pflanzenstoffe ist auch nach den neueren ausgedehnten Versuchen von Bennett, Rossbach, Th. Husemann und Prévost noch nicht als völlig abgeschlossen zu betrachten. In dem vorliegenden massenhaften Material steckt manches offenbar Unrichtige, wie sich schon dadurch zu erkennen giebt, dass ein und dieselbe Substanz oft einer Reihe anderer, ganz heterogen wirkender Körper als Antagonist gegenüber gestellt wird, z. B. Atropin dem Morphin, Physostigmin, Muscarin, Pilocarpin, Chloral und der Blausäure; Strychnin dem Nicotin, Coniin, Curarin, Chinin, Aconitin u. a. m. Man hat namentlich darin gefehlt, dass man den wohl ausgeprägten Gegensatz der Wirkung zweier Gifte auf ein bestimmtes Organ, den sogenannten physiologischen Antagonismus, als Basis für die Annahme eines therapeutischen Antagonismus oder, wie Prévost es genannt hat, eines Antidotismus benutzt hat. In einzelnen Fällen nahm man sogar die Wirkung auf ein einziges Organ und noch dazu auf ein nebensächliches zum Ausgangspunkte, z. B. auf die Iris, wie dies bei der am meisten ventilirten antagonistischen Wirkung des Morphins und Atropins der Fall gewesen ist, wo dann natürlich genauere Forschungen zu dem Resultate führen mussten, dass manche andere Wirkungen des einen Alkaloids durch das andere gesteigert werden. Von einem therapeutischen Antagonismus als wohlbegründete Thatsache kann jedenfalls nur dann die Rede sein, wenn derselbe von einer Wirkung auf die zum Leben unbedingt nothwendigen Organe, wie Medulla oblongata und Herz, abzuleiten ist. In vielen, vielleicht sogar in den meisten Fällen, ist die lebensrettende Wirkung eines Giftes, wie Th. Husemann dies bezüglich der günstigen Effecte des Chlorals bei tetanisirenden Giften nachwies, kein directer, sondern die Lebensrettung resultirt aus der Einwirkung auf ganz verschiedene Organe, welche, in normalem Zustande belassen, auf die Entfaltung der Wirkung des Gifts fördernd einwirken können. Während die tetanisirenden Gifte eine enorme Steigerung der Reflexfunction des Rückenmarks herbeiführen, wodurch auf den geringsten äusseren Anlass heftige tetanische Krämpfe resultiren, die, auf die respiratorischen Muskeln übergreifend, den Tod durch mechanische Erstickung herbeiführen: paralysirt Chloral keineswegs die Reflexfunction, sondern bewirkt durch starke Herabsetzung der Gehirnthätigkeit die Zuleitung von Reizen zur Medulla spinalis und nimmt dadurch eine Menge von Gelegenheiten zum Auftreten von Tetanus weg, dessen Intensität und Lebensgefährlichkeit das Chloral ausserdem durch Verminderung des Muskeltonus wesentlich mindert. Ob ein mutueller therapeutischer Antagonismus überhaupt existirt, ist bis auf den heutigen Tag nicht völlig sicher gestellt; die Mehrzahl der von Aerzten und Physiologen behaupteten gegenseitigen Antagonismen quoad vitam beruht auf Irrthümern, indem man da, wo dieselbe aus Beobachtungen am Krankenbette abgeleitet wurde, häufig übersah, dass einzelne Vergiftungen auch spontan in Genesung übergehen, wenn eine gewisse Dosis nicht überschritten wird, und dass bei diesen glücklicher Ausgang trotz des angewendeten dynamischen Antidots eintreten kann, theils wenn Experimente an Thieren die Basis der Annahme bilden, indem man sich in der Wahl des Versuchsthieres oder des Applicationsortes oder in der Bestimmung der letalen Giftmenge vergriff. Richtig ist, dass im Allgemeinen Erregungszustände durch lähmende oder deprimirende Mittel besser beseitigt werden als umgekehrt Depressionszustände durch excitirende Mittel (Rossbach); doch ist in Bezug auf den physiologischen Antagonismus einzelner Gifte auf bestimmte secretorische Nerven, nämlich der Gruppe des Atropins einerseits und des Muscarins, Pilocarpins und Physostigmins andererseits, ein mutueller Antagonismus bis zu einer gewissen Grenze positiv ermittelt (Prévost, Luchsinger, Heidenhain, Rossbach).

In einer nicht unbeträchtlichen Anzahl von Vergiftungen durch Alkaloide erscheint die Anwendung künstlicher Respiration dringend geboten, da diese bei manchen Intoxicationen nach Thierversuchen den tödtlichen Ausgang abzuwenden verspricht. Dieser erfolgt in weitaus der Mehrzahl der Fälle, wie dies der sonst bei Alkaloidvergiftung wenig characteristische Sectionsbefund ausweist, durch Asphyxie. Ist letztere Folge von Lähmung der Brustmuskeln (Curarin, Coniin), so ist man im Stande, die natürliche Athmung durch künstliche zu ersetzen, bis Elimination oder partielle Destruction des Giftes stattgefunden hat.

Da bei sehr grossen Giftdosen die Resultate der künstlichen Respiration bei Versuchen an Thieren, zumal bei tetanisirenden Giften, wo diese Methode theils allein, theils in Verbindung mit antagonistischer Behandlung (Curare) vielfache Empfehlung fand, nicht ausreicht, scheint die Entleerung des Mageninhalts unter allen Umständen, auch bei eingeleiteter künstlicher Athmung geboten zu sein.

Nächst den Alkaloiden kommt die intensivste Wirkung auf den Organismus ohne Zweifel den Glykosiden zu, unter denen in Bezug auf ihre Giftigkeit einzelne selbst höher stehen als manche Pflanzenbasen. Bei mehreren derselben ist eine entfernte Wirkung auf das Nervensystem ganz wie bei den Pflanzenbasen gegeben, wobei das Factum auffallend ist, dass die nur bei wenigen Pflanzenbasen zu constatirende Einwirkung auf das Herz in der Weise, dass die Thätigkeit desselben vor der Athmung erlischt und das Herz bei Kaltblütern in Systole still stehen bleibt, sehr vielen Glykosiden zukommt (Digitalisglykoside, Helleboreïn, Thevetin, Convallamarin). Auch die erregende Wirkung auf im Hirn und verlängerten Marke belegene sogenannte Krampfcentren findet sich verhältnissmässig häufiger bei Glykosiden (und Bitterstoffen) als bei Alkaloiden. Mehrere Glykoside, namentlich solche, welche beim Behandeln mit Kali unter Aufnahme von Wasser zur Entstehung von Säuren Veranlassung geben und daher als Anhydride aufgefasst werden können, wirken drastisch, wobei das Zustandekommen der Action an das

Vorhandensein von Galle im Darmcanal gebunden ist. Die scharfe Wirkung dieser Substanzen von ihrer Natur als Anhydride abzuleiten, wie Buchheim wollte, erscheint übrigens gewagt, da auch ähnlich constituirte Verbindungen mit narkotischer Wirkung (Anemonin) existiren.

Die Glykoside sind wie die meisten nichtbasischen Stoffe bedeutenderen Veränderungen im Organismus unterworfen und weit destructibler als die Alkaloide, so dass ihr Nachweis in den Secreten weit grösseren Schwierigkeiten unterliegt. Die Veränderungen können mitunter sehr verschieden sein (Salicin) und theilweise schon im Verdauungscanale beginnen. Die nahe liegende Vermuthung, dass die Chlorwasserstoffsäure des Magensafts eine Spaltung derselben hervorbringt und die dabei frei werdenden Paarlinge die entfernte Wirkung bedingen, bestätigt sich nicht, da letztere entweder, wie beim Helleboreïn, gar keine, oder, wie bei den Digitalisglykosiden, eine ganz differente oder, wie beim Thevetin, eine gleiche, aber schwächere Wirkung besitzen.

Wirkung der Bitterstoffe.
In dritter Linie haben für den Arzt die indifferenten Bitterstoffe Bedeutung. Im Ganzen jedoch mehr in pharmakologischer als in toxikologischer Hinsicht, obschon auch unter ihnen einzelne neurotische oder irritirende Gifte (Pikrotoxin, Elaterin u. a.) sich finden. Als besondere dieser Abtheilung zukommende Wirkung ist die Retardation von Gährungsprocessen (Buchheim und Engel) hervorzuheben, welche übrigens auch den bitterschmeckenden Alkaloiden und Säuren z. Th. noch in höherem Maasse zukommt und keineswegs stets parallel der Intensität der Bitterkeit geht. Die von Traube und H. Köhler gemachte Annahme, dass die unbestreitbare appetitsteigernde Wirkung der Bitterstoffe, deretwegen sie besonders bei Magenkatarrh und Verdauungsschwäche Anwendung finden, auf einer durch dieselben gesetzten Blutdruckssteigerung beruhe, welche nach Köhler's Versuchen nur bei kleinen Dosen eintritt und dem rasch vorübergehenden Sinken des Blutdrucks voraufgeht, trifft keineswegs für alle bitteren Stoffe zu und dürfte die ältere Anschauung, wonach dieselben ihre digestive Action einem auf die Magenschleimhaut ausgeübten Reize und der damit im Zusammenhange stehenden reflectorischen Vermehrung der Magensaftsecretion verdanken, wodurch die an sich die Eiweissverdauung verlangsamende Wirkung der Amara übercompensirt wird, zutreffender sein.

Gerbsäuren.
Eine ihrer Wirkung nach scharf begrenzte Gruppe bilden die Gerbsäuren, indem dieselben entweder vermöge ihrer Einwirkung auf Leim und Eiweiss oder indem sie sich auf den Gewebsfasern

fixiren, an der Applicationsstelle eine Verdichtung des Gewebes bedingen und dadurch eine Zusammenziehung desselben bewirken. Sie bilden das wirksame Princip der adstringirenden oder styptischen vegetabilischen Rohproducte und dienen vorzugsweise therapeutisch zur Beseitigung von Hyperämien, Beschränkung von Secretionen und Stillung von Blutungen. Bei der secretionsbeschränkenden Wirkung kommt gleichzeitig die wasserentziehende Action und die Verbindung mit den Secreten, vielleicht auch die directe oder indirecte Contraction der Gefässe unterhalb der Applicationsstelle, in Betracht; bei der blutstillenden oder hämostatischen Wirkung ist vorzugsweise die Pfropfbildung vermöge Coagulation des Bluts in Frage. Auf die Bedeutung der Gerbsäuren als Antidote wurde bereits bei den Alkaloiden hingewiesen. Entfernte styptische Wirkung ist den Gerbsäuren nach therapeutischen Erfahrungen nicht abzusprechen, obschon dieselben nach ihrer Resorption mannigfachen, z. Th. auf Oxydation beruhenden Veränderungen unterliegen; einzelne werden sogar schon im Tractus verändert. In grossen Mengen und in concentrirter Form in den Magen eingeführt, können diejenigen Gerbsäuren, welche Leim und Eiweiss coaguliren, auf die Gewebstheile destruirend wirken und die Erscheinungen von Gastroenteritis, meist mit hartnäckiger Verstopfung verbunden, hervorbringen.

In dieser Beziehung theilen die Gerbsäuren die Wirkung der stärkeren **Pflanzensäuren**, welche jedoch nicht obstipirend wirken und niemals jene intensiven Verätzungen hervorrufen, welche der kaustischen Vergiftung mit Mineralsäuren eigenthümlich sind. In den Kreislauf aufgenommen, scheinen die meisten und namentlich die fetten Säuren der Oxydation zu unterliegen und an Alkali gebunden als Carbonate in den Harn überzugehen; manche aromatische Säuren erfahren eine in den Nieren vor sich gehende Veränderung, indem sie unter Abgabe von H_2O ein Molecul Glykokoll, $C_2H_5NO_2$, aufnehmen und dadurch in eine stickstoffhaltige Säure sich verwandeln. (Umbildung von Benzoësäure in Hippursäure, von Salicylsäure in Salicylursäure); bei einzelnen findet vor dieser Metamorphose zunächst eine Veränderung (Zimmtsäure, Chinasäure) statt. In physiologischer und therapeutischer Hinsicht lassen sich für die Pflanzensäuren allgemeine Gesichtspunkte schwer feststellen. Mehrere Säuren (Weinsäure, Citronensäure, Essigsäure, Oxalsäure, Apfelsäure) wirken entschieden durstlöschend und sind, indem sie nach ihrer Resorption herabsetzend auf Körpertemperatur und Frequenz des Herzschlages wirken, bei fieberhaften Affectionen verwendbar, bei andern (Salicylsäure, Benzoësäure) ist die antipyretische Wirkung noch weit ausgesprochener und combinirt sich gleichzeitig mit einer sehr hervorragenden hemmenden und beschränkenden Action auf Gährung und Fäulniss; einzelne Säuren (Valeriansäure, Benzoësäure, Salicylsäure) besitzen auch einen Einfluss auf das Nervensystem, die sie z. Th. nach Analogie gewisser ätherischer Oele therapeutisch verwendbar macht. Milde Pflanzensäuren dienen auch bei Vergiftungen mit Alkalien und Alkalicarbonaten als chemische Antidote (Essigsäure, Citronensäure).

Aetherische Oele. Die Olea aetherea gehören zu den pharmakologisch wichtigsten Pflanzenstoffen, während sie für die Toxikologie nur eine untergeordnete Bedeutung haben, obschon sie in grossen Dosen durchgängig giftige Wirkung zu besitzen scheinen. Bis jetzt haben indessen nur wenige (Camphor, Oleum Tanaceti, Oleum Juniperi Virginiani, Wermuth-, Terpentin-, Wintergrün-, Kümmelöl) beim Menschen Veranlassung zu Vergiftungen gegeben. Therapeutisch finden manche ätherische Oele Verwendung wegen ihres angenehmen Geruches und Geschmackes, wodurch sie besonders als Bestandtheile von Riechmitteln, Parfüms, Pomaden und als Corrigentien bitterer oder widrig schmeckender Medicamente geeignet erscheinen, und nur einzelne, wie Terpentinöl, Senföl, Cajeputöl, Camphor, wegen ausgesprochener topischer oder entfernter Action. Den meisten ätherischen Oelen kommt topische irritirende Action zu, jedoch in sehr verschiedenem Grade, indem einzelne, wie z. B. Senföl und Terpentinöl, in sehr kurzer Zeit auf der äusseren Haut starke Röthung und heftigen Schmerz hervorrufen und dadurch nicht unwichtige Medicamente (Rubefacientia und Derivantia) werden, während andere bei stundenlanger Application nur geringes Brennen bedingen und als gelind reizende Mittel zur Anregung der Resorption bei Oedemen und Extravasaten Benutzung finden, wozu auch natürlich Verdünnungen der stärker wirkenden Oele dienen können. Im Munde bewirken sie in kleiner Dosis Absonderung von Speichel, im Magen und Darm vermehrte Peristaltik und vielleicht auch Vermehrung der Secretion, worauf die Anwendung vieler derselben als Ptyalogoga (z. B. bei Schmerzen cariöser Zähne), als Stomachica und Carminativa beruht. Grössere Dosen bedingen Entzündung, die mit massenhafter Abstossung der Epithelien und kleinen Hämorrhagien verbunden sein kann.

Die entfernte Wirkung ist auf das Nervensystem, in specie auf die Nervencentren, und im Zusammenhange damit auf die Circulation, dann auch auf die Nierenthätigkeit gerichtet und äussert sich bei kleinen Gaben in Vermehrung der Pulsfrequenz und erhöhtem Wärmegefühl, weshalb manche Olea aetherea als Excitantien in Anwendung gezogen werden. Nach den physiologischen Versuchen scheinen manche ätherische Oele auch auf das Blut und in specie auf die Zahl der weissen Blutkörperchen zu influiren. Von den einzelnen Theilen des Nervensystems sind im Allgemeinen das vasomotorische Centrum, das Athemcentrum, das Rückenmark in Bezug auf seine Reflexfunction und die Schweisscentren die hauptsächlichsten Angriffspunkte der ätherischen Oele, von denen übrigens einzelne auch (Campher, Tanacetylhydrür) in toxischen Dosen eine starke Erregung der im Gehirn und der Medulla oblongata belegenen Krampfcentren bedingen. Einzelne der angedeuteten Wirkungsarten können als physiologische Grundlage der therapeutischen Verwendung vieler ätherischer Oele als Antispasmodica und Diaphoretica betrachtet werden. Die durch Olea aetherea bedingte primäre Erregung, bei welcher es bei kleinen Dosen sein Bewenden hat, schlägt bei toxischen Gaben in ihr Gegentheil um und führt zu Collaps mit intensivem Sinken des Blutdrucks und der Athemfunction und schliesslich zum Tod durch Lähmung des respiratorischen Centrums. In kleineren Dosen bedingen ätherische Oele Steigerung der Nierenfunction und sind deshalb, wie die Erfahrung am Krankenbett nachweist, bei Integrität der uropoëtischen Organe taugliche Diuretica (Wachholderöl, Terpentinöl); toxische Dosen und länger fortgesetzter Gebrauch medicamentöser Gaben können zu starker Reizung der Nieren mit Abscheidung von Eiweiss und Faserstoffcylindern, mitunter selbst von Blut, führen.

Der therapeutische Nutzen der ätherischen Oele in Krampfkrankheiten, insonderheit bei hysterischen und epileptischen Convulsionen, ist bei den Widersprüchen neuerer Experimentatoren über den Einfluss der fraglichen Stoffe auf die Reflexerregbarkeit noch keineswegs vollständig aufgeklärt, da Einzelne eine Herabsetzung der Reflexerregbarkeit nur grossen, Andere dagegen nur kleinen Dosen vindiciren; man muss übrigens bedenken, dass bei den gedachten Krankheiten, wo Baldrianöl, Camphor, Cajeputöl, Oleum Chamomillae u. a. nicht ohne Erfolg gebraucht werden, der Effect nicht als ein directer, sondern als ein durch die Wirkung des ätherischen Oels auf das vasomotorische Centrum vermittelter zu betrachten ist. Manchen ätherischen Oelen sind noch eigenthümliche Wirkungen auf besondere Organe, Absonderungen u. s. w. beigelegt und kommen dieselben in Folge von Vererbung und Glauben noch jetzt in mannigfacher Weise therapeutisch in Gebrauch. Abgesehen von dem noch jetzt in seiner Heimat als Panacee betrachteten Cajeputöl vindicirt man z. B. dem Fenchelöl eine besondere Wirksamkeit auf Milchsecretion und Sehvermögen, dem Rainfarn-, Cedern- und Sadebaumöl eine solche auf die Menstruation und den Uterus, dem Anisöl, Salbeiöl und Myrrhenöl eine solche auf die Bronchialsecretion u. a. m. Mögen die älteren Praktiker auch manchmal das „post hoc ergo propter hoc“ bei ihren Empfehlungen in Anwendung gebracht haben, so ist doch der Ausspruch Reil's, dass man nicht alle ätherischen Oele über einen Kamm scheeren müsse, nicht unberechtigt, da wenigstens in Bezug auf die Erregung der Krampfcentren manche ätherische Oele eine Ausnahmestelle einnehmen und da die Aetherolea ja höchst verschiedenen chemischen Gruppen angehören. Leider hat die physiologische Prüfung der ätherischen Oele, von den ersten Arbeiten C. G. Mitscherlich's (1843) an bis auf die neuesten von H. Köhler (1878), sich fast ausschliesslich mit der Erforschung der Wirkung der im Handel als ätherische Oele vorkommenden Gemenge, nicht aber der ihrer einzelnen Bestandtheile beschäftigt. So sind wir nicht im Stande jene an das Pikrotoxin erinnernden Krämpfe, welche dem Camphor und vielleicht einigen Synanthereen-Oelen (Th. Husemann) zukommen, einer bestimmten chemischen Gruppe zuzuweisen und überhaupt bestimmte Wirkungsdifferenzen der einzelnen Abtheilungen der Kohlenwasserstoffe oder der sauerstoffhaltigen und nichtsauerstoffhaltigen Olea aetherea oder der Alkohole, Phenole, Ketone u. s. w. zu statuiren. Untersuchungen in dieser Richtung wären jedenfalls sehr verdienstlich und würden sich namentlich auch auf die antiseptischen und antiparasitischen Wirkungen der Reinbestandtheile der ätherischen Oele beziehen müssen, von welchen letzteren einzelne (Nelkenöl, Thymianöl, Camphor u. a.) Fäulniss und Gährung im starken Maasse retardiren, während andere (Anisöl, Cajeputöl, Rosmarinöl) für schmarotzende Milben und Insecten von höchst deleterer Wirkung sind. Die letztere Wirkung resultirt aus dem Dampfe der betreffenden Oele, dessen Inhalation übrigens auch bei Warmblütern und selbst bei Menschen zu Vergiftungen führen kann, welche unter dem Bilde der Asphyxie verlaufen. Die Vernichtung niedriger Organismen spielt vielleicht auch eine Rolle bei der antiseptischen Action einzelner Aetherolea, während bei anderen das Vermögen derselben, den gewöhnlichen Sauerstoff in Ozon überzuführen, von Bedeutung ist.

Ueber die Schicksale der ätherischen Oele im Körper liegen genaue Untersuchungen nicht vor, doch steht es fest, dass sie bei vergifteten Thieren im Blute und selbst nach dem Genusse geringerer Mengen häufig auch im Urin, in der ausgeathmeten Luft und selbst in der Hautperspiration durch den Geruch nachweisbar sind. Eine theilweise Destruction und Oxydation ist nicht allein a priori wahrscheinlich, sondern, z. B. von dem Copaivaöl, durch Nachweis von Verharzungsproducten im Urin nachgewiesen. Auch der Veilchengeruch, den der Urin nach Genuss mancher ätherischer Oele annimmt, scheint einem solchen Produkte der Oxydation anzugehören. Bezüglich andrer Veränderungen muss auf die einzelnen Stoffe verwiesen werden.

Innerlich werden die meisten ätherischen Oele zu 1—5 Tropfen gewöhnlich in Form der Oelzucker, auch auf Zucker und in Wein gegeben, äusserlich als Einreibung, für sich oder mit Spiritus verdünnt, oder in Salbenform angewandt, auch in geringen Mengen Bädern zugesetzt, z. B. den in Frankreich als allgemein belebendes Mittel gebrauchten Bädern von Pennès, deren wirksamer Bestandtheil nach Topinard die darin enthaltenen Labiatenöle (Ol. Rorismarini, Ol. Thymi, Ol. Lavandulae) bilden.

Bei der Verordnung mancher ätherischer Oele hat der Arzt

auf den Umstand Rücksicht zu nehmen, dass dieselben beim Contact mit oxydirenden Stoffen, namentlich mit Salpetersäure, Kaliumpermanganat oder mit Jod, entweder in Flammen gerathen oder verpuffen. Solche explosive Mischungen sind unter allen Umständen zu vermeiden.

Von den Harzen scheinen einige ganz indifferent gegen den Organismus zu sein, während eine Anzahl purgirend und selbst drastisch wirkt, andre Röthung und Entzündung auf der äusseren Haut, mitunter auch auf Schleimhäuten, bedingen, noch anderen eine specifische Action auf bestimmte Organe (Uterus, Bronchien, Nervensystem, Schweissdrüsen) und manchen, wie auch besonders den Balsamen, Verminderung der Secretionen, namentlich bei krankhafter Vermehrung derselben, z. B. beim Tripper, als Wirkung zugeschrieben wird, aus welchen Wirkungsweisen sich die medicinische Anwendung von selbst ableitet.

Harze.

Im Allgemeinen gehören die Harze, mit Ausnahme weniger, zu den minder genau untersuchten Substanzen, und es lässt sich wohl mit Bestimmtheit behaupten, dass die specifischen Actionen, welche man vielen beilegt, problematisch sind und bei genauer Beobachtung zum Theil sich nicht constatiren lassen. Manche der Wirkungen der officinellen Harze, Gummiharze und Balsame sind wenigstens partiell den ätherischen Oelen zuzuschreiben, die sie enthalten. Ueber die Ursachen der Action der purgirenden Harze auf die Schleimhäute des Tractus hat auf Anregung von Buchheim, dem wir mancherlei werthvolle Untersuchungen über die fraglichen Substanzen in physiologischer Hinsicht verdanken, Schaur Versuche mit Gutti, Guajak, Galbanum, Pinusharzsäuren, saurem Copaivaharz und Euphorbon angestellt, welche ergeben, dass ein durchgreifender Unterschied zwischen abführenden und nicht abführenden in Bezug auf die Löslichkeit in Speichel nicht existirt, dass sie sich sämmtlich in Galle und deren Salzen, am meisten in glykocholsaurem Natron lösen, besonders die purgirenden und Guajak, dass die Galle offenbar auf die purgirende Action von Einfluss ist, dass auch der Pankreassaft lösend, wenigstens auf einzelne purgirende und nicht purgirende, wirkt (auf die Säuren der Pinusharze, die auch bei Gallenfistelhunden im Harn erscheinen; auf Gambogiasäure), dass die Harze in Verbindung mit Galle oder mit glykocholsaurem Natron, ebenso wie die Natronsalze der geprüften Harzsäuren diffusibel sind, das Diffusionsvermögen der abführenden Harze resp. der Natronverbindungen jedoch geringer ist als das der sauren Pinus- und Copaivaharze resp. der Natronsalze derselben, während die Natronverbindung der abführenden Harzsäure (Gutti-Natron) stärker diffundirt als nicht abführende Harze (saures Copaivaharz). Die purgirende Action beruht auf einer Wirkung auf den Dünndarm, da die Einführung nicht purgirender Harze mit Galle in den Mastdarm dieselben Erscheinungen (Brennen, Tenesmus, Defaecation) bedingt, wie diejenige purgirender.

Die Harze scheinen zum Theil den Darm unverändert zu passiren; einzelne saure Harze werden als Alkaliverbindung resorbirt

Verhalten im
Organismus.

und im Blute entweder verbrannt (Gambogiasäure) oder gehen in den Urin über (Abiëtinsäure).

Für die innerliche Anwendung dienen Harze und Gummiharze gewöhnlich in Form der Pillen oder Bissen, wozu man die trocknen Harze mit $1/2$ Th. dünner und $1^{1}/_{2}$—2 Theilen gewöhnlicher Extracte verbindet, während Gummiharze $1/_{8}$—$1/_{10}$ ihres Gewichtes dünner, $1/_{4}$—$1/_{6}$ gewöhnlicher und etwa $1/_{2}$ fester Extracte zur Bildung einer guten Masse erfordern, die übrigens bei den Gummiresinae auch durch Zusatz von etwas Mucilago Gummi Mimosae oder Spiritus ohne Weiteres hergestellt werden kann; bisweilen auch in der Form der Emulsion (mit etwa $1/_{3}$·Gummi oder mit Eidotter), oder in weingeistigen oder ätherischen Lösungen. Der Zusatz von grösseren Mengen Wasser, Säuren und Salzen zu Lösungen oder Emulsionen, wodurch die Harze gefällt werden, ist zu meiden. Balsame werden am besten in Gallertkapseln administrirt, auch in Pillenmassen nach zuvoriger Mischung mit $1/_{8}$—$1/_{2}$ Cera alba oder Cera Japonica und Zusatz von $1/_{2}$—$2/_{3}$ Pflanzenpulver, in Emulsion und in Syrupen. Aeusserlich dienen Harze und Balsame entweder für sich oder in weingeistigen Lösungen zu Einreibungen, ferner als Bestandtheile reizender Salben, wobei die Harze zu $1/_{3}$, die Balsame zu $1/_{4}$ der Salbengrundlage beigemengt werden können und Zusatz von Borax die Vertheilung der letzteren sehr fördert. Die hauptsächlichste Anwendung der Harze findet statt zur Darstellung verschiedener Pflaster, Emplastra, die entweder als Schutz- oder Deckungsmittel der Haut oder zur Vereinigung von Wund- oder Geschwürsrändern, zu Contentiv- und Druckverbänden, endlich auch zu verschiedenen anderen Zwecken, z. B. Hautreiz, dienen, und wobei die durch Zusammenschmelzen unter einander oder mit grösseren oder geringeren Mengen von Fett, Oel, Wachs vereinigten Harze für sich die Grundlage bilden (Harzpflaster) oder mit Bleiseifen verbunden werden (combinirte Pflaster oder Bleiharzpflaster).

Farbstoffe. 　Von den Pigmenten des Pflanzenreiches sind nur sehr wenige in medicinischem Gebrauche. Im Allgemeinen haben dieselben, soweit sie nicht andern Classen der Pflanzenstoffe richtiger beigezählt werden, keine entschiedene Wirkung auf den thierischen Organismus. In das Blut eingeführt scheinen sie zum grössten Theile zersetzt oder destruirt zu werden. Wenige, wie Indigo, sind als interne Mittel benutzt; die Mehrzahl dient nur pharmakotaktisch als decoratives Corrigens für Arzneimischungen.

Fette. 　Für die Medicin haben die Pflanzenfette weit geringere Bedeutung als die thierischen Fette, mit denen sie hinsichtlich ihres Verhaltens im und ihrer Wirkung auf den Organismus im Wesentlichen übereinstimmen. Sie werden, abgesehen von der Benutzung zu Lösungen gewisser Arzneistoffe, Linimenten, Seifen, Pflastern, Ceraten, Salben, Suppositorien, besonders als örtlich reizlindernde Mittel (Demulcentia) zur Beseitigung von Schmerz und Spannung bei Entzündungen gebraucht, seltener wegen der allen gemeinsamen Eigenschaft, in grösseren Dosen Durchfälle zu bewirken, als milde Laxantien, oder wegen der Verzögerung der Resorption giftiger

Substanzen und der Zersetzung einzelner, namentlich der kaustischen Alkalien, bei Vergiftungen, am seltensten zur Hervorrufung entfernter Wirkungen auf die Schleimhäute der Respirations- und Urogenitalorgane als demulcirende, oder allgemeiner Wirkungen als nährende Mittel.

Die Wirkung der Pflanzenfette erstreckt sich ebenso wenig wie die der thierischen direct auf Nervensystem und Circulation, sondern höchstens auf Assimilation und Ernährung. Wie die Thierfette werden die flüssigen Pflanzenfette im Dünndarm unter Mitwirkung der Galle (Wistinghausen) und des Pancreassaftes in einer bestimmten Menge (Bidder und Schmidt) aufgesogen, während der Rest mit den Fäces den Darm verlässt. Da die Diffusion der Pflanzenfette weit langsamer vor sich geht als die der thierischen (vergl. Naumann, Arch. d. Heilk. 336. 1865), so ist es wahrscheinlich, dass viel weniger von ersteren in die Säftemasse gelangt. Im Blute findet allmälige Verbrennung zu Kohlensäure und Wasser statt. Auch müssen sie, vielleicht mit Ausnahme des Leinöls (Naumann), wenn wir berechtigt sind, aus dem Verhalten gegen Oxydationsmittel auf die Verbrennung im Thierkörper zu schliessen, weit weniger rasch oxydirt werden als thierische Fette. Diese beiden Momente lassen die von Einigen vorgeschlagene Anwendung von Pflanzenölen an Stelle des von allen Fetten am leichtesten diffundirenden und oxydirbaren Leberthrans als Nutriens unräthlich erscheinen, zumal da der Zeitpunkt, wo bei längerer Verabreichung vom Darme aus eine Resorption der Fette nicht mehr stattfindet und die gesammte einverleibte Menge im Darme bleibt und mit den Fäces fortgeht, bei Pflanzenölen rascher eintritt (bei Mandel- und Olivenöl nach Berthé schon in 12 Tagen, bei Leberthran in 1 Monat). Dass ein Theil der eingeführten Oele im Darmcanale zurückbleiben kann und erst nach einiger Zeit abgeht, manchmal unter der Form von halbweichen Kugeln, die aus Fett und Schleim bestehen, theilen die Pflanzenöle mit den thierischen Fetten. Dass bei einer Einführung grösserer Quantitäten lange Zeit hindurch eine Ablagerung in Leber, Lungen, Nieren und Muskelsubstanz stattfinden kann, wie man eine solche bei Injection fetter Oele in die Venen auftreten sieht, wodurch sogar Embolien und deren Folgen entstehen können, ist zuerst durch Gluge und Thiernesse festgestellt. Die Richtigkeit von Mettenheimer's Beobachtung, dass bei längerer Zufuhr fetter Oele dieselben auch im Urin erscheinen können, ist, wenn es sich dabei auch nur um Ausnahmezustände handelt, doch bei der schwierigeren Verbrennung der Pflanzenöle wohl nicht zu bezweifeln und kann damit vielleicht die Anwendung der Oleosa bei Reizung der Harnwege oder andrer Schleimhäute gerechtfertigt erscheinen. — Von anderen Applicationsstellen als dem Darm, z. B. von serösen Häuten (Peritoneum), findet eine Resorption der Fette nur statt, wenn dieselben in emulgirtem Zustande sich befinden.

Die purgirende Action der Pflanzenfette erfolgt, wenn sie nicht, wie beim Crotonöl u. s. w., durch beigemengte andre Stoffe bedingt ist, nur bei Gaben von 30—60 Grm. und darüber, und zwar leichter bei nüchternem Magen als bei gefülltem. Ueberhaupt ist in den meisten Fällen die Application bei gefülltem Magen zu vermeiden, da die Ueberführung in assimilable Producte erst im Dünndarm erfolgt und die Magenverdauung durch grössere

Fettmengen Störungen erleiden kann. — Hinsichtlich der **antidotarischen Wirkung** gegen Alkalien, mit denen sich die fetten Oele bekanntlich bei erhöhter Temperatur in Seifen und Glycerin umsetzen, haben bei der Langsamkeit und Unvollständigkeit des Verseifungsprocesses bei der Körpertemperatur die Olea pinguia geringere Bedeutung als die Pflanzensäuren; ebenso hinsichtlich ihrer verzögernden Wirkung auf die Resorption gewisser Gifte (Arsen, auch Alkaloide, Alkohol) geringere als die thierischen Fette. Wirksam können sie und die aus ihnen bereiteten Emulsionen bei scharfer Vergiftung als demulcirende Mittel dienen, nur muss man sich hüten, dieselben bei gewissen Stoffen, die gleichzeitig eine örtliche und entfernte toxische Wirkung besitzen und welche sich in fetten Oelen auflösen, anzuwenden; namentlich bei Phosphor- und Cantharidenvergiftung, deren Gefahren sie erheblich steigern.

Als örtliche **Demulcentia** kommen die Pflanzenfette innerlich bei Entzündung und Katarrh des Tractus, sowie bei gleichen Affectionen der obersten Partien des Respirationsapparates (bei Angina, Heiserkeit), äusserlich selten zu Injectionen in die Urogenitalorgane, bei Reizungszuständen derselben, meistens bei Hautentzündungen, (Verbrennungen, Traumen), wo sie hauptsächlich durch Verminderung der Spannung und Schmerzen nützlich sind, in Anwendung. Auf der Haut können sie noch in mannigfach andrer Weise nützlich werden, so bei trockner und spröder Haut als Ersatz der Hauttalgsecretion zum Geschmeidigmachen der Haut und Verhütung des Aufspringens (was auch deren Anwendung bei Aufspringen der Lippen, wunden Brustwarzen indicirt), zur Tödtung von Hautparasiten, deren Stigmata sie verschliessen, zur Erweichung bei Verdickungen und Callositäten. Wird eine grössere Fläche der Haut mit fetten Oelen eingerieben, so wird dadurch die Secretion beschränkt (daher Anwendung bei colliquativen Schweissen) und die Temperatur herabgesetzt; letzteres und die Verminderung der Spannung scheint die günstige Wirkung der von manchen Seiten empfohlenen Benutzung zu Einreibungen bei gewissen acuten Exanthemen und fieberhaften Krankheiten zu bedingen. Mechanisch wirken die fetten Oele als Bestandtheil von Clystieren durch Auflockerung verhärteter Kothmassen, ferner als leicht herzustellender Ueberzug von chirurgischen und geburtshülflichen Instrumenten, die in Körperhöhlen eingeführt werden, auch der Hand oder Finger bei Operationen und Untersuchungen.

Kohlehydrate und Eiweissstoffe. Von den übrigen Abtheilungen der Pflanzenstoffe schliessen sich die **Kohlehydrate** am nächsten in ihrer Wirkung den Fetten an, mit welchen sie bekanntlich von **Liebig** bezüglich ihrer Verwendung im Organismus als **Respirationsmittel**, d. h. als zur Unterhaltung der Verbrennung und als Hauptquell der thierischen Wärme, den Eiweissstoffen, in denen derselbe die eigentlichen **Alimente oder plastischen Nahrungsmittel**, d. h. des direct zum Ersatz des durch den Stoffwechsel verloren gehenden stickstoffhaltigen Materials dienenden Substanzen gegenüber gestellt wurden. Eine ausführliche Discussion dieser Theorie, welche verschiedenen Bedenken unterliegt, die wenigstens den schroffen Gegensatz dieser beiden Gruppen als nicht begründet erscheinen lassen, indem den Eiweissstoffen unter Umständen ebenso gut die Unterhaltung des Verbrennungsprocesses zukommt wie den Kohlehydraten der Ersatz des Verlorengehenden, insofern letztere die Verbrennung von Eiweisskörpern verhindern, und indem zur Erhaltung des Thierkörpers eine angemessene Mischung von Proteïnstoffen, Kohlenhydraten, Fetten und Nährsalzen nothwendig ist, erscheint uns an diesem Orte um so weniger gerechtfertigt, als die in ihrer Action mit den thierischen Eiweissstoffen vollkommen übereinstimmenden Proteïnstoffe des Pflanzenreiches im reinen Zustande niemals medicinische Verwendung finden, was bei den Kohlehydraten ebenfalls nur ausnahmsweise der Fall ist. In Bezug auf beide müssen wir indess noch erwähnen, dass sie, um in das Blut zu gelangen — und zwar die Eiweissstoffe sämmtlich, die Kohlehydrate zum grössten Theile — Veränderungen im Magen unterliegen müssen, welche sie zur Aufnahme in die Blutbahn befähigen; erstere gehen in lösliche Peptone, letztere in andere Kohlehydrate und besonders Zuckerarten über. Manche Kohlehydrate theilen mit den Fetten auch die mechanische, örtlich einhüllende Wirkung, auf kranken Haut- oder Schleimhautpartien eine schützende Decke zu bilden (Arabin, Pflanzenschleim, Amylum); manche reihen sich den Harzen durch ihren Gebrauch zu Contentivverbänden (Amylum, Dextrin, Cellulose) an. Gegenüber der einhüllenden und reichlindernden Action einzelner Kohlehydrate, welche ihren Gebrauch bei Darmkatarrhen nützlich macht, stehen andere, insbesondere Süssstoffe, welche in grösseren Dosen, hierin sich ebenfalls den fetten Oelen anschliessend, reizend auf die Darmschleimhaut wirken und durch Vermehrung der Absonderung und Erregung der Peristaltik kathartische Action äussern. Auf die grosse pharmakotaktische Bedeutung der Kohlehydrate, welche für feste und flüssige Mixturen oft benutzte Vehikel oder Corrigentien des Geschmackes und mitunter selbst der Wirkung (z. B. Zusatz von Amylum zu Lösungen von kaustischen oder irritirenden Metallsalzen) bilden, muss noch im Allgemeinen hingewiesen werden.

Bei der starken Wirkung, welche manche Pflanzenstoffe auf den Organismus ausüben, und bei der Möglichkeit, dass die Ueberschreitung der medicinalen Dosen bei einzelnen zu Lebensgefahr führen kann, ist gerade hier für den Therapeuten die grösste Vorsicht geboten. Die Literatur hat mehrere Fälle medicinaler Vergiftungen, selbst letaler, aufzuweisen, die durch Versäumniss von Seiten des Arztes entstanden sind, obschon die grössere Anzahl der Medicinalvergiftungen durch diese Stoffe auf Versehen in der Apotheke beruhen, wo entweder Irrthümer beim Abwägen oder Dosiren

Starkwirkende Pflanzenstoffe als Heilmittel.

oder Verwechslung beim Dispensiren stattfanden, so dass statt einer verordneten Substanz von geringerer Wirkung eine stark toxische, z. B. Strychnin statt Santonin, verabreicht wurde. Letzteres kommt am häufigsten in Staaten vor, wo nicht, wie bei uns, die Aufbewahrung im Giftschranke für die gebräuchlichen dieser Stoffe vorgeschrieben ist, denen der Apotheker nach eignem Ermessen die neu auftauchenden Medicamente dieser Art hinzufügt. Auch die Medicinalvergiftungen durch Versehen beim Abwägen oder durch eine zu hohe verordnete Dosis sind in Folge des Umstandes, dass die Pharmaceuten bei uns durchgängig der gebildeteren Classe angehören und mit den Maximaldosen, welche für die gebräuchlicheren stark wirkenden Pflanzenstoffe zulässig sind, sich vertraut gemacht haben, in Deutschland ziemlich selten. Um Versehen bei der Dosirung zu verhüten, sind auch verschiedene Vorschläge gemacht worden, die stark wirkenden Pflanzenstoffe und in specie Alkaloide bereits in der Apotheke in einer genau dosirten Form vorräthig zu halten, wobei man sich dann theilweise auch bemüht hat, den unangenehmen Geschmack der einzelnen zu verdecken.

So gut gemeint diese Vorschläge sind, so haben sie sich doch in Bezug auf die in Vorschlag gebrachten festen Arzneiformen noch keinen Eingang in die Pharmakopöen verschaffen können, während einige flüssige Formen in auswärtige Pharmakopöen übergegangen sind. In Hinsicht fester Arzneiformen kommen in Betracht:

1) Der Vorschlag, die festen Stoffe mit Milchzucker verrieben in Pulverform zu asserviren. Reil bezeichnet Aconitin, Atropin, Hyoscyamin, Brucin, Strychnin, Delphinin, Veratrin und deren Salze, wozu noch manche andere, wie Colchicin, Narceïn, Emetin, Digitalin, Pikrotoxin u. s. w. gestellt werden könnten, als Stoffe, die, der Zersetzung nicht leicht unterworfen, als Alkaloidea saccharata aufbewahrt werden können. Er räth, auf dieselbe Weise wie in den homöopathischen Officinen sorgfältig, das heisst, unter allmäligem Zusatz und anhaltendem gleichmässigem Verreiben Mischungen von 1 Th. des Stoffes mit 99 Th. Milchzucker bereiten zu lassen. Mann umgehe auf diese Weise das zeitraubende Geschäft des Pillenmachens oder des Dividirens von Pulvermassen ex tempore, welche letztere Procedur bei nicht sehr accurater Ausführung häufig eine ungleiche Vertheilung des wirksamen Stoffes in der Vehikelmasse bedinge.

2) Die Form der Pastillen oder Trochisken, besonders von Simon empfohlen, jedoch gegründeten Bedenken unterliegend, die sich zum Theil auch auf die in Frankreich üblichen Granules erstrecken. Für diese Formen passen zunächst Stoffe, wie Strychnin, Salicin, sämmtliche giftige Bitterstoffe, nicht, weil dieselben beim Zergehen auf der Zunge ihren unangenehmen Geschmack hervortreten lassen. Andrerseits müssen wir uns den sanitätspolizeilichen Bedenken W. Reils anschliessen, dass die appetitlichen Trochisken weit leichter die Naschhaftigkeit bei Kindern rege machen als Pulver oder Pillen und, wenn sie nicht mit grösster Vorsicht aufbewahrt werden, leicht Anlass zu Vergiftungen werden können, wie dies ja die offi-

ciellen Trochisci Santonini öfters geworden sind. Als Granules bezeichnet man bekanntlich kleine verzuckerte Pillen oder Dragées mit einer Corianderfrucht oder einem Pfefferkorn in der Mitte, die z. B. Bouchardat nach Art der ursprünglichen Granules de Digitaline aus Strychnin, Atropin u. s. w. vom Apotheker anfertigen lassen will. Dass diese noch leichter als die Trochisken von Kindern geschluckt werden können, ist klar.

3) Die Form der Gelatinae medicatae in lamellis (Almén). Da die Gelatinae medicatae leicht anzufertigen sind und wegen des Nichtgehaltes von Zucker nicht so leicht zu Intoxication in Folge von Näschereien führen können, so ist diese Form zweckmässig und insbesondere für Hospitäler empfehlenswerth. Ob man sie aber auf die weniger gebräuchlichen Pflanzenstoffe, da sie auf einmal in grösseren Mengen bereitet werden müssen, wodurch beim Liegenbleiben leicht Verlust für den Apotheker entsteht, wird ausdehnen können, erscheint fraglich.

In Hinsicht der gefährlichen flüchtigen Alkaloide (Nicotin, Coniin), die natürlich nicht mit Milchzucker verrieben vorräthig gehalten werden können, macht Reil mit Recht darauf aufmerksam, dass auch die Aufbewahrung in einem Lösungsmittel misslich ist, weil man eine Zersetzung darin zu befürchten hat, selbst bei Aufbewahrung in dunklen Räumen und schwarzen Gläsern. Die British Pharmacopoeia schreibt vor einen Liquor Atropiae, Liquor Morphii Hydrochloratis und Liquor Strychniae. Solche Lösungen von bestimmter Stärke, die ohne Weiteres verordnet werden können, zu officinellen Vorschriften zu machen, hat Manches für sich, da durch die Unkenntniss der Löslichkeit stark wirkender Substanzen leicht durch den sich bildenden Bodensatz Vergiftungen herbeigeführt werden könne, (vergl. einen solchen Fall von Strychninvergiftung, wo der Arzt in Strafe genommen wurde, in Casp. med. Wochenschr. 24. 1840). Uebrigens unterliegen die meisten Pflanzenstoffe entschieden in wässrigen Solutionen einer Zersetzung und damit einer Abschwächung ihrer Wirkung, so dass jedenfalls die Bereitung grösserer Mengen bedenklich ist. Dies gilt namentlich auch für den Liquor Atropiae. In Frankreich hat man für mehrere Alkaloide ziemlich unzweckmässig die Form eines Syrups gewählt, z. B. Sirop d'acétate de morphine, Sirop de codéine, S. de conicine, de narcéine; da die Mehrzahl der Formeln nicht dem Code angehören, so ist es sehr leicht möglich, dass in den Apotheken nach verschiedenen Angaben bereitete Syrupe existiren, welche vermöge differenten Gehaltes an activer Substanz leicht zu Unzuträglichkeiten führen können (vgl. Codeïn).

Da die fraglichen Vorschriften allgemeine Verbreitung nicht gefunden haben, so bleibt dem Arzte nichts übrig als in magistralen Formeln zu verordnen und sich dabei für den inneren Gebrauch der folgenden Regeln zu bedienen:

a. Es sind alle unnöthigen Mischungen zu unterlassen, und die grösste Einfachheit bei der Verordnung zu beobachten. Insonderheit sind bei Alkaloiden und einigen andern Pflanzenstoffen alle tanninhaltigen Substanzen als Vehikel zu meiden, weil dadurch die Wirkung abgeschwächt wird: ebenso Metallsalze, Jod, Brom u. s. w.

Man meide aber nicht allein solche chemische zersetzende Mittel, sondern überhaupt jede Composition. Eine Ausnahme macht nur der Zusatz von Säuren zu Alkaloiden oder Alkaloidsalzen, wodurch die Löslichkeit derselben in der Form der Salze oder sauren Salze befördert wird, ohne dass die Wirkung leidet, welche im Gegentheile, sofern grössere Löslichkeit eine grössere Leichtigkeit der Resorption bedingt, dadurch erhöht wird.

Durch das Zusammenmischen von Alkaloidlösungen mit Tannin, Jod, Brom und Metallsalzen dieser Halogene können giftige Bodensätze entstehen, welche, wenn der Kranke den Rest der Mixtur nimmt, lebensgefährlich werden. Ein tödlicher Fall dieser Art der Mischung eines Strychninsalzes mit Syrupus Ferri jodati ist in Amerika vorgekommen.

b. Man gebe, wo dieses möglich ist, der Verordnung in fester Form den Vorzug vor der flüssigen.

Coniin, Nicotin, Lobelin, Spartëin u. a. eignen sich weder zur Pulver- noch zur Pillenform. In Bezug auf die Pillenmasse ist selbstverständlich jedes durch Tanningehalt zersetzend wirkende Extract ausgeschlossen und am zweckmässigsten Extractum Liquiritiae oder Pulvis Althaeae mit Zucker. Weshalb bei Pulver nur Saccharum lactis benutzt werden soll (Reil), ist nicht abzusehen. Ebenso halten wir es für unnöthig, die Pillen zu gelatinisiren, während es zweckmässig ist, sich als Conspergens nur des Lycopodium zu bedienen und — zur Verhütung von Unglücksfällen — wie solche mit Strychninpillen vorgekommen sind — statt in Schachtel, in vitro bene clauso zu verordnen.

c. Als Solutionsform eignet sich am besten die der Tropfen, wobei man das energisch wirkende Alkaloid am genauesten dosiren kann. In Bezug auf das zu wählende Vehikel sind die Löslichkeitsverhältnisse massgebend. Man vermeide stets, die Grenzen der Löslichkeit der energisch wirkenden Stoffe zu überschreiten.

Als Vehikel ist am zweckmässigsten, wo dies überhaupt angeht, Wasser zu nehmen, in dem indessen die reinen Pflanzenalkaloide, mit Ausnahme weniger, sich schlecht lösen, weshalb es indicirt ist, das Wassser anzusäuern oder ein leichter lösliches Salz von vorn herein anzuwenden, das in einzelnen Fällen sogar durch weitere Hinzufügung von Säure in ein noch leichter lösliches saures Salz verwandelt werden kann. In manchen Fällen kann man die Löslichkeit eines Alkaloidsalzes noch durch Zusatz einer andren Säure in etwas erhöhen, so die des Chininsulfats durch Chlorwasserstoffsäure oder die der Salze von diversen Chinaalkaloiden, Emetin, Strychnin und Thebaïn durch Zusatz von Weinsteinsäure oder Citronensäure. Der Zusatz der letzteren kann auch als Geschmackscorrigens dienen, um z. B. Chininmixturen von Kindern nehmen zu lassen, und zeigt noch den Vorzug, dass geringere Mengen erforderlich sind. Bei einzelnen Alkaloiden kann man die Löslichkeit in Wasser durch vorherige Auflösung in Weingeist veranlassen, wie dies z. B. bei dem Liquor Strychnii der British Pharm. der Fall ist.

Nächst dem angesäuerten Wasser erscheinen Weingeist und Alkohol als die besten Vehikel für Alkaloide in Tropfenform, welche der Mehrzahl nach ebenso wie ihre Salze darin unverhältnissmässig leichter als in Wasser löslich sind. Aether kann für wenige, die er mit Leichtigkeit löst, wie Chinin, Chinidin, Codeïn, Thebaïn, Papaverin, Narcotin benutzt werden. Chloroform würde zur Anwendung der Alkaloide in Tropfenform, wenn es auch Chinin,

Brucin und Narcotin in nicht unerheblicher Quantität lösen kann, sich nicht gut eignen; ebenso wenig wie Glycerin, das dagegen, wenn man Alkaloide in einer Mixtur anwenden will, wohl zu gebrauchen ist und in Frankreich nicht selten in Anwendung gebracht wird.

Diese Löslichkeitsverhältnisse, deren Specialien bei den einzelnen Stoffen erledigt werden, haben auch für die äusserliche Anwendung der Pflanzenstoffe besonderes Interesse, da unter dieser die subcutane Injection obenansteht, bei der es sich sogar noch mehr als bei der zum innerlichen Gebrauch bestimmten Mixtura contracta darum handelt, eine möglichst concentrirte Lösung zu bereiten.

Die grösste Schwierigkeit, eine solche herzustellen, ist natürlich bei denjenigen Stoffen vorhanden, die nur in einer verhältnissmässig hohen Gabe wirksam sind, insbesondere bei den Chinaalkaloiden, aber auch beim Narceïn u. a. Man ist hier ebenfalls vorzugsweise auf die angesäuerten Lösungen in Wasser angewiesen, zumal da diese bei nicht zu erheblichem Säurezusatze am wenigsten zu örtlichen Erscheinungen (Schmerz, Entzündung, Abscedirung) Veranlassung geben; doch hat man auch alkalische, wässrige, alkoholische, ätherische und selbst Lösungen in Kreosot angewendet. Sehr gebräuchlich und in vielen Fällen zweckmässig ist der Zusatz von Glycerin.

In Bezug auf die übrigen externen Applicationsweisen heroisch wirkender Pflanzenstoffe gelten die Vorschriften der allgemeinen Arzneiverordnungslehre. Betont werden muss indess noch, dass der Arzt bei einzelnen derselben mit besonderer Sorgfalt darauf zu achten hat, dass die Signatur der zum äusseren Gebrauche bestimmten Mischungen dieselben deutlich als solche charakterisirt, da wiederholt Vergiftungen dadurch entstanden sind, dass solche, z. B. Augentropfen aus Atropin, innerlich genommen wurden. Sowohl für den internen als für den externen Gebrauch sind übrigens die Totalquantitäten der Verordnung so niedrig zu bemessen, dass auch die bei manchen Patienten beliebte Summirung der Einzelgaben keinen Schaden anrichten kann und sind grössere Mengen heroischer Pflanzenstoffe in die Hände der Kranken nicht gelangen zu lassen. Das gesetzliche Verbot der Reiteratur derartiger Verordnungen ohne besondere Erlaubniss des Arztes bildet das staatliche Schutzmittel wider die durch einzelne dieser Stoffe erzeugten chronischen Vergiftungen (Morphinismus).

II. Specieller Theil.

A. Allgemein verbreitete Stoffe.

1. Anorganische Bestandtheile der Pflanze.

Die Mineralbestandtheile, welche bei der Ernährung, der Gesammtentwicklung des pflanzlichen Organismus als unentbehrliche, oder als Nährstoffbegleiter gekannt sind, werden begreiflicherweise in grösserer oder geringerer Menge in den einzelnen Organen der Pflanze wieder zu finden sein. Auch andere Verbindungen anorganischer Natur, die nicht gerade Nährstoffe sind, aber von der Pflanze aufgenommen werden können, werden sich im Organismus der Pflanze abgelagert finden. Die Asche, das Product der Verbrennung eines Theiles oder einer ganzen Pflanze bei Luftzutritt, giebt uns ein Bild über die in der Pflanze verbreiteten anorganischen Bestandtheile, Salze.

Die zahlreichen Untersuchungen von Aschen der Pflanzen und Pflanzentheile haben bewiesen, dass wir berechtigt sind, die anorganischen Bestandtheile der Pflanzen hinsichtlich ihrer Verbreitung folgendermassen zu gruppiren:

1) Allgemein verbreitete, kaum in einem Pflanzentheile fehlende. Schwefelsäure, Phosphorsäure, Kieselsäure, Chlor, Kalium, Natrium, Calcium, Magnesium, Eisen und zwar in Form von Sulphaten der Alkalien und Calcium, Phosphaten der Alkalien und von Calcium, Magnesium und Eisen, Chloriden der Alkalien.

2. Häufig vorkommende, auf besondere Pflanzentheile, auch Pflanzengruppen beschränkte. Aluminium, Jod, Brom, Fluor, Mangan, Lithium.

3. Seltner auftretende. Rubidium, Bor, Barium, Strontium, Zink, Cobalt, Nickel, Kupfer, wobei nicht ausgeschlossen ist, dass auch andere Metalle noch in Spuren als Pflanzenbestandtheile sich finden werden.

In Erwägung ist ferner zu ziehen, dass neben diesen Bestandtheilen, die in der Asche gefunden sind, Verbindungen in der lebenden Pflanze vorhanden sind, welche durch den Prozess des Einäscherns zerstört werden. Dahin gehören die salpetersauren Salze der Alkalien, auch Ammoniaksalz, die in Pflanzensäften häufig zu finden sind. —

Im Betreffe der Verbreitung der bis jetzt beobachteten Mineralbestandtheile in der Pflanze dürften noch einige allgemeine Gesichtspunkte hier eine Stelle finden.

Die Schwefelsäure, diese für die Bildung der Proteïnstoffe in der Pflanze so unentbehrliche Verbindung, ist nicht in allen Gliedern der Pflanze nachzuweisen; stets ist dieselbe in Form von Alkalisalzen oder Calciumsulphat vorhanden. Die Asche einer Pflanze wird stets durch die Zerstörung der Proteïnstoffe veranlasst, reicher an Schwefelsäure zu sein, als dies in der lebenden Pflanze der Fall ist. Drückt man den Gesammtschwefelgehalt der Vegetabilien in Form von Schwefelsäure aus, so beträgt derselbe bis ½ oder 1 % der Trockensubstanz.

Die Blätter sind meist reicher an Schwefelsäure als die Stengel und Stämme; während der Blüthezeit verschwindet, nach vielen Beobachtungen, der Gehalt an Schwefelsäure fast ganz in den unteren Stengelgliedern. —

Die Phosphorsäure ist in allen Organen der Pflanze zu finden und begleitet stets die Eiweissstoffe. Im Samen concentrirt sich allmälig während des Wachsthumes die Phosphorsäure, welche dort, an Calcium und Magnesium gebunden, sich ablagert. In beweglicher, sehr löslicher Form ist unstreitig die Phosphorsäure in den Vegetabilien enthalten, welche bis zu $^6/_{000}$ ihrer Trockensubstanz an dieser Säure enthalten. —

Die Kieselsäure, welche von der Pflanze ungebunden aufgenommen wird, durchwandert die Gewebe, um sich in den Halmen, Stengeln, Rinden, besonders aber in den Blättern anzureichern, älteren Blättern oder Organen, die als Schutzdecke dienen. (Spelzen der Gräser.)

Besonders reich an Kieselsäure sind die Gräser, Schachtelhalme u. Lycopodiaceen. Erstere enthalten z. B. im Stroh der Getreidearten, sowie in der sog. Spreu, fast die Hälfte des Prozentgehaltes der Asche an Kieselsäure, letztere sind noch reicher daran, indem der Gehalt in der Asche 40—60 % betragen kann. Wicke hat in der Asche der Cautorinde über 96 % Kieselerde nachgewiesen, Auch einzellige Algen (Navicula, Eunotia, Fragilaria etc.) enthalten Kieselsäure.

Das Chlor, in Form von Chloriden der Alkalien während der Entwicklungsperiode der Pflanze aufgenommen, ist über sämmtliche Organe verbreitet. Die Blätter sind meist ärmer als die Stengel und Stammtheile. —

Das Kalium, in allen Organen in ziemlich gleichen Mengen verbreitet, ist wohl im Pflanzenorganismus an organische Säuren gebunden, und gehört unstreitig zu den Mineralbestandtheilen, welche immer in grösseren Mengen vorhanden sind, wenn auch der Gehalt ein sehr wechselnder ist.

Einige Zahlenangaben über die Grösse der Kalimenge in verschiedenen Pflanzen, dem „Kreislauf des Stoffes" von W. Knop entnommen, dürften hier Erwähnung finden.

100 Gew.-Th. liefern	Potasche (Kohlensaures Kali).
Fichtenholz	0,45
Klee	0,75
Buchenholz	1,45
Weidenholz	2,85
Weizenstroh	3,90
Traubenkämme	40,00
Binsen	5—7
Maisstengel	17,5
Disteln	5—19,6
Bohnenstengel	20,—
Brennesseln	25,03
Wickenkraut	27,50
Weinrebe	5,5
Farrnkräuter	6,2
Wermuthkraut	73,00
Erdrauchkraut	79,00.

Das Kalium ist in der Pflanze stets mit den Kohlenhydraten gemeinschaftlich in grösseren Mengen zu finden. —

In nicht geringerer Verbreitung als das Kalium treffen wir das Natrium im Pflanzenreich, jedoch bei unseren Binnenlandpflanzen stets in bedeutend geringeren Mengen. Durch hohen Natriumgehalt ausgezeichnet sind sämmtliche Strandpflanzen und die Meerespflanzen (besonders Algen etc.)

Das Calcium, in Form von kohlensaurem, phosphorsaurem und schwefelsaurem, auch oxalsaurem Kalke, Bestandtheil der Pflanze, findet seine grösste Verbreitung in allen blattartigen Organen, während die Wurzeln, Knollen, Stengel, auch theilweise die Samen bedeutend ärmer daran sind. Für die Existenz der Pflanze ist dieses Element ebenso unentbehrlich, als das Magnesium, das vorwiegend als phosphorsaure Magnesia, neben Phosphorsäure die Proteinstoffe begleitet und sich in den Samen und auch Stengeln in grösserer Menge findet. —

Das Eisen, über dessen Form der Verbreitung in der Pflanze nichts Bestimmtes bekannt ist, ist in geringen Mengen steter Bestandtheil der Pflanzenasche und für die Ausbildung des Chlorophyllorganes unentbehrlich.

Von den übrigen anorganischen Pflanzenbestandtheilen finden wir Brom und Jod, an Alkalien gebunden, als Bestandtheile der Strand- und Meerespflanzen, auch einiger Sumpfpflanzen. Fluor ist weiter verbreitet, wenn auch nur in Spuren, als bisher angenommen wurde und besonders in den Samenhülsen der Gramineen nachgewiesen. Aluminium, das wohl häufig als Bestandtheil der Pflanzenaschen, durch die Bodengemengtheile veranlasst, schon gefunden wurde, ist aber wesentlicher Bestandtheil der Lycopodiaceen und Flechten, und zwar, wie wahrscheinlich ist, in Form von essigsaurer Thonerde. Auch ist Aluminium Bestandtheil der Weintrauben und des Birkensaftes (Vauquelin ?).

Mangan, der stete Begleiter des Eisens in der Natur, tritt im Körper der Pflanze in Spuren stets auf, in grösserer Menge in Padina (Seetang) und Trapa natans. —

In Folge der Fähigkeit der Pflanze, auch noch andere Metalle in löslicher Salzform ohne Benachtheiligung des Wachsthumes in Spuren aufzunehmen, sind Lithium und die oben schon erwähnten seltner auftretenden Elemente, meist der Gruppe der Metalle angehörig, zu nennen, welche natürlich in jenen Bodenarten verbreitet waren, die den betreffenden Pflanzen als Standort dienten. So ist das Lithium vielfach beobachtet worden, besonders in den Gattungen Thalictrum, Lathyrus, Carduus, Cirsium, Samolus (W. A. Focke „Verhandlungen des naturwissenschaftlichen Vereines zu Bremen. Bd. III), ebenso Rubidium, Bor, Barium, Strontium in Spuren in verschiedenen Pflanzengattungen beobachtet worden. Auch ein Zink enthaltender Boden liefert Pflanzen, deren Aschen zinkhaltig sind, wie Thlaspi alpestre, Viola Calaminaria und Andere. Ueber das Vorkommen von Cobalt, Nickel und Kupfer liegen uns weniger zuverlässige Angaben vor. —

(Eingehende Orientirung über die Mineralbestandtheile der Pflanzen gewähren Einblicke in den „Jahresbericht für Agriculturchemie“, sowie in die „Aschenanalysen von Dr. E. v. Wolff).“

2. Kohlenhydrate.

A. Cellulosegruppe: $C_6H_{10}O_5$.

Cellulose. Holzfaser. Pflanzenzellstoff. $C_6H_{10}O_5$. —
Literat.: Braconnot, Ann. Chim. Phys. (2) **12**. 172. — Liebig, Ann.
Chem. Pharm. **17**. 139; **30**. 266; **42**. 306. — Mulder, Journ. pract.
Chem. **32**. 336; **39**. 150; Jahresber. d. Chem. 1863. 565. — Pouma-
rède u. Figuier, Journ. pract. Chem. **42**. 25. — Schulze, Chem.
Centrlbl. 1857. 321. — Gladstone, Journ. pract. Chem. **56**. 248. —
Péligot, Compt rend. **47**. 1034; Ann. Chim. Phys. (2) **72**. 208. —
Vogel, N. Repert. Pharm. **6**. 293. — Walter Crum, Ann. Chem.
Pharm. **55**. 227. — Mercer, Dingler's polyt. Journ. **121**. 438. —
Berthelot, Ann. Chim. Phys. (3) **60**. 111. — Cagniard Latour,
L'Institut. 1850. 214. — Violette, Ann. Chim. Phys. (2) **32**. 304. —
Gay-Lussac, Ann. Chim. Phys. (2) **41**. 398. — Schweizer, Journ.
pract. Chem. **72**. 109; **76**. 344; **78**. 370. — Erdmann, Journ. pract.
Chem. **76**. 385. — Payen, Compt. rend. **18**. 271; **48**. 210. 275. 319.
326. 358. 362. 772. 893; Ann. Chim. Phys. (4) **7**. 382. — Fremy,
Compt. rend. **48**. 202. 325. 360. 607. 862; **49**. 561. — Schützen-
berger, Journ. pract. Chem. **97**. 250; Zeitschr. Chem. **4**. 65. —
Schäfer, Ann. Chem. u. Pharm. **160**. 312—329. — Berthelot,
Bull. soc. chim. **18**. 9. — Berthelot, Compt. rend. 1233 u. 1357. —
Edison, Americ. Chim. **7**. 127. — E. Durin, Compt. rend. **83**.
128. — W. Lange, Berl. Ber. **11**. 825. — G. Wolfram, Dingler's
Journ. 230. — G. Krämer u. M. Grodzky, Berl. Ber. **11**. 1358. —
Hoppe-Seyler, Berl. Ber. **4**. S. 15. — Gr. Williams, Chem. News.
26. 231. 293. — F. Bente, Landw. Versuchsst. **19**. 164. — E. Fremy,
Compt. rend. **83**. 1136. — H. Weiske, Landw. Versuchsst. **19**. 155. —
J. Koroll, Quantitative Untersuchungen von Kork-, Bast-, Scleren-
chym- und Markgewebe. Dissertation Dorpat, 1880.   J. M. Eder,
Ueber Pyroxylinzusammensetzung und die Formeln der Cellulose.
Berl. Ber. **13**. 169. — Franchimont, Berl. Ber **12**. 1241. — E. J.
Bevan u. C. F. Cross, Chemie der Bastfasern. Chem. N. **42**. 77. 91.

Vorkommen:

im Pflanzen-
reich.

Die Cellulose ist, wie besonders von Payen bewiesen wurde,
der Hauptbestandtheil nicht nur der Wandungen der Zellen und
Gefässe sämmtlicher Pflanzen, sondern auch aller im Verlaufe der

Vegetation darauf gebildeten Ablagerungen. Sie kommt indess nirgends völlig rein vor, sondern stets, bald mehr bald weniger, von anderen Substanzen, von Farbstoffen, Harzen, Fetten, Schleim, Gummi, Stärke, Zucker, Eiweissstoffen, organischen und unorganischen Salzen, durchdrungen oder überlagert.

Als unreine Cellulose betrachtet man gegenwärtig auch manche früher für eigenthümlich gehaltene und mit besonderen Namen belegte Substanzen: so Schulze's Lignin oder inkrustirende Substanz, ferner das Suberin oder den Korkstoff in der äusseren Rinde der Korkeiche, das Pollenin im Pollen verschiedener Pflanzen, das Medullin im Mark des Flieders, der Sonnenblume u. a. Pflanzen, das Fungin in den Schwämmen u. s. w. — Auch Fremy's Annahme, dass mehrere, wahrscheinlich isomere und namentlich durch ihr abweichendes Verhalten gegen gewisse Lösungsmittel sich von einander unterscheidende Arten von Cellulose in den Zellenwandungen vorkommen, wird von Payen auf das lebhafteste bestritten. Letzterer giebt zwar zu, dass die Holzfaser durch chemische Agentien, also auf künstlichem Wege, in isomere Modificationen übergeführt werden könne, hält aber daran fest, dass das formbedingende Material aller pflanzlichen Zellen- und Gefässwände von einer Art ist und betrachtet die allerdings vorhandenen Unterschiede im Verhalten gegen Lösungsmittel als lediglich bedingt durch ungleichen Cohäsionszustand und Beimischung fremdartiger Substanzen.

Fremy unterscheidet von der eigentlichen Cellulose, die durch ihre Löslichkeit mit conc. Schwefelsäure, heisser conc. Salzsäure, conc. Kalilauge und wässrigem Kupferoxyd-Ammoniak (Cuprammoniumoxyd) charakterisirt ist: 1) die Paracellulose, im markstrahlenbildenden Utriculargewebe der Pflanzen, unlöslich in wässrigem Kupferoxyd-Ammoniak; 2) die Vasculose, die Holzgefässe bildend, nur in conc. Kalilauge, nicht in conc. Säuren und Kupferoxyd-Ammoniak löslich; 3) die Fibrose, die Fasern des Holzes bildend, löslich in conc. Schwefelsäure, aber unlöslich in Kalilauge und ammoniakalischer Kupferlösung; 4) das Cutin, in der Oberhaut der Blätter, Blumenblätter und Früchte, gegen Lösungsmittel wie die Vasculose sich verhaltend.

Fast rein findet sich die Cellulose im Flughaar der Baumwollenfrüchte, der Früchte des Eriophorum und vieler Synanthereen, im Mark verschiedener Pflanzen u. s. w., am reinsten überhaupt in den jüngeren Zellen, z. B. in den jungen Blatt- und Blütentheilen und im Fleisch mancher Früchte.

In ungleich geringerer Menge tritt die Cellulose im Thierreich auf. Peligot's Angaben über ihr Vorkommen in der Haut der Seidenraupe, in den Flügeldecken der Canthariden und in den Schalen der Seekrebse und Hummer sind von Städeler in Zweifel gezogen worden. Die von De Luca aus der Haut der Seidenraupe gewonnene celluloseartige Substanz wird von ihm selbst nur für isomer mit Cellulose bezeichnet. Auch der nach Rouget (Compt. rend. 48. 792) im Skelett und den Hüllenmembranen aller Gliederthiere vorkommende und für Cellulose erklärte Stoff mag wie das Tunicin in den Decken der Tunicaten nur ein der Cellulose verwandter Körper sein.

Die Untersuchungen von Schäfer, Berthelot und in neuester Zeit von Franchimont (Berl. Ber. **12.** 1939) lassen eine Identität der Pflanzencellulose mit der Thiercellulose vermuthen. Letzterer hat namentlich durch Einwirkung von Schwefelsäure (5 Th. Tunicin $+$ 1½fache Menge Schwefelsäure 24 Stunden sich selbst überlassen) eine Zuckerart krystallisirt erhalten, welche mit Glycose identisch zu sein scheint.

Darstellung.   Zur Darstellung von reiner Cellulose behandelt man Hollundermark, Baumwolle, Spiralfasern von *Agave americana*, oder besser noch gewisse von der Technik schon in vorzüglicher Weise vorbereitete Stoffe, wie gebleichtes baumwollenes Zeug, weisse Leinwand, schwedisches Filtrirpapier u. s. w., der Reihe nach mit Wasser, verdünnter Kalilauge, verdünnter Essig- oder Salzsäure, Weingeist, Aether und endlich mit siedendem Wasser und trocknet die Rückstände bei 150°. Nach einer neuen Angabe von Payen soll aus dem Mark von *Phytolacca dioica*, von *Aralia papyrifera* und anderen Pflanzen leicht reine Cellulose zu gewinnen sein, wenn man dasselbe 8—14 Tage lang kalt mit einer Mischung von 1 Vol. Salzsäure und 9 Vol. Wasser macerirt und den ungelöst bleibenden Theil zuerst mit Wasser und dann mit wässrigem Ammoniak auswäscht.

Eigenschaften.   Die reine Cellulose ist ein weisser halbdurchsichtiger, seideartig glänzender, je nach dem Ursprung verschieden geformter, geschmack- und geruchloser, sehr hygroskopischer Körper vom specif. Gew. 1,52. Sie ist unlöslich in Wasser, Weingeist, Aether und Oelen, dagegen unter anfänglichem Aufquellen allmälig löslich in ammoniakalischen Kupfer-Oxydlösungen, am besten dargestellt durch Lösen von Kupfer-Oxydhydrat in wässrigem Ammoniak. (Darstellung von Schweizer'schem Reagens, siehe Böttger, Zeitschrift analyt. Chemie. **14.** 195. C. Neubauer, dieselbe Zeitschr. **14.** 196.)

Gegen Erdmann's Ansicht, nach welcher diese ammoniakalischen Flüssigkeiten die Cellulose nicht wirklich gelöst, sondern nur im aufgequollenen Zustande enthalten, da sie kaum filtrirbar sind und nach Zusatz von vielem Wasser allmälig den ganzen Cellulosegehalt abscheiden, macht Schweizer geltend, dass bei der mikroskopischen Betrachtung des Vorganges die Faser gänzlich verschwinde und die durch Wasser ausgeschiedene Masse völlig structurlos sei. Ausser durch Wasser wird die Cellulose aus diesen Lösungen auch durch Weingeist und Aether, durch Zucker, Dextrin und Gummi, durch Salze und besonders durch Säuren, selbst durch nicht zur völligen Sättigung des Ammoniaks hinreichende Mengen derselben, gefällt. Sie bildet, in solcher Weise abgeschieden, völlig structurlose lockere Flocken oder Fäden, die meistens zu einer grauen hornartigen Masse austrocknen. Diese desorganisirte Cellulose wird von chemischen Agentien viel leichter verändert als die gewöhnliche.

Für die Zusammensetzung der Cellulose sind auf Grund zahlreicher Analysen, welche mit Präparaten verschiedenster Abstammung von zahlreichen Forschern ausgeführt wurden, mehrere von einander abweichende Formeln aufgestellt worden. Gegenwärtig wird allgemein Payen's Formel, $C_6 H_{10} O_5$, oder (auf Vorschlag von Mitscherlich und Gerhardt) deren Multiplum $C_{12} H_{20} O_{10}$, als richtigster Ausdruck dafür angesehen. Die Cellulose ist dann isomer mit sog. Tunicin, Stärke, Dextrin, Gummi und einigen anderen verwandten Körpern.

Zusammensetzung.

Die Cellulose vermag lose Verbindungen, namentlich mit Metalloxyden, einzugehen. In concentrirter Kali- oder Natronlauge schwellen die Fasern der Cellulose an, nach Gladstone in Folge chemischer Verbindung. Bringt man nach Letzterem Baumwollengewebe etwa 30 Minuten mit syrupdicker Lauge in Berührung, wäscht dann mit Weingeist und trocknet, so entspricht der zusammengeschrumpfte Rückstand der Formel $4 C_6 H_{10} O_5$, $K_2 O$, bez. $4 C_6 H_{10} O_5$, $Na_2 O$. Durch Waschen mit Wasser wird übrigens das Alkali wieder vollständig entzogen. Werden die in der Lauge aufgequollenen Fasern rasch mit Wasser und verdünnter Schwefelsäure gewaschen, so schrumpfen sie nach Länge und Breite beträchtlich ein und zeigen nun eine erhöhte Festigkeit und Färbbarkeit. Es gründet sich hierauf das sog. Mercerisiren der Faser, ein von Mercer erfundenes Verfahren, baumwollene und leinene Gespinnste dichter, feiner und besser färbbar zu machen. — Auch die oben erwähnte Lösung von Cellulose in wässrigem Kupferoxydammoniak ist nach Mulder als eine chemische Verbindung derselben mit Kupferoxyd und Ammoniumoxyd ($C_6 H_{10} O_5$, $Cu (NH_4) O$) zu betrachten. Bleizucker fällt daraus nach Mulder eine aus Cellulose und Bleioxyd bestehende Verbindung, und Kali, Kalk oder Baryt scheiden daraus eine gallertartige Verbindung von Cellulose mit Blei- und Kupferoxyd ab. Eine Bleioxyd-Cellulose war schon früher von Vogel durch längere Berührung von Filtrirpapier mit Bleiessig, und von Walter Crum durch Behandlung von Baumwolle mit wässrigem Bleioxydkalk erhalten worden. — Von Berthelot und von Schützenberger endlich sind Verbindungen der Cellulose mit den Anhydriden einiger organischen Säuren, insbesondere mit Essigsäureanhydrid dargestellt und beschrieben worden. Besonders sind es die Acetylverbindungen, Triacetylcellulose $C_6 H_7 (C_2 H_3 O)_3 O_5$ Schützenberger's, nebst den neuerdings erwähnten Produkten der Einwirkung von Schwefelsäure nebst den Agentien der Liebermann'schen Acetylirungsmethode. (Franchimont. Ber. d. deutsch. chem. Ges. 12. S. 1941.)

Verbindungen.

Dagegen wird man das Vermögen der Cellulose, und zwar sowohl der organisirten als der aus ammoniakalischer Kupferlösung abgeschiedenen structurlosen Salze der Thonerde, sowie des Eisen-, Chrom- und Zinnoxyds, namentlich wenn sie schwache und flüchtige Säuren enthalten, aus ihren Lösungen auf sich niederzuschlagen, nicht auf chemische Anziehung, sondern auf rein mechanische Flächenattraction, zurückzuführen haben. In der Färberei wird dieses Verhalten zur Fixirung organischer Farbstoffe auf der Faser benutzt. Nur in seltenen Fällen nämlich werden diese aus ihren Lösungen so fest durch die Faser allein niedergeschlagen, dass sie derselben durch Wasser und andere Lösungsmittel nicht mehr entzogen werden. Tränkt

Flächenwirkung der Cellulose.

man aber die Faser vor dem Einbringen in die Farbstofflösungen mit einem der oben genannten Salze (den **Beizen** oder **Mordants** der Färber), so entstehen unlösliche gefärbte Verbindungen der in letzteren enthaltenen Basen mit den Farbstoffen, die, da sie in den Poren der Faser selbst zu Stande kommen, daran so fest haften, dass dauerhafte Färbung bewirkt wird. — Cellulose absorbirt eine grosse Menge Stickstoff.

Zersetzungen. Ganz reine Cellulose verändert sich an der Luft nicht. Wo sie indess, w. z. B. im Holz, mit stickstoffhaltigen Substanzen imprägnirt ist, da erleidet sie an feuchter Luft schon bei gewöhnlicher Temperatur eine langsame Oxydation, bei welcher sie sich, je nach der Dauer des Vorganges, in gelb oder braun gefärbte zerreibliche Massen, **Moder** genannt, verwandelt. Beim **Erhitzen** an der Luft verbrennt sie mit Flamme zu Kohlensäure und Wasser. Wird sie **bei Luftabschluss erhitzt**, so färbt sie sich, ohne vorher zu erweichen, zu schmelzen oder sich aufzublähen, erst braun, dann schwarz und hinterlässt unter Ausgabe der gewöhnlichen Producte der trocknen Destillation stickstofffreier organischer Substanzen zuletzt reine Kohle. Erfolgt dieses Erhitzen unter starkem Druck, etwa in zugeschmolzenen Glasröhren, so entstehen dagegen nach **Cagniard Latour** und **Violette** unter vorübergehender Schmelzung steinkohlenartige Massen. Beim Erhitzen von reinem schwedischen Filtrirpapier mit Wasser auf 200° beobachtete **Mulder** die Bildung einer kleinen Menge Zucker (Glucose). **Hoppe-Seyler** beobachtete in diesem Falle Ameisensäure, Brenzcatechin, **G. Williams** Furfurol.

Beim Destilliren von Cellulose mit **Braunstein** und verdünnter **Schwefelsäure** erhielt **Gmelin** Ameisensäure. **Unterchlorigsaure Salze** und **Chlor** bei Gegenwart von Wasser zersetzen sie unter Kohlensäureentwicklung, ebenso **Brom** und **Jod** in höherer Temperatur. Chloralhydratdämpfe verflüssigen Cellulose in Form von Korksubstanz oder Papier.

Verdünnte Salpetersäure (von einem unter 1,2 liegenden specif. Gew.) ist in der Kälte ohne Einwirkung und greift sie auch beim Kochen nur wenig an. Concentrirtere zerfrisst die Cellulose und löst sie beim Kochen unter Bildung von Korksäure und Oxalsäure. Ganz concentrirte Salpetersäure endlich, oder eine Mischung von dieser (oder von Salpeter) mit conc. Schwefelsäure, verwandeln sie in der Kälte, ohne sie zu lösen oder ihre Form zu ändern, in ein höchst explosives Nitrosubstitutionsproduct, in die bekannte

Pyroxylin. **Schiessbaumwolle** oder das **Pyroxylin**. Die Zusammensetzung der Schiessbaumwolle variirt. Ein nach **Lenk's** Vorschrift (Chem. Centralbl. 1864. 906) durch 48stündiges Eintauchen von sorgfältig gereinigter Baumwolle in eine Mischung von 3 Th. Schwefelsäure von 1,84 spec. Gew. und 1 Th. Salpetersäure von 1,485 spec. Gew. bereitetes, gut gewaschenes und bei 27° getrocknetes Präparat, welches sehr haltbar und höchst explosiv ist, sich aber nicht zur Bereitung von Collodium eignet, ist nach A b e l (Journ. pract. Chem. 51. 488) gerade auf T r i n i t r o c e l l u l o s e, $C_6 H_7 (NO_2)_3 O_5$. G. W o l f r a m untersuchte zahlreiche Nitroproducte der Cellulose und giebt interessante Mittheilungen über die Zusammensetzung und Eigenschaften dieser Producte. J. M. E d e r hat sich eingehend mit dem Studium der Pyroxyline beschäftigt, die bisherigen Arbeiten kritisch beleuchtet und eine grosse Anzahl Versuche angestellt. Derselbe hält die Pyroxyline für Nitrate der Cellulose von dem Typus:

$$C_{12} H_{20} - n\, O_{10} - n\,(O . NO_2)\, n.$$

Dargestellt wurden:

Cellulosehexanitrat $C_{12} H_{14} O_4 (NO_3)_6 = 14\% \text{ N}$
Cellulosepentanitrat $C_{12} H_{15} O_5 (NO_3)_5 = 12{,}75$
Cellulosetetranitrat $C_{12} H_{16} O_6 (NO_3)_4 = 11{,}11$
Cellulosetrinitrat $C_{12} H_{17} O_7 (NO_3)_3 = 9{,}15$
Cellulosedinitrat $C_{12} H_{18} O_8 (NO_3)_2 = 6{,}76.$

Die erstgenannte ist unlöslich in Aetheralkohol, und stellt demnach die eigentliche Schiessbaumwolle dar, die 4 übrigen sind in Aetherweingeist löslich und sind Collodionpyroxyline. — Die Auflösung der Schiessbaumwolle in Aetherweingeist bildet das bekannte C o l l o d i u m.

Von kalter conc. S c h w e f e l s ä u r e wird die Cellulose zunächst in ihrem Zusammenhang gelockert, dann ohne Färbung gelöst. Die Lösung erhält, wenn alle Erwärmung vermieden war, ausser H o l z s c h w e f e l s ä u r e, einer nur im syrupförmigen Zustande zu erhaltenden gepaarten Säure, die beim Erwärmen mit Wasser in Dextrin und Schwefelsäure zerfällt (B r a c o n n o t), noch eine durch Wasser als Gallerte ausfällbare, dem Stärkemehl nahe stehende und wie dieses durch Jod gebläut werdende Substanz (L i e b i g), welche sich bei längerem Stehen der Lösung oder beim Erwärmen derselben nach Zusatz von Wasser in D e x t r i n, später in Traubenzucker verwandelt (B r a c o n n o t). Taucht man Fliesspapier wenige Secunden in conc. Schwefelsäure und wäscht es darauf zuerst mit Wasser und dann mit sehr verdünnter Ammoniakflüssigkeit, so hat es Eigenschaften erlangt, die es der thierischen Haut ähnlich machen (F i g u i e r und P o u m a r è d e. G a i n e). Derartig verändertes Papier wird unter dem Namen P a p y r i n oder v e g e t a b i l i s c h e s P e r g a m e n t technisch dargestellt. Bei längerer Berührung mit conc. Schwefelsäure schwärzt sich die Cellulose unter Bildung kohlenstoffreicherer huminartiger Substanzen; beim Erwärmen damit tritt rasch Verkohlung ein. — Verdünnte Schwefelsäure bewirkt bei langem Kochen allmälig die nämlichen Veränderungen, d. h. Verwandlung in Dextrin und Traubenzucker, wie kalte conc. Schwefelsäure. Wässriges C h l o r z i n k wirkt der Schwefelsäure durchaus ähnlich, vermag auch im con. Zustande Papier in vegetabilisches Pergament zu verwandeln (D u l l o, Chem. Centralbl. 1861. 25). Auch P h o s p h o r s ä u r e und S a l z s ä u r e verändern die Cellulose in ähnlicher Weise, jedoch ist ihre Wirkung ungleich schwächer. Insbesondere vermag Salzsäure nur bei grosser Concentration und nach längerem Kochen die organische Structur der Cellulose zu vernichten. Die aus ammoniakalischen Kupferlösungen gefällte structurlose Cellulose wird indess schon beim Digeriren mit mässig verdünnter Salzsäure gelöst.

Wird Cellulose mehrere Tage mit conc. wässrigem Ammoniak auf 150° erhitzt, so verwandelt sie sich in eine braune gummiartige zerfliessliche Masse von bitterem Geschmack, deren Lösung sich durch Kohle entfärben lässt und durch Gerbsäure gefällt wird (Schützenberger). Beim Schmelzen von Cellulose mit Kalihydrat und wenig Wasser wird Wasserstoff (nach Péligot auch Holzgeist) entwickelt und oxalsaures Kali gebildet (Gay-Lussac). Böttcher (Dingler. polyt. Journal 209. 315) regenerirt aus Schiessbaumwolle durch Kochen mit concentrirter Zinnoxydulnatronlösung mittelst überschüssigem Salzsäurezusatz Cellulose. —

Cellulose-gährung.

E. Durin spricht von einer Cellulosegährung, im Rübensafte zuerst beobachtet, welche bei Gegenwart von Saccharose eintreten kann und in der Weise verläuft, dass die Saccharose in Cellulose und Levulose zerfällt. —

Die Zersetzungen und Veränderungen, welche das Cellulosemolecül unter Umständen erleiden kann, lassen sich je nach geeigneten Eingriffen nach 3 Gesichtspunkten auffassen:

1) Durch Alkoholgährung entstehen neben Aethyl- und Propylalkohol, Isobutyl- und Isoamylalkohol,

2) durch Buttersäuregährung neben Essigsäure normale Buttersäure und normale Capronsäure und

3) durch trockne Destillation neben Essig- und Propionsäure normale Buttersäure und normale Valeriansäure. (Krämer und Gradski.)

Endlich sind auch in Kürze die Umwandlungen der Cellulose in Amyloïdsubstanz zu erwähnen, durch Einwirkung von verdünnter Schwefelsäure (4 Säure, 1 Wasser) (J. Farwer, Dingler's Journal 159 S. 218), sowie die Bildung der sog. Hydrocellulose nach A. Girard (Berl. Ber. 9. 65), ebenfalls durch Einwirkung von Schwefelsäure 46° B auf Cellulose. Beide Substanzen färben sich mit Jod blau.

Verände-rungen der Cellulose in der Pflanze.

Während des Wachsthumes kann die Cellulose Veränderungen erleiden, welche sich durch steigenden Kohlenstoff und sinkenden Sauerstoffgehalt auszeichnen, und grössere Widerstandsfähigkeit gegen chemische und physikalische Einflüsse zeigen, Verholzung, Cuticularisirung, Korkbildung, oder wir sehen eine Lösung der Cellulose und Umwandlung in Stärke und Zucker vor sich gehen, oder endlich findet eine Umwandlung der Cellulose in Gummi, Harze, ätherische Oele statt.

Erkennung.

Zur Erkennung der Cellulose, speciell der Unterscheidung von Leinen, Baumwolle und Seide, Wolle dienen besonders nachstehende Reactionen:

1) Lösung (8%) von Aetznatron oder Kali löst beim Erhitzen Thierfaser, keine Pflanzenfaser,

2) Salpetersäure färbt Thierfaser in der Hitze gelb, Baumwolle und Leinen nicht.

3) Alkoholische Lösung von Picrinsäure färbt Wolle und Seide gelb, Cellulose nicht.

4) Eine Lösung von Kupferoxydammoniak löst Seide leicht, Wolle nicht, Baumwolle und Leinen allmälig.

Zur Unterscheidung von Leinen neben Baumwolle sind als werthvolle Proben zu bezeichnen:

I. Probe von Kindt. Die von Appretur befreite Faser wird 2 Minuten in conc. Schwefelsäure getaucht, mit Wasser abgespült, in Salmiakgeist gelegt und getrocknet.

Die Baumwollfäden werden gallertartig gelöst, und durch das Abspülen und Reiben entfernt. Die Leinenfäden bleiben unverändert. —

Concentrirte Salpetersäure färbt nach Vincent die Fasern von Phormium tenax (Neuseeländischer Hanf) deutlich roth. (Unterschied von Lein und Hanf.) Die mikroskopische Untersuchung muss stets als Ergänzung der chemischen Proben ihre Anwendung finden, ja dieselbe ist in vielen Fällen, mit mikrochemischen Reactionen verbunden vorzuziehen. — (Siehe: R. Schlesinger, Leitfaden für die mikroskopische und mikrochemische Untersuchung der technisch verwendeten Rohstoffe der Textilindustrie.)

Zur quantitativen Bestimmung der Cellulose empfiehlt Henneberg (Ann. Chem. Pharm. 146. 130) nach Schulze's Vorgang 1 Th. der vorher mit Wasser, Weingeist und Aether extrahirten Trockensubstanz 12—14 Tage lang bei höchstens 15⁰ mit $^4/_5$ Th. chlorsaurem Kali und 12 Th. Salpetersäure von 1,10 spec. Gew. in einem verstöpselten Gefässe zu maceriren, dann mit kaltem und kochendem Wasser auszuwaschen, hierauf $^3/_4$ Stunden bei 60⁰ mit einer Mischung von 1 Th. käuflicher Ammoniakflüssigkeit und 50 Th. Wasser zu digeriren, endlich noch mit kaltem und kochendem Wasser, Weingeist und Aether vollständig anzusüssen. Ueber die quantitative Bestimmung der Cellulose (Rohfaser) verweisen wir auf neuere Beiträge von F. Holdefleiss (Landwirthschaftl. Jahrbücher. 1877. Supplement), H. Müller (Jahresbericht Agriculturch. 3, 50), E. Kern, J. König (Ebendaselbst). E. Fremy (Compt. rend. 83.) spricht in einer grösseren Arbeit von verschiedenen Modificationen der Cellulose als membranbildende Substanzen, einer Cellulose, löslich in dem Schweitzer'schen Reagens, Paracellulose, erst nach Einwirkung von Salzsäure in dem Reagens von Schweitzer löslich, Metacellulose, selbst nach Einwirkung von Säuren im Schweitzer'schen Reagens unlöslich (Gewebe der Champignon und Flechte). Derselbe unterscheidet noch Vasculose, Cutose, erstere unlöslich in concentrirter Schwefelsäure, Reagens von Schweitzer, löslich in Alkalien; letztere unlöslich in Schwefelsäure, löslich in verdünnten Alkalien und Carbonaten der Alkalien.

Die Trennung der Bestandtheile der rohen Pflanzenfaser bewerkstelligt E. Fremy in folgender Weise: Behandeln mit kalter Salzsäure, wodurch Kalk gelöst wird, Pectinsäure sich abscheidet. Siedende Salzsäure verwandelt Pectose in lösliches, durck HCl fällbares Pectin. Schweitzer's Reagens löst Cellulose, und nach Behandlung mit HCl Paracellulose, Concentrirte Schwefelsäure löst alle Körper der Cellulosegruppe, kochende Kalilauge löst Cutin, und beim Erhitzen unter starkem Drucke auch Vasculose. Durch Behandeln mit Salpetersäure wird Vasculose in Alkalien löslich.

Die Technik verwendet die Pflanzenfaser zur Bereitung von Flechtwerk, Gespinnsten und Geweben, Papier, Pappe. In der Papierfabrikation sind es vor Allem die Gewebeabfälle als Lumpen von Leinen und Baumwolle, dann Stroh (Maisstroh), Espartogras, Holz von Coniferen und einigen Laubhölzern (auch Brennnessel, Hopfenrückstände) Von den Pflanzenfasern, welche zu Flechtwerk und Gespinnsten jetzt benutzt werden, sind zu nennen:

Asclepias, Baumontia, Bombax (in zahlreichen Species), Calotropis, Coïr (Cocos), Jute (Corchorus), neuseeländischer Hanf (Phormium tenax), Pita

(Agave), Urena, Yucca, Hanf, Ananas, Baumwolle, Chinagras (Boehmeria), Flachs (Linum), Manilla (Musa), Ramie u. A.

Schicksale im Darm. Cellulose wird im Tractus des Rindes bei Einführung im Futter zu einem grossen Theile, bis zu 60% (Haubner, Henneberg, Stohmann) verdaut, ebenso bei Pferden, Ziegen, Schafen und Kaninchen (Hofmeister, Stohmann, Bauer). Beim Hunde findet Verdauung der Cellulose nicht statt (Frerichs, Hoffmann u. Voit). Beim Menschen ist nach Versuchen von Weiske bei rein vegetabilischer Kost die Verdauung der Cellulose ebenso bedeutend wie bei Herbivoren (Zeitschr. Biol. **6.** 456). Voit nimmt ein besonderes Ferment als Ursache der Celluloseverdauung an.

Medicinische Anwendung. Die Cellulose kommt in der Form der Samenhaare verschiedener Species der Gattung Gossypium als Baumwolle oder Watte häufig äusserlich in der Medicin in Anwendung. Sie dient zu festen Verbänden nach Fracturen, Luxationen u. s. w. (Watteverband von Burggraeve, als leicht anzulegen und wenig drückend zu empfehlen), ferner zum Verbande von Verbrennungen (Anderson u. A.) und Vesicatorwunden, bei Erysipelas, Frostbeulen, Ekzem (Mende, Mauthner), auch zum Verbande von Wunden und Geschwüren, wie sie die früher unvermeidliche Leinwandcharpie vollständig verdrängt hat, besonders seit Guérin die Verhütung septischer Infection in Folge von Filtration der Luft und Abhaltung der Mikrozymen aufmerksam machte (Compt. rend. 78. 20), welche Effecte schon früher von Schulte u. A. und neuerdings von verschiedenen Chirurgen bestätigt sind. Vielfach sucht man die Wirksamkeit durch Imprägnation der Watte mit desinficirenden Substanzen (so Carbolsäure, Salicylsäure, Natriumsalicylat, Benzoësäure, Thymol, Pikrinsäure, Borsäure) noch wirksamer zu machen. In Hinsicht auf die Einsaugung von Flüssigkeit und Eiter wird die Watte übrigens von Charpie und Jute übertroffen. Sie ist daher ein geeignetes Material zu Tampons bei Blutungen des Uterus (Bennett), Placenta praevia (Konitz) und bei Epistaxis (Reveillé-Parisel), auch bei Taubheit mit Verlust des Trommelfells (Yearsley). Mit Salpeter oder chlorsaurem Kali imprägnirt dient sie zu Moxen. Greenhalgh führt mittelst Baumwollenpfropfen adstringirende und andere Substanzen in das Cavum uteri ein; so auch die gleichzeitig gegen Frost verwerthete jodirte Baumwolle, erhalten durch Tränkung von 16 Th. Baumwolle mit Lösung von 2 Th. Jodkalium und 1 Th. Jod in 16 Th. Glycerin und 1 Th. Sp. vini rfss.

Collodium. Weitere Wichtigkeit hat die Cellulose durch das Collodium, das entweder für sich als Lösung von Schiessbaumwolle in Aether und Alkohol als adstringirendes Collodium (ursprünglich als Schönbein'scher Liquor, Liquor sulfurico-aethereus constringens bezeichnet) oder mit geringen Mengen Terpentinöl oder Ricinusöl oder Glycerin versetzt, als Collodium elasticum, äusserlich zu Bepinselungen dient, wobei an der Applicationsstelle durch Verdunsten des Aethers ein dünnes Häutchen sich bildet, das bei Dermatitis, Erysipel, Geschwüren, auf wunden Brustwarzen u. s. w. eine schützende Decke bilden kann. Hier und bei einfachen Wunden, bei Variola im Gesicht, bei kleinen Blutungen, z. B. aus Blutegelstichen, ferner in dicken Lagen aufgestrichen, um Compression zu bedingen, bei Mastitis, Orchitis u. s. w., findet Collodium vorzugsweise Verwendung. Auch kann es als Ueberzug für Pillen und als Excipiens für externe Medicamente, so für Sublimat, Tannin, Bleisalze — wofür diverse Formeln unter der Be-

zeichnung Collodium corrosivum, Collodium stypticum etc. angegeben sind — benutzt werden.   — 21./6. 81. —

Stärkmehl. Stärke. Amylum. $C_6H_{10}O_5$ oder $C_{36}H_{62}O_{31}$,
nach W. Nägeli wohl die richtigere Formel. — Literat.:
Eine vollständige Zusammenstellung der älteren Literatur findet
sich in Poggend. Annal. 37. 114. — Guibourt, Ann. Chim. Phys.
40. 183. — Payen, Ann. Chim. Phys. (2) 53. 73; 54. 337; 61. 355;
63. 225; (4) 4. 286; Compt. rend. 14. 533; 18. 240; 23. 337; 25. 147;
48. 67. — Guérin-Varry, Ann. Chim. Phys. (2) 56. 525; 57. 108;
60. 31; 61. 66. — Béchamp, Compt. rend. 39. 653; 42. 1210. —
Nägeli, Viertelj. pract. Pharm. 6. 256; die Stärkemehlkörner. 1858.
— Maschke, Journ. pract. Chem. 56. 409; 61. 1. — Delffs, Poggend.
Annal. 109. 648; N. Jahrb. Pharm. 13. 1. — Jessen. Poggend. Ann.
106. 407; Journ. pract. Chem. 105. 65. — Schützenberger, Compt.
rend. 61. 485. — Philipp, Zeitschr. Chemie. 10. 400. — Pellet,
Zeitschr. Chemie. 10. 352; Monit. scientif. 7. — Löw, Ebendas. 10.
310. — Musculus, Compt. rend. 68. 1267 u. 70. 857. — Schwarzer,
Journ. pract. Chem. 1. n. Folge, 212. — Rumpf u. Heinzerling, Zeitschr.
analyt. Chemie. 9. 358. — Griessmayer, Annal. Chem. Pharm.
160. 40. — Schulze und Märcker, Journ. Landwirthsch. 20. 36.
— Brücke, Sitzungsber. k. k. Academie. Wien, 65. 3. — Barfoed,
Journ. pract. Chem. N. Folge. 6. 334. — W. Nägeli, Annal. Chem.
Pharm. 173. 227. — J. Habermann, Ebendas. 172. 11. — Reichardt,
Berl. Ber. 1875. 1020. — R. Sachsse, Chem. Centralblatt. 1877. 732.
— Bondonneau, Bull. soc. chim. 28. 452; Compt. rend. 81. 972.
— W. Nägeli, Beiträge zur näheren Kenntniss der Stärkegruppe.
Leipzig, 1874. — Brown und Heron, Annal. Chem. Pharm. 199.
165. Beiträge zur Geschichte der Stärcke und deren Verwand-
lungen. — F. Musculus, Physikalische Modification der Stärke,
amorph. und krystallisirt. Botan. Zeit. 1879. 346. — R. Sachsse,
Stärkeformel und Stärkebestimmungen. Photochem. Unters.
I. 1880. 47. — K. Zulkowsky, Berl. Ber. 13. 1398.

Das Stärkmehl findet sich in fast allen Pflanzen und in den
verschiedensten Organen derselben, jedoch nicht zu allen Zeiten.
In den Pilzen ist es mit Sicherheit bis jetzt nicht nachgewiesen
worden, ebensowenig in den Nostochineen, Oscillatorineen und anderen
Algenformen, auch konnte es Schacht niemals in irgend einem
Theile von *Monotropa Hypopitys* auffinden. Es erzeugt sich vorzugsweise in den Parenchymzellen, kommt aber auch in den Zellen
der Markstrahlen, im Holzparenchym und bisweilen auch in den
Bastzellen vor. Dagegen findet es sich nicht in den Gefässen und
Intercellulargängen und im jüngeren Zellgewebe, wie z. B. den
jüngsten Blatt- und Blüthengebilden, den Wurzelschwämmchen u. s. w.
(Payen). In gewissen Perioden des Wachsthums der Pflanzen ist
ihr Stärkmehlgehalt am bedeutendsten, um dann zu anderen Zeiten

wieder abzunehmen oder ganz zu verschwinden. So verschwindet gewöhnlich in den Holzpflanzen der während des Herbstes in Rinde und Markstrahlen angesammelte Vorrath von Stärkmehl mehr oder weniger im Frühjahr mit dem Beginn der Saftcirculation, indem er das Material zur Bildung neuer Zellen ist. Auch in den Samen und Knollen verschwindet die Stärke mit Entwicklung der Keime und im Kernobst mit Zunahme der Reife.

Es scheint, dass das Amylum sich erst dann in den Theilen der Pflanze zu bilden anfängt, wenn dieselben einen gewissen Grad der Entwicklung erreicht haben und dass, wenn es im Verlaufe der Vegetation wieder verschwindet, es zunächst in Dextrin und Zucker übergeführt wird.

Am reichlichsten unter den verschiedenen Organen der Pflanze tritt das Stärkmehl in den Samen, Knollen, Zwiebeln, Wurzeln und Rhizomen, ferner im Mark und in der Rinde auf. Ganz besonders reich an Stärke, und daher zum Theil zur Gewinnung derselben geeignet, sind die Samen der Cerealien und Hülsenfrüchte, die Früchte der Eichen, die Kastanien, die Knollen der Kartoffeln und Bataten, die Knollen von *Helianthus tuberosus, Janipha Manihot, Arum maculatum*, die Zwiebeln von Lilien, Tulpen und anderen Liliaceen, das Mark der Palmen u. s. w.

Darstellung: Zur technischen Gewinnung des Stärkmehls eignen sich, weil sie im Verhältniss zu ihrem Gehalt allein wohlfeil genug sind, nur Kartoffeln und Getreidearten, von denen wieder fast ausschliesslich Weizen verarbeitet wird. Sie gestaltet sich am einfachsten bei den Kartoffeln, deren Zellen nur zerrissen zu werden brauchen, um die Stärke herausspülen zu können, während beim Weizen die Abscheidung durch den beträchtlichen Gehalt an Kleber sehr erschwert ist.

aus Kartoffeln,   Bei der fabrikmässigen Darstellung von Kartoffelstärke werden die Kartoffeln zunächst in den Waschtrommeln so vollständig als möglich gereinigt, dann von den Reibcylindern in Brei verwandelt, aus welchem nun auf flachen oder in cylindrischen Metallsieben von verschiedener Maschenweite durch fortwährend zufliessendes Wasser die Stärke herausgewaschen wird. Die abfliessenden milchweissen Stärkeflüssigkeiten werden in Bottichen gesammelt, in welchen sie innerhalb einiger Stunden die in ihnen suspendirt gewesene Stärke zugleich mit mancherlei fremden Stoffen absetzen. Der Bodensatz wird nach dem Ablassen der überstehenden Flüssigkeit mit reinem Wasser angerührt und dann zur Beseitigung der mechanischen Verunreinigungen wiederholt durch Siebe von zunehmender Feinheit geseiht. Die ablaufenden Flüssigkeiten lagern nun in einem Salzbottich bei längerer Ruhe die Stärke als dichten Kuchen ab, von welchem nur die oberste weisslich gelbe und schlammige Schicht noch entfernt zu werden braucht, um sie völlig weiss und rein zu erhalten. Das Trocknen geschieht nach dem Abtropfen des in Stücke zerbrochenen Kuchens in Spitzkörben aus Messingdraht zuerst durch Ausbreiten auf Gypsböden, dann im Luftzuge auf dem Trockengerüst, endlich bei einer 40° nicht übersteigenden Temperatur in den Trockenstuben.

Aus Weizen gewann man die Stärke früher gewöhnlich in der Weise, dass man ihn grob schrotete, mit Wasser aufweichte, dann unter Mühlsteinen oder Walzen in Säcken so lange unter Wasser auspresste, als dieses noch milchig ablief und die abgelaufenen Flüssigkeiten längere Zeit der Ruhe überliess. Es trat dann eine Art Gährung ein, bei welcher die Flüssigkeit sauer wurde und der dem abgesetzten Stärkmehl anfangs beigemengte Kleber sich löste. Die Reinigung geschah auf ähnliche Weise wie bei der Kartoffelstärke. — Bei dem neueren Darstellungsverfahren von Martin sucht man neben der Stärke auch den Kleber zu gewinnen. Zu diesem Zweck verwendet man den Weizen als feines Mehl, bereitet daraus mit etwas Wasser einen steifen Teig und knetet diesen nach 1 bis 2 stündlichem Liegen auf einem feinmaschigen Drahtsieb unter den feinen Wasserstrahlen einer Brause, bis das Wasser klar abläuft. Bei dieser Behandlung bleibt weitaus der meiste Kleber auf dem Sieb zurück. Die abgelaufene Flüssigkeit lässt man an einem mässig warmen Orte 24 Stunden leicht gähren und reinigt die sich absetzende Stärke, wie oben angegeben wurde.

Das Stärkmehl bildet ein weisses glänzendes, zart anzufühlendes, zwischen den Fingern und Zähnen knirschendes geruch- und geschmackloses Pulver. Das specif. Gewicht des lufttrocknen ist 1,50, dasjenige des bei 100° getrockneten 1,56—1,63 (Flückiger). Es ist nur selten formlos, sondern besteht meistens aus mikroskopisch kleinen organisirten Körnchen, die entweder einfach sind und dann gewöhnlich eine rundliche, seltener eine linsen-, scheiben- oder stabförmige Gestalt besitzen, oder zusammengesetzt, d. h. zu Gruppen von 2—12 Körnchen vereinigt. In der Regel bestehen die Körnchen aus übereinandergelagerten Schichten, die einen centralen oder excentrischen Kern umschliessen. Nach Schleiden, Mohl, Payen u. A. zeigen die einzelnen Schichten keine andere Verschiedenheiten als die, welche durch verschiedene Dichtigkeit bedingt sind, während Nägeli die schon von Leuwenhoek (1716), später auch von Raspail (1833) ausgesprochene Ansicht theilt, dass die Stärkekörnchen aus zwei isomeren Verbindungen gebildet sind, aus der in Speichel löslichen Granulose und aus unlöslicher Cellulose, welche zurückbleibt, wenn man verdünnte organische Säuren, Diastase oder Pepsin auf Stärke einwirken lässt, bis die in der Form unverändert bleibenden Körnchen von Jod nicht mehr gebläut, sondern nur gelb gefärbt werden. Nach Delffs, Jessen u. A. sind sämmtliche Schichten der Stärkekörner von dünnwandigen, aus Cellulose gebildeten Häuten umkleidet, deren Gesammtgewicht nur wenige Procent vom Gewicht der Körner beträgt. Ihre Hauptmasse besteht aus Amylogen und Amylin. Ersteres kann durch anhaltendes Reiben der Stärkekörner mit feinem Quarzsand und Wasser in eine filtrirbare Lösung übergeführt werden und beträgt nach Guérin-Varry etwa 58 % vom Gesammtgewicht, während das in Wasser unlösliche Amylin 38 % ausmachen soll.

Der Durchmesser der Stärkemehlkörner ist bei den verschiedenen Pflanzen sehr verschieden. Nach Payen beträgt der Durchmesser der Körner von Kartoffeln 0,14—0,185 Millimet., von Arowroot 0,140, von grossen Bohnen 0,075, von Sago 0,045—0,070, von Linsen 0,067, von Schminkbohnen 0,063, von Erbsen 0,050, von Weizen 0,050, von Mais 0,030, von Hirse 0,010, von Pastinakwurzeln 0,0075, von Runkelrübensamen 0,004, von Samen des *Chenopodium quinoa* 0,002 Millimeter.

Die Stärkekörner besitzen die Fähigkeit, wie die doppelt brechenden Krystalle, das Licht in zwei rechtwinklig auf einander polarisirte und sich mit ungleicher Geschwindigkeit fortbewegende Strahlen zu zerlegen.

Die Stärke ist stark hygroscopisch und zwar ist nach den Untersuchungen von W. Nossian (Journ. pract. Chemie. **83.** 41) die Weizenstärke am wenigsten, die Eichelstärke am meisten hygroscopisch. Im Vacuum getrocknet enthält sie noch gegen 11 % Wasser, lufttrocken 16—28 %, an feuchter Luft aufbewahrt 56 % und nach dem Absetzen aus Wasser und vollständigem Abtropfen mehr als 80 %. In kaltem Wasser suspendirt sie sich leicht, löst sich aber darin, wie auch in Weingeist und Aether, nach der Meinung vieler Chemiker nicht. Nach Guibourt, Guérin-Varry, Delffs, Jessen u. A. dagegen geht bei anhaltendem Reiben mit Wasser im Achatmörser oder mit Quarzsand (vergl. oben) ein Theil (Delff's Amylogen, Guibourt's Fécule soluble, Guérin-Varry's Amidine) in Lösung. Nach Wicke (Poggend. Annal. **108.** 359) enthält aber auch in diesem Fall die abfiltrirte Lösung nur sehr fein suspendirtes Stärkmehl. — Wird die Stärke mit Wasser erwärmt, so beginnen die Körnchen je nach ihrer Abstammung bei 47—57 ° (man vergl. Lippmann, Journ. pract. Chem. **83.** 51) aufzuquellen, die Schichten platzen und es entsteht bei 55 bis 87 ° eine dicke schleimige, beim Erhitzen auf 100 ° an Consistenz noch zunehmende Masse, sog. Kleister. Derselbe wird beim Austrocknen hornartig. Lässt man ihn gefrieren und wieder aufthauen, so kann das Wasser herausgepresst werden und es hinterbleibt die veränderte Stärke als eine filzartige Masse, die Wasser schlammartig aufsaugt und mit heissem Wasser keinen Kleister mehr zu erzeugen vermag. Aus diesem Verhalten scheint hervorzugehen, dass der Kleister nicht, wie dies von Payen, Guérin-Varry u. A. geschieht, als eine, wenn auch nur partielle, Lösung des Stärkmehls angesehen werden kann.

Die Lösung der Granulose in Wasser lenkt nach Nägeli den polarisirten Lichtstrahl nach rechts und zwar $+ 198^\circ$ für weisses Licht. Alkohol, auch Gerbsäurelösung, fällen Stärke aus ihren Lösungen; beim Erhitzen der Stärke im zugeschmolzenen Rohre bleibt die Stärke vollkommen unverändert, auch wenn Luft, frei von Keimen, darüber geleitet wird. Mit concentrirter Jod- oder Bromkaliumlösung, sowie concentr. Lösungen von Chlorcalcium und Chlorzink quillt oder lösst sich die Stärke. (Béchamp, Payen, Mohr, Flückiger) Verdünnte Säuren wirken ebenfalls momentan lösend, später verändernd, indem sie dieselben in die Dextringruppe umwandeln. (A. Béchamp, Journ. pract. Chemie. **69**. 548; Ann. Chim. Phys. **64**. 311. F. Musculus, Compt. rend. **78**. 1413.) In Kupferoxydammoniak ist die Stärke unlöslich. (C. Kramer, Chem. Centralbl. 1858. 57.)

Stärke löst sich nach K. Zulkowsky leicht in Glycerin und geht dabei in lösliche Stärke über. Bei 190° ist diese Umwandlung fast vollständig erfolgt. Diese Glycerinlösung scheidet beim Eingiessen in Wasser noch unveränderte Stärke ab; nach Abtrennung dieser lässt sich mit Alkohol die lösliche Stärkemodification abscheiden. Dieselbe ist in Wasser und verdünntem Alkohol löslich, concentrirte Lösungen gestehen bei längerem Stehen zu einer Gallerte (wohl unlösliche Stärke). Beim Trocknen geht die Löslichkeit verloren, Jod färbt blau, die Ablenkung dieser löslichen Stärke gegenüber dem polarisirten Lichte beträgt nach rechts α (j) $= + 206,8^\circ$.

Bei Berührung von Jod (am besten in Lösung) tritt eine schon 1814 von Colin und Gaultier de Claubry beobachtete tief blaue bis blauviolette Färbung ein. Die erhöhte Temperatur, sowie Stoffe, die Jod binden, beeinträchtigen die Färbung in hohem Grade, ebenso machen viele Salze, und andere organische Verbindungen die Jodfärbung weniger empfindlich, wie Jodmetalle, Jodwasserstoff, Kalialaun. Sulfate von Kalium, Natrium, Ammon und Magnesium, Gerbsäure, Gallussäure, Harn, Milch, Malzauszug, Hefe, Resorcin, Orcin, Phloroglucin etc. (W. Nägeli, Stärkegruppe. Goppelsroeder, Poggend. Annal. **119**. 57. V. Griesmayer, Annal. Chem. Pharm. 48. Hlasiwetz, Zeitschr. analyt. Chemie. **6**. 447.) Ueber die Empfindlichkeit der Jodstärkereaction giebt R. Fresenius (Ann. Chem, Pharm. **102**. 184) an, dass bei 0° $^1/_{528000}$ Jod von Stärkelösung noch blau wird, bei 13,20 und 30° C. nicht mehr.

Je nach der Abkunft und dem Alter des Stärkekornes sind verschiedene Färbungen mit Jod beobachtet worden, blau, violett, röthlich (W. Nägeli, E. Bruccke). Die Verbindung der Stärke mit Jod ist keine reinchemische, sondern eine Einlagerung des Jodes zwischen die Molecüle der Stärke, wenn auch L. Lassaigne eine Verbindung des Jodes mit Stärke (41,8% Jod und 58,2% Stärke dargestellt haben will und Sonstadt von einer Molecularverbindung der Stärke mit Jod spricht (3,2% Jod). Siehe noch die Arbeiten von H. Pellet, Monit. scientif. **7**. 988 und Bondonneau Bull. soc. chim. **28**. 452. Die Jodstärke verhält sich im Allgemeinen wie die Stärke hinsichtlich ihrer Löslichkeit, erleidet durch Wärme, sowie durch andere Agentien, die Jod absorbiren, Veränderungen (Guichard, Chem. Centralbl. 1863. 844. Pohl, Journ. pract. Chemie. **83**. 38. Schönbein, ebendas. **84**. 385. Pisani, Compt. rend. **43**. 1118.) —

Brom und Stärke.

Brom färbt Stärke bei Gegenwart von Wasser pomeranzengelb· Fritsche hat sich mit der Darstellung derselben beschäftigt.

Verbindungen der Stärke.

Dünner Stärkekleister liefert mit löslichen Metalloxyden unlösliche Verbindungen, welche als schwache Verbindungen zu betrachten sind. So sind zu nennen die Oxyde von Calcium, Baryum, Blei, Kupfer (Payen, Compt. rend. **68**. 67), besonders von Kalium und Natrium (Tollens, Verbindung von 1 At. Alkali + 4—5 At. Stärke, Göttinger Nachrichten. 1873). Verbindungen der Stärke mit Schwefelsäure (Fehling, Ann. Chem. Pharm. **55**. 13) sind nicht sicher festgestellt. Mit Salpetersäure geht die Stärke Verbindungen ein von verschiedener Zusammensetzung, von welchen namentlich Béchamp behauptet, dass sie in 2 Zuständen existiren, in einem löslichen und einem unlöslichen. (Braconnot, Liebig, Pelouze, Béchamp, Ann. Chim. Phys. **64**. S. 311). Mit Essigsäure stellte P. Schützenberger (Compt. rend. **68**. 814) eine Verbindung von der Formel $C_6 H_7 (C_2 H_3 O_3)_3 O_5$, Triacetylamylum durch Einwirkung von Essigsäureanhydrid auf Stärke bei 140° C. her.

Xyloidin.

Die Lösung der Stärke in rauchender Salpetersäure scheidet beim Vermischen mit Wasser eine weisse Masse ab, beim Trocknen sandig, explosionsfähig, unlöslich in Wasser, Alcohol, Aether, von der Zusammensetzung $C_6 H_9 (NO_2) O_5$ (?).

Umwandlungen der Stärke.

Je nachdem das Stärkemolecül eine mehr oder weniger eingreifende Veränderung erfährt, lassen sich wohl 2 Richtungen der Umwandlung aufstellen.

1. Der Uebergang von Stärke zu Dextrin und Maltose (Traubenzucker), veranlasst durch höhere Temperaturen, Fermente, Säure, Oxyde der Metalle, Salze, unter Aufnahme von Wasser. Dieser Vorgang findet im Allgemeinen in der Weise statt, dass die blaue Jodreaction der betr. Lösungen der Stärke allmälig verschwindet, eine violette, zuletzt rothe Färbung bemerkbar wird, die ebenfalls verschwindet, bei welchem Zeitpunkte Dextrin und Traubenzucker

nachzuweisen sind. Diese Umwandlung erfolgt in der Weise nach Musculus, dass $C_{18} H_{30} O_{15} + H_2 O = 2 C_6 H_{10} O_5 + C_6 H_{12} O_6$ bilden, oder bei Wirkung der Diastase nach Forschungen von E. Schulze und M. Märcker die beiden Produkte im Verhältnisse 1 : 1 entstehen und zwar gleichzeitig. Wasser von höherer Temperatur, verdünnte Schwefelsäure, Salzsäure, Oxalsäure, Chlorzink, Fermente organisirter Art (Hefe) sowie ungeformte, Diastase, Kleber etc., Speichel, Schleimhäute, Gewebe thierischer Abstammung veranlassen diese Umwandlungen, meistens bei Temperaturen von $3-65^0$ C. Zuerst bildet sich stets hier eine lösliche Modification der Stärke, die unter Umständen noch weitere Umwandlungen erfährt, bevor die Dextrinbildung eintritt (siehe Dextrin.) (Literatur: Nièpce de St. Victor, L. Corvisart. Compt. rend. 49. 368. — Musculus, Annal. Chim. Phys. 60. 203. (5) 2. 395. — Payen, Compt. rend. 53. 1217. — E. Schulze und M. Märcker, Chem. Centralbl. 1874. 649. — A. Schwarzer, Journ. prakt. Chem. 1 n. F. 212. — Nasse, Centralbl. medic. Wissensch. 1874. — C. Kirchhoff, 1811. — Musculus und Philipp, Compts. rend. 50. 785; Zeitschr. analyt. Chem. 6. 471. — C. O. Sullivan, Chem. societ. J. 1876. 125.)

2. Die vollständige Zersetzung des Stärkemolecüles.

Ueberhitzter Wasserdampf veranlasst nach O. Loew (Zeitschr. Chemie. 1867. 710.) Bildung von Kohle, Kohlensäure, Ameisensäure, Humin, ausserdem nach Hoppe-Seyler (Berl. Ber. 4. 15) Brenzcatechin. Durch Einwirkung oxydirender Einflüsse entstehen Aldehyde und Säuren. Mit Salpetersäure entstehen Oxalsäure (Scheele), auch Zuckersäure. Braunstein und Schwefelsäure liefern bei der Destillation mit Stärke Kohlensäure, Ameisensäure (Wöhler), Ozon verändert Stärke nicht (v. Gorup-Bezanez), Destilliren mit Braunstein und Salzsäure liefert Chloral. neben Ameisensäure, Kohlensäure (Städeler, Annal. Chem. Pharm. 61. 101.) Chlor wirkt wenig auf Stärke ein, später entsteht Kohlensäure (Liebig) Destillation der Stärke mit Kalk giebt (Fremy) Metaceton und Aceton, Ammoniak bei höherer Temperatur nicht isolirbare Produkte. Schmelzen mit Kalkhydrat liefert Oxalsäure. (Gay-Lussac). Brom und Wasser geben bei späterer Anwendung von Silberoxyd Dextronsäure (Reichard, Berl. Ber. 8. 1020.)

Die quantitative Bestimmung des Stärkegehaltes der Stärkesorten des Handels, sowie des Stärkegehaltes der Vegetabilien geschieht durch Ueberführung der Stärke in Dextrose durch Säuren oder Diastase und Bestimmung der gebildeten Dextrose durch Fehling'sche Lösung. Von Methoden sind zu nennen: *Quantitative Bestimmung der Stärke,*

1. R. Sachse. 1—1,5 gr. Stärke wird mit 100 gr. Wasser + 10 CC. Salzsäure 1,125 specif. Gew. 3 Stunden lang am Rückflusskühler im Wasserbade erhitzt, dann die Lösung mit KOH neutralisirt.

2. H. Schulze und Märcker, Pillitz, R. Sachse (Journ. Landw. 1872. Zeitschr. analyt. Chemie. 11. 54). Um die Wirkung von Säure auf Pectinstoffe zu vermeiden, werden die betr. Substanzen mit Wasser und einigen Tropfen 10% H_2SO_4 bei 70° C. so lange digerirt, bis Jod keine Reaction mehr zeigt, hierauf wird filtrirt und 10 CC. des Filtrates mit 1,5 CC. Schwefelsäure 1,113 specif. Gew. vermischt, werden im zugeschmolzenen Rohre 7 Stunden bei 115° C. erhitzt. Nach dem Erkalten wird neutralisirt mit Bleicarbonat und mit Fehling'scher Lösung titrirt. R. Sachse wendet zur quantitativen Bestimmung der Stärke HCl von 1,125 specif. Gew. an, und zwar Erhitzen von 2,5—3 gr. Stärke + 200 Wasser + 20 CC. HCl am Rückflusskühler 3 Stunden lang.

3. E. Holdefleiss. (Landw. Jahrb. 1877. 123.) 100 gr. geschrotetes Malz, mit 1 Liter Wasser 2 Stunden stehen gelassen, liefert einen Malzauszug, von welchem 50 CC. mit 1,5 gr. Kartoffelpulver gemischt, bei 65° C. digerirt werden, bis Jod keine Reaction giebt. Von dieser Lösung werden Proben mit verdünnter Schwefelsäure zur Ueberführung in Zucker behandelt.

Endlich ist der Vorschlag Dragendorff's zu erwähnen, (Chem. Centralblatt. 1862. 523.) welcher auf der Unlöslichkeit der Stärke in weingeistiger Kalilösung und seiner Ueberführbarkeit in löslichen Zucker durch Malzauszug oder verdünnte Säuren beruht. —

Ver-
fälschungen. Die Stärkmehlsorten sind im Handel den Beimengungen fremder Stärkesorten, durch das Mikroskop nachzuweisen, ausgesetzt, sowie den Zusätzen von mineralischen Substanzen, Gyps, Kreide, Magnesit, Schwerspath, Thon, auch wohl Zink-Carbonat.

Der durchschnittliche Aschengehalt der Stärkesorten beträgt 1,5% —

Technische
Verwendung. Die Stärke in Form von reiner Stärke oder stärkmehlhaltiger Substanzen sind unentbehrliche Rohmaterialien bei dem Gährungsgewerbe, der Darstellung von Bier, Spiritus, Branntwein, vermöge der Umwandlungsfähigkeit in Zucker durch Fermente und Säuren, ebenso bei der Darstellung von Traubenzucker, auch die Kleisterbildung und klebende Eigenschaft der wässrigen Lösung der Stärke geben der Stärke ausgedehnte Verwendung in der Papierfabrication, Weberei, Druckerei etc. —

Stärke-
cellulose. Durch Säuren und Fermente, besonders mittelst einer concentrirten Kochsalzlösung, welche 1% HCl enthält, bei 60° C. (Fr. Schulze. Journ. Landwirthsch. 7. 214) wird die Granulose gelöst und es bleibt Stärkecellulose zurück, welche mit Jod sich rothgelb bis braun färbt, mit Schwefelsäure und Jod blau, mit Wasser in der Kälte (Dragendorff) und der Wärme in eine Jod bläuende Substanz übergeht. (Dragendorff. Journal Landwirthschaft, neue Folge. 7. 214.)

Verhalten im
Organismus. Das Stärkmehl wird nicht als solches vom Organismus resorbirt. Durch den Mund eingeführtes Stärkmehl wird theilweise oder ganz in Dextrin und weiter in Maltose und Glycose verwandelt (woran in Mund und Magen der Speichel, dessen Saccharificationsvermögen schon 1831 Leuchs constatirte, im Dünndarm der pankreatische Saft und nach Schiff (gegen Thiry und Leube) auch der Darmsaft, nach Funke's Versuchen an Kaninchen vielleicht auch das Secret des *Processus vermiformis* Antheil hat) und unterliegt dann, theils schon im Darm, theils im Blute den bei der Glycose zu erwähnenden Ver-

änderungen. In dieser Metamorphose liegt der Grund, weshalb bei Zucker-
harnruhr amylumreiche Nahrung widerrathen wird.

Das Stärkmehl kommt medicinisch besonders als Weizenstärke und
Kartoffelstärke (Amylum Tritici et Solani) in Betracht, und dient
innerlich (mit Wasser gekocht) antidotarisch bei der ziemlich seltenen Jod-
vergiftung, als Zusatz zu brechweinsteinhaltigen Mixturen, um rasches Aus-
brechen derselben zu verhüten, als Grundlage für Pulver, Trochisken, Mucilago und Gallerten (Pseudogallerten), äusserlich nicht sehr zweckmässig,
allein und auch in Verbindung mit andern Mitteln, als Streupulver bei
Ekzem, Intertrigo, Hauterythem, Variola, Pemphigus, Prurigo und als Zusatz
zu Waschpulvern, dagegen recht gut als Clysma bei entzündlichen und
acuten katarrhalischen Affectionen des Dickdarms, um eine schützende Decke
an Stelle des verloren gegangenen Epithels zu bilden, wozu man 1—2 Theelöffel mit kaltem Wasser anrührt und mit $^1/_2$ bis 1 Tasse kochenden Wassers
aufquellen lässt. Kleister (1 Th. Stärkmehl mit 15—20 Th. Wasser kalt
angerührt und langsam erwärmt) wird zu den sog. Kleisterverbänden,
die bei fracturirten Gliedern u. s. w. als Contentiv- (Scutin'scher Papp-
verband) oder bei Orchitis, Mastitis und Entzündung varicöser Venen
(Kiwisch), varicösen Fussgeschwüren als Compressivverband zur Anwendung
kommen, benutzt. Endlich dient Stärkmehl zur Herstellung von Amylum
jodatum (1 Th. Jod zu 60 Th. Stärkmehl), das zu 0,03—0,2 pro dosi als
leicht erträgliches Jodpräparat von Quesneville u. A. gerühmt wird und
zur Bereitung des nicht ranzig werdenden Salbenconstituens Unguentum
Glycerini (Verreibung von 1 Th. Amylum und 5 Th. Glycerin bei 70°)
und ähnlicher Formen, wie des Glycérolé d'Amidon oder Glycérat
simple von Grassi, die jetzt alle mehr und mehr durch Vaselin verdrängt sind.

Ausser dem Amylum Tritici und Solani werden noch das Amylum
Marantae, Arrow root oder Pfeilwurzstärke, in mehreren Sorten im
Handel, worunter das Westindische Arrow root die beste ist, und der S. 122
erwähnte Sago medicinisch benutzt, und zwar ersteres in Verbindung mit
Milch oder Bouillon als Nahrungsmittel für schwächliche und atrophische Individuen, namentlich im kindlichen Lebensalter (zu 2 bis 6 Theelöffel mit
kaltem Wasser verrührt und mit heisser Flüssigkeit aufgequollen), was besonders in den Fällen zu passen scheint wo Neigung zu Darmkatarrh
existirt. Ob es wirklich leichter vertragen wird, als andre Arten Stärkmehl,
dürfte zu bezweifeln sein, doch schmeckt es meist angenehmer als z. B.
Kartoffelstärke.   — 21./6. 81. —

Dextrin. $C_6 H_{10} O_5$ oder $C_{12} H_{20} O_{10}$. — Literatur: Nägeli. Stärke-
gruppe. Musculus, Compt. rend. 70. 857. 78. 1413. — E. Bruecke,
Wiener Sitzungsber. acad. 65. III. 140. — V. Griessmaier, Ann. Chem.
Pharm. 160. 40. — Béchamp, Compt. rend. 51. 255. — Schützenberger
und Naudin, 68. 814. — Guensberg, Journ. pract. Chemie. 88.
239; Wiener academ. Sitzungsber. 49. II. 409. — Musculus, Ann.
Chim. Phys. 6. (4) 177; Bullet. soc. chim. (2) 18. 66. — Schulze
und Märcker, Chem. Centralbl. 1874. 649. — Habermann, Annal.
Chem. Pharm. 172. 11. — Gélis, Ann. Chim. Phys. (3) 52. 388. —

Béchamp, Journ. pract. Chemie. **69**. 449. — v. Mering und Musculus, Zeitschr. physiol. Chem. **1**. 350.

    Nachweisung und Bestimmung:

Hoppe-Seyler, Zeitschr. analyt. Chemie. **9**. 116. — Barfoed, Zeitschr. analyt. Chem. **12**. 29. 27. — Rumpf und Heinzerling, Ebendas. **9**. 358. — Reischauer, Ebendas. **2**. 233; Arch. Pharm. 115. 250. — Roussin, N. Jahrb. Pharm. **31**. 33. — Hager, Zeitschr analyt. Chem. **11**. 380. — E. Dietrich, Archiv Pharm. 10. (3) 246.

Entstehung und Verbreitung. Eigenschaften.

Mit dem Namen Dextrin können jene Uebergangsprodukte der Stärke zusammengefasst werden, welche sich bilden, wenn Stärke allmälig auf 180° C. erhitzt oder auch mit Wasser auf 150° C. erwärmt wird, oder wenn verdünnte Mineralsäuren (10 % HCl, $^1/_{50}$ % H_2SO_4 etc.), Fermente (Hefe, Diastase, Pankreasferment etc.) bei 60° C auf in Wasser vertheilte Stärke einwirken.

Die Arbeiten von W. Nägeli, Musculus, Bruecke berechtigen zu der Annahme, dass bei der Einwirkung der erwähnten

Amylodextrin.

Agentien, besonders der Säuren, zunächst Amylodextrin (lösliche Stärke) und zwar in 2 Modificationen entsteht, welche aus den Lösungen durch Frost, auch durch Alcohol krystallinisch erhalten werden können, in Wasser bei gewöhnlicher Temperatur kaum aufquellen, aber bei 60 – 70° sich lösen mit Jod mehr violette oder rothe Färbungen geben. Die Formel des Amylodextrins ist wohl $C_{36}H_6O_{32}$ (Nägeli). Das Rotationsvermögen der Lösung ist nach Nägeli $= + 171°$, nach Musculus $+ 208°$; Gerbsäure, Bleiessig, Salpetersaures Quecksilberoxydul färben nicht, Barytwasser trübt bloss. —

Verdünnte Säuren, Fermente, sowie auch Aetzkalilauge verwandeln Amylodextrin mehr oder weniger rasch in Zucker.

Die sauren Lösungen, welche mit der Stärke in Berührung waren, nehmen nach einiger Zeit einen Zustand an, in welchem Jodlösung eine rothe oder gar keine Färbung giebt. In diesem Stadium lassen sich mittelst Alkohol Fällungen erzeugen, welche von dem Amylodextrin durch die leichte Löslichkeit in Wasser, die rothe oder gar nicht mit Jod veranlasste Färbung und den amorphen Zustand sich auszeichnen. Diese Körper, ächte Dextrine auch ge-

Erythrodextrin.

Achroodextrin.

nannt, werden in 2 Formen unterschieden, als Erythrodextrin und Achroodextrin. Ersteres geht in seiner Bildung dem letzteren voraus, färbt sich in Lösung mit Jod roth und ist dem käuflichen Dextrin beigemengt, das durch Erhitzen von Stärke direkt, oder durch Einwirkung verdünnter Salpetersäure auf Stärke bei dem Fabrikbetriebe gewonnen wird.

Das Achroodextrin, von dem Erythrodextrin bis jetzt nicht scharf zu trennen, verhält sich im Allgemeinen wie dieses, färbt sich mit Jod nicht, seine Lösung lenkt das polarisirte Licht $+ 139^0$. Im trocknen Zustande sind beide ächte Dextrine amorphe, gummiartige Massen. Musculus und Gruber (Journ. Pharm. Chim. (4) **28**. 308.) stellen bei Einwirkung von Diastase oder verdünnter Schwefelsäure auf Stärke folgende Producte auf;

    a) lösliche Stärke,

    b) Erythrodextrin.

    c) Achroodextrin α

    d) β

    e) Maltose und

    f) Glycose.

Dieselben betrachten die Stärke als ein Polysacharid n $(C_{12} H_{20} O_{10})$, welcher unter den erwähnten Bedingungen eine Reihe von Hydrationen und allmäligen Spaltungen erleidet.

Die Verbreitung des Dextrines im Pflanzenreiche ist jedenfalls eine grössere als allgemein bis jetzt bekannt wurde, da die erwähnten Uebergangsstadien von Stärke zum ächten Dextrin und Zucker mikrochemisch kaum sicher in der Pflanzenzelle festzustellen sind und auch der rasche Uebergang zu Zucker durch Fermente, Säuren etc. hier störend einwirkt. —

Einwirkung von Salpetersäure und Schwefelsäure auf Dextrin veranlasst Verbindungen und Umwandlungen der Dextrine.
Bildung einer Binitroverbindung $C_6 H_8 (NO_2)_2 O_5$ (Béchamp). Essigsäureanhydrid bildet Triacetyldextrin (Naudin und Schützenberger).

Verdünnte Säuren und Diastase verwandeln das Dextrin in Dextrose, die Gegenwart von Zucker verlangsamt diese Einwirkung.

Salpetersäure zersetzt das Dextrin zu Oxalsäure und Zuckersäure, Brom liefert Dextronsäure (Habermann). Das direkte Erhitzen, auch die Einwirkung von Ammoniak haben bis jetzt bei dem Dextrin keine bestimmten Resultate geliefert. Künstliches Dextrin nennt Musculus ein Produkt längerer Berührung von concentrirter Schwefelsäure mit geschmolzenem Traubenzucker.

Béchamp spricht von einem Holzdextrin, aus Cellulose mit concentrirten Säuren erhalten. Holzdextrin.

Zur Charakteristik des Dextrines zum Zwecke der Nachweisung, Trennung und Bestimmung neben Traubenzucker lässt sich mit Sicherheit, mit Bestimmung des Dextrines.
Umgehung der hier existirenden Widersprüche, feststellen:

Dextrin wird durch Alcohol gefällt, Dextrose nicht.

Dextrin reduzirt Fehling'sche Lösung nicht, nur dann, wenn längere Berührung in der Kälte oder Hitze stattgefunden hat.

Neutrales essigsaures Kupfer wird von Dextrin in der Hitze nicht, Dextrose wohl reducirt. —

Die quantitave Bestimmung geschieht nach erfolgter Ueberführung des Dextrines in Traubenzucker mittelst Fermenten oder verdünnten Säuren durch Fehling'sche Lösung. Die Unterscheidung des Dextrines von Gummi gründet sich auf den steten Kalkgehalt des letzteren (Hager), sowie die

Fähigkeit des Gummi's, durch verdünnte alkoholische Eisenchloridlösungen gefällt zu werden. —

Eine Uebersicht über die Literatur der Umwandlungen der Stärke in Zucker resp. Dextrine, Maltose etc. wird bei der Wichtigkeit der Frage hier noch eine Stelle finden müssen: Vauquelin, 1811. Bull. Pharm. — Kirchhoff, Schweigg. Journ. 4. 108. — Vogel, 1812. Schweigg. Journ. 5. 80. — Payen und Persoz, 1833. Ann. Chim. phys. 53. 73. — Musculus, 1860. Ann. chim. phys. (3) 60. 303. Compts. rend. 54. 194. — O. Sullivan, Journ chem. soc. (2) 10. 579 (3) 2. 125. (3) 1. 478. — Saussure, 1819. Ann. chim. phys. 2. 379. — Dubrunfaut, Ann. chim. phys. (3) 21. 178. — M. Märcker, Landw. Versuchsstat. 22. 69. — Musculus und Gruber, Bull. soc. chim. 30. 54. — H. T. Brown und John Heron, Annal. Chem. Pharm. B. 199. S. 165. 1870. — W. Nägeli, Beiträge zur Kenntniss der Stärkegruppen. Leipzig. W. Engelmann. — F. Aclihn, Journ. pract. Chem. — F. Musculus u. Meyer. Erythrodextrin. Zeitschr. phys. chem. 4. 451.

Das Dextrin wird wie das Stärkmehl im Darmcanal zum grössten Theile in Glycose-Traubenzucker verwandelt. Die Angaben von Limpricht, Scherer und Schlossberger, wonach sich nach Einführung stärkemehlhaltiger Nahrung (Hafer) in der Leber, im Blute und selbst im Fleische von Herbivoren neben Zucker Dextrin sich finde, sind vielleicht auf das im Blute und Fleische junger Thiere, besonders der Pferde reichlich vorkommende, aus Glykogen stammende, sogenannte animalische Dextrin zu beziehen.

Nach Schiff und Ranke ist Dextrin ein die Magenverdauung wesentlich förderndes Mittel, doch ist die Beschleunigung der Digestion vermuthlich nicht, wie Schiff meinte, eine Folge directer Reizung auf die Pepsindrüsen, sondern wahrscheinlich der Vermehrung der Säurebildung vermöge Umwandlung des Dextrins in Milchsäure, in welche es durch directe Gährung überzugehen vermag. Becker in Mühlhausen empfahl dasselbe bei Mangel an Esslust und dyspeptischen Zuständen zu 1,0—3,0 p. d. mehrmals täglich, für sich oder in Verbindung mit Natr. bicarbon und Natr. chlor. Es bildet den Hauptbestandtheil verschiedener Kindernährmehle, so des Nestlé'schen Kindermehls und der gleichnamigen Präparate von Frerichs, Faust und Schuster, Giffey und Schiele, in Liebig's Kindernahrungsmittel, Parmentier's Nährpulver u. a. m., auch in der Farina Hordei präparata und dem Eichelkaffee. — In Frankreich hat man es nach Art des Mimosengummi bei katarrhalischen Affectionen in Form schleimiger Getränke, Syrupe, Chocoladen, Pasten und Pastillen (sogenannte Pectorines) benutzt.

Velpeau führte statt des Seutin'schen Kleisterverbandes Dextrinverbände, die übrigens besondere Vorzüge vor ersteren nicht besitzen, bei Fracturen u. s. w. ein. An Stelle der ursprünglich benutzten Mischung mit Branntwein (100 Dextrin, 50 Branntwein und 40 Wasser) ist in französischen Militärspitälern jetzt die sogenannte Mélange solidifiable (60 Dextrin, 20 Gummipulver, 120 Wasser) getreten. Devergie empfahl Dextrinverbände auch bei Ekzemen. Pharmaceutisch kann Dextrin zur Darstellung fester Extracte aus zähflüssigen dienen, wozu es die deutsche Pharmacopoe statt des Milchzuckers bei den trocknen narkotischen Extracten einführte. Auch ist es als Constituens für Pulver, Pillen und Pastillen verwendbar.

Pflanzenschleime: $C_6 H_{10} O_5$ oder $C_{12} H_{20} O_{10}$. Literat: L. Meier, Berl. Jahrbuch 27. 75. — Guérin-Varry, Ann. Chim. Phys. 49. 248. — Mulder, Journ. pract. Chem. 15. 293. 37. 334. — Schmidt, Annal. Chem. Pharm. 51. 293. — Nägeli und Cramer, pflanzenphys. Untersuchungen 1855. — Trommsdorff, N. Ta. 19. 1. 164. — Braconnat, Journ. chem. médic. 17. 513; Ann. chim. phys. 17. 352. — Witting jun., Journ. pract. Chem. 73. 138. — Gelis, Compt. rend. — Frank, Journ. pract. Chem. 95. 479. — Nägeli, Münchner Sitzungsber. Acad. Wissenschaften; Schleiden, Beiträge zur Botanik. 1844. 168. — Kirchner & Tollens, Ann. Chem. Pharm. 175. 205. — Giraud, Compt. rend. 80. 477. —

Mit dem Namen Pflanzenschleime werden eine Reihe sehr verbreiteter Bestandtheile des pflanzlichen Organismus zusammengefasst, welche der Cellulose sehr nahe stehen. Dieselben sind meistentheils Bestandtheile der Membranen, färben sich mit Jod blau oder violett (oft erst nach Zusatz von Schwefelsäure) und liefern mit Salpetersäure Oxalsäure.

Ihre grösste Verbreitung finden die Pflanzenschleime in der Oberhaut vieler Samen (Pomaceae, Labiatae, Lineae, Plantagineae), dann aber auch in vielen Wurzeln, Rinden, Stengeln, Blättern (Althaea, Salep, Blättern und Rinden der Linde und Ulme, in Seetangen etc. —   *Verbreitung.*

Schwer bleibt es vorläufig, angesichts der geringen chemischen Kenntniss dieser Stoffe, ferner auch der vielen auseinandergehenden Ansichten wegen, eine bestimmte Classification festzustellen. Dennoch möge eine übersichtliche Behandlung versucht werden. Eine Gruppe von Pflanzenschleimen, aufquellungsfähig mit Wasser, sich mit Jod blau färbend, findet sich in den Membranen der Sporenschläuche der Flechten. Eine 2. Abtheilung, sehr empfindlich gegen Jod (blau oder violett), aufquellungsfähig, bilden die secundären Membranen der Cotyledonzellen mancher Leguminosen, Tropäolumarten, der Albumenzellen vieler Primulaceen, Irideen und Liliaceen, Membranen von Cetraria etc. Besser gekannt und deswegen auch einer spezielleren Betrachtung fähig, sind das sog. Amyloid, der Schleim der Quitten, der Orchisknollen und die sog. Flechtenstärke (Lichenin).   *Art u. Weise des Auftretens.*

Der Pflanzenschleim der einzelnen Pflanzentheile (besonders der Samen) lässt sich durch directes Schütteln mit Wasser in Lösung bringen. Diese Lösungen, zur allenfallsigen Abscheidung von Albumin erhitzt, werden mit Alkohol gefällt und diese Fällungen mit salzsäurehaltigem Alkohol wiederholt ausgewaschen. Die so behandelten Schleimmassen vertheilen sich wieder in Wasser und bilden,   *Darstellung im Allgemeinen.*

getrocknet, hornartige, knorpelige, zerreibliche Massen, geschmack-
und geruchlos. —

Zu den Pflanzenschleimen können gezählt werden:

1. Amyloïd. Schleiden und Frank beschrieben unter diesem
Namen Substanzen, aus den Cotyledonen verschiedener Leguminosen,
den Embryonen von Tropäolum majus, den Albumenzellen verschiedener Primulaceen dargestellt und zwar durch Extraction mit Wasser
in der Hitze. Die Lösungen geben mit Jodlösung theils gelbe bis
gelbrothe, auch blaue Färbungen, werden durch Alcohol gefällt und
zwar als Gallerte, die sich mit Jod blau färbt.

2. Lichenin. $C_6H_{10}O_5$ oder $C_{12}H_{20}O_{10}$. — Literatur: Berzelius,
Schweigg. Journ. 7. 336; Scher. Annal. 3. 288. — Guérin-Varry,
Ann. Chim. Phys. (2) 56. 247. — Mulder, Journ. pract. Chem. 15.
299., — Payen, Ann. sc. nat. bot. (2) 14. 85; Instit. 206. 128. 145. —
Davidson, Journ. pract. Chem. 20. 354. — Steinberg u. Dietrich,
ebendas. 25. 379. — Vogel, ebendas. 25. 382. — Knop u. Schneder-
mann, ebendas. 40. 389; Ann. Chem. Pharm. 55. 164. — Th. Berg,
Pharm. Zeitschr. Russl. 1873. 129. 161.

Vorkommen. Dieses dem Stärkmehl sehr verwandte Kohlehydrat findet sich
in verschiedenen Flechten, namentlich in Arten der Genera *Cetraria*,
Ramalina, *Usnea*, *Parmelia* und *Cladonia*, nach Schmidt (Ann.
Chem. Pharm. 51. 58) auch in dem Moose *Delesseria pinata* und
in dem aus zahlreichen Algenarten bestehenden Corsicanischen Wurm-
moos, *Helminthochortos s. Muscus corsicanus*. Es tritt darin nach
Knop und Schnedermann nicht in abgesonderten Körnern, sondern als aufgequollene, gleichartig zwischen den Zellen vertheilte
Masse auf. — Die Ansicht Maschke's (Journ. pract. Chem. 61. 1), das
Lichenin sei unter dem Einfluss freier Flechtensäuren aus Stärkmehl hervor-
gegangen und identisch mit seiner löslichen Stärke (vergl. S. 580), bedarf
weiterer Begründung.

Darstellung. Zur Darstellung des Lichenins dient Isländisches Moos. Man
befreit dasselbe nach dem Verfahren von Berzelius zuerst von den
bitter und kratzend schmeckenden Bestandtheilen (Cetrarsäure und
Lichesterinsäure) — sei es durch Maceriren mit Pottaschenlösung,
Kalilauge oder Kalkmilch, oder nach Payen durch aufeinander
folgendes Behandeln mit Aether, Weingeist, kaltem Wasser, sehr
schwacher Sodalösung, einprocentiger, wässriger Salzsäure und nochmals reinem Wasser —, kocht es dann 2 Stunden mit 9 Th. Wasser
aus, colirt kochend heiss, presst den Rückstand ab und entwässert
die aus der erkaltenden Flüssigkeit sich abscheidende Gallerte durch
Aufhängen in einem Leinentuche oder Ausbreiten auf Löschpapier.
Zur vollständigen Reinigung löst man sie nach Guérin-Varry

nochmals in kochendem Wasser und fällt die heiss filtrirte Lösung mit Weingeist. — Knop und Schnedermann übergiessen die Flechte mit einer reichlichen Menge rauchender Salzsäure, verdünnen nach längerem Maceriren mit Wasser, coliren, fällen den klaren Auszug mit Weingeist, entwässern den Niederschlag durch wiederholtes Behandeln mit absolutem Weingeist und entfernen darauf die anhängende Salzsäure durch Liegenlassen in fliessendem Wasser.

Th. Berg stellte das Lichenin auf folgende Weise aus Cetraria islandica dar: Die Flechten werden mit Wasser wiederholt ausgekocht, bis Alkohol in den wässrigen Auszügen keine Trübung bewirkt. Diese Lösungen scheiden beim Stehen (24 Stunden) das Lichenin als Gallerte ab, welche nach vollständigem Auswaschen in Salzsäure gelöst, abermals mittelst Alkohol gefällt wird.

Das Lichenin stellt eine farblose oder schwach gelbliche durchscheinende spröde harte, auf dem Bruch glasige, geruch- und geschmacklose, luftbeständige Masse dar, die sich nur schwierig pulvern lässt. Es quillt in kaltem Wasser beträchtlich auf, ohne sich zu lösen, giebt aber mit kochendem Wasser eine schleimige Lösung, die bei hinreicher Concentration beim Erkalten zur Gallerte erstarrt. In Weingeist und Aether ist es völlig unlöslich. (Guérin-Varry). In rauchender Salzsäure quillt es zu einer glashellen Gallerte auf, aus der es durch Weingeist unverändert wieder gefällt wird (Knop und Schnedermann). Mit wässrigem Kali giebt es eine vollkommen flüssige, durch Säuren nicht fällbare Lösung; auch von heisser Pottaschenlösung und heissem Baryt- und Kalkwasser wird es gelöst (Berzelius). In der heissen wässrigen Lösung erzeugt Bleiessig einen weissen Niederschlag, der nach der Formel

$$C_{12} H_{20} O_{10}, Pb_4 O_2$$

zusammengesetzt ist (Mulder). Mit Jod färbt sich das Lichenin gelb, grün oder blau, jedoch weit schwächer als Stärkmehl. Das von Berg dargestellte Lichenin giebt beim Kochen mit Wasser, beim Behandeln mit Malzauszug, Speichel, Pankreasauszug und Magensaft keinen Zucker, dagegen wohl beim Kochen mit verdünnter Salzsäure oder Schwefelsäure.

Bei der trockenen Destillation liefert das Lichenin ähnliche Producte wie Stärkmehl. Durch längeres Kochen seiner wässrigen Lösung verliert es die Eigenschaft, sich beim Erkalten auszuscheiden. Bei Behandlung mit kalter concentrirter oder kochender verdünnter Schwefelsäure entsteht eine nicht näher untersuchte Zuckerart. Beim Erhitzen mit Salpetersäure entsteht Oxalsäure. (Berzelius.)

Lichenin quillt im Eisessig stark auf und giebt, auf 100° C. erwärmt, eine Gallerte, welche der Formel $C_6 H_7 (C_2 H_4 O_2)_3 O_5$ entspricht. Schwefelsäure und Jod bläut, Chlorzink und Schwetzer's Reagens lösen dasselbe. Kali und Natron liefern damit Verbindungen.

3. Der Schleim von Orchisknollen.

Orchideen-
schleim. — Der nach Frank im Zelleninhalte der Orchideenknollen vorhandene Schleim wird aus den pulverisirten Knollen durch Extraction mit kaltem Wasser gewonnen, indem diese Lösung allmälig verdampft wird. Der so gewonnene Schleim ist noch reich an Mineralbestandtheilen, sowie stickstoffhaltigen Verbindungen. Seine Lösungen werden mit Alkohol und Bleiessig gefällt, dagegen nicht verändert durch Alkalien. Mit verdünnter Schwefelsäure entsteht Zucker, mit Salpetersäure Oxalsäure.

Verhalten im
Organismus. Pflanzenschleim wird nach Versuchen Voits (Zeitschr. Biol. 10. 59. 1874.) bei Fütterung von Salep an Hunden grösstentheils resorbirt, vermuthlich im unveränderten Zustande; in den Fäces gelingt der Nachweis desselben nicht.

4. Quittenschleim.

Quitten-
schleim. — Der Quittenschleim, die secundäre Membran der Epidermiszellen der Samen von Cydonia nach Frank bildend, tritt in 2 Modificationen auf: löslich und unlöslich. Letztere Modification auch in Kalilauge und Säuren unlöslich, wird mit Jodlösung weinroth, mit Schwefelsäure und Jod blau, quillt in concentrirter Schwefelsäure auf, mit Wasser wieder fällbar. Die lösliche Modification verhält sich gegen Schwefelsäure und Jod, wie die unlösliche, ist fällbar durch Alkohol. Roher Schleim wird durch essigsaure Bleiverbindungen (neutrales und bas. essigs. Blei), Eisenchlorid, Zinkchlorür, Quecksilberchlorid gefällt. —

Nach Kirchner und Tollens (Ann. Chem. Pharm. 175. 205) ist der Quittenschleim eine durch Säuren spaltbare Verbindung von gewöhnlicher Cellulose und Gummi. Dieselben schieden aus dem Quittenschleime in concentrirtem Zustande mittelst Salzsäure und Alkohol den reinen Schleim her, über Schwefelsäure getrocknet, als grauweisse Masse, aufquellend mit Wasser, von der Formel $C_{18}H_{28}O_{14}$.

Beim Kochen mit der 150fachen Menge verdünnter Schwefelsäure scheiden sich Flocken aus, während Zucker und Gummi in Lösung gehen. Diese Flocken sind nach den erwähnten Forschern Cellulose; dieselben färben sich mit Jod braun, mit Jod und Schwefelsäure blau, sind theilweise in Kupferoxydammoniak löslich. Diese Spaltung lässt sich folgendermassen ausdrücken:

$$C_{18}H_{28}O_{14} + H_2O = C_6H_{10}O_5 + 2\ C_6H_{10}O_5$$
$$\text{Schleim} \qquad\qquad \text{Cellulose} \qquad \text{Gummi.}$$

Giraud's
Pflanzen-
schleime. Giraud theilt die Pflanzenschleime in 3 Klassen:
1. pectinerzeugende, wie Traganthgummi.
2. Pflanzenschleime, welche durch die schwächsten Säuren in unlösliche Form übergeführt werden; pectinfrei. Hierher gehört Quittenschleim, der circa 20% des trocknen Schleimes an Cellulose enthält.
3. Pflanzenschleime, ohne Pectin, nicht fällbar durch Säuren, dagegen dadurch umwandlungsfähig in Dextrin und Zucker.

Leinsamenschleim könnte als Verbindung von Calciumphosphat mit einer schleimartigen, die Rolle eines Albuminoïd's spielenden Substanz betrachtet werden. Salep wird als Dextrinvarietät aufgefasst, Quittenschleim als eine Mischung von 20% einer veränderten Cellulose in Lösung gehalten von 60% einer anderen Cellulosevarietät, endlich der Schleim des Knorpeltangen als modificirte Cellulose. —

Die schleimig-gummiartigen Substanzen theilt ferner Giraud ab in:

1. gewöhnliche Gummiarten, Arabinhaltig
$\left\{\begin{array}{l}\text{1. Arabin,}\\\text{2. Bassorin,}\\\text{3. Cerasin.}\end{array}\right.$

2. Adragantin. Pectose: Traganthgummi

3. Pflanzenschleime:
  a) stets unlöslich in Alkalien und verdünnten Säuren (Cellulose des Quittenschleimes);
  b) stets unlöslich in Alkalien, mit Säuren Glycose und eine Art Dextrin bildend: Leinsamen-Knorpeltangschleim.
  c) in heissen concentrirten Alkalien löslich, durch Säuren in Glycose und Dextrin übergehend. — 21./6. 81. —

Gummiarten. $C_6 H_{10} O_5$ oder Polymere. — Literatur Arabin. Arabinsäure: Cruikshank, Scher. J. **3.** 289. — Vauquelin, Ann. Chim. Phys. **6.** 178. — Berzelius, Ann. Chim. Phys. **95.** 77. — Trommsdorff, N. Tr. **22.** 2. 254. — Quérin Varry, Ann. Chim. Phys. **49.** 248. **51.** 222. — Quibourt, Ann. Pharm. **9.** 221. — Mulder, Bullet. de Néerland. 1838. — Herberger, Repertor. **47.** 19. — Lassaigne, Berzel. Jahresb. **23.** 381. Ann. Chem. Pharm. **51.** 29. — Neubauer, J. pract. Chem. **62.** 193, Ann. Pharm. **102.** 105. — Ludwig, Chem. Centrbl. 1855. 376. — A. Gélis, Compt. rend. **44.** 144. — Hekmeyer, Scheck, Verhandl. en Onderzoek. **2.** 2. 167. — E. Fremy, Compt. rend. **50.** 124. — Biot, Persoz, Ann. Chim. Phys. **52.** 85. — Berthelot, Annal. Chim. Phys. **50.** 365. — Béchamp, Compt. rend. **51.** 265. — Hofmann, Ann. Chem. Pharm. **125.** 282. — Brüning, Ann. Chem. Pharm. **104.** 197. — Städeler, Annal. Chem. Pharm. **121.** 26. — Scheibler, Berl. Ber. **6.** 612. — Löwenthal u. Hausmann, Ann. Chem. Pharm. **89.** 112. — Barfoed, Journ. pract. Chem. **50.** 124. — Reichard, Berl. Ber. **8.** 807, Arch. Pharm. **9.** 97. — Hlasiwetz und Barth, Stzber. Wien. Acad. **53.** II. 479. — Béchamp, Journ. Pharm. Chim. **27.** 51. — Vogel, Schweiz. Wochenschr. Pharm. **16.** 227. — Mercadante, Gazz. chim. 1876. — Gröger, N. Jahrb. Pharm. **38.** 129. — E. Masing, Arch. Pharm. **15.** 14. III. 216. — C. Barfoed, Journ. pract. Chem. **11.** n. F. 186. — E. O. v. Lippmann, Berl. Ber. **13.** 1915.

Traganth: (Bassorin. Adragantin.)
Mohl, Botan. Zeitung. 1857. 33. — Frank, Journ. pr. Chem. **95.** 479. — Pringsheim, Jahrb. wiss. Bot. **5.** 1. — Giraud, l'union pharm. **16.** 249. — Mulder, Journ. pr. Chem. **16.** 297. — Schmidt, Ann. Chem. Pharm. **51.** 29. — Ludwig, N. Br. Archiv. **82.** 33.

Cerasin (Kirschgummi), siehe Arabin.

Mit Bezugnahme auf die oben schon beim Pflanzenschleim erwähnte Arbeit von Giraud mögen zunächst dessen Ansichten über die Zusammensetzung der Gummiarten erwähnt sein. Traganth

besteht aus pectinartiger Substanz (Pectose Fremy's) mit 7—10 %
löslichem Gummi.   Andauerndes Kochen löst Traganth, Salpetersäure bildet Schleimsäure, verdünnte Säuren verwandeln in Glycose
und Pectin, Alkalien Pectin, Pectinsäure, Metapectinsäure.

Kuteragummi ist identisch mit dem arabischen Gummi von
Gélis und Guérin's Cerasin.

Die Gummiarten im Allgemeinen sind entweder Desorganisations-
produkte fertiger Membranen im Rindenkörper vieler Pflanzen, die
sich über die Oberfläche der Borke ergiessen oder in der Pflanzenzelle (niemals im Zellsafte) auftretende Bestandtheile, die, soweit
nachweisbar, Stärke als Muttersubstanz haben.   Endlich kommen
dieselben mit Harzen gemengt vor.   Sämmtliche Repräsentanten
sind amorph, in Wasser löslich oder aufquellbar, nicht löslich in
Alkohol, färben sich nicht mit Jod oder Schwefelsäure mit Jod und
erzeugen mit Salpetersäure Schleimsäure.

Arabin.   Arabinsäure. $C_{12}H_{22}O_{11}$ (bei 100° C.) — Aus
Vorkommen. dieser Gummiart, verbunden mit Kalk und etwas Magnesia und
Kali, besteht das aus der Rinde verschiedener in Arabien, Aegypten,
Guinea, Senegambien u. a. O. einheimischer Acacia-Arten im dickflüssigen Zustande hervorgequollene und an der Luft eingetrocknete
arabische und Senegal-Gummi.   Es findet sich ferner in zahlreichen anderen Pflanzen, stimmt jedoch dann nicht immer mit
dem Acaciengummi völlig überein.   In manchen Fällen mag auch
der für Gummi gehaltene Körper Dextrin (s. dieses) gewesen sein.

Nach Städeler kommt ein mit dem Arabin übereinstimmendes Gummi
auch im Thierreich vor; derselbe fand es in einigen Gliederthieren, insbesondere im Maikäfer und der Seidenraupe und in ziemlich ansehnlicher
Menge in der Leber und in den Kiemen des Flusskrebses.

Künstliche
Darstellung.   Auch auf künstlichem Wege ist das Arabin dargestellt worden.   Nach
Neubauer und Fremy geht das Cerasin (s. unten) beim Zusammenbringen
mit ätzenden oder beim Kochen mit wässrigen kohlensauren Alkalien in
Arabin über.   Hofmann beobachtete eine Selbstzersetzung von Schiessbaumwolle in Oxalsäure und eine gummiartige Masse von allen Eigenschaften des Arabins.   Dagegen ist das aus Rohrzucker bei der Milchsäuregährung entstehende Gummi nach Brüning weder Arabin noch Dextrin.

Reindarstel-
lung aus
arabischem
Gummi.   Um das Arabin aus dem beim Verbrennen gegen 3 Proc. aus
Carbonaten von Kalk, Kali und Magnesia bestehender Asche hinter-
lassenden arabischen Gummi rein zu erhalten, versetzt man nach
Neubauer die kalt bereitete, möglichst concentrirte wässrige Lösung
mit Salzsäure bis zur stark sauren Reaction, fällt mit Weingeist,
nimmt den mit Weingeist gewaschenen Niederschlag wieder in salzsäurehaltigem Wasser auf, fällt wiederum mit Weingeist und wäscht

den nunmehr kalkfreien Niederschlag bis zur Entfernung aller Salzsäure mit Weingeist aus. — Nach Graham kann die Trennung
des Arabins von den Mineralbasen auch durch Dialyse der mit
Salzsäure angesäuerten Lösung bewirkt werden.

Die Abscheidung des Arabins aus Pflanzentheilen bietet, wenn *Abscheidung aus anderen Pflanzen.*
man auf völlige Reindarstellung verzichtet, keine besonderen Schwie-
rigkeiten. Hat man durch Ausziehen derselben mit Aether und
starkem Weingeist alle darin löslichen Stoffe entfernt, so kann das
Gummi durch Behandlung mit kaltem Wasser vollständig in Lösung
gebracht werden. Man erhitzt diesen wässrigen Auszug eine Zeit
lang zum Sieden, um vorhandenes Albumin zu coaguliren, filtrirt,
engt das Filtrat durch Eindampfen auf ein geringes Volumen ein
und versetzt nun mit starkem Weingeist, bis dadurch keine weitere
Trübung mehr hervorgebracht wird. Der zähe teigartige Niederschlag
wird mit Weingeist gewaschen, in möglichst wenig kaltem Wasser
gelöst, daraus durch Weingeist wieder ausgefällt und dieses Verfahren nöthigenfalls, namentlich wenn Zucker zugegen ist, noch
einige Mal wiederholt. Das so erhaltene Gummi kann zwar in
manchen Fällen ziemlich rein sein, ist aber meistens noch mit Farbstoffen oder auch mit anderen, dem Arabin in ihren Löslichkeitsverhältnissen ähnlichen Körpern (Inulin, Dextrin u. s. w.) verunreinigt. Mineralische Basen, die darin fast niemals fehlen werden,
können nach dem oben angegebenen Verfahren von Neubauer beseitigt werden. Immerhin bleibt es übrigens noch zweifelhaft, ob
das allgemein in der Pflanzenwelt verbreitete Gummi mit dem Arabin
der Acacia-Arten wirklich identisch ist (nach Mulder ist es meistens
Dextrin), denn bis jetzt ist nur das letztere genauer untersucht
worden, und alle nachfolgenden Angaben über Arabin beziehen sich
auf dieses. Scheibler hat die Identität des arabischen Gummi's
mit dem Gummi des Rübensaftes festgestellt.

Die arabischen Gummisorten des Handels sind keine reine *Eigen-schaften.*
Arabinsäure, sondern Gemenge von wenig lings drehender Arabinose
mit grösseren Mengen rechts drehender nicht näher gekannter Sub-
stanzen. Das Rübengummi ist nach Scheibler reicher an Arabin-
säure. Die reine Arabinsäure ist eine weisse, amorphe Masse, in
Wasser löslich, unlöslich in Weingeist und Aether. Die wässrige
Lösung, stark sauer reagirend, treibt Kohlensäure aus Carbonaten
aus, wird durch Alkoholzusatz nicht verändert, auch nach längerem
Stehen nicht; sofort tritt jedoch Fällung ein, wenn wenig Salz- oder
Salpetersäure oder eine Spur einer Salzlösung zugesetzt wird. Die
Lösung reiner Arabinose lenkt das polarisirte Licht nach links und
zwar ist $a = -34$ nach Béchamp, welcher bei Einwirkung von

Fermenten und Säuren verschiedene Aenderungen im Rotationsvermögen schilderte.

Die Arabinsäure bildet Salze, von welchen Calciumverbindungen $CaO\,12\,(C_6 H_{10} O_5)$ oder $CaO\,4\,(C_6 H_{10} O_5)$, ausserdem Verbindungen mit Kalium, Barium und schweren Metallen von complicirter Zusammensetzung von Neubauer und Heckmayer untersucht sind. Neutrales essigsaures Blei fällt Arabinlösungen nicht, dagegen basisches essigs. Blei.

Einwirkung rauchender Salpetersäure auf Arabinsäure (3 : 1) liefert beim Vermischen mit Wasser Nitroarabin ($C_6 H_9 (NO_2) O_5$), löslich in starkem Alkohol; Mischungen von 5 Th. rauchender Salpetersäure mit 3 Th. conc. Schwefelsäure liefern Dinitroarabin ($C_6 H_8 (NO_2)_2 O_5$). Verdünnte Salpetersäure oxydirt zu Schleimsäure bei gleichzeitigem Entstehen von Weinsäure, Oxalsäure (Liebig). Chlor zerstört Arabin, Jod färbt sich damit und liefert beim Erhitzen Jodoform (Millon). Ammoniak verändert Gummi bei 150^0 C. nach Schützenberger in ähnlicher Weise wie Cellulose. Beim Schmelzen mit Kali entsteht Ameisensäure, Essigsäure, Propionsäure, Kohlensäure, Oxalsäure, auch Bernsteinsäure (Hlasiwetz und Barth). Die trockne Destillation mit Kalk liefert Aceton (Fremy). Nach Berthelot entsteht aus Gummilösung mittelst Käse und Kreide Milchsäure neben etwas Weingeist.

Mit verdünnten Säuren liefert Arabinsäure in der Wärme Arabinose (siehe diese), nach Béchamp Gummicose.

Durch Einwirkung von Wärme (100^0 C oder 150^0 C) auf trocknes Arabin, sowie durch Einwirkung von concentrirter Schwefelsäure (Fremy) wird dasselbe in eine glasartige, durchsichtige Masse verwandelt, unlöslich in Wasser, nur darin aufquellend. Nach Barfoed ist dieser Uebergang von der Reinheit und Trockenheit der Substanz, sowie von der Behandlung abhängig. Dieses Uebergangsproduct führt den Namen Metaarabinsäure und ist Bestandtheil der Rüben, nach Fremy als metaarabinsaurer Kalk, Bestandtheil des Gummi's der Kirsch-, Pfirsich- und Pflaumenbäume, vermischt mit löslichem arabins. Kalke.

Paraarabin. — E. Reichard stellte aus Möhren und Runkelrüben nach Befreiung vom Safte durch Zerreiben und Pressen, sowie wiederholte Behandlung mit Wasser und Alkohol, und zwar aus dem so erhaltenen Pflanzengewebe durch mehrstündige Behandlung mit 1 % Salzsäure in der Wärme eine Lösung her, welche mit Alkohol eine Gallerte ausschied, die, bei 100^0 C. getrocknet, eine weise Masse darstellt. Diese Substanz, aufquellbar in Wasser, löst sich beim Kochen mit saurem Wasser, wird aber auf dieser Lösung mit Kali und Alkohol wieder gefällt. Diese Substanz, Paraarabin genannt, reducirt Kupferlösung nicht, wird aber durch Baryt- und Kalkwasser, sowie durch Bleisalze gefällt. Das Paraarabin besitzt die Formel $C_{12}H_{22}O_{11}$, verliert bei höheren Temperaturen Wasser und geht in $C_{12}H_{16}O_8$ über. Baryum und Bleiverbindungen sind bekannt. Salpetersäure oxydirt zu Oxalsäure, verdünnte Natronlauge oder Sodalösung verwandeln Paraarabin in Metarabinsäure, welche mit Säuren in Arabinose übergehen. Agar-Agar enthält Paraarabin. (Gelose von Payen.)

Die Angabe von Lehmann, dass das Arabin (Gummi arabicum) nicht resorbirt werde, sondern bei interner Einführung fast vollständig in die Fäces übergehe, während dasselbe im Blute und im Urin nicht nachweisbar sei, ist von Voit (Zeitschr. Biol. 10, 59) nach Versuchen am Hunde als irrig bezeichnet, wonach mindestens 46 % Gummi verdaut wurden. Die Möglichkeit einer Resorption in unverändertem Zustande ist nicht zu bestreiten, doch liegt die Annahme eines Uebergangs in Zucker unter dem Einfluss des Magen- und Pankreassaftes nahe. Reines Arabin findet medicinisch keine Anwendung. Verhalten im Organismus.

Holzgummi. Bei Arbeiten über die chemische Zusammensetzung des Holzes beobachtete Thompson (Journ. pract. Chem. 19. u. F. 146.) eine Substanz, welche aus Buchenholz, Birkenholz etc. durch Behandlung mit verdünntem Ammoniakwasser, nachheriges Auswaschen des Rückstandes, Lösen der Masse in Natronlauge von 1,07 spec. Gew. und Ausfällen hieraus mit Weingeist isolirt werden kann. Dieselbe hat die Formel $C_6H_{10}O_5$, wird vom Verfasser Holzgummi genannt, ist in heissem Wasser leicht löslich, nicht in Alkohol, dagegen leicht in verdünnter Natronlauge. Beim Kochen mit verdünnten Säuren resultiren Lösungen, die alkalische Kupferlösungen stark reduciren und der geistigen Gährung fähig sind. Basisch essigsaures Blei fällt die Lösungen, die das polarisirte Licht nach links drehen. Holzgummi.

Dextran. Bei der Milchsäuregährung geht neben Milchsäure nach Bruening (Annal. Chem. Pharm. 104. 191) eine Substanz in Lösung, welche nach Beseitigung des Kalkes etc. durch Alkohol fällt. Bei 130° C. besitzt dieselbe die Formel $C_6H_{10}O_5$. Scheibler (Chem. Centralbl. 1875. 164) hat im Rübensafte, besonders bei Verarbeitung unreifer Rüben, dieselbe Substanz gefunden und dieselbe als Dextran ausführlicher beschrieben. In Wasser zu einer klebrigen Flüssigkeit löslich, fällt Alkohol, Bleiessig, Barytwasser, auch alkalische Kupfersulfatlösung Dextran wieder aus. Die Rotation derselben ist $\alpha = +223°$. Mit verdünnter Schwefelsäure entsteht beim Kochen oder in zugeschmolzenen Röhren bei 120—125° C. Traubenzucker. Salpetersäure oxydirt zu Oxalsäure, rauchende Salpetersäure bildet eine Nitroverbindung. Lakmus wird nicht verändert durch Dextranlösungen. Gährungsgummi. Dextran.

Bassorin. (Adragantin. Traganthgummi. $C_6H_{10}O_5$. — So bezeichnet man den in kaltem Wasser unlöslichen, in warmem Wasser aufquellenden Bestandtheil des Bassora-, Traganth-, Acajou- und Simaruba- Bassorin.

Gummis, des Gummis von *Cactus Opuntia* und einiger anderer, bisweilen dem arabischen und dem Traganthgummi untergeschobener Gummiarten.

Zur Darstellung erschöpft man Bassoragummi (das neben Arabin und etwas Asche etwa 61 % Bassorin enthält, Guérin-Varry), oder das gleichfalls arabinhaltige Traganthgummi zunächst zur Entfernung des Arabins mit kaltem Wasser und wäscht dann den gebliebenen aufgequollenen Rückstand so lange abwechselnd mit salzsäurehaltigem Weingeist und Wasser, bis die Waschflüssigkeiten sich frei von Mineralbestandtheilen zeigen (Schmidt).

Das Bassorin bildet getrocknet eine farblose oder gelblichweisse, durchscheinende, spröde, geruch- und geschmacklose, luftbeständige Masse, die in Wasser unlöslich ist, aber darin zu einer Gallerte aufquillt. Es gleicht demnach dem Cerasin sehr, ist aber nach Fremy nicht damit identisch. Durch Kochen mit wässrigen Alkalien wird es nämlich nicht in Arabin, sondern in ein anderes, durch die Fällbarkeit seiner Lösung durch Bleizucker sich von diesem unterscheidendes lösliches Gummi verwandelt (Fremy). Auch wird es nach Guérin-Varry beim Kochen mit verdünnter Schwefelsäure zwar theilweise in Zucker übergeführt, aber dieser ist nicht gährungsfähig (Arabin und Cerasin liefern gährungsfähigen Zucker). — Mit vielem Wasser verdünnte Bassoringallerte gerinnt mit Bleiessig, mit Bleizucker nur schwach. (Siehe „allgemeiner Theil" oben).

Die Gummisorten des Handels lassen sich abtheilen in

1. Arabinsäurehaltige. Dieselben bestehen vorwiegend aus Arabinsäure, mit wenig Bassorin und Metarabinsäure. Hierher gehört das Gummi der Akazien. (arabisches, Senegal-).

2. Metarabinsäurehaltige, Gemenge von Metarabinsäure und Arabin. (Gummi der Kirsch-, Apricosen, Pflaumen- und Mandelbäume).

3. Bassorinhaltige, Bassorin und eine dem Arabin nahestehende Gummiart enthaltend (Traganth, Kutera-, Bassora-, Cocos-, Chacual- und Moringagummi).

Die arabischen Gummisorten des Handels zeigen sich nach den Beobachtungen Scheibler's (Berl. Ber. 6. 612) sehr verschieden in ihrem Rotationsvermögen, theils links, theils rechts drehend, so dass anzunehmen ist, dass verschiedene optisch active Substanzen neben Arabinsäure vorliegen müssen, was wohl begreiflich erscheint, wenn wir die Entstehung der Gummiarten berücksichtigen.

E. Masing versuchte mit Hilfe verschiedener Reagentien eine grössere Zahl Gummisorten des Handels, asiatische, afrikanische, arabische, amerikanische, zu charakterisiren, (Kaliumsilicat, Aluminiumsulfat, bas. Bleiacetat, Kupferacetat etc.), jedoch ohne Erfolg für die differentielle Diagnose, sowie für die chemische Charakteristik. —

Zu den Gummiarten sind ferner zu rechnen:

a) Der Schleim der Flohsamen, die secundäre Membran der Epidermis-Zellen des Samens (Frank), welcher in heissem Wasser vollkommen löslich, im trocknen Zustande eine braune Masse liefert, mit Jod und Schwefelsäure sich nicht bläut, gegen Alkohol, bas. essigs. Blei, Quecksilbersalze, alkal. Kupferlösung und Salpetersäure sich, wie der Pflanzenschleim überhaupt, verhält, mit Säuren Zucker bildet und wahrscheinlich die Formel besitzt: $C_{36} H_{68} O_{29} = 6 C_6 H_{10} O_5 - H_2 O$.

b. **Der Schleim der Leinsamen.** In histologischer Hinsicht mit Leinsamen-
schleim. dem vorhergehenden Schleime übereinstimmend, zeigt dieser Schleim, der übrigens keinenfalls rein isolirt war, genau das chemische Verhalten des Bassorins, dreht das polarisirte Licht nach rechts und ist in Kupferoxyd-ammoniak unlöslich.

Endlich dürfte noch dieser Gruppe zuzuzählen sein: der Schleim von *Althaea officinalis*, sowie von *Symphytum officinale*.

— 29./6. 81. —

Inulin. (Helenin, Alantin, Dahlin.) $C_6 H_{10} O_5$. — Literatur: V. Rose, Gehlen's Journ. Chem. **3**. 217. — John, Chemische Schriften **4**. 73. — Gaultier de Claubry, Ann. Chim. Phys. **94**. 200. — Payen, Journ. Pharm. (2) **9**. 389; Ann. Chim. Phys. (2) **26**. 102. — Mulder, Ann. Chem. Pharm. **28**. 278.; Versuch einer allgem. physiol. Chem. Braunschw. 1844. S. 226. — Waltl, Amylon und Inulin, Nürnb. 1829; auch Repert. Pharm. **27**. 263. — Parnell, Ann. Chem. Pharm. **39**. 213. — Köhnke, Arch. Pharm. (2) **39**. 289. — Crookwit, Ann. Chem. Pharm. **45**. 184. — Wosskressensky, Journ. pract. Chem. **37**. 309. — Bouchardat, Compt. rend. **25**. 274. — Dubrunfault, ebendas. **42**. 803. — Dragendorff, Materialien zu einer Monographie des Inulins, Petersburg 1870. — Prantl, Das Inulin. Ein Beitrag zur Pflanzenphysiologie. München. 1870. — Kraus, Bot. Zeitung 1875. 171. — Ferrouillat & Savigny. Schützenberger, Compt. rend. **68**. 1571. 814. — Sachs, Botan. Zeit. 1864. 85. — A. Béchamp, Journ. Pharm. Chim. (4) **26**. 505. — Komanos, Dissertation. Verdauung des Inulins 1875. — Lescoeur und Morell, Compt. rend. **86**. 216. — Braconnot, Ann. chim. phys. **25**. 358. — Cl. Marquart, Ann. Chem. Pharm. **10**. 92. — Prantl, Das Inulin 1870 München. — Lescocur u. Morelle, Compts. rend. **87**. 216. — Kiliani, Annal. Chem. Pharm. **205**. 145.

Die Untersuchungen von Kiliani geben der Formel $C_{36} H_{62} O_{31}$ — $6 \, (C_6 H_{10} O_5) + H_2 O$ die grösste Berechtigung.

Dieses Kohlehydrat wurde 1804 von Valentin Rose in den Entdeckung. Wurzeln der *Inula Helenium L.* entdeckt und als etwa die Mitte zwischen Stärkemehl und Zucker haltend bezeichnet. Seitdem ist es in zahlreichen anderen zur Familie der Synanthereae ge- Vorkommen. hörenden Pflanzen aufgefunden worden, jedoch mit Sicherheit niemals in einer Nichtcomposite, so dass Mulder's Ansicht, es finde sich in noch grösserer Verbreitung im Pflanzenreich als das Stärkmehl, als eine irrige bezeichnet werden muss (Waltl. Dragendorff). Nach Dragendorff u. A. beschränkt sich das Vorkommen des Inulins selbst innerhalb der genannten Familie auf die unterirdischen Theile der zwei- und mehrjährigen Pflanzen, die es im Parenchym der Rinde, der Markstrahlen und mitunter der Gefässbündel und zwar — wie es zuerst Link und Meyer 1837 und 1838 aus-sprachen — niemals in Körnern abgeschieden, sondern stets im gelösten Zustande beherbergen. Es sammelt sich darin während des Sommers an, so dass es im Herbst am reichlichsten vorhanden ist, erhält sich dann während des Winters in gleicher Menge, schwindet aber, sobald im Frühjahr die Entwicklung neuer Triebe beginnt, ganz oder theilweise, indem es sich in Levulin und Levulose verwandelt. Cultivirte Pflanzen enthalten im Allgemeinen mehr davon als wild gewachsene. (Man vergl. Dragendorff. S. 133.)

Mit Sicherheit aufgefunden wurde das Inulin in den Wurzeln der folgenden Syngenesisten, für welche der gefundene Procentgehalt sich auf Trockensubstanz von im Spätsommer oder Herbst gesammelten Wurzeln bezieht: *Inula Helenium L.* nach John zu 36, nach Dragendorff in älteren Wurzeln zu 22, in jüngeren zu 44 %; *Taraxacum officinale Wigg.*, nach Wittstein zu 17, nach Overbeck zu 20, nach Dragendorff zu 24 %; *Cichorium Intybus L.*, nach Dragendorff in zu Anfang Juli gesammelten cultivirten Wurzeln zu 36 %; *Anacyclus officinarum Hayne* nach John zu 40 %; *Anacyclus Pyrethrum D. C.*, nach Gaultier zu 33 %; *Helianthus tuberosus L.*, nach Braconnot zu 3 %, nach Payen zu 1,8 %, nach Dragendorff auch in *H. strumosus L.*, dagegen nicht in *H. annuus L.* und *H. Maximilianus Schrad.*; *Dahlia variabilis Desf.*, nach Dragendorff zu 34—40 %; *Lappa major Gärtn.*, *L. tomentosa Lam.* und *L. minor D. C.*, nach Dragendorff zu 45, resp. 27 und 19 %; *Carlina acaulis L.*, nach demselben zu 22 %; *Arnica montana L.*, nach demselben zu 9, 7 %; *Atractylis gummifera L.*, nach Lefranc zu 10 %. Auf mikrochemischem Wege hat es ferner Dragendorff nachgewiesen in den Wurzeln der Syngenesisten: *Lactuca scariola L., Onopordon illyricum L., Calendula officinalis L., Hieracium scabrum Aix, Apargia hispida Willd., Cephalario procera F.* und *L., Achillea stricta Schleich.;* mikroskopisch auch Wiggers und Berg in den getrockneten Rhizomen von *Achillea Ptarmica L.* Prantl giebt als inulinhaltig ferner an: *Hieracium Nestleri Vill., H. staticifolium Vill., H. tridentatum, Crepis biennis L., Lactuca perennis L., Sonchus arvensis L., Hypochaeris maculata* und *radicata L., Scorzonera purpurea* und *hispanica L., Aposeris foetida D. C., Cirsium rivulare Lk., oleraceum Scop., arvense Scop., bulbosum D. C.*, verschiedene Species von *Centaurea, Senecio nemorensis L., Pulicaria dysenterica Gärtn., Aster parviflorus Nees* und *alpinus L., Tussilago Farfara L., Petasites niveus Bmg.* und *spurius Rchb., Adenostyles alpina Bl.* und *Fyh., A. albifrons Rchb.*, und *Eupatorium cannabinum L.* — Alle älteren Angaben über das Vorkommen von Inulin in Nichtgenesisten, so z. B. *Angelica, Colchicum, Solanum, Menyanthes*, in der *Lerp-Manna* ect. bestehen vor der Kritik nicht (man vergl. Dragendorff); auch das von Biltz in den Sporen der Hirschbrunst, *Elaphomyces granulatus Fries*, angeblich zu 8 % aufgefundene Inulin ist nach Ludwig ein abweichendes, von ihm als Mykoinulin (s. dieses) bezeichnetes Kohlenhydrat. Einzig zweifelhaft bleibt in dieser Beziehung die im Mittelmeer vorkommende Alge *Acetabularia mediterranea Lamoir*, in deren in Weingeist aufbewahrten Exemplaren Nägeli Sphärokrystalle von Inulin aufgefunden zu haben scheint. Prantl fand neuerdings viel Inulin in der Wurzel von *Campanula rapunculoides L.* (Fam. Campanulaceae). G. Kraus hat Inulin nachgewiesen in nachstehenden den Compositen nahestehenden Familien Campanulaceae (Campanula, Michauxia, Phyteuma, Adenophora, Symphyandra, Musschia, Trachelium), Lobeliaceae (Pratia, Isolobus, Siphocampylus, Tupa, Centropogon,

Lobelia, Isotoma), Goodeniaceae (Guadenia, Selliera, Euthales), Stylidiaceae (Stylidium).

Zur Darstellung des Inulins wurden besonders herbeigezogen die Alant-, und Cichorien- und Löwenzahnwurzeln, die von *Helianthus tuberosus* stammenden Topinamburknollen und die Knollen der Dahlien oder Georginen. Sie gründet sich auf seine Leichtlöslichkeit in kochendem Wasser, aus dem es sich grösstentheils schon beim Erkalten, vollständiger auf Weingeistzusatz wieder abscheidet. Die Gewinnung in vollständig reinem Zustande ist aber dadurch sehr erschwert, dass sich eine Beimengung von einem in den Synantherenwurzeln vorkommenden eigenthümlichen Schleim, von Ammoniumverbindungen, Phosphaten, Citraten u. a. Salzen kaum ganz verhindern lässt. Dragendorff kommt bei seiner Prüfung der zur Darstellung am besten geeigneten Materialien, so wie der verschiedenen in Vorschlag gebrachten Darstellungsmethoden zu folgenden Resultaten:

1. Das beste Material zur Darstellung weissen Inulins ist der im Herbst bereitete Saft der Dahlienkollen; das billigste, wenn es nicht auf völlige Weisse des Präparats ankommt, sind getrocknete Cichorien- und Taraxacumwurzeln.

2. Verwendet man getrocknete Wurzeln, so lassen sich durch eine voraufgehende Behandlung mit kaltem Wasser viel fremde Stoffe entfernen, jedoch mit Einbusse von etwas Inulin und ohne dass die Beseitigung des Synantherenschleims eine vollständige wäre. Für Inula-Wurzel empfiehlt sich die von Köhnke vorgeschlagene vorangehende Erschöpfung mit Weingeist.

3. Zur Extraction des Inulins aus getrockneten Wurzeln genügt halb- bis einstündige Digestion mit Wasser von etwa 90°.

4. Die Abscheidung des Inulins aus seinen heissen Lösungen durch Abkühlung ist keine vollständige, auch mengen sich stets Salze und stickstoffhaltige Stoffe bei, die durch vorheriges Aufkochen mit Kohle, kohlensaurem Kalk, Ammoniak u. s. w. sich nicht völlig beseitigen lassen.

5. Vollständiger erfolgt die Abscheidung durch Vermischen der wässrigen Inulinlösung mit 3 Vol. Weingeist, doch mengt sich alsdann, namentlich bei Inula, Taraxacum und Cichorium viel Schleim bei.

6. Da der Schleim durch Weingeist leichter präcipitirt wird als das Inulin, so kann er, namentlich bei dem im Herbst nur wenig davon enthaltenden Dahliensafte durch fractionirte Fällung leicht ziemlich vollständig beseitigt werden. Das beste Mittel, ihn fortzuschaffen, bietet aber die von Woskressensky empfohlene

vorgängige Ausfällung der heissen Inulinlösungen mit Bleiessig, die allerdings, da die Flüssigkeit langsam filtrirt, die Darstellung erschwert.

Um aus frischen Dahlienknollen möglichst farbloses Inulin zu erhalten, presst man sie gut gewaschen und zerrieben schnell aus, versetzt den durch 12-18stündiges Stehen geklärten Saft mit höchstens seinem gleichen Volumen Weingeist von 80-90 %, Tr., filtrirt die ausgeschiedenen fremdartigen Stoffe möglichst schnell ab und präcipitirt dann durch Zusatz von weiteren 2 Vol. Weingeist das Inulin. Es wird mit 70 proc. Weingeist ausgesüsst und möglichst schnell bei höchstens 30° getrocknet, oder besser noch durch eine Centrifugale ausgeschwungen. Eine vollständige Befreiung von Beimengungen kann nur durch wiederholtes Auflösen in wenig heissem Wasser und fractionnirte Fällung mit Weingeist, besser noch durch Behandlung der heissen Lösung mit Bleiessig erreicht werden. Prantl stellte Inulin auf folgende Weise dar: Die zerriebenen Knollen werden mit dem gleichen Volumen Wasser wiederholt ausgekocht, bei geringem Zusatze von kohlensaurem Kalke, die erhaltenen Flüssigkeiten nach der Filtration eingedampft, bis zur beginnenden Hautbildung, dann stehen gelassen. Der nach 24 Stunden ausgeschiedene braune Brei scheidet beim Verdünnen mit Wasser Inulin mit weisser Farbe ab, das wieder in Wasser gelöst, mit Thierkohle entfärbt, sich aus dieser Lösung beim Verdampfen rein ausscheidet. — Komanos benutzt den ausgepressten Saft der Knollen, der beim Stehen einen Absatz bildet, der gelöst beim Verdunsten Inulin ausscheidet. —

Für die Darstellung aus Alant-, Löwenzahn- und Cichorienwurzeln, so wie aus Topinamburknollen finden sich die erforderlichen Anhaltspunkte schon in dem Vorhergehenden.

Beim Abkühlen heiss bereiteter wässriger Lösungen oder beim Versetzen derselben mit Weingeist scheidet sich das Inulin als zartes weisses, dem Stärkmehl ähnliches Pulver aus, das, wie dieses aus mikroskopischen Körnchen besteht, die aber, wie zuerst Sachs gezeigt hat, entschieden krystallinische Structur haben. Verdunstet man dagegen wässrige Lösungen des Inulins, so hinterbleibt dasselbe als wenig gefärbte gummiartige Masse.

Nach Dragendorff existiren zwei verschiedene Modificationen des Inulins, eine krystallinisch-schwerlösliche und eine amorph-leichtlösliche, von denen die letztere in den Pflanzen vorkommt und aus der krystallinischen durch Erwärmen mit Wasser auf Temperaturen über 50-55° entsteht, selbst aber durch Zumischen von kaltem Wasser, Weingeist, Glycerin, durch Berührung mit Staub, unfiltrirter Luft, Eis etc. in die erstere zurückverwandelt wird.

Das Inulin ist geruch- und geschmacklos, sehr hygroskopisch, klebt an den Zähnen und an feuchtem Papier. Sein specif. Gew. ist im völlig trocknen Zustande nach Dubrunfaut 1,462, nach Dragendorff 1,470, 1,3491 nach Kiliani. Es schmilzt bei 165°

zu einer gummiartigen Masse (Dragendorff). Von kaltem Wasser
wird es nur sehr wenig aufgenommen, aber indem es in Berührung
damit bei 50-55° in die leicht lösliche Modification übergeht, löst
es sich darin oberhalb dieser Temperatur sehr leicht. Solche heiss-
bereitete concentrirte Lösungen scheiden, wenn sie in mit Baumwolle verstopften Flaschen der Ruhe überlassen werden, oft in sehr
langer Zeit kein Inulin ab, während an offener Luft (nach Dragendorff, indem die darin schwebenden festen Theilchen den Anstoss
zur Verwandlung der amorphen in die krystallinische Modification
geben) das Erkalten Abscheidung herbeiführt. Nach Prantl ist
die günstigste Temperatur zum Lösen zwischen 80 und 100°. In
Weingeist, Aether, in Glycerin und Oelen ist das Inulin fast oder
ganz unlöslich. — Die wässrige Lösung dreht links. Dubrunfaut fand $[\alpha]j = -38,43$, Bouchardat und Dragendorff übereinstimmend $[\alpha]j = -34,1$ bis $-34,4$, Prantl $= \alpha = -72,42°$,
Lescoeur & Morelle und Kiliani stimmen annähernd. $= (\alpha) D$
$= -36,4°$, Das specifische Gewicht wässriger Inulinlösungen ermittelte Dragendorff bei einem Gehalt von:

$$10 \% \text{ Inulin} = 1,03967$$
$$5 \quad,, \quad ,, \quad = 1,01991$$
$$2 \quad,, \quad ,, \quad = 1,00811$$
$$1 \quad,, \quad ,, \quad = 1,00408$$

Inulinlösung diffundirt.

Nach Mulder ist das Inulin isomer mit dem Stärkmehl, was Dubrunfaut und auch Dragendorff bestätigt. Letzterer betrachtet den Wassergehalt des lufttrocknen Präparats nicht auf chemischer Verbindung, sondern
lediglich auf dessen starken Hygroscopicität beruhend.

Das Inulin geht Verbindungen mit den stärkeren Basen ein. Verdünnte
kalte Kali- oder Natronlauge lösen es reichlich und Weingeist fällt aus
diesen Lösungen alkalihaltigen Niederschlag. Barytwasser fällt aus wässrigen
Inulinlösungen Bariuminulat (Payen), Kalk- und Strontianwasser fällen dagegen
nicht. Neutrales und basisches Bleiacetat bewirken keine Fällung, aber
Bleiacetat und Ammoniak fällen weisses voluminöses Bleiinulat (Parnell).
Die Inulate sind kaum oder doch nur schwierig von constanter Zusammensetzung zu erhalten. — Jod erzeugt mit Inulin keine der Jodstärke entsprechende Verbindung, ist überhaupt ohne alle Farbenreaction darauf.

Beim Erhitzen für sich verändert sich trocknes Inulin unter 170°
nicht, aber oberhalb dieser Temperatur verwandelt es sich in eine caramel-
artige Masse. Feuchtes Inulin verändert sich beim Erhitzen viel leichter,
und wenn man Inulin mit Wasser im zugeschmolzenen Rohr nur auf 100°
erhitzt, so verwandelt es sich, je nach der Dauer der Operation, theilweise
oder ganz in Levulose (Dubrunfaut. Bouchardat. Crookwit), wobei
jedoch als Zwischenglieder Metinulin, ein dem Amidulin entsprechender
noch näher zu untersuchender Körper und Levulin (s. dieses) gebildet
werden (Dragendorff). Dieselbe Umwandlung wird sehr leicht durch Erwärmen mit verdünnten Mineralsäuren und stärkeren organischen

Säuren herbeigeführt, und zwar ungleich leichter als die entsprechende des Stärkmehls; ja sie erfolgt, wenn auch langsam, schon bei gewöhnlicher Temperatur. Nach Dragendorff treten auch in diesem Falle Metinulin und Levulin als Zwischenglieder auf. Dagegen üben Fermente wie Diastase, Hefe, Emulsin, Speichel u. s. w. nach Dragendorff's Versuchen nur eine sehr geringe saccharificirende Wirkung auf das Inulin aus. — Concentrirte Schwefelsäure löst das Inulin, wahrscheinlich unter Bildung von Inulinschwefelsäure (Dragendorff). Sehr verdünnte Salpetersäure verwandelt das Inulin in Zucker; solche von 1,2-1,3 spec. Gew. erzeugt beim Erhitzen Oxalsäure, Zuckersäure und Kohlensäure; rauchende Säure scheint kein Nitrosubstitutionsproduct zu erzeugen (Dragendorff).

Inulin wird von Kupferoxydammoniack gelöst, welche Lösung durch Säuren nicht verändert wird. Inulin mit Fehling'scher Lösung längere Zeit gekocht, giebt schwache Abscheidung von Kupferoxydul von jedenfalls gebildetem Zucker. Das Inulin schmilzt bei 165° zu einer dickflüssigen, etwas braun gefärbten Masse, die allmälig gummiähnlich wird und, in Wasser gelöst, mit Alkohol Inulin abscheidet, dagegen eine Substanz in Lösung abgiebt, die beim Verdampfen einen gummiartigen, süssschmeckenden Körper hinterlässt. Derselbe ist löslich iu Wasser, 90% Alkohol, reducirt Fehling'sche Lösung und hat die Formel $C_6H_{10}O_5$ (Pyroinulin). — Schützenberger hat ein Triacetylinulin dargestellt, Ferrouillat u. Savigny ein Heptaacetylinulin (?). —

Lescoeur u. Morell constatirten gegen früher behauptete Verschiedenheit der Inuline aus den verschiedenen Wurzeln die völlige Identität der Inuline aus Alant, Georginen, Cichorien mit einem Rotationsvermögen zwischen 35 u. 37°. Acetylderivate erwiesen sich ebenfalls aus den 3 Inulinen als identisch; es wurden dargestellt durch ¼ stündiges Erhitzen von 1 Th. Inulin 1 Th. Essigsäureanhydrid und 2 Th. Eisessig ein durch Aether fällbares Triacetylinulin, ein in Aether lösliches Tetraacetylinulin und auch eine Pentaacetylverbindung. — Natriuminulate besitzen eine Rotation von −33°. —

Aus den neuesten Arbeiten von Kiliani (siehe oben) dürften noch einige wesentliche Resultate zur Klarstellung vieler sehr auseinander gehender Angaben mitgetheilt werden.

Inulin wird beim Kochen mit Wasser, noch schneller mit verdünnten Säuren in Levulose umgewandelt. Mit verdünnter Salpetersäure wird dasselbe zu Ameisensäure, Oxalsäure, Traubensäure, Glycolsäure oxydirt. Bei Einwirkung von Brom und Silberoxyd entstehen Levulose und später Glycolsäure, keine Gluconsäure.

Inulin addirt keinen Wasserstoff, reducirt Fehling'sche Lösung nicht, aber ammoniakalische Silberlösung, ebenso auch Goldchlorid.

Bei Einwirkung von Barythydrat im zugeschmolzenen Rohre entsteht Gährungsmilchsäure. Invertin verändert Inulin nicht. Das Inulin steht nach diesen Resultaten in sehr nahen Beziehungen zur Levulose, und kann als das Anhydrid derselben betrachtet werden. —

Levulin. $C_6H_{10}O_5$ oder $C_{12}H_{20}O_{10}$. — Literat.: Ville u. Joulie,
Bull. soc. chim. (2) 7. 262. — Dragendorff, Materialien zu einer
Monographie des Inulins. Petersburg. 1870. S. 79 u. folg. — A. W. von
Reidemeister, Pharm. Zeitschr. Russl. 1880. 655.

Ville und Joulie fanden 1867 in dem Saft der Topinamburknollen *Entdeckung.*
neben Inulin ein vor ihnen auch schon von Dubrunfaut beobachtetes
eigenthümliches Kohlehydrat, das daraus durch Weingeist abgeschieden
werden konnte.

Dragendorff gelangt nun bei seinen Untersuchungen über das Inulin *Bildung und*
(s. dieses) zu dem Resultat, dass der nämliche Stoff auch künstlich aus dem *Vorkommen.*
Inulin, sowohl durch Erhitzen mit Wasser, als auch durch Behandlung mit
Säuren erzeugt werden kann und zum Inulin in derselben Beziehung stehe,
wie das Dextrin zum Stärkmehl. Wie nämlich letzteres durch die Zwischenglieder Amidulin und Dextrin in Glucose, so gehe das Inulin durch Metinulin
(s. beim Inulin) und Levulin in Levulose über. Dragendorff ist, gestützt
auf seine Beobachtungen, der Ansicht, dass auch im Pflanzenkörper diese
Verwandlung erfolge und die Ursache der allgemein constatirten Abnahme
des Inulingehalts in den Syngenesistenwurzeln im Frühjahr sei.

Zur Darstellung aus Inulin erhitzt man nach Dragendorff dasselbe *Darstellung.*
etwa 40—50 Stunden hindurch mit 4 Th. Wasser in zugeschmolzenen Glasröhren auf $100°$, fügt zu dem Röhreninhalt 3 Vol. Weingeist von $85—88°$,
um Metinulin und unzersetztes Inulin abzuscheiden, filtrirt nach 1—2 Tagen,
destillirt aus dem Filtrat den Weingeist ab, verdunstet den wässrigen Rückstand auf die Hälfte, digerirt ihn, wenn nöthig, mit Kohle und mischt nach
abermaligem Filtriren 5—6 Vol. absoluten Weingeist hinzu. Das gefällte
rohe Levulin wird zur Beseitigung der Levulose wiederholt aus concentrirter
wässriger Lösung durch absoluten Weingeist gefällt. — Aus frisch gepresstem,
durch einmaliges Aufkochen und Coliren gereinigten Frühlingssaft der
Topinamburknollen hat Dragendorff in ähnlicher Weise das Levulin dargestellt.

Durch Fällung mittelst Weingeist abgeschieden bildet das Levulin eine *Eigen-*
weisse krümliche, durch Verdunsten seiner wässrigen Lösung erhalten eine *schaften.*
blassgelbe extractförmige Masse, die erst allmälig etwas süsslichen Geschmack
bedingt. Es löst sich träge aber reichlich in Wasser. Die Lösung ist
optisch inactiv und reducirt alkalische Kupferoxydlösung erst nach dem Behandeln mit Säuren (letzteres Verhalten unterscheidet das Levulin vom
Levulosan). — Durch fortgesetztes Erhitzen mit Wasser, sehr leicht
durch Erwärmen mit verdünnten Säuren wird das Levulin in Levulose
übergeführt (Ville und Joulie. Dragendorff). — Die oben angeführte
Formel stimmt mit Dragendorff's Analyse. — v. Reidemeister stellt
Levulin zur Dextringruppe, weist nach, dass Levulin sich im geschlossenen
Rohre mit Wasser bei $100°$ nicht zersetzt, mit Hefe schnell vergährt. Der
Levulinzucker ist ein Gemenge von Levulose und einer reducirenden, aber
nicht polarisirenden Substanz.

Das Inulin verhält sich im Thierkörper analog dem Stärkmehl und soll *Verhalten im*
nach Lehmann sogar schneller als letzteres resorbirt werden. Bouchardat *Organismus.*
konnte es weder im Harn noch in den Fäces wiederfinden. Nach Dragendorff besitzt der Speichel bei Blutwärme eine geringe Einwirkung auf
Inulin, dagegen Pankreassaft und Galle nicht, und muss die Veränderung
des Inulins in Linksfruchtzucker besonders auf den sauren Magensaft zurück-

geführt werden. — Kobert, (Corresp. nat. Ver. Halle. **3**. 532. 1880) empfiehlt bei der Unschädlichkeit der Sinistrose für Diabetiker zur Darstellung amylumfreien Kleberbrods das zum Trocknen benutzte Stärkmehl des Klebers durch Inulin zu ersetzen, wodurch ein wohlschmeckendes, keine Steigerung der Zuckerausfuhr bedingendes Präparat gewonnen wird.

B. Traubenzuckergruppe. $C_6 H_{12} O_6$.

Glycose. Traubenzucker. Krümelzucker. Stärkezucker. $C_6 H_{12} O_6$. — Literatur: Lowitz, Croll's Annal. 1792. **1**. 218 und 345. — Kirchner, Schweigg. Journ. **14**. 389. — Braconnot, Schweigg. Journ. **27**. 337. — Dubrunfaut, Ann. Chim. Phys. (2) **53**. 73; (3) **18**. 99; **21**. 169. 178; Compt. rend. **23**. 38; **25**. 308; **29**. 51; **32**. 249; **42**. 228. 739. 901. — Guérin-Varry, Ann. Chim. Phys. (2) **60**. 54. — Péligot, Ann. Chim. Phys. (2) **67**. 136. — Berthelot, Ann. Chim. Phys. (3) **50**. 322. 369; **54**. 74; **60**. 95. — Buignet. Ann. Chim. Phys. (3) **61**. 233. — Gélis, Compt. rend. **51**. 331; Ann. Chim. Phys. (3) **52**. 386. — Anthon, Dingl. Journ. **151**. 213; **168**. 456; Chem. Centr. 1860. 292. — Mulder, Arch. Pharm. (2) **95**. 268. — Pasteur, Ann. Chim. Phys. (3) **58**. 323. — Gentele, Dingl. Journ. **152**. 68. 139; **158**. 427. — Fehling, Ann. Chem. Pharm. **72**. 106; **117**. 276. — O. Schmidt, Gött. Dissert. 1861. —

Aeltere Literatur, siehe Gmelin's Handbuch d. org. Chemie 4. Auflage. 1862. Band 4. 737. A. Grote, B. Tollens, Annal. Chem. Pharm. **175**. 181. Berl. Ber. **6**. 390. **7**. 1375 — F. Hoppe-Seyler, Zeitschr. anal. Chem. **14**. 308. — B. Tollens, Berl. Ber. **9**. 487, 615. 1531. **10** 1440. — F. Anthon, Centralbl. Agric. Chem. **12**. 352. — M. König, M. Rosenfeld, Wiener Sitzungsber. **74**. Abth. II. — Hesse, Annal. Chem. Ph. **176**. 89. Boussignaults, Compt. rend. **83**. 978. — A. Soldaini, Berl. Ber. **9**. 1126. — Bouchardat, Compt. rend. **73**. 1008. — H. Schiff, Berl. Ber. 1871. 908. — Lorrin, Compt. rend. **84**. 1136. — Brunner, Berl. Ber. **3**. 974. — Butlerow, Annal. Chem. Pharm. **120**. 295. — A. P. N. Franchimont, Berl. Ber. **12**. 1940. — H. Fudakowski, Berl. Ber. **9**. 42. — Loewig, Journ. prakt. Chem. **83**. 129. — Hesse, Ann. Chem. Pharm. **192**. 169. — M. Berthelot, Ann. Chim. phys. (5) **16**. 450. — S. Zinno, L. Valente, Garz, chim. **10**. 540. — U. Guyon, Bull. soc. chim. **33**. 258. — A. Breuer, Th. Zincke, Berl. Ber. **13**. 641.

Analytisches: C. Barfoed, Zeitschr. anal. Ch. **3**. 27. — R. Sachsse, Sitzungsber. Naturf.-Ges. Leipzig. — F. Strohmer und A. Klauss, Chem. Centralbl. **8**. 697. 713. — C. Neubauer, Berl. Ber. 1877. Lensen, Zeitschr. anal. Chem. **9**. 443. — Weil, Zeitschr. anal. Chem. **11**. 284. — R. Heinrich, Cem. Centralbl. **9**. 409. — C. Kraus, Berl. Ber. **10**. 556. — Soxhlet, Chem. Centralbl. **9**. 218. — Gratama, Zeitschr. anal. Chem. 17. Jahrg. 155. — Pellet, Compt. rend. **86**. 604. — K. H. Mertens, Berl. Ber 1873. 440. — Loiseau, Compt. rend. **76**. 1602. — F. Mohr, Zeitschr. analyt. Chem. 1873 296. — E. Perrot. Compt. rend. **83**. 1044. — Lagrange, Zeitschr. analyt. Chem. **15**. 111. — E. Salkowsky, Zeitschr. phys. Chem. III. Bd. 79. —

Mulder, (s. oben). — Neubauer, Zeitschr. analyt. Chem. 1. 377. — C. D. Braun, Zeitschr. analyt. Chem. 4. 187. — Barreswiel, Journ. Chim. Pharm. (3) 6. 301. — Bödecker, Zeitschr. ration. Medicin. 6. 2. — Löwe, Zeitschr. anal. Chem. 9. 20 und 224. — Gentele, Dingler's Journ. 152. 68. — Stahlschmidt, Berl. Ber. 1. 1é. — Knapp, Zeitschr. anal. Chem. 9. 895. — Soxhlet, Zeitschr. Zuckerrübenindustrie. 1880. Journ. pr. Chem. 21. 227. 289—318. — S. Zinno u. L. Valente, Gazz. chim. 10. 540. — U. Gayon, Bull. soc. chim. 33. 253. — Th. Zinke u. A. Brener, Berl. Ber. 13. 641. — F. Musculus u. A. Meyer, Compt. rend. 92. 528.

Die Glycose wurde in früheren Zeiten nicht vom Rohrzucker Geschichte. unterschieden. Erst 1792 zeigte Lowitz, dass im Honig eine vom gewöhnlichen Zucker verschiedene Zuckerart vorkomme, und 1802 wies Proust die Verschiedenheit des Zuckers der Trauben vom Rohrzucker nach. Im Jahre 1809 stellte Braconnot zuerst Glycose aus Cellulose, und 1811 Kirchhoff aus Stärkmehl dar. Obgleich nun in neuerer Zeit Dubrunfaut nachgewiesen hat, dass die bis dahin unter den Namen Glycose, Krümelzucker u. s. w. zusammengefassten Substanzen gewisse Verschiedenheiten, namentlich des optischen Verhaltens zeigen, so lässt sich gegenwärtig eine Trennung derselben noch kaum durchführen, da die Untersuchungen hierüber noch sehr der Vervollständigung bedürfen.

Die Glycose ist im Pflanzenreich sehr verbreitet, aber sie findet sich beinahe niemals allein, sondern, so namentlich in den süssen Früchten, die sie beim Trocknen oft als Ueberzug bekleidet, fast immer von Levulose in dem Verhältniss begleitet, wie beide im Invertzucker (vgl. S. 595) vorkommen. Da nun auch Rohrzucker ein häufiger Begleiter ist, so ist Buignet der Ansicht, dass in der Regel beide erst mit fortschreitender Vegetation aus primär vorhandenem Rohrzucker gebildet werden (vergl. S. 591). Ohne Levulose hat man die Glycose bis jetzt nur im Honigthau der Linde, begleitet von Rohrzucker (Biot, Ann. Chim. Phys. (3) 7. 351), und in der Eschen-Manna angetroffen. J. Boussignault, (Compts. rend. 74. S. 87) nimmt im Honigthau auch die Gegenwart von Dextrin an. Auch im Honig ist neben Rohrzucker, der beim Aufbewahren allmälig invertirt wird, und Invertzucker noch ein Ueberschuss von Glycose vorhanden (Dubrunfaut).

Die Glycose erzeugt sich auf mannigfache Weise aus anderen im Pflanzen- und Thierreich vorkommenden Substanzen, so namentlich aus fast allen anderen Kohlehydraten, wie bei den einzelnen näher ausgeführt ist, durch Behandlung mit verdünnten Säuren oder unter der Einwirkung gewisser Fermente, ferner aus Mannit oder Glycerin beim Gähren mit Eiweisskörpern, aus Dulcit bei oxydirender Behandlung mit Salpetersäure, endlich, wie in der Einleitung erörtert wurde, bei der Spaltung der meisten Glycoside. Von besonderem Interesse ist die von Löwig (Journ. pract. Chem. **83**. 133) beobachtete Bildung eines gährungsfähigen Zuckers bei Einwirkung von Natriumamalgam auf Oxalsäure-Aethyläther, bezüglich dessen es übrigens noch unentschieden ist, ob er mit der gewöhnlichen Glycose identisch war. Brunner, der diese Versuche wiederholte, erhielt Desoxalsäure, aber keine Zucker ähnliche Substanz. H. Fudakowski beobachtete bei der Inversion des Milchzuckers ebenfalls Glycose. A. Butlerow erhielt ferner durch Erhitzen von Dioxymethylen mit Kali oder Natronlauge eine alkalische Kupferlösung reducirende, süss schmeckende, optisch inactive, nicht gährungsfähige Substanz. Th. Zincke & A. Brener haben gefunden, dass die Körper, welche eine Gruppe: $CO.CH_2.OH$ besitzen, durch alkalische Kupferlösung in der Art oxydirt werden, als ob nicht diese Gruppe, sondern die isomere $CH.OH.CHO$ vorgelegen hätte. So giebt Benzoylcarbinol

$$C_6H_5.CO.CH_2.OH$$

bei der Oxydation Mandelsäure. Die Unmöglichkeit ist nicht ausgeschlossen, dass einige Verbindungen, wie die Glycosen, die Gruppe $CH.OH.CHO$ nicht enthalten, sondern die isomere Gruppe $CO.CH_2OH$. Bei dieser Annahme wird weiter erklärlich, warum einzelne derjenigen Zuckerarten, die als Combinationen von 2 Mole</br>cülen Glycose angesehen werden müssen, nicht mehr reducirend wirken.

Zur Darstellung von Glycose aus Traubensaft oder dem Saft anderer süssen Früchte sättigt man denselben gleich nach dem Auspressen nahezu mit Kreide oder Marmor, kocht ihn nach dem Absetzen auf, filtrirt, dunstet bei einer 70° nicht übersteigenden Temperatur zur Hälfte ein, klärt noch einmal durch längeres Absetzenlassen und setzt nun das Verdunsten bis zum specif. Gew. von 1,32 der Flüssigkeit fort. Nach längerem Stehen erstarrt diese zu einem körnigen Brei von Glycose-Krystallen, den man abpresst und durch wiederholtes Umkrystallisiren aus kochendem Wasser oder Weingeist unter Beihülfe von Thierkohle reinigt.

Vortheilhafter bereitet man die Glycose aus Honig. Man vertheilt zu diesem Zweck weissen körnigen Honig in $\frac{1}{3}$ seines Gewichts kalten starken Weingeists, der vorzugsweise die Levulose aufnimmt, filtrirt dann, presst den Rückstand stark aus, behandelt ihn nochmals in gleicher Weise mit $\frac{1}{10}$ kaltem Weingeist und krystallisirt ihn dann, nöthigenfalls unter entfärbender Behandlung mit Thierkohle, aus heissem Wasser oder Weingeist. — Ein anderes von Siegle (Journ. pract. Chem. **69**. 148) in Vorschlag gebrachtes Verfahren besteht darin, dass man den körnigen Honig auf trockne poröse Backsteine streicht; der flüssige, die Levulose enthaltende Antheil wird von diesen eingesogen und der nach einigen Tagen trockne Rückstand von Glycose kann durch Umkrystallisiren aus Weingeist leicht rein erhalten werden. — Enthielt der Honig noch Rohrzucker, so muss dieser nach beiden Darstellungsmethoden sich der Glycose beimengen.

Die Darstellung chemisch reiner Glycose gelingt nach Schwarz (Chem. Centralbl. 1872. 696) und Neubauer (Zeitschr. analyt. Chem. **15**. 192) dadurch, dass man 500—600 CC. Alkohol mit 30—40 CC. rauchender Salzsäure versetzt und in diese Mischung so lange gepulverten Rohrzucker einträgt, als noch davon gelöst wird und hierauf einige Zeit stehen lässt. — Auch Fr. Mohr hat eine Darstellung reiner Dextrose aus Stärkezucker angegeben. (Zeitschr. analyt. Chemie. **12**. 296.) Der so erhaltene Traubenzucker ist stets noch wasserhaltig und kann durch wiederholte Behandlung mit absolutem Alkohol in wasserfreien Traubenzucker umgewandelt werden.

Im Grossen stellt man Glycose aus Stärkmehl dar, das, wie bei diesem näher besprochen wurde, sowohl durch Kochen mit verdünnten Säuren, als auch durch Contact mit gewissen Fermenten in erstere übergeht. Man kocht das Stärkmehl mit 4 Th. Wasser und $^1/_{100}$ — $^1/_{10}$ Th. conc. Schwefelsäure unter Umrühren und beständigem Ersatz des verdunsteten Wassers, bis die Flüssigkeit durch Weingeist nicht mehr gefällt wird, also kein Dextrin mehr enthält. Sie wird dann mit Kreide neutralisirt und nach dem Absetzen und nach Behandlung mit Knochenkohle bis zum specif. Gew. von 1,38—1,40 eingedunstet, wobei der sich noch ausscheidende Gyps entfernt wird. Beim Erkalten erstarrt sie nun zu einer mehr oder weniger weissen harten Masse, welche in den Handel gebracht wird. Durch Umkrystallisiren aus starkem Weingeist lässt sich daraus reine Glycose gewinnen. (Fester, Kistenzucker, Stärkesyrup, Sirop impondérable).

aus
Stärkmehl.

Von Anthon (Dingler's Journ. **168**. 456) wird ein reiner und vollkommen weisser Stärkezucker im Grossen dadurch hergestellt, dass er die durch starkes Eindampfen der Zuckerlösung erhaltene Krystallmasse unter hydraulischen Pressen stark auspresst, den Rückstand bei 75—100° schmilzt und ihn dann umkrystallisirt.

Seltener wird die Umwandlung der Stärke in Glycose durch Diastase, das Ferment der gekeimten Gerste, bewirkt. Sie vollendet sich bei einer Temperatur von 60—65° in $2^1/_2$ bis 3 Stunden, und es genügt für 100 Th. Stärke 1 Th. Diastase oder der warm bereitete Auszug von 20—25 Th. Malz. Dubrunfaut nennt den auf diese Weise aus Sätrkmehl gebildeten Zucker „Maltose" und hält ihn für verschieden von der gewöhnlichen Glycose (s. unten).

Der Traubenzucker ist wasserfrei und mit Krystallwasser bekannt.

Eigen-
schaften.

Ersterer bildet harte, nicht hygroskopische Nadeln, welche in Wasser leicht löslich sind, aber nicht direct hierbei in den krystallwasserenthaltenden Zustand übergehen (Schmidt). Schmelzpunkt:

146 ⁰(wasserfrei), nach Hesse 83—84⁰. Der Krystallwasser enthaltende Traubenzucker ist entweder $C_6H_{12}O_6$, H_2O, aus Wasser oder Alkohol krystallisirt, warzenförmige krystallinische Massen bildend, welche bei 60⁰ erweichen und 86⁰ schmelzen und bei 100—110⁰ C ihr Krystallwasser verlieren, oder $2(C_6H_{12}O_6) . H_2O$ (Anthon), sog. hartkrystallisirter. Spec. Gew. des Traubenzuckers ist 1,54—1,57. Aus Methylalkohol krystallisirt Glycose in monoklinischen Krystallen. Der Traubenzucker ist in Wasser leicht und in Alkohol schwer löslich

$$100 \text{ Theile Wasser von } 100⁰ = \begin{cases} 81,68 \ C_6H_{12}O_6 \\ 89,36 \ 2(C_6H_{12}O_6), H_2O \\ 97,85 \ (C_6H_{12}O_6), H_2O. \end{cases}$$

100 Th. Alkohol von 0,837 sp. Gew. lösen bei 17,5⁰ C = 1,95

,,   ,,   ,,   0,880 ,,   ,,   ,,   ,,   ,,   = 9,30

,,   ,,   ,,   ,,   0,910 ,,   ,,   ,,   ,,   ,,   = 17,74

,,   ,,   ,,   ,,   0,950 ,,   ,,   ,,   ,,   ,,   = 36,45

Der Traubenzucker lenkt die Polarisationsebene des Lichtes nach rechts.

Polarisation.   Eine kurze Betrachtung über das sog. moleculare Drehungsvermögen überhaupt sowie über das Princip der Bestimmung der Ablenkung des polarisirten Lichtstrahles dürfte hier am Platze sein (mit Bezugnahme auf Landolt's vortreffliches Werk „Das optische Drehungsvermögen organischer Substanzen und die practischen Anwendungen desselben.") Die Drehung der Polarisationsebene ist nicht nur proportional der Länge der durchstrahlten Schichte, sondern sie ist auch bei gleicher Länge dem Gehalte derselben an optisch activer Substanz proportional. Löst man p gramme einer optisch activen Substanz in q gramm Lösungsmittel und ist δ die Dichtigkeit der Lösung, ist $\frac{p+q}{\delta}$ das Volumen der Lösung und $\frac{p\,\delta}{p+q}$ die Menge der in der Volumeneinheit vorhandenen activen Substanz. Füllt man mit einer solchen Lösung ein Rohr von der Länge l, so kann man den hiermit beobachteten Drehungswinkel α dem Producte $\frac{p\,\delta}{p+q}$ l gleichsetzen, sobald man noch eine Zahl $[\alpha]$ in die Gleichung einführt, welche dieser Genüge leistet. Man hat dann $\alpha = [\alpha] . \frac{p\,\delta}{p+q} . 1$.

Die Zahl $[\alpha]$ muss eine Constante sein, da der Werth der Drehung nur von $\frac{p\,\delta}{p+q}$ und 1 abhängig ist. Diese Zahl ist von Biot mit dem Namen moleculares Drehungsvermögen bezeichnet worden; um ihr eine in Worten ausgedrückte Bedeutung zu geben, setzt man das Lösungsmittel q = o und 1 = 1. Es wird dann $\alpha = [\alpha] \delta$ oder $[\alpha] = \frac{\alpha}{\delta}$ d. h. das moleculare Drehungsvermögen ist gleich dem Drehungswinkel in einer Schichte von der Länge l, wenn die active Substanz in einem indifferenten Mittel so vertheilt ist, dass sich in der Volumeneinheit die Gewichtseinheit befindet (siehe Wüllner's Lehrbuch der Physik, 2. Bd.). Die specifische Drehung eines Körpers ist eine constante Grösse und kann als charakteristisches

Merkmal der Substanz dienen. In diesem Falle ist es aber nothwendig, der Zahl für die specif. Drehung [α] noch beizufügen:

a) Den Lichtstrahl, auf den sich die Drehung bezieht (weissgelbes Licht D).

b) Die Natur des Lösungsmittels (Wasser, Alkohol etc.).

c) Menge activer Substanz in 100 Theilen Lösung (der Procentgehalt p) oder die Anzahl gramme in 100 C. C. (Concentration c).

d) die Temperatur t der Flüssigkeit bei der Bestimmung des Drehungswinkels. Auch ist das spec. Gew. der betr. Lösung oder die Volumbestimmung im Masskölbchen bei derselben Temperatur vorzunehmen (α).

e) Die Drehungsrichtung (+ oder —). Die spec. Drehung lässt sich nach der Formel: $[\alpha] = \dfrac{\alpha \cdot 100}{1 \cdot c}$ berechnen oder noch besser nach der Formel:

$[\alpha] = \dfrac{\alpha \cdot 100}{1 \cdot d \cdot p}$ wobei die Angabe des Procentgehaltes p der Lösungen, sowie die Bestimmung des spec. Gew. der Lösungen nothwendig wird. Die Apparate, welche in der Praxis Anwendung finden, sind die beiden Apparate von A. Mitscherlich, der Polaristrobometer v. Wild (von Hermann und Pfister in Bern vortrefflich geliefert), die Halbschattenapparate von Cornu, Jelett und Laurent, der Soleil-Ventzke — Scheibler'sche Sacharimeter.

Nach den Untersuchungen von Hoppe-Seyler, Tollens & v. Grote, Hesse ist das spec. Drehungsvermögen der wasserfreien Glycose nach Hoppe-Seyler für Harnzucker + 56,4, nach Tollens 53,1 für Natriumlicht, der wasserhaltigen nach Tollens 48,27. Landolt giebt folgende genauere Angaben hierüber:

Tollens für $C_6H_{12}O_6 + H_2O$. Wässrige Lösung t = 20°

$p = 8{-}91 \; (\alpha) \; D = 47,925 + 0,015534 \; p + 0,0003883 \; p_2$

$q = 9{-}92 \; (\alpha) \; D = 53,362 - 0,093194 \; q + 0,0003883 \; q_2$

für $C_6H_{12}O_6$ wasserfrei

$p = 7{-}83 \; (\alpha) \; D = 52,718 + 0,017087 \; p + 0,0004272 \; p_2$

$q = 17{-}93 \; (\alpha) \; D = 58,699 - 0,10251 \; q + 0,0004271 \; q_2$

Hoppe-Seyler bestimmte nach der Brock'schen Methode mit einer Lösung C = 36,277 wasserfreier Substanz und fand

für die Strahlen:	C	D	E	b.	F.
(α)	42,45	53,45	67,9	71,8	81,3

Hesse hat die spec. Drehung (α) D verschiedener Glycosen untersucht und findet bei t = 15°

C	Glycosehydrat	Honigzucker	Traubenzucker	Stärkezucker
1	49,77	—		50,00
3	47,33	—	47,87	48,08
6	46,58	—		46,79
12	46,34	—		46,83
Anhydrid	—		51,78	51,67
			(c = 2,8)	(c = 3)

Kalk erniedrigt die Drehung (Jodin. Compt. rend. **58**. 613).

Frisch bereitete Lösungen von Traubenzucker zeigen die Erscheinung der Birotation, d. h. der gelöste Traubenzucker dreht fast nochmal so stark $= + 106^\circ$. Solche Lösungen gehen beim Stehen, noch schneller durch Erhitzen für sich oder mit verdünnten Säuren zur ursprünglichen Rotation zurück (Bèchamp. Erdmann). Glycoselösungen an der Luft längere Zeit erwärmt, verlieren das Rotationsvermögen (Hesse).

Verbindungen und Zersetzungen. Alkoholische Traubenzuckerlösungen geben beim Vermischen mit alkoholischem Kali, Natron, Kalk, Baryt- oder Bleioxydlösungen flockige Ausscheidungen, welche als Verbindungen der genannten Metalloxyde mit Dextrose von zweifelhafter Zusammensetzung zu betrachten sind. E. Salkowsky beschreibt eine Verbindung von Kupferoxyd mit Dextrose, $C_6H_{12}O_6$ 5 CuO, durch Vermischen von 1 Molec. Traubenzucker, 5 Mol. Kupfersulfat und 10 Mol. Natronhydrat erhalten, dessen Existenz als chemische Verbindung von Worm-Müller und Hagen (Pflüger's Archiv **17**. 568) bestritten wird, worauf Salkowsky (Zeitschr. physiol. Chemie III. Bd. 79) nachweist, dass beim Vermischen von 1 Mol. Traubenzucker, 5 Mol. Kupfersulphat und 11 Mol. Natronhydrat in Lösung Ausscheidungen entstehen und zuckerfreie Filtrate. M. Fileti (Berl. Ber. **8**. 441) stellte ebenfalls eine Verbindung des Kupferoxydes mit Dextrose her durch Vermischen von Lösungen von 6 Th. KOH mit 2 Thl. Zucker unter Zusatz von essigsaurem Kupferoxyd, bis der entstehende Niederschlag sich löst, worauf Alkohol im Ueberschuss zugesetzt wird. Die hier erhaltene Ausscheidung hat die Formel $C_6H_6Cu_3O_6$, $2\,H_2O$. Mit Chlornatrium ist die Dextrose leicht verbindungsfähig. Man kennt 3 Verbindungen:

1. $C_6H_{12}O_6$, 2 NaCl
2. 2 ($C_6H_{12}O_6$), 2 NaCl, H_2O
3. 2 ($C_6H_{12}O_6$),   NaCl, H_2O,

von welchen die Letztere in Lösung die Eigenschaft der Birotation zeigt. Auch sind noch beschrieben $2\,C_6H_{12}O_6$, NaCl (Brunner, Ann. Chem. Pharm. **14**. 316. **31**. 199), $C_6H_{12}O_6$, NaCl, $1^1/_2\,H_2O$ (Städeler, Jahresber. Ch. M. 1854. 621).

Bromnatrium vereinigt sich nach J. Stenhouse (Chem. Centralbl. 1864. 64) ebenfalls mit Dextrose zu 2 ($C_6H_{12}O_6$) Na Br. Verbindungen mit CaO und BaO sind mit den Formeln $C_6H_{12}O_6$, CaO (Gmelin, Handbuch. 7. 761) und $4\,C_6H_{12}O_6$, 3 BaO und $(C_6H_{11}O_6)_2$Ba (Mayer, Ann. Chem. Pharm. **83**. 138. — Peligot, Ebendas. **30**. 73). — Durch längeres Erhitzen der Dextrose mit organischen Säuren wie Buttersäure, Benzoësäure, Essigsäure, Weinsäure, Stearinsäure entstehen Verbindungen mit diesen Säuren, die als amorphe, fette, feste oder ölige Massen von bitterem Geschmacke auftreten, löslich in Alkohol, Aether, auch Wasser durch Alkalien wieder zersetzbar in Zucker und die entsprechende Säure (Berthellot). —

Acetylverbindung. Chloracetyl giebt mit Traubenzucker schon in der Kälte ein Produkt von der Zusammensetzung $C_6H_7(C_2H_3O)_4O_5Cl$. von bedeutendem Drehungsvermögen (+ 1400), welches alkalische Kupferlösung reducirt und bei höheren Temperaturen wieder in Traubenzucker übergehen soll. (Colley, Compt. rend. **70**. 401). Schützenberger und Nauding haben Glycosidiacetat beschrieben, hellgelb, amorph, in Alkohol und Wasser löslich, $C_6 H_{10} (C_2 H_3 O)_2 O_6$, ebenso ein **Triacetat**, beide durch Einwirkung von Glycose mit Essigsäureanhydrid hergestellt. **Berthelot** beschreibt ein **Hexacetat**.

Essigsäureanhydrid und **geschmolzenes Natriumacetat** liefern mit Glycose bei 100° C. ein Acetylderivat, Octacetyldiglycose. (**Frauchimont**, Berl. Ber. **12.** 1940). H. **Schiff** erhielt bei Einwirkung von Anilin auf Glycose ein Glycosanilid $C_{12} H_{17} NO_5$, bei Einwirkung von Caramel auf Anilin bei 200° eine Verbindung $C_{30} H_{31} N_3 O_5$.

M. **König** und **Rosenfeld** erhielten bei der Behandlung einer alkoholischen Traubenzuckerlösung mit **Natriumäthylat** ein Natriumglycosat sehr hygroskopischer Natur $C_6 H_{11} NaO_6$, welches mit alkoholischer Bromlösung Glycose Bromnatrium liefert, neben Bromoform.

Concentrirte Schwefelsäure soll Dextrose in Dextroseschwefelsäure umwandeln, ebenso sollen Verbindungen mit Salpetersäure existiren. Beim längeren Kochen mit Schwefelsäure treten Huminsubstanzen auf neben geringen Mengen von Levulinsäure oder Ameisensäure.

Rauchende Salpetersäure liefert Nitroglycose, noch wenig gekannt (**Domonte** und **Ménard**, Compts. rend. **24.** 89). Verdünnte Salpetersäure liefert Zuckersäure und Oxalsäure, keine Weinsäure (**Liebig**).

Alkalien wirken ebenfalls zersetzend auf das Zuckermolecül ein. In der Kälte liefern Lösungen von Traubenzucker und Alkali Glycinsäure und Sacharumsäure. Erstere, (**Peligot**) auch Kalizuckersäure genannt, ist nicht mit der Glucinsäure **Mulder's** zu verwechseln, (aus Rohrzucker und Schwefelsäure erhalten) die nach **Tollens** und v. **Grote** kaum existiren dürfte, sondern ein Gemenge von Lävulinsäure und Dextrose ist. Heisse Kalilauge färbt Dextroselösungen braun (**Moore**), später entstehen weitere Zersetzungsprodukte. Die Sacharumsäure **Peligot's** beschreibt **Reichardt** als gelbbraunes Pulver, leicht in Alkohol und Wasser löslich. Destillation mit Kalk liefert Metaceton und Phoron enthaltendes Oel (**Lies-Bodart**).

Ammoniak erzeugt ebenfalls braun gefärbte, stickstoffhaltige Produkte.

Salzsäure zerstört beim Kochen das Vermögen der Dextrose, zu gähren. (**Bödecker**, Ann. Chem. Pharm. **117.** 111.) Gasförmige Salzsäure, in alkoholische Traubenzuckerlösung eingeleitet, liefert nach **Gautier** (Berl. Ber. **7.** 1549) eine dem Rohrzucker isomere Substanz, weiss, von bitterem Geschmack, reducirend, welche, mit Wasser auf 160° erhitzt, einen nicht gährungsfähigen Traubenzucker liefert.

Einwirkung von **Hitze** verwandelt Glycose bei 150° C. zunächst in eine braune Masse, (O. **Schmidt**) bei 170° in ein Gemenge von Glycosan, Glycose und Caramel (**Gélis**). Glycosan $C_6 H_{10} O_5$ ist nicht gährungsfähig, geht mit verdünnten Säuren in Traubenzucker über. Glycosan.

Bei 200° geht allmälig die Caramelbildung weiter und es entstehen braungefärbte, schmierige Produkte, die auch beim Erhitzen von Lösungen bei 100° C. im zugeschmolzenen Rohre entstehen.

Die leichte **Oxydationsfähigkeit** der Glycose lässt sich auf die mannigfachste Weise durch Reactionen beweisen. Obenan stehen die reducirenden Wirkungen bei Berührungen der Glycoselösungen mit Metalloxydlösungen, besonders bei Gegenwart von Alkali. Schwefelsaures Eisenoxyd und Eisenchlorid werden reducirt (**Hünefeld**), Eisenoxydhydrat geht in Eisenoxydulhydrat über (**Kuhlmann**), Gold-, Silber- und Wismuthsalze werden zu Metall reducirt, Kupferoxyd zu Oxydul (**Vogel**, A. C. **Becquérel**, **Trommer**). Oxydation
der Dextrose.

Bei letzterer Reaction entstehen nicht Gummisäure und ein gummiartiger Körper (Reichard), sondern nach Claus (Annal. Chem. Pharm. **147.** 114) Tartronsäure in geringer Menge neben Ameisensäure, Oxalsäure und Essigsäure.

Alkalische Lösung von Ferricyankalium (Gentele), von Indigo (Mulder), von Pikrinsäure oxydiren ebenfalls Traubenzuckerlösungen.

Bleisuperoxyd bei Gegenwart von Wasser oxydirt Traubenzucker zu Kohlensäure und Wasser, auch Ameisensäure, im trocknen Zustande tritt heftige Reaction ein. Mangansuperoxyd und Schwefelsäure oxydiren ebenfalls unter Bildung von Kohlensäure, eines Aldehydes, und eines dem Acroleïn ähnlichen Körpers. Ozon oxydirt in alkalischer Lösung Zucker zu Kohlensäure und Wasser. Fein zertheiltes Platin erzeugt nach M. Traube (Berl. Ber. **7.** 115) mit Glycose Kohlensäure und einen dem Essigäther ähnlichen Körper, der Jodoform liefert. —

Glycose reducirt in alkalischer Lösung Nitrobenzol (Vohl).

Chlor liefert beim Einleiten in verdünnte Zuckerlösung wahrscheinlich ein Additionsprodukt, das mit Silberoxyd Glykonsäure ($C_6 H_{12} O_7$) bildet. (Habermann, Annal. Chem. Pharm. **172.** 11).

Natriumamalgam erzeugt durch Reduction unter anderen Produkten aus Traubenzucker Mannit, nebenbei scheinen Aethyl, Isopropyl- und β Hexylalkohol zu entstehen (G. Bouchardat, Compts. rend. **73.** 1008)

Mit organisirten Fermenten, Hefe, (Sacharomyces) zerfällt die Glycose leicht in Kohlensäure nnd Alkohol bei gleichzeitiger Bildung von Bernsteinsäure, Glycerin und kleinen Mengen von Propyl-Butyl- und Amylalkohol (Fuselölen). (Siehe Gährungsprocesse).

<table><tr><td>*Umwandlung von Glycose in Dextrin.*</td><td>

F. Musculus u. A. Meyer haben mit Bezugnahme auf einen früheren Versuch im Jahre 1872 und die Arbeiten von Gautier concentrirte Schwefelsäure bei 60° auf kleinere Parthien geschmolzener Glycose einwirken lassen und sofort mit grösseren Mengen Alkohol versetzt. Es entstand eine unlösliche Alkoholverbindung, welche beim Kochen mit Wasser sich zersetzte und eine gelbliche amorphe Masse bildete, leicht löslich in Wasser, von fadesüsslichem Geschmacke, welche sich mit Jod nicht färbt, fällbar ist durch Alkohol, Fehling'sche Lösung nur schwach reducirt, nicht gährungsfähig ist, beim Kochen mit 4% Schwefelsäure in Zucker übergeht. Diese Substanz gleicht dem γ Dextrin von Musculus.

</td></tr></table>

<table><tr><td>*Nachweis und Bestimmung des Traubenzuckers.*</td><td>

Zum Nachweis und der quantitativen Bestimmung der Glycose dienen nachstehende Methoden, wobei bemerkt wird, dass es sich hier nicht um eingehende Besprechung der sämmtlichen analytischen Methoden handeln kann.

</td></tr></table>

1. Verhalten der Wismuthsalze in alkalischer Glykoselösung. (Boettger Journ. pract. Chem. **51.** 431). Es findet Anwendung bas. salpetersaures Wismuth, alkalische Wismuthoxydlösung (Francqué und van de Vyvere, Zeitschr. analyt. Chem. **5.** 263) oder auch Wismuthjodid (Bruecke, Zeitschr. analyt. Chem. **15.** 100), auf folgende Weise dargestellt: 5,5 gr. feuchtes bas. Wismuthnitrat werden in eine kochende Lösung von 30 gr. Kaliumjodid in 150 gr. Wasser gebracht, 10 Minuten damit geschüttelt, hierauf 5 gr. 25% Chlorwasserstoffsäure zugesetzt. Wismuth wird bei dieser Probe in der Wärme zu Metall (braun bis schwarz) reducirt. —

2. Reduction von Indigblau zu Indigweiss in schwach alkalischer Glycoselösung, wobei eine violette bis gelbe Färbung der Lösung eintritt. (E. Mulder. C. Neubauer).

3. Umwandlung von Pikrinsäure in schwach alkalischer Traubenzuckerlösung bei 90° C. in Pikraminsäure. (roth.) (C. D. Braun.)

4. Einwirkung von Alkalihydroxyden in der Wärme auf Glykoselösungen.
(Moore. Heller). Gelbe bis rothbraune Färbung, auf Zusatz von concentr.
Salpetersäure Geruch nach Caramel.

5. Glycoselösungen werden von bas. Bleiacetat und Ammoniak theilweise
ihres Glycosegehaltes beraubt.

6. Concentrirte Schwefelsäure giebt mit Glycoselösungen (gleiche Volumina) bei Gegenwart von einigen Tropfen Gallenlösung kirschrothe Färbung. (Pettenkofer.)

Die quantitative Bestimmung gründet sich auf nachstehende Principien.

1. Die Reduction von Kupferoxydsalzen, am besten $CuSO_4$, in alkalischer
Lösung durch Glycose, besonders bei Einwirkung der Wärme und Gegenwart
weinsaurer Salze.

100 Gew. Dextrose reduciren 5 Molec. $= 220,5$ Th. CuO zu Cu_2O (Fehling). Die Arbeit ist durchführbar auf volumetrischem oder gewichtsanaly-
tischem Wege. Die Darstellung einer solchen Lösung geschieht nach Bödecker am besten auf folgende Weise: 34,639 gr. reiner Kupfervitriol werden
in 200 CC. Wasser gelöst, dazu gemengt eine Lösung von 173 gr. weinsaurem Kalinatron in 480 CC. Natronlauge von 1,14 sp. Gew., worauf die
Verdünnung mit Wasser bis auf 1000 CC. erfolgt. 10 CC. dieser Lösung
sind $= 0,05$ Traubenzucker. —

Verbesserungsvorschläge, Kritiken dieses Principes nach verschiedener
Richtung hin, liegen in zahlloser Anzahl vor. Als beachtenswerthe Literatur
dürften zu erwähnen sein die Arbeiten von Loewe, L. Brunner (Zeitschr.
analyt. Chem. 11. 32). H. Schwarz (Annal. Chem. Pharm. 84. 84. M. F. Jean
(Zeitschr. analyt. Chem. 12. 111). Lagrange, Monier, Pellet, F. Soxhlet
über das Reductionsverhältniss der Zuckerarten zu alkalischen Kupferlösungen.
R. Ulbricht (Chem. Centralbl. 1878. 392). Gewichtsanalytische Bestimmung
des Traubenzuckers: M. Märcker, Chem. Centralbl. 1878. 584 u. Gratama,
Loiseau.

2. Reduction alkalischer Quecksilbercyanidlösungen durch Glycose zu
metallischem Quecksilber. (Knapp.)

Titerflüssigkeit: 10 gr. $HgCy_2$, in Wasser gelöst, mit 100 CC. Natronlauge
von 1,145 sp. G. vermischt und bis zu 1000 CC. verdünnt. 40 CC. dieser
Lösung zeigen 100 Milligr. Glycose an. Indicator ist Schwefelammonium
oder alkal. Zinnoxydullösung (R. Sachsse). Empfohlen wird diese Methode
von Pillitz und Lenssen.

R. Sachsse schlägt Auflösung von HgJ_2 in Jodkalium vor. 18 gr.
trocknes HgJ_2 werden in Wasser (25 gr. KJ enthaltend) gelöst, mit 80 gr.
Aetzkali vermischt und zum Liter verdünnt: $2HgJ_2 = 1 C_6H_{12}O_6$.

F. Strohmer und C. Klauss, sowie R. Heinrich bestätigen die
Brauchbarkeit dieser Methode. Die erstern erklären dieselbe für nicht
brauchbar bei Bestimmung von Dextrose neben Rohrzucker. Letzterer vermindert den Alkaligehalt der Lösung, wodurch dieselbe in dieser Richtung
brauchbar wird.

Hager (Zeitschr. analyt. Chem. 18. 380) schlägt zur Bestimmung von
Glycose eine kochsalzhaltige Quecksilberacetatlösung vor und wägt das beim
Kochen gebildete Hg_2Cl_2.

Verbesserungen und Prüfungen der Knapp'schen Methode sind vorhanden von **Brumme** und **Mertens** (Berl. Ber 1873. 440).

3) Eisenoxydlösung wird bei Gegenwart von Glykose durch Ammon nicht gefällt. (Riffard. Compt. rend. 77. 1103).

4. Reduction von Ferridcyankalium in alkalischer Lösung bei $60-80^{\circ}$ C. durch Glykose. (**Gentele, Stahlschmidt.**)

5. Gährungsprobe. 1 gr. wasserfreier Glycose $= 0{,}4665$ CO_2 (**Pasteur**).

<table><tr><td>Nachweis von
Glycose
neben Dextrin</td><td>Die Nachweisung von Traubenzucker neben Dextrin gelingt nach **Bar-foed** (Zeitschr. analyt. Chem. 12, 27) mittelst Lösung von Kupferacetat (1 Th. krystallisirtes Kupferacetat in 15 Th. Wasser gelöst, 200 CC. dieser Lösung mit 5 CC. Essigsäure versetzt). Neutrale Lösung von Kupferacetat giebt beim Stehen in der Kälte mit Glycoselösungen Reduction, mit Dextrin-lösungen nicht. Essigsäure-Lösung desselben Salzes giebt beim kurzen Aufkochen mit Glycoselösungen sofort Reduction. Dextrin nicht. —</td></tr></table>

— 9./7. 81. Hg. —

 In den Magen eingeführte oder dort aus Stärkmehl, Rohrzucker u. s. w. gebildete Glycose wird zum Theil daselbst in **Buttersäure** und **Milchsäure** (Gährungs-milchsäure) verwandelt, wobei der Magensaft unbetheiligt ist; die nämliche Meta-morphose geschieht auch in den unteren Partien des Darmcanals, wohin stets Zuckermengen bei Zuckerfütterung gelangen (**Lehmann, Bidder** und **C. Schmidt**), nach **Funke** rasch im wurmförmigen Fortsatze. Auch andere Säuren kommen im Blinddarm als Zersetzungsprodukte des Zuckers vor, vielleicht auch Benzoësäure (v. **Becker**, Zeitschr. wiss. Zool. 5. 123). Dass ein Theil des Zuckers unverändert ins Blut tritt, hat v. **Becker** zuerst evident durch Blutanalyse dargethan; die Grösse der Resorption steht dabei in gradem Verhältnisse zur Concentration der Zuckerlösung und ist in den ersten Stunden am lebhaftesten. Die Resorption geschieht nicht durch die Chylusgefässe, sondern durch die Venen, wie der grössere Zucker-gehalt des Pfortaderblutes beweist (v. **Mering**, Arch. Anat. Physiol. 379. 1877). Im Körper wird Zucker, bei nicht allzu übermässiger Zufuhr, allmälig zu Kohlensäure und Wasser verbrannt; die Zwischenprodukte sind bis jetzt nicht genau gekannt. Die Ansicht, dass Zucker bei mangelhafter Oxydation zu Fett umgewandelt werde, scheint irrig, und die mästende Wirkung bei grosser Zufuhr von Zucker oder zuckergebendem Material darin begründet, dass der Zucker durch seine Verbrennung die Oxydation der Albuminate hindert und deren Umwandlung zu Fetten befördert (F. **Hoppe**). Bei Ein-spritzung von 2,0 in die Drosselader erscheint bei hungernden Thieren $^{1}/_{10}$ (0,2) unter normalen Verhältnissen wieder, dagegen nach dem Diabetesstich 0,6 (**Seelig**, Vergleichende Untersuchungen über den Zuckerverbrauch etc. Königsberg 1873).

Levulose. Linksfruchtzucker. $C_6H_{12}O_6$ oder $C_{12}H_{24}O_{12}$. —

Literatur: **Dubrunfaut**, Ann. Chim. Phys. (3) 21. 169; Compt. rend. 29. 51; 42. 803. 901; 69. 1366. **Bouchardat**, Compt. rend. 25. 274. — **Gélis**, Compt. rend. 48. 1062; 51. 331. — **Buignet**, Ann. Chim. Phys. (3) 61. 264. — E. **Mach**, Dingl. Journ. 225. 470. — **Krusemann**, Berl. Ber. 9. 1465 — E. **Durin**, Compt. rend. 83. 128. — C. **Neubauer**, Berl. Ber. 1877. 827.   C. **Scheibler**, Dingler's Journ. 169. 379. — **Grote** und **Tollens**, Berl. Ber. 7. 1379. —

Hlasiwetz u. Habermann, Berl. Ber. **3**. 486. — J. D. R. Scheffer, Berl. Ber. 1877. 994. — Jodin, Compt. rend. **58**. 613. — E. Peligot, Compt. rend. **90**. 153. — A. v. Grote, E. Kehrer und B. Tollens, Ann. Chem. Pharm. **206**. 207—251. — Ch. Girard, Bull. soc. chim. **33**. 154.

Die Levulose ist im unreinen Zustande, nämlich gemengt mit Glycose, Rohrzucker, Dextrin oder Gummi, schon im vorigen Jahrhundert von Lowitz, Proust u. A. untersucht, aber erst Dubrunfaut gelang ihre Reindarstellung. *Geschichte.*

Sie findet sich, wie es scheint immer begleitet von Glycose (vergl. S. 144), häufig auch von Rohrzucker, in den meisten süssen Früchten und anderen zuckerhaltigen Pflanzentheilen, so wie auch im Honig. Ein isolirtes Vorkommen derselben ist bis jetzt nicht nachgewiesen worden, jedoch enthalten nach Buignet einige Birnen- und Aepfelarten mehr Levulose als Glycose, also nicht im Verhältniss des Invertzuckers, d. h. zu gleichen Atomgewichten, vielleicht deshalb, weil das ursprünglich aus dem Rohrzucker durch Inversion entstandene Gemenge beider bereits eine Zersetzung erlitt, die vorwiegend auf die Glycose wirkte. *Vorkommen.*

Mach und Kurmann beobachteten, dass in dem Safte der frisch geernteten Trauben, auch von Aepfeln und Birnen, Dextrose und Levulose nahezu in dem Verhältniss des Invertzuckers vorhanden sind, dagegen in conservirten Trauben mit der Conservirungszeit der Gehalt an Levulose zunimmt.

Die Levulose entsteht neben Glycose bei der Inversion des Rohrzuckers. Diese kann ausser durch das Ferment der süssen Früchte durch Kochen mit Wasser oder verdünnten Säuren, oder durch Berührung mit Hefe bewirkt werden (Dubrunfaut). Sie erzeugt sich auf die gleiche Weise auch aus Inulin (Bouchardat, Dubrunfaut), sowie aus Sinistrin. Endlich wird das auch aus Rohrzucker durch Hitze erhaltene Zersetzungsprodukt der Levulose, das Levulosan (s. unten), durch Kochen mit Wasser oder verdünnten Säuren wieder in Levulose verwandelt (Gélis). *Künstliche Bildung.*

E. Durin wies bei der von ihm beobachteten Cellulosegährung die Bildung von Levulose nach, die er aus Rohrzucker entstehen lässt.

$$2 \, (C_{12}H_{22}O_{11}) = C_{12}H_{20}O_{10} + C_{12}H_{24}O_{12}$$
$$2 \text{ Mol. Cellulose} + 2 \text{ Mol. Levulose.}$$

Zur Darstellung vermischt man 1 Th. künstlich dargestellten oder aus Früchten gewonnenen Invertzucker innig mit $^3/_5$ Th. Kalkhydrat und 10 Th. Wasser. Die Mischung erstarrt alsdann nach einigem Schütteln in Folge der Bildung von schwer löslichem Levulose-Kalk, den man durch starkes Pressen und Auswaschen vom flüssig bleibenden Glycose-Kalk befreit und hierauf durch Oxalsäure zerlegt. (Dubrunfaut). *Darstellung.*

Am besten gelingt die Darstellung der Levulose mit Hilfe der Anwendung von 100 g eines Syrupes, der 10 g Invertzucker enthält, welcher mit 6 g Kalkhydrat versetzt wird, und zwar bei Abkühlung. Die milchige Flüssigkeit gesteht allmälig zu einem Krystallbrei von Levulosekalk, der durch Leinwand abcolirt wird und mittelst Schwefelsäure, Kohlensäure oder Oxalsäure zersetzt werden kann.

Eigenschaften. Die Levulose ist nach Dubrunfaut ein farbloser unkrystallisirbarer Syrup, der eben so süss schmeckt wie Rohrzucker, sich in Wasser in jedem Verhältniss und in Weingeist leichter als Glycose löst. Sie ist linksdrehend und ihr Rotationsvermögen ist mit der Temperatur veränderlich; bei 14^0 ist $[\alpha]\,j = -106^0$, bei $52^0 = -79^0,5$ und bei $90^0 = -53^0$. — Ihre Zusammensetzung entspricht nach dem Trocknen bei 100^0 der oben angegebenen Formel; sie ist demnach isomer mit der Glycose.

Die Rotationsbestimmungen sind nicht ganz zuverlässig. Neubauer fand bei $t = 14^0 (\alpha)\, O = -100$. Jodin giebt folgende Zahlen an:

Lösung in Wasser $c = 12,8 (\alpha)j = -104$,
,,   ,, Alkohol $c = 12,8 (\alpha)j = -92$.

Kalk bewirkt eine Abnahme der Drehung.

Verbindungen. Mit Kalk erzeugt die Levulose eine leicht lösliche Verbindung, wahrscheinlich $C_6 H_{12} O_6$, $Ca\,O$, und die oben erwähnte schwer lösliche von der Formel $2 C_6 H_{12} O_6$, $3\,Ca\,O$, welche mikroskopische Nadeln bildet. Beide zersetzen sich im feuchten Zustande an der Luft unter Zerstörung des Zuckers.

E. Peligot erhielt aus Invertzuckerlösungen durch Schütteln mit gelöschtem Kalke Kalklevulose $C_6 H_{12} O_6$. $Ca\,(O\,H)\,2$, als weisses Pulver, löslich in 137 Th. Wasser.

Zersetzungen *Levulosan.* Beim vorsichtigen Erhitzen auf 170^0 verwandelt sich die Levulose unter Austritt von Wasser in Levulosan, $C_6 H_{10} O_5$, das aber bis jetzt nicht rein dargestellt werden konnte, da es sehr veränderlich ist. — In Berührung mit Hefe geht sie in weinige Gährung über, ohne, wie Rohrzucker, zuvor in Glycose übergeführt zu werden. Die übrigen Zersetzungen scheinen sich nicht von den entsprechenden der Glycose zu unterscheiden, sind überhaupt noch wenig studiert.

Levulinsäure. Beim Kochen einer Lösung von Levulose mit verdünnter Schwefelsäure entsteht Levulinsäure, eine bei 11^0 schmelzende, bei $250-260^0$ C. unzersetzt destillirende Substanz, optisch indifferent, von der Formel $C_5 H_8 O_3$ neben Ameisensäure und Huminsubstanzen. (Tollens). — Die weiteren Arbeiten von Kehner, A. v. Grote und Tollens zeigen, dass die Levulinsäure auch aus Traubenzucker durch Kochen mit verdünnter Schwefelsäure, noch besser Salzsäure (30 g. Dextrose u. 100 g. concentr. Salzsäure) entsteht, ebenso auch aus Milchzucker und Rohrzucker, was Conrad schon bewiesen hat. Dargestellt sind von dieser Säure der Methylester (191^0 Siedepunkt), der Aethylester ($200-201^0$ Siedepunkt), sowie der Propylester ($215-216^0$ Siedepunkt). Durch Erhitzen von 5 Th. Levulinsäure mit 20 Th. J H (1,96) und 1 Th. amorphem Phosphor entstehen bei 150^0 normale Baldriansäure, sowie Producte, den Paraffinen und Gliedern der aromatischen Reihe angehörig. —

Mit Chlor und Silberoxyd bildet sich aus Levulose keine Glyconsäure, sondern Glycolsäure (Hlasiwetz und Habermann).

Mittelst Natriumamalgam wird Levulose zu Mannit reducirt (Krusemann).

Neubauer bestimmt Levulose neben Dextrose auf indirectem Wege mittelst des Rotationsvermögens, von der spec. Drehung für Dextrose $= 53,1$ und derselben für Levulose von $— 100$ ausgehend. (Siehe die betreffende Arbeit und die Arbeiten von F. Soxhlet über das Verhalten der Zuckerarten gegen aklalische Kupfer- und Quecksilberlösungen). — 9./7. 81. Hg. —

Invertzucker. $C_6H_{12}O_6$ (siehe Rohrzucker). — Der durch

Fermenteinfluss, Wirkung von verdünnten Säuren auf Rohrzucker entstehende Invertzucker ist nach Dubrunfaut ein Gemenge von Dextrose und Levulose zu gleichen Theilen.

Das spec. Drehungsvermögen ist von Dubrunfaut angegeben:

$$t \quad\quad — 14^0 \quad\quad — 52^0 \quad\quad — 90^0$$
$$(\alpha) = — 26,5 \quad\quad — 13,33 \quad\quad — 0$$

was beweist, dass mit der Temperaturzunahme die Drehung abnimmt.

Tuchschmid (Journ. pr. Chem. (2) 2. 235) zeigt, dass eine wässrige Invertzuckerlösung mit $C = 17,21$ bei $0^0 = (\alpha)D = — 27,9$ hat und diese mit steigender Temperatur abnimmt. Alkohol vermindert nach Jodin (Compt. rend. 58. 613) die Linksdrehung, die beim Erwärmen sogar in Rechtsdrehung übergeht. Die quantitative Bestimmung des Invertzuckers ist ermöglicht durch das verschiedene Reductionsvermögen desselben gegenüber der Sachsse'schen Lösung von Jodquecksilberkalium. 40 CC. Quecksilberlösung $= 0,72 \, HgJ_2$ entsprechen 0,1072 Invertzucker, während von Dextrose 0,150 gr. zur Reduction von 40 CC. Lösung nöthig ist. Das Nähere hierüber: R. Sachsse, Farbstoffe, Kohlenhydrate und Proteïnsubstanzen. 1876. S. 221.

Als ein Repräsentant der Traubenzuckergruppe ist ferner zu erwähnen: Die Arabinose, $C_6H_{12}O_6$ (Scheibler, Berl. Ber. 1. 58. 108 und 6. 612). Bei den Untersuchungen über die Bestandtheile der Zuckerrübe gelang es Scheibler, zu constatiren, dass die früher Metapectinsäure genannte Substanz identisch sei mit Arabinsäure, welche bei Behandlung mit verdünnter Schwefelsäure einen Zucker liefern, der früher Pectinose nun Arabinose zu nennen ist. Dieselbe entsteht auch durch Kochen von Milchzucker mit einem Gemenge von 1 Vol. verdünnter Schwefelsäure (1:5) u. 2 Vol. Wasser. (Fudakowsky, Berl. Ber. 9. 11. 42. 1069).

Die Darstellung der Arabinose gelingt durch Behandlung der Arabinsäure mit verdünnter Schwefelsäure im Wasserbade, Neutralisation mit Baryumcarbonat und Ausscheidung der Arabinose aus concentrirter Lösung mit Alkohol. Rhombische Prismen, in Wasser löslich, süss schmeckend, besitzen das Vermögen alkalische Erden aufzulösen. Salpetersäure oxydirt Arabinose zu Oxalsäure. Fehling'sche Lösung wird ebenfalls reducirt, jedoch in einem anderen Verhältnisse. 180 Gew. Th. $= 1$ Mol. reduciren 443,4 Gew. Th. $= 5,58$ Mol. Kupferoxyd.

Arabinose ist nicht gährungsfähig. Specifisches Drehungsvermögen ist $+ 116 = 121^0$.

Mit Ag_2O liefert Arabinose, Glycolsäure, Oxalsäure, Lactonsäure, mit

Bestimmung.

Invertzucker.

Arabinose.

Salpetersäure, Schleimsäure (Kiliani, Berl. Ber. **13.** 2304). Mit Natriumamalgam entsteht Dulcit (Bouchardat, Ann. Chim. Phys. 27. 79).

Sorbin. $C_6H_{12}O_6$. Nucit. $C_6H_{12}O_6 + 2H_2O$ (s. „System").

Inosit. $C_6H_{12}O_6$. — Literat.: Scherer, Ann. Chem. Pharm. **73.** 322; 81. 375. — Cloetta, Ann. Chem. Pharm. **99.** 289. — Vohl, Ann. Chem. Pharm. **99.** 125; 101. 50; 105. 330. — Marmé, Ann. Chem. Pharm. **112.** 222. — Gintl, Sitzungsber. Wiener Academ. mathem. physik. Kl. **57.** 709. — A. Hilger, Ann. Chem. Pharm. 160. 333. — H. Vohl, Berl. Ber. **7.** 106; Ann. Chem. Pharm. **101.** 50. 105. — Gallois, Zeitschr. analyt. Chem. **4.** 264. — C. Neubauer, Landw. Versuchsstat. 1873. 427; Ann. Oenolog. 4. 490. 499. 115. — Tanret, Villiers, Bull. soc. chim. **31.** 138.

Entdeckung u. Vorkommen.

Der von Scherer im Herzmuskel entdeckte, dann von Cloetta und Müller in Lunge, Leber, Milz, Nieren und Gehirn des Ochsen, ferner in den menschlichen Nieren und im Harn bei gewissen pathologischen Zuständen, und von Limpricht in der Fleischflüssigkeit des Pferdes aufgefundene Inosit ist allem Anschein nach ein auch in der Pflanzenwelt ziemlich verbreiteter Körper. Zuerst constatirte Vohl sein Vorkommen in den grünen Bohnen von *Phaseolus vulgaris L.* (Vohl selbst hatte ihn anfangs für eigenthümlich gehalten und als Phascomannit, Simon schon früher als Phaseolin und Reinsch neuerdings (N. Jahrb. Pharm. **21.** 77) als Phaseolit bezeichnet), später hat ihn dann Marmé in den unreifen Schoten und Samen der Gartenerbse, *Pisum sativum L.*, in den unreifen Früchten der Linse, *Lathyrus lens K.* und der Acacie, *Robinia pseudacacia L.*, in den Köpfen von *Brassica oleracea capitata L.*, im Kraut von *Digitalis purpurea L.*, in den Blättern und Stengeln von *Taraxacum officinale W.*, in den Sprossen der Kartoffeln, im Kraut und den unreifen Beeren des Spargels, in den Pilzen *Lactarius piperatus L.* und *Clavaria crocea P.* und Gintl in den Blättern der Esche, *Fraxinus excelsior L.*, nachgewiesen. A. Hilger und Lindenborn wiesen Inosit als Bestandtheil des Traubensaftes nach; Neubauer fand denselben in den Blättern und Früchten des Weinstockes, sowie in den Rebthränen. Tanret & Villiers in Wallnussblättern.

Darstellung aus Pflanzen.

Zur Darstellung aus grünen Bohnen hängt Vohl dieselben im zerschnittenen Zustande in einem Pressbeutel in heissem Wasserdampf oder in kochendes Wasser, presst sie dann aus, verdunstet die Pressflüssigkeit zum Syrup und versetzt sie mit Weingeist bis zur bleibenden Trübung. Es krystallisirt alsdann der Inosit bei längerem Stehen heraus und wird durch wiederholtes Umkrystallisiren aus Wasser mit Hülfe von Thierkohle gereinigt. Die Ausbeute beträgt $^3/_4\%$ vom Gewicht der Bohnen. — Marmé reinigt die wässrigen Auszüge der betreffenden Pflanzentheile durch Ausfällen mit Bleizucker, dem er bisweilen eine Ausfällung mit Gerbsäure vorhergehen oder eine Behandlung mit Kalkmilch oder mit

Thierkohle nachfolgen lässt, und fällt sie dann mit Bleiessig unter Zusatz von Ammoniak. Der den Inosit enthaltende gut ausgewaschene Bleiniederschlag wird unter Wasser durch Schwefelwasserstoff zersetzt und das stark eingedampfte Filtrat mit 2 Vol. Weingeist, wenn nöthig auch noch mit etwas Aether versetzt. Nach einigen Tagen schiesst dann der Inosit in blumenkohlähnlichen Krystallen an, oder es giebt wenigstens die Flüssigkeit die weiter unten anzuführende charakteristische Salpetersäure - Chlorcalcium-Reaction (Hilger).

Der Inosit krystallisirt in farblosen langen, dem Gyps ähnlichen Tafeln oder in blumenkohlartigen Aggregaten mit 2 Atomen Krystallwasser ($2\,H_2O$), die in trockner Luft oder bei 100^{0} zu einer weissen undurchsichtigen Masse verwittern. Unter 0^{0} scheiden sich nach Vohl auch aus einer conc. wässrigen Lösung wasserfreie undurchsichtige Krystalle ab. Der entwässerte Inosit schmilzt erst über 210^{0} zu einer farblosen Flüssigkeit, die bei raschem Erkalten krystallinisch, bei langsamem amorph erstarrt. Das specif. Gew. des wasserhaltigen Inosits ist 1,1154 bei 5^{0} (Vohl). Er schmeckt rein süss. Er löst sich nach Vohl in 6 Th. Wasser von 19^{0}, nach Cloetta in $6\frac{1}{2}$ Th. von 24^{0}. Von wässrigem Weingeist wird er in der Kälte nur wenig, reichlicher beim Kochen gelöst; in absolutem Weingeist und Aether ist er unlöslich. Die Lösungen besitzen kein Rotationsvermögen.

Inosit fällt neutrales essigsaures Blei nicht. Für den durch Bleiessig in Inositlösungen bewirkten gallertartigen, zu einer gelben zerreiblichen Masse austrocknenden Niederschlag berechnet Kraut (Gmelin's Handbuch. 7. 783) aus Cloetta's Analysen die Formel $C_6H_{11}PbO_6$, Pb_4O_2.

Ueber seinen Schmelzpunkt hinaus erhitzt wird der Inosit zerstört. Bei raschem Erhitzen an der Luft verbrennt er unter Verbreitung des Geruchs nach verbrennendem Zucker. — Löst man wasserfreien Inosit in kalter Salpetersäure von 1,52 spec. Gew. und fällt die Lösung durch conc. Schwefelsäure, so scheidet sich Nitroinosit, $C_6H_6(NO_2)_6O_6$, ab, der aus kochendem Weingeist in farblosen, in Wasser unlöslichen Rhomboëdern krystallisirt und unter dem Hammer detonirt. Beim Erwärmen des Inosits mit verdünnterer Salpetersäure entsteht Oxalsäure.

Vohl hat ferner Hexanitro- und Tetranitroinosit hergestellt. — Verdünnte Säuren und Alkalien sind ohne Einwirkung auf Inosit, ebensowenig wird alkal. Kupferlösung reducirt. Der Inosit ist nicht gährungsfähig, in Berührung mit faulenden thierischen Stoffen, Kreide zerfällt derselbe in Milchsäure und Buttersäuregährung. Die Milchsäure ist nach Vohl Gährungsmilchsäure (Aethylidenmilchsäure), nach Hilger Aethylenmilchsäure.

Verdunstet man nach Scherer Inosit mit Salpetersäure vorsichtig bis fast zur Trockne, befeuchtet den Rückstand mit etwas Ammoniak und Chlorcalciumlösung und verdunstet wieder, so hinterbleibt eine rosarothe Masse. Noch $\frac{1}{4}$ Milligrm. Inosit soll auf diese Weise zu erkennen sein. — Zur

Nachweisung des Inosits im Harn fällt Gallois (Zeitschr. analyt. Chem. 4. 264) denselben erst mit Bleizucker, dann mit Bleiessig aus, zersetzt den letzteren Niederschlag unter Wasser mit Schwefelwasserstoff, verdunstet das Filtrat und erwärmt den Rückstand mit ganz wenig salpetersaurem Quecksilberoxyd, wodurch bei Anwesenheit von Inosit vorübergehend rosenrothe Färbung hervorgerufen wird. (?)   — 9./7. 81. H. —

C. Die Rohrzuckergruppe: $C_{12}H_{22}O_{11}$.

In diese Gruppe sind aufzunehmen eine Anzahl Zuckerarten, welche keine allgemeine Verbreitung besitzen und deshalb eingehender im System besprochen werden, hier nur der Uebersicht halber Erwähnung finden.

Synanthrose, Bestandtheil der Synanthereen.

Mycose oder Trehalose, Bestandtheil verschiedener Pilze etc.

Melezitose, Bestandtheil der Manna von Briançon (Pinus larix).

Melitose, Bestandtheil der sog. australischen Manna.

Milchzucker. Die Aufnahme des Milchzuckers in die Klasse der Pflanzenstoffe überhaupt hat trotz den Beobachtungen Bouchardat's (Compt. rend. **73.** 462), dass Milchzucker Bestandtheil von Achras sapota wäre, vorläufig noch keine Berechtigung.

Maltose. **Maltose.** $C_{12}H_{22}O_{11} + H_2O$. — Literatur: Dubrunfaut, Annal. Chim. Phys. (3) **21.** 178. — E. Schulze, Berl. Ber. 7. 1047. — C. O'Sullivan, Chem. society. 10. 597; Monit. scientif. 4. 210; Berl. Ber. 1876. 949. — M. Märcker, Berl. Ber. 1877. 2234. — v. Mering und Musculus, Zeitschr. physiol. Chem. 1. 395. — W. G. Valentin, Monit. Scientif. 6. 1203. — H. Yoschida, Chem. News. **43.** 29. — Herzfeld, Berl. Ber. **13.** 367. **12.** 2120. — Brown. Heron, Ann. Chem. Pharm. **199.** 201.

Bei der Einwirkung von Diastase auf Stärke entsteht, was Dubrunfaut zuerst beobachtete, eine mit dem Traubenzucker nicht identische Zuckerart, Maltose, deren Entstehung von O'Sullivan und E. Schulze wiederholt bestätigt wurde. M. Märcker denkt sich die Einwirkung der Diastase auf Stärke in der Weise, dass 4 Stärkegruppen bei 60° 3 Maltose und 1 Dextrin, bei 65° 2 Stärkegruppen = 1 Maltose und 1 Dextrin liefern. O'Sullivan erklärt die Einwirkungen der Diastase auf Stärke durch folgende Gleichungen:

$$\text{bei} \quad 63° \quad C_{18}H_{30}O_{15} + H_2O = C_{12}H_{22}O_{11} + C_6H_{10}O_5$$
$$64\text{—}70° \quad 2\,(C_{18}H_{30}O_{15}) + H_2O = C_{12}H_{22}O_{11} + 4\,(C_6H_{10}O_5)$$
$$„ \quad 70° \quad 4\,(C_{18}H_{30}O_{15}) + H_2O = C_{12}H_{22}O_{11} + 10\,(C_6H_{10}O^9)$$
$$\text{Stärkmehl} \qquad\qquad = \text{Maltose} + \text{Dextrin.}$$

Stärke mit Diastaselösung bei 60° verzuckert, wird auf ein kleines Volumen verdunstet und mit Alkohol versetzt. Das Filtrat dieser Fällung, bis zur Syrupsconsistenz verdunstet, wird mit absolutem Alkohol ausgekocht, aus welcher Lösung beim freiwilligen Verdunsten über Schwefelsäure krystallinische Massen von Maltose erhalten werden.

Die Krystalle, $C_{12}H_{22}O_{11} + H_2O$, sind in Wasser, Alkohol löslich, reduciren Kupferlösung nach O'Sullivan wie 63,9—65,5 Dextrose, nach Schulze gleich 66—67 Dextrose, zeigen ein spec. Drehungsvermögen $[\alpha] = 150°$ (O'Sullivan) oder 149,5° (Schulze). Beim Kochen mit verdünnten Säuren nimmt das Reductionsvermögen gegen Fehling'sche Lösung zu. Maltolösungen reduciren saure essigsaure Kupferlösungen nicht. — Mit Natriumacetat und Essigsäureanhydrid entsteht eine Octacstylmaltose (Herzfeld). Yoschida erhielt mit Salpetersäure Zuckersäure, mit Chlor bei Gegenwart von Wasser Gluconsäure, mit Essigsäureanhydrid und Eisessig

$$C_{12}H_{22}O_{11}, \ C_2H_3O.$$

Rohrzucker. $C_{12}H_{22}O_{11}$. (Sacharose.) — Literatur: Aeltere Literatur: Siehe L. Gmelin's Handbuch. 4. Aufl. v. C. Kraut. S. 737 bis zum Jahre 1861. — Peligot, Ann. Chim. Phys. 73. 103. — Gélis, Compt. rend. 48. 1062. — Völckel, Ann. Chem. Pharm. 86. 63. — Schönbein, Poggend. Ann. 52. 104. — Béchamp, Ann. Chim. Phys. (2) 54. 28; Compt. rend. 59. 496. — Buignet, Ann. Chim. Phys. 61. 243. — Jodin, Compt. rend. 53. 1252. 55. 720. 58. 613. — Schützenberger, Compt. rend. 61. 485. — Jary, Ann. Chim. Phys. 5. 350. — Sostmann, Zeitschr. Chem. 1866. 254. 480. — Bodenbender, Zeitschr. Chem. 1866. 124. — Hochsteller, Journ. pract. Chem. 29. 21. — Monier, Compt. rend. 56. 663. — Simler, Th. Chem. Centralbl. 1862. 378. — Siewert, Zeitschr. gesammt. Naturw. 14. 337. — Schoonbroodt, Compt. rend. 52. 1071. — Friedländer, Zeitschr. Chem. 1866. 155. — Millon, Compt. rend. 21. 828. — Michaelis, Journ. pract. Chem. 56. 423. — Gottlieb, Ann. Chem. Pharm. 52. 122. — Fehling, Ann. Chem. Pharm. 106. 57. —

Verbreitung des Rohrzuckers: Popp, Zeitschr. Chem. 1870. 329. — Kühnemann, Berl. Ber. 8. 202. 387. — Berthelot, Ann. Chim. Phys. 55. 286. — Brimmer, N. Repert. Pharm. 24. 641. — Payen, Compt. rend. 43. 729. — Schmidt, Ann. Chem. Ph. 83, 325. — Stein, Journ. pract. Chem. 107. 444. — Stenhouse, Graham, Campbell, Chem. Centralbl. 1857. — Braconnot, Journ. pract. Chem. 30. 263. — Jacson, Compt. rend. 46. 55. — Kühnemann, Berl. Ber. 8. 202. — A. Petit, Compt. rend. 77. 944. — J. Boussignault, Compt. rend. 83. 978. — Wilson, Pharm. Journ. 9. 225.

Eigenschaften: H. Courtonne, Compt. rend. 85. 959. — B. Tollens, Berl. Ber. 1877. 1403. 1879. 2303. — M. Schmitz, ebendas. 1414. — A. C. Oudemanns, Ann. Chem. Pharm. 166. 65. — Caldéron, Journ. Pharm. Chim. 24. 437. — Maumené, Bull. soc. Chim. 22. 33. — H. Schröder, Berl. Ber. 12. 561.

Entstehung und Rolle des Rohrzuckers und Zuckers überhaupt: E. Mer, Bull. soc. botan. 20. 1873. 164. — A. Heintz, Agricult. Chem. Centralbl. 1873. 285. — A. Kolli, Wachowitsch, Berl. Ber.

13. 2389. — A. Mercadante, Monit. scientif. 6. 201. Verbindungen, Zersetzungen, Derivate des Rohrzuckers: v. Grote, Tollens, Journ. Landwirthsch. 1873. Ann. Chem. Pharm. 175. 181. Journ. Landwirthsch. 23. 201. — M. Conrad, Berl. Ber. 11. 2179. — F. Bente, Berl. Ber. 8. 416. — P. Schützenberger, Journ. Pharm. Chim. 4. Ser. 25. 141. — Berthelot, Bull. soc. Chim. 27. 98. 101. — E. Laborde, Compt. rend. 82. — A. Gautier, Bull. soc. Chim. 22. 145. — Graham, Ann. Chem. und Pharm. 121. — Hlasiwetz und Habermann, ebendas. 155. 120. — R. Benedict, Ann. Chem. Pharm. 162. 303. — Déon, Bull. soc. Chim. (2) 17. 155. 16. 26. 15. 22. — H. T. Brown, Chem. soc. J. (2) 10. 578. — J. Maumené, Compt. rend. 75. 85. — O. Grieshammer, Arch. Pharm. 12. 193. — O. v. Lippmann, Einwirkung von Chlorzink auf Rohrzucker. — Scheibler's Zeitschr. 4. 139. Acetylirung von Kohlenhydraten. — O. Herzfeld, Scheibler's Zeitschr. 4. 210. — F. Sestini, Landw. Versuchsst. 26. 86.

Inversion: G. Fleury, Ann. Chim. Phys. (5) 7. 381. — Aimé Girard et Laborde, Compt. rend. 82. 214. — A. Lund, Berl. Ber. 9. 277. — Kreussler, Journ. Landw. 23. 108. — Maumené, Compt. rend. 80. 1138. Bull. soc. Chim. 17. 442. — U. Gayon, Compt. rend. 84. 606. Einwirkung v. Chlor auf Caramel. — A. Wachtel, Kohlrausch. Org. 1879. 930.

Analytisches: A. Müntz, Compt. rend. 82. 1334. 210. — Kraus, Botan. Zeitung. 34. 604. — C. Scheibler, Berl Ber. 1872. 343. — A. Rische, Ch. Bardy, Compt. rend. 82. 1438.

Geschichte. In China und Indien kannte man den Rohrzucker sehr früh und den Griechen wurde er durch die Eroberungszüge Alexanders bekannt. Er blieb aber lange eine seltene, vorzugsweise zum Arzneigebrauch bestimmte Substanz. Erst als der Anbau des Zuckerrohres sich von Arabien und Aegypten über Sicilien, wo es im 12. Jahrhundert cultivirt sein soll, nach Portugal und Madeira verbreitet hatte, und um 1500 nach Westindien gelangt war, kam der Zucker in allgemeineren Gebrauch. In den Runkelrüben wurde er 1747 durch Marggraf aufgefunden und 1796 machte Achard in Schlesien die ersten Versuche zur Darstellung von Runkelrübenzucker im Grossen.

Vorkommen im Pflanzenreich und Entstehung. Dem Rohrzucker kommt eine viel grössere Verbreitung im Pflanzenreich zu, als gewöhnlich angenommen wird. Nach Buignet ist vielleicht aller pflanzliche Zucker ursprünglich Rohrzucker, der aber beim Fortschreiten der Vegetation dann vielfach in Glycose und Levulose verwandelt wird. Jedenfalls ist der Zucker sehr vieler Früchte zur Zeit der Halbreife wenigstens theilweise Rohrzucker, wenn auch bei der Reife nur noch Glycose und Levulose angetroffen wird. Nach Buignet entsteht der Zucker beim Reifen der Früchte nicht aus Stärkmehl, sondern aus einem den Gerbsäuren nahe stehenden Stoff, und seine weitere Veränderung in Glycose und Levulose wird nicht, wie gewöhnlich angenommen wird, durch die ihn begleitenden organischen Säuren bewirkt, da diese in der Verdünnung, wie sie in den Fruchtsäften vorkommen, eine solche Umwandlung nicht herbeizuführen vermögen, sondern kommt unter dem Einfluss eines stickstoffhaltigen Ferments zu Stande. — Eine Verminderung des Rohrzuckers bei fortschreitender Vegetation ist auch in anderen Pflanzentheilen beobachtet worden; so verschwindet bekanntlich der im Frühlingssaft der Stämme der Birke, Linde, des Zuckerahorns u. a. Bäume reichlich vorhandene Rohrzucker in der späteren Jahreszeit mehr oder weniger vollständig und die Stengel des Mais sind am reichsten an Rohrzucker kurz vor dem Blühen. — Die entgegengesetzte Erscheinung bieten das Zuckerrohr und die Zuckerhirse dar. Im ersteren beträgt nach Icery die auch hier vorhandene Levulose zur Zeit der vollkommenen Ausbildung in den nicht mehr von grünen Blättern eingehüllten Theilen der Pflanze nur $^1/_{75}$-$^1/_{50}$ vom Gewicht des Rohrzuckers, während dieselbe bei nicht so weit vorgeschrittener Entwicklung $^1/_6$-$^1/_3$ ausmachen kann; auch in der Zuckerhirse ist zur Zeit der Reife der Rohrzuckergehalt am grössten.

Jackson glaubt nach Beobachtungen bei der Zuckerhirse, dass vor der Reife des Kornes rechts- und linksdrehender Zucker vorhanden seien, dass ihr Drehungsvermögen sich gerade compensire und dass diese Zucker bei der Reife in Rohrzucker übergehen. — Die Bildung des Zuckermolecüles im Allgemeinen beim Lebensprocesse der Pflanze ist jedenfalls nach den Beobachtungen, welche bei dem Reifen von Früchten, Weinbeeren etc. gemacht wurden, auf die Stärke vorwiegend zurückzuführen. Die Beobachtungen von Famintzin (Verhandl. d. naturforsch. Ges., Freiburg Bd. 2 177) und A. Hilger (Mittheil. des agriculturchem. Laborator. 1872) beim Reifungsprocesse der Trauben, speciell die Anreicherung von Stärke in den Fruchtstielen, Organen in der Nähe der Frucht, dagegen das Nichtvorhandensein von Stärke in der Frucht selbst, berechtigen dazu, die Zuckerbildung in diesem Falle auf die Einwirkung von freien organischen Säuren oder auch vielleicht Fermenten nichtorganisirter Art auf Stärke zurückzuführen. Die Entstehung des Zuckers aus Weinsäure, Aepfelsäure, die von Liebig schon vermuthet, von A. Petit (Compt. rend. 1869. 760) behauptet, der aus Cellulose Weinsäure, daraus Aepfelsäure und endlich daraus wieder durch Kohlensäureabspaltung Zucker entstehen lässt, auch sogar von A. Mercadante mit Bezugnahme auf Untersuchungen bei der Reife von Birnen und Pflaumen (Bestimmungen von Zucker, Kohlensäure und Aepfelsäure) neuerdings wieder angeregt wurde, der ebenfalls Zuckerbildung durch Condensation von 6 Mol. Aepfelsäure unter Austritt von Wasser und Kohlensäure annimmt, kann unmöglich stichhaltig sein. Diese Säuren sind Oxydationsproducte, Derivate der Kohlenhydrate, wir haben vorläufig noch nicht die geringste experimentell feststehende Reaction in der angedeuteten Richtung. Wenn es hier gestattet ist, einen Blick auf das Material zu werfen, welches auf dem Gebiete der organischen Chemie uns über die Bildung des Stärke- auch Zuckermolecüles Aufklärung verschafft, so ist an folgende Körper, Reactionen und Arbeiten zu erinnern Das Dioxymethylen Butlerow's, Aldehyd der Ameisensäure CH_2O, an die Acetopropionsäure, deren Identität Conrad mit der Levulinsäure nachgewiesen hat, die Umwandlungsfähigkeit der Aepfelsäure und Weinsäure in Bernsteinsäure, die

Synthese der Weinsäure aus Glyoxal $\begin{matrix} CHO \\ | \\ CHO \end{matrix}$, dem Aldehyd der Oxalsäure, der Reduction der Kohlensäure durch den electrischen Strom zu Ameisensäure, das Vorkommen von Glycolsäure und Oxalsäure in den Trauben, die Synthese der Adipinsäure aus β Jodpropionsäure, die Untersuchungen von Hlasiwetz und Habermann über die Constitution der Kohlenhydrate, über die Constitution der Zuckerarten überhaupt. Vergl. A. Baeyer, Berl. Ber. 1870. 70. Hlasiwetz und Habermann, Ann. Chem. Pharm. **155.** 120. — Ob die Gerbstoffe und Glycoside bei der Bildung des Zuckers im Pflanzenorganismus eine Rolle spielen, was in manchen Fällen angenommen werden könnte, lässt sich in keiner Weise vorläufig entscheiden.

Synthese. A. Kolli & Wachowitsch versuchten eine Synthese der Sacharose, von der Annahme ausgehend, dass die Sacharose als gemischter Aether zweier Glycosen zu betrachten ist, einer rechts drehenden und links drehenden. Bei einem Versuche wurde die Acetochlorhydrose der rechtsdrehenden Glycose mit dem Natriumglycosat der linksdrehenden in Berührung gebracht, bei dem 2. Versuche die Acetochlorhydrose der linksdrehenden mit dem Natriumglycosat der rechtsdrehenden verwandt. Die Reactionsproducte wurden mit Barytwasser etc. behandelt und die Inversion untersucht. Auch wurde noch in anderer Richtung ein Versuch angestellt, dahin gehend, dass rechte Acetochlorhydrose mit Levulose in alkoholischer Lösung bei Gegenwart von kohlensaurem Baryt erhitzt wurde. Das optische Drehungsvermögen der so erhaltenen Reactionsproducte, vor und nach Behandlung mit Säuren, liess eine Inversion erkennen. (Siehe die Arbeiten von E. Demole Berl. Ber. **12.** 1935.)

Vorkommen. Ganz besonders reich an Rohrzucker und daher zur Gewinnung desselben benutzbar sind das Zuckerrohr, *Saccharum officinarum L.*, das nach Icery 20 % Rohrzucker und im Saft 17 bis 18 %, nach Popp 16—18 % Rohrzucker enthält, dann die Zuckerhirse, *Sorghum saccharatum Pers.*, mit einem Rohrzuckergehalt der Stengel von 9-9½ %, die Stengel des Mais, *Zea Mays L.* mit 7,4-9 % Rohrzucker, der Zuckerahorn, *Acer saccharinum L.* und andere Acer-Arten, die Zuckerpalme, *Saguerus Rumphii,* und andere Palmenarten, *Arenga sacharifera,* und gewisse Varietäten der Runkelrüben, der fleischigen Wurzeln von *Beta vulgaris L.* mit 7-11, in selteneren Fällen bis 14 % Rohrzucker im Saft.

Rohrzucker ist ferner mit Sicherheit nachgewiesen in Aepfeln, Birnen, Orangen, Ananas, Erdbeeren, Mirabellen, Datteln, Bananen, Melonen (während er in den Feigen, Weintrauben, den süssen Kirschen und Stachelbeeren fehlt), dann in den Wallnüssen, Haselnüssen, süssen und bitteren Mandeln, im Johannisbrod, in den Kaffeebohnen, ferner im Nectar der Blüthen von Rhododendron- und Cactus-Arten, in denen er sogar krystallisirt angetroffen wird, und in anderen Blüthen, endlich, ausser in den Stämmen der schon oben genannten Bäume noch in den fleischigen Wurzeln von *Angelica archangelica L.*, *Chaerophyllum bulbosum L.*, *Daucus Carota L.*, *Pastinaca sativa L.*, *Helianthus tuberosus? L.*, *Leontodon Taraxacum? L.*, *Cichorium Intybus L.* u. A.

Hinsichtlich der Verbreitung des Rohrzuckers ist ferner zu erwähnen, dass derselbe nachgewiesen ist in den Lindenblättern, in dem Rhizom von Rubia tinctorum (Stein 8 %), der gekeimten und ungekeimten Gerste (Kühnemann), den Blättern des Weinstockes (A. Petit). Wilson (Pharm. Journ. 9) fand in der Blüthe von Fuchsia 5,9 Milligramm Rohrzucker, Claytonia 0,238, Platterbse 1,60, Rothklee 0,033 und des Mönchskopfes 1,73.

Die Gewinnung des Rohrzuckers (Rohrzucker, Raffinade, Melis, Candis. Farin. Moscowade etc.) geschieht aus Runkelrüben (Zucker- rüben, Beta) oder Zuckerrohr (Colonialzucker); weniger Bedeutung haben Zuckerhirse (China), Palmen und Ahorn.

Der fabrikmässige Betrieb gründet sich auf nachstehende Mani- pulationen und Principien:

Der Saft der Pflanzen und Pflanzentheile, durch Auspressen. Ausschleudern, Auslaugen oder Diffusion gewonnen, wird vor Allem von seinen Nichtzuckerbestandtheilen, die die Darstellung beeinflussen. befreit durch Behandeln mit Kalk. (Baryt) dann Kohlensäure. end- lich Knochenkohle, hierauf zur Krystallisation im Vacuum verdampft und die ausgeschiedenen Krystalle gedeckt. Die so erhaltenen Rohrzuckerkrystallisationen werden nochmals mit Kalk, Blut, Knochen- kohle behandelt, um dieselben zu reinigen (Raffinade.) Die Neben- erzeugnisse der Fabrication sind Scheideschlamm, als Dünger verwandt, die erschöpfte Kohle, wieder regenerirt oder zu Dünger benutzt, Presslinge (Diffusionsschnitzel), ein Futtermittel, und die Melasse, welche letztere abermals auf Zucker verarbeitet wird. Osmoseverfahren „Salze der Melasse diffundiren schneller, als Zucker‟ und Scheibler's Elutionsverfahren, vielfach ausgebildet „Melasse mit gebranntem gemahlenen Kalk versetzt == Zuckerkalk, Behandlung mit 35 ⁰ Alkohol. der Zuckerkalk ungelöst lässt.‟)

Nebenerzeugnisse der Melasse sind: Schlempekohle, Potasche. Spiritus.

Handelt es sich um die Darstellung des in irgend einem Pflanzentheil enthaltenen Rohrzuckers, so kocht man ihn, wenn kein anderer Zucker vor- handen ist, nach Marggraf einfach im getrockneten und gepulverten Zu- stande mit 2 Th. 90procent. Weingeists aus und lässt den in Lösung ge- gangenen Zucker aus dem Filtrat bei längerem Stehen in der Kälte heraus- krystallisiren. Ist, wie in vielen Früchten, neben Rohrzucker auch Invert- zucker (Glucose und Levulose) zugegen, so bewirkt man die Trennung in Dubrunfaut's Weise mittelst Kalk oder Baryt (s. oben), entfärbt die resultirende Rohrzuckerlösung mittelst Kohle, fügt Weingeist bis zur Trübung hinzu und lässt sie endlich über Aetzkalk krystallisiren.

Ebenso ist das Peligot'sche Verfahren von Werth, wonach die zu prüfenden Säfte mit gelöschtem Kalke gesättigt, gekocht werden, das sich Ausscheidende abfiltrirt und mit dem Filtrate diese Manipulation wiederholt wird. Die Zuckerkalkverbindungen werden mit CO_2 zerlegt und die Filtrate, mit Thierkohle entfärbt, concentrirt zum Zwecke der weiteren Untersuchung.

Eigen-
schaften. Der Rohrzucker krystallisirt in harten grossen wasserhellen klinorhombischen Prismen ohne Krystallwasser und von 1,58 spec. Gew., bei Zimmertemperatur, 1,593 bei 3,9°, 1,595 bei 15° C. (Maumené), die beim Zerschlagen oder beim Reiben im Dunkeln leuchten. Er löst sich bei Mittelwärme in $\frac{1}{3}$ seines Gewichts Wasser, in kochendem Wasser nach allen Verhältnissen. Die kalte gesättigte Lösung ist dickflüssig, klebrig und hat ein specif. Gew. von 1,383 bei 17°,5 (Gerlach), 1,588 (Schröder). Von absolutem Weingeist erfordert er bei Siedhitze 80 Th., von wässrigem mit dem specif. Gew. 0,83 nur 4 Th. (Pfaff) zur Lösung; beim Erkalten krystallisirt er aus ersterem fast vollständig, aus letzterem zum grössten Theile wieder heraus. Nach Courtonne lösen 100 Theile Wasser = 198,647 Theile Rohrzucker bei 12,5°, 245 Theile bei 45° C.

Scheibler fand, dass 100 gr. einer

bei   0° gesättigten Zuckerlösung   65 g.
„ 14°   „   „   66 „
„ 40°   „   „   75,75 „

Zucker enthalten.

In absolutem Alkohol ist der Rohrzucker bei 15° C. fast ganz unlöslich; mit der Alkoholabnahme nimmt die Lösung desselben in wässrigem Weingeist zu. (Siehe Scheibler, Berl. Ber. **5**. 343.) Das spec. Gew. ist 1,60 oder 1,595 bei 15° C. (Maumené). Beim Lösen des Zuckers in Wasser tritt bei überschüssigem Wasser eine Contraction, bei Ueberschuss von Zucker eine Ausdehnung ein, die allerdings beide nur gering sind. In Aether ist er völlig unlöslich. Der Rohrzucker dreht rechts und sein Molecularrotations-Vermögen ist $[\alpha]j = + 73°,84$ nach Dubrunfaut, $[\alpha]j = + 71°,26$ oder $[\alpha]r = + 54°,63$ nach Biot. Dasselbe wird vermindert durch Gegenwart von ätzenden und kohlensauren Alkalien (Sostmann, Zeitschr. Chem. 1866. 254. 480) und von alkalischen Erden (Bodenbender, Zeitschr. Chem. 1866. 124), aber nicht durch Weingeist (Jodin).

Von den zahlreichen Bestimmungen der Rotation führen wir an, abgesehen von den Arbeiten von Arndtsen, Stefan, Wild, Weise, Tuchschmid, Stefan, Calderon, Krocke, Girard, Weiss, Oudemans:

Hesse:

$$C - O - |\alpha| \, D = 68,65 - 0,828 \, C + 0,115415.$$
$$C_2 - 0,0054167 \, C^3.$$

Schmitz:

1. spec. Gew. bezogen auf Wasser von 4^0 C, Drehung bei 20^0

$q = 35 - 98$ $[\alpha]$ D $= 64{,}15 + 0{,}051596$ q $- 0{,}0002805$

2. spec. Gew. der Lösungen bei 20^0 bezogen auf Wasser von $17{,}5^0$, bei 20^0 beobachtet:

C $= 10 - 86$ $[\alpha]$ D $= 66{,}453 - 0{,}0012362$ C $- 0{,}00011704$ C_2

C $= 3 - 28$ $[\alpha]$ D $= 66{,}639 - 0{,}020820$ C $+ 0{,}00034603$ C_2

C $= 2 \quad 28$ $[\alpha]$ D $= 66{,}541 - 0{,}0084153$

Tollens:

1. spec. Gew. der Lösungen bei $17{,}5^0$ bezogen auf Wasser von 4^0 C, Drehung bei 20^0 C

p $= 4 - 18$ $[\alpha]$ D $= 66{,}810 - 0{,}015553$ p $- 0{,}000052462$ p_2

p $= 18 - 69$ $[\alpha]$ D $= 66{,}386 + 0{,}015035$ p $- 0{,}0003986$ p_2

q $= 82 - 96$ $[\alpha]$ D $= 64{,}730 + 0{,}026045$ q $- 0{,}000052462$ q_2

q $= 31 - 82$ $[\alpha]$ D $= 63{,}904 + 0{,}064686$ q $- 0{,}0003986$ q_2

2. spec. Gew. der Lösungen bei $17{,}5^0$, bezogen auf Wasser von $17{,}5^0$, Drehung bei 20^0.

p $= 5 - 18$ $[\alpha]$ D $= 66{,}727 - 0{,}015534$ p $- 0{,}000052396$ p_2

p $= 18 - 69$ $[\alpha]$ D $= 66{,}303 + 0{,}015016$ p $- 0{,}0003981$ p_2.

Wegen der spec. Drehung für verschiedene Strahlen siehe Arndtsen und Stefan (Sitzungsber. Wien. Acad. **52.** II. 486), Biot (Mémoir. de l'Acad. **13.** 118), Calderon (Compt. rend. **83.** 293).

Nach Tollens (Berl. Ber. **13.** 2293) ist die spec. Drehung für verschiedene Lösungsmittel bei $10\,\%$ Lösung:

Wasser $= 66{,}667^0$ Methylalkohol $+ H_2O = 68{,}628^0$

Aethylalkohol $= 66{,}827^0$ Aceton $+ H_2O = 67{,}396^0$

Weingeist vermehrt die Rotation, Kalk beeinflusst die Rotation bedeutend, Alkalisalze wirken vermindernd, besonders Kochsalze, Borax, Soda (Müntz). — Rohrzucker schmilzt bei 160^0 (Berzelius), bei 180^0 (Peligot).

Die jetzt allgemein angenommene Formel des Rohrzuckers wurde zuerst von Liebig aufgestellt.

Der Rohrzucker geht Verbindungen mit den Basen (Saccharate) und auch mit einigen Salzen ein. Von den ersteren sind diejenigen mit den Alkalien in Wasser leicht löslich und werden durch Fällung von weingeistiger Rohrzuckerlösung mit conc. Lösungen der Basen als gallertartige Niederschläge von der Formel 2 $C_{12}H_{22}O_{11}$, MO erhalten. Die Verbindungen mit den alkalischen Erden lösen sich in Wasser schwer, zum Theil schwieriger in heissem als in kaltem. Die Barytverbindung ist $C_{12}H_{22}O_{11}$, BaO; mit Kalk sind Verbindungen in verschiedenen Verhältnissen dargestellt worden. Die Saccharate der schweren Metalloxyde sind in

Wasser unlöslich, gehen aber mit den Alkalien lösliche Doppelverbindungen ein und lösen sich daher im Ueberschuss der letzteren.

Folgende dieser Verbindungen sind dargestellt:

a) mit Kalk: $C_{12}H_{22}O_{11} . Ca + H_2O$ (Peligot, Ann. Chem. Pharm. **30**. 71. — Soubeiran, Ebendas. **43**. 219. — Benedict, Berl. Ber. **6**. 414), $C_{12}H_{22}O_{11} . 2\,CaO$ (Telouse, Boivin, Loiseau, Ann. chim. **6**. 203), $C_{12}H_{22}O_{11} . 3\,CaO$ (Peligot, Ann. chim. **54**. 379), $C_{12}H_{22}O_{11}, 6\,CaO$ (Déon, Bull. soc. chim. **16**. 26, **17**. 155), Kalkwasser, Calciumcarbonat, Calciumphosphat, Thonerde, Eisenoxyd lösen sich in Zuckerwasser (Jahresber. Ch. M. 1851. 550. 1865. 600. 1866. 636);

b) mit Baryt: $C_{12}H_{22}O_{11} . BaO$ (Peligot, Ann. Chem. Pharm. **30**. 70);

c) mit Natriumoxyd, Kaliumoxyd und dessen Salzen: $C_{12}H_{22}O_{11}\,Na$ (Subeiran, Ann. Chem. Pharm. **43**. 230), $C_{12}H_{22}O_{11}, NaCl$ mit $2\,H_2O$ (Peligot, Ann. Chem. Pharm. **43**. 230), $2\,C_{12}H_{22}O_{11} . 3\,NaCl, 4\,H_2O$, $C_{12}H_{22}O_{11}, NaBr + 1\frac{1}{2}\,H_2O, 2\,C_{12}H_{22}O_{11}, 3\,NaJ + 3\,H_2O$ (Gill, Berl. Ber. **4**. 418), $C_{12}H_{22}O_{11} . Ka, C_{12}H_{22}O_{11}KCl, + 2\,H_2O$.

d) mit Bleioxyd: $C_{12}H_{18}O_{11} . Pb_2$ (Soubeiran, Ann. Chem. Pharm. **43**. 230, Peligot), $C_{12}H_{16}O_{11} . Pb_3$ (Boivin, Loiseau, Jahresb. Ch. M. 1865. 599). Das reine Kalksaccharat hat nach O. v. Lippmann und J. Seyffart die Formel: $C_{12}H_{22}O_{11}, 3\,CaO, 3\,H_2O$.

Wird Rohrzucker vorsichtig auf 160° erhitzt, so schmilzt er ohne Gewichtsverlust zu einer klaren, schwach gelb gefärbten Flüssigkeit, die beim Erkalten zu einer amorphen glasartigen Masse sogenanntem „Gerstenzucker" erstarrt. Dieser hat nur ein specif. Gewicht von 1,509, ist hygroskopisch, schmilzt leichter und löst sich leichter in Weingeist als krystallinischer Rohrzucker und geht beim Liegen allmälig, indem er dabei undurchsichtig und brüchig wird, rascher, wenn man ihn im halb erkalteten noch zähen Zustande wiederholt zu Fäden auszieht, unter Wärmeentwickelung wieder in den krystallinischen Zustand über (Graham). Sein Rotationsvermögen ist vermindert und es beträgt $[\alpha]j$ nach Gélis nur noch 35—38°. Dauert das Erhitzen auf 160° längere Zeit an, so verwandelt sich der Zucker in ein Gemenge von Levulosan (s. Levulose) und Glucose (Gélis). Wird die Temperatur auf 190 bis 220° gesteigert, so erfolgt Bräunung und Ausgabe von Wasser und von kleinen Mengen saurer und brenzlicher Produkte. Der erkaltete Rückstand ist nun ein Gemenge von Caramelan, Caramelen und Caramelin (Gélis).

Beträgt der Gewichtsverlust des Zuckers 10%, so bildet Caramelan ($C_{12}H_9O_9$ oder $C_{24}H_{18}O_{18}$), ein brauner harter spröder hygroskopischer, in Wasser mit schön goldgelber Farbe leicht löslicher Körper von stark bitterem Geschmack, die Hauptmasse des Rückstandes. Ist der Gewichtsverlust auf 14—15% gestiegen, so herrscht darin das Caramelen ($C_{36}H_{25}O_{25}$) vor, welches rothbraun, luftbeständig und in Wasser mit rothbrauner Farbe löslich ist. Bei auf 25% gestiegenem Gewichtsverlust endlich besteht der Rückstand fast nur aus Caramelin ($C_{96}H_{51}O_{51}$), welches in einem in Wasser löslichen, einem nicht in Wasser, aber in wässrigem Weingeist löslichen und einem in allen Lösungsmitteln unlöslichen Zustande auftreten kann (Gélis).

Wird Rohrzucker der trocknen Destillation unterworfen, so wird unter Entwicklung von viel Kohlensäure und wenig Kohlenoxyd und Sumpfgas ein wässriges Destillat erhalten, welches vorzugsweise aus Essigsäure, Aldehyd und Aceton besteht und ein dicköliges, in dem sich Furfurol, Spuren von Bittermandelöl Assamar und andere Körper finden (Völckel). Findet das Erhitzen an der Luft statt, so bläht sich der Zucker zunächst unter Entwicklung eines gewürzhaft stechenden Geruchs auf und verbrennt dann mit weisser Flamme. Benedict (Ann. Chem. Pharm. **162**. 303) hat die Destillationsprodukte des Rohrzuckers mit Kalk nochmals studirt (3 Kalk auf 1 Zucker) und festgestellt: Aceton, wenig Essigsäure, Metaceton $C_6H_{10}O$ und Isophoron, $C_9H_{14}O$, isomer mit Phoron und Camphren.

Eine wässrige Zuckerlösung hält sich nach Hochstetter (Journ. pract. Chem. **29**. 21) bei Luftabschluss wochenlang unverändert, während bei Luftzutritt unter der Einwirkung der hineinfallenden Schimmelkeime schon in kurzer Zeit Bildung von Invertzucker stattfindet. Durch anhaltendes Kochen mit Wasser soll der Rohrzucker nach Pelouze und Malaguti, Dubrunfaut u. A. gleichfalls in Invertzucker übergeführt werden, dem jedoch Monier (Compt. rend. **56**. 663) insofern widerspricht, als nach ihm diese Umwandlung nur bei Gegenwart von freien Säuren in erheblichem Grade erfolgen soll. Verdünnte Mineralsäuren bewirken diese Verwandlung (Inversion) des Rohrzuckers in Invertzucker, bei welcher sich das Rotationsvermögen nach rechts in ein solches nach links umkehrt, schon in der Kälte langsam, beim Erwärmen rascher. Organische Säuren üben die gleiche Wirkung aus, aber in viel schwächerem Grade, ebenso mancherlei Neutralsalze, wie Chlorcalcium, Zinkvitriol.

Die Inversion des Rohrzuckers findet statt bei Einwirkung von Licht auf Lösungen bei Gegenwart von Luft (Raoult, Lund, Kreusler), beim Erhitzen von Rohrzuckerlösungen im geschlossenen Rohre auf 130—135° (Pillitz, Zeitschr. analyt. Chem. **10**. 456; Nicol, Ebenda. **14**. 177). Auch Seewasser vermag Rohrzucker zu invertiren, schon in der Kälte (Gayon). G. Fleury (Ann. Chim Phys. **7**. (5) 381) hat den Inversionsvorgang durch Säuren eingehender studirt und versucht ein Gesetz aufzustellen:

$$1 - y = (k\,f\,(\alpha) - {}^x$$

angewandte Menge Rohrzucker $= 1$, y die am Ende der Zeit x umgewandelte Menge des Rohrzuckers, k eine von der Temperatur und der Natur der angewandten Säure abhängige Constante, f (α) eine Funktion der zur Umwandlung angewandten Säuremenge x. —

Nicol giebt zum Zwecke der quantitativen Bestimmung des Rohrzuckers folgende Vorschrift zur Inversion:

1,25 gr. Rohrzucker, in 200 CC. Wasser gelöst, mit 10 Tropfen HCl von 1,11 versetzt, werden beim Erhitzen im Wasserbade vollständig invertirt. Bei der Inversion findet eine Contraction statt (Chancel).

Erhitzt man Rohrzucker in wässriger Lösung eingeschlossen auf 160 bis 170° C., so entsteht Kohle, Ameisensäure, Huminsubstanz, Kohlensäure (Löwe), bei weiterem Erhitzen 280° reichlich Kohlensäure, auch Brenzcatechin. Mit Schwefelsäure schwach angesäuerte Lösungen von Invertzucker gaben bei der Electrolyse CO_2 14,15, CO 3,34 $H = 72,80$, $O = 9,71$, ausserdem Acetaldehyd, Essigsäure, Ameisensäure (Brown, Brester).

Die Einwirkung verdünnter Säuren, besonders Schwefelsäure auf Rohrzucker veranlasst neben der Inversion allmälig weitere Umwandlungen, unter denen besonders die Bildung der Levulinsäure (siehe unten) zu nennen ist.

Dauert die Einwirkung der verdünnten Mineralsäuren auch nach beendigter Inversion bei Siedhitze noch fort, so tritt Färbung der Flüssigkeit ein und Bildung von Glucinsäure, Apoglucinsäure und Humussubstanzen (Mulder).

Vermischt man Zuckersyrup mit dem gleichen Volumen conc. Schwefelsäure, so entsteht unter bedeutender Temperaturerhöhung und Entwicklung von Ameisensäuredämpfen eine dunkelbraune bröcklige Masse, aus welcher Wasser eine in der Lösung stark fluorescirende gepaarte Säure von noch unbekannter Zusammensetzung auszieht (Th. Simler, Chem. Centralbl. 1862. 378). Wird erwärmt, so erfolgt Verkohlung unter Entwicklung von Kohlenoxyd, Kohlensäure und schwefliger Säure. Auch conc. Salzsäure wirkt verkohlend. Das Produkt gasförmiger Salzsäure auf Glycose ist eine Saccharose von der Formel $C_{12}H_{22}O_{11}$.

Durch rauchende Salpetersäure oder eine Mischung von conc. Salpetersäure und Schwefelsäure wird Rohrzucker in Nitrorohrzucker, $C_{12}H_{18}(NO_2)_4O_{11}$, verwandelt, der sich aus letztgenannter Mischung als zäher, in kaltem Wasser unlöslicher Teig abscheidet (Schönbein. Sobrero). Erwärmt man ihn dagegen mit Salpetersäure von 1,3 spec. Gew., so entstehen ausser flüchtigen Produkten, unter denen sich auch Blausäure befindet, Zuckersäure, Weinsäure, Oxalsäure, nach Siewert (Zeitschr. ges. Naturw. **14.** 337) auch eine eigenthümliche, von ihm Cassonsäure genannte Säure von der Formel $C_5H_8O_7$.

Bei Behandlung des Rohrzuckers mit Oxydationsmitteln, z. B. beim Destilliren seiner wässrigen Lösung mit Bleisuperoxyd, mit Braunstein und verdünnter Schwefelsäure, mit Kaliumbichromat und Schwefelsäure, mit Kaliumpermanganat u. s. w. entstehen als gewöhnliche Zersetzungsprodukte Ameisensäure, Kohlensäure und auch wohl Oxalsäure, Weinsäure, Traubensäure. Aehnlich wirkt auch Chlorkalk in wässriger Lösung, während derselbe bei Gegenwart von freiem Alkali den Zucker nach Schoonbroodt, (Compt. rend. 52. 1071) in Pectinsäure und Milchsäure umsetzt. Freies Chlor wirkt auf Rohrzucker nur langsam ein; nach Friedländer (Zeitschr. Chem. 1866. 155) entsteht bei längerem Einleiten des Gases in eine Rohrzuckerlösung neben anderen unkrystallisirbaren Produkten auch eine eigenthümliche chlorfreie, noch näher zu untersuchende

Säure. Beim Erwärmen von wässrigem Rohrzucker mit doppelt kohlensaurem Kali und Jod erhielt Millon (Compt. rend. **21**. 828) Jodoform. Einwirkung von Chlor liefert Gluconsäure (Hlasiwetz und Habermann), von Brom ebenfalls Gluconsäure (Grieshammer). Ozon oxydirt Rohrzucker bei Gegenwart ätzender und kohlensaurer Alkalien zu CO_2 und Ameisensäure (v. Gorup, Ann. Chem. Pharm. **110**. 103. **125**. 211).

Wird Rohrzucker in verdünnter Lösung mit ätzenden oder kohlensauren Alkalien anhaltend gekocht, so erlangt die Lösung Linksdrehungsvermögen (Michaelis, Journ. pract. Chem. **56**. 423. Soubeiran). Beim Erhitzen mit conc. Kalilauge tritt Bräunung ein und Bildung von Wasserstoff, Kohlensäure, Oxalsäure, Aceton und Metaceton (Gottlieb, Ann. Chem. Pharm. **52**. 122). Die letztgenannten Produkte entstehen auch bei der trocknen Destillation eines innigen Gemenges von Zucker mit Kalkhydrat (Gottlieb. Fremy). Lösungen von Barythydrat (2—3 gr. auf 150 gr. Wasser) liefern, mit Rohrzucker erhitzt, 70—80 % Milchsäure, Kohlensäure, Oxalsäure (P. Schützenberger). Rohrzucker wird durch Ammoniak bei 100—180° unter Bildung stickstoffhaltiger Produkte zerlegt (Schützenberger, Thenard, Jahresb. Ch. M. 1861. 909—911).

Erhitzt man Rohrzuckerlösung mit basisch-salpetersaurem Wismuthoxyd und kohlensaurem Natron, so wird ersteres nicht verändert; auch aus alkalischer Kupferoxydlösung (Kupferoxydhydrat löst sich bei Gegenwart von Zucker in wässrigem Alkali zu einer tiefblauen Flüssigkeit auf) wird erst nach mehrstündigem Kochen Kupferoxydul abgeschieden (Unterschied von Glycose und Milchzucker). Dagegen wird Eisenchlorid beim Erwärmen mit Rohrzucker in wässriger Lösung zu Eisenchlorür reducirt und aus den Lösungen von Goldchlorid, Silbernitrat und salpetersaurem Quecksilberoxydul scheidet Metall ab.

Durch anhaltendes Erhitzen von Rohrzucker mit Essigsäure, Buttersäure, Benzoësäure, Weinsäure und anderen organischen Säuren erhielt Berthelot unter Austritt von Wasser Verbindungen ähnlicher Art, wie sie auch Glucose und andere Kohlenhydrate liefern, Verbindungen mit Säuren, Glycoseester. Nach Schützenberger bilden sich dieselben noch leichter beim Erhitzen des Zuckers mit den Anhydriden jener Säuren.

Beim Erhitzen von 1 Rohrzucker mit $^3/_4$ Th. Essigsäureanhydrid entsteht ein Monacetat, $C_{12}H_{21}(C_2H_3O)O_{11}$, amorph, unlöslich in Aether, daneben gleichzeitig ein Tetracetat, $C_{12}H_{18}(C_2H_3O)_4O_{11}$, in Aether löslich. Bei Einwirkung von überschüssigem Essigsäureanhydrid auf Rohrzucker entstehen ferner ein Heptacetat $C_{12}H_{15}(C_2H_3O)_7O_{11}$ und Octacetat $C_{12}H_{14}(C_2H_3O)_8O_{11}$, letzteres ein gelbes Harz, leicht löslich in Aether und Alkokol, Schmpkt. 78°, das beim Verseifen wieder Rohrzucker liefert. (Schützenberger, Naudin, Bull. soc. chim. **12**. 206. — Herzfeld, Berl. Ber. **13**. 267. — Demole, Ebendas. **12**. 1939.)

O. v. Lippmann machte bei der Einwirkung von geschmolzenem Zucker auf geschmolzenes Chlorzink interessante Beobachtungen. Als Zersetzungsprodukte von Zucker wurden nachgewiesen:

Aldehyd, Aceton, Metaceton, Essigsäure, Ameisensäure, Furfurol, Mesityloxyd, und auch eine weisse krystallinische Substanz, welche sich als Hexamethylbenzol herausstellte $C_6(CH_3)_6$, jenes Derivat, das vor Kurzem von Friedel und Crafts entdeckt, von Ador und Billiet (Compt. rend. **84**) näher studirt wurde. —

Auch mögen hier noch Untersuchungen erwähnt werden, von Fausto Sestini durchgeführt, welche ein Studium der Ulminsubstanzen, durch Einwirkung von Säuren auf Zucker entstanden, beabsichtigten (Gazz. chim. 10. 121 und 240, siehe „Huminstoffe").

In Berührung mit Hefe geht nach der gewöhnlichen Annahme der Rohrzucker in Invertzucker über, der dann durch eintretende weinige Gährung (s. Glucose) weiter zersetzt wird. Dem entgegen ist Pasteur der Ansicht, dass der Rohrzucker als solcher zu vergähren vermag, jedoch langsamer als Glucose und dass der in einer noch nicht vollständig vergohrenen Rohrzuckerlösung sich findende Invertzucker der Einwirkung der bei der Gährung sich bildenden Bernsteinsäure auf den Zucker seine Entstehung verdanke.

Zu Gunsten der gewöhnlichen Annahme spricht auch die Beobachtung von Béchamp, dass die in Zuckerwasser an der Luft entstehenden Schimmelbildungen eine Inversion des Zuckers bewirken, nach Béchamp's Meinung dadurch, dass sie ein in Wasser lösliches, oberhalb 60-70 ° seine Wirksamkeit verlierendes Ferment, von ihm „Zymase" genannt, enthalten, welches sehr nahe übereinkommt mit einem nach ihm in allen nicht grünen Pflanzentheilen, z. B. in den Blumenblättern sich findenden, etwas schwächer wirkenden und als „Anthozymase" bezeichneten Fermentstoff.

Eine eigenthümliche, durch eine mycodermische Vegetation veranlasste Umwandlung des Zuckers erfolgt nach Jodin, wenn man eine mit phosphorsaurem Ammoniak versetzte Rohrzuckerlösung während der Monate Juni bis September bei 16-20 ° an der Luft stehen lässt. Es entwickelt sich alsdann ein von der gewöhnlichen Bierhefe verschiedenes Ferment, unter dessen Einfluss der Rohrzucker in zwei eigenthümliche rechtsdrehende Zuckerarten verwandelt wird, in Parasaccharose und Paraglucose. In den anderen Monaten des Jahres entsteht dagegen gewöhnliche Bierhefe, die dann Bildung von Invertzucker und weinige Gährung veranlasst. — Die Parasaccharose, $C_{12}H_{22}O_{11}$, ist krystallisirbar, leicht löslich in Wasser, fast unlöslich in Weingeist von 90 %, ihr Rotationsvermögen ist weit grösser als dasjenige des Rohrzuckers, denn es ist $[\alpha]j = + 108°$, durch verdünnte Schwefelsäure wird sie kaum verändert und ihre wässrige Lösung wirkt nur halb so stark reducirend auf alkalische Kupferoxydlösung als Glucose. — Die Paraglucose, $C_6H_{12}O_6$ oder $C_{12}H_{24}O_{12}$, ist amorph, hygroskopisch, leicht löslich, ihr Reductionsvermögen für alkalische Kupferoxydlösung ist gleich desjenigen des Milchzuckers oder $^7/_{10}$ von demjenigen der Glucose, aber $[\alpha]j$ ist nur $+ 40°$.

In einer mit Käse, Lab, thierischer Membran oder anderen eiweissartigen Substanzen versetzten Lösung unterliegt bei Gegenwart von Kreide oder Soda der Rohrzucker ganz wie Glucose und Milchzucker gewöhnlich der Milchsäuregährung, statt deren unter noch nicht näher gekannten Umständen bisweilen auch schleimige Gährung eintritt.

 Die Nachweisung und quantitative Bestimmung des Rohrzuckers gründet sich auf das Verhalten gegen den polarisirten Lichtstrahl, sowie zu alkalischer Kupferlösung, welche nicht direkt sondern allmälig Reduction erfährt durch Umwandlung in Invertzucker. Unter Umständen sehr schwierig bleibt der Nachweis von Rohrzucker neben Glycose, Invertzucker, in welchem Falle Anwendung finden können:

1. Die Pikrinsäuremethode; Rohrzucker wirkt auf Pikrinsäure nicht reducirend.

2. Die Campani'sche Lösung (Zeitschr. analyt. Chem. **11.** 321), durch Vermischen einer concentrirten essigsauren Bleilösung mit einer verdünnten Lösung von krystallisirtem essigsaurem Kupfer. Diese Lösung wird von Rohrzucker nicht reducirt.

3. Die Brumme'sche Methode, Combination der Fehling'schen mit der Jodquecksilberkaliummethode.

Siehe oben die zusammengestellte Literatur über das Analytische, sowie, was das chemisch-technische betrifft, „Stammer's Lehrbuch der Zuckerindustrie", „Bolley's chemisch-technische Untersuchungen". Handbuch der Zuckerfabrikation. F. Stohmann. Der Zucker, seine Derivate, sein Nachweis. E. O. Lippmann. Wien, 1878. — Zur Feststellung, ob Colonialzucker oder Runkelrübenzucker vorliegt, benutzt man Indigcarminlösung, welche in verdünntem Zustande, bei längerem Kochen mit einer Runkelrübenzuckerlösung eine Gelbfärbung erfährt. —   — 16./7. 81. Hg. —

Bouchardat und Sandras, und später Lehmann haben zur Evidenz nachgewiesen, dass der Rohrzucker im Magen in Traubenzucker umgewandelt werden kann, an welcher Metamorphose Magensaft und Speichel unbetheiligt sind, während sie bei Zusatz von Schleim zum Magensaft erfolgt (Koebner, De sacchari cann. in tractu cib. mutatione. Vratisl. 1859). Dieselbe Veränderung kann der Darmsaft bedingen (Leube, Med. Centralbl. 19. 1868). Werden grosse Mengen Rohrzucker in den Tractus von Kaninchen, Katzen u. s. w. eingeführt, so findet man zwar häufig im Magen keine Glycose, sondern erst in den unteren Partien des Tractus (v. Becker), doch kann diese resorbirt sein; die Fäces enthalten keine Spur von Rohrzucker (Hoppe-Seyler, Arch. path. Anat. 10. 144). Nach Boecker (Beitr. z. Heilkd. 49) scheint dies auch beim Menschen der Fall. Weiter unterliegt der Rohrzucker dann den beim Traubenzucker erörterten Veränderungen. — Dass der Zucker nicht ausschliesslich als Nahrungsmittel dienen kann, ist schon von Magendie festgestellt; nur mit Zucker gefütterte Kaninchen bekommen Cornealgeschwüre und sterben an Inanition. F. Hoppe nimmt an, dass bei Anwesenheit von viel Zucker im Blute Eiweisskörper vor der Oxydation bewahrt bleiben und sich unter Fettbildung umsetzen. Direct in das Blut gebracht geht Rohrzucker (unverändert) länger und in grösserer Menge als Trauben- oder Milchzucker in den Harn über. Falck und Limpert (Arch. path. Anat. 9. 59. Limpert, Symbolae ad physiologiam sacchari. Marburgi. 1854) erhielten von 8,0 gegen 5,0 wieder.

Rohrzucker wirkt auf empfindliche Theile schwach reizend, so auf die Conjunctiva, auf excoriirte oder exulcerirte Stellen; die Vermehrung des

Speichels durch Kauen von Zucker scheint vorwaltend durch den Act der
Mastication bedingt. Bei längerem Gebrauche rohrzuckerhaltiger Stoffe beobachtet man leicht Verdauungsstörungen, Sodbrennen, Uebelsein, Aufgetriebensein des Abdomen, Leibschmerzen, Durchfälle, welche Erscheinungen
wohl auf die im Darm entstehenden Spaltungsprodukte bezogen werden
müssen und bei verschiedenen Individualitäten sich verschieden verhalten.
So hatte Boecker, der 13 Tage grössere Zuckermengen — zwischen 200
bis 500 Gm. täglich — einführte, nie Durchfall, vielmehr in den ersten Tagen
Verstopfung, später normalen Stuhl. Nach J. Hoppe (D. Klin. 41—52. 1856)
wirkt weisser Zucker auf Frösche schon zu 0,003 intern oder beim Aufstreuen auf die Rückenmuskeln tödtlich durch Schwächung der Nerven und
Muskelthätigkeit, wobei die Respiration frühzeitig erlischt und die Herzaction
verlangsamt wird und Trägheit mit Abnahme der Sensibilität sich verbindet,
und ist die Wirkung des Zuckers einmal eine anfangs irritirende, später
lähmende, für Muskeln und alle irritablen Gebilde, dann eine hyperämisirende,
durch Anregung der Gefässmuskeln, endlich eine primär lähmende für die
Nerven, welche theils peripherisch, theils, und zwar früher, central afficirt
werden. Bei Fröschen, Fischen und Kaninchen entsteht durch Ueberfüllung
des Blutes mit Zucker, ähnlich wie durch Kochsalz, Trübung der Krystall-
linse.

<table>
<tr><td style="vertical-align:top; width:18%">Medicinische
Anwendung.</td><td>

Die Anwendung des Rohrzuckers in der Heilkunde ist zwar eine unge-
mein ausgedehnte, jedoch vorzugsweise nur als eines geschmackverbessernden
und gestaltgebenden Mittels, wozu ihn der Umstand, dass er süsser als alle
übrigen Zuckerarten ist, besonders qualificirt. Er dient zu pharmaceutischen
Zwecken, in festem Zustande als Saccharum albissimum zum Vehikel für
pulverförmige Substanzen, ferner zur Herstellung der Oelzucker (Elaeo-
sacchara), nach Pharm. Germ. aus 1 Tropfen ätherischem Oel und 2 Gm.
Zucker bereitet, des Gerstenzuckers (Saccharum hordeatum) und der ver-
schiedensten Zuckerwerksformen (Cupediae), wie der Rotulae Sacchari
et Menthae piperitae, der Pastilli, Trochisci, Morsuli, Bonbons, der Sucre-
tisane von Limousin, endlich gelöst zur Darstellung der — wie auch der
Zucker direkt — als Versüssungsmittel für flüssige Mixturen und als Con-
stituentien für Lecksäfte (Linctus) und Latwergen (Electuaria) gebräuchlichen
Syrupe, unter denen der einfachste, sog. Zuckersyrup, Syrupus sim-
plex s. Sacchari, eine Lösung von 18 Th. Zucker in 10 Th. Wasser dar-
stellt. Auch in anderen Arzneiformen kommt Zucker hier und da zur An-
wendung, so in Pillen aus Pulv. rad. Althaeae u. s. w. Er dient auch zur
Aufbewahrung verschiedener frischer Pflanzentheile, Blätter, Blüthen und
Früchte, Rhizome (Conservae, Fructus conditi), und mehrerer Eisensalze, des
Eisenjodürs und des kohlensauren Eisens, um deren Zersetzung zu verhüten,
als Ferrum jodatum resp. carbonicum saccharatum, zur Darstel-
lung des Zuckerkalkes (Calcaria saccharata) und der als Färbemittel für
Flüssigkeiten benutzten Zuckertinctur, Liquor Sacchari tosti (Lösung
von Caramel), endlich auf Kohlen gestreut zu Räucherungen.</td></tr>
</table>

Aeusserlich wendet man Zucker wegen seiner schwach irritirenden
Wirkung auf empfindliche Theile bei Corneaflecken und Pannus, bei Geschwüren mit wuchernden Granulationen als Einstreuung, ferner als Niesmittel
und Schnupfpulver bei Stockschnupfen, sowie zum Bepinseln aphthöser Geschwüre an; auch ist er bei Kehlkopfgeschwüren (Trousseau, Belloc) versucht. Innerlich ist er vor Allem bei Anginen und bei Hustenreiz in Form der

verschiedensten Pastillen etc. in Gebrauch und wird die Wirkung häufig
selbst von Patienten gerühmt, deren Husten durch schwere Organleiden
(Tuberculose) bedingt wird, wie auch schon Avicenna den Zucker als bestes
Palliativ bei Lungenphthise empfahl; ferner in Lösung als Zuckerwasser bei
Schluchzen und Aufstossen der Säuglinge und als Getränk in fieberhaften
Leiden. Die Empfehlung von Vogel und Buchner (Schweigger's Journ. 13.
162; 14. 224) als Antidot der Kupfer-, Quecksilber-, Gold-, Silber- und Blei-
salze hat ebenso wenig wie die Duval's gegen Arsenik praktische Bedeutung.
Eher möchte bei Verätzung der Augen mit Aetzkalk methodische Anwen-
dung des Zuckers von Werth sein. Der Gebrauch des Kandiszuckers gegen
Gastralgie, Indigestion (Plouviez), Darmcatarrh (Sieber), Schlaflosigkeit
(Chatelin), sowie des Zuckers überhaupt bei Cholera asiatica (Mackin-
tosh) und bei Diabetes (Piorry) ist irrelevant und zum Theil auf ganz falschen
Voraussetzungen beruhend. Von Provençal ist er als Anaphrodisiacum bei
sexuellen Exaltationen gerühmt.

Levulinsäure. $C_5 H_8 O_3$. — Literat.: v. Grote u. Tollens, Journ.
  Landw. 1873. 373. 23. 202. Ann. Chem. Pharm. 175. 181 und Berl.
  Ber. 6. 390. 7. 1375. — Bente, Berl. Ber. 8. 416. — M. Conrad,
  ebendas. 11. 2177. — B. Tollens, Berl. Ber. 12. 334. — A. v. Grote,
  E. Kehrer, Tollens, Ann. Chem. Pharm. 206. 207—251.

Durch Einwirkung von verdünnter Schwefelsäure auf Rohrzucker (200 gr. Rohrzucker, 100 gr. engl. $H_2 SO_4$, 2000 gr. Wasser
werden circa 2 Tage am Rückflusskühler erhitzt, mit Bleiglätte und
Baryt die Schwefelsäure beseitigt und hierauf mit Aether ausgeschüttelt etc.) oder verdünnter Salzsäure (M. Conrad) (500 gr.
Zucker, im Liter Wasser gelöst, mit 250 gr. conc. HCl erwärmt)
bildet sich eine Säure, Levulinsäure genannt, $C_5 H_8 O_3$, welche bei
gewöhnlicher Temperatur flüssig, bei 239^0 C. siedet, optisch inactiv,
in der Kältemischung erstarrt, in allen Verhältnissen in Wasser
löslich ist. Das specif. Gewicht ist 1,135. Das Calcium-Kalium-
und Silbersalz sind untersucht. Diese Säure entsteht nach der
Gleichung:

$$C_{12} H_{22} O_{11} = C_6 H_{12} O_6 + C_5 H_8 O_3 + CH_2 O_2$$

Traubenzucker   Levulinsäure   Ameisensäure.

Zuerst entsteht Dextrose und Levulose, welch' letztere zur Bildung
der Levulinsäure Veranlassung giebt. Traubenzucker bleibt zum
grossen Theile unverändert.

Bente erhielt nach derselben Methode aus Carragheenmoos.
Cellulose, geschliffenem Tannenholz, Filtrirpapier Levulinsäure.
Conrad constatirte die Identität der Levulinsäure mit Acetopropion-
säure. Oxydation mit verdünnter Salpetersäure liefert nach Tollens:
Bernsteinsäure, Essigsäure, Oxalsäure, Kohlensäure, Cyanwasserstoff-
säure, Ameisensäure (?). (Siehe bei Glycose.)

Sacharin. — E. Peligot (Compt. rend. No. 22. 1879) hat aus einer Melasse eine krystallinische Substanz abgeschieden, die sich bildet, wenn eine Lösung von Glycose mit Kalk längere Zeit erhitzt, nach Ausscheidung des Kalkes mit Oxalsäure concentrirt wird. Es scheiden sich Krystalle aus, welche, durch Thierkohle gereinigt, farblos sind, sich schwer in kaltem Wasser lösen, in heissem Wasser leichter löslich sind, Fehling'sche Lösung nur beim anhaltenden Kochen reduciren. Die Zusammensetzung ist $C_{12}H_{22}O_{11}$. Das Verhalten gegen das polarisirte Licht rechtsdrehend. Das Sacharin ist nicht gährungsfähig, verflüchtigt sich unverändert, wird durch verdünnte Säuren nicht in reducirenden Zucker übergeführt, löst sich in Schwefelsäure und nicht in Kalilauge. Aus Kalklevulosat erhält man Sacharin leichter als aus Kalk-Glucosat.

C. Scheibler bestätigte im Ganzen die Resultate E. Peligot's, stellt aber auf Grund seiner Elementaranalysen die Formel $C_6H_{10}O_5$ auf und theilt mit, dass das Sacharin mit Basen wirkliche Salze bildet, z. B. mit $BaO = 2(C_6H_{10}O_5) + BaO$. Das Sacharin dürfte als Anhydrid die Formel:

$$CH_2.OH - (CH.OH)_2 - \overset{\cdot}{C}H - CH_2 - CO$$
$$\underbrace{\qquad\qquad}_{O}$$

besitzen und den Lactonen (siehe R. Fittig, Ann. Chem. Pharm. **208.** 36. 111) angehören. Als Bestandtheil der durch Osmose dargestellten Zucker ist es von O. Lippmann nachgewiesen.

Gährungserscheinungen. — Am Schlusse der Betrachtungen über den Chemismus der Zuckerarten dürfte eine übersichtliche Darstellung der chemischen Vorgänge am Platze sein, die bei den verschiedenen Gährungserscheinungen zu beobachten sind.

1. **Alkoholgährung** (geistige Gährung). Fruchtzucker und Traubenzucker (Rohrzucker nach der Invertirung, Wasseraufnahme) zerfallen in Kohlensäure und Alkohol

$$(C_6H_{12}O_6 = 2\,CO_2 + 2\,(C_2H_6O));$$

ausserdem entstehen Glycerin 2,5—3,6 %, Bernsteinsäure 0,4—0,7 %, wenig Essigsäure 0,3—0,4 % Der Gährungserreger ist die Hefe (Sacharomyces).

2. **Essiggährung.** Aethyl-Alkohol wird durch den Sauerstoff der Luft bei Gegenwart des Essigpilzes (Mycoderma aceti) in Essigsäure bei Temperaturen von 18—35° C. umgewandelt.

3. **Milchsäuregährung.** Mit diesem Namen werden Vorgänge zusammengefasst, welche eine Zersetzung von Traubenzucker, Milchzucker mit seinen Invertirungsprodukten, sowie auch von Inosit, Dulcit, Sorbin veranlassen, bei Temperaturen von circa 30° C. und, wie anzunehmen ist, Gegenwart von Milchsäurebacterien, welche nur bei Sauerstoffgegenwart sich entwickeln. Die Produkte dieser Gährung sind: Milchsäure, Kohlensäure, etwas Alkohol, Mannit, auch wohl Buttersäure.

Besonders bei Gegenwart von Kreide, basischen Stoffen überhaupt, tritt die Milchsäurebildung auf, die jedoch auch besonders bei Mangel an Kreide etc. leicht in die sog.

4. **Buttersäuregährung** übergeht, unter Bildung einer schleimigen Substanz, wobei neben Buttersäure auch Wasserstoff auftritt. (Pasteur, Compt. rend. 45. 193.) Buttersäuregährungen sind ferner beobachtet von Fitz bei Mannit, Stärke, Inulin, Dextrin, Dulcit, Quercit, veranlasst durch Bacterien.

5. **Gährung** (Oxydation), durch Sacharomyces Mycoderma veranlasst (Weinkahn). Alkoholische Flüssigkeiten werden durch das Auftreten von Mycoderma bei Temperaturen von 16—30° C. in Essigsäure, Kohlensäure, auch Glycerin umgewandelt (A. Schultz).

6. **Schleimige Gährung.** Flüssigkeiten, die Zucker, Traubenzucker oder invertirten Rohrzucker enthalten, können durch Fermente (Bacterien) in Gummi, Kohlensäure und Mannit umgewandelt werden, wobei unter Umständen auftreten kann: Milchsäure, Buttersäure, Wasserstoffgas.

7. **Glyceringährungen.** A. Fitz hat Umwandlungen des Glycerines in Butylalkohol und auch Aethylalkohol beobachtet, je nach Vorhandensein des betr. Fermentes (Bacterien), ausserdem treten Essigsäure und Buttersäure, Kohlensäure, Wasserstoff auf.

8. **Gerbsäuregährung.** Gerbsäure enthaltende Flüssigkeiten können durch Schimmelpilze, Bacterien leicht in Zucker und Gallussäure, ja noch weiter unter Umständen zerlegt werden.

9. **Vergährungen** der Aepfelsäure (Bernsteinsäure und Kohlensäurebildung), Citronensäure (Essigsäure und Buttersäurebildung, Pasonne) sind ebenfalls erwähnt worden; ebenso noch Salpetersäuregährung, welche entsteht, wenn Rübensäfte zu wenig gekalkt, bei gleichzeitig vorhandener Milchsäure- oder Buttersäuregährung, ihre Salpetersäure in Form von Stickoxyd verlieren.

10. **Sumpfgasgährung** (Popoff). Die Spaltpilze der Schlammmassen vermögen Cellulose, auch wohl Arabin in Sumpfgas und Kohlensäure zu zerlegen, wohin auch die Ameisensäuregährung

zu rechnen ist, welche ameisensauren Kalk, durch Spaltpilze veranlasst, in Kohlensäure und Wasserstoff zersetzt.

11. Schizomycetengährungen (Spaltpilze).

Die Versuche von A. Fitz (Berl. Ber. 1877, 78 und 79), welche die Wirkung der Spaltpilze auf verschiedene chemische Verbindungen beabsichtigen, mögen auch hier in ihren hervorragendsten Resultaten eine Stelle finden.

Stärkegährung liefert 35 % Buttersäure und 9 % Essigsäure mit Spuren von Bernsteinsäure. (Inulin ähnlich.) Bei der Mannitgährung treten auf Bernsteinsäure, Milchsäure, Buttersäure und etwas Capron- und Essigsäure.

Erythrit liefert Normalbuttersäure, Bernsteinsäure, Alkohol, Essigsäure, Capronsäure.

Die Gährung von Citronensäure liefert Alkohol, Essigsäure und etwas Propionsäure.

Aepfelsäuregährungen können nach 3 Richtungen hin bilden:
   a) Essigsäure und Bernsteinsäure.
   b) Propionsäure, Essigsäure, Alkohol.
   c) Buttersäure, Wasserstoff, Kohlensäure.

Milchsäuregährung liefert: Propionsäure, Essigsäure, Kohlensäure, Wasser.

Glycerinsaurer Kalk bildet: Aethylalkohol, Essigsäure, Bernsteinsäure.

Weinsaurer Kalk: Aethylalkohol, Essigsäure, (Buttersäure), Bernsteinsäure.

Milchsaurer Kalk: Propionsäure und Essigsäure.

Aepfelsaurer Kalk: Bernsteinsäure, Essigsäure, Kohlensäure.

Die Versuche von F. König (Berl. Ber. 14. 211) über die Weinsäuregährung durch Bacterien haben ergeben, dass Calciumtartrat Essigsäure, Kohlensäure, Propionsäure vorzüglich liefert, während Ammontartrat neben Kohlensäure hauptsächlich Bernsteinsäure liefert.

Die Gährungsorganismen lassen sich nach Nägeli eintheilen in:
   1. Schimmelpilze. (Verwesungserscheinungen, langsame Oxydationen).
   2. Hefepilze. (Sprosspilze) (wahre Gährungserscheinungen, tief eingreifende Zersetzungen der Substrate).
   3. Spaltpilze. (Schizomyceten) (Fäulnisserscheinungen, Zerfall der Moleeüle in einfache Verbindungen, Elemente).

Ueber den Chemismus der Gährungen, siehe Gährungschemie. Ad. Mayer, 3. Aufl. C. v. Nägeli, Theorie der Gährung. Hoppe-Seyler, Pflüger's Archiv 12. 1. Zeitschr. physiol. Chemie II. 1.

Mannit. $C_6H_{14}O_6$. — $C_6H_8(OH)_6$. — Literatur: Proust, Ann. Chim. 57. 143. — Brendecke, Arch. Pharm. (2) 16. 49. — Favre, Annal. Chim. Phys. 11. 71. — Knop u. Schnedermann, Annal. Chem. Pharm. 49. 243. 51. 132. — Fremy, Journ. pract. Chem. 8. 197. — Leuchtweiss, Ann. Chem. Ph. 53. 128. — Ruspini, Ann. Chem. Pharm. 65. 203. — Bonsall, Arch. Pharm. 84. 70. — A. u. W. Knop, Journ. pract. Chem. 48. 362; 49. 228; 56. 337. — Berthelot, Ann. Chim. Phys. (3) 46. 83. 173; 47. 297; 50. 322. — Ubaldini, Ann.

Chim. Phys. (3) 57. 213. — De Luca, Journ. pract. Chem. 77. 457. — Strecker, Annal. Chem. Pharm. 73. 59. — Gorup v. Besanez, Ann. Chem. Pharm. 273. — P. Schützenberger, Annal. Chem. Phys. (4) 21. 235. — A. Müntz, Compt. rend. 79. 1182; 82. 210. — Leo Vignon, Ann. Chim. Phys. 1874. 2. 433. — A. Bouchardat, Ann. Chim. Phys. 1875. 4. 100; 6. 128. — A. Müntz. E. Aubin, Compt. rend. 83. 123. — A. Fitz, Berl. Ber. 1877. 276. — J. Giglioli, Annuario della Scuola agraria di Portici. 1877. — W. Thörner, Berl. Ber. 1879. 535. — D. Klein, Compt. rend. 86. 826. — De Luca, Compt. rend. 87. 297. — Dragendorff, Arch. Pharm. 11. (N. Folge). 47. — Linnemann, Ann. Chem. Pharm. 123. 136. — Mills, Zeitschrift Chem. 1864. 282. — Wanklyn u. Erlenmeyer, Zeitschr. Ch. 4. 608. — Butlerow, Ann. Chem. Pharm. 111. 247. — Bodenbender, Zeitschr. Chem. 1864. 724. — Carlet, Compt. rend. 53. 343. — Thörner, Berl. Ber. 12. 1635. — Schröder, Berl. Ber. 12. 562.

Medicinische:

Ed. Gerlach, De manniti vi et indole. Dorp. 1854. — Witte, Meletemata de sacchari, manniti et glycyrrhizine in organismo mutationibus. Dorp. 1856. — Netwald, Oesterr. Wochenschr. 1847. 40.

Der 1806 von Proust in der Manna, dem an der Luft erhärteten Saft von *Fraxinus Ornus L.*, entdeckte Mannit ist, wie spätere Untersuchungen gezeigt haben, ein im Pflanzenreich sehr verbreiteter Körper. Man hat ihn in Wurzeln, Stengeln, Rinden, Blättern und Samen zahlreicher Pflanzen aufgefunden, namentlich aus den Familien der Oleineen und Umbelliferen und in den Pilzen und Algen, und dabei anfänglich vielfach verkannt und als „Fraxinin, Syringin, Granatin, Primulin, Graswurzelzucker u. s. w." bezeichnet.

Ausser in der gewöhnlichen Manna ist Mannit nachgewiesen worden: in der Manna der Cap Verdischen Inseln (Berthelot), in der Manna von *Evonymus europaea L.* (Lassaigne), im Honigthau der Linde (53%. Reinsch), im Lactucarium (Ludwig); ferner in den Blättern von *Syringa vulgaris L.* (Polex. Kromayer), *Fraxinus excelsior L.* (Gintl), *Apium graveolens L.* (Vogel), *Cocos nucifera L.* (Bizio); in den Wurzeln von *Aconitum Napellus L.* (T. u. H. Smith), *Apium graveolens L.*, (Hübner), *Meum athamanticum Jcq.* (Reinsch), *Oenanthe crocata L.* (Comerais und Pihan-Dufaillay), *Polypodium vulgare L.* (Desfosses), *Daucus carota* (A. Husemann), *Scorzonera hispanica L.* (Witting), *Triticum repens L.* (Völcker), *Cyclamen europaeum L.* (De Luca); in der Wurzelrinde von *Punica Granatum L.* (Mitouard); in der Rinde von *Canella alba Murr.* (gegen 8%. Mayer und v. Reiche), *Fraxinus excelsior L.* (Rochleder und Schwarz. Stenhouse), *Phillyrea latifolia L.* (De Luca), *Ligustrum vulgare L.* (Kromayer), in den Früchten von *Laurus Persea L.* (Avequin. Melsens), von *Cactus Opuntia* (De Luca), in den Caffeebohnen (Döbereiner), in den Oliven (De Luca), in *Agaricus campestris L.* (Boudier in manchem Jahre statt Mycose im Mutterkorn (Mitscherlich).

Mannit ist ferner beobachtet in Penecilium glaucum (Müntz), Agaricus integer (Thörner), und anderen Pilzen, im Zuckerrohrsafte. (Müntz.)

Der Mannit lässt sich auch künstlich, wie Pasteur gezeigt hat, durch die sog. schleimige Gährung aus Zucker erzeugen. Dies erklärt sein Vorkommen in gegohrenen Pflanzensäften der allerverschiedensten Art. Nach Fremy entsteht auch beim Kochen von Stärke mit verdünnten Säuren etwas Mannit und Linnemann hat gezeigt, dass einige Zuckerarten, namentlich Invertzucker, bei Behandlung mit Natriumamalgam durch Aufnahme von Wasserstoff in Mannit übergehen.

Mannit entsteht ferner bei Milchsäuregährung aus Zucker reichlich, ferner beim Stehen von Cyclaminlösungen (D. Luca), bei Einwirkung von Natriumamalgam auf Levulose, Glycose (Bouchardat, Krusemann).

Proust kochte zur Darstellung des Mannits die Manna mit wässrigem Weingeist aus, filtrirte kochend heiss und reinigte die anschiessende Krystallisation durch Umkrystallisiren aus Wasser oder Weingeist. — Leuchtweiss beseitigt den Zucker der Manna, indem er deren wässrige Lösung mit Hefe in Gährung versetzt, entfärbt nach deren Beendigung mit Thierkohle, verdunstet zum Krystallisiren und reinigt durch Umkrystallisiren aus kochendem 82 proc. Weingeist. — Für Darstellungen im grösseren Maassstabe dürfte das Verfahren von Ruspini sich empfehlen. Man löst die Manna in ihrem halben Gewicht Regenwasser, klärt die Lösung durch Aufkochen mit Eiweiss, colirt kochend heiss, presst den nach dem Erkalten entstandenen Krystallbrei aus, verdampft die ablaufende Flüssigkeit zur Erzielung einer zweiten Krystallisation, verfährt mit dieser in gleicher Weise, reinigt die erhaltenen Pressrückstände durch Anrühren mit wenig kaltem Wasser und nochmaliges Auspressen, löst sie dann in 6—7 Th. heissem Wasser, behandelt mit Thierkohle, filtrirt heiss und verdampft nun zur Krystallisation. — Für Darstellungen im Kleinen eignet sich die Vorschrift von Bonsall, welcher die Lösung der Manna in 3 Th. Wasser mit Bleiessig ausfällt, das Filtrat mittelst Schwefelwasserstoff entbleit, es dann zum Syrup verdunstet und in heissen Weingeist eingiesst, worauf beim Erkalten reiner Mannit anschiesst.

Leuchtweiss fand in der *Manna calabrina* 32%, in der *M. canellata in fragmentis* 37,6/% und in der *M. canellata* 42,6% Mannit.

Der Mannit krystallisirt in langen orthorhombischen Säulen oder Nadeln, die bisweilen zu Sternen, Garben oder Büscheln gruppirt sind. Specifisches Gewicht 1,521 (Brunier), 1,486 (Schröder). — Er ist geruchlos und schmeckt schwach und angenehm süss. Er schmilzt nach Favre bei 166° und erstarrt beim Erkalten krystallinisch. Bei längerem Schmelzen sublimirt er unverändert, jedoch äusserst langsam. Bei 200° beginnt er zu sieden und verwandelt sich dabei in Mannitan (s. unten). Er löst sich nach Berthelot in 6,4 Th. Wasser von 18° und fast in jedem Verhältniss in kochendem Wasser. Von absolutem Weingeist erfordert er nach Berthelot bei 14° 1400—1600 Th., von Weingeist von 0,8985 bei 15° 84—90 Th. zur Lösung. Kochender wässriger Weingeist löst ihn so reichlich, dass die Lösung beim Erkalten zum Krystallbrei erstarrt. Die Lösungen besitzen nach Biot kein Rotationsvermögen.

Reine Mannitlösungen zeigen eine spec. Drehung $(\alpha)D = -0,15°C.$ (Bouchardat). Durch Gegenwart borsaurer Salze soll Rechtsdrehung veranlasst werden, durch Alkalien Linksdrehung. (Nignon, Müntz, Aubin). Mannit im reinen Zustande soll inactiv sein. Pasteur giebt $(\alpha)j = -0,03.$

Die jetzige Formel des Mannits wurde von Liebig aus den Analysen von Oppermann berechnet. *Zusammensetzung.*

Der Mannit vermag lose Verbindungen mit einigen Metalloxyden einzugehen. Von Ubaldini, Brendecke und Berthelot sind amorphe Verbindungen mit den Alkalien und alkalischen Erden dargestellt und untersucht worden. Kalk, Strontian, Magnesia, sowie auch Thonerdehydrat und Bleioxyd werden von wässrigem Mannit gelöst. Bleizucker und Bleiessig fällen conc. wässrige Mannitlösung nicht, auf Zusatz aber von einer mit Ammoniak versetzten Lösung von Bleizucker scheidet sich nach einigem Stehen oder beim Vermischen mit Weingeist nach Favre eine Bleiverbindung des Mannits $(C_6 H_{10} Pb_4 O_6)$ in feinen Blättchen aus, die jedoch Knop, der bei Wiederholung dieses Versuchs niemals Blättchen erhielt, für ein Gemenge von basisch essigsaurem Blei und Mannit erklärt. *Verbindungen*

Klein hat verschiedene Bormannitverbindungen hergestellt,
$$Ba O, Ca O, 2 Bo_2 O_3, 2 C_6 H_{12} O_5 \cdot 2 C_6 H_{14} O_6,$$
rechtsdrehend, und einen Borsäuremannitäther in Verbindung mit Bariumoxyd,
$$2 C_6 H_{12} O_5 \cdot 2 Bo_2 O_3 \cdot Ba O.$$

Wird Mannit einige Minuten in einem offenen Gefässe auf 200° erhitzt, so verwandelt sich ein Theil desselben unter Austritt von Wasser $(C_6 H_{14} O_6 - H_2 O = C_6 H_{12} O_5)$ in Mannitan, $C_6 H_{12} O_5 \; C_6 H_8 (OH) 4 O$ (Berthelot). *Zersetzungen.*
Derivate.

Um das Mannitan rein zu erhalten, löst man die veränderte Masse in Wasser, lässt durch Verdunsten der Lösung nicht zersetzten Mannit herauskrystallisiren, verdampft die Mutterlauge zur Trockne und entzieht dem Rückstande durch absoluten Weingeist das Mannitan. Dieses bildet einen dickflüssigen, gewöhnlich etwas gefärbten, schwach süss schmeckenden, neutral reagirenden, in Wasser und Weingeist leicht löslichen, in Aether unlöslichen Syrup. *Mannitan.*

Halogenderivate. Mannitanchlorhydrin, sowie Mannitanbromhydrin sind dargestellt. Die spec. Rotation des Mannitans ist $(\alpha)D = +6,80°$ oder $(\alpha)j = +10,2°$, je nach der Darstellung durch Erhitzen mit Wasser oder mit HCl.

Beim Erhitzen auf 250⁰ und darüber bläht sich der Mannit auf, zersetzt sich und verbrennt bei Luftzutritt unter Verbreitung des Geruchs nach verbrennendem Zucker. — Setzt man ein feucht erhaltenes Gemenge von Mannit und Platinmohr einige Wochen bei 30—40⁰ der Luft aus, so zerfällt der Mannit unter Bildung von Kohlensäure, Ameisensäure, Mannitsäure, Mannitose und, wie es scheint, von Mannitan (Gorup-Besanez).

Mannitsäure. Die Mannitsäure, $C_6H_{12}O_7$, kann aus der Lösung des Gemenges mit Bleiessig ausgefällt und aus dem Bleiniederschlag durch Schwefelwasserstoff isolirt werden. Sie ist eine amorphe gummiartige, stark sauer schmeckende, in Wasser und Weingeist nach allen Verhältnissen, in Aether dagegen kaum lösliche zweiatomige Säure.

Mannitose. Die Mannitose, $C_6H_{12}O_6$, kann aus dem Gemenge nicht völlig isolirt werden. Sie ist eine gährungsfähige, Kupferoxyd und Wismuthoxyd bei Gegenwart von Alkalien wie Traubenzucker reducirende, nicht mit Kochsalz, dagegen mit Kali ($4\,C_6H_{12}O_6, K_2O$) verbindbare Zuckerart. — Beim Zusammenreiben mit 6 Th. Bleihyperoxyd entzündet sich der Mannit. (Böttger). Erwärmt man ihn mit Bleihyperoxyd und Wasser (Döbereiner) oder mit Braunstein und verdünnter Schwefelsäure (Backhaus), oder mit Kaliumbichromat und verdünnter Schwefelsäure (Leuchtweiss), oder mit einer angesäuerten Lösung von übermangansaurem Kali (Chapman und Thorp), so zerfällt er in Ameisensäure und Wasser

$$(C_6H_{14}O_6 + 7\,O = 6\,CH_2O_2 + H_2O)$$

unter secundärer Bildung von etwas Kohlensäure. — Wird Mannit mit mässig verdünnter Salpetersäure nur bis zur beginnenden Entwicklung von rothen Dämpfen erwärmt, so enthält die Lösung nach Beendigung der sehr stürmischen Gasentwicklung nach Gorup-Besanez Mannitsäure oder eine ähnliche Säure und ausserdem wahrscheinlich Mannitose, während bei länger fortdauerndem Erwärmen nach Carlet Traubensäure neben etwas Schleimsäure entsteht. Bei Behandlung von Mannit mit kalter Salpetersäure von 1,15 spec. Gew. bildet sich Nitromannit, $C_6H_8(NO_2)_6O_6$. Mannylhexanitrat.

Nitromannit. Um diesen rein zu erhalten, löst man unter Reiben 1 Th. Mannit in wenig Salpetersäurehydrat, fügt dann abwechselnd conc. Schwefelsäure und Salpetersäurehydrat so lange allmälig hinzu, bis von ersterem $10\frac{1}{2}$ und von letzterem $4\frac{1}{2}$ Th. verbraucht sind, fügt dann viel Wasser hinzu und krystallisirt den sich ausscheidenden Nitromannit aus Weingeist um. Er bildet weisse seideglänzende, bei 68—72⁰ schmelzende Nadeln, die bei stärkerem Erhitzen verpuffen und unter dem Hammer mit heftigem Knall explodiren. Er löst sich ausser in Weingeist auch in Aether. (Strecker. Knop.) Beim Erwärmen des Nitromannits mit conc. wässriger Jodwasserstoffsäure wird nach Mills Mannit regenerirt. $(\alpha)\,D = 40$ (Krusemann).

Löst man Mannit in conc. Schwefelsäure und fügt dann viel Wasser hinzu, so enthält die Lösung Mannitschwefelsäure (nach Favre von der Formel $C_6H_{11}O_6, 2SO_3$, nach Knop und Schnedermann von der Formel $C_6H_{14}O_6, 3SO_3$), welche aber nur in Verbindung mit Wasser oder mit Basen erhalten werden kann. — Durch mehrstündiges Erhitzen des Mannits mit syrupdicker wässriger Phosphorsäure auf 150° bildet sich nach Berthelot eine kleine Menge von Mannitphosphorsäure und bei anhaltendem Erhitzen mit rauchender Salzsäure auf 100° eine Verbindung $C_6H_{10}Cl_2O_3$, die durch Kalk in Mannitan und Chlorcalcium zerlegt wird. — Destillirt man Mannit mit überschüssiger wässriger Jodwasserstoffsäure im Kohlensäurestrome, so geht Jodhexyl ($C_6H_{13}J$) über (Wanklyn und Erlenmeyer). Auch bei Einwirkung von Jodphosphor erhielt Buttlerow Jodüre verschiedener Kohlenwasserstoffe, u. a. Jodmethylen (CH_2J_2).

[Mannitan-schwefel-säure.]

[Einwirkung von Mineral-säuren.]

Bouchardat hat sich noch eingehend mit dem Studium der Derivate des Mannites beschäftigt und nachstehende mittheilungswerthe Resultate erhalten: durch Einwirkung von Essigsäureanhydrit auf Mannit (80 Th. Essigsäureanhydrit auf 18 Th. Mannit 180° C.) resultirte Hexacetylmannit $C_6H_8O_6$ $(C_2H_3O)_6$ und Tetracetylmannit $C_6H_8O_5(C_2H_3O)_4$, ersteres mit dem Drehungsvermögen $(\alpha)D = +18°$, letzteres mit dem Drehungsvermögen $(\alpha)D = +23°$.

[Acetyl-derivate.]

Beim Erhitzen mit Kalihydrat liefert Mannit Propionsäure, Essigsäure und Ameisensäure als Zersetzungsprodukte (Chapman und Thorp); bei der trocknen Destillation mit Kalk treten ausser anderen flüchtigen Produkten Aceton und Metaceton auf. Alkalische Kupferoxydlösung scheidet mit Mannit nach Bodenbender im Widerspruch zu früheren Angaben, nach welchen keine Reduktion stattfinden soll, bei gewöhnlicher Temperatur langsam, rascher bei 40—50° relativ wenig Kupferoxydul ab (auf 17 Aeq. Mannit etwa 2 Aeq. Kupferoxyd). — Reines und essigsaures Silberoxyd werden durch Mannit leicht reducirt, Silbernitrat dagegen, Quecksilbersalze und Goldchlorid auch beim Kochen nicht.

[Zersetzung durch Basen.]

Wird Mannit mit organischen Säuren längere Zeit im zugeschmolzenen Rohr einer Temperatur von 150—200° und darüber ausgesetzt, so entstehen unter Austritt von Wasser ätherartige Verbindungen, sogenannte Mannitanide (z. B. Essigsäuremannitanid, $C_6H_{10}(C_2H_3O)_2O_5$), die bei Behandlung mit Alkalien in ein Alkalisalz der betreffenden Säure und Mannitan zerlegt werden (Berthelot. v. Bemmelen).

[Mannitanide.]

Der weinigen Gährung ist Mannit nicht fähig. In Berührung mit Kreide und Käse oder Milchsäurehefe zerfällt er dagegen bei etwa 40° im Laufe einiger Wochen unter Entwicklung von Kohlensäure und Wasserstoff und Bildung von Weingeist, Buttersäure, Milchsäure und Essigsäure (Berthelot. Pasteur).

Mannit liefert mit Schizomyceten bei der Gährung Aethyl-Normalbutylalkohol, Bernsteinsäure, flüchtige Säure (Fitz). — 15./7. 81. Ilg.

Mit dem Mannit isomer ist der Dulcit oder Melampyrit, $C_6H_{14}O_6$. $C_6H_8(OH)_6$, (siehe Familie der Scrophularineen). Auch möge hier erwähnt sein, dass als Isomere des Mannitans bekannt sind:

Quercit, $C_6H_{12}O_5$, Früchte von Quercus.

Pinit, (Pinus Lambertian.)

Isodulcit, $C_6H_{11}O_5 + H_2O$, Spaltungsprodukt von Quercitrin und Xanthorhamnin.

Verhalten im Organismus.   Im Tractus scheint sich Mannit dem Rohrzucker analog zu verhalten, so dass er zum Theil in Milchsäure gespalten, zum Theil resorbirt wird. Witte fand in dem binnen 12 Stdn. nach Einnehmen von 45,0 entleerten Urin 5,0 wieder, während die sauer reagirenden Fäces nur geringe Mengen enthielten. Auch im Blute scheint Alteration stattzufinden, da Witte nach Infusion von 13,0 beim Hunde nur 5,0 im 24stünd. Harn wiedererhielt. *Wirkung.* — In den Tractus eingeführt, bewirkt er in Dosen von 1—1¹/₃ Unz. Abführen unter Kollern und Stuhlzwang, beim Menschen meist in 4—5 Stdn., manchmal schon in 1¹/₂ Stde. In das Blut injicirt, resultirt kein Purgiren, und liegt nahe, bei der nicht purgirenden Wirkung der daraus etwa entstehenden milchsauren Alkalien, anzunehmen, dass er nach Art der abführenden Salze wirkt (Witte). *Anwendung.* — Der Mannit ist an Stelle der *Manna calabrina*, deren purgirendes Princip er nach Versuchen von Gerlach, trotz Zweifel von Gubler u. A., darstellt, von Magendie zu 8,0—15,0 als mildes Abführmittel für Kinder und Erwachsene und in 4mal so hoher Dosis von Martin Solon (Bull. gén. de Thérap. 6. 8), der ihn als weit constanter wirkend und angenehmer schmeckend der Manna vorzieht, für alle Fälle empfohlen worden, wo man purgirende Wirkung ohne Reizung des Tractus erzielen will, z. B. bei Peritonitis. In Italien haben Garoviglia, Donati, Ruspini, Polli u. A. davon Gebrauch gemacht, meist in Form der Martin-Solon'schen Lösung von 30,0—60,0 in 60,0—120,0 Wasser, die man warm trinken lässt, angenehmer in der wie gewöhnliche Limonade schmeckenden Mannitlimonade von Calvetti (Manniti 30,0 Aq. comm. 300,0, Succi Citri q. s). — Gubler empfiehlt Mannit gegen Verätzung der Augen mit Kalk.

Mannitanchlorhydrin ist nach Walter (Arch. exp. Path. 7. 170) zu 30,0 bei Hunden ungiftig und entzieht dem Blut kein Alkali.

Pectinstoffe. — Literatur: Braconnot, Ann. Chim. Phys. (2) 28. 173; 30. 96; 47. 266; 72. 433. — Fremy, Journ. Pharm. (2) 26. 368; Ann. Chim. Phys. (3) 24. 9; Compt. rend. 64. 244; 83. 1136. — Chodnew, Ann. Chem. Pharm. 51. 356. — Stüde, Ann. Chem. Pharm. 131. 244. — Scheibler, Chem. Centralbl. 1868. 1041; Jahrbr. Ch. M. 1873. 829. — Berl. Ber. 6. 612. — Guibourt, Journ. chim. med. 4. 578. — Regnault, Journ. Pharm. 1838. — Mulder, J. pr. Chem. 14. 277. — Fromberg, Ann. Chem. Pharm. 35. 318; 67. 257. — Poumarée und Figuier, Jahrbr. Ch. M. 1847. 1848. 797 — Reichard, Arch. Pharm. (3) 10. 532. — Giraud, Compt. rend. 80. 477. — Maudet, Compt. rend. 77. 1497.

Unter diesem Namen pflegt man eine Anzahl von Pflanzenstoffen zusammenzufassen, die bei der Schwierigkeit, womit ihre Darstellung im reinen Zustande verbunden ist, und bei ihrer grossen Veränderlichkeit trotz ihres verbreiteten Vorkommens im Pflanzenreich noch in sehr ungenügender Weise erforscht sind. Sie finden sich namentlich in fleischigen Früchten und Wurzeln, aber auch in den Rinden, Stengeln und Blättern und fehlen nach

Braconnot in keiner Pflanze. Einige von ihnen besitzen die charakteristische Eigenschaft, unter gewissen Umständen Gallerten zu erzeugen.

Reichard spricht auf Grund der gewonnenen Erfahrungen den Pectinkörpern die Berechtigung einer selbstständigen Gruppe ab und hält dieselben für gallertbildende Kohlenhydrate.

Pectose. — Nach den Untersuchungen von Fremy, der sich am eingehendsten mit diesen Körpern beschäftigte, scheinen dieselben sämmtlich aus einem bis jetzt nicht isolirten, in Wasser, Weingeist und Aether unlöslichen Stoff, der Pectose, ihre Entstehung zu nehmen. Diese soll sich in einem jüngeren Stadium der Entwicklung in den genannten Pflanzentheilen, also namentlich in unreifen Früchten, finden und dann unter dem Einfluss eines sie begleitenden Ferments, der Pectase, allmälig (in den Früchten beim Reifen) in lösliche Pectinstoffe verwandelt werden, eine Veränderung, die auch durch Kochen mit Wasser, wässrigen Säuren oder Alkalien soll bewirkt werden können. Stüde nimmt das Auftreten einer unlöslichen Pectose im Pflanzenreiche nicht an, sondern behauptet, Pectin sei an Kalk gebunden (siehe folgenden Abschnitt). Nach Scheibler's Arbeiten über Arabin lässt sich Pectose als Metaarabin auffassen. —

Pectose ist Bestandtheil von dem Marke von Aralia papyrifera (Maudet) zu 10—15%. *Pectose.* *Pectase.*

Pectin. — Es findet sich in den Pflanzen an Kalk gebunden (Fremy. Stüde). Zu seiner Darstellung fällt man aus dem ausgepressten und filtrirten Saft sehr reifer Birnen den Kalk durch Oxalsäure, darauf das Eiweiss durch Gerbsäure und scheidet nun durch Zusatz von Weingeist das Pectin ab, das in langen Fäden niederfällt und durch Waschen mit Weingeist aus kalter wässriger Lösung rein erhalten wird (Fremy). Aus weissen Rüben erhält man es, indem man sie fein zerreibt, den durch mehrstündiges Maceriren mit kaltem Wasser bereiteten Auszug zur Abscheidung von Eiweiss einmal aufkocht und das Filtrat mit Bleiessig fällt. Den entstandenen, aus Pectin-Bleioxyd und Bleisulfat bestehenden Niederschlag zerlegt man nach dem Auswaschen mit Schwefelwasserstoff und fällt die abfiltrirte und durch Eindampfen concentrirte Lösung mit Weingeist. (Stüde).

Das Pectin nach Frémy $C_{64}H_{48}O_{64}$ oder $C_{40}H_{25}O_{35}$ ($= 5 C_8 H_5 O_7$), nach Chodnew $C_{28}H_{22}O_{24}$, ist eine weisse amorphe geschmack- und geruchlose neutrale Masse, die sich leicht in Wasser löst und damit eine schleimige und dickflüssige, aber nur bei Gegenwart von Eiweissstoffen gallertartige Lösung bildet. Weingeist fällt es aus conc. Lösungen in Fäden, aus verdünnten als Gallerte. Durch Bleiessig wird die wässrige Lösung gefällt, durch neutrales Bleiacetat und Gerbsäure nicht. Ausser mit Bleioxyd verbindet es sich auch mit den alkalischen Erden. Bei 200° zersetzt es sich unter Entwicklung von Kohlensäure und Bildung von schwarzer Pyropectinsäure ($C_{14}H_9O_9$?). Durch Erwärmen mit Salpetersäure wird daraus sehr leicht Zuckersäure und bei längerer Einwirkung Schleimsäure gebildet (Fremy).

Parapectin. — Wird Pectin anhaltend mit Wasser gekocht, so verliert die Lösung ihre schleimige Beschaffenheit und Weingeist fällt nun daraus Parapectin als durchscheinende Gallerte, die zu einer dem Pectin gleichenden Masse austrocknet. Das Parapectin ist bei 100° getrocknet mit dem Pectin isomer, verliert aber bei 140° noch 2 Aeq. H_2O. Seine wässrige

Lösung wird schon durch neutrales Bleiacetat gefällt unter Bildung von $C_{64}H_{46}Pb_2O_{64}$. Es findet sich neben Pectin in den reifen Früchten (Fremy).

Metapectin. **Metapectin.** — Werden Pectin oder Parapectin mit verdünnten Säuren gekocht, so verwandeln sie sich in das mit dem Parapectin gleich zusammengesetzte Metapectin, das in den überreifen Früchten auch fertig gebildet vorzukommen scheint. Es löst sich in Wasser mit saurer Reaction und wird daraus durch Weingeist gallertartig gefällt. Neutrales Bleiacetat schlägt daraus eine dem Parapectin-Bleioxyd gleich zusammengesetzte Verbindung nieder, aber auch Chlorbarium fällt (Unterschied von Pectin und Parapectin) einen weissen Niederschlag von der Zusammensetzung

$$C_{64}H_{46}Ba_2O_{64}.$$

Pectosinsäure. **Pectosinsäure.** — Bei längerer Einwirkung der Pectase oder bei Behandlung mit verdünnten wässrigen Alkalien geht das Pectin zunächst in Pectosinsäure ($C_{64}H_{46}O_{62}$) über, wobei die Lösungen entweder sogleich oder doch nach Zusatz von Säuren gallertartig erstarren. Die Pectosinsäure ist amorph und reagirt sauer. Sie ist unlöslich in kalten verdünnten Säuren, löst sich kaum in kaltem, aber leicht in kochendem Wasser. Ihre Salze sind gallertartig amorph, lösen sich in warmen verdünnten Säuren völlig auf (Unterschied von pectinsauren Salzen) und verwandeln sich bei Einwirkung überschüssiger Basen leicht in pectinsaure Salze.

Pectinsäure. **Pectinsäure.** — Dauert demnach die Einwirkung der Pectase oder der wässrigen Alkalien auf Pectose oder Pectin fort, so muss statt der Pectosinsäure Pectinsäure ($C_{32}H_{22}O_{30}$ oder $C_{32}H_{20}O_{28}=4\,C_8H_5O_7$ nach Fremy, $C_{28}H_{20}O_{26}$ nach Chodnew) erhalten werden. Man stellt diese Säure, von der es noch zweifelhaft ist, ob sie schon fertig gebildet in den Pflanzen vorkommt oder ob sie erst beim Extrahiren derselben entsteht, am besten aus gut ausgewaschenem Mohrrübenbrei dar, indem man ihn entweder direkt, oder besser die durch Auskochen mit schwach salzsäurehaltigem Wasser daraus erhaltene Pectinlösung mit der zur Bildung von pectinsaurem Natron erforderlichen und durch Proben festzustellenden Menge von kohlensaurem Natron kocht, die Lösung mittelst Salzsäure fällt, den ausgewaschenen Niederschlag durch Auflösen in wässrigem Ammoniak und Wiederausfällen mit Salzsäure reinigt und nach vollständigem Auswaschen zuerst im Vacuum, dann bei erhöhter Temperatur trocknet. Bei Anwendung von zu viel Soda entsteht neben Pectinsäure auch Metapectinsäure (Fremy. Braconnot. Regnault). Die Pectinsäure ist im feuchten Zustande eine farblose durchsichtige Gallerte, die zu einer hornartigen, schwer zu pulvernden Masse austrocknet, sauer schmeckt und reagirt, sich in kaltem Wasser kaum, auch in kochendem nur wenig und in Weingeist und Aether gar nicht löst. Dagegen löst sie sich ziemlich reichlich in wässrigen Neutralsalzen, namentlich in den Ammonsalzen organischer Säuren und aus diesen sauer reagirenden Lösungen fällt Weingeist eine Gallerte, die sich in kochendem Wasser löst, aber daraus beim Erkalten wieder abscheidet. Von den pectinsauren Salzen sind die der Alkalien in Wasser löslich, die übrigen unlöslich und gallertartig (Fremy. Regnault. Chodnew).

Pectinsaurer Kalk ist in manchen Geweben das Bindemittel der Zellen, (Fremy) nach Maudet Bestandtheil des Markes von Aralia papyrifera. — Pectinsäure wurde in grösserer Menge aus dem Traganthgummi (Giraud)

durch Behandeln mit Säuren hergestellt und deren Zusammensetzung gefunden:

$$C = 40{,}68\%\ H = 5{,}35\%\ O = 53{,}97\%.$$

Parapectinsäure. — Bei anhaltendem Kochen mit Wasser geht
die Pectinsäure unter Verwandlung in Parapectinsäure ($C_{24}H_{15}O_{21}$ =
$3 \times C_8H_5O_7$ nach Fremy) in Lösung. Diese entsteht auch beim Erhitzen
der pectinsauren Salze auf 150°. Sie ist amorph, reagirt stark sauer und
wird aus ihrer wässrigen, optisch unwirksamen Lösung durch Weingeist gefällt. Sie reducirt aus kochender alkalischer Kupferlösung Kupferoxydul.
Von ihren Salzen sind die der Alkalien in Wasser leicht löslich (Fremy).

Parapectin-
säure.

Metapectinsäure. — Wird die Pectinsäure statt mit Wasser mit
wässrigen Alkalien gekocht, so geht sie in Metapectinsäure ($C_8H_5O_7$ nach
Fremy) über. Diese findet sich als letztes Umwandlungsprodukt der Pectose und ihrer Derivate in allen vegetabilischen Flüssigkeiten, die mit Pectose enthaltenden Geweben in Berührung stehen, namentlich auch in den
überreifen Früchten. Fremy's aus Pectin dargestellte Metapectinsäure ist
eine amorphe saure zerfliessliche, in Wasser leicht lösliche Masse ohne Rotationsvermögen, die nicht nur kalische Kupferoxydlösung, sondern auch
Silber- und Goldsalze reducirt, die kohlensauren Salze zersetzt und die
stärksten Basen neutralisirt. Ihre Salze sind sämmtlich, mit Ausnahme der
basischen Bleisalze, in Wasser löslich. — Eine optisch active Metapectinsäure
hat Scheibler durch Kochen von Rübenpresslingen mit Kalkmilch, Zerlegung der gebildeten Kalksalzlösung mit kohlensaurem Ammon, Fällung des
Filtrats mit Bleiessig und Zersetzung des Bleiniederschlags durch Schwefelwasserstoff erhalten. Dieselbe dreht die Ebene des polarisirten Lichtes
ebenso stark nach links, wie $1\frac{1}{3}$ Th. Rohrzucker nach rechts, und reducirt
Fehling'sche Lösung erst nach vorgängigem Kochen mit verdünnten Mineralsäuren. Sie wird durch die Behandlung mit Säuren nämlich in eine
neue, durch Bleisalze fällbare Säure und in einen eigenthümlichen Zucker,
Pectinose ($C_6H_{12}O_6$), gespalten. Die Pectinose wird durch Hefe nicht in
weinige Gährung versetzt und dreht so stark rechts, wie 1,6 Th. Rohrzucker.
(Scheibler).

Metapectin-
säure.

Pectinose.

Die Metapectinsäure ist nach den neuesten Arbeiten Scheibler's vollkommen identisch mit Arabin (Arabinsäure).

Zersetzungsprodukte der Kohlenhydrate durch Wärme oder Einwirkung von Säuren und Alkalien.

— Ausser den
durch Erhitzen von Kohlenhydraten entstehenden, schon bei den einzelnen
Abschnitten erwähnten Zersetzungsprodukten wie Caramel, Caramelan
$C_{12}H_{18}O_9$, Caramelen $C_{36}H_{50}O_{25}$, Caramelin $C_{96}H_{102}O_{51}$, Assamar
(Reichenbach, Ann. chem. Pharm. 49. 1; Völckel, Ebendas. 85. 74)
haben die sog. Huminkörper hier eine kurze Erwähnung, welche als
braune bis tiefschwarze Zersetzungsprodukte, durch Fäulniss entstanden, auf
unserem Planeten überall verbreitet sind, aber auch durch Einwirkung von
Mineralsäuren oder Alkalien auf die Kohlenhydrate, den natürlichen ähnlich,
vielleicht auch identisch entstehen.

Huminstoffe.

Huminsäure, Quellsäure, Quellsatzsäure. — Huminsäure

wird von Mulder (Ann. Chem. Pharm. 36. 243) als stickstoffhaltig (3 % N) geschildert, dargestellt durch Kochen von Torf mit Sodalösung und Versetzen dieser Lösung mit Salzsäure. Detmer (Jahresb. Ch. M. 1873. 844) stellt die Formel $C_{60}H_{54}O_{27}$ für Huminsäure auf und beschreibt dieselbe als amorph, in heissem Wasser leichter löslich als in kaltem, sauer reagirend, Salze mit Ammon, Kalk, Eisen und Silber bildend. Thenard (Jahresb. Ch. M. 1876. 878) nimmt die Formel $C_{24}H_{10}O_{10}$ an. Weitere ähnliche Körper wurden beschrieben von Lefort, Zeitschr. Chem. 1867. 669. Liebermann, Lettenmayer, Berl. Ber. 7. 408. Grégory, Ann. Chem. Pharm. 41. 365. Soubeiran, Jahresb. Ch. M. 1850. 651. Simon, Jahresb. Ch. M. 1875. 822.

Quellsäure und Quellsatzsäure stellte Berzelius einmal aus dem Ocher der eisenhaltigen Porlaquelle her (Poggend. Ann. 29. 3 u. 238).

Durch Einwirkung von Säuren (Salz-, Salpeter-, Schwefelsäure) auf Rohrzucker und andere Zuckerarten entstehen neben Ameisensäure, Huminsäuren, die in Ammoniak schwer löslich sind und der Formel $C_{24}H_{18}O_9$ entsprechen (Stein, Ann. Chem. Pharm. 30. 84). F. Sestini (Gazz. chim. X., Berl. Ber. 13. 1877) beobachtete bei Einwirkung von Schwefelsäure auf Rohrzucker zunächst **Sachulmin** unlöslich, dann im weiteren Verlaufe der Umwandlung **Sachulminsäure**, in kalter Kalilauge löslich, daraus wieder mit Säuren abzuscheiden, von der Zusammensetzung $C_{11}H_{10}O_4$.

(margin: Sachulmin.)

$$2\,(C_6H_{12}O_6) = C_{11}H_{10}O_4 + 6\,H_2O + CH_2O_2.$$

Mit Silbersalz und Barytwasser bildet dieselbe schwer lösliche Verbindungen. Eine dritte Substanz wurde isolirt: **Sachulmige Säure** $C_{44}H_{38}O_{15}$. —

Durch Einwirkung von Alkalien auf Kohlenhydrate sind als existirend erwähnt worden: **Sacharumsäure** $C_{14}H_{18}O_{11}$, **Glucinsäure** $C_{12}H_{22}O_{12}$, **Melassinsäure** (?), bei Anwendung von Holzfaser braungelbe und schwarze Huminsäuren. Auch aus Retortenkohle sind von Millot, Bull. soc. chim. 33. 263, Huminkörper dargestellt worden. — 16./7. 81. Hg. —

---

3. Organische Säuren allgemeiner Verbreitung.

Fettsäurereihe. $C_nH_{2n}O_2$. — Es werden in dieser Gruppe

nur die Säuren von grösserer Verbreitung ausführlicher besprochen werden. Die homologe Reihe der sog. Fettsäuren mit einem Gehalte von 1—30 Kohlenstoffatomen schliesst eine Reihe von Säuren ein, welche vielfach als sehr verbreitete Pflanzenbestandtheile theils frei, theils als Glycerinester (Fette) Wichtigkeit besitzen.

Ameisensäure. $CH_2O_2 - H.CO.OH$. Die Ameisensäure ist bis jetzt
in keiner grossen Anzahl von Pflanzen nachgewiesen worden, aber es darf
mit grosser Wahrscheinlichkeit angenommen werden, dass sie im Pflanzenreiche sehr verbreitet ist. Sie wurde zuerst in den Nadeln, in der Rinde
und dem Holz von *Pinus Abies L.* (Fam. Abietineae) von Aschoff (Arch.
Pharm. (2) 40. 274), dann von Döbereiner (Schweigger's Journ. 63. 368)
im Saft von *Sempervivum tectorum L.* (Fam. Crassulaceae) und von Gorup-
Besanez (Ann. Chem. Pharm. 69. 369; N. Repert. Pharm. 4. 29) in den
Früchten von *Sapindus Saponaria L.* (Fam. Sapindaceae), in den Früchten
von *Tamarindus indica L.* (Fam. Caesalpineae) und im Saft der Brennnesseln,
Urtica urens L. (Fam. Urticeae) aufgefunden. Sie kommt in den genannten
Pflanzen theils frei, theils aber auch in Verbindung mit Basen vor. Um
daher die ganze Quantität derselben zu gewinnen, muss die Destillation der
betreffenden Pflanzentheile mit Wasser unter Zusatz von Schwefelsäure oder
Phosphorsäure ausgeführt werden. Sättigt man das Destillat kochend heiss
mit kohlensaurem Blei, so krystallisirt — vorausgesetzt dass keine andern
flüchtigen Säuren zugegen sind — beim Erkalten und Eindampfen ameisen-
saures Blei aus, aus dem dann die Säure durch Schwefelwasserstoff frei gemacht werden kann.

Künstlich erhält man Ameisensäure durch Einwirkung von Kohlensäure
auf Kalium bei Gegenwart von Wasser, $(K_2 + 2CO_2 + H_2O = 2HCO.OKa)$
durch Einwirkung von Kohlenoxydgas auf Kalilauge bei 100° C, aus Cyanwasserstoff bei Gegenwart von Wasser, Mineralsäuren, Alkalien, aus Chloroform bei Einwirkung von alkoholischer Kalilauge, durch Erhitzen von Oxalsäure bei Gegenwart von Glycerin auf 100–110° C. Körper von höherem
Moleculargewicht, Zuckerarten und ihre Verwandten, Aepfelsäure, Weinsäure,
Citronensäure liefern bei der Oxydation Ameisensäure. Die reine Ameisen-
säure ist eine farblose Flüssigkeit von stechendem Geruche von 99° C. Siedepunkt, spec. Gew. 1,223, mit blasenziehenden Eigenschaften begabt. Dieselbe
krystallisirt unter 0°, ihre Salze sind sämmtlich leicht löslich. Concentrirte
Schwefelsäure zerlegt die Ameisensäure in Kohlenoxyd. Ameisensäure und
ameisensaure Salze wirken reducirend auf Quecksilberoxyd und Silberoxyd.

Essigsäure. $C_2H_4O_2$. — $CH_3 CO.OH$. — Diese Säure findet
sich theils frei, theils in Verbindung mit Kali und Kalk, im Saft zahlreicher
Pflanzen, insbesondere in baumartigen Gewächsen. Um sie vollständig aus
irgend einem pflanzlichen Material zu gewinnen, muss die Destillation desselben unter Zusatz von Phosphorsäure so lange fortgesetzt werden, bis das
Uebergehende nicht mehr sauer reagirt. Das Destillat wird entweder mit
Soda- oder kohlensaurem Baryte neutralisirt, um Natrium- oder Bariumacetat
herzustellen, welche zum qualitativen oder quantitativen Nachweis (Baryt-
bestimmung) benützt werden können. —
Künstlich erhält man Essigsäure durch Oxydation des Aethylalkoholes
(Schnellessigfabrikation), der Milchsäure, Einwirkung schmelzender Alkalien
auf Aepfelsäure, trockne Destillation der Cellulose, Stärke und anderer
Kohlenhydrate, durch Einwirkung von Kohlensäure auf Natriummethyl, beim
Erhitzen von Acetylenchlorid mit alkoholischem Kali auf 100°; durch Oxydation
von Acetylen mit Chromsäure. Im wasserfreien Zustande bildet dieselbe

Eigen-
schaften.

cine weisse, blättrige Krystallmasse, bei 17 ° C schmelzend, von 1,063 spec.
Gew. und 118° Siedepunkt. Ihre Salze sind sämmtlich in Wasser löslich
und werden bei höheren Temperaturen durch Wasser in Metalloxyd und
Essigsäure zerlegt. (Verhalten der Acetate gegen obsoluten Alkohol.
Kraut, Ann. Chem. Pharm. 157. 323.)

Mit Wasser mischbar ist die Essigsäure gegen Oxydationsmittel sehr
resistent, leicht erkennbar an ihrer Fähigkeit, mit Eisenoxydsalzen blutrothe
Lösungen zu geben, mit Schwefelsäure und Alkohol Essigäther zu liefern.

Propionsäure.

Propionsäure. $C_3H_6O_2$. — $CH_2 . CH_3 \; CO . OH$. — Wurde bis

jetzt, obgleich wahrscheinlich viel verbreiteter, nur in den Früchten von
Gingko biloba (Béchamp, Compt. rend. 58. 135), im Fliegenschwamm (Bornträger, N. Jahrb. Pharm. 8. 222) und in den Blüthen von *Achillea Millefolium L.* (Krämer, Arch. Pharm. (2) 51. 18) aufgefunden. Um sie aus
pflanzlichem Material zu erhalten, wird dasselbe mit phosphorsäurehaltigem
Wasser bis zur Erschöpfung destillirt, der Salzrückstand des mit Soda neutralisirten Destillats durch Destillation mit verdünnter Schwefelsäure zersetzt und das jetzt erhaltene Destillat mit Chlorcalcium gesättigt, worauf
sich die Säure als ölige Schicht oben auf abscheidet.

Synthese und
Eigen-
schaften.

Die Propionsäure entsteht durch Oxydation des Metacetones, bei der
trocknen Destillation des Holzes, bei der Einwirkung von concentrirter
Natronlauge auf Zucker, von Kohlenoxydgas auf Natriumäthylat oder Kohlensäure auf Natriumäthylat, Reduction der Gährungsmilchsäure etc. Dieselbe
ist eine der Essigsäure ähnliche Flüssigkeit von 0,991 spec. Gew., 140,5°
Siedepunkt. Die Salze sind alle in Wasser löslich. (Trennung der Ameisensäure, Essigsäure, Buttersäure, Akrylsäure von Propionsäure siehe Linnemann, Ann. Chem. Pharm. 160. 220.)

Buttersäure.

Buttersäure. $C_4H_8O_2$. Normale: $CH_3 \; CH_2 . CH_2 . CO . OH$.
Isobuttersäure: $(CH_3)_2 \; CH . CO . OH$. —

Die Buttersäure wurde zuerst von Redtenbacher (Ann. Chem. Pharm.
57. 177) zu 0,6 Procent aus dem Johannisbrod, der Furcht von *Ceratonia
Siliqua L.*, erhalten, später von Gorup-Besanez (Ann. Chem. Pharm. 69.
369) neben Ameisensäure (vergl. diese) auch in den alten Früchten von
Sapindus Saponaria L. und *Tamarindus indica L.*, von Wunder (Journ. pract.
Chem. 64. 499) neben Essigsäure und Baldriansäure in *Anthemis nobilis L.*,
von Krämer (Arch. Pharm. (2) 54. 9) neben anderen flüchtigen Säuren in
Tanacetum vulgare L. und *Arnica montana L.*, von Béchamp (Ann. Chem.
Pharm. 130. 364) neben Propionsäure und Capronsäure in den Früchten von
Gingko biloba aufgefunden. Nach Grünzweig (Ann. Chem. u. Pharm. 158.
117) ist die Buttersäure von Ceratonia Siliqua Isobuttersäure, welche auch
Bestandtheil von Arnica montana und im römischen Kamillenöl als isobutyl-
saures Isobutyl enthalten ist. Die normale Buttersäure ist als Glycerinester
Bestandtheil der Butter, Produkt der Oxydation des Coniins, als Hexylester
Bestandtheil des Oeles von Heracleum giganteum, sowie als Aethylester im
Oele von Pastinaca sativa enthalten. Durch Oxydation von normalem Butylalkohol, sowie Einwirkung von Kalilauge auf Propylcyanür entsteht dieselbe
ebenfalls, endlich tritt dieselbe bei der sog. Buttersäuregährung des Zuckers,

der Schizomycetengährung des Glycerines etc. auf. Beide isomere Säuren sind bei gewöhnlicher Temperatur Flüssigkeiten von durchdringendem Geruch, spec. Gew. von 0,950 bis 0,958; Normale Buttersäure siedet bei 163°, Isobuttersäure bei 154°.

Ihre Darstellung aus den Pflanzen ist der Propionsäure analog; mittelst Chlorcalcium kann dieselbe als Oelschichte aus wässrigen Lösungen abgeschieden werden. Die Trennung von Ameisensäure, Essigsäure, Propionsäure, Buttersäure ist durch Ueberführung dieser Säuren in Barytsalze möglich. 1000 Th. absoluter Alkohol lösen bei 30° 0,055 Baryumformiat, 0,284 Acetat, 2,61 Propionat und 11,717 Butyrat (Lucke, Zeitschr. analyt. Chem. 10. 185).

Baldriansäure. $C_5H_{10}O_2$. — Von den Isomeren der Baldrian- Baldriansäure. säure ist zunächst die Isovaleriansäure $\begin{matrix}CH_3\\CH_3\end{matrix}{>}CH\ CH_2.CO\ OH$ Bestandtheil des pflanzlichen Organismus. Dieselbe ist Bestandtheil der Wurzel von Valeriana (Trautwein, Kastn. Archiv. **26.** 282), Angelica Archangelica (Meyer & Zenner, Ann. Chem. Pharm. **55.** 317), sowie Athamantha Oreoselinum (Winkler), im Asa foetida enthalten (Hlasiwetz), Bestandtheil der reifen Beeren, der Rinde von Viburnum Opulus, der Früchte von Gingko biloba, des Splintes von Sambucus nigra (Krämer), in den Blüthen von Anthemis nobilis (Gerhardt, Journ. pract. Chem. **45.** 221), vielleicht auch im Kraute von Artemisia Absinthium, Digitalis u. A. enthalten. Ihre Darstellung gründet sich auf die Destillation der betreffenden Pflanzentheile mit Wasserdämpfen, Neutralisation des Destillates mit Soda, Concentration und nochmalige Destillation mit Schwefelsäure. Künstlich entsteht dieselbe besonders bei der Oxydation des Isoamylalkoholes mittelst Schwefelsäure und Kaliumdichromat, ferner bei der trocknen Destillation des Holzes, der Zersetzung von Leucin mit Kali, Cyanisobutyl etc.

Die Isovaleriansäure ist ein farbloses Oel von unangenehmem Geruche, bei 0° von 0,947 spec. Gew. 175° C. Siedepunkt (176,3 cor.), löslich in 23,6 Th. Wasser bei 20° C.

Capronsäure. $C_6H_{12}O_2$. — Wurde zuerst von Fehling (Ann. Capronsäure. Chem. Pharm. **53.** 406) in der Cocosbutter, dem Fett der Frucht von *Cocos nucifera*, später von Béchamp neben anderen Säuren (s. Buttersäure) in der Frucht von *Gingko biloba*, von Chautard (Compt. rend. **58.** 639) in den Blüthen von *Satyrium hircinum L.*, von Krämer (s. Buttersäure) auch in der *Arnica montana* aufgefunden und ist wahrscheinlich viel verbreiteter im Pflanzenreiche. — Sie kann mit Vortheil aus Cocosfett dargestellt werden. Man verseift dasselbe durch Natronlauge von 1,12 spec. Gew., destillirt den erhaltenen Seifenleim mit Schwefelsäure, neutralisirt das Capron-, Capryl- und Caprinsäure enthaltende Destillat mit Baryt und verdampft zum Krystallisiren. Es schiesst dann zuerst caprinsaurer, darauf caprylsaurer und zuletzt der capronsaure Baryt an. Die Salze werden durch Umkrystallisiren gereinigt und durch verdünnte Schwefelsäure zerlegt, worauf sich die Säuren ölförmig obenauf abscheiden. Durch Entwässern mit Chlorcalcium und Rectification werden sie gereinigt.

Die Capronsäure bildet eine ölige, mit Wasser nicht mischbare Flüssigkeit, von 0,945 spec. Gew. bei 0°, und 205° Siedepunkt; sie entsteht leicht durch Oxydation der Eiweissstoffe, der festen Fette, des Hexylalkoholes, sowie bei der Buttersäuregährung des Zuckers.

Caprylsäure, $C_8H_{16}O_2$ und Caprinsäure, $C_{10}H_{20}O_2$. — Beide

Säuren wurden mit Sicherheit bis jetzt nur im Cocusnussfett (Fehling, Ann. Chem. Pharm. **57**. 400; Görgey, Ann. Chem. Pharm. **66**. 290) nachgewiesen, kommen aber wahrscheinlich noch in manchen anderen Pflanzenfetten vor. Ueber ihre Darstellung aus Cocosbutter vergl. man Capronsäure.

Palmitinsäure. $C_{16}H_{32}O_2$. — Diese Säure findet sich als Pal-

mitin oder Palmitinsäure-Glycerid, $C_3H_5(C_{16}H_{31}O)_3O_3$, wohl in den meisten Pflanzenfetten, besonders reichlich, so dass sie daraus mit Vortheil gewonnen werden kann, im Palmöl, dem Fett von *Eläis guineensis Jacq.* (Fremy, Ann. Chem. Pharm. **36**. 44), im chinesischen Talg, dem Fett von *Stillingia sebifera Mchx* (Maskelyne, Journ. pract. Chem. **65**. 287), in dem vielleicht von *Rhus succedanea L.* stammenden japanesischen Wachs (Stahmer, Ann. Chem. Pharm. **43**. 435) und im Wachs von *Myrica cerifera L.* (Moore, Journ. pract. Chem. **88**. 301), dem Fette von Petersiliensamen (v. Gerichten, Berl. Ber. 1876. 1125). — Zur Darstellung aus Palmöl verseift man dasselbe mit Natronlauge, zerlegt die Seife durch Schwefelsäure und krystallisirt die abgeschiedene feste Palmitinsäure so oft aus Weingeist um, bis ihr Schmelzpunkt constant geworden ist.

Die Palmitinsäure krystallisirt in Nadeln, welche in Wasser unlöslich und Alkohol löslich sind, bei 62° C. schmelzen.

Stearinsäure. $C_{18}H_{36}O_2$. — Kommt als Stearin oder Stearin-

säure-Glycerid, $C_3H_5(C_{18}H_{35}O)_3O_3$, in den meisten Pflanzenfetten, namentlich in den festen, vor. Besonders reich daran ist die Scheabutter, wahrscheinlich das Fett einer Sapotee.

Die von Hardwick aus Bassiaöl erhaltene Bassiasäure, ferner Berzelius' Coculotalgsäure und Francis' Stearophansäure aus den Kokkelskörnern sind von Heintz als Stearinsäure erkannt worden. Die von Luck aus Madiaöl dargestellte Madiasäure ist nach Heintz ein Gemenge von Stearin- und Palmitinsäure.

Die Stearinsäure krystallisirt aus Alkohol in glänzenden Blättchen, welche im reinen Zustande bei 69,2° schmelzen.

Darstellung und Isolirung der Fettsäuren. $C_nH_{2n}{}_2O_2$.

— In den meisten Fällen handelt es sich bei dem Nachweise und der Isolirung der Fettsäuren um eine Zerlegung der Fette, der Glycerinester der Fettsäurereihe $C_nH_{2n}O_2$ oder Oelsäurereihe. Diese Zerlegung ist zunächst durch den Verseifungsprocess, Einwirkung von wässrigem oder alkoholischem Alkalihydroxyde, zu bewerkstelligen. Die gebildeten Alkaliverbindungen werden durch Säuren, am besten Schwefelsäure zerlegt, die freigewordenen

Säuren durch Destillation getrennt. Die Fettsäuren von $C — C_8$ sind flüchtig und finden sich in dem Destillate, das mit Barytwasser behandelt die Baryumsalze liefert, die durch fractionnirte Krystallisation, Löslichkeitsverhältnisse und Atomgewichtsbestimmung der betr. Salze isolirt und erkannt werden können. Auch kann hier das Princip der partiellen Sättigung Anwendung finden, wenn nur 2 Säuren zu trennen sind.

Die festen Fettsäuren (nicht flüchtig) werden zuerst von den Repräsentanten der Oelsäuregruppe durch Ueberführung in die Bleiverbindungen befreit, welche, getrocknet und mit Aether behandelt, die ölsauren Bleiverbindungen an Aether abgeben. Die Bleiverbindungen werden leicht durch Salzsäure oder verdünnte Schwefelsäure zersetzt, wodurch die Fettsäuren in Freiheit gelangen und nun am besten nach Heintz durch die Methode der potensirt fractionnirten Fällung erkannt und isolirt werden.

Zur Fällung dienen Lösungen von essigsaurem Magnesium oder essigsaurem Baryum in Alkohol. Die Schmelzpunkte der aus den Baryum- oder Magnesiumverbindungen abgeschiedenen reinen Säuren geben hier endlich die Sicherheit des Vorhandenseins der einzelnen Repräsentanten. (Heintz, Ann. Chem. Pharm. **80**. 299. **92**. 291. **84**. 299. **88**. 298.)

(Wegen der Trennung der flüchtigen Fettsäuren siehe S. 191.)

Oxalsäure. Kleesäure. $C_2H_2O_4$. $\begin{matrix} CO.OH \\ | \\ CO.OH \end{matrix}$ — Diese aus dem Sauerkleesalz zuerst von Savary (1773), reiner von Wiegleb (1779) dargestellte Säure ist im Pflanzenreich ungemein verbreitet. Sie findet sich als saures Kalisalz in mehreren Oxalis- und Rumex-Arten, auch in *Geranium acetosum L., Spinacia oleracea L., Phytolacca decandra L., Rheum palmatum L.* und *Atropa Belladonna L.*, als Natronsalz in verschiedenen Salsola- und Salicornia-Arten, endlich als Kalksalz vielleicht in den meisten Pflanzen, namentlich in den Wurzeln und Rinden. Manche Flechten bestehen oft zur Hälfte ihres Gewichts aus oxalsaurem Kalk. Nach K. Schmidt (Ann. Chem. Pharm. **61**. 297) ist der oxalsaure Kalk während der kräftigsten Vegetation im Zelleninhalt durch Vermittlung des Pflanzenalbumins völlig gelöst und krystallisirt erst gegen das Ende der Vegetationsperiode zu einem Theil heraus. Die in den Pflanzen angetroffenen Krystalle des Kalkoxalats sind entweder mikroskopische Quadratoctaëder oder rectanguläre, durch 4 auf die Seitenkanten gesetzte Flächen zugespitzte Prismen. Die quadratischen Krystalle sind nach E. E. Schmid (Ann. Chem. Pharm. **97.** 225) nach der Formel $C_2 Ca_2 O_4 + 3 H_2 O$ zusammengesetzt und verwittern langsam an der Luft.

Die Krystalle des quadratischen Systemes, welche als Zelleninhalt beobachtet sind, besitzen 6 aeq. Krystallwasser, die des klinorhombischen Systemes 2 aeq. Krystallwasser (Raphiden).

Der oxalsaure Kalk ist als Einlagerung in sichtbaren Körnern beobachtet in den Membranen vieler Pilze und Flechten, Gymnospermen, bei Sempervivum-Arten, den Gattungen Mesembryanthemum, Kerria, Ricinus, Dracaena etc. — Oxalsäure ist ferner Bestandtheil des Weinlaubes und der Rebthränen (Neubauer, Landw. Versuchsstat. 1873. 427 und Annal. Oenol. 4. 499. 115) sowie vieler Pilze, der Gattungen Agaricus, Lactarius, Russula, Cantharellus, Panus, Boletus, Polyporus, Fistuleria, Lycoperdon, Lectia, Peziza. (Hamleth und Plowright. Chemic. News. **36.** 93. 94).

Die Oxalsäure bildet klare, farblose klinorhombische Prismen von der Formel $C_2 H_2 O_4 + 2 H_2 O$, in 9 Th. kalten Wasser und $2\frac{1}{2}$ Th. kalten Alkoholes löslich, die bei 100^{0} ihr Wasser verlieren und bei 150^{0} sublimiren. Specif. Gew. 1,531 (Rüdorff), 1,63 (Husemann); Schmelzpunkt 212^{0} (wasserfrei). 1 Th. krystallisirte Säure lösen sich in 10,46 Th. Wasser bei $14,5^{0}$, in 2,5 Th. kaltem Alkohol. Die Säure zersetzt sich beim Erhitzen in Kohlenoxyd, Kohlensäure und Wasser, mit Oxydationsmitteln in Kohlensäure und Wasser. — Künstlich entsteht die Oxalsäure durch Oxydation der Kohlenhydrate (Zucker) mit Salpetersäure, Einwirkung von Aetzkali und Natron auf Cellulose (Sägespähne), durch Einwirkung von Kohlensäuren auf Natrium bei $350-360^{0}$ C., Zersetzung von Natriumformiat in der Wärme, Oxydation von Aethylalkohol, Glyolsäure, Acetylen etc. mit übermangansaurem Kali etc.

Bernsteinsäure. $\begin{array}{l} CH_2 \quad CO \quad OH \\ | \\ CH_2 \quad CO.OH \end{array}$ $C_4 H_6 O_4$. — Diese wahrscheinlich sehr häufig in den Pflanzen vorkommende Säure ist mit einiger Sicherheit bis jetzt nur in wenigen nachgewiesen worden. Köhncke (Arch. Pharm. (2) **39.** 153) hat' sie im Kraut von *Lactuca sativa* L. und *L. virosa* L. aufgefunden, Zwenger (Ann. Chem. Pharm. **48.** 122) im Kraut von *Artemisia Absynthium* K., Walz (N. Jahrb. Pharm. **15.** 22) in *Papaver somniferum* L. und *Eschholtzia californica Cham.* Nach Walz und Kraut (Gmelin, Suppl. 823) scheint Zwenger's Chelidoninsäure (s. diese) nur Bernsteinsäure gewesen zu sein.

Im Safte unreifer (im Juni) gepflückter Trauben ist Bernsteinsäure nachgewiesen worden (H. Brunner. R. Brandenburg, Ber. d. deutsch. chem. Ges. 1876. 982).

Die Bernsteinsäure entsteht künstlich durch Destillation des Bernsteines, bei der alkoholischen Gährung, den Schizomyceten-gährungen von Mannit, etc. (A. Fitz), bei der Oxydation der höheren Glieder der Fettsäuren, besonders Stearinsäure, Buttersäure mit Salpetersäure oder Brom, bei der Reduction der Aepfelsäure und Weinsäure durch JH, durch Addition von H zu Fumarsäure und Maleinsäure, beim Schmelzen von arabischem Gummi, Carminsäure mit Alkali.

Im reinen Zustande bildet Bernsteinsäure farblose klinorhombische Prismen, in 17 Th. kaltem Wasser (18°) und 3 Th. heissem Wasser löslich, wenig löslich in Alkohol und Aether. 100 Th. Aether lösen 1,229 Th. Säure, 100 Th. Alkohol (90%) = 11,004. Schmelzpkt. 180°. Siedepkt. 235°. Spec. Gew. = 1,552. Die bernsteinsauren Alkalien sind leicht löslich in Wasser, schwerer löslich sind die Calcium- und Baryumverbindungen. Bernsteinsaurer Kalk ist unlöslich in Alkohol.

Aepfelsäure. $C_4H_6O_5 - C_2H_3 . OH. (CO.OH)_2$. — Liter.: Scheele, Opusc. **2**. 196. — Vauquelin, Ann. Chim. **34**. 127; Ann. Chim. Phys. (2) **6**. 337. — Braconnot, Ann. Chim. Phys. (2) **6**. 239; **8**. 149; **51**. 329. — Döbereiner, Schweigg. Journ. **26**. 273. Liebig, Poggend. Annal. **18**. 357; **28**. 195; Ann. Chem. Pharm. **5**. 141; **26**. 166; **70**. 104 und 363; **113**. 14. — Pelouze, Ann. Chim. Phys. (2) **56**. 72. — Hagen, Ann. Chem. Pharm. **38**. 257. — Dessaignes, Compt. rend. **28**. 16; **37**. 782; **42**. 494; **47**. 76; **51**. 372. — Pasteur, Ann. Chim. Phys. (3) **31**. 67; **34**. 30; **38**. 437. — Magawly, De ratione qua sales org. in tractu mut. Dorp. 1856. — G. J. W. Bremer, Berl. Ber. 1875. 861. — Gräger, N. Jahrb. Pharm. **36**. 208. — H. Ritthausen, J. pr. Chem. **5**. 345. — W. Weith, Berl. Ber. 1877. 1744. — M. Schmöger, J. pr. Chem. (2) **14**. 77. — A. Weugo und Tanatar, Ann. Chem. Pharm. **174**. 367. — A. Fitz, Berl. Ber. **11**. 1896. — G. H. Schneider, Berl. Ber. **11**. 620. — G. J. W. Bremer, Ebendas. 351. — F. Loydl, Ann. Chem. Pharm. **192**. 80. — Birnbaum und Gaier, Berl. Ber. **13**. 1270. — S. Tanatar, Ebendas. **13**. 159.

Die zuerst von Scheele 1785, wenn auch nicht in völlig reinem Zustande, dargestellte Aepfelsäure ist vielleicht die verbreitetste aller Pflanzensäuren. Die Zahl der Pflanzen, in denen ihr Vorkommen bis jetzt nachgewiesen wurde, mag gegen 200 betragen (man vergl. Gmelin (4. Aufl.) **5**. 336 und Suppl. 884). Sie wurde vielfach nicht erkannt und zahlreiche, anfangs für eigenthümlich gehaltene und mit besonderen Namen belegte Säuren, stellten sich bei genauerer Untersuchung als Aepfelsäure heraus.

So sind zum Theil mit Sicherheit, zum Theil mit grösster Wahrscheinlichkeit folgende anfangs für eigenthümlich angesehene Pflanzensäuren für

identisch mit Aepfelsäure zu betrachten: die Menispermsäure der Kokkelskörner von Boullay, die Solansäure der Solanum-Arten von Peschier,
die Feldahornsäure aus *Acer campestre L.* von Scherer, die Tannacet-
säure von Peschier, die Achilleasäure von Zanon, die Mannihot-
säure von Henry und Boutron-Charlard, die Euphorbiasäure von
Riegel, die Phytolaccasäure von Braconnot, die Tabaksäure von
Barral, die Paracitronensäure (aus unreifen Weintrauben erhalten),
von Winkler. Auch die Igasursäure (s. diese) der Brechnüsse ist vielleicht Aepfelsäure, ebenso nach Dessaignes die Pilzsäure von Braconnot, während Bolley die letztere für Fumarsäure hält.

Die Aepfelsäure ist in allen Organen der Pflanzen aufgefunden
worden; besonders reichlich kommt sie in den Früchten vor und
zwar vorzugsweise in den unreifen und sauren. Sie tritt frei auf
oder an Kali, Kalk, Magnesia oder Pflanzenbasen gebunden.

Darstellung. Zur Darstellung der Aepfelsäure eignen sich am besten unreife
Vogelbeeren, die Früchte von *Sorbus aucuparia L.*, doch kann sie
nicht unvortheilhaft auch aus dem Saft unreifer Aepfel, aus Hauslauch, *Sempervivum tectorum L.*, aus Tabaksblättern und nach Erdmann (Journ. pract. Chem. **55**. 192) aus den reifen Beeren von
Hippophaë rhamnoïdes L. aus Quitten, unreifen Trauben gewonnen
werden.

Von den zahlreichen Vorschriften, die zur Darstellung der
Aepfelsäure aus Vogelbeeren gegeben worden sind, so von Dono-
van, der die Säure 1815 in den Vogelbeeren auffand und acide
sorbique (Spiersäure) nannte, von Vauquelin, Braconnot,
Winckler (Jahrb. Pharm. **1**. 13), Wöhler (Pogg. Ann. **10**. 104),
Liebig und Anderen, heben wir als das kürzeste und zweckmässigste für die Darstellung im Grossen das zuletzt von
Liebig (Handwörterbuch d. Chem. 2. Aufl. **1**. 176) angegebene Verfahren hervor. Man versetzt den ausgepressten Saft der Vogelbeeren
mit soviel Kalkmilch, dass dessen Reaction nur noch eine schwach
saure ist (neutralisirt man vollständig, so schlägt sich aller Farbstoff
mit dem äpfelsauren Kalk nieder und würde nur schwierig von
diesem zu trennen sein) und kocht ihn nun in einem kupfernen Kessel so
lange, als sich noch neutraler äpfelsaurer Kalk als sandiges Pulver abscheidet, das man von Zeit zu Zeit mit einem Löffel herausnimmt.
Das so gewonnene nur wenig gefärbte Kalksalz (ein geringer Rest
scheidet sich zuletzt noch beim Erkalten ab) wird mit kaltem Wasser
ausgewaschen und dann in heisse verdünnte Salpetersäure (1 Th.
Säure gewöhnl. Concentration auf 10 Th. Wasser) eingetragen, so
lange diese noch davon löst. Beim Erkalten des sauren Filtrats
krystallisirt saurer äpfelsaurer Kalk heraus, der durch Umkrystallisiren aus kochendem Wasser ganz farblos erhalten werden kann.

Man fällt nun die wässrige Lösung dieses Salzes mit Bleizucker und zerlegt den mit kaltem Wasser gut ausgewaschenen Niederschlag unter Wasser zuerst kalt, dann unter Erwärmen durch Schwefelwasserstoff. Das bis zur Syrupsconsistenz eingedampfte Filtrat erstarrt bei weiterem Verdunsten an einem warmen Orte zu einem Aggregat von Nadeln und Prismen. — Bei Darstellungen in grösserem Maassstabe kann die lästige Zersetzung des Bleiniederschlags mit Schwefelwasserstoff dadurch gekürzt werden, dass man denselben eine halbe Stunde lang mit der zur Zersetzung nicht völlig ausreichenden Menge verdünnter Schwefelsäure unter beständigem Umrühren kocht und aus der heiss filtrirten Flüssigkeit den Rest des Bleis durch Schwefelwasserstoff entfernt. — Das Verfahren Liebig's ist auch für Darstellung der Säure aus unreifen Aepfeln, Hauslauch u. s. w. anwendbar. Geeignet zur Darstellung von Aepfelsäure sind auch die Beeren von Berberis vulgaris (1,9 % Säure). (Leussen, Berl. Ber. 3. 966. Gröger, Jahresb. Ch. M. 1872. 796.)

Für die Darstellung im Kleinen — und hierher würde auch die Prüfung von Pflanzenstoffen auf einen Gehalt an Aepfelsäure gehören — fällt man den ausgepressten, aufgekochten und filtrirten Saft oder den wässrigen Auszug des pflanzlichen Materials, nachdem man bei saurer Reaction zuvor durch Ammoniak neutralisirt hat, mit Bleizucker, sammelt den Niederschlag nach eintägiger Ruhe auf einem Filter, wäscht ihn mit kaltem Wasser und kocht ihn dann so lange mit Wasser aus, als sich noch etwas davon löst. Aus den kochend heiss filtrirten Lösungen krystallisirt zum Theil beim Erkalten, zum Theil auf weiteres Eindampfen äpfelsaures Bleioxyd heraus, das in der oben angegebenen Weise durch Schwefelwasserstoff zerlegt wird (Wöhler. Wittstein, Anleit. z. Analyse v. Pflanzen. S. 11).

Darstellung im Kleinen. (Prüfung auf Aepfelsäure.)

Um das durch unmittelbare Fällung erhaltene unreine Bleisalz in reines zu verwandeln, kann man nach Liebig auch mit Vortheil die Leichtkrystallisirbarkeit des sauren äpfelsauren Ammoniums benutzen. Man kocht zu diesem Ende das rohe Bleisalz mit etwas überschüssiger Schwefelsäure, filtrirt, neutralisirt die eine Hälfte des Filtrats genau mit Ammoniak, fügt die andere hinzu, verdampft zum Krystallisiren, reinigt die erhaltenen Krystalle des Ammoniumsalzes durch Umkrystallisiren und fällt deren wässrige Lösung wieder durch Bleizucker. Zur Trennung der Aepfelsäure von Weinsäure, Oxal- und Citronensäure schlägt Hartsen vor, die Bleisalze mit verdünnter Essigsäure bei 50—70° C. zu behandeln, wobei nur das äpfelsaure Blei in Lösung geht. Barfoed schlägt vor die concentrirte Lösung der Ammonsalze mit 7—8 Vol. Alkohol (97 %) zu vermischen, wodurch nur das äpfelsaure Ammon gelöst bleibt.

Ueber die Ausbeute an äpfelsaurem Salz aus verschiedenem pflanzlichem Material liegen nur wenige Angaben vor. Winckler erhielt aus 100 Theilen Vogelbeeren etwa 4½ Theile krystallisirtes äpfelsaures Blei. Aus Stengeln und Blättern von *Rheum palmatum* und *R. undulatum* erhielten Winckler und Herberger durch blosses Krystallisirenlassen des ausgepressten, geklärten und zum dünnen Syrup eingedampften Saftes 3½ % an saurem äpfelsaurem Kali. 100 gr. getrocknete Tabakblätter lieferten Goupil 3 bis gr. saures äpfelsaures Ammonium.

Ausbeute.

Künstliche Bildung.

Die Aepfelsäure kann auch auf künstlichem Wege erhalten werden. Piria hat gezeigt, dass Asparagin ($C_4 H_8 N_2 O_3$) und Asparagsäure ($C_4 H_7 N O_4$), wenn man durch ihre Auflösung in kalter mässig concentrirter Salpetersäure Stickoxydgas leitet, sich mit Leichtigkeit unter Entwicklung von Stickstoff in gewöhnliche Aepfelsäure verwandeln (Asparagin nach der Gleichung

$$(C_4 H_8 N_2 O_3 + N_2 O_3 = C_4 H_6 O_5 + 4 N + H_2 O).$$

Ferner wird nach Dessaignes (Ann. Chem. Ph. **117**. 134) Weinsäure durch Erhitzen mit Zweifach-Jodphosphor und Wasser zuerst zu Aepfelsäure, später zu Bernsteinsäure reducirt ($C_4 H_6 O_6 - O = C_4 H_6 O_5$). Dagegen bedürfen die Angaben, dass diese Säure sich bei Einwirkung von Alkalien auf Krümel- oder Schleimzucker (Lowitz, Crell's Annalen 1. 222. 1792), beim Einwirken von Chlorkalk auf eine Mischung von Zucker und Kalkhydrat (Schoonbroodt, Bull. Soc. Par. 1861. 77), endlich auch bei Einwirkung von Salpetersäure auf Weingeist (Ann. Chem. Pharm. 86. 280) bilde, noch weiterer Bestätigung. Auch ist die von Kekulé (Ann. Chem. Pharm. **117**. 120; **130**. 21) bei Behandlung von Monobrombernsteinsäure mit Silberoxyd

$$(C_4 H_5 Br O_4 + Ag H O = C_4 H_6 O_5 + Ag Br)$$

und wahrscheinlich auch die von Dessaignes bei andauerndem Erhitzen von Fumarsäure (s. diese) mit Salzsäure erhaltene Säure nicht gewöhnliche, sondern optisch-inactive Aepfelsäure (s. unten).

S. Tanatar hat bei Einwirkung von starker Kalilauge und Cyankalium auf α Dibrompropionsäure neben Maleïnsäure auch Aepfelsäure erhalten. F. Loydl erhielt bei 100stündigem Erhitzen von 1 Fumarsäure mit 4 festem Aetznatron und 40 Wasser im abgeschlossenen Raume circa 60 Th. einer Aepfelsäure, welche optisch inactiv, bei ca. 200º C. in Fumarsäure und Wasser zerfällt, ohne Maleïnsäure zu liefern. Auch die Kalksalze dieser Säure verhalten sich, den Salzen der gewöhnlichen Aepfelsäure gegenüber, verschieden.

Eigenschaften.

Die natürlich vorkommende syrupsdicke wässrige Säure liefert beim Verdunsten an einem warmen Orte farblose glänzende, meistens büschelförmig oder kuglig vereinigte Nadeln oder Prismen ohne Krystallwasser, oder erstarrt auch wohl zu einer körnig-krystallinischen Masse. Die Säure ist geruchlos und schmeckt stark sauer. Sie schmilzt nach Pasteur bei 100º. Spec. Gew. 1,559. An der Luft zerfliesst sie. Von Wasser wird sie in jedem Verhältniss, leicht auch von Weingeist gelöst. Die wässrige Lösung dreht die Polarisationsebene schwach nach links (Pasteur).

Die schwache Linksdrehung wird durch Verdünnung mit Wasser und durch Temperaturerhöhung vermehrt.

$$\text{Wasser } p = 16,6 \; (\alpha) D = - 1,04 \; \text{Ritthausen.}$$
$$p = 32,907 + = 10^0 (\alpha) j = - 5 \; \text{Pasteur.}$$

Borsäure vermehrt die Drehung.

Mineralsäuren, sowie organ. Säuren wirken dagegen vermindernd und können sogar Rechtsdrehung veranlassen.

Inactive Aepfelsäure.

Die inactive Aepfelsäure erhält man nach Jungfleisch (Bull. soc. chim. 30. 147) durch Erhitzen von Aepfelsäure, mit etwas Wasser versetzt, auf 180º C., wobei Fumarsäure entsteht, welche mit viel Wasser auf 150º C. erhitzt, in inactive Aepfelsäure übergeht.

G. H. Schneider hat gezeigt, dass eine Lösung von Aepfelsäure mit Linksdrehung allmälig bei einem Procentgehalt von 34,24 an Aepfelsäure optisch inactiv wird, bei weiterer Concentration rechtsdrehend wird, dass ferner die wasserfreie Aepfelsäure eine bedeutende Rechtsdrehung zeigt [$(\alpha) D = 5,89^{\circ}$].

Analog verhält sich das Natriummalat, das ebenfalls im wasserfreien Zustande rechtsdrehend ist.

Die optisch-inactive Aepfelsäure, künstlich dargestellt, krystallisirt leichter als die active in weissen Warzen oder in luftbeständigen Nadeln und Blättchen und hat einen höheren Schmelzpunkt (112 bis 133°).

Die Zusammensetzung der Aepfelsäure ist zuerst von Liebig richtig festgestellt worden. Zusammensetzung.

Die Salze der Aepfelsäure sind neutrale ($C_4 H_4 M_2 O_5$) und saure ($C_4 H_5 MO_5$). Sie sind beinahe alle in Wasser löslich und daher durch Zersetzung des äpfelsauren Baryum- oder Calciumsalzes mit dem betreffenden schwefelsauren oder oxalsauren Salz darstellbar. Characteristisch ist das mit Entwicklung brenzlicher Oele verbundene starke Aufblähen, was sie beim Erhitzen zeigen. Die äpfelsauren Salze der Alkalimetalle verwandeln sich bei $250-300^{\circ}$ unter Abgabe von Wasser in fumarsaure Salze. — Besonders gut krystallisirbar ist das saure äpfelsaure Ammonium, $C_4 H_5 (N H_4) O_5$, welches grosse wasserklare luftbeständige orthorhombische Prismen bildet, die sich sehr leicht in Wasser, nicht in absolutem Weingeist und Aether lösen. — Das neutrale Calciumsalz scheidet sich wasserfrei ($C_4 H_4 Ca_2 O_6$) als körnig krystallinisches Pulver ab, wenn man eine mit Kalkwasser oder kohlensaurem Kalk gesättigte nicht zu verdünnte wässrige Lösung der Säure zum Sieden erhitzt, während eine kalt gesättigte Lösung beim Verdunsten im Vacuum oder in gelinder Wärme Krystalle mit 1, 2 und $2^{1}/_{2}$ H_2O liefert. Das saure Calciumsalz, $C_4 H_5 CaO_5 + 4 H_2O$, bildet klare glänzende orthorhombische Säulen und Nadeln. Es wird am besten erhalten, wenn man eine heiss gesättigte Lösung des Neutralsalzes in verdünnter Salpetersäure der Krystallisation überlässt [s. oben]. Es kommt in manchen Pflanzen vor. — Das neutrale Bleisalz wird aus den Lösungen der Aepfelsäure oder der äpfelsauren Alkalien als weisser voluminöser, bald sich in feine Nadeln verwandelnder Niederschlag gefällt, der sich in heissem Wasser löst und daraus beim Erkalten in farblosen büschlig vereinigten Nadeln oder vierseitigen Prismen oder silberglänzenden kalkartigen Blättchen von der Formel Salze.

$$C_4 H_4 Pb_2 O_5 + 3 H_2O$$

krystallisirt. Bezüglich der übrigen, namentlich von Braconnot, Hagen und Liebig untersuchten Salze vergl. man Gmelin's Handbuch 5. 342 und Suppl. 886. — Die Gegenwart äpfelsaurer Salze verhindert die Fällbarkeit der schweren Metalle aus ihren Lösungen durch Alkalien.

Wird Aepfelsäure in einer Retorte im Oelbade einige Stunden auf 175 bis 180° erhitzt, so zerfällt sie gerade auf in Wasser und etwa gleiche Mengen der beiden isomeren Säuren Zersetzungen.

Maleïnsäure, $C_4 H_4 O_4$, und Fumarsäure, $C_4 H_4 O_4$. Wird die Temperatur nicht über 150° gesteigert, so entsteht fast nur Fumarsäure (s. diese), während bei raschem Erhitzen auf 200° vorwiegend Maleïnsäure gebildet wird (Liebig). — Die Maleïnsäure bildet farblose monoklinoëdrische Prismen, die bei 130° schmelzen, bei 160° kochen und dann in langen zarten Nadeln sublimiren (Pelouze). Sie schmeckt und reagirt stark sauer, löst sich leicht in Wasser, Weingeist und Aether und ist nach Pasteur optisch inactiv. — Bei plötzlichem starkem Erhitzen der Aepfelsäure treten unter Bräunung und starkem Aufblähen neben den genannten Säuren auch viel Kohlenoxyd- und Kohlenwasserstoffgas, brenzliches Oel und Kohle auf (Pelouze). Bei starkem Erhitzen an freier Luft verbrennt sie unter Ausstossung des Geruchs von verbrennendem Zucker. Beim Erhitzen mit verdünnter Schwefelsäure entstehen je nach der Concentration Aldehyd, Kohlenoxyd, Kohlensäure, Fumarsäure, Ameisensäure (Weith, Berl. Ber. **10.** 1744. Erlenmeyer, Markownikow). — Durch Electrolyse von wässrigem äpfelsaurem Kali erhielt Brester (Zeitschr. Chem. **9.** 680) Kohlensäure, ein mit leuchtender Flamme brennbares Gas und eine flüchtige Säure. — Salpetersäure verwandelt die Aepfelsäure leicht in Oxalsäure (Vauquelin). — Beim Erwärmen mit Kaliumbichromat und Schwefelsäure zerfällt sie nach Döbereiner vollständig in Kohlensäure und Wasser. Dagegen wird sie nach Dessaignes durch wässriges Kaliumbichromat allein und bei

Malonsäure. Vermeidung von Wärme nur zu Malonsäure, $C_3 H_4 O_4$, oxydirt. Die Malonsäure bildet grosse rhomboëdrische Krystalle, die sich leicht in Wasser und Weingeist lösen und bei 150° in Kohlensäure und Essigsäure zerfallen. Schmpkt. 132°. — Wird Aepfelsäure mit Braunstein und Wasser destillirt, so entsteht Aldehyd (Liebig). Durch übermangansaures Kali wird die Säure in warmer wässriger, mit Schwefelsäure versetzter Lösung in Ameisensäure, Kohlensäure und Wasser zersetzt (Péan de St. Gilles, Ann. Chim. Phys. (3) **55.** 393). — Bei gelindem Erwärmen mit conc. Schwefelsäure zersetzt sich die Aepfelsäure unter Entwicklung von Kohlenoxydgas und Bildung von Essigsäure (Döbereiner. Liebig). — Bei Einwirkung von Brom auf wässriges äpfelsaures Kali entsteht Bromoform (Cahours, Ann. Chim. Phys. (3) **19.** 507). — Erhitzt man Aepfelsäure mit ihrem gleichen Volumen rauchender Bromwasserstoffsäure mehrere Tage auf 100°, so entsteht Monobrombernsteinsäure, während bei grossem Ueberschuss der letzteren Fumarsäure gebildet wird (Kekulé, Ann. Chem. Pharm. 130. 21.) — Beim Erhitzen der Säure mit Jodwasserstoffsäure auf 130° entsteht Bernsteinsäure (R. Schmitt, Ann. Chem. Phar.m. 114. 106). — Bei mehrstündigem Erhitzen mit rauchender Chlorwasserstoffsäure wird sie zum grössten Theile in Fumarsäure verwandelt (Dessaignes.) — Wird äpfelsaurer Kalk mit seinem 4fachen Gewicht Phosphorsuperchlorid destillirt, so wird Chlorfumaryl neben Phosphoroxychlorid und Salzsäure erzeugt (Perkin und Duppa, Ann. Chem. Pharm. 112. 24). — Bei Behandlung einer Lösung von Aepfelsäure in absolutem Weingeist mit Natrium entsteht eine zerfliessliche, in Weingeist und Aether unlösliche Säure von der Formel $C_4H_8O_5$ (Kämmerer, Zeitschr. Chem. 9. 712). — Bei vorsichtigem Erhitzen mit überschüssigem Kalihydrat erhielt (Rieckher Arch. Pharm. (2) 39. 23) essigsaures und oxalsaures Kali. — Kocht man nach Kämmerer (Ann. Chem. Pharm. 148. 327) äpfelsaures Silber mit Wasser, so scheidet sich Silber ab und es erzeugt sich Weinsäure ($C_4H_4Ag_2O_5 + H_2O = C_4H_6O_6 + 2Ag$); bei längerem Fortkochen soll Kohlensäure entwickelt und auch wieder Aepfelsäure regenerirt werden. — Wird äpfelsaurer Kalk mit $\frac{1}{4}$ Th. Hefe oder statt derselben einer geringeren Menge von faulem Käse oder Fibrin und etwa 6 Th. Wasser an einem mässig warmen Orte der Ruhe überlassen, so verwandelt sich derselbe unter Entwicklung von Kohlensäure in ein mikroskopisch-krystallinisches Gemenge von bernsteinsaurem Kalk und kohlensaurem Kalk und die überstehende Flüssigkeit enthält essigsauren Kalk. Bei Anwendung von zu viel Hefe oder Käse oder bei zu hoch gehaltener Temperatur entwickelt sich neben Kohlensäure viel Wasserstoffgas und man erhält neben wenig Bernsteinsäure und Essigsäure viel Buttersäure (Liebig). Statt letzterer soll unter Umständen auch Milchsäure entstehen. Durch einen ähnlichen Gährungsprocess wird apfelsaurer Kalk im Tractus in kohlensauren übergeführt (Magawly).

G. J. W. Bremer, dem es gelungen ist, durch Reduction der Traubensäure mittelst JH eine optisch inactive Aepfelsäure herzustellen, (Berl. Ber. 8. 1594) hat sich durch Versuche überzeugt, dass diese Säure, Paraäpfelsäure, sich in Rechts und Links drehende Aepfelsäure spalten lässt. — K. Birnbaum und J. Gaier beobachteten bei Einwirkung von Jod auf äpfelsaures Silber (sowie weinsaures, Oxal-, Malon-, Bernstein-, Aepfel-, Fumar-, Maleïnsaures Silber) die Bildung von Jodsilber, das Zerfallen des Säurerestes in Sauerstoff und Anhydrid, das bei Oxalsäure zu Co_2, bei den anderen aber zu Co_2, Co und H_2O verbrannt wird.

A. Fitz hat bei Einwirkung verschiedener Spaltpilze auf äpfelsauren Kalk 3 verschiedene Richtungen der Zersetzung der Aepfelsäure festgestellt:

1. Bernsteinsäuregährung, Produkte Co_2, HO, Bernsteinsäure, Essigsäure,
2. Propionsäuregährung, Produkte Propionsäure, Essigsäure, Bernsteinsäure,
3. Buttersäuregährung, Produkte Kohlensäure, Wasser, Buttersäure.

— 24./7. 81. Hg. —

Weinsäure. $C_4H_6O_6$.
$$\text{CH.OH.CO OH}$$
$$|$$
$$\text{CH OH CO OH}$$
— Liter.: Chemische:

Retzius u. Scheele, Abh. Schwed. Akad. Wiss. 1770. 207. — Klaproth, Matth. a Parcker's Dissert. de sale essentiali tartari. Gotting. 1799. — Berzelius, Ann. Chim. 94. 177; Poggend. Ann. 19. 305; 36. 4; Journ. pract. Chem. 14. 350. Laurent und Gerhardt, Ann. Chem. Pharm. 70. 348 — Pelouze, Ann. Chim. Phys. (2) 56. 297. Völckel, Ann. Chem. Pharm. 139. 54. — Liebig, Ann. Chem. Pharm. 113. 1. — Hornemann, Journ. pract. Chem. 139. 308. — Fremy, Ann. Chim. Phys. (2) 118. 353 und (3) 31. 329. — Dessaignes, Compt. rend. 34. 731; 38. 44; 92. 494; 100. 759; 101. 372; Bull. Soc. Par. 1862. 102. — Kekulé, Ann. Chem. Pharm. 80. 30; 81. 88. —

Schiff, Ann. Chem. Pharm. **113**. 183; **125**. 142. — Wislicenus und Stadnicki, Ann. Chem. Pharm. **146**. 309.

Synthese der Weinsäure: Schindler, Ann. Chem. Pharm. **31**. 280. — Pasteur, Ann. Chim. Phys. (3) **24**. 242, **28**. 56 u. 99.

Eigenschaften, Verhalten: Aubel u. Ramdohr, Ann. Chem. Pharm. **103**. 35. — Hesse, Ann. Chem. Pharm. **176**. 129. — Berthelot, Ann. Chim. Phys. (3) **54**. 74. — Jungfleisch, Berl. Ber. **5**. 985; **6**. 33. — Claus, Bericht naturforsch. Ges., Freiburg 1878. 217. — O. Ficinus, Arch. Pharm. (3) **14**. 310. — H. Landolt, Berl. Ber. 1873. 1073. — F. W. Krecke, Arch. néerlandaises. **7**. 97.

Zersetzungen: Wittstein, N. Jahrb. Pharm. **2**. 229. — Städeler & Krause, Chem. Centralbl. 1854. — Buchner, Ann. Chem. Pharm. **78**. 207. — Millon, Compt. rend. **55**. 513. — Dumas & Piria, Ann. Chim. Phys. (2) **5**. 353. — R. Schmitt, Ann. Chem. Pharm. **114**. 109. — Perkin & Duppa, Compt. rend. **50**. 441. — Kämmerer, Zeitschr. Chem. **9**. 712. — Jungfleisch, Compt. rend. **75**. 439. 1739. — Pilz, Journ. pract. Chem. **84**. 231. — Perkin, Chem. Soc. (2) **5**. 149. — C. Böttinger, Berl. Ber. **9**. 670. — B. Vangel, Berl. Ber. **13**. 355.

Medicinische: C. G. Mitscherlich, De acidi acetici, oxalici, tartarici, citrici etc. effectu in animalibus observato. Berol. 1845. — Devergie, Ann. d'hyg. 1851. **2**. 432. 1852. **1**. p. 199. 382. **2**. p. 290. — Piotrowski, De acidorum organicorum in organismo humano mutationibus. Dorp. 1856. — Buchheim, Arch. phys. Heilk. **122**. 1857.

Entdeckung und Vorkommen. Die schon früher von Duhamel, Marggraf und Roulle d. J. im Weinstein als eigenthümliche, an Alkali gebundene Säure vermuthete Weinsäure wurde 1769 zuerst von Scheele daraus abgeschieden und ein Jahr darauf von Retzius reiner dargestellt. Sie gehört zu den verbreitetsten organischen Säuren des Pflanzenreichs und findet sich theils frei, theils als Kalium- oder Calciumsalz ganz besonders in sauren und süssen Beerenfrüchten, in geringerer Menge in Wurzeln, Rinden, Hölzern und Blättern.

Sie wurde bis jetzt mit Sicherheit nachgewiesen: in den Weinbeeren und im Frühlingssaft des Weinstocks, in den Beeren von *Vitis sylvestris L.*, von *Rhus typhina L.* und *Rhus glabra L.*, in den Maulbeeren und in den Beeren von *Mahonia aquifolia*, in den Tamarindenfrüchten, in der Ananas, den Gurken und dem schwarzen Pfeffer, in den Kernen von *Evonymus europaeus L.*, in den Blüthen der Kamille, in den Wurzeln von *Rubia tinctorum L.*, von *Leontodon Taraxacum L.*, von *Triticum repens L.* und von *Nymphaea alba L.*, in den Kartoffeln und den Knollen von *Helianthus tuberosus L.*, in den Zwiebeln von *Scilla maritima L.*, in den Blättern der *Agave mexicana*, im Kraut von *Rumex acetosa L.*, von *Chelidonium majus L.*, im isländischen Moos und (sehr reichlich) in *Lycopodium complanatum L.* Auch ist Weinsäure in *Zeoria sordida*, sowie in *Usnea barbata* (Salkowsky) nachgewiesen, wie überhaupt die Verbreitung derselben im Zellsafte aller entwicklungsfähigen Pflanzentheile anzunehmen ist. —

Darstellung: Die fabrikmässige Darstellung der Weinsäure geschieht noch immer nach dem schon von Scheele angewandten, von Klaproth ausführlich beschriebenen Verfahren. Man vertheilt gemahlenen gereinigten (seltener rohen) Weinstein in Wasser oder löst in verdünnter Salzsäure, neutralisirt mit kohlensaurem Kalk (Kreide, weisser Marmor, Austerschalen) oder Kalkmilch. Es scheidet sich alsdann die Hälfte der Weinsäure des sauren Kaliumsalzes als unlöslicher weinsaurer Kalk ab, während die andere Hälfte als neutrales Kaliumsalz in Lösung bleibt. Um auch diese in das Calciumsalz zu verwandeln, fällt man die abgegossene Lösung entweder mit Chlorcalcium oder essigsaurem Kalk, oder man kocht sie etwa eine halbe Stunde mit schwefelsaurem Kalk. Der gesammte weinsaure Kalk wird nun nach dem Abwaschen mit Wasser mit Schwefelsäure in geringem Ueberschuss, die mit ihrem 12fachen Gewicht Wasser verdünnt ist, 1-2 Tage digerirt. Es scheidet sich Gyps ab, den man abfiltrirt. Das Filtrat wird, wenn nöthig, mittelst Kohle entfärbt und in Bleipfannen zur Krystallisation verdampft, wobei der sich noch abscheidende Gyps von Zeit zu Zeit entfernt wird. Die erhaltenen Krystalle werden durch Umkrystallisiren gereinigt. Zu beachten ist, dass bei Anwendung einer zur Zersetzung des neutralen weinsauren Kalks nicht völlig ausreichenden Menge von Schwefelsäure neben Weinsäure auch saurer weinsaurer Kalk in Lösung bleibt, der die Krystallisation der ersteren erschwert — so wie ferner, dass wenn von den bei den verschiedenen Operationen verwandten Gefässen etwa Zinn oder Kupfer in die Lösung der Weinsäure übergegangen sein sollte, diese Metalle aus der noch nicht zu stark concentrirten, noch etwas freie Schwefelsäure enthaltenden Flüssigkeit leicht durch Zusatz von etwas Schwefelcalcium entfernt werden können, worauf dann das weitere Eindampfen in Blei- oder besser Porcellangefässen ausgeführt wird. Die Mutterlauge von der WeinsäureKrystallisation soll nach Berzelius durch Erhitzen mit $^1/_{1500}$ chlorsaurem Kali oder mit etwas Salpetersäure entfärbt werden können und dann noch weitere Weinsäurekrystalle liefern. — Für Darstellungen im Kleinen verdient der von Kuhlmann vorgeschlagene Weg, aus dem Weinstein statt des Calciumsalzes das Bariumsalz darzustellen, den Vorzug, da dieses durch verdünnte Schwefelsäure unter Vermeidung eines Ueberschusses leicht vollständig zersetzt wird und demnach ein von Schwefelsäure und Baryt völlig freies Filtrat liefert. Auch das Zinksalz ist geeignet. (Ficinus.)

Um aus irgend einem durch Aufkochen geklärten Pflanzensaft oder aus wässrigen Auszügen von Pflanzentheilen Weinsäure darzustellen (oder darin aufzufinden), fällt man am einfachsten mit Bleizucker, zerlegt den gebildeten, alle Weinsäure enthaltenden Niederschlag unter Wasser durch Schwefelwasserstoff und verdunstet das Filtrat zum Krystallisiren.

Die Weinsäure lässt sich auch auf verschiedenen Wegen künstlich erhalten. Nach einer älteren Angabe von Liebig soll die bei Bereitung des Kaliums neben diesem sublimirende kohlige Masse ausser krokonsaurem und oxalsaurem Kali auch weinsaures Kali enthalten. Dann fand Schindler,

dass nach einjährigem Aufbewahren des Citronensaftes bisweilen die Citronensäure zum grössten Theil in Weinsäure übergegangen sei. Besonders interessant ist ferner die von Pasteur zuerst beobachtete Spaltung, welche die
optisch indifferente Traubensäure beim Krystallisiren von mehreren ihrer
Salze in gewöhnliche rechtsdrehende und in linksdrehende Weinsäure
(s. Anh. z. Weinsäure) erfährt. Endlich haben neuere Versuche von Liebig,
Dessaignes, Hornemann u. A. gezeigt, dass rechtsdrehende Weinsäure,
gewöhnlich neben Traubensäure und auch wohl inactiver Weinsäure, bei
Oxydation von Stärke, Michzucker, Rohrzucker, Traubenzucker, Gummi,
Sorbin, Zuckersäure und vielleicht noch manchen ähnlichen Körpern gebildet
wird. Dagegen ist die durch Kochen von bibrombernsteinsauren oder mono-
bromäpfelsauren Salzen mit Wasser entstehende Säure nicht, wie anfangs
geglaubt wurde, gewöhnliche rechtsdrehende Weinsäure, sondern nach
Pasteur und Kekulé nicht spaltbare inactive Weinsäure. Auch entstehen
Weinsäuren durch längeres Kochen von mit Blausäure versetzten Glyoxal-
lösungen mit Salzsäure.

Von der Formel $C_2H_2(OH)_2(CO\ OH)_2$ existiren 4 Isomeren,
welche mit Jodwasserstoffsäure sämmtlich in Bernsteinsäure übergehen und durch verschiedene optische Eigenschaften ausgezeichnet
sind. Man unterscheidet

   1. Gewöhnliche Weinsäure, Rechtsweinsäure,

   2. Antiweinsäure,

   3. inactive Weinsäure,

   4. Traubensäure, aus Rechtsweinsäure und Antiweinsäure
      gebildet, leicht wieder in diese beiden Componenten zerlegbar.

Rechtsweinsäure:

Die Weinsäure bildet grosse harte wasserfreie, wasserhelle monoklinoëdrische Prismen, deren vordere Ecken sich fast immer durch
hemiëdrische Flächen eines klinodiagonalen Domas abgestumpft
finden. Sie ist geruchlos und schmeckt stark aber angenehm sauer.
Die Krystalle sind pyroelectrisch und leuchten beim Reiben im
Dunkeln. Ihr specif. Gew. ist nach Schiff 1,764. Sie schmilzt
nach älteren Angaben bei 170° zu einer klaren Flüssigkeit; neueren
Angaben zufolge schmilzt dagegen die bei 110° getrocknete Säure
schon bei 135°, erstarrt aber wegen der dabei stattfindenden Verwandlung in Metaweinsäure (s. unten) erst bei weit niedrigerer Temperatur wieder. Sie löst sich in 0,6 Th. kaltem und noch weniger
kochendem Wasser, damit eine syrupdicke Flüssigkeit erzeugend.
100 Th. Weingeist von 80 % lösen bei 15° 49 Th. der Säure; auch
absoluter Weingeist und Holzgeist lösen sie. Aether löst in geringerer
Menge. Die wässrige Säure lenkt die Polarisationsebene des Lichts
nach Rechts ab (nach Biot ist $|\alpha|r = +9°6$, bei 21° C., bei
höherer Temperatur geringer). Der Einfluss der Temperaturen auf
die Polarisation wurde von Krecke und Landolt, auch Hesse

festgestellt. Durch Mineralsäuren wird die resp. Drehung beeinflusst (Biot, Mém. de l'Academie **16.** 229). Von den Tabellen, welche von mehreren Forschern über das spec. Gew. wässriger Weinsäurelösungen von verschiedenem Procentgehalt ermittelt sind, theilen wir diejenige von Schiff mit:

Spec. Gew. bei 15°:	Säure-Procente:	Spec. Gew. bei 15°:	Säure-Procente:
1,0167	3,67	1,0690	14,66
1,0337	7,33	1,1062	22
1,0511	11	1,1654	33

Die Weinsäure des Handels wird nicht leicht mit anderen organischen Säuren verfälscht vorkommen, da diejenigen, welche sich wegen ihrer äusseren Aehnlichkeit dazu eignen würden, meistens theurer sind. Dagegen kann sie manche von der Bereitung herrührende Verunreinigungen enthalten, so namentlich Schwefelsäure, Kalk, sowie Spuren von Blei, Kupfer, Zinn oder Eisen. Ein erheblicher Gehalt an freier Schwefelsäure giebt sich schon durch das Feuchtwerden der Krystalle an der Luft zu erkennen und jede Spur davon ist leicht durch den in verdünnter Salpetersäure unlöslichen weissen Niederschlag, den eine solche Säure mit Chlorbarium giebt, zu constatiren. Kalk findet man durch Prüfung der mit Ammoniak übersättigten Lösung mit einem oxalsauren Alkali. Eine kalkhaltige Säure würde natürlich beim Verbrennen auch Asche liefern, die übrigens gewöhnliche käufliche Säure wohl stets in kleiner Menge, bestehend aus Kalk, Thonerde und bisweilen auch Spuren von schweren Metalloxyden, hinterlässt. Von den schweren Metallen werden Kupfer, Blei und Zinn in der sauren Lösung durch Schwefelwasserstoff, Eisen durch gelbes Blutlaugensalz oder in der neutralisirten Lösung durch Schwefelammonium angezeigt. Die Gegenwart von Citronensäure, Aepfelsäure namentlich lässt sich dadurch feststellen, dass Lösungen der Säure mit Ueberschuss von Kaliumacetat versetzt werden, wodurch das Kaliumbitartrat fällt. Im Filtrat darf Bleiacetat keine Fällung geben; auch können die betr. Reagentien der Säuren leicht im Filtrate dieser Fällung Verwendung finden.

Verunreinigungen und Prüfung.

Die Weinsäure ist eine starke 4atomige, 2basische Säure. Von ihren Salzen sind diejenigen der Alkalimetalle in Wasser löslich, und zwar die sauren schwieriger als die neutralen. Die neutralen Salze der übrigen Metalle sind meistentheils schwerlöslich oder unlöslich, lösen sich aber auf Zusatz von freier Weinsäure oder von Salz- oder Salpetersäure. Auch lösen sich die meisten in überschüssigem Kali, Natron oder Ammoniak, indem sie damit lösliche Doppelsalze bilden. Dies erklärt auch die namentlich von Aubel und Ramdohr untersuchte Erscheinung, dass viele Oxyde schwerer Metalle bei Gegenwart von viel Weinsäure durch überschüssige Alkalien oder Ammoniak nicht aus ihren Salzlösungen gefällt werden. Die wässrigen Lösungen der weinsauren Salze verhalten sich in optischer Beziehung wie die freie Säure.

Verbindungen.

Das optische Verhalten der Tartrate wurde von Landolt studirt, dessen Resultate in Auswahl folgen:

$$KH \, . \, C_4 H_4 O_6 \; - \; C \; = \; 0{,}615 \; [\alpha]D \; = \; + \; 22{,}61$$

NaH	„	„ „ „	4,409	„ „ „	23,95
NH_4H	„	„ „ „	1,712	„ „ „	25,65
K_2	„	„ „ „	11,597	„ „ „	28,48
Na_2	„	„ „ „	9,946	„ „ „	30,85
$(NH_4)_2$	„	„ „ ··	9,433	„ „ „	34,26
Ka . Na	„	„ ·· „	10,771	·· „ „	29,65
Ka . Bo	„	„ „ „	2,744	„ „ „	51,48·
Ka . As O	„	„ „ „	0,563	„ „ „	21,13
Ka . Sb O	„	„ „ „	7,982	„ „ „	142,76.

Die spec. Drehungen wurden von Krecker zwischen Temperaturen von 0—100° C. festgestellt.

Auch zeigen ihre Krystalle die Hemiëdrie der letzteren. Die Weinsäure bildet besonders leicht Doppelsalze.

Ausser den Salzen, welche die Weinsäure mit den Basen und den zusammengesetzten Aethern, die sie mit den eigentlichen Alkoholen hervorbringt, vermag sie auch mit den Zuckerarten, z. B. mit Milchzucker, Rohrzucker, Glycose, Dulcit, Pinit, Sorbin u. s. w., wie Berthelot gezeigt hat, Verbindungen zu erzeugen, die den Character von Säuren besitzen.

Aus der grossen Zahl der genauer untersuchten Weinsäure-Salze heben wir nur diejenigen hervor, welche sich natürlich vorfinden oder bei der Darstellung der Säure in Betracht kommen. Das saure Kaliumsalz, gewöhnlich Weinstein genannt, $C_4H_5KO_6$, findet sich gelöst im frischen Traubensaft und scheidet sich, da es in weingeistigen Flüssigkeiten weniger löslich ist als in Wasser, gemengt mit weinsaurem Kalk, gelbem oder rothem Farbstoff und grösseren oder geringeren Mengen von Hefetheilen, zum Theil schon während der Gährung als sog. Weinhefe oder Weinfloss, zum Theil erst aus dem lagernden Weine als eigentlicher „Weinstein" in harten zusammenhängenden Krystallkrusten ab. Letztere, sowie auch das durch Auskochen von Weinfloss gewonnene unreine Salz bilden den rohen Weinstein des Handels, der durch Auflösen in kochendem Wasser, Entfärbung und Klärung der Lösung durch Kohle und Thon gereinigt und entweder durch langsames Krystallisirenlassen in die *Crystalli Tartari* oder durch gestörte Krystallisation in *Cremor Tartari* oder Weinsteinrahm verwandelt wird. Die Krystalle sind weisse durchsichtige harte luftbeständige orthorhombische Prismen, welche säuerlich schmecken und sich in 210 Th. Wasser von 17°, dagegen schon in 14-15 Th. kochendem Wasser lösen. Durch Erwärmen mit Wasser und der zur Sättigung erforderlichen Menge kohlensauren Kalis wird der Weinstein in das in wasserhellen klinorhombischen Prismen krystallisirende, schon in 0,66 Th. Wasser von 14° lösliche neutrale Kaliumsalz, $C_4H_4K_2O_6 + \frac{1}{2} H_2O$, übergeführt. — Das neutrale Calciumsalz, $C_4H_4Ca_2O_6 + 4 H_2O$, wird entweder als weisses geschmackloses Krystallpulver oder in kleinen Rectanguläroctaëdern (beide haben gleichen Wassergehalt) erhalten. Es löst sich in 1995 Th. Wasser von 8° und in 600 Th. kochendem. Durch Auflösen desselben in freier verdünnter wässriger Weinsäure und Abdampfen der Lösung erhält man orthorhombische durchsichtige wasserfreie Krystalle des sauren Calciumsalzes, $C_4H_5CaO_6$, die sich in 140 Th. Wasser von 16°, leichter in kochendem lösen.

Officinell sind ausser den beiden Kaliumsalzen noch das Kalium-Natriumsalz (Seignettesalz, *Tartarus natronatus* $C_4H_4KNaO_6 + 4\,H_2O$, das Kalium-Ammoniumsalz *(Tartarus solubilis ammoniacalis s. T. ammoniatus)*, $C_4H_4K(NN_4)O_6$, der Boraxweinstein,

$$2\,C_4H_4K(BO)O_6 + C_4H_4KNaO_6,$$

der Brechweinstein, $C_4H_4K(SbO)O_6 + \frac{1}{2}\,H_2O$, und einige andere Weinsäuresalze, Weinsaures Eisenoxyd etc., die wir indess, da ihre Wirkungen mehr auf Rechnung der basischen Bestandtheile zu setzen sind, hier übergehen.

Bei der electrolytischen Zersetzung wässriger Weinsäure werden Essigsäure, eine Substanz, die kalische Kupferlösung reducirt, und andere Producte gebildet (Kekulé). — Besonders interessant sind die Veränderungen, die die Weinsäure beim Erhitzen erleidet. Wird sie eben bis zum Schmelzen (auf 135°) erhitzt, so verwandelt sie sich ohne Gewichtsverlust in die isomere Metaweinsäure (Laurent und Gerhardt). Die Metaweinsäure ist eine durchsichtige glasartige oder gummiartige Masse, die schon bei 120° schmilzt, an der Luft zu einem Syrup zerfliesst und sich sehr leicht in Wasser löst. Ihre Salze krystallisiren schwieriger und sind in Wasser löslicher als die Weinsäure. Schon bei wenig höherer Temperatur (bei 140-150°) tritt aus je 2 Atomen Weinsäure 1 Atom H_2O aus und es entsteht Ditrartrylsäure, $C_8H_{10}O_{11}$, (Schiff). Auch diese Säure, von Laurent und Gerhardt früher als Isoweinsäure, von Fremy als Tartralsäure bezeichnet und für isomer mit der Weinsäure gehalten, bildet eine amorphe zerfliessliche Masse. Ihre nach der Formel $C_8H_8M_2O_{11}$ zusammengesetzten Salze krystallisiren nicht oder doch sehr schwierig und gehen in Berührung mit Wasser wieder in weinsaure Salze über. Auch die freie Säure verwandelt sich in wässriger Lösung allmälig wieder in krystallisirbare Weinsäure. Bei länger fortgesetztem Schmelzen tritt noch mehr Wasser aus und nun bildet sich Tartrelsäure, $C_4H_4O_5$ (Fremy. Schiff). Diese wird nach Laurent und Gerhardt auch erhalten, wenn man Weinsäure über freiem Feuer rasch erhitzt, bis sie sich, was nach etwa 6 Minuten eintritt, wieder verdickt und zu einem Schwamme aufgebläht hat. Sie ist nach Fremy krystallisirbar, schmeckt stark sauer, zerfliesst weniger leicht als die Tartralsäure, löst sich in Weingeist und bildet unkrystallisirbare Salze von der Formel $C_4H_3MO_5$, von denen die der Alkalimetalle in Berührung mit Wasser sich rasch in tartralsaure (ditrartrylsaure) Salze verwandeln, während die übrigen unter diesen Umständen sogleich in metaweinsaure Salze übergehen. (Fremy. Schiff). Wird das Erhitzen der Weinsäure bei 180° so lange fortgesetzt, bis sie unschmelzbar wird, oder erhitzt man die nach dem Verfahren von Laurent und Gerhardt erhaltene Tartrelsäure noch etwa 10 Minuten auf 180°, bis sich saure Dämpfe zu entwickeln beginnen, so wird Weinsäureanhydrid, $C_4H_4O_5$, erzeugt. Das mit der Tartrelsäure isomere Weinsäureanhydrid ist ein weisses oder gelbliches, nur sehr schwach sauer schmeckendes Pulver, das sich in kaltem Wasser anfangs nicht löst, aber bei längerer Berührung damit, rasch in kochendem Wasser, sich unter

Auflösung nach einander in Tartrel-, Tartral- und endlich in Weinsäure verwandelt. Auch von wässrigem Kali wird es rasch unter Bildung von Salzen der drei genannten Säuren gelöst. Unterwirft man die Weinsäure bei etwa 190° der trocknen Destillation, so entwickeln sich, anfangs unter starkem Aufblähen, viel Kohlensäure, Wasser und Brenzweinsäure,

$$C_5H_8O_4 \quad C_3H_6 \begin{cases} CO \cdot OH \\ CO \cdot OH \end{cases}$$

neben sehr wenig Aethylengas, Essigsäure und Brenzöl und unter Hinterlassung von nur wenig Kohle. Wird dagegen bei der Destillation die Temperatur auf 200-300° gesteigert, so nehmen die erstgenannten drei Producte an Menge ab, die letzteren dagegen zu (Pelouze). Nach Berzelius befindet sich unter den Producten der trocknen Destillation der Weinsäure auch Brenztrauben-

$$\text{säure,} \quad C_3H_4O_3, \quad \begin{cases} CH_2 \\ CH.CO \cdot OH \end{cases} > O \quad, \text{ die auch Völckel neben Aldehyd,}$$

Aceton, Ameisensäure und verschiedenen anderen Substanzen auftreten sah. Bei sehr raschem und starkem Erhitzen soll die Weinsäure nach Letzterem in der Hauptsache in Essigsäure, Kohlensäure, Kohlenoxyd und Wasser zerfallen, während bei langsamem und schwächerem Erhitzen die Säure zunächst fast vollständig in Kohlensäure und Brenztraubensäure, die dann bei weitergehender Zersetzung Brenzweinsäure und andere Producte liefere, zersetzt werde. Neuerdings haben Wislicenus und Stadnicki auch noch Pyrotritarsäure, $C_7H_8O_3$, unter den Destillationsproducten aufgefunden. Die Brenzweinsäure bildet kleine zu Sternen und Kugeln vereinigte wasserhelle Prismen, die bei 100° schmelzen, bei 190° unter theilweiser Zerlegung in Brenzweinsäureanhydrid und Wasser zu sieden beginnen und sich leicht in Wasser, Weingeist und Aether lösen. Ihre Salze sind krystallisirbar. — Die Brenztraubensäure ist eine schwach gelbliche Flüssigkeit von 1,288 spec. Gew. bei 18°, bei 165° siedend, von essigsäureähnlichem Geruch und mit Wasser, Weingeist und Aether mischbar, deren Salze nur schwierig krystallisiren. — Die Pyrotritarsäure bildet dünne farblose glänzende Nadeln. Sie schmilzt bei 134°,5 und sublimirt schon etwas unter dieser Temperatur in feinen Nadeln. Sie löst sich erst in 400 Th. kochendem, viel schwieriger noch in kaltem Wasser, dagegen leicht in Weingeist und Aether. Aus letzterem schiesst sie in kurzen dicken Säulen an. Böttinger giebt für die trockne Destillation der Weinsäure den einfachen Ausdruck

$$C_4H_6O_6 = C_3H_4O_3 + CO_2 + H_2O$$
$$\text{Brenztraubensäure.}$$

— Die weinsauren Salze geben bei der trocknen Destillation ähnliche Producte wie die freie Säure.

Wird Weinsäure an der Luft erhitzt, so verbrennt sie mit hellleuchtender Flamme unter Verbreitung des Geruchs nach verbrennendem Zucker. Im trocknen Zustande verändert sie sich bei gewöhnlicher Temperatur an der Luft nicht, auch behält eine concentrirte wässrige Lösung reiner Säure an der Luft trotz eintretender Schimmelbildung nach Wittstein ihren ursprünglichen Säuregehalt; dagegen erlangen verdünnte Lösungen nach Städeler und Krause (Chem. Centralbl. 1854. 938) bei längerem Aufbewahren die Fähigkeit, kalische Kupferlösung zu reduciren. Weinsaure Alkalien verwandeln sich in wässriger, mit Mandelkleieauszug versetzter Lösung an der Luft rasch in kohlensaure Salze (Buchner). — Löst man feingepulverte Weinsäure in ihrem $4\frac{1}{2}$ fachen Gewicht Salpetersäurehydrat und setzt dann ein gleiches Gewicht concentrirter Schwefelsäure hinzu, so erstarrt die Mischung zu einem dicken Kleister von Nitroweinsäure, $C_4 H_4 (NO_2) O_6$ (Dessaignes). Um diese rein zu erhalten, breitet man den Kleister auf porösen Platten aus, löst die zurückbleibende seideartige Masse in wenig kaum lauwarmem Wasser, kühlt auf 0° ab und trocknet die herauskrystallisirende Säure zwischen Fliesspapier. Sie bildet eine weise voluminöse Masse, kann aber aus absolutem Weingeist auch wohl in Prismen krystallisirt erhalten werden. An feuchter Luft zersetzt sie sich rasch in Weinsäure und Salpetersäure. Die wässrige Lösung beginnt schon bei etwas über 0° Stickoxyd und Kohlensäure zu entwickeln und hinterlässt, wenn sie bei einer 30° nicht übersteigenden Temperatur verdunstet wird, Tartronsäure (Hydroxymalonsäure),

Nitroweinsäure.

Tartronsäure.

$$C_3 H_4 O_5 \cdot \begin{array}{l} CO.OH \\ | \\ CH\ OH.CO.OH \end{array}$$

eine in grossen durchsichtigen Säulen krystallisirende, in Wasser unzersetzt lösliche zweiatomige Säure, neben wenig Oxalsäure. Diese Säure schmilzt bei 180° und hinterlässt einen amorphen Rückstand, Glycolid. Diese Säure entsteht auch bei der Oxydation des Traubenzuckers durch alkalische Kupferlösung oder Einwirkung nascirenden Wasserstoffes auf Mesoxalsäure. Wird die Lösung der Nitroweinsäure dagegen bei $40\text{-}50^o$ eingedampft, so bleibt nur Oxalsäure zurück. (Dessaignes). — Uebermangansaures Kali, Braunstein, Bleihyperoxyd und zweifach - chromsaures Kali oxydiren sämmtlich, theils schon in der Kälte, theils bei gelindem Erwärmen, wässrige Weinsäure zu Ameisensäure, Kohlensäure und Wasser $(C_4 H_6 O_6 + 3\,O = 2\,CH_2 O_2 + 2\,CO_2 + H_2 O)$. Die Säure reducirt ferner, wenn durch Alkalien neutralisirt, aus Silber-, Gold- und Platinlösungen beim Erwärmen die Metalle, zum Theil unter Kohlensäure-Entwicklung. Eine ammoniakalische Silberlösung scheidet beim Erwärmen das Silber als glänzenden Metallspiegel ab, wovon technische Anwendung zum Versilbern von Glas und zur Darstellung von Silberspiegeln gemacht wird. Auch Jodsäure und Ueberjodsäure zersetzen die Weinsäure beim Kochen unter Bildung von Kohlensäure und Freiwerden von Jod, während Chlor nach Liebig auf die wässrige Säure kaum einwirkt. Fügt man zu weinsaurem Kupferoxydkali unterchlorigsaures Natron, so scheidet sich zuerst eine gelbe Verbindung von ameisensaurem Kupferoxydul und kohlensaurem Natron, dann Kupferoxydul und bei vermehrtem Zusatz des Oxydationsmittels auch oxalsaures Kupferoxyd ab (Millon).

Wird Weinsäure mit der 3-4fachen Menge conc. Schwefelsäure gelinde erwärmt, so wird ein Theil derselben in Tartral- und Tartrelsäure (s. oben) übergeführt (Fremy). Bei stärkerem Erhitzen damit tritt aber vollständige Zersetzung und Entwicklung von Kohlensäure, Kohlenoxyd und schwefliger Säure ein (Dumas und Piria). Kocht man Weinsäure 4-5 Tage hindurch mit verdünnter Schwefelsäure oder Salzsäure oder auch mit Wasser, so wird ein Theil derselben in Brenzweinsäure, in Traubensäure und in inactive Weinsäure verwandelt (Dessaignes). Mit conc. Schwefelsäure zerfällt Weinsäure nach der für 2 bas. Säure allgemeinen Gleichung: $CO . OH — R' — CO . OH = R'' + CO_2 + CO + H_2O$. — Durch 6-8stündiges Erhitzen mit Jodwasserstoffsäure auf 100-120° wird nach R. Schmitt die Weinsäure in Bernsteinsäure übergeführt ($C_4H_6O_6 — 2 O = C_4H_6O_4$), während Bromwasserstoffsäure unter den nämlichen Verhältnissen nach Kekulé nur etwas Monobrombernsteinsäure neben viel gasförmigen Producten erzeugt. Eine ähnlich reducirende Wirkung übt auch Zweifach-Jodphosphor aus, wenn man ihn mit Wasser und Weinsäure einige Tage auf 100° erhitzt; nur tritt dabei zunächst Aepfelsäure ($C_4H_6O_6 -- O = C_4H_6O_5$) und erst später Bernsteinsäure auf (Dessaignes). — Erwärmt man Wein-

Chlormaleyl-chlorür.

säure mit 5 Theilen Phosphorsuperchlorid, so entstehen Phosphoroxychlorid, Salzsäure und Chlormaleylchlorür, $C_4HCl_3O_2$. Dieses ist eine schwere ölige Flüssigkeit, die sich an feuchter Luft allmälig in eine

Chlormalein-säure.

weisse feste Masse von Chlormaleïnsäure $C_4H_3ClO_4$, verwandelt (Perkin und Duppa, Compt. rend. L. 441). — Beim Schmelzen der Weinsäure mit Kalihydrat entsteht ein Gemenge gleicher Atome essigsauren und oxalsauren Kalis ($C_4H_6O_6 + 3 KHO_2 = C_2H_3KO_2 + C_2K_2O_4 + 3 H_2O$). Wird Natrium in eine Auflösung von Weinsäure in absolutem Weingeist eingetragen, so wird diese in eine neue krystallisirbare, noch genauer zu untersuchende Säure übergeführt (Kämmerer). — Erhitzt man feingepulverte Weinsäure mit 2,1 Th. Chloracetyl im Wasserbade am aufsteigenden Kühlrohr, bis Lösung erfolgt ist, so entsteht ausser entweichender Salzsäure und im Kohlensäurestrome

Biacetylwein-säure-anhydrid.

leicht auszutreibender Essigsäure Biacetylweinsäureanhydrid, $C_4H_2(C_2H_3O)_2O_5$ (Pilz). Dieses bildet dünne weisse bei 126-135° schmelzende, bei vorsichtigem weiteren Erhitzen sublimirbare, in Weingeist und Aether sehr leicht lösliche Nadeln (Pilz), die sich in warmem Wasser

Biacetylwein-säure.

langsam zu Biacetylweinsäure, $C_4H_4(C_2H_3O)_2O_6$, einer zerfliesslichen zweiatomigen Säure lösen (Perkin, Chem. Soc. (2) V. 149). Schmpkt. nach Anschütz, Pictet 125—129° (Berl. Ber. 13. 1178).

Erkennung.

Zur Erkennung der Weinsäure dient zunächst ihre Krystallform, ferner ihr Polarisationsvermögen und ihr Verhalten bei stärkerem Erhitzen an der Luft, wobei der characteristische Geruch nach verbrennendem Zucker auftritt. Die freie Säure giebt mit Kalk- und Barytwasser weisse, in überschüssiger Weinsäure Chlorammonium und Essigsäure lösliche Niederschläge; dagegen fällt sie die Lösungen von Kalk- und Barytsalzen erst dann, wenn sie zuvor mit einem Alkali neutralisirt wurde (Unterschied von Traubensäure). Versetzt man eine nicht zu verdünnte Lösung von freier Weinsäure (oder eines weinsauren Salzes auf Zusatz von einer stärkeren Mineralsäure) mit etwas Kali oder Kalisalz am besten essigsaurem Kali, auch Alkohol, so dass die Flüssigkeit noch stark sauer bleibt, so scheidet sich nach tüchtigem Schütteln oder längerem Stehen saures weinsaures Kali (Weinstein) als krystallinischer, in verdünnten Säuren wenig löslicher, dagegen in wässrigem Kali, Natron oder Ammoniak leicht löslicher Niederschlag ab.

Reine Weinsäure wird in Lösungen quantitativ am einfachsten durch Titriren mit Natronlösung von bekannter Stärke bestimmt. Sind andere organische Säuren zugegen, so kann eine annähernde Bestimmung nach Schnitzer (Dingl. polyt. Journ. **164.** 132) dadurch bewirkt werden, dass man die concentrirte Lösung mit kohlensaurem Kali schwach übersättigt, nöthigenfalls filtrirt und das Filtrat mit concentrirter Citronensäurelösung versetzt, bis auch nach längerer Ruhe kein Weinstein mehr niederfällt, dessen Gewicht man dann entweder durch Wägung oder Titrirung des Weinsäuregehaltes ermittelt. — Zur Bestimmung der Weinsäure im weinsauren Kali fällt Martenson (Pharm. Zeitschr. Russland. **8.** 23) die wässrige Lösung mit neutraler Chlorcalciumlösung (unter Vermeidung eines zu grossen Ueberschusses) und einigen Tropfen Kalkwasser, wäscht den auf einem gewogenen Filter gesammelten Niederschlag mit 80proc. Weingeist, trocknet bei 100° und wägt. Der getrocknete Niederschlag entspricht alsdann der Formel $C_4H_4Ca_2O_6 + 4H_2O$ (Fleischer, Arch. Pharm. (3) **5.** 97). (Siehe Barfoed, organ. Analyse).

Unter allen organischen Säuren ist die Weinsäure bezüglich ihres Verhaltens im Organismus am genauesten studirt und wird am meisten in der ärztlichen Praxis benutzt. Hinsichtlich ihrer giftigen Wirkung steht sie anderen, z. B. der Citronensäure und Oxalsäure, nach. 8 Gm. in 30 Gm. Wasser gelöst tödten Kaninchen bei interner Application nicht, wohl aber 12—16 Gm. in derselben Menge Wasser; die Symptome der ausgebildeten Vergiftung sind: sehr schwacher Herzschlag, beschwerliches und langsames Athmen, wachsende Schwäche und leichte Convulsionen kurz vor dem Tode; bei der Section findet man das Blut flüssig, nicht coagulirt, bald hell, bald dunkelroth, in der übrigens bleichen Schleimhaut des Magens und der oberen Partien des Dünndarms punktförmige und grössere Ekchymosen bei Integrität der Drüsen und leichter Trübung der Muskelschicht, das Epithel weiss und fest zusammenhängend (C. G. Mitscherlich). 1 Gm. in 15 Gm. Wasser gelöst tödtet einen Hund bei Einspritzung in die Cruralvene in 1 Stunde (v. Pommer, Med. chir. Ztg. **2.** 255). Nach Devergie werden Hunde durch 8—12 Grm. getödtet; Christison fand 4 Grm. bei einer Katze wirkungslos. Vergiftungen beim Menschen sind selten, lassen sich aber nicht bestreiten, obschon der bekannteste Fall, von Devergie und Bayard begutachtet, höchst zweifelhaft ist, da die Weinsäure in der Leiche nur in Mengen gefunden wurde, die von dem vorher constatirten Weingenusse herrühren konnten, und da selbst bei der Annahme einer Vergiftung durch 2—3 Liter Wein, die 6 Gm. auf das Liter enthalten hätten, die Möglichkeit einer in wenigen Stunden tödtlich verlaufenen Intoxication durch

12—16 Gm. Weinsäure problematisch ist, zumal da, wie Christison mittheilt, Sibbald nach 24 Gm. eines vermeintlichen Brausegemisches, bei dem man die Alkalicarbonate vergessen hatte, keine Intoxication auftreten sah. Besser constatirt erscheint ein Fall, der 1845 vor dem Central criminal court verhandelt wurde, wo nämlich ein Erwachsener statt eines abführenden Salzes 30 Gm. Weinsäure erhielt, die er in warmem Wasser gelöst auf einmal nahm, wonach dann unmittelbar Brennen in Schlund und Magen und Erbrechen eintrat, welches letztere bis zu dem nach 9 Tagen erfolgten Tode anhielt (Taylor, On poisons 294). Die nach Devergie constante hellrothe Färbung des Blutes bei Weinsäurevergiftung von Thieren und Menschen ist weder constant noch characteristisch (Orfila, Mitscherlich). Zur Behandlung würde ungesäumte Darreichung von Kalk oder Magnesia vor Allem zu empfehlen sein. Ob auch chronische Weinsäurevergiftung, durch anhaltenden Gebrauch von Weinsäure oder weinsäurehaltigen Substanzen, zum Theil aus Läsionen der Magenschleimhaut, zum Theil aus einer Alteration des Blutes resultirend, vorkommt, steht dahin.

Auf der äusseren Haut ruft concentrirte Weinsäurelösung in $\frac{1}{4}$ Stunde leichtes, bald vorübergehendes Brennen, dagegen keine Alteration der Oberhaut hervor (Mitscherlich).

Nicht toxische grössere Gaben intern können leichtes Purgiren bewirken; ganz kleine bedingen ein Gefühl von Kühle im Munde und wirken durstlöschend.

Wöhler constatirte den Uebergang der Weinsäure, wenn sie als solche gegeben wurde, in den Urin, wo er sie als weinsauren Kalk fand. Buchheim und Piotrowski konnten nach Weinsäureeinfuhr bei sich immer nur wenige Procente der incorporirten Säure wiederfinden und nehmen an, dass eine Verbrennung im Blute auch stattfindet, wenn die Säure nicht in Verbindung mit Alkalien und Metalloxyden in die ersten Wege gelange. Nach Bence Jones und Eylandt (De acidorum sumptorum vi in urinae acorem) wird der Harn durch Weinsäuregenuss stärker sauer. Als entfernte Wirkung nicht toxischer grösserer Gaben Weinsäure erscheint nach B. Bobrik (Acida et vegetabilia et mineralia qualem vim et effectum habeant in motum cordis. Regiomonti. 1863. Königsb. med. Jahrb. 4. 1. 95) bei Fröschen, Kaninchen und Menschen Schwächung und Verlangsamung der Herzaction, wobei der Vagus unbetheiligt ist; die von Mitscherlich beobachtete anfängliche Beschleunigung des Herzschlages und der Respiration scheint nicht Folge der Säure.

Medicinische
Anwendung. In der Medicin dient die Weinsäure zur Darstellung der Brausepulver und Saturationen, besonders der mit Magnesia anzufertigenden (Soubeiran), sowie zur Bereitung von Molken, auch als Geschmackscorrigens für Chininsulfatlösungen, für Senna, Rhabarber und Natron sulfuricum. Als kühlendes und erfrischendes Mittel wird sie in der Form der die sog. Drops der Zuckerwaarenfabrikanten ersetzenden Trochisci acidi tartarici (1 Th. Weinsäure, $\frac{1}{12}$ Th. Ol. Citri, 32 Th. Sacch. mit Schleim in Trochiskenform gebracht, nach Pharm. Ed.), häufiger noch in der des Limonadepulvers, Pulvis refrigerans s. pro Limonade (1 Th. Weinsäure auf 20—40 Th. Zucker oder Elaeosaccharum Citri) benutzt. Ausserdem hat man sie innerlich in der Dosis von 0,2—1 Gm. gegen Scorbut, Ruhr, Magenkatarrh (J. Morgan) und äusserlich gegen fötide Fussschweise in der Weise, dass Weinsäurepulver in die Strümpfe gestreut oder diese mit Weinsäurelösung getränkt werden (Schottin), gerühmt.

Traubensäure. $C_4H_6O_6$. — $rC_4H_6O_6 + lC_4H_6O_6 + 2H_2O$. —

Literat.: John, dessen Handwörterb. der Chem. 4. 125. — Gay-Lussac, Journ. Chim. méd. 2. 335. — Berzelius, Poggend. Annal. 19. 305; 36. 1. — Walchner, Schweigg. Journ. 49. 239. — Fresenius, Ann. Chem. Pharm. 41. 1; 53. 230. — Fremy, Ann. Chim. Phys. (2) 68. 378. — Pasteur, Ann. Chim. Phys. (3) 24. 442; Compt. rend. 28. 477; 29. 297 u. 433; 36. 17; 37. 162; 46. 615; 51. 298. — Carlet, Compt. rend. 51. 137; 53. 343. — Hornemann, Journ. pract. Chem. 89. 299. — Dessaignes, Bull. Soc. chim. 1862. 102. — E. Jungfleisch, Compt. rend. 85. 805. — W. Städel, Berl. Ber. 11. 752.

Diese Säure wurde in den Jahren 1822—1824 von dem Fabrikanten *Entdeckung.* Kestner zu Thann in den Vogesen in grosser Menge bei der Bereitung von Weinsäure erhalten und zuerst von John, dann auch von Gay-Lussac als eigenthümlich erkannt. Etwa 10 Jahre nachher erhielt sie White, ein Weinsäurefabrikant zu Glasgow, bei Verarbeitung von Weinstein aus Neapel, Sicilien und von Oporto, und später wurde sie noch in österreichischen und ungarischen Weinsteinen aufgefunden. Da nun auch Kestner zur Zeit der Auffindung dieser Säure besonders italienischen Weinstein verarbeitet hatte, so machte die anfängliche Meinung, dass die Kestner'sche Traubensäure nicht präformirt im Weinstein existire, sondern sich erst bei dem von jenem Fabrikanten eingeschlagenen, etwas vom gewöhnlichen abweichenden Gewinnungsverfahren der Weinsäure aus dieser künstlich erzeugt habe, der anderen Platz, dass vielleicht in südlichen Ländern sich in den Trauben neben Weinsäure auch Traubensäure erzeuge. Neuere Untersuchungen von Pasteur haben nun gezeigt, dass kleine Mengen dieser Säure sich sehr häufig, vielleicht immer, im rohen Weinstein finden und bei Verarbeitung desselben auf Weinsäure gewonnen werden können, während gereinigter Weinstein sie fast nie liefert. Es ist damit bewiesen, dass die Traubensäure *Vorkommen.* nicht bei der Darstellung der Weinsäure aus Weinstein erst gebildet wird, sondern schon im gegohrenen Traubensaft vorhanden ist; aber es folgt daraus noch nicht, dass auch der frische Saft bereits diese Säure enthält, da sie immerhin noch während der Gährung (namentlich wenn diese, wie es in südlichen Ländern der Fall ist, bei höherer Temperatur und stürmischer verläuft) aus der isomeren Weinsäure, die sich auch auf anderen Wegen in Traubensäure überführen lässt, ihre Entstehung nehmen könnte.

Nach Pasteur erhält man bei Verarbeitung von rohem Weinstein auf *Gewinnung.* Weinsäure bei den späteren Krystallisationen derselben häufig geringe Mengen von Traubensäure in kleinen weissen, auf den harten durchsichtigen Krystallen der Weinsäure aufsitzenden Nadeln.

Das Auftreten der Traubensäure in diesem Falle ist nach Jungfleisch durch die Gegenwart metallischer Hydroxyde (Sesquioxyde), Thonerde und Eisenoxyd in den betr. Laugen veranlasst, welche die Rechtsweinsäure theilweise in inactive, theilweise in active Traubensäure umwandeln.

Die Traubensäure erzeugt sich aus Weinsäure, wenn diese anhaltend mit *Künstliche* Wasser, Salzsäure oder verdünnter Schwefelsäure erhitzt wird (vergl. Wein- *Bildung.* säure); auch inactive Weinsäure (s. unten) geht unter den gleichen Umständen, oder auch beim Erhitzen für sich in Traubensäure über (Dessaignes).

Das Erhitzen von Weinsäurelösungen (6—7 Theile in 1 Th. Wasser) im geschlossenen Gefässe auf 175° C. liefert Traubensäure sehr leicht. Auch krystallisirt aus Lösungen von 1 Th. Linksweinsäure und 1 Th. gewöhnlicher Weinsäure Traubensäure aus.

Ferner verwandelt sich nach Pasteur beim Erhitzen von weinsaurem Cinchonin oder von Weinsäure-Aethyläther ein kleiner Theil der Weinsäure in Traubensäure. Sie entsteht endlich bei oxydirender Behandlung von Mannit, Dulcit, Schleimsäure, Linksfruchtzucker, Milchzucker, Rohrzucker, Gummi, Sorbin und Zuckersäure (bei den 5 zuletzt angeführten Substanzen neben Weinsäure) mit Salpetersäure (Carlet. Hornemann. Dessaignes). Traubensäure entsteht ferner bei der Oxydation der Fumarsäure $C_4H_4O_4$ mit Chamäleonlösung (Kekulé, Anschütz, Berl. Ber. 13. 21. 50), beim Kochen von Glyoxal mit Blausäure, Salzsäure (Strecker), beim Kochen der Desoxalsäure mit Wasser neben Kohlensäure.

Eigenschaften. Die Traubensäure krystallisirt aus Wasser in wasserhellen Prismen des triklinischen Systems mit 1 Atom (H_2O) Krystallwasser. Letzteres verliert sie bei 100° und verwandelt sich in eine weisse verwitterte Masse. Sie ist geruchlos und schmeckt stärker sauer als die Weinsäure. Die Krystalle haben ein spec. Gew. von 1,69 und lösen sich nach Walchner in 5,7 Th. kaltem Wasser, nach Hornemann in 4,84 Th. von 20°, und in 48 Th. kaltem Weingeist von 0,809 spec. Gew. (Walchner). Die wässrige Lösung der freien Säure ist ohne Einwirkung auf das polarisirte Licht.

Verbindungen. Sie bildet neutrale und saure Salze, welche nach denselben allgemeinen Formeln zusammengesetzt sind, wie die Salze der Weinsäure, mit denen sie auch in physikalischer Beziehung die grösste Aehnlichkeit zeigen. Nur besitzen sie niemals hemiëdrische Flächen und zeigen in Lösung kein Polarisationsvermögen. Sie wurden besonders von Fresenius untersucht. Ein auffallendes Verhalten zeigen, wie zuerst Pasteur fand, das Kaliumnatrium- und das Natriumammonium-Doppelsalz, sowie auch das Cinchonicin- und Chinicinsalz. Diese Salze können als optisch indifferente, also traubensaure Salze nur in wässriger Lösung bestehen. Nur bei Winterkälte vermochte Delffs (Poggend. Annal. 81. 304) das Kaliumnatriumsalz in triklinischen Krystallen zu erhalten. Lässt man die Lösungen bei gewöhnlicher Temperatur krystallisiren, so schiessen gleiche Mengen von gewöhnlichem rechtsdrehenden weinsaurem Salz und von einem Salz der Linksweinsäure (s. unten) an, die sich, auf's Neue in Lösung gebracht, wieder zu traubensaurem Salz vereinigen. Um eine bequeme Trennung beider Säuren zu bewirken, bringt man nach Gernez (Compt. rend. 63. 843) in eine übersättigte Lösung des Natronammonium-Doppelsalzes einen Krystall des rechtsweinsauren oder des linksweinsauren Salzes; es entsteht alsdann stets eine Krystallisation der gleichen Art.

Städel beobachtete, dass beim Krystallisiren der natürlichen, als der synthetischen Traubensäureverbindung des Natronammoniums zuerst optisch-inactive Krystalle des monoklinen Systems ohne Hemiëdrie auftraten, später rhombische erschienen.

Zersetzungen. Wird Traubensäure erhitzt, so hält sie sich, abgesehen vom Krystallwasserverlust, bis gegen 200° unverändert, verwandelt sich aber bei stärkerer Hitze, indem sie schmilzt und stark aufschäumt, zuerst in Paratartralsäure, dann in Paratartrelsäure und endlich in Traubensäureanhydrid, $C_4H_4O_5$ (Fremy). Die beiden sauren Verwandlungsproducte sowohl wie auch das Anhydrid verhalten sich ganz wie die entsprechenden Derivate der Weinsäure, haben auch wohl die gleiche Zusammensetzung;

in Berührung mit Wasser verwandeln sie allmälig sich wieder in Traubensäure. Nach Laurent und Gerhardt soll vor der Bildung der Paratartralsäure noch diejenige einer isomerischen Modification, die der Metaweinsäure entspricht, erfolgen. — Bei der trocknen Destillation liefert die Traubensäure die nämlichen Producte, wie die Weinsäure, auch gleicht sie dieser durchaus in ihrem Verhalten gegen Oxydationsmittel. — Auch beim Erhitzen mit Bromwasserstoffsäure, sowie mit Chloracetyl entstehen die gleichen Zersetzungsproducte, wie sie die Weinsäure damit giebt. Bei anhaltendem Kochen mit wässriger Salzsäure geht sie theilweise in inactive Weinsäure über (Dessaignes).

Die Traubensäure unterscheidet sich im analytischen Verhalten vorzüglich von den übrigen Weinsäureisomeren dadurch, dass ihre Lösungen durch Gypslösungen, auch Chlorcalcium gefällt werden, der Niederschlag in Chlorammonium unlöslich ist. Die salzsaure Lösung des Kalkniederschlages wird durch Ammonüberschuss sogleich gefällt. Auch ist hier die von W. Städel beobachtete Thatsache zu erwähnen, dass natürliche Traubensäure leicht verwitterbare, tricline Krystalle von 200° Schmpkt. liefern, während synthesische Traubensäure tricline Krystalle von 198° Schmpkt., nicht verwitternd, liefert. Nachweis.

Die oben erwähnte Spaltung der Traubensäure in Rechtsweinsäure und Linksweinsäure, welche beim Krystallisiren von einigen ihrer Salze stattfindet, erfolgt nach Pasteur in allen Fällen, wo sich bei Berührung von Traubensäure mit optisch-activen Substanzen Verbindungen jener beiden Säuren bilden können.

Zur Darstellung der Linksweinsäure kann man das Natriumammonium-Doppelsalz der Traubensäure mit essigsaurem oder salpetersaurem Blei oder Baryt fällen, den gewaschenen Niederschlag durch verdünnte Schwefelsäure zerlegen und das Filtrat zur Krystallisation bringen. Linksweinsäure.

Sie unterscheidet sich von der gewöhnlichen oder Rechtsweinsäure, mit welcher sie sonst völlig übereinstimmt, nur dadurch, dass an ihren Krystallen nicht die vorderen, sondern die hinteren Ecken durch hemiëdrische Flächen eines klinodiagonalen Domas abgestumpft sind, dass die beim Erwärmen auftretenden Electricitäten (vergl. Weinsäure) entgegengesetzt vertheilt sind (die $+ E$ findet sich bei den beiden Weinsäuren immer an der Seite, an welcher die hemiëdrischen Flächen liegen) und dass die Lösungen der freien Säure sowohl als ihrer Salze die Ebene des polarisirten Lichts um eben so viel nach links drehen, wie sie von der Rechtsweinsäure nach rechts gedreht wird.

Das spec. Drehungsvermögen der Linksweinsäure ist $p = 35,7$ $t = 17$ $[\alpha]r = - 8,43$, demnach übereinstimmend mit der Rechtsweinsäure, welche unter gleichen Bedingungen $[\alpha]r = + 8,53$ zeigt (Biot). Auch die linksweinsauren Salze sind in ihrem Verhalten gegen das Drehungsvermögen untersucht. (Pasteur, Ann. Chim. Phys. (3) **24**. 442; **28**. 56; **38**. 437).

Die Rechtsweinsäure, Linksweinsäure und Traubensäure gehen beim Erhitzen in Lösung auf circa 160° C in inactive Weinsäure theilweise über. Dieselbe krystallisirt wasserfrei in den Krystallformen der optisch-activen Säure, ohne hemiëdrische Flächen, oder auch mit 1 aq. Der Schmelzpunkt ist bei 140° C. Die Kalk- und sauren Kalisalze sind leichter löslich. Inactive Weinsäure. (Mesoweinsäure.)

Die Bildung der Mesoweinsäure gelingt am besten (Jungfleisch), wenn man 1 Mol. Rechtsweinsäure mit 2 Mol. H_2O in einem geschlossenen Gefässe

4—5 Stunden lang auf 160° C erhitzt, und hierauf die sauren Kalisalze hergestellt, aus denen mit wenig Wasser das Mesoweinsäuresalz gelöst wird.

Umwandlung der Isomeren in einander.

Rechtsweinsäure, mit wenig Wasser auf + 60° C erhitzt, giebt Mesoweinsäure, bei 175° C Traubensäure. Letztere liefert unter ähnlichen Bedingungen bei 160° C inactive Weinsäure. Bei längerer Einwirkung von Temperaturen von 175° C auf Rechtsweinsäure entstehen Gemenge von Traubensäure und inactiver Weinsäure; bei 160° C herrscht die inactive Säure vor, welche aber bei 175° C in Traubensäure verwandelt werden kann. Die inactive Weinsäure giebt bei 175° C wieder die Verbindungen der activen Modificationen.

Endlich hat Pasteur noch beobachtet, dass die Linksweinsäure durch Schimmelbildung und weinige Gährung weniger leicht zerstört wird als die Rechtsweinsäure.

Versetzt man nach Pasteur eine wässrige Lösung von saurem traubensaurem Ammon mit einer Spur eines löslichen phosphorsauren Salzes und etwas gährender weinsaurer Flüssigkeit oder mit einigen Spuren von *Penicillium glaucum*, so geräth bei einer Temperatur von 30° die ganze Flüssigkeit innerhalb 24 Stunden in Gährung, wobei die aus der Traubensäure entstehende Rechtsweinsäure zerstört wird, während neutrales linksweinsaures Ammon in Lösung bleibt.   — 1/8. 81. Hg. —

Citronensäure. $C_6H_8O_7$. — $C_3H_4(OH)(CO\ OH)_3$. — Literatur:

Chemische: Scheele, Opuscul. 2. 181. — Vauquelin, Scher. Journ. 2. 712. — Berzelius, Gilb. Ann. 40. 248; Ann. Chim. 94. 171; Ann. Chim. Phys. (2) 67. 303; 70. 215; Pogg. Ann. 27. 281; Berz. Jahresber. 21. 249. — Liebig, Ann. Chem. Pharm. 5. 134; 26. 119 u. 152; 44. 57. — Robiquet, Ann. Chim. Phys. (2) 65. 68; Journ. Pharm. (2) 25. 77. — Tilloy, Journ. Pharm. (2) 13. 305. — Wackenroder, Arch. Pharm. (2) 23. 266. — Marchand, Journ. pract. Chem. 23. 60. — Baup, Ann. Chim. Phys. (2) 61. 182. — Crasso, Ann. Chem. Pharm. 34. 58. — Heldt, Ann. Chem. Pharm. 47. 57. — Cahours, Ann. Chim. Phys. (3) 19. 488. — Pebal, Ann. Chem. Pharm. 82. 78; 98. 67. — Kämmerer, Ann. Chem. Pharm. 139. 269; 148. 294; Zeitschr. Chem. 9. 709. — Zeitschr. analyt. Chem. 8. 298. — E. Fleischer, Arch. Pharm. 209. 320. — R. Warington, Pharm. J. Trans. 2. 384. — Wright und Patterson, Journ. chem. Soc. 1878. — Hager, Pharm. Centralhalle 12. 321. — Gröger, N. Jahrb. Pharm. 39. 194. — Kämmerer, Ann. Chem. Pharm. 170. 176. — Hunäus, Berl. Ber. 9. 670. — J. Creuze, Chem. News. 26. 50. — O. Hergt, J. pr. Chem. 8. 372. — T. Morawski, J. pr. Chem. (2) 10. 68. — A. Franchimont, Berl. Ber. 1874. 216. — H. Schiff, Ann. Chem. Pharm. 172. 359. — P. Rönnefahrt, Dissertation Freiburg 1875. — Allen, Z. anal. Chem. 1877. 251. — A. Beyer, Arch. Ph. (3) 1. 40. — M. Sarandinak, Berl. Ber. 1872 1100. — M. Mercadante, Gazz. chim. ital. — Berthelot & Songuinin, Basicität, Berl. Ber. 9. 58. — W Markownikoff, Isomerien der Pyrocitronensäuren. Ebendas. 1440. — F. Hunäus, Ebendas. 1749. — E. Grimaux & P. Adam, Synthese. Compt. rend. 90. 1052. — Andreoni, Berl. Ber. 13. 1394.   A. Kekulé, Ebendas. 1686. — R. Anschütz, Zer-

setzung. Ebendas 1841. — A. Claus, gegen Na., Berl. Ber. 8 155.
— L. Henry, Ebendas. 548. — Ferdinand, Vorkommen American
journ. pharm. 10. — G. Stein, Berl. Ber. 12. 1603. Nachweis:
Arch. Pharm. 213. 468 und Zeitschr. analyt. Chem. 17. — R. Anschütz, Citraconsäure, Berl. Ber. 12. 2281. — A. Fitz, Berl. Ber.
11. 1895. — R. Anschütz & W. Petri, Itaconsäureanhydrid, Berl.
Ber. 13. 1539.

Medicinische Liter.: s. b. Weinsäure.

Die Citronensäure ist 1784 von Scheele im Citronensaft ent- Entdeckung u.
Vorkommen.
deckt und seitdem, theils im freien Zustande, theils in Verbindung
mit Kali, Kalk und Magnesia und meistens begleitet von Aepfelsäure, Weinsäure und anderen organischen Säuren, in sehr vielen
Pflanzen aufgefunden worden.

Sie kommt am reichlichsten in den Früchten von *Citrus medica L.* und
C. aurantium L. vor und wurde bis jetzt, vielfach noch von Scheele, nach-
gewiesen: in den Früchten von *Prunus Padus L., Pr. Cerasus L., Vaccinium
Myrtillus L., V vitis idaea L., V. oxycoccos L., Rubus idaeus L., R. Chamae-
morus L., Ribes grossularia L., R. Rubrum L., Sorbus aucuparia L., Crataegus
Aria L., Fragaria vesca L., Rosa canina L., Sambucus racemosa L., Solanum
Dulcamara L., S. Lycopersicon L., Physalis Alkekengi L., Capsicum annuum L.,
Vitis sylvestris L., Tamarindus indica L.,* in den grünen Fruchtschalen von
Iuglans regia L., in den Samenkapseln von *Evonymus europaeus L.,* in den
Eicheln, in den Kaffeebohnen, den Samen der gelben Lupine, Drosera inter-
media, in den Blättern oder dem Kraut von *Aconitum Lycoctonum L., Isatis
tinctoria L., Nicotiana tabacum L., Convallaria majalis L., C. multiflora L., Ledum
palustre L., Asperula odorata L., Galium verum L., G. Aparine L., Rubia tinctorum L., Richardsonia scabra St. Hil., Calluna vulgaris Salisb., Pinus sylvestris
L., Cerasus acida, Vaccinium microcarpron,* vielleicht auch von *Rhododendron
ferrugineum L.,* im Frühlingssaft des Weinstocks, in den Wurzeln von *Asarum
europaeum L., Rubia tinctorum L.* und *Richardsonia scabra St. Hil.,* in den
Runkelrüben, in den Knollen von *Dahlia pinnata* und *Helianthus tuberosus L.,*
in den Zwiebeln von *Allium Cepa L.,* im Splint von *Clematis flammula L.,* endlich in vielen Schwämmen, auch in unreifen Früchten von *Morus,* auch der
Rinde von *Aesculus Hippocastanum.*

Die Darstellung der Citronensäure aus Citronensaft geschieht Darstellung:
aus Citronen:
fabrikmässig im Wesentlichen noch immer nach dem von Scheele
angegebenen Verfahren. Man lässt den meistens aus beschädigten
oder gefaulten Citronen auch Limonen und Bergamotten gewonnenen
Saft, um ihn von schleimigen Bestandtheilen zu befreien und leichter
filtrirbar zu erhalten, stehen, bis er zu gähren beginnt (nach Row
(Viertelj. pr. Pharm. 16. 60) verdünnt man den Saft zur Beförderung der Klärung zweckmässig mit Wasser), filtrirt ihn dann und
sättigt ihn kochend heiss mit kohlensaurem Kalk und zuletzt, um
vollständige Sättigung zu bewirken, mit Kalkmilch. Der sich abscheidende Niederschlag von citronensaurem Kalk wird, da er in
heissem Wasser schwerer löslich ist, als in kaltem, noch heiss auf

einem Leintuch gesammelt, mit heissem Wasser gewaschen, bis dieses fast ungefärbt abläuft, und nun mit verdünnter Schwefelsäure in geringem Ueberschuss (etwa auf 1 Th. der verwendeten Kreide $1\text{-}1^4/_4$ Th. Schwefelsäurehydrat, welches zuvor mit der 5-6 fachen Menge Wasser verdünnt und nach der Mischung wieder erkaltet ist) unter gelindem Erwärmen und beständigen Umrühren zersetzt. Die abfiltrirte saure, mit der Waschflüssigkeit des abgeschiedenen Gypses vereinigte Lauge verdampft man zuerst über freiem Feuer in Bleipfannen bis zum specif. Gew. von 1,13, dann weiter im Wasserbade bis zur Consistenz eines dünnen Syrups oder bis zur Salzhäutchenbildung. Die nach einigen Tagen von den gebildeten Krystallen abgegossene Mutterlauge kann nach dem Verdünnen mit Wasser wieder wie Citronensaft behandelt werden. Die meistens gelb gefärbten rohen Krystalle werden in wässriger Lösung mit Kohle behandelt und einige Mal umkrystallisirt.

Zur Darstellung aus Johannisbeeren (*Ribes rubrum*), welche Citronensäure und Aepfelsäure etwa in gleicher Menge und erstere am reichlichsten kurz vor der Reife enthalten, lässt man die zerquetschten Früchte nach Tilloy zur Zerstörung des Zuckers zunächst gähren und destillirt den gebildeten Weingeist ab. Den Destillationsrückstand sättigt man noch heiss mit Kreide, zersetzt den ausgeschiedenen gut ausgewaschenen, noch viel Aepfelsäure enthaltenden Niederschlag mit verdünnter Schwefelsäure, dampft das Filtrat etwas ein, neutralisirt es wiederum kochend heiss mit Kreide, zersetzt den Niederschlag auf's Neue durch überschüssige Schwefelsäure und verfährt mit der erhaltenen sauren Flüssigkeit in der oben beschriebenen Weise weiter.

1000 Kilogrm. guter Citronen sollen etwa 55 Kilogrm. und 1000 Kilogrm. Johannisbeeren etwa 7,5—10 Kilogrm. krystallisirter Citronensäure liefern. Nach Stoddart (Pharm. Journ. Trans. (2) **10**. 203) hat echter Citronensaft ein mittleres specif. Gew. von 1,043 und einen Durchschnittsgehalt von 9,72 % an krystallisirter Säure. Eine gute Citrone giebt nach ihm durchschnittlich 24,8 Grm. Saft, liefert also 2,41 Grm. krystallisirter Citronensäure. Aeltere Citronen enthalten nach Stoddart gar keine Citronensäure mehr, sondern an deren Stelle Essigsäure.

Gröger empfiehlt den Preisselbeerensaft mit 1 % — 12 pro Mille Citronensäure, sowie den Saft von Johannisbeeren (1 %), Citronensäure zur Darstellung im Grossen. Nach Warrington enthalten die Citronensäfte des Handels, aus denen die Säure gewonnen wird, verschiedene Säuremengen. 373 Grm. Säure in 3190 Grm. Saft mit 2,5 % fremder Säuren, 280, ja oft nur 186 Grm. Säure in einer Gallone. Der Bergamottensaft enthält 12—13 % fremde Säuren, 51 Unzen krystallisirte Säure per Gallon, der Limottensaft 12 Unzen per Gallone mit 7—8 % fremder Säuren.

Die Citronensäure krystallisirt aus kochend gesättigter wässriger Lösung in wasserfreien (nur mechanisch etwas Wasser einschliessenden) Krystallen, dagegen aus kalter wässriger Lösung in grossen wasserhellen orthorhombischen Säulen mit 1 At. H_2O. Die käufliche Säure ist stets krystallwasserhaltig. (Marchand. Pebal). Die wasserhaltigen Krystalle haben ein specif. Gew. von 1,617, 1,542 (Schiff), 1,553 (Buignet). Sie sind geruchlos und haben einen starken, angenehm sauren Geschmack. In sehr feuchter Luft zerfliessen sie. Sie lösen sich unter beträchtlicher Kälteerzeugung in $^3/_4$ Th. kaltem und in $^1/_2$ Th. kochendem Wasser zu einer syrupdicken Flüssigkeit (Vauquelin), ferner in gleichen Theilen 80 proc. Weingeist bei 15° (Schiff), sehr leicht auch in Aether und so reichlich in kochendem Kreosot, dass die Lösung beim Erkalten erstarrt. 100 Th. absoluten Alkohol lösen 75,9, 100 Th. Aether 2,26, 100 Th. 90 % Alkohol 52,85 Citronensäure bei 15° C (Bourgoin), 100 wasserfreier Aether lösen 0,1 Th. Säure (Lippmann).

Die von der Darstellung herrührenden Verunreinigungen sind die nämlichen, wie bei der Weinsäure (s. S. 205) und werden in gleicher Weise erkannt. Als Verfälschung findet sich nicht selten Weinsäure in der käuflichen Citronensäure. Eine Beimengung von einigen Procenten derselben giebt sich nach Spiller (Journ. pract. Chem. **73**. 39) leicht dadurch zu erkennen, dass wenn die concentrirte wässrige Lösung einer solchen Säure mit einer concentrirten Lösung von essigsaurem Kali und dem gleichen Volumen starken Weingeists versetzt wird, sich beim Umrühren bald Weinstein abscheidet, während reine Citronensäure unter diesen Umständen keine Fällung erzeugt. Eine andere von Chapman und Smith (Zeitschr. analyt. Chem. 7. 264) angegebene Probe, wonach citronensaures Alkali eine stark alkalische Lösung von übermangansaurem Kali beim Kochen nur bis zur Mangansäure reducire, die Flüssigkeit also nicht trübe, sondern nur grün färbe, während weinsaures Alkali daraus beim Sieden sofort Manganhyperoxyd abscheide, ist nach Wimmel (Zeitschr. analyt. Chem. 7. 411) nicht ganz zuverlässig, da die Citronensäure in alkalischer Lösung auch die Mangansäure reducirt, nur etwa 100mal schwächer als die Weinsäure. Blacher (Journ. Pharm. d'Anvers. **23**. 443) empfiehlt folgendes, auf die Schwerlöslichkeit der weinsauren Magnesia gegründetes Prüfungsverfahren: Man erhitzt 2 Grm. der zu prüfenden Säuren mit 1 Grm. gewöhnlichem Magnesiacarbonat und 20 Grm. Wasser zum Sieden. Entsteht eine Abscheidung, so ist viel Weinsäure zugegen. Bleibt die Lösung klar, so vermischt man sie nach dem völligen Erkalten mit 60 Grm. 90procent. Weingeist und schüttelt tüchtig. Erfolgt auch nun keine Trübung, so ist keine Weinsäure zugegen, da schon Gegenwart nur geringfügiger Mengen derselben eine Trübung durch abgeschiedene weinsaure Magnesia bedingen würden.

Die Citronensäure ist eine dreiatomige Säure (Berthelot & Souguinin) und bildet Salze nach den Formeln $C_6 H_5 M_3 O_7$,

$$C_6 H_5 M_3 O_7 \text{ und } C_6 H_7 M O_7,$$
$$C_3 H_4 (OH)(CO\ OM)_3$$
$$C_3 H_4 (OH) {\Big<}^{(CO\ OM)_2}_{CO\ OH}$$
$$C_3 H_4 (OH) {\Big<}^{CO\ OM}_{(CO\ OH)}$$

von denen die der ersteren Formel entsprechenden als neutrale, die übrigen als saure angesehen werden müssen. Die Citrate der Alkalimetalle sind in Wasser leicht löslich, die der übrigen Metalle mehr oder weniger schwer löslich, lösen sich aber meistens in verdünnten Säuren, vielfach schon in Citronensäure. Da letztere in Folge der Bildung löslicher Doppelsalze auch in wässrigen Alkalien oder Ammoniak sich lösen, so muss die Citronensäure, ähnlich wie die Weinsäure, die Fällung der Salze vieler schweren Metalle durch ätzende Alkalien, nach Grothe (Journ. pract. Chem. **92.** 175) auch durch kohlensaure, phosphorsaure, borsaure und arsensaure Alkalien, verhindern.

Salze.   Wir heben aus der grossen Zahl der namentlich von Heldt und Berzelius und neuerdings von Kämmerer untersuchten Salze nur diejenigen hervor, welche auf das Vorkommen, die Darstellung oder Prüfung der Citronensäure Bezug haben. Das neutrale citronensaure Kali,
$$C_6H_5K_3O_7 + H_2O,$$
krystallisirt beim freiwilligen Verdunsten einer vollständig mit kohlensaurem Kali neutralisirten wässrigen Lösung der Säure in wasserhellen, sternförmig vereinigten, alkalisch schmeckenden, an der Luft zerfliessenden, in Weingeist unlöslichen Nadeln, die ihr Krystallwasser erst bei 200° verlieren (Heldt). Wird dieses Salz in Lösung mit noch halb so viel freier Säure versetzt, als es schon enthält, so hinterbleiben beim Verdunsten entweder amorphe Rinden oder klinorhombische wasserfreie Krystalle des sauren Salzes $C_6H_6K_2O_7$ (Heldt. Heusser), während nach Zusatz von doppelt so viel freier Säure, als im neutralen Salz vorhanden ist, beim freiwilligen Verdunsten grosse durchsichtige luftbeständige Säulen von angenehm saurem Geschmack und der Formel $C_6H_7KO_7 + H_2O$ anschiessen (Heldt). — Neutraler citronensaurer Kalk, $C_6H_5Ca_3O_7$, entsteht beim Versetzen einer Lösung von neutralem citronensaurem Natron mit Chlorcalcium als weisser breiiger, beim Kochen krystallinisch werdender Niederschlag, jedoch nur bei Einhaltung eines gewissen Verhältnisses, da der Niederschlag im Ueberschuss beider Salze löslich ist. Aus einer solchen Lösung des citronensauren Kalks erfolgt übrigens die Abscheidung beim Kochen, worauf beim Erkalten wieder theilweise Lösung stattfindet. Das Salz bildet ein weisses, sandig anzufühlendes Pulver, welches im lufttrocknen Zustande 2 At. H_2O enthält und sich leicht in verdünnten Säuren löst, aus denen es durch Ammoniak erst beim Kochen wieder niedergeschlagen wird. Löst man es in warmer wässriger Citronensäure auf, so krystallisiren beim Abdampfen glänzende Blätter von der Formel $C_6H_6Ca_2O_7 + H_2O$ (Heldt). — Neutrale citronensaure Magnesia kann wegen ihrer Löslichkeit in Wasser auf dem Wege der Fällung nicht dargestellt werden. Eine durch Sättigung wässriger Citronensäure mit kohlensaurer Magnesia erhaltene Lösung erstarrt nach starkem Abdampfen bei Winterkälte zu einem dicken Brei, der an der Luft zu harten Rinden von der Formel $C_6H_5Mg_3O_7 + 7H_2O$ austrocknet. Ein saures Magnesiasalz lässt sich nur als gummiartige Masse erhalten (Heldt).

Als medicinisch-pharmaceutische Salze der Citronensäure sind erwähnenswerth Magnesia citrica, Ferrum citricum und Ferrum citricum ammoniatum. Von Fleischer sind die Constitutionsverhältnisse verschiedener Salze, bei

100° C. getrocknet, näher studirt worden, der beispielsweise die Constitution der Calcium-, Blei-, Barytverbindung folgendermassen giebt:

$$(C_6 H_5 O_7) 2 Ca_3 + H_2 O \, . \, (C_6 H_5 O_7) 2 Ba_3 + H_2 O;$$
$$(C_6 H_5 O_7) 2 Pb_3 + H_2 O. \, -$$

Kämmerer hat sich eingehend mit der Darstellung und der Constitution citronensaurer Salze beschäftigt (siehe oben Literaturangabe); ebenso Cranse und Rönnefahrt. Die Methyl- und Aethylester sind ebenfalls bekannt.

Durch den electrischen Strom kann wässrige Citronensäure kaum zersetzt werden, da sie ihn sehr schwierig leitet; die besser leitende Lösung von citronensaurem Natron liefert bei der Electrolyse braune Zersetzungsprodukte (Pebal). — Beim Erhitzen der Säure in einer Retorte tritt je nach dem Wassergehalt und der langsameren oder schnelleren Wärmezufuhr bei 100—130° Schmelzung unter Abgabe von Wasser ein. Steigt die Temperatur nicht über 150—160°, so giebt der Rückstand beim Verdunsten seiner wässrigen Lösung wieder Krystalle von Citronensäure neben etwas unkrystallisirbarer Mutterlauge. Wird die Erhitzung indess gesteigert, so treten bei etwa 175° weisse, vorwiegend aus Aceton bestehende Dämpfe auf und der Rückstand besteht jetzt aus Aconitsäure, $C_6 H_6 O_6$ (siehe diese — $C_6 H_8 O_7 = C_6 H_6 O_6 + H_2 O$). Erhöht sich die Temperatur auf 200°, so tritt Kochen ein und es destillirt unter gleichzeitiger Entwicklung von Kohlensäure eine schwere saure Flüssigkeit über, die in der Vorlage bald krystallinisch erstarrt und ein Gemenge der beiden isomeren Säuren Itaconsäure, $C_5 H_6 O_4$. und Citraconsäure, $C_5 H_6 O_4$, ist (die Bildung aus Aconitsäure erfolgt nach der Gleichung: $C_6 H_6 O_6 = C_5 H_6 O_4 + C O_2$). Die Itaconsäure krystallisirt in farblosen Rhombenoctaëdern, die bei 161° schmelzen und sich in 17 Th. Wasser von 10°, viel reichlicher in heissem Wasser, ferner in 4 Th. Weingeist und auch in Aether lösen. Die Citraconsäure bildet vierseitige, an der Luft zerfliessende und ausser in Wasser auch in Weingeist viel leichter lösliche Säuren, die schon bei 80° schmelzen und sich bei anhaltendem Erhitzen auf 100° in Itaconsäure verwandeln. Beide Säuren zerfallen bei der trocknen Destillation in Wasser und Citraconsäureanhydrid, $C_5 H_4 O_3$, ein farbloses, schon bei 90° verdampfendes, aber erst bei 212° siedendes Oel von 1,241 spec. Gew. (Robiquet. Baup. Crasso). Wird die trockne Destillation noch weiter fortgesetzt, so giebt der dicke schwarze Rückstand neben Kohlensäure und Kohlenoxydgas ein schwarzes, aus Citraconsäureanhydrid (s. oben) und pechartigem Brenzöl bestehendes Oel aus und es hinterbleibt zuletzt eine lockere Kohle, von der um so weniger gebildet wird, je allmäliger das Erhitzen stattfindet (Robiquet. Lassaignes). Wird die Citronensäure an der Luft erhitzt, so entzündet sie sich leicht und verbrennt zu Kohlensäure und Wasser. Die Zersetzung der citronensauren Salze beginnt bei höchstens 230° (Berzelius). Diese Zersetzungsprodukte der Citronensäure geben mit Natriumamalgam Brenzweinsäure und zwar dieselbe, welche Fumarsäure und Maleïnsäure auf diese Weise liefern. Dieselben haben überhaupt dieselben Beziehungen zu einander, wie Fumar- und Maleïnsäure. (Literatur: Markownikow, Berl. Ber. 13. 1844 — Anschütz, Ebendas. 1545. — W. Petri, Ebendas. 14. 1634.) Auch der Mesaconsäure ist hier zu gedenken, die sich beim Kochen von Citraconsäure mit verdünnter Salpetersäure, conc. Jodwasserstoffsäure (Kekulé), Salzsäure,

Bromwasserstoffsäure (Fittig). Dieselbe bildet feine Nadeln, in Wasser, Alkohol löslich, sublimirt, schmilzt bei 202°.

Ozon oxydirt die Citronensäure bei Gegenwart eines freien Alkalis unter vorübergehender Bildung von Oxalsäure zu Kohlensäure und Wasser (Gorup-Besanez, Ann. Chem. Pharm. 125. 207). — Verdünnte Salpetersäure ist auch beim Kochen ohne Einwirkung, concentrirte dagegen oxydirt die Citronensäure in der Siedhitze langsam zu Oxalsäure, Essigsäure und Kohlensäure (Westrumb). Jodsäure oxydirt erst bei mehrstündigem Kochen einen Theil der Säure zu Kohlensäure (Millon, Compt. rend. 19. 271) Beim Kochen der wässrigen Säure mit Braunstein entwickelt sich Kohlensäure (Scheele). Wird noch verdünnte Schwefelsäure zu Hülfe genommen, so zerfällt sie leicht unter gleichzeitiger Bildung kleiner Mengen von Acrol, Acrylsäure und Essigsäure in Kohlensäure, Wasser und Aceton nach der Gleichung: $2 C_6H_8O_7 + H_2O + 10O = 9CO_2 + 6H_2O + C_3H_6O$ (Péan de St. Gilles, Ann. Chim. Phys. (3) 55. 395) Die nämlichen Producte erhielt St. Gilles beim Erwärmen einer mit verdünnter Schwefelsäure versetzten Citronensäurelösung mit übermangansaurem Kali. Vollkommen trockne (geschmolzene) Säure erhitzt sich nach Böttger (Journ. prakt. Chem. 8. 477) beim Zusammenreiben mit Bleihyperoxyd zum Glühen. Wässriges citronensaures Kali reducirt aus Goldlösung ohne Kohlensäurebildung metallisches Gold.

Beim Erwärmen der Citronensäure mit conc. Schwefelsäure entwickeln sich noch unter 100° Kohlensäure, Kohlenoxyd und Aceton und erst bei 100° tritt schweflige Säure auf (Robiquet). Verdünnt man jetzt mit Wasser, so enthält die Lösung zwei schwefelhaltige einatomige Säuren von den Formeln $C_3H_6SO_4$ und $C_5H_8SO_5$ (Wilde, Ann. Chem. Pharm. 127. 170). Bei anhaltendem Kochen von Citronensäure mit schwefelsäurehaltigem Wasser (langsamer beim Erhitzen mit reinem Wasser auf 160°) wird ein Theil derselben in Itaconsäure und Kohlensäure zerlegt (Markownikoff und Purgold, Zeitschr. Chem. 10. 264), während bei mehrstündigem Kochen mit verdünnter Salzsäure sich ein Theil in Aconitsäure unter gleichzeitiger Bildung einer flüchtigen Säure verwandelt (Dessaignes, Bull. Soc. Phar. 5. 356.) — Neben Aconitsäure entsteht hier nach Hergt eine weitere, Diconsäure genannt, welche aber, nach Franchimont, eine mit Citronensäure verunreinigte Dicitronensäure ist. — Beim Erhitzen mit Jodwasserstoffsäure erzeugen sich Aconitsäure, Citraconsäure und Kohlensäure (Kämmerer, Ann. Chem. Ph. 139. 269).

Chlorgas wird von concentrirter wässriger Citronensäurelösung im zerstreuten Lichte sehr langsam, im direkten Sonnenlichte etwas rascher absorbirt unter Abscheidung eines farblosen, bei 200° siedenden Oels von 1,75 spec. Gew., das sich in Berührung mit Wasser bei 6° in ein blättrig krystallinisches Hydrat verwandelt. Aus einer conc. Lösung von citronensaurem Natron scheidet Chlor ein anders zusammengesetztes Oel ab (Plantamour). Das erstgenannte Oel ist nach Städeler (Ann. Chem. Pharm. 111. 299) Perchloraceton, C_3Cl_6O, und sein Hydrat $C_3Cl_6O + H_2O$, das letztere, das auch durch Destillation von citronensaurem Natron mit chlorsaurem Kali und Salzsäure erhalten wird, hält er für Pentachloraceton, C_3HCl_5O. Nach Cloëz (Ann. Chem. Pharm. 122. 119) soll dagegen das erste Produkt Perchloressigsäure-Methyläther, $C_3Cl_6O_2$, das letzte Pentachloressigsäure-Methyläther, $C_3HCl_5O_2$, sein. — Durch Einwirkung von Brom auf wässriges citronensaures

Alkali werden nach **Cahours** unter lebhafter Kohlensäureentwicklung Bromoform und noch ein dritter nicht näher untersuchter Körper erzeugt, während es nach **Cloëz** die Lösung der freien Säure weder bei 100° noch im Sonnenlichte verändert. — Vermischt man 1 At. Citronensäure mit 3 At. **Phosphorsuperchlorid**, so entsteht unter Entwicklung von etwas Salzsäuregas eine röthliche, beim Erkalten zu einem Krystallbrei von Oxychlorcitronensäure, $C_6H_8Cl_2O_6$, erstarrende Flüssigkeit, die durch Waschen des Breis mit Schwefelkohlenstoff in weissen seideglänzenden Nadeln, jedoch nicht völlig rein, erhalten werden kann (**Pebal**).

Oxychlor-citronensäure.

Beim Schmelzen mit **Kalihydrat** zerfällt die Citronensäure nach **Liebig** in Oxalsäure und Essigsäure ($C_6H_8O_7 + H_2O = C_2H_2O_4 + 2C_2H_4O_2$). — Trägt man in eine Auflösung von 1 At. getrockneter Citronensäure in absolutem Weingeist oder Aether 3 At. **Natrium**, so entsteht **Hydrocitronensäure**, $C_6H_{10}O_7$. — Die Hydrocitronensäure **Kämmerer's** existirt nach A. **Claus** nicht.

Weitere Beiträge zur Kenntniss der Citronensäure, Aconitsäure, siehe P. **Hunäus** sowie A. **Landolt** und **Fittig** (Berl. Ber. **10.** 516) über die Beziehungen zwischen Fumarsäure und Maleïnsäure, sowie Citraconsäure und Mesaconsäure.

Die concentrirte wässrige Lösung der Citronensäure hält sich nach **Wittstein** (N. Jahrb. Pharm. **2.** 229) unverändert; dagegen zersetzen sich verdünnte Lösungen nach **Berzelius** unter Schimmelbildung selbst in verschlossenen Gefässen. Bei längerer Berührung von wässrigen citronensauren Alkalien mit einem Auszug von Mandelkleie entsteht nach **Buchner jun.** (Ann. Chem. Pharm. **78.** 207) kohlensaures Salz. Citronensaurer Kalk erzeugt beim Gähren mit Bierhefe Essigsäure, Buttersäure, Kohlensäure und Wasserstoff (**Personne**, Compt. rend. **36.** 197). Beim Faulen des Kalksalzes mit Käse soll nach **How** (Ann. Chem. Pharm. **84.** 287) ausser Essigsäure auch Propionessigsäure entstehen.

Citronensaurer Kalk liefert bei der Spaltpilzgährung (A. **Fitz**) Aethylalkohol, Essigsäure und Bernsteinsäure.

Die Constitutionsformel der Citronensäure als 4 atomige, 3-basische Säure ist nach ihren Beziehungen zur Aconit- und Tricarballylsäure und ihren Umwandlungen in Aceton durch Oxydation folgendermassen aufzustellen:

Synthese der Citronensäure.

$$CO\ OH.CH_2.C(OH)\!<^{CO.OH}_{CH_2.CO\ OH}.$$

Dieselbe lässt sich als Isopropylalkohol, in welchem 3 H durch CO OH vertreten sind, oder auch als Acetonsäure oder Oxybuttersäure, in welcher 2 H durch 2 CO.OH ersetzt sind, betrachten.

Grimaux und **Adam** haben durch ihre Synthese der Citronensäure die obige Constitutionsformel bestätigt. Das aus Glycerin dargestellte Dichlorhydrin $CH_2.Cl.CHOH.CH_2Cl$ wurde durch Oxydation mit Kaliumbichromat und Schwefelsäure in das symmetrische Dichloraceton $CH_2Cl.CO.CH_2Cl$ verwandelt, das durch concentrirte Blausäure in Dichloracetoncyanhydrin

$$C . H_2 Cl . COH <^{CN}_{CH_3 Cl}$$

und dann durch Verseifung mit HCl in Dichloracetonsäure

$$CH_2 Cl . COH <^{CO . OH}_{CH_2 . Cl}$$

umgewandelt wurde. Das Natronsalz dieser Säure, die durch Ausschütteln mittelst Aether isolirt wurde, giebt beim Erhitzen mit 2 Mol. Cyankalium in concentrirter Lösung ein Dicyanid, aus dem sich mit HCl Citronensäure bildet, die mit der natürlichen identisch ist. —

Andreoni hat Aethylcitronensäure durch Einwirkung von Natrium auf Aepfelsäure-Triäthylester dargestellt, wobei ein braunes Produkt entsteht, das mit Bromessigsäureester destillirt wird.

A. Kékulé theilt ebenfalls, veranlasst durch die Mittheilungen von Grimaux und Adam, eine Synthese der Citronensäure auf folgende Weise mit: Der Diäthyläther der Acetyläpfelsäure wurde in ätherischer Lösung mit Natrium behandelt und auf dieses Produkt Bromessigsäureäther einwirken gelassen. Dieses Reactionsprodukt, ein Aether, wurde direkt mit alkoholischer Kalilösung verseift und aus den gebildeten Salzen ein Bleisalz hergestellt, das durch Schwefelwasserstoff zerlegt wurde. Die so erzeugte Säure soll die Kalksalzreactionen der Citronensäure geben. --

Erkennung. Die Citronensäure wird am leichtesten mit der Weinsäure verwechselt. Sie unterscheidet sich von derselben, abgesehen von den Unterschieden in der Krystallform und dem optisch indifferenten Verhalten ihrer Lösungen, auch dadurch, dass sie keine schwer lösliche saure Salze mit Kalium und Ammonium bildet, dass sie ferner Kalkwasser erst beim Kochen fällt und dass die citronensauren Alkalien mit Chlorcalcium in der Kälte nicht, sondern erst beim Kochen einen Niederschlag geben. Das Calciumcitrat ist löslich in Salmiak, unlöslich in Kali oder Natronlauge. Das beste Abscheidungs- und Trennungsmittel der Citronensäure von Weinsäure und den übrigen Säuren, die meistens in Gemeinschaft vorkommen, ist Baryumacetat, das in alkoholischer und wässriger Lösung die Citronensäure aus ihren Lösungen fällt (Creuse).

Von Kämmerer wird zur Erkennung der Citronensäure in Fruchtsäften das folgende Verfahren als sehr bequem und zuverlässig empfohlen. Nachdem man die etwa vorhandenen Basen, wie Kalk und Eisenoxyd, entfernt und das Filtrat neutralisirt hat, fällt man dieses mit essigsaurem Baryt im Ueberschuss und digerirt den erhaltenen Niederschlag mit der Fällungsflüssigkeit im Wasserbade. Bei Gegenwart von Citronensäure verwandelt sich alsdann das anfänglich abgeschiedene amorphe und voluminöse Barytsalz in ein sehr charakteristisches schweres mikrokrystallinisches, das unter dem Mikroskop leicht erkannt wird. Abbildungen der mikroskopischen Krystallform finden sich: Zeitschr. analyt. Chem. 1869. S. 299. — Von der Erkennung kleiner Mengen der Citronensäure beigemengter Weinsäure war schon oben die Rede. Zum Nachweise der Citronensäure und ihrer Salze ist noch Folgendes beachtenswerth: Lösungen von Citronensäure und ihrer Salze werden sofort durch essigsauren Kalk und 1—2 Volumen Alkohol gefällt. — Blei- und Silbersalze fällen dieselbe aus Lösungen. — Wird 1 Th. Citronensäure mit 6 Th. Ammoniak im Rohre auf 110—120° erhitzt und der Röhreninhalt in flache Schaalen ausgegossen, so färbt sich diese Lösung blau, dann grün (Sabanin, Saskowsky).

Die Wirkung der Citronensäure ist derjenigen der Weinsäure gleich, *Wirkung.* doch scheint sie diese an Giftigkeit zu übertreffen. Nach Mitscherlich tödtet sie in conc. Lösung zu 8—14 Gm. innerlich grosse Kaninchen in 65 resp. 20 Minuten, während 4 Gm. starke Vergiftung bedingen; die Symptome sind nach 20—30 Minuten auftretende Krämpfe, Trismus und Opisthotonos, die sich mehrfach wiederholen, Dyspnoe, Schwäche des Herzschlages, bis zum Tode zunehmende Schwäche; post mortem findet sich Magen und Darm in dem bei der Weinsäure angegebenen Zustande, nicht entzündet, doch wird das Magenepithel theilweise gelöst, das Blut flüssig und nicht oder wenig coagulabel. 4 Gm. haben intern auf Katzen keine toxische Wirkung (Christison und Coindet), ebenso wenig bei Hunden Injection von 1 Gm. in die Schenkelvene (v. Pommer). Beim Menschen sind Vergiftungen nicht beobachtet. Piotrowski nahm in 6 Stunden 30, eine Stunde darauf 15 und eine Stunde später wiederum 30 Gm., worauf 2 St. nach der letzten Dosis Erbrechen eintrat. Von chronischen Störungen nach längerem Gebrauche von Citronensaft, Collapsus virium, Haemoptysis und Darmblutung, reden O'Connor und Klusemann (Preuss. Ver. Ztg. 2. 1852). Auf die äussere Haut wirkt conc. Citronensäurelösung weder ätzend noch reizend (Mitscherlich).

Nach Piotrowski und Buchheim findet sich selbst nach Dosen von 30—60 Gm. die Citronensäure im Harne nicht als citronensaurer Kalk wieder; der Urin scheint danach saurer zu werden (Eylandt). Auf die Herzaction wirkt sie wie Weinsäure (Bobrik) verlangsamend und schwächend.

Citronensäure kann wie Weinsäure zur Darstellung von Brausepulvern *Medicinische* und Saturationen, wobei meist jedoch Succus Citri in Anwendung kommt, *Anwendung.* auch als Geschmackscorrigens für bittere alkalische Salze, für Flor. Hageniae und andere schlechtschmeckende Vegetabilien, benutzt werden. Als wohlschmeckendste Pflanzensäure dient sie vorzüglich als Pulvis refrigerans (1 : 8 Zucker mit etwas Citronenöl gewürzt), und in versüsster Lösung (Limonade, Syrupus Acidi citrici u. s. w.) als kühlendes Getränk bei fieberhaften Krankheiten. Zur Cur bei Rheumatismus, Hydrops, Scorbut u. s. w., wo die Citronen hie und da in Anschen stehen, ist die Citronensäure kaum verwerthet; sie kann zu 0,5—1,5 gegeben werden. Aeusserlich ist Citronensäure diluirt (1—3%) als schmerzlinderndes Mittel bei Krebsgeschwüren von Luigi Brandini (Lo Sperimentale. Maggio. 1865) und Barclay (Brit. med. Journ. Apr. 21. 1866), welcher Auflösung der Krebszellen wohl mit Unrecht davon erwartet, gerühmt. Pétrequin wollte Citronensäure in Varicen und Aneurysmen injiciren.

Oelsäure. $C_{18} H_{34} O_2$.— $C_{17} H_{33} . CO OH$. — Literatur: Chevreul, Ann. Chim. **94**. 90 u. 263; Ann. Chim. Phys. (2) **2**. 358; Recherches sur les corps gras. **75**. — Braconnot, Ann. Chim. Phys. **93**. 250. — Laurent, Ann. Chim. Phys. (2) **65**. 149; **66**. 154. — Varrentrapp, Ann. Chem. Pharm. **35**. 196. — Bromeis, Ann. Chem. Pharm. **42**. 55. — Boudet, Ann. Chim. Phys. (2) **50**. 391. — Meyer, Ann. Chem Pharm. **35**. 174. — Gottlieb, Ann. Chem. Pharm. **57**. 38. — Redtenbacher, Ann. Chem. Pharm. **59**. 42. — Arppe, Ann. Chem. Pharm. **95**. 242; **115**. 143. — Berthelot, Ann. Chim. Phys. (3) **41**. 243; **53**. 200. — Burg, Journ. pract. Chem. **93**. 227. — Overbeck, Ann. Chem. Pharm. **140**. 39. — G. Goldschmiedt, Wien. Acad. Ber. (2) **72**. 366. — Zaleski, Berl. Ber. **7**. 1013. — Boudet, Ann. Chem. Pharm. **4**. 11. — Laurent, Ebendas. **28**. 253.

Entdeckung u. Vorkommen.

Die im Jahre 1811 von Chevreul entdeckte, aber erst 1845 von Gottlieb völlig rein dargestellte Oelsäure findet sich als Trioleïn (Oleïn, Oelsäure-Glycerid) in den meisten (nicht trocknenden) flüssigen und festen vegetabilischen und animalischen Fetten.

Darstellung.

Zu ihrer Darstellung verseift man Mandel- oder Olivenöl (auch Butter, Gänsefett oder andere oleïnhaltige Fette) mit Kali- oder Natronlauge, zersetzt die Seife durch verdünnte Salzsäure, behandelt die ausgeschiedenen Fettsäuren einige Stunden hindurch bei 100° mit Bleioxyd und zieht das gebildete Gemenge von Bleisalzen mit kaltem Aether aus, welcher nur das ölsaure Blei löst. Die ätherische Lösung scheidet beim Schütteln mit überschüssiger wässriger Salzsäure Chlorblei ab, von dem man die die Oelsäure in Lösung erhaltende Aetherschicht möglichst schnell abfiltrirt, welche nun nach dem Abdestilliren des Aethers und Verdunsten des vorhandenen Wassers die Oelsäure, verunreinigt mit Farbstoffen und Oxydationsprodukten, hinterlässt (Varrentrapp). (Pharm. J. and Trans. (3) **3**. 885. F. Grabe, Russ. Zeitschr. Ph. 1875. 65.)

Reinigung.

Zur Reinigung kann man die Säure nach Bromeis in kleinen Antheilen auf —6 bis —7° abkühlen: sie krystallisirt bei dieser Temperatur und wird nun durch Pressen zwischen Fliesspapier von den flüssig bleibenden Oxydationsprodukten getrennt. Dieses Verfahren muss übrigens einige Mal wiederholt werden und das letzte Abpressen unter Zusatz von etwas Weingeist geschehen. — Gottlieb empfiehlt die unreine Säure in einem grossen Ueberschuss von wässrigem Ammoniak zu lösen, die Lösung mit Chlorbarium zu fällen, den beim Erkalten anschiessenden ölsauren Baryt noch 1—2 Mal aus Weingeist umzukrystallisiren, ihn dann durch Weinsäure zu zerlegen und die ausgeschiedene Oelsäure mit Wasser zu waschen.

Aus dem geschmolzenen Zustande erstarrt, bildet die Oelsäure eine weisse harte krystallinische Masse, aus Weingeist krystallisirt, glänzend weisse lange Nadeln, die sich in kalter Luft nicht verändern, aber schon bei 14° zu einer wasserhellen geruch- und geschmacklosen, bei 4° wieder erstarrenden Flüssigkeit schmelzen, welche sich an der Luft rasch oxydirt (Gottlieb). Specifisches Gewicht 0,898 bei 14° (Chevreul). Im luftleeren Raum lässt sie nach Chevreul und Laurent sich unzersetzt verflüchtigen. Ebenso ist sie nach Bolley und Borgmann (Journ. pract. Chem. **97.** 159) im Wasserdampfstrome bei 250° unzersetzt destillirbar. Sie reagirt im unveränderten Zustande auch in weingeistiger Lösung neutral. In Wasser löst sie sich nicht, aber mit Weingeist und Aether mischt sie sich in allen Verhältnissen (Chevreul).

Die Oelsäure zerlegt in der Wärme die kohlensauren Salze der Alkalien und entbindet daraus langsam die Kohlensäure. Die ölsauren Salze sind kaum krystallisirbar, zum Theil weich, oder doch sehr leicht schmelzbar. Die Salze der Alkalimetalle lösen sich in Wasser, die übrigen sind darin unlöslich, lösen sich aber in Weingeist und zum Theil auch in Aether.

Das Oleïn (Trioleïn), $C_3H_5(C_{18}H_{33}O)_3O_3$, das in den Fetten natürlich vorkommende Glycerid der Oelsäure, lässt sich aus diesen nicht völlig rein darstellen. Man kann es im unreinen Zustande erhalten, indem man den Verdunstungsrückstand der ätherischen Lösung eines nicht trocknenden fetten Pflanzenöls, aus der man die festen Glyceride möglichst hat herauskrystallisiren lassen, mit kaltem Weingeist auszieht und die Lösung verdunstet — oder indem man nach Kerwyck (Berthelot, Chim. organ. **2.** 82) Olivenöl mit kalter Natronlauge behandelt, welche das Oleïn grösstentheils unverseift lässt, das dann beim Ausziehen der gebildeten Emulsion mit warmem verdünntem Weingeist zurückbleibt — oder am einfachsten, indem man nach Braconnot ein nicht trocknendes Pflanzenöl auf —5° abkühlt und von den erstarrten festen Glyceriden das flüssig bleibende Oleïn abpresst, das dann bei —10° noch etwas von ersteren ausscheidet. Auf künstlichem Wege hat Berthelot reines Oleïn dargestellt, indem er Glycerin zunächst mit seinem gleichen Gewicht Oelsäure eine Zeit lang im zugeschmolzenen Rohr auf 200° erhitzte, die gebildete Fettschicht mit ihrem 15—20fachen Gew. Oelsäure auf's Neue mehrere Stunden hindurch einer Temperatur von 240° aussetzte, nun unter Zusatz von etwas Kalk und Thierkohle das gebildete Oleïn mittelst Aether auszog und daraus durch das 8—10fache Volumen Weingeist abschied. So erhalten ist es ein farbloses, noch unter 10° flüssig

bleibendes, im Vacuum unzersetzt flüchtiges, nicht in Wasser, wenig
in Weingeist, aber reichlich in Aether lösliches Oel (Berthelot).
(N. A. Muter. Analyst. **2**. 73.)

Zersetzungen.   Wird die Oelsäure der trocknen Destillation unterworfen, so giebt
sie unter Entwicklung von Kohlensäure und gasförmigen Kohlenwasserstoffen
und Hinterlassung von Kohle ein Destillat, das beim Erkalten Krystalle von
Sebacylsäure abscheidet und neben etwas unveränderter Oelsäure und etwas
Essig-, Capryl- und Caprinsäure namentlich flüssige Kohlenwasserstoffe enthält (Chevreul. Varrentrapp. Gottlieb). — An der Luft absorbirt
die flüssige Oelsäure reichlich Sauerstoff (nach Bromeis bei 15° in 14 Tagen
ihr 20faches Volumen) unter Bildung von noch wenig gekannten Oxydationsprodukten.   Unterwirft man die so veränderte Oelsäure dem oben mitgetheilten Reinigungsverfahren von Gottlieb, so bleiben die Oxydationsprodukte an Baryt gebunden in Weingeist gelöst und können aus der beim
Verdunsten hinterbleibenden schmierigen Masse durch stärkere Säuren als
rothbraunes dickes Oel von ranzigem Geruch und stark saurem Geschmack
abgeschieden werden (Gottlieb). — Leitet man salpetrige Säure einige
Minuten durch Oelsäure und kühlt darauf stark ab, so erstarrt die Flüssigkeit in kurzer Zeit zu einer gelben blättrig-krystallinischen Masse von
Elaidinsäure. Elaidinsäure (Boudet. Meyer).   Um diese rein zu erhalten, wäscht
man sie mit kochendem Wasser und krystallisirt sie aus Weingeist um. Sie
bildet dann farblose perlglänzende Blätter, welche bei 44° schmelzen, fast
unverändert destilliren, stark sauer reagiren und sich nicht in Wasser, aber
sehr leicht in Weingeist und Aether lösen. Sie ist isomer mit der Oelsäure
(Meyer. Boudet. Gottlieb). — Wird Oelsäure mit conc. Salpetersäure in einer Retorte erhitzt, so finden sich nach beendeter Einwirkung
im Destillat nach Redtenbacher sämmtliche flüchtige Säuren von der
Formel $C_n H_{2n} O_2$ von der Essigsäure an aufwärts bis zur Caprinsäure, während
der Rückstand nach Laurent, Bromeis und Arppe Bernsteinsäure, Korksäure, Azelainsäure und vielleicht noch einige andere nicht flüchtige Säuren
von der Formel $C_n H_{2n-2} O_4$ enthält. — Vermischt man allmälig und unter
Abkühlung 1 Atomgewicht fester Oelsäure mit 2 Atomgewichten Brom, so entsteht durch directe Addition Stearinsäuredibromid, $C_{18} H_{34} Br_2 O_2$ (Burg.
Overbeck). Dieses ist eine gelbe syrupdicke Flüssigkeit, die sich nicht in
Wasser, leicht in Weingeist und Aether löst und über 100° sich zersetzt.
Wird sie kalt mit überschüssigem weingeistigem Kali behandelt, so verwandelt sie sich in Monobromölsäure, $C_{18} H_{33} Br O_2$, die beim Erhitzen
mit weingeistigem Kali in Stearolsäure, $C_{18} H_{32} O_2$, übergeführt wird
(Overbeck). Wird das Oelsäuredibromid mit feuchtem Silberoxyd zu-
sammengerieben, so entsteht Oxyölsäure, $C_{18} H_{34} O_3$, eine sehr dicke, rancid
riechende, nur sehr langsam erstarrende Flüssigkeit, neben etwas fester
krystallisirbarer Isodioxystearinsäure, $C_{18} H_{36} O_4$. Durch Einwirkung
von Jodwasserstoffsäure auf Oelsäure bei Gegenwart von amorphem Phosphor
entsteht Stearinsäure (Goldschmiedt). — Lefort (Journ. Pharm. (3) **24**.
113) hat beim Behandeln von Oelsäure mit Brom und Wasser eine Dibrom-
ölsäure, $C_{18} H_{32} Br_2 O_2$, und mittelst Chlor in gleicher Weise eine Dichlor-
ölsäure, $C_{18} H_{32} Cl_2 O_2$, erhalten, die indess wohl noch der Bestätigung bedürfen. — Beim Vermischen von Oelsäure mit kalter conc. Schwefelsäure entsteht nach Fremy (Ann. Chim. Phys. (2) **65**. 121) die sehr

unbeständige und noch wenig untersuchte Oleïnschwefelsäure, während Olein-
schwefelsäure. beim Erwärmen damit rasch Verkohlung und Entwicklung von schwefliger Säure eintritt. — Beim Schmelzen mit Kalihydrat zerfällt die Oelsäure nach Varrentrapp unter Wasserstoffentwicklung und Bildung von essigsaurem und palmitinsaurem Kali

$$(C_{18}H_{34}O_2 + 2\,KOH = C_2H_3KO_2 + C_{16}H_{31}KO_2 + 2\,H). —$$

Beim Destilliren der Oelsäure mit überschüssigem Natronkalk verflüchtigen sich reichliche Mengen von Kohlenwasserstoffen, unter denen sich neben Aethylen, Butylen, Amylen und kohlenstoffreicheren Kohlenwasserstoffen ganz besonders viel Propylen befindet (Berthelot). — Durch Erhitzen der Oelsäure mit Glycerin in verschiedenen Verhältnissen hat Berthelot ausser dem oben schon besprochenen Trioleïn (Oleïn) auch ein Monoleïn, $C_3H_7(C_{18}H_{33}O)O_3$, und ein Dioleïn, $C_3H_6(C_{18}H_{33}O)_2O_3$, hervorgebracht. Bei Einwirkung von alkoholischem Ammoniak auf Mandelöl oder Hasselnussöl in der Kälte entstehen Krystallwarzen von Oelsäureamid

$$C_{18}H_{33}O_2NH_2,$$

welche bei 75° oder 78° schmelzen. (Rowney, Carley, Jahresb. Ch. M. 1855. 1859.)

Die Empfehlung der Oelsäure durch L'hermite zur Lösung von Alka- Anwendung. loiden, Quecksilber, Eisen, Harzen und ätherischen Oelen, zur Darstellung sog. Oleate hat keinen Anklang gefunden. Junghaussen schlug die rohe Oelsäure zur Bereitung eines gut klebenden und haltbaren Heftpflasters vor und Ph. Germ. adoptirte dessen Verfahren im Wesentlichen. Buchheim leitet die Wirkung des Leberthrans von der darin vorhandenen freien Oelsäure ab.

Bildung der Säuren im Pflanzenorganismus. Die Entstehung d.
Säuren im
Organismus
der Pflanze
und deren
Beziehungen
zu den Koh-
lenhydraten. physiologischen Funktionen der Säuren im pflanzlichen Organismus sowie deren Beziehungen zu den Kohlenhydraten sind noch nicht mit Bestimmtheit festzustellen, lassen sich jedoch wohl hier einer Contraverse unterziehen, welche geeignet sein dürfte, mit Berücksichtigung der neueren Thatsachen der chemischen Synthese, zur Orientirung auf diesem Gebiete beizutragen. —

Die Stärke ist das erste sichtbare Assimilationsprodukt, das erste Produkt der Reduction der Kohlensäure. Weinsäure, Aepfelsäure etc. sind wohl kaum als Zwischenglieder zwischen Kohlensäure und Stärke zu betrachten. Wenn auch beim Reifen der Früchte der Weinsäuregehalt abnimmt, so ist dies kein Beweis für die Bildung des Zuckers aus Weinsäure, der sicher vorwiegend aus der vorhandenen Stärke entsteht.

Die Reductionsvorgänge der Kohlensäure werden uns verständlicher durch Berücksichtigung der Forschungsresultate, dass das Dioxymethylen Butlerow's, das Aldehyd der Ameisensäure CH_2O, einen zuckerähnlichen Körper liefern kann, dass ferner Aepfelsäure (Hydroxybernsteinsäure) und Weinsäure (Dihydroxybernsteinsäure) leicht in Bernsteinsäure verwandelt werden können und umgekehrt.

Strecker ist die Synthese der Weinsäure aus Glyoxal, dem Aldehyd der Oxalsäure gelungen, Drechsel die Synthese der Oxalsäure aus Kohlensäure. Ameisensäure ist leicht in Oxalsäure umzuwandeln; Glycolsäure und Oxalsäure sind Bestandtheile der unreifen Trauben. Hierher sind ferner zu rechnen die Arbeiten von Erlenmayer und Wanklyn über die Constitution des Mannites, die Darstellung von Traubenzucker aus Mannit von Linnemann, die Forschungen von Hlasiwetz und Habermann über die Constitution der Kohlenhydrate speciell die Bildung von Glyconsäure aus Glycose und Rohrzucker etc.

Nachstehende Formeln dürften noch zur Bestätigung der Wichtigkeit der erwähnten Thatsachen beitragen:

$$
\begin{array}{ccc}
\text{Formaldehyd} & \text{Ameisensäure} & \text{Essigsäure} \\
H & H & CH_3 \\
| & | & | \\
C = O & C = O & CO.OH \\
| & | & \\
H & OH. & \\
\end{array}
$$

$$
\begin{array}{cc}
\text{Glyoxal} & \text{Oxalsäure} \\
COH & CO\ OH \\
| & | \\
COH & CO.OH. \\
\end{array}
$$

$$
\begin{array}{ccc}
\text{Bernsteinsäure} & \text{Aepfelsäure} & \text{Weinsäure} \\
CO.OH & CO.OH & CO.OH \\
| & | & | \\
CH_2 & CH.OH & CH.OH \\
| & | & | \\
CH_2 & CH_2 & CH.OH \\
| & | & | \\
CO.OH & CO\ OH & CO.OH. \\
\end{array}
$$

$$
\begin{array}{cc}
\text{Zucker} & \text{Glycose} \\
\text{(Baeyer)} & \text{(Habermann)} \\
CH_2\ OH & (HO)H_2C \quad CH_2.(OH) \\
| & |\qquad\quad | \\
CH.(OH) & (HO)\ HC \quad CH.(OH) \\
| & |\qquad\quad | \\
CH.(OH) & (HO) \quad C = COH \\
| & \\
CH.(OH) & \\
| & \\
CH.(OH) & \\
| & \\
COH. & \\
\end{array}
$$

Ueber die Entstehung der Säuren in den Früchten hat H. Brunner eine theoretische Betrachtung geliefert (Bullet. de la société Vaudoise des sc. nat. **13.** 341), ebenso C. Kraus in seiner Arbeit „Studien über die Herbstfärbung der Blätter und Bildungsweise der Pflanzensäuren" (Buchner's Repert. f. Pharm. **22.** 273 und Botan. Jahresber. **1.** 328).

4. Eiweissstoffe (Proteïnkörper).

Literatur: Bei der Zusammenstellung der Literatur über die Eiweissstoffe muss von der älteren Literatur hier abgesehen werden. Die folgende Uebersicht giebt nur die hervorragendsten Arbeiten auf diesem Gebiete mit speziellerer Berücksichtigung des letzten Jahrzehntes. — Die Eiweisskörper der Getreidearten, Hülsenfrüchte und Oelsamen. Dr. H. Ritthausen, Bonn. M. Cohen. 1872. Th. Weyl, Beiträge zur Kenntniss thierischer u. pflanzl. Eiweissstoffe. Zeitschr. physiol Chemie. **1.** 72. — W. Henneberg, Genetisches Verhältniss zwischen Asparagin und Eiweiss. Landw. Versuchsstat. 1873. 16. — H. Ritthausen und R. Pott, Verbindungen der Eiweisskörper mit Kupferoxyd. Journ. pract. Chem. **115.** 163. — H. Ritthausen, Eiweisskörper verschiedener Oelsamen. Pflüger's Archiv. **21.** 81. — Th. Weyl, Pflüger's Archiv. **12.** — J. Soyka, Chem. Centralbl. 1876. 361. 377. 392. — R. Sachse, Synthese der Eiweisskörper. Sitzungsber. naturforsch. Ges. Leipzig. 1876 26. — V. Griessmayer, Peptone der Bierwürzen. Berl. Ber. **10.** 617. — A. Kossel, Chem. Zusammensetzung der Peptone. Zeitschr. physiol. Chem. **3.** 58. — H. Ritthausen, Chem. Centralbl. 1877. 567. 586. — H. Settegast u. H. Ritthausen, Stickstoffgehalt der Eiweisskörper. Pflüger's Archiv. **16.** 293. **18.** 236—246. — Nosse, Chem. Centralbl. 1873. 124—137. Verhältniss von locker gebundenem Stickstoff zum Gesammtstickstoff. — Hoppe-Seyler, Lehrb. d. physiol. Chem. 1878. — Mathieu und Urbain, Compt. rend. **77.** 706. — Rother, Stärke und Eiweiss. Pharm. Transact. Journ. 1873. 644. — A. Comaille, Compt rend. **78.** 1360. — A. Gautier, Bull. soc. chim. **23.** 2. — H. Haas, Eigenschaften des salzarmen Albumines. Chem. Centralbl. (3) **7.** 755—824. — Zacharias, Zellkern. Bot. Zeit. 1881. 170. — F. Schoffer, Mycoproteïn. Journ. pract. Chem. **23.** 302.

Pflanzencaseïne und Kleberproteïnstoffe. Taddei, Schweigg. Journ. **39.** 515. — Braconnot, Ann. Chim. Phys. **36.** 159. — Kleber und Th. Weyl, Sitzungsber. physik. medicin. Gesellsch. 1880. — Rüling, Ann. Chem. Pharm. **58.** 309. Völcker, Journ. pract. Chem. **71.** 118. — Norton, Chem. Centralbl. 1847. 1848. — Günsberg, Journ. pract. Chem. **85.** 213. Comaille, Journ. pharm. (4) **4.** 108. — Ritthausen, Journ pract. Chem. **85.** 193; **86.** 257; **88.** 141; **91.** 296; **99.** 439; **103.** 65. 193. 233. 273. — Dittmar, Landwirthsch. Versuchsst. **15.** 401. — Kreusler, Journ. pract. Chem. **107.** 17. — Dussard, Zeitschr. anal. Chem. **1.** 129. — Gorham u. Berzel. Jahresber. Chem. **2.** 124. — Stopf, Journ. pract. Chem. **76.** 88. — Dumas, Ann. Chim. Phys. (3) **6.** 385. Liebig, Ann. Chem. Pharm. **39.** 129. — Boussignault, Ann. Chim. Phys. (2) **65.** 301.

Proteïnkörner und Krystalloïde. Hartig, bot. Ztg. 1855. 1856. — v. Holle, N. Jahrb. Pharm. 10. 1. — Pfeffer, Pringsheim's Jahrb. 8. 499. — Maschke, bot. Ztg. 1859. 410. — Cohn, Journ. pr. Chem. 80. 129. — Radlkofer, Krystalle proteïnartiger Körper. Leipzig, 1859. — Cramer, Vierteljahrschr. naturforsch. Ges. Zürich. 7. 350. — Cohn, Schultze's Archiv mikroskop. Anat. 3. 23. — Klein, Flora. 1871. 161. — van Tieghem, Ann. scienc. natur. (6) 1. 24. — G. Kraus, Pringsh. Jahrb. 8. 426. — Nägeli, Sitzungsber. Acad. Wiss. München. 1862. 120. — A. F. W. Schimper, Proteïnkrystalloide der Pflanzen. Dissertation. Strassburg. — W. Kühne, Berl. Ber. 8. 266. — M. Nencki, Berl. Ber. 8. 336. — E. Drexel, Journ. pract. Chem. 19. 331. — H. Ritthausen, Journ. pract. Chem. 23. 481. — G. Grübler, Journ. pract. Chem. 23. 97.

Nachweis u. Zersetzungen. Bourtois u. Caventau, Berzel. Jahresb. 1828. — Bonastre, ibid. 1830. — E. Humbert, Jahresb. Chem. 1855. 825. — Piotrowski, Sitzungsber. Acad. Wiss. Wien. 24. 335. — Ritthausen, Ztschr. anal. Chem. 7. 266. — Pettenkofer, Ann. Chem. Pharm. 52. 90. — Schulze, ebendas. 71. 266. — Kühne und Rudneff, Zeitschr. analyt. Chemie. — Hartig, Botan. Zeitung. — Kreusler, Zeitschr. analyt. Chem. 12. 355. — Ritthausen, Journ. pract. Chem. 8. 10. — Märcker, Zeitschr. analyt. Chem. 12. 447. — J. Seeger und Nowak, 12. 316. — Scheibler, Tagblatt Naturforschervers. Leipzig. 1872. 115. — Fron, N. Repertor. Pharm. 2. 335. — E. Baumann, Fäulnissprodukte von Eiweiss (Phenol). Berl. Ber. 10. 685. — O. Löw, Einwirkung von Cyan auf Albumin. Journ. pract. Chem. 16. n. F. 60. — P. Schützenberger, Zersetzungen des Eiweisses. Chem. Centralblatt. 1875. 614—696. Compt. rend. 84. 114. — M. Nencki, Fäulnissprodukte von Eiweiss. Journ. prakt Chem. n. F. 17. 97. — Odermatt, Ebendas. 18. 249. — G. Wälchli, Ebendas. 17. 71. — Bechamp, Oxydationsprodukte der Eiweissstoffe. Ann. Chim. Phys. 48. (3) 348. — Ritter, Bullet. soc. chim. 16. 32. — Städeler, Journ. pract. Chem. 72. 251. — Loew, Ebendas. 2. n. F. 289. — Pott, Ebendas. 5. 358. — Knop, Chem. Centralbl. 1875. 395—426. — Keller, Ann. Chem. Pharm. 72. 24. — Froehde, Journ. pract. Chem. 77. 290. 79. 303. — Hlasiwetz und Habermann, Ann. Chem. Pharm. 159. 304. — J. Horbaczewski, Einwirkung von HCl auf Albuminate. Sitzungsber. Wien. Academie. II. 80. 101. — M. Bleunard, Zersetzungsprodukte der Eiweissstoffe. Compt. rend. 90. 612. — G. Salomon, J. Kraus, Hypoxanthin als Zersetzungsprodukte der Eiweissstoffe. Berl. Ber. 11. 574. 12. 95. 13. 1160. — E. Schulze und Barbieri, Eiweisszersetzung im Pflanzenorganismus. Journ. pract. Chem. 1879. 20. 385. — E. u. H. Salkowsky, Fäulniss- und Zersetzungsprodukte des Eiweiss. Berl. Ber. 12. 107 u. 648. — E. Baumann und S. Brieger, Bestimmung der Eiweissstoffe und nicht eiweissartigen Stickstoffverbindungen. Zeitschr. physiolog. Chem. 3. 134 etc. — E. Schulze und S. Barbieri, Landwirthsch. Versuchsst. 26. 213. — A. Stutzer, Zur Kenntniss der Proteïnstoffe. Berl. Ber. 13. 251. — Skatol, Bildung. E. und H. Salkowsky, Berl. Ber. 12. 651. — L. Brieger, Ebendas. 1985 und M. Nencki, 2387. Zeitschr. phys. Chem. 3. 371. — O. Kellner, Eiweissstoffe in grünen Pflanzen. Landwirthsch. Jahrb. 1879. Supplementb. — E. Harnack, Eiweissformel. Zeitschr. phys. Chem. 5. 198.

Bestimmung der Eiweissstoffe in Vegetabilien. E. Schulze, Landwirthsch. Jahrbücher. 2. 157. 6. 161. 7. 420. — R. Wagner, Landw.

Versuchsst. 21. 250. 25. 195. — Dehmel, Landw. Versuchsst. 23. 214. Stutzer, Journ. Landwirth. 23. 214. — Ritthausen, Journ. pract. Chem. 15. 345. — F. Hofmeister, Ann. Chem. Pharm. 189. 6. Zeitschr. physiol. Chem. 2. 299. — Schmidt-Mülheim, Arch. Anatom. Phys. 1879. — Meissl, Oestr. landw. Wochenbl. 1876. 208. — Sestini, Landwirthsch. Versuchsst. 23. 305. — O. Kellner, Ebendas. 24. 439. — A. E. Grete, Berl. Ber. 10. 1557. — R. Sachsse, Phytochem. Untersuchungen. 1. 101. Landw. Versuchsst. 16. 61. — Kern, Landwirthsch. Versuchsst. 24. 370. — Sachsse und Kormann, Ebendas. 17. 321. — Emmerling, Ebendas. 17. 121.

Eine bestimmte Klassification der Gruppe der Eiweissstoffe, welche als Bestandtheile der entwicklungsfähigen, im lebhaften Wachsthum begriffenen, sowie der Reservenahrung führenden Pflanzentheile vorhanden sind, ist momentan unmöglich, da zunächst zwei Ansichten sich gegenüberstehen, nach welchen entweder die Pflanzeneiweissstoffe als selbstständige, von den thierischen verschiedene Substanzen zu betrachten sind, (H. Ritthausen und seine Schüler etc.) oder kein Unterschied zwischen pflanzlichen und thierischen Eiweissstoffen mehr existirt, sondern die Eiweissstoffe der Knospen, jungen Triebe, Samen etc. den sog. Globulinen zugehören (Hoppe-Seyler, Weil).

Globuline sind nach Hoppe-Seyler Eiweissstoffe, welche unlöslich in Wasser, löslich in Salzlösungen sind, durch Säuren oder Alkalien, besonders durch erstere in andere, wieder in Wasser unlösliche oder weniger veränderliche Stoffe übergeführt werden.

H. Ritthausen versucht folgende Eintheilung und Charakteristik (siehe oben Literatur):

I. Eiweiss (Pflanzeneiweiss oder Albumin).

Hierzu sind jene Proteïnkörper zu rechnen, welche aus den wässrigen Lösungen der Pflanzentheile überhaupt beim Eindampfen oder Säurezusatz coaguliren. Diese Coagula zeigen verschiedene Löslichkeit in Essigsäure und Kaliwasser, so dass es immer fraglich bleibt, ob alle diese coagulirten Stoffe solches Pflanzeneiweiss sind.

Diese Stoffe enthalten 2,6—4,6 % Asche und folgende Elementarzusammensetzung:

$$C = 52,31 - 51,33 \,\%$$
$$H = 7,13 - 7,73 \,,,$$
$$N = 15,49 - 17,60$$
$$S = 0,76 - 1,55 \,,,$$
$$O = 20,55 - 22,98 \,,,$$

II. Pflanzencaseine.

a. Legumin,

b. Gluten-Casein.

c. Conglutin.

Die Lösungen der Caseine werden durch verdünnte Säuren und Lab gefällt. Diese Fällungen, wie überhaupt die isolirten Caseine lösen sich nur wenig in Wasser, reichlich in Kaliwasser und Lösungen von basisch phosphorsaurem Kali. Ihr steter Phosphorsäuregehalt, der nicht beseitigt werden kann, berechtigt zur Annahme, dass dieselben Phosphorsäureverbindungen sind. Die Zersetzungsproducte mit Schwefelsäure sind bei den einzelnen Repräsentanten verschieden. Legumin liefert die grösste Menge Asparaginsäure (3,5 %) und geringste Menge Glutaminsäure (1,5 %), Glutencasein die grösste Menge Glutaminsäure und geringste Menge Asparaginsäure. —

Die Elementarzusammensetzung der 3 Caseine schwankt je nach dem Rohstoffe der Darstellung zwischen folgenden Grenzen:

	C	H	N	S	O
Legumin	51,48	6,96-7,02	14,71-16,77	0,45-0,66	24,3-26,3.
Conglutin	50,24-50,38	6,8 -6,92	18,37-18,4	0,45-0,9	23,2-24,13.
Glutencasein	50,9 -52,94	6,7 -7,04	17,1 -17,3	0,96	21,9-24,1.

III. Kleberproteïnstoffe.
(Gruppe des Pflanzenleimes).

a. Gliadin, (Pflanzenleim).

b. Mucedin.

c. Glutenfibrin.

Die Kleberproteïnstoffe sind im frischen, wasserhaltigen Zustande zähe, schleimige Massen, etwas löslich in Wasser, löslich in Weingeist und in säurehaltigem oder alkalischem Wasser. Ihre Verbreitung ist vorwiegend in den Samen der Getraidearten, ihr Aschengehalt 0,2—0,3 %.

Die Zersetzung mittelst Schwefelsäure liefert ebenfalls Tyrosin und Leucin, letzteres in geringerer Menge, dagegen viel Glutaminsäure (8—25 %) und wenig Asparaginsäure (1,1—1,4 %).

Die Elementarzusammensetzung weicht im Kohlenstoff- und Stickstoffgehalt bei den einzelnen Gliedern sehr ab; der Pflanzenleim enthält über 18 % Stickstoff. —

Für sämmtliche 3 Gruppen ist das Ablenkungsvermögen für das polarisirte Licht nach links charakteristisch.

Th. Weyl spricht sich auf Grund seiner Arbeiten über die pflanzlichen Eiweisskörper folgendermassen aus:

1. Die Existenz von in Wasser löslichen pflanzlichen Eiweiss-körpern, ähnlich dem Eieralbuminat, ist nicht erwiesen.

2. Globulinsubstanzen sind in den 10 % Kochsalzauszügen der zerstossnen Samen von Hafer, Weizen, Mais, süssen Mandeln, weissem Senf, Bertholletia in grosser Menge vorhanden. Dieselben zeigen die allgemeinen Eigenschaften des Thiereiweisses.

3. In denselben Auszügen ist ein dem thierischen Vitellin gleichender Eiweisskörper vorhanden, der mit Wasser gefällt, in verdünnter Kochsalzlösung wieder gelöst, bei 75 ° C. coagulirt.

4. Diese Auszüge, mittelst NaCl hergestellt, scheiden bei der Sättigung mit Kochsalz einen dem Myosin (Kühne) ähnlichen Körper aus, der, in verdünnter Kochsalzlösung gelöst, bei 55—60 ° C. coagulirt.

5. Das Legumin ist ein Gemenge von Pflanzenvitellin mit Casein. Der Phosphorgehalt der Pflanzencaseine Ritthausen's kommt von dem noch vorhandenen Lecithin her. Pflanzen-Caseine giebt es in frischen Pflanzensamen nicht; dieselben sind Kunstprodukte oder durch secundäre Processe entstandene Körper.

6. Durch Berührung mit Wasser, Säuren oder Alkalien im verdünnten Zustande gehen wahrscheinlich alle Globuline des Pflanzen- und Thierreiches in Albuminate über (Acid-Alkalialbuminat-Syntonin).

Diese Albuminate (Caseine) gehen allmälig unter denselben Bedingungen in coagulirte Albuminate über.

Eine Arbeit Ritthausen's (Chem. Centralbl. 1877. 567 und 586) ist gegen Weyl's Anschauungen gerichtet und vertheidigt die früher behauptete Verschiedenheit der pflanzlichen und thierischen Eiweissstoffe, giebt namentlich eine Zusammenstellung von Formeln der verschiedenen Eiweissstoffe, auf 18 % Stickstoff berechnet, zum Zwecke des Vergleiches mit der Lieberkühn'schen Eiweissformel, die wir folgen lassen:

Conglutin (Lupinen)	$C_{59} H_{95} N_{18} O_{20} S_{0,4}$
,, (Mandeln)	$C_{58} H_{93} N_{18} O_{20} S_{0,2}$
Gliadin (Weizen)	$C_{61} H_{99} N_{18} O_{19} S_{0,4}$
,, (Hafer)	$C_{62} H_{109} N_{18} O_{18} S_{0,75}$
Legumin	$C_{64} H_{105} N_{18} O_{22} S_{0,2}$
Glutencasein	$C_{65} H_{104} N_{18} O_{20} S_{0,4}$
Glutenfibrin	$C_{68} H_{106} N_{28} O_{19} S_{0,4}$
Mucedin	$C_{68} H_{104} N_{18} O_{20} S_{0,4}$
Eiweiss	$C_{72} H_{112} N_{18} O_{22} S$
Maisfibrin	$C_{74} H_{112} N_{18} O_{22} S_{0,4}$
Legumin	$C_{74} H_{110} N_{18} O_{19} S_{0,2}$

Die erste Formel für Eiweiss (Hühnereiweiss) stellte Lieberkühn auf Eiweissformel. $C_{72} H_{112} N_{18} O_{22} S$, von der Kupferverbindung von $3,67$ % Cu-Gehalt ausgehend. Schützenberger (Bull. Soc. chim. 23. 24.) hält die Formel

$$C_{210} H_{392} N_{65} O_{75} S_3$$

für richtig.

E. Harnack unterzog die Kupferalbuminate, aus Hühnereiweisslösungen mittelst Kupfersalzlösungen hergestellt, einer näheren Prüfung und kam zum Resultate, dass 2 Verbindungen von constanter Zusammensetzung vorliegen:

1) $C_{204} H_{320} N_{52} O_{66} S_2 Cu$ (mit 1,35% Cu 2 At. S auf 1 At. Cu).

2) $C_{204} H_{322} N_{52} O_{66} S_2 Cu_2$ (mit 2,64% Cu 2 At. S auf 2 At. Cu).

Daraus leitet derselbe die Eiweissformel: $C_{204} H_{322} N_{52} O_{66} S_2$ ab, welche den Molecularverhältnissen jener Platinverbindungen nahe steht, die Fuchs mit 8,1% Pt und Commaille mit 8,02% Pt hergestellt haben. (Fuchs, Ann. Chem. Pharm. **151.** 372. Commaille, Monit. scient. 1866).

Die Zusammensetzung der Kupferalbuminatverbindungen anderer Forscher weichen mehr oder weniger von Harnack's Zahlen ab, wie folgende Uebersicht zeigt:

J. Rose (Poggend. Ann. **28.** 133. 1833)	= 1,50—1,69% Cu O.
Mulder (Phys. Chem. 1851)	= 4,44% „
Mitscherlich (Müller's Arch. 1837)	= 2,8—3,3% „
Lieberkühn	= 4,6% „
Bielitzki (Dissertation. Dorpat, 1853)	= 4,7—5,19% „
Lassaigne (Journ. Chim. med.)	= 4,95% „

Im allgemeinen Theile sind die hervorragendsten Reagentien zur Erkennung der Abscheidung der Eiweissstoffe bereits erwähnt worden, ohne auf die Trennungsmethoden der einzelnen Eiweissmodificationen näher einzugehen. Hier scheint der Ort zu sein, die Principien festzustellen, welche maassgebend sind, wenn es sich darum handelt, in Vegetabilien überhaupt, speciell Pflanzenextracten (Extracten von Futterstoffen etc.) die löslichen Eiweissstoffe, Peptone, auch die damit innig zusammenhängenden Umwandlungsprodukte der Eiweissstoffe Amide, Amido Säuren, Asparagin, Glutamin, Asparaginsäure, Glutaminsäure, Leucin, Tyrosin, auch das Ammon zu bestimmen.

In solchen Fällen kann es sich nur darum handeln die Stickstoffmengen, die in den erwähnten Gruppen vorhanden sind, festzustellen. Die Bestimmung des Gesammtstickstoffes in einem vorliegenden Pflanzenextracte wird daher die erste Arbeit sein; dann wird man bestrebt sein, jene Stiffstoffmengen kennen zu lernen, welche in Form von Eiweissstoffen und peptonartigen Substanzen vorhanden sind. Letzteres lässt sich nach unseren jetzigen Erfahrungen folgendermassen erreichen:

Die Eiweissstoffe können durch Coagulation aus den Extracten abgeschieden werden, noch besser aber:

1) Durch Ausfällung mittelst Kupferlösung nach Ritthausen (Zusatz von verdünnter Kupfersulfatlösung und nachherige Neutralisation mit Kali oder Natronlauge) oder nach Stutzer durch Zusatz von breiförmigem Kupferhydroxyd in der Hitze. In den getrockneten Niederschlägen werden die Stickstoffmengen bestimmt.

2) Durch Erhitzen der Extracte mit Ferriacetat (Hoppe-Seyler, Schmidt-Mülheim).

3) Durch Erhitzen der Extracte mit Bleihydroxyd unter Zusatz kleiner Mengen von Bleiacetat (F. Hofmeister).

4) Durch Ausfällen der Auszüge mittelst Bleizuckerlösung, (bas. Bleiacetat) von Meisel, Sestini, Kellner vorgeschlagen.

Nachdem mit Hilfe dieser Methoden der Gesammtgehalt der löslichen Albuminate beseitigt ist, folgt im Filtrate, das durch Essigsäure Ferrocyankalium auf vollkommenes Nichtmehrvorhandensein von Albuminaten geprüft war, die Abscheidung der peptonartigen Substanzen, über deren Beschaffenheit, ja Existenz im Pflanzenorganismus noch wenig Klarheit vorliegt. Die Phosphorwolframsäure ist hier das geeignetste Mittel, um diese Substanzen zu fällen, wenn auch nicht zu leugnen ist, dass auch Alkaloïd ähnliche Stoffe und Alkaloïde hier mit gefällt werden. In diesen Fällungen wird ebenfalls die Stickstoffmenge bestimmt. In den Filtraten der Phosphorwolframsäurefällung endlich handelt es sich um Bestimmung der Stickstoffmengen in Form von Amiden, Amidosäuren und Ammoniak. Die hier anzuwendenden Methoden mögen hier nur kurze Erwähnung finden: Das Schlösing's sche Verfahren der Ammonbestimmung, die Methoden von R. Sachsse und Kormann etc. Der Bestimmung der Amide und Amidosäuren durch Einwirkung von Mineralsäuren (Salz- und Schwefelsäure) zur Erzeugung der entsprechenden Ammoniaks lze, sowie Einwirkung von salpetriger Säure oder rauchender Salpetersäure, um eine Zersetzung dieser Körper herbeizuführen und ein Gemenge von Stickoxyd und Stickstoff zu erzeugen, aus welchem leicht mit Eisenvitriollösung oder Sauerstoff das Stickoxyd beseitigt werden kann, um die genaue Messung des Stickstoffes zu ermöglichen.

Das Pflanzeneiweiss ist der für die Ernährung wichtigste vegetabilische Stoff, der jedoch, um zur Resorption zu gelangen, erst der Spaltung durch den Magensaft unterliegen muss. Nach Meissner und de Bary (Ztschr. rat. Med. 14. 304) resultiren dabei zwei lösliche (b und c Pepton, beide nicht durch Salpetersäure, ersteres durch Blutlaugensalz fällbar), zur Resorption geeignete, und ein in reinem Wasser und Salzwasser unlösliches, in sehr verdünnten Säuren und Alkalien lösliches, durch angesäuerten Pankreassaft in Pepton überführbares Albuminoid (Parapepton). Verhalten im Organismus.

———

5. Ungeformte Fermente.

Literatur: G. Hüfner, Journ. prakt. Chem. N. F. 5. 372; 11. 43; Chem. Centralbl. 1873. — v. Gorup-Besanez, Berl. Ber. 7. 146. 569. 1478. — E. Markwart und Hüfner, Journ. prakt. Chem. 11. 194. — Erlenmeyer. Darstellung ungeformter Fermente. Sitzungsber. d. math. phys. Classe d. k. b. Akad. d. Wiss. 1875. — C. Zulkowski, Diastase. Wiener Akademie, 77. 2. 647. — C. Kossmann, Journ. Pharm. Chim. (4) 22. 335.; Bull. société chim. 27. 251. (N. Ser.) — C. Krauch, Landwirthsch. Versuchsst. 23. 77. — J. Baranetzky, Leipzig, A. Felix. Die stärkeumbildenden Fermente. — M. Baswitz über Diastase. — Papaïn: A. Würtz und E. Bouchet, Compts. rend. 89. 425. 91. 787. 90. 1379. — Ueber Fermente der Albuminoïdsubst. Duclaux, Compts. rend. 91. 731. — Ferment von Ficus Carica Bouchet, Compts. rend. 91. 67. — A. Hansen, Sitzungsber. d. phys. med. Ges. Erlangen. 1880. — Duclaux, Compt. rend. 91. 731.

Sind uns auch schon längst stickstoffhaltige, eiweissartige Substanzen bekannt, wie Emulsin, Diastase, Myrosin etc., welche im Stande sind, Stärke in Dextrin und Zucker umzuwandeln, Glycoside zu spalten etc., so haben doch zunächst die Arbeiten G. Hüfner's dazu beigetragen, die Charakteristik, Darstellungsmethoden, Wirkungen der ungeformten Fermente (zum Unterschiede von den geformten, organisirten) festzustellen, wenn auch nur vorwiegend mit Bezugnahme auf den thierischen Organismus. –

Die Darstellungsmethode dieser Fermente nach Hüfner gründet sich auf die Löslichkeit derselben in Glycerin und Fällbarkeit hieraus durch Alkohol. Mit Benutzung dieser Methode hat nun v. Gorup (siehe oben Literatur) in den Wickensamen, Samen von Linum und Cannabis, der gekeimten Gerste, ein solches Ferment isolirt, das noch 7,76 % Asche und 4,5 % Stickstoff enthielt, von weisser Farbe, in Glycerin und Wasser löslich ist. Seine Lösungen besitzen die Eigenschaft Stärke in Zucker, und zwar sehr rasch bei 20 – 30 ° C. umzuwandeln, sowie Eiweissstoffe, Fibrin bei Gegenwart verdünnter Salzsäure zu peptonisiren.

Dieses Ferment wirkt demnach diastatisch und peptonisirend.

C. Kossmann hat ferner diastatische Fermente, die auch Glycoside spalten sollen, nachgewiesen in:

Spirogyra inflata, Conferva fontinalis, Variolaria amara, Usnea florida, Parmelia parietina, Parmelia perlata, Peltigera canina, Agaricus esculentus, Agaricus pascuus, A. columbetta, Boletus aureus, Polyporus lävis, Barbula muralis, Grimmia pulvinata, Hypnum crista castrensis, H. velutinum, H. triquetrum, Avena pubescens, Triticum pinnatum, Chinarinde, Wurzeln von Gentiana lutea, grünen Erbsen, ihrer Hülsen beraubt, weissen Erbsen, im Innern und Schaalen der Kartoffelknolle, jungen Blättern von Scopolia Carniolica, Chelidonium majus, Digitalis, Knospen von Rosa canina, Prunus cerasus, Prunus spinosa, Amygdalus, Crataegus, Blumenblätter von Cornus Sanguinea, Wurzeln, Blättern und Blumenkronen von Primula veris, Knospen von Fraxinus excelsior, Salix viminalis, Rinden und frischen Blättern von Salix fragilis, Knospen von Ulmus campestris, Populus nigra, P fastigiata, Blätter von Quercus Robur, Knospen von Betula alba, Fagus silvatica, Carpinus Betulus, Blättern von Juglans regia und Lactuca virosa, Fruchtknoten von Corylus avellana.

C. Krauch, der sich eingehend mit der Verbreitung der ungeformten Fermente im Pflanzenreiche beschäftigte, constatirte die Gegenwart diastatisch wirkender Fermente mit starker Wirkung im jungen Holze der Rosskastanie, in der Ruhe- und Vegetationszeit, ferner in Zwiebeln und Kartoffeln im Vegetationsstadium, im Nährstoffbehälter, sowie im Nährstoffverbraucher, in den Zwiebeln auch im Ruhestadium, in stärkereichen Früchten, in der ungekeimten Gerste, ungekeimten Maisfrüchten und zwar hier im Keim und den Schildchen, endlich in öligen Samen und zwar in ungekeimten und gekeimten Kürbissamen.

Eiweissverdauende und fettzerlegende Wirkungen zeigten

die isolirten Fermente nicht, dagegen war die diastatische Wirkung stets vorhanden und stets stärker bei den Fermenten der wachsenden Organe. Die Wirkungen dieser Fermente auf Gummischleim, Quittenschleim, Salicin und Amygdalin gestaltete sich folgendermassen: Die Fermente von Mais, Malz, gekeimten Zwiebel- und Kürbissamen erzeugen mit Gummi eine Kupferoxyd reducirende Substanz, nicht mit Quittenschleim. Die Fermente von Malz, Kürbiskeimen, Weissdorn, Eichenblättern spalten Salicin, (besonders dasjenige der Kürbiskeime). Das Eichenblätterferment scheint auch Amygdalin zu spalten. —

Die Lösungen der Diastase verlieren ihre Wirkungen bei 70 bis 80° C., wie das Pankreasferment, die trockne Diastase kann Temperaturen von 120 – 125° C. ertragen, ohne dass die diastatische Wirkung verschwindet. —

Die Arbeiten von J. Baranetzky bestätigen endlich auf das Entschiedenste die Verbreitung der diastatischen Fermente in den verschiedenartigsten Pflanzentheilen (Stengel, Blätter, Samen, Wurzeln etc.), ferner auch in solchen Theilen der Pflanze, die keine Stärke enthalten. Die aus Reservestoffbehältern gewonnenen Fermente wirken am stärksten, geringer die der Blätter und Stengel. In stärkmehlhaltigen, ungekeimten Samen ist das Ferment schon enthalten, das mit der Keimung vermehrt wird.

Die Umwandlung der Stärke, auch der ungequollenen, des Stärkekornes, erfolgt nach Baranetzky in 2 Phasen, zuerst entsteht Dextrin, dann, besonders bei höheren Temperaturen, reichlich Zucker, dessen Bildung sich allmälig verlangsamt, ohne vollkommen aufzuhören. Die saure Reaktion der Fermente, welche stets beobachtet wurde, scheint wesentlich zur Wirkung derselben beizutragen. —

Aus den bis jetzt erzielten Forschungsresultaten haben wir in den ungeformten Fermenten eine Gruppe von Substanzen allgemeiner Verbreitung im pflanzlichen Organismus vor uns, deren Bedeutung für die Lebensvorgänge der Pflanze kaum hier speciell hervorgehoben zu werden verdient. —

Die Untersuchung von v. Gorup und Will haben constatirt, dass in den fleischfressenden Pflanzen, besonders Nepenthes, Drosera, Darlingtonia etc. ein peptonisirendes Ferment enthalten ist, welches mit Leichtigkeit Fibrinmassen bei Gegenwart von freien Säuren (Ameisensäure, Salzsäure) verdauet. Peptonisirende Fermente.

A. Würtz und Bouchut haben im Safte von Carica Papaya Papain ebenfalls ein peptonisirendes Ferment isolirt. Dieses Ferment lässt sich aus dem Safte der grünen Früchte von Carica Papaya durch Zusatz von Alkohol direkt abscheiden oder aus dem getrockneten Safte durch Lösen in wenig Wasser und Fällung mit Alkohol. Das so erhaltene, unreine Ferment lässt Papain.

sich durch Dialyse reinigen, oder durch Lösen in wenig Wasser, Beseitigung
der Peptone durch Bleiacetat, Entbleien des Filtrates mittelst H_2S und Ausfällen mit Alkohol. Das so gereinigte Ferment enthält noch 2,5—4,3% Asche,
52,2—52,9 C, 7,1—7,4 H und 16,4—16,9 N.

Das Ferment löst sich in Wasser, welche Lösung sich beim Erhitzen
trübt, wird durch Salzsäure und Salpetersäure gefällt, im Ueberschuss wieder
löslich. Die Lösung des Fermentes giebt ferner mit Cyankalium, Kupfersulfat, Platinchlorid, Gerbsäure, Picrinsäure und mit Millon's Reagens Niederschläge; ferner vermag das Ferment Pepsin zu lösen bei Gegenwart von
Blausäure, Borsäure und Phenol. 0,05 Papain vermag 100 Grm. feuchtes
Fibrin rasch zu lösen, ebenso wirkt es auf Fleisch, gekochtes Eiweiss, Kleber,
frisches Casein, Ascariden, Tänien etc. Bei Berührung mit Wasser vermag
sich das Ferment selbst zu hydratisiren.

Ferment des Feigenbaumes. Bouchut hat später in dem Safte des Feigenbaumes ein Ferment
beobachtet, das ebenfalls reichlich Fibrin verdaut, auch Hühnereiweiss löst
und Milch coagulirt (Hansen).

Anwendung. Von den pflanzlichen Fermenten, welche die Wirkung des Pankreas-
ferments und des Pepsins besitzen, hat man in neuester Zeit medicinische
Anwendung gemacht, obschon bis jetzt die aus den Bauchspeicheldrüsen oder
dem Magen dargestellten Fermente eine grössere Verbreitung besitzen. Im
Allgemeinen haben die diastatischen vegetabilischen Fermente, die als vegetabilisches Ptyalin oder als Diastase in den Handel gebracht worden sind,
durchaus keine besonderen Aussichten auf allgemeinere Verwendung, zumal
da sie zum Theil das betreffende Ferment in keineswegs einigermassen reiner
Gestalt enthalten und in Folge davon auch relativ unwirksam sind. So ist
nach Ewald (Zeitschr. klin. Med. 1. 231. 1879) das vegetabilische Ptyalin von Witte ein mikroskopisch dem Stärkmehl ähnliches, jedoch keine
Amylumreaction darbietendes, röthlich graues Pulver, welches vermuthlich
der als Erythrodextrin bezeichneten Modification des Stärkmehls angehört
und Amylum in Glycose, jedoch schwächer als gemischten Mundspeichel über-
führt. Die Diastase bildet das digestive Princip der Malzextracte, soweit
ihnen nicht, wie nach der Bereitungsweise der Pharmacopoea Germanica,
durch Eindampfen bei 100° die diastatische Wirksamkeit völlig genommen
ist; aber keines der saccharificirenden Malzextracte ist einem Pankreasextract
in seiner Wirksamkeit nur annähernd gleich (Roberts, Brit. med. Journ.
1879. Nov. 1). Die Diastase ist nur in einem alkalischen Medium wirksam
und daher unmittelbar während der Mahlzeit, nicht später nach bereits
stattgefundener Durchtränkung der Speisen mit Magensaft, am besten mit
den letzteren bei 60° gemischt, zu nehmen (Roberts, Ewald, Vulpian).

Grosse Aussicht auf weit gehende Benutzung scheint dagegen das Papaïn,
wenn nicht in reinem Zustande, so doch in Präparaten aus den Früchten
von Carica Papaya zu besitzen, da der eingetrocknete Saft der halbreifen
Früchte in seiner peptonisirenden Wirkung auf Fleisch und hartgekochtes
Eiweiss nach Brunton (Pract. Oct. 1880. p. 301) die besten Pepsinpräparate
übertrifft. Reines Papaïn scheint bis jetzt im Handel nicht zu existiren,
dagegen ein mit leicht angesäuertem Stärkmehl (1 : 10) versetztes Papaïn
(sogenannte Papaïne amylacée acidifiée), welches in Pariser Hospitälern viel
verwendet wird, ausserdem diverse, vermuthlich direct aus dem Safte bereitete pharmaceutische Präparate von Trouette, wie Cachets de Papaïne,
Dragées de P., Sirop de P., Vin de P. und Elixir de P., von denen die

Cachets und die alkoholischen Präparate am wirksamsten zu sein scheinen.
Nach Versuchen von Albrecht wird Fibrin durch Papaïn schwerer als
Ochsenfleisch verdaut und gerinnt Milch durch dasselbe langsam zu ausserordentlich feinen, leicht löslichen Flocken, wobei das Filtrat Peptonreaction
zeigt. Bei ihm selbst bewirkten die Papaïnpräparate ausser etwas Druck in
der Magengegend keine Störung, wohl aber Reizung der Esslust und Toleranz reichlicher Abendmahlzeiten. Papaïnsyrup wirkte bei Kindercholera der
Säuglinge nach 2—3 Theelöffeln voll günstig auf das Erbrechen, schien aber
die Diarrhoe zu steigern; besonders auffallend war der Effect bei einfachen
dyspeptischen oder katarrhalischen Magendarmleiden künstlich ernährter
kleiner Kinder und Erwachsener (Schweiz. Corrsbl. 21. 22. 1880). Von den
erwähnten Papaïnpräparaten werden die Oblaten zu 2 Stück pro dosi verwendet, die Dragées zu 1—5 Stück, der mit Zuckerwasser und Himbeersyrup
bereitete Papaïnsyrup zu 1 Thee- bis 1 Esslöffel voll, Papaïnwein (Malaga)
und Papaïnelixir (Anisette) wein- resp. liqueurglasweise. Neuerdings hat
Rossbach das Papaïn und den weit schwächer wirkenden sogen. Succus
Caricae Papayae als vorzügliches Lösungsmittel für Croupmembranen empfohlen. Reines Papaïn (Papayotin) löst Membranstücke in 5% Solution
vollständig in 2 Stunden, Kalkwasser erst in 3 Tagen. Selbst durch den
schwächeren Succus Caricae Papayae ist bei alle 5 Minuten vorgenommener
Bepinselung oder durch einfaches Einflössen einiger Tropfen auf die Zunge
oder durch die Nase die Beseitigung diphtheritischer Exsudate auf den Mandeln möglich. Auf das Lungengewebe wirkt Papaïn nicht lösend. (Rossbach. Berl. klin. Wochenschr. 10. 1881.)

6. Pflanzenfarbstoffe.

Das Gesammtgebiet der mit bestimmter Farbe, sowie als sog.
Chromogene im Pflanzenreiche auftretenden Stoffe lässt sich wohl
nach 2 Richtungen hin verfolgen. Entweder sind die vegetabilischen
Farbstoffe direkte Abkömmlinge und Umwandlungsprodukte des
Chlorophyllfarbstoffes, dieses so bedeutungsvollen Bestandtheiles der
Pflanzenzelle, oder dieselben treten als gewissermassen selbstständige
Körper in der ganzen Pflanze, wie in speciellen Theilen derselben,
auf, mit verschiedener Constitution, sowie auch veränderlichem
chemischem Charakter versehen.

Das Chlorophyll und dessen Abkömmlinge, sowie auch Farbstoffe, in gewissen Pflanzenklassen verbreitet, dürften hier in übersichtlicher Darstellung eine allgemeine Besprechung erfahren, während die übrigen, mehr isolirt stehenden Farbstoffe im System ihre
Stelle finden werden.

Uebersicht über die Literatur.

Chlorophyll. Marquart. Farben der Blüthen. Bonn. 1835. —
Macaire-Princep, Ann. Chim. Phys. (2) 38. 415. — Berzelius, Ann.
Chem. Pharm. 27. 296. 31. 257. — Verdeil, Compt. rend. 33. 689. 41 588.

47. 432. — Mulder, Journ. pract. Chem. 33. 478. — M. Schultze, Compt.
rend. 34. 683. — Harting, Journ. pract. Chem. 64. 438. — Angström,
Poggend. Ann. 93. 475. — Salm-Horstmar, Poggend. Ann. 93. 159. 94.
466. — Sachs, Chem. Centralbl. 1859. 145. — Pfaundler, Ann. Chem.
Pharm. 115. 37. — Fremy, Compt. rend. 50. 405. 61. 188. — Trécul,
Compt. rend. 61. 435. 84. 989. — Filhol, Compt. rend. 61. 371. 66. 1218.
79. 612. — Stokes, R. Soc. Proc. London. 13. 144. — Millardet, Compt.
rend. 66. 505. 68. 462. — Gerland, Poggend. Ann. 143. 585. — Jodin,
Compt. rend. 59. 857. — Hallwachs, Ann. Chem. Pharm. 105. 207. —
Schönn, Zeitschr. analyt. Chem. 1870. 327. — G. Kraus, Oekonom. Fort-
schritte. 1871. 153. Zur Kenntniss der Chlorophyllfarbestoffe und ihrer Ver-
wandten. Stuttgart. 1872. — Hagenbach, Poggend. Ann. 141. 245. —
E. Lommel Oekonom. Fortschritte. 1871. 167. — J. J. Müller, Poggend.
Ann. 142. 615. — Sorby, Proc. R. Society of London. 21. 442. — W. G.
Schneider, Trennung der Chlorophyllfarbstoffe. Botan. Zeit. 1873. 406.
— M. Conrad, J. Chautard, Compt. rend. 76. 103. 183. 1031. 1066.
1273. Spectroscop. Verhalten des Chlorophylls. — C. Kraus, Flora 1873.
— N. Pringsheim, I. Absorptionsspectra der Chlorophyllfarbstoffe. Monats-
ber. Academie Wiss. Berlin 1874 October. II. Ueber natürliche Chloro-
phyllmodificationen und die Farbstoffe der Florideen. Ebendas. Dezember
1875. III. Lichtwirkung und Chlorophyllfunktion in der Pflanze. Ebendas.
Juli 1879. IV. Ueber das Hypochlorin und die Bedingungen seiner Entstehung in der Pflanze. Ebendas. November 1879. — M. Treub, Flora 1874.
55. — A. Batalin, Zerstörung v. Chlorophyll in lebenden Organen. Botan.
Zeit. 1874. 433. 439. — N. Pringsheim, Jahrb. wissensch. Botanik. XII.
Bd., 3. II. Ueber Lichtwirkung und Chlorophyllfunktion. — J. Wiesner,
angebliche Bestandtheile von Chlorophyll. Flora 1874. 278. — Kundt,
Poggend. Ann. 143. 266. — R. Sachsse, Chemie u. Physiologie der Farb-
stoffe, Kohlenhydrate etc. Leipzig 1877. — C. Timirjaseff, Petersb.
Naturforscherg. 1874. 1875. — R. Sachsse, Chem. Centralbl. 1876. 599.
1878. 121. — L. Liebermann, Chlorophyll, Blumenfarbstoff und deren
Beziehungen zum Blutfarbstoffe. — L. Liebermann, Wiener Sitzungsber.
72. 599. Chrysophyll. Hartsen. Arch. Pharm. (3) 7. 136. Zur Synthese des
Chlorophylls. — Ad. Bayer, Berl. Ber. 5. 26. 10. 355. 695. — R. Sachsse,
Chem. Centralbl. 1876. 550. Einfluss der Kälte. — G. Haberlandt, Oesterreich.
botan. Zeitschr. 1876. 8. — C. Kraus, das Verspillern der Pflanzen. Flora
1875. — Reinke, zur Kenntniss des Phycoxanthins. Pringsheim's Jahrb.
wiss. Botanik 10. 399. — E. Fremy, Chlorophyllzusammensetzung. Compt.
rend. 84. 983. — Ch. Bougarel, Ein das Chlorophyll begleitender rother
Farbstoff. Bull. soc. chim. Paris. 27. 442. — A. H. Church, Umwandlung
v. braunem Chlorophyll in grünes. Chem. News. 38. 168. — A. Gautier,
Ueber Chlorophyll. Compt. rend. 89. 861, Bull. soc. chim. 28. 147. — Kromayer, Arch. Pharm. 156. 164. — A. Cossa, Berl. Ber. 7. 358. — Hoppe-
Seyler, Zeitschr. phys. Chem. 3. 339. 4. 193 u. 5. 75. — Flohault, Sur la
formation des motières Colorantes dans les végétaux. Bull. soc. botanique
France. 26. 1879. 1. — R. Sachsse, Bericht des landwirthschaftl. Institutes,
Leipzig 1881. Phytochemische Untersuchungen. I. 1880. Sitzungsber. der
naturforsch. Ges., Leipzig 1880. — B. Stöhr, Chlorophyllbildung. Wiener
Academ. Anzeiger. 1880. 159. — Rogalski, Compt. rend. 90. 881. Analysen
von Chlorophyll. *Schmidt Phar. gen. Neues of 1892. 815.*

Blattgelb. (Xanthophyll.) Berzelius, Marquart. Macaire Princep. (siehe oben Chlorophyll). — Phipson, Compts. rend. 47. 153. 912. — Ferrein, Vierteljahresschr. pract. Pharm. S. 1. — Hervy, Journ. Pharm. (2) 26. 293. 301. — Fremy, Compts. rend. 50. 411. — Drude, Biologie von Neottia Nidus avis. etc. 1873. Göttingen. — J. Wiener, Lichtstrahlen, die Xanthophyll zerlegen. Poggend. Ann. 1874. 622. — R. Sachsse, Ber. der naturf. Ges. Leipzig. 1876. 36.

Blattblau. (Blumenblau). Marquart, (siehe oben). — Fremy u. Cloëz, Journ. pract. Chem. 62. 269. — Filhol, Compts. rend. 39. 194. 50. 545. 1182. — Schönn, Zeitschr. anal. Chem. 1870. 327. — El. Borscow, Polichroïsmus einer alkoholischen Cyaninlösung. Botan. Zeit. 1875. 321.

Blumengelb. Anthoxanthin. Marquart. Fremy u. Cloëz siehe oben. — Schönbein. Journ. pract. Chem. 53. 331. — Thudichum, Chem. Centralbl. 1869. 63.

Blattroth. (Erythrophyll). Berzelius, 21. 262. Annal. Chem. Pharm. — Chatin und Filhol, Compts. rend. 57. 39. — Wittstein, Cissotannsäure. Vierteljahrsschr. pract. Pharm. 11. 161.

Pilzfarbstoffe. Schneider, G. W., Bot. Zeit. 1873. 406. rother Pilzfarbstoff. — Ray Lankester, Quaterl. Journ. microsc. Soc. 13. 408, rother Bacterienfarbstoff. — Cohn, Untersuchungen über Bacterien 2 Beiträge zur Biologie. 1875. 3. II. — O. Helm, Farbstoff v. Monas prodigiosa. Arch. Pharm. 1875. 19—24. — R. Sadebeck. Durch Bacterien roth gefärbtes Wasser. Verhandl. d. botan. Vereins d. Provinz Brandenburg. 1875. 77. - G. Cugini, Farbstoff von Boletus Curidus. Gazetta chimica. 7. 1877. 4.

Winterfärbung von Pflanzentheilen. — G. Kraus, Bot. Zeit. 1874. 406. — James, Nab., Landw. Versuchsst. 16. 439. — G. Haberlandt, Botan. Zeitung. 1876. 331. — Fremy, Compts. rend. 50. 405. — Phipson, Ebenda. 47. 912.

Farbstoffe der Algen. Sorby, Journ. of the Linnian society 15. 34. — H. Nebelung, Spectroscopische Untersuchung der Farbstoffe von Süsswasseralgen. Botan. Zeit. 36. 1878. 369—417. — Nägeli und Schwendtner, Das Mikroskop. 497. — Askenasy, Bot. Zeit. 1867.

Violette Blumenfarbstoffe. G. Pellagri, Berl. Ber. 9. 344.

Florideenfarbstoffe. F. T. Kuetzing. Phycologia generalis. Leipz. 1843. — Cohn, Rosanoff. Bot. Zeit. 1866. 182.

Flechtenfarbstoffe. Knop und Sehnedermann, Ann. Chem. u. Ph. 55. 144.

Rindenfarbstoffe. (Phlobaphene). Stähelin und Hofstetter, Ann. Chem. Pharm. 51. 63. — Hesse, Ebendas- 109. 343. — Hlasiwetz, Ebendas. 143. 305. — Grabowsky, Ebendas. 145. 1. — C. Böttinger, Ann. Chem. Pharm. 202. 269—287.

Chlorophyll.

— Blattgrün findet sich als Inhalt der Pflanzenzelle, mit Protoplasma vereinigt, in Form von abgerundeten, mehr oder weniger zusammengeballten, auch stern- oder bandförmigen Massen in allen selbstständig assimilirenden Pflanzen.

Von gelöstem Chlorophylle berichtet Hildebrand in Medicago sativa, A. Weiss in den Haaren von Goldfusia glomerata, von krystallisirtem A. Trécul in Lactuca altissima und dem Chlorophyll ähnlichen grünen Farbstoffe F. Verdeil (Compt. rend. 47. 442).

16*

Auch Parasiten führen Chlorophyll, wie Neottia nidus avis (Wiesner, Prillieux, O. Drude), die Orobanchen, Monotropa Hypopitys, Epipogon, Corallorhiza innata (Reinke). —

Dasselbe entsteht unter Einwirkung von Licht besonders der gelben und links und rechts gelegenen Strahlen des Spectrums, und beim Vorhandensein einer gewissen Temperatur, die sich jedoch nicht allgemein feststellen lässt.

Darstellung. Die Darstellung des Chlorophylls aus grünen Pflanzen gelingt im Allgemeinen durch Extraction mittelst Alkohol, Aether, Schwefelkohlenstoff, Benzol etc. Vorausgegangene Befeuchtung der betr. Pflanzentheile mit Alkohol (mögen dieselben getrocknet sein oder nicht) beschleunigen die Lösung, welche auch gefördert wird, wenn ein Auskochen mit Wasser vorausgegangen ist (Stockes u. andere), das jedoch bei Gegenwart von Weinsäure, Aepfelsäure etc. wieder Veränderungen des Chlorophylles veranlasst (Kraus, Sorby).

Die Lösungen von Chlorophyll, auf die erwähnte Weise gewonnen, enthalten Wachs, Fett etc. Stoffe, die uns nicht genau bekannt geworden sind, deren Beseitigung wegen der leichten Zersetzbarkeit des Chlorophylles mit Schwierigkeiten verbunden ist.

Berzelius behandelte die verdampften alkoholischen Auszüge mit Salzsäure von 1,14 wiederholt, löste wieder in Alkohol, fällte mit Wasser, welche Fällung, mit alkalischem Wasser gelöst, mit Essigsäure wieder ausgefällt, reines Chlorophyll darstellen sollte.

Fremy fällt die alkoholischen und äther. Auszüge mittelst Thonerdehydrat oder Magnesiahydrat, welche grüne Fällung den Farbstoff an Alkohol rein abgeben soll.

Hoppe-Seyler arbeitete bei seinen Studien über Chlorophyll, worunter er den hypothetischen, grünen Farbstoff der lebenden Pflanze versteht, der Kohlensäure aufnimmt und Sauerstoff abspaltet, in folgender Weise: Grasblätter, wiederholt mit Aether in der Kälte zur Beseitigung von Wachs ausgezogen, wurden mit absolutem Alkohol bis zum Sieden erhitzt, stehen gelassen und nochmals erhitzt. Die Lösungen schieden beim Stehen rothe Krystallblättchen, roth im durchfallenden, grünlich bis weisssilberglänzend im auffallenden Lichte, ab, wahrscheinlich identisch mit Bougarel's

Erythrophyll. Erythrophyll, wurden nach Trennung dieser Ausscheidungen, zur Trockne verdampft. Dieser Rückstand mit kaltem Wasser wiederholt behandelt, wird in Aether gelöst, welche Lösung beim Verdampfen körnige Krystalle bildet, die im durchfallenden Lichte braun, im auffallenden Lichte grün sind. Durch dieselbe Manipulation, wiederholt durchgeführt, werden reine Krystalle erhalten, besonders wenn die Ausscheidungen sets mit kaltem Alkohole gewaschen. wieder in Aether gelöst werden, der freiwillig verdunstet. Diese Krystalle werden mit dem Namen Chlorophyllan bezeichnet.

Alle Arbeiten werden im dunklen Raume am besten durchgeführt. A. Gautier stellte reines, krystallisirtes Chlorophyll auf folgende Weise dar:

Die zerriebenen Blätter von Spinat, Kresse etc. wurden, mit etwas Soda versetzt, ausgepresst, der Rückstand mit Alkohol von 55° C. behandelt, abermals ausgepresst und nun in der Kälte mit Alkohol von 83° C. extrahirt, wodurch die Fette, Wachs etc. zurückbleiben. Diese Lösung, 5 Tage mit Thierkohle in Stücken bei mässiger Wärme stehen gelassen, gab alles Chlorophyll an die Kohle ab, und wurde nun abgegossen, die rückständige Kohle aber zunächst mit Alkohol 65° C. gewaschen, der eine gelbe krystallinische Substanz aufnimmt, dem Chlorophyll nahestehend. Die so behandelte Thierkohle wird nun mit Aether, oder noch besser mit Petroleumäther extrahirt, welche Flüssigkeiten beim Verdampfen reines krystallisirtes Chlorophyll liefern.

Die künstliche Darstellung des Chlorophylles ist noch nicht gelungen. Keine Beachtung verdient für diese Frage die von Hlasiwetz beobachtete grüne Substanz beim Erhitzen von Berberin mit Wasser im geschlossenen Rohre auf 190—200° C. Werthvoller bleibt vorläufig der Versuch Ad. Baeyer's, wonach Furfurol, mit Resorcin oder Pyrogallussäure gemengt, mit etwas Salzsäure eine grüne Flüssigkeit bildet, welche mit Salzsäure schwarzblaue Flocken abscheidet. Dieser Furfurolfarbstoff zeigt Absorptionen im Spectrum zwischen B und C, überhaupt dem Chlorophyll verwandte optische Erscheinungen.

Pfaundler stellte Chlorophyll aus Gras dar, das mit Wasser zerquetscht, dann ausgepresst, durch Kochen aus dieser wässrigen Lösung abgeschieden wird. Das Coagulum wurde in heissem Alkohol gelöst, diese Lösung zur Trockne verdampft, mit Wasser behandelt und hierauf diese Chlorophyllmasse mit Wasser gefällt.

Verdeil fällt die alkoholischen Chlorophylllösungen mit Kalkmilch und zersetzt die Kalkfällung mit Salzsäure. Aether löst daraus Chlorophyll, das durch Verdunsten gewonnen wird.

Berzelius unterschied 3 Modificationen des Chlorophylles: a) Blattgrün frischer Blätter, dunkelgrüne, erdige Masse, nicht in Wasser, in Weingeist, Aether, mässig concentrirter Salzsäure und verdünnten wässrigen alkalischen Flüssigkeiten mit grüner Farbe löslich. Wasser fällt aus der salzsauren Lösung wieder Chlorophyll heraus. b) Blattgrün trockner Blätter, schmutzig dunkelgrüne Masse, in Weingeist schwer mit blauer, in Aether mit rothblauer, in concentr. Essigsäure mit dunkelblauer Farbe löslich. c) dunkelgrünes Blattgrün, schwarz, zu dunkelgrünem Pulver zerreiblich, sehr schwer in den erwähnten Flüssigkeiten löslich.

Die Elemente, aus denen das Chlorophyll gebildet ist, sind jedenfalls Kohlenstoff, Wasserstoff, Sauerstoff, auch wohl Eisen, da letzteres zur Bildung in der Pflanze nothwendig ist. Der Stickstoffgehalt ist zweifelhaft. Die älteste Analyse von Mulder lässt die Formel $C_9 H_{18} N_2 O_4$ zu, Morren & Morrot nehmen die Formel $C_{18} H_{20} N_3 O_3$ an, Pfaundler giebt die % Zusammensetzung $C = 60{,}82$, $H = 6{,}41$, $O = 32{,}77$ mit $0{,}037$ N; Kromeyer giebt 7 % N an, Timirjaseff spricht sogar von einer Ammoniakverbindung *Chlorophyllin.* im Chlorophyll dem sog. Chlorophyllin.

Chlorophyllan. Das Chlorophyllan Hoppe's bildet sichelförmig gebogene, spitzwinklige Täfelchen, oft rosettenförmig oder radical um einen Punkt gestellt, im auffallenden Lichte schwärzlichgrau, sammtartig, mit etwas Metallglanz, im durchfallenden Lichte braun. Diese Massen haben Bienenwachsconsistenz, schmelzen über $110\,^{\circ}$ C., liefern beim Verbrennen eine Kohle mit Phosphorsäure und Magnesium. Das Chlorophyllan ist in kaltem Alkohol schwer, in heissem leicht löslich, auch leicht löslich in Aether, Benzol, Petroleumäther. Die ätherische Lösung zeigt spectroscopisch die charakteristische Absorption im Roth zwischen B und C noch bei grosser Verdünnung, erscheint im durchfallenden Lichte olivengrün, und zeigt auch bei mässiger Verdünnung die Absorptionsbänder zwischen D und F, im Spectrum dunkler und breiter, als in frischen Auszügen von Pflanzentheilen, ein Beweis, dass Chlorophyllan ein Produkt der Darstellungsmanipulationen ist.

Die Elementaranalyse ergab folgende Werthe: $C = 73{,}345$, $H = 9{,}725$, $N = 5{,}685$, $P = 1{,}380$, $Mg = 0{,}340$, $O = 9{,}525$, welche vorläufig keine Formel zulassen.

Durch Einwirkung von Alkali bei 170—290° C. tritt bei Chlorophyllan Zersetzung ein und es entstehen: 1. Ammoniak, 2. ein neutraler Körper, der durch Aether aus der alkalischen wässrigen Lösung aufgenommen wird und schwer krystallisirt (9,5 % des angewandten Chlorophyllan), 3. eine in Aether mit Purpurfarbe lös*Dichromatin-* liche Säure die Dichromatinsäure (Ausbeute ⅔ des angewandten *säure.* Chlorophyllans). Diese einbasische Säure, $C_{20} H_{34} O_3$, ist leicht zersetzlich, krystallisirt schwer und bildet ein rothes Baryumsalz, in Wasser unlöslich, in Alkohol und Aether fast unlöslich. Ihre ätherische, schön purpurrothe, stark fluorescirende Lösung zeigt bei der spectroscopischen Untersuchung 6 Absorptionsbänder, zwischen C und F deutlich erkennbar, im Spectrum des Fluorescenzlichtes

2 nahe bei einander stehende, ungefähr gleich breite rothe Lichtbänder, getrennt durch einen schmalen dunkeln Zwischenraum, welche in der Lage fast mit den Absorptionsbändern zwischen C und D des Spectrums übereinstimmen.

Beim Verdunsten der ätherischen Lösung der Dichromatinsäure findet schon eine theilweise Umwandlung in einen violettschwarzen, in Aether schwer löslichen Farbstoff statt, in seinen Absorptionserscheinungen der Dichromatinsäure ähnlich. Gelinde Einwirkung von Säuren erzeugt aus der Dichromatinsäure einen andern Farbstoff, das Phylloporphyrin, das in Wasser mit bläulicher Purpurfarbe löslich ist und aus dieser Lösung nach vorsichtiger Neutralisation mit Barytwasser als ein flockiger Niederschlag gefällt wird, der zu einer schwarzen Masse mit violettem Metallglanz eintrocknet. Die Lösungen des Phylloporphyrin's zeigen in der Lichtabsorption eine merkwürdige Aehnlichkeit mit einem Farbstoffe, dem Hämatoporphyrin, der von Hoppe-Seyler aus Hämoglobin durch Säureeinwirkung hergestellt wurde. (Hoppe-Seyler, Physiologische Chemie. **3.** 393.)

Die Versuche Hoppe-Seyler's, durch Kochen des Chlorophyllans mit alkoholischer Kalilauge die phosphorhaltige Beimengung des Chlorophylles zu beseitigen, führten zu nachstehendem Resultate: Es wurde eine Säure erhalten „Chlorophyllansäure", welche aus schwach alkalischem Wasser mittelst Essigsäure sich in grünen Flocken ausscheidet, die sich in Aether lösen. Die Lösungen der Alkalisalze dieser Säuren zeigen im Spectrum den bekannten Chlorophyllabsorptionsstreifen zwischen B und C und einen weniger dunkeln zwischen E und F. Die ätherische Lösung der Säuren zeigt auch die für Chlorophyll charakteristischen Streifen im Roth und Grün, zwischen beiden aber noch 3 verschiedene dunkle Streifen. Die Chlorophyllansäure scheidet sich beim Verdampfen der ätherischen Lösung in blauschwarzen, metallisch glänzenden, rhomboidischen Krystallen zuweilen aus. Charakteristisch ist besonders die Schwerlöslichkeit des Kalisalzes in Alkohol.

Neben der stickstoffhaltigen Chlorophyllansäure gelang es, hiebei Glycerinphosphorsäure und Cholin nachzuweisen, so dass Hoppe-Seyler es für wahrscheinlich hält, dass das Chlorophyllan nicht mit Lecithin verunreinigt, sondern eine Verbindung mit Lecithin ist, oder selbst ein Lecithin ist, in welchem in Uebereinstimmung mit anderen Lecithinen sich Glycerin und Cholin in Verbindung mit Phosphorsäure befinden, das Glycerin aber ausserdem in Verbindung mit der Chlorophyllansäure steht. Wegen der Methode der Isolirung der erwähnten Spaltungskörper siehe das Original (Zeitschr. physiolog. Chem. **5**. 76).

Die Arbeiten von R. Sachsse (siehe oben Literatur) haben hier in ihrem Gesammtresultate noch Erwähnung zu finden.

R. Sachsse verfolgte zunächst die Aufgabe, einen Zusammenhang zwischen Chlorophyll und Kohlehydraten auf chemischem Wege festzustellen und stellte zu diesem Zwecke nach bekannten Methoden aus Primula elatior und Allium ursinum Chlorophyll her, das in Benzinlösung mit Natrium in Berührung gebracht. Nach mehrtägiger Einwirkung hatte sich aus den Lösungen ein grüner Farbstoff abgeschieden, war ferner ein gelber Farbstoff in Lösung geblieben und gleichzeitig eine glycosidähnliche Substanz gebildet worden.

Die weitere Untersuchung stellte auf Grund der Elementarzusammensetzung 6 verschiedene grüne und ebensoviel gelbe Farbstoffe fest.

Nachfolgende Uebersicht giebt die Elementarzusammensetzung in Durchschnittszahlen nebst der Formel:

Gelbe Farbstoffe

I. $C_{56} H_{80} O_{17}$
C = 65,88
H = 7,91
N 0
O = 26,21

II. $C_{56} H_{84} O_{16}$
C = 66,24
H = 8,40
N = 0
O = 25,36

III. $C_{56} H_{88} O_{15}$
C = 67,04
H = 8,77
N = 0
O = 24,19

IV
C = 70,90
H = 9,80
N = 0
O = 19,30

Grüne Farbstoffe

I. $C_{56} H_{76} N_2 O_{15}$
C = 65,67
H = 7,64
N = 2,95
O = 23,74

III. $C_{56} H_{72} N_4 O_{12}$
C = 66,30
H = 7,15
N = 5,46
O = 21,09

V. $C_{56} H_{77} N_3 O_{13}$
C = 67,66
H = 7,84
N = 3,86
O = 20,64

VI. $C_{56} H_{83} N_2 O_9$
C = 71,94
H = 9,57
N = 3,03
O = 15,46

IV. $C_{56} H_{68} N_4 O_{14}$
C = 65,62
H = 6,96
N = 5,34
O = 22,18

II. $C_{56} H_{77} N_3 O_{13}$
C = 67,09
H = 7,79
N = 4,02
O = 21,10

Der aus der Tabelle hervorgehende Parallelismus in der Zusammensetzung der grünen und gelben Farbstoffe veranlasst zur

Annahme, dass ein Reductionsprocess stattfinden muss, wenn die gelben in die grünen Farbstoffe übergehen unter Eintritt von Stickstoff. Die Wahrscheinlichkeit liegt vor, dass Chlorophyll aus dem Xanthophyll durch Reduction entsteht, da letzteres aus Stärke wieder durch Reduction zu entstehen scheint. Sachsse stellt folgende empirische Gleichungen auf, um den Uebergang eines gelben in einen grünen Farbstoff von gleichem Kohlenstoffgehalte zu veranschaulichen.

$$C_{56} H_{80} O_{17} - 4 H - 2 O + 2 N = C_{56} H_{76} N_2 O_{15}$$
$$C_{56} H_{84} O_{16} - 12 H - 3 O + 4 N = C_{56} H_{72} N_4 O_{13}$$
$$C_{56} H_{88} O_{15} - 11 H - 2 O + 3 N = C_{56} H_{77} N_3 O_{13}$$
$$C_{56} H_{90} O_{12} - 2 H - 3 O + 2 N = C_{56} H_{88} N_2 O_9$$

Mit specieller Verweisung auf das Original (Phytochem. Unters. 1. 1880) sei hier bezüglich des optischen Verhaltens dieser Farbstoffe nur erwähnt, dass die grünen Farbstoffe im Grossen und Ganzen mit dem Spectrum des Chlorophylles übereinstimmen, die gelben Farbstoffe nur 3 Absorptionsbänder zeigen, das erste mit F beginnend und sich fast bis zum 3. Theile des Raumes FG erstreckend, das 2. in der Mitte FG beginnend bis nahezu G, das 3. von G bis zum Ende des Spectrums. —

Das chemische Verhalten der Farbstoffe, die hier isolirt wurden, gestaltet sich folgendermassen:

Die grünen Farbstoffe sind bei gewöhnlicher Temperatur feste, zerreibbare Massen, die bei höherer Temperatur erweichen, in reinem Wasser unlöslich, löslich in alkalischem Wasser mit grüner Farbe, leicht löslich in Alkohol und Aether, theilweise daraus fällbar durch alkoholische Lösungen von Kupferacetat und Bleiacetat.

Die gelben sind spröde, zu orangerothem Pulver zerreibliche Massen, die sich in Alkohol und Aether lösen, in Wasser unlöslich sind. Alkalisches Wasser löst die meisten dieser gelben Farbstoffe auf, aus welcher Lösung dieselben mit verdünnten Säuren wieder herausfallen.

Die glycosidähnliche Substanz, welche in Lösung bleibt, wenn man die wässrige Lösung des Natriumniederschlages mit schwefelsaurem Kupfer ausfällt, ist als eine schmierige Masse, niemals trocken werdend, isolirt worden, mit schwacher Rechtsdrehung des polarisirten Lichtes, mit Salzsäure reichlich Zucker liefernd.

Aus den Elementaranalysen lässt sich die Formel; $C_{36} H_{80} O_{30}$

$$\text{mit } C = 43,15$$
$$H = 8,04$$
$$O = 48,81$$

aufstellen.

Die Gesammtresultate dieser Einwirkung von Natrium auf Chlorophyll in Benzinlösung lassen folgende Schlüsse zu:

Das Chlorophyll ist eine verhältnissmässig hoch reducirte Substanz mit etwa 66–72% C und 15—25 O.

Das functionnirende Chlorophyll besteht möglicherweise aus mehreren grünen Farbstoffen. Die gelben Farbstoffe, welche neben den grünen im Chlorophyll enthalten sind, sind Gemenge mehrerer chemischer Individuen von fettähnlichem Habitus. Jedem gelben Farbstoff entspricht ein grüner mit gleichem Kohlenstoffgehalt.

Bei den Reductionsversuchen trat neben grünen und gelben Farbstoffen eine Substanz auf, die hinsichtlich ihres Kohlenstoffgehaltes mit der Stärke übereinstimmt, mehr H enthält und mit verdünnten Säuren Zucker giebt. —

Eine später von R. Sachsse mitgetheilte Versuchsreihe, sich an vorliegende anknüpfend, (Sitzungsber. naturf. Ges. Leipzig, 1880) enthält die hier mitzutheilende Aeusserung: „Die aus Chlorophyll erhaltenen Abscheidungen eines zuckererzeugenden Körpers, eines Fettes und eines gelbrothen Körpers sind Folgen einer chemischen Zersetzung, welche der ursprüngliche Farbstoff erleidet, diese Stoffe sind nicht als dem Farbstoff beigemengte zu betrachten. — Unter den Zersetzungsprodukten des Chlorophylles durch Säuren findet sich ein Phyllocyanin, das gewissermassen den stabilen Kern in dem so leicht veränderten Chlorophyllmolecül repräsentirt, eine durch Säuren theilweise in Zucker überführbare Substanz, eine fette ölige Substanz.‘‘ Das Hypochlorin Pringheim's hält Sachsse für ein Zersetzungsprodukt der Phyllocyanine.

Das Chlorophyll, von Gautier schon im Jahre 1877 krystallisirt dargestellt, bildet oft $\frac{1}{2}$ cm. lange, klinorhombische Krystalle, weicher Consistenz, intensiv grün, später gelblich oder bräunlich werdend; im diffusen Lichte werden dieselben gelbgrün und entfärben sich später ganz. Diese Chlorophyllkrystalle zeigen in ihrer Zusammensetzung, ihren Eigenschaften, Zersetzungen durch Lichteinfluss, oxydirenden Agentien etc. vollständige Analogie mit Bilirubin. Heisse, concentrirte Salzsäure spaltet das Chlorophyll in 2 neue Substanzen, von welchen die eine mit bläulich grüner Farbe gelöst bleibt, die andere mit brauner Farbe in Aether und heissem Alkohol gelöst wird (Phylloxantin Fremy's).

Die salzsaure Lösung scheidet bei der Neutralisation eine olivengrüne Substanz ab (Phyllocyansäure Fremy's), löslich in Alkohol und Aether, mit Alkalien lösliche Salze bildend. Die Formel dieser Substanz ist $C_{19}H_{22}N_2O_3$ (ein Homologen des Bilirubins $C_6H_{18}N_2O_3$). Mit Salzsäure auf 160° erhitzt, liefert diese Substanz mit Platinchlorid eine Doppelverbindung. Kaustische Alkalien in concentrirter Lösung spalten diese Substanz in einen mit Alkali verbundenen löslichen Theil und einen sich ausscheidenden braunrothen Körper, löslich in kochendem Wasser. Höhere Temperaturen veranlassen bei dieser Einwirkung tief gehende Zersetzungen. Gautier hält das Chlorophyllan Hoppe's für das Chlorophyll selbst, besonders auf Grund seiner Elementaranalysen.

Gautier fand:

$C = 73,97, H = 9,80\ N = 4,15$

Phosphate, Aschenbestandtheile $= 1,75\ O = 10,33.$

Rogalski veröffentlicht 2 Analysen von Chlorophyll:

	1)		2)
	C 73,20		C 72,83
	H 10,5		H 10,25
	N 4,14		N 4,14
	x O		O x
	Asche 1,674	1,639	Asche.

Concentrirte Chlorophylllösungen absorbiren das gesammte Spectrum, ausgenommen das Roth bei Linie B; bei allmäliger Verdünnung kommt zuerst Grün zum Vorschein, getheilt durch ein schwaches Absorptionsband, dann treten die charakteristischen scharfen Absorptionsbänder auf: I im Roth hinter B beginnend. II im Orange, zwischen C und D gelegen, schwächer, III im Grüngelb hinter D und IV im Grün vor Linie E. Das charakteristischste Absorptionsband ist I (bei $\frac{1}{10000}$ Verdünnung sichtbar (Chautard). Bei gewissen Verdünnungen bleibt I erhalten, dagegen verschwinden II, III und IV und es treten schwache Absorptionen auf hinter F Band V, vor G bis über G hinaus VI und endlich VII als Absorption des violetten Lichtes. Das Band I erfährt unter Umständen eine Zerlegung in 3 selbstständige Bänder, besonders wenn Benzol, Schwefelkohlenstoff Lösungsmittel sind (Schoenn, Gerland, Rauwenhoff, Pringsheim, Sorby). Optisches Verhalten.

Die Absorptionsbänder erleiden Verschiebungen nach links, dem rothen Spectrum hin, veranlasst durch das Dispersionsvermögen des betr. Lösungsmittels (Kundt, Sorby, Kraus). Auch bei Temperaturerhöhung treten Verschiebungen ein (Askenasy). Das Chlorophyll zeigt in seinen Lösungen eine intensiv blutrothe Fluorescenz, welche im Spectrum bis zum äussersten Roth mit verschiedener Intensität sichtbar ist. Kurz vor der Linie B beginnt der rothe Schimmer. Die Fluorescenzstreifen fallen genau mit den Absorptionsbändern zusammen. (Hagenbach, Lommel.)

Die Dispersion des Chlorophyll's ist eine anormale (Kundt).

Das Chlorophyll in den lebenden Pflanzen zeigt nach den gemachten Erfahrungen überall dasselbe optische Verhalten, nur sind einige Unterschiede wahrzunehmen zwischen dem lebenden Chlorophylle und der künstlichen Lösung. Ersteres zeigt keine Fluorescenz.

Die Lage der Bänder ist nach der weniger brechbaren Seite ziemlich stark verschoben (Kraus, Hagenbach, Sorby); hinsichtlich der Beschaffenheit der Bänder zeigt das lebende Chlorophyll sehr stark Band I, bedeutend schwächer als in der alkohol. Lösung, die Bänder II, III und IV und totale Endabsorption des Spectrums (Sachs, Askenasy, Gerland, Schoenn, Stokes, Rauwenhoff).

Bei den Zersetzungserscheinungen des Blattgrünes kommen zunächst die Einwirkungen von Licht und Sauerstoff in Betracht. Chlorophylllösungen, dem Lichte und der Luft ausgesetzt, ändern ihre Farbe und gehen von Grün in Braungelb über, welche Erscheinung auf einen Oxydationsvorgang zurückzuführen ist. Je mehr das betr. Lösungsmittel Sauerstoff zu absorbiren vermag, desto rascher geht die Oxydation und Zersetzung vor sich. (Gerland, Wiesner, Müller, Cossa, Timirjaseff, Baranetzky).

Auch in der lebenden Pflanze erleidet das Chlorophyll durch das Licht Zersetzungen, welche aber als für die Assimilation nothwendige Processe zu betrachten sind. Durch das Licht verändertes Chlorophyll wird im diffusen Lichte und im Schatten wieder normal. Auch im Dunklen können Entfärbungen des Chlorophylles eintreten. Das Chlorophyll scheint in der lebenden Pflanze ununterbrochen Zerstörung und Neubildung zu erfahren. (Batalin, Bot. Zeit. 1874. 433. Baranetzky, Ebenda. 1871. 193. Guillemin, Ann. des sciences natur. 7. 154. Famintzin, Mélanges biolog. 6. 94. Askenasy. Bot. Zeit. 1875. Wiesner, Sorby). Auch Kälte scheint zerstörend einzuwirken. (Kraus, Batalin, Askenasy.)

Die Zersetzungen des Blattgrüns durch chemische Einflüsse sind mannigfach beobachtet worden, jedoch ohne Sicherstellung bestimmter Gesichtspunkte hinsichtlich der gewonnenen Resultate.

Die Veränderungen durch Säuren haben besonders Fremy, Filhol, Jaudin zuerst studiert.

Fremy hat früher das Chlorophyll durch Salzsäure in einen blaugrünen Bestandtheil, Phyllocyanin, und einen gelben, Phylloxanthin zerlegt; später sind von demselben Forscher Zerlegungen von alkoholischen Chlorophylllösungen mittelst Salzsäure und Aether beobachtet worden. Der Aether nimmt Phylloxanthin mit gelber Farbe auf, während die Phyllocyansäure in salzsaurer Lösung bleibt, deren Barytsalz leicht durch schwefelsaure Alkalien zerlegt werden kann, wodurch in Wasser, Alkohol, Aether und Kohlenwasserstoffen lösliche Alkaliverbindungen, optisch dem Chlorophyll gleichend, entstehen. Blattgrün erklärte daher Fremy für ein Gemenge von Phylloxanthin und Phyllocyansaurem Alkali. Weinsäure, Aepfelsäure, Oxalsäure, organischsaure Salze etc. wirken in ähnlicher Weise. (Kraus, Filhol, Jaudin.)

Filhol (Compts. rend. 1874. 79) erhielt durch Behandlung von Chlorophylllösungen mit H Cl einen schwarzen Körper, amorph bei Dicotylen, krystallisirt bei Monocotylen, löslich in heissem Alkohol, Benzin, Aether, Chloroform, Schwefelkohlenstoff und Essigsäure, von demselben optischen Verhalten wie Chlorophyll.

Liebermann hält Chlorophyll für eine salzartige Verbindung, bestehend aus einer Säure (Chlorophyllsäure) und einer Basis. Der basische Bestandtheil, das Phyllochromogen, liefert wahrscheinlich durch Oxydation oder Reduction die verschiedenen Blumenfarbstoffe. Das Phyllochromogen zeigt gewisse Analogien mit dem Blutfarbstoffe, (Verhalten gegen Oxydations- und Reductionsmittel wie Derivate des Blutfarbstoffes, Bilirubin etc., Verhalten gegen Kaliumpermanganat analog dem Oxyhämoglobin. *Phyllochromogen.*

Durch Einwirkung von Natrium auf eine Chlorophylllösung in Benzin erhielt R. Sachsse einen grünen, in Wasser löslichen Körper, ähnlich dem Chlorophyll, der, mit Salzsäure behandelt, neben einem braungelben, unlöslichen Farbstoffe, eine lösliche, Glycosid ähnliche Substanz enthält, die bei stärkerer Einwirkung von Salzsäure einen der Dextrose ähnlichen Körper liefert. — Church beobachtete, dass braun gewordenes Chlorophyll beim Erhitzen mit Zinkstaub im Wasserbade wieder grün wird. —

Aus den Blättern des Pfirsichbaumes und Maulbeerfeigenbaumes (Ficus Sycomorus), stellte Bougarel rothe krystallinische Massen her, Erythrophyll, die er als Begleiter des Chlorophylls betrachtet. Die Darstellung geschah durch Extraction der Blätter der genannten Bäume mittelst Aether und nachheriger Behandlung mit Alkohol, aus dem diese Krystalle sich ausschieden. Dieselben sind unlöslich in Wasser, Alkohol, Kali, Essigsäure, Salzsäure, Aether, löslich in Chloroform und Benzin. *Erythrophyll.*

Bei der Einwirkung von Luft und Licht auf Chlorophylllösungen verschwinden mit der Zunahme der Entfärbung die charakteristischen Absorptionsbänder. Die modificirten Chlorophylle (durch längeres Stehen von Chlorophylllösungen erhalten) zeigen in Lösung meistens neben Band I und II (sehr schwach), Band IV breiter und intensiver (IVa) und einen neuen Streifen IVb hinter b bis F, ausserdem wechselt die Intensität der Bänder gegenüber dem normalen Chlorophylle, auch treten Verschiebungen der Streifen ein. Das Chlorophyllspectrum bei Einwirkung von Säuren oder sauren Salzen ist dem ebenbeschriebenen des modificirten Chlorophylls sehr ähnlich, zeigt sich in seiner Entstehung ungefähr folgendermassen: *Optisches Verhalten des zersetzten Chlorophylls.*

Band I wird schmäler, II rückt näher gegen D, wird schwächer, III verschwindet oder ist gegen Violett verschoben, IVa und IVb entstehen ebenfalls, II bleibt noch einige Zeit erhalten, verschwindet aber ebenfalls.

Die Spectren des Phylloxanthins und der Phyllocyansäure sind den eben beschriebenen Verhältnissen sehr ähnlich.

Die Arbeiten von Fremy, Filhol und Jodin haben zuerst die Vermuthung bestätigt, dass das Chlorophyll aus mehreren Farbstoffen gebildet ist. *Entstehung des Chlorophylls.*

N. J. C. Müller unterschied 3 Pigmente im Chlorophyll. Hartsen stellte einen gelben Farbstoff aus Chlorophyll her, Chrysophyll. Stokes wollte das Chlorophyll in 2 grüne und 2 gelbe Farbstoffe zerlegt haben. *Chrysophyll.*

Der Einfluss verschiedener Lösungsmittel auf das Chlorophyll selbst, sowie auf die Lösungen selbst bildet die Grundlage der Arbeiten von G. Kraus, Wiesner, Sorby, Chautard, Sachsse u. A.

Sorby bestätigt das früher von Stokes Behauptete und nennt chlorophyll eine Mischung von 2 gelben und 2 grünen Substanzen. Die Grünen fluoresciren in Lösung, die Gelben nicht. Der 1. grüne Farbstoff wird Blaues Chlorophyll genannt, aus dem Grünen mit Schwefelkohlenstoff abgetrennt, der 2. gelbes Chlorophyll, mit Absorption im Roth und Blau. *Blaues-gelbes Chlorophyll Xanthophylle von Sorby.*

Eine 3. grüne Substanz wird als Chlorofucin bezeichnet, aus Fucusarten gewonnen, mit schwarzen Bändern an den Grenzen von Orange, Gelb, Roth, und Absorption in Blau. Die gelben Farbstoffe nennt Sorby Xanthophyll, gelbes und Orange Xanthophyll.

Chautard unterscheidet bei seinen Chlorophyllstudien 3 Gruppen von Absorptionsbändern:

1) die Gruppe mit Roth, bande spécifiqué,

2) bandes surnumérales, alle übrigen Bänder einschliessend, auch die Veränderungen durch Säuren und Alkalien,

3) bandes accidentelles, durch Salzsäurezusatz entstanden.

Alkalien sollen das Band im Roth theilen.

Kraus unterscheidet 2 Farbstoffe als Gemengtheile von Chlorophyll:

1) einen goldgelben, Xanthophyll, der beim Schütteln einer alkoholischen Chlorophylllösung mit Benzol im Alkohol zurückbleibt und

2) einen blaugrünen, Kyanophyll, der bei dieser Manipulation in Benzol übergeht.

Wie Benzol wirken die Homologen des Benzoles, Terpene, Schwefelkohlenstoff, fette Oele. (Wiesner).

Wiesner bezeichnet das Kraus'sche Kyanophyll als Chlorophyll, das Gemenge von Xanthophyll und Chlorophyll mit dem Namen Rohchlorophyll.

Gegen die Kraus'schen Resultate sind Bedenken zuerst von M. Conrad (Flora 1872. 397) dann von Sachsse, Pringsheim u. A. aufgetaucht; trotzdem haben die optischen Eigenschaften dieser Kraus'schen Componenten von Chlorophyll ihre Bedeutung, und sollen hier noch ihren Platz finden.

Xanthophylllösung fluorescirt nicht, giebt ein Spectrum, in welchem das charakteristische Band I im Roth fehlt, dagegen 3 Bänder im weniger brechbaren Theile auftreten, das erste vor F beginnend, das zweite in der Mitte zwischen F und G liegend und das dritte von G an. Kyanophylllösungen besitzen sehr starke Fluorescenz und in concentrirter Form keinen Unterschied im spectroscopischen Verhalten gegenüber dem Chlorophyll. Sobald aber Verdünnung eintritt, zeigt sich Folgendes: Band I wird schmäler, zwischen F und G liegt ein schwaches Band, welchem sich anreihet ein starkes Band, im letzten Dritttheile F G beginnend bis G. Kraus combinirt aus diesen beiden Spectren das normale Chlorophyllspectrum.

Die oben in der Literatur schon erwähnten Arbeiten von Pringsheim behandeln das Chlorophyll in eingehendster Weise und haben Resultate geliefert, welche vorläufig als massgebend zu bezeichnen sind. Wir lassen demnach auch die Hauptresultate folgen:

Absorptionsspectra des Chlorophylls.

Es existiren 3 gelbe Farbstoffe mit der spectralanalytischen Charakteristik des Chlorophylls.

1. Etiolin, in den etiolirten Gewächsen, mit derselben Fluorescenz und denselben Absorptionsbändern, die nur in concentrirteren Lösungen, in dickerer Schichtung zu Tage treten. Dasselbe ist ein im Dunkeln verändertes Chlorophyll, ein einfacher Farbstoff.

2. Anthoxanthin, der Farbstoff der gelben Blüthen, mit den Bändern V, VI, VII in verdünnter Lösung: bei steigender Concen-

tration tritt eine continuialische Endabsorption, dann erscheinen I,
II, IV und zuletzt III. Band. (Anthoxanthinreihe). Je weiter bei
diesen gelben Farbstoffen die Entfernung vom Chlorophyll ist, um
so mehr nimmt die Löslichkeit in Wasser zu.

3. Der gelbe Bestandtheil im Chlorophylle der Blätter. Die
Mängel der zahlreichen Entmischungsversuche des Chlorophylls, vor
Allem die verschiedene Löslichkeit der angewandten Lösungs- und
Scheidungsmittel in einander etc. konnten keine sicheren Anhalts-
punkte liefern. Der gelbe Gemengtheil, in Alkohol bei vorsichtiger
Arbeit zurückgehalten, besitzt die Absorptionsbänder des Chloro-
phylls in der I. Spectrumhälfte. Der blaugrüne Farbstoff von
Kraus zeigt das früher beschriebene Spectrum. —

Die Farbstofflösungen, bei diesen Entmischungsarbeiten erzielt,
sind keine reinen Farbstofflösungen; auch der gelbe Farbstoff ist ein
Gemisch.

Diese Resultate zeigen uns, dass 2 präxistirende Farbstoffe im
Chlorophyll nicht existiren und dass früher als selbstständig charakterisirte Farbstoffe Chlorophyllderivate sind. —

Bei der Untersuchung der Florideenfarbstoffe grünen und
rothen, welche von Kützing, Kohn und Rosanoff beobachtet
sind, Chlorophyll und Phycoerythrin, constatirt Pringsheim, Phycoerithrin.
dass beide Chlorophyllderivate sind, der grüne ein näheres, der
rothe ein entfernteres. Das Phycoerythrin zeigt Bd. I und II
schwach, III, IV und IVa bedeutend verstärkt, die Bänder in Blau
und Violett unverändert. Der grüne Farbstoff zeigt Schwächung
der Bänder I, II, III, Verstärkung von Band IV und der Bänder
in Blau und Violett. Der Unterschied dieser beiden Bänder vom
Phanerogamenchlorophyll besteht in der Existenz von Band IVa und
der Verschiebung von III.

Die Existenz selbstständiger Chlorophyllmodificationen wird
dadurch unstreitig befestigt und die Ansicht über die Zusammensetzung des Chlorophylls aus 2 Componenten sehr in den Hintergrund gestellt. (Einwendungen und Bestätigungen dieser Thatsachen
siehe C. Timirjaseff und R. Sachsse).

In späteren Arbeiten [(3) und (4) siehe oben Literatur] werden von demselben Forscher Resultate über die Lichtwirkung und Chlorophyllfunktion in
der Pflanze, sowie über einen Bestandtheil des Chlorophyllkörpers, das Hypochlorin mitgetheilt, welche in hohem Grade beachtenswerth, auch hier im
Wesentlichen eine Stelle finden sollen.

Was zunächst das Hypochlorin betrifft, so ist diese Substanz in jeder Hypochlorin.
chlorophyllgrünen Pflanzenzelle zu finden und zu isoliren mittelst verdünnter
Salzsäure aus dem Chlorophyllkörper. Dasselbe tritt in Form zäher, halb-
flüssiger Tropfen auf, die allmälig krystallinisch werden und zu längeren

röthlich braunen Nadeln auswachsen, ist löslich in Alkohol, Aether, Terpenthinöl, Benzol und Schwefelkohlenstoff, unlöslich in Wasser und Salzlösungen.

Die Zusammensetzung des Chlorophyllkörpers ist nach Pringsheim complicirter, als bisher angenommen wurde. Derselbe enthält unzweifelhaft stets auch fettes Oel und das Hypochlorin, eine flüchtige Substanz, vielleicht ein Kohlenwasserstoff. Die Gesichtspunkte, welche aus den Resultaten der letzten Arbeiten Pringsheim's hervorgehen, folgen mit des Autor's eigenen Worten:

I. Was das Chlorophyll betrifft, so ist die Möglichkeit seiner Zerstörung durch Licht in der lebenden Pflanze unzweideutig erwiesen. Zugleich ist aber gezeigt, dass die Zerstörung kein normaler, sondern ein pathologischer Vorgang ist. Die Pflanze kann den zerstörten Farbenstoff nicht regeneriren und die Zerstörung selbst ist unabhängig von der CO_2 Aufnahme, sie kann daher bei der Assimilation des Kohlenstoffs keine Rolle spielen.

Hiermit fallen alle chemischen Theorien, welche eine genetische Entstehung der Kohlenhydrate aus dem Chlorophyll nachweisen wollen.

Es ist ferner erwiesen, dass die Zerstörung in allen Farben, im Roth, Gelb, Grün und Blau stattfindet und es zeigt sich, dass keine bestimmte Beziehung zwischen den Maximis der Lichtabsorption im Chlorophyll-Farbenstoff und der Farbe, die die Zerstörung hervorruft, vorhanden ist.

II. Für die Athmung ist nicht nur ein Beweis beigebracht, der in voller Schärfe bisher fehlte, dass die Sauerstoff-Aufnahme auch im direkten Sonnenlichte stattfindet, — ein Satz, der eigentlich bisher nur ein theoretisches Postulat war, — sondern es ist zugleich gezeigt, dass die Athmung mit der wachsenden Lichtintensität ungemein gesteigert wird.

Es ist daher schon eine einfache Consequenz, wie auch das unmittelbar nachgewiesene Resultat meiner Versuche, dass der Chlorophyll-Farbstoff vermöge seiner starken Lichtabsorptionen die Athmungsgrösse herabsetzt, indem er den photochemisch wirksamsten Theil der Strahlung ausser Wirksamkeit setzt. Ferner sind die Stoffe unterschieden, welche bei der Athmung der Pflanzenzelle verbraucht werden und von einer Reihe bekannterer Formenbestandtheile derselben gezeigt, dass sie hierbei unbetheiligt sind.

III. Für die tiefere Einsicht in den Assimilations-Vorgang ist durch den Nachweis eines bis dahin unbekannten in allen Chlorophyllkörpern vorhandenen Körpers, aus welchem die Stärkeeinschlüsse derselben hervorgehen, das allgemeine primäre Assimilationsprodukt der grünen Pflanzen aufgefunden. Es ist schon aus den mikrochemischen und morphologischen Eigenschaften dieses Körpers im höchsten Grade wahrscheinlich gemacht, dass er entweder ein reiner Kohlenwasserstoff ist, oder doch in die Reihe jener sauerstoffarmen organischen Pflanzenbestandtheile gehört, welche weniger Sauerstoff enthalten, als die sog. Kohlenhydrate.

Hieraus erklärt sich wieder, wenn man die wahrscheinlichste Hypothese gelten lässt, dass die Pflanze ihr erstes kohlenstoffhaltiges Material aus Kohlensäure und Wasser aufbaut, in naheliegender Weise, warum trotz der überaus gesteigerten Athmung im Lichte die Volumina der mit Luft erfüllten abgeschlossenen Räume, in welchen Pflanzen in der Sonne cultivirt werden, dennoch in ihrer Grösse unverändert bleiben können.

IV. Die Function der grünen Farbe der Gewächse endlich ist in einer, von den gegenwärtigen Vorstellungen weit abweichenden Weise auf ihre Bedeutung für die Sauerstoffathmung zurückgeführt. Es ist gezeigt, dass das Chlorophyll als Regulator der Pflanzenathmung im Lichte durch seine starken Absorptionen der chemisch wirksamsten Strahlen die Athmungsgrösse der grünen Pflanzen im Licht unter die Assimilationsgrösse herabdrückt und so die Ansammlung der kohlenstoffhaltigen Produkte und das Bestehen der Pflanze im Lichte ermöglicht.

Durch diese Auslöschung der blauen Strahlen im Chlorophyll erklärt sich zugleich die beobachtete grössere Wirksamkeit der Strahlen mittlerer Brechung für die Sauerstoff-Entwicklung der Pflanze, sowie das scheinbare Zusammenfallen der Assimilationscurve der Pflanze mit der Helligkeitscurve des menschlichen Auges. Unzweifelhaft liegt das Maximum der Assimilation für verschiedene Pflanzen an verschiedenen Stellen der wirksamen Strahlen mittlerer Brechung und hängt von der für die verschiedenen Pflanzen unbedingt verschiedenen Extinctionsgrösse der chemischen Strahlen im Chlorophyll ab.

Ist die hier ausgesprochene Function des Chlorophylls auf die Beschränkung der Athmung die einzige, die dasselbe im Gaswechsel der Pflanzen ausübt? Auf diese Frage werde ich in späteren Arbeiten zurückkommen. Unzweifelhaft ist, dass sie bis jetzt die einzige thatsächlich erwiesene ist. Denn die einzige Stütze, welche man seit der Entdeckung der Sauerstoff-Abgabe der Pflanzen bis jetzt für eine directe Betheiligung des Chlorophylls an dem Vorgange der Kohlensäure-Zersetzung immer und immer wieder geltend gemacht hat, die Thatsache nämlich, dass nur grüne Theile Sauerstoff entwickeln, findet in der Herabsetzung der Athmungsgrösse durch das Chlorophyll ihre ausreichende Erklärung.

V Zum Schlusse mag nicht unerwähnt bleiben, dass für eine

Reihe von Pflanzenbestandtheilen, die in die Klasse der ätherischen Oele und ihrer unmittelbaren Derivate gehören und die man bisher gewöhnt war ausschliesslich für Produkte einer retrograden Metamorphose zu erklären, eine allgemeine und unmittelbare Entstehung innerhalb der Grundsubstanz eines jeden Chlorophyllkorns nachgewiesen ist, deren weitere Verfolgung wichtige Aufklärungen über die Verbreitung und das Auftreten jener Körper verspricht.

Einige Arbeiten müssen hier ferner noch Erwähnung finden:

Zunächst die Untersuchungen A. Stöhrs über den Einfluss des Lichtes auf die Chlorophyllbildung, welche gezeigt haben, dass die Chlorophyllbildung im Lichte ein Process phytochemischer Induction ist, ferner die Arbeiten von Flahoult „über die Entstehung des Chlorophylles und der Pflanzenfarben ohne Licht", welche im Wesentlichen das Resultat lieferten, dass sich Chlorophyll zuweilen auf Kosten der aufgespeicherten Nährsubstanz bilden kann, auch ohne Licht, und dass nur 2 Klassen von Pflanzenfarbstoffen aufzustellen sind:

a) ein gelber unlöslicher Farbstoff,

b) flüssige Farbstoffe, die gelb, roth, blau oder anders gefärbt sind.

Das unlösliche gelbe Pflanzenpigment ist nichts Anderes als umgewandeltes Chlorophyll.

Farbstoffe herbstlich gefärbter Blätter.

Das Xanthophyll von Berzelius, Phylloxanthin Fremy's, ist identisch mit Pringsheim's Xanthophyll (siehe oben), dem Farbstoffe herbstlich gefärbter Blätter, der in Alkohol und Aether löslich und mit Säuren smaragdgrün wird. Dieser Farbstoff, eine Chlorophyllmodification, zeigt von Absorptionserscheinungen in Lösung Band I schmal und nur in concentrirter Lösung, 3 Bänder im Blau, nebst bei E beginnender, stark dunkler Endabsorption. — K. Kraus hat in herbstlich gefärbten Blättern Brenzcatechin nachgewiesen. Die allmälig auftretende rothe Färbung herbstlicher Blätter ist durch Zersetzungen des Chlorophylles veranlasst, da der Farbstoff Bestandtheil des Zellsaftes ist. Berzelius (Annal. Chem. u. Pharm. **21.** 265) nannte diesen Farbstoff Erythrophyll, der besonders aus Kirsch- und Johannisbeerblättern isolirt wurde und zwar durch Extraction mit Weingeist, Fällung der Flüssigkeit nach Beseitigung des Weingeistes mittelst Bleizucker, Zerlegen des Niederschlages mit Schwefelwasserstoff und Eindampfen zur Trockne.

Brenzcatechin.

Erythrophyll.

Hierher gehört auch die Cissotannsäure Wittstein's (Vierteljahrsschr. pract. Pharm. **2.** 161), welche aus den rothen Blättern von Ampelopsis hederacea isolirt wurde, ausserdem die Xanthotannsäure Ferrein's (Vierteljahrsschr. pract. Pharm. **8.** 1).

Die gelben, rothen und blauen Farbstoffe von Blumen, Früchten etc.

Farbstoffe allgemeiner Verbreitung in Blüthen und Früchten.

— a) Gelbe Farbstoffe: Die Verbreitung der gelben Farbstoffe im Pflanzenreiche ist eine mannichfaltige, sei es im Verein mit Protoplasmamasse, oder mit ölähnlichen Stoffen, sei es im Zellsafte gelöst (Blüthen von Althaea Sieberi, Tagetes, Primula elatior, Digitalis lutea, Aconitum Lycoctonum etc.). Unterschieden wurden bis jetzt: Anthoxanthin (Marquardt), Xanthin u. Xanthein (Cloëz, Fremy), Luteïn (Thudichum, Chem. Centralbl. 1869. 65), Anthochlor (Prantl), der in Wasser lösliche Blumenfarbstoff, deren Darstellung im Allgemeinen auf Extractionen der betr. Pflanzen mittelst Alkohol, Aether u. Wasser etc. zurückkommen. Pringsheim hält eine Unterscheidung der verschiedenen gelben Blüthenfarbstoffe nach den Pflanzen für unmöglich und führt den alten Namen Anthoxanthin für den gelben Blüthenfarbstoff, der sich, wie oben schon erwähnt, auf den Chlorophyllfarbstoff zurückführen lässt.

b) blaue und rothe Farbstoffe: Die Verbreitung dieser Farbstoffe ist meistentheils in gelöster Form zu beobachten. In fester Form sind dieselben bis jetzt beobachtet, besonders in den blauen Blumenblättern von Strelitzia reginae, Tillandsia amoena, Atropa Belladonna, Solanum gujenense, blauen Beeren von Passiflora accrifolia und alata, Solanum nigrum, Blüthen von Delphiniumarten, ferner in rothen Blüthen von Adonis autumnalis, Aloe subverrucosa, Verbena chamaedrifolia, Passiflora Cimbata, dem Fruchtfleische von Lycopersicum esculentum. —

Marquardt's Anthokyan und Fremy's und Cloëz's Kyanin sind identisch und werden aus den betr. Pflanzentheilen durch Extraction mit Alkohol gelöst, welche Lösung zur Trockne verdampft, mit Wasser wieder aufgenommen wird. Diese Lösung, mit essigsaurem Blei gefällt, giebt eine grüne Fällung, welche mit Schwefelwasserstoff zerlegt, den Farbstoff an Wasser abgiebt, das verdampft mit absolutem Alkohol aufgenommen, endlich den Farbstoff nach Aetherzusatz in blauen, amorphen Flocken ausscheidet, die löslich sind in Wasser, Alkohol. Die Lösungen des Farbstoffes geben mit Metallsalzen grüne oder auch blaue und rothe Verbindungen (Wiesner). Durch Säuren und saure Salze werden diese Farbstoffe roth oder violett, durch Alkalien wird das Roth wieder in blau, violett bis grüngelb umgewandelt (Wiegand, Schwendener, Nägeli). Die rothen und violetten und Rosafarbstoffe sind daher aus dem Blau durch Säuren entstanden, da auch alle diese Pflanzensäfte, in denen dieselben vorkommen, sauer reagiren (Fremy, Cloëz). Die optischen Eigenschaften dieser Farbstoffe sind uns bekannt geworden in Fluorescenzerscheinungen, die die blauen alkoholischen Lösungen von Ajuga reptans und pyramidfolia zeigen. Das spectroskopische Verhalten, besonders von G. Kraus studirt, charakterisirt sich folgendermassen:

Der rothe Farbstoff zeigt nur Absorption im Grün und Blau bis F. und am Ende des Spectrums von G. an. Violett zeigt Absorption bei D. mit schwachem Schatten nach Rechts und grösserer Endabsorption. Der blaue Farbstoff zeigt Absorption, hinter D. beginnend, und sich, wenn auch schwach, fortsetzend bis F. —

Vielleicht den eben erwähnten Farbstoffen verwandt sind die blauen und violetten Farbstoffe der Beeren und Früchte, die gelegentlich im Systeme selbst weitere Erwähnung finden werden. (Literatur: Berzelius, Ann. Chem. Pharm. 21. 262. — G. J. Mulder, die Chemie des Weines 1856. — A. Glénard, Journ. pract. Chem. 75. 317. — Nicklé's Journ. Pharm. (3) 35. 328. — Runsch, Jahrb. Pharm. 94. 129. — Hartsen, Compt. rend.

1873. — E. Varenne, Bull. soc. chim. 29. 109, n. F. — A. Gautier, Compt. rend. 86. 1507. — E. Duclaux, Repertoire Pharm. 1874. 357. u. A.)

Ueber die Pflanzenfarben überhaupt macht H. C. Sorby ausführliche Mittheilungen, auf welche hier nur verwiesen werden kann. —

Xylindein. Ein grüner Farbstoff, von Ferdos & Rommier kurz beschrieben, unter dem pathologischen Einflusse von Periza aeroginosä in absterbendem Holze der Buche, Eiche und Birke gebildet, ist nach Liebermann (Berl. Ber. 7. 446) vom Aussehen des sublimirten Indigo's, aus Phenol umkrystallisirt, mit der Zusammensetzung $C = 58,65\%$, $H = 5,66\%$, $N = 2,45\%$.

Prillieux (Bull. soc. bot. France 24. 1877. 167) schildert den unter obigen Bedingungen gebildeten Farbstoff als unlöslich in Alkohol und Aether, löslich in Chloroform. Säuren verändern denselben nicht, Alkalien entfärben ihn. Das optische Verhalten characterisirt sich durch schwach grüngelbe, in's Rothe spielende Fluorescenz, durch 2 starke Bänder im Roth u. Orange, wobei Grün und Blau, Violett nicht verdunkelt werden.

Bley jun. (Arch. Pharm. (2) 94. 129) nennt diesen Farbstoff Xylochlorsäure.

Farbstoffe der Pilze.

Farbstoffe der Pilze. — Allgemein verbreitete, näher untersuchte Farbstoffe bei der Klasse der Pilze lassen sich bis jetzt nicht wohl characterisiren. Cohn hat die Verbreitung rosaroth und roth gefärbter Farbstoffe bei den Bacterien beobachtet.

O. Halm hat sich mit der chemischen Charakteristik des rothen Farbstoffes von Monas prodigiosa beschäftigt und festgestellt, dass derselbe mit dem Anilinroth nicht übereinstimmt. Salzsäure färbt nur rosa, Kali und Ammon färben gelb, mit Säuren wieder roth, ebenso wirken Kalkwasser, Ammoncarbonat, Zinnchlorür entfärbt allmälig. Der Farbstoff ist in Alkohol, Petroleumäther, Steinkohlenbenzin und Schwefelkohlenstoff löslich. — Das Absorptionsspectrum dieser Farbstoffe ist von Ray-Lankester festgestellt.

W. G. Schneider stellte aus Clavaria und Helvella einen rothen, fluorescirenden Farbstoff her, löslich in Wasser, Alkohol und Glycerin.

Cuigni hat nachgewiesen, dass der Farbstoff von Boletus luridus nicht den Anilinfarbstoffen angehört.

Farbstoffe der Algen und Flechten.

Farbstoffe der Algen und Flechten. — Die blaugrünen Färbungen vieler Flechten, besonders der Kyanophyceen und deren Verwandte, die mit dem Protoplasma verbunden sind, haben nach Nägeli das *Phykochrom.* sog. Phykochrom als Grundlage, einen in Wasser löslichen, daraus durch Alkohol fällbaren, sehr leicht mit Säuren und auf andere Weise veränderlichen Farbstoff, der von Askenasy (Botan. Zeitung 1867. 234) näher characterisirt wurde. Der Farbstoff aus Peltigera canina zeigt in Lösung Fluorescenz und zwar eine rothe und gelbe, ausserdem im Spectrum ein Absorptionsband im Roth, ein anderes an der Grenze von Gelb und Grün, das sich durch das ganze Spectrum fortsetzt. Nähere Untersuchung dieses Farbstoffes auch in anderen Species veranlassten Askenasy, diesen Farb- *Phykokyan.* stoff als Gemenge zweier zu betrachten, Phykoerythrin und Phykokyan, durch eine einzige Linie im Roth und durch rothe Fluorescenz charakterisirt. Der letztere soll bei Oscillaria antliaria allein vorkommen, bei andern dagegen wieder gemengt mit Phykoerythrin.

Floridecnfarbstoffe. Der in Wasser lösliche carminrothe Farbstoff der Florideen, der ebenfalls an Protoplasma gebunden ist, ist sehr leicht zersetzbar, bei 50—60° C. durch Alkali, zeigt eine Reihe von Synonymen: Phykoerythrin (Kuetzing), worunter aber Nägeli und Schwendener Chlorophyll und Phykoerythrin verstehen, Rodophyll (Cohn). Das optische Verhalten ist von Askenasy, Rosanoff und zuletzt Pringsheim untersucht worden, welcher letztere gezeigt hat, dass Chlorophyllmodificationen hier vorliegen. (Siehe oben.)

Kuetzing hat auch ein Phykohämatin als Bestandtheil von Rytiphlaca tinctoria beschrieben.

Die Farbstoffe der Fucusarten und Diatomeen sind Blattgrün und ein brauner Farbstoff, der leichter löslich in Alkohol ist, als das Chlorophyll, der von Askenasy (Botan. Zeit. 1867. 236. 1869. 785) näher untersucht wurde, ohne dass bestimmte Gesichtspunkte über dessen Natur gewonnen worden wären.

Reincke (Pringsheim's Jahrb. 10. 399) untersuchte die Farbstoffe einer Oscillaria, von Fucus, Halidrys, Laminaria und Desmarestia und beobachtete, dass das Phykoxanthin von Oscillaria von dem der übrigen Gattungen abweicht. Das Phykoxanthin von Oscillaria zeigt nämlich ausser den 6 Absorptionsbändern noch das 1. Band des Chlorophylls.

Th. Fries (Lichenographia Scandinavia. Vol. I) hat bei seinen Arbeiten auf die Farbstoffreactionen verschiedener Gattungen aufmerksam gemacht, besonders die Färbungen, welche bei farblosen Hypothecien mit Aetzkali entstehen, sowie auf das Auftreten von Eisenoxyd in dem Thallus der sog. oxydirten Lager. (Acarospora, Lecidea etc.). Noch sind es die Arbeiten von Sorby über die Algenfarbstoffe, welche Erwähnung verdienen. Sorby unterscheidet sechs verschiedene, lösliche Algenfarbstoffe, deren Namen, Absorptionsverhältnisse, Fluorescenz, sowie Zersetzungstemperatur in folgender Tabelle zusammengestellt sind.

Name		Centrum	Weite	Fluorescenz	Temperatur
Blue phycocyan.	Oscillaria	650	18	intensiv roth	75° C.
Purple phycocyan.	„	621	32	„ rosa	80° „
„ „	Porphyra	621	32	„ „	68° „
Pink phycocyan.	Oscill.	567	39	zweifelhaft	65° „
„ phycoerythrin.	Porph.	569	18	orange	80° „
Red phycoerythrin.	„	497	27	keine	80° „

Das Centrum bedeutet das Centrum des Absorptionsstreifens (Wellenlänge in Milliontelmillimeter), Weite = die Weite des Streifens, Temperatur = die Zersetzungstemperatur der Farbstoffe. —

II. Nebelung (Botan. Zeitung 1878. 369—417) untersuchte eine Reihe Süsswasseralgen auf die spectroscopischen Verhältnisse ihrer Farbstoffe und Cladophora, Vaucheria, Hydrurus, Melosira, Phormidium, Bangia, Lemania, Chantransia, Batrachospermum, Porphyridium. Wegen der gewonnenen Resultate sei auf das Original verwiesen.

Rindenfarbstoffe oder Phlobaphene. — In den Rinden und

Borken der Bäume und Sträucher finden sich braunrothe amorphe, ihre Farbe bedingende Substanzen, die sich in Weingeist und in verdünnten Alkalien lösen und aus ersterem durch Wasser, aus letzterem durch Säuren in braunrothen Flocken wieder ausgeschieden werden. Stähelin und Hof-

stetter (Ann. Chem. Pharm. 51. 63), die sich zuerst mit diesem Gegenstande beschäftigten, untersuchten die braunrothen Farbstoffe der Rinden oder Borken von *Pinus sylvestris*, *Betula alba*, *Platanus acerifolia* und der gelben Chinarinde, fanden sie bei gleichen Eigenschaften auch gleich zusammen-
Phlobaphen. gesetzt und gaben ihnen den gemeinsamen Namen Phlobaphen. Neuere Untersuchungen von Hesse (Ann. Chem. Pharm. **109**. 343), Hlasiwetz (Ann. Chem. Pharm. **143**. 305), Grabowski (Ann. Chem. Pharm. **145**. 1) und Anderen haben nun ergeben, dass diese auch in den Rinden anderer Pflanzen angetroffenen Phlobaphene die grösste Aehnlichkeit mit den braun-rothen Zersetzungsprodukten zeigen, welche viele Gerbsäuren und auch andere Glycoside bei Einwirkung oxydirender Agentien liefern. Es ist daher im hohen Grade wahrscheinlich, dass die natürlich vorkommenden Phloba-phene in den äusseren Bedeckungen der Pflanzen im Contact mit der Luft sich bildende Oxydationsprodukte der so verbreiteten Gerbsäuren sind.

Völlige Uebereinstimmung, namentlich in der Zusammensetzung, ist hiernach für dieselben nicht zu erwarten. Stähelin und Hofstetter be-rechneten aus ihren Analysen für das mittelst Weingeist extrahirte, von ihnen als wasserfrei betrachtete Fichten-, Birken-, Platanen- und China-phlobaphen die Formel $C_{10}H_8O_4$, für das aus alkalischen Lösungen durch Salzsäure gefällte und „Phlobaphenhydrat" genannte die Formel $C_{10}H_8O_4 + \frac{1}{2}H_2O$. Grabowski hat für das Eichenphlobaphen die Formel $C_{26}H_{24}O_{14}$ gefunden. J. Oser (Wiener Academ. Ber. 1876. 2. Abth. 181) nimmt die Spaltung von Eichengerbsäure in Zucker und Eichenroth an.

$$C_{20}H_{20}O_{11} + H_2O = C_{14}H_{10}O_6 + C_6H_{12}O_6.$$

Zur Darstellung der Phlobaphene erschöpft man die Rinden nach Stähelin und Hofstetter zuerst mit Aether, extrahirt sie dann mit Wein-geist, behandelt das durch Verdunsten der weingeistigen Auszüge erhaltene Extract mit Wasser und löst den gebliebenen Rückstand entweder in Am-moniak, um dann die Lösung mit verdünnter Schwefelsäure zu fällen, oder in Weingeist und schlägt das Phlobaphen mit Wasser nieder. Grabowski zog die mit Wasser erschöpfte Eichenrinde mit wässrigem Ammoniak aus und fällte die Lösung mittelst Salzsäure.

Die ammoniakalische Lösung der Phlobaphene wird sowohl durch Blei-acetat, als auch durch Chlorcalcium und Chlorbarium gefällt. Die Nieder-schläge sind Verbindungen der Phlobaphene mit Bleioxyd, resp. Kalk und Baryt (Stähelin und Hofstetter. Grabowski).

Eichenphlobaphen liefert beim Schmelzen mit Kalihydrat nach Gra-bowski Phloroglucin und Protocatechusäure und da auch für das China-phlobaphen Hlasiwetz bei gleicher Behandlung das Auftreten von Proto-catechusäure constatirte, so ist damit ein weiterer Beweis geliefert für die Zusammengehörigkeit der natürlichen Phlobaphene und der rothen Zer-setzungsprodukte der Gerbsäuren, welche sämmtlich bei der Oxydation mit schmelzendem Kali Protocatechusäure geben.

C. Böttinger (Ann. Chem. **202**. 269) hat sich eingehend mit dem Studium des Phlobaphenes und Eichenrothes beschäftigt und uns über die Beziehungen dieser Stoffe zu Gerbsäure, sowie über deren Constitution auf-geklärt. Zur Darstellung des Phlobaphenes wurde Eichenlohe zunächst mittelst Aether, hierauf wiederholt mit Alkohol extrahirt. Der ätherische Auszug enthält Fett, Wachs, Chlorophyll und kleine Mengen von Gallussäure, der alkoholische Eichengerbsäure und Phlobaphen. Letzteres ist rein in

Wasser unlöslich, dagegen leichter in gerbsäurehaltigem Wasser löslich, welche Eigenschaft mehr oder weniger zur Reindarstellung benützt wurde. Die verdampften alkoholischen Auszüge wurden wiederholt mit Wasser und gerbsäurehaltigem Wasser in der Hitze behandelt, verdampft, mit Alkohol aufgenommen, wieder verdampft und wiederholt mit kochendem Wasser extrahirt. Auf diese Weise gelang die Reindarstellung des Phlobaphens welches als vollständig identisch mit dem Eichenroth, dem Spaltungsprodukt der Eichengerbsäure, erkannt wurde, da das physikalische und chemische Verhalten vollkommen übereinstimmt.

Das Phlobaphen bildet ein rothbraunes Pulver, ist unlöslich in heissem Wasser, kaltem Alkohol, Aether und siedendem Benzol, siedendem absolutem Alkohol, wässrigen anorganischen Säuren, concentrirter Essigsäure, in Soda- und Tanninlösung, etwas mehr löslich in siedendem concentrirtem Glycerin. Löslich ist dasselbe in Galsäurelösung und wässrigem Alkali; mit Eisenchlorid giebt es eine schwarze Färbung. Oxydationsmittel zerstören dasselbe vollkommen zu CO_2 und H_2O, Zinkstaubeinwirkung in der Wärme war ohne Erfolg, schmelzendes Kali liefert Protocatechusäure und Phloroglucin. Die Elementarzusammensetzung entspricht am besten der Formel $(C_{14}H_{10}O_6)_2 - H_2O$.

Ein Triacetylderivat, sowie Tribenzoylderivat wurden ferner dargestellt; von besonderem Werthe waren aber die Einwirkungen von rauchender Salzsäure oder Jodwasserstoffe auf Phlobaphen, welche schwarze, glänzende Körper mit braunem Striche liefern, durch Austritt von Kohlensäure und Wasser entstanden. Rauchende Salzsäure, auf Pyrogallol einwirken gelassen, liefert nun ebenfalls einen Körper, Pyrogallolanhydrid, der schwarz, unlöslich, die Fähigkeit besitzt, Haut ebenso in schwarzes Leder umzuwandeln, als eine phlobaphenhaltige Gerbsäure Haut in braunes Leder verwandelt. Die Elementaranalysen dieses Körpers entsprechen am besten der Formel $(C_{12}H_6O_3)_2 + H_2O = 4\ C_6H_6O_3 - 5\ H_2O$ und dürfte der schwarze Körper ein Gemisch der beiden Pyrogallolanhydride sein $C_{12}H_6O_3$ und $C_{12}H_8O_4$. Das Pyrogallolanhydrid gleicht nun dem bei Einwirkung von rauchender HCl auf Phlobaphen erhaltenen so sehr, dass man die Identität auszusprechen versucht ist. Böttinger betrachtet das Phlobaphen als Anhydrid von Methyl- und Carboxylpyrogallol (Tannin) und giebt die Constitution:

$$C_6H_2 \begin{smallmatrix} \diagup CO - O \diagdown \\ -OH \,.\, HO- \\ \diagdown OH \\ \diagdown O \diagup \end{smallmatrix} C_6H_2\ \ CH_3$$

— 12./8. 81. Hg. —

7. Amidoverbindungen.

Zu den allgemein verbreiteten Stoffen gehören ferner folgende Körper, die wegen ihrer Bedeutung für die physiologischen Vorgänge im pflanzlichen Organismus eine specielle Erwähnung finden müssen.

$$\text{Asparagin.} \quad \textbf{Asparagin.} \quad C_4H_8N_2O_3. \; - \; \overset{\displaystyle CO.NH_2}{\underset{\displaystyle CO\,OH}{|\;C_2H_3.NH_2\;|}} \; - \; \text{Literat.: Vauquelin}$$

Asparagin. **Asparagin.** $C_4H_8N_2O_3$. —

$$\begin{array}{c} CO.NH_2 \\ | \\ C_2H_3.NH_2 \\ | \\ CO\,OH \end{array}$$

— Literat.: Vauquelin
und Robiquet, Ann. Chim. **57.** 88. — Robiquet, Ann. Chim. **72.**
143. — Bacon, Ann. Chim. Phys. (2) **34.** 202. — Plisson, Ann. Chim.
Phys. (2) **35.** 175; **37.** 81. — Plisson und Henry, Ann. Chim. Phys.
(2) **45.** 304. — Boutron-Charlard und Pelouze, Ann. Chim. Phys.
(2) **52.** 90. — Regimbeau, Journ. Pharm. (2) **20.** 631; **21.** 665. —
Liebig, Poggend. Annal. **31.** 220. — Biltz, Ann. Chem. Pharm. **12.**
54. — Piria, Ann. Chim. Phys. (3) **22.** 160. — Dessaignes und
Chautard, Journ. Pharm. (3) **13.** 245. — Dessaignes, Journ. Pharm.
(3) **25.** 28; Compt. rend. **30.** 324; **31.** 432; Ann. Chim. Phys. (3) **34.**
143. — Boussingault, Compt. rend **58.** 881. 917. — Pasteur, Ann.
Chim Phys. (3) **31.** 70; **34.** 30; **38.** 457. — Hlasiwetz, Wien. Akad.
Ber. **13.** 526. — Gorup-Besanez, Ann. Chem. Pharm. **125.** 291. —
A. Beyer, Landw. Versuchsstat. **9.** 168. — E. Schulze und Um-
lauft, Landw. Versuchsstat. **18.** 1. — A. Cossa, Landw. Versuchsstat.
15. 182. — Pfeffer, Pringsheim's Jahrb. wissensch. Botan. S. 530.
— Henneberg, Landw. Versuchsstat. **16.** 184. — E. Schulze, Botan.
Zeit. **37.** 1879. 209. — Borodin, Botan. Zeit. 1878. **36.** 801. — M.
Mercadante, Berl. Ber. 1875. 823. 824. — R. Sachsse & W. Kor-
mann, Quantitat. Bestimmung, Landw. Versuchsst. 1874. 88. — R.
Sachsse, Ber. naturf. Ges. Leipzig. **3.** 26. — P. Champion & Pellet,
Compt. rend. **82.** 819. — L. Portes, Repert. Pharm. N. S. **4.**
641. — E. Schulze & Urich, Landw. Versuch'sst. **20.** 193. — E.
Schulze & Barbieri, Ebendas. **21.** 63—92, Landw. Jahrb. 1877.
681. — E. Schaal, Ann. Chem. Pharm. **157.** 24. — J. Quareschi,
Gazz. chim. 1875. 45. 1876. 375. 7. 404. — E. Grimaux, Compt. rend.
81. 325. — F. Hofmeister, Ann. Chem. Pharm. **189.** 6. — Reinsch,
N. Repert. Pharm. **39.** 198. — P. Gries, Berl. Berl. **12.** 2117.

Entdeckung.　Dieser ziemlich verbreitete Körper, Amidobernsteinsäure-
amid, wurde 1805 von Vauquelin und Robiquet in den Spargeln,
den Schösslingen von *Asparagus officinalis L.*, entdeckt. Später
stellte Caventou ein „Agedoïl" aus der Süssholzwurzel und
Bacon ein „Althäin" aus der Eibischwurzel dar, von denen dann
Plisson zeigte, dass beide mit dem Asparagin identisch seien.
Seitdem ist das Asparagin noch in zahlreichen anderen Pflanzen aufgefunden worden.

Vorkommen.　Es wurde bis jetzt in folgenden Pflanzen nachgewiesen: in etwas grösserer
Menge noch als in *Asparagus officinalis* von Regimbeau in den Sprossen
von *Asparagus acutifolias L.;* von Walz in Kraut und Wurzeln von *Convallaria
majalis L., C. multiflora L.* und *Paris quadrifolia L.* (Fam. Smilaceae); von
Link in *Ornithogalum caudatum Ait.* (Fam. Asphodeleae); von Caventou in
der Wurzel von *Glycyrrhiza glabra L.;* von Hlasiwetz in reichlicher Menge
in der Wurzel von *Robinia pseudacacia L.;* von Dessaignes und Chautard

in den im Dunkeln in feuchten Kellern gewachsenen Stengeln von *Lathyrus odoratus L.*, *Lathyrus latifolius L.*, *Spartium junceum L.* und *Colutea arborescens L.*, so wie in den an gleichen Orten entwickelten Keimen der Samen von *Pisum sativum L.*, *Ervum Lens L.*, *Phaseolus vulgaris L.*, *Vicia Faba L.* und *V sativa L.*, *Cytisus Laburnum L.*, *Trifolium pratense L.* und *Hedysarum Onobrychis L.* (Fam. Papilionaceae); in den Wurzeln von *Althaea officinalis L.* (Fam. Malvaceae); von Blondeau und Plisson in den Wurzeln von *Symphytum officinale L.* (Fam. Boragineae); von Vauquelin und von Hirsch in den Knollen von *Solanum tuberosum L.*; von Biltz in den Blättern von *Atropa Belladonna L.* (Fam. Solanaceae); von Aubergier im Milchsafte von *Lactuca sativa L.*; von Gorup-Besanez in den Wurzeln von *Scorzonera hispanica L.* (Fam. Synanthereae); von Dessaignes in kleiner Menge in den Kastanien, den Samen von *Castanea vesca Gärtn.* (Fam. Cupuliferae); von Leroy in den Sprossen des Hopfens, *Humulus Lupulus L.* (Fam. Urticeae); von Dubrunfaut und von Scheibler im Saft der Runkelrübe, *Beta vulgaris L.* (Fam. Chenopodeae); von Luca und Ubaldini in den Wurzelknollen von *Stigmatophyllon jatrophaefolium* (Fam. Malpighiaceae); von Lermer in den Gerstenmalzkeimen; auch ist Semmola's Cynodin aus *Cynodon Dactylon Pers.* (Fam. Gramineae) wahrscheinlich Asparagin gewesen. Dass die jungen Pflänzchen der oben angeführten Papilionaceae nur dann Asparagin enthalten, wenn sie im Dunkeln gezogen wurden, was Piria bezüglich der Wicke in Abrede stellte, hat Pasteur bestätigt. Nach Boussingault ist das Asparagin ein constantes Erzeugniss der im Dunkeln wachsenden Pflanzen. In den Keimlingen der Lupinen (Lupinus luteus) ist dasselbe reichlich vorhanden (A. Beyer), im Safte der Rüben überhaupt, sowie in den süssen Mandeln (Portes). Borodin fand dasselbe in den Sprossen von Tilia, Syringa, Sorbus, Sambucus, Quercus u. a.

Ueber den Gehalt der Spargel an Asparagin liegen keine Angaben vor. Eibischwurzeln liefern nach Plisson und Henry 2% davon, aus Süssholzwurzeln erhielt Plisson 0,8%. Piria gewann aus 100 Th. Wickenkeimen 1,5 und aus 100 Th. Saubohnenkeimen 1,4% Asparagin. Dessaignes und Chautard erhielten aus 1 Liter Saft von Wickenkeimen 9—40 Gm., aus 1 Liter Saft von Erbsenkeimen 8—9 Gm. und aus der gleichen Menge des Safts von Bohnenschösslingen 14 Gm., während Pasteur aus 1 Liter Wickenkeimsaft nur 5 bis 6 Gm. Asparagin herzustellen vermochte. Gorup-Besanez lieferten 2 Pfund der frischen Wurzeln von *Scorzonera hispanica* bei Anwendung der Dialyse 6 Gm. Asparagin, Gintl 50 Pfund Eschenblätter 10 Gm.

A. Beyer fand in 100 Theilen des hypocotylen Gliedes, bei 100° C. getrocknet, 10,5 Asparagin, in 100 Theilen der Wurzel 10,6 Asparagin. In weiterer Entwicklung der Keimpflanzen fanden sich durchschnittlich 3,4% Asparagin.

E. Schulze und Umlauft bestimmten in bei Lichtabfluss gezogenen Keimpflanzen von Lupinus luteus, von 10—12 cm. Länge, den Asparagingehalt zu 1/5 der Trockensubstanz.

Boussignault fand in Bohnenkeimlingen, nach 20 Tagen bei Lichtabschluss, 2,4% Asparagin.

R. Sachsse fand bei Erbsenkeimlingen, die in destillirtem Wasser keimten, folgende Procente von Asparagin, ausgedrückt in Procenten der ursprünglich angewandten lufttrocknen Samenmengen:

		im Dunkeln	im Lichte
nach 6 Tagen		0,46	0,69
„ 10 „		0,92	1,32
„ 15 „		2,68	2,50
„ 24 „		7,04	6,94.

Darstellung: Die Darstellung des Asparagins ist eine sehr einfache Operation. Es krystallisirt aus den ausgepressten und gereinigten Pflanzensäften oder den kalt bereiteten wässrigen Auszügen der Pflanzentheile, wenn dieselben bis zur Consistenz eines dünnen Syrups eingedunstet werden, bei längerem Stehen heraus und kann durch Umkrystallisiren aus kochendem Wasser mit Zuhülfenahme von Thierkohle leicht rein erhalten werden.

aus Spargeln: Bei der Verarbeitung von Spargeln empfiehlt Regimbeau, um den die Krystallisation des Asparagins erschwerenden Schleim zu zerstören, sie in feuchte Leinwand eingewickelt, 4—8 Tage liegen zu lassen, bis sie einen unangenehmen Geruch zu zeigen anfangen, und sie erst dann unter Wasserzusatz zu zerstossen und auszupressen.

aus Eibisch-wurzeln: Zur Extraction von Eibischwurzeln, welche Regimbeau nicht zu zerkleinern anräth, wird von Boutron-Charlard und Pelouze und anderen Experimentatoren, um keinen zu schleimigen Auszug zu erhalten, möglichst kaltes Wasser (von 1—7°) als Extractionsmittel vorgeschrieben. Nach A. Buchner (Zeitschr. Chem. 1862. 117) soll die Darstellung durch Dialyse des Auszuges sehr erleichtert werden.

aus Wicken.   Am vortheilhaftesten erscheint die Darstellung aus den Keimen von Wicken und anderen Papilionaceen. Man lässt nach Piria die Wicken im Keller auf feuchter Gartenerde oder feuchtem Sand keimen, bis die Pflänzchen eine Höhe von 0,6—0,7 Meter erreicht haben, presst sie dann aus, wobei man etwa $^3/_4$ ihres Gewichts an Saft erhält, kocht diesen auf, um das Eiweis zu coaguliren, colirt, verdunstet im Wasserbade bis zur dünnen Syrupsconsistenz und überlässt der Krystallisation.

Eigen-schaften.   Das Asparagin krystallisirt in wasserhellen durchsichtigen Säulen des orthorhombischen Systems mit 1 At. H_2O. Die Krystalle sind hart, spröde, knirschen zwischen den Zähnen, zeigen keinen Geruch, nur geringen ekelerregenden Geschmack und schwach saure Reaction. Sie sind luftbeständig und verlieren das Krystallwasser erst bei 100°, wobei sie erweichen und milchweiss werden. Sie lösen sich in 58 Th. Wasser von 13° (Henry und Plisson) und in 4,44 Th. kochendem (Biltz). Die Löslichkeit des Asparagins in Wasser ist nach Quareschi bei

$$0^0 = 105{,}26, \ 10{,}5 = 55{,}86, \ 28^0 = 28{,}32, \ 40^0 = 17{,}45$$
$$50^0 = 11{,}11, \ 78^0 = 3{,}58, \ 100^0 C. = 1{,}89.$$

In kaltem absolutem Weingeist sind sie unlöslich (Henry und Plisson), von 98 procent. Weingeist erfordern sie bei Siedhitze 700 Th., von 60 procent. kalt 500 Th. und kochend 40 Th. zur Lösung (Biltz). Aether, flüchtige und fette Oele lösen nicht. Dagegen lösen nach Pasteur wässrige Mineralsäuren, Alkalien und Ammoniak das Asparagin in reichlicher Menge und scheiden es beim Neutralisiren (vorausgesetzt, dass die Lösungen nicht zu lange gestanden sind und Asparagsäure gebildet ist) unverändert wieder ab. Die wässrige oder alkalische Lösung dreht die Ebene des polarisirten Lichts nach links, die angesäuerte nach rechts. Für die salpetersaure Lösung ist $[\alpha]j = 35—38{,}8^0$, für die citronensaure nur $12{,}5^0$ (Pasteur). Essigsäure hebt die Drehung auf. Spec. Gew. 1,552 (Rüdorff).

Die Zusammensetzung des Asparagins wurde zuerst von Liebig richtig ermittelt. Piria hielt es für identisch mit dem gleich zusammengesetzten Malamid, dem Amid der Aepfelsäure, was indess von Pasteur und Kolbe (Ann. Chem. Pharm. 121. 232) widerlegt wurde. Beide unterscheiden sich nach Letzterem durch die verschiedene Stellung der Amidatome.

E. Schaal hat Asparagin aus Asparaginsäureäther dargestellt, indem zuerst aus asparaginsaurem Silber mit Jodäthyl der Aether dargestellt und dieser mit Ammoniak erhitzt wurde.

Das Asparagin geht nach Art der Amide sowohl mit Säuren als mit Basen lose Verbindungen ein. Dessaignes (zum Theil in Verbindung mit Chautard) erhielt durch vorsichtiges Verdunsten der Lösungen des Asparagins in aequivalenten Mengen der betreffenden mit Wasser verdünnten Säuren salzsaures ($C_4H_8N_2O_3$, HCl), oxalsaures $C_4H_8N_2O_3$, $C_2H_2O_4$) und salpetersaures Asparagin im krystallisirten Zustande und ebenso durch Verdunsten von Auflösungen verschiedener Metallbasen in wässrigem Asparagin eine Anzahl theils amorpher, theils krystallisirter Verbindungen beider, z. B. $C_4H_7CaN_2O_3$, $C_4H_7ZnN_2O_3$, $C_4H_7CdN_2O_3$, $C_4H_7CuN_2O_3$, $C_4H_7AgN_2O_3$. Auch Verbindungen des Asparagins mit Salzen sind von Dessaignes dargestellt worden, nämlich $C_4H_8N_2O_3$, $2NAgO_3$ und $C_4H_8N_2O_3$, $4HgCl$, beide beim Verdunsten der wässrigen Auflösungen ihrer Componenten in feinen Nadeln krystallisirend.

Wird das Asparagin bis auf etwa 200^0 erhitzt, so bräunt es sich, entwickelt etwas Ammoniak und verwandelt sich in eine braune, bitter schmeckende Substanz; in höherer Temperatur tritt vollständige Zerstörung ein. Auch bei lange fortgesetztem Kochen seiner wässrigen Lösung wird es zersetzt, indem unter Aufnahme von Wasser asparaginsaures Ammonium gebildet wird. Rascher wird die nach der Gleichung: $C_4H_8N_2O_3 + H_2O = C_4H_7NO_4 + N_3H$ erfolgende Umwandlung in Asparaginsäure durch Kochen mit wässrigen stärkeren Säuren und noch leichter durch Kochen mit wässrigen Alkalien oder alkalischen Erden oder durch Schmelzen mit Kalihydrat bewirkt. Die Asparaginsäure, Amido-bernsteinsäure, $C_4 H_7 N O_4$. — $C_2 H_3 (N H_2) \begin{matrix} CO.OH \\ CO.OH \end{matrix}$ isomer mit der von der Aepfelsäure derivirenden Malaminsäure, bildet kleine perl- oder seideglänzende rhombische Blättchen, seltener sehr kleine sechsseitige Prismen, ohne Geruch und von schwach säuerlichem Geschmack. Sie löst sich in 364 Theilen Wasser von 11°, viel leichter in kochendem Wasser, schwieriger in wässrigem und gar nicht in absolutem Weingeist (Pasteur). Sie ist eine zweibasische Säure, geht aber auch mit den Mineralsäuren krystallisirbare Verbindungen ein (Dessaignes). — Durch Einwirkung von kochender Salzsäure auf Asparagin und weiteres Erhitzen erhaltenen trocknen Masse im Kohlensäurestrome bis auf 200° C. erhielt Schaal condensirte Asparaginsäureanhydride von den Formeln $C_{10} H_{14} N_4 O_9$ und $C_{32} H_{26} N_8 O_{17}$, welche mit Ammoniak oder Barytwasser in Asparaginsäure übergehen, deren Kupfersalz sehr schwer löslich ist. Die Asparaginsäure ist ferner Zersetzungsprodukt der Eiweisskörper durch Schwefelsäure, Brom oder Zinnchlorür, ist Bestandtheil der Zuckerrübenmelasse, dreht die Polarisationsebene nach Rechts in saurer Lösung, Links in alkalischer. Dieselbe steht zur Aepfelsäure in demselben Verhältnisse wie das Glycocoll zur Glycolsäure und liefert mit Säuren und Basen Verbindungen. Chlorwasserstoffasparaginsäure ist krystallisationsfähig; den kohlensauren Salzen gegenüber ist dieselbe einbasisch, sonst zweibasisch. Ein Molecul Asparaginsäure löst 1 Atom Kupfer auf (Hofmeister). Das Kupfersalz besitzt die Zusammensetzung

$$C_4 H_5 Cu N O_4 + 4^1/_2 H_2 N$$

und ist in verdünnter Essigsäure leicht löslich (Hofmeister). Mit Mercuronitrat entsteht ebenfalls eine unlösliche Verbindung. — Salpetrige Säure wandelt die Asparaginsäure in optisch active Aepfelsäure um.

Reine Salpetersäure oxydirt das Asparagin nicht, enthält dieselbe jedoch Untersalpetersäure, so zersetzt sie es schon in der Kälte in Aepfelsäure, Stickstoff und Wasser. Diese Zersetzung erfolgt nach der Gleichung: $2 C_4 H_8 N_2 O_3 + 3 N O_2 = 2 C_4 H_6 O_5 + 7 N + 2 H_2 O$ und wird am besten in der Weise bewerkstelligt, dass man Stickoxydgas durch eine Auflösung von Asparagin in der vierfachen Menge Salpetersäure von 1,2 spec. Gew. leitet (Piria). — Beim Aufbewahren verändert sich eine wässrige Lösung von reinem Asparagin nicht, aber unreines geräth nach Piria bald in Gährung, wobei erst Asparaginsäure, dann Bernsteinsäure gebildet wird. Die nämliche Zersetzung erleidet auch das reine Asparagin, wenn seine Lösung mit frischem Wickensaft, oder mit einem Ferment wie Bierhefe oder Caseïn versetzt wird ($C_4 H_8 N_2 O_3 + H_2 O + 2 H = C_4 H_6 O_4 + 2 N H_3$).

Bei Einwirkung von Harnstoff auf Asparagin entsteht ein Körper $C_5 H_7 N_3 O_3$, der mit Salpetersäure oder Salzsäure Aepfelsäureharnstoff liefert (Grimaux). Quareschi erhielt auf diese Weise nicht die genannten Verbindungen.

Bei Einwirkung von Brom auf Asparagin entstehen Co_2, BrH, NH_4Br, $CHBr_3$. Di- und Tribromacetamid. Jod wirkt nicht ein. Nascenter Wasserstoff erzeugt Bernsteinsäure (**Quareschi**). Durch Einwirkung von Jodmethyl auf eine alkalische Asparaginlösung in Methylalkohol entsteht eine Säure $C_4H_5NO_3$, schwer löslich in kaltem Wasser, leichter in heissem Wasser, schwer löslich in heissem Alkohol.

Zur quantitativen Bestimmung des Asparagins sind nachstehende Principien in Vorschlag gebracht: Quantitative Bestimmung.

$$1. \quad C_4H_8N_2O_3 + HCl + H_2O = C_4H_7NO_4$$
$$\text{Asparagin} \qquad\qquad\qquad + NH_4Cl$$

Das gebildete Ammoniak wird nach der **Knop**'schen Methode mit unterbromigsaurem Natron als Stickstoff bestimmt. (R. **Sachsse**, Chemie und Physiologie der Farbstoffe etc. 1876. Journ. pract. Chem. N. F. 6. 118.)

2. Die Amidosubstanzen mit 1 Molecül N werden durch salpetrige Säure zersetzt, wobei der Stickstoff der salpetrigen Säure und der Amidosubstanz frei wird. (Näheres: R. **Sachsse** und W. **Kormann**, Landw. Versuchsst. 17. 321.)

R. **Sachsse** und P. **Brumme** (oben erwähntes Werk) haben diese Methode noch vervollkommnet, indem dieselben die Amidosubstanz mit rauchender Salpetersäure zerstören. Die näheren Verhältnisse bezüglich der Ausführung geben die erwähnten Quellen, zu welchen noch hinzuzufügen sind als werthvolle Beiträge auf diesem Gebiete:

E. **Schulze**, Landw. Versuchsst. 20. 117. Zeitschrift analyt. Chem. 17. 171. Landw. Jahrb. 6. 157 und 377. — F. **Hofmeister**, Zeitschrift phys. Chem. 2. 288. Annal. Chem. Pharm. 189. 6.

Das Asparagin entsteht im keimenden Samen unter Einwirkung des Lichtes und ohne dieselbe. Dasselbe lässt sich nach **Pfeffer**'s Untersuchungen als den Körper betrachten, der die Fortleitung der Proteïnstoffe, besonders zunächst bei den Papilionaceen veranlasst. Asparagin entsteht Bildung und physio-logische Be-deutung in der Pflanze. unzweifelhaft aus den Proteïnstoffen und wird wieder in dieselben umgewandelt. Das Verschwinden des Asparagin's steht in innigem Zusammenhange mit dem Verschwinden des Zuckers, welch' letzterer nach allen Beobachtungen unbedingt hierbei betheiligt sein muss. Ebenso ist bei der Bildung des Asparagins, sicher aus Proteïnstoffen, die Gegenwart von Zucker nöthig. **Borodin**'s nachgewiesene Thatsache, dass Asparagin stets als Zersetzungsprodukt auftritt, wenn eine Pflanze arm an stickstoffhaltigen Bestandtheilen ist, veranlasst zur Hypothese, dass nicht die Kohlenhydrate, sondern das Eiweiss durch den Lebensprocess unter Bildung von Asparagin zersetzt wird, dass dieses Asparagin wieder rasch in Eiweiss zurückverwandelt wird, sobald Kohlenhydrate in genügender Menge vorhanden sind, womit erklärt ist, dass nur bei Mangel an stickstofffreien Substanzen Asparagin in grösserer Menge gebildet wird.

Diese Hypothese lässt sich jedoch nicht mit den beobachteten Thatsachen in Einklang bringen, da z. B. Asparagin und Glutamin neben grossen Mengen von Rohrzucker im Safte der Rüben auftreten und in den Lupinenkeimlingen ein sehr langsames Verschwinden der Eiweisskörper nachgewiesen ist. Unerklärt bleibt, warum in manchen Pflanzen das Asparagin, in anderen das Glutamin das sich in grösserer Menge ansammelnde Produkt der Zersetzung der Eiweissstoffe ist. Trotzdem noch mancherlei Hypothesen auf diesem Gebiete existiren, möge mit diesem Wenigen das Beachtenswerthe erledigt und verwiesen sein auf die Arbeiten von E. Schulze, Borodin, Henneberg, R. Sachsse (siehe oben Literatur), besonders auch auf die Untersuchungen von O. Kellner (Landw. Jahrb. S. I. Supplementb. 243), ferner M. Märcker und E. Schulze (Journ. Landw. 20. 66).

Wirkung und Anwendung.   Ueber die Wirkung des Asparagins ist wenig Zuverlässiges bekannt. Die ihm vindicirte diuretische und (bei grösseren Dosen) emetische Action ist weniger aus Versuchen mit dem reinen Stoffe, als aus den mit verschiedenen Präparaten der *Turiones Asparagi*, namentlich dem *Syrupus turionum Asparagi*, von französischen Aerzten (Broussais, Audouard, Andral, Fouquier) gemachten Beobachtungen am Krankenbette abstrahirt, welche Präparate nach Art des Fingerhuts, jedoch schwächer, auf die Herzbewegung wirken, aber die Magenschleimhaut minder irritiren sollten. Dendrick (New-Orleans med. Journ. 11. 2. 193; Gaz. hebd. 52. Dec. 1854) beobachtete bei sich nach 0,15 in Wasser gelösten Asparagins Supraorbitalkopfschmerz von kurzer Dauer, Gefühl von Fülle in den Augäpfeln, allgemeine Abgeschlagenheit und Schwankungen des Pulses, der dabei um wenige Schläge sank; ausgesprochener war das Sinken nach 0,25 (in $^3/_4$ Stunden um 12 Schläge) und 0,4 (um 18 Schläge, $^1/_2$ St. anhaltend), bei welchen Versuchen starke Mattigkeit, aber weder Magenschmerzen noch vermehrte Diurese statthatten. Von W. Jacobi und Falck (Deutsche Klin. 3. 1858) mit je 0,4 und 1,0 an sich angestellte Versuche ergaben nur unbedeutendes Herabgehen der Pulszahl und keine anderweiten Effecte. Auch Rabuteau (Gaz. med. 2. 21. 1875) fand 1,0 und 2,0 ohne Effect. — Im Harn ist Asparagin nicht nachweisbar (Lehmann, Rabuteau), vielmehr verwandelt es sich im Organismus in. Bernsteinsäure und Ammoniak (Hilger). — Gegen Herzkrankheiten und Wassersuchten gab Zigarelli (Reil, Mat. med. p. 51) Asparagin zu 0,3—0,6 pro dosi. Aschenbrenner hält einen Syrupus Asparagini für die passendste Form.

Leucin.   Substanzen, welche gemeinschaftlich mit Asparagin auftreten, auch eine ähnliche physiologische Funktion haben, gewiss auch grössere Verbreitung im Pflanzenreich besitzen, sind Leucin, Glutamin und Glutaminsäure, Tyrosin, auch wohl Hypoxanthin.

Glutamin. Glutaminsäure.   v. Gorup-Besanez (Berl. Ber. 7. 569) hat zuerst, später auch Cossa (Ebendas. 8. 1357) Leucin im Safte der Wickenkeimpflanzen gefunden und zwar auf diese Weise, dass der Saft zuerst aufgekocht, mit Alkohol gefällt und das Filtrat allmälig concentrirt wurde; wobei sich anfangs noch Asparaginkrystalle, später Leucin abschied. Mercadante (Gazz. chim. 6. 100) hat bei den verschiedenen Stadien des Keimungsprocesses der Gramineen kein Leucin nachgewiesen.

Auch das Vorhandensein von Glutamin und Glutaminsäure, welch' letztere schon längst als Zersetzungsprodukt der Eiweisskörper bekannt,. im lebenden Pflanzenorganismus ist zu constatiren.

E. Schulze und Urich (Landwirthsch. Versuchsstat. **20**. 193) haben die Gegenwart von Glutaminsäure-Amid (Glutamin) $C_5 H_8 N O_3 N H_2$ in dem Safte der Futterrüben, sowie in den Kürbiskeimlingen nachgewiesen. (E. Schulze und S. Barbieri, Berl. Ber. 1877. 199.)

Auch v. Gorup (Berl. Ber. 1877. 780) hat in dem Safte der Wickenkeimlinge Glutaminsäure nachgewiesen. Letztere

$$C_5 H_9 N O_4 = C_3 H_5 (NH_2) \begin{matrix} CO \cdot OH \\ CO \cdot OH \end{matrix}$$

krystallisirt in farblosen, in Wasser schwer löslichen Krystallen, von dem Schmelzpunkte von 135—140° C. Die Methode der Nachweisung war folgende: Die Säfte wurden mit Bleiessig in geringem Ueberschusse versetzt und die concentrirten Filtrate mit starker Salzsäure 2 Stunden lang gekocht, um die Amide in Ammoniak und Amidosäuren zu zerlegen. Diese Flüssigkeiten, mit Bleiacetat versetzt, bis sich Nichts mehr von dem Niederschlag im Ueberschuss löste, wurden mit Alkohol versetzt und die erhaltenen Bleisalze mit $H_2 S$ zerlegt. Die Filtrate von Schwefelblei lieferten bei der Concentration Krystallisationen, welche, nach der Reinigung mit Thierkohle, zur Darstellung von Kupfersalzen und Barytsalzen benutzt wurden, ferner mit salpetriger Säure behandelt wurden, um hierauf durch Reduction mit Jodwasserstoff die Bildung von Brenzweinsäure zu constatiren. Das Kupfersalz der Glutaminsäure hat die Zusammensetzung: $C_5 H_7 N O_4 + 2 H_2 O$, das Barytsalz die Formel: $C_5 H_7 Ba N O_4 + 6 H_2 O$.

Auch das verbreitetere Vorkommen von Tyrosin im Pflanzenorganismus muss angenommen werden. E. Schulze u. Barbieri (Berl. Ber. **12**. 1574) wiesen in Lupinenkeimlingen neben Leucin, einer neuen Amidosäure, Tyrosin nach. Dieselben Forscher isolirten aus Kartoffelknollen ebenfalls Leucin und Tyrosin. Ihre Methode, die sich auch in analogen Fällen verwerthen lässt, war folgende:

Getrocknete Kartoffeln wurden mit 90 % Alkohol extrahirt, der Alkohol aus diesem Auszuge durch Destillation entfernt, der hier verbleibende Rückstand mit Wasser aufgenommen und diese Lösung mit Bleiacetat gefällt. Im Filtrate wurde nach Abscheidung des Bleies mit Schwefelwasserstoff durch Concentration der Lösung Leucin und Tyrosin abgeschieden, aus welchem Gemenge die beiden schliesslich isolirt wurden.

Hypoxanthin. Schliesslich muss an das Auftreten des Hypoxanthin als Endprodukt des Stoffwechsels im Pflanzenreiche erinnert werden, da zunächst Schützenberger und Salomon dasselbe nachgewiesen haben, ferner Kossel (Zeittschr. phys. Chem. **5**. 270) dasselbe als Bestandtheil der Presshefe, der ruhenden Senfsamen, der Sporen von Lycopodium, der Weizenkleie erkannten, auch Salomon im ruhenden Lupinensamen Hypoxanthin einmal nachgewiesen haben will. --

B. Pflanzenstoffe beschränkter Verbreitung.

(A. W. Eichler's Syllabus der Vorlesungen über specielle und
medicin-pharmaceutische Botanik bildet die wesentliche Grundlage
bei der Eintheilung des hier zu besprechenden Materiales.)

A. Cryptogamae.

I. Abtheilung: Thallophyta.

I. Classe: **Algen.**

Die Algen enthalten in ihren Zellmembranen vielfach eine in Wasser stark aufquellende Substanz. Gemenge von Pflanzenschleimen (Bassorin (?), die noch nicht näher untersucht sind, ausserdem als Zelleninhalt Stärke, hier und da, ferner neben Chlorophyll verschiedene Farbstoffe, wie das Phycocyan, Phycoxanthin, Phycoerythrin, Phycophäin, Diatomin (braun), ferner ist in einzelnen Mannit, Lichenin (siehe Allgemeiner Theil S. 128) nachgewiesen worden (Phycit).

Bei den Mineralbestandtheilen gesellt sich bei den Meeresbewohnern ein vermehrter Gehalt an Chlor- Brom- und Jodiden, der Alkalien und alkalischen Erden hinzu.

Algenfarbstoffe. — Kützing's Untersuchungen (Arch. Pharm. 41. 38) haben in den Süsswasseralgen, besonders den Oscillarien neben dem Chlorophyll einen blauen, in Wasser löslichen, in Alkohol unlöslichen Farbstoff, das Phycocyan, festgestellt. Kraus und Millardet (Bullet. soc. sciences natur. Strassbourg. 1868. 22) nehmen in allen Phycochromaceen ausser Chlorophyll und Phycocyan noch ein gelbes Pigment an, Phycoxanthin, das durch langsames Verdunsten des alkoholischen Auszuges, nachdem derselbe durch Schütteln mittelst Benzol von Chlorophyll befreit ist, erhalten wird, eine klebrige, amorphe Masse, in Wasser unlöslich, löslich in Weingeist, schwer löslich in Aether, Benzol und Schwefelkohlenstoff. Die alkoholische Lösung zeigt ziegelrothe Fluorescenz.

Kützing spricht ferner von Phycoerythrin, einem rothen Farbstoffe der Ceramineae und Polisyphonieae und einem blutrothen der Rytiplaea tinctoria, Phycohämatin, fällbar aus dem wässrigen Auszug mittelst Alkohol.

Hier sind ferner der braune Farbstoff der Diatomeae, sowie der braune der Fucoideen, das Phycophäin zu erwähnen.

Phycocyan.

Phycoxanthin.

Phycoerythrin.

Phycohämatin.

Diatomin.

Phycophäin.

18*

Phycochrom.   Das **Phycochrom** der Süsswasseralgen ist nach **Cohn** ein Gemenge von Chlorophylles mit Phycocyan.

Sorby (Journ. of the Linn. soc. 15. 34) stellt nach seinen Studien über die Algenfarbstoffe. sechs verschiedene Farbstoffe auf, verschieden durch das spectralanalytische Verhalten und die Farbennüance. Er unterscheidet:

	Centrum.	Weite.	Fluorescenz.
Blue phycocyan (Oscillarien)	650	18	roth.
Purple „ „	621	32	rosa.
„ „ (Porphyra)	621	32	rosa.
Pink „ (Oscillarien)	567	29	zweifelhaft.
„ phycocrythrin (Porphyra)	569	18	orange.
Red. „ „	497	27	0.

(Centrumlage, sowie Weite des Streifens in Milliontel-Millim. ausgedrückt.)

In anderen Algengattungen Cystoclorium, Lemania, Palmella, Florideen etc. werden Combinationen dieser erwähnten Repräsentanten angenommen.

J. Reinke (Jahrb. wissenschaftl. Botan. 10. B. 399) hat ebenfalls die Algenfarbstoffe einer eingehenden spectroscop. Untersuchung unterworfen und kommt zunächst zum Resultate, dass Chlorophyll und Phycoxanthin neben einander in der Pflanze präexistiren und dass Alkohol. oder Benzol keinen Einfluss auf das spectralanal. Verhalten des Phycoxanthins ausüben. Derselbe nimmt 2 Modificationen des Phycoxanthins an, in Oscillaria und eine zweite in den Fucaceen und Phäosporeen und vergleicht ausserdem die in Alkohol löslichen Farbstoffe der Oscillarien und Meeresalgen mit den entsprechenden Pigmenten der Phanerogamen. (Siehe Original).

Characin.   **Phipson** (Pharmac. Journ. Trans. 162. 479) hat aus. Chara foetida, Palmella, Oscillaria autumnalis, tenuis, und Nostoc eine campherähnliche Substanz, **Characin**, hergestellt, die sich aus den wässrigen Auszügen dieser Algen beim Stehen als weissliche Haut, in Aether löslich, abscheidet.

Phycinsäure.
— Diese von **Lamy** (Ann. Chim. Phys. (3) 35. 129) aus *Protococcus vulgaris* in der beim Phycit angegebenen Weise erhaltene Säure krystallisirt, nachdem sie zuvor durch Waschen mit Aether gereinigt ist, aus heissem Weingeist in weissen undurchsichtigen geschmack- und geruchlosen luftbeständigen Nadeln, die neutral reagiren, bei 136° zu einer bräunlichen, krystallinisch wieder erstarrenden Flüssigkeit schmelzen, in höherer Temperatur zersetzt werden und sich nicht in Wasser, aber in Weingeist, Aether, flüchtigen und fetten Oelen lösen. Mit den Alkalien bildet sie krystallisirbare Salze; ihr Silbersalz ist weiss und unlöslich. Die Analyse ergab 70,22% Kohlenstoff, 11,76% Wasserstoff, 3,72% Stickstoff und 14,30% Sauerstoff.

Phycit. $C_{12}H_{30}O_{12}$.
— Dieser Süssstoff findet sich nach **Lamy** (Ann. Chim. Phys. (3) 35. 138; 51. 232) neben Phycinsäure in der Alge *Protococcus vulgaris*. R. **Wagner** vermuthete seine Identität mit dem Erythrit oder Erythroglucin, dem Spaltungsprodukt verschiedener Flechtenstoffe (vgl. Erythrin), und auch **Lamy** hält dieselbe auf Grund einer erneuerten Untersuchung für wahrscheinlich, aber da weder Schmelzpunkt noch die gemessenen Winkel der Krystalle bei beiden ganz übereinstimmen, so dürfte doch noch eine weitere Bestätigung dieser Annahme abzuwarten sein.

Zur Darstellung kocht man die Alge einige Stunden mit Wasser aus, concentrirt die filtrirte und mit Thierkohle entfärbte Flüssigkeit zur Syrupsdicke, fällt daraus die gummiartigen Bestandtheile durch 95% Weingeist oder Bleiessig und lässt aus dem Filtrat durch langsames Verdunsten den Phycit auskrystallisiren. — Will man gleichzeitig die Phycinsäure (s. diese) gewinnen, so zieht man die Alge bei 50—80° mit ihrem 5fachen Gewicht 85grädigen Weingeist aus und destillirt von der abgepressten Flüssigkeit die Hälfte des Weingeists ab. Die Mutterlauge von der beim Erkalten sich ausscheidenden Phycinsäure theilt sich beim langsamen Verdunsten in der Wärme in zwei Schichten, von denen die untere bei fortgesetzter Concentration nur wenig gefärbte und deutlich süss schmeckende Krystalle liefert, die man durch Abpressen zwischen Leinwand, Waschen mit sehr wenig kaltem Wasser und nochmaliges Umkrystallisiren aus Wasser rein erhält.

Der Phycit krystallisirt in farblosen durchsichtigen rechtwinkligen Prismen von 1,59 specif. Gew., sehr süssem und erfrischendem Geschmack und neutraler Reaction. Er schmilzt bei 120° ohne Wasserverlust zu einer farblosen Flüssigkeit und verflüchtigt sich, ohne sich aufzublähen, bei stärkerem Erhitzen zum Theil unzersetzt. Auf glühende Kohlen geworfen riecht er nach verbrennendem Zucker. Er ist nicht gährungsfähig und optisch indifferent. — Starke Basen zersetzen ihn selbst beim Kochen nur langsam, Conc. Schwefelsäure löst ihn unter Bildung einer gepaarten Säure; Salpetersäure erzeugt daraus Oxalsäure. (Lamy).

Algenschleim. — Der Schleim der Algen, wie er besonders bei dem Carragheenmoos (Sphäroccus Crispus) und dem Agar-Agar (Sphärococcus compressus) u. A. näher studirt wurde, quillt in Wasser stark auf und löst sich zum grossen Theil. Diese Lösung ist fällbar mit Alkohol, Bleiacetat und liefert beim langsamen Verdunsten eine hornartige Masse. Mit Salpetersäure liefert dieser Schleim wenig Oxalsäure und reichlich Schleimsäure. (Flückiger. Obermeier). Nach Giraud sind nur Spuren von Stickstoff darin enthalten. Blondeau (Journ. Pharm. 1865. 179) hat 2,5% Schwefel und 2% Stickstoff darin gefunden. — Bei Einwirkung 5% Schwefelsäure bei höheren Temperaturen entsteht nach Bente (1876) Levulinsäure und ein amorpher Zucker, bei längerer Einwirkung Fucusol, eine dem Furfurol isomere Substanz. —   Fucusol.

Gelose. — Payen hat (1859) in Agar-Agar eine gummiähnliche Substanz, Gelose, festgestellt, die später von Flückiger und Anderen nicht mehr gefunden wurde. H. Morin (Compt. rend. **90.** 924. Berl. Ber. **13** 1141) theilt über die Gelose Payen's noch Folgendes mit. Dieselbe löst sich in saurem Wasser und in Wasser mit Anwendung von Dampfdruck. Diese Lösung gelatinirt nicht mehr, polarisirt links, nach Behandlung mit verdünnter Schwefelsäure rechts, welche Lösung Fehling'sche Lösung, Goldchlorid, Sublimat reduzirt. Gelose enthält 22,85 H_2O, 3,88% Asche, giebt mit Salpetersäure Schleimsäure und Oxalsäure. Porumbaru (Compt. rend. **90.** 1081) giebt der Gelose die Formel $C_6H_{10}O_5$ und spricht von einer Umwandlung derselben in eine in Wasser unlösliche Ulminsubstanz und eine zuckerähnliche Verbindung, linsdrehend, reducirend, nicht gährungsfähig, $C_6H_{12}O_6$, H_2O. Durch verdünnte Schwefelsäure entsteht neben Ulminsubstanz ein in langen Nadeln krystallisirender Körper $C_6H_{10}O_5$. Acetylchlorid wirkt ebenfalls ein. — H. Greenisch (Pharm. Z. Russl. 20. 501) untersuchte Agar-Agar (Fucus amylaceus) und constatirte die Gegenwart von 7 Kohlenhydraten (in Wasser löslicher Schleim, gallertbildende Substanz, Stärke, parabinartige Substanz, Metarabin, Holzgummi, Cellulose), die alle mit verdünnter Schwefelsäure gekocht Zucker liefern.

Mannit.   In den Fucoideen ist in verschiedenen Repräsentanten Mannit nachgewiesen worden.

Mineral-bestandtheile.   Die Mineralbestandtheile der Algen sind insofern beachtenswerth, als in den Bewohnern des Meeres Brom. und Jodverbindungen neben Chloriden reichlich getroffen werden. Der Aschengehalt beträgt beispielsweise bei Spharococcusarten 15 %, 9,6 %, Fucus amylaceus 7,5 %, Fucus vesiculosus 3 %. Nach Marchand sind die jodreichsten Algen Laminaria digitata (5,352 %), Lam. sacharina (2,730 %), Fucus serratus (0,834 %), Fucus vesiculosus (0,719 %), Cystoseira siliquosa (0,659 %), nach Vibrans enthält die Asche von Fucus serrat. 0,56 %, von F. vesiculosus 1,05 und Laminaria 1,67 % Jod, Furcellaria fastigiata 0,21 und Zostera 0,42 %.

Varech-analysen.   Brasack (Berl. Ber. 11. 253) hat 2 Varechanalysen von Cordillero und Gijon ausgeführt mit nachstehendem Resultate:

K_2So_4	Cordillero.	Gijon.
	9,79 %	28,87 %.
Gyps	0,79 „	1,67 „
KCl	57,00 „	33,68 „
NaCl	27,08 „	28,37 „
Na_2S	1,21 „	— „
Na_2CO_3	2,93 „	3,93 „
NaJ	1,16 „	2,96 „

E. Allazy (Bullet. soc. chim. 38. 11—12) giebt über den Jodgehalt des bretangischen, frischen Varech's Mittheilungen, die in kurzem Auszuge folgen:

Art:	Jod in 1000 Kilog. Varech.
Digitatus { neues Blatt	1,224 Kilog.
unterer Theil des Alten	1,089 „
Stenolobus { altes Blatt . . .	0,578 „
ganze Pflanze . .	0,606 „
Digitatus stenophyllus	0,996 „
Sacharinus	0,448 „
Aloria	0,108 „

O. Schott fand im Varech von der Nordküste Spaniens 0,338—1,702 Proc. Jod.

II. Classe: **Fungi. Pilze.**

Den Pilzen fehlen Stärkmehl und Chlorophyll. Die Zellmembrane enthält selten reine Cellulose, sondern eine etwas modificirte die sog. Pilzcellulose, auch kommen schleimige Substanzen als Bestandtheile der Zellenmembrane vor, eine besondere Amyloïdsubstanz (Amylomycin L. Crié, Compt. rend. 88. 759 und

985. J. de Seynes, Compt rend. Ebendaselbst 820. 1043).
Flüssige und butterartige Fette sind vorhanden, sowie Harze, Agaricoresin, Agaricin, Laricin, ferner ·sind in Pilzen bis jetzt
nachgewiesen worden Glycose, Mycose, Trehalose, Mannit,
Inosit, Pachymose, Cholesterin, (Mykodextrin, Mykoinulin,
Mycetid, Viscosin), Fumarsäure, Lichensterinsäure, Milchsäure, Oxalsäure, Aepfelsäure, Polyporsäure, Agaricinsäure, Leucin, Guanin, Xanthin, Sarkin, Lecithin, Nuclein,
Invertin.

Farbstoffe sind vertreten in Form rother, blauer, violetter Substanzen, die theils wenig gekannt sind, auch als Chinon ähnliche
Körper charakterisirt werden, Sclererythrin, Sclerojodin, Scleroxanthin, Sclerokrystallin, Tetronerythrin.

Ein Alcaloïd, das Muscarin, ist näher studirt, sowie auch die
medicin. wirksamen Bestandtheile von Mutterkorn (Claviceps) wohl
in 2 Substanzen festgestellt zu sein scheinen, der Sclerothinsäure
und dem Scleromucin. (Ergotin, Ecbolin, Ergotinin, Ergotsäure).
Ueber die mineralischen Bestandtheile der Pilze liegen eine Reihe
von Arbeiten vor. Dieselben geben die normalen Aschenbestandtheile an, mit Reichthum an Phosphorsäure und Kali, geringen
Mengen von Kalk und Magnesia (der Kalk soll sogar in einigen
Pilzen fehlen), auch Kieselsäure und Thonerde (Wicke). (Cailletet,
Compt. rend. **82**. 1205. Jahrb. Pharm. 1876. 65.)

Pilzfarbstoffe. — Der rothe Farbstoff der Schizomyceten von
Wiesner, Sadebeck u. A. besonders in Micrococcus (Monas), Bacterium,
Spirillum beobachtet, ist von E. Klein (Quaterl. journ. microscop. Scienc.
1875. 381) näher untersucht und als in Wasser, Alkohol und Aether unlöslich
erklärt worden. Die beiden letztern zerstören ihn, Kalilösung macht ihn
durchscheinend, so dass er einen deutlichen Absorptionsstreifen bei D und
einen schwachen im Grün zeigt. O. Helm (Arch. Pharm. 1875. 19—24)
hat sich eingehender mit dem Studium des Farbstoffes von Micrococcus beschäftigt, der früher für Anilinroth erklärt war. Die Darstellung gelingt
am besten durch Extraction mittelst Alkohol, welche Lösung längere Zeit
zunächst zur Klärung stehen bleibt. Bei mässiger Wärme verdampft, wird
der erhaltene Rückstand mittelst Petroleumäther aufgenommen und diese
Lösung der freiwilligen Verdunstung überlassen. Der Rückstand ist blutroth
und zeigt nachstehende Reactionen: HCl giebt eine rosarothe Färbung,
H_2SO_4 rosa, im Uebermass violett, SO_2 und Essigsäure verhalten sich ebenso, die Aetzalkalien färben gelb, während Säuren die ursprüngliche Färbung
wiederherstellen, Chlorzinn entfärbt allmälig. Diese Reactionen sprechen
nicht für einen Anilinfarbstoff. Phipson hat in Boletus luridus und cya-
nescens einen Anilinfarbstoff angeblich nachgewiesen, welche Angaben jedoch
von G. Cugini (Gazett. chim. 7. 4), bekämpft werden, der den Farbstoff
für eine Säure hält, die mit Ammon azurblau und mit Jod grünlichbraun

gefärbt wird. Die Polyporsäure Stahlschmidt's scheint die Ursache dieser Färbung zu sein.

C. Krukenberg hat aus Suberiten (Suberites domuncula, massa und Cobatus) mit Aether einen orangerothen Farbstoff ausgezogen, der in allen seinen Reactionen sehr dem Tetronerythrin Wurm's gleicht, mit einem starken Absorptionsband vor D und einer Verdunklung des violetten Endes bis zwischen D und E.

Chinon ähnlicher Farbstoff. W. Thörner (Berl. Ber. **11.** 533) hat aus dem Sammtfuss (Agaricus atrotomentosus) einen Farbstoff in Form dunkelbrauner, metallisch glänzender Blättchen isolirt, löslich in weinrother Farbe in Alkohol und Eisessig, mit grüngelber Farbe in Alkalien. Derselbe ist unlöslich in Wasser, Ligroin, Benzol, Chloroform, Schwefelkohlenstoff. Aus der alkalischen Lösung fällt er durch Säuren aus, sublimirt schwer in kleinen, gelben Tafeln, und besitzt die Formel $C_{11}H_8O_4$. Mit Essigsäureanhydryd liefert er bei 140—150° C. ein Derivat von gelber Farbe, krystallisirbar, 238—240° Schmelzpunkt, von der Formel $C_{11}H_6O_2(C_2H_3O_2)2$. Verfasser hält diesen Körper für ein Dioxychinon $C_{11}H_6O_2(OH)2$, das durch den Sauerstoff der Luft aus einem in dem Fleische des Schwammes enthaltenen Hydrochinon gebildet wurde.

(Ueber die Farbstoffe des Mutterkornes siehe den betr. Abschnitt).

Kohlenhydrate der Pilze.

Mykose. $C_{12}H_{22}O_{11}$. — Diese von Wiggers (Ann. Chem. Pharm. **1.** 129) 1833 entdeckte, von Mitscherlich (Journ. pract. Chem. **73.** 65; auch Ann. Chem. Pharm. **106.** 15) genauer untersuchte Zuckerart im Mutterkorn, kommt in ihren Eigenschaften der Trehalose, einem aus der Trehala oder Trehalamanna, den hohlen Cocons der syrischen Coleoptere *Larinus maculatus Fald.*, von Berthelot (Ann. Chim. Phys. (3) 55. 272. 291) dargestellten Süssstoff, so nahe, dass beide vielleicht identisch sind.

Zur Darstellung verdunstet man den mit Bleiessig ausgefällten und darauf mittelst Schwefelwasserstoff entbleiten wässrigen Auszug des gepulverten Mutterkorns zur Syrupsdicke und reinigt die nach längerem Stehen anschiessenden Krystalle durch Abwaschen mit Weingeist und Umkrystallisiren aus Wasser (Mitscherlich).

Die Mykose krystallisirt in farblosen durchsichtigen rothen rhombischen Säulen mit 2 Molec. H_2O. Sie schmilzt bei 100° zu einer durchsichtigen Masse, die erst glasig erstarrt, dann aber krystallinisch wird und verwandelt sich bei 130° in wasserfreie Mycose, die ohne weiteren Gewichtsverlust bei 210° schmilzt. Sie ist geruchlos, schmeckt süss und reagirt neutral. Ihr Molecularrotationsvermögen wirkt nach Rechts und für die wasserhaltigen Krystalle beträgt $[\alpha]j = 173—192°$. Wasser löst sie sehr leicht, von kochendem Weingeist sind über 100 Th. zur Lösung erforderlich, in Aether ist sie unlöslich (Mitscherlich).

Bei stärkerem Erhitzen verhält sich die Mykose den gewöhnlichen Zuckerarten ähnlich. Mässig starke Salpetersäure verwandelt sie beim Erhitzen in Oxalsäure, kochende verdünnte Schwefelsäure in Glucose. (Mitscherlich). Sie reducirt kalische Kupferoxydlösung nicht, ist aber gährungsfähig (Neubauer, Arch. Pharm. (2) 72. 277).

Mykodextrin und Mykoinulin. — So nennen Ludwig und

Busse (Arch. Pharm. 189. 24) zwei aus dem Hirschpilz, *Elaphomyces granu-latus Fr.* erhaltene Kohlenhydrate, die von dem gewöhnlichen Dextrin und Inulin abweichende Verhältnisse besitzen. Das Mykodextrin zeigt die Eigenthümlichkeit, dass beim jedesmaligen Wiederauflösen in Wasser ein Theil davon ungelöst zurückbleibt. — Das Mykoinulin unterscheidet sich von dem gewöhnlichen Inulin namentlich dadurch, dass es ein Rotationsver-mögen nach Rechts hat.

Mycetid und Viscosin. — Zwei nach Boudier (die Pilze,

bearbeitet von Th. Husemann. Berlin 1867) in verschiedenen Hutpilzen vorkommende Stoffe, von denen ersterer hauptsächlich im Pilzsaft, letzterer in der Oberhaut des Hutes (besonders bei klebrigen Pilzen) sich findet. Das Mycetid ist den Gummiarten ähnlich, gelatinisirt aber Aether stark und wird durch Gerbsäure gefällt; das Viscosin scheint vom Pflanzenschleim aus Lein- oder Flohsamen (vgl. S. 590) kaum verschieden.

A. Müntz. (Compts. rend. 76. 648) untersuchte zahlreiche Pilze auf Mannit und andere Kohlenhydrate. Neben Mannit fand er eine Zuckerart, Trehalose, der Mycose sehr ähnlich, nur durch stärkeres Drehungsvermögen und geringere Gährungsfähigkeit verschieden, und ausserdem einen 3. Zucker. Manche Pilze enthalten nur Mannit, andere nur Trehalose, andere wieder beide gleichzeitig. Später (Ann. Chim. phys. 1876. 8. 56—92) spricht der-selbe Verfasser bestimmt aus, dass die Trehalose identisch ist mit der Mycose Mitscherlichs. Vorzüglich nur Mannit enthaltende Pilze sind: Agaricus cornucopia, campestris, lateritius, caesareus, Lycoperdon pusillum, Penicillium glaucum, Cantharellus cibarius; nur Trehalose resp. Mycose enthaltende Pilze sind Agaricus Eryngii, sulfureus, muscarius, columbetta, Lactarius viridis, Mucor Mucedo, Aethalium septicum. Mannit und Trehalose führen gleichzeitig Lycoperdon pusillum, Agaricus fusipes, lateritius, caesareus.

Die erwähnte dritte Zuckerart, nicht isolirbar, gährungsfähig, wurde be-sonders beobachtet in Boletus extensus. Jüngere Pilze derselben Gattung enthalten oft Trehalose, ältere Mannit.

Blastomyceten. Hefepilze. — Ueber die chemische Consti-

tution des Hefepilzes haben die Arbeiten von C. v. Nägeli (Sitzungsber. bayr. Acad. d. Wissensch. 1878. Journ. pract. Chem.) am besten Einblick bis jetzt gegeben. Die Methoden, welche zur Extraction der Hefe benützt worden sind, waren: Stehenlassen mit 1 % Phosphorsäurelösung, die 37,4 % löste, und langdauerndes, anhaltendes Auskochen mit Wasser.

Unterhefe enthält 37 % eines schleimartigen Kohlenhydrates -|- Pilz-cellulose.

Oberhefe nur 20 % dieser Stoffe.

In der trocknen Hefe wurden durch Behandlung mit concentrirter Salz-säure 5 % Fett nachgewiesen. Der Rest ausser den erwähnten Substanzen besteht fast nur aus Eiweissstoffen, von denen 2 % als Peptone im frischen Zustande vorliegen. Nur einen verhältnissmässig kleinen Theil des Stick-stoffes scheidet die Hefe beim Absterben in Form von etwas Ferment (In-vertin) und Leucin, Guanin, Xanthin und Sarkin aus. Bei allmäligem weiterem Zerfalle kommen Tyrosin, Cholesterin, Inosit, Bernsteinsäure und Glycerin zum Vorschein.

Eine Unterhefe von 8% N ist ungefähr folgendermassen zusammengesetzt:

Cellulose + Pflanzenschleim		37%.
Eiweissstoffe {	Albumin	9 „
	Glutencasein	36 „
Peptone		2 „
Fett . .		5 „
Asche (3—4% Phosphorsäure)		7
Extractivstoffe		4 „

Invertin. M. Barth, Berl. Ber. **11.** 474. — E. Donath, Ebendaselbst 1089. — Dubrunfaut, Journ. pr. Chem. **14.** 334. — Hoppe-Seyler, Berl. Ber. **4.** 810. — Gunning, Ebendas. **5.** 821.

Darstellung. Bei 40° oder an der Luft getrocknete Hefe wird nach Barth mit Wasser zu einem dünnen Brei angerührt, bei 40° 12 Stunden stehen gelassen, hierauf abfiltrirt, resp. gepresst und das Filtrat mit Alkohol versetzt. Die entstandenen Flocken werden mit Wasser gelöst und wieder mit Alkohol ausgefällt. Der Niederschlag mit absolutem Alkohol ausgewaschen. — (500 Gm. Hefe = 2 Gm. Invertin.) Das so dargestellte Invertin bildet trocken ein weisses Pulver, welches, mit Wasser schwach gefärbt, Lösungen giebt, die keine Peptonreaction geben, gefällt werden durch Bleiessig, Kupferlösung, Quecksilberoxydullösung.

Nucleïn. A. Kossel (Zeitschr. physiol. Chemie **3.** 284) hat in der Hefe Nucleïn nachgewiesen, jene Substanz, die von Miescher im Jahre 1869 in den Kernen der Eiterkörperchen entdeckt wurde. Durch Behandeln der Hefe mit verdünnter Natronlauge und Fällen dieses Auszuges mit verdünnter Salzsäure wird dieses Nucleïn erhalten, das im reinen Zustande eine weisse oder schwach röthliche Masse bildet. Die Elementarzusammensetzung ergab: C 40,8, H 5,4, N 16,0, P 3—6,2, S 0,4.

Durch heisses Wasser wird aus dem Nucleïn Phosphorsäure abgespalten, ein eiweissartiger Körper, (Hemiproteïn Schützenberger's?) Hypoxanthin und ein flüchtiges Produkt.

(Literatur über Nucleïn: Miescher: Hoppe-Seyler medicin. chem. Untersuchungen 441. Verhandlungen der naturforsch. Gesellschaft in Basel, VI. Bd. — Hoppe-Seyler, Ann. Chem. Pharm. **193.** 322. — Béchamp, Compt. rend. **61.** 689. — Loew, Journ. pract. Chem.)

Lecithin. Hoppe-Seyler hat Lecithin in der Hefe mit Bestimmtheit nachgewiesen. Es gelang, die Spaltungsprodukte desselben, Glycerinphosphorsäure und Cholin, herzustellen.

Eine Arbeit von Schützenberger & A. Destrem (Compt. rend. **88.** 288. 383. 593) war ebenfalls dahin gerichtet, über die Zusammensetzung der Hefe Aufklärung zu erhalten.

Diese Forscher unterwarfen frische Bierhefe (I.), ferner bei 30° C. mit der 20fachen Menge Wasser 24 Stunden gestandene Hefe (II.) und endlich solche Hefe, welche mit 10 % Zuckerlösung in Gährung gebracht war (III.), der Elementaranalyse und erhielten folgendes Resultat:

| | I. | | | II. | | | III. | | |
	Unlöslich	Löslich	Zusammen	Unlöslich	Löslich	Zusammen	Unlöslich	Löslich	Zusammen
Asche	0,2	2,0	2,2	0,3	1,9	2,2	0,3	1,8	2,1
Kohlenstoff	10,6	3,2	13,8	9,2	2,9	91,0	9,3	7,7	17
Wasserstoff	1,5	0,3	1,8	1,4	0,5	1,9	1,3	1,3	2,6
Stickstoff	2,2	0,6	2,8	1,6	0,9	2,6	1,5	1,2	2,7
Sauerstoff	6,5	0,5	7	5	2,2	7,2	6,7	7,9	14,6
Gesammttrockensubstanz	21	6,6	27,6	17,5	8,4	25,9	19,0	20,0	39,0

Bei der Extraction der frischen Bierhefe mit verdünnter Kalilauge bleibt keine reine Cellulose zurück, sondern eine N haltige Masse (5,7 % N), die als ein Glycosid aus Glycose und Amidosäure betrachtet werden kann. Concentrirte Kalilauge hinterlässt Cellulose ähnliche Reste.

Chemische Zusammensetzung der Bacterien.

O. Loew hat die Essigbacterien in der Essigmutter chemisch untersucht. (C. v. Nägeli, Theorie der Gährung 1879) dieselbenenthalten 1,7 % Trockensubstanz, welche besteht aus 3,37 % Asche, 1,82 % Stickstoff. Daraus folgt, dass die Hauptmasse der Essigmutter aus schleimiger Cellulose bestehen muss.

M. Nencki & F. Schaffer haben die chemische Zusammensetzung der Fäulnissbacterien festgestellt. Beim Kochen der faulenden Flüssigkeiten mit etwas Salzsäure fallen die Bacterien zu compacten, weissen Massen zusammen. Dieselben enthalten einen eigenthümlichen Eiweisskörper, circa 84 % Wasser und in der Trockensubstanz 6—7,9 % Fett, 3—5 % Asche, 84—86 % Albuminat, welches aus 53—54 % C, 7,7 % H und 14 % N besteht. Die entfetteten Bacterien lösen sich beim Digeriren 0,5 % Kalilauge ohne Ammon- und Schwefelwasserstoffentwicklung fast vollständig auf, welche Lösung mittelst Salzsäure und Kochsalzlösung eine Eiweisssubstanz, das Mykoproteïn abscheidet, mit C 52,3, H 7,4, N 14,8. Dieselbe Zusammensetzung besitzt der Eiweisskörper der Bierhefe. Das Mykoproteïn ist schwefelfrei, frischgefällt löslich in Wasser, Säuren und Alkalien, reagirt schwach sauer, giebt die Proteïnreaction nicht, wird aus Lösungen durch Alkohol nicht gefällt, ist linksdrehend und giebt mit alkalischer Kupferlösung die Violettfärbung.

Schaffer (Journ. pract. Chem. N. F. **23.** 302) theilt ferner mit, dass das Mycoproteïn in neutralen Salzlösungen schwer löslich ist, und aus Lösungen bei 2% Chlornatrium allmälig ausgeschieden wird. Beim Schmelzen des Mycoproteïns mit Kali entstanden neben Spuren von Skatol, Indol, Phenol zu 0,15%, fette Säuren besonders Valeriansäure. Die wässrige Lösung der Schmelze enthielt Leucin, und eine nicht näher isolirbare krystallinische Substanz.

N. Sieber (Journ. pract. Chem. N. F. **23.** 412) hat Schimmelpilze, in 2 verschiedenen Nährflüssigkeiten cultivirt, analysirt. Die Nährflüssigkeiten enthielten I. 20% Zucker, 10% Gelatin, II. 48% Zucker, 8% Salmiak, beide gleiche Phosphorsäuremengen. Die Schimmelpilze von I. zeigten einen bedeutend höheren Gehalt an in Alkohol und Aether löslichen Stoffe und Asche, als diejenigen von II. Der Eiweissgehalt ist bei Beiden ziemlich gleich.

				I.	II.
In Aether	lösliche	Theile		18,70	11,19
„ Alkohol	„	„		6,87	6,87
„ Asche	„	„		4,89	0,73
„ Eiweiss	„	„		29,88	28,95
„ Cellulose	„	„		39,66	55,77.

Myxomyceten. Schleimpilze.

Das Protoplasma von Aethalium septicum ist von J. Reinke näher untersucht (Vorläufige Mittheil. Göttingen 1880) und wurden folgende Verbindungen darin nachgewiesen: Plastin, ein unlöslicher, den Fibrinen nahestehender Eiweisskörper, Vitellin, Myosin, Pepton, Peptonoïd, Pepsin, Nuclein (?), Lecithin, Quanin, Sarkin, Xanthin, Ammon-Carbonat, Paracholesterin, Cholesterin, Aethaliumharz, gelber Farbstoff, Glycogen, nicht reducirender Zucker, Oleïnsäure, Stearinsäure, Palmitinsäure, Buttersäure, Kohlensäure, Fettsäureglyceride, Fettsäureparacholesteride, die Calciumsalze der Stearin-, Palmitin-, Oel-, Oxal-, Milch-, Essig-, Ameisen-, Phosphor-, Kohlen-, Schwefelsäure, Natriumchlorid, Magnesiumphosphat, Eisen, Wasser. — Die Eiweissstoffe betragen kaum 30% der Trockensubstanz.

Paracho-
lesterin.

Ueber das Paracholesterin theilen derselbe Verfasser mit Rodewald (Ann. Chem. Pharm. **207.** 229) mit, dass die Isolirung desselben durch Extraction mit Aether gelang, aus welcher Lösung dasselbe auskrystallisirte, und durch Umkrystallisiren aus Aether gereinigt wurde. Das Paracholesterin ist leicht löslich in Chloroform, Aether, heissem Alkohol, unlöslich in Wasser, besitzt die Formel $C_{26}H_{44}O$, Schmelzpunkt 134—134,5 (Normales Cholesterin 145°, Isocholesterin 137—138°, Phytosterin 132—133°) und giebt mit Schwefelsäure und Chloroform gelblichbraune Färbung mit grünlicher

Fluorescenz. Drehung der Polarisationselure $(\alpha) \, D = 27{,}24 — 28{,}88$. Der Benzoësäureparacholesterylester krystallisirt in dünnen, glänzenden, rechteckigen Tafeln, die länger sind als breit, Schmelzp. 127—128⁰, leicht löslich in Chloroform und Aether.

Mycomyceten. Aechte Pilze.

Pachyma pinctorum. — Champignon (Chem. Centralbl. 3. F. IV) hat in dem sog. Fouh-ling China's, einem unterirdischen Pilze, eine Substanz von der Formel nach Pellet $C_{20}H_{48}O_{28}$ festgestellt, unlöslich in Wasser, löslich in Kalilauge, fällbar durch Blei- und Kalksalze, unlöslich in Kupferoxydammoniak. Mit verdünnter Säure behandelt, liefert diese Substanz eine Kupfer reducirende Lösung, mit starker Salpetersäure explosionsfähige Produkte. *(Pachymose.)*

J. L. Keller untersuchte ein Exemplar von Füh-Ling und fand Glycose, Gummi, Pectose, Cellulose. (American Journ. of pharmac. 1876. 553—558.) *(Füh-Ling.)*

N. Sokoloff (Analyses des champagnons comestibles dans le laboratoire de l'institut agronomique St. Petersbourg. 1870) theilt Analysen von Boletusarten mit folgendem Resultate mit: *(Boletus.)*

Trockne Schwämme	Wasser	Sand + Thon	Asche	C	H	N
Boletus edulis var. α	11,52	1,40	7,63	47,2	7,6	7,56
„ „ β	11,50	2,60	6,52	48,2	11,8	6,6
„ annulata	12,34	0,26	7,56	48,5	6,3	7,6
„ scaber	13,49	0,6	7,9	50,9	6,1	6,63

Auch die Resultate der Analysen werden mitgetheilt.

A. v. Lösecke (Arch. Pharm. 1876. 133) giebt eine Zusammenstellung von Untersuchungsresultaten eigener Arbeit und derer von O. Kohlrausch (1867) und O. Siegel (1870) in nachstehender Zusammenstellung: *(Analyse essbarer Pilze.)*

(Siehe die Tabelle auf Seite 286.)

Das fette Oel der Steinmorchel Helvella esculenta ist dickflüssig, braun, giebt mit Natron eine feste Seife. Daneben ist ein in kaltem Alkohol lösliches, wallrathartiges krystallinisches Fett in der Morchel vorhanden. (Schrader. Schweigg. Journ. 33. 393). *(Morchelöl.)*

Das mit Aether extrahirte Oel der Trüffel ist grünbraun, scharf, sauer reagirend, verseifbar, schwerer als Wasser. (Riegel, Jahrb. d. Pharm. 7. 225). *(Trüffelöl.)*

Ueber die Fettbildung bei niederen Pilzen. C. v. Nägeli. (Sitzungsb. d. mathem. phys. Classe d. bayr. Akad. d. Wissensch. 1879. 3).

Agaricus integer. — (Berl. Ber. 12. 1636.) W. Thörner hat in Agaricus integer neben bedeutenden Mengen von Mannit (1 Kgm. = 190 bis 200 Gm. Mannit) aus der Mutterlauge nach Abscheidung des Mannites eine Fettsäure isolirt, $C_{15}H_{30}O_2$, in schneeweissen, büschelförmig gruppirten Nadeln krystallisirend, in Aether, Chloroform, Benzol und Schwefelkohlenstoff leicht löslich, Schmelzp. 69,5—70⁰; das Baryumsalz schmilzt bei 113,5—114.⁰ C. *(Fettsäure.)*

	Auf frische Substanz berechnet							Auf trockne Substanz berechnet				
	Wasser	Trocken-substanz	Proteïn	Asche	Fett	Kohlenhydrate + Extractiv-stoffe	Faser	Proteïn	Asche	Fett	Kohlenhydrate + Extractiv-stoffe	Faser
Fistulina hepatica	85	15	1,59	0,94	0,12	11,40	1,95	10,60	6,3	0,81	69,26	13,0
Clavaria botrytis	89,35	10,6	1,3	0,6	0,2	7,6	0,7	12,3	6,2	2,8	71,8	6,85
Polyporus ovinus	91	9,0	1,2	0,2	0,8	4,7	2,0	13,3	2,3	9,6	52,5	22,2
Boletus granulatus	88,5	11,5	1,6	0,7	0,2	7,4	0,8	14,0	6,4	2,0	70,3	7,1
Agaricus melleus	86	74,0	2,2	1,0	0,7	9,1	0,8	16,2	7,5	5,2	65,2	5,7
Boletus bovinus	91,3	8,6	1,4	0,5	0,4	5,5	0,7	17,2	6	4,8	63,6	8,3
Agaricus mutabilis	92,8	7,1	1,4	0,4	0,1	4,4	0,6	19,7	6,4	2,4	62,7	8,7
Boletus elegans	91,1	8,9	1,8	0,5	0,1	5,7	0,6	21,2	6	1,6	64,4	6,7
Agaricus caperatus	90,6	7,3	1,9	0,5	0,1	5,5	1,1	20,5	6,0	2,1	59,0	12,3
Boletus luteus	92,2	7,7	1,7	0,4	0,2	4,4	0,8	22,2	6,3	3,8	57,2	10,3
Agaricus ulmarius	84,6	15,3	4,0	1,9	0,4	7,9	0,9	26,2	12,6	3,2	51,6	6,26
„ Procerus	84,0	16	4,6	1,1	0,5	8,5	1,1	29,0	7	3,6	53,3	6,9
„ oreades	91,7	8,2	2,9	0,8	0,1	3,5	0,6	35,5	10,5	2,4	43,3	8,1
„ Prunulus	89,2	10,7	4,1	1,6	0,1	4,0	0,8	38,3	15	1,3	37,7	7,5
„ excoriatus	91,2	8,7	2,6	0,8	0,4	4,4	0,8	30,7	4,3	5,1	50,3	9,3
Lycoperdon Bovista	86,9	13,0	6,6	1,2	0,4	3,4	1,4	50,6	9,1	3,2	26,0	10,9
Boletus edulis								22,8	6,2	1,9	62,4	6,5
Cantharellus cibarius								23,4	8,1	1,3	57,5	9,4
Clavaria flava								24,4	9,7	2,1	56,7	6,9
Morchella escullenta								33,9	9,7	1,7	48	6,5
Tuber cibarium								36,3	9,7	2,4	23,0	23,3
Morchella conica								36,2	8,9	1,5	44,1	6,2
Helvella esculenta								26,3	—	2,2	55,5	6,8
Agaricus campestris								20,6	5,3	1,7	64,8	7,3

Polyporus officinalis. — Fleury, Journ. Pharm. Chim. 1870,

ferner **73**. 261. — Martius, Repert. Pharm. 91. 92. — Masing, Arch. Pharm.
5. Reihe. 6. 111. — Stahlschmidt, Ann. Chem. Pharm. 187. 177. —
Fleury stellte aus Lärchenschwamm durch Erschöpfen mittelst Aether aus
dieser Lösung zwei Körper dar, die Agaricinsäure $C_{16}H_{28}O_5$ und das
Agaricusharz (Agaricoresin). Erstere ist schwer löslich, letztere leicht
löslich in Aether.

Die Agaricinsäure, wohl identisch mit dem Martius'schen Laricin
krystallisirt in mikroskopischen Nadeln, von 145,7° C Schmelzp., in wenig
Wasser löslich, sauer reagirend, schwer löslich in Aether, Chloroform, Essigsäure, Schwefelkohlenstoff, Benzol, leicht löslich in Alkohol. Alkali löst die
Substanz, die durch Alkohol aus dieser Lösung gefällt wird.

Agaricoresin bildet eine rothbraune Masse, bei 89° schmelzend, unlöslich
in Wasser, leicht löslich in Aether und schwer löslich in Weingeist, leicht
löslich in Holzgeist, Chloroform und Essigsäure, nicht aber in Benzol und
Schwefelkohlenstoff. Alkalien lösen ebenfalls. Die Auflösungen geben mit
den meisten Metallsalzen Niederschläge, z. B. der Barytniederschlag besitzt
die Formel $C_{51}H_{82}Ba_2O_{11}$.

Fleury veröffentlichte später eine Analyse von Lärchenschwamm, mit
dem Resultate:

Wasser . . 9,2,
in Aether lösl. Harz und Agaricumsäure 60,58,
ein anderes Harz . 7,2,

nebst Gemengen von Salzen, Stickstoff enthaltenden Substanzen.

Diese Arbeiten werden jedoch mehr oder weniger werthlos durch die
Untersuchungen von Masing, der die Harzsubstanzen genauer isolirte. Derselbe extrahirte den Schwamm mit 95% Alkohol, welche Lösung zur Verdunstung kam, aus welchem Rückstande mittelst kaltem Alkohol 2 weitere
Bestandtheile isolirt wurden, einem leichter und einem schwerlöslichen Theil.
Ersterer enthält neben einem durch Wasser aus der Lösung fällbaren Stoff,
einen in Wasser löslichen; letzterer kann durch Chloroform in 2 weitere Bestandtheile zerlegt werden.

Das in starkem Alkohol schwerlösliche Harz, in Chloroform
unlöslich, ist krystallinisch, von der Formel $C_{41}H_{77}O_8$ ($C_{70}\%H_{11,03}O_{18,48}$),
schmilzt bei 125°, löslich in 303,8 Th. 95% Alkohol bei 14°. In Kalilauge
löslich, daraus fällbar mittelst Ca, Ba, Sr, Cu, Pb und Agsalzen. In Eisessig
ist das Harz löslich, woraus ein Produkt mit 63,74% C und 9,85% H sich
abscheidet. Fleury's Agaricinsäure hat analoge Zusammensetzung.

Das zweite in starkem Alkohol schwerlösliche und in Chloroform schwerlösliche Harz hat 73,19% C, 10,27% H und demnach die
Formel C_6H_{10}, Schmelzp. 90°.

Gemenge dieser beiden Harze bildeten das Pseudowachs Tromsdorff's,
das Laricin Martius und Agaricin Schoonbrodts.

Das leichter in Alkohol lösliche Harzgemenge von rother Farbe enthält
ebenfalls 2 Harze von bitterem Geschmack, von denen das eine 69% C und
9% H, das andere 61% C und 8,11% H enthält.

Das Gemenge der 4 Harze, mit Kalkmilch gekocht, scheidet mit HCl
Substanz ab, die sich mit Chloroform in 2 Theile spalten lässt. Diese Harze
geben mit Salpetersäure Bernsteinsäure und Picrinsäure. Das Auftreten von
Umbelliferon bei der trocknen Destillation ist noch zweifelhaft.

Wirkung.

Buchheim (Arch. Heilk. 1. 1872) hält die purgirende Action des Lärchenschwammes von einem darin enthaltenen Anhydride, das wie Jalapin nur im Contact mit Galle wirke,. abhängig, neben welchen noch eine unwirksame Harzsäure darin vorkomme. Auf letztere dürfte sich die Angabe von Behr (Meletemata de effectu resinarum quarund. Dorp. 1857), dass Agaricusharz zu 4,0 nicht purgirend wirke, beziehen.

Polyporsäure.

Stahlschmidt hat aus einem dem Polyporus igniarius nahe stehenden Pilze (Polyporus purpurescenz), der auf abgestorbenen Eichbäumen wächst, eine Säure (43,5%) dargestellt, Polyporsäure, welche in Wasser, Aether, Benzol, Schwefelkohlenstoff, Eisessig ganz unlöslich, schwer löslich in Chloroform und Amylalkohol oder kochendem Weingeist ist.

Krystallwasserfrei, aus kochendem Alkohol in rhomb. schellackfarbigen Tafeln dargestellt, schmilzt dieselbe bei 300^0 und hat die Zusammensetzung $C_9 H_7 O_2$ ($C = 73,47$ $H = 41,76$ %).

Von den Salzen und sonstigen Derivaten sind hergestellt:

Das Kalisalz, monoklinoëdrisch, violettpurpurfarben, schwerlöslich,

das Natronsalz, leicht löslich in Wasser, violett, ebenso das Ammon-Salz,

ausserdem als schwerlösliche Salze von pfirsichrother Farbe das Baryum-Strontium-Magnesiumsalz. Die schweren Metallsalze sind amorph. Ferner wurden dargestellt die polyporsaure Methyl-, Aethyl- und Acetylverbindung, in gelben, oder rothgelben Nadeln krystallisirend, letztere von der Formel: $C_9 H_6 O_2 . C_2 H_3 O$, schmelzbar bei 205^0.

Durch Einwirkung von Salzsäure und Kaliumchlorat wurden chlorhaltige Körper erhalten; mit KOH ergab sich der Geruch nach Bittermandelöl, mit Zkstaub erhitzt Benzol.

Agaricin.

Agaricus campestris. — Gobley (Journ. Pharm. (3) 29. 81)

hat Champignon mit Aether extrahirt, den Verdampfungsrückstand mit heissem Alkohol aufgenommen, welche Lösung glimmerartige Blättchen lieferte, bei 148 bis 150^0 schmelzbar, die Agaricin genannt wurden. In Amanita bulbosa und muscaria soll dieselbe Substanz enthalten sein. (Bondier).

Sacc hat Agaricus foetidus untersucht und Wasser, Mannit, Pectinsäure (?), Fibrin (?), Bassorin, nachgewiesen und 5,13% Asche gefunden (Compt. rend. 76). — Hartsen, hat Agaricus fasciculatus untersucht (Compt. rend. 76).

Agaricus muscarius (Amanita muscaria). — Liter.: Aeltere.

Schrader, Vauquelin, Letellier, Kaiser, Gött. Diss. 1862. — Apoiger, Repert. Pharm. (3) 7. 289. Kussmaul und Bornträger, Verhandl. naturhist. medic. Ver. Heidelb. 1. 18. — Boudier, Die Pilze von Boudier und Husemann. 63. Neuere: Schmiedeberg und Hoppe, das Muscarin, das giftige Alkaloïd des Fliegenpilzes. Leipzig, 1869. — Harnack, Arch. experim. Patholog. 4. 82. O. Schmiedeberg und E. Harnack. Synthese des Muscarin. Arch. experiment. Pathol. 6. 101.

Die Arbeiten von Schmiedeberg, Hoppe und Harnack haben über den wesentlichen Bestandtheil des Fliegenpilzes Aufschluss gegeben, das sog. Muscarin.

Zur Darstellung empfehlen die Entdecker das folgende Verfahren: Die bei mässiger Temperatur oder an der Luft getrockneten Pilze (bei Verarbeitung des frisch ausgepressten Saftes ist die Isolirung des Alkaloids viel umständlicher und in Folge davon mit grossem Verlust verbunden) werden gepulvert und wiederholt mit starkem Weingeist extrahirt. Den Verdunstungsrückstand der weingeistigen Auszüge nimmt man in Wasser auf und filtrirt die Lösung zur Entfernung des Fetts. Dann wird sie mit Bleiessig und Ammoniak ausgefällt und der Ueberschuss des Bleis durch Schwefelsäure fortgeschafft. Aus der gelblich gefärbten Flüssigkeit kann nun das Alkaloid entweder mit Kaliumquecksilberjodid oder mit Kaliumwismuthjodid ausgefällt werden. Bei Anwendung des erst genannten Fällungsmittels wird das Alkaloid reiner, mittelst des zweiten in etwas reichlicherer Menge erhalten. Die zur Fällung dienende Lösung des Quecksilberdoppelsalzes darf durchaus kein überschüssiges Jodkalium enthalten, da dieses die Fällung verhindert. Auch so ist die Fällung nur eine unvollständige. Sobald auf weiteren Zusatz des Fällungsmittels keine wahrnehmbare Ausscheidung mehr erfolgt, versetzt man mit etwas verdünnter Schwefelsäure und filtrirt den Niederschlag ab. Darauf versetzt man das Filtrat mit Baryt bis zur schwach alkalischen Reaction, leitet Schwefelwasserstoff bis zur Sättigung ein, fällt nach dem Filtriren das Jod durch Bleiessig und den Ueberschuss des Bleis wieder durch Schwefelsäure aus, concentrirt die Flüssigkeit durch Eindampfen und fällt auf's Neue mit Kaliumquecksilberjodid. Diese Operation muss einige Mal wiederholt werden, wobei zugleich aus den Filtraten vom Bleiniederschlage die frei gewordene Essigsäure allemal durch Ausschütteln mit Aether zu entfernen ist. Die mit schwefelsäurehaltigem Wasser gut ausgewaschenen vereinigten Niederschläge werden mit dem gleichen Volumen feuchten Barythydrats vermischt in Wasser suspendirt und mit Schwefelwasserstoff zersetzt. Zum Filtrat vom abgeschiedenen Schwefelquecksilber fügt man überschüssiges schwefelsaures Silberoxyd und Schwefelsäure bis zur schwach sauren Reaction. Die abermals filtrirte Flüssigkeit enthält jetzt Muscarin- und Silbersulfat.

Versetzt man sie mit überschüssigem Barythydrat, filtrirt, leitet Kohlensäure ein, verdunstet das Filtrat vom kohlensauren Baryt vorsichtig zur Trockne und nimmt den Rückstand in absolutem Weingeist auf, so hinterlässt die weingeistige Lösung beim frei-

willigen Verdunsten über Schwefelsäure einen farblosen gelblichen
oder schwach bräunlichen sehr hygroskopischen Syrup, der sich allmälig in eine aus dünnen Plättchen bestehende Krystallmasse verwandelt. Diese reagirt stark alkalisch und entwickelt auf Zusatz
von Säuren Kohlensäure, ist also kohlensaures Muscarin oder
ein Gemenge von diesem und der freien Base.

Wird die mit Baryt versetzte Lösung von schwefelsaurem Muscarin und schwefelsaurem Silberoxyd, anstatt sie mit Kohlensäure
zu behandeln, sorgfältig mit Schwefelsäure neutralisirt, das Filtrat
an einem warmen Orte eingedampft, wobei nöthigenfalls die Reaction durch Zusatz von ein wenig Schwefelsäure oder Barytwasser
corrigirt wird, der Rückstand in absolutem Weingeist gelöst und
die Lösung über Schwefelsäure verdunstet, so hinterbleibt eine erst
syrupartige, dann krystallinisch erstarrende sehr zerfliessliche Masse
von schwefelsaurem Muscarin, die, wenn sie gefärbt ist,
durch Behandeln ihrer wässrigen Lösung mit Thierkohle und abermaliges Verdunsten leicht wasserhell erhalten werden kann.

Aus dem schwefelsauren Muscarin wird die freie Base durch
Versetzen seiner Lösung mit einem geringen Ueberschuss von Baryt,
Verdunsten des Filtrats im Vacuum über Schwefelsäure, Ausziehen
des Rückstandes mit absolutem Weingeist und abermaliges Verdunsten der Lösung über Schwefelsäure als farbloser, geruch- und
geschmackloser, stark alkalisch reagirender Syrup erhalten, der
zwar beim Stehen über Schwefelsäure allmälig krystallinisch wird,
aber an der Luft sofort wieder zerfliesst und sich in Wasser und
Weingeist in jedem Verhältniss, sehr wenig in Chloroform und gar
nicht in Aether löst.

Das Muscarin ist eine stärkere Base, als das Ammoniak und
fällt Kupfer- und Eisenoxyd aus ihren Salslösungen. — Wird die
trockne Base für sich erhitzt, so schmilzt sie, beginnt bei 80° sich
zu bräunen, erstarrt wieder über 100°, schmilzt bei stärkerem Erwärmen nochmals und zersetzt sich unter Entwicklung eines
schwachen tabakähnlichen Geruchs. Durch Kochen mit verdünnter
Kalilauge oder verdünnter Schwefelsäure wird das Muscarin nicht
verändert, aber beim Erhitzen mit feuchtem Kalihydrat tritt zuerst
ein starker Fischgeruch auf und dann entwickelt sich viel Ammoniak.

Von conc. Schwefelsäure und Salpetersäure wird das Muscarin farblos
gelöst. In der wässrigen Lösung des Sulfats erzeugt Bromwasser gelben,
bald wieder verschwindenden Niederschlag. Jod-Jodkalium, Pikrinsäure und Kaliumbichromat fällen nicht, auch Gerbsäure bringt nur
in sehr concentrirter Lösung Fällung hervor. Platinchlorid, Kalium-

platincyanür und Kaliumeisencyanür lassen die Lösung des Muscarinsulfats gleichfalls klar, und Quecksilberchlorid scheidet daraus erst nach längerer Zeit grosse glänzende Krystalle ab. Goldchlorid und Phosphorwolframsäure geben feinkörnigen, Phosphormolybdänsäure flockigen Niederschlag. Kaliumquecksilberjodid erzeugt in concentrirten sauren Lösungen amorphen gelben. allmälig krystallinisch werdenden, ziemlich leicht in Weingeist und sehr leicht in Jodkaliumlösung sich lösenden Niederschlag; aus verdünnten Lösungen setzen sich auf Zusatz des Reagens ziemlich grosse irisirende octaëdrische Krystalle ab. Kaliumwismuthjodid giebt amorphen rothen, allmälig auch krystallinisch werdenden Niederschlag, der in Jodkaliumlösung nur sehr wenig löslich ist.

Harnack hat die Thatsache festgestellt, dass Muscarin beim Erhitzen Trimethylammin liefert, und sich von dem Cholin nur um ein Atom O unterscheidet, wodurch der Gedanke nahe gelegt wurde, dasselbe den Ammoniumbasen anzureihen, welche vom Trimethylammin abgeleitet werden, wohin auch das Betaïn gehört. Diese Basen sind vom Trimethylammoniumhydroxyd $N(CH_3)3\,HO\,.\,H$, in welchem an Stelle von H oder O H sauerstofthaltige Reste eintreten. *(Constitution. Synthese.)*

$$Cholin = N(CH_3)_3 \, . \, C_2\,H_5\,O \quad OH.$$
$$Betaïn = N(CH_3)_3 \quad C_2\,H_2\,O_2.$$

Das Muscarin ist Oxydationsprodukt des Cholins und hat die Formel $N(CH_3)_3\,.\,C_2\,H_5\,O_2 \quad OH$, was durch die von Schmiedeberg und Harnack ausgeführte Synthese bestätigt wird. — Cholinpräparate der verschiedensten Art (auch Neurin und Sinkalin) liefern bei der Oxydation Muscarin. Am besten gelingt die Darstellung des Muscarins durch Oxydation des Cholinchlorides mit sehr starker Salpetersäure, Lösen des Rückstandes in Alkohol und Fällung mittelst Platinchlorides, wodurch Muscarinplatinchlorid herausfällt, oder durch direkte Oxydation des Cholinplatinchlorides mittelst Salpetersäure.

Das Platindoppelsalz des Muscarins krystallisirt in Octaëdern und hat die Formel $(C_5\,H_{14}\,N\,O_2\,Cl)_2\,PtCl4 + 2\,H_2\,O$ und verliert sein Krystallwasser erst bei 150—155°. Aus demselben erhält man Muscarinchlorid durch Verdampfen mit Chlorkalium im Ueberschusse, Lösen mit absolutem Alkohol + ¼ Chloroform, als farblose, glänzende, zerfliessliche Krystalle von der Formel $C_5\,H_{14}\,N\,O_2\,Cl$. Diese Krystalle liefern mit Silberoxyd und Wasser das leicht zerfliessliche, im Exsiccator erstarrende Muscarin. Das Goldsalz des künstlich dargestellten Muscarin's stimmt in seiner Zusammensetzung und Eigenschaften mit dem aus dem Fliegenpilz gewonnenen überein. Mit Bleioxyd erhitzt liefert dasselbe ebenfalls Trimethylammin. Das Doppelchlorid liefert mit Schwefelwasserstoff wieder Cholin.

Die Beziehungen des Muscarins zum Betaïn erklären die Verfasser ähnlich wie die von Chloralhydrat zu Trichlor-Essigsäure:

$$N\begin{cases}(CH_3)_3\\ CH_2\\ Cl\end{cases} + CH_2 \cdot OH + O = N\begin{cases}(CH_3)_3\\ CH_2 - CHO + H_2O\\ Cl\end{cases}$$

$$= N\begin{cases}(CH_3)_3\\ CH_2 - CH\begin{cases}OH\\ OH\end{cases}\\ Cl\end{cases}$$

Durch Annahme der aldehydischen Gruppe CHO, welche H_2O bindet, suchen die Verfasser die Reducirbarkeit des Muscarins zu Cholin und die alkalische Reaction dem neutralen Betaïn gegenüber zu erklären. Isoamyltrimethylammoniumchlorid und Valeryltrimethylammonchlorid wurden ebenfalls dargestellt, auch giftig befunden.

Neben Muscarin wurde von Schmiedeberg und Harnack ein

Amanitin. 2. Alcaloïd, das Amanitin, dargestellt von der Formel:

$$N\begin{cases}(CH_3)_3\\ CHOH - CH_3\\ CH.\end{cases}$$

Die Darstellung aus dem Fliegenpilze ist folgende:

Nachdem im Allgemeinen, wie früher beschrieben, verfahren war, um salzsaures Muscarin und Amanitin herzustellen, so konnte letzteres seiner Zerfliesslichkeit wegen fortgenommen werden, oder dadurch, dass das Golddoppelsalz des Muscarins leichter in Wasser löslich ist, als das des Amanitins. Durch wiederholte fractionnirte Fällungen mit Goldchlorid ist das Amanitinchlorid leicht zu gewinnen, das mit Schwefelwasserstoff leicht zerlegt und dann mit Silberoxyd rein hergestellt werden kann. Die Eigenschaften der freien Base sind denen des Muscarin's fast vollkommen gleich.

Amanitin liefert mit Salpetersäure Muscarin, ist isomer mit Cholin. Das aus Eierlecithin von Hoppe-Seyler dargestellte Neurin ist nur Amanitin, denn dasselbe giebt mit Salpetersäure Muscarin. Hierdurch ist die Synthese des Amanitins aus Hühnereigelb gegeben, indem man hieraus salzsaures Amanitin darstellt und dieses mit Silberoxyd zersetzt.

Wirkung. Das Muscarin wird nach dem Vorgange von Schmiedeberg und Koppe meist als das active Princip des Fliegenpilzes, von Brunton (Brit. med. Journ. 317. 1874) sogar als das der giftigen Pilze überhaupt aufgefasst; doch stehen selbst der ersten Annahme Bedenken entgegen, da das Muscarin die den frischen (nicht den getrockneten) Fliegenpilzen zukommende deletere Action auf Fliegen nicht besitzt (Harnack) und da die bei Fliegenpilzvergiftung am

Menschen constant und insbesondere bei der Benutzung dieses Schwammes als narkotisches Genussmittel seitens ostasiatischer Völkerschaften auffallend hervortretenden Erscheinungen psychischer Aufregung mit den bei Säugethieren beobachteten Intoxicationssymptomen nicht im Einklange stehen, welche dagegen den bei Warmblütern mit Extracten aus trocknen Fliegenpilzen erzeugten Phänomenen durchaus gleich sind. Nach den von Falck und Rückert (Beiträge zur Wirkung des Muscarins. Marburg. 1872), sowie von Prevost und Monnier (Compt. rend. **79**. 381. 1874) bestätigten Versuchen Schmiedeberg's und Koppe's erscheint das Muscarin als sehr intensives, namentlich auf Katzen stark wirkendes, bei Injection in das Blut durch Herzlähmung, sonst durch die gleichzeitigen Veränderungen von Circulation und Respiration tödtendes Gift, dessen Action auf Kreislauf und Athmung, auf Darmbewegung, Vermehrung verschiedener Secretionen und auf die Iris mit der des Pilocarpins grosse Aehnlichkeit darbietet, während es, wie dieses, dem Atropin gegenüber einen gewissen Antagonismus zeigt.

Bei Katzen, die durch 8—12 Mgm. in 10—15 Minuten, durch 2—4 Mgm. in 2-3-8-12 Stunden sterben, beginnen die Vergiftungserscheinungen nach mittleren Dosen in einigen Minuten mit Kau- und Leckbewegungen, profusem Speichelfluss, verstärkter Thränensecretion, Kollern im Leibe, Würgen, Erbrechen, heftiger Brechanstrengung, Entleerung erst fester, dann flüssiger Faeces unter starkem Drängen, welche Erscheinungen nicht bis zum Tode anhalten; hierauf folgt Pupillenverengung bis zum vollständigen Verschwinden der Oeffnung, erst in der Agonie normalem Verhalten oder der Dilatation weichend, dann Sinken der Pulsfrequenz bis zu einem bestimmten Minimum, später beschleunigtes und erschwertes Athmen, Hinfälligkeit, wankender Gang, Empfindlichkeit bei Berührung, schliesslich nach Aufhören der Darmsymptome Abnahme der Respirationsfrequenz, ausgestreckte Lage, leichte Convulsionen und Tod. Hunde von 8—9 Kgm. zeigen nach 1—5 Mgm. keine Myosis und eine Steigerung der Pulsfrequenz; Sinken letzterer erfolgt nur bei sehr kleinen Thieren nach sehr grossen Dosen, später als die Myosis und die Acceleration des Athmens. Bei Kaninchen, die durch 5 --10 Mgm. wenig afficirt werden, ist die Myosis inconstant, die Wirkung auf das Herz wie bei Katzen. Bei Fröschen steht nach Injection von $\frac{1}{2}$ Mgm. das Herz sofort in Diastole still, nach Dosen von $\frac{1}{40}$ Mgm. später; die mechanische und elektrische Reizbarkeit besteht noch Stunden lang fort (Schmiedeberg und Koppe, Harnack). Geringere Wirkungen, wie sie Prevost erhielt, erklären sich durch Beimengung unwirksamer Pilzalkaloide.

Bei Menschen steigern intern 2—5 Mgm. in 2—3 Min. die Pulsfrequenz; 5 Mgm. bedingen ziemlich unbedeutende Myose und träge Reaction auf Lichtreiz; nach 3—5 Mgm. subcutan entsteht in 2—3 Min. profuser Speichelfluss, beträchtlicher Blutandrang nach dem Kopfe, Röthung des Gesichts, gesteigerte Pulsfrequenz, Feuchtwerden der Stirn, Schwindelgefühl, geringe Beklemmung und Beängstigung, Kneifen und Kollern im Leibe, Schwere im Kopfe, gestörtes Sehvermögen und allgemeiner Schweiss. (Schmiedeberg und Koppe).

Aus den physiologischen Versuchen mit Muscarin geht hervor, dass dasselbe auf die Vagusendigungen im Herzen reizend, vielleicht auch erregend auf die musculomotorischen Apparate im Herzen, und anfangs erregend, später lähmend auf das respiratorische Centrum wirkt, vielleicht auch die Hirnthätigkeit herabsetzt, dagegen die Centren der Reflexthätigkeit, die Muskeln und die peripherischen Nerven nicht beeinträchtigt.

Der eigenthümliche diastolische Herzstillstand wird durch Vagusdurchschneidung nicht aufgehoben, wohl aber, wenn man die peripherischen Endigungen des Vagus durch minimale Dosen Atropin lähmt (Schmiedeberg und Koppe); wie Atropin wirken, jedoch minder stark und dauernd, Nicotin, Digitalin und Calabarextract (Prevost und Monnier), nach Alison (Gaz. med. 98. 1875) auch Strychnin, ebenso Veratrin (Böhm); die Wirkung erfolgt auch am ausgeschnittenen und in Muscarinlösung sistirten Froschherzen (Falck und Rückert), ebenso nach Gaskell und Ringer (Pract. 26. 5. 1881) am isolirten Ventikel (Ausschluss der Hemmungscentren). Muscarin bewirkt Sinken des Blutdruckes, steigert aber den durch Atropin erhöhten Blutdruck. Die primäre Respirationsbeschleunigung und Dyspnoe wird nicht durch Vagusdurchschneidung, aber durch Atropin beseitigt, welches auch dem Auftreten derselben vorzubeugen vermag. Die Lähmung der willkürlichen Bewegung bei Fröschen wird durch Atropin nicht verhütet. Kleine Dosen Muscarin schienen nach Carville (Gaz. med. 181. 1875) steigernd auf die Temperatur zu wirken; grosse bewirken stetiges Sinken, welches durch nachträgliche Atropineinführung gemindert wird (Falck, Rückert; Carville). Vielleicht beruht die temperatursteigernde Wirkung kleiner Muscarinmengen auf der örtlichen Wirkung auf den Tractus, die jedoch, obschon blutiges Erbrechen und sanguinolente Diarrhoe, sowie post mortem ein anscheinend entzündlicher Zustand im Dünndarm sich findet (Falck und Rückert), wesentlich auf enormer Steigerung der Peristaltik, welche bis zum Tetanus geht und nicht bloss den Darm, sondern auch die Blase betrifft (daher anfangs auch constant Harnentleerungen), beruht; der Darmtetanus verharrt auch bei Excision des Darms und wird durch Atropin aufgehoben resp. verhindert; Compression der Aorta verhindert dessen Eintritt (Schmiedeberg und Koppe). Der Ptyalismus, das constanteste Phänomen der Muscarinvergiftung bei allen Thiergattungen, wird ebenfalls durch subcutane Application kleiner Atropinmengen gehemmt und macht einer auffallend trocknen Mundbeschaffenheit Platz; auch nach Durchschneidung des Chordaastes bedingt das Gift Speichelfluss, den Atropin aufhebt. Der Antagonismus des Muscarins und Atropins ist nach Prevost (Arch. phys. norm. 801. 1877) in Bezug auf die Speichelsecretion ein wechselseitiger und kann auch die secretionsvermindernde Wirkung des Atropins durch grosse Dosen Muscarin aufgehoben werden. Ausser Speichel- und Thränenfluss vermehrt Muscarin auch die Absonderung des pancreatischen Saftes und den Ausfluss der Galle, dagegen nicht die Harnsecretion, die bei grossen Gaben ganz aufhört; auch hier wirkt Atropin antagonistisch (Prevost und Monnier). Die Myose bei Katzen, welche auch bei localer Application auf das Auge eintritt, wird durch die kleinsten Mengen Atropin aufgehoben. Locale Application beim Menschen ruft nach

Krenchel (Hosp. Tid. 145. 1874) Accomodationskrampf und später, jedoch nicht constant, Myose hervor, welche länger als die durch Physostigmin erzeugte anhält.

Bei Thieren wirkt Atropin selbst bei der 5fach letalen Muscarinmenge (Prevost) und selbst bei stark fortgeschrittener Vergiftung (Schmiedeberg und Koppe) lebensrettend. Tannin und Jodkalium versprechen bei Muscarinvergiftung wegen ihres Verhaltens zu Muscarinlösung als chemische Antidote nichts. Behandlung der Muscarin-vergiftung.

Künstlich dargestelltes Muscarin unterscheidet sich in seiner physiologischen Wirkung vom Fliegenpilzmuscarin nicht (Schmiedeberg). Wirkung des künstlich dargestellten Muscarins.

Nach den Untersuchungen von Letellier und Spencux (Ann. d'hyg. 1867. p. 71) soll *Amanita bulbosa Bull. s. Agaricus phalloides Fr.* ausser einem scharfen Princip noch einen rein narkotisch wirkenden, in Wasser löslichen alkaloidischen Stoff von Glycosidnatur enthalten, den sie „Amanitin" nennen, aber jedenfalls nicht rein erhielten. Auch E. Boudier (l. c.) hat aus dem nämlichen Pilz einen syrupartigen, stark alkalisch reagirenden Stoff abgeschieden, den er „Bulbosin" nennt. Schmiedeberg und Koppe vermuthen auf Grund einzelner über diese Körper gemachten Angaben, dass es sich in beiden Fällen um das von ihnen „Muscarin" genannte Alkaloid handelt, das dann ausser im *Agaricus muscarius L.* auch in der *Amanita bulbosa Bull.* vorkäme; doch ist das Verhalten gegen Reagentien (Amanitin wird durch Jodjodkalium präcipitirt, Bulbosin ebenfalls) anders und die glycosidische Natur des Amanitins beim Muscarin nicht constatirt. Auch differiren einigermassen die Symptome, indem das Amanitin subcutan bei Fröschen zu 0,1, bei Kaninchen zu 1,0 subcutan und zu 0,5 Gm. innerlich nach 10—30 Minuten Torpor, später Betäubung der Sinne, Paralyse, Verlangsamung der Respiration und Tod in 2—4 Stunden nach leichten Convulsionen bewirken soll. Sicher ist der Symptomencomplex der Vergiftung mit Amanita bulbosa und dem Fliegenpilz ganz verschieden. Das Amanitin soll Schnecken nicht, Katzen stärker als Kaninchen afficiren. Tannin wird als Gegengift empfohlen. — Sicher verschieden von diesen Alkaloiden scheint ein aus Boletus luridus von Almén (Upsala Läk. Forhandl. 2. 274) mit phosphormolybdänsaurem Natron erhaltenes vermeintliches Alkaloid, das sich in Chloroform löst und in langen feinen Nadeln krystallisirt. Eine von Sicard und Schoras (Journ. Pharm. Juin. 1865) aus nicht angegebenen Pilzen dargestellte Base soll flüchtig sein und wie Curare wirken.

W. Thörner (Berl. Ber. 11. 533) ist es gelungen, aus Agaricus atromentosus, bulbosus et integer schön krystallisirende Doppelsalze mit Platin und aus diesen salzsaure Verbindungen herzustellen.

Bestandtheile

Alkaloide des Mutterkorns. — Das Mutterkorn, Secale cornutum, *Claviceps purpurea Tulasne, Spermoedia Clavus Fries, Sclerotium Clavus DC.,* Ergot der Franzosen und Engländer, der bekannte vorzugsweise am Roggen, aber auch an vielen anderen Gramineen und einigen Cyperaceen sich entwickelnde parasitische Pilz, enthält ausser dem schon von Walz (N. Jahrb. Pharm. **24.** 242) darin aufgefundenen Trimethylamin (s. Chenopodieae) nach Wenzell (Americ. Journ. Pharm. **36.** 193. 1864; auch Viertelj.

pract. Pharm. **14.** 18) noch zwei feste, bis jetzt erst sehr unvollständig untersuchte, wie es scheint, auch noch nicht völlig rein erhaltene Alkaloide, das **Ergotin** und das **Ecbolin** (von 'ἐκβαλλειν, auswerfen).

Ergotin und Ecbolin. Zur Darstellung dieser beiden Alkaloide fällt man den kalt bereiteten wässrigen Auszug des Mutterkorns mit Bleizucker aus, concentrirt die mittelst Schwefelwasserstoff entbleite Flüssigkeit stark und fügt so lange gepulvertes Quecksilberchlorid, welches nur das Ecbolin fällt, hinzu, bis kein Niederschlag mehr entsteht. Dieser wird nach dem Auswachsen unter Wasser mit Schwefelwasserstoff zerlegt, das nun salzsaures Ecbolin enthaltende Filtrat mit frisch gefälltem phosphorsaurem Silberoxyd behandelt, dann filtrirt, zur Bindung der Phosphorsäure mit Kalkhydrat geschüttelt, abermals filtrirt, vom Kalk durch Kohlensäure befreit und nun bei mässiger Temperatur eingedunstet. — Aus dem Filtrat vom Quecksilberniederschlage des Ecbolins wird nach Ausfällung des Quecksilbers mittelst Schwefelwasserstoff das Ergotin durch Phosphormolybdänsäure, welche Trimethylamin nicht fällt, niedergeschlagen. Den Niederschlag vertheilt man in Wasser, digerirt einige Zeit mit kohlensaurem Baryt, filtrirt und verdunstet das Filtrat vorsichtig zur Trockne.

Ergotin und Ecbolin sind beide amorphe, braune, schwach bitter schmeckende, alkalisch reagirende, in Wasser und Weingeist leicht lösliche, in Aether und Chloroform unlösliche, nur amorphe Salze bildende Substanzen.

Die Lösungen der freien Basen und ihrer salzsauren Salze werden durch Phosphormolybdänsäure, Gerbsäure, Goldchlorid und Quecksilberchlorid (dieses fällt Ergotin aus saurer Lösung nicht) gefällt. Platinchlorid fällt Ecbolin dunkelgelb, Ergotin erst nach Zusatz von Aetherweingeist gelblich. Cyankalium fällt Ecbolin weiss, Ergotin nicht. Ecbolin wird von concentrirter Schwefelsäure mit dunkelrosenrother Farbe gelöst; das Verhalten des Ergotins gegen Schwefelsäure ist nicht geprüft worden.

Aus seiner Analyse des nach Wenzell's Methode dargestellten Ergotins berechnet Manassewitz (Zeitschr. Chem. 1868. 154) für dasselbe die Formel $C_{50} H_{52} N_2 O_3$.

Wiggers' Ergotin. Das Ergotin Wenzell's darf nicht verwechselt werden mit dem Ergotin von Wiggers (Annal. Chem. Pharm. 1. 171) und demjenigen von Bonjean (Repert. Pharm. 83. 93). Beides sind unreine Substanzen, die aber arzneilich verwendet werden. Zur Darstellung von Wiggers' Ergotin kocht man das gepulverte, mit Aether von Fett und Wachs befreite Mutterkorn mit Weingeist aus und behandelt den Verdunstungsrückstand des weingeistigen Auszugs mit Wasser, wobei das Präparat als rothbraunes, scharf und bitter schmeckendes, in Wasser und Aether unlösliches, in Weingeist schwer lösliches Pulver zurückbleibt.

Bonjean's Ergotin. Das Ergotin von Bonjean wird durch Ausziehen des wässrigen Mutterkornextractes mit Weingeist und Verdampfen der weingeistigen Lösung erhalten. Es ist ein braunrothes, bratenartig riechendes, stechend bitter schmeckendes Extract, das sich vollständig in Wasser und Weingeist löst.

Neuere Literatur über Mutterkorn: Ganser (1871 Arch. Pharm.) Hermann (1869 Arch. Pharm.) — Zweifel (Arch. experiment. Pathol. 4. 387). — Tauret (Repert. Pharm. 3. 708. 4. Serie. Journ. Pharm. Chim

28. 182. 24. 265. 27. 320). — Blumberg, Dissertation über die Alkaloïde des Mutterkorns, Dorpat. 1878. — Dragendorff & Podwissotzky (Arch. experiment. Patholog. 6. 153. Sitzungsber. Dorpater. naturf. Gesellschaft. 4. 392.)

Hermann & Ganser haben die Angaben Wenzell's bestätigt: Mannassewitz konnte nur Ergotin herstellen, statt der Ergotsäure bekam er Ameisensäure, die er als normalen Bestandtheil des Mutterkornes annimmt. Buchheim hat ein Ergotin hergestellt von leimartiger Beschaffenheit. Tanret hat ein krystallisirbares Ergotinin hergestellt, Schoonbroodt fand Milchsäure, Hermann ein leicht verseifbares Oel, aus Elaïn und Palmitin bestehend, begleitet von Cholesterin, von dem Ganser 0,036 % nachwies. Dragendorff & Podwissotzky stellen als wirksame Bestandtheile auf:

Sclerotinsäure 1—4 1/2 %,
Scleromucin 2—3 %

ausserdem Farbstoffe Sclererythrin, Picrosclerotin, Fuscosclerotinsäure, Sclerojodin, Scleroxanthin, Sclerokrystallin.

Es sind demnach bis jetzt aus dem Mutterkorne hergestellt und darin nachgewiesen worden:

Ergotin Wiggers', leimartige Substanz Buchheim's, Ecbolin und Ergotin Wenzell's Ergotinin (Tanret), Ergotsäure, Fette, Cholesterin, Mycose, Mannit, Milchsäure, Methylammin, Trimethylammin, Ammoniaksalze, Leucin, Phosphate von Kalk und Kali, ferner die eben erwähnten Dragendorff'schen Körper.

Zweifel hat aus dem Mutterkorne eine wirksame Säure isolirt, jedoch nicht rein dargestellt. Die Darstellung beruht auf der Fähigkeit absoluten Alkoholes und ammoniakalischer Bleiacetatlösung, die Säure zu fällen, nachdem aus dem wässrigen Auszuge des entfetteten Mutterkornes fremde Substanzen durch neutrales Bleiacetat entfernt wurden. Die ammoniakalische Bleifällung wird durch Schwefelwasserstoff zerlegt.

Tanret stellte aus dem Mutterkorne ein Alkaloïd Ergotinin dar, weisse langnadlige Krystalle, in Wasser unlöslich, löslich in Aether, Alkohol und Chloroform, fluorescirend. Alkoholische Lösungen färben sich an der Luft grün, dann braun, Lösungen in Säuren roth. Als schwache Basis, dem Nicotin ähnlich, bildet dasselbe mit Mineralsäuren Salze (schwefelsaures Salz) und zeichnet sich besonders durch eine Reaction aus, die darin besteht, dass es bei Gegenwart von Aether, mit verdünnter Schwefelsäure behandelt, eine schöne, roth-violette, später blaue Färbung giebt. Mit kohlensauren Alkalien destillirt, giebt es reichlich Methylammin. Dessen Lösungen

werden mittelst Kaliumquecksilberjodid, Jod in Jodkalium, Phosphormolybdänsäure, Tannin, Goldchlorid, Platinchlorid, Bromwasser gefällt.

Die Darstellung dieses Körpers, welche wiederholte Verbesserungen erfuhr, gründet sich darauf, dass alkoholische (95%) Auszüge mit Aetznatron versetzt, destillirt werden, der Rückstand mit
Aether und dann mit Wasser ausgeschüttelt wird. Die ätherische
Lösung, welche das Alkaloïd enthält, wird mit Citronensäurelösung
behandelt, hierauf mit Potaschelösung zersetzt, und diese ätherische
Lösung, nach Beseitigung des Aethers unter dem Exsiccator zur
Krystallisation gebracht. Neben Krystallen von Ergotinin, welche
aus 1 Kilogr. Mutterkorn in einer Menge von 1,2 Gm. erhalten
wurden, ist ein amorphes Ergotinin vorhanden. Die Formel ist angegeben: $C_{35}H_{40}N_4O_6$ (C = 68,5%, H = 6,79, N = 9%, O =
15,64), Chlor und Bromverbindung ist studirt, schwefelsaures und
milchsaures Salz sind hergestellt, jedoch nicht analysirt. — Auch
eine camphorähnliche Substanz wird vom Verfasser im Mutterkorne
angenommen, bei 165° schmelzend, und 209° siedend.

Ein eingehendes Studium der wirksamen Bestandtheile des
Mutterkornes verdanken wir Dragendorff in Gemeinschaft mit
Podwissotzky und Blumberg, welche nachstehende Resultate
vorlegen. — Dargestellt und eingehender studirt sind folgende Substanzen:

Sclerotinsäure (C = 40%, H 5,2, N 4,2 und O 50,6),
$C_{12}H_{19}NO_9$ allenfalls, schwach sauer, geschmack- und geruchlos,
hygroskopisch, in Wasser löslich, schwer löslich in Alkohol, reducirt
alkalische Kupferlösung langsam, wird gefällt durch Gerbsäure und
Phosphormolybdänsäure, ist kein Glucosid. Dieselbe wurde dargestellt aus dem wässrigen Mutterkornauszug, der bei Luftverdünnung
verdampft, bei Syrupsconsistenz mit gleichem Volumen 95% Alkohol
versetzt wird (Fett, Salze und Scleromucin werden gefällt). Das
erhaltene Filtrat giebt bei Zusatz von absolutem Alkohol Fällungen
von sclerotinsaurem Kali, Natron, Kalk etc., welche Fällung, nach
24 stündigem Stehen abfiltrirt, in 40% Alkohol gelöst, abermals mit
absolutem Alkohol gefällt wird, wobei Sclerotinsäure mit 19%
Aschenbestandtheilen fällt. Die Befreiung von letzterem gelingt
mittelst abermaligem Lösen in 40% Alkohol, Zusatz von 5—6%
HCl von 1,1 spec. Gew. und wiederholtes Fällen mit absolutem
Alkohol. Aschenfrei wurde die Sclerotinsäure nicht erhalten.
(Zweiffel's Präparat ist sehr reine Sclerotinsäure, in Wiggers'
Osmazom ist dieselbe wohl auch enthalten.) Gutes Mutterkorn giebt
4—4,5%, schlechtes 1,5—2% Sclerotinsäure.

Reiner, wenn auch mit Verlust, wird die Sclerotinsäure erhalten, wenn pulverisirtes Mutterkorn zuerst mit Aether und kaltem 85% Alkohol extrahirt, der Rückstand mit wenig Wasser deplacirt wird, welche Lösung nun wie oben behandelt wird. Alkohol fällt die Kalkverbindung, welche leichter zu reinigen ist.

Scleromucin wird eine Substanz genannt, welche aus der wässrigen Lösung mit schwachem Alkohol, wie bei Sclerotinsäure angegeben, gefällt wird. Diese Fällung muss von Fett (Aether), Sclerotinsäure (heisser Alkohol 40%) befreit und in heissem Wasser gelöst werden, welche Lösung bei Anwendung von Dialyse eine Substanz mit 26,8% Asche (!) darstellen lässt, welche wohl kaum noch auf Selbstständigkeit vorläufig Anspruch machen kann. Zu Sclerotinsäure soll sich dieses Scleromucin, wie Bassorin zu Gummi verhalten.

Beim Studium der färbenden Substanzen wurde Mutterkorn mit Aether, dann mit Wasser extrahirt und der erhaltene Rückstand nach Befeuchten mit Weinsäurelösung und Trocknen mit weinsäurehaltigem Wasser digerirt und dann mit Alkohol extrahirt. Dieser Auszug, von Alkohol befreit, wird mit Aether geschüttelt, der Sclererythrin löst, welche Lösung mit Petroleumäther versetzt, den Körper ausscheidet. Durch wiederholtes Lösen in 'Alkohol, Verdampfen und gleiche Behandlung mit Aether etc. gelingt die Reindarstellung, die noch bessere Resultate liefert, wenn man die Calciumverbindung herstellt, diese mit Essigsäure versetzt und mit Aether ausschüttelt. Aether nimmt Sclererythrin auf, das mittelst Petroleumäther abgeschieden werden kann. Sclererythrin bildet ein rothes Pulver, theilweise sublimirbar, ist unlöslich in Wasser, löslich in Alkohol, Eisessig, verdünnten Alkalien mit schöner Murexidfärbung. Kalk und Barytwasser fällen dasselbe blauviolett, ebenso schwere Metallsalze; Aluminiumsulfat und Zinnchlorür lösen dasselbe roth. In geringer Menge ist dasselbe im Mutterkorn enthalten. Die Verfasser halten den Körper für einen Anthrachinonabkömmling, ähnlich dem Purpurin.

In dem bei der Sclererythrindarstellung erhaltenen Mutterkornrückstand ist ein Farbstoff vorhanden, der mit verdünnter Kalilauge extrahirt werden kann, daraus mittelst Salzsäure ausfällt, auch sich bei der Isolirung des Sclererythrins als dunkelblauschwarzes Pulver ausscheidet, das löslich in conc. Schwefelsäure und alkalischem Wasser mit violetter Farbe, unlöslich in Wasser, Alkohol, Aether, Chloroform bis jetzt nicht gewonnen wurde, überhaupt in geringen Mengen vorhanden ist. Procentige Zusammensetzung des sog. Sclerojodins C 64%, H 5,75, N 3,87.

Aus dem Rückstande, der nach Extraction des Scleroxanthins endlich geblieben war, wurden noch durch Behandlung mit Aether in der Wärme 2 Substanzen extrahirt: Scleroxanthin u. Sclerokrystallin. Die erstere, derbe gelbe Krystalle bildend, kann von Fett durch wiederholtes Umkrystallisiren aus Aether erhalten werden und ist schwerer löslich in Aether, als das letztere, das nach Ausscheiden des Scleroxanthins aus der ätherischen Lösung sich beim Verdunsten ausscheidet, in haarförmigen Krystallen. Sclerokrystallin wird durch heissen Aether oder Chloroform leicht in Scleroxanthin umgewandelt. Beide geben in alkoholischer Lösung mit Eisenchlorid violette dann blutrothe Färbung.

Scleroxanthin hat die Formel $C_7 H_7 O_3 + H_2 O$, Scleroxanthin $C_7 H_7 O_3$.

Aus dem Scleroerythrin, besonders dem unreinen, gelang es, noch 2 Zersetzungsproducte desselben zu isoliren, die Fuscosclerotinsäure mit schwach sauren Eigenschaften und das Pikrosclerotin mit basischem Charakter. Dieselben werden im Wesentlichen aus alkoholischen Scleroerythrinlösungen durch Behandlung mit Kalkwasser erhalten, wobei fuscoclerotinsaurer Kalk und Pikrosclerotin in Lösung bleiben, während die Calciumverbindung des Erythrins herausfällt. Diese Lösung, zur Trockne verdampft, giebt an Aether den grössten Theil der Säure ab, während Pikrosclerotin zurückbleibt, das in säurehaltigem Wasser gelöst, mit Ammon theilweise ausfällt.

Diese Säure ist N frei von der Formel $(C_{14} H_{24} O_7)$, die basische Verbindung stickstoffhaltig. — (Siehe übrigens die Originale, auch Jahresb. Pharm. 1877. 40.)

Nach den Verfassern sind die Alkaloide des Mutterkornes (Ecbolin, Ergotin, Ergotinin) in der Lösung, welche resultirt, so bald die wirksamen Bestandtheile Sclerotinsäure und Scleromucin abgeschieden sind.

Ecbolin und Ergotin Wenzell's sind wohl ein und derselbe Körper in verschiedener Reinheit. Das Ergotinin Tanret's konnte von Blumberg, namentlich in kleinen Mengen, nach der zuletzt angegebenen Methode (siehe oben) isolirt werden.

Blumberg's Arbeiten constatirten, dass eines der Alkaloïde Wenzell's sicher vorhanden ist, obgleich eine Isolirung derselben im reinen Zustande nicht gelang. Das oben erwähnte Pikrosclerotin stellte derselbe aus Mutterkorn dar durch Behandlung des mit Wasser, Aether und Alkohol erschöpften Mutterkornes mit weinsäurehaltigem Wasser bei 40°, Extrahiren mit Alkohol und Neu-

tralisiren des verdampften alkoholischen Auszuges mit Ammoniak.
Der Niederschlag wird in Essigsäure gelöst und mit Ammoniak
wieder gefällt, diese Manipulation wiederholt und schliesslich die
Ammonfällung in Alkohol gelöst, der das Alkaloïd noch nicht rein
liefert. Schwefelsäure giebt mit demselben eine rosa', allmälig
violette Färbung, Fröhde's Reagens löst mit blauvioletter Farbe.
Bezüglich der übrigen Bestandtheile des Mutterkorns sei noch erwähnt, dass das Fett des Pilzes (bis 35%) nach Hermann aus   Fett.
Oleïn, Palmitin mit wenig Buttersäure und Essigsäure besteht,
ausserdem nach Ganser Harz und Cholesterin enthält. Leucin
ist von Burgemeister (Flückiger, Pharmacognosie 2. Aufl. 263)
und Buchheim darin gefunden, welch' letzterer auch behauptet,
dass die saure Reaktion der Mutterkornauszüge von Milchsäure und
saurem Kaliumphosphat herrühren. Mitscherlich hat die Mycose
darin nachgewiesen (— 1 pro Mille). Die Asche des Mutterkornes
enthält nach Hermann 45% Phosphorsäure und 30% Kali.

Nach Dragendorff gelingt die Werthbestimmung des Mutterkorns da-   Werth-
durch, dass man Scleromucin und Sclerotinsäure zu isoliren sucht. Eine   bestimmung
                                                                   des Mutter-
gewogene Menge Mutterkorn wird mit Wasser erschöpft, diese Lösung ein-   korns.
gedampft, mit 90% Alkohol (gleichem Volumen) gefällt. Dieser Niederschlag,
mit 45% Alkohol ausgewaschen, wird, bei 120° getrocknet, gewogen und
dann eingeäschert. Nach Abzug der Asche wird die wahre Menge Scleromucin erhalten. Im Filtrate von der Scleromucinfällung wird die Sclerotinsäure in bekannter Weise ausgefällt und die Fällung in analoger Weise ge-
wichtsanalytisch bestimmt.

Dragendorff äussert sich hinsichtlich der physiologischen Bedeutung   Physio-
                                                                    logische Be-
der einzelnen Bestandtheile des Mutterkornes folgendermassen: deutung der
                                                                    Mutterkorn-
Der Wassergehalt des Mutterkornes als Dauermycel ist sehr gering (8%), bestandtheile.
was vielleicht vom grossen Fettgehalt 30—33% abhängt. Sclererythrin und
Sclerojodin sind Antiseptica und tragen zur langen Dauer des Mutterkornes
bei. Nach einigen Monaten nimmt der Fettgehalt (20—22%) ab und es erfolgt eine langsame Oxydation der Substanzen, Fett und Sclererythrin, wo-
durch die Farbenänderung und Bildung von Fuscosclerotinsäure bedingt ist.
Scleromucin vermehrt sich (— 3%) und es wird mehr Wasser aufgenommen.
Fermentative Vorgänge reihen sichern, Milchsäure entsteht aus den Kohlen-
hydraten. Die Basen entstehen aus den Nhaltigen Bestandtheilen durch
Zerfall, Sclerotinsäure, dem Eiweiss nahestehend, ist vielleicht Vorstufe des
Eiweisses bei der Entstehung des austreibenden Fruchtträgers. Durch die
Wasseraufnahme werden erst Mycosenmengen geringer, die Milchsäure nach-
weisbar. Das Bestreben, die Säure zu sättigen, erklärt eine Reihe Um-
bildungen: Zersetzung der Sclerotinsäurensalze, Bildung von Sclererythrin und
Xanthin, saurer Phosphate, Auftreten von Methylammin, Alkaloïde, Leucin etc.

Die eigenthümlichen physiologischen Wirkungen des Mutter-   Wirkung der
                                                             Mutterkorn-
kornes, welche dem Mittel und den daraus dargestellten Präparaten bestandtheile.
ihre grosse Bedeutung als Heilmittel in der Behandlung von Blutungen, insbesondere von Metrorrhagien, verschafft haben, scheinen

nicht sowohl auf die darin enthaltenen basischen Stoffe als auf Sclerotinsäure und Scleromucin zurückgeführt werden zu müssen.

Wirkung
der basischen
Mutterkorn-
stoffe.

Wie schon früher Handelin (Ein Beitrag zur Kenntniss des Mutterkorns
in physiol. und chem. Hinsicht. Dorpat 1871), haben später auch Zweifel
(Arch. exp. Path. **4**. 409) und Dragendorff und Podwissotzky (ebdas.
6. 190. 1876) die basischen Stoffe des Mutterkorns als wirkungslos oder sehr
schwach wirkend bezeichnet. Nach Blumberg bedingt jedoch sowohl die
als Pikrosclerotin bezeichnete Base als das nach Tanret dargestellte Ergotinin, ersteres zu 1 Gm. subcutan, bei Fröschen Lähmung der Sensibilität und
Motilität und Tod in 10 Min. Galippe und Budin (Gaz. méd. Paris 150.
1879) fanden 80 Mgm. Ergotinin bei Hunden toxisch, 0,105 in wenigen Stdn.
nach voraufgehenden Brechdurchfällen, Sinken der Temperatur unter Convulsionen und Paralyse tödtlich. Ein Schluss auf die Dosis toxica beim
Menschen scheint kaum zulässig, da Dujardin-Beaumetz nach Subcutaninjection von 4—6 Mgm. regelmässig in den folgenden 24 Stdn. Nausea und
Erbrechen, sowie schmerzhafte Koliken auftreten sah. Die therapeutische
Wirkung des Ergotinins bei Blutungen war sehr inconstant (Gosselin,
Dujardin-Beaumetz). Wenzell vindicirte dem Ekbolin die contra-
hirende Wirkung des Secale cornutum auf den Uterus, jedoch ohne sichere
Belege; Rossbach (Würzb. Verh. **6.** 19. 1874) fand dasselbe zu 0,01 in
charakteristischer Weise den Ventrikel des Froschherzens afficirend und nicht
nur dessen Contractionen verlangsamend, sondern auch einzelne Partien desselben offenbar durch directe Einwirkung auf den Herzmuskel paralysirend.
Ueber die physiologische Wirkung der als Extracte hier nicht näher zu besprechenden Ergotine von Wiggers und Bonjean vgl. Zweifel (a. a. O.),
Köhler und Eberty (Arch. path. Anat. **60**. 384. 1874), Boreischa (Mosk.
pharmak. Arb. 1. 50), Peton (De l'action physiol. et thér. de l'ergot de
seigle. Paris 1878) und Hervieu (Etude crit. et clin. du seigle ergoté et
principalement des inj. sous-cut. d'ergotine. Paris 1878); Selbstversuche damit bei Schroff (Pharmacol. 3. Aufl. 574).

Wirkung und
Anwendung
der Sclerotin-
säure.

Nach Dragendorff und Podwissotzky bewirkt Sclerotinsäure zu
0,03 und, mehr subcutan bei Fröschen innerhalb einiger Stunden von eigenthümlicher Hautanschwellung begleitete Lähmung, die in 5—7 Tgn. bei Fortpulsiren des Herzens vorübergeht oder nach kurz dauernder Erholung zum
Tode führt. Nikitin (Rossbach's pharmakol. Unters. **3.** 78) bezeichnet
0,12 Sclerotinsäure als für Frösche letal, 0,3 für kleine Katzen und 0,8 für
Kaninchen, während das in seiner Wirkung gleichartige sclerotinsaure Natrium bei Warmblütern die 2—3fache Menge erfordert. Auch bei Warmblütern sind die Erscheinungen der Parese, die bei Integrität der peripherischen Nervenendigungen und Muskeln als eine centrale zu betrachten
ist, ausgesprochen und sinkt die Reflexerregbarkeit (noch tiefer bei Fröschen);
auch sinkt der Blutdruck, die Körpertemperatur und die Respirationszahl,
während die Herzaction nur bei Kaltblütern beeinträchtigt wird; die Darmbewegung wird immer erregt und die Athmung erlischt vor der Herzaction.
Sowohl Dragendorff und Podwissotzky als Nikitin halten die Sclerotinsäure für das Hauptwirksame des Mutterkorns und letzterer besonders
für das wehenerregende Princip, da er sich von der schon bei 0,2 eintretenden
contractionserregenden Wirkung, mit welcher zugleich ein Blässerwerden des
Organs sich verband, sowohl am trächtigen als am nichtträchtigen Uterus überzeugte. Nikitin hält die Säure und ihr Natronsalz für das zweckmässigste

Mutterkornpräparat, doch sind beide, da sie auch in schwacher Lösung subcutan länger dauernden Schmerz und Anschwellung bedingen, nur intern oder im Klystier anzuwenden. Bei Warmblütern soll die Säure schon in 2—3 Stunden im Urin erscheinen und aus demselben in 36—48 Stunden verschwinden.

Gefässcontraction erzeugt Sclerotinsäure nach Nikitin nur am Uterus, nicht in anderen Gefässbezirken des Körpers, während Dragendorff und Podwissotzky Gefässverengung auch an der Froschschwimmhaut beobachtet haben wollen. Nach Versuchen von Holst in Dorpat ist Sclerotinsäure zu 0,03—0,05 oder auch deren Calciumsalz zu therapeutischer Verwendung in der Geburtshülfe und Gynäkologie an Stelle des Mutterkorns oder Mutterkornextracts verwendbar. (Dragendorff und Podwissotzky.) Ausgedehnte therapeutische Versuche hat Stumpf (Arch. klin. Med. 26. 416. 1879) in der Münchener medicinischen Klinik mit Sclerotinsäure angestellt, welche die vorzügliche Wirkung bei Blutungen constatiren, indem Menorrhagien stets nach 0,2, einmal sogar nach 0,8 subcutan und Metrorrhagien meist nach 3—4 Injectionen von je 0,05 dauernd standen, wie auch bei Aborten und Blutungen im Wochenbett die Hämorrhagien in der Regel durch eine Spritze gestillt werden. Initiale Lungenblutungen standen nach 2—6 Injectionen, während bei Blutungen mit fortgeschrittener Lungenphthise und bei Epistaxis das Mittel seinen Dienst versagte, wogegen bei Magen- und Darmblutungen (Magengeschwür, Typhus) die Resultate sehr günstig waren. In einem Falle von Fibromyom verkleinerte sich unter interner Anwendung von täglich 0,2 der Tumor in auffälliger Weise, in zwei anderen nicht. Sphygmographisch wurden bei vielen Kranken Pulscurven nachgewiesen, die eine hohe Spannung der Arterien nicht verkennen liessen, meist auch nach Fortlassung des Mittels noch mehrere Tage anhaltend und in der Regel erst nach Tagen oder selbst nach einer Woche auftretend. Subcutaninjection bedingte in nahezu der Hälfte der Fälle ausser vorübergehendem Brennen keine localen Erscheinungen, in den übrigen meist Röthung und Entzündung, in 10 % sogar Abscedirung, mitunter selbst mit Schüttelfrost und erheblicher Temperatursteigerung; örtliche Reizung war besonders häufig nach concentrirten Lösungen (1—2:5), selten nach verdünnten und betraf vorwaltend durch Phthise und Typhus geschwächte Personen. Im Allgemeinen scheint Sclerotinsäure örtlich weniger ungünstig als die meisten Ergotinpräparate zu wirken und namentlich seltener Indurationen zu bedingen. Nebenerscheinungen hat Stumpf selbst nach 0,6 subcutan nicht beobachtet. Sclerotinsäure darf nur in frischen Solutionen benutzt werden, da die Lösung schon in 24 Stunden unbrauchbar oder unzuverlässig wird und nach einigen Tagen vollständig verschimmelt.

Das Scleromucin wirkt qualitativ und quantitativ der Sclerotinsäure gleich, ist zu therapeutischen Zwecken aber weniger empfehlenswerth, weil es sich kaum von anorganischen Salzen und Fetten trennen lässt und sich getrocknet schwierig löst (Dragendorff und Podwissotzky).

Wirkung und Anwendung des Scleromucins.

Lichenes. Flechten.

Stärkmehlfreie Pflanzen, deren Zellmembranen grösstentheils aus Lichenin (Flechtenstärke) bestehen. Die Membranen zeigen bei den

Nebenreihe.

meisten mit Jod keinerlei Färbung und zerfliessen bei Zusatz von Schwefelsäure farblos oder mit brauner und violetter Färbung; Cetraria macht eine Ausnahme, indem Jod die Membranen der Zellen blau färbt. Viele Flechtenmembranen geben beim Kochen mit Wasser eine Gallerte. — Die Flechten führen Chlorophyll oder daneben Phycocyan, einen blaugrünen Farbstoff. Die Membranen der Rindenzellen sind vielfach gefärbt, gelb, roth, durch Pigmentkörner, welche in Aetzalkalien löslich sind und wohl als Flechtensäuren oder Derivate derselben betrachtet werden können.

Th. Fries (Lichenographia Scandinav. Vol. **1.**) beobachtete bei seinen Studien auf dem Gebiete der Flechten, dass die Pigmentkörner, überhaupt die gefärbten Thallus der Flechten eigenthümliche Reactionen zeigen, der Thallus von Cladonia alcicornis nimmt mit Aetzkali und Chlorcalcium eine spangrüne Farbe an, das farblose Hypothecium von Lecanora atrocineta wird mit Kali braun bis fuchsroth, die Hypothecien von Catillaria besitzen gelbe Farbstoffe, die mit Kali sich rothgelb lösen und daraus röthliche Krystalle, in Wasser löslich, abscheiden; endlich führt Fries gegen die Ansicht Uloth's, dass die oxydirten Lager von Acarospora, Rhizocarpon, Lecidea, (Orcin etc.) durch Ammoniak zerstört werden, den Nachweis, dass diese oxydirten Lager nur oberflächlich gefärbt sind und zwar durch eine Eisenoxydschicht.

Die Flechten sind reich an Kohlenhydraten, Bitterstoffen, besonders Säuren. Ist es auch nicht möglich, bestimmte Bestandtheile allgemeiner Verbreitung in präciser chemischer Charakteristik festzustellen, so sind dennoch auf dem Gebiete der Kohlenhydrate (Lichenin), sowie der Säuren mannigfache Anhaltspunkte gewonnen worden.

Von isolirten Bestandtheilen sind zu nennen:

Lecanorsäure, Bataorsellsäure, Gyrophorsäure, Parellsäure, Erythrin, Usninsäure, Betaerythrin, Rocellsäure, Betausninsäure, Evernsäure, Carbousninsäure, Vulpinsäure, Patellarsäure, Cetrarsäure, Stictinsäure, Lichesterinsäure, Chrysophansäure, Fumarsäure, Atranorsäure, Cladoninsäure. Roccellinin, Physodin, Ceratophyllin, Picrolichenin, Variolarin, Lichenin, Everniin, Tallochlor (siehe Chlorophyll), Zeorin, Sordidin, Picroroccellin, Xanthoroccellin, Erythrit.

Hinsichtlich der Mineralbestandtheile ist beachtenswerth, dass die Asche sehr reich an Kieselsäure ist, oft $^2/_5$ derselben beträgt, an Kali und Kalk gebunden. Der Kalkreichthum ist hervorragend, auch ist die Thonerde als Bestandtheil zu erwähnen. De Gasparin

(Journ. de l'agriculture 1876. 453) fand in der Asche einer auf Molasse gewachsenen Flechte 1,7 % Phosphorsäure, 31,95 Kalk, 32,39 Kieselsäure.

Die Gattungen Roccella, Gyrophora, Variolaria, Lecanora, Usnea, Cladonia, Parmelia, Biatora, Lecidea, Ramalina, Evernia, Patellaria, Zeora sind besonders Gegenstand eingehender chemischer Untersuchung gewesen, deren Resultate in Nachstehendem folgen.

Lecanorsäure. Orsellsäure. Diorsellinsäure. $C_{16}H_{14}O_7$.
— Literatur: Schunck, Ann. Chem. Pharm. **41**. 157; **54**. 261; **61**. 72.
— Rochleder und Heldt, Ebendas. **48**. 2. — Stenhouse, Ebend.
68. 57; **125**. 353. — Strecker, Ebendas. **68**. 112. — O. Hesse,
Ebendas. **139**. 22. — Reymann, Berl. Ber. **8**. 790. — Liebermann,
Berl. Ber. **8**. 1469.

Diese zuerst von Schunck (1842) dargestellte Flechtensäure findet sich in verschiedenen Arten von Roccella, Lecanora und Variolaria, nach Hesse insbesondere in der vom Cap-Vert und den Cap-Verdischen Inseln versandten *Roccella tinctoria Ach.* — Die von Stenhouse für verschieden von der Lecanorsäure erklärte Betaorsellsäure aus *Roccella tinctoria* vom Cap der guten Hoffnung ist nach Schunck und Gerhardt damit identisch. Das Nämliche vermuthet Gerhardt von der von Stenhouse (Ann. Chem. Pharm. **70**. 218) für eigenthümlich gehaltenen, von ihm aus *Gyrophora postulata Ach.* nach Art der Lecanorsäure dargestellten und seinen Angaben zufolge dieser äusserst ähnlichen Gyrophorsäure.

Zur Darstellung bediente sich Stenhouse des nachfolgenden, auch zur Gewinnung vieler anderen Flechtenstoffe geeigneten Verfahrens. Man macerirt die zerschnittene Flechte einige Stunden mit einer reichlichen Menge Wasser, fügt dann unter Umrühren überschüssigen gelöschten Kalk hinzu, lässt absetzen, decantirt die klare blassgelbe Flüssigkeit, übergiesst den Rückstand noch einmal mit seinem halben Volumen Wasser, presst ihn nach einer Viertelstunde ab und übersättigt die klar filtrirten vereinigten Flüssigkeiten mit Salzsäure. Der erhaltene weisse gallertartige Niederschlag wird decantirend ausgewaschen, auf Leinwand gesammelt, auf einer Gypsplatte rach getrocknet und in warmem (nicht kochendem) Weingeist gelöst, aus dem die Säure beim Erkalten krystallisirt. Nöthigenfalls wird sie durch nochmaliges Umkrystallisiren aus Weingeist unter Beihülfe von Thierkohle gereinigt. — Nach Hesse gelingt die Darstellung am besten, wenn man die Flechte mit Aether auszieht, den grünlichweissen krystallinischen Destillationsrückstand des ätherischen

Auszugs in Kalkmilch löst, das Filtrat mit Schwefelsäure fällt, den mit Wasser gewaschenen Niederschlag aus heissem Weingeist umkrystallisirt, die so gereinigte Säure in einer zur Lösung nicht ganz ausreichenden Menge Aether aufnimmt, um eine darin schwer lösliche beigemengte Substanz zu entfernen, und den Verdunstungsrückstand der Lösung nochmals aus heissem Weingeist krystallisirt.

Eigenschaften. Die Lecanorsäure krystallisirt in weissen, strahlig vereinigten, geruch- und geschmacklosen Nadeln mit 1 Molecül bei 100° entweichendem Krystallwasser, die Lackmus röthen (Schunck), und bei 153° zu einer farblosen, bald unter Kohlensäureentwicklung sich zersetzenden Flüssigkeit schmelzen (Hesse). Sie löst sich erst in 2500 Th. kochendem Wasser, leichter in kochender Essigsäure, aus beiden beim Erkalten in Krystallen anschiessend, ferner in 15 Th. kochendem und 150 Th. kaltem 80procentigen Weingeist und in 80 Th. kaltem Aether (Schunck). — Sie neutralisirt die Alkalien unter Bildung löslicher krystallisirbarer Salze und vermag aus den kohlensauren Salzen die Kohlensäure auszutreiben. —

Zusammensetzung. Für ihre Zusammensetzung gab Schunck die Formel $C_9 H_8 O_4$, Stenhouse $C_{16} H_{16} O_7$, an deren Stelle Gerhardt die auch von Hesse bestätigte Formel $C_{16} H_{14} O_7$ aufstellte.

Zersetzungen. Bei der trocknen Destillation liefert die Lecanorsäure ein flüssiges, bald strahlig krystallinisch erstarrendes Destillat von Orcin (s. unten) und hinterlässt nur wenig Kohle (Schunck). Beim Kochen mit Wasser, Weingeist oder Amylalkohol entsteht Orsellinsäure, $C_8 H_8 O_4$, resp. ein zusammengesetzter Aether derselben ($C_{16} H_{14} O_7 + H_2 O = 2 C_8 H_8 O_4$), die dann bei andauerndem Kochen weiter in Orcin und Kohlensäure zerfällt (s. unten) (Schunck. Rochleder und Heldt. Strecker). Die nämliche Zersetzung, aber rascher und vollständiger, wird durch Erhitzen mit wässrigen Alkalien oder alkalischen Erden bewirkt (Stenhouse. Strecker). — Mit verdünnter Schwefelsäure befeuchtet verwandelt sich die Lecanorsäure an einem warmen Orte vollständig in Orcin (Schunck). Die ammoniakalische Lösung der Säure wird an der Luft schön roth (Schunck). Mit Chlorkalk erzeugt die Säure sogleich eine tief rothe Färbung, die schnell in Braun und Gelb übergeht und bei Anwendung von überschüssigem Chlorkalk völlig verschwindet (Stenhouse). Auch mit Eisenchlorid färbt sich weingeistige Lecanorsäure dunkelpurpurroth (Schunck). Bei Behandlung mit Salpetersäure entsteht viel Oxalsäure (Schunck. Rochleder und Heldt).

Beim Eintröpfeln von Brom in die ätherische Lösung der Lecanorsäure entstehen Dibromlecanorsäure, $C_{16}H_{12}Br_2O_7$, weisse, bei 179° schmelzende in Wasser unlösliche, in Weingeist und Aether schwer lösliche Prismen, und Tetrabromlecanorsäure, $C_{16}H_{10}Br_4O_7$, blassgelbe, bei 157° schmelzende, in Weingeist und Aether leicht lösliche Prismen (Hesse).

Die auch aus Evernsäure, Erythrinsäure u. a. Flechtensäuren beim Kochen mit Wasser, Weingeist oder wässrigen Alkalien und alkalischen Erden entstehende Orsellinsäure, $C_8H_8O_4$, krystallisirt aus Wasser und Weingeist in langen sternförmig gruppirten Nadeln von schwach saurem und zugleich bitterm Geschmack und deutlich saurer Reaction (Stenhouse). Sie schmilzt bei 176° und zerfällt dabei allmälig in Kohlensäure und Orcin $(C_8H_8O_4 = C_7H_8O_2 + CO_2)$ (Hesse), eine Zersetzung, die rasch auch durch Kochen mit Wasser, Weingeist oder wässrigen Alkalien herbeigeführt wird. Sie färbt sich mit Chlorkalk vorübergehend blauroth und in ammoniakalischer Lösung an der Luft purpurroth (Stenhouse). Orsellinsäure.

Das Orcin, $C_7H_8O_2$, vielleicht in den zur Darstellung von Orseille und Lackmus (s. unten) dienenden Flechten auch fertig gebildet enthalten, entsteht, wie oben bereits erwähnt wurde, aus allen Orsellinsäure gebenden Flechtenstoffen als letztes Produkt bei fortgesetztem Kochen mit Wasser oder starken Basen, sowie auch durch trockne Destillation. Es krystallisirt aus syrupdicker wässriger Lösung in farblosen klinorhombischen Prismen mit 1 Molecül Krystallwasser, die unter Verlust dieses Wassers bei 58° schmelzen. Entwässert schmilzt es bei 86° und siedet unzersetzt bei 286 bis 290°. Es schmeckt süsslich widerlich und löst sich sehr leicht in Wasser, leicht auch in Weingeist und Aether. Zu seiner Darstellung kocht man Lecanorsäure oder Erythrin (s. diese) längere Zeit mit Wasser, entweder allein oder unter Zusatz von etwas Kalk oder Baryt, entfernt dann letztere aus dem Auszuge durch Kohlensäure, verdunstet das Filtrat im Wasserbade zur Trockne, zieht den Rückstand mit Weingeist aus und reinigt das daraus beim Verdunsten anschiessende unreine Orcin durch Behandeln mit Thierkohle in wässriger Lösung oder durch Umkrystallisiren aus Aether oder endlich durch Destillation in einer Kohlensäure-Atmosphäre. Orcin.

An der Luft und im Lichte färbt sich das Orcin bald röthlich. Durch Chlorkalk wird es tief violett, dann braun und gelb, durch Eisenchlorid violett gefärbt. Bei Gegenwart von Alkalien färbt es sich an der Luft rasch roth oder braun und bei Anwesenheit von kohlensauren Alkalien verwandelt es sich unter dem Einfluss von Luft und Ammoniak in den blauen Farbstoff des Lackmus, während es in Berührung mit feuchter, Ammoniak enthaltender Luft in Orceïn, $C_7H_7NO_3$ $(C_7H_8O_2 + NH_3 + 3O = C_7H_7NO_3 + 2H_2O)$, den wesentlichsten färbenden Bestandtheil der Orseille übergeht. Letzteres wird als braunes amorphes Pulver gefällt, wenn man einige Tage in feuchter ammoniakalischer Luft gestandenes Orcin in Wasser löst und die Lösung mit Essigsäure übersättigt. Es löst sich in wässrigem Ammoniak mit violetter, in wässrigen Alkalien mit purpurrother Farbe. Die Salze der schweren Metalle fällen aus diesen Lösungen rothe Lacke. Orceïn.

Reymann gründet ein Verfahren der Werthbestimmung der Färbeflechten auf das Verhalten des Broms gegen Orcin, wobei zuerst Monobromorcin, später nach vorübergehender Weissfärbung Tribromorcin entsteht.

Titrirte Bromlösung wird im Ueberschusse angewandt, welch letzterer mit Jod zurücktitrirt wird. Erythrit und färbende Substanzen sollen hierbei nicht stören.

C. Liebermann giebt dem Orceïn, das sich aus Orcin bei feuchter ammoniakalischer Luft bildet, die Formel $C_7H_7NO_3$, und hält dasselbe für ein Gemenge zweier Farbstoffe, $C_{14}H_{13}NO_4$ und $C_{14}H_{12}N_2O_3$, welche beide amorphe kantharidenglänzende Stoffe sind, in Alkalien mit purpurner oder mehr blauer Färbung löslich sind.

S. Reymann (Berl. Ber. 13. 809) erhielt durch Einwirkung von Königswasser auf Orcin ein nicht krystallisirendes Produkt $C_{21}H_{17}ClN_2O_6$, welches das Chlorsubstitutionsprodukt des von Liebermann mittelst salpetriger Säure aus Orcin dargestellten Farbstoffes $C_{21}N_{18}N_2O_6$.

Anhang. Orseille und Lackmus. — Von diesen beiden aus Flechten bereiteten Farbmaterialien wird die Orseille bereits seit dem 14ten Jahrhundert dargestellt und zwar entweder als sog. Orseille de terre aus *Variolaria orcina Ach.* in der Auvergne, aus *Variolaria dealbata D. C.* in den Pyrenäen, aus *Lecanora tartarea Ach.* in Scandinavien u. a. m., oder gegenwärtig häufiger als Orseille de mer aus verschiedenen an den Küsten des Caps der guten Hoffnung, des Cap-Verd, der Cap-Verdischen Inseln, von Lima, Angola, Madagascar u. s. w. wachsenden Roccella-Arten, insbesondere aus *Roccella tinctoria Ach.* und *R. fuciformis Ach.* Die Darstellung der Orseille geschah früher meistens in der Weise, dass man die zerkleinerten Flechten mit Urin anfeuchtete, nach einigen Tagen mit etwas Kalk, wohl auch mit Arsenik und Alaun versetzte und dann die Masse unter häufigem Umrühren einer mehrwöchentlichen Gährung überliess. Jetzt wird statt Urin allgemein aus Gaswasser bereitetes wässriges Ammoniak verwendet. Als weiche und feuchte Masse kommt sie unter der Bezeichnung Orseille en pâte, getrocknet und gemahlen als Persio oder Cudbear in den Handel. Ein Orseille-Extract wird durch Auslaugen der rohen Orseille mit Wasser und Eindunsten der klaren Flüssigkeit in Vacuumapparaten dargestellt, oder reiner nach Stenhouse's Vorschlag durch Einwirkenlassen von Ammoniak und Luft auf die aus den Flechten abgeschiedenen Flechtensäuren. Das sog. Pourpre francais ist ein Orseille-Kalklack, der durch Fällung der an der Luft tiefkirschroth gewordenen ammoniakalischen Lösung der unreinen Flechtensäuren mit Chlorcalcium erhalten wird. — Der eigentlich färbende Bestandtheil in allen diesen Präparaten ist das Orceïn (s. oben).

Orseille.

Lackmus. Der Lackmus wird gleichfalls aus verschiedenen Roccella- und Lecanora-Arten, namentlich in Holland aus *Lecanora tartarea Ach.* gewonnen. Man setzt dieselben mit wässrigem Ammoniak übergossen der Luft aus, mischt später Alaun, Pottasche und Kalk und, sobald die Flüssigkeit in Folge der Gährung intensive Blaufärbung erlangt hat, Kreide, Gyps oder Sand hinzu, bringt die Masse in Kuchenform und trocknet sie. Die Erzeugung der Lackmusfarbstoffe, mit deren Isolirung sich Kane (Ann. Chem. Pharm. 39. 57) beschäftigte, ist nach Gélis (Journ. Pharm. (3) 24. 277) wesentlich an das gleichzeitige Vorhandensein von kohlensaurem fixem Alkali und Ammoniak bei dem Gährungsvorgang geknüpft. Nach Kane ist der

Azolitmin. wichtigste unter den färbenden Bestandtheilen das Azolitmin, ein dunkelbraunrother amorpher Körper, dessen Zusammensetzung ungefähr der Formel $C_7H_7NO_4$ entspricht. Von Wasser, Weingeist und Aether wird es nur wenig mit röthlicher, durch Alkalien in Blau übergehender Farbe gelöst.

Parellsäure. $C_9H_6O_4$. — Findet sich nach Schunck (Ann.
Chem. Pharm. 54. 257. 274) neben Lecanorsäure in der *Lecanora Parella Ach.*
Zur Darstellung behandelt man das durch Verdunsten des im Verdrängungsapparat bereiteten ätherischen Auszugs der Flechte erhaltene, durch Waschen
mit kaltem Aether und Auskochen mit Wasser gereinigte Krystallgemenge
der beiden Säuren mit Barytwasser, wodurch löslicher lecanorsaurer und
unlöslicher parellsaurer Baryt gebildet wird. Letzterer wird dann durch
Salzsäure zerlegt und die abgeschiedene und mit Wasser gewaschene Säure
aus Weingeist krystallisirt.

Die Parellsäure krystallisirt aus kochend gesättigter weingeistiger Lösung
beim Erkalten und raschen Verdunsten in Nadeln mit $\frac{1}{2}$ Mol. Krystallwasser, während aus verdünnteren weingeistigen Lösungen bei langsamem
Verdunsten kleine kurze glänzende regelmässige Krystalle mit etwas grösserem
Wassergehalt (2 Molec. ?) anschiessen, die bei 100° undurchsichtig werden.
Sie löst sich sehr schwer in kaltem Wasser, reichlicher in kochender Essigsäure als in heissem Wasser, gut in Weingeist, aus dem sie durch Wasser
als Gallerte gefällt wird, und in Aether. In wässrigem Kali schwillt sie
gallertartig auf und löst sich nur allmälig; schwieriger noch wird sie
von wässrigem Ammoniak gelöst, das sie beim Verdunsten ammoniakfrei
hinterlässt.

Beim Erhitzen im Röhrchen liefert die Parellsäure öliges, krystallinisch
erstarrendes Destillat. Beim Kochen mit Wasser zersetzt sie sich langsam
unter Bildung einer gelben amorphen bitteren Substanz. Wässrige Alkalien
und alkalische Erden zersetzen sie beim Kochen rascher in noch genauer festzustellender Weise. Die ammoniakalische Lösung färbt sich
an der Luft braun. Beim Erhitzen mit Salpetersäure entsteht Oxalsäure.
(Schunck.)

Erythrinsäure oder Erythrin. $C_{20}H_{22}O_{20}$. — Literatur: Heeren,
Schweigg. Journ. 59. 313. — Kane, Ann. Chem. Pharm. 39. 31. —
Schunck, ebendas. 61. 64. — Stenhouse, ebendas. 68. 72. —
Strecker, ebendas. 68. 111. — Lamparter, ebendas. 134. 243. —
O. Hesse, ebendas. 139. 22.

Dieser zuerst von Heeren dargestellte Flechtenstoff findet Vorkommen.
sich in den vollständiger entwickelten Formen (die weniger entwickelten enthalten Betaerythrin) der Valparaisoflechte, *Roccella
fuciformis Ach.*, vielleicht auch in einigen Lecanora-Arten. — Zur
Darstellung bedient man sich am besten des von Stenhouse zur Darstellung.
Gewinnung der Lecanorsäure (s. diese) in Anwendung gebrachten
Verfahrens (das Hesse dahin zu modificiren empfiehlt, dass zur
Fällung des Kalkmilch-Auszuges nicht Salzsäure, sondern Kohlensäure benutzt wird), welches etwa 12 % vom Gewicht der Flechte
an roher gallertartiger Säure liefert, die durch Behandeln mit Thier-

kohle und Umkrystallisiren aus heissem (aber nicht kochendem) Weingeist gereinigt wird.

Eigen-schaften. Die Erythrinsäure krystallisirt aus heissem Weingeist in stern-förmig gruppirten feinen Nadeln (Schunck) ohne Geruch und Ge-schmack und von neutraler Reaction mit $1\frac{1}{2}$ Molec. Krystall-wasser, das bei 100^{0} entweicht (Hesse). Entwässert schmilzt sie bei 137^{0} und erstarrt beim Erkalten amorph (Hesse). Sie löst sich in 240 Th. kochendem Wasser, daraus beim Erkalten zum grössten Theil sich in Flocken oder als Krystallpulver wieder ab-scheidend (Schunck), gut ferner in Weingeist, namentlich in der Wärme, und in 328 Th. Aether von 20^{0} (Hesse).

Zersetzungen. Beim Erhitzen im Glasrohr giebt die Erythrinsäure ein Sublimat von Orcin neben brenzlichen Produkten. Chlorkalk erzeugt damit eine tiefrothe Färbung, die aber schnell in Braun und Gelb über-geht (Stenhouse). Mit ätzendem oder kohlensaurem Ammoniak färbt sie sich bei Luftzutritt allmälig dunkelroth und mit Eisen-chlorid in weingeistiger Lösung purpurroth (Heeren). — Beim Kochen mit Wasser, Weingeist oder Amylalkohol zerfällt das Erythrin in Pikroerythrin, $C_{12}H_{16}O_7$ (s. unten) und Orsellin-säure, $C_8H_8O_4$ (s. Lecanorsäure), resp. Aethyl- oder Amyläther der letzteren ($C_{20}H_{22}O_{10} + H_2O = C_{12}H_{16}O_7 + C_8H_8O_4$); jedoch erleidet bei fortdauerndem Kochen das Pikroerythrin eine weiter-gehende Zersetzung in Erythrit, $C_4H_{10}O_4$ (s. unten), und Orsellin-säure ($C_{12}H_{16}O_7 + H_2O = C_4H_{10}O_4 + C_8H_8O_4$) und die Orsellin-säure in Orcin, $C_7H_8O_2$ (siehe Lecanorsäure), und Kohlensäure ($C_8H_8O_4 = C_7H_8O_2 + CO_2$). Beim Erhitzen mit überschüssigem wässrigem Kalk oder Baryt werden nur die Endprodukte der Zer-setzung, Erythrit, Orcin und Kohlensäure, erhalten. (Schunck. Stenhouse. Hesse.)

Tröpfelt man zu in Aether vertheiltem Erythrin Brom, so wird es als Tribromerythrin, $C_{20}H_{19}Br_3O_{10}$, gelöst, dessen weisse, kuglig aggregirte Krystalle beim Kochen mit Weingeist unter Bildung von gebromtem Pikro-erythrin und gebromtem Orsellinsäure-Aethyläther zerlegt werden.

Pikroerythrin. Das Pikroerythrin, $C_{12}H_{16}O_7$, krystallisirt in langen farblosen stern-förmig vereinigten Nadeln mit 3 Molec. Krystallwasser von süsslichem und zugleich stark bitterem Geschmack, die sich wenig in kaltem, leicht in heissem Wasser, gut in Weingeist und Aether lösen. Beim Erhitzen giebt es ein Sublimat von Orcin. Beim Kochen mit Wasser, oder rascher und vollständiger mit wässrigen Alkalien oder alkalischen Erden, zerfällt es in der oben schon erläuterten Weise in Erythrit, Orcin und Kohlensäure.

Erythrit. Der Erythrit, auch Erythromannit oder Erythroglucin genannt, $C_4H_{10}O_4$, ist vielleicht identisch mit dem Süssstoff Phycit von dem er sich in seinen Eigenschaften nur durch etwas höheren Schmelzpunkt (120⁰) unterscheidet.

Betaerythrinsäure. Betaerythrin. $C_{21}H_{24}O_{10}$. — Literatur:
Menschutkin, Zeitschr. Chem. 8. 112. — Lamparter, Ann. Chem. Pharm. 134. 243.

Findet sich an Stelle der Erythrinsäure, mit dem sie homolog ist, in einer verkümmerten Form der *Roccella fuciformis Ach.* und wird daraus in gleicher Weise gewonnen. Sie ist ein weisses krystallinisches Pulver oder bildet undeutliche Krystallkugeln, reagirt kaum sauer, verliert bei 100⁰ Krystallwasser und schmilzt bei 115—116⁰ unter heftiger Entwicklung von Kohlensäure. Beim Kochen mit Wasser, Weingeist und wässrigen Alkalien, und alkalischen Erden verhält sie sich der Erythrinsäure durchaus analog, indem neben Orsellinsäure statt des Picroerythrins Betapikroerythrin, $C_{13}H_{16}O_6$, welches in concentrisch geordneten, sehr leicht in Wasser und Weingeist, sehr wenig in Aether löslichen Nadeln krystallisirt, und statt des Orcins Betaorcin $C_8H_{10}O_2$ (s. b. Usninsäure), auftritt. Betapikroerythrin.

Roccellsäure. $C_{17}H_{32}O_4$. — Literatur: Heeren, Schweigg. Journ.
59. 346. — Schunck, Ann. Chem. Pharm. 61. 78. — Hesse, ebend. 117. 332.

Findet sich neben Erythrinsäure in der *Roccella tinctoria Ach.* und wurde daraus 1830 von Heeren zuerst dargestellt. — Man erhält sie nach Heeren, indem man den mit wässrigem Ammoniak bereiteten Auszug der Flechte mit Chlorcalcium fällt, wobei die Erythrinsäure gelöst bleibt, den gut ausgewaschenen Niederschlag mit Salzsäure zerlegt und die ausgeschiedene Säure aus Aether krystallisirt. Zweckmässiger entzieht man nach Hesse der Flechte durch Kalkmilch die Erythrinsäure, behandelt den Rückstand heiss mit verdünnter Salzsäure, beseitigt die saure Flüssigkeit, erwärmt ihn darauf mit verdünnter Natronlauge und fällt die alkalische Lösung mit Salzsäure. Die dadurch in grünen Flocken ausgeschiedene Säure wird nun zur Zerstörung der anhängenden grünen Substanzen in warmem Wasser vertheilt kurze Zeit mit Chlorgas behandelt, dann mit Wasser gewaschen und unter Beihülfe von Thierkohle aus kochendem Weingeist krystallisirt. Man kann auch nach Hesse die Flechte im Verdrängungsapparat mit Aether ausziehen und den Destillationsrückstand des ätherischen Auszugs in möglichst wenig kochender Boraxlösung lösen. Beim Erkalten krystallisirt dann ein Theil der Säure aus, der Rest wird durch Salzsäure gefällt. Zur Reinigung krystallisirt man letzteren nochmals aus heisser Boraxlösung und dann die ganze Menge aus Aether. Vorkommen und Darstellung.

Die Säure krystallisirt aus Aether in zarten weissen silberglänzenden rechtwinklig-vierseitigen Tafeln, aus Weingeist in kurzen Nadeln und ist geruch- und geschmacklos und von saurer Reaction (Heeren). Sie schmilzt bei 132⁰ zur farblosen, bei 108⁰ krystallinisch wieder erstarrenden Flüssigkeit und wird in höherer Temperatur theils verflüchtigt, theils in Roccellsäureanhydrid (s. unten) verwandelt (Hesse). In Wasser löst sie sich gar nicht, dagegen schon in 1,8 Th. kochendem Weingeist von 0,819 spec. Gew., leicht Eigenschaften.

auch in Aether (Heeren) und etwas in war~·em Benzol (Hesse). — Nach der oben angeführten, von Hesse aufgestellten Formel ist die Roccellsäure mit der Oxalsäure homolog.

Salze. Die Roccellsäure treibt aus den kohlensauren Alkalien die Kohlensäure aus unter Bildung krystallisirbarer roccellsaurer Salze. Mit den übrigen Basen bildet sie in Wasser unlösliche, nach der Formel $C_{17} H_{30} M_2 O_4$ zusammengesetzte Salze (Hesse);

Zersetzungen. Beim Erhitzen auf 220—280° verwandelt sich die Säure unter Wasser-Roccellsäure-verlust in Roccellsäureanhydrid, $C_{17} H_{30} O_3$, ein farbloses neutrales Oel von anhydrid. Fettgeruch, das sich nicht in Wasser, schwer in kaltem, leicht in heissem Weingeist und in Aether löst und durch kochende Natronlauge in Roccell-säure zurückverwandelt wird (Hesse). Auf Platinblech erhitzt schmilzt die Roccellsäure und verbrennt unter Ausstossung von Fettgeruch mit leuchtender Flamme (Heeren). Durch Chlor, Brom, Salpetersäure und selbst durch schmelzendes Kalihydrat wird sie entweder gar nicht oder doch nur wenig angegriffen (Hesse).

Usninsäure. $C_{18} H_{18} O_7$. — Literat.: W. Knop, Ann. Chem. Pharm. 49. 103. — Rochleder und Heldt, ebendas. 48. 9. — Knop und Schnedermann, Journ. prakt. Chem. 39. 363. — Stenhouse, Ann. Chem. Pharm. 68. 97. 104. — Hesse, ebendas. 118. 343. Ann. Chem. Pharm. 202. 285. Journ. chem. Soc. 1881. 234.

Entdeckung u. Die gleichzeitig von Knop und von Rochleder und Heldt Vorkommen. entdeckte Usninsäure gehört zu den verbreitetsten Flechtensäuren. Sie wurde bis jetzt in *Usnea florida Hffm.*, *U. hirta Hffm.*, *U. plicata Hffm.*, *U. barbata Fr.*, *Cladonia digitata*, *Cl. macilenta*, *Cl. uncinata*, *Cl. rangiferina* (*Hffm.*), *Parmelia furfuracea Ach.*, *P. saxatilis Ach.*. *P. sarmentosa Fr.*, *Biatora lucida Fr.*, *Lecidea geographica Fr.*, *Lecanora ventosa Ach.*, *Ramalina calycaris Ach.* und *Evernia Prunastri Ach.* aufgefunden. — Die aus *Cladonia rangiferina* erhaltene Säure besitzt nach Hesse bei sonst gleichem Verhalten einen Betausnin-niedrigeren Schmelzpunkt (175°) und wird von ihm als Betausninsäure säure. unterschieden.

Darstellung. Zur Darstellung eignen sich nach Stenhouse besonders *Cladonia rangiferina* und *Usnea florida*, nach Hesse am besten *Ramalina calycaris*. Stenhouse bewirkt dieselbe ganz nach Art der Lecanorsäure (s. diese). Hesse macerirt die zerschnittenen Flechten einige Tage mit kaltem Aether und versetzt den Destillationsrück-stand des ätherischen Auszugs mit Weingeist, worauf sich die Säure in Krystallen abscheidet, die durch Waschen mit heissem Weingeist rein erhalten werden.

Eigen- Die Usninsäure krystallisirt in hell schwefelgelben glänzenden schaften. Nadeln und Blättchen, die keinen Geschmack zeigen und bei 200 bis 203° zu einer durchsichtigen harzartigen, beim Erkalten kry-stallinisch wieder erstarrenden Masse schmelzen. Sie wird von Wasser nicht benetzt und löst sich nicht darin. Auch von Weingeist wird sie selbst beim Kochen nur schwierig gelöst, ebenso von kaltem Aether, aber kochender Aether und heisse ätherische und fette Oele lösen sie leicht. (Knop. Rochleder u. Heldt. Stenhouse. Hesse).

H. Salkowsky kann nach seinen Versuchen die von Hesse und Stenhouse aufgestellte Formel nicht annehmen, da er den Wasserstoff zu niedrig fand, hält aber eine Formel mit C_{18} für wahrscheinlich, da sich die Säure mit wasserhaltigem Kali in eine neue Säure unter Wasseraufnahme spaltet $C_9H_{10}O_4$. Diese Säure ist unlöslich in Wasser, löslich in Alkohol, schwer löslich in Aether, Chloroform, Benzol, schmilzt bei 197^0, giebt keine Färbung mit Eisenchlorid und zerfällt beim vorsichtigen Schmelzen in Kohlensäure und eine phenolartige Verbindung $C_8H_{10}O_2$. Letztere dürfte isomer mit Betaorcin sein, während die Säure $C_9H_{10}O_4$ isomer mit Everninsäure, Veratrinsäure, Umbellsäure, Hydrocaffeesäure wäre. Paterno erhielt aus Zeora sordida mittelst Chloroform und Aether eine Usninsäure mit 195--197° C. Schmelzp., welche mit Alkohol im zugeschmolzenen Rohre bei 150° CO_2 und eine neue Säure liefert Decarbusninsäure, $C_{15}H_{12}O_5$, hellgelbe, rothgelbe Nadeln, bei 175° schmelzbar, welche ammoniakal. Silberlösung reduciren. Decarbusninsäure.

Beim Erhitzen der Usninsäure mit 50% Kalilauge wurde eine Pyrusninsäure erhalten, $C_{12}H_{12}O_5$ (wohl identisch mit der obigen Säure Salkowsky's). Derselbe Verfasser studirte die Salze des Kaliums und fand dieselben identisch mit den Kaliumsalzen der Carbusninsäure Hesse's, wesshalb auch die Identität beider Säuren ausgesprochen wird. Die Kalisalze haben die Formeln $C_{18}H_{17}KO_8$. $C_{18}H_{17}KO_8 + H_2O$, $C_{18}H_{17}KO_8 + 3H_2O$, woraus die Formel für Usninsäure $C_{18}H_{18}O_8$ resultirt, wofür auch die Formeln des Cusalzes von Knop und des Natriumsalzes von Stenhouse sprechen. Endlich erklärt Paterno die Usninsäure Salkowskys (aus Usnea barbata), dieselbe aus Zeoria für identisch und hält die Usnetinsäure, von Hesse erhalten, mit der von ihm dargestellten Carbusninsäure für identisch. Messungen der Krystalle von Usninsäure aus Zeoria und Usnea barbata liegen von Strüver vor. O. Hesse hält die von ihm dargestellte Carbusninsäure (aus Usnea barbata) aufrecht und erklärt, dass dieselbe durch Usninsäure ersetzt sein kann, spricht jedoch von einer neuen Säure $C_9H_{10}O_2$, Usnetinsäure, in Aether und kochendem Alkohol leicht löslich, unlöslich in Petroleumäther und schwerlöslich in Chloroform, bei 172° C. schmelzend, mit Eisenchlorid blauviolett werdend. Die Everninsäure hält Hesse für Oxyusnetinsäure, ebenso hält er die Cladoninsäure aufrecht, und hält dieselbe für identisch mit der Atranorsäure (siehe später). Usnetinsäure.

Die nach der Formel $C_{18}H_{17}MO_7$ zusammengesetzten Salze der Usninsäure sind nicht durch Kohlensäure zersetzbar. Die mit alkalischer Basis sind in Wasser löslich und krystallisirbar und färben sich, wenn rein, nur langsam an der Luft. Den Salzen der Erden und schweren Metalloxyde entzieht Aether Usninsäure (Knop).

Bei der trocknen Destillation liefert die Usninsäure ein Sublimat von Betaorcin (s. unten), das auch beim Kochen mit Kalilauge, Baryt- oder Kalkwasser entsteht (Stenhouse), nach Hesse gemäss der Gleichung: $C_{18}H_{18}O_7 + H_2O = 2C_8H_{10}O_2 + CO_2$. — Zersetzungen.

Die Lösungen der Usninsäure in überschüssigem Ammoniak und überschüssigem wässrigem Alkali röthen sich an der Luft unter Bildung eines noch nicht genauer untersuchten Farbstoffs. Von Chlorkalklösung und Eisenchlorid wird die Säure nicht gefärbt. Aus ihrer Lösung in conc. Schwefelsäure wird sie durch Wasser unverändert gefällt. Auch Salpetersäure wirkt nur wenig ein, aber Chromsäure zersetzt sie mit Heftigkeit und bei langem Kochen mit Kalilauge und Bleisuperoxyd wird sie völlig zu Kohlensäure und Wasser oxydirt.

Betaorcin. Das dem Orcin homologe, auch aus Betapikroerythrin (s. S. 311) sich erzeugende Betaorcin, $C_8 H_{10} O_2$, krystallisirt in grossen glänzenden klinorhombischen Prismen von schwach süssem Geschmack und neutraler Reaction, beginnt schon unter $100°$, ohne zu schmelzen, sich zu verflüchtigen und sublimirt unzersetzt in schönen weissen Nadeln. Es löst sich viel weniger gut in kaltem Wasser als Orcin, aber reichlich in kochendem Wasser, Weingeist und Aether. In seinem Verhalten gleicht es meistentheils dem Orcin (s. dies.), färbt sich aber, wenn völlig rein, bei Einwirkung von Ammoniak und Luft nur sehr langsam roth (unreines wird rasch blutroth). Seine wässrige Lösung wird durch Eisenchlorid schwarzviolett, durch Bleiessig weiss gefällt.

J. Stenhouse und Ch. E. Groves haben aus Usnea barbata die Flechtensäure dargestellt, welche das Betaorcin (u. Betaorcinol) liefert, verschieden von Usninsäure. Ihre Darstellung geschieht in dieser Weise, dass Usnea barbata mit 20 Th. Wasser 16 Stunden lang aufgeweicht, mit einer aus einem $^1/_{10}$ hergestellten Kalkmilch ausgezogen wird, der Auszug mit Salzsäure gefällt und dieser Niederschlag am Rückflusskühler unter Vermeidung von Luftzutritt 3—4 Stunden mit 1 Th. Kalk und 40 Th. Wasser gekocht wird, wodurch die Usninsäure in das basische Kalksalz zerfällt, während die sie begleitende Flechtensäure in Betaorcinol und CO_2 zerfällt.

Diese Lösung wird in die zur Neutralisation des Kalks nöthige Menge verdünnter HCl filtrirt, welche Lösung, mit Essigsäure angesäuert, auf $^1/_8$ verdampft, vom Theer getrennt, noch weiter verdampft wird, wobei sich das Betaorcinol ausscheidet, das mit Benzol aufgenommen, und aus Wasser umkrystallisirt wird. — Das Betaorcinol, so gewonnen, hat Schmpkt. $163°$, ist weniger löslich in Wasser als Orcin, wird mit Hypochloriden carmoisinroth, mit Ammon lichtroth, mit Natronlauge und Chloroform tiefroth. Mit Chlor, Brom und Bleioxyd bei Gegenwart von Jod sind Chlor-, Brom- und Jodsubstitutionsprodukte dargestellt worden, auch eine Nitroverbindung. — Die Säure, welche das eben beschriebene Betaorcinol liefert, wird Barbatinsäure genannt und kommt in geringer Menge vor und wird aus dem Kalkauszuge der Flechte mit HCl abgeschieden, welcher Niederschlag getrocknet mit Benzol extrahirt wird, verdampft und mit Aether von Usninsäure getrennt wird, die in kaltem Aether schwer löslich ist. Die Säure $C_{19} H_{20} O_7$ schmilzt bei $186°$, ist wahrscheinlich Dimethoverinsäure und identisch mit Usnetinsäure (Hesse). Cladonia rangiferina soll dieselbe Säure enthalten.

Evernsäure. $C_{17} H_{16} O_7$. — Literat.: Stenhouse, Ann. Chem. Pharm. 68. 83. — O. Hesse, Ebendas, 117. 297.

Findet sich nach ihrem Entdecker Stenhouse neben Usninsäure in der *Evernia Prunastri Ach.* — Zu ihrer Darstellung zieht man die Flechte mit

Wasser unter Zusatz von Kalkmilch kalt aus, fällt den filtrirten gelblichen Auszug mit Schwefelsäure, trocknet den mit kaltem Wasser gewaschenen hellgelben flockigen Niederschlag vorsichtig, entzieht ihm die Evernsäure entweder durch mässig erwärmten schwachen Weingeist oder durch Aether (wobei die Usninsäure zurückbleibt) und reinigt sie durch Umkrystallisiren aus wässrigem Weingeist unter Beihülfe von Thierkohle. — Die Evernsäure bildet kleine weisse kugelig zusammengehäufte, geruch- und geschmacklose, sauer reagirende Krystalle, die bei etwa 164° schmelzen (Hesse) und sich nicht in kaltem, wenig in kochendem Wasser, reichlich in Weingeist und Aether lösen (Stenhouse). — Von ihren nach der Formel $C_{17}H_{15}MO_7$ zusammengesetzten Salzen wurden das Kalium- und Bariumsalz krystallisirt erhalten.

Bei der trocknen Destillation liefert die Evernsäure brenzliches Oel und ein Sublimat von Orcin (s. Lecanorsäure). Mit wässrigem Chlorkalk färbt sie sich gelblich, mit überschüssigem Ammoniak an der Luft allmälig dunkelroth. Beim Kochen mit wässrigen Alkalien oder alkalischen Erden zerfällt sie rasch in Everninsäure, Orcin und Kohlensäure ($C_{17}H_{16}O_7 + H_2O = C_9H_{10}O_4 + C_7H_8O_2 + CO_2$) (Stenhouse).

Die Everninsäure, $C_9H_{10}O_4$, der Orsellinsäure (s. S. 307) homolog, krystallisirt in farblosen Nadeln und Blättchen von saurer Reaction, die bei 157° schmelzen, bei höherer Temperatur zersetzt werden und sich leicht in kochendem Wasser, Weingeist und Aether lösen (Stenhouse. Hesse.) Beim Erhitzen mit Salpetersäure verwandelt sie sich in ein Nitroproduct, die Evernitinsäure, $C_9H_9(NO_2)_3O_2$, welche in blassgelben oder weissen, in Wasser, namentlich kaltem, schwierig, in Weingeist und Aether leicht sich lösenden, die Haut gelb färbenden Krystallen erhalten wird (Hesse).

Knop hat in Parmelia saxatilis Lobarsäure $C_{84}H_{32}O_{10}$ nachgewiesen. (Chem. Centralbl. (3) 3. 173.)

Carbonusninsäure. $C_{19}H_{16}O_8$. — Findet sich nach O. Hesse

(Ann. Chem. Pharm. 137. 241) in der auf den Chinarinden vorkommenden Bartflechte *Usnea barbata Hoffm.*, und wird nach Art der Lecanorsäure dargestellt. Durch schliessliches Umkrystallisiren aus Aether gereinigt bildet sie schwefelgelbe Prismen, die bei 195°,4 schmelzen, sich nicht in Wasser, nur schwierig in Weingeist und in 334 Th. Aether von 20° lösen. Aus ihrer Lösung in wässrigen Alkalien wird sie schon durch Kohlensäure gefällt. Mit Chlorkalk und Eisenchlorid färbt sie sich nicht. Durch Kochen mit Weingeist oder beim Behandeln mit Barytwasser entsteht daraus eine in Prismen krystallisirende Säure, die vielleicht Everninsäure ist. (Hesse).

Paterno und Oglialoro (Berl. Ber. 10. 1100) erhielten aus derselben Flechte mittelst Extraction durch kochenden Aether eine gelbe krystallinische Substanz und ein Harz, welch' letzteres mit kaltem Aether entfernt wurde. Der verbleibende Rückstand giebt an kaltes Chloroform Usninsäure ab, an heisses Chloroform eine Säure, in Benzol und heissem Alkohol löslich, schmelzbar bei 190°, von der Formel $C_{19}H_{18}O_8$, Atranorsäure genannt. Mit Alkalien entstehen Salze, mit kochendem Anilin ein bei 156° schmelzendes Derivat.

Vulpinsäure. $C_{19}H_{14}O_5$. — Literat.: Möller und Strecker, Ann.

Chem. Pharm. 113. 56. Stein, Zeitschr. Chem. 7. 97; 8. 47. —

Bolley u. Kinkelin, Journ. pract. Chem. (2) **93**. 354. — A. Spiegel, Berl. Ber. **13**. 1629. 2041. 2219. **14**. 1686.

Entdeckung u. Vorkommen. Diese schon 1831 von Bebert (Journ. Pharm. (2) **17**. 696) in *Evernia s. Cetraria s. Lichen vulpina* aufgefundene, aber erst von Möller und Strecker genauer untersuchte, mehrfach auch mit Chrysophansäure verwechselte Flechtensäure findet sich nach Stein an Stelle der letzteren auch in den unentwickelten Formen der *Parmelia parietina Ach.*, die auf Sandsteinfelsen angetroffen werden.

Darstellung. Aus der schwedischen *Evernia vulpina* stellten sie Möller und Strecker nach dem von Stenhouse zur Gewinnung der Lecanorsäure (s. diese) angegebenen Verfahren dar. Der auf Felsen gewachsenen Wandflechte lässt sie sich nach Stein fast rein durch Schwefelkohlenstoff entziehen.

Eigenschaften. Die Vulpinsäure krystallisirt aus Weingeist in grossen durchsichtigen schwefelgelben klinorhombischen Pyramiden oder in Nadeln (Möller u. Strecker), aus Schwefelkohlenstoff in mehr röthlich gefärbten Krystallen, deren alkalische Lösung durch Säuren schwefelgelb gefällt wird (Stein). Sie ist für sich geschmacklos, schmeckt aber in weingeistiger Lösung sehr bitter. Sie schmilzt nach Bolley bei 110°, nach Stein bei 140°, beim Erkalten krystallinisch wieder erstarrend, und sublimirt bei 120° (Bolley) in kleinen Blättchen oder in langen Nadeln (Bolley, Stein). Von Wasser wird sie auch beim Kochen fast gar nicht gelöst; auch in Weingeist, selbst kochendem, löst sie sich nur schwierig, reichlicher in Aether und besonders leicht in Chloroform und Schwefelkohlenstoff.

Salze. Von ihren nach der Formel $C_{19}H_{13}MO_5$ zusammengesetzten Salzen sind die der Alkalien und alkalischen Erden krystallisirbar, die übrigen in Wasser unlösliche Niederschläge. Kohlensäure zersetzt dieselben nicht, wird vielmehr ihrerseits durch Vulpinsäure ausgetrieben (Möller u. Strecker).

Zersetzungen.
Oxatolylsäure. Beim Kochen mit wässriger Kalilauge zerfällt die Vulpinsäure in Holzgeist, Kohlensäure und Oxatolylsäure, $C_{16}H_{16}O_3$ ($C_{19}H_{14}O_5 + 3\,H_2O = C_{16}H_{16}O_3 + CH_4O + 2\,CO_2$), welche in farblosen harten rhombischen Säulen krystallisirt, sich wenig in Wasser, reichlich in heissem Weingeist und Aether löst, bei 154° schmilzt, in höherer Temperatur sich zersetzt und bei längerem Kochen mit Kali in Oxalsäure und Toluol ($C_{16}H_{16}O_3 + H_2O = C_2H_2O_4 + 2\,C_7H_8$) zerfällt. Lässt man dagegen kochendes Barytwasser auf die Vulpinsäure einwirken, so sind Holzgeist, Oxalsäure und Alphatoluylsäure, $C_8H_8O_2$, die Zersetzungsprodukte ($C_{19}H_{14}O_5 + 4\,H_2O = 2\,C_8H_8O_2 + CH_4O + C_2H_2O_4$) (Möller u. Strecker). — Mit conc. Schwefelsäure färbt sich die Vulpinsäure hochroth und löst sich darin mit braunrother Farbe (Bolley).

Pulvinsäure. A. Spiegel hat sich mit dem Studium der Vulpinsäure eingehender beschäftigt und namentlich daraus eine Säure, Pulvinsäure, hergestellt, als deren sauren Methylester er die Vulpinsäure erkannt hat. Durch Erhitzen der Vulpinsäure auf 200° C. wurde Pulvinsäureanhydrid unter Methyl-alkoholbildung hergestellt, $C_{18}H_{10}O_4$, Schmelzpunkt 120—121° C., das sich in Metallalkylaten unter Bildung alkylpulvinsaurer Salze löst. Durch Kochen mit Kalkmilch, Verdünnen dieser Lösung und Ansäuern dieser Lösung mit Salzsäure scheidet sich Pulvinsäure $C_{18}H_{12}O_5$ aus, schwer löslich in Wasser, Schmpkt. 214—215°. Dieselbe lässt sich krystallinisch herstellen, aus Benzol, heissem Chloroform, Aether und Eisessig umkrystallisiren. Neben dem Studium der Salze der Pulvinsäure beschäftigte sich A. Spiegel mit der Darstellung von Aethylpulvinsäure und Methylpulvinsäure, $C_{19}H_{14}O_5$, welch letztere durch Auflösen von Pulvinsäureanhydrid mit einer Lösung von Kali-hydrat in Methylalkohol und Ausfällen mittelst Salzsäure dargestellt wurde und sich als identisch mit Vulpinsäure zeigte. Weitere Derivate wurden dargestellt: Pulvamminsäure, $C_{18}H_{13}NO_4$, Schmpkt. 220°, durch Addition von Pulvinsäure mit Ammoniak, Pulvinsäuredimethyläther, $C_{20}H_{16}O_5$, die Acetylverbindung, Pulvinsäureacetylmethyläther.

Ebenso gelang Spiegel die Synthese der Oxatolylsäure durch Ein-wirkung von Chlorwasserstoffsäure (1 Mol.) auf eine Mischung von Cyan-kalium und Dibenzilketon, wodurch das Nitril der Dibenzilglycolsäure er-halten wurde, das durch Verseifung mit HCl (140° C.) die Dibenzilgly-colsäure (Oxatolylsäure) liefert. Die weiteren Studien desselben Forschers führten zum Resultate, dass die Pulvinsäure bei der Oxydation mit Kalium-permanganat in alkalischer Lösung Phenylglyoxylsäure und Oxalsäure liefert, die Einwirkung nascirenden Wasserstoffes unter Kohlensäureabspaltung und Wasserstoffaddition eine neue Säure $C_{17}H_{16}O_3$ erzeugt, die Hydrocorni-cularsäure, Schmpkt. 134°, löslich in Alkohol, Aether, Benzol, Chloroform, Eisessig, welche als Diphenyloxyangelicasäure erkannt wurde. Die-selbe zerfällt mit Kali in Toluol und Phenylbernsteinsäure und giebt unter Wasserstoffaufnahme Diphenyloxyvaleriansäure.

Patellarsäure. $C_{17}H_{20}O_{10}$. — Eine 1869 von C. Weigelt (Journ. pract. Chem. **106.** 193) in der *Urceolaria s. Parmelia s. Patellaria scruposa* aufgefundene Flechtensäure, die man völlig rein erhält, wenn man die zer-kleinerte Flechte 1—2 Tage mit ihrem anderthalbfachen Volumen Aether macerirt, den filtrirten Auszug auf einer zollhohen Schicht Wasser freiwillig verdunsten lässt und die auf dem Wasser schwimmend zurückbleibende poröse Krystall-Aggregation zuerst mit etwas Aether absprizt und dann mit Wasser abwäscht. Die Ausbeute beträgt $2^1/_2$ bis 3 Procent.

Die Säure bildet ein schneeweises mikrokrystallinisches verfilztes Krystall-aggregat von schwachem Flechtengeruch, intensiv bitterem Geschmack und saurer Reaction. Sie ist in Wasser, Essigsäure, Salzsäure, Glycerin und Terpentinöl fast unlöslich, in Schwefelkohlenstoff schwer löslich, in Holz-und Weingeist, Amylalkohol, Aether und Chloroform leicht löslich. Aus der weingeistigen Lösung fällt Wasser weisse Flocken. — Von den an der Luft sehr veränderlichen Salzen sind die der Alkalien in Wasser löslich, die übrigen unlöslich.

Beim Erhitzen schmilzt die Säure unter Zersetzung und Bildung eines Sublimats von Orcin (s. S. 307) und Oxalsäure. Die wässrige oder wein-geistige Lösung wird an der Luft bald gelb und dann roth. Bei längerem Kochen mit Wasser erfolgt langsam Zersetzung unter Bildung von Orcin.

Kalte Salpetersäure färbt sie blutroth und beim Erhitzen damit entsteht viel Oxalsäure. Chlorkalklösung erzeugt mit der Säure eine erst blutrothe, nachher rost- bis gelbbraune Färbung, sehr verdünnte Eisenchloridlösung anfangs hellblauviolette, dann tief purpurblaue Färbung. Mit kaltem Barytwasser färbt sie sich gelb und gleich darauf indigblau und unter Abscheidung von kohlensaurem Baryt entsteht eine blauviolette, nach dem Filtriren gelb erscheinende Lösung, aus der Säuren jetzt die viel stabilere und in Wasser leichter lösliche, aber sonst sehr ähnliche β-Patellarsäure fällen, die vielleicht zur Parellsäure in ähnlicher Beziehung steht, wie die Everninsäure zur Evernsäure (s. diese). Beim Kochen mit Barytwasser tritt weitergehende Zersetzung unter Bildung von Orcin ein (Weigelt).

β-Patellarsäure. (margin)

Cetrarsäure. $C_{18}H_{16}O_8$. — Literat.: Herberger, Repertor. Pharm. 36. 226; 56. 273; 58. 271. Ann. Chem. Pharm. 21. 137. — Schnedermann u. Knop, Ann. Chem. Pharm. 54. 143; 55. 144.

Von Herberger entdeckt und „Cetrarin" genannt, aber erst von Schnedermann u. Knop rein dargestellt, findet sich dieselbe in der *Cetraria islandica Ach.*, dem bekannten Isländischen Moos.

Zur Darstellung extrahirt man die Flechte mit kochendem Weingeist unter Zusatz von kohlensaurem Kali, fällt den Auszug mit überschüssiger Salzsäure und seinem 4—5 fachen Volumen Wasser, kocht den mit Wasser gewaschenen Niederschlag wiederholt mit 42—45 procent. Weingeist aus, wodurch die Lichesterinsäure (s. diese) mit nur wenig Cetrarsäure entfernt wird und behandelt ihn dann zur Beseitigung von Tallochlor (vgl. S. 625) mit einer Mischung von Rosmarinöl und Aether. Der jetzt bleibende grauweisse Rückstand von Cetrarsäure und einer noch beigemengten indifferenten weissen Substanz wird mit kaltem wässrigem zweifach-kohlensaurem Kali ausgezogen, aus der Lösung die Cetrarsäure durch Salzsäure gefällt und aus möglichst wenig kochendem Weingeist umkrystallisirt (Schnedermann u. Knop).

Die Cetrarsäure bildet ein schneeweisses lockeres Gewebe von glänzenden haarfeinen Nadeln. Sie schmeckt sehr bitter. Beim Erhitzen wird sie zersetzt. Sie löst sich fast gar nicht in Wasser, schwer in kaltem, leicht in kochendem starken Weingeist, wenig in Aether, gar nicht in flüchtigen und fetten Oelen. Wässrige ätzende und kohlensaure Alkalien geben damit gelbe, sehr bitter schmeckende Lösungen, die an der Luft durch Sauerstoffaufnahme braun werden und dabei ihren bitteren Geschmack verlieren. Eisenchlorid fällt diese Lösungen braunroth, Bleiacetat gelb (Schnedermann u. Knop).

In der *Sticta pulmonacea Ach.* ist nach Schnedermann und Knop eine der Cetrarsäure ähnliche, aber doch bestimmt von ihr verschiedene Säure, die sie Stictinsäure nennen, aber nicht genauer untersucht haben, enthalten.

Stictinsäure. (margin)

Wirkung und Anwendung. (margin) Nach Köhler (Prager Vtjhrsschr. 120. 49. 1873) bedingt Cetrarin in kleinen Dosen bei Einspritzung in die Drosselader anfängliches Sinken, dann aber Steigen des Blutdrucks über den ursprünglichen Stand, ersteres in Folge einer Action auf das Herz unabhängig von den Vasomotoren, dem Vagus und den Vagusendigungen, letzteres durch Reizung des vasomotorischen Centrums; bei grossen Dosen kommt es nur zu Drucksenkung, wobei die

blasse Farbe und wenig energische, aber in unverändertem Tempo bis zum
Tode dauernde Action auf Paralyse der Herzmusculatur deutet. Therapeutisch
ist Cetrarin in nicht völlig reinem Zustande als Rigatelli's Lichenino
amarissimo oder Sale amarissimo antifebrile in Italien und als
Herbergers Cetrarin von Müller in Kaiserslautern gegen Wechselfieber
und selbst bei Quartana mit Erfolge benutzt. Müller gab es in Pulverform,
2 stdl. zu 0,12 in der Apyrexie, oder in alkoholischer Solution. Offenbar
ist der Stoff auch an der tonischen Wirkung der *Cetraria islandica* betheiligt,
weshalb das durch Maceration davon befreite Isländische Moos ein keineswegs zweckmässiges Präparat ist, das wenig anders wie Stärkmehl wirken kann.

Lichesterinsäure. $C_{14}H_{24}O_3$. — Findet sich nach Schneder-

mann und Knop (Ann. Chem. Pharm. 54. 149. 159) neben Cetrarsäure in
der *Cetraria islandica Ach.* und soll nach Bolley (Ann. Chem. Pharm. 86.
50) auch im Fliegenschwamm, *Agaricus muscarius L.*, vorkommen. Ueber
ihre theilweise schon bei der Cetrarsäure besprochene Darstellung ist noch
anzuführen, dass man dem Gemenge von Lichesterinsäure, Cetrarsäure und
einer dritten Substanz, welches sich aus den mit schwachem Weingeist bereiteten Abkochungen des primären Niederschlags abscheidet, die erstere
durch kochendes Steinöl entzieht und sie dann durch Umkrystallisiren aus
Weingeist reinigt.

Die Lichesterinsäure bildet eine lockere weisse, aus perlglänzenden
Blättchen zusammengesetzte Masse, ohne Geruch und von kratzendem, aber
nicht bitterem Geschmack. Sie schmilzt bei 120°, krystallinisch wieder erstarrend, und wird in höherer Temperatur zersetzt. In Wasser ist sie völlig
unlöslich, löst sich aber leicht in Weingeist, Aether, flüchtigen und fetten
Oelen. Ihre Salze sind luftbeständig, aber schwierig oder gar nicht krystallisirt zu erhalten. Für die Zusammensetzung der Säure berechnet Strecker
aus den Analysen von Schnedermann und Knop die oben angeführte
Formel. Die von Letzteren untersuchten Salze sind dann nach der Formel
$C_{14}H_{23}MO_3$ zusammengesetzt.

Roccellinin. — Wenn man nach Stenhouse (Ann. Chem. Pharm.

68. 69) den durch Salzsäure im Kalkwasser-Auszuge der *Roccella tinctoria*
vom Cap der guten Hoffnung erzeugten Niederschlag anhaltend mit Weingeist kocht, um die darin vorhandene Lecanorsäure (oder Betaorsellsäure;
man vergl. S. 305) zu ätherificiren und darauf dem Verdunstungsrückstande
der Lösung den gebildeten Aether durch kochendes Wasser entzieht, so
bleibt Roccellinin zurück, das man durch Umkrystallisiren aus kochendem
starkem Weingeist rein erhält. Es bildet feine haarförmige seidenglänzende
Krystalle, die sich nicht in Wasser und nur schwierig in Weingeist und
Aether, dagegen leicht in wässrigem Ammoniak und wässrigen Alkalien
lösen. Blei- und Silbersalze fällen seine Lösungen nicht. Mit Chlorkalklösung färbt es sich dauerhaft grüngelb. Chlor und kochende Kalilauge sind
ohne Einwirkung und auch Salpetersäure zersetzt erst beim Kochen unter
Bildung von Oxalsäure (Stenhouse).

Stenhouse & Groves (Proceed. roy. soc. 1876, Ann. Chem. Pharm.
185. 14; siehe auch Brandrowski im Czasopismo 1877. 73) hatten
Gelegenheit, eine grössere Menge einer Varietät von Roccella fuciformis zu

verarbeiten und fanden den bitteren Geschmack von einem Stoffe, Picro-roccellin, herrührend. Dieser Stoff wurde auf diese Weise erhalten, dass die Pflanze zur Entfernung von Erythrin mit Kalkmilch behandelt und nun mit Alkohol extrahirt wurde. Der Rückstand dieser Lösung, zur Entfernung von Chlorophyll mit Benzol behandelt, wurde mit Alkohol ausgekocht, welche Lösung beim Erkalten rasch zu Boden sinkende glänzende Prismen und federartige Nadelgruppen abschied. Erstere, das Picroroccellin darstellend, bilden, umkrystallisirt, lange glänzende Prismen, wenig löslich in kochendem Weingeist, unlöslich in Wasser, Aether, Petroleum, Schmpkt. 192—194° C. Conc. Schwefelsäure färbt braun, Kaliumdichromat und Schwefelsäure geben Benzaldehyd, und Benzoësäuze (Schmpkt. 121°). Die Zusammensetzung ist: $C = 68,08$, $H = 6,31$, $N = 8,56$, entsprechend der Formel $C_{27}H_{29}N_3O_5$. (200 Wasser, 3 Natronhydrat.) Verdünnte Natronlauge liefert bei längerer Einwirkung in der Wärme nach Zusatz von Essigsäure eine Masse, welche nach dem Umkrystallisiren aus heissem Alkohol und Schwefelkohlenstoff glänzende, farblose Prismen liefert, von der Zusammensetzung $C_{24}H_{25}N_2O_3$, welche beim Erhitzen Xanthoroccellin, in Schwefelsäure gelöst, mit Wasser gefällt, ebenfalls Xanthoroccellin liefern. Dieser Körper entsteht am leichtesten durch Erhitzen von Picroroccellin auf 220°, oder noch besser durch Einwirkung verdünnter Säuren auf Picroroccellin. (10 Picroroccellin, 15 Th. Eisessig, 6 Tropfen Salzsäure 15 Minuten am Rückflusskühler erhitzt.) Dasselbe bildet gelbliche Nadeln, in kochendem Alkohol löslich, schwer löslich in Benzol, Aether, Schwefelkohlenstoff, von der Zusammensetzung $C_{21}H_{17}N_2O_2$. Weitere Reactionen ergaben keine bestimmten Resultate.

Aus der Wandflechte, Parmelia parietina, ist ein butterartiges, grünes, ätherisches Oel-dargestellt worden. (Gumprecht, Repert. Pharm. 18. 24.)

Lichenin (siehe allgemeiner Theil).

Crysophansäure (siehe Polygoneae).

Physodin und Ceratophyllin. — Diese beiden Körper wurden

aus *Parmelia ceratophylla var. physodes Ach.*, der erstere von Gerding, (Arch. Pharm. (2) 87. 1), der letztere von O. Hesse (Ann. Chem. Pharm. 119. 365) dargestellt, aber nur unvollständig untersucht.

Das durch Ausziehen der Flechte mit Aether, Verdunsten des Auszugs und Reinigen des Rückstands durch Waschen mit kaltem wässrigem Weingeist und wiederholtes Auflösen in kochendem absolutem Weingeist erhaltene Physodin bildete eine weisse lockere, aus mikroskopischen Säulchen zusammengesetzte Masse, die bei freiwilligem Verdunsten ihrer weingeistigen Lösung in durchsichtigen, mehrere Linien langen Krystallen anschoss. Es schmolz bei 125°. Es reagirte neutral, gab mit conc. Schwefelsäure eine violette Lösung, aus der Wasser bläulich-violette Flocken fällten und mit wässrigem Ammoniak eine gelbe, an der Luft röthlich werdende Lösung (Gerding).

Das Ceratophyllin lässt sich aus dem kalt bereiteten Kalkwasser-Auszuge der zuvor mit kaltem Wasser gewaschenen Flechte durch Salzsäure fällen. Wird der Niederschlag mit heissem 75proc. Weingeist ausgezogen und der gebliebene Rückstand mit heisser Sodalösung gekocht, so scheidet die alkalische Lösung beim Erkalten reines Ceratophyllin ab. Es bildet dünne weisse Prismen, die bei 147° zu einer farblosen, krystallinisch wieder erstarrenden Flüssigkeit schmelzen und bei der nämlichen Temperatur in dünnen Blättchen sublimiren. Es schmeckt kratzend und brennend. Von kaltem Wasser wird es nur wenig, leicht von absolutem Weingeist und Aether gelöst. Die weingeistige Lösung färbt sich mit Chlorkalk blutroth, mit Eisenchlorid purpurviolett (Hesse).

Pikrolichenin. $C_{12}H_{20}O_6$. — Literat.: Alms, Ann. Chem. Pharm. 1. 61. — A. Vogel jun. u. Wuth, N. Jahrb. Pharm. 8. 201.

Dieser Bitterstoff wurde schon 1832 von Alms aus der *Variolaria amara Ach.* isolirt, indem er den zum Syrup verdunsteten weingeistigen Auszug (die Extraction darf nach Vogel und Wuth nicht zu lange dauern, da sonst Veränderung des Körpers eintritt) der Ruhe überliess und die nach einigen Wochen angeschossenen Krystalle durch Waschen mit schwacher Pottaschelösung und wiederholtes Umkrystallisiren aus Weingeist reinigte. Er erhielt aus 1 Pfund der Flechte 1 Loth des Bitterstoffs.

Das Pikrolichenin bildet farblose durchsichtige glänzende Rhombenoctaëder, die keinen Geruch, aber sehr bitteren Geschmack und ein specif. Gew. von 1,176 besitzen. Es schmilzt über 111° und erstarrt zu einer durchsichtigen spröden Masse. Es ist nicht unzersetzt flüchtig. Von kaltem Wasser wird es nicht und auch nur wenig von kochendem Wasser, dagegen leicht von heisser Essigsäure, von wässrigen ätzenden Alkalien, von Weingeist, Aether, Schwefelkohlenstoff und flüchtigen Oelen gelöst. Die Lösungen röthen Lackmus. Die ammoniakalischen und kalischen Lösungen färben sich an der Luft roth und geben dann mit Säuren einen Niederschlag, der nicht oder kaum mehr bitter schmeckt. Conc. Schwefelsäure löst das Pikrolichenin farblos. Mit Chlorwasser färbt es sich schwefelgelb (Alms). — Die Zusammensetzung wurde durch Vogel und Wuth ermittelt. — Alms empfahl den Stoff zu mehreren Decigrammen gegen Wechselfieber.

Variolarin. — Hinterbleibt nach Robiquet (Ann. Chim. Phys. 42. 236) als krystallinischer Rückstand, wenn man den in Wasser unlöslichen Theil des weingeistigen Extracts der *Variolaria dealbata DC.* mit Aether behandelt und die Lösung verdunstet. Mit kaltem Weingeist gewaschen krystallisirt derselbe aus kochendem Weingeist in langen weissen, beim Erhitzen zum Theil unzersetzt sublimirenden Nadeln, die sich leicht in Weingeist und Aether lösen und sich weder mit Alkalien noch mit Säuren färben.

Everniin. $C_6H_{14}O_7$. — Ein von Stüde (Ann. Chem. Pharm. 131. 241) aus *Evernia Prunastri Ach.* dargestelltes Kohlenhydrat, das durch Maceriren der Flechte mit verdünnter Natronlauge, Vermischen des dunkelgrünen Filtrats mit Weingeist und Reinigen der dadurch ausgeschiedenen bräunlichen Flocken durch Behandeln mit Weingeist und Aether und Kochen ihrer wässrigen Lösung mit Thierkohle erhalten wurde. Es ist ein gelblichweisses amorphes geruch- und geschmackloses Pulver, das in kaltem Wasser aufquillt, beim Erwärmen damit sich sehr leicht löst, auch in verdünnter Natronlauge und verdünnten Säuren leicht löslich, aber unlöslich in Weingeist und Aether ist. Die wässrige opalisirende Lösung wird durch Eisessig

in grossem Ueberschuss (wie Glycogen) gefällt und giebt auch mit Bleizucker und Ammoniak einen in Essigsäure löslichen Niederschlag. Durch Kochen mit verdünnten Säuren, aber nicht durch Speichel, wird das Everniin rasch in Glycose umgewandelt (Stüde).

Zeorin. Sordidin. — Paterno (Berl. Ber. **9.** 763; **10.** 1382) hat in Zeora sordida neben Usninsäure zwei indifferente Stoffe abgeschieden Zeorin und Sordidin. Ersterer, $C_{13}H_{22}O$, schmilzt bei 230—231° und ist wenig löslich in Alkohol, Aether und Chloroform; letzterer, $C_{12}H_{10}O_8$, krystallisirt in farblosen, kleinen Nadeln, leicht flüchtig, in Benzin und Alkohol leicht, wenig löslich in Chloroform und Aether, schmelzbar bei 210° C.

Calycin. — O. Hesse (Berl. Ber. **13.** 1816) stellte aus Calycium chrysocephalum, einer auf Eichen, Birken, Kiefern etc. wachsenden Flechte durch Extraction mit kochendem Ligroïn, und wiederholtem Umkrystallisiren aus Ligroïn, eine in gelben Prismen krystallisirende Substanz her, die sich nur wenig in Petroläther, Aether, Alkohol, Eisessig in der Kälte löst, etwas mehr in Chloroform löslich ist. Heisser Eisessig ist das beste Lösungsmittel. Dasselbe schmilzt bei 24° C. und sublimirt in morgenrothen Prismen. Die Formel ist: $C_{18}H_{12}O_5$. Durch Erhitzen mit gesättigter Kalilauge entstehen Alphatoluylsäure und Oxalsäure unter Aufnahme von $3\,H_2O$.

Mit Acetylchlorid ist keine Einwirkung zu beobachten. Das Calycin ist demnach der Vulpinsäure verwandt, aber keine Säure, sondern ein Anhydrid.

Mit den Carbonaten der Alkalien in Lösung erwärmt, entsteht eine Säure, Calycinsäure, die sich leicht zu Calycin regenerirt. — 4./9. 81. Hg. —

II. Abtheilung. Bryophyta. Moose.

Aus der Gruppe der Laub- wie Lebermoose liegen keine eingehenden Untersuchungen bestimmter Gattungen vor, wenn auch manche wie Marchantia, Polytrichum etc. medicinische Verwendung früher gefunden haben, so dass über allenfalls vorkommende charakteristische Bestandtheile keine bestimmte Angabe vorliegt. Die Literatur hat eine Arbeit von H. Reinsch (Jahrb. pract. Pharm. **10.** 298), sowie eine neuere Untersuchnng von E. Treffner (Beiträge zur Chemie der Laubmoose. Inaugur.-Diss. Dorpat, 1880), welcher die Gattungen Sphagnum, Schistidium, Orthotrichum, Ceratodon, Dicranum, Funaria, Mnium, Polytrichum, Climacium, Hypnum untersuchte, um über die chemischen Bestandtheile der Moose, auch theilweise quantitativ, orientirt zu werden. Wir haben nach dieser Arbeit neben den Bestandtheilen der Gewebe (Cellulose, Lignin, Eiweissstoffe). Stärke (oft in grosser Menge), fettes Oel (Oelkörper der Lebermoose. W. Pfeffer, Flora. 1874.) Chlorophyll, Wachs, Harze, Schleim, Pararabin, Metaarabinsäure, Gerbstoffe, Weinsäure, Citronensäure, vielleicht Aconitsäure, Glycose, Sacharose als Bestandtheile anzunehmen. Von Mineralbestandtheilen wurden Ammoniak, Salpetersäure bestimmt. Ueber die Quantitäten der einzelnen Bestandtheile sei erwähnt, dass der Gehalt an Mineralbestandtheilen bei Sphagnum am geringsten (1,93 %), bei Mnium am bedeutendsten (6,39 %) war, an Fett — 2,1 % bei Dicranum, an Glycose — 10 % bei Mnium. —

Die Aschenanalysen, welche besonders von Sphagnumarten ausgeführt worden sind, zeigen die normalen Bestandtheile der Pflanzenaschen überhaupt, mit besonders hohem Kieselsäure- (—61 %), auch hohem Kaligehalt (—23), Phosphorsäure (—9 %) etc.

III. Abtheilung. Cormophyta (Cryptogamae vasculares). Gefässcryptogamen.

Die Gefässcryptogamen zeigen hinsichtlich der Mineralbestandtheile charakteristische Merkmale. Die Aschen sind ausserordentlich reich an Kieselsäure und Thonerde. Zahlreiche Analysen von Aschen der verschiedensten Gattungen bewiesen, dass der Kieselsäuregehalt der Reinasche bei Equisetum bis 60 % steigen kann, bei Aspidium in den Wedeln bis 13 %, bei Asplenium bis 35 %, bei Osmunda bis 53 %, bei Lycopodium bis 14 %. Bei Lycopodium betrug der Gehalt an Thonerde in der Reinasche von 26—57 %, der Gehalt an Manganoxyd 2—2,5 %. — Ueber die Natur der in Pflanzen vorhandenen Siliciumverbindungen versuchte W. Lange (Berl. Ber. 11. 822) Aufklärung zu erhalten durch Versuche, welche mit Equisetum, auch mit Lindenbast angestellt wurden.

Zwei Fragen sollten erledigt werden:

1) welche Siliciumverbindung ist in dem Pflanzensafte wirklich gelöst; 2) welche Verbindungen sind als nicht zu entfernende Aschenbestandtheile aller älteren pflanzlichen Cellulose eigenthümlich. Bezüglich der ersten Frage stellte sich das Resultat heraus, dass das Silicium im Safte von Equisetum in keiner anderen Form als der einer verdünnten Kieselsäurehydratlösung enthalten sein kann. Zu Frage 2 stellte sich heraus, dass diese Aschenbestandtheile in einer so gut wie unlöslichen Form in den Membranen sich vertheilt finden müssen, beim Lösen in der schleimigen Flüssigkeit suspendirt bleiben und beim Filtriren auch nur spurenweise zurückgehalten werden. —

I. Classe. **Equisetinae.**

Die Equisetumarten enthalten sehr wechselnde Mengen von Asche, 4 bis 28,6% und sind hinsichtlich ihrer organischen Bestandtheile noch wenig erforscht.

Equisetsäure. Die von Braconnot aufgefundene Equisetsäure ist nach Regnault (Ann. Chim. Phys. II. **62.** 208) Aconitsäure. — Ebenso bedarf die Angabe Baup's (Ann. Chem. Pharm. **77.** 295) noch der Bestätigung, welcher einen gebeizte Baumwolle schön gelb färbenden Flavequisetin. Körper aus Lycopodium fluviatile darstellte und zwar auf diese Weise, dass der Saft der Pflanze mit Bleizuckerlösung zur Entfernung von Aepfel- und Aconitsäure gefällt, das Filtrat mit bas. essigsaurem Blei behandelt und der erhaltene Bleiniederschlag mit Schwefelsäure zerlegt wurde. Die dabei erhaltene Flüssigkeit schied bei der Concentration schwärzliche Körner aus, die aus Alkohol krystallisirt gelbe Krystalle lieferten, das Flavequisetin.

II. Classe. **Lycopodinae.**

Lycopodium. — Die Lycopodiumarten sind verhältnissmässig zuckerreich. Die Sporen von Lycopodium sollen bis 47 % fettes Oel enthalten (Flückiger, Pharmacognosie); weitere Bestandtheile schildert Kamp (Ann. Chem. Pharm. **100.** 300), welche aus Lycopodium Chamaecyparissus dargestellt wurden. Dieselben heissen: Lycostearon, Lycoresin und Lycopodienbitter, bedürfen noch sehr der Bestätigung. Auch Spuren eines flüchtigen Alkaloïdes sollen nach F. A. Flückiger in den Sporen von Lycopodium clavatum vorhanden sein.

III. Classe. **Filicinae.**

Aspidium.

Filixsäure. $C_{14} H_{18} O_5$. — Literatur: E. Luck, Ann. Chem. Pharm. **54.** 119. — Jahrb. Pharm. **22.** 129. — Grabowsky, Ann. Chem. Ph. **143.** 279. — Spiess, Chem. Centralbl. 1860.

Vorkommen. Darstellung. Diese von Luck entdeckte Säure scheidet sich beim längeren Stehen aus olivenöldickem ätherischem Extracte der officinellen Farnkrautwurzel (Aspidium filix mas) in gelben Krusten ab. Zur Reinigung wäscht man dieselben mit absolutem Aetherweingeist und krystallisirt dann aus kochendem Aether um, oder besser, man presst die nur einmal mit Aetherweingeist abgespülten Krusten zwischen Fliesspapier ab, zertheilt sie dann in 60 grädigem auf 35 °

erwärmten Weingeist, fügt Ammoniak hinzu, bis eine Trübung entstanden ist, filtrirt schnell, lässt das Filtrat in verd. Salzsäure einfliessen und wäscht den gebildeten Niederschlag zuerst mit Wasser, dann mit warmem 80 proc. Weingeist, bis dieser sich nicht mehr gelb färbt (Luck). Die von Grabowsky untersuchte Säure wurde von H. Tromsdorff dargestellt, indem er den krystallinischen Bodensatz des ätherischen Extracts mit wenig Aether und Aetherweingeist wusch, dann in schwachem Weingeist unter Zusatz von etwas kohlensaurem Kali löste, die durch Thierkohle entfärbte Lösung mit verdünnter Essigsäure fällte und den weissen Niederschlag aus Aether umkrystallisirte.

Die Filixsäure, welche von Bowmann (Americ. Journ. Pharm. (3) **11.** 389) in Aspidium rigidum nachgewiesen wurde, dürfte wohl in allen Bandwurmvertreibenden Aspidiumspecies enthalten sein.

Eigenschaften

Die Filixsäure bildet kleine weisse Blättchen oder ein lockeres Krystallpulver. Sie riecht und schmeckt nur schwach, reagirt in ätherischer Lösung sauer, wird beim Reiben electrisch, schmilzt bei 161 ° und erstarrt amorph. Sie löst sich nicht in Wasser, wenig in wasserhaltigem, gut in kochendem absolutem Weingeist, ferner in Aether (leichter bei Gegenwart von fettem Oel) und Schwefelkohlenstoff und sehr leicht in fetten und flüchtigen Oelen. — Von ihren Salzen sind nur die der Alkalien löslich, die übrigen amorphe Niederschläge (Luck).

Zusammensetzung.

Die Zusammensetzung der Filixsäure drückte Luck durch die Formel $C_{13} H_{14} O_4$ aus. Grabowsky gelangte zu der oben angeführten Formel $C_{14} H_{18} O_5$ und zeigte, dass diese Säure Dibutyrylphloroglucin sei $C_6 H_4 (C_4 H_7 O)_2 O_3$.

Zersetzungen.

Beim Erhitzen im Röhrchen giebt die Filixsäure öliges, nach Buttersäure riechendes Destillat; an der Luft erhitzt verbrennt sie mit leuchtender Flamme.

Filimilinschwefelsäure

Von rauchender Schwefelsäure wird sie unter Bildung von Filimilinschwefelsäure und Buttersäure gelöst. Trocknes Chlor verwandelt sie in Monochlorfilixsäure, während bei anhaltender Einwirkung auf in Wasser vertheilte Filixsäure Trichlorfilixsäure entsteht, beides amorphe gelbe, in Wasser unlösliche, in Weingeist und Aether lösliche Substanzen.

Filipolosinsäure.
Filimelinsäure.

Bei Behandlung mit wässrigen Alkalien und Ammoniak entstehen amorphe lehmfarbene Verwandlungsprodukte, Luck's Filipelosinsäure und Filimelinsäure. (Luck). Nach Grabowsky werden beim Erhitzen von Filixsäure mit 4 Th. Kalihydrat und wenig Wasser bis zum beginnenden Schmelzen als wesentliche Produkte nur Buttersäure und Phloroglucin (s. dies.) gebildet, während bei weniger lange fortgesetzter Erhitzung eine krystallisirbare Substanz von der Formel $C_{10} H_{12} O_4$ erhalten wird.

Pteritannsäure.

Anhang: Eine von Luck unter dem Namen Pteritannsäure beschriebene Säure aus der Farnkrautwurzel muss, wie auch Malin (Ann. Chem. Pharm. **143.** 279) annimmt, nach Darstellung, Zusammensetzung und Eigenschaften wohl als unreine Filixsäure angesehen werden.

Wirkung.

Ueber die Wirkung der Filixsäure auf Bandwürmer liegen verschiedene unter Buchheim ausgeführte Studien vor, deren Resultate nicht ganz harmoniren. Nachdem Liebig (Investigationes quaed. pharmacol. de extr. Filiis maris aethereo. Dorp. 1857) dargethan, dass diesem Stoffe keineswegs deletere Wirkung auf Bothriocephalen abgeht, glaubte Carlblom (Ueber die wirks. Bestandth. des äth. Farnkrautextractes. Dorp. 1866) in derselben gradezu das wirksame Princip des Farnkrautes erkannt zu haben, das, für sich eingegeben, reichliche Fäces bewirkt und Bothriocephalusfragmente, jedoch inconstant, abtreibt und mit Ricinusöl unter 4 Fällen 3 mal Abgang des Bandwurms bedingt. Dagegen hat Rulle (Ein Beitrag zur Kenntniss einiger Bandwurmmittel und deren Anwendung. Dorp. 1867) den durch Salzsäure in dem mit Ammoniak behandelten verdünnten Extract erhaltenen Niederschlag unreiner Filixsäure wirksamer gefunden als die bei diätetischem Verhalten allerdings nicht unwirksame reine Säure. Carlblom empfiehlt Pulver (Acidi filicici 0,12, Sacch. albi 0,4, Pulv. Cinnam. 0,12), Rulle Pillen, in welchen die von ihm gerühmte unreine Säure in vier Dosen von 0,3 2—3 stündlich gereicht werden soll. Vielleicht ist die Wirksamkeit auf Bildung von Zersetzungsprodukten zu beziehen, da nach Rulle ein durch kaust. Kali erhaltenes Produkt aus Filixsäure Bandwürmer abtreibt. Graefe hat nach mündlicher Mittheilung filixsaures Kali zur Tödtung von Cysticerken im Auge ohne Erfolg versucht.

Filixgerbsäure. — Wenn man nach Malin (Ann. Chem. Pharm. 143. 276) das klar filtrirte wässrige Decoct der Farnkrautwurzel zur Entfernung einer harzigen Materie mit Aether ausgeschüttelt hat, so fällen Bleizucker und Bleiessig daraus eine und dieselbe Gerbsäure, die durch Zersetzung der ausgewaschenen Bleiniederschläge mit Schwefelwasserstoff, nochmalige partielle Fällung des Filtrats mit Bleizucker und Zerlegung des helleren Theils des Niederschlags in reiner Form erhalten werden kann. Sie gleicht der Chinagerbsäure, ist hygroscopisch, giebt mit Wasser eine etwas trübe Lösung, löst sich nur wenig in starkem, ziemlich gut in gewöhnlichem Weingeist, fällt Leim, färbt Eisenchlorid olivengrün und reducirt alkalische Kupferlösung. Beim Kochen ihrer Lösung mit verd. Schwefelsäure scheiden sich dunkelziegelrothe Flocken von Filixroth, $C_{26}H_{18}O_{12}$, ab, während unkrystallisirbarer Zucker gelöst bleibt. Durch schmelzendes Kalihydrat wird sie in Protocatechusäure und Phloroglucin gespalten.

Anhang: Die von Luck (Jahrb. Pharm. 22. 159) als Tannaspidsäure bezeichnete Säure aus der Farnkrautwurzel hält Malin ihrer Darstellung nach für unreines Filixroth.

Pavesi (Jahresb. Chem. N. 1861) spricht von Aspidin, einer öligharzigen Substanz in Alkohol und Aether löslich.

Der ätherische Auszug der Wurzel enthält ausserdem nach Luck Fette, die aus Palmitin- und Oelsäure bestehen.

Kruse (Arch. Pharm. 9. 24. N. F.) untersuchte Wurzeln, im April, Juli und October gesammelt, auf lösliche Bestandtheile und theilt Aschenanalysen mit.

Die übrigen Gattungen der Filicinae, welche früher officinell waren und jetzt noch als Volksheilmittel eine Rolle spielen, sind theilweise untersucht worden. Die Untersuchungsresultate bedürfen noch weiterer Bestätigung.

B. Phanerogamae.

I. Abtheilung: Gymnospermae.

1. Coniferae.

Bestandtheile: Die Familie der Coniferae ist reich an Harzen und Balsamen (Sandarac, Terpentin, Dammar, Canadabalsam), ätherischen Oelen (Terpentinöl, Wachholderöl, Sabinaöl, Cedernöl, Thujaöl), auch Wachs, fetten Oelen, Kohlenhydraten, indifferenten Stoffen (Pinit, Melezitose, Thujin, Juniperin, Pinipikrin, Cederncampher, Cedren), enthält ein Glycosid, das Coniferin, ein Alkaloïd, das Taxin. Die Harze und Balsame enthalten Säuren (Sylvinsäure, Abietinsäure, Pimarsäure etc.).

a. Taxineae.

Gingkosäure. — Schwarzenbach (Viertelj. pract. Pharm. 6. 424) hat beim Verdunsten des ätherischen Auszuges der Früchte von Gingko biloba ein gelbes, allmälig erstarrendes Oel abgeschieden, das sich als Säure charakterisiren liess. Aus dem Bleisalze durch Schwefelwasserstoff abgeschieden bildet die Säure Krystalle, Schmpkt. 35°. Das Kalium-, Barium-, Blei- und Silbersalz sind amorphe Massen.

Taxus.

Die älteren Arbeiten von Dujardin, Schroff und Lucas haben die Gegenwart eines narkotisch wirkenden Stoffes, Alkaloïdes, festgestellt. Letzterer (Arch. Pharm. (2) **85.** 145) hat aus den Blättern von Taxus baccata durch Extraction mittelst weinsäurehaltigem Alkohol, Verdampfen dieser Lösung zur Trockne, Wiederaufnahme des Rückstandes mit Wasser, Concentration dieser Lösung und Ausschüttelung nach Uebersättigung mit doppelt kohlensaurem

Natron mittelst Aether isolirt. Diese ätherische Lösung hinterliess einen Rückstand, der wiederholt mit säurehaltigem Wasser gelöst und mittelst Ammoniak ausgefällt wurde.

Taxin. Das so gewonnene Alkaloïd, Taxin, ist ein amorphes Pulver, von bitterem Geschmacke, wenig löslich in Wasses, leicht löslich in Alkohol und Aether. Die Salze sind nicht krystallisationsfähig, conc. Schwefelsäure färbt Taxin purpurroth und löst conc. Salpetersäure gelbbraun. Alkalien, Ammon, Jodtinctur, Platinchlorid fällen das Alkaloïd aus seinen schwach sauren Lösungen. —

Marmé (Medic. Centr. Bl. **14**. 97) hat aus Blättern und Samen von Taxus baccata das giftige Alkaloïd isolirt und zwar durch Extraction mittelst Aether, dessen Verdampfungsrückstand wiederholt mit angesäuertem, erwärmtem Wasser ausgeschüttelt, eine Lösung gab, die mit Ammon oder fixem Alkali das Taxin in schneeweissen Flocken lieferte, die, über Schwefelsäure getrocknet, ein weisses, krystallinisches Pulver lieferten, wenig löslich in Wasser, leicht löslich in Aether, Alkohol, Chloroform, Benzol, Schwefelkohlenstoff, nicht in Petroleumäther. Schmpkt. 80°. Das Alkaloïd ist stickstoffhaltig, giebt in sauren Lösungen mit allen allgemeinen Reagentien auf Alkaloïde (Platin-Goldchlorid, Quecksilberchlorid, Kaliumplatincyanür ausgenommen) Fällungen, wird mit conc. Schwefelsäure roth, löst sich ohne Farbe in Salpetersäure, Phosphorsäure.

D. Amato und A. Capparelli (Gazz. chim. **10**. 349) stellten aus dem Laube ein flüchtiges Alkaloïd her, das sich durch grosse Beständigkeit gegen oxydirende Einflüsse auszeichnet, in kalter Schwefelsäure mit gelber Farbe löslich ist, beim Erhitzen roth werdend. —

Milossin. Dieselben Forscher isolirten neben diesem Alkaloïde eine stickstoffhaltige, krystallinische farblose Substanz von 86—87° Schmpkt., löslich in Alkohol, unlöslich in Wasser. (Milossin.)

Eine Aschenanalyse der Blätter von Taxus baccata liegt ebenfalls vor. (Roth, Zeitschr. österr. Apothekerv. 1876. 383.)

Gerichtlich-chemischer Nachweis. Dragendorff hält den gerichtlich-chemischen Nachweis von Taxin für leicht erreichbar durch Ausschütteln der ammoniakalisch gemachten Auszüge mit Benzin oder Chloroform. Als charakteristische Reaktionen werden empfohlen die Rothfärbung beim Uebergiessen mit conc. Sshwefelsäure und die Leichtlöslichkeit der Taxindoppeltsalze mit Gold, Platin und Quecksilber (Jahresb. Pharm. 1876. 616).

Wirkung. Nach Borchers (Experim. Untersuchungen über Wirkungen und Vorkommen des Taxin. Göttingen. 1876) bedingt Taxin bei Fröschen, Kaninchen, Katzen und Hunden starkes Sinken der

Athemfrequenz und Herzaction, Dyspnoe, terminale Convulsionen und Tod durch Erstickung, der bei Infusion in $\frac{1}{4}-1$ Stunde, bei subcutaner Application in $1-1\frac{1}{2}$ Stunde eintritt. Die Reizbarkeit der Nerven und Muskeln wird nicht dadurch afficirt, dagegen scheint es die Peristaltik anzuregen. Herzaction und Blutdruck werden bei Hunden anfangs gesteigert, später (auch bei durchschnittenen Vagi) herabgesetzt; bei Katzen ist Erbrechen constant, das ebenfalls bei Vagusdurchscheidung auftritt. Bei Infusion sind 0,117 in $\frac{3}{4}$ Stunden bei Hunden, 0,026 für Katzen und 0,02 für Kaninchen tödtlich (Borchers).

Podocarpus.

De Vrji hat in dem Holze eines alten Stammes von Podocarpus Cupressina var. imbricata eine krystallinische Holzmasse gefunden, die von Oudemanns jun. eingehender untersucht wurde. Hirschsohn (Verhalten der Gummiharze und Harze gegen Reagentien. Dissertation) charakterisirt das Harz derselben Pflanze als in Alkohol und Aether leicht löslich, gering löslich in Chloroform, unlöslich in Petroleumäther.

Die Arbeiten von A. C. Oudemanns (Berl. Ber. **16**. 1122. Ann. Chem. Pharm. **170**. 213—282) ergaben interessante Aufschlüsse über die Beschaffenheit und die chemische Charakteristik dieses Harzes.

Podocarpinsäure. — Durch Lösen des Harzes in Alkohol und Vermischen mit Wasser erhielt Oudemanns eine in weissen, rhombischen Täfelchen krystallisirende Harzsäure, Podocarpinsäure, unlöslich in Benzol, Chloroform, Schwefelkohlenstoff, löslich in Weingeist, Aether und Eisessig. Schmpkt. 187—188° C., specifische Drehung der alkoholischen Lösung $= +136°$. Diese Säure, von der Formel $C_{17}H_{22}O_3$, bildet 2 verschiedene Reihen von Salzen 1. $C_{17}H_{21}\overset{1}{M}O_3$, mit Alkalien, 2. $C_{17}H_{20}\overset{1}{M}_2O_3$, vorzüglich mit zweiwerthigen Metallen (Cu, Pb, Ca, Ba-salz). Besonders constante Zusammensetzung zeigt das Natriumsalz $C_{17}H_{21}NaO_3$, $1H_2O$. Methyl-Aethylester der Säure sind dargestellt, ferner die Nitroverbindungen $C_{17}H_{21}(NO_2)O_3$ und $C_{17}H_{20}(NO_2)_2O_3$, durch Einwirkung von Salpetersäure (1,2 und 1,4 spec. Gew. auf die Säure. Durch Einwirkung von Schwefelsäure, Chloracetyl in der Wärme, reducirenden Agentien auf die Nitroverbindungen, sowie Brom wurden ferner folgende Körper dargestellt: Monosulfopodocarpinsäure $C_{17}H_{21}(SO_3H)O_3$, Aethyl-Brompodocarpinsäure $C_{17}H_{20}(C_2H_5)BrO$, Amidopodocarpinsäure $C_{17}H_{21}(NH_2)O_3$, Acetylpodocarpinsäure $C_{17}H_{21}(C_2H_3O)O_3$.

Die weiteren Studien zur Ermittlung der Constitution der Podocarpinsäure, Destillationsprodukte der reinen Säure und der Calciumverbindung, führte zu folgenden Zersetzungsprodukten: 1. Parakresol C_7H_8O, 2. Carpen C_9H_{14}, ein Terpen, leicht oxydationsfähig, Sdpkt. 157°, 3. Hydrocarpol $C_{16}H_{20}O$, gelblich dickflüssig, 220—230° Sdpkt., 4. Methanthrol $C_{15}H_{12}O$, festes bei 122° schmelzendes Phenol, das durch Reduction einen Kohlenwasserstoff, Methanthren $C_{15}H_{12}$ liefern kann. Die Zersetzungsprodukte, für welche hinsichtlich ihrer Entstehung eingehende Formeln aufgestellt werden, berechtigen zum allgemeinen Ausdruck für die Constitutionsformel der Säure:

$$C_{17}H_{22}O_3 = C_6H_2 \begin{cases} OH \\ CO.OH, \\ CH_3 \\ C_9H_{15} \end{cases}$$

wonach die Podocarpinsäure eine durch CH_3 und C_9H_{15} substituirte Benzoloxycarbonsäure, ein aromatisches Additionsprodukt ist.

b. Cupressineae.

Thuja.

Chinovige Säure. — Findet sich nach Kawalier (Wien. Akad. Ber. 11. 344; 13. 525) in den grünen Theilen von *Thuja occidentalis L.*, sowie auch in den Nadeln von *Pinus sylvestris L.* (Fam. Abietinae). Zur Darstellung wird das mit Weingeist von 40° bereitete und nach dem Erkalten filtrirte grüne Decoct des einen oder anderen Materials der Destillation unterworfen und der wässrige Rückstand mit Wasser versetzt. Das dadurch abgeschiedene, die chinovige Säure (bei Anwendung von Kiefernadeln neben Ceropinsäure (s. diese) enthaltende Harz löst man in Weingeist von 40°, fällt die Lösung mit weingeistigem Bleizucker aus, entbleit das Filtrat mittelst Schwefelwasserstoff und dunstet die abfiltrirte, nun gelb gefärbte Flüssigkeit ein. Es scheidet sich dann eine halbflüssige harzige Masse ab, aus deren Auflösung in verdünnter Kalilauge man mittelst Chlorcalcium indifferentes Harz niederschlägt.

Die chinovige Säure ist eine weisse oder schwach gelbliche spröde Masse, die zerrieben ein stark electrisches Pulver liefert und in Wasser unlöslich, in Weingeist, Aether und wässrigen Alkalien leicht löslich ist. Ihre Zusammensetzung entspricht der Formel $C_{24}H_{38}O_5$ (Kawalier).

Thujin, $C_{20}H_{22}O_{12}$ und **Thujigenin,** $C_{14}H_{12}O_7$. — Diese beiden Stoffe wurden 1858 von Rochleder und Kawalier (Wien. Akad. Ber. 29. 10; auch Journ. pract. Chem. 74. 8) in den grünen Theilen des gemeinen Lebensbaums, *Thuja occidentalis L.*, aufgefunden.

Darstellung.   Zur Darstellung wird dem weingeistigen, vom beim Erkalten sich abscheidenden Wachs befreiten Absud der *Frondes Thujae* durch Destillation der Weingeist entzogen, der Rückstand mit Wasser und, zur Erleichterung des Filtrirens, mit einigen Tropfen Bleizuckerlösung versetzt und das Filtrat zuerst mit neutralem und nach abermaligem Filtriren mit basischem Bleiacetat ausgefällt. Der erste Niederschlag enthält Thujin und Thujetin (s. unten), der zweite Thujigenin. — Den durch neutrales Bleiacetat bewirkten

von Thujin.   Niederschlag löst man in verdünnter Essigsäure, filtrirt, fällt das Filtrat mit Bleiessig, zersetzt den ausgewaschenen Niederschlag unter Wasser durch Schwefelwasserstoff, erhitzt das gebildete Schwefelblei mit der Flüssigkeit

zum Sieden, filtrirt heiss, behandelt das Filtrat zur Vertreibung des Schwefel-
wasserstoffs mit Kohlensäure und verdunstet es darauf im Vacuum über
Schwefelsäure. Die anschiessenden gelben Krystalle von Thujin werden
so oft aus kochendem weingeisthaltigem Wasser umkrystallisirt, bis ihre
Lösung in schwachem Weingeist sich mit Ammoniak nicht mehr grün färbt,
d. h. frei von Thujetin ist. — Die Ausbeute an Thujin betrug aus 240 Pfund
Frondes Thujae nur einige Grammes (Rochleder und Kawalier).

Zur Gewinnung des Thujigenins aus dem durch Bleiessig erzeugten Niederschlage verfährt man mit demselben genau in der gleichen Weise, worauf dann das Filtrat vom heiss abfiltrirten Schwefelblei beim Verdunsten im Vacuum den Körper in Flocken abscheidet. Die Ausbeute ist sehr gering.
Thujigenin.

Das Thujin bildet rein citronengelbe glänzende mikroskopische, bei starker Vergrösserung als vierseitige Tafeln erscheinende Krystalle von ad-stringirendem Geschmack. Es löst sich kaum in kaltem, ziemlich gut in kochendem Wasser, gut in Weingeist. Seine weingeistige Lösung wird durch Alkalien gelb, bei Luftzutritt braunroth, durch Eisenchlorid dunkelgrün ge-färbt, durch Bleizucker und Bleiessig gelb gefällt.
Eigenschaften des Thujins.

Beim Erhitzen wird das Thujin zerstört. Beim Erwärmen seiner weingeistigen Lösung mit verdünnter Salzsäure oder Schwefelsäure scheint zunächst Spaltung in Glucose und Thujigenin ($C_{20}H_{22}O_{12} + H_2O = C_6H_{12}O_6 + C_{14}H_{12}O_7$) zu erfolgen, welches letztere dann durch Wasser-aufnahme in das als Endprodukt der Einwirkung erhaltene Thujetin, $C_{14}H_{14}O_8$, übergeht. Beim Erhitzen des Thujins mit Barytwasser entsteht als Spaltungsprodukt an Stelle des Thujetins Thujetinsäure, $C_{28}H_{22}O_{13}$. — Thujetin (man vgl. auch Quercetin, mit dem es vielleicht identisch ist) ist gelb, krystallinisch, löst sich kaum in Wasser, aber in Weingeist und Aether, färbt sich in weingeistiger Lösung mit Ammoniak blaugrün, mit Kali erst grün, dann rothbraun, wird durch Bleiacetat roth gefällt und geht beim Kochen mit Barytwasser unter Wasseraufnahme in Thujetinsäure über. Letztere bildet citronengelbe mikroskopische Nadeln von ziemlich ähnlichen Löslichkeitsverhältnissen (Rochleder und Kawalier).
Zersetzungen des Thujins.

Thujetin und Thujetin-säure.

Das Thujigenin bildet feine mikroskopische Nadeln, die sich schwer in Wasser, gut in Weingeist lösen. Seine weingeistige Lösung färbt sich mit Ammoniak schön blaugrün (Rochleder und Kawalier).
Eigenschaften des Thujigenins.

Auch über zwei Harze und einen gallertartigen Stoff aus *Thuja occidentalis* hat Kawalier (Wien. Akad. Ber. **11.** 344; **13.** 524) Mittheilungen gemacht, bezüglich deren wir auf die Originalabhandlungen verweisen.

Das Thujaöl, aus den Blättern und Zweigspitzen von Thuja occidentalis, die nach Hübschmann 1 % geben, ist farblos oder grünlichgelb, von scharfem campherartigem Geschmacke, spec. Gew. 0,925, Siedepkt. 190—206°, leicht löslich in Weigeist. Schweizer (Journ. pract. Chem. **30.** 376) hält es für ein Gemenge von zwei sauerstoffhaltigen Oelen.
Thujaöl.

Juniperus.

Juniperin. — Wenn man Wachholderbeeren zuerst mit kaltem Wasser ausgezogen, dann zur Gewinnung des ätherischen Oels mit Wasser destillirt hat, und nun den Rückstand in der Blase heiss colirt, so setzt die Flüssigkeit beim Erkalten und weiteren Verdunsten ein Sediment ab. Wird dieses mit kochendem Weingeist ausgezogen, so scheidet der Auszug beim Erkalten und allmäligen Abdestilliren des Weingeists zuerst Wachs und Harz, darauf gelbes pulvriges Juniperin ab, das sich in 60 Th. Wasser löst, der Lösung durch Ausschütteln mit Aether entzogen werden kann und daraus beim Verdunsten als hellgelbe Masse hinterbleibt. Es verbrennt beim Erhitzen auf Platinblech mit Flamme und Geruch nach Wachholder, löst sich in conc. Schwefelsäure mit hellgelber, in Ammoniak mit goldgelber Farbe (Steer, Wien. Akad. Ber. 21. 383).

Von Donath (Dingler's Journ. 208. 300) und H. Ritthausen (Landwirthsch. Versuchsstat. 20. 411) liegen Analysen der Wachholderbeeren vor, welche wenig Klarheit über die wesentlichen Bestandtheile der Pflanze bringen. Ritthausen fand Wasser 10,77 %, Asche 3,77, Traubenzucker 14,36, Fett, Harz nebst ätherischem Oele 12,24, Proteïnsubstanz 5,41, Rohfaser 31,60%.

Das Wachholderöl, von dem unreine Wachholderbeeren (*Juniperus communis L.*) beim Destilliren mit Wasser ein leichter und ein schwerer flüchtiges, reife nach Blanchet vorwiegend letzteres liefern, und dessen Ausbeute nach Steer (Chem. Centralbl. 1856. 60) aus reifen grünen Beeren, wenn sie direct mit Wasser destillirt werden, nur 0,4 %, wenn sie aber zuvor mit kaltem Wasser ausgezogen wurden, 0,75% beträgt, ist farblos, grünlich oder bräunlichgelb, dünnflüssig, von starkem Geruch und gewürzhaftem Geschmack, hat das spec. Gew. 0,86—0,88, destillirt zwischen 155 und 280°, reagirt neutral, polarisirt links und löst sich wenig in Weingeist von 0,85 spec. Gew., dagegen schon in $\frac{1}{2}$ Th. absolutem Weingeist und in Aether nach allen Verhältnissen. Es ist nach Soubeiran und Capitaine (Journ. Pharm. (2) 26. 78) ein Gemenge zweier nicht vollständig zu trennender Camphene. An der Luft nimmt es Sauerstoff auf und scheidet dann nach längerem Stehen farblose durchsichtige Tafeln von Wachholdercampher ab, der beim Erhitzen schmilzt und unzersetzt verdampft, aus heissem Weingeist in federartigen Krystallen anschiesst und sich noch leichter in Aether, etwas auch in Wasser löst (Zaubzer, Repert. Pharm. 22. 415). Bei längerer Berührung mit warmem Wasser bildet das Wachholderöl ein krystallisirbares Hydrat (Blanchet), aber mit Salzsäure erzeugt es nur eine flüssige Verbindung (Soubeiran und Capitaine). Mit Jod explodirt frisches Oel unreifer Beeren sehr heftig, älteres weniger stark, solches von reifen Beeren gar nicht.

Die beiden Bestandtheile des Oeles besitzen die Zusammensetzung $C_{10}H_{16}$. Verhalten gegen Alkohol (Godeffroy und Leddermann, Zeitschr. Oestr. Apothver. 15).

Wachholderöl tödtet nach Simon (De Olei Juniperi aeth. vi. Berl. 1841; Berl. med. Verztg. 19. 1844) Kaninchen zu 15,0—30,0 in 19—22 Stunden unter den Erscheinungen der Terpentinölvergiftung, namentlich starker Gastritis und Nephritis. Der blutige Urin der vergifteten Thiere roch stark nach Wachholderöl, während beim Menschen nach kleinen Mengen oft Veilchengeruch auftritt. Auf der Haut erzeugt es Erythem und Vesikel. Schneider gebrauchte es äusserlich (mit 2—5 Th. Fett) und innerlich gegen Anasarka, Ascites und Gelenksteifigkeit, intern bei Magenschwäche, Bronchialverschleimung, chronischem Rheuma, Gicht und Amenorrhoe. Man giebt es als Oelzucker oder in Weingeist gelöst. Larsen pinselte Wachholderöl bei scrophulöser Ophthalmie ein.

Das Sabina- oder Sadebaum- (Sevenbaum-) öl aus den Blättern, jungen Sabinaöl.
Zweigen und Beeren von *Juniperus Sabina L.* (die Ausbeute beträgt nach
Zeller aus frischen Blättern und Zweigen $1\frac{1}{3}$, aus getrockneten 2 und aus
frischen Beeren 10 Proc.), ist blass- oder dunkelgelb, rectificirt farblos, riecht
durchdringend nach der Pflanze, schmeckt gewürzhaft brennend, hat ein spec.
Gew. von 0,89—0,94, siedet bei 155—161°, löst sich in jeder Menge absolutem
und in 2 Th. Weingeist von 0,85 specif. Gew., verpufft mit Jod heftig.

Das Sevenbaumöl polarisirt stark rechts, giebt mit Chlorwasserstoff keine
feste Verbindung und entspricht der Formel $C_{10}H_{16}$.

Oleum Sabinae tödtet nach Mitscherlich schon zu 8,0 Kaninchen in Wirkung und
$7\frac{1}{2}$ St. unter den Erscheinungen der acuten Gastroenteritis, Puls und Athem- Anwendung.
beschleunigung, später Insensibilität, Parese und terminalen Convulsionen.
Hillefeld (Wibmer, Arzneim. 3. 191) fand bei einer nach 8,0 gestorbenen
Katze ausserdem in der Harnblase viel blutigen Urin und zahlreiche Ecchy-
mosen auf dem Bauchfellüberzuge der Baucheingeweide. Letheby (Lanc.
June 7. 1845) sah einen Hund auf 8,0 nach heftigem Erbrechen, Collaps
und blutigen Stühlen in 14 St. zu Grunde gehen und fand p. m. Gehirn und
Abdeminalorgane stark hyperämisch. Mitscherlich konnte Geruch nach
Sadebaumöl im Blute, in der Expirationsluft und in den Körperhöhlen constatiren. Auf der menschlichen Haut bedingt Sadebaumöl intensive Röthung
und Entzündung. Es gilt vorzugsweise als Emmenagogum und Abortivum, ist
jedoch nach Fodéré's Erfahrung, wonach 3 Wochen lang genommene täg-
liche Gaben von 100 Tr. keinen Abortus herbeiführten, minder gefährlich
als man gewöhnlich annimmt. Man setzt die medicinische Dosis des Oleum
Sabinae meist auf $\frac{1}{2}-2$ Tr., in gehöriger Verdünnung zu geben.

Cederncampher, $C_{15}H_{26}O$, und Cedren, $C_{15}H_{24}$. — Das Cedernöl.

ätherische Oel des Holzes der virginischen Ceder, *Juniperus virginiana L.*, ist
nach Walter (Ann. Chim. Phys. (3) 1. 501; 8. 354; auch Ann. Chem. Pharm.
39. 249; 48. 35) ein Gemenge von Cederncampher, der durch Auspressen
des rohen, eine weisse weiche krystallinische Masse bildenden Oels und
wiederholtes Umkrystallisiren aus Weingeist gewonnen wird, und von Cedren, das aus der abgepressten Flüssigkeit bei fractionirtem Destilliren
zwischen 264 und 268° übergeht und durch wiederholte Rectification über
metallisches Kalium gereinigt werden kann.

Der Cederncampher krystallisirt in weissen seideglänzenden Nadeln
von eigenthümlich gewürzhaftem Geruch und schwachem Geschmack. Er
schmilzt bei 74° und siedet bei 282°. Vom Wasser wird er kaum, von
Weingeist und Aether leicht gelöst. Phosphorsäureanhydrid führt ihn in
Cedren über. Die angeführte Formel ist von Gerhardt aus Walter's
Analysen berechnet.

Das Cedren ist ein farbloses, gewürzhaft, aber von Cederncampher verschieden riechendes Oel von pfefferartigem Geschmack. Sein spec. Gew. ist
0,984 bei 14°,5, seine Dampfdichte 7,9, sein Siedepunkt 237°. Bei anhaltendem Kochen wird es gelb und erhöht seinen Siedepunkt. Walter gab ihm
die Formel $C_{16}H_{24}$, die Gerhardt in $C_{15}H_{24}$ umwandelte.

Das Cedernöl dient in Nordamerika als Wurmmittel und Abortivum Wirkung und
und hat als letzteres zu mehreren Vergiftungsfällen Veranlassung gegeben, Anwendung.
die unter allgemeinen tonischen Krämpfen, Trismus, Lividität des Gesichtes,

Dyspnoe, Pulsverlangsamung, Erbrechen einer nach dem Oele riechenden
Flüssigkeit und Coma verliefen. Schon 15,0 des vermuthlich in seinen
Eigenschaften dem Sadebaumöl ziemlich ähnlichen Oeles können den Tod
zur Folge haben (Wait). Als Cedernöl scheint übrigens in Amerika auch
das bisher nicht genauer untersuchte ätherische Oel von Cupressus
thyoides bezeichnet zu werden, das nach Bailey (Philad. med. Rep.
June 27. 1872) schon zu 16 Tr. bei einem 15jähr. Mädchen sofort klonische
Krämpfe, Trismus und mehrstündige epileptiforme Zuckungen, sowie Monate
lang dauernde Reizbarkeit und Husten bedingte.

Thujawachs. Das Wachs aus den grünen Theilen von *Thuja occidentalis L.* fand Kawalier (Wien. Akad. Ber. **13**. 515) nach der Formel $C_{16}H_{32}O_2$ zusammengesetzt,
Wachholder- also isomer mit der Palmitinsäure. — Wachholderbeerwachs ist neuer-
beerwachs. dings von Stoer (Wien. Akad. Ber. **21**. 383) untersucht worden.

Callitris.

Sandarak. Der Sandarak ist das freiwillig oder aus in die Rinde gemachten Ein-
schnitten ausfliessende Harz der in der Berberei einheimischen *Thuja arti-
culata Desf. s. Callitris quadrivalvis Vent.* Er bildet blassgelbe durchsichtige
spröde, auf dem Bruche glasglänzende, leicht schmelzbare Körner von 1,05
spec. Gew. 1,092 und 1,066 (Flückiger), 1,038—1,044 (Hoger), schwachem
Geruch und balsamischem und dabei etwas bitterem Geschmack.

Der Sandarak erweicht bei 100° und schmilzt unter Aufblähen bei 135°,
löst sich in heissem, absolutem Alkohol, Aether, Amylalkohol, Aceton, nicht
in Benzol, ist weniger löslich in Chloroform und Petroleumäther und ätherischen Oelen.

Nach Unverdorben (Schweigg. Journ. **60**. 82), Giese (Scheerer's
Journ. **9**. 536) und Johnston (Journ. pract. Chem. **17**. 157) ist er ein Gemenge von 3 verschiedenen Harzen. Von diesen wird das Gammaharz
(Giese's Sandaracin) aus der weingeistigen Sandaraklösung durch Kali
gefällt und bildet, aus der Kaliverbindung durch Salzsäure abgeschieden, ein
weisses, schwer schmelzbares Pulver. Das Alpha- und das Betaharz
können durch 60proc. Weingeist getrennt werden, der vorwiegend ersteres
löst; ersteres löst sich auch in Terpentinöl, letzteres nicht. Sandarak dient
nur noch zu Räucherungen und zur Firnissbereitung.

Die Harze des Sandarak gehören zu den Terpenharzen; Hlasiwetz
zählt sie zu den Harzen der Formel: $(C_{10}H_{16}O)_2 + 3O = (C_{20}H_{30}O_2)OH_2$.

Cupressus.

Hartsen (Berl. Ber. **9**. 1129) isolirte aus Cupressus pyramidalis 2 Stoffe,
von denen der eine amorph, besonders in den Blättern, gelblich, in Wasser,
Essigsäure, Aether unlöslich, in Alkohol löslich ist, der andere krystallinisch,
besonders in den fast reifen Früchten schwach smaragdgrüne Prismen bildend, unlöslich in Wasser, löslich in Alkohol und Aether ist.

c. Abietineae.

Araucaria.

Das aus der Rinde der Araucaria brasiliana Lamb. ausfliessende Harz
bildet mattweisse oder bräunliche Stücke von balsamischem, schwach terpen-

tinartigem Geruche und beissend gewürzhaftem Geschmacke. Es löst sich
etwa zu $^2/_3$ in Wasser, zu $^1/_3$ in Alkohol und enthält wenig ätherisches Oel,
Gummi und Pflanzenschleim, unkrystallisirbaren Zucker und 4 Harzsäuren,
Curisäure, Curiuvasäure, Pinonsäure und Araucasäure. (Peckolt, Arch. Ph.
(2.) 122. 225).

Dammara.

Vom Dammarharz hat man zwei Sorten zu unterscheiden, das ostindische, welches im Handel das gewöhnlichere ist, und das australische. Dammarharz.
Das ostindische Dammarharz stammt von der auf den Molukken einheimischen *Dammara orientalis Don. s. Pinus Dammara Willd.* Es bildet grosse
wasserhelle oder gelbliche klare glasartige Stücke, die sich leicht zerreiben
lassen und ein völlig weisses Pulver geben, geruchlos sind und harzig
schmecken. Sein specif Gew. ist 1,04 bis 1,12 Bei etwa 100° wird es zähflüssig. bei 150° klar und dünnflüssig. In Aether ist es schon in der Kälte,
in absolutem Weingeist erst beim Kochen zum grössten Theile löslich. Von
fetten und ätherischen Oelen wird es vollständig gelöst. Nach Dulk (Journ.
pract. Chem. 45. 16) entzieht schwächerer Weingeist dem Dammarharz in
der Kälte Dammarylsäurehydrat, $C_{45}H_{37}O_4$, als weisses, bei 50° schmelzendes, sauer reagirendes und mit Basen verbindbares Pulver. Aus dem
Rückstande nimmt dann ferner absoluter Weingeist wasserfreie Dammarylsäure, $C_{45}H_{36}O_3$, auf, die ihrem Hydrat gleicht, aber stärker sauer reagirt
und erst bei 60° schmilzt. Behandelt man das nun ungelöst Gebliebene mit
Aether, so bringt dieser den Kohlenwasserstoff Dammaryl, $C_{45}H_{36}$ (wahr-
scheinlicher wohl $C_{40}H_{32}$) in Lösung, ein weisses glänzendes magnesiaähn-
liches Pulver, das bei 145° erweicht, bei 190° zum klaren gelben Oel schmilzt
und an feuchter Luft sich rasch zu Dammarylsäure oxydirt. Den in Weingeist und Aether unlöslichen Theil endlich, ein sprödes glänzendes, bei 215°
schmelzendes, in heissem Terpentinöl oder Steinöl völlig lösliches Harz, bezeichnet Dulk als Dammarylhalbhydrat, $C_{90}H_{73}O$ (vielleicht 4 $C_{40}H_{32}$,
2 HO?). — Das australische Dammarharz oder der Kauriecopal
wird von der neuseeländischen *Dammara australis Don.* gewonnen. Es bildet
grosse bernsteingelbe, schwach opalisirende, leicht schmelzbare, völlig in absolutem Weingeist lösliche Stücke und besteht nach Thornson (Ann. Chem.
Pharm. 47. 351) aus einer durch wässrigen Weingeist ausziehbaren und daraus
krystallisirenden Harzsäure, der Dammarsäure, $C_{40}H_{30}O_7$, und einem erst
in absolutem Weingeist löslichen indifferenten Harz, dem Dammaran,
$C_{40}H_{30}O_6$.

Das Kaurigummi, von Dammara australis abstammend, enthält nach Kaurigummi.
Moir (Berl. Ber. 7. 827) 48% in Alkohol unlösliche Substanzen. Die alkoholische Lösung enthält neben Harzen geringe Mengen von Bernstein- und
Benzoësäure. Die trockne Destillation des Harzes liefert zwischen 155 und
165° siedendes Oel $C_{10}H_{20}O_7$.

Zum Dammar pflegt auch das in Ostindien von der Dipterocarpinee
Skorea robusta gewonnene im europäischen Handel nicht sehr häufige
Saulharz gerechnet zu werden. (Bilz, neues Journ. Pharm. 20. 37. —
Kraut-Gmelin, Handbuch 7. 1753. — Schrötter, Poggend. Ann. 59. 72).

Pinus (Abies, Larix, Picea etc.)

Pinit. $C_6 H_{12} O_5 — C_6 H_7 (OH)_5$. — Literat.: Berthelot, Ann. Chim. Phys. (3) **46**. 76; Chim. organ. 1860. **2**. 213. — Johnson, Sill. Amer. Journ. (2) **22**. 6; auch Journ. prakt. Chem. **70**. 245.

Dieser 5atomige Alkohol wurde 1855 von Berthelot in dem ausgeflossenen und erhärteten Saft der Californischen Kiefer, *Pinus Lambertiana Dougl.*, aufgefunden. Er krystallisirt aus der mit Thierkohle behandelten wässrigen Lösung desselben beim freiwilligen Verdunsten nach mehrwöchentlichem Stehen aus (Berthelot), wird aber rascher rein erhalten, wenn man seine mit Thierkohle entfärbte weingeistige Lösung mit Aether bis zur Trübung vermischt und die in einigen Stunden anschiessenden Krystalle noch einmal umkrystallisirt (Johnson).

Der Pinit bildet farblose harte strahlig-krystallinische Warzen. Er schmeckt fast so süss wie Rohrzucker, hat ein specif. Gew. von 1,52, reagirt neutral und wirkt rechtsdrehend ($[\alpha]j = 58,6^{\,0}$). Er schmilzt erst über $150^{\,0}$ und wird bei stärkerem Erhitzen unter Caramelgeruch und Entwicklung theerartiger Produkte zerstört. In Wasser löst er sich sehr leicht (Unterschied von Quercit), wenig nur in gewöhnlichem, kaum in absolutem Weingeist, nicht in Aether und Chloroform. Aus der concentrirten wässrigen Lösung fällt ammoniakalische Bleizuckerlösung einen weissen lockeren Niederschlag von der Zusammensetzung $C_6 H_{12} O_5$, $Pb_4 O_3$.

Durch Salpetersäure wird der Pinit in Nitroverbindungen übergeführt und nur wenig Oxalsäure gebildet. Mit conc. Schwefelsäure scheint eine Pinitschwefelsäure sich zu bilden. Verdünnte Schwefelsäure ist auch beim Kochen ohne Einwirkung. Beim Erhitzen mit Weinsäure, Benzoësäure und anderen organischen Säuren auf 120—250$^{\,0}$ erzeugen sich ätherartige Verbindungen nach Art der Mannitannide (vergl S. 614). Er reducirt zwar ammoniakalische Silberlösung, aber nicht kalische Kupferlösung und wird durch Hefe nicht in Gährung versetzt (Berthelot).

Abietit. $C_6 H_8 O_3$. — Eine von Rochleder (Wien. Akad. Ber. **58**. 222; auch Zeitschr. Chem. 1868. 728) in den Nadeln der Weiss- oder Edeltanne, *Abies pectinata DC.*, aufgefundene Zuckerart, die im Aeusseren mit dem Mannit viel Aehnlichkeit besitzt, sich aber von ihm nicht nur in der Zusammensetzung, sondern auch in den Löslichkeitsverhältnissen wesentlich unterscheidet.

Melezitose. $C_{12} H_{22} O_{11} -| H_2 O$. — In der auf *Larix europaea DC s. Pinus Larix L.*, und zwar besonders in heissen Sommern auf jungen Bäumen oder den jungen Zweigen alter Bäume, sich bildenden sogenannten Manna von Briançon wurde von Bonastre (Journ. Pharm. (2) **19**. 443 626) eine eigenthümliche Zuckerart aufgefunden, die Berthelot (Ann. Chim. Phys. (3) 46. 86; 55. 282; Chim. organ. 2. 266) genauer untersuchte. Zu ihrer Darstellung verdunstet man den kochend heiss bereiteten weingeistigen Auszug der Manna zum Syrup und reinigt die nach mehrwöchentlichem Stehen angeschossenen Krystalle durch Umkrystallisiren aus kochendem Weingeist.

Diese Zuckerart der Rohrzuckergruppe findet sich ferner neben Rohrzucker und einer syrupförmigen Zuckerart im Turanybin, einem Exsudat Alhagi Maurorum, das in Persien als Abführmittel und selbst als Nahrungsmittel benützt wird (Villiers, Bull. soc. chim. 27. 98).

Die Melezitose ist eine weisse mehlartige, aus mikroskopischen kurzen harten glänzenden Krystallen gebildete Substanz, die an der Luft verwittert und bei 100° gegen 4% Wasser verliert, bei etwa 140° ohne Veränderung schmilzt und dann glasartig wieder erstarrt, über 200° zersetzt wird. Sie schmeckt so süss wie Glycose, wirkt rechtsdrehend ($a = 88,51°$), löst sich leicht in Wasser, kaum in kaltem, wenig in kochendem Weingeist, nicht in Aether. Aus Alkohol lassen sich monokline Krystalle erhalten. Die wässrige Lösung wird durch ammoniakalischen Bleizucker gefällt. Salpetersäure verwandelt sie in Oxalsäure, kochende verdünnte Schwefelsäure in Glycose. Sie reducirt kalische Kupferlösung kaum und wird durch Bierhefe entweder gar nicht oder doch nur sehr langsam in weinige Gährung versetzt.

Gerbsäure aus Abies pectinata DC. $C_{13}H_{12}O_6$ oder $C_{26}H_{24}O_{12}$.

— Die im December gesammelten Nadeln der Edeltanne enthalten nach Rochleder (Wien. Akad. Ber. 58. 169) eine Gerbsäure, die durch Fällen des wässrigen Absuds mit Bleizucker, Ausziehen des Niederschlags mit Essigsäure, Fällen der fast mit Ammoniak neutralisirten Lösung mit Bleiessig und Zerlegung dieses Niederschlags durch Schwefelwasserstoff isolirt werden kann und in ihrer Zusammensetzung und ihren Eigenschaften ganz mit der Kastaniengerbsäure (vergl. S. 733) übereinstimmt.

Pinipikrin. $C_{22}H_{36}O_{11}$.

— Man erhält diesen von Kawalier in Nadeln, Rinde und Borke von *Pinus sylvestris L.* und in den grünen Theilen von *Thuja occidentalis L.* aufgefundenen Stoff, am besten aus Kiefernnadeln indem man das bei Darstellung der darin vorkommenden Säuren erhaltene Filtrat vom pinitannsauren Blei mit Schwefelwasserstoff entbleit, die filtrirte Flüssigkeit im Kohlensäurestrom zum Extract verdunstet, dieses mit Aetherweingeist auszieht, aus der Lösung eine kleine Menge fremder Substanz durch wenig Bleiessig ausfällt und den Verdunstungsrückstand der entbleiten Flüssigkeit wiederholt in Aetherweingeist aufnimmt. Zur Entfernung von etwas anhängender Essigsäure behandelt man das so dargestellte Pinipikrin noch mit etwas reinem Aether.

Das Pinipikrin ist ein lebhaft gelbes hygroskopisches, bei 55° erweichendes, aber erst bei 100° völlig flüssig werdendes, zu einer bräunlich-gelben spröden Masse wieder erstarrendes Pulver von stark bitterem Geschmack, das sich leicht in Wasser, auch in Weingeist, Aetherweingeist und wässrigem Aether, nicht in reinem Aether löst. — Beim Kochen der wässrigen Lösung mit Salz-

oder Schwefelsäure erfolgt leicht und vollständig Spaltung in Ericinol und Glycose ($C_{22}H_{36}O_{11} + 2H_2O = C_{10}H_{16}O + 2C_6H_{12}O_6$). (Kawalier.)

Pinicorretin. $C_{24}H_{38}O_5$.

— Von Kawalier (Wien. Akad. Ber. **11**. 344) aus der Rinde von *Pinus sylvestris L.* dargestellt.

Coniferin. $C_{16}H_{22}O_8 + 2$ aq.

— Dieser interessante als Glycosid erkannte Körper wurde zuerst von Th. Hartig (Hartig, Jahrb. f. Förster. 1861. 1. Bd.) im Cambialsafte von Larix europaea aufgefunden und mit dem Namen Laricin belegt. Später wurde derselbe von W. Kubel (Journ. pract. Chem. **97**. 243) in allen Zapfenbäumen nachgewiesen und Abietin genannt, welcher Name in Coniferin von diesen Forschern umgewandelt wurde. (Die Angaben von Tangel (Flora **57**), sowie R. Müller (Flora **57**. 399) über Verbreitung eines Coniferin's haben für das Glycosid Coniferin keine Bedeutung.)

Darstellung. Kubel stellte dasselbe aus dem Cambialsafte dar, indem derselbe zum Kochen erhitzt wurde und das Filtrat, von den hier ausgeschiedenen Stoffen erhalten, bis auf $1/5$ eingedampft wurde. Die sich ausscheidenden krystallinischen Massen wurden durch Umkrystallisiren aus Wasser und verdünntem Alkohol mittelst Thierkohle gereinigt. Kubel erhielt weisse, seidenglänzende spitze Nadeln und Warzen mit 3 At. H_2O, die an der Luft verwittern, bei 100^0 wasserfrei werden, bei 185^0 schmelzen, glasig wieder erstarren, in höherer Temperatur unter Caramelgeruch verkohlen. Sie lösen sich in 196 Th. kaltem, leicht in kochendem Wasser, schwer in Alkohol, nicht in Aether. Die wässrige Lösung wirkt linksdrehend. Eisenchlorid und Bleisalze fällen die Lösungen nicht, concentrirte Schwefelsäure löst das Coniferin mit violettblauer Farbe, durch Wasser blau werdend, conc. Salzsäure löst farblos, blau werdend. Kubel beobachtete ferner schon bei Einwirkung von verdünnter Schwefelsäure in der Wärme den Geruch nach Vanille, Ausscheidung von blau gefärbtem Harze und Bildung von rechtsdrehendem Zucker. —

W. Haarmann (Inauguraldissertation. Berlin. 1872) beschäftigte sich ebenfalls mit der weiteren Erforschung der chemischen Natur dieses Körpers und stellte die von Kubel schon gefundene Formel $C_{24}H_{32}O_{12} + 3H_2O$ auf, zeigte ferner, dass Coniferin ein Glycosid sei und sich in Traubenzucker und einen in gelben Nadeln krystallisirenden Körper $C_{18}H_{22}O_7$ spalten lasse, sowie bei Schmelzen mit Kalihydrat Nelkensäure und später Essigsäure und Protocatechusäure entstehen. — Die weiteren Arbeiten von F. Tiemann und

W. Haarmann (Berl. Ber. **7**. 608. **8**. 512. 1127. **9**. 411. **409**.
1283) haben die Constitution des Coniferins klar gelegt und dessen
Beziehungen zum Vanillin festgestellt.

Die beiden Forscher arbeiteten mit dem Cambialsafte von Abies
excelsa, pectinata, Pinus Strobus, Cembra, Larix europaea, der nach
Befreiung der Rinde durch Abschaben der zerschnittenen Stämme
gewonnen wurde.

Die Kubel'sche Methode der Darstellung des Coniferins wurde
befolgt mit der Erweiterung, dass zum Zwecke der Abscheidung
der Verunreinigungen die vom Eiweiss befreiten heissen Lösungen
mit kleinen Mengen Bleiacetates und Ammon versetzt wurden, wodurch die harzigen und färbenden Stoffe gefällt werden. Der Ueberschuss des Bleies ist mittelst Kohlensäure leicht zu beseitigen.
Die Formel des Coniferin wurde mit $C_{16}H_{22}O_8 + 2$ aq. festgestellt. —

Durch Einwirkung von verdünnter Salzsäure oder Schwefelsäure, Spaltungs-produkte.
noch besser durch Emulsin (50 Gm. Coniferin, 500 Wasser, 0,2—
0,3 Gm. Emulsin) spaltet sich Coniferin in Traubenzucker und
einen mit Aether aus der wässrigen Flüssigkeit ausziehbaren Körper.
der rein weisse, prismatische Krystalle bildet, leicht löslich in Aether,
schwerer löslich in Alkohol, unlöslich in kaltem, schwer löslich in
heissem Wasser ist und die Zusammensetzung $C_{10}H_{12}O_3$ besitzt.
$C_{16}H_{22}O_8 + H_2O = C_6H_{12}O_6 + C_{10}H_{12}O_3$. Die alkoholische
Lösung dieses Produktes giebt mit Salz- oder Schwefelsäure einen
amorphen weissen Körper, der harzähnlich dieselbe Zusammensetzung besitzt, wie das krystallinische Spaltungsprodukt und auch
mit den harzigen Körpern übereinstimmt, die schon Kubel bei
Einwirkung von HCl oder H_2SO_4 auf Coniferin beobachtet hatte.
Die beiden Spaltungskörper sind in conc. Schwefelsäure mit rother
Farbe löslich, ebenso in Natronlauge, woraus mittelst Säuren der
amorphe Körper stets ausfällt. Schmpkt. 73—74°. —

Durch Einwirkung von Kaliumbichromatlösung und Schwefel- Vanillin.
säure auf das krystallisirte Spaltungsprodukt, ebenso auch durch
langsames Einfliessenlassen einer wässrigen Coniferinlösung in eine
erwärmte Mischung von Kaliumdichromat $+$ Schwefelsäure und
längeres Erhitzen am Rückflusskühler wurde ein Oxydationsprodukt
erhalten, das mittelst Aether leicht zu isoliren war und nach der
Reinigung mit Thierkohle schöne weisse, sternförmig gruppirte
Krystallnadeln bildete, vom Geruch und Geschmak der Vanille,
leicht löslich in Aether und Alkohol, schwer löslich in kaltem, leicht
in heissem Wasser, Schmpkt. 80—81°, sublimirbar.

Der Körper, welcher mit Natrium, Barium, Magnesium, Zink,

Blei, Silber Salze von der allgemeinen Formel $C_8H_7RO_3$, auch ein Brom und Jodderivat, $C_8H_7BrO_3$, $C_8H_7JO_3$ bildet, wurde als identisch mit dem natürlichen Vanillin festgestellt und daraus durch Einwirkung von Kali Protocatechusäure, aus dieser durch Sublimation Brenzcatechin erhalten. Ebenso lieferten rauchende *Constitution.* Jodwasserstoffsäure und Chlorwasserstoff daraus Chlormethyl und Jodmethyl, so dass die Constitutionsformel des Vanillins folgender-

massen angenommen werden muss: $C_6H_3 \begin{cases} OCH_3 \\ OH \\ COH \end{cases}$ der primäre Methyl-

äther des Protocatechusäurealdehydes.

Einwirkung von Essigsäureanhydrid auf Vanillin lieferte ein

Acetylderivat: $C_6H_3 \begin{cases} OCH_3 \\ OC_2H_3O, \\ COH \end{cases}$ sowie Benzoylchlorid: $C_6H_3 \begin{cases} OCH_3 \\ OC_7H_5O. \\ COH \end{cases}$

Das oben beschriebene Spaltungsprodukt wird für den Methyläthyläther des Protocatechusäurealdehydes, wonach das Coniferin als ein Glycosid zu betrachten ist, welches durch Vereinigung der Molecüle des Methyläthyläthers des Protocatechusäurealdehydes und des Traubenzuckers unter Austritt von Wasser entstanden ist.

(Die weitere Charakteristik des Vanillin's und seiner Derivate siehe bei „Vanillin".)

Fichtelit. Mollet (Berl. Ber. 5. 817) hat in der Spalte eines der Species Pinus australis angehörigen Stammes Fichtelit nachgewiesen, jene monoklinisch krystallisirende Substanz, die bisher nur in Torflagern, Fossilien gefunden war. Der Fichtelit ist löslich in Aether und heissem Alkohol, besitzt die Formel $x(C_5H_8)$, Schmpkt. 45^0.

Säuren aus Pinus sylvestris. — Literat.: Kawalier (u. Rochleder), Wien. Akad. Ber. 11. 344; 13. 515; 29. 19. — Wittstein, Viertelj. pract. Pharm. 3. 10.

Nach den Untersuchungen von Kawalier (und Rochleder) enthält die gemeine Kiefer oder Föhre, *Pinus sylvestris L.*, neben einigen eigenthümlichen indifferenten Stoffen eine ganze Reihe eigenthümlicher Säuren. In den Nadeln finden sich um Weihnachten ausser chinoviger Säure noch Ceropinsäure, Pinitannsäure und Oxypinotannsäure, während im Frühjahr an Stelle der letzteren Tannopinsäure neben den anderen Säuren vorhanden ist. Die Rinde älterer Bäume enthält neben Ceropinsäure noch Pinicortannsäure und Cortepinitannsäure, die Rinde jüngerer 20—25jähriger Bäume dagegen Tannecortepinsäure. Von Wittstein ist dann noch eine besondere Säure im Holz der Kiefer aufgefunden, die Pityxylonsäure.

Zur Darstellung der in den Kiefernnadeln enthaltenen Säuren werden dieselben in der bei der chinovigen Säure angegebenen Weise behandelt. Es findet sich dann in der grünen Harzmasse, die der Destillationsrückstand des wässrig-weingeistigen Auszugs nach Zusatz von Wasser abscheidet, die chinovige Säure und die Ceropinsäure, während in der Flüssigkeit Pinitannsäure, Oxypinotannsäure (resp. Tannopinsäure), Pinipikrinsäure (s. dies.), Zucker und Spuren von Citronensäure gelöst bleiben. Man versetzt letztere, um sie filtrirbar zu machen, mit einigen Tropfen Bleizucker, fällt aus dem Filtrat durch überschüssigen Bleizucker die Oxypinotannsäure (resp. Tannopinsäure), und nachdem dieser Niederschlag abfiltrirt ist, durch Bleiessig bei Siedhitze die Pinitannsäure. Der Bleizuckerniederschlag wird in mit 8 Th. Wasser verdünnter Essigsäure aufgenommen, das Filtrat nun mit Bleiessig ausgefällt und das auf diese Weise reiner erhaltene Bleisalz nach gutem Auswaschen unter Wasser durch Schwefelwasserstoff zerlegt, worauf die vom Schwefelblei abfiltrirte Flüssigkeit beim Verdunsten im Wasserbade reine Oxypinotannsäure (resp. Tannopinsäure) hinterlässt. In ähnlicher Weise wird die Pinitannsäure aus dem Bleiessigniederschlage isolirt, nur muss das Verdunsten ihrer wässrigen Lösung im Kohlensäurestrom ausgeführt werden. — Die Trennung der Ceropinsäure von der chinovigen Säure wird in der Weise bewirkt, dass man die weingeistige Lösung des grünen Harzgemenges (s. oben) mit weingeistigem Bleizucker ausfällt, wodurch nur die Ceropinsäure niedergeschlagen wird. Zerlegt man den mit Weingeist gewaschenen Niederschlag unter Weingeist durch Schwefelwasserstoff, erhitzt zum Sieden und filtrirt heiss, so scheidet das Filtrat beim Erkalten gelblich-weisse Flocken der Säure ab, die man durch Behandeln ihrer heissen weingeistigen Lösung mit Thierkohle reiner erhält.

Die Rinde der Kiefer wird in ähnlicher Weise wie die Nadeln verarbeitet. Das mit Weingeist von 40° bereitete Decoct der von der Borke befreiten zerschnittenen Rinde der oberen Theile alter Stämme scheidet beim Erkalten und Abdestilliren des meisten Weingeists Ceropinsäure ab, aus der abgegossenen und mit Wasser versetzten Flüssigkeit fällt Bleizucker die Pinicortannsäure und Pinicorretin (s. dieses) und aus dem Filtrat von diesem Niederschlag Bleiessig die Cortepinitannsäure. Behandelt man den Bleizuckerniederschlag mit sehr verdünnter Essigsäure, so geht nur das Bleisalz der Pinicartannsäure in Lösung, die dann durch nochmaliges Ausfällen mit Bleiessig, Zersetzen des in Wasser suspendirten Niederschlags mit Schwefelwasserstoff und Verdunsten des Filtrats im Kohlensäurestrom gewonnen wird. In ähnlicher Weise wird die Cortepinitannsäure aus dem Bleiessigniederschlage isolirt. — Aus der Rinde jüngerer Bäume wird bei gleichem Verfahren au Stelle dieser beiden Säuren Tannecortepinsäure erhalten. (Kawalier.)

Pinitannsäure. $C_7 H_8 O_4$. — Die auch in den grünen Theilen von *Thuja occidentalis L.* sich findende Pinitannsäure ist ein gelbrothes, aus *Thuja* dargestellt ein bräunlich gelbes Pulver, welches bei 100° weich und klebrig wird und in höherer Temperatur sich zersetzt. Sie löst sich leicht in Wasser, Weingeist und Aether. Ihre wässerige Lösung färbt sich mit Eisenchlorid dunkelbraunroth, fällt Leim nicht und scheidet beim Kochen mit verdünnten Säuren ein

rothes Pulver von der Formel $C_{21}H_{28}O_{10}$ ab. Mit Alaun oder Zinn-
salz gebeizte Zeuge färbt sie dauerhaft citronen- bis chromgelb.
(Kawalier.)

Oxypinotannsäure. $C_{14}H_{16}O_9$. — Sie bildet ein graues oder
bräunliches, geruchloses, stark adstringirend schmeckendes Pulver, löst sich
leicht in Wasser und Weingeist, färbt sich in Lösung mit Ammoniak und
Alkalien gelb, mit Eisenchlorid grün, fällt Leimlösung nicht und scheidet beim
Kochen mit verdünnter Schwefelsäure eine rothe Substanz ab. (Kawalier.)

Tannopinsäure. $C_{28}H_{30}O_{13}$. — Gleicht der Oxypinotannsäure.
Oxydirt sich leicht an warmer feuchter Luft. (Kawalier.)

Ceropinsäure. $C_{36}H_{68}O_5$. — Bildet eine weisse zerreibliche, aus
mikroskopischen Krystallen bestehende, bei 100° vollkommen flüssige, wachs-
artig wieder erstarrende Masse. (Kawalier.)

Pinicortannsäure. $C_{32}H_{38}O_{23}$. — Rothbraunes, nach dem
Trocknen nur schwierig in Wasser lösliches Pulver. Die Lösung färbt sich
mit Eisenchlorid grün. Verdünnte Mineralsäuren zersetzen unter Bildung
einer rothen Substanz. (Kawalier.)

Cortepinitannsäure. $C_{16}H_{14}O_7$. — Lebhaft rothes Pulver,
dessen wässrige Lösung sich mit Eisenchlorid grün färbt. (Kawalier.)

Tannecortepinsäure. $C_{28}H_{26}O_{12}$. — Röthlich-braunes, bei
100° noch nicht klebendes, adstringirend schmeckendes Pulver, dessen wässrige Lösung durch Eisenchlorid erst dunkelgrün, dann rothbraun gefärbt,
endlich schwarzgrün gefällt wird und beim Kochen mit Mineralsäuren
eine schön rothe Substanz abscheidet, während Zucker in Lösung bleibt.
(Kawalier.)

Pityxylonsäure. $C_{25}H_{40}O_8$. — Verdunstet man das wässrige
Decoct von fein geraspeltem Kiefernholz nach Zusatz von kohlensaurem Baryt
bis auf ein geringes Volumen, zieht den filtrirten Rückstand mit Aether aus
und behandelt ihn dann mit warmem Weingeist, so hinterlässt dieser beim
Verdunsten eine braungelbe amorphe hygroskopische Masse von saurer Reaction und stark bitterem Geschmacke, schwer in kaltem, leicht in kochendem Wasser löslich. (Wittstein.)

Larixsäure. Stenhouse (Proc. roy. Soc. **11.** 104) hat aus
der Rinde von Larix europaea eine krystallisirbare Substanz isolirt,
$C_{10}H_{10}O_5$. Larixin oder Larixinsäure, schwer löslich in Wasser, leicht
löslich in Aether. Die Lösungen werden mit Eisenchlorid purpurn
gefärbt und geben mit Baryt Fällungen. —

Ellagsäure. — Etti (Monatsch. Chem. Wien. Acad. 1880. 266) und
in neuerer Zeit F. Strohmer (Sitzber. Wien. Acad. **84.** Juli. 1881) haben
als Bestandtheile der Fichtenlohe (Abies excelsa) Ellagsäure nachgewiesen.

Säuren der Pinusharze. — Literat.: Unverdorben, Poggend.

Ann. 7. 311; 8. 40. 407; 11. 28. 230. 393; 14. 116; 17. 186. — Trommsdorff, Ann. Chem. Pharm. 13. 169. — H. Rose, Poggend. Ann. 33. 42; 53. 347. — Laurent, Ann. Chim. Phys. (2) 65. 324; 68. 395; 72. 384. 459; (3) 22. 459. — Siewert, Zeitschr. ges. Naturw. 14. 311. — Maly, Journ. pract. Chem. 86. 111; 92. 1; 96. 145; Ann. Chem. Pharm. 129. 94; 132. 249; 149. 244. — Strecker, Ann. Chem. Pharm. 68. 338; 150. 131. — Flückiger, Schweiz. Wochenschr. Pharm. 1867. 157. 165. 173. — Duvernoy, Ann. Chem. Pharm. 148. 143. — Ciamician, Berl. Ber. 11. 269. — W. Kolbe, Abietinsäure. Berl. Ber. 13. 888. — O. Emmerling, Berl. Ber. 12. 1441. — J. Schröder, Oxydationsprodukte d. Colophoniums. Ann. Chem. Pharm. 172 93. — Bruylants, Berl. Ber. 8. 1463. — Watson Smith, J. chem. Soc. 1776. 2. 29. — A. Renard, Compt. rend. 92. 887. Berl. Ber. 13. 2000.

Bei der Ungewissheit, welche noch darüber herrscht, wie weit die in den Harzen der verschiedenen Pinus-Arten aufgefundenen Säuren als directe Erzeugnisse des pflanzlichen Organismus oder als Umwandlungsprodukte von solchen zu betrachten sind, sowie bei den erheblichen Widersprüchen, welche zwischen den Angaben der auf diesem Gebiete thätig gewesenen Forscher zur Zeit noch bestehen, wollen wir diese Stoffe zusammengefasst besprechen und eine summarische Uebersicht der vorliegenden Resultate voranschicken.

Nach Unverdorben enthalten Terpentin, gemeines Fichtenharz und *Terebinthina cocta*, sowie auch Französisches Galipot neben kleineren Mengen von indifferenten Harzen zwei Harzsäuren, die krystallisirbare Sylvinsäure und die amorphe, aus jener auch bei stärkerem Erhitzen sich erzeugende Pininsäure, während das aus den genannten Harzen durch längeres Schmelzen ohne Wasserzusatz bereitete Colophonium fast nur aus Pininsäure besteht. Hiermit stimmen im Wesentlichen auch die Ergebnisse der Untersuchungen von Trommsdorff und H. Rose überein.

Von Laurent wurde dann später im Bordeaux-Terpentin und im Französischen Galipot, die von *Pinus Pinaster Ait. s. Pinus maritima DC.* gewonnen werden, eine besondere, mit der Sylvinsäure nur isomere, krystallisirbare Säure aufgefunden, die Pimarsäure, deren Verschiedenheit von der Sylvinsäure neuerdings sowohl Siewert, als auch Duvernoy bestätigten.

Zu durchaus abweichenden Resultaten gelangte Maly. Nach den bis jetzt veröffentlichten Untersuchungen dieses Forschers besteht das Colophonium, von dem er annimmt, dass es bei seiner Darstellung, abgesehen von der Verflüchtigung des ätherischen Oels, keine wesentliche Veränderung erlitten hat, in der Hauptsache aus dem Anhydrid einer von ihm als Abietinsäure bezeichneten

Säure, und da er die harzigen Ausflüsse von *Pinus Abies L.* und *Pinus Larix L.* von ähnlicher Zusammensetzung fand, so glaubt er die Abietinsäure als einen den Abietinen gemeinsamen Körper ansehen zu müssen. Die Sylvinsäure sollte, wenn Säuren bei ihrer Darstellung in Anwendung gebracht waren (man sehe weiter unten), ein Umwandlungsprodukt der primär vorhandenen Abietinsäure sein. Die Untersuchungen Maly's ergeben nun, dass das (amerikanische) Colophonium zwei verschiedene Säuren enthält, von denen die eine mit der Sylvinsäure von Unverdorben, Trommsdorff, Siewert und Anderen in Bezug auf Zusammensetzung und Eigenschaften übereinstimmt, während die andere, von nun an allein als Abietinsäure zu bezeichnende bestimmt anders zusammengesetzt ist. Wir unterscheiden demnach im Folgenden, indem wir in Betreff der Pininsäure Unverdorben's der Ansicht Maly's beitreten und sie für das amorphe, bis jetzt nicht im reinen Zustande isolirte Anhydrid der Abietinsäure halten, nur zwei Pinusharzsäuren, Abietinsäure und Pimarsäure, da die Sylvinsäure als eine unreine Abietinsäure angesehen werden kann.

Sylvinsäure. $C_{20}H_{30}O_2$. — Von Unverdorben, Trommsdorff, Laurent und Siewert wurde die Sylvinsäure ziemlich übereinstimmend in der Weise dargestellt, dass man zerkleinertes Colophonium oder weisses Fichtenharz längere Zeit mit kaltem wässrigem Weingeist in Berührung liess und den dadurch krystallinisch gewordenen Rückstand in heissem starkem Weingeist (dem Trommsdorff, sowie auch Siewert etwas Schwefelsäure zusetzten) löste, worauf beim Erkalten die Säure in Krystallen anschoss. Nach Maly's Erfahrungen erhält man jedoch auf diesem Wege nur ein Gemenge von zwei Säuren verschiedener Zusammensetzung, zu deren Trennung folgendermassen verfahren werden muss: Man digerirt klares gepulvertes Colophonium einige Tage mit verdünntem Weingeist, presst den entstandenen weisslich-gelben Brei in einer Presse ab und löst den Rückstand in starkem kochendem Weingeist. Diese Lösung krystallisirt beim Stehen oder Abdampfen in der Wärme nicht, aber wenn man sie in Eis oder einer Kältemischung allmälig abkühlt, so setzt sich am Boden des Gefässes zunächst eine weisse durchscheinende harte und klingende, aus krystallinischen Warzen gebildete Kruste ab, welche die Säure von der Formel $C_{20}H_{30}O_2$ ist und für die in Zukunft am besten die Bezeichnung Sylvinsäure beizubehalten sein dürfte. Diese Kruste vermehrt sich bei weiterem Abkühlen nicht, aber die ganze Flüssigkeit erstarrt nun zu einem Krystallbrei, der getrocknet eine leichte lockere, aus weissen Blättchen gebildete Masse darstellt und die zweite, jetzt als Abietinsäure zu benennende Säure des Colophoniums repräsentirt.

Ob die älteren Angaben Maly's, denen zufolge die (jetzt als Gemenge von zwei Säuren erkannte) Abietinsäure in weingeistiger Lösung beim Versetzen mit verdünnter Schwefelsäure Sylvinsäure als Umwandlungsprodukt abscheidet und beim Einleiten von Salzsäuregas eine Zersetzung in Sylvinsäure und Sylvinolsäure erleidet, jetzt vielleicht dahin zu interpretiren sind, dass die Mineralsäure die Abscheidung des einen Gemengtheils, nämlich der schwerer löslichen Sylvinsäure, befördert und die in Lösung bleibende Abietinsäure unter der Einwirkung der Salzsäure eine Zersetzung unter Bildung von Sylvinolsäure erfährt, müssen wir dahingestellt sein lassen.

Die bisherigen Angaben über die Eigenschaften der Sylvinsäure werden sich dem eben Gesagten zufolge wenigstens theilweise auf Gemenge von Sylvinsäure und Abietinsäure beziehen und bedürfen daher einer Controle. Maly erhielt sie, wie schon angegeben wurde, in harten klingenden, aus weissen durchscheinenden Krystallwarzen gebildeten Krusten, deren Schmelzpunkt bei etwa 134 bis 137° lag. Siewert fand ihn im Haarröhrchen bei 162° liegend. Sie lässt sich ohne erhebliche Zersetzung destilliren, ist geruch- und geschmacklos, röthet Lackmus, hat ein specif. Gew. von 1,1011 bei 18° und dreht stärker links als Pimarsäure. Von 92 % Weingeist erfordert sie in der Kälte 10 Th., bei Siedhitze $^4/_5$ Th. zur Lösung (Siewert). Sie löst sich ferner in Essigsäure, Essigäther, Stein- und Terpentinöl (Unverdorben). Ihre zum Theil krystallisirbaren Salze sind nach der Formel $C_{20}H_{29}MO_2$ zusammengesetzt (Siewert).

Pimarsäure. $C_{20}H_{30}O_2$. — Zur Darstellung dieser Säure behandelt man gepulverten Französischen Galipot (man vergl. oben) kalt einige Tage mit ziemlich verdünntem Weingeist (Laurent liess nur kurze Zeit mit einem kalten Gemisch von 6 Th. Weingeist und 1 Th. Aether in Berührung), der nur ätherisches Oel und unkrystallinisches Harz löst, wäscht den körnig gewordenen Rückstand mit kaltem Weingeist nach und krystallisirt sie zweimal aus heissem Weingeist. Man erhält dann harte körnige Krusten, die unter dem Mikroskop sich aus gut ausgebildeten Rechtecken zusammengesetzt erweisen, bei 149° schmelzen, bei 320° sieden und sich gar nicht in Wasser, schwer in kaltem, leicht in kochendem Weingeist und Aether lösen. (Duvernoy). Nach Flückiger bedarf die Pimarsäure 9,8 Th. kalten Weingeists zur Lösung (Abietinsäure nur 6,7 Th.), und die weingeistige Lösung scheidet bei raschem Verdunsten leicht Krystalle ab, während weingeistige Abietinsäure unter diesen Umständen einen amorphen Harzklumpen liefert. Ihr specif. Gew. ist 1,1047 bei 18°. Sie dreht die Ebene des polarisirten Lichts schwächer nach links als Sylvinsäure (Siewert). — Von ihren nach den Formeln $C_{20}H_{29}MO_2$ und $C_{20}H_{29}MO_2 + C_{20}H_{29}O_2$ zusammengesetzten Salzen sind diejenigen des Ammoniums und der Alkalimetalle in Wasser löslich (Siewert) und unter diesen die sauren krystallisirbar. (Duvernoy).

Durch Destillation oder durch Einwirkung von Salzsäuregas auf ihre weingeistige Lösung wird die Pimarsäure in eine (vielleicht auch zwei verschiedene) isomere Modification (Laurent's Pimarsäure) verwandelt, die mit der Sylvinsäure identisch zu sein scheint, indem sie wie diese mit Ammoniak kein krystallisirendes, sondern ein gallertartiges Salz hervorbringt und ähnlichen Schmelzpunkt zeigt. (Duvernoy). — Durch Kochen mit überschüssiger Salpetersäure erhielt Laurent ein gelbes harziges Produkt, das er als Nitromarsäure bezeichnete.

Nach Flückiger entsteht beim Digeriren von Abietinsäure mit ihrem 3fachen Volumen einer Mischung von 8 Th. verd. Schwefelsäure und 21 Th. Alkohol von 0,8 spec. Gew. eine andere krystallisirende Säure, die er für Pimarsäure zu halten geneigt ist.

Abietinsäure. $C_{44}H_{64}O_5$. — Nach Maly's Untersuchungen bildet die Abietinsäure eine leichte lockere, aus weissen Krystallblättchen zusammengesetzte Masse, die bei 118—122° schmilzt und auch im trocknen Zustande an der Luft Sauerstoff aufnimmt, was die Analyse derselben sehr erschwert. Ihre neutralen Salze sind wahrscheinlich nach der Formel $C_{14}H_{62}M_2O_5$ zusammengesetzt.

Von Maly sind noch der Aethyläther, der Glycerinäther (das Abietin) dargestellt. Durch Behandlung der Säure mit Natriumamalgam erhielt er *Hydrabietinsäure.* Hydrabietinsäure $C_{44}H_{68}O_5$, beim Schmelzen mit Kali neben etwas Propionsäure ein in Kalilauge unlösliches, in Wasser lösliches Salz, welches keine Protocatechusäure enthält. Durch Einwirkung von Phosphorpentachlorid entstanden aus der Säure Kohlenwasserstoffe, von denen er das α, β, γ, δ, ε, ρ—Abietin unterscheidet.

Darstellung. Die Darstellung der Säuren gelingt am besten, wenn Colophonium mit 70% Alkohol übergossen wird, nach 2 tägigem Stehen diese Flüssigkeit abgegossen und der Rückstand mit etwas kaltem schwachen Alkohol abgesaugt wird. Dieser Rückstand in Eisessig gelöst, erscheint allmälig in harten Krusten, die sodann in heissem Alkohol gelöst bei Zusatz von wenig Wasser nach kurzer Zeit zu einem feinen Krystallbrei erstarren. (O. Emmerling). — Die von Flückiger angegebene Methode der Abscheidung, Einleiten von Salzsäuregas in Colophoniumlösungen, liefert krystallinische Abietinsäure als Ausscheidungsprodukt. — W. Kelbe hat aus rohem Harzöle durch Verseifen mit Natronlauge und Ausfällen mit Kochsalz eine Harzseife erhalten, welche bei der Zersetzung mit Salzsäure eine Säure lieferte, in Aether, Alkohol, Eisessig löslich, die die Zusammensetzung der Abietinsäure zeigte, deren Salze im reinen Zustande in Aether unlöslich sind.

Eigenschaften und Umwandlungsprodukte. Der Schmelzpunkt der Säure wird verschieden angegeben: Siewert 150°, Maly 165°, Flückiger 135°, Emmerling 139°, Kelbe 169°. — Bruylants, (Berl. Ber. S. 1463) erhielt bei der trocknen Destillation von Colophonium Propylen, Amylen, Aceton und einen Körper $C_5H_{10}O$. Mit überhitztem Wasserdampf entstehen aus Colophonium Benzol, Toluol. (Watson Smith). — Ciamician erhielt bei Destillation der Säure mit Zinkstaub im Wasserstoffstrome Toluol, Naphtalin, Metaäthylmethylbenzol, (Methylnaphtalin) $C_{11}H_{10}$, Methylanthracen $C_{15}H_{12}$. A. Renard, der früher schon unter den Produkten der trocknen Destillation des Colophoniums ein Hepten C_7H_{12} nachgewiesen hat, gewann bei weiterer Fractionnirung zwei Produkte, von welchen das eine 154° Siedepunkt ein Gemenge von $C_{10}H_{16}$ und $C_{10}H_{18}$, das andere $C_{10}H_{16}$ bei 170—173° Siedepunkt bildet. Das Letztere wurde näher studiert. — Schröder studirte die Oxydationsprodukte der Abietinsäure (Colophoniums) mittelst verdünnter Salpetersäure (100 Gm. mit 2 Liter Säure) und fand als Reactionsprodukte Isophtalsäure, Trimellithsäure $C_6H_3 \begin{cases} CO\,OH \\ CO\,OH \\ CO.OH \end{cases}$ und Terabinsäure. Kaliumpermanganat oxydirt zu Kohlensäure, Essigsäure und Ameisensäure, Chromsäure erzeugt vorwiegend Essigsäure und wenig Trimethylsäure (Emmerling). Durch Emmerling sind noch dargestellt worden: Die Acetylverbindung, eine Bromverbindung $C_{44}H_{62}Br_2O_5$, ebenso als Produkt der Destillation mit Chlorzink Heptylen.

Harze und Balsame der Pinusarten.

Als Terpentin bezeichnet man die theils freiwillig, theils durch Terpentin. Einschnitte gewonnenen Harzsäfte der Species Pinus Pinaster (Frankreich), Pinus silvestris, Pinus Laricio (Oesterreich), Pinus Taeda, Pinus australis (Nordamerika), Pinus Larix. Derselbe bildet als gewöhnlicher Terpentin (Terebinthina communis) eine zähflüssige, gelbliche, körnige Masse, die beim Stehen in eine braune, etwas fluorescirende dunkelbraune Flüssigkeit und einen weisslichen krystallinischen Absatz zerfällt.

Terpentin ist eine Lösung von Harz in Terpentinöl (15—30%), welche an Wasser Spuren von Ameisensäure und Bernsteinsäure abgiebt und mit den Hydraten von Baryum, Calcium und Magnesium erhärtet. (Flückiger, pharmac. Chem.)

Der aus Pinus Larix gewonnene Terpentin besitzt klare Beschaffenheit ohne jegliche Abscheidung eines festen Körpers, mischt sich mit Weingeist, Amylalkohol, Eisessig, Benzin, welche Lösungen rechts drehen. Seine Zusammensetzung ist anderer Art, ungefähr 15% Oel und 85% Harz (Pininsäure?), welches in Benzin gelöst rechts dreht. (Flückiger).

In den nördlichen und nordwestlichen Staaten von Nordamerika Canadabalsam und Britisch-Amerika wird von Abies balsamea Marsh., Abies Fraseri Pursh, Abies canadensis ein klarer, hellgelber mit schwach grünlicher Färbung versehener Terpentin, der sog. Canadabalsam gewonnen, der in absolutem Alkohol, Aceton nicht ganz löslich ist, und ungefähr 24% Terpentinöl neben einem amorphen Harz enthält, das in Benzollösung rechts dreht.

Unter dem Namen Strassburger Terpentin (Terebinthina Strassburger
Terpentin. argentoratensis) kommt ein nur im Elsass von Abies pectinata gewonnener Terpentin vor, der dem Canadabalsam sehr ähnlich ist und nach Caillot (Journ. Pharm. Chim. **16.** 436) aus ea. 72% Harz und 24% Oel besteht. Aus dem Harze wurde ein krystallisirbarer Bestandtheil isolirt, das sog. Abietin. (S. Pharmacographie, Flückiger und Hanbury, 2. Aufl.)

Aus der Fichte (Rothtanne, Pinus Abies) wird das sog. rohe Fichten- Fichtenharz. harz Resina pini oder alba gewonnen, welches in Frankreich, aus Pinus Pinaster gewonnen, den Namen Galipot führt. Dasselbe besitzt eine trübe Beschaffenheit, blassgelbe bis braune Farbe, körnige unter Umständen mehlige Beschaffenheit, je nach Alter und Behandlung ist dasselbe weich bis hart. Die Bestandtheile sind: wenig Oel, ein Gemenge von amorphem und krystallinischem Harze (Pimarsäure s. oben).

   Das bei dem Destilliren des Terpentins mit Wasser zurückbleibende Harz bildet den sog. Terebinthina cocta oder Colophonium, Geigenharz, gelbe, durchsichtige, bis braunroth, durchscheinende spröde Massen, spec. Gew. 1,07, zwischen 90 und 100 ⁰ schmelzend, mit Wasserdämpfen destillirbar, löslich in absolutem Weingeist, Aceton, Chloroform, Schwefelkohlenstoff, welche Lösungen schwach fluoresciren.

Das Colophonium, mit wässrigen oder alkoholischen Alkalihydroxyden oder Alkalicarbonaten verseifbar (Harzseifen), besteht zum grössten Theile aus dem Anhydrid der Abietsäure und besitzt demnach die Formel: $C_{44}H_{62}O_4$.

(Erwähnenswerth sind hier noch die Arbeiten von Hirschsohn, über Harze, Gummiharze, Balsame, hinsichtlich ihrer Löslichkeit und allgemeinen Charakteristik. Dissertation Pharm. Zeitschr. f. Russl. 16. 1. 33. 65. 97. Arch. Pharm. (3) 10. 6. 481, 11. 54. 152. 247. 312. 434, ferner von J. Morel, Synonymik, Abstammung, Gewinnungsweise, chemische Eigenschaften und Zusammensetzung. Pharm. Journ. Trans. (3) 8.)

Aetherische Oele der Abietineae.

Terpentinöl. $C_{10}H_{16}$. — Literatur. Blanchet und Sell, Ann. Ch. Pharm. 6. 259. — Dumas, Ebendas. 550. — Deville, Ebendas. 37. 176. 71. 349. — Soubeiran und Capitaine, Ebendas. 37. 311. — Weppen, Ebendas. 34. 235. — Berthelot, Ebendas. 88. 342. — Zeller, äth. Oele. 2 H. — Sobrero, Ann. Chem. Pharm. 80. 108. — Wheeler, Compt. rend. 65. 1046. — J. Ribeau, Journ. pharm. chim. (4) 19. 443. — Dragendorff, Arch. Pharm. (3) 12. 50. — G. Papasogli, Beil. Ber. 10. 84. — G. Schulz, Ebendas. 10. 113. — E. H. Letts, Berl. Ber. 12. 35. — Heptan aus Pinus sabiana. T. E. Torpe, Ann. Chem. Pharm. 198. 364.; Berl. Ber. 12. 850.

Terpin; Weppen, Ann. Chem. Pharm. 41. 294.   Buchner, Repertor. 9. 276. 22. 419. — Wiggers, Ann. Chem. Pharm. 33. 358. 57. 247. — Dumas und Peligot, Ebendas. 14. 75. — List, Ebend. 67. 369. — Deville, Ebendas. 71. 348. — Berthelot, Journ. pharm. chim. (3) 29. 28. — Oppenheim, Ann. Chem. Pharm. 129. 149. 157. Berl. Ber. 5. 94. 628. — Johnson und Blake, Chem. Centralbl. 1867. 863. — Oppenheim und Pfaff, Berl. Ber. 7. 625. — W. A. Tilden, J. chem. Soc. 35. 286. 33. 247. — G. Bouchardat, Compt. rend. 89. 361—364.

Terpentinöl + HCl, JH, BrH, Terpene, Camphene des Terpentinöles: Kindt, Trommsdorff, Journ. Pharm. 11. 132. — Trommsdorff, Ebendas. 139. — Oppermann, Poggend. Ann. 22. 199. — Lauth und Oppenheim, Chem. Centralbl. 1867. 735. — Deville, Ann. Chem. Pharm. 37. 176. — Berthelot, Chem. Centralbl. 1867. 1018. — A. Otterberg, Berl. Ber. 10. 1302. — W. A. Tieden, Journ. chem. Soc. 33. 80. — Flawitzky, Berl. Ber. 11. 12. 856. 1022.

1752. — E. H. Letts, Berl. Ber. 87. 654. — J. de Mongolfier, Derivate des Terpinols, Compt. rend. 840—843. — H. E. Armstrong und W. A. Tilden, Chem. News. 39. 284. — W. A. Tilden, Berl. Ber. 12. 1131. — J. de Mongolfier, Compt. rend. 89. 102. — F. P. Venable, Berl. Ber. 13. 1649. — Harzessenz, W. Tilden, Berl. Ber. 13. 1604. — W. Kelbe, Ebendas. 1829. — E. A. Letts, Berl. Ber. 13. 793. — J. Kachler und F. V. Spitzer, Ebendas. 615. — Ledermann und Godefroy, Zeitschr. östr. Apothekerv. 15.

Oxydationsprodukte: Terebinsäure. Bromeis, Ann. Chem. Pharm. 38. 297. — Rabourdin, Ebend. 52. 391. — Caillot, J. Ch. M. 1848. 727. — Svanberg und Eckmann, Journ. pract. Chem. 66. 220. — Terebenzinsäure. Caillot, Ann. chim. phys. (3) 21. 34. — Terechrysinsäure, Caillot, Ebend. — Terebentilsäure, Personne, Ann. Chem. Pharm. 100. 253. — Camphresinsäure. Laurent, Ann. chim. phys. (2) 63. 207. — Blumenau, Ann. Chem. Pharm. 67. 119. — Schwanert, Ebend. 128. 77. — Terephtalsäure, A. W. Hofmann, Ann. Chem. Pharm. 97. 197. — Warren de la rue, H. Müller, Ebend. 121. 86. — Schwanert, Ann. Chem. Pharm. 132. 25. — Beilstein, Ebend. 133. 32. — Dumas, Ebend. 6. 255. — Gerhardt, Ann. chim. phys. (3) 14. 113. — Biedermann und Oppenheim, Berl. Ber. 5. 627. — Oppenheim, Ebend. 630. 6. 915. — Wrigth, Ebend. 6. 455. — Williams, Ebend. 6. 1094. — Hempel, Fittig, Mielck, Ebend. 8. 21. — Constitution derselben: Gräbe, Ebend. 4. 503. — Petersen, Ebend. 6. 377. — Baeyer, Ebend. 2. 97. — Engler, Ebend. 6. 642.

Unter dem Namen Terpentinöl werden alle ätherischen Oele zusammengefasst, welche durch Destillation aus den Harzen und sonstigen Pflanzentheilen der Abietineen gewonnen werden. Diese Oele sind Gemenge von Kohlenwasserstoffen, der Formel $C_{10}H_{16}$. (Terpene.)

Frisch dargestellt ist das Terpentinöl farblos, dünnflüssig, bei 15—17° von einem spec. Gew. von 0,855—0,865, Siedepunkt zwischen 150 und 175° schwankend, zeigt nach kurzem Stehen schon schwach saure Reaction (Ameisensäure, Essigsäure, Harzsäure) und verändert die Farbe, nimmt Sauerstoff auf (ozonisirt). Alkohol von 0,850 spec. Gew. löst nicht in allen Verhältnissen auf (5—10 Th. Alkohol = 1 Th. Oel). Dagegen ist das Oel mit absolutem Alkohol, Holzgeist, Aether, Schwefelkohlenstoff, Chloroform, Benzol, fetten Oelen mischbar. Die Oele des Handels polarisiren, das amerikanische und das von Abies excelsa nach rechts, das Oel von Pinus Pinaster nach links. *(Eigenschaften.)*

Mit Wasser verbindet sich Terpentinöl zu Terpin $C_{10}H_{16} + 3\,H_2O$, einer krystallisirbaren Verbindung, sublimationsfähig, die auch in Stämmen von Dryobalanops und anderen Pinusarten gefunden wurde. Die Bildung des Terpins gelingt besonders bei Gegenwart von Säure und Alkohol bei möglichst inniger Berührung (1 Th. Salpetersäure, 1,2 spec. Gew., 4 Wasser, 8 Oel oder 1 Alkohol, 1 Salpetersäure, 4 Oel auf flachen Tellern). Durch *(Terpin.)*

Schmelzung dieser Krystalle bei 100 entsteht eine Verbindung

$$C_{10}H_{16}(OH_2)_2 = C_6H_2(OH)_2 \begin{cases} C_3H_7 \\ CH_3 \end{cases}$$

Terpinol.   sublimirbar, die mit Mineralsäure erwärmt, ebenso wie Terpin das wohlriechende Oel, T e r p i n o l $C_{20}H_{34}O$, spec. Gew. 0,85, unter Austritt von 3 H_2O bildet. — O p p e n h e i m, der das Terpin als Glycol erklärte, verwandelte Terpin in C y m o l durch Einwirkung von Br (1 At. Terpin $+$ 2 äqu. Br bei 500) bei höheren Temperaturen und betrachtet deshalb das Terpentinöl als Cymolwasserstoff $C_{20}H_{28} + 2$ H. B a r b i e r (Compt. rend. 1872) ist die Cymolbildung auf dieselbe Weise gelungen. — W. A. T i l d e n behandelte Terpin mit sehr verdünnter HCl und erhielt bei 205—215° ein farbloses Oel, T e r p i n ö l $C_{10}H_{18}O$, dessen Structurformel wahrscheinlich als $C_{10}H_{18} {<}^{O}_{O}{>} C_{10}H_{18}$ angenommen werden kann. Dieses Oel lieferte mit HCl-gas unter Violettfärbung Krystalle von der Formel $C_{10}H_{18}Cl_2$. Behandlung von T e r p i n mit verdünnter Schwefelsäure (1 : 8) gab ein Oel, ein Gemenge von Terpinöl und einem Oel, $C_{10}H_{16}$, Siedepunkt 175—178, spec.

Terpinylen.   Gew. 0,852, Dampfdichte 68,8, optisch inactiv, das T e r p i n y l e n genannt wird. — F l a w i t z k y hält das Terpinöl für ein Gemenge von 3 $C_{10}H_{16} + C_{10}H_{18}O$, auf Grund der Analyse 84,95% C und 11,91 H und der Dampfdichte 4,94. —

    Trocknes Chlorwasserstoffgas in mit dem doppelten Volumen Schwefelkohlenstoff gemischten Terpentinöl eingeleitet, liefert eine weiche, knetbare *künstlicher* Krystallmasse, den k ü n s t l i c h e n C a m p h e r, Terebentenchlorhydrat, *Campher.* $C_{10}H_{16} . HCl$ neben einem flüssigen Produkt von derselben Zusammensetzung. Die feste Chlorwasserstoffverbindung besitzt campherartigen Geruch, Schmelzpunkt von 115—131°, und wird leicht durch weingeistige Kalilösung, sowie durch Erhitzen mit benzoësaurem essigsaurem Natron zerlegt und zwar in verschiedene Camphene der Formel $C_{10}H_{16}$. Ueber erhitzten Kalk geleitet, *Camphylen.* giebt die feste HCl-verbindung ein Camphen, C a m p h y l e n oder D a d y l *Dadyl.* genannt, die flüssige Verbindung in derselben Weise ein optisch unwirk- *Terebilen.* sames Camphen (T e r e b i l e n). — Durch Einleiten von Salzsäuregas in eine Lösung von Terpentinöl in Essig, Alkohol oder Aether bis zur Sättigung, ebenso durch Behandeln von Terpin oder Terpinol mit HCl-gas, ferner von Phosphorpentachlorid mit Terpentinölhydrat entsteht eine zweifache Chlorwasserstoffverbindung $C_{10}H_{16}$, 2 HCl, lange, dünne, perlmutterglänzende Blättchen von 48—50° Schmpkt., leicht löslich in Anilin, Alkohol, Aether, bildet mit Kalilauge bei niederer Temperatur ein T e r b i l e n, $C_{20}H_{16}$, von Citronengeruch. — Die Verbindungen von $C_{10}H_{16}$ mit Bromwasserstoff und Jodwasserstoff sind in analoger Weise dargestellt, nur leichter zersetzbar.

    Hinsichtlich der Einwirkung von HCl auf die Kohlenwasserstoffe des Terpentinöles, sowie der weiteren Umwandlung der salzsauren Verbindungen sind noch folgende Arbeiten erwähnenswerth: M o n t g o l f i e r behandelte die Chlorwasserstoffverbindungen mit Natrium und erhielt Kohlenwasserstoffe $C_{10}H_{16}$ und Wasserstoffreichere. Das feste Chlorhydrat liefert inactives Camphen und ein Camphenhydrür von der Formel $C_{10}H_{18}$, fest, Schmpkt. 120°, ausserdem in kleinen Mengen ein Di-Camphenhydrür $C_{20}H_{34}$, rechtsdrehend. Das flüssige Chlorhydrat gab Kohlenwasserstoffe von 156 —180° Siedepunkt, von welchen einer, bei 158-165° übergehend, citronenähnlichen Geruch besitzt, $C_{10}H_{18}$, 163° Siedepunkt, ein anderer, bei 173°

übergehend, wieder mit HCl das ursprüngliche Chlorhydrat giebt, wahrscheinlich mit dem Camphilen oder Terpilen Deville's identisch ist. Aus Dichlorhydrat wurde mit Natrium ein Gemenge von $C_{10}H_{16}$ mit $C_{10}H_{20}$ erhalten, welches nach der Behandlung mit Schwefelsäure (roher und rauchender) einen Kohlenwasserstoff von der Zusammensetzung des Terpilenhydrürs lieferte.

W. A. Tilden, der schon eine Klassification der Terpene nach spec. Gew., Siedepunkt, Verhalten gegen Reagentien, besonders Nitrosylchlorid, versucht hatte, prüfte zahlreiche Terpene mit Chlorwasserstoff und kam zu folgenden Resultaten: Zunächst constatirte er die Bildung des Monochlorhydrates bei amerikanischem und französischem Terpentinöl, wie oben angegeben; ferner zeigte er, dass das Dichlorhydrat, Schmpkt. 48°, leicht durch Wärme in 2 HCl und einen optisch inactiven Kohlenwasserstoff, Terpinylen $C_{10}H_{16}$, Spkt. 176°, zerfällt. Die Identität der Dihydrochloride des Terpentin- und Orangenöles wurde ferner bewiesen durch Untersuchung der Zersetzungsprodukte durch Wasser. Beide geben ein Gemenge von Terpinylen und Terpinol. Die weiteren Untersuchungen ergaben, dass nachstehende Terpene verschiedenen Ursprunges dasselbe Dihydrochlorid und denselben inactiven Kohlenwasserstoff geben:

Ursprung des Terpenes.			Drehung.	Siedepunkt.
Anstralen	aus	amerik. Oele	+	156°
Terebenthen	„	franz. „	—	156°
„	„	Juniperus communis	—	156
Citren	„	Citronenöl	+	176
Hesperiden	„	Orangeöl	+	176
Bergamen	„	Bergamottöl	+	176
Carven	„	Kümmelöl	+	176
Terpen	„	Fichtennadelöl	—	174—176
Terpen	„	Harzessenz	O	174—176.

Werden 20 Theile Terpentinöl mit 1 conc. Schwefelsäure gemischt, so entstehen Veränderungen des Kohlenwasserstoffes, das Rotationsvermögen verschwindet, der Geruch wird angenehmer, es entsteht ein bei 156° siedender Körper, Tereben, $C_{10}H_{16}$, ausserdem etwas Cymol. H. E. Armstrong und W. A. Tilden haben die Einwirkung von concentrirter und verdünnter Schwefelsäure bei verschiedenen Temperaturen auf die Terpene von amerikanischem und französischem Terpentinöl untersucht und haben constatirt, dass die sog. Terbene mit 160° Sdpkt. nichts anderes als inactive Camphene sind, ferner mit verdünnter Schwefelsäure nur Terpilen entsteht. —

Bei der Zersetzung des Terpentinöles durch starke Hitze erhielt G. Schultz Benzol, Toluol, Xylol (wesentlich 1,3), Naphtalin, Phenanthren, Anthracen und Methylanthracen. — G. Papasogli stellte einige Derivate des Terpentinöles her: eine Säure, 97° Sdpkt., beim Stehen des Oeles mit Natrium an der Luft, $C_{10}H_{15}Cl$, HCl, 107° Sdpkt., $C_{10}H_{16}HBr$, Sdpkt. 80°.

Die Einwirkung von Salpetersäure auf Terpentinöl liefert Terebinsäure, $C_7H_{10}O_8$, farblose Prismen, in heissem Wasser leicht löslich, auch in Alkohol und Aether, Schmpkt. 168°, welche beim Erhitzen unter CO_2 abspaltung Pyroterebinsäure liefern, ausserdem Terebenzinsäure? (Caillot), sublimirbar, 69° Schmpkt., Terechrysinsäure, $C_{10}H_8O_{10}$, in Wasser löslich, Alkohol, Aether.

Einwirkung von Schwefelsäure.

Tereben.

Einwirkung der Wärme.

Oxydationsprodukte.
Terobinsäure.
Terebensinsäure.
Terechrysinsäure.

Camphresin-
säure.

Ein weiteres durch längere Einwirkung von Salpetersäure auf Terpentinöl erhaltenes Produkt ist die **Camphresinsäure**, eine 3basische Säure, $C_{20}H_{14}O_{14}$, blassgelb, zähe, terpentinähnlich, in Wasser, Alkohol, Aether löslich, zersetzbar in der Wärme in Camphersäureanhydrid etc. Diese Säure entsteht auch bei der Einwirkung von Salpetersäure auf Harze, Bernstein, Galbanum, Ammoniak, Gummi, Elemi, Mastix, Guttapercha, Kautschuk, auch Borneol, Camphor etc. Je nach der Einwirkung der Salpetersäure auf Terpentinöl und seine Gemengtheile, mit concentrirter oder verdünnter Säure, bei niederer oder hoher Temperatur bilden sich ferner: Blausäure, Oxalsäure, Säuren der Fettsäurereihe und ausser den bereits erwähnten noch **Terpenylsäure**, $C_8H_{12}O_4 + H_2O$ (in Wasser löslich, krystallisirbar, besser durch Kaliumdichromat $+ H_2SO_4$ zu erhalten), **Toluylsäure**, **Terephtalsäure**

$$C_6H_4 \begin{cases} CO.OH \\ CO.OH, \end{cases}$$

weisses, krystallinisches Pulver, in Wasser, Alkohol, Aether fast unlöslich, ohne zu schmelzen, bei 300^0 sublimirend.

R. Fittig hat bei der Oxydation von Tereben und dem Terpen des Citronenöles mittelst Chromsäuremischung und Salpetersäure dieselben Oxydationsprodukte erhalten, nämlich **Terpenylsäure**, **Teracrylsäure** $C_7H_{12}O_2$ und eine dritte·schön krystallisirende Säure, Schmpkt. 163^0, neben etwas Terebinsäure.

Wirkung des
Terpentinöls.

Das Terpentinöl, eines der schärferen ätherischen Oele, ruft, auf die äussere Haut gebracht, rasch Röthung mit Geschwulst und nicht selten auch Bläschenbildung hervor. Auf Thiere und Menschen wirkt es in grösseren Gaben toxisch. Insecten werden durch die Dämpfe sehr rasch getödtet. Kaninchen sterben nach 15,0—30,0 intern unter den gewöhnlichen Erscheinungen der Intoxication durch Aetherolea mit oder ohne terminale Convulsionen; Diarrhoe und Veilchengeruch des Urins sind constant (Mitscherlich). Nach Kobert (Beitr. zur Terpentinölvergiftung, Halle 1877. Med. Centralbl. 129. 1877) und H. Köhler fehlt bei Vergiftung mit sehr grossen Dosen der betreffende Veilchengeruch und ist überhaupt eine Verschiedenheit der Wirkung sowohl bei Differenzen der Dosen als bei solchen der Applicationsweise ersichtlich. Kleine Dosen erregen das Reflexhemmungscentrum im Gehirn und schwächen dadurch bei Warm- und Kaltblütern die Wirkung der tetanisirenden Gifte erheblich ab; ferner erregen sie das Gefässnervencentrum und steigern dadurch den Blutdruck, beschleunigen die periphcrische Circulation, vermehren sämmtliche Secretionen und bedingen damit in Zusammenhang stehendes Sinken der Temperatur; dieselben acceleriren die Athmung durch Reizung des expirationshemmenden Centrums und vermehren und verstärken dadurch die Inspiration bis zu dem in Inspirationsstellung erfolgenden Athemstillstande. Grosse Dosen lähmen das vasomotorische Centrum und bewirken Sinken des Blutdrucks, mit nachfolgender Störung der Ventilation des Bluts, ferner Athembeschleunigung durch Lähmung des Exspirationscentrums. Auf den Puls wirken kleine Dosen retardirend in Folge des gesteigerten Blutdrucks, grosse anfangs beschleunigend in Folge von Reizung, später verlangsamend in Folge von Lähmung der motorischen Herzganglien. Bei kleinen Gaben werden die weissen Blutkörperchen im Blute vermehrt, durch grosse vermindert. Die Bewegungscentren des Darms werden kurz vor dem Tode gelähmt; im Uebrigen ist ein Einfluss auf Vagi und Depressores, periphcrische Nerven, Uterus und

Leben nicht ersichtlich. Die Körpertemperatur wird bei Infusion grösserer Mengen vorübergehend gesteigert, sonst durch kleinere oder grössere Gaben bei jeder Applicationsweise herabgesetzt, auch bei Aufträufeln auf die äussere Haut und sowohl bei gesunden als bei fiebernden Thieren; bei Subcutanapplication grosser Mengen folgt dem Sinken intensives entzündliches Fieber im Zusammenhange mit localer Phlegmone (Köhler und Kobert). Bei fortgesetzter Zuführung kleiner Mengen entsteht bei Thieren eine durch abnorme Abmagerung, Parese und Auftreten fettsaurer Salze in dem anfangs vermehrten, später spärlichen Harne characterisirte, bei interner Application auch mit Diarrhoe verbundene chronische Terpentinölvergiftung, die nach voraufgehenden Convulsionen tödtlich verläuft und bei welcher die Section seröse Exsudate im Bauchraume und Herzbeutel, Hämorrhagien in Magen, Därmen und Blase, venöse Hyperämie von Leber, Milz und Nieren und schlaffe Beschaffenheit des Herzmuskels nachweist; bei Vivisection resultiren heftige parenchymatöse Blutungen in Folge von Erweiterung der Venen (Köhler und Kobert). Vgl. über physiologische Wirkung des Terpentinöls auch Fleischmann. Würzb. pharm. Unters. 3. 50.

Bei Menschen veranlassen kleine Dosen (6—8 Tr.) Wärme im Epigastrium, Zunahme der Pulsfrequenz und der Diurese, Veilchengeruch des Urins und Terpentinölgeruch des Athems; grössere (3,0—8,0) Leibkneifen, Kollern und Stuhldrang, unruhigen Schlaf, Spannung und schmerzhaftes Gefühl im Kopfe, besonders Stirnkopfschmerz, Uebelkeit, Gähnen, leichten Schwindel, Ohrensausen, Schmerzen in den Gliedern, Abgeschlagenheit und Hautjucken. Ganz analog wirken das Schweizer Tannenzapfenöl und andere Sorten von Oleum templinum (Ray, Studien über Pharmakol. und Pharmakod. des Ol. Pini aeth. Tübingen 1868). Die Receptivität einzelner Personen scheint sehr verschieden, so dass in einzelnen Fällen selbst colossale Gaben (nach Pereira sogar 60,0—120,0) keine besonderen Störungen hervorriefen, während in anderen 8,0 und 15,0 Strangurie, Blutharnen, Anurie, Fieber und Erbrechen bedingten (Stedman. Edinb. med. Ess. 2. 42; Hall, Pract. 337. Mai 1877). Unter den Symptomen der Vergiftung, die selbst bei Kindern nach 60,0—120,0 meist günstig endet, kommen Bronchitis und Erstickungsanfälle (Höring, Würt. Corbl. 38. 456), auch Hautausschläge (Wibmer) vor. Bei einem 14 Monate alten Knaben wirkten 15,0 in 13 St. tödtlich (Miall, Lanc. March. 13. 1869). Fortgesetzte Einathmung von Terpentinöldämpfen bei frischem Zimmeranstrich soll Schlaflosigkeit, Kopfschmerz, Schmerzen in Lumbar- und Nierengegend, Hämaturie, selbst asphyktische Zustände herbeiführen können. (Vergl. Marchal de Calvi, Compt. rend. 14. 1855.) Bei Crucis (Action physiol. et morbid. de la téréb. Paris 1874), der bei Thieren nach Inhalation oder anderweitiger Einführung Infarcte in Lungen und Leber, sowie Oedem und Röthung der Portio pylorica des Magens constant beobachtete, rief 10stünd. Aufenthalt in einem Raume, wo 15,0 Terpentinöl verdunsteten, Kopfschmerz, Gefühl von Leere im Kopfe, mehrtägige Conjunctivitis und 30stünd. Veilchengeruch des Urins hervor. — Auf Harn- und Milchgährung wirkt Terpentinöl retardirend (Köhler und Kobert).

In der Medicin findet Terpentinöl äusserlich und innerlich sehr ausgedehnte Anwendung. So als Bandwurmmittel (nach Pereira zu 30,0 in Verbindung mit Abführmitteln, doch reichen auch wiederholte kleinere Mengen (8,0) aus, oder als Oleum Chaberti mit Oleum animale foetidum); gegen Spul- und Madenwürmer (im Clystier); als Antidot bei Phosphorvergiftung

(vgl. Andant, Bull. Thér. 75., Sept. 30. und besonders H. Köhler, Berl.
klin. Wchschr. 50. 1870; Ueber Wesen und Bedeutung des sauerstoffhaltigen
Terpentinöls für die Therapie der acuten Phosphorvergiftung. Halle 1872);
als Antiblennorrhagicum bei Tripper (Bremond' und Zeissl), Leukorrhoe,
chronischem Bronchialkatarrh, Lungenbrand (Skoda), Emphysem, in welchen
letzten Affectionen die Form der Inhalation nützlich ist und die Krumm-
holzöle wegen angenehmeren Geruches substituirt werden können; als blutstillendes Mittel bei passiven Blutungen und bei Purpura haemorrhagica;
als die peristaltische Bewegung anregendes Mittel bei Tympanites (Cantet,
Bull. gén. Juill. 20. 1868), besonders im Puerperalfieber, gegen welches
das Terpentinöl (1—2 Essl. alle 3—4 Stunden und örtlich in Form damit
getränkten Flanells) seit Brenan's Empfehlung als Specificum Anwendung
gefunden hat; als Excitans bei Collapsus in fieberhaften Zuständen, Typhus
u. s. w. (Holst, Wood, White, O'Neill); ferner bei hartnäckiger Verstopfung und bei Gallensteinen (Durande's Mittel); als Diureticum bei
Hydrops, beginnendem Morbus Brighti, selbst bei Hydrocephalus (Cope-
land); als Antisyphiliticum (Nicholson) und als Antirheumaticum, vorzüglich gegen Ischias (Pitcairn, Cheyne, Home u. A.) und Iritis rheumatica
(Carmichael), wobei die äusserliche Anwendung meist mit der inneren verbunden ist; endlich äusserlich bei Verbrennungen (Kentish), Erysipelas
(Bonfigli), Pernionen, Gangrän, Noma (Lange), gegen Morpionen, Scabies,
als Hautreiz bei inneren Entzündungen (Meningitis u. s. w.), zur Darstellung
von Moxen, zur Desinfection und zur Prophylaxe bei Sectionen (Foulis).

Innerlich giebt man Terpentinöl zu 2—30 Tropfen, auf Zucker oder besser
in Gallertkapseln, auch in Emulsion und Latwerge (unter Zusatz von etwas
Citronenöl als Corrigens), äusserlich als Hautreiz für sich, sonst mit Fett
als Salbe oder Liniment. In den meisten Affectionen dient zum innerlichen
Gebrauche frisch rectificirtes Terpentinöl. Nur bei der Phosphorvergiftung
ist sauerstoffhaltiges Terpentinöl zu gebrauchen und zwar 1,0 auf je 0,01
Phosphor. Die dadurch gebildete terpentinphosphorige Säure scheint ohne
besonders giftige Wirkung und als solche in den Harn überzugehen.

Wirkung von
Terpentin-
derivaten.Der Terpentincampher wirkt nach Orfila stark irritirend auf den
Tractus und nicht auf das Nervensystem. Das Tereben ist von Bond
(Lancet, Sept. 16. 1876) und Waddy (Brit. med. Journ. June 1. 1877) zum
Verbande indolenter Geschwüre und zur Herstellung antiseptischer Verbände
in Mischungen mit 20 Th. Wasser als besonders wohlfeil und angenehm
riechend empfohlen.

Terpene (Camphene). — Bei der leider noch sehr unklaren No-
menclatur der Bestandtheile der verschiedenen Terpentinöle, der sog. Terpene (Camphene), sowie der noch durchaus nicht präcis festgestellten
Charakteristik dieser Terpene wird eine eingehende Besprechung der vorhandenen Literatur hier kaum am Platze sein, weshalb hier nur eine kurze
Uebersicht des Wichtigsten mit Berücksichtigung der neuesten Literatur
versucht sei. Es sind zunächst zu erwähnen:

Terebenten.Terebenten, $C_{10}H_{16}$, Bestandtheil des franz. Terpentinöles von Pinus
maritima, Rotation — 42,3, 160° Siedepkt., 0864 spec. Gew.; neben diesem
ist darin Terebentilen, 180° Siedepkt., Paraterebenten 250°.

Australen, vorzüglich im englischen Terpentinöl, $C_{10}H_{16}$, Rotation, + 21,5, 160° Siedepkt., 0,864 spec. Gew.

Terecamphen, $C_{10}H_{16}$, Umsetzungsprodukt des Terebentenchlorhydrates, fest. 45° Schmelzp., Rotation $= + 32°$.

Camphen, $C_{10}H_{16}$, optisch inactiver, krystallisirbarer Kohlenwasserstoff. (Colophen, Camphilen, Dadyl, s. Arbeiten von Deville, Dumas, Capitaine Blanchet und Sell).

J. Ribau hält das Terebenthen und Tereben (das nach Tilden nicht mehr existirt) für physikalisch vollkommen identisch, mit Ausnahme der Rotation, Terebenthen dreht — 40,32°, Tereben ist inactiv.

A. Atterberg hat aus dem rohen Holzöle des schwedischen Fichtenholzes nach Reinigung mit Kalilauge und nachherige Fractionnirung, sowie Rectification über Natrium folgende Bestandtheile sicher festgestellt: 1) Terpen Schmelzp. 156,5—157,5, (Australen); 2) Terpen, Schmelzp. 173—175°, Silvestren, endlich über 200° siedende Fractionen. Charakteristische Eigenschaften der beiden Hauptbestandtheile sind: Australen, 0,8631 spec. Gew., Rotation + 36,3°, festes Chlorhydrat Siedepkt. 131°; Silvestren, 0,8612 spec. Gew., Rotation + 19,5°, Chlorhydrat, Siedepkt. 72—73°, das mit Kalilauge einen Kohlenwasserstoff, dem Pelargoniumöl ähnlich riechend, liefert.

Atterberg hat auch das Oel der Fichtennadeln untersucht und darin 3 Bestandtheile beobachtet, ein wirkliches Terpentinöl, ein höher siedender Theil (Silvestren) und ein stark aromatisch riechendes noch höher siedendes Oel, das den charakteristischen Geruch giebt.

Flawitzky hat aus russischem Terpentinöle 50% eines Terpenes erhalten, Siedep. 155,5—156, spec. Gew. bei 16° 0,8621, Rotation (a) D $=+32,4$, Chlorhydrat Schmelzp. 127°, das von ihm als identisch mit dem Australen Atterbergs erklärt wird.

W. A. Tilden hat aus russischem Terpentinöle 3 Terpene gewonnen, 1) 10—15% bei 156° siedend, chemisch identisch mit Australen, + 23,3 Drehungsvermögen, 2) 66% bei 171° siedend, Rotation + 17° und 3) bei 173 bis 175° siedend, endlich Cymol nachgewiesen. Das Oel der Blätter der schottischen Fichten enthält 2 Terpene, bei 156—159° siedend, mit + 18,48° Rotation und bei 171° siedend, Rotation — 4°.

W. A. Tilden hat die flüchtigen Bestandtheile des aus Colophonium durch trockne Destillation gewonnenen Harzöles isolirt und gefunden, unter 80° Siedepkt. Isobutylaldehyd, 80—110° kein Benzol oder Toluol, 103 bis 104° Mischung von Heptan mit einem Kohlenwasserstoff (C_5H_8) n, in den späteren Fractionen ein optisch inactives Terpen $C_{10}H_{16}$. — W. Kolbe hat aus roher Harzessenz nach Reinigung mit Kalilauge, concentr. Schwefelsäure in der Fraction 108—115° Toluol gefunden, in der Fraction 160—170° und 180—190° Metacymol. Ausserdem hat Kolbe das leichte Harzöl näher untersucht und darin Isobuttersäure, Capronsäure nachgewiesen, neben wahrscheinlich Valeriansäure, Oenanthylsäure etc. Das mit Natronlauge behandelte Harzöl lieferte ein Cymol, wahrscheinlich Metaisopropyltoluol.

Ueber die Hydratation, namentlich die Umwandlung der linksdrehenden Terpene des franz. Terpentinöles vermittelst der Hydratation und Dehydratation siehe F. Flawitzky (Berl. Ber. 12. 1022. 1752).

Bruère hat durch 10—15 stündiges Erhitzen von Terebenten mit Schwefelsäureäthyläther (gleiche Molec.) auf 120°, Cymol, schweflige Säure und Aethyläther erhalten.

23*

E. Armstrong bespricht die Ansichten über die Constitution der Terpene und unterscheidet zunächst 2 Classen von Terpenen: 1) solche, die sich mit 2 Molecülen HCl vereinigen lassen und bei der Oxydation Säuren der Fettreihe liefern, Terpene des Citronen-, Orangeöls etc., amerikanische, französische Terpentinöle, 2) solche, welche sich nur mit einem Molecül HCl verbinden lassen und bei der Oxydation Campher liefern, Tereben und die sog. Campher.

Die Formeln der beiden wären:

$$
\text{I} \qquad\qquad\qquad\qquad \text{II}
$$

$$
\begin{array}{c}
\text{H}_2 \\
\text{C} \\
\text{H}_2\text{C} \qquad \text{CH} = \text{CH} \\
\text{CH}_3 . \text{HC} \qquad \text{C(CH}_3)\!=\!\text{CH} \\
\text{C} \\
\text{H}_2
\end{array}
\qquad
\begin{array}{c}
\text{H}_2 \\
\text{C} \\
\text{H}_2\text{C} \qquad \text{CH} - \text{CH} \\
\text{CH}_3 . \text{HC} \qquad \text{C(CH}_3)\!-\!\text{CH} \\
\text{C} \\
\text{H}_2
\end{array}
$$

Dem Campher käme die Formel zu:

$$
\begin{array}{c}
\text{H}_2 \\
\text{C} \\
\text{H}_2\text{C} \qquad \text{CH} - \text{CH} \\
\qquad\qquad\qquad\qquad\qquad \text{O} \\
\text{CH}_3 . \text{HC} \qquad \text{C.(CH}_3)-\text{CH} \\
\text{C} \\
\text{H}_2
\end{array}
$$

welche erklärt, dass Campher durch Aufnahme von 3 At. O. zu Camphersäure wird, diese Säure eine 2 basische ist, die ein Anhydrid liefert und 2 Carboxylgruppen enthält, welche an 2 benachbart zusammenhängende Kohlenstoffatome angehängt sind, ferner dass Camphersäure ein Hydroderivat des Metaxylols ist.

Die Bildung von Cymol und aller anderen Propylderivaten aus Terpenen und Camphor sind durchgreifender Molecularumlagerung zuzuschreiben. Diese Anschauung widerspricht der bisherigen, wonach die Terpene als Dihydride des Cymols aufgefasst werden und wohl mit einigem Rechte (leichte Darstellbarkeit des Cymols aus Terpenen, aus Campher, Oxydationsprodukte).

W. A. Tilden will die Terpene nach ihren Siedepunkten in 3 Classen eintheilen und giebt für das α Terpen die Formel:

$$
\begin{array}{ccccc}
\text{C}_3\text{H}_7\text{H} & \text{H} & \text{CH}_3 & \text{H} & \text{H} \\
| \\
\text{H}-\text{C}=\text{C}-\text{H}=\text{C}-\text{C}=\text{C}-\text{H}.
\end{array}
$$

Die Formel des β Terpens würde durch Verschiebung der Alkoholradicale nach rechts um ein Kohlenstoffatom, diese des γ Terpens durch Verschiebung nach derselben Richtung um 2 Kohlenstoffatome entstehen.

Flawitzky schlägt für den Campher und die Terpene aus Terpentinöl folgende Formeln vor:

$$\text{Campher: } (CH_3)_2 \overset{\overset{\textstyle CH_3}{|}}{CH} - CH - CH = CH - CH = CH - CHO$$

Camphene und optisch inactive Terpentinöle:

$$(CH_3)_2 \overset{\overset{\textstyle CH_3}{|}}{CH} - CH = CH - \begin{cases} - C \equiv C - CH_3 \\ - CH = C = CH_2 \end{cases}$$

Optisch inactive Terpentinöle:

$$(CH_3)_2 CH - \overset{\overset{\textstyle CH_2}{|}}{C} = CH - CH_2 - \begin{cases} - C \equiv C - CH_3 \\ - CH = C = CH_2 \end{cases}$$

$$\text{oder } (CH_3)_2 \overset{\overset{\textstyle CH_3}{|}}{C} = C - CH_2 - CH_2 - \begin{cases} - C \equiv C - CH_2 \\ - CH = C = H_2 \end{cases}$$

T. E. Torpe hat aus dem durch Wenzell aus dem Harze der cali-Oel aus Pinus
sabiana. fornischen Pinus sabiana hergestellten Oele (Abietin, Erasin, Clurantin, Theolin genannt) Heptan erhalten. Das Oel siedet bei $98{,}42^{0}$, hat die Formel C_7H_{16}, Dampfdichte 50,0, und scheint mit dem Heptan des Petroleums etc. isomer zu sein. Spec. Gew. des Heptans aus Petroleum $= 0{,}730$, aus Pinus sabiana 0,70057.

F. P. Venable hat aus diesem Heptan eine Reihe Derivate hergestellt, welche mit denen des Heptans aus Petroleum übereinstimmen, so das secundäre Heptylbromid, — Jodid, Heptylacetessigester und daraus Methyloctylketon, ferner Heptylmalonsäureäther, Heptylmalonsäure.

Sequoia.

Die Nadeln von Sequoia gigantea lieferten bei der Destillation Sequoien. mit Wasserdämpfen ein festes Produkt und Oel. Das feste Produkt, löslich in Alkohol, Aether, Benzol, Chloroform und Eisessig, aus welcher Lösung krystallinische Blättchen vom Schmelzp. 105^{0} erhalten werden, Formel $C_{13}H_{10}$, schwache Fluorescenz. Der Körper wird von G. Lunge und Th. Steinkauler (Berl. Ber. **13.** 1649, Journ. chem. Soc. **36.** 102) Sequoien genannt. Aus dem Oel lässt sich isoliren 1) ein farbloses Oel, 155^{0} Siedepkt., 2) gelbliches Oel, Siedepkt. $190{-}200^{0}$, 3) gelbes Oel, Siedepkt. 240^{0}, 4) ein fester Körper, $290{-}300^{0}$ Siedepkt.

Ueber die Mineralbestandtheile der Coniferen, speciell Abietineen siehe die Arbeiten von P. Fliche und Grandeau, Zusammensetzung der Blätter von Pinus laricio austriaca. (Ann. Chim. phys. (5) **11.** 224), L. Dulk, Untersuchung der Kiefernadeln, 1—4jähr., (Landw. Versuchsstat. 1875. 209). Untersuchung von Lärchennadeln von verschiedenem Standorte. R. Weber (Allgem. Forst- und Jagdztg. 1873). J. Schröder, Ueber die Verbreitung der Mineralbestandtheile in den einzelnen Organen der Fichte. (Tharand. forstl. Jahrbücher. 1874.)

II. Abtheilung: Angiospermae.

I. Classe. Monocotyleae.

1. Liliaceae.

a. Lilieae:

Aloë.

Aloë.   Der aus den Schnittflächen der Blätter der verschiedenen Species der Gattung Aloë, welche nach Baudrimont (Compt. rend. **74.** 877) 79,60 Wasser, 17,68 organ. und 2,69 Mineralbestandtheile enthält, besonders A. succotrina, vulgaris, plicatilis, ferox, spicata u. A. hervorquellende und eingetrocknete Saft liefert die Drogue, welche als Aloë im Handel auftritt. Dieser Saft ist in Weingeist leicht löslich, unlöslich in Chloroform, Aether, Benzol, Schwefelkohlenstoff, Petroleumäther, dagegen in heissem Wasser wieder löslich (3 fachen Menge), welche Lösung beim Stehen ca. $^2/_3$ des Gelösten (Aloëharz) wieder abscheidet. Eisessig und Glycerin wirken lösend, ebenso auch verdünnte wässrige Alkalien. Die bis jetzt bekannten Bestandtheile sind Aloïn, Spuren eines ätherischen Oeles, (Aloëharz).

Aloïn. $C_{34}H_{36}O_{14}$. — Literat.: T. und H. Smith, Chem. Gaz. 1851. 107; auch Journ. Pharm. Chim. (3) **19.** 275. — Stenhouse, Phil. Magaz. Journ. **37.** 481; auch Ann. Chem. Pharm. **77.** 208. — Robiquet, Journ. Pharm. (3) **10.** 173; **29.** 241. — Groves, Pharm. Journ. Trans. **16.** 128; auch Journ. Pharm. Chim. (3) **31.** 367. — Pereira, N. Rep. Pharm. **1.** 467. — Schroff, ebend. **2.** 49. — Kosmann, Journ. Ph. Chim. (3) **40.** 177; Bull. soc. chim. **5.** 539. — Rochleder u. Czumpelik, Wien. Akad. Ber. **44.** (2). 493; **47.** (2) 119. — Orlowsky, Zeitschr. analyt. Chem. **5.** 309. — Tilden, Pharm. Journ. Trans. **3.** 375 **5.** 208; Journ. Chem. Soc. 1877. **2.** 264; Berl. Ber. **10.** 1604. — Flückiger, Berl. Ber. **10.** 1604; Schweiz. Wochenschr. Pharm. 1870. 331; Pharm. Journ. Trans. 3 S. **2.** 193. — C. Liebermann, O. Fischer, Berl. Ber. **8.** 1105. — Kondracki, Dissertation, Dorp. 1874. — Croig, Pharm. Journ. Trans. **5.** 827. — E. Schmidt, Berl. Ber. **8.** 1275. — F. W. Brouson, Pharm. Journ. Trans. Ser. 3. N. 453. 716. — Weselsky, Berl. Ber. **5.** 169. — Graebe und Liebermann, Berl. Ber. **1.** 105. — E. v. Sommaruga, Egger 1874. Journ. Chem. Med. — Dragendorff, Chem. Werthbest. stark wirkender Droguen, 1874. 110.

Die ältere Literatur über die chemische Beschaffenheit der Aloë, welche vor den Arbeiten von T. und H. Smith existirt, wird und kann keine nähere Berücksichtigung hier finden, da in den betr.

Arbeiten vielfach die merkwürdigsten Widersprüche und Angaben existiren, welche durch spätere exactere Forschungen widerlegt sind. Wir begnügen uns daher mit der Literaturangabe:

Trommsdorff, dessen N. J. pharm. 14. 27. — Braconnot, Ann. chim. phys. 68. 24. — Bouillon-Lagrange, Vogel. Journ. phys. 68. 160. Winckler, Trommsdorff's N. J. Pharm. 22. 67. — Buchner, Buchner's Repert. 94. 373. — Finkh, Ann. Chem. Pharm. 138. 241. — Hlasiwetz, Ann. Chem. Pharm. 136. 31. — Boutin, Compt. rend. 10. 452. — Schunck, Ann. Chem. Pharm. 39. 24. — Mulder, Journ. prakt. Chem. 48. 9.

Die Versuche ven Braconnot, Winckler, Buchner und Anderen, den in dem Aloëextract enthaltenen Bitterstoff im reinen Zustande herzustellen, hatten kein befriedigendes Resultat. Erst im Jahre 1850 gelang es T. und H. Smith, aus der Barbadoes-Aloë einen krystallisirten Körper, das Aloïn, zu isoliren, den Stenhouse genauer untersuchte und von dem bald darauf Pereira, sowie auch Schroff nachwiesen, dass er bereits im flüssigen Saft verschiedener Aloë-Species in mikroskopischen Krystallen vorhanden ist. Dagegen vermochten T. und H. Smith, sowie auch Rochleder und Czumpelik, aus den durchsichtigen glasartigen Aloësorten, der *Aloë socotorina* und der gewöhnlich als *Aloë lucida* bezeichneten Cap-Aloë, kein krystallisirtes Aloïn zu erhalten, was Robiquet darin begründet sieht, dass diese amorphes Aloïn (sein früheres Aloëtin; man vergl. J. Pharm. (3) 10. 173) enthalten, nach Pereira in Folge davon, dass bei ihrer Gewinnung künstliche Erwärmung stattgefunden hat. Uebrigens hat Groves auch aus Socotrinischer Aloë Aloïnkrystalle dargestellt (s. unten).

Nach Kosmann ist der in Wasser lösliche Bestandtheil der *Aloë lucida* oder Cap-Aloë, seine „lösliche Aloë", eine gelbe amorphe Masse von anderer Zusammensetzung als das Aloïn, nämlich von der Formel $C_{34}H_{22}O_{20}$, die durch Kochen mit verdünnter Schwefelsäure in Zucker und zwei harzartige Säuren, Aloëresinsäure und Aloëretinsäure, gespalten wird. Der in Wasser unlösliche Theil soll nahezu die gleiche Zusammensetzung haben und gleichfalls spaltbar sein. Bezüglich des Näheren der noch weiterer Bestätigung bedürftigen Angaben Kosmann's verweisen wir auf seine oben citirten Originalabhandlungen.

T. und H. Smith und Stenhouse stellten das Aloïn dar, indem sie den mit kaltem Wasser bereiteten Auszug getrockneter und mit Sand zerriebener Barbadoes-Aloë im Vacuum zum Syrup verdunsteten, die an einem kühlen Orte daraus in 3—4 Tagen anschiessenden braungelben Krystallkörner schnell zwischen Papier abpressten und so oft aus Wasser von höchstens 65° umkrystallisirten, bis ihre Farbe nur noch blass schwefelgelb war. — Robiquet liess gepulverte Barbadoes-Aloë eine Viertelstunde mit 2 Th. ausgekochtem kaltem Wasser unter Umrühren in Berührung, überschichtete die decantirte Flüssigkeit zur Abhaltung der Luft in einem verschlossenen Gefässe mit etwas Aether und überliess sie einen Monat der

Ruhe. Das dann in Warzen ausgeschiedene Gemenge von Aloïnkrystallen, amorphem Aloïn und erdigen Stoffen wurden nacheinander mit kaltem Wasser und 56proc.) Weingeist gewaschen und endlich aus 86proc. Weingeist umkrystallisirt. — Orlowsky übergiesst die gepulverte Barbadoes-Aloë mit $1^3/_4$ Wasser von 90—95°, fügt nach dem Erkalten noch $^1/_4$ Th. Wasser hinzu, decantirt nach 12 Stunden vom ausgeschiedenen Harz, überlässt die klar abgegossene Flüssigkeit 10—12 Tage der freiwilligen Verdunstung und reinigt das alsdann als körnige dunkelgelbe Masse abgeschiedene Aloïn durch Pressen zwischen Papier und Umkrystallisiren aus Wasser und zuletzt aus Weingeist. *Aloë hepatica* behandelt Orlowsky in gleicher Weise, wendet aber sogleich 2 Th. Wasser zur Lösung des Aloïns an. — Zur Darstellung von Aloïnkrystallen aus *Aloë socotorina* trug Groves dieselbe als gröbliches Pulver unter Umrühren in kochendes Wasser ein, filtrirte nach dem Erkalten, säuerte das Filtrat schwach mit Salzsäure an und verdunstete nach abermaligem Abfiltriren des ausgeschiedenen Harzes im Wasserbade zum Syrup, der dann bei längerem Stehen Krystalle ausschied.

Das Aloïn krystallisirt aus Wasser in schwefelgelben Körnern, aus heissem Weingeist in sternförmig gruppirten Nadeln mit $^1/_2$ Molec. Krystallwasser, das bei 100° langsam entweicht. Es ist ohne Geruch, schmeckt anfangs süsslich, hinterher stark bitter und reagirt neutral. (Stenhouse. Smith). Es löst sich schwierig in kaltem Wasser (in 600 Th. nach Smith, in 10 Th. von 10° nach Robiquet), leicht in kochendem, sowie in Weingeist und Essigäther, nach Robiquet ferner in 8 Th. Aether.

Leicht und mit orangegelber Farbe löste derselbe ätzende kohlensaure wässrige Alkalien. Die wässrige Lösung des Aloïns wird durch Bleizucker, Quecksilberchlorid, Silbernitrat nicht gefällt. dagegen giebt Bleiessig bei starker Concentration derselben dunkelgelben Niederschlag.

Tilden stellte Aloïn auf folgende Weise dar: Barbados Aloë wird in 10 Th. heissen Wassers aufgelöst, dem etwas Salz- oder Schwefelsäure nebst schwefliger Säure zugesetzt wird, um nicht krystallisirbare Stoffe abzuscheiden. Diese Lösung wurde, nach eintägigem Stehen in der Kälte, klar abgegossen und etwa auf $^1/_5$ eingedampft, worauf nach einigen Tagen krystallinische Krusten von Barbaloïn erschienen, die durch Umkrystallisiren aus verdünntem Alkohol gereinigt wurden. (Ausbeute 20%).

Dieses Barbaloïn ist ziemlich beständig, der allein bitter schmeckende Bestandtheil der Aloë, kein Glycosid (bestätigt von Kondracki u. A.), dessen Lösungen Fehling'sche Lösung reduciren und bei Gegenwart von Alkali rasch Oxydation erfahren. (Nach Tilden sind die Körper Aloëtin und Aloëbitter, Gemenge von wasserfreiem Aloïn und Oxydationsprodukten, ebenso existiren Aloëgerbsäure, Aloëharz als selbstständige Körper nicht). Der amorphe

Theil der Barbados Aloë wird als Anhydrid des Barbaloïnes betrachtet. — Flückiger hat sich mit der Untersuchung der Socotra und Natalaloë beschäftigt und in ersterer, in welcher schon Pereira Krystalle mit dem Smith'schen Aloïn identisch bemerkt hatte, ein Socaloïn durch Behandeln der Aloë mit kaltem Alkohol von 0,960 spec. Gew. (Abpressen) und Umkrystallisiren des Pressrückstandes aus warmem, verdünntem Weingeiste dargestellt. Dasselbe ist in 9 Th. Essigäther, 30 Th. absolutem Alkohol, 30 Th. Wasser und 380 Th. Aether löslich, besitzt die Formel $C_{34}H_{38}O_{15} + 5H_2O$. Aus Natal-Aloë isolirte derselbe Forscher durch Behandeln mit gleichen Theilen Alkohol von 0,820 spec. Gew., Abpressen, Umkrystallisiren des Pressrückstandes, oder auch durch Extraction mit kaltem Wasser und Umkrystallisiren des hier erhaltenen Rückstandes ein Nataloïn, in 35 Th. Methylalkohol, 50 Th. Essigäther, 60 Th. Weingeist 0,820 spec. Gew., 230 Th. absolutem Alkohol und 1236 Th. Aether löslich, blassgelbe Krystalle, übereinstimmend mit dem Anhydride des Barbaloïns zusammengesetzt. — Die weingeistige Lösung dieser Aloïne verhält sich gegen Eisenchlorid gleich, färbt sich schmutzig grünbraun, schwarz. Nataloïn ist in kaltem Alkohol so gut wie nicht löslich mit schwach gelber Farbe. Die auf Zusatz von Kali oder Natron gelb, später grün, auf Zusatz von Ammoniak carmoisinroth wird. Barbaloïn und Socaloïnlösungen in Alkohol sind braun und werden mit Ammon braunroth etwas fluorescirend.

Nach Histed (Flückiger's Pharmacognosie. 193. 2. Aufl. unterscheidet man diese drei Substanzen dadurch, dass man Splitterchen der betr. Aloëarten mit kalter Salpetersäure (1,2) auf einer Porzellanschaale in Berührung bringt; Socaloïn färbt sich kaum, die beiden andern werden carminroth. Bei Gegenwart von concentrirter Schwefelsäure entsteht bei Nataloïn unter diesen Umständen (mittelst rauchender Salpetersäure) eine blaue Färbung.

Tilden giebt Barbaloïn und Socaloïn dieselben Formeln $C_{16}H_{18}O_7$. hält überhaupt die drei Aloïne für isomer und giebt hinsichtlich der Einwirkung kochender Salpetersäure folgende Unterschiede an:

Barbaloïn liefert Chrysamminsäure, Oxalsäure, Picrinsäure.

Socaloïn   „   Chrysamminsäure,

Nataloïn   „   keine Chrysamminsäure.

Nach Sommaruga und Egger sind die Aloïne eine homologe Reihe:

$$\text{Barbaloïn} - C_{17}H_{20}O_7.$$
$$\text{Nataloïn} \quad C_{16}H_{18}O_7.$$
$$\text{Socaloïn} - C_{15}H_{16}O_7,$$

nach E. Schmidt gehört die letztere Formel dem wasserfreien Barbaloïn.

Zersetzungs-Oxydations-produkte.

Durch Einwirkung von Chlor auf Aloë wurden früher von Robiquet Chloraloïl, Chloralis hergestellt, deren Existenz Fink verneint, der nur Chloranil $C_6Cl_4O_2$ nachweisen konnte. E. Schmidt gelang es nicht, durch Chloreinwirkung greifbare Substanzen abzuscheiden, während Brom Tribromaloïn neben Brom-ärmere Verbindungen liefern kann. — Durch Einwirkung von Schwefelsäure (100 Th. Aloë, 200 Th. heisses Wasser, 16 Th.

Paracumar-säure.

conc. Schwefelsäure mehrere Stunden zum Sieden erhitzt) wird Paracumarsäure $C_6H_4 \left\{ \begin{array}{l} OH \\ CH = CH.CO\ OH \end{array} \right.$ erhalten, aus der Hlasiwetz Paraoxybenzoësäure herstellte. (Schon Robiquet und Crumpelick haben durch Einwirkung von Alkalien und verdünnter Schwefelsäure auf Aloë Paracumarsäure beobachtet).

Die Körper, Aloëresinsäure, Aloëretinsäure, Aloëbitter, Aloëretin, Aloylsäure etc. besitzen eine sehr zweifelhafte Existenz.

Einwirkung von Alkalien.

Durch Einwirkung von schmelzendem Kali oder Natronhydrat auf Aloë (3 Th. Kalihydrat, 1 Th. Aloë) entstehen unter Wasserstoffentwicklung flüchtige Fettsäuren, Oxalsäure, Paraoxybenzoësäure (Umwandlungs-

Orcin.

produkt von Paracumarsäure), Orcin (Hlasiwetz). P. Weselsky hat bei Einwirkung von Kali auf Aloë zum Zwecke der Darstellung von Orcin noch

Alorcinsäure.

eine andere Säure Alorcinsäure nachgewiesen, spröde, der Gallussäure ähnliche Nadeln, schwerlöslich in Wasser, leicht löslich in Aether und Alkohol, sublimirbar, Salze bildend, ihre wässerige Lösung giebt vorübergehend mit unterchlorigsaurem Natron eine purpurviolette Färbung. Beim Schmelzen mit Kali liefert dieselbe Orcin und Essigsäure.

Ihre Formel ist demnach:

$$C_6H_2 \left\{ \begin{array}{l} OH \\ (CH_3)_2. — \\ CO.OH \end{array} \right.$$

Aloïsol.

Das durch trockne Destillation von Aloë mit Kalk von Robiqet erhaltene Aloïsol, eine ölartige Flüssigkeit, ist nach Rembold (Ann. chem. Pharm. 138. 186) ein Gemenge, worin Dimethylphenol (Xylenol), Aceton und Kohlenwasserstoff vorkommen.

Einwirkung von Zinkstaub.

Gräbe und Liebermann und E. Schmidt haben Aloë mit Zinkstaub destillirt. Erstere fanden Anthracen, letzterer im Wesentlichen Methylanthracen, einen Kohlenwasserstoff (Schmpkt. 201—202), der bei der Oxydation mittelst Chromsäure Anthracencarbonsäure und geringe Mengen von Anthrachinon lieferte. — Ein Acetylderivat ist von Tilden aus Nataloïn hergestellt von der Formel: $C_{25}H_{32}(C_2H_3O)_6 O_{11}$. —

Einwirkung von Salpeter-säure.

Ueber die Einwirkung von Salpetersäure auf Aloë liegen, aus früherer Zeit stammend, zahlreiche Beobachtungen vor, wegen derer wir auf Fehling's neues Handwörterbuch der Chemie I. Band S. 328 verweisen. Die Forschungen von Schunk, W. A. Tilden, sowie von C. Liebermann und O. Fischer haben sicheren Aufschluss über die Oxydationsprodukte der Aloë mittelst Salpetersäure, sowie auch die Constitution derselben geliefert. Als Oxydationsprodukte mittelst Salpetersäure sind zu betrachten Chrysamminsäure, Picrinsäure, Oxalsäure.

Chrysammin-säure.

Tilden giebt die Darstellung der Chrysamminsäure in folgender Weise: ein Theil unreines Barbaloïn wird allmälig in 6 Theile kalter

Salpetersäure von 1,45 spec. Gew. eingetragen, nach 3 Stunden 3 Th. Wasser zugesetzt und gekocht. Durch weiteren Wasser-Zusatz scheidet sich ein Absatz aus, der noch kurze Zeit mit rauchender Salpetersäure digerirt, mit Wasser nur eine krystallinische Ausscheidung bildet, die bis zum Verschwinden der rothen Farbe des Waschwassers gewaschen wird.

Ein Theil dieser Krystallmasse wird mit einem Theil Kaliumacetat in 50 Th. heissen Wassers gelöst, welche Lösung beim Erkalten grüne Krystalle von chrysamminsaurem Kali ausscheidet, die mittelst Essigsäure leicht zerlegt werden können. Die Chrysamminsäure bildet gelbe Krystalle, schwer löslich in Wasser, leicht löslich in Alkohol, zersetzt sich beim Schmelzen sehr leicht, bildet als 2basische Säure reichlich Salze und besitzt die Formel $C_{14}H_4(NO_2)_4O_2$.

Dieselbe ist hinsichtlich ihrer Constitution durch Liebermann und Giesel (Berl. Ber. **8**. 1643) aufgeklärt worden und ist als **Tetranitrochrysazin** resp. **Tetranitrodioxyanthrachinon** aufzufassen und ist durchaus nicht identisch mit Tetranitrochrysophansäure, dargestellt durch Oxydation von Chrysophansäure. Die Feststellung der Constitution gelang durch Abbau, indem zunächst ein Amidoderivat, Hydrochrysammid $C_{14}H_4(N_2H)_4O_4$ hergestellt wurde, das nach Beseitigung der Amidogruppen einen Körper Chrysazin $C_{14}H_8O_4$ lieferte, der mit Zinkstaub nur Anthracen lieferte. Dem Chrysazin ist die Formel $C_6H_3(OH){<}{CO \atop CO}{>}C_6H_3(CH)$ zu geben, das durch Nitrirung wieder Chrysamminsäure liefert. **Die Aloïne sind demnach Anthracenderivate.**

Constitution.

Tilden hat endlich durch Einwirkung der Chromsäuremischung auf **Barbaloïn** und **Socaloïn** ein Oxydationsprodukt hergestellt, gelbe Krystalle, schwerlöslich in Wasser, leichtlöslich in Eisessig und Alkohol, mit Alkalien purpurroth werdend, sublimationsfähig. Dieser Körper, **Alloxanthin**, besitzt die Formel $C_{15}H_{10}O_6$ und ist als **Methyltetraoxyanthrachinon** aufzufassen

Alloxanthin.

$$C_{14}H_3 . CH_3 (OH_4) O_3.$$

Aus **Nataloïn** wurde derselbe nicht erhalten.

Dass das Aloïn (Barbaloïn) als das active Princip der Barbadoes-Aloë anzusehen ist, kann trotz einzelner widersprechender Angaben kaum noch einem Zweifel unterliegen.

Wirkung
der Aloïne

Schon T. und H. Smith beobachteten nach 0,03 zweimal in 12—24 Std. Stuhlgang, nach 0,12 Abführen und nach 0,24 drastische Action in einem Falle, wo 0.015 Elaterin ohne Wirkung blieb. Die sichere abführende Wirkung der von den genannten Chemikern in den englischen Handel gebrachten Aloïns in geeigneten

Dosen muss als eine Thatsache constatirt werden und erklären sich die abweichenden Beobachtungen einzelner Experimentatoren zum grössten Theil aus den schon von T. und H. Smith in 2 Fällen beobachteten grösseren Resistenz einzelner Individualitäten gegen das Mittel. Nur die Angabe von Robiquet und Vigla, dass in 30 Fällen 0,05—1,0 krystallisirtes Aloïn keine, wohl aber 1,0 des bis 100° erhitzten Aloïns Stuhlgänge hervorbringen, entzieht sich dieser Erklärung und lässt sich auch nicht wohl auf eine Veränderung der Substanz beziehen, da nach den Untersuchungen von Craig (Edinb. med. Journ. 1002. 1087. 1875), auch die bei monatelangem Stehen aus krystallinischem Aloïn in Lösung resultirende amorphe harzige Substanz (changed aloïne) nicht stärker und nicht schwächer als schön krystallisirtes Aloïn wirkt. Ausser Craig, der in dem Aloïn das beste Mittel bei habitueller Obstipation sieht, ist die purgirende Action auch von Dobson (Med. Times. Aug. 12. 1876) bestätigt, welcher 0,12 als niedrigste wirksamste Dosis bezeichnet, während Harley 0,1 als mittlere Gabe und 0,16 als 5—6mal kathartisch wirkend gefunden haben will. Uebrigens ist es sehr schwer, bei der grossen Verschiedenheit der Receptivität die mittlere Dosis genau zu fixiren, die offenbar in der Mitte zwischen beiden Angaben liegt. Ein qualitativer Unterschied zwischen der Wirkung der Aloë und des Aloïns von T. und H. Smith scheint nicht zu existiren, da Leibschmerzen beiden gemeinsam sind (nach Dobson vielleicht etwas weniger beim Aloïn vorkommen) und namentlich bei der Aloë nicht, wie man früher vielfach annahm, auf das Aloëharz zu beziehen sind. Gewiss ist auch, wie dies noch neuerdings Brown (Rep. Amer. Pharm. Ass. 401. 1877) betont, das Aloïn nicht erheblich stärker als Barbadoes-Aloë und auch gewiss nicht stärker als Aloë lucida, wonach immerhin die Vermuthung Kondracki's (Beitr. zur Kenntn. der Aloë. Dorp. 1874), dass neben den Aloïnen, die ihm in Dosen von 0,05—0,6 keine purgirende Action gaben, noch ein in Wasser löslicher, nicht krystallinischer Bestandtheil an der Wirkung sich betheilige, richtig sein könnte. In wie weit das früher von mir untersuchte deutsche Aloïn, das zu 0,1—0,3 wirkungslos blieb und bei mit Fleisch gefütterten Hunden, zu 0,5 intern und selbst direct in die Venen gespritzt, keinerlei Effecte hatte, Barbaloïn darstellte oder eines der weniger wirksamen Aloïne, ist nicht zu ermitteln; sicher hat sowohl Schroff bei sich nach 0,1 als Fronmüller mit anderem Aloïn aus derselben Quelle positives Resultat erzielt.

 Das Barbaloïn wird namentlich in England häufig als Mittel bei habitueller Stuhlverstopfung benutzt.

Craig giebt es in Pillenform in Verbindung mit Ferr. sulf. sicc. selbst bei Gravidae und Haemorrhoidariern; Dobson zieht Seife als Pillenconstituens wegen grösserer Sicherheit der Wirkung vor Fronmüller (Memorab. 487. 1878) rühmt die von keiner localen Entzündung gefolgte Subcutaninjection wässriger Lösung. Die Dosis variirt von 0,1—0,8. Robiquet benutzte Aloïn mit Ferrum pulveratum bei Intermittens und als Tonicum amarum ohne besonderen Erfolg.

Socaloïn (Zanaloïn) ist nach Dobson und Tilden ein nach Art des Barbaloïns purgirend und drastisch wirkender Stoff, doch tritt die Action erst nach 0,25—0,3 ein. Kondracki fand auch grössere Gaben (0,5—1,0) inactiv.

Ueber die Wirkung des Nataloïns gilt das beim Socaloïn Bemerkte.

Durch Destillation grösserer Mengen von Aloë mit Wasserdampf (Flückiger, T. und H. Smith) wurden Spuren eines ätherischen Oeles erhalten, schwerer als Wasser. Aetherisches Oel.

Allium.

Zu den älteren Analysen der Alliumarten von Cadet, Fourcray, Vouquelin gesellt sich eine Untersuchung von Schlosser (Arch. Pharm. 1874), welcher in der Zwiebel (Allium cepa) gelblich-weisses Wachs, Quercetin, Zucker, Mannit, äpfelsauren Kalk, Kali, Magnesia etc. nachwies.

Knoblauchöl (Zwiebelöl). — Das ätherische Oel von Knoblauch (Allium sativum) und Zwiebel (All. cepa) enthält als Hauptbestandtheil Schwefelallyl $(C_3 H_5)_2 S$, welcher Bestandtheil ausserdem in ätherischen Oelen der Cruciferen (Thlaspi, Erysimum, Raphanus, Lepidium, Brassica, Cochlearia, Cheiranthus), auch dem Oele von Tropäolum, Asa foetida enthalten ist. Das Knoblauchöl ist wahrscheinlich in der Pflanze nicht fertig gebildet, sondern entsteht in Berührung mit Wasser, analog dem Senföl. Rectifizirt besitzt es eine gelblich-weisse Farbe, spec. Gew. von 1,01, leichter als Wasser, Sdpkt. 140°, zersetzt sich sehr leicht bei höheren Temperaturen, weshalb die Destillation aus dem Kochsalzbad zu empfehlen ist, leicht löslich in Aether und Alkohol. Das rohe Oel ist dunkelbraungelb, schwerer als Wasser. Das rectifizirte ätherische Oel ist identisch mit Schwefelallyl, das durch Einwirkung mit Jodallyl auf Schwefelkalium dargestellt wurde. Conc. Schwefelsäure löst das Oel mit rother Farbe, das mit Wasser wieder ausfällt, Brom addirt sich direkt, Salzsäure wird reichlich davon aufgenommen. (Ueber Schwefelallyl: Wertheim, Ann. chem. Pharm. 51. 289. 55. 297. — Pless. Ebendas. 58. 36. — Gmelin org. Chem. 4. Aufl. 2. 91. — Hlasiwetz, Ann. Chem. Pharm. 71. 23. — Cahours und Hofmann, Ann. Chem. Pharm. 102. 290. — Ludwig, Ebendas. 139. 121. — Tollens, Ebendas. 156. 157.) Aetherisches Oel.

Gloriosa.

Warden (Indian. med. Gaz. Oct. 1880) hat in der in Ostindien längst als höchst giftig bekannten Zwiebel von Gloriosa superba L. zwei Harze,

ein chokoladenfarbenes, saures, festes Harz, welches sich nicht in Benzol
löst, Superbaharz α, und ein in Benzol lösliches gelbes Weichharz, Superbaharz β, aufgefunden, welche die giftige Wirkung der Pflanze nicht bedingen.
Ueber das von Warden als Superbin bezeichnete höchst giftige active
Princip ist Näheres nicht bekannt.

Tulipa.

Gerard hat aus den Zwiebeln, Blättern und Blüthen von Tulipa Ges-
neriana ein bisher nicht genauer beschriebenes Alkaloid, Tulipin, welches
auf der Zunge ein prickelndes Gefühl wie Aconitin erregt, dargestellt; bei
örtlicher Application die Pupille nicht verändert und nach physiologischen
Versuchen von Sidney Ringer (Pract. 25. 243. 1880) ein nach Art des
Veratrins, aber schwächer wirkendes Muskel- und Herzgift ist, welches gleichzeitig das Rückenmark und die sensibeln Nerven lähmt, ohne die motorischen Nerven erheblich oder überhaupt zu afficiren.

Erythronium.

Dragendorff (Arch. Pharm. (3) 13. 7) hat die Kardyckzwiebeln, ein
Nahrungsmittel Sibiriens, Erythronium dens canis, analysirt und darin keine
besonders zu charakterisirenden Substanzen nachgewiesen.

Asphodelus.

Die Wurzeln von Asphodelus racemosus sind sehr reich an Rohrzucker,
der früher von Rogain als Asphodelin bezeichnet wurde. Die Knollen
von Asph. Kotschy (Rad. Corniolae) sind von Dragendorff (Pharm. Zeitschr.
Russl. 4. 145) untersucht worden.

Xanthorrhea. (Fam. Aphyllantheae.)

Die einzelnen Species der Gattung Xanthorrhea, besonders Xanth. hastilis,
australis, arborea etc. liefern auf der Oberfläche der Stämme sich ansammelnde Harzmassen, die unter dem Namen Rothes Xanthorrheaharz
(Nuttharz, Acaroïdharz), rothe Stücke, von schwachem Geruch nach Benzoë,
zimmtähnlichem Geschmacke und Gelbes Harz (Botanybayharz, resina
lutea), runde, längliche nussgrosse Stücke, von der Farbe des Gummigutt,
intensiv benzoeartig riechend, im Handel vorkommen. Waren auch die
früheren Untersuchungen dieser Harze von Trommsdorff, Laugier, Johnston u. A. nicht geeignet, zur chemischen Charakteristik dieser Harze beizutragen, so hat später Stenhouse (Phil. Mag. 28. 440) zuerst gezeigt,
dass die beiden Harze grössere Mengen von Zimmtsäure und kleine
Mengen von Benzoësäure und ätherisches Oel führen. Illasiwetz u. Barth
stellten fest, dass das Gelbharz durch schmelzendes Kali eine grössere
Menge Paraoxybenzoësäure liefert, neben Protocatechusäure,
Brenzcatechin und Resorcin.

Salpetersäure löst das Gelbharz sehr leicht und liefert reichlich Pikrinsäure neben Oxalsäure und Nitrobenzoësäure. —
Hirschsohn hat die Xanthorrheaharze hinsichtlich ihrer Löslich-

keit und sonstigen Reaktionen untersucht. Ihre Verwendung zum Färben von Firnissen und als Harzseife in der feineren Papierfabrikation ist erwähnenswerth. —

Die Xanthorrhoeaharze, denen schon 1795 Kite jede Wirkung auf Magen, Darmcatarrh, Nieren und Schweissdrüsen absprach, wurden von Fish in spirituöser Lösung (60 Th. pro dosi) bei Diarrhöen und chronischen Catarrhen verwendet (Bost. med. Journ. **10**. 94).

b. Melanthieae.

Colchicum.

Die verschiedenen Theile von Colchicum autumnale sind näher untersucht worden. Buchner hat in den Samen neben Colchicin Zucker, fettes Oel etc., andere Forscher in den Knollen ebenfalls Colchicin, Zucker, 29% Stärke, ebenso in den Blüthen Colchicin nachgewiesen. Die Samen enthalten nach Flückiger und Harburg 6,6% fettes Oel, nach Rosenwasser 8,4%.

Colchicin. $C_{17}H_{19}NO_5$. — $C_{17}H_{23}NO_6$ (Hertel). — Literatur: Chemische: Geiger und Hesse, Ann. Chem. Pharm. **7**. 274. — A. Aschoff, G. Blei, F. Hübschmann, Viertelj. pract. Pharm. **6**. 377. — Oberlin, Ann. Chim. Phys. (3) **50**. 108; auch Viertelj. pract. Pharm. **6**. 555. — Walz, N. Jahrb. Pharm. **16**. 1. — Ludwig und Pfeiffer, Arch. Pharm. (2) **111**. 3. — M. Hübler, Arch. Pharm. (2) **121**. 193. — Schoonbroodt, Viertelj. pract. Pharm. **18**. 81. — Maisch, Pharm. Journ. Trans. (2) **9**. 249. — Pelletier und Caventou, Ann. Chim. Phys. **14**. 69. — Struve, Zeitschr. analyt. Chem. **12**. 167. — Hager, Ebendas. 1872. 202. — Dragendorff, Chemische Werthbestimmung stark wirkender Droguen. 1874. 73. — Oberlin, Compt. rend. **43**. 1199. — Beckert, Americ. Journ. Pharm. (4) **49**. 433. — Rosenwasser, Americ. Journ. Pharm. (4) **49**. 435. — Eberbach, Schweiz. Wochenschr. Pharm. **14**. 207. — Rochette, Un pharm. **17**. 200. — L. Morris, Americ. Journ. Pharm. **53**. 1881. 6. — J. Hertel, Pharm. Zeitschr. Russl. **20**. 1881. 299. — Dragendorff, Beiträge zur gerichtl. chem. Analyse. 1 II. 79.

Medicinische: Bacmeister, Arch. Pharm. Jan. p. 17. 1857. — Schroff, Oesterr. Zeitschr. pract. Heilk. 1856. 22—24. — Albers, Dtsch. Klin. 1856. 36. — Krahmer, Journ. Pharmacodyn. **2**. 4. 560. — Rossbach, Würzb. pharmakol. Unters. **2**. 1. 1876.

Das Colchicin findet sich in allen Theilen, am reichlichsten in den Samen und Zwiebelknollen, der Herbstzeitlose, *Colchicum autumnale L.* Rochette hat in den Species Colchicum autumnale, Neapolitanum, montanum, arenarium, alpinum in der Zwiebelknolle, den Blättern, Blüthen und Samen Colchicin nachgewiesen. Es wurde von Pelletier und Caventou für identisch mit Veratrin gehalten, bis Geiger und Hesse seine Eigenthümlichkeit nachwiesen. Aber auch diese Forscher, welche das Colchicin, wie später auch Walz, als krystallisirbare Substanz beschreiben, können, was auch aus der Vergleichung ihrer weiteren Angaben mit den Resultaten der neuesten Untersuchungen von Aschoff, Oberlin und namentlich von Hübler und Maisch erhellt, nicht den in der Herbstzeitlose präexistirenden wirksamen Stoff in reinem Zustande in Händen gehabt haben. Schon die von ihnen angewandte Darstellungsmethode deutet darauf hin, dass ihr Colchicin zwar wohl nicht reines Colchicin (siehe unten), aber doch ein Gemenge dieses erst bei der Darstellung gebildeten Verwandlungsproduktes und unverändert gebliebenen Colchicins gewesen ist.

Darstellung. Geiger und Hesse extrahirten die zerkleinerten Samen oder die frischen im Juli gesammelten Zwiebelknollen mit schwefelsäurehaltigem Weingeist, schüttelten den Auszug mit Kalkhydrat, neutralisirten das Filtrat mit Schwefelsäure, destillirten den Weingeist ab, fällten das wässrige Residuum mit kohlensaurem Kali und zogen den abgepressten und getrockneten Niederschlag mit Weingeist aus. Den Verdunstungsrückstand der weingeistigen Lösung nahmen sie zu weiterer Reinigung in verdünnter Schwefelsäure auf, versetzten dann mit überschüssigem Kalkhydrat, schüttelten aus dem Gemenge das Colchicin mit Aether aus, verdunsteten den ätherischen Auszug und liessen den Rückstand aus wässrigem Weingeist krystallisiren. — Da bei diesem Verfahren das Colchicin wiederholt mit Schwefelsäure in Berührung gebracht wird, so muss nothwendig wenigstens ein Theil desselben in das krystallisirbare und in Aether leichter lösliche Colchiceïn übergeführt werden.

Hübler, welcher diesen Fehler vermeidet, erschöpft die Samen, ohne sie zu zerkleinern, mit heissem 90procentigem Weingeist und versetzt den syrupdicken Verdunstungsrückstand, der vereinigten weingeistigen Auszüge mit seinem 20fachen Volumen Wasser. Die vom sich abscheidenden fetten Oel getrennte Flüssigkeit wird nach vorgängigem Ausfällen mit Bleiessig und Entfernung des Bleiüberschusses durch phosphorsaures Natron in der Weise mit vorher gereinigter Gerbsäure*) ausgefällt, dass die zuerst und zuletzt nieder-

---

*) Zur Reinigung der käuflichen Gerbsäure bringt man die filtrirte wässrige Lösung derselben mit Bleiglätte zur Trockne, kocht das trockne gerbsaure Bleioxyd wiederholt mit Weingeist und Wasser aus, suspendirt es darauf in Wasser und zerlegt es durch Schwefelwasserstoff.

fallenden weniger reinen Antheile des Niederschlags gesondert erhalten werden. Die Hauptmasse des Niederschlags wird abgepresst, mit etwas Wasser nachgewaschen und nach abermaligem Abpressen mit geschlämmter überschüssiger Bleiglätte erwärmt, und, wenn eine mit Weingeist ausgekochte Probe sich gerbsäurefrei erweist, zur Trockne gebracht. Die trockne Masse wird mit kochendem Weingeist ausgezogen und der beim Verdunsten der Lösung bleibende Rückstand noch einige Male der fractionirten Fällung mit reiner Gerbsäure und Zersetzung des Gerbsäureniederschlags durch Bleioxyd unterworfen.

Zur Darstellung des Colchicins aus den Knollen (*rad. Colchici*), auf welche sich natürlich auch Hübler's Methode anwenden lässt, extrahirte Aschoff dieselben im getrockneten und gepulverten Zustande mit Wasser, fällte den Auszug mit Bleiessig, sättigte das Filtrat behutsam mit kohlensaurem Natron und versetzte die vom kohlensauren Bleioxyd getrennte Flüssigkeit mit Gerbsäure. Der gewaschene und abgepresste Niederschlag wurde in seinem 8fachen Gewicht Weingeist gelöst und mit überschüssigem Eisenoxydhydrat digerirt, bis eine abfiltrirte Probe gerbsäurefrei war. Dann wurde filtrirt, eingedunstet, der Rückstand in einem Gemisch von gleichen Theilen Aether und Weingeist aufgenommen, die filtrirte Lösung wiederum verdunstet, das Residuum jetzt mit Wasser behandelt und die klare Flüssigkeit zur Trockne gebracht.

Ueber den Gehalt der verschiedenen Theile der Herbstzeitlose an Alkaloid haben namentlich Aschoff und Bley Untersuchungen ausgeführt. Aschoff erhielt aus 1 Pfund reifer Samen 16 Gran, also 0,208% reines Colchicin, aus unreifen die gleiche Quantität. Bley bekam aus reifen, im Juli gesammelten Samen nahezu die gleiche Ausbeute. Die Zwiebelknollen enthalten, wie schon Geiger angab, nach Aschoff in den Monaten Juli und August die grösste Menge Colchicins. Derselbe erhielt bei Anwendung des oben mitgetheilten Verfahrens aus 1 Pfund im October gegrabener Zwiebelknollen 6,5 Gran, mithin 0,085% Colchicin; die gleiche Ausbeute lieferten junge Knollen, während solche vom November in 1 Pfund 4 Gran, und solche vom Mai nur 0,75 Gran davon enthielten. Schoonbroodt will aus 250 Grm. im November gesammelter Knollen 0,65 Grm. = 0,26% krystallisirtes Colchicin erhalten haben. Aus 1 Pfund frischer Blüthen (ohne die unterirdischen Theile) gewann Aschoff 1 Gran, Bley 1,8 Gran des Alkaloids, Letzterer aus 1 Pfund frischer Blätter nur $\frac{1}{5}$ Gran. Alle diese Angaben sind übrigens mit Vorsicht aufzunehmen, da wohl Niemand von den genannten Autoren ganz reines Colchicin dargestellt hat.

Das Colchicin bildet nach Hübler, Oberlin, Aschoff, Bley, Ludwig, Pfeiffer und Maisch eine gelblich weisse gummiartige Masse, die beim Reiben harzartig zusammenballt. Es riecht schwach aromatisch und schmeckt stark und anhaltend bitter. Nach Hübler,

Bley und Hübschmann reagirt es neutral, während Geiger und Hesse, Bacmeister, Schoonbroodt und Maisch eine zwar schwache, aber deutliche alkalische Reaction wahrgenommen haben wollen. Es erweicht nach Hübler bei 130° und schmilzt bei 140° zu einer braunen durchsichtigen, glasartig spröde wieder erstarrenden Masse; in höherer Temperatur tritt Zersetzung ein. In Wasser löst es sich langsam, aber in allen Verhältnissen, leicht auch in Weingeist, dagegen nicht in Aether (Hübler). — Geiger und Hesse, Walz und auch Schoonbroodt geben an, dass das Colchicin aus wässrigem Weingeist in Nadeln und Prismen krystallisire. Nach Ersteren soll es ziemlich löslich in Wasser sein und auch von Aether gelöst werden. Hübschmann fand es in etwa 2 Theilen Wasser und 18 Theilen Aether löslich sei. Diese Forscher haben aber allem Anschein nach Colchiceïn (s. unten) oder ein Gemenge von diesem und Colchicin in Händen gehabt.

Zusammensetzung. Das Colchicin ist zwar auch von Aschoff und Bley analysirt worden, aber nur die von Hübler aufgestellte Formel $C_{17}H_{19}NO_5$ verdient Vertrauen.

Verbindungen. Während nach Hübler das Colchicin keine basischen Eigenschaften besitzt und mit den Mineralsäuren keine Verbindungen eingeht, vermag es nach Maisch's neuesten Angaben die Säuren zu neutralisiren, wenn auch die entstehenden Salze wegen der sehr leicht erfolgenden Zersetzung nicht in fester Form darstellbar sind. — Dem durch Gerbsäure in wässrigem Colchicin erzeugten flockigen Niederschlage von gerbsaurem Colchicin, welches nach dem Trocknen ein weisses amorphes, über 140° schmelzendes, wenig in Wasser, leicht in Weingeist und gar nicht in Aether lösliches Pulver bildet, kommt nach Hübler die Formel $3\,C_{17}H_{19}NO_5, 2\,C_{27}H_{22}O_{17}$ zu.

Durch verdünnte Mineralsäuren wird das Colchicin in der Kälte langsam, beim Erhitzen rascher in ein in Wasser unlösliches und daher sich ausscheidendes grünlich braunes Harz und in krystallisirbares Colchiceïn zerlegt (Oberlin. Hübler. Maisch). Die nämliche Zersetzung erleidet das Colchicin auch beim Erhitzen mit Barytwasser (Hübler), während heisse conc. Kalilauge daraus, wie es scheint, nur Harz erzeugt. —

Colchiceïn. Das nach Hübler mit dem Colchicin isomere Colchiceïn krystallisirt in kleinen zu Warzen vereinigten Nadeln oder in perlglänzenden Blättchen, die weniger bitter als Colchicin schmecken und nach Oberlin neutral, nach Hübler aber sauer reagiren. Es schmilzt bei 155°, löst sich wenig in kaltem, reichlicher in kochendem Wasser, gut in Weingeist und Holzgeist, schwierig in Aether, reichlich in Chloroform. Seine wässrige Lösung färbt sich mit Mineralsäuren gelb, und beim Kochen damit wird es in das nämliche Harz übergeführt, das auch direct aus Colchicin erhalten wird und daher als ein weiteres isomeres Umwandlungsprodukt des Colchiceïns angesehen werden muss. Das Colchiceïn besitzt saure Eigenschaften. Es löst sich leicht in wässrigen Alkalien und Ammoniakflüssigkeit und hinterbleibt aus ersteren beim Verdunsten als Kali- oder Natron-Colchiceïn in gelben rissigen Massen, deren Lösungen durch die Salze der Erdalkalimetalle und vieler schweren Metalle gefällt werden (Hübler). Die wässrige Lösung des Colchiceïns wird durch Gerbsäure, Phosphormolybdänsäure nnd Kaliumquecksilberjodid (Maisch), nach Ludwig und Pfeiffer auch durch Pikrinsäure und Goldchlorid gefällt. — Oberlin ist der Meinung, dass Colchiceïn fertig gebildet im Colchicum autumnale vorkomme, was Hübler in Abrede stellt. Um es rein zu erhalten, löst man nach Hübler 1 Th. Colchicin in 20 Th. Wasser, fügt dann 1 Th. vorher mit Wasser verdünnten Schwefelsäurehydrats hinzu, erhitzt die Flüssigkeit, giesst vom ausgeschiedenen Harz ab und concentrirt durch Eindampfen, worauf beim Erkalten ein grüngelber Krystallbrei entsteht, den man durch vielfaches Umkrystallisiren aus Wasser reinigt.

Eberbach empfiehlt folgende Darstellungsmethode des Colchicins:

Die zerstossenen Samen werden 48 Stunden mit Alkohol (85%) digerirt und hierauf mit Alkohol, dem ¼ % Schwefelsäure zugesetzt ist, erschöpft. Diese Auszüge, mit Kalkmilch 12 Stunden behandelt, wurden nach der Neutralisation mit Schwefelsäure destillirt, zum Syrup eingedampft, mit Wasser verdünnt, von dem vorhandenen Oele getrennt, mit Ammon übersättigt und filtrirt. Das erhaltene Filtrat wurde mit Chloroform ausgeschüttelt, das Chloroform abdestillirt und der Destillationsrückstand wieder mit schwefelsäurehaltigem Wasser behandelt, mit Ammon versetzt und abermals mit Chloroform behandelt. Die Chloroformlösung hinterliess einen gelben, eiweissartigen Rückstand, von bitterem Geschmacke, löslich in Alkohol, Chloroform, wenig in Aether. Die Lösungen dieses Colchicins werden gefällt durch Gallusgerbsäure, Goldchlorid, Phosphormolybdänsäure, Lugolsche Lösung, Chlorwasser, Kaliumquecksilberjodid, nicht gefällt durch Sublimat, Platinchlorid, basischem Bleiacetat, Kupfersulfat, Kaliumdichromat. Die Ausbeute ist aus Samen 1,9 pro Mille. Der Verfasser will aus Chloroformlösung Colchicin krystallisirt erhalten haben. —

(Eine Arbeit von Beckert beschäftigte sich mit der Colchicinmenge in den Knollen verschiedenen Alters und Aussehens, welche nach Meyer mittelst Jodkalium-Quecksilberjodid und Tanninlösung bestimmt wurde. Rosenwasser will ebenfalls Colchicin aus Benzol, Amylalkohol krystallisirt erhalten haben.?)

J. Hertel hat eingehende Studien über Colchicin, Colchiceïn gemacht und giebt zunächst mit Berücksichtigung der schon von Speyer (Dissertation, Dorpat 1870) gefundenen Thatsache, dass Colchicin aus neutralen oder sauren Lösungen mittelst Chloroform sich besser ausschütteln lasse, sowie der Darstellungsmethode von Eberhard folgende Methode der Isolirung an:

Darstellungs-
methode nach
Hertel.Die unzerkleinerten Samen werden wiederholt im Verdrängungsapparate mit Weingeist von 85% extrahirt (in der Wärme), zuletzt mit kochendem Alkohol. Die vereinigten Auszüge werden mit gebrannter Magnesia versetzt und im Dampfbade nach der Filtration, am besten im Vacuum bis zur flüssigen Extractconsistenz eingedampft. Es erfolgt die Verdünnung mit Wasser zur Abscheidung des Oeles, welches getrennt wird, worauf die filtrirte wässrige Lösung wiederholt mit Chloroform ausgeschüttelt wird. Die Chloroformauszüge werden in flachen Gefässen verdunstet und der Rückstand in der Wärme vollständig ausgetrocknet. Das so erhaltene Colchicin ist amorph, braun, spröde und wird nur durch Auflösen in Wasser und Verdunstenlassen der filtrirten wässrigen Lösung in flachen Gefässen in diesem Zustande erhalten. Ausbeute 0,38—0,41%. Die Bemühungen, Colchiceïn zu erhalten, waren vergebens. — Bei dem Wiederauflösen des mit Chloroform extrahirten Colchicins in Wasser, wie oben angegeben, bleibt ein Rückstand, der in Alkohol gelöst, beim Verdunsten einen spröden, amorphen braunen Rück-

Colchicoresin.stand gab. Derselbe, Colchicoresin, ist in Alkohol, Chloroform, ammoniakalischem Wasser löslich, unlöslich in Aether, und giebt mit salpetersaurem Kali und Schwefelsäure die charakteristische violettblaue Färbung, wird aus Lösungen durch Phosphormolybdänsäure gefällt, reagirt neutral, und besitzt die Formel $C_{51} H_{60} N_2 O_{15}$. Durch Mineralsäuren entsteht daraus kein Colchiceïn, sondern 2 neue Körper, von denen der eine in 30—40° Alkohol löslich ist, der andere nicht (Betacolchicoresin).

Das Colchicin hat folgende Eigenschaften: Amorph, schwefelgelb, aus frisch gegrabenen Sommerknollen farblos, durchsichtig. Krystallisirt kann dasselbe nicht erhalten werden (Eberbach's, Schoonbroodt's und Geiger's krystallisirbare Präparate waren Colchiceïn). Das Colchicin reagirt sehr schwach alkalisch, ist indifferent, Schmpkt. 145°, ohne Wirkung auf polarisirtes Licht. · Die Reactionen zur Erkennung sind folgende:

Reactionen
zum Nach-
weis.Mit concentrirter Salpetersäure von 1,45 sp. Gew. färbt sich dasselbe blauviolett, noch besser mit Salpeter und conc. Schwefelsäure (Dragendorff). Verdünnt man diese Lösung mit Wasser, so wird sie gelb und wird mit Natronlauge ziegelroth. Goldchlorid fällt nur schwach, Platinchlorid giebt erst später schwache Fällung, Quecksilberchlorid fällt nicht, ebensowenig Bleiessig, Phosphormolybdänsäure fällt sofort gelb, Eisenchlorid färbt rasch grün. In saurer Lösung entstehen Fällungen mit Picrinsäure, Kaliumcadmium-jodid, Kaliumquecksilberjodid, Bromkalium. Die Formel stellt Hertel zu $C_{17} H_{23} NO_6$ fest. —

Die Arbeiten desselben Forschers über die Umwandlung des Colchicins in Colchiceïns bestätigen im Grossen und Ganzen die Arbeiten von Oberlin und Hübler. Es wurde mit Salzsäure gearbeitet und das Colchiceïn in rhombischen Tafeln und Prismen erhalten, linksdrehend $\alpha D = -31{,}6^0$. Die Eigenschaften und Reaktionen sind die früher erwähnten, und zwar dieselben, die für Colchicin angegeben wurden. Das Colchiceïn zeigt schwachsaure Eigenschaften und bildet Salze. Die Formel wird zu $C_{17} H_{21} NO_5 + 2 H_2 O$ angenommen.

Das oben schon erwähnte Betacolchicoresin, das sich am besten durch Behandeln des Colchicoresins mit Chlorwasserstoff-Säure dar-stellen lässt, bildet eine amorphe, braune, in Wasser unlösliche Masse dar, unlöslich in Aether, leicht löslich in 95^0 Alkohol, Chloro-form, Schwefelkohlenstoff und Alkalien. Dasselbe giebt mit Eisen-chlorid und Salpetersäure dieselben Reaktionen wie Colchicin und ist indifferent. Die Formel ist $C_{34} H_{39} NO_{10}$.

Hinsichtlich der Beziehungen der erwähnten Zersetzungsprodukte zum Colchicin ist folgender Schluss vorläufig gerechtfertigt:

Das Colchicin wird durch Erhitzen mit Mineralsäuren unter Abgabe von Wasser in Colchiceïn gespalten, welch' letzteres mit $2 H_2 O$ sich vereinigt, aber leicht wieder unter Wasseraufnahme in Colchicin übergehen kann. $(C_{17} H_{23} NO_6 = C_{17} H_{21} NO_5 + H_2 O)$. Drei Moleküle Colchicin verlieren an der Luft 1 Mol. Ammoniak und 5 Mol. Wasser und bilden Colchicoresin. $(3 (C_{17} H_{23} NO_6) = C_{51} H_{60} N_2 O_{15} + NH_3 + 3 H_2 O)$. Durch weiteren Austritt von Ammoniak entsteht endlich Betacolchicoresin.

Gerichtlich-chemischer Nachweis.

Für den gerichtlich-chemischen Nachweis bleibt für Colchicin charak-teristisch, dass dasselbe aus saurer Lösung in Aether, Chloroform und Benzol, nicht in Petroleumäther übergeht, ebenso auch aus neutraler Lösung in Chloroform. Die Salpetersäure- und Eisenchloridreaction sind vor Allem zur Erkennung empfehlenswerth.

Dragendorff schlägt zur Bestimmung der Mengen von Colchicin in den verschiedenen Theilen von Colchicum autumnale, sowie auch in den phar-maceutischen Präparaten vor: 1) mehrmaliges Ausschütteln der Auszüge mit Chloroform und direktes Wiegen der Verdampfungsrückstände, 2) Titriren mit dem Mayer'schen Reagens, womit nach Johanson gute Resultate er-zielt werden, wenn die Colchicinmengen der Lösungen 1 : 600 annähernd be-tragen und die Lösungen 7—10% verdünnte Schwefelsäure (1 : 10) enthalten. In diesem Falle entspricht 1 CC. Mayer's Reagens = 0,0317 Gm. Colchicin.

(Siehe F. A. Flückiger, Nachweis freier Mineralsäuren durch Colchicin, Arch. Pharm. 25.)

Wirkung.

Das Colchicin ist unstreitig das wirksame Princip in allen Theilen der Herbstzeitlose und bedingt sowohl die gastrische als die nervöse Form der Colchicumvergiftung. Die hauptsächlichste Wirkung ist eine örtliche, indem es ein heftiges Drasticum darstellt, das in grösseren Dosen unter den Symptomen der Magendarmentzündung, welche meist erst nach mehreren Stunden auftreten, zu tödten vermag und auch von Wunden aus oder selbst bei Einreibung in derselben Weise toxisch wirkt (Aschoff). Nach längerem Bestande von Enteritis kommt es zu einem mehrere Stunden dauernden Stadium completer Anästhesie, in welchem die Reflexerregbarkeit des Rückenmarks und mitunter auch des vasomotorischen Centrums selbst durch starke Reize nicht erregt wird. Der Tod erfolgt durch allmälige Lähmung des Athemcentrums, bisweilen nach vorgängigen, von Erstickung wohl abhängigen Krämpfen (Rossbach), Die Zeit des Eintrittes des Todes ist nicht abhängig von der Höhe der Gabe (Schroff, Rossbach); die Section zeigt die Erscheinungen von Gastritis oder Enteritis oder beider zugleich und diejenigen des Erstickungstodes, dunkles, wenig geronnenes Blut und starke Ausdehnung der Hohladern und des l. Herzens (Schroff, Hübler).

Nach Rossbach sterben Katzen nach 5 Mgm. subc. in 5—7 Stunden, Hunde nach 1 Dgm. in 10—15 Stunden, Kaninchen nach 2 Cgm. in 5—12 Stunden, Frösche nach 5 Mgm. in $\frac{1}{2}$—3 Stunden. Der Eintritt der Erscheinungen erfolgt meist in 2—5 Stunden. Das anästhetische Stadium scheint nur bei letalen Dosen vorzukommen und selbst bei Infusion in die Venen ist der Verlauf ein protrahirter. In Schroffs Versuchen starben Kaninchen nach 0,1—1,0 in 9—14 Stunden (nach 0,1 in 11, nach 1,0 in 14 Std.) nach heftigem Abführen und allmäligem Kräfteverfall, Convulsionen zeigten sich nur, wenn keine Diarrhoe eintrat, niemals Reflextetanus. In den Versuchen von Hübler und Seidel afficirte 0,1 ein Kaninchen nicht, während zwei Hunde durch 0,05 nach wiederholtem Erbrechen und Durchfall, Mydriasis, beschwerlicher unregelmässiger Respiration und zunehmender Adynamie zu Grunde gingen. Von älteren Beobachtern sah Geiger junge Katzen nach 0,04 intern in 12 Std. sterben, Aschoff Kaninchen nach 0,03 in 7 Std., ausgewachsene in 16 Std., doch trat bei letzteren mitunter Erholung in 3 Tagen ein. 0,06 erzeugte von einer Schnittwunde aus beim Hunde Unruhe, Winseln, schleimige Entleerung, dann Durchfall und Tod in 16 Stunden, nach Einreibung einer alkoholischen Lösung von 0,06 in der Nierengegend eines 2jährigen Hundes breiige Defäcation, Urinabsonderung, Verlust der Fresslust, Zusammenziehung des Hinterleibes, Erbrechen, Unruhe, Durchfall, zuletzt mit Blut, und Tod in 5 St. Auch ein Ziegenlamm und eine Katze wurden durch das Colchicin in 6 resp. 26 Stunden getödtet. Baumeister sah Kaninchen nach 0,003 und 0,01 Gm. unter Convulsionen nach $6\frac{1}{2}$ Stunden zu Grunde gehen; Fische mit kleinen Hautwunden starben in Wasser, in welchem Colchicin gelöst war, in $\frac{1}{4}$ Stunde; ein Staar, nach Application von 0,03 Gm.

in eine Wunde nach 6 Stunden. G. Bley fand 0,01 Gm. für eine $\frac{1}{4}$ jährige Katze nach vorangegangenem Durchfall, Erbrechen u. heftigen Zuckungen tödtlich; ebenso 0,12 auf 3 mal bei einem ausgewachsenen Kaninchen in 7 Stunden, und 0,015 bei einer Taube in 8 Stunden; 0,06 tödtete bei Infusion in die Jngularis ein Kaninchen in $1\frac{1}{2}$ Std. unter Zuckungen.

Einige hiermit nicht ganz harmonirende Versuche anderer Experimentatoren sind auf differente, nicht reine oder zersetzte Präparate zu beziehen. So beobachtete Albers bei Fröschen nach 0,03 subcutan in 16 Min. ungemeine Beschleunigung des Athems, dann nach 33 Min. Nachschleppen des Schenkels und Unfähigkeit, ihn gut zu bewegen, in 1 Stunde Lähmung des ganzen Körpers und Empfindungslosigkeit der ganzen Haut, so dass Stechen nicht mit Reflexen beantwortet wurde, und Fortpulsiren des Herzens noch 9—16 Stunden nach Erlöschen des Athmens. Krahmer gab von Trommsdorff'schem Colchicin einem Kaninchen 0,05 Gm. in Pillenform, und als diese in 4 Stunden keinerlei Wirkung hervorgerufen hatten, 0,1 Gm., worauf eine grössere Ruhe, 2 malige Entleerung schwärzlichen, breiigen Kothes und Abnahme der Fresslust bei unverändertem Herzschlag und Athmen folgte, ferner 24 Stunden nach der ersten Darreichung noch 0,15 Gm., wonach wiederum breiige Entleerung und ruhiges Verhalten des Thieres eintrat, das am 6. Tage wieder zu fressen begann und, obgleich abgemagert, sich wieder bis zum 8. Tage erholte, endlich nach eingetretener Erholung 0,3 Gm., worauf ohne weitere andere Symptome in 9 Stunden der Tod erfolgte. Die Section zeigte bedeutende Abmagerung (um 22% in acht Tagen) und Anämie, das Herz und die grösseren Venen mässig mit dunklem Blute gefüllt, Magenschleimhaut blass, mit alten linienförmigen Ekchymosen an der Cardia, Abwesenheit von Entzündungserscheinungen im Darm mit Ausnahme mässiger Congestion in den Gefässen des Dünndarms, entzündliche Röthe in der Luftröhrenschleimhaut, Blutleere in der Schädelhöhle. Krahmer folgert hieraus die Abwesenheit einer sog. pharmakologischen Schärfe beim Colchicin, das nicht scharf schmecke, nicht reizend und entzündend auf die Applicationsorgane wirke, nicht nach Art der sog. Drastica die Darmthätigkeit steigere, noch wie die scharfen Diuretica die Harnentleerung beschleunige, und weist dem Stoffe eine eigenartige Einwirkung auf den Gang des Stoffwechsels zu.

Aehnlich wie bei Thieren, sind auch die Erscheinungen, welche Colchicin bei Menschen bewirkt, bei denen schon weniger als 0,01 toxisch ist, während selbst 0,045 bei angemessener Behandlung nicht letal sind.

In den Schroff'schen Thierversuchen bedingten 8 resp. 10 Gm. Colchicumwurzel den Tod später als 0,1 Gm. Colchicin, so dass also das Colchicin mindestens 80—100mal stärker giftig als der frische Bulbus Colchici ist. In einem Selbstversuche von Heinrich machte 0,01, ohne Oblate genommen, einen stark unangenehm bitteren, hinterher kratzenden Geschmack, bald hernach Aufstossen, Ekel, Brechreiz und vermehrte Speichelabsonderung, welche Symptome mehrere Stunden anhielten, sowie Verminderung der Pulsfrequenz um 11 Schläge in den ersten beiden Stunden; acht Tage später bewirkten 0,02 Gm. die nämlichen Symptome in den ersten 4 Stunden, dann vermehrte Uebelkeit und unheimliche Gefühle, unruhigen Schlaf, durch Durchfall und Erbrechen unterbrochen, am folgenden Tage Appetitlosigkeit, Empfindlichkeit und Kollern im Bauche, Fortdauer der Uebelkeiten, schleimige Stuhlentleerungen, mit Tenesmus, wozu sich dann ein fieberhafter Zustand (Frost, Hitze, Durst, Pulsbeschleunigung) gesellte; der Unterleib war stark aufgetrieben, die Diarrhoe hielt bis zum vierten Tage an, der Urin war stets wolkig und gab einen Bodensatz, und erst am fünften Tage kehrte das normale Verhalten wieder. Krahmer nahm 0,01 Colchicin in Wasser gelöst, worauf zunächst ein bittrer, besonders im Schlunde mehrere Stunden anhaltender Geschmack und nach 4 Stunden gesteigertes Wärmegefühl im Gesicht, Erkalten der Füsse und Spannung im Unterleibe erfolgte, 2 Stunden später Ermüdung und Abspannung, schlechter Schlaf, bald durch beunruhigende Träume, bald durch heftiges Aufstossen und Uebelkeit, sowie durch Stuhldrang unterbrochen, bei unveränderter Pulsfrequenz und Respiration, sowie Freisein des Sensoriums, am folgenden Morgen Abspannung, Appetitlosigkeit und weiche Stuhlentleerung. Nachmittags bei fortdauerndem Unwohlsein 4malige Diarrhoe, ebenso am folgenden Morgen 3 flüssige Entleerungen; erst am 3. Tage verlor sich die gereizte Empfindung im Abdomen. — In einem im Krankenhause Rudolf-Stiftung vorgekommenen Vergiftungsfalle (Ber. 227. 1867) bekam eine 20jährige Köchin nach einer Lösung von 45 Mgm. nach 4 St. Schmerzen in der Magengegend, Erbrechen grünlich gefärbter Massen, sich mehrfach wiederholend, flüssige Stühle, leichte Somnolenz und Collapsus, bei einem Pulse von 96 Schlägen, Pupillenerweiterung ad maximum, zeitweises convulsivisches Zucken der rechten Hand, reissende Schmerzen im Gesicht, besonders starke Empfindlichkeit in der Magengegend, Blutbrechen, 9—10 Tage wiederkehrend. Die von Casper als letale Dosis angenommene Menge von 0,025—0,03 ist hiernach zu niedrig gegriffen.

Physiologische Wirkung. Das anasthetische Stadium des Colchicismus, dem bisweilen gesteigerte Erregung (Schmerzhaftigkeit) vorausgeht, hat seine Ursache in Beeinträchtigung der grauen Substanz des Grosshirns und der reflexvermittelnden Apparate im Rückenmarke, auch die gleichzeitigen Bewegungsstörungen sind von den Centren abhängig. Die peripherischen Nerven bleiben lange, die Muskeln sogar länger als das Rückenmark reizbar. Am spätesten stirbt das (auch bei Warmblütern nach $^1/_4$—2 Stunden) nach dem Tode fortpulsirende Herz ab; nur grosse Dosen bewirken, jedoch immer sehr spät, Lähmung der Hemmungsapparate. Erst kurz vor dem Tode sinkt der Blutdruck. (Rossbach). Harnack (Arch. exp. Pathol. 3. 44) vindicirt dem Colchicin eine muskellähmende Wirkung bei Fröschen, welche jedoch erst spät und bei Elimination. grossen Dosen (0,05) eintritt. Das Colchicin wird im Organismus zum grössten Theile rasch zersetzt; ein Theil wird durch den Harn, ein noch grösserer durch den Darm eliminirt (Dragendorff und Speyer). Die Angabe Aschoff's, wonach er das Colchicin bei einer mit 0,1 vergifteten Katze in Blut, Herz, Leber und Lungen nachgewiesen habe, erscheint hiernach zweifelhaft; dagegen ist es in Nieren und Dickdarm nachweisbar.

Behandlung d. Vergiftung. Die Behandlung der Colchicinvergiftung ist nach den allgemeinen Regeln einzurichten. Als Antidotum chemicum macht die Gerbsäure Anspruch auf Anwendung, um so mehr, als dieselbe auch der Diarrhoe entgegenzuwirken im Stande ist; doch sind die Erfahrungen über deren antidotarischen Werth bei Thieren nicht ganz harmonirend (Aschoff, Bley). Symptomatologisch dürfte bei starker Diarrhoe Opium am Platze sein; in Fällen, wo die Diarrhoe fehlt, ist es vielleicht indicirt, zur Beseitigung des noch nicht resorbirten Colchicins milde Purganzen (Calomel, Ricinusöl) in Anwendung zu bringen. In dem Wiener Vergiftungsfalle stillte Caffee das Erbrechen, Salep mit Opium den Durchfall, Eis innerlich die Magenschmerzen.

Es liegt nahe, dem Colchicin wie die giftigen so auch die therapeutischen Wirkungen der Herbstzeitlose zuzuschreiben und dasselbe bei rheumatischen und gichtischen Affectionen, sowie bei Morbus Brighti, in welchen Krankheitszuständen von verschiedenen Aerzten, namentlich Englands, die Colchicumpräparate gradezu als Specifica empfohlen sind, in Gebrauch zu ziehen. Es scheint das Mittel zuerst von Guensburg in Breslau angewendet zu sein, der es bei älteren Kranken, welche an Gicht litten, während der schmerzhaften Paroxysmen zu 0,001 3mal täglich gebrauchen liess, welche Dosen bereits als intensiver Darmreiz sich bewährten (auch bei bestehender Obstipation) und bei 3—4 wöchentlichem Gebrauche ein längeres, oft jahrelanges Hinausschieben der Gichtanfälle zu Wege brachten. Während Guensburg bei acutem Gelenkrheumatismus vom Colchicin keine Erfolge sah, zog es Skoda bei dieser Affection allen übrigen Mitteln vor, indem es sowohl die Schmerzen mindere, als den entzündlichen Process abschwäche. Die günstige Wirkung soll erst am 2. oder 3. Tage mit den Stuhlentleerungen auftreten, doch nicht durch letztere bedingt sein. Im Krankenhause Rudolph-Stiftung fand man C. besonders nach der Höhe der Krankheit bei Wiederkehr der Schmerzen nützlich.

Therapeutisch ist das neuerdings in Oesterreich officinelle Colchicin zu 0,001 bis 0,003 zu geben, am besten wegen der Bitterkeit in Pillenform. Schroff und Skoda empfehlen Lösung, Ersterer in aromatischem Wasser mit der Bemerkung, dass, wenn cumulative (drastische) Wirkung eintrete, für einige Zeit auszusetzen sei (Colchicini 0,1 Aq. Menth. pip. 20,0 3mal tägl. 5—10 Tr.), Skoda in Aq. dest. (0,06 in 8—12 Gm. unter Zusatz einiger Tropfen Spir. vini, davon 2—3mal täglich 5 Tropfen, mit einer grossen Quantität Wasser, um die Bitterkeit erträglich zu machen, verdünnt), wobei er, hervorhebt, dass, falls Erbrechen bei besonders sensiblen Personen erfolgt, die Dosis verringert werden müsse. Lorent injicirte es subcutan zu 0,006, worauf sich aber sehr heftige Schmerzen und Reizung an der Applicationsstelle einstellten; doch war das Präparat ölartig, bräunlich und somit von dem Colchicin von Merck u. A. verschieden.

Die Versuche, welche Oberlin (Essai sur le colchique d'automne. Strasb. 1857. Compt. rend. XLIII. 1199) mit seinem Colchiceïn anstellte, zeigen eine die des Colchicins übertreffende toxische Wirkung dieses Stoffes; 0,01 Gm. tödtete Kaninchen in 10—12 Stunden, während bei der Dosis von 0,05 rasch vollständige Paralyse und Tod in einigen Minuten erfolgte. Nach Hertel wirken Colchicin, Colchiceïn und Colchicoresin gleich giftig und zu 0,1 auf Hunde und Katzen letal.

Veratrum und Sabadilla.

Die beiden Gattungen Veratrum und Sabadilla, besonders Veratrum album und viride, Sabadilla officinarum enthalten eine Anzahl Alkaloïde, Veratrin, Veratroïdin, Jervin, Cevadin, Cevadillin, Sabadillin, Sabatrin u. A., ausserdem Veratrinsäure, Sabadillsäure, Jervasäure.

Wenn auch die chemische Charakteristik der verschiedenen Alkaloïde, Säuren und sonstigen Bestandtheile der erwähnten Gattungen noch nicht vollkommen klar gestellt ist, so darf wohl von vornherein ausgesprochen werden, dass die Gattung Sabadilla vorwiegend Veratrin neben Sabadillin, Sabatrin, Cevadin und Cevadillin enthält, während Veratrum Jervin und Veratroïdin führt. Es möge in Nachstehendem der Versuch gemacht werden, in chronologischer Anordnung das reiche Material, welches die Literatur bietet, in übersichtlicher Darstellung zu geben.

Veratrin. $C_{32} H_{52} N_2 O_8$. — Literatur: Chemische: Meissner, Schweigg. Journ. **25**. 377. — Pelletier und Caventou, Ann. Chim. Phys. (2) **14**. 69. — Pelletier, Ann. Chim. Phys. (2) **24**. 163. — Merck, Trommsdorff's N. Journ. **20**. 1. 134. — O. Henry, Journ. Pharm. (2) **18**. 663. — Righini, Journ. Pharm. (2) **23**. 520; .Repert. Pharm. **63**. 87 — Couerbe, Ann. Chim. Phys. (2) **52**. 368. — Vasmer, Arch. Pharm. (2) **2**. 74. — E. Simon, Repert. Pharm. **65**. 195; Poggend. Ann. **43**. 403. — A. Delondre, Journ. Pharm. **27**. 417. — G. Merck, Ann. Chem. Pharm. **95**. 200. — G. A. Masing, Beiträge für den gerichtlich-chemischen Nachweis des Strychnins und Veratrins etc. Dorpat. 1869. — Weigelin, Untersuchungen über die Alkaloïde des Sabadillsamens. Dorpat. 1871. — Weppen, Beiträge zur chem. Kenntniss des rhizoma Veratri albi, Dissertation. Göttingen 1872. — Mitschells, Proc. amer. pharm. Ass. 1874. 397. — Bullock, amer. Journ. Pharm. **5**. 47. — Wormley, amer. Journ. Pharm. **48**. 1. — Schmidt & Köppen, Berl. Ber. **9**. 1115. — Tobien', Dissertation Dorpat. 1877. — Wrigt & Luff, Pharm. Journ. Trans. **8**. 1012. Journ. chem. Soc. **35**. 405. 387. — Körner, Gazz. chim. **6**. 132, Berl. Ber. **9**. 582. — O. Hesse, Ann. Chem. Pharm. **192**. 186.

Medicinische: Magendie, Formulaire. Ed. 9. 151. — Turnbull, An investigation into the remarkable medicinal effects resulting from the external application of Veratria. London. 1834; On the medical properties of the natural order Ranunculaceae etc. London. 1835. — Ebers, Casp. Wchschr. 46—49. 1835. — Esche, De Veratrini effectibus. Lips. 1836. — Forcke, Physiologisch-therapeutische Untersuchungen über das Veratrin. Hannover. 1837. — Ganger, über die Veratrine. Tübingen. 1839. — Roëll, De Veratrino ejusque usu medico obss. clinicis investigato. Trajecti ad. Rhen. 1837. — Reiche, Preuss. Ver. Ztg. 23. 1839. — Gebhardt, Ztschr. Pharmacodyn. 1. 160. 1844. — Piédagnel, Bull. de. Thérap. **43**. 141. — Aran, ibid. **45**. 5. u. 385. — v. Praag, Arch. path. Anat. 7. 252. — Koelliker, ibid. **10**. 257. — Leblanc und Faivre, Gaz. méd. 12. 14. 1855. — Schroff, Prag. Vtljschr. **63**. 95. — Ritter, Deutsche Klin. 14. 16. 1860. — Guttmann, Arch. Anat. Phys. 495. 1866. — v. Bezold und L. Hirt, Wzbg. physiol. Unters. II. 1. 73. — L. Hirt, Veratrinum quam habeat vim in circulationem, respirationem et nervos motorios. Vratislav. 1867. — Prévost, Gaz. méd. Paris. 5. 8. 11. 1868. — Oulmont, Bull. Acad. méd. **33**. 1344; **34**. 1003; Gaz. hebd. 3. 7. 1868. — Mossel, Essai sur la Vératrine. Paris. 1868. — Linou, Essai sur le Vératrum viride comme agent antipyrétique. Strasb. 1868. — Amory, Boston. med. Journ. 181. 203. 1869. — Alt, Deutsches

Arch. klin. Med. 9. 130. 1871. — Böhm, Studien über Herzgifte. 1871. — Heiland, Einiges über Veratrin und seine Anwendung in der Göttinger Klinik. Gött. 1873. — Böhm und Fick, Würzb. Vhdl. 198. 1872. — Ott, Cocain, Veratrin und Gelsemium. Philad. 1874. — Rossbach, Würzb. Vhdl. 6. 163. 1874. Pflüger's Arch. 13. 607. 1876.

Dieses 1818 von Meissner im Sabadillsamen und unabhängig von ihm 1819 von Pelletier und Caventou sowohl im Sabadillsamen als auch in der weissen Niesswurz angeblich aufgefundene Alkaloïd kommt in den Samen von *Sabadilla officinalis Brandt s. Veratrum officinale Schlecht., s. Asagraea officinalis Lindl.* begleitet von Sabadillin und anderen Alkaloïden vor. Entdeckung u. Vorkommen.

Zur Darstellung dient ausschliesslich Sabadillsamen. Aeltere Vorschriften zur Verarbeitung desselben auf Veratrin rühren von Meissner, Pelletier und Caventou, Vasmer, Henry, Simon und Righini her. — Nach Merck kocht man die zerkleinerten Samen wiederholt mit säurehaltigem Wasser aus, verdampft die Auszüge zur Syrupsconsistenz, fügt dann so lange conc. Salzsäure hinzu, als dadurch noch Trübung bewirkt wird, filtrirt, versetzt mit überschüssigem Aetzkalk und kocht den entstandenen Niederschlag mit Weingeist aus. Den Verdunstungsrückstand der weingeistigen Lösung nimmt man dann in verdünnter Essigsäure auf, fällt diese Lösung mit Ammoniak, behandelt das immer noch nicht rein ausfallende Veratrin mit Aether, der eine braune Substanz zurücklässt, und verdunstet endlich die ätherische Lösung. — Couerbe extrahirt mit kochendem schwefelsäurehaltigem Wasser, fällt den Auszug mit Kali oder Ammoniak, entfärbt die weingeistige Lösung des Niederschlags mit Thierkohle, verdunstet sie dann, nimmt den Rückstand in sehr verdünnter Schwefelsäure auf, fügt zur Lösung tropfenweise Salpetersäure, die eine schwarze klebrige Masse abscheidet, fällt die davon klar abgegossene Flüssigkeit mit verdünnter Kalilauge, löst den Niederschlag in kochendem Weingeist, verdunstet die Lösung zur Trockne, entfernt aus dem hinterbleibenden unreinen Veratrin durch Auskochen mit Wasser beigemengtes Sabadillin und Resinigomme de Sabadilline (s. Sabadillin) und behandelt es darauf mit Aether, der reines Veratrin löst und ein stickstoffhaltiges Harz (Couerbe's „le Veratrin") zurücklässt. — Am einfachsten ist das Verfahren von Delondre. Man behandelt den Sabadillsamen im Verdrängungsapparate zuerst mit säurehaltigem, dann mit reinem Wasser, fällt die vereinigten Auszüge mit Kalilauge, zerreibt den gewaschenen und getrockneten Niederschlag, behandelt ihn 4 Stunden mit seinem doppelten Gewicht Aether, darauf noch einige Zeit Darstellung:
nach Merck:

nach Couerbe;

nach Delondre.

mit der halben Aethermenge, verdunstet die vereinigten ätherischen Lösungen und trocknet das rückständige Veratrin im Wasserbade.

Darstellung von krystallisirtem Veratrin. Nach G. Merck kann man aus dem nach einer der obigen Methoden dargestellten käuflichen Veratrin halbzollgrosse Krystalle darstellen, wenn man eine verdünnte Auflösung desselben in möglichst wässrigem Weingeist in gelinder Wärme verdampft, das gemengt mit einer braunen harzigen Substanz sich ausscheidende. krystallinische Pulver durch Waschen mit kaltem Weingeist von jener befreit, es dann in starkem Weingeist löst und diese Lösung der freiwilligen Verdunstung überlässt. Im Verhältniss zum angewendeten amorphen Veratrin ist die Ausbeute an Krystallen jedoch eine geringe.

Ausbeute. Die Ausbeute an pulvrigem Veratrin aus dem Sabadillsamen beträgt nach Vasmer etwa 0,3%, nach Righini 0,4%

Eigenschaften. Das käufliche Veratrin ist ein weisses oder graulichweisses, unter dem Mikroskop krystallinisch erscheinendes Pulver. G. Merck erhielt es (s. oben) in bis $\frac{1}{2}$ Zoll langen vollkommen farblosen durchsichtigen rhombischen Prismen, die an der Luft durch Verwitterung porcellanartig und zerreiblich wurden und daher vielleicht Krystallwasser enthielten. Das Veratrin ist geruchlos, erregt aber, wenn auch nur in der kleinsten Menge in die Nase gelangend, das heftigste Niesen. Es schmeckt sehr scharf und brennend, nicht bitter. Es reagirt alkalisch. Nach Couerbe schmilzt es etwa bei 115° zu einer ölartigen Flüssigkeit, die beim Erkalten zu einer gelben durchscheinenden Masse erstarrt. In höherer Temperatur wird es bei raschem Erhitzen zersetzt. Von kaltem Wasser wird es so gut wie gar nicht gelöst, dagegen nach Pelletier und Caventou von 1000 Theilen kochendem Wasser. G. Merck's Krystalle trübten sich in kochendem Wasser und verloren ihre Form, ohne zu schmelzen und sich zu lösen. In gewöhnlichem Weingeist löst es sich sehr leicht (nach Cap und Garot in $1\frac{1}{2}$ Th., nach Delondre in 11 Theilen von 36°), in absolutem nach Fröhner fast in jedem Verhältniss. Von Aether, der es nach Pelletier und Caventou etwas schwieriger löst als Weingeist, sind nach Fröhner 10 Th., von Chloroform nach Pettenkofer 1,6 Th. zur Lösung erforderlich. Amylalkohol und Benzol lösen es gut, Petroleumäther. Glycerin und fette Oele schwieriger. Die Lösungen besitzen nach Buignet kein Rotationsvermögen.

Zusammensetzung. Von Pelletier und Dumas wurde für das Veratrin die Formel $C_{50}H_{24}NO_6$, von Couerbe die Formel $C_{34}H_{21}NO_6$ aufgestellt. G. Merck, welcher getrocknete Veratrinkrystalle analysirte, gelangte zu der oben angeführten Formel $C_{82}H_{52}N_2O_8$.

Das Veratrin löst sich leicht in verdünnten Säuren und neu- Ver-
bindungen.
tralisirt dieselben vollständig unter Bildung von meistentheils gummiartigen Salzen. — Löst man überschüssiges Veratrin in verdünnter Schwefelsäure, so trocknet die Lösung im Exsiccator zu einer farblosen zerreiblichen
gummiartigen Masse von neutralem schwefelsaurem Veratrin,
$2\,C_{32}H_{52}N_2O_8, SH_2O_4 + H_2O_4$, ein (G. Merck). Erhitzt man dagegen Veratrin
mit überschüssiger verdünnter Schwefelsäure zum Kochen, so setzt das Filtrat
nach einigen Tagen lange zarte Nadeln von saurem schwefelsaurem Veratrin, $C_{32}H_{52}N_2O_8, SH_2O_4 + H_2O$ ab (Couerbe) Chlorwasserstoffsaures
Veratrin konnte von Pelletier und Caventou und von Merck nur
gummiartig dargestellt werden, während Couerbe es (vielleicht ein saures
Salz) in kurzen Nadeln erhalten haben will. Ueberjodsaures Veratrin
scheidet sich nach Langlois (Ann. Chim. Phys. (3) **34.** 278) aus einer mit
Ueberjodsäure versetzten Lösung der Base in Weingeist beim Verdunsten
als butterartige Masse aus, die später harzartig wird und unter dem Mikroskop
kleine Krystalle erkennen lässt. — Der durch überschüssiges Goldchlorid in
wässrigem salzsaurem Veratrin hervorgebrachte schwefelgelbe Niederschlag
von chlorwasserstoffsaurem Veratrin-Goldchlorid, $C_{32}H_{52}N_2O_8,$
$HCl, AuCl_3,$ krystallisirt aus kochendem Weingeist in feinen gelben seideglänzenden Krystallen (G. Merck).

In concentrirter Schwefelsäure löst sich das Veratrin mit Verhalten
gegen
Reagentien.
gelber Farbe, die in etwa 5 Minuten in Orange, dann in Blutroth
und in etwa einer halben Stunde in ein prächtiges Carminroth übergeht. Versetzt man die frische Lösung mit einem Tröpfchen Wasser,
so tritt die carminrothe Färbung sogleich ein, aber meistens weniger
schön. Nach Versuchen von Masing tritt diese Reaction noch bei
0,00034 Grm. Veratrin deutlich und bei 0,00017 Grm. schwach ein.
Tröpfelt man in die frisch bereitete Schwefelsäurelösung etwa ihr
gleiches Volumen Bromwasser, so entsteht sofort eine schöne Purpurfärbung. — In conc. Salzsäure löst sich Veratrin farblos, aber
bei vorsichtigem Erwärmen tritt nach Trapp eine schön dunkelrothe,
wochenlang unverändert andauernde Färbung ein. Diese Reaction
ist nach Masing noch bei 0,00017 Grm. Veratrin sehr deutlich und
besitzt vor der Schwefelsäureprobe namentlich den Vorzug, dass sie
für unreines Veratrin länger erkennbar bleibt, als diese.

Aus den wässrigen Lösungen der Veratrinsalze fällen Ammoniak,
ätzende und einfach-kohlensaure Alkalien das Veratrin in weissen,
im überschüssigen Ammoniak (nicht im Ueberschuss der Alkalien) etwas löslichen, aber beim Kochen sich wieder abscheidenden Flocken, die sich beim
Stehen in mikroskopische Krystallgruppen verwandeln. Bei Anwendung
doppelt-kohlensaurer Alkalien tritt in sauren Lösungen erst dann
Fällung ein, wenn die freigewordene Kohlensäure entwichen ist. — In verdünnten Veratrinsalzlösungen erzeugt ferner Phosphormolybdänsäure
hellgelben flockigen, Phosphorantimonsäure schmutzig weissen, Pikrinsäure gelben amorphen Niederschlag, während Gerbsäure erst nach
22 Stunden Flöckchen abscheidet, die sich in warmer Salzsäure lösen, aber

beim Erkalten wiederkehren. Jod-Jodkalium giebt kermesfarbigen, Kalium-quecksilberjodid gelbweissen amorphen Niederschlag; Kaliumkadmiumjodid, Platinchlorid und Quecksilberchlorid erzeugen nur in conc. Lösungen Fällungen, Goldchlorid bringt dagegen schon bei grosser Verdünnung hellgelben amorphen Niederschlag hervor.

Gerichtlich-
chemischer
Nachweis.

Die Isolirung des Veratrins aus organischen Materien gelingt mit Hülfe des Stas-Otto'schen oder Dragendorff'schen Verfahrens leicht; auch die Erkennung mittelst der Schwefelsäure- oder Salzsäureprobe bietet keine Schwierigkeiten dar. — Unterwirft man nach Helwig Veratrin der Microsublimation (vergl. S. 42), so erhält man zuerst ein zartes grünliches Sublimat, das bei 160 facher Vergrösserung aus Nadelsternen, Rechtecken und Blättchen bestehend erscheint, dann dichtere amorphe Anflüge.

Ersteres wird durch Wasser nicht wesentlich verändert, Ammoniakflüssigkeit verwandelt es in Oeltröpfchen, während verdünnte Salz- und Schwefelsäure neue Krystallformen entstehen lassen.

Aus einer Reihe sorgfältiger an Thieren ausgeführter Untersuchungen zieht Masing den Schluss, dass, da bei Veratrinvergiftungen in Folge starken Erbrechens der Mageninhalt sehr arm sein kann, die Expertise besonderen Werth auf die Untersuchung von Herz und Lungen und in zweiter Linie von Blut und Harn zu legen hat, dass dagegen Leber und unterer Dünndarm unberücksichtigt bleiben können.

Nachdem im Vorstehenden die chemische Charakteristik des Veratrin's nach den Beobachtungen bis zum Jahre 1870 im Wesentlichen gegeben sind, lassen wir ebenso die früheren Angaben über die Begleiter des Veratrins zunächst folgen:

Jervin. $C_{30} H_{46} N_2 O_3$. — $C_{27} H_{46} N_2 O_3$ (Tobien). — Literat.: E. Simon, Poggend. Annal. **41.** 569; Arch. Pharm. (2) **29.** 186. — Will, Ann. Chem. Pharm. **35.** 116.

Das Jervin (der Name ist von *Jerva*, der spanischen Bezeichnung der Wurzel, hergenommen) wurde 1838 von Simon in der weissen Niesswurz aufgefunden, in welcher er das Veratrin begleitet. Zur Darstellung kocht man nach Simon das weingeistige Extract der Wurzel wiederholt mit salzsäurehaltigem Wasser aus, fällt die filtrirte Flüssigkeit mit reinem schwefelsäurefreiem kohlensaurem Natron, behandelt die weingeistige Lösung des Niederschlages mit Thierkohle und destillirt daraus den grössten Theil des Weingeists ab. Die rückständige Flüssigkeit erstarrt beim Erkalten zu einem Krystallbrei, der, nachdem er zur Entfernung des in der Mutterlauge steckenden Veratrins abgepresst, nochmals mit Weingeist angefeuchtet und wiederum abgepresst ist, ziemlich reines Jervin liefert. Um auch das neben dem Veratrin in der Mutterlauge gebliebene Jervin zu gewinnen, bringt man diese zur Trockne und kocht den Rückstand einige Mal mit verdünnter

Schwefelsäure aus. Es geht alsdann schwefelsaures Veratrin in Lösung, während schwer lösliches schwefelsaures Jervin zurückbleibt, das durch Kochen mit kohlensaurem Natron zerlegt werden kann.

Das Jervin bildet weisse Krystalle mit 2 At. Krystallwasser ($2 H_2O$). Es schmilzt beim Erhitzen zu einem wasserhellen Oel und beginnt bei 200° sich zu zersetzen. In Wasser löst es sich kaum, dagegen ziemlich gut in Weingeist (Will), schwer löslich in Benzol. Schmpkt. 194° (Bulsok.) 204° (Mitschel). Concentrirte Schwefelsäure färbt Jervin rasch gelb, später grün, Rohrzuckerzusatz zu dieser Lösung färbt blau. Salzsäure färbt Jervin beim Erwärmen gelb. — Von seinen Salzen sind das phosphorsaure und essigsaure Salz leicht löslich, das salzsaure, salpetersaure und namentlich das schwefelsaure schwer löslich. Das Platindoppelsalz, $C_{30} H_{48} N_2 O_3$, $H Cl$, $Pt Cl_2$, wird durch Platinchlorid aus essigsaurem Jervin als hellgelber Niederschlag gefällt (Will). — Phosphormolybdänsäure fällt aus der Lösung des Acetats hellgelbe Flocken (Sonnenschein).

Will legte dem Jervin auf Grund seiner Analysen die Formel $C_{60} H_{45} N_2 O_5$ bei. Die von Limpricht in seinem Lehrbuch und Kraut in Gmelin's Handbuch angenommene Formel $C_{30} H_{46} N_2 O_3$ entspricht dem Gesetz der paaren Atomzahlen und ist mit Will's Analysen in befriedigender Uebereinstimmung.

Sabadillin. $C_{20} H_{26} N_2 O_5$.

— Dieses Alkaloid wurde 1834 von Couerbe (Ann. Chim. Phys. (2) 52. 376) entdeckt. Es findet sich neben Veratrin und einer dritten harzartigen Salzbase, Couerbe's Monohydrate oder Résinigomme de Sabadilline, im Sabadillsamen. — Couerbe erhielt es aus dem zum Auskochen des nach seiner Methode bereiteten rohen Veratrins (s. dieses) benutzten Wasser, welches beim Erkalten zuerst Krystalle des Sabadillins, dann beim Concentriren röthliche, harzig erstarrende Oeltropfen des Résinigomme absetzte. Delondre beobachtete gleichfalls die Bildung von mit Résinigomme verunreinigten Sabadillinkrystallen, als er die nach seiner Darstellungsmethode des Veratrins (s. dieses) von dem mit Kali niedergeschlagenen rohen Veratrin getrennte Flüssigkeit zur Trockne brachte, den Rückstand nach Entfernung des noch vorhandenen Veratrins durch Aether mit kaltem Wasser auszog und die Lösung langsam verdunstete. — Auch Hübschmann (Viertelj. pract. Pharm. 1. 598) hat in dem in Aether unlöslichen Theile eines käuflichen Veratrins Sabadillin nachgewiesen.

Das Sabadillin bildet weisse kleine büschlig vereinigte, anscheinend sechsseitige Nadeln von scharfem Geschmack und stark alkalischer Reaction (Couerbe). Es reizt nach Hübschmann nicht zum Niesen. Bei 200° schmilzt es, nachdem es bei 180° 2 At. Krystallwasser verloren hat, zu einer braunen harzähnlichen Masse und wird in höherer Temperatur zersetzt (Couerbe). Von kochendem Wasser erfordert es nach Hübschmann 143 Th. zur Lösung und krystallisirt daraus, während es aus Weingeist, der sein mehrfaches Gewicht davon löst, nicht krystallisirt erhalten wird; in Aether ist es ganz unlöslich (Couerbe). Ein schwefelsaures Salz ist von Couerbe dargestellt worden. — Concentrirte Schwefelsäure und Salpetersäure zersetzen das Sabadillin.

Das eben erwähnte Monohydrate oder Résinigomme de Sabadilline hat nach Couerbe die Formel $C_{20} H_{28} N_2 O_9$. Es ist ein bei 165° Résinigomme de Sabadilline.

schmelzendes rothes Harz von scharfem Geschmack und stark alkalischer
Reaction, das sich leicht in Wasser und Weingeist, aber kaum in Aether
löst, und mit den Säuren amorphe Salze bildet (Couerbe).

Arbeiten von Weigelin.

Die folgenden Referate über die Arbeiten der letzten Jahre
werden, wenn auch nicht zur vollständigen Klärung, doch zur
Orientirung über die Veratrum und Sabadillaalkaloïde beitragen:

Weigelin hat aus Sabadillsamen 3 Alkaloïde isolirt, Sabadillin, Sabatrin und Veratrin genannt und gleichzeitig nachgewiesen, dass von Veratrin eine in Wasser lösliche Modification
existirt und die erwähnten 3 Basen auch im käuflichen Veratrin
und Sabadillin gemengt vorkommen. Die Methode der Darstellung
dieser 3 Alkaloide ist folgende: Die zerstossenen Samen werden
2 mal mit schwefelsäurehaltigem Wasser ausgekocht, durch Ausschütteln mit Chandorin von Fett befreit, concentrirt und mit dem
3 fachen Volumen Alkoholes vermischt, die erhaltenen Ausscheidungen
abfiltrirt, das Filtrat destillirt und der erhaltene Rückstand mit Ammon
heiss gefällt. Der Niederschlag wird wiederholt in schwefelsäurehaltigem Wasser gelöst, mit Ammon gefällt, mit Aether behandelt,
und am besten durch wiederholtes Lösen in Alkohol und Wiederausfällen gereinigt.

Die so erhaltene Substanz wird Veratrin genannt. Das
Filtrat, durch die Ammonfällung erhalten, giebt an Amylalkohol
einen Körper ab, der als schwarzer Rückstand nach dem Verdunsten
zurückbleibt, der in schwachem Alkohol löslich ist, nach dem Behandeln mit Thierkohle, mit Ammoniak versetzt, eine harzige Masse
lieferte, die an Aether einen gelben Körper abgab, Sabatrin und
einen Körper noch enthielt, der nach der Extraction mit Aether in
Wasser löslich war (Sabadillin).

Weigelin giebt seinem Veratrin die Formel $C_{104} H_{172} N_2 O_{30}$,
dem Sabatrin die Zusammensetzung $C_{102} H_{172} N_2 O_{34}$ und dem
Sabadillin die Formel $C_{82} H_{132} N_2 O_{26}$. —

Weppon's Veratramarin, Jervasäure.

Weppen untersuchte den Knollenstock von Veratrum album
und weist nach, dass derselbe neben Jervin und Veratrin (?) noch
einen stickstofffreien Bitterstoff enthält, ferner, dass die Säure, welche
Pelletier und Caventou für Gallussäure erklärten, eine neue Säure
sei, Jervasäure. Bezüglich der letzten sei erwähnt, dass dieselbe
aus dem wässrigen Extracte der Knollen mittelst Bleiacetat gefällt
wurde, welcher Niederschlag nach 14 tägigem Stehen mit Schwefelwasserstoff zerlegt und die wässrigen Filtrate nun zum Verdampfen
gebracht wurden. Durch wiederholtes Behandeln des erhaltenen
Rückstandes in analoger Weise wurde endlich die Jervasäure als
weisses, krystallinisches Pulver erhalten, löslich in Wasser, un-

löslich in Aether, Chloroform, Petroleumäther, Amylalkohol etc., schwerlöslich in Alkohol. Ihre Formel wird zu $C_{28} H_{20} O_{24} + 4 H_2 O$ angenommen als 4 basische Säure. —

Mitchell weist nach, dass das von Bullock aufgestellte Alkaloïd Viridin in Veratrum viride nichts Anderes ist, als Jervin und sucht die Mengen von Veratroïdin und Jervin im Veratrum viride und album festzustellen. —

Bullock (Americ. Journ. Pharm. **47.** 449) isolirte aus der Wurzel von Veratrum viride auf folgende Weise eine alkaloïdähnliche Substanz „Veratroïdin.“ Veratroïdin.

Das Fluidextract der Wurzel wurde mit Essigsäure enthaltendem Wasser vermischt, das Harz abfiltrirt und die Flüssigkeit nach der Concentration mit Natronlauge gefällt. Das getrocknete und gepulverte Harz wurde mit essigsäurehaltigem Wasser digerirt und mit Soda gefällt und diese Manipulation wiederholt. Dieses Produkt wurde in Alkohol gelöst, mit Thierkohle gereinigt, und zur Trockne gebracht. Der Rückstand gab an Aether eine Substanz ab, die beim Verdunsten des Aether's krystallinisch zurückblieb, das „Veratroïdin“ (siehe S. 386).

Schmidt und Köppen waren bestrebt, die Angaben der Formeln und Basicität von Merck und Weigelin festzustellen, ebenso auch die Beziehungen des krystallisirten Veratrins zum käuflichen und dem in Wasser löslichen. Arbeiten von
Schmidt und
Köppen.

1) Das krystallisirte Veratrin besitzt Schmpkt. 205°, giebt mit Platinchlorid, Goldchlorid, Quecksilberchlorid, sowie mit H Cl und $H_2 SO_4$ Salze von constanter Zusammensetzung und besitzt die Formel: $C_{32} H_{50} NO_9$.

2) Das amorphe Veratrin, das sich beim Fällen saurer Veratrinlösungen mit Ammoniak bildet, indem der Niederschlag beim Auswaschen sich wieder löst und aus dieser Lösung aber beim Erhitzen amorph ausfällt, hat dieselbe Zusammensetzung wie das krystallisirte und ist neben dem krystallisirten Bestandtheil des käuflichen.

3) Die verschiedensten käuflichen Alkaloïde zeigten dieselbe Zusammensetzung, wie oben angegeben und dieselben physikalischen Eigenschaften, amorph, weiss, Schmpkt. 150—155°, unlöslich in Aether. Käufliches
Veratrin.

Flückiger (Pharmac. Chem. S. 391) schildert die Eigenschaften und Charakteristik des käuflichen Veratrin's folgendermassen: Veratrin ist amorph (das krystallisirte ist meistens Cevadin), Schmpkt. 150—155°, (krystallisirte 205°), löslich in Chloroform, Weingeist, weniger leicht in Aether, Benzol, Schwefelkohlenstoff,

Amylalkohol, schwer löslich in Wasser (1560 Thle. lösen 1 Thl. Veratrin). Conc. Schwefelsäure wird mit Veratrin gelb, bald rothgelb, schliesslich in Roth mit violettem Tone übergehend, diese Lösungen fluoresciren, noch in verdünntem Zustande, grünlichgelb, auch die rohe Salzsäurelösung zeigt wenig dieses Verhalten. Rohrzucker mit dieser Schwefelsäurelösung in Berührung gebracht, erzeugt blaue Färbung. —

Alkaloïde von Veratrum nach Tobien. Tobien, der sich mit der Untersuchung der Species Veratrum album, Lobelianum und viride beschäftigte, constatirte vor Allem die Thatsache, von Maisch, Dragendorff u. A. schon beobachtet, dass diese 3 Species kein Veratrin enthalten, sondern zunächst *Jervin.* Jervin, welches mit Hilfe der Extraction der Rhizome mittelst phosphorsäurehaltigem Wasser in blendend weissen Nadeln erhalten wurde, von der Formel $C_{27} H_{46} N_2 O_8$, schwer löslich in Wasser, leicht löslich in Alkohol, weniger leicht in Chloroform, Amylalkohol, Benzin, Aether, fällbar aus seinen Lösungen durch Salpeter und Mineralsäuren. —

Veratroïdin. Tobien stellte ferner aus diesen 3 Pflanzen Veratroïdin her, und zwar aus den Filtraten, nach Ausfällung des Veratrins mittelst kohlensaurem Natron, Salpeter oder Säuren, indem dieselben mit Alkali übersättigt, mit Chloroform wiederholt ausgeschüttelt, und diese Auszüge verdampft wurden. Die Verdampfungsrückstände werden in essigsaurem Wasser wieder aufgenommen, der Rest des Jervins mit Salpeter abgeschieden und wieder mit Chloroform ausgeschüttelt.

Das Veratroïdin ist meist amorph, krystallisirt aus Aether und Alkohol, zeigt die Schwefelsäurereaction, wird mit Rohrzucker nicht blau, färbt sich mit conc. Salzsäure vorübergehend rosa (Unterschied von Veratrin, Sabatrin, Sabadillin), ist unlöslich in Petroleumäther, löslich in Alkohol, Aether, Chloroform, Benzin, Amylalkohol. Seine Zusammensetzung 63 % C., 8,02 H., 3,02 N, entsprechend $C_{51} H_{78} N_2 O_{16}$. (Ausbeute aus V. lobel. frisch 0,018 —0,032 %, aus V. alb. trocken 0,03 %.)

Tobien stellt die Formeln der Alkaloïde in folgender Weise zusammen:

Veratrin	$C_{52} H_{86} N_2 O_{15}$ (Weigelin).
Veratroïdin	$C_{51} H_{78} N_2 O_{16}$ oder
	$C_{24} H_{37} NO_7$ (Tobien).
Sabatrin	$C_{51} H_{86} N_2 O_{17}$ (Weigelin).
Sabadillin	$C_{41} H_{66} M_2 O_{13}$ (Weigelin).
Jervin	$C_{27} H_{47} N_2 O_8$ (Tobien).

O. Hesse discutirte die von Weigelin und Köppen ange-gebenen Formeln für Veratrin, Sabatrin und Sabadillin und kam mit Berücksichtigung der von den betreffenden Forschern gefundenen Zahlen der Analysen zu den Formeln:

Veratrin $C_{32} H_{51} NO_9$, Sabatrin $C_{26} H_{45} NO_9$, Sabadillin $C_{21} H_{35} NO_7$.

A. Wright und Luff haben ebenfalls die Alkaloïde der Gattungen Sabadilla und Veratrum zum Gegenstand ihrer Studien gemacht. *(Arbeiten von A. Wright u. Luff über Sabadilla und Veratrum.)*

I. Sabadilla officinarum. Der pulverisirte Samen dieser Pflanze wurde mit weinsäureenthaltendem Alkohol extrahirt, der Aus-zug verdampft, das sich ausscheidende Harz beseitigt und die Flüssig-keit wiederholt mit Aether ausgeschüttelt. Aus den ätherischen Lösungen wurden abgeschieden:

1) Veratrin (Couerbe's Veratrin) $C_{37} H_{53} NO_{11}$, mit Kali Dimethylprotocatechusäure und eine Base Verin $C_{28} H_{45} NO_3$ liefernd. *(Verin.)*

2) Cevadin (Merck's Veratrin) $C_{32} H_{49} NO_9$, mit Alkalien Methylcrotonsäure (Pelletier und Caventou's Cevadinsäure), und eine neue Base Cevin liefernd, $C_{27} H_{43} NO_8$. Die Constitution des Cevadins dürfte sein: $C_{27} H_{41} NO_6 (OH) . O . CH . C (OH_3)_2$. *(Cevadin.)*

3) Cevadillin, amorphe Base von der Formel $C_{34} H_{53} NO_8$, von einiger Aehnlichkeit mit Weigelin's Sabadillin, das die Forscher nicht nachweisen konnten. *(Cevadillin.)*

II. Veratrum album. Die Rhizome wurden mit weinsäure-haltigem Alkohol extrahirt, concentrirt, vom Harz befreit, mit Alkali versetzt und mit Aether ausgeschüttelt. Die ätherische Lösung ent-hält eine bisher unbekannte Base Pseudojervin $C_{29} H_{43} NO_7$, Schmpkt. 299°, ein amorphes Alkaloïd, Veratralbin $C_{28} H_{43} NO_5$, Jervin und eine Base Rubijervin, mit Schwefelsäure sich roth färbend, $C_{26} H_{43} NO_2$, Schmpkt. 237°. Die Isolirung dieser Basen geschah durch Ausschütteln der ursprünglichen ätherischen Lösung mit weinsäurehaltigem Wasser, Behandeln mit Natronlauge und nachher mit Aether. Diese ätherische Lösung scheidet Rubijervin ab, während Veratralbin in der Mutterlauge bleibt. *(Pseudojervin. Veratralbin. Rubijervin.)*

III. Veratrum viride. Aus dieser Wurzel isolirten dieselben Verfasser Jervin, wenig Pseudojervin, kein Veratralbin, Spuren von Rubijervin und einen Körper von der Formel des Cevadins.

Ueber die Ausbeute an Alkaloïden in einem Kilogramm Wurzeln wird noch mitgetheilt:

	Jervin	Pseudo-jervin	Rubi-jervin	Vera-tralbin
Veratrum album	1,30	0,40	0,25	2,20
viride	0,30	0,15	0,02	Spur

Wirkung der Veratrumalkaloïde.

— Das Veratrin ist die kräftigst wirkende Substanz in den dasselbe enthaltenden Veratrum - Arten; doch kommen in letzteren neben demselben noch mit toxischen oder therapeutischen Wirkungen begabte basische und nicht basische Stoffe vor. Namentlich wird betont, dass ein vom Veratrin völlig befreites Harz aus Veratrum viride noch antipyretisch wirksam, obschon 5 mal schwächer als Veratrin sei (Linon), ja dass ein solches Harz sogar qualitativ verschieden wirke, indem es Puls, Temp. und Respiration herabsetze, aber nicht wie Veratrin Muskelstarre und tetaniforme Erscheinungen bedinge (Oulmont). Wood erklärt dasselbe jedoch für eine nur irritirend auf den Tract und zu 0,06 beim Menschen brechenerregendwirkende Substanz.

Wirkung des Veratrins. Oertliche Wirkung. Die Wirkung des Veratrins ist theils eine örtliche, theils durch Aufnahme in das Blut vermittelt. Die örtliche Wirkung zeigt sich bei Application auf die äussere Haut des Menschen und auf verschiedene Schleimhäute bei Menschen und Thieren als eine reizende. Auf die äussere Haut in Salbenform oder alkoholischer Lösung eingerieben bewirkt Veratrin eigenthümliches subjectives Wärmegefühl und die Empfindung von Prickeln, sich manchmal bis zu Schmerz steigernd und meist in Gefühl von Kälte und Pelzigsein endigend, ohne dass dabei Veränderung der Hautfarbe entsteht, die, wie auch ein meist frieselähnliches juckendes Exanthem, nur höchst selten und nach längere Zeit hindurch fortgesetztem und wiederholtem Einreiben sich zeigt (Turnbull, Forcke u. A.). In minimalen Mengen auf die Zunge gebracht verursacht es Kratzen im Halse, nach v. Praag nicht so lange wie Delphinin; daneben Vermehrung der Speichelsecretion. Gelangt ein Minimum auf die Nasenschleimhaut, so entsteht anhaltendes Kitzeln und Niesen. So kann unvorsichtiges Oeffnen von Veratrin enthaltenden Gläsern letzteres Phänomen mehrere Stunden hervortreten lassen, z. B. 4 Stunden lang bei v. Praag und seinem Gehülfen. Delondre (Journ. Pharm. Chim. **27.** 419) wurde bei Darstellung des Veratrins von heftigem Niesen befallen, das sich bis zum Nasenbluten steigerte und in Folge der Erschütterung Ermattung bedingte, worauf heftiger Schnupfen, reichliche Salivation, trockner Husten, brennendes Gefühl im Schlunde und plötzliche reichliche Stuhlentleerungen, die von heftigen, vom Scrotum ausgehenden und nach der Leistengegend sich ausbreitenden Schmerzen begleitet waren, folgten. Was die Wirkung auf Magen- und Darmschleimhaut anlangt, so ist die Angabe Magendie's, dass Veratrin sehr heftige Entzündung, besonders in den unteren Partien, errege, durch die Beobachtungen späterer Experimentatoren an Thieren (Esche; v. Praag) und auch an Menschen (Ritter) widerlegt. Residuen von Schleimhautentzündung fand Ritter weder am Tage nach der Darreichung des Veratrins noch 3 Tage nach derselben. Uebrigens treten Brechneigung und Erbrechen, selbst Blutbrechen, sowie Durchfälle, die meist erst nach etwas grösseren Dosen erfolgen und nicht lange anhalten, auch bei endermatischer Application hervor, so dass diese Phänomene als der entfernten Wirkung angehörig zu betrachten sind (Amory und Webb.). — Die Verdauung von Fibrin beeinträchtigt Veratrin in Mengen von 0,1—0,5 : 100,0 Verdauungsflüssigkeit, jedoch weit schwächer als Morphin und Strychnin (Wolberg, Arch. ges. Physiol. **22.** 308).

Die Resorption des Veratrins scheint in geringem Grade von der äusseren Haut aus geschehen zu können; besser erfolgt sie von der Magenschleimhaut aus, von serösen Häuten, wie Pleura, Tunica vaginalis (Magendie), bei angesäuerter Lösung, wie es scheint, auch vom Unterhautbindegewebe. Wie unten angegeben werden wird, ruft die Subcutaninjection in geringeren Dosen physiologische Effecte beim Menschen hervor als die interne. Turnbull giebt an, dass bei fortgesetztem Einreiben das Wärmegefühl und Prickeln von der Applicationsstelle auf die Oberfläche des ganzen Körpers sich ausbreite und dass in einigen Fällen unwillkürliches Zucken der Muskeln des Mundes und der Augenlider eintrete. Forcke sah nach Einreibung von Veratrinsalbe auch in entfernten Theilen, namentlich am Acromion, an Knieen, Ellbogen, Hüften und über den Aesten des Trigeminus Prickeln auftreten, selbst früher als am Orte der Einreibung. Reiche redet von Aufregung des Gefässsystems und von Speichelfluss nach Veratrinreibung. Theilweise findet eine Abscheidung des Alkaloïds durch die Nieren statt (Prévost; Masing und Dragendorff). Der Uebergang des Veratrins in das Blut, sowie seine Elimination durch den Harn ist durch chemische Studien von Masing und Dragendorff erwiesen, welche das Alkaloid in der Leber nicht auffinden konnten. Auch will Prévost im Urin von mit Veratrin vergifteten Kaninchen dasselbe insofern nachgewiesen haben, als das nach Eindampfen des Urins bleibende Residuum bei Fröschen die Zeichen der Veratrinvergiftung bedingte, während ihm in Blut und Eingeweiden der Nachweis auf diese Weise misslang.

Die entfernte Wirkung, welche bei höheren Gaben eine toxische ist, äussert sich, wie es scheint, bei allen Thierclassen auf die nämliche Weise, indem sie ausser der Peristaltik besonders die Musculatur und daneben die Respiration und Circulation betrifft.

Die toxische Wirkung bei Thieren ist durch Magendie, Esche, Forcke, L. v. Praag, Kölliker, Leblanc und Faivre, Schroff, v. Bezold und Hirt, Prévost, Weyland u. A. für Cyprinus Tinca (v. Praag), Rana temporaria und viridis, Lerchen (v. Praag), Tauben und Bachstelzen (Esche), Pferde (Leblanc und Faivre), Kaninchen, Katzen und Hunde festgestellt. Die Angabe Prévost's, dass Rana viridis gegenüber der Rana temporaria eine viel grössere Unempfindlichkeit besitzt, wird von Weyland bestritten. Das Veratrin gehört zu den schon in sehr kleiner Dosis auf Thiere tödtlich wirkenden Alkaloiden, wobei indess die Dosis toxica und letalis durch die Darreichungsform und die Applicationsstelle, auch durch die Reinheit des Präparates modificirt werden. Auch finden selbst bei einzelnen Thierspecies, z. B. Kaninchen, Differenzen in der Receptivität statt (Schroff). — Was die Reinheit des Präparates anlangt, so hat zweifelsohne Magendie ein unreines Veratrinum aceticum benutzt, da bei seinen Versuchen erst 0,25 bei Einspritzung in die Jugularis den Tod eines Hundes in 6 Min. nach Einspritzung der zweiten Hälfte zur Folge hatten, während in v. Praag's Versuchen 0,06 in Alkohol gelöstes Veratrin sofort bei Infusion und in denen von Esche 0,01 in 8 Stunden tödteten. Nach Faivre und Leblanc soll bei Pferden 1 Gm., bei Hunden 0,15—0,25 per os tödtlich wirken; v. Praag tödtete Hunde mit 0,24—0,27 in alkoholischer Lösung vom Magen aus, während auf 0,2 (unaufgelöst oder in verdünnter Essigsäure gelöst und intern applicirt) Erholung erfolgte. Von einer Hautwunde aus wirkt Veratrin in alk. Lösung langsamer und zu 0,23 nicht beim Hunde tödtlich (v. Praag). Katzen können schon durch 0,01 bei Einführung in die Drosselader und 0,015 vom Unterhautbindegewebe aus getödtet werden (Esche). Kaninchen sterben bei interner Einverleibung in der Regel nach 0,03, bisweilen selbst nach 0,005, doch überstehen einzelne 0,03 Veratrin sowohl in alk., als in essigsaurer Lösung (Schroff); 3 Mgm. Veratrin in Essigsäure intern tödten Lerchen in 1 Min., 7 Mgm. unaufgelöst in 3 Min., 2,5 Mgm. gelöst wirken nicht letal (v. Praag).

Die Symptome, welche nach grösseren Dosen bei den einzelnen Wirbelthierclassen beobachtet werden, sind folgende: Bei Fischen bedingen 0,015 von einer Wunde aus Beschleunigung des Athmens, krampfhafte Zuckungen, in verschiedenen Muskelpartien abwechselnd, und Adynamie (v. Praag). Bei Fröschen ist Verlangsamung der Respiration und Beeinträchtigung des Herzschlages constant und gleichzeitig — nach voraufgehenden Brechanstrengungen oder ohne solche — anfallsweise auftretende, oft localisirte Steifigkeit der Muskeln, die besonders bei Bewegungsversuchen sich zeigt und bei Ausdehnung über die gesammte Musculatur das Ansehen von Tetanus hat; die Reflexerregbarkeit ist dabei nicht gesteigert. Auf diese tetaniformen Anfälle folgt rasch Adynamie nnd Muskellähmung. Das Herz stirbt schnell ab und bleibt in Diastole stehen. Bei Vögeln erfolgt rasch grosse Kraftlosigkeit, Anstrengung zum Erbrechen, anfangs keuchende, bei längerer Vergiftungsdauer retardirte und intermittirende Respiration; Opisthotonos ist nicht immer vorhanden; der Tod erfolgt manchmal unmittelbar, meist erst in wenigen Minuten (v. Praag). Bei Säugethieren ist, wie L. v. Praag sich ausdrückt, die anfallsweise, 1—3 Minuten lang auftretende tetanische Steifigkeit der Gliedmassen, aber auch des Rumpfes, Halses, Nackens, Gesichtes, Schlundes, der Augen und selbst des Schwanzes, die in eine tänzelnde Bewegung sich auflöst und von Ruhe gefolgt wird, d. h. das Auftreten von spasmodischen Muskelcontracturen, die durch fibrilläre Zuckungen sich enden und nicht leicht — und dann meist nur local — durch peripherischen Reiz hervorgerufen werden, neben Speichelfluss, Brechanstrengungen, und, wo dies möglich ist, wiederholtem krampfhaften, oft galligen Erbrechen, sowie vermehrter Kothentleerung, die indess bei kleineren Dosen manchmal fehlt, für die Veratrinvergiftung nach interner Application characteristisch. Der Herzschlag ist anfangs beschleunigt, dann verlangsamt, unregelmässig und schwach, die Diurese nicht vermehrt. Die Temperatur sinkt, oft um mehrere Grade. Bei höheren Intoxicationsgraden wird auch die Respiration beengt oder gehemmt. Die Unterscheidung der Veratrinvergiftung in verschiedene Stadien oder Perioden (Leblanc und Faivre) lässt sich deshalb nicht wohl durchführen, weil die Reihenfolge der Symptome nicht überall gleich ist und das Sinken des Pulses 'oft vor dem (meist zuerst beobachteten) Erbrechen und vor der Muskelaffection, oft nach diesen auftritt. Das sensorische Nervensystem scheint bei Säugethieren nicht besonders afficirt zu werden; manchmal wird Mydriasis beobachtet. Die Symptome treten meist schon in 1—2 Min. ein; der Tod auch nach sehr grossen Dosen selten vor 5 Minuten, meist nach $\frac{1}{4}$—1 St. und selbst erst nach einigen Tagen. Der Tod scheint mehr asphyktisch als synkoptisch zu erfolgen (Guttmann).

Besonders characteristische Erscheinungen findet man in der Leiche der mit Veratrin vergifteten Thiere nicht. Esche und L. v. Praag konnten weder Entzündungsproducte im Magen und Darm, noch Contractionen der Gedärme, noch Hyperämie im Gehirn constatiren. Das Blut ist meist flüssig und die Herzhöhlen damit gefüllt. Sectionsbefund bei Thieren.

Nach den physiologischen Versuchen von Kölliker, Guttmann, Bezold und Hirt etc. characterisirt sich die entfernte Wirkung des Veratrins folgendermassen: Das Veratrin wirkt in eigenthümlicher Weise auf sämmtliche quergestreiften Muskeln, deren Erregbarkeit es schliesslich vernichtet (Kölliker, Guttmann), nachdem es zuvor eine eigenthümliche Veränderung ihrer Contractilität hervorgerufen, so dass sie auf einen einfachen kurzen Reiz des Muskelnerven oder des Muskels selbst nicht mit einer kurzen Zuckung, sondern mit einer sich nur langsam lösenden Contraction antworten (Bezold und Hirt). Dies ist auch nach zuvoriger Lähmung der Nervenendigungen durch Curare bei direkter Reizung der Muskelsubstanz und in während der Intoxication abgetrennten Extremitäten der Fall (Prévost). Die Contraction hat keinen oscillatorischen Character (ist nicht tetanisch) und ist mit viel grösserer Wärmeproduction als eine Normalzuckung verbunden (Fick und Böhm). Die Hubhöhe wird am Froschmuskel sowohl wie an Warmblütermuskeln um das Doppelte, beim veränderten Muskel selbst um das Vierfache gesteigert, jedoch nur bei Anwendung grösserer Dosen (Rossbach). Diese Erscheinungen sind sämmtlich von Rückenmarksdurchschneidung unabhängig (Wood, Ott). Während directer Zusatz von Veratrinsalzen zu Muskeleiweisslösungen die zur Trübung oder Gerinnung nöthige Temperatur herabsetzt, gerinnt die Muskelflüssigkeit veratrinischer Thiere erst bei höherer Temperatur (Rossbach). Die Erregbarkeit der Nervenendigungen im Muskel wird zuerst erhöht, später vernichtet. Die Verlangsamung des Herzschlages, welche bei kleinen Dosen nach voraufgehender Beschleunigung, bei grossen sofort eintritt und zur Lähmung führt, ist zum Theil Folge erhöhter Action des vom Gehirn angeregten Vagus, dessen Enden im Herzen Resultate der physiologischen Untersuchungen.

schliesslich wie der Herzmuskel und die im Herzen belegenen
Nervencentren, sowie das Centrum der Gefässnerven, die das Gift
ebenfalls zuerst reizt, gelähmt werden. Der Blutdruck sinkt bei in-
tacten Vagi, bei durchschnittenen nach voraufgehender Steigerung, was durch
reflectorische Lähmung des Gefässtonus nach Reizung der centripetalen
Vagusfasern erklärt wird. Nach Böhm bewirkt Veratrin am Froschherzen
Lähmung der Muscularis und der Vagusendigungen, die Wirkung wird durch
Atropin, Nicotin, Physostigmin und Curare nicht modificirt. Kleine Gaben
Veratrin reizen die sensiblen Vagusendungen der Lunge und hemmen
die Thätigkeit des Athmungscentrums in der Medulla oblongata
(Athembeschleunigung bei intacten und Verlangsamung bei durchschnittenen Vagi), grosse Gaben lähmen auch die sensiblen Vagus-
endungen (Verlangsamung bei intacten oder durchschnittenen Vagi).
(v. Bezold und Hirt).

Entfernte
Wirkung beim
Menschen.
Beim Menschen äussert sich die entfernte Wirkung des Veratrins genau in derselben Richtung wie bei Thieren. Letale Intoxication
durch das Alkaloid ist bisher nicht bekannt geworden, und überhaupt beschränkt sich unsere Kenntniss von der Action höherer Gaben desselben,
von einzelnen Selbstversuchen abgesehen, auf Beobachtungen an Kranken,
zu denen namentlich die antipyretische Anwendung des Veratrins Gelegenheit gab. Die Dosis letalis lässt sich auch nicht vermuthungsweise bestimmen,
da die älteren Beobachtungen auf unreines Veratrin bezogen werden müssen;
nach diesen wird 0,03 auf einmal überstanden (Esche). In einem neuen
Vergiftungsfalle, wo indess neben Veratrin auch Opium mitverschluckt wurde
(St. George Hosp. Rep. 5. 91 1872.), wurde sogar 0,05 –0,06 überstanden.
Der Umstand, dass die Beobachtungen sich auf therapeutische Gaben
beziehen, ist wohl die Ursache davon, dass Muskelcontracturen nur
ausnahmsweise als Symptome der Veratrinwirkung figuriren, während
hier neben den gastrischen Symptomen besonders das Sinken der
Temperatur und des Pulses hervortreten.

Schon Bardsley (Hosp. facts. etc. 1829) beobachtete nach dem Eingeben
von unreinem Veratrin sofortige Verlangsamung und Schwächerwerden
des Pulses und nach grösseren Dosen Erbrechen, Ekel und reichliche
Stuhlentleerungen. Ebers sah beim innerlichen Gebrauche die prickelnde
Empfindung in Schlund und Magen oft so hochgradig, dass sie dem Kranken
fast unerträglich wurde, nach 3 Mgm. intern keine Erscheinungen, nach
6 Mgm. Uebelkeit, Neigung zum Erbrechen, Angst, Schwindel und völlige
Appetitlosigkeit; bei endermatischer Application in der Herzgrube grosse
Schmerzen, durch die ganze Peripherie der Nerven der Bauchdecken ver-
breitet, Ziehen längs der Wirbelsäule, Zuckungen, grosse Angst,
Uebelkeit und Erbrechen. — Esche beobachtete nach 6 Mgm. in Pillenform
Kältegefühl im Magen, nach 12 Mgm. leichte Nausea, Appetitmangel, leichten
Schwindel, dumpfen Kopfschmerz, weichen Stuhlgang bei nicht vermehrter
Diurese; 24 Mgm. bedingten ausserdem häufiges bittres Aufstossen, Speichel-
fluss, Gefühl von Zusammenschnüren der Kehle, endlich Erbrechen und
schleimige Diarrhoe, worauf Schwindel und grosse Schwäche zurückblieben.
3 Mgm. essigsaures Veratrin bewirkten bei Esche selbst starken Collaps

(Schwindel, Verdunklung des Gesichts, Blässe des Gesichts, kühle Haut, Beschleunigung, Schwäche und Irregularität des Pulses), später starke Vomiturition, dann Zittern am ganzen Körper, Schweiss, Depression; die Erscheinungen hörten nach 1 Stunde auf. Ganz ähnlich sind die Angaben von Gebhard, Cunier, Piédagnel, Aran, Trousseau, L. v. Praag, welcher letztere bei einer an Gesichtsschmerz leidenden Dame nach 4mal täglich 3 Mgm. Sinken des Pulses von 90 auf 72, nach 4mal 6 Mgm. Sinken bis auf 64, nach weiteren 2 Dosen von 6 Mgm. am 3. Tage heftige Uebelkeit, Erbrechen, Zuckungen der Gesichtsmuskeln, Sehnenhüpfen und Ohnmachtsgefühl eintreten sah. — Sehr genau schildert die Erscheinungen nach Veratringebrauch Ritter nach Hasse's Versuchen im Göttinger E.-A. Hospital. Hiernach beginnt die Einwirkung des Veratrins auf den Magen schon nach 2mal 6 Mgm. sich ziemlich rasch durch wiederholtes Würgen und Erbrechen reichlicher bald grünlicher, bald galliger Massen, wobei wahrscheinlich häufig Ekchymosen in die Magenschleimhaut und unter Umständen stärkere Magenblutung stattfinden können, zu äussern: auf den Darm ist die Wirkung lange nicht so erheblich und äussert sich in 2 bis 5 dünnen und blutigen Stühlen. Diese Wirkung dauert höchstens 12 Stunden. Sinken der Körpertemperatur tritt häufig schon nach 3, meist aber erst nach 7—10 Dosen von 3 Mgm. ein; der Puls ist nach den ersten Dosen beschleunigt, sinkt dann aber meist rasch. Kratzen im Halse, Elendgefühl, bisweilen Speichelfluss, selten krampfhaftes Schluchzen waren die beobachteten Nervensymptome. Veränderung der Pupille liess sich nicht erkennen. — Diuretische Wirkung, von Ebers als besonders auffallend bezeichnet, haben spätere Beobachter nie constatirt. Das Sensorium wird überall als nicht afficirt bezeichnet; nur Kocher erwähnt in Fällen, wo Collapssymptome eintraten, Somnolenz nach Veratrum-Verabreichung, auch in 1 Falle ungewöhnliche Abnahme des Gehörs.

Da die Symptome der Veratrinvergiftung im Wesentlichen als die des Collapsus erscheinen, sind Excitantien am Platze, unter denen der Liquor Ammonii anisatus (nach Kocher zu 10—15 Tr. namentlich auch das Erbrechen rasch stillend) oder schwarzer Kaffee mit Citronensaft (Reiche) besonders empfohlen sind. Donné hat das Jod grade gegen Veratrinvergiftung vorgeschlagen.

Die eigenthümlichen Muskelcontracturen und das Verhalten des Herzens bei mit Veratrin vergifteten Fröschen werden bei einer etwaigen Veratrinvergiftung zum physiologischen Nachweis benutzt werden können. Doch ist zu beachten, dass ähnliche Erscheinungen auch durch Upas Antiar (Bezold), durch Sabadillin, Émetin und Aconitin (Weyland) hervorgerufen werden können.

Zur therapeutischen Anwendung ist nur das freie Alkaloid im allgemeinen Gebrauche, und ist kein Grund vorhanden, sowohl bei äusserlichem als innerlichem Gebrauch dafür ein Salz zu substituiren. Von solchen ist nur das Veratrinum hydrochloricum von Laffargue zu Inoculationen benutzt (Morgens und Abends 10 –12 Inoculationen mit 1 Cgm. Veratr. hydrochloricum am schmerzhaften Theile). Das jetzt im Deutschen Handel vorkommende Veratrin ist durchweg von hinreichender Reinheit, um therapeutisch und sicher dosirt benutzt werden zu können, und viel stärker wirkend als z. B. das Magendie'sche. Das sog. Amerikanische Veratrin, angeblich Resinoid aus Veratrum viride, ein hell schnupftabakfarbenes trocknes Pulver von sehr geringem Geruche und Geschmacke, innerlich zu 4—8 Mgm. mehrmals täglich als Sedativum, in grossen Dosen als emetisch, die Herzaction deprimirend, die Expectoration fördernd und diaphoretisch, in sehr kleinen Dosen selbst als tonisch gerühmt und bei Typhus, Pneumonie und Entzündungskrankheiten gebraucht, ist nach Versuchen von Wunderlich und Uhle (Arch. physiolog. Heilkd. 1859. 404) nichts als unreines Veratrin.

Das Veratrin kommt als Heilmittel insbesondere in Betracht:

1) gegen schmerzhafte, namentlich neuralgische Leiden, besonders als Einreibung in Form der Veratrinsalbe benutzt. Seit seiner ersten Anwendung durch Bardsley gegen Ischias und durch Turnbull gegen Gesichtsschmerz, Spinal-, Lumbal- und Coccygealneuralgie ist das Veratrin in England, Holland, Deutschland und Frankreich ein sehr beliebtes Mittel gegen alle neuralgischen Leiden geworden, dessen Anwendung durch Roëll, Forcke, Cunier, Dassen, Oppolzer und viele Andere befürwortet wird und dessen Nutzen auch wir mehrfach erprobten, wie wir damit z. B. eine Occipitalneuralgie am eignen Körper sehr rasch beseitigt haben. Dass nicht alle Fälle von Neuralgie durch das Mittel geheilt werden, wird schon von den älteren Autoren angegeben, wie z. B. Cunier unter 119 Fällen 41 heilte und wie schon Turnbull mehr chronische Fälle weniger leicht durch Veratrin heilbar als frische erklärt, was auch Forcke, der übrigens eine 13 Jahre dauernde Prosopalgie mit Veratrin heilte, bestätigt, welcher letztere Radicalheilungen nur da statuirt, wo sensitive und functionelle Störungen der Nerven bestehen, während er palliativen Nutzen, und zwar eclatanter als durch andere Mittel, auch da gesehen haben will, wo Hyperämie des Neurilems und Metamorphosen der Nervensubstanz die Ursache des Schmerzes waren. Es dieser fehlschlagenden Fälle wegen als wirkungslos zu bezeichnen, wie dies von Rowland, Henry Hunt, Naumann und Clarus geschah, scheint nicht zulässig. Neben der epidermatischen Application ist auch die Impfung (Laffargue), die endermatische Application (Reil) mit Erfolg, die Subcutaninjection (Eulenburg) mit nicht so günstigem Effecte versucht worden. Die innerliche Darreichung, ausnahmsweise von Turnbull und Forcke versucht, scheint hier ohne Nutzen. Wie bei Neuralgien wirkt Veratrinsalbe auch bei rheumatischen Schmerzen auffallend schmerzlindernd, durchschnittlich aber wohl nicht ganz so günstig wie bei jenen. Die hier von M. Langenbeck sehr gerühmte Inoculation hat wenig Nachahmung gefunden.

2) gegen Paralysen oder Paresen (Turnbull, Forcke), Amaurose und Amblyopie (Forcke), Schwäche des Gehörs (Marc d'Espine). Trotzdem, dass die Erregung des Rückenmarks durch das Veratrin und der eigenthümliche Zustand der Muskeln nach kleinen Dosen die interne Anwendung bei Lähmungen zu indiciren scheint, ist es nur äusserlich benutzt. Hier lauten viele Erfahrungen nicht günstig und namentlich scheiterten die Versuche von Roëll, Reil und Clarus, während Turnbull, Gebhard und Andere bei rheumatischen Lähmungen Erfolge erzielten und Forcke auch bei Paralysen nach Hirnapoplexie, wenn die Congestion beseitigt, dem ausdauernd und energisch äusserlich angewendeten Veratrin vor dem Strychnin den Vorzug giebt. Sechs bis acht Wochen lange Einreibung von Veratrinsalbe in das Rückgrat empfiehlt Reiche bei Parese der

Extremitäten in Folge übermässiger Samenentleerungen oder Rheuma, ebenso bei lähmungsartiger Schwäche der Urinblase.

3) gegen verschiedene Neurosen, wie Keuchhusten (Forcke, Reiche, Gebhard), Hypochondrie und Hysterie, Chorea (Ebers). Im Keuchhusten wurde es theils als Einreibung, theils intern (zu 4 bis 12 Mgm. pro dosi!) benutzt und scheint die Hustenparoxysmen, nicht aber den Krankheitsverlauf abgekürzt zu haben. Die Beobachtungen von Ebers über die Wirkung gegen Hysterie sind nicht rein, da auch andere Mittel in Anwendung kamen. Reil will 6 Fälle von Schreibekrampf durch Veratrineinreibung geheilt haben, während Hagen in 2 Fällen negatives Resultat hatte; auch sah Reil in 1 Falle von Paralysis agitans eines Verwachsenen durch 3mal täglich 0,0015 Gm. die sonst sehr heftigen Zufälle cessiren und während des Veratringebrauches nicht wieder eintreten.

4) als Puls und Temperatur herabsetzendes Mittel innerlich bei fieberhaften entzündlichen Krankheiten, namentlich bei Rheumaticus articulorum acutus und bei Pneumonie, weniger bei Typhus. Unstreitig die rationellste Anwendung des Veratrins, das in geeigneter Weise gebraucht, ein treffliches, vor der Digitalis durch die Raschheit seiner Wirkung, sowie durch das Fehlen cumulativer Action ausgezeichnetes Antipyreticum darstellt, welches besonders bei hochgradigem Fieber die günstigsten Effecte zeigt und nur bei überaus grosser Schwäche und bei Individuen mit Stockungen im Venensystem, vielleicht auch bei Säufern contraindicirt erscheint, neuerdings freilich mehr durch die Salicylsäurepräparate verdrängt ist. Es ist zunächst gegen acuten Gelenkrheumatismus von Piédagnel benutzt worden, während Turnbull, der wie Bardsley u. A. das Mittel epidermatisch gegen chronischen Rheumatismus erfolgreich gebraucht hatte, es beim acuten Gelenkrheumatismus verschmähte. Nachdem Trousseau, Bouchut (im Gelenkrheumatismus der Kinder und bei Rh. scarlatinosus), Leon (Gaz. des hôp. 1853. 77), Aliès u. a. Französische Aerzte die günstige Wirkung des Veratrins im acuten Rheumatismus als fieberherabsetzendes Mittel erkannt hatten, wandte Aran dasselbe zuerst bei entzündlicher Affection der Respirationsorgane (Pneumonie und Pleuritis), auch im Typhus an. Ausserhalb Frankreichs waren es W. Vogt (Schweiz. Mon. Schr. 5. 6.) und Hasse, die das von Uhle wenig geschätzte Medicament als Antipyreticum dringend empfahlen. Bezüglich der pathologischen Details verweisen wir auf die von Ritter und Heiland mitgetheilten Göttinger Beobachtungen und die beachtenswerthe Schrift von Kocher, und begnügen uns mit der Bemerkung, dass verschiedentlich der Versuch gemacht ist, den Präparaten von Veratrum viride als milder auf den Tractus (Seitz), oder als reiner antipyretisch und nicht convulsionserregend wirkend (Oulmont) vor dem Veratrin den Vorzug zu geben. Sicher ist das Veratrin nicht als Specificum oder Antiphlogisticum (Aran) bei Pneumonie u. s. w. anzusehen, da es auf den localen Process nur indirect und in den meisten Fällen überhaupt nicht influirt. Auch beim acuten Rheumatismus ist die Besserung des Localprocesses und das bisweilen zu beobachtende Schwinden frischer Herzaffectionen von der Defervescenz abhängig (Heiland).

Weniger motivirt erscheint die Anwendung in den folgenden Affectionen:

Gegen Herzkrankheiten auf gichtischer und rheumatischer Basis und nervöse Palpitationen (Turnbull, Gintrac), wo Forcke keine Effecte sah; — gegen diverse Augenaffectionen, innerlich bei rheumatischer Keratitis (Aliès) und Iridochorioitis (Martin), äusserlich bei Photophobie, Gesichtsverlust nach Augenentzündungen (Cunier); — als Drasticum zu rascher Entleerung des Darmes bei Obstipation alter Leute und bei apoplectischen Anfällen (Magendie); — gegen Hydrops, von Bardsley, Turnbull, Ebers u. A. empfohlen, jedoch ohne Werth (Forcke u. A.); äusserlich gegen scrophulöse und rheumatische Anschwellung von Drüsen (Turnbull, Forcke) und Gelenken (Klingner); — äusserlich und inoculirt gegen Hautkrankheiten, zumal schuppige Ausschläge (M. Langenbeck); gegen Favus von Küchenmeister empfohlen, doch nicht die tiefer sitzenden Favuspilze vertilgend (Hebra).

Dosis u. Gebrauchsweise. Zum äusserlichen Gebrauche wird meist die Salbenform, weniger häufig alkoholische Lösung (bei Favus, bei Augenaffectionen in die Gegend des Auges eingerieben, wobei Contact der Bindehaut zu meiden ist) benutzt. Zur Salbe nimmt man 0,2—0,4 auf 30 Gm. Fett, wobei Einzelne zur bessern Herstellung der Salbe ranziges Fett wählen; das Ungt. Veratriae der Brit. Pharm. hat 0,5 Veratrin, zuerst mit 2,0 Ol. Olivar. verrieben, auf 30 Gm. Fett. Turnbull combinirte Jodkalium mit Veratrin; Reil will, wenn es bei Neuralgien sich nutzlos zeigt, es mit Aconitin verbinden. Zu Lösungen dient am besten Alkohol (0,3—1 Gm. Veratr. in 30 Gm.). Die stärkeren Salben kommen namentlich bei Lähmungen in Anwendung. In allen Fällen muss die Salbe kräftig eingerieben werden, wenn es auch nicht Noth thut, wie Forcke will, bei Neuralgien so lange einzureiben, bis Wärmegefühl und Prickeln einen den neuralgischen Schmerzen gleichen Grad erreicht haben.

Innerlich giebt man das Veratrin am besten in Pillenform mit einem indifferenten oder bitteren Extracte. Magendie verordnete eine Tinctura Veratrini (0,2 in 30 Gm. Alkohol), die er zu 10—30 Tropfen in Zuckerwasser pro dosi verabreichte. Die Pillen von Aran enthalten Extr. Opii, wodurch vielleicht die örtliche Wirkung etwas gemildert, aber auch die Resorption verzögert wird. Reil empfiehlt Pillen aus Veratrini 0,6, Succ. Liquir., Rad. Alth. aa 2,5, woraus 40 Pillen geformt werden, deren jede 1,5 Mgm. enthält, und glaubt als Einzeldosis mit einer Pille beginnen zu müssen, dann zu steigern. Ist nun auch bei einem Stoffe wie Veratrin Vorsicht anzuempfehlen, so nützen doch da, wo man eine Herabsetzung der Fiebertemperatur erzielen will, derartige kleine Dosen intern nichts, auch wenn man sie rascher auf einander folgen lässt. Hier ist es gerathen, dasselbe nach dem Vorgange von Aran und Hasse zu 5—6 Mgm. stündlich nehmen zu lassen, und davon 5—10 Dosen zu administriren, dann aber auszusetzen, oder doch nach Kocher Veratrin zu 3—4 Mgm. stündlich zu verabreichen, bis entweder Ekel und Erbrechen oder wesentlicher Abfall der Temperatur eintritt. Bei Rheum. acut. der Kinder giebt Bouchut anfangs 1—4 Mgm. pro die, steigert aber allmälig.

Endermatisch scheint Veratrin in etwas grösserer Menge, zu 1—3 Cgm. auf eine Vesicatorstelle auf 1 Q'-Zoll, angewendet werden zu können. Zum Impfen bei Rheumatismen benutzte M. Langenbeck 0,2—0,4 auf eine Vehikelmasse von 0,5—0,6 zu 2—5, Laffargue nur 0,01 zu 10—12 Inoculationen am schmerzhaften Gliede. Subcutan injicirte Eulenburg alkoholische Lösung (1 : 240) mit gleichen Theilen Wasser verdünnt. Concentrirtere Lösungen bedingen lebhaften Schmerz und Entzündung (Lorent

Erlenmeyer). Die Dosis ist hier zu 1,5—2 Mgm. zu nehmen; 3 Mgm. auf 2mal können schon stark antipyretisch wirken (Eulenburg).

Mit völlig reinem Sabadillin scheinen nur Dragendorff und Weige- Sabadillin.
lin experimentirt zu haben, nach denen dies Alkaloid vom Veratrin sich dadurch unterscheidet, dass es kein Niesen erregt, bei Fröschen nicht brechenerregend wirkt und die Herzschläge nicht verlangsamt, sondern beschleunigt. Die übrigen Experimentatoren lassen Sabadillin wie Veratrin, aber schwächer wirken; da die benutzte Basis wohl immer Veratrin einschloss. Turnbull (On the med. properties of the Ranuncul. etc.) bezeichnet ein von ihm physiologisch therapeutisch geprüftes Sabadillin als von scharfem, nicht bitterm Geschmacke, auf der Zunge Kältegefühl erzeugend, weniger heftig als Veratrin zum Niesen reizend und zu 0,015 dieselben inneren und äusseren Empfindungen wie Veratrin, jedoch schwächer, bedingend. Schroff (Prag. Vtljschr. 53. 95. 1859) sah bei Kaninchen auf 0,06 Sabadillin, dessen Reinheit er beargwöhnt, in 1 Falle 5stündige Vergiftung (Schwäche, Dyspnoe, Irregularität des Herzschlages), 1mal Tod in 5 Stunden nach voraufgehenden Streckkrämpfen erfolgen, während dieselbe Dosis Veratrin in wenig Minuten tödtete. Nach Weyland (Vergleichende Unters. über Veratrin, Sabadillin etc. Giessen. 1869) bewirkt Sabadillin bei Fröschen Herzstillstand und das dem Veratrin eigenthümliche Verhalten der quergestreiften Muskelfasern, jedoch erst in 4 bis 6fach grösserer Menge als Veratrin. Sabadillin von Merox wirkte in Versuchen von C. Ph. Falck und Lohmann (Beitrag zur Kenntniss der Wirkung des Sabadillins. Marburg 1873) als Acetat subcutan zu 0,1 pr. Kilo tödtlich auf Hunde, Kaninchen und Tauben, ohne ausser Hyperämie der Meningen und Ausdehnung des Herzens durch dunkles Blut besondere anatomische Veränderungen zu erzeugen. Als hauptsächlichste Symptome bei Hunden und Katzen, welche im Verlaufe von 30—76 Min. zu Grunde gingen, ergaben sich Unruhe, Lichtscheu, Mastication mit vermehrter Speichelabsonderung, Würgen, Erbrechen, Zittern des ganzen Körpers, Hyperästhesie der Haut, gesteigerte Respirationsfrequenz und Dyspnoe, dann unter Zunahme der Dyspnoe Hinstürzen und convulsivische Bewegungen der Extremitäten, schliesslich Erschlaffung. Bei Kaninchen waren die Erscheinungen bis auf das Erbrechen gleich, einige Male kam es zu wirklichem Tetanus. Während der Vergiftung stieg die Temperatur (Unterschied von Veratrin). Bei Kaltblütern (Nattern, Kröten, Fröschen) tritt nach Sabadillin Paralyse, Sistirung der Athmung und Empfindungslosigkeit ein, der Herzschlag überdauert die übrigen Functionen, doch werden die Ventrikelcontractionen sehr unregelmässig. Die Nervenirritabilität erlischt frühzeitig. Ausgeschnittene Froschherzen pulsiren in Sabadillinlösungen anfangs rascher, später in verlangsamtem Tempo; der Herzstillstand ist diastolisch (Falck und Lohmann).

Sabatrin stimmt in seiner Wirkung mit Sabadillin überein (Dragen- Sabatrin.
dorff und Weigelin).

Nach H. C. Wood (Amer. Journ. med. Sc. 26. 1870. Philad. med. Times, Jervin.
737. 1874) ist Jervin (Viridin) das die Herabsetzung der Circulation bedingende active Princip von Veratrum viride, welches vor dem Veratrin den für die therapeutische Anwendung sehr wichtigen Vortheil besitze, dass es nicht örtlich irritirend wirke und weder Erbrechen noch Durchfall hervorrufe. Das Alkaloïd bedingt, subcutan in toxischen Dosen bei Hunden, Katzen und Tauben applicirt, zuerst Unlust zu Bewegungen, dann bei Schwächezunahme Zittern und fibrilläre Zuckungen aller Muskeln, hierauf heftige Con-

vulsionen bis zum Tode, der durch Lähmung der Athemmuskeln bei intactem
Bewusstsein, jedoch bei herabgesetzter Sensibilität und Reflexaction erfolgt
und nach dessen Eintritt das Herz noch eine Zeit lang fortpulsirt. Auf die
Pupille hat es, abgesehen von geringer Mydriasis kurz vor dem Tode, keinen
Einfluss, ebenso wenig auf Reizbarkeit der Muskeln und peripheren Nerven.
Die herabsetzende Wirkung auf Puls und Blutdruck ist nach Wood Folge
eines stark deprimirenden Einflusses auf den Herzmuskel und das vasomotorische
Centrum, die Verminderung der Pulszahl (Unterschied von Veratroidin) vom
Vagus unabhängig. Die Convulsionen sind bei Kaltblütern weniger ausge-
prägt; die Nervencentren zeigen p. m. keine Hyperämie. (Wood). Jervin
aus Veratrum album soll nach Wood weniger heftige Convulsionen erzeugen
und den Puls durch Vaguserregung verlangsamen (?). Peugnet (New York
med. Rec. 121. 1872) bezeichnet Jervin aus beiden Veratrumspecies gleich-
werthig, jedoch nur unbedeutend auf Circulation, Respiration und Temperatur
wirkend, keine Localirritation, etwas Pupillenverengung und in grössern
Mengen tetaniforme Krämpfe veranlassend.

Veratroïdin hat nach H. C. Wood (Amer. Journ. med. Sc. 26. 1870.
Philad. med. Journ. 737. 1874) eine örtlich irritirende Action, indem es Erbrechen und meist Durchfall bedingt, und eine vorzüglich in Herabsetzung
der Athmung bestehende, und tödtet bei letalen Dosen durch Lähmung
des respiratorischen Centrums. Daneben setzt es die Motilität herab, ohne
das Hirn zu afficiren und ohne starke Contractionen der Muskeln zu erzeugen. In kleinen Dosen verringert es die Pulszahl durch Reizung des
Vagus oder dessen Endigungen, in grossen Dosen bewirkt es durch Vaguslähmung Pulsbeschleunigung. Die Leitungsfähigkeit der Muskeln und Nerven
scheint es etwas zu beeinträchtigen. Grosse Dosen setzen den Blutdruck
herab, letale wirken sowohl auf den Herzmuskel oder die Herzganglien als
auf das vasomotorische Centrum lähmend. Die Toxicität ist geringer als die
des Veratrins. Tauben sterben nach 7 Mgm. erst in 70 Min., nach derselben
Menge Veratrin schon in 2 Minuten. (Wood). Nach Peugnet (New York
med. Rec. 121. 1872) bewirkt Veratroidin aus Veratrum viride sowohl als
aus V. album beim Menschen zu 3 Mgm. etwas Pulsverlangsamung, geringe
Muskelschwäche und nach einigen Std. leichte gastrische Störung.

(margin: Veratroïdin.)

Veratrumsäure. $C_9H_{10}O_4$. — Literat.: C. Merck, Ann. Chem.
Pharm 29. 188. — Schrötter, ebendas. 29. 190. — C. Merck,
Compt rend. 47. 36. — Körner, Berl. Ber. 9. 582.

Man erhält diese 1839 von C. Merck in den Sabadillsamen
(von *Sabadilla officinalis Brandt*) aufgefundene Säure, indem man
jene mit schwefelsäurehaltigem Weingeist erschöpft, den Auszug mit
Kalkhydrat versetzt, filtrirt, den Weingeist abdestillirt, das im Rückstande ausgeschiedene Veratrin entfernt, das Filtrat mit Schwefelsäure übersättigt und die beim Stehen und Verdunsten, wobei der
ausfallende Gyps zu beseitigen ist, herauskrystallisirende Säure durch
Waschen mit kaltem Wasser und Umkrystallisiren aus Weingeist
unter Beihülfe von Thierkohle reinigt. (C. Merck.)

Sie bildet farblose Nadeln und vierseitige Prismen, zeigt saure Reaction, schmilzt beim Erhitzen zu einer farblosen Flüssigkeit und verdampft unzersetzt. Von kaltem Wasser wird sie schwierig, besser von kochendem, gut von Weingeist, namentlich beim Sieden, gar nicht von Aether gelöst. Das Kalium- und Natriumsalz sind krystallisirbar, das Silbersalz ist ein weisser voluminöser Niederschlag von der Zusammensetzung $C_9 H_9 AgO_4$. (M. Merck.) — Aus ihrer Lösung in Salpetersäurehydrat scheidet Wasser Nitroveratrum-säure, $C_9 H_9 (NO_2) O_4$, ab, die aus Weingeist in kleinen gelben Blättchen krystallisirt. Brom und Chlor erzeugen damit unter heftiger Einwirkung unkrystallisirbare Substitutionsproducte. Durch Destillation mit Baryt wird Zersetzung in Kohlensäure und Veratrol, $C_8 H_{10} O_2$, ein farbloses, angenehm gewürzhaft riechendes, bei 202—205° siedendes Oel von 1,086 specif. Gew. bei 5°, bewirkt. (C. Merck.) — Auf Thiere wirkt die Veratrumsäure nicht toxisch (Schroff, Wien. med. Jahrb. **19.** 129).

Körner erhielt beim Schmelzen der Veratrumsäure Protocatechusäure, bei Einwirkung von JH bei 150—160° Jodmethyl und Protocatechusäure, demnach ist die Veratrumsäure Dimethylprotocatechusäure $C_6 H_3 \begin{cases} (OCH_3)_2 \\ CO.OH \end{cases}$ und das Veratrol, Dimethylbrenzcatechin ($C_6 H_4 (OCH_3)_2$. —

Anhang. — Die nach Pelletier und Caventou (Journ. Pharm. (2) **6.** 253) im Sabadillsamen, vielleicht auch in der weissen Niesswurz und in der Wurzel von *Colchicum autumnale L.* vorhandene eigenthümliche Fettsäure, ihre Sabadillsäure, die sie durch Ausziehen mit Aether, Verseifung des beim Verdunsten des Auszugs hinterbleibenden Fetts mit Kali und Zersetzung und Destillation der gebildeten Seife mit Weinsäure erhielten, bedarf noch weiterer Bestätigung. Sie soll weisse perlglänzende Nadeln bilden, die bei 20° schmelzen, in etwas höherer Temperatur sublimiren, nach Buttersäure riechen und sich in Wasser, Weingeist und Aether lösen.

Chamaelirium.

Aus dem von der nordamerikanischen Schule der Eklektiker als uterines Tonicum benutzten Rhizom von Chamaelirium luteum Gray hat Greene (Amer. Journ. Pharm. **50.** 250) einen darin zu 10% vorhandenen glycosidischen Bitterstoff, Chamaelirin, dargestellt, welcher nach Erschöpfen der feingepulverten Wurzel, Verdampfen der filtrirten Lösung mit Magnesia zur Trockne, Erhitzen der gepulverten Masse im Wasserbade und Extraction derselben mit heissem absolutem Alkohol resultirt. Das Chamaelirin ist amorph, hellröthlichgelb und lässt sich in ein harzartig an den Fingern haftendes Pulver zerstossen. Es löst sich leicht in heissem und kaltem Wasser und in Alkohol, sehr schwer in Aether, nicht in Chloroform, Petroleumbenzin, Benzol und Schwefelkohlenstoff. Mit Schwefelsäure übergossen färbt sich Chamaelirin im Berührungsmoment rubinroth, dann durch Verkohlen rasch braun und schwarz. Essigsäure giebt eine farblose, Fröhde's Reagens gelblichbraune, Salpetersäure hell canariengelbe, Salzsäure eine schön wein- oder pfirsichrothe, jedoch sich schnell trübende Lösung. Gerbsäure, Bleiacetat, Kaliumquecksilberjodid, Jodjodkalium, Kaliumkadmiumjodid und Metawolframsäure fällen Ch. nicht, dagegen giebt Phosphormolybdänsäure gelblichweissen Niederschlag, der sich in Ammoniak mit blauer Farbe löst, die beim Erhitzen verschwindet. Die wässrigen und alkoholischen Lösungen schäumen wie Saponin. Beim Kochen mit verdünnter Salzsäure tritt eine Kupferlösung reducirende Substanz auf.

Wirkung.   Chamaelirin besitzt die Eigenschaft des Saponins, rothe Blutkörperchen bei Contact in Lösung oder Substanz aufzulösen, und bewirkt Ruptur der Leucocyten und Entleerung ihres körnigen Inhaltes. Zu 0,3—0,6 subcutan bedingt es zunächst locale Paralyse, dann Beeinträchtigung der Athmung, allmäligen Verlust der willkührlichen Bewegung und Tod in 2 St. ohne Convulsionen; das Herz steht beim Tode in Diastole still (selten ist es schlaff und leer), doch rufen mechanische Reize Contractionen des Ventrikels hervor. Directe Application auf das Herz nach Rückenmarksabtrennung bewirkt Stillstand in Systole. Bei curarisirten Fröschen tritt anfangs Verlängerung der Systolen, später Schwächung der Herzenergie und systolischer Stillstand ein. Wurmförmige Bewegung des Herzmuskels findet sich bei directer und indirecter Application. Directe Injection in das Froschhirn bedingt wie Saponin klonische und tonische Krämpfe und Tod in wenigen Minuten. Bei Hunden bewirkt Infusion von 0,2—0,12 in die Femoralis Steigen der Pulszahl, ohne bedeutende Alteration des Blutdruckes und Mydriasis; die Funktion des Vagus bleibt intact; beim Kaninchen wirkt es zu 0,05 nicht auf Herzschlagzahl und Blutdruck, erregt dagegen zu 0,1 Tetanus und in Folge davon Blutdrucksteigerung (Greene, Philad. med. Times Aug. 14. p. 565. 1880).

c. Smilaceae.

Convallaria.

Herberger hat aus den Blüthen von Convallaria majalis mit Wasserdämpfen eine Spur einer krystallinischen, stark riechenden Substanz isolirt (Report. Pharm. 52. 397). Convallaria multiflora enthält nach Walz Asparagin, Stärke, Zucker, Aepfelsäure, Citronensäure.

Convallamarin Convallarin.   **Convallamarin** und **Convallarin.** — Zur Darstellung dieser beiden von Walz (Jahrb. Pharm. 7. 281; 8. 78; N. Jahrb. Pharm. 5. 1; 10. 145) in der *Convallaria majalis L.* entdeckten Stoffe kocht man die während oder nach der Blüthe mit der Wurzel gesammelte, getrocknete und gröblich gepulverte Pflanze zunächst mit Wasser aus und extrahirt sie darauf mit Weingeist von 0,84 spec. Gew. Der wässrige Auszug enthält das Convallamarin, der weingeistige das Convallarin neben wenig Convallamarin. — Der wässrige Auszug wird durch Behandeln mit Bleiessig gereinigt und das mit schwach überschüssigem kohlensaurem Natron entbleite Filtrat mit Gerbsäure ausgefällt. Den gewaschenen und völlig getrockneten Niederschlag zieht man mit Weingeist aus, digerirt die Tinctur zur Abscheidung der Gerbsäure mit Kalkhydrat, concentrirt das Filtrat durch Destillation, befreit es durch Einleiten von Kohlensäure vom gelöst gebliebenen Kalk und verdunstet es hierauf zur Trockne. Das rückständige Gemenge von Convallamarin, Harz und Aschenbestandtheilen kann vom Harz durch Behandlung mit Aether befreit werden, aber zur Entfernung der letzteren muss die Ausfällung mit Gerbsäure aus wässriger Lösung und die Behandlung des Niederschlags in der eben beschriebenen Weise noch einmal wiederholt werden.

Der vorwiegend das Convallarin enthaltende weingeistige Auszug wird gleichfalls mit Bleiessig ausgefällt und das mittelst Schwefelwasserstoff entbleite Filtrat durch Destillation stark concentrirt. Der Rückstand scheidet dann ein Gemenge von Harz, Chlorophyll und Convallarinkrystallen ab, aus dem man die letzteren durch Abpressen und Waschen mit Aether isolirt. Aus der Mutterlauge schlägt Wasser ein Gemenge von Convallarin und Harz nieder, dem letzteres durch Aether entzogen werden kann, während Convallamarin in Lösung bleibt und durch Ausfällen mittelst Gerbsäure zu gewinnen ist.

Das Convallamarin bildet ein weisses mit kleinen Krystallen untermengtes Pulver von anhaltend bittersüssem Geschmack, das beim Erwärmen erweicht und in höherer Temperatur zerstört wird. Es löst sich leicht in Wasser und Weingeist, nicht in Aether. Aus seiner Lösung in wässrigem Ammoniak bleibt es beim Verdunsten unverändert zurück; seine wässrige Lösung wird durch Gerbsäure und salpetersaures Quecksilberoxydul weiss gefällt, durch die meisten Reagentien jedoch nicht verändert. Conc. Schwefelsäure erzeugt in der wässrigen Lösung schön violette, auf mehr Wasserzusatz wieder verschwindende Färbung. Beim Kochen mit verdünnten Säuren, auch mit Kalilauge, erfolgt Spaltung in Zucker und Convallamaretin, eine gelblichweisse krystallinische, schwach harzartig schmeckende, über 100° schmelzende, nicht in Wasser und Aether, aber in Weingeist lösliche Substanz. Nach Walz, der für das Convallamarin die Formel $C_{46}H_{44}O_{24}$, für das Convallamaretin die Formel $C_{40}H_{36}O_{16}$ aufstellt, findet die Spaltung nach der Gleichung: $C_{46}H_{44}O_{24} = C_{40}H_{36}O_{16} + \frac{1}{2}C_{12}H_{12}O_{12} + 2HO$ statt. — Das Convallarin krystallisirt in rectangulären Säulen, die in Lösung kratzend schmecken, über 100° schmelzen und in höherer Temperatur sich zersetzen, von Wasser nur sehr wenig, aber zu einer schäumenden Lösung, von Aether gar nicht, dagegen leicht von Weingeist aufgenommen werden. Durch längeres Kochen mit verdünnten Säuren, auch mit wässrigen Alkalien, wird es in Zucker und Convallaretin gespalten. Letzteres, nach Walz $C_{28}H_{26}O_6$, gleicht dem Convallamaretin im Aeusseren, unterscheidet sich aber von ihm durch seine Leichtlöslichkeit in Aether. Für die Spaltung giebt Walz die Gleichung: $2C_{34}H_{31}O_{11} + 2HO = 2C_{28}H_{26}O_6 + C_{12}H_{12}O_{12}$.

Bezüglich der Nachweisung dieser Stoffe hat Dragendorff Versuche angestellt, (Beiträge zur gerichtlichen Chemie. 1. II. 1871. 44) welche beweisen, dass die Isolirung von Convallamarin in saurer Lösung durch Ausschüttelung mit Chloroform oder Amylalkohol gelingt, deren Verdampfungsrückstände Convallamarin an der mit Schwefelsäure und Wasser entstehenden rothen Färbung erkennen lassen, auch an der physiologischen Wirkung.

Wirkung.

Nach Marmé (Götting. Nachr. 167. 1867) wirkt Convallarin zu 0,2 bis 0,25 bei Thieren purgirend, Convallamarin dagegen in kleinen Dosen emetisch und nach Art des Digitalins auf das Herz, dessen Action bei Einspritzung von Convallamarin in das Gefässsystem bei 7—14 Kgm. schweren Hunden durch 15—30 Mgm., bei Katzen durch 5 Mgm., bei Kaninchen durch 6—8 Mgm. sistirt wird. Bei Subcutanapplication sterben Tauben von 1—2 Mgm., Frösche von $^{3}/_{10}$—$^{3}/_{5}$ Mgm. Der · Tod erfolgt bei den angegebenen Dosen in wenigen Minuten, in Folge von Herzstillstand. Der Herzstillstand in Systole verhält sich wie beim Digitalin; jedoch ist die Wirkung auf das Herz nicht durch die Vagi vermittelt, da der Herzstillstand bei intacten und durchschnittenen Vagi, nach Durchschneidung in der Regel rascher erfolgt. Der Blutdruck sinkt während der Pulsverlangsamung nicht und steigt stark während der Acceleration. Die Respiration ist während der Herzverlangsamung meist beschleunigt, während der Acceleration stark retardirt und überdauert stets die Herzaction. Letzteres gilt auch von der Peristaltik der Eingeweide. Besondere diuretische Effecte scheint Convallamarin nicht zu besitzen. (Marmé).

Paris.

Paridin und Paristyphnin. — Literat.: Walz, Jahrb. Pharm. **4.** 3; 5. 284; **6.** 10; N. Jahrb. Pharm. **13.** 355. — Delffs, N. Jahrb. Pharm. **9.** 25.

Diese beiden Stoffe, von denen das Paridin auch als Spaltungsprodukt des Paristyphnins erhalten werden soll, wurden von Walz in der *Paris quadrifolia L.* aufgefunden. Zu ihrer Darstellung erschöpft man die getrocknete, gröblich gepulverte und zuvor zweimal mit 2% Essigsäure enthaltendem warmem Wasser ausgezogene Pflanze mit Weingeist von 0,85 specif. Gew. und concentrirt die erhaltene Tinctur, bis der Rückstand zu einer beim Erwärmen krystallinisch werdenden Gallerte erstarrt. Die abgepressten und durch Umkrystallisiren aus Weingeist unter Beihülfe von Thierkohle zu reinigenden Krystalle sind das Paridin, während das Paristyphnin in der Mutterlauge bleibt. Diese neutralisirt man mit Ammoniak, fällt sie dann mit Gerbsäure und digerirt den erst nach einigen Tagen vollständig ausgeschiedenen harzartigen Niederschlag, nach vorgängigem Auswaschen mit Wasser, in weingeistiger Lösung mit Bleioxyd. Das gerbsäurefreie und durch Schwefelwasserstoff entbleite Filtrat hinterlässt beim Verdunsten ein Gemenge von Paristyphnin, Paridin und Fett, von denen letzteres durch Aether ausgezogen, das Paridin aber durch wiederholtes Auflösen in Wasser, aus dem es beim Verdunsten herauskrystallisirt, entfernt werden kann (Walz).

Paridin.

Das Paridin, $C_{16}H_{20}O_7$ nach Delffs, bildet weisse seideglänzende Nadeln von kratzendem, nicht bitterem Geschmack und neutraler Reaction mit 9—10% (Delffs) Krystallwasser. In Wasser ist es schwer löslich (wenigstens scheint dies aus Walz' Angaben hervorzugehen), von 94proc. Weingeist erfordert es 50 Th. zur Lösung, von Aether wird es kaum gelöst.

Paridol.

Beim Kochen mit verdünnter Schwefelsäure zerfällt es in Zucker und Paridol, $C_{26}H_{46}O_9$, eine weiche, schmelzbare, fettartig riechende, in conc. Schwefelsäure sich mit hochrother Farbe lösende Substanz, für deren Abspaltung Walz die Gleichung: $2 C_{16}H_{28}O_7 + H_2O = C_{26}H_{44}O_9 + C_6H_{12}O_6$ giebt.

Das **Paristyphnin**, $C_{38}H_{64}O_{18}$ nach **Walz**, ist ein gelblich weisses Pulver von ekelhaft bitterem kratzendem Geschmack, dessen Staub zum Niesen reizt. Es löst sich leicht in Wasser und Weingeist, auch in wässrigem Ammoniak und Kali, in letzterem mit gelber Farbe, dagegen nicht in Aether. Beim Kochen mit verdünnter Schwefelsäure zerfällt es zunächst in Zucker und Paridin ($C_{38}H_{64}O_{18} + 2\,H_2O = 2\,C_{16}H_{28}O_7 + C_6H_{12}O_6$), welches letztere dann weiter unter Abspaltung von Paridol zersetzt wird (**Walz**).

Narthecium. (Asphodeleae.)

Nartheciumsäure und Narthecin. — Wenn man nach **Walz**
(N. Jahrb. Pharm. 14. 345.) *Narthecium ossifragum L.* mit natronhaltigem Wasser extrahirt, die mit Essigsäure angesäuerten Auszüge zunächst mit Bleizucker und nach dem Abfiltriren des Niederschlags mit Bleiessig ausfällt und letzteren Niederschlag unter Wasser durch Schwefelwasserstoff zerlegt, so zieht Aether aus dem beim Verdunsten der abfiltrirten Flüssigkeit hinterbleibenden Extract **Nartheciumsäure** aus, von der ein Rest auch dem abfiltrirten Schwefelblei durch heisses Wasser entzogen werden kann. — Aus dem mit Wasser erschöpften Kraut bringt Weingeist das **Narthecin** in Lösung, dessen Isolirung durch Ausfällen der Tinctur mit Bleizucker, Entbleien des Filtrats durch Schwefelwasserstoff, Behandeln mit Thierkohle, Verdunsten und Umkrystallisiren der anschiessenden Warzen aus Aether bewirkt werden kann.

Die **Nartheciumsäure** krystallisirt in weissen glänzenden Nadeln von stark saurem Geschmack. Sie wird beim Erhitzen zerstört, löst sich in Wasser, Weingeist und Aether und bildet mit den Alkalien unkrystallisirbare Salze, deren Lösungen durch Bleisalze weiss, durch Eisenchlorid gelblich, durch Kupfervitriol weissgrün und durch Quecksilberchlorid und Silbernitrat weiss gefällt werden.

Das **Narthecin** bildet weisse zerreibliche Warzen von stark kratzendem Geschmack und saurer Reaction. Es schmilzt bei 35° zu einem gelben Oel und wird in höherer Temperatur zerstört. In Wasser löst es sich nur wenig, dagegen leicht in Weingeist und in wässrigen Alkalien, aus denen es durch Säuren gefällt wird (**Walz**).

Asparagus.

In Asparagus officinalis wurde Asparagin zuerst ermittelt (siehe Allgemeiner Theil, S. 264). II. **Reinsch** (N. J. Pharm. 33. 65) hat in den Beeren von Asparagus reichlich Zucker nachgewiesen, daraus einen gelbrothen Farbstoff, sublimationsfähig, isolirt und in den Samen der Frucht fettes Oel, krystallinischen Bitterstoff nachgewiesen. Die Sprossen der Spargel zeichnen sich durch einen hohen Kieselsäuregehalt aus.

Scilla.

Scillitin. — Die Untersuchungen über den oder die wirksamen
Bestandtheile der fleischigen Zwiebel von *Scilla maritima L.* von **Vogel** (Schweigger's Journ. 6. 101), **Lebourdais** (Ann. Chim. Phys. (3) 24. 62), **Landerer** (Report. Pharm. 47. 442), **Bley** (Arch. Pharm. (2) 61. 141), **Wittstein** (Report. Pharm. (3) 4. 200), **Tilloy** (Journ. Pharm. (2) 12. 635;

(3) **23**. 406), **Mandet** (Compt. rend. **51**. 87), **Schroff** (N. Repert. Pharm. **14**. 241) ergeben so unbefriedigende und widersprechende Resultate, dass wir bezüglich des Näheren auf die Original-Abhandlungen verweisen müssen. **Marais** und **Landerer** vermuthen, ein Alkaloid erhalten zu haben, während **Vogel**, **Lebourdais**, **Bley** und **Tilloy** das Vorhandensein eines Bitterstoffs nachgewiesen zu haben glauben. Nach **Tilloy** enthält die Meerzwiebel keine flüchtige Schärfe, Aether entzieht derselben ein gelbes Fett, Weingeist darauf ein scharfes, sehr giftiges Harz und endlich heisses Wasser den durch Kohle fällbaren und ihr durch kochenden Weingeist wieder zu entziehenden Bitterstoff, das Scillitin. **Righini's** Meinung, die Scilla enthalte Veratrin, ist unwahrscheinlich.

E. **Merck** (Pharm. Zeit. 1879. 286 u. 295, Jahresb. Pharm. 1879. 29) hat drei nicht völlig reine Körper, die von **Moeller** in ihrer Wirkung experimentell geprüft wurden, isolirt:

Scillipikrin.   1) **Scillipikrin**, gelblichweisses, amorphes Pulver, hygroskopisch, leicht löslich in Wasser, von bitterem Geschmacke.

Scillitoxin.   2) **Scillitoxin**, amorph, pulverförmig, zimmtbraun, löslich in Alkohol, unlöslich in Aether und Wasser, färbt sich mit concentr. Schwefelsäure roth, dann braun, mit Salpetersäure schwach roth, dann orangegelb bis grün.

Scillin.   3) **Scillin**, hellgelb, krystallinisch, schwer löslich in Wasser, leichter in Alkohol, und kochendem Aether. Mit concentr. Schwefelsäure wird es rothbraun, mit Salpetersäure gelb, beim Erhitzen dunkelgrün.

Scillaïn.   E. v. **Jarmerstedt** (Arch. experim. Path. **11**. 22) hat aus Scilla ein stickstofffreies Glycosid isolirt und zwar auf folgende Weise: Die zerschnittenen und getrockneten Meerzwiebeln wurden 1—2 Tage mit Wasser digerirt, dieser dunkelrothbraune Auszug, sauer reagirend, mit Bleiessig ausgefällt, das Filtrat von Blei befreit, concentrirt und mit Tanninlösung ausgefällt. Dieser Niederschlag in absolutem Alkohol gelöst, welche Lösung mit Zinkoxyd zur Trockne verdampft und wieder mit absolutem Alkohol ausgekocht wurde, hinterliess beim Verdampfen eine Masse, die nach nochmaliger Lösung und Reinigung einen leichten, lockeren, farblosen bis gelblichen Körper lieferte, das **Scillaïn**, das mit verdünnter Salzsäure Glycose und ein Harz liefert. In concentrirter Salzsäure löst sich das Scillaïn mit rother Farbe.

Wirkung.   Von den aus der Scilla isolirten Stoffen wirkt einer entschieden nach Art der Digitalisglykoside als Herzgift, wie das schon **Marais** bezüglich des von ihm an Thieren versuchten Scillitins und **Schroff** hinsichtlich eines unter demselben Namen von **Merck** erhaltenen Präparats (Wochenbl. Wien. Aerzte 43. 1874) beobachtet zu haben scheinen. Nachdem Th. **Husemann** und **König** (Arch. exp. Pharmakol. 5. 228) gezeigt hatten, dass das Scillitin des Handels in seinen physiologischen Wirkungen grosse Schwankungen zeige und dass weingeistiges Meerzwiebelextract zwar vorwaltend als Herzgift wirke, aber ausserordentlich häufig diastolischen Herzstillstand bei Fröschen bewirke, erkannte C. Möller (Ueber Scillipicrin, Scillitoxin und Scillin. Gött. 1878) in dem Scillitoxin von Merck das eigentliche Herzgift, das bei Fröschen schon zu $\frac{1}{8}$ Mgm. systolischen Herzstillstand im Laufe einer Stunde nach anfänglicher kurzdauernder Beschleunigung und rasch darauf folgender starker Verlangsamung herbeiführt und zu 0,01 resp. 0,05 bei Kaninchen und Hunden subcutan in 1—3 Stunden das Leben vernichtet. Dieses Scillitoxin ist offenbar identisch mit dem vielleicht etwas reineren Scillaïn von Jarmersted, von welchem als letale Dosis für Landfrösche 0,1—0,2 Mgm., für Wasserfrösche 0,5—1 Mgm. und per Kilo berechnet bei Kaninchen 2,5, bei Katzen 2,0 und bei Hunden 1,0 Mgm. angegeben wird und dessen Wirkung auf die Circulation von Warmblütern in anfänglicher Steigerung des Blutdrucks und Verlangsamung der Pulsfrequenz und in späterer Herabsetzung des Blutdrucks und Beschleunigung der Pulszahl besteht. Das Scillipicrin ist weit weniger toxisch als Scillitoxin, wirkt aber ebenfalls verlangsamend auf den Herzschlag von Fröschen und bedingt in der Dosis von 10 Mgm. Herzstillstand, der in den Versuchen constant diastolisch war, welcher Effect auch durch vorgängige oder nachträgliche Application von Atropin nicht aufgehoben wird. Scillin von Merck (vorzugsweise Fett) scheint ohne besonderen Einfluss auf den Organismus, da es bei Fröschen nur ausnahmsweise in grossen Mengen convulsivische Erscheinungen hervorruft, auf das Herz ohne Einfluss bleibt.

Nach Fronmüller (Memorab. 247. 1879) wirken Scillitoxin und Scillipicrin diuretisch, doch bedingt das erstere zu 20—40 Th. häufig Schwindel, Kopfschmerz und narkotische Nebensymptome, die bei dem wegen seiner Leichtlöslichkeit in Wasser subcutan zu verwendenden Scillipicrin nicht hervorgerufen werden. Fronmüller bezeichnet das Scillipicrin als Diureticum erster Classe, das von keinem andern harntreibenden Mittel übertroffen werde, indem es in 17 F. von schwerer Oligurie nur zweimal den Dienst versagte und in den übrigen, meist eine Vermehrung um das Doppelte oder Vielfache hervorbrachte. Zu bedauern ist, dass die Subcutaninjection dieses Mittels starke örtliche Irritation bedingt, die vielleicht bei minder starker Concentration der Lösung (F. injicirte eine Spritze voll einer Solution von 1 : 10) ausbleibt. Wie sich das Scillitin von Mandet, das letzterer als Träger der diuretischen und expectorirenden Wirkung der Scilla ansieht, und das Sculeïn desselben Autors zu den Merck'schen Scillastoffen verhalten, entzieht sich unserer Kenntniss.

Sinistrin. — O. Schmiedeberg (Zeitschr. physiol. Chem. **111. 112.** Journ. Agricult. Chem. 1879. 130) hat in Scilla maritima in reichlicher Menge ein dem Achroodextrin sehr ähnliches Kohlenhydrat nachgewiesen, das Sinistrin. Zu seiner Darstellung werden die gepulverten Meerzwiebeln mit Wasser zu einem dünnen Brei angerührt, die Flüssigkeit abgepresst, mit Bleiessig vollkommen ausgefällt, das Filtrat dieses Niederschlages entbleit und nun mit Kalkhydrat das Sinistrin ausgefällt. Der Kalkniederschlag, mittelst Kohlensäure zerlegt, giebt mit etwas Kalk das Sinistrin an Wasser ab, das mit

Oxalsäure von Kalk befreit und hierauf, nach Reinigung mittelst Thierkohle, nach Concentration der Lösung bei 40—50 ⁰ mit Alkohol gefällt wird. Das reine Sinistrin, $C_6H_{10}O_5$, ist farblos, amorph, löslich in Wasser, hält Kupferoxyd bei Gegenwart von Alkali in Lösung. Spec. Drehungsvermögen $(\alpha)D = -41,4$ ⁰. Speichel, Diastase verändern dasselbe nicht, verdünnte Schwefelsäure wandelt Sinistrin beim Erwärmen in ein Gemenge von Lävulose und optisch inactiven Zucker um, die beide gährungsfähig sind und Kupferoxyd in alkalischer Lösung reduciren.

Durch Destillation mit Wasserdampf wurde aus Scilla maritima-Knollen ein schwach gefärbtes, flüssiges, übelriechendes Oel abgeschieden.

Dracaena

liefert das canarische Drachenblut (siehe Calamus).

Smilax.

Smilacin oder Parillin. (Sarsaparill-Saponin. Flückiger.) —

Literat.: Pallotta, Schweigger's Journ. Chem. Phys. **44.** 147. — Thubeuf, Journ. Pharm. (2) **18.** 734; **20.** 162. 679. — Batka, Ann. Chem. Pharm. **11.** 313. — Poggiale, Journ. Pharm. (2) **20.** 553. — Petersen, Ann. Chem. Pharm. **15.** 74; **17.** 166. — Delffs und O. Gmelin, ebend. **110.** 174. — Walz, N. Jahrb. Pharm. **12.** 155. — Lamatsch, N. Repert. Pharm. **6.** 229. — Marquis, Arch. Pharm. (3) **6.** 331. — Otten, Inauguraldissertation. 1876. Dorpat. — Klunge, Pharmacographia. 647. — F. A. Flückiger, Arch. Pharm. (3) **10.** 535. — J. Blakstone, Pharm. Journ. Trans. (3) **481.** 204. — A. Wright und E. H. Renni, Journ. chem. soc. 1881. 237.

<table><tr><td>Entdeckung u. Vorkommen.</td><td>Wurde 1824 von Pallotta in der von verschiedenen mittel- und südamerikanischen Smilax-Arten stammenden Sarsaparillwurzel aufgefunden und von ihm „Pariglin", dann von Folchi „Smilacin" genannt. Die aus der nämlichen Wurzel später von Thubeuf als „Salseparin", von Batha als „Parillinsäure" dargestellten Substanzen wurden 1835 von Poggiale als identisch damit erkannt. Dagegen bleibt es zweifelhaft, ob der von Reinsch (Jahrb. Pharm. 8. 41. 291; 9. 109) aus der sogen. Chinawurzel, den Nebenwurzel-</td></tr></table>

Entdeckung u. Vorkommen.

Wurde 1824 von Pallotta in der von verschiedenen mittel- und südamerikanischen Smilax-Arten stammenden Sarsaparillwurzel aufgefunden und von ihm „Pariglin", dann von Folchi „Smilacin" genannt. Die aus der nämlichen Wurzel später von Thubeuf als „Salseparin", von Batha als „Parillinsäure" dargestellten Substanzen wurden 1835 von Poggiale als identisch damit erkannt. Dagegen bleibt es zweifelhaft, ob der von Reinsch (Jahrb. Pharm. 8. 41. 291; 9. 109) aus der sogen. Chinawurzel, den Nebenwurzel-

Smilachin.

knollen der ostasiatischen *Smilax china L.*, erhaltene und als „Smilachin" bezeichnete Körper gleichfalls damit übereinkommt.

Jedenfalls verschieden vom Smilacin ist Garden's (Lond. med. Gaz. **20,** 809; auch Repert. Pharm. **66.** 268) aus der ostindischen Sarsaparilla — von *Hemidesmus indicus R. Br.* stammend, aber fälschlich früher von *Smilax aspera*

Smilaspersäure.

abgeleitet — dargestellte Smilaspersäure. Diese bildet farblose Krystalle von schwachem Geruch, ekelhaft stechendem Geschmack und schwach saurer

Reaction, die bei 41° schmelzen, unter 100° sich verflüchtigen, sich wenig in kaltem, besser in heissem Wasser, reichlich in Weingeist, Aether, fetten und ätherischen Oelen lösen und mit conc. Schwefelsäure eine blutrothe Färbung erzeugen.

Zur Darstellung versetzte Pallotta den mit kochendem Wasser bereiteten Auszug der Sarsaparillwurzeln mit Kalkmilch bis zur alkalischen Reaction, sammelte den entstandenen Niederschlag, zerlegte ihn durch Behandlung mit Kohlensäure, trocknete ihn, extrahirte ihn mit Weingeist und verdunstete die Auszüge zur Krystallisation. — Thubeuf und Poggiale zogen die Wurzel mit kochendem Weingeist aus, entfernten aus der Tinctur etwa $^7/_8$ des Weingeists durch Destillation, behandelten den Rückstand mit Thierkohle, überliessen das Filtrat der Ruhe und krystallisirten das als körniges Pulver sich abscheidende Smilacin aus Weingeist um. — Poggiale verfuhr auch in der Weise, dass er die wässrige Abkochung der Wurzel mit Salzsäure fällte, den gewaschenen Niederschlag in verd. Schwefelsäure löste, die Lösung mit Ammoniak fällte und das abgeschiedene Smilacin durch Lösen in Weingeist und Behandlung der Lösung mit Thierkohle reinigte. — Nach Batka kann man auch das weingeistige Extract in Wasser aufnehmen, die Lösung durch absoluten Weingeist fällen und aus dem Niederschlage das Smilacin durch kochenden gewöhnlichen Weingeist ausziehen; oder man kann das wässrige Extract mit 75 proc. Weingeist ausziehen und den Verdunstungsrückstand der Tinktur mit kaltem Wasser behandeln, welches das Smilacin ungelöst zurück lässt. — Lamatsch endlich empfiehlt die zerkleinerte Wurzel mit kochendem Weingeist zu erschöpfen, den Auszug nach vorgängiger Concentration mit Wasser zu präcipitiren, den Niederschlag mit Aether zu waschen und ihn durch Auflösen in Weingeist und Behandeln mit Thierkohle zu reinigen.

Das Smilacin krystallisirt aus Weingeist nach Poggiale in feinen Nadeln, nach Thubeuf in weissen, aus strahlig vereinigten Blättchen bestehenden Warzen. Die Krystalle verlieren nach Poggiale beim Trocknen 8,5 % Wasser. Es ist luftbeständig, neutral, geruchlos, im trocknen Zustande fast geschmacklos, aber in Lösung scharf und bitter schmeckend (Thubeuf. Petersen). In höherer Temperatur wird es zerstört. Von kaltem Wasser wird es kaum, reichlicher von kochendem zu einer beim Schütteln schäumenden Lösung aufgenommen. In kaltem Weingeist löst es sich nur wenig, leicht in kochendem, und zwar besser in wasserhaltigem, als in absolutem, gut auch in Aetherweingeist, aber nicht in reinem Aether. (Thubeuf). Es löst sich ferner in wässrigen Alkalien und verdünnten Säuren. Die salzsaure Lösung soll nach Thubeuf und Walz zu einer Gallerte gestehen, nach Poggiale beim Verdunsten ausgezeichnete Krystalle liefern. Hiermit steht Batka's Angabe, der zufolge das Smilacin aus seiner wässrigen Lösung durch Salzsäure gefällt wird, in Widerspruch. Mit conc. Schwefelsäure erzeugt das Smilacin eine dunkelrothe Färbung (Poggiale), die durch wenig Wasser in Purpurroth (Batka), durch gelindes Erwärmen in Violettroth (Thubeuf) übergeht. Die wässrige Lösung des

Smilacins wird durch Chlorcalcium, die weingeistige durch Bleizucker gefällt (Batka).

Zusammensetzung. Die Zusammensetzung des Smilacins steht noch nicht fest. Poggiale's Analysen führen zu der Formel $C_{16}H_{30}O_6$, diejenigen von Petersen und Henry zu der Formel $C_{15}H_{26}O_5$.

Die weiteren Arbeiten über Bestandtheile der Sarsaparillawurzel, sowie speciell über Smilacin, resp. Parillin mögen hier sich als kurze Referate anreihen.

Marquis untersuchte vergleichend eine Anzahl Sarsaparillsorten der Dorpater pharmacognostischen Sammlung und bestimmte darin den Wassergehalt, Gehalt an Stärke, Zucker, Asche, wässrigem, spirituösem Extract etc., besonders auch Smilacin, von welch letzterm Schwankungen 0,5—5,12 %, vorkommen, Smilax China auch 0,68 %, Smilax aspera 5,12 % enthielt.

Otten behandelte die Sarsaparillarinde der Dorpater Sammlung vergleichend histologisch und führte auch nach der Methode von Marquis Bestimmungen aus, jedoch mit Berücksichtigung der bereits erfolgten Mittheilung Flückiger's, dass die von Marquis als Smilacin bestimmte Substanz mit Harz gemengt war, ein dem Sapogenin wahrscheinlich identischer Körper sei, auch sogar Saponin in der Sarsaparille enthalten sein könne. Otten hat nach Christophson's Methode sogar Saponin in den Wurzeln nachgewiesen und in verschiedenen Sorten den Saponingehalt quantitativ bestimmt (?). Die Zahlen, welche mitgetheilt werden, bewegen sich zwischen 0,61 und 3,4 %.

Sarsaparille-Saponin. F. A. Flückiger, der durch Klunge schon Untersuchungen über das sog. Parillin anstellen liess und hierbei constatirte, dass das Parillin wirklich ein Glycosid sei, wendete der Frage grössere Aufmerksamkeit zu und lieferte werthvolle Beiträge zur chemischen Charakteristik dieses Körpers. Die Darstellung wird folgendermassen empfohlen: Zerschnittene und gequetschte Sarsaparillwurzeln werden wiederholt mit erwärmtem Weingeist (0,835) extrahirt, die Auszüge der Destillation unterworfen (bis $\frac{1}{6}$ vom Gewichte der Wurzel), mit dem $1\frac{1}{2}$ fachen Wasser verdünnt, wobei das Rohpariclin beim Stehen ausfällt. Der Niederschlag wird mit ca. $\frac{1}{2}$ Vol. Weingeist vermischt, filtrirt und mit 20—30 gewichts % Alkohol ausgewaschen.

Die Lösung, welche das Parillin enthält, wird mit Thierkohle gereinigt und verdampft, wiederholt gelöst. Aus siedendem Alkohol (0,970) erhält man das Parillin krystallisirt. (Parillin ist am leichtesten in Alkohol von 0,830—0,835 spec. Gew. löslich.) Ausbeute 0,18—0,19 %. Flückiger konnte aus Smilax aspera und Smilax China kein Parillin gewinnen.

Das Sarsaparille-Saponin (Parillin) Flückiger's enthält 6 bis 12 % Wasser, schmilzt bei 210°, löst sich in 20 Th. heissen Wassers, welche Lösung auch in der Kälte klar bleibt. Die heiss bereitete wässrige Lösung giebt auf Zusatz von Alkohol Krystalle. In 25 Th. Alkohol von 0,814 löst sich Parillin bei 25°, welche

Lösung optisch inactiv neutral ist. Chloroform löst in der Wärme, conc. Schwefelsäure löst gelb, durch Wasseranziehung roth werdend, verdünnte Säure (1:10) löst grün, roth bis braun werdend. Alkalische Kupferlösung wird allmälig beim Erhitzen reducirt, alkalische Wismuthtartratlösung bleibt unverändert. Nach dem Kochen mit 10 % Schwefelsäure, wobei grüne Fluorescenz eintritt, scheidet Parillinlösung eine flockige Substanz ab neben Bildung von Glycose. Diese Substanz, unlöslich in Wasser, ist Parigenin. Die Elementarzusammensetzung war im Mittel von 3 Bestimmungen 60.4 C, 9 H gegen 62,81, 63,41 C und 8,82, 8,95 H nach Analysen von Klunge und analogen Zahlen nach den Analysen von O. Henry, Petersen, Poggiale. Für Parigenin wurde gefunden C 75.5 . H 10,9. Die Spaltung liesse sich aus der Formel für Parigenin $C_{48} H_{42} O_4$ entwickeln:

$$C_{40} H_{70} O_{18} - 2 H_2 O = 2 (C_6 H_{12} O_6) + C_{28} H_{42} O_4 \text{ Parillin.}$$

Das Smilacin, Parillin, Sarsaparille-Saponin gehört nach diesen Untersuchungen unstreitig zur Gruppe der Glycoside und zwar zu den Saponinen, was die nahe Beziehung zu Saponin, Sapogenin, Cyclamin und Cyclamiretin beweist, worüber Flückiger in seiner Arbeit sich eingehend äussert.

Pallotta beobachtete bei Selbstversuchen nach 0,12 Smilacin neben herbem, bitterem Geschmacke Zusammenziehen im hinteren Theile der Mundhöhle, nach 0,4 Magenbeschwerden und Abnahme des Pulses um 6 Schläge, nach 0,5 Nausea und weitere Abnahme der Pulsfrequenz, nach 0,6 Erbrechen, Constriction im Halse, Mattigkeit und Schweiss, nach 0,8 auch Husten, Schwäche und Ohnmacht. Von 9 syphilitischen Kranken, denen Cullerier Smilacin ohne Erfolg reichte, wurde es zu 0,4 tolerirt, während es zu 0,6 Schwere im Epigastrium, Ekel, Brechreiz und in einem Falle Abführen bewirkte. Auf Boecker's Veranlassung (Journ. Pharmacod. 2. 1) nahm Groos 4 Tage hintereinander 0,5 und am fünften Tage 0,8 ohne Nebenwirkung.

A. Wright und E. H. Rennie haben aus den Blättern und Stengeln der in Australien gegen Scorbut angewandten Smilax glycyphylla durch Auskochen mit Wasser, Ausfällen dieser Lösung mit Alkohol, Destillation des Filtrates und Ausziehen des Destillationsrückstandes mit Aether beim Verdunsten Krystalle gewonnen, welche in wässriger Lösung, mit Bleiacetat gereinigt, abermals aus Aether umkrystallisirt wurden. Der Körper besitzt die Formel $C_{19} H_{14} O_6$ und giebt beim Schmelzen mit Kali oder Salzsäure im Rohre eine bei 127° schmelzende Säure, welche als Aethyl- oder Dimethyloxybenzoësäure aufzufassen ist.

2. Amaryllideae.

Narcissus.

Gerrard (Pharm. Journ. Trans. 8. 377. 214) hat in Narcissus Pseudonarcissus einen alkaloïdischen Bestandtheil nachgewiesen, der aber nicht rein dargestellt werden konnte, ausserdem einen zweiten wirksamen in Alkohol löslichen Bestandtheil.

Jonquillenöl. Extrahirt man frische, eben erst geöffnete Blüthen von *Narcissus Jonquilla L.* im Verdrängsapparate mit Aether, so hinterlässt dieser beim Verdunsten ein gelbes butterartiges, schon in der Handwärme schmelzendes, über 100° siedendes, angenehm riechendes ätherisches Oel, aus dem sich beim Abkühlen gelbliche geruchlose sublimirbare Warzen von Jonquillencampher abscheiden (Robiquet, Journ. Pharm. (2) **21**. 334).

Die Gattung Agave und zwar Agave americana liefert Aloë, ausserdem sondern die Agavearten einen sehr zuckerreichen Saft vor Beginn der Blüthe ab, der in Mexico das beliebte Getränke Pulque liefert.

Juncaceae. Die Familie der Juncaceae zeichnet sich in ihren Gattungen Juncus und Luzula durch einen sehr hohen Kieselsäuregehalt der Mineralbestandtheile aus, 10--35% der Reinasche.

4. Iridaceae.

Iris.

Aetherisches Iriskearopten. Ueber das ätherische Oel, resp. Stearopten oder Iriscampher existiren die ersten Nachrichten von H. A. Vogel (Gmelin. org. Chem. **6**. 338,) — Dumas (Journ. pharm. chim. **21**. 192) schildert den durch Destillation von Iris pallida, germanica und florentina mit Wasserdampf gewonnenen Campher (1000 Theile Wurzel == 1—1,2 Oel), der durch Umkrystallisiren aus Alkohol gereinigt wurde, als weisse, perlmutterglänzende Schüppchen C_4H_8O. — Marais & Martin (Journ. Pharm. **11**. 480) geben den Schmelzpunkt zu 32° an. — Flückiger (Arch. Pharm. (3) **8**. 481) untersuchte von der Firma Herrings & Comp. in London dargestelltes Irisöl und fand das durch Umkrystallisiren aus Alkohol in Krystallblättchen erhaltene Oel als bestehend Myristinsäure. aus Myristinsäure $C_{14}H_{28}O_2$, Schmpkt. 51°, bei 150° kaum flüchtig. Das eigentlich riechende Princip konnte nur als bräunliche, dickliche Flüssigkeit nach der Behandlung mit Bleioxyd erhalten werden, die sogar bei —11° nicht erstarrte. — Nach Hager (Chem. Centrbl. 1875. 688) ist das durch Wasserdampf erhaltene Oel erbsengelb, Schmpkt. 38—40°, in 5—6 Th. Alkohol löslich.

Crocus.

Safranöl. Destillirt man Safran, die Blüthennarben von *Crocus sativus L.*, mit gesättigter Kochsalzlösung und Kalilauge, so erhält man über 9% eines gelben dünnflüssigen, im Wasser untersinkenden Oels von Safrangeruch und brennend scharfem Geschmack, das an der Luft allmälig fest wird (Henry, Journ. Pharm. (2) **7**. 400). Quadrat (Journ. pract. Chem. **56**. 68) erhielt beim Destilliren des Safrans mit reinem Wasser ein Oel, welches leichter als Wasser war.

Crocin oder **Polychroit**. — Literat.: Quadrat, Journ. pract. Chem. **56**. 68. v. Orth, ebendas. **64**. 10. — Rochleder und L. Mayer, ebendas. **74**. 1. — Weiss, ebendas. **101**. 65. — Stoddart, Pharm.

Journ. Trans. **7.** 325. 238. — Flückiger, Schweiz. Wochschr. 1877.
67. — Schillburg. Pharm. Centrhlle. **18.** 115. —

Der zuerst von Quadrat (1851) aus dem Safran, den Narben von *Crocus* Vorkommen.
sativus L., im reinen Zustande abgeschiedene gelbe Farbstoff findet sich nach
Rochleder und Mayer auch in den chinesischen Gelbschoten, den Früchten
von *Gardenia grandiflora Lour.* (Fam. Rubiaceae), so wie nach Filhol (Compt.
rend. **50.** 1184) in der *Fabiana indica* (Fam. Scrophularineae).

Zur Darstellung aus Safran entfettet Qudrat denselben mit Aether, Darstellung.
kocht ihn dann mit Wasser aus, fällt den Auszug mit Bleiessig, zerlegt den
gewaschenen Niederschlag unter wenig Wasser mit Schwefelwasserstoff, entzieht dem Schwefelblei das beigemengte Crocin durch kochenden Weingeist
und bringt die Lösung unter Abfiltriren des beim Verdunsten sich ausscheidenden Schwefels zur Trockne, was nach Rochleder zweckmässig im
Vacuum über Schwefelsäure ausgeführt wird, da sonst theilweise Zersetzung
eintritt. — Weiss schlägt aus dem wässrigen Auszuge des mit Aether erschöpften Safrans durch Zusatz von absolutem Weingeist Gummi, Schleim
und Aschenbestandtheile nieder und fällt dann durch Aether den mit etwas
Zucker und Salzen verunreinigten Farbstoff.

Die Gelbschoten extrahirten Rochleder und Mayer mit kochendem
Weingeist, entzogen dem Decocte den Weingeist durch Destillation, befreiten
den Rückstand durch Filtration von einer ausgeschiedenen schwarzgrünen
Materie und nach Zusatz von Wasser durch mehrtägige Maceration mit
feuchtem Thonerdehydrat von den Gerbsäuren, fällten dann mit Bleiessig
und behandelten den schön orangefarbigen Niederschlag in der von Quadrat
angegebenen Weise.

Das Crocin ist nach Quadrat ein morgenrothes, nach Rochleder und Eigen-
Mayer, wie nach Weiss ein lebhaft rubinrothes, im Lichte erst nach sehr schaften.
langer Zeit sich veränderndes Pulver, ohne Geruch und nach Weiss von
schwach süsslichem Geschmack. Von Wasser wird es mit rothgelber Farbe,
viel leichter und mit gelber Farbe von wässrigen Alkalien, leicht ferner von
wässrigem Weingeist, dagegen nur sehr schwer von absolutem Weingeist
und Aether gelöst. Die wässrige Lösung wird durch Kalk- und Barytwasser
gelb, durch Bleiessig roth, durch Kupfersulfat grün gefällt.

Beim Erhitzen wird das Crocin zerstört. Verdünnte Mineralsäuren Zersetzungen.
spalten es beim Kochen in Zucker und sich abscheidendes Crocetin (Roch- Crocetin.
leder und Mayer), ein schön rothes, in Wasser nur wenig, leicht in Weingeist und wässrigen Alkalien sich lösendes, mit conc. Schwefelsäure eine
tiefblaue, allmälig in Violett und Braun übergehende Färbung erzeugendes
Pulver (Weiss), neben dem nach Weiss noch ein aromatisches, den characteristischen Geruch des Safrans zeigendes gelbes, bei 208—210° siedendes
Oel von der Formel $C_{10}H_{14}O$ auftritt. Quadrat beobachtete beim Erwärmen
des Crocins mit conc. wässrigen Alkalien die Bildung eines flüchtigen, verschieden von Safran riechenden Oels.

Die Zusammensetzung des Crocins ist noch nicht sicher festgestellt. Zusammen-
Quadrat gab die Formel $C_{20}H_{13}O_{11}$, Rochleder und Mayer berechneten setzung.
aus den Analysen des Letzteren $C_{58}H_{42}O_{30} + \frac{1}{2}$ Aq. und für das Crocetin
$C_{34}H_{23}O_{11}$. Weiss gelangt für das Crocetin (das er „Crocin" nennt, während
er für den primären Farbestoff die Bezeichnung „Polychroit" gebraucht) zu
der Formel $C_{10}H_{14}O_6$ und stellt die Spaltungsgleichung „$C_{48}H_{60}O_{18} + H_2O$
$= 2 C_{16}H_{18}O_6 + C_{10}H_{14}O + C_6H_{12}O_6$" auf.

Stoddart hält für die vollständige Zersetzung des Polychroits die Gegenwart von Rohrzucker für nöthig und giebt eine Reaction zur Erkennung des Polychroits, die aber von Flückiger und Schillburg durchaus nicht anerkannt wird. Stoddart analysirte Safran und erhielt 62,31 % färbende Substanzen, flüchtiges Oel 1,32 % etc. — In den Harn geht Polychroit nach Kletzinsky (Heller's Arch. 2. 1) nicht über.

III. Spadiciflorae.

1. Palmae.

Die Familie der Palmen schliesst Gattungen (circa 1000) und Arten ein, welche durch einen bedeutenden Gehalt an Stärkmehl, fettem Oele, auch Harz ausgezeichnet sind. Alkaloïde, Glycoside sind bis jetzt nicht nachgewiesen, wie überhaupt die chemische Kenntniss der Bestandtheile dieser Familie eine noch sehr beschränkte ist. —

Stärke liefernde Palmen, welche die echte Sagostärke liefern, sind besonders die Gattungen Sagus, Arenga, Borassus, welche ihren Stärke-reichthum im Marke des Stammes oder der Wurzel führen.

Cocosfett. **Die Fette der Palmen:** Cocosnussfett oder Cocosbutter, das Fett der Fruchtkerne von Cocos nucifera, das durch Auskochen oder Pressen gewonnen wird, ist grünlichweiss, bis weiss, Schmpkt. 20—23°, leicht löslich in Alkohol und Aether. Dasselbe ist reich an freien Fettsäuren und Glyceriden. Von flüchtigen Fettsäuren sind nachgewiesen Caprilsäure neben Capron- und Caprinsäure, Laurinsäure, von festen Myristinsäure, Palmitin-säure, Stearinsäure. Die Hauptbestandtheile sind jedenfalls die Glyceride von Capril-, Myristin-, Laurin- und Palmitinsäure. Die Cocinsäure (St. Evre, Bromeis) ist nur ein Gemenge gewesen.

(St. Evre, Ann. Chim. Phys. (3) **20**. 95. — Bromeis, Ann. Chem. Pharm. **35**. 277. — Oudemanns, J. pr. Chem. **81**. 367. — Wirz, Ann. Chem. Pharm. **104**. 257). — Nallino (Berl. Ber. **5**. 731) hat in den Cocos-kernen in 100 Theilen 67,9 Th. Fett, 24,8 Cellulose und 1,5 Asche nach-gewiesen.

Das Cocosfett ist von englischen Aerzten wie Leberthran benutzt und von Pettenkofer als Grundlage von Salben und Augensalben statt der leichter ranzigwerdenden thierischen Fette empfohlen. Der ursprüngliche Coldcream wurde aus Oleum cocois und Rosenöl bereitet.

Palmöl. **Palmöl, Palmfett, Palmkernfett:** Das aus dem Fruchtfleische von Eläis gujanensis, der afrikanischen Olyolien wird das Palmöl gewonnen. Dasselbe ist orangefarben, butterartig, schwer löslich in kaltem Alkohol, leicht löslich in Aether, Schmelzpunkt 27—37°. Es enthält neben Glyceriden der Oelsäure Palmitinsäure, stets je nach dem Alter freie Fettsäuren. —
Palmkernfett. Das Fett der Kerne von Eläis, die circa 35—45 % Fett enthalten, wird in Europa dargestellt, ist weiss bis gelblich und besteht nach Oudemanns (Journ. pract. Chem. **110**. 393) aus Trioleïn 26,6 %, Tristearin und Tripal-mitin 33 %, Trilaurin 40 %, Tricaprin, Tricaprylin, Tricaproïn zusammen 2,0 %.

Harze: Von Calamus Draco Weed. stammen jetzt die Drachen- Drachenblut.
blutsorten des Handels, jenes Harzes, das zwischen den Schuppen der
Früchte ausschwitzt und in rothbraunen, spröden, undurchsichtigen Massen
in den Handel kommt. Dasselbe ist leicht löslich in Alkohol, Benzol, Chloroform, Eisessig, Schwefelkohlenstoff, verdünnten Alkalien, schmeckt süsslich,
etwas kratzend, schmilzt bei 120°. — Herberger (Repert. Pharm. **38.** 17.
50. 138) wies darin eine fettige Substanz und ein Harz nach.

Johnston (Journ. pract. Chem. **26.** 145) giebt dem in Alkohol löslichen
Harz die Formel $C_{10}H_{10}O_2$. Die alkoholische Harzlösung wird mit Salzsäure
und Schwefelsäure gelb gefärbt, Wasser scheidet daraus Harz ab (Draconin,
Dracenin, Dracin), das sich in viel Wasser mit gelber Farbe löst und mit
Alkalien roth wird. Bei der trocknen Destillation des Harzes entstehen:
eine wässrige Flüssigkeit, Aceton und Benzoësäure, ein Oel, welches Toluol
(Dracyl von Glenard & Boudoult) und Metastyrol (Dracoryl), vielleicht
noch Benzilalkohol enthält. Mit Salpetersäure erhitzt entstehen nach Blumenau (Ann. Chem. Pharm **67.** 127) Benzoësäure, Nitrobenzoësäure, Oxalsäure und wenig Picrinsäure. Mit Kali geschmolzen bilden sich (Hlasiwetz & Barth) Paraoxybenzoësäure, Benzoësäure, Phloroglucin, Oxalsäure,
neben wahrscheinlich Protocatechusäure, oder einem bitteren, krystallisirbaren Körper. — Hirschsohn will Zimmtsäure nachgewiesen haben, die
Flückiger nicht fand. — Die anderen Sorten Drachenblut, das cararische
von Dracaena Draco und westindische von Pterocarpus Draco kommen selten
in den europäischen Handel. —

(Bretet, Journ. pharm. chim. **20.** 183. — Quichard, Repert. de pharm.
3. 177.)

Calamus Rotang, das sog. spanische Rohr, enthält in seiner Asche: Mineralbe-
67,964% Kieselsäure, 16,969% Kalk, 11,812% Magnesia, welche Zahlen einem standtheile
Magnesium-Calciumsilicat von Calamus
Rotang.

$$\left.\begin{array}{l} Mg \\ Ca \\ Si \end{array}\right\} O_{10}$$ entsprechen (C. Mutschler, Annal. Chem. Pharm. **176.** 86).

Wachs der Palmen: Das Carnauba- oder Carnahubawachs Carnauba-
wird von den Blättern von Copernicia cerifera Mart. s. Corypha cerifera Arr. wachs.
ausgeschwitzt und löst sich beim Trocknen in Schuppen ab. Dasselbe ist hellgelb, mit einem Stich in's Grünliche, Schmlzp. 84° (97), spec. Gew. 0,999,
schwer verseifbar. Nach Nevy Story-Maskelyne (Journ. chem. soc. **7.**
87) besteht dasselbe vorwiegend aus Melissylalkohol $C_{34}H_{64}O$, in Alkohol löslich und einem in Aether löslichen bei 105° schmelzenden Körper, ausserdem
etwas Cerotin, bei 78° schmelzend, jedenfalls auch Palmitins-, Stearins-, Lauro-
stearins- etc. Glyceride.

Berard (Bull. soc. chim. (2) **9.** 41) stellt Cerotinsäure (frei) und
Melissin als Bestandtheile auf.

Die Palme Ceroxylon anticola liefert als Stammüberzug ein Wachs, Palmenwachs.
Palmenwachs, in welchem Bonastre (Ann. chim. phys. (2) **59.** 17)
Ceroxylin $C_{20}H_{32}O$, ein krystallisirbares Harz nachgewiesen hat. Dasselbe
bildet feine weisse Nadeln, durch Auskochen des Wachses mit Alkohol in
Lösung erhalten, über 100° schmelzend, leicht löslich in Weingeist, Aether,
ätherischen und fetten Oelen.

Phoenix.

Die Palme Phoenix dactylifera liefert die zuckerreichen Früchte, die Cumarin in kleinen Mengen enthalten. (Bey, Kletzinsky.)

Areca.

Arecanüsse.

Areca Catechu liefert Früchte, welche mit etwas Catechu und Kalk gemengt und vom Betelblatt (Piper Betle) umhüllt, das Material zum Kauen liefern, was vielfach von den Eingebornen in den Tropen benutzt wird. Die Kerne der Frucht enthalten reichlich Fett, Gerbsäure und einen rothen Farbstoff, das Arecaroth (Morin, Journ. pharm. 8. 449), unlöslich in kaltem Wasser und Aether, löslich in kochendem Wasser und alkalischen Flüssigkeiten, aus welchen der Farbstoff mit Säuren herausfällt.

Phytelephas.

Das anfangs flüssige, später steinharte Endosperm (Sameneiweiss) von Phytelephas macrocarpa kommt als vegetabilisches Elfenbein in den Handel benutzt zu Dreherarbeiten etc.

Carnaubawurzel.

In der Carnaubawurzel hat Lawrance Cleaver (Pharm. Journ. Trans. (3) 5. 965) Spuren eines Alcaloïdes, Harz, rother Farbstoff, und etwas ätherisches Oel nachgewiesen.

2. Araceae.

a. Areae.

Arum.

In Arum maculatum will Bird eine leicht flüchtige Base von weisser Farbe und grosser Zersetzbarkeit isolirt haben.

b. Orontieae.

Acorus.

Acorin. — Nach Faust (Arch. Pharm. (2) 131. 214) enthalten die Wurzeln von *Acorus Calamus L.* ein stickstoffhaltiges Glycosid, das vielleicht zu den Alkaloiden zu zählen ist. Man erhält dasselbe, indem man das wässrige Decoct der geschälten Wurzeln auf das Gewicht der letzteren eindampft, mit dem gleichen Volumen Weingeist versetzt, filtrirt, mit Bleizucker und dann mit Bleiessig ausfällt, das Filtrat mit Schwefelwasserstoff entbleit, auf ein geringes Volumen verdunstet und nach Zusatz von überschüssiger Natronlauge mit Aether ausschüttelt. Dieser hinterlässt das Glycosid als honiggelbe weiche harzartige Masse von bitter-aromatischem Geschmack. Es löst sich leicht in Weingeist und Aether und wird aus ersterem durch Wasser, aus letzterem durch Benzol gefällt. Die weingeistige Lösung reagirt schwach alkalisch. Die Lösung in Salzsäure, von der es schwierig, aber vollständig gelöst wird, giebt mit Gerbsäure, Phosphormolybdänsäure, Jod und Kaliumquecksilberjodid Fällungen. Gold- und Platinchlorid, sowie kalische

Kupferlösung werden dadurch reducirt. Verdünnte Schwefelsäure bewirkt beim Kochen damit Spaltung in Zucker und eine harzartige stickstoffhaltige Substanz (Faust).

Die Kalmuswurzeln geben über 1% eines gelben oder bräunlichen ätherischen Oels von starkem, der Wurzel ähnlichem Geruch, gewürzhaft bitterem Geschmack und einem spec. Gew. von 0,89—0,98, das sich schon in 1 Th. Weingeist von 0,85 spec. Gew. löst (Zeller). Schnedermann (Ann. Chem. Pharm. 41. 374) fand in dem zwischen 195 und 260° siedenden Antheile 8—10% Sauerstoff, in dem flüchtigsten unter 195° siedendem $1\frac{1}{2}$% Sauerstoff. Dem entgegen steht die Angabe Gladstone's, dass das Kalmusöl fast ganz aus einem bei 260° siedenden Kohlenwasserstoff bestehe.

Kalmusöl.

A. Kurbatoff (Berl. Ber. 6. 1210) hat im ätherischen Oele von Acorus Calamus einen Kohlenwasserstoff $C_{10}H_{16}$ nachgewiesen, Siedep. 158—159°, spec. Gew. 0,8793, löslich in Alkohol, Aether, von terpentinähnlichem Geruche, der mit HCl eine krystallinische Verbindung bildet. Ausserdem wurde ein zweiter Kohlenwasserstoff $C_{10}H_{16}$ isolirt, Siedepunkt 250—255°, bläulich gefärbt, schwerlöslich in Alkohol, leicht löslich in Aether, giebt mit HCl keinen festen Körper.

Das Kalmusöl dient zur Darstellung von Rotulae Calami, die den Pfefferminzkügelchen an Wohlgeschmack nicht nachstehen. Schneider (Hufel. Journ. 91. 71) empfahl es zu 2—10 Tr. innerlich und, in 200 Thn. Spiritus gelöst, äusserlich gegen Gicht.

3. Najadaceae.

Potamogeton.

Cloëz (Compt. rend 57. 354) hat die Luft untersucht, welche von der in Wasser lebenden Gattung Potamogeton unter dem Einfluss der Sonne stets ausgeathmet wird und darin am ersten Tage 46,08% Sauerstoff, am 20. Tage 38,5% Sauerstoff gefunden, neben Stickstoff.

IV. Glumiflorae.

1. Cyperaceae.

Die Cyperaceen, welche die Gattungen Carex, Scirpus, Cyperus, Eriophorum einschliessen, zeichnen sich durch hohen Kieselsäuregehalt der Asche aus. Carex enthält 5—53% SiO_2 in der Asche, Scirpus 40—50%, Eriophorum 10—33%.

Cyperus esculentus ist reich an Fett. 28% in seinen Wurzeln. (Munosy Luna, Ann. Chem. Pharm. 78. 370).

Das fette Oel der Erdmandeln, der Wurzelknollen von *Cyperus esculentus*, riecht nach Haselnüssen, schmeckt schwach campherartig, hat das specif. Gew. 0,918 und ist leicht verseifbar (Lesant, Journ. Pharm. (2) 8. 509).

Erdmandelöl.

2. Gramineae.

Die zahlreichen Gattungen, welche die Gramineae einschliessen, zu welchen auch unsere Getraidearten gehören, sind ebenfalls, wie die vorgehende Familie reich an Kieselsäure in der Asche. Dieselbe ist besonders in den Blättern, Blattscheiden angehäuft, z. B. Arundo mit 77%, Blattscheiden 73—77%, Avena 29—44%, Bromus Wurzeln 82%, Hordeum 42 bis 56%, Weizen: Körner — 9%, Stroh — 72%, Spelt: Körner — 1,3%, Körner mit Spelzen = 49,4%, Roggen: Körner 1—9%, Stroh = 46—70%, Gerste: Körner 17—34%, Stroh — 68%, Hafer: Körner 38—56%, Bambusa arundinacea (Bambusrohr) 28,26%. Baryt ist ausserdem in der Asche des ägyptischen Weizens nachgewiesen (—0,08%) (Dworsack), Zink in Weizen und Gerste. (Lechartier und Belamy, Compt. rend. 84. 687.)

Die Samen der Getraidearten, wie der übrigen Gramineae, sind ferner reich an Stärke, Fetten und Proteïnstoffen. Ueber die Mengenverhältnisse dieser Hauptbestandtheile der Getreidesamen geben zahlreiche Untersuchungen Aufschluss, von welchen nur einige hier genannt werden sollen. (W Pillitz, Agric. Chem. 1870/72. 2, 3. Zeitschr. anal. Chem. 1872. 46. — L. Lenz, landw. Versuchsst. 12. 344. — F. Schwackhöfer, ebendas. 15. 105 u. A.)

Fette und Wachsarten der Gramineae: Hinsichtlich der Beschaffenheit der Fette und Wachsarten der Gramineae muss hier auf eine Arbeit von J. König (Landw. Versuchsstat. 13. 241) hingewiesen werden, der die Elementarzusammensetzung der Fette einer grösseren Anzahl von Pflanzen festgestellt hat. E. Schulze (Landw. Versuchsstat. 15. 85) arbeitete nach der Methode von J. König und isolirte aus Wiesenheu die Fettsubstanz, welche 2,6 und 3% betrug, die an kalten Alkohol abgab 1,1—1,3 Fett, während 0,47 sog. Wachs zurückblieb. Derselbe constatirte ferner, dass diese Fette keine Glyceride sind und Cholesterin enthalten.

J. König in Gemeinschaft mit Aronheim und Kiesow (Jahresber. Agriculturchem. 1873/74. 254) haben die Fragen der Constitution der Pflanzenfette behandelt und mit den Fetten von Wiesenheu, Haferstroh, den Samen von Hafer, Roggen (auch Wicken und Lein) gearbeitet.

Die Methode war folgende:

Der Verseifung mit alkoholischer Kalilauge folgte die Abscheidung der Fettsäuren mittelst Säuren, Darstellung der Baryt-, Bleisalze und deren näheres Studium. Bei der Untersuchung der Alkohole wurde die Methode von Schulze (Behandlung mit Benzoësäure im zugeschmolzenen Rohre) befolgt.

Die Resultate lassen folgende Schlussfolgerung zu: Wiesenheu und Strohfett haben qualitativ so ziemlich dieselbe Zusammensetzung, enthalten einen Kohlenwasserstoff (im Haferstrohfett nicht nachweisbar), Cerotinsäure, Palmitinsäure (Stearinsäure?), Oelsäure, ausserdem Alkohole und zwar einen Fettalkohol, unter dem Cerylalkohol liegend, Cholesterin (Isocholesterin), einen flüssigen Alkohol von einer dem Cholesterin nahen Zusammensetzung. Wahrscheinlich ist ein Theil der Säuren als Cholesterinester vorhanden. Das Fett der Samen enthält Oelsäure, neben Palmitin- und Stearinsäure, welche Säuren bei Hafer, Roggen (auch Wicken) zum geringen Theil als Glyceride, zum grösseren Theile als freie Fettsäuren vorhanden sind.

Ueber die Proteïnstoffe der Gramineae, spec. der Getreidearten (Kleber, Avenin, Hordeïn etc.), wird im Interesse der übersichtlichen Darstellung und einer einheitlichen Behandlung des hier vorliegenden umfangreichen Materiales bei der Familie der Leguminosen eine eingehende Besprechung stattfinden. (Siehe daher „Leguminosen".)

Die Kohlenhydrate der Gramineae:

Die Frage, ob die Samen der Getreidearten Zucker (krystallisirbar) und Dextrin, im ungekeimten und gekeimten Zustande, enthalten, wurde vielfach erörtert und durch Versuche zu erläutern versucht. A. v. Humboldt, Th. de Laussure, Kirchhof haben die Frage unentschieden gelassen. E. v. Mitscherlich (Lehrb. I. Abth. 368) fand weder Zucker noch Dextrin, Oudemanns & Mulder wollen Dextrin nachgewiesen haben, Stein (Polyt. Centralbl. 1860. 494) behauptet, dass in der gekeimten Gerste kein Zucker enthalten sei. — G. Kühnemann (Berl. Ber. 8. 207. 387. 9. 1385) hat in dieser Richtung weitere Beiträge geliefert und in der ungekeimten und gekeimten Gerste einen krystallisirbaren Zucker, weiss, Kupferlösung nicht reducirend, optisch, physikalisch und chemisch mit dem Rohrzucker identisch, nachgewiesen.

Dextrin konnte nicht gefunden werden, dagegen Sinistrin, das durch den Keimungsprocess theilweise verschwindet, aber immer noch in dem Malzauszuge, der Würze enthalten ist. Die Methode der Untersuchung, welche Kühnemann befolgte, bestand darin, dass das Rohmaterial, gekeimte oder nicht gekeimte Gerste mit 95% Alkohol wiederholt kalt behandelt wurde (3 zu 8 Alkohol). Die vereinigten Auszüge werden mit Aether versetzt (auf 1 Th. 2 Th. Aether) und ausserdem Wasser (auf 6 Mischung 1,6 Wasser) beigemischt, das sich wieder abscheidet und zur Isolirung des Zuckers benutzt wird, indem mit Barythydrat versetzt, Kohlensäure eingeleitet, erhitzt, zur Trockne verdampft wird. Diese trockne Masse wird mit 95% Alkohol extrahirt und diese Lösung verdunstet, wobei der Zucker auskrystallisirt, der durch Umkrystallisiren aus absolutem Alkohol von dem beigemengten nicht krystallisirenden Kupfer reducirenden Zucker, der in den gekeimten Samen enthalten ist, getrennt wird. In dem ursprünglichen Samenrückstande nach der Behandlung mit 95% Alkohol wurde nach Dextrin gesucht durch Extraction mit Wasser, Ausfällen mit dem 6fachen Vol. Alkohol, Lösen des erhaltenen Niederschlags in wenig kaltem Wasser, welche Lösung mit Baryt auch Bleiacetat gereinigt wurde. Diese Lösung wird von Tannin und basisch essigsaurem Blei gefällt, reducirt Kupfer nicht.

Sinistrin nennt Kühnemann jene in Wasser schwerlösliche Substanz, welche links polarisirt und andere chemische Zusammensetzung wie Dextrin haben soll.

Sinistrin.

Synanthrose:

Müntz (Compt. rend. 87. 679) isolirte aus Roggensamen Synanthrose (die Zuckerart der Topinambourknollen), welche er als die einzige zuckerartige Substanz des Roggensamens bezeichnet. Im noch wenig entwickelten Korne reichlich vorhanden, schwindet dieselbe mehr während der Reife, ist aber immer noch bis 5% vorhanden. Die Darstellung derselben gelingt durch Zusammenreiben der Samen vor der Reife mit bleiacetathaltigem Wasser, Entbleiung der wässrigen Lösung, Neutralisation der freien Essigsäure, Concentration und Fällen des erhaltenen Syrupes mit Alkohol. Die entstandene Fällung wird wiederholt gelöst und mit Alkohol gefällt. Inulin und Dextrin wurden im Roggensamen nicht gefunden. —

Roggen. Synanthrose.

Triticin:

H. Müller (J. pract. Chem. 1873. 832) stellte aus Triticum repens, der Quecke, ein Kohlehydrat, das Triticin, mit folgenden Eigen-

Triticum repens. Triticin.

schaften her: geschmacklos, löslich in Wasser, unlöslich in Alkohol und Aether, linksdrehend, geht beim Kochen mit Säuren in Levulose über, nicht gährungsfähig, giebt mit Salpetersäure, Oxalsäure und mit Schwefelsäure eine Triticinschwefelsäure. Formel: $C_{12}H_{22}O_{11}$. Die Darstellung ist folgende: Die Wurzel wird mit 25—30% Alkohol ausgezogen, die Lösung mit Bleiessig gefällt, das Filtrat entbleit, eingedampft und der Rückstand mit Alkohol extrahirt. Der bleibende Rest wird mit Wasser gelöst und mit Alkohol gefällt. —

Hordeïnsäure.   Bei der Destillation von Gerste mit Schwefelsäure erhielt **Beckmann** (J. pract. Chem. **66**. 52) eine bei 60° schmelzende Fettsäure, $C_{12}H_{24}O_2$, identisch, nicht isomer mit Laurostearinsäure.

Aveneïn.   E. **Serullas** (Monit. scient. **9**. 126) extrahirte aus Haferkleie einen Körper, **Avenëin**, der bei der Oxydation in eine nach Vanille riechende Substanz übergeht.

Wiesenheu.
Chinasäure.   O. **Loew** hat im Wiesenheu Chinasäure aufgefunden. (Jahresb. Agricultch. 1879. 123.)

Panicum.

H. **Ritthausen** (Landw. Versuchsst. **20**. 410) erhielt bei der Analyse der Samen von Panicum miliaceum (Hirse) Wasser 11,74%, Asche 3,61, Fett 4,15, Proteïnstoffe 10,54.

Zea.

Maispflanze.   Die Analysen von **Poggiale** (Gazz. chim. 1855. 211), sowie **Poison** geben in den Samen einen Gehalt von Fett bis 6,7%, Stärke 50—64% an, so wie die zahlreichen Analysen der Maispflanze einen hohen Gehalt an Kali und Phosphorsäure neben wenig Kieselsäure (—3%) zeigen. —

Alkaloïd des verdorbenen Maismehles.   **Brugnatelli & Zenoni** (Gazz. chim. 1876. Berl. Ber. **9**. 1437) haben, mit Bezugnahme auf die Krankheitserscheinungen nach dem Genusse von verschimmeltem Maisbrode in Italien, ferner auf die von **Lombroso** 1871 beobachtete Thatsache, dass das Extract des verschimmelten Maisbrodes giftig wirke, mit Hilfe der Stas-Otto'schen Methode eine alkaloïdartige Substanz abgeschieden, weiss, nicht krystallinisch, unlöslich in Wasser, löslich in Alkohol und Aether. Die schwefelsaure Lösung giebt auf Zusatz von oxydirenden Agentien eine blau violette Färbung.

Lolium.

Loliin. — Ungenügend untersuchter und bis jetzt nicht rein erhaltener Bitterstoff in den Samen von *Lolium temulentum L.* **Bley** (Repert. Pharm. **48**. 169; **62**. 175) beschreibt ihn als leichtes schmutzigweisses, in Wasser und Weingeist ziemlich lösliches, aus weingeistiger Lösung durch Aether fällbares Pulver. **Ludwig** und **Stahl** (Arch. Pharm. (2) **119**. 59) erhielten ihn als zähe gelbe, in Wasser, Weingeist und Aetherweingeist lösliche Masse von bitterkratzendem Geschmack, die durch Behandlung mit verdünnten Säuren in Zucker und flüchtige Säuren gespalten wird.

Andropogon.

Ostindisches Grasöl.   Das ostindische Grasöl, von *Andropogon Ivarancusa Roxb.* in Ostindien, ist gelb, rectificirt farblos, leichter als Wasser, destillirt grösstentheils zwischen 147 und 160°, riecht durchdringend gewürzhaft, schmeckt scharf, ist sauerstoffhaltig (Stenhouse, Ann. Chem. Pharm. 50. 157). — Das Citronellaöl, aus dem ostindischen *Andropogon Schoenanthus L.*, besteht fast ganz aus einem bei 200° siedenden sauerstoffhaltigen Oel von 0,874 spec. Gew. bei 20°. Kaum davon zu unterscheiden ist das ätherische Oel des auf Ceylon einheimischen *Andropogon Nardus L.* (Gladstone).

Oppenheim u. Pfaff (Berl. Ber. 7. 625) erhielten aus dem Oele von Andropogon Schönanthus mit Phosphorsäureanhydrid das Terpen $C_{10}H_{16}$, Geraniin, 162—172° siedend, durch Jod in Cymol, durch Salpetersäure in Paratoluylsäure übergehend. — O. Jacobsen unterwarf das Geraniumöl einer eingehenden Untersuchung und fand dasselbe optisch inactiv, schwach sauer reagirend, vorwiegend aus einem Oele, 210—240° siedend, bestehend, das bei Fractionnisirung Geraniol $C_{10}H_{18}O$ liefert, isomer mit Borneol, Bestandtheilen von Cajeputöl, Hopfenöl und dem Oele von Osmitopsis asteriscoïdes. Geraniol ist stark lichtbrechend, 0,895 sp. Gew., in Alkohol, Aether löslich; Salpetersäure (1,2) liefert unter heftiger Einwirkung Nitrobenzol, Blausäure, Oxalsäure, mit chromsaurem Kali und Schwefelsäure Essigsäure, Valeriansäure. Dasselbe liefert mit Phosphorsäureanhydrid Geraniin, verhält sich wie ein einwerthiger Alkohol. Jacobsen hat Geranioläther $C_{10}H_{17}.O.C_{10}H_{17}$, Geraniolsulfid, Geraniolchlorid-, Bromid-, Jodid-, Cyanid-, Schwefelcyanid, sowie die Benzoësäure-, Valeriansäure- und Zimmtsäureester-Verbindung, auch eine Verbindung mit Chlorcalcium hergestellt. —

Oryza.

Der Reissamen enthält nur 0,2—0,9% Fett neben 75% Stärke, das Reismehl nach Wicke 11,1% Fett. Die Asche von Oryza ist manganhaltig.

Sorghum.

Sorghum sacharatum, Zuckerhirse enthält 15—18% Zucker (Rohrzucker) (Jackson, Leplay).

Sacharum.

Die Analysen des Zuckerrohres, Sacharum officinarum, dieser für die Tropen so wichtigen Zuckerpflanze zeigen nach Peligot, Dupuy 17—18%, Casaseca 12—16%, nach Popp (Jahresb. Agricultch. 1873/74. 2. 25) 16 und 18% Rohrzucker.

Engler & Stohmann (Lehrbuch der Technologie) theilen eine Analyse von Zuckerrohr mit, wonach folgende Substanzen aufgeführt werden:

71% Wasser, 18% Rohrzucker, Cellulose und verwandte Stoffe, 9,56, Eiweiss, 0,5 Fett, Harz, ätherisches Oel, Oxalsäure, Aepfelsäure, Aconitsäure, neben den allgemein verbreiteten Mineralbestandtheilen. Das Zuckerrohr liefert ungefähr 90% Saft mit durchschnittlich 18% Rohrzucker. — Das Auftreten der Aconitsäure als Bestandtheil des Zuckerrohrsaftes ist auf das bestimmteste festgestellt durch eine Arbeit von Arno Behr (Berl. Ber. 10. 351), der noch die Beobachtung machte, dass die Aconitsäure, die er aus dem Ammoniaksalz isolirte und reinigte, bei 187 und 188° C. schmolz, andere Proben bei 165°. In den Absüsswässern der Knochenkohle aus den Zuckerrohrzuckerraffinerien isolirte Behr ebenfalls Aconitsäure. Als Bestandtheil des Zuckerrohres ist ferner noch zu erwähnen:

Cerosin. $C_{24}H_{48}O$. — Das die Rinde des Zuckerrohrs als weisser Staub bedeckende und mit dem Messer abschabbare Wachs wird nach Ave-quin (Ann. Chim. Phys. (2) **75.** 218) durch Waschen mit kaltem, Auflösen in heissem Weingeist und Verdunsten der Lösung rein, nach Dumas (Ann. Chim. Phys. (2) **75.** 222) durch starkes Abkühlen seiner weingeistigen Lösung auch in Krystallen erhalten. Es bildet feine perlglänzende Blättchen (Dumas) von 0,961 spec. Gew. bei 16°, schmilzt bei 82°, löst sich nicht in Wasser, sowie in kaltem Weingeist und Aether, dagegen in kochendem Weingeist, der damit beim Erkalten gallertartig erstarrt, und etwas auch in kochendem Aether (Avequin). — Durch Erhitzen mit Kalikalk auf 250° wird es unter Wasserstoffentwicklung in weisse krystallinische, bei 93°,5 schmelzende

Cerosinsäure. Cerosinsäure verwandelt. (Levy, Ann. Chim. Phys. (3) **13.** 451). — Aus seinen eignen und Dumas' Analysen berechnet Levy für das Cerosin die Formel $C_{24}H_{48}O$ und Kraut (s. Gmelin's Handb. 7. 2063) aus den Analysen des Letzteren für die Cerosinsäure $C_{34}H_{68}O_2$.

V. Scitamineae.

1. Musaceae.

Die Gattung Musa ist eine wichtige Faserpflanze der Tropen, indem die Gefässbündel des Stammes den sog. Manilahanf liefern. Die Früchte sind von Corenwinder analysirt, ohne besondere Resultate geliefert zu haben.

Farbstoff. Musa Fehii schwitzt im Jugendzustande einen klebrigen Saft aus, der in dünnen Schichten himbeerroth, in dicken blauviolett erscheint, neutral reagirt, in Wasser und Alkohol mit intensiver Färbung löslich ist. Die wässrige Lösung giebt Fällungen mit Leimlösung, Kalksalzen, Bleisalze, Zinnchlorür fällen blauviolett, Zink- und Kupfersalze färben blau, Alkalien färben grünlich, Säuren erhöhen die Intensität des Farbstoffes.

2. Marantaceae.

Arrow-Root. Die Wurzelstöcke der Gattung Maranta liefern das bekannte Arrow-Rootstärkemehl. Eberhard (Arch. Pharm. **134.** 257.) untersuchte in der Colonie Blumenau, bei Rio de Janeiro, frische Marantawurzeln und erhielt durchschnittlich: 20,78 Stärke
68,52 Wasser
9,48 Cellulose
1,22 Asche
} in 100 Theilen.

3. Zingiberaceae.

Curcuma.

Curcumin. **Curcumin.** Curcumagelb. — Liter.: A. Vogel, Pelletier Journ. Pharm. (2) 50. 259. 1815. — A. Vogel jun. Ann. Chem. Pharm. **44.** 297. — Lepage, Arch. Pharm. (2) **97.** 240. — Schlumberger, Chem. Centralbl. 1866. 964. — Daube, Berl. Ber. 1870. 609. — Iwanof-Gajewsky, Ebend. 1870. 624. — Kachler, Ebend. 712.

Entdeckung u. Vorkommen. Der nach den Angaben von Vogel und Pelletier, Vogel jun. und Lepage dargestellte gelbe Farbstoff der Wurzel von *Curcuma longa L.* war noch mit Harz verunreinigt. Erst in jüngster Zeit wurde er von Daube und gleichzeitig auch von Iwanof-Gajewsky im reinen und krystallisirten Zustande erhalten.

Zur Darstellung befreit man nach Daube die gröblich zer- Darstellung. kleinerte Curcumawurzel durch einen starken Dampfstrom von dem ätherischen Oel, wäscht sie mit heissem Wasser aus, bis dieses nicht mehr gefärbt wird, trocknet und extrahirt nun mit reichlichen Mengen siedenden Benzols, von dem zwar 2000 Th. zur Lösung des Curcumins erforderlich sind, das aber dafür die begleitenden Harze nicht löst. Die beim Erkalten der benzolischen Auszüge sich abscheidenden orangerothen Krusten von Rohcurcumin werden zwischen Fliesspapier abgepresst, worauf man ihre filtrirte weingeistige Lösung mit neutralem und so viel basischem Bleiacetat ausfällt, dass die Flüssigkeit nur schwach sauer reagirt. Den mit Weingeist gewaschenen ziegelrothen Niederschlag von Bleicurcumin zerlegt man unter Wasser mittelst Schwefelwasserstoff, entzieht dem abfiltrirten Schwefelblei das Curcumin durch kochenden Weingeist und ·überlässt die weingeistige Lösung dem freiwilligen Verdunsten.

Weniger rein, wie es scheint, wenigstens nicht krystallisirt, erhielt Kachler den Farbstoff, indem er die zuvor mit Wasser, Schwefelkohlenstoff und Weingeist erschöpfte Wurzel mit Aether auszog, die verdünnte ammoniakalische Lösung des beim Verdunsten dieses Auszugs hinterbleibenden und etwa $4\frac{1}{2}\%$ betragenden Rohcurcumins mit Chlorcalcium ausfällte, das Filtrat mit Salzsäure ansäuerte und den entstandenen flockigen und gut ausgewaschenen Niederschlag im Vacuum über Schwefelsäure trocknete.

Lepage, sowie auch Vogel jun. entzogen der Wurzel, die Ersterer zuvor durch Schwefelkohlenstoff vom ätherischen Oel befreite, das Curcumin durch verdünnte Natron- oder Kalilauge und schlugen es daraus durch Salzsäure nieder.

Das Curcumin krystallisirt nach Daube in bei durchfallendem Lichte Eigenschaften. tief wein- bis bernsteingelben, bei auffallendem dagegen orangegelben, perlbis diamantglänzenden, anscheinend orthorhombischen Prismen. Es beginnt bei 165° zu schmelzen und wird in höheren Temperaturen zersetzt. Von Weingeist und Aether wird es gut, schwieriger von Benzol gelöst. Conc. Mineralsäuren nehmen es mit carmoisinrother Farbe nur in geringer Menge und nicht unverändert auf; wässrige Alkalien lösen es leicht und mit lebhaft rothbrauner Farbe.

Die weingeistige Lösung des Curcumins zeigt die bekannten Fluorescenzerscheinungen und Farbenreactionen der Curcumatinctur, nur reiner und lebhafter wie diese. Das damit getränkte Papier (Curcuminpapier) nimmt durch Alkalien eine braunrothe, beim Trocknen in Violett übergehende Färbung an, die durch Säuren in Gelb zurückgeführt wird. Borsäure erzeugt damit eine nur beim Trocknen hervortretende orangerothe Färbung, welche durch Säuren nicht verändert, aber durch verdünnte Alkalien in Blau verwandelt wird. (Daube.)

Daube giebt als einfachsten Ausdruck für die Zusammensetzung des Zusammensetzung. Curcumins die Formel $C_5H_{10}O_3$, während nach den Analysen von Iwanof-

Gajewsky und Kachler seine Formel ein Multiplum von C_4H_4O zu sein scheint.

Ver-
bindungen. Die Verbindungen des Curcumins mit den Alkalien wurden bis jetzt nicht in fester Form erhalten. Mit Kalk- und Barytsalzen geben seine Lösungen rothbraune, mit Bleisalzen feurigrothe Niederschläge (Daube). Versetzt man seine weingeistige Lösung mit Borsäure und dann mit Wasser, so scheidet sich eine rothe Verbindung beider ab, der aber durch kochendes Wasser alle Borsäure wieder entzogen werden kann. (Schlumberger.)

Die Verwendung des Curcumagelbs zum Färben von Wolle, Seide, Holz u. s. w. ist eine beschränkte. Es dient gewöhnlich nur als Zusatz zum Nüanciren der Farbentöne.

Zersetzungen. An der Sonne bleicht das Curcumin. In höherer Temperatur wird es zersetzt. — Bei Einwirkung von heisser Salpetersäure entsteht Oxalsäure (Daube). Bei Behandlung mit Natriumamalgam in weingeistiger Lösung tritt vollständige Entfärbung ein (Daube), wobei nach Kachler harzartige Produkte gebildet werden. Beim Erhitzen mit Zinkstaub wurde ein aromatisches Oel und gelbliche Krystalle, wahrscheinlich Anthracen gebildet; beim Schmelzen mit Kali entsteht Protocatechusäure. Kachler hält einen nahen Zusammenhang des Curcumin mit Chrysophansäure für möglich. Erhitzt man eine weingeistige Lösung von Borsäure-Curcumin mit Mineralsäuren, so wird sie blutroth und scheidet nun beim Erkalten einen körnigen fast schwarzen Körper ab, den Schlumberger Rosocyanin nennt. Es löst sich nicht in Wasser und Aether, aber mit schön rother Farbe in Weingeist; mit Alkalien färbt sich die Lösung lasurblau und mit Kalk- und Barytwasser giebt sie blaue Niederschläge.

Curcumaöl. Das Curcumaöl, aus der Wurzel von *Curcuma longa L.*, ist citronengelb, dünnflüssig, von durchdringendem Geruch und brennendem Geschmack (Vogel und Pelletier). Beim Rectificiren gehen die ersten Tropfen bei 130—135° über, grössere Mengen zwischen 220 und 250°; bei 250° tritt Sieden und wenige Grade über dieser Temperatur Zersetzung ein. Das zwischen 230 und 250° Uebergehende, das Curcumöl, entspricht der Formel $C_{10}H_{14}O$ und wäre damit dem Carvol und Thymol isomer (Bolley, Suida und Lange, Journ. pract. Chem. **103**. 474). Nach Kachler (Berl. Ber. 1870. 713) lassen sich der Wurzel mittelst Schwefelkohlenstoff etwa 8% eines dunkelrothen dickflüssigen, schwach aromatischen Oeles entziehen, das zwar nicht verseifbar ist, aber auf Papier bleibende Fettflecke macht.

Zittweröl. Das ätherische Oel aus den Knollen von C. Zedoaria (Zerumbet Roxb.) ist blassgelb, trübe, dickflüssig, schwerer als Wasser und von campherähnlichem Geruch und Geschmack.

Alpinia.

Kämpferid. — Findet sich nach Brandes (Arch. Pharm. (2) **19.** 52) in der Galgantwurzel, dem Wurzelstock der chinesischen *Alpinia chinensis Rosc.*, und scheidet sich in dem balsamartigen Verdunstungsrückstande ihres ätherischen Auszugs in Krystallen aus, die durch wiederholtes Waschen mit Weingeist und Aether, Erwärmen im Wasserbade und Umkrystallisiren aus Weingeist nur schwierig rein zu erhalten sind. Sie bilden gelbliche perlglänzende, neutral reagirende Blättchen ohne Geruch und Geschmack, welche bei 100° noch nicht schmelzen und bei stärkerem Erhitzen an der Luft verbrennen. Sie lösen sich in 1000 Th. kochendem Wasser, in 50 Th. 75 proc. Weingeist, in 6 Th. kochendem und in 25 Th. kaltem Aether, ferner mit intensiv gelber Farbe in wässrigen Alkalien und Ammoniak, sowie unter Kohlensäureentwicklung auch in wässrigem kohlensaurem Natron. Brandes fand darin im Mittel 64,48% Kohlenstoff, 4,40% Wasserstoff und 31,12% Sauerstoff.

Das ätherische Oel von Rad. Galanga ist gelblich bis bräunlich, reflectirt farblos, leichter als Wasser, schmeckt brennend anisartig und riecht dem Cajeputöl ähnlich (A. Vogel, Repert. Pharm. 83. 22). Galgantöl.

Zingiber.

Aus jamaicanischer Ingwerwurzel wurde von J. C. Thresh (Pharm. Journ. Trans. 479. 71. 480. 191) das scharfe und wirksame Princip, unter dem Namen Gingerol beschrieben. Dasselbe ist ein zäher Syrup, strohgelb, bitter und scharf schmekend, löslich in Weingeist, Benzin, Schwefelkohlenstoff, flüchtigen Oelen Eisessig, Alkalien, giebt mit Schwefelsäure keine Glycose. — J. Stenhouse und Ch. E. Groves (Journ. chemic. Soc. 1877) erhielten beim Schmelzen des alkoholischen Ingwerextractes mit Kali Protocatechusäure. Ingwer.
Gingerol.

Das ätherische Ingweröl besteht nach Thresh (Pharm. Journ. Transact. No. 586. 1881) zum grössten Theile aus einem Kohlenwasserstoffe von der Formel $C_{15}H_{24}$ oder mehreren Isomeren desselben, welche zwischen 245 und 270° sieden und mit trocknem Salzsäuregas in Aether unlösliche Oeltropfen, aber keine Krystalle geben, zu etwa $\frac{1}{6}$ aus einem um 160° siedenden, leicht oxydablen, rechtsdrehenden Terpen und Oxydationsprodukten desselben, deren eines das Aroma des Ingwers bedingt, ausserdem aus Cymen und (in altem Oele) etwas Essigsäure und Ameisensäure; Aldehyde und Aether fehlen in demselben. Das Ingweröl des Handels differirt in Bezug auf Rotationsvermögen und spec. Gewicht nicht unerheblich; mit rauchender Salpetersäure explodirt es, mit Schwefelsäure giebt es eine blutrothe Mischung, mit Salpetersäure verharzt es nach zuvoriger Roth- und Violetfärbung. Nach einer älteren Untersuchung von Papousek (Wien. Acad. Ber. IX. 815) entspricht das ätherische Ingweröl der Formel $4\,C_{20}H_{16}$, $5\,HO$ und giebt bei wiederholtem Destilliren über Phosphorsäureanhydrid einen Kohlenwasserstoff von der Formel $C_{20}H_{16}$. Die Ausbeute an Ingweröl schwankt (im Jamaica-Ingwer) zwischen 1,4 und weniger (Thresh) und 2,2% (Schemmel), ist aber auch von den Sorten abhängig. Ingweröl.

Elettaria.

Das Cardamomenöl, aus den reifen Früchten von *Elettaria Cardamomum Mat.*, ist blassgelb, riecht und schmeckt nach Cardamomen, reagirt neutral, hat das specif. Gew. 0,92—0,94 (Zeller) und enthält nach Dumas und Péligot (Ann. Chim. Phys. (2) 57. 334) eine in farblosen Prismen krystallisirendes, nach der Formel $C_{10}H_{16}$, $3\,H_2O$ zusammengesetztes Stearopten. Cardamomen-
öl.

Cardamomum Meleguoeta liefert die Paradieskörner, welche ein ätherisches Oel enthalten. Dasselbe ist gelblich, von angenehmem Geruche, scharf aromatischem Geschmacke, specif. Gew. 0,825, löslich in Alkohol,

Schwefelkohlenstoff, Siedepunkt 235—258°, linksdrehend, von der Formel $C_{20}H_{32}O$. —

VI. Gynandrae.

1. Orchidaceae.

Orchis.

Salepschleim. Die Orchisknollen (Rad. Salep) sind reich an Pflanzenschleim, über dessen Entstehung und Wesen verschiedene Anschauungen existiren. Die älteren Anschauungen gehen dahin, dass dieser Schleim ein Gemenge von Stärke und Gummi sei, oder Pectinsäure (Mulder). Schmidt (Ann. Chem. Pharm. 51. 29) nennt den Salepschleim Salepbassorin und giebt an, dass derselbe mit verdünnter Schwefelsäure Gummi und Zucker liefere, bei gleichzeitiger Abscheidung von Cellulose. Franck (Jahrb. wiss. Bot. 5. 9) erklärt den Salepschleim für eine Cellulosemodification, die Bestandtheil des Zellsaftes ist. Der Schleim geht mit kaltem Wasser in Lösung, die beim Verdampfen eine gummiartige Masse giebt. Jod färbt gelb, Jod + Schwefelsäure blau. Fällungen erzeugen in der wässrigen Lösung Alkohol, Bleiessig, mit Salpetersäure entsteht Oxalsäure, beim Erwärmen mit verdünnter Schwefelsäure ein Kupfer reducirender Zucker. Der Schleim ist auf diese Weise gewonnen stets N-haltig.

Giraud (Jahresb. Pharm. 1875. 299) erklärt den Salepschleim für eine Umwandlung stärkeartiger Substanz in eine in Wasser anschwellende Varietät des Dextrines. —

Angrecum.

H. Pashkis (Zeitschr. östr. Apothver. 496. 1879) glaubt in den Zellen Coumarin. von Angrecum fragrans, dem Bourbonthee· (Folia Faham) Coumarin nachgewiesen zu haben.

Vanilla.

Vanillin. **Vanillin, Vanillasäure, Vanille - Campher.** $C_8H_8O_3$. —
Literatur: Bley, Arch. Pharm. 38. 132. 100. 279. — Véc, Journ. Pharm. (3) 34. 412. — Gobley, Ebendas. 34. 401. — Stokkebyc, Viertelj. pract. Pharm. 13. 481. — Carles, Journ. Pharm. Chim. (4) 12. 254. — W. v. Leutner, Pharm. Zeitschr. Russl. 10. 675. 706. — Tiemann und Harmann, Berl. Ber. 7. 616. Ebendas. 8. 1125 und 9. 1287.

Der krystallinische Ueberzug der Vanille, der Früchte von Vanilla planifolia Andr., den Bucholz und Vogel für Benzoësäure, Andere später für Zimmtsäure hielten, wurde zuerst von Bley, auch von Véc als eigenthümliche Substanz erkannt und von Gobley und Stokkebyc genauer untersucht.

Gobley hat dieselbe auch aus dem weingeistigen Extract der Vanilleschoten selbst dargestellt, indem er dasselbe bis zur Syrupsconsistenz versetzte, dann mit Aether ausschüttelte, den Verdunstungsrückstand der ätherischen Lösung mit kochendem Wasser behandelte und den heissen wässrigen Auszug verdampfte. Die alsdann anschiessende Vanillasäure (Gobley's Vanillin) wurde durch Umkrystallisiren und Behandeln mit Thierkohle gereinigt.

Die Vanillasäure krystallisirt in farblosen langen harten vierseitigen Säulchen von starkem Vanillegeruch und heissem Geschmack, schmilzt nach Gobley bei 76°, nach Vée bei 78°, nach Stokkebye bei 82° und sublimirt nach Ersterem schon bei 150°, nach Letzterem erst oberhalb 240°. Sie löst sich in 198 Th. kaltem, aber schon in 11 Th. kochendem Wasser und bei 15° in 5,6 Th. Weingeist von 0,823 specif. Gew. und in 6,3 Th. Aether (Stokkebye). Auch von wässrigen und kohlensauren Alkalien wird sie gelöst und mit gelber Farbe von conc. Schwefelsäure (Gobley). In der schwach sauer reagirenden wässrigen Lösung bewirkt Eisenchlorid eine dunkelviolette Färbung, Bleiessig einen gelblich weissen Niederschlag. Conc. Salpetersäure verwandelt in Oxalsäure (Stokkebye). — Für die Zusammensetzung gab Gobley die Formel $C_{20}H_6O_4$, Stokkebye die beträchtlich abweichende $C_{34}H_{22}O_{20}$.

Carles hat direct die auf der Oberfläche der Früchte vorhandenen Krystalle untersucht und dieselben für Vanillesäure erklärt. Er fand den Schmpkt. 81—82°, die Löslichkeit ferner in Aether, Chloroform, fetten und ätherischen Oelen, in alkalischen Flüssigkeiten, woraus mit Säuren wieder Niederschläge entstehen. Die Formel nimmt derselbe zu $C_{16}H_{16}O_6$ und stellte Blei, Magnesium und Zinkverbindungen her. —

W. v. Leutner, der eine Monographie über Vanille bearbeitet hat, nahm eine Untersuchung der Früchte vor und stellte nachstehende Substanzen fest:

Vanillin 0,956, Palmitin u. Stearin 11,37, Wachs 0,57, Gummi 6,5, Zucker 9,9, Cellulose 30,8, ausserdem Harz, Oxalsäure, Aepfelsäure, Weinsäure, Citronensäure nebst 4,68% Asche, die kalk- und kalireich ist.

Das Vanillin isolirte er aus dem Aetherauszuge und dem mit Wasser erhaltenen Destillate. Die Formel dieses Vanillins wird zu $C_{18}H_{22}O_{10}$ aufgestellt, das nach dem Kochen mit Kalilauge in Vanillasäure $C_{18}H_{26}O_{12}$ übergeht, Schmelzpunkt 79°. Durch Schmelzen mit Kali erhielt Leutner eine Säure in weissen, leichten Krystallen, in Alkohol, Wasser und Aether löslich, Schmpkt. 77°, von der Formel $C_{12}H_{18}O_4$.

Tiemann und Harmann haben constatirt, dass das durch Oxydation von Coniferin (siehe Coniferin S. 338) erhaltene Vanillin, Methylprotocatechusäurealdehyd, vollkommen identisch mit dem in der Vanilleschote enthaltenen Vanillin (Vanill-säure) ist. Dieselben haben sämmtliche von Carles beobachteten Eigenschaften bestätigt gefunden, Schmelzpunkt 80—81° (uncorri-girt), Barium-, Natrium-, Zink-, Blei- und Silbersalz hergestellt, ebenso Jod und Bromsubstitutionsprodukte. Weitere Untersuchungen der beiden Forscher, das riechende Princip oder sonst in der Vanille-schote enthaltene werthvolle Bestandtheile zu erhalten, waren nicht von besonderem Erfolge begleitet. Es wurde beobachtet, dass die früher als Benzoësäure beobachtete Säure wohl Vanillsäure war, stets Fette vorhanden sind, Harz, das aber den Geruch durchaus nicht bedingt. Bei der Untersuchung des Vanillons, der fleischigen, westindischen Vanillefrüchte, die nur 0,4—0,7 % Vanillin enthalten, wurde neben der Vanillinsäure eine zweite aldehydartige Verbindung beobachtet (vielleicht Benzaldehyd), die den charakteristischen Helio-tropgeruch des Vanillin möglicherweise veranlassen könnte. Auch die Gegenwart eines Glycosides wird für möglich gehalten. —

Quantitative
Bestimmung
des Vanillins. Der Aldehydcharakter des Vanillins, dessen Fähigkeit, mit saurem Natriumsulfit eine Verbindung einzugehen, löslich in Wasser, daraus nicht mit Aether zu entfernen, sowie die Zerlegbarkeit der Natriumsulfitverbindung mittelst Schwefelsäure gab Veranlassung zur Aufstellung einer quantitativen Bestimmungsmethode, die von Tiemann & Harmann folgendermassen festgestellt wurde: 30—50 Gm. Vanilleschoten, zerschnitten, werden mit der $1\frac{1}{2}$ fachen Menge Aether 6—8 Stunden extrahirt und diese Extraction 2 mal wiederholt. Die Aetherauszüge werden bis auf 150—200 CC. abdestillirt und hierauf mit 200 CC. einer Mischung von gleichen Raumtheilen Wasser und gesättigter saurer Natriumsulfitlösung 10—20 Minuten geschüttelt, der Aether getrennt, nochmals mit 50 CC. Sulfitlösung ausgeschüttelt und die gesammte wässrige Ausschüttelung nochmals mit reinem Aether behandelt, um Reste der ersten Aetherlösungen zu beseitigen. Die Zersetzung der Sulfitverbindung wird am besten in einer Kochflasche mittelst Zusatz von $1\frac{1}{2}$ Vol. ver-dünnter Schwefelsäure (3:5 Wasser) vorgenommen, mit heissem Wasserdampf die letzten Antheile SO_2 beseitigt und nun die erkaltete Lösung mit 400—500 CC. Aether 3—4 mal ausgeschüttelt, die ätherischen Lösungen abdestillirt und schliesslich vollkommen verdampft und zwar auf einem Uhrglase. Die Wägung geschieht nach Trocknen über Schwefelsäure. Nach dieser Methode wurde in einer Reihe von Vanillesorten des Handels der Gehalt an Vanillin bestimmt. Die Resultate waren:

I. Mexico-Vanille   1,32—1,69 % Vanillin
II. Bourbon-Vanille 0,75—2,9   „
III. Java-Vanille   1,56—2,75 „   „

Die Constitution des Vanillins und die Glieder der Coni-feryl- und Vanillinreihe.

— Literatur: Tiemann & Har-mann, Berl. Ber. 8. 1127. 509. Ebendas. 10. 67. 9. 409. 420. — Tie-mann & Nagai, Berl. Ber. 9. 54. 11. 646. — Tiemann & Mendel-sohn, Ebendas. 8. 1136. 9. 1287. — Tiemann, Ebendas. 11. 646. — M. Wassermann, Ann. Chem. Pharm. 179. 366. —

Bei der grossen Bedeutung derjenigen Thatsachen, welche durch das Studium des Vanillins und seiner Derivate, der sog. Coniferylreihe gewonnen worden sind, für das Gebiet der Pflanzenchemie dürfte eine Uebersicht über das Gesammtgebiet der hier in Betracht kommenden Arbeiten am Platze sein.

Wie schon bei Coniferin bereits erwähnt, ist es Tiemann & Haarmann gelungen, aus dem Glycosid Coniferin zunächst durch Einwirkung von Emulsin einen Spaltungskörper zu gewinnen, der durch Oxydation Vanillin liefert. Derselbe, von der Formel $C_8 H_8 O_3$, wird durch Einwirkung von Salzsäure gespalten in Methylchlorid und Protocatechusäurealdehyd, muss demnach an der Stelle eines Wasserstoffatomes der Hydroxylgruppe einen Methylrest enthalten

und die Formel: $C_6 H_3 \begin{cases} OCH_3 \\ OH \\ CHO \end{cases}$ Methylprotocatechualdehyd besitzen.

Der Spaltungskörper, welcher früher als Methylaethylprotocatechu-

aldehyd $C_6 H_3 \begin{cases} OCH_3 \\ OC_2 H_5 \\ CHO \end{cases}$ angesehen war, musste, da er die Eigen-

schaften eines Phenoles zeigte, ein freies Hydroxyl enthalten und angenommen werden, dass die Aldehydgruppe durch Oxydation einer Gruppe $C_3 H_5 O$ entstanden sei, welche aber entweder als Aldehyd, Keton oder Alkohol $C_3 H_4$ OH aufgefasst werden muss. Da diesem Spaltungsprodukte aber weder Aldehyd- noch Ketoneigenschaften zukommen, so muss es als Alkohol aufgefasst werden und die Formel aufge-

stellt werden: $C_6 H_3 \begin{cases} OH \\ OCH_3 \\ C_3 H_4 . OH \end{cases}$. Tiemann nennt ihn Coniferyl-

alkohol. Der diesem Alkohol entsprechende Kohlenwasserstoffrest $C_3 H_5$, als $— CH = CH — CH_3$ Propylenrest aufgefasst, giebt die Constitution des Coniferylalkoholes als Phenylpropylen, $C_6 H_5 — CH = CH — CH_3$, in welchem 2 Wasserstoffatome des Benzolrestes durch Hydroxyl- und Methoxyl, ein Wasserstoffatom des Methyles vom Propylenrest ebenfalls durch Hydroxyl ersetzt ist. Die den Phenylpropylenderivaten zukommende Eigenschaft, durch Oxydation neben Säuren reichlich Aldehyde zu bilden, ist bei dem Coniferylalkohol zur Genüge bestätigt. — Durch Oxydation des Vanillin's mittelst Kaliumpermanganat entsteht Vanillinsäure, $C_8 H_8 O_4$, Schmpkt. 211—212° und durch Reductionsmittel (Natriumamalgam) der zugehörige Alkohol.

<table>
<tr><td>Vanillin</td><td>Vanillinsäure</td><td>Vanillylalkohol</td></tr>
<tr><td>$C_6 H_3 \begin{cases} OCH_3 \\ OH \\ CHO \end{cases}$</td><td>$C_6 H_3 \begin{cases} OCH_3 \\ OH \\ CO.OH \end{cases}$</td><td>$C_6 H_3 \begin{cases} OCH_3 \\ OH \\ CH_2 . OH \end{cases}$</td></tr>
</table>

(Bei der Oxydation des Coniferins zum Zwecke der Darstellung der Vanillinsäure beobachteten Tiemann & Reimer, dass ein weiteres Glycosid, die **Zuckervanillinsäure** entsteht, $C_{14}H_{18}O_9$ + 1 aq, in Alkohol löslich, unlöslich, die sich weiter in Zucker und Vanillin spaltet, so dass wohl der Uebergang von Coniferin in Vanillin so erfolgt, dass zuerst dieses Glycosid entsteht und dann die weitere bekannte Spaltung erfolgt. Dieselben haben ferner auch die Vanillinsäure synthetisch aus Dimethylprotocatechusäure durch Behandeln mit Kalihydrat und Jodmethyl erhalten.)

Durch Einwirkung von Essigsäureanhydrid auf das Natriumsalz des Vanillins wurde Vanillincoumarin erhalten, das beim Kochen mit Kalihydrat eine Säure liefert, Schmpkt. 168—169°, die schon bekannte **Ferulasäure**, in Asa foetida nachgewiesen, $C_{10}H_{10}O_4$. Diese Säure ist die dem Coniferylalkohol entsprechende Methyl-

$$\text{caffeesäure } C_6H_3 \begin{cases} CH = CH - CO\ OH \\ OH \\ OCH_3 \end{cases} \text{oder hydroxylirte, me-}$$

thoxylirte Zimmtsäure. Tiemann & Mendelsohn waren es ferner, welche den zum Vanillylalkohol gehörigen Kohlenwasserstoff in dem **Kreosol** des Buchenholztheeröles fanden, das durch zweckmässige Oxydation Vanillinsäure bildet. Ebenso ist der zum Coniferylalkohol gehörige Kohlenwasserstoff in dem **Eugenol** festgestellt, worüber Wassermann im Laboratorium von Erlenmeyer arbeitete. Dass solches wirklich angenommen werden muss, beweisen Tiemann & Nagai, welche zunächst durch Oxydation von Aethyleugenol (von Wassermann durch Einwirkung von Eugenolnatrium auf Aethylbromid dargestellt) in essigsaurer Lösung mit Kaliumpermanganat Acetvanillin und Acetvanillinsäure erhielten, aus welchem die Darstellung des Vanillins resp. der Vanillinsäure durch Einwirkung von Kali gelang. Auch vermochte Tiemann durch Reduction des Coniferylalkoholes mittelst Natriumamalgam Eugenol darzustellen. Es lässt sich demnach folgende Uebersicht zur Orientirung geben:

Coniferylreihe:

Eugenol	Coniferylalkohol	Aldehyd	Ferulasäure
OH	OH	OH	OH
$C_6H_3\,OCH_3$	$C_6H_3\,OCH_3$	$C_6H_3\,OCH_3$	$C_6H_3\,OCH_3$
C_3H_5	$C_3H_4\ OH$	$C_2H_2\ CHO$	$C_2H_2.CO.OH$

Vanillinreihe:

Kreosol	Vanillylalkohol	Vanillin	Vanillinsäure
OH	OH	OH	OH
$C_6H_3\,OCH_3$	$C_6H_3\ OCH_3$	$C_6H_3.OCH_3$	$C_6H_3\ OCH_3$
CH_3	$CH_2\ OH$	CHO	$CO\ OH$

Beachtenswerth sind ferner die Reactionen von Tiemann & Mendelsohn, welche nach Reimer's Methode der Synthese aromatischer Aldehyde (Einwirkung von Chloroform auf Phenole in alkalischer Lösung) ausgeführt wurden.

Dieselbe erhielten bei Einwirkung von Chloroform auf Vanillinsäure in alkalischer Lösung Vanillin und Aldehydvanillinsäure. Auch möge aus den Arbeiten von Beckett und Alder Wright (Chem. News. **32**. 298) die Umwandlung des opiansauren Natrons durch Erhitzen mit Natronkalk in Methylvanillin und Dimethylprotocatechusäurealdehyd erwähnt sein.

Die Beziehungen der Kaffeesäure zu der Ferulasäure und Protocatechusäure wurden ferner festgestellt durch Versuche von Tiemann und Nagai, welche durch Dimethylirung der Kaffeesäure und Monomethylirung der Ferulasäure absolut identische Dimethyloxyzimmtsäure erhalten haben, wodurch die Ferulasäure als Monomethylkaffeesäure charakterisirt und die durch vollständige Methylirung auf dem einen oder anderen Wege erhaltene neue Säure als Dimethylkaffeesäure bezeichnet werden muss.

Die Einwirkung der Perkin'schen Reaktion (geschmolzenes Natriumacetat auf Essigsäureanhydrid) auf Protocatechualdehyd wurde Diacetkaffeesäure erhalten, die vollkommen identisch mit der aus natürlicher Kaffeesäure erhaltenen ist. Dieselbe geht mit Kalilauge in Kaffeesäure über, identisch mit der natürlichen Kaffeesäure.

Die Glieder der Protocatechureihe, d. h. aller Verbindungen,

$$\text{welche den Rest } C_6H_3 \underset{\diagdown O-}{\overset{\diagup C\equiv}{-O-}} \text{ enthalten, lassen sich nach Tiemann}$$

eintheilen in

1. Glieder der Protocatechusäurereihe, in deren Kohlenstoffseitenkette nur ein Kohlenstoffatom $-C\equiv$ vorhanden ist;

2. Glieder der Alphahomoprotocatechusäurereihe, in deren Kohlenstoffseitenkette der Rest $-CH_2-C\equiv$ angenommen werden muss;

3. Glieder der Hydrokaffeesäurereihe, deren Kohlenstoffseitenkette den Rest $-CH_2-CH_2-C\equiv$ enthält, und

4. Glieder der Kaffeesäurereihe, in deren Kohlenstoffseitenkette der ungesättigte Kohlenwasserstoffrest $-CH-CH_2-C\equiv$ sich findet.

Folgende Uebersicht giebt klaren Einblick und theoretischen Zusammenhang des Gesammtgebietes dieser Reihe:

Protocatechusäurereihe.

Protocatechusäure.

$C_6H_3(\overset{m}{O}\overset{.\ p}{H})_2 CO.OH$

Schmpkt. 199°.

Vanillinsäure.

$C_6H_3(O\overset{m}{C}H_3)(\overset{p}{O}H)CO.OH$

Schmpkt. 207°.

Acetvanillinsäure.

$C_6H_3(O\overset{m}{C}H_3)(OC_2\overset{p}{H}_3O)CO.OH$

Isovanillinsäure.

$C_6H_3(O\overset{m}{C}H_3)(O\overset{p}{C}H_3)CO.OH$

Schmpkt. 250°.

Acetisovanillinsäure.

$C_6H_3(OC_2\overset{m}{H}_3O)(O\overset{p}{C}H_3)CO.OH$

Schmpkt. 206—207°.

Veratrinsäure.

$C_6H_3(O\overset{m}{C}\overset{.\ p}{H}_3)_2 CO.OH$

Schmpkt. 174—175°.

Diacetprotocatechusäure.

unbekannt.

Piperorylsäure.

unbekannt.

Alphahomoprotocatechu-
säurereihe.

Alphahomoprotocatechusäure.

$C_6H_3(\overset{m}{O}\overset{.\ p}{H})_2 CH_2 — CO.OH$

Schmpkt. 127°.

Alphahomovanillinsäure.

$C_6H_3(O\overset{m}{C}H_3)(\overset{p}{O}H)CH_2 — CO.OH$

Schmpkt. 142—143°.

Acetalphahomovanillinsäure.

$C_6H_3(O\overset{m}{C}H_3)(OC_2\overset{p}{H}_3O)CH_2 — CO.OH$

Alphahomoisovanillinsäure.

unbekannt.

Acetalphahomoisovanillinsäure.

unbekannt.

Alphahomoveratrinsäure.

$C_6H_3(O\overset{m}{C}\overset{.\ p}{H}_3)_2 . CH_2 — CO\ OH$

Schmpkt. 98—99°.

Diacetalphahomoprotocatechusäure.

$C_6H_3(OC_2H_3O)_2\ CH_2 — CO\ OH$

Hydrokaffeesäurereihe.	Kaffeesäurereihe.

Hydrokaffeesäure.

$C_6H_3(\overset{m}{O}\overset{.p}{H})_2 . CH_2 - CH_2 - CO.OH$

Kaffeesäure.

$C_6H_3.(\overset{m}{O}\overset{.p}{H})_2 CH = CH - CO.OH$

Hydroferulasäure.

$C_6H_3(O\overset{m}{C}H_3)(OH) - CH_2 - CH_2 - CO.OH$
Schmpkt. 89—90°.

Ferulasäure.

$C_6H_3(OCH_3)(OH)CH = CH - CO.OH$
Schmpkt. 168—169°.

Acethydroferulasäure.

unbekannt.

Acetferulasäure.

$C_6H_3(OCH_3)(OC_2H_3O)CH = CH - CO.OH$
Schmpkt. 196—197°.

Hydroisoferulasäure.

$C_6H_3(\overset{m}{O}H)(O\overset{p}{C}H_3)CH_2 - CH_2 - CO.OH$
Schmpkt. 146°.

Isoferulasäure.

$C_6H_3(\overset{m}{O}H)(OCH_3)CH = CH - CO.OH$
Schmpkt. 211—212°.

Acethydroisoferulasäure.

unbekannt.

Acetisoferulasäure.

unbekannt.

Hydrodimethylkaffeesäure.

$C_6H_3(OCH_3)_2 CH_2 - CH_2 - CO OH$
Schmpkt. 96—97°.

Dimethylkaffeesäure.

$C_6H_3(O\overset{m}{C}\overset{.p}{H}_3)_2 CH = CH - CO.OH$
Schmpkt. 180—181°.

Diacethydrokaffeesäure.
unbekannt.

Diacetkaffeesäure.
Schmpkt. 190—191°.

Protocatechylreihe.

Homobrenzcatechin.	Protocatechylalkohol.	Protocatechualdehyd.	Protocatechusäure.
$C_6H_3 . (OH)_2 . CH_3$	unbekannt.	$C_6H_3(OH)_2COH$ Schmpkt. 150°.	$C_6H_3(OH)_2CO.OH$ Schmpkt. 199°.

Vanillylreihe.

Kreosol.	Vanillylalkohol.	Vanillin.	Vanillinsäure.
$C_6H_3(OCH_3)(OH)CH_3$ Sdpkt. 220°.	$C_6H_3(OCH_3)(OH)CH_2(OH)$ Schmpkt. 103—105°.	$C_6H_3(OCH_3)(OH).COH$ Schmpkt. 81°.	$C_6H_3(OCH_3)(OH)CO \quad OH$ Schmpkt. 207°.

Veratrylreihe.

Methylkreosol.	Veratrylalkohol.	Veratrylaldehyd (Methylvanillin).	Veratrinsäure.
$C_6H_3(OCH_3)_2CH_3$ Sdpkt. 214—218°.	unbekannt.	$C_6H_3(OCH_3)_2.COH$ Schmpkt. 42—43°.	$C_6H_3(OCH_3)_2.CO.OH$ Schmpkt. 174—175°.

Piperonylreihe.

Methylenhomobrenzcatechin.	Piperonylalkohol.	Piperonal.	Piperonylsäure.
unbekannt.	$C_6H_3\left(\genfrac{}{}{0pt}{}{mO}{pO}{>}CH_2\right)CH_2.OH$ Schmpkt. 51°.	$C_6H_3\left(\genfrac{}{}{0pt}{}{m.O}{pO}{>}CH_2\right)COH$ Schmpkt. 37°.	$C_6H_3\left(\genfrac{}{}{0pt}{}{mO}{pO}{>}CH_2\right)CO.OH$

Coniferylreihe.

Eugenol.	Coniferylalkohol.	Ferulaaldehyd.	Ferulasäure.
$C_6H_3(OCH_3)(OH)C_3H_5$ Sdpkt 248°.	$C_6H_3(OCH_3)(OH)C_3H_4(OH)$ Schmpkt. 74—75°.	unbekannt.	$C_6H_3(OCH_3)(OH)-C_2H_2-CO.OH$ Schmpkt. 168—169°.

VII. Helobieae.

Die hierher gehörige Gattung Elodea, Wasserpest, enthält nach Bisdom 18,6 %, Ischiese 25 % Asche.

Unter dem Namen Alismin hat Jach ein bitteres Extract aus Alisma Plantago beschrieben.

Nachtrag:

Während des Druckes und nach Herausgabe der ersten Lieferung dieses Werkes sind einzelne Arbeiten über Bestandtheile von Kryptogamen und Phanerogamen (Monocotyleac, Coniferae), sowie auch solche von allgemein physiologischem Interesse erschienen, deren Berücksichtigung in Form eines Nachtrages an dieser Stelle geboten erscheint.

Lycopodin. $C_{32}H_{52}N_2O_3$. (Siehe S. 324.) — K. Bödecker

(Ann. chem. Pharm. 208. 263) gelang es aus Lycopodium complanatum ein Alkaloid zu isoliren, dessen Darstellung in folgender Weise geschieht. Das getrocknete, zerschnittene Kraut wird wiederholt mit 9 % Alkohol erschöpft, der Alkohol abdestillirt, der Destillationsrückstand langsam verdunstet, dieser so erhaltene Rückstand mit Wasser vollkommen extrahirt, diese wässrige Lösung mit Bleiacetat gefällt, das Filtrat entbleibt, stark concentrirt, mit Natronlauge versetzt und mit Aether wiederholt ausgeschüttelt. Die ätherischen Lösungen werden nach Abdestilliren des Aethers mit verdünnter Salzsäure aufgenommen und die so erhaltene salzsaure Verbindung zur Krystallisation gebracht und wiederholt umkrystallisirt. Wird nun einer concentrirten wässrigen Lösung dieser salzsauren Verbindung Natronlauge im Ueberschuss nebst festem Kalihydrat zugesetzt, so scheidet sich das Alkaloïd zuerst als farblose, harzige klebrig-fadenziehende Masse aus, die sich beim Stehen unter der Flüssigkeit in lange, klinorhombische Prismen verwandelt, ähnlich dem Glycin. Farblose Krystalle, Schmpkt. 114—115°, löslich in Alkohol, Chloroform, Benzol, Amylalkohol, sowie in Wasser und Aether, von bitterem Geschmacke.

Bis jetzt sind die salzsaure Verbindung, sowie das salzsaure Lycopodin-Goldchloridsalz hergestellt.

Sequojen und Bestandtheile von Sequoia (Siehe S. 356). —

G. Lunge und Steinkauler haben ihre Arbeiten über das Sequoien fortgesetzt und zunächst folgende Reaktionen festgestellt. Das Sequoien ist unlöslich in Alkalien und kalter concentrirter Schwefelsäure, mit Pikrinsäure liefert es rothe Nadeln, mit Eisessig und Chromsäure ein Produkt von der wahrscheinlichen Formel $C_{13}H_{10}O_2$. Das neben dem Sequoien erhaltene flüssige Produkt, ein rothbraunes Oel, gab bei der Fractionirung: 1) farbloses Oel, 155° Sdpkt., $C_{10}H_{16}$, mit Salzsäuregas Nadeln bildend, rechtsdrehend, 2) farbloses, gelb werdendes Oel, 227—230° Sdpkt., $C_{18}N_{20}O_3$, schwach rechts drehend, 3) dickes gelbliches Oel in Spuren 280—290° Sdpkt. — (Berl. Ber. 15. 2201.)

Pflanzenfette. — Untersuchungen von v. Rechenberg (Berl.

Ber. 15. 2216) über den Gehalt der Oelsamen (Rübsen, Raps, Lein, Mohn, Oelrettig) an freien Fettsäuren haben die Thatsache ergeben, dass der unreife Samen grössere Mengen freier Fettsäuren enthält, als der reife, dass flüchtige und nicht flüchtige Fettsäuren in den Pflanzen fetter vorkommen, jedoch nur in Spuren und die Fette der Oelsamen Neutralfette sind. —

Aldehydartige Verbindungen als Bestandtheile chlorophyllhaltiger Pflanzenzelle.

— J. Reinke (Berl. Ber. **15**. 2148) beobachtete in den Zellen grüner Pflanzen, Blättern des Weinstockes, Säfte der Weiden und Pappelblätter, den chlorophyllhaltigen Zellen der Algen, Lichenen, Moose, Farne, Coniferen, Blüthenpflanzen, nicht in den Pilzen Substanzen von Aldehydcharakter, Silberlösung für sich oder mit Ammon, ebenso auch Fehling'sche Lösung reducirend. Durch Destillation der betr. Pflanzensäfte (neutralisirt) wurden Destillate erhalten, welche grössere oder geringere Menge dieser reducirenden Substanz enthielten, die als krümelige, weisse, mit einem Oele gemengte Masse erhalten wurde. Wegen der einzelnen Betrachtungen über die Natur dieser Substanzen auf das Original verweisend, sei hier nur erwähnt, dass der Verfasser die Entstehung dieses Körpers unter Mitwirkung von Chlorophyll annimmt, diesen aldehydartigen Körper für Formaldehyd zu halten geneigt ist, das durch Reduktion der Kohlensäure in der Pflanzenzelle gebildet wird. Auch will Verfasser das Hypochlorin Pringsheim's mit diesem Körper in genetischen Zusammenhang bringen. — O. Loew und Th. Bokorny haben im Protoplasma lebender Pflanzenzellen, auch im Chlorophyllapparat die Reduktion verdünnter alkalischer Silberlösungen beobachtet. (Pflüger's Archiv. **28**. 180.)

Erythrit.

(Siehe Seite 276 u. 311.) — In neuster Zeit ist von S. Przybyteck (Academ. Petersb. **27**. 145) durch Oxydation von Erythrit Meso-Weinsäure erhalten worden, die bei 170—175° mit Wasser erhitzt, Traubensäure lieferte. Die Bildung dieser Weinsäure gelang durch Behandeln von 1 Th. Erythryt, in $2^{1}/_{2}$ Th. Wassers gelöst, mit $2^{1}/_{2}$ Th. Salpetersäure von 1,37 sp. G. bei 25—30° während einer Woche. Die früher bereits erwähnten Körper Phycit, Erythrit, Erythromannit sind nach den gewonnenen Erfahrungen wohl als identisch aufzufassen und unter dem Namen Erythrit zu charakterisiren, der als 4atomiger Alkohol, $CH_2 . OH \; CH . OH . CH . OH . CH_2 . OH$ erkannt, am besten dadurch erhalten wird, dass Roccella Montagnei, tinctoria, fuciformis mit verdünnter Kalkmilch extrahirt werden, welche Lösung mit HCl versetzt, Erythrin liefert, das gut ausgewaschen, einige Stunden mit Kalkmich gekocht wird. Die erhaltene Lösung, mit Kohlensäure behandelt, wird concentrirt, mit Sand gemischt, mit Aether das Orcin entfernt, der Rückstand nach der Aetherextraktion mit Wasser aufgenommen und concentrirt mit Alkohol gefällt, welche Fällung (Erythrit) aus Wasser mit Anwendung von Thierkohle umkrystallisirt und gereinigt wird. (W. Hofmann, Berl. Ber. 7. 512. — Luynes, Ann. Chim. Phys. (4). 2. 339.) Die Haupteigenschaften des Erythrits lassen sich folgendermassen kurz zusammenfassen: Quadratische Prismen, Schmpkt. 112, Spec. Gew. 1,451 (Schröder, Berl. Ber. **12**. 562), optisch inaktiv, süss schmeckend, leicht löslich in Wasser, schwerlöslich in Alkohol, unlöslich in Aether, nicht gährungsfähig, giebt mit Spaltpilzen bei Gegenwart von Kreide Bernsteinsäure, Buttersäure neben wenig Essigsäure und Capronsäure, oder Buttersäure, Essigsäure neben wenig Ameisensäure und Essigsäure (Fitz, Berl. Ber. **10**. 1890. 12. 475).

Dargestellt sind: **Dichlorhydrin**, **Tetrachlorid**, — **Dibromhydrin** des Erythrits, **Nitroerythrit** u. andere Umwandlungsprodukte (**Luynes** **Champion**, Zeitschr. Chem. 1871. 348. **Stenhouse**, Ann. Chem. Pharm. **130.** 302). **O. Hesse** stellte **Erythritschwefelsäure** durch Erhitzen von 1 Th. Erythrit mit 20—30 Th. Schwefelsäure bei 60—70⁰ her (Ann. Chem. Pharm. 117. 239); auch eine Tetraschwefelsäure ist von **Claesson** (Journ. pr. Chem. (2) **20.** 7) hergestellt worden. — Mit Aetzkali geschmolzen entstehen Kohlensäure und Ameisensäure, mit Jodwasserstoff secundäres Butyljodid. —

Peptone als Pflanzenbestandtheile. — Eine Arbeit von

E. Schulze und **J. Barbieri** (Journ. Landw. **29.** 286) veranlasst, hier eine Frage zu besprechen, welche wohl von **Kern** durch den Nachweis der Peptone im Extracte von Luzerne- und Wickenheu, sowie von **Kellner** (Landw. Versuchsst. **24.** 439) durch die Constatirung des Fehlens von Peptonen in den grünen Futterstoffen, auch von **Schulze** früher durch den Nachweis der Peptone in den Lupinenkeimlingen (Landw. Versuchsst. **26.** 236) angeregt wurde. Die oben erwähnten Verfasser haben sich mit Berücksichtigung der Arbeiten von **V. Hofmeister** (Zeitschr. phys. Chem. **4.** 253) mit dem Nachweise der Peptone in Keimpflanzen verschiedenen Alters, in Kartoffeln, Rüben und Grünfutterstoffen beschäftigt.

Die Nachweisung geschah auf folgende Weise: Die Extracte der Pflanzen und Pflanzentheile, durch Zerquetschen unter Zusatz von Sand und wenig Wasser sowie Auspressen hergestellt, wurden zuerst von Eiweissstoffen durch Coagulation mit Essigsäure, oder durch Erhitzen mit Bleihydrat unter Zusatz von Bleiacetat, oder auch durch Erhitzen mit essigsaurem Eisenoxyd, in den meisten Fällen als ausreichend auch durch Fällen mit genügend Bleizuckerlösung befreit und die Filtrate, mit Schwefelsäure stark angesäuert, mit Phosphorwolframsäure versetzt, um die Peptone zu fällen. Die erhaltenen Niederschläge wurden mit 5% Schwefelsäure ausgewaschen und nun mit Barythydrat bei gelinder Wärme zerlegt. Die nun erhaltenen Filtrate dienten zur Anstellung der Biuretreaction, mittelst Kupfersulfatlösung (17—18 Gm. im Liter) ausgeführt. Untersucht wurden in dieser Richtung **Lupinenkeimlinge** verschiedenen Alters, **Sojakeimlinge**, **Kürbiskeimlinge**, 4 Sorten **Kartoffelknollen**, **Rüben**, 2 **Wiesenheusorten**, ein **Wildheu**, **Grummet**, **Rothkleeheu**, **Luzerneheu**, junge **Lupinen**, **junges Gras**.

Bezüglich der Einzelheiten, sowie auch der Art und Weise der quantitativen Bestimmung der Peptone auf das Original verweisend, möge hier der wesentliche Inhalt des Gesammtresultates folgen:

Peptone sind in Pflanzensäften häufig nachzuweisen. Die Extracte der Keimpflanzen enthielten stets geringe Mengen von Peptonen. Die Kartoffelknollen erhalten geringe Mengen von Peptonen, im Runkelrübensafte konnten nur einmal Peptone nachgewiesen werden. Die Futterpflanzen waren frei von Peptonen. enthalten aber wahrscheinlich im Jugendzustande ein Ferment, welches Eiweissstoffe peptonisiren kann. 4/11. 81. — Hg. —

II. Classe. **Dicotyleae.**

1. Unterclasse. Choripetalae (incl. Apetalae).

1. Amentaceae.

a. Cupuliferae.

Betula.

Das Holz der Birke, welches 0,851—0,987 spec. Gew. besitzt und ca. 30%/₀ Wasser enthält, ist im Frühjahre ausserordentlich saftreich und liefert einen zuckerreichen Saft, der nach Schröder (J. Chem. Min. 1865. 635) Levulose enthält. Der Aschengehalt des Holzes beträgt circa 0,25—1%. Aschenanalysen des Birkenholzes liegen vor von Witting (Pharm. Centralbl. 1851. 404), Wittstein (Arch. Pharm. (2) 111. 14), sowie auch von J. Schröder (Jahresb. Agric. 1878. 114. Forstchem. u. pflanzenphys. Unters. Dresden. 1878), welcher letztere namentlich bewies, dass der Reinaschengehalt der Birke von unten nach oben, ähnlich wie bei der Tanne und Fichte, zunimmt. — Die Rinde, die John (Repert. Pharm. **33.** 327) untersuchte, ist reich an Gerbstoff, Harz und Betulin. Stähelin und Hochstetter (Ann. Chem. Pharm. **51.** 79) haben die Rinde mit Aether, Alkohol und wässrigem Kali extrahirt. Die ätherische Lösung hinterliess ein amorphes Harz von der Zusammensetzung der Sylvinsäure, die alkoholische Lösung einen amorphen, rothbraunen Farbstoff, dem Phlobaphen der Fichtenrinde ähnlich, die alkalische Lösung liefert mit Säuren einen Körper von wenig characteristischer Beschaffenheit.

Betuloresinsäure. $C_{36}H_{66}O_5$. — Diese Harzsäure bedeckt als weisses Mehl die jungen Schösslinge und die obere Seite der jungen Blätter der Birke. Man gewinnt sie durch Abkratzen und reinigt durch successives Auflösen in kochendem Weingeist, Aether und wässrigem kohlensaurem Natron, aus dem sie dann zuletzt durch Säuren gefällt wird. — Sie bildet weisse Flocken, die zu einer zerreiblichen, schon im Munde erweichenden, bei 94° völlig schmelzenden Masse eintrocknen. Ihre weingeistige Lösung reagirt sauer und schmeckt sehr bitter. Ausser von Weingeist wird sie auch von Aether leicht gelöst, dagegen nicht von Wasser. Conc. Schwefelsäure giebt damit eine schön rothe Lösung. Wässrige Alkalien und Ammoniak lösen sie leicht, ebenso kohlensaure Alkalien unter Entwicklung von Kohlensäure. Die gebildeten Salze sind amorph und geben mit den löslichen Metallsalzen der schweren Metalle in Wasser unlösliche Niederschläge. (Kosmann, Journ. Pharm. (2) **26.** 107.)

Betulin. (Betulacampher.) — Lit.: Lowitz, Crell's Annal. 1788. 2. 312. — Hess, Annal. Chem. Pharm. **29.** 135. — Masson, Sillim.

americ. Journ. **20**. 282. — Hünefeld, Journ. pract. Chem. **7**. 53. —
Kraut, Gmelin's Handbuch. **7**. 1810. — Wileschinzky, Berl. Ber.
9. 1442. 1810. — Hausmann, Ann. Chem. Pharm. **182**. 368. — Paterno & Spica, Berl. Ber. **11**. 173. Gazz. chim. 1177. — Franchimont, Berl. Ber. **11**. 55. — Wigmann, ebendas.

Findet sich, wie schon Lowitz bemerkte, in der Oberhaut der
Birkenrinde, aus der es beim Erhitzen in wolligen Vegetationen
efflorescirt. Man erhält es nach Hess und Masson, indem man
die getrocknete, zerschnittene und mit kochendem Wasser erschöpfte
Rinde mit kochendem Weingeist extrahirt und den beim Erkalten
sich bildenden Absatz presst, trocknet und wiederholt aus Aether
umkrystallisirt. Nach Hünefeld liefert der Bast eine Ausbeute
von 10—12 % an Betulin. Es bildet leichte weisse Flocken oder Eigen-
Krystallwarzen ohne Geruch und Geschmack, die bei 200° (Hess) schaften.
oder 235° (Masson) zu einer farblosen durchsichtigen, nach er-
hitzter Birkenrinde riechenden Masse schmelzen und im Luftstrom
sublimiren. In Wasser unlöslich, erfordert es 120 Th. kalten und
80 Th. kochenden Weingeist zur Lösung. In Aether, Essigäther
und Terpentinöl löst es sich gut, auch in wässrigen Alkalien, aus
denen es durch Säuren wieder abgeschieden wird. Angezündet verbrennt es mit weisser Flamme (Lowitz, Masson). Aus den Ana-
lysen von Hess, der die Formel $C_{40}H_{33}O_3$ giebt, berechnet Kraut Zusammen-
die Formeln $C_{25}H_{40}O_2$ oder $C_{24}H_{36}O_2$. Wileschinsky giebt den setzung.
Schmpkt. des Betulins zu 247°, die Formel $C_{20}H_{34}O$ an, wasser- Constitution.
haltig $C_{40}H_{70}O_3$ und theilt mit, dass die trockne Destillation dieses
Körpers Kohlenwasserstoffe der Formel $C_{10}H_{16}$ liefert. Hausmann
stellte durch seine Arbeiten fest, dass Betulin die Formel $C_{36}H_{60}O_3$
besitzt, Schmpkt. 258°, mit den früher bekannten physikalischen
Eigenschaften. Ferner hält derselbe das Betulin für einen zwei-
säurigen Alkohol, da es durch Einwirkung von Essigsäureanhydrid
ein Diacetat, Schmpkt. 223°, liefert. Bei der Oxydation liefert dasselbe je nach der Stärke der oxydirenden Einwirkung eine 3basische
Säure, Betulinsäure $C_{36}H_{54}O_6$, Schmpkt. 220°, oder eine 4basische
Säure, Betulinamarsäure $C_{36}H_{52}O_{16}$, Schmpkt. 185°. Bei der
trocknen Destillation entsteht ein ölartiger Körper, wahrscheinlich
ein Anhydrid, von characteristischem Juchtengeruch. — Paterno
& Spica haben bei der Destillation von Phosphorsäureanhydrid mit
Betulin zwischen 140 und 300° siedende Oele erhalten, welche einen
constant siedenden Antheil (bei 245—250°) von der Zusammensetzung $C_{11}H_{16}$ liefert.

Wigmann bestimmte den Schmelzpunkt des Hausmann'schen
Diacetates zu 216° und erhielt, mit Phosphorpentasulfid erhitzt,

Kohlenwasserstoffe der Formel $C_{12}H_{18}$ und $C_{11}H_{16}$, bei 250 bis 255° siedend, dagegen mit Oxydationsmitteln, Jodwasserstoff, Chlorwasserstoff, rauchender Schwefelsäure keine beachtenswerthe Resultate.

Birkenöl.

Birkenöl. — Aus Betula lenta erbielt Procter bei Destillation mit Wasserdämpfen ein ätherisches Oel, identisch mit Gaultheriaöl (Repert. Pharm. **90.** 211). Gladstone nimmt in dem Oele der Birkenrinde einen bei 171° siedenden, dem Cymol nahestehenden Kohlenwasserstoff an, ausserdem ein höher siedendes, nach Juchten riechendes Oel. Die Blätter enthalten (0,36%) ein farbloses, bei —10° erstarrendes, balsamisch riechendes, in 8 Th. Weingeist (0,85) lösliches Oel (Grossmann). Der durch trockne Destillation der Birkenrinde gewonnene Theer, Birkentheer, ist braunschwarz, dickflüssig, ein Gemenge von Harzen und flüchtigen Oelen.

Alnus.

Untersuchungen über die Bestandtheile des Erlenholzes, besonders der Asche, liegen vor von Gémard (Jahresb. Agric.-Chem. **6.** 55), Leclerc (Ebendas. **13.** 21), Dietrich (Ebendas. **2.** 81), Rothe (J. Chem. Min. 1857. 529), Sprengel (J. techn. öcon. Ch. **13.** 388. **8.** 11).

Erlenfarbstoff.

Erlenfarbstoff. — Dreykorn und Reichardt (Dingl. polyt. Journ. **195.** 157; auch Chem. Centralbl. 1870. 182) haben den Farbstoff des Holzes von *Alnus glutinosa Gaertn.* untersucht. Sie erhielten denselben, indem sie die wässrige filtrirte Abkochung von frischem Erlenholz-Sägemehl mit Bleiacetat ausfällten, den gut ausgewaschenen Niederschlag unter Wasser mit Schwefelwasserstoff zersetzten, dem Schwefelblei den mit niedergerissenen Farbstoff durch kochenden 90proc. Weingeist entzogen und die weingeistige Lösung im Wasserbade zur Trockne verdunsteten. Er hinterbleibt dann als braune harzartige, zum rothbraunen Pulver zerreibliche Masse, deren Zusammensetzung (bei 130° getrocknet) der Formel $C_{54}H_{28}O_{22}$ entspricht. Er ist unlöslich in Aether, Benzol und Schwefelkohlenstoff, schwer löslich in absolutem Weingeist, löst sich leichter in kochendem Wasser und in jedem Verhältniss in verdünntem Weingeist. Seine wässrige Lösung wird durch die Salze der schweren Metalle, sowie der Erdalkali- und Erdmetalle entweder unmittelbar oder doch auf Zusatz von Ammoniak gefällt. Die Blei- und Silberverbindung entsprechen der Formel $C_{54}H_{26}M_2O_{22}$.

Von conc. Schwefelsäure wird der Farbstoff mit rothbrauner Farbe gelöst, durch conc. Salpetersäure beim Erwärmen zu Oxalsäure und Kohlensäure oxydirt. Bei anhaltendem Kochen mit verdünnter Schwefelsäure erfolgt Spaltung in Erlenroth, $C_{46}H_{19}O_{13}$, das sich als harzartige rothbraune Masse abscheidet, die sich nicht in Wasser und Aether, wenig in Weingeist, leicht und mit hellrother Farbe in Natronlauge und wässrigem Ammoniak löst, aus denen Säuren sie in Flocken wieder fällen, und in Zucker. — Schmelzendes Kalihydrat bewirkt Zersetzung unter Bildung von Protocatechusäure, Phloroglucin (s. diese) und Essigsäure. Bei der trocknen Destillation entsteht Brenzcatechin. (Dreykorn und Reichardt.)

Corylus.

Das fette Oel der Haselnuss ist blassgelb, dickflüssig, von 0,924 spec. Gew., erstarrt bei —19°, und nicht trocknend. Die Samen der Haselnussstaude liefern 50—55% fettes Oel (Wagner, Dingl. J. **160**. 466) 60%, (Cloëz' Arch. Pharm. (2) **126**. 21). Aschenanalyse der Blätter: Gueymard, Jahresber. Agric.-Chem. **6**. 56.

Fagus.

Das Holz der Buche, welches frisch 0,982, lufttrocken 0,590 spec. Gew. besitzt und 40% Wasser im frischen Zustande enthält, ist, abgesehen von seinem Werthe als Brennmaterial, ein wichtiger Rohstoff bei den trocknen Destillationsprocessen zum Zwecke der Darstellung von Methylalkohol, Essigsäure, Kreosot etc., wobei als erstes Product der Buchenholztheer als Magazin höchst wichtiger und interessanter Körper erhalten wird. Die Rinde des Holzes enthält 2% Gerbstoff (Braconnot). Ueber die Beschaffenheit der Aschenbestandtheile des Holzes, der Rinde, Blätter und Früchte liegen zahlreiche Arbeiten vor.

(Baer, Arch. Pharm. (2) **56**. 159. — Chevandier, Compt. rend. **24**. 269. — C. Sprengel, J. techn. Chem. **43**. 384. — Heyer, Vonhausen, Ann. Chem. Pharm. **82**. 180. — Witting, Pharm. Centralbl. 1857. 404. — Gueymard, Compt. rend. **59**. 989. — J. Schröder, L. Dulk, Jahresber. Agric.-Chem. **16**. 249. **18**. 132. 138. **21**. 105. — A. Stöckhardt, Ebendas. **7**. 78.) —

Die Samen der Buche (Bucheckern) sind reich an fettem Oele (43—45% Cloëz), welches hellgelb, nicht trocknend, von 0,92 spec. Gew., bei —17° C. erstarrend, vorwiegend aus Olëin, wenig Palmitin und Stearin (Brandt u. Rakowiecki, Chem. Centrlbl. 1865. 143) besteht, nach Lefort (Compt. rend. **35**. 734) die Formel $C_{15}H_{28}O_2$ besitzt. Herberger hat darin Fagin, das für Trimethylamin erklärt wurde, nachgewiesen. — Auf krankhaftem Buchenholze, welches mit einer Harzschichte bedeckt war, wiesen C. Liebermann und Lettenmayer (Berl. Berl. **4**. 408. 1102) huminsaures Ammon, Kali, Natron und Xylindeïn nach.

Flückiger (Arch. Pharm. 1875. (3) 4) hat aus einem durch ein Insect auf der Buchenrinde gebildeten und grauen, fettig anzufühlenden Pilz mittelst Schwefelkohlenstoff ein Wachs isolirt, welches nach wiederholtem Umkrystallisiren weisse Blättchen bildete, Schmpkt. 81—82°, von der Formel $C_{27}H_{54}O_2$, der Cerotinsäure entsprechend, jedoch durch den Schmelzpunkt davon verschieden, sowie durch die Indifferenz gegen Alkali.

Castanea.

Die Samen der Kastanie sind stärkmehlreich (29%) und enthalten 1,7% fettes Oel (Dietrich, Chem. Centralbl. 1867. 271), die Blätter sind reich an Gerbstoff (9%). (Steltzer, Arch. Pharm. **14**. 235.) Ueber das Wachs und den Gerbstoff der Kastanie siehe Rochleder, Jahresb. Agricult.-Chem. **11**. 187 und 196, die Mineralbestandtheile Dietrich und Gueymard.

Quercus.

Ueber die Bestandtheile der verschiedenen Theile des Eichbaumes sind mannigfaltige Untersuchungen ausgeführt worden.

Das Eichenholz, von einem spec. Gew. von 0,885 bis 1,062 im frischen Zustande, mit circa 35% Wasser, enthält im lufttrocknen Zustande 0,2 Aschenbestandtheile, Gerbsäure neben etwas Gallussäure als charakteristische Bestandtheile.

Die Eichenrinde, mit 4—6% Asche, ist sehr reich an Gerbsäure, enthält ausserdem etwas Gallussäure, Eichenroth, Phlobaphene, Quercin (Geiger), Quercit (Johansen. Böttinger), Pectinstoffe, Lävulin etc. Der Gerbsäuregehalt schwankt je nach dem Alter zwischen 12 und 20%.

Die Lohe (gemahlene Eichenrinde), das bekannte Material der Rothgerberei, enthält nach Böttinger im ätherischen Auszuge Fett, Wachs, Chlorophyll, Gallussäure, im alkoholischen Eichengerbsäure und Phlobaphen.

Die Blätter der Eichen, mit 45—50% Wassergehalt, enthalten dieselbe Gerbsäure, wie die Rinde, etwas Ellagsäure, sind reicher an Mineralbestandtheilen als die Rinde und das Holz. Der Gerbstoffgehalt beträgt im Mai bis August 6—7%, später bis Ende Oktober 10—11%.

Die jungen Triebe, Knospen, Zweige enthalten sämmtlich dieselbe Gerbsäure in reichem Maasse.

(Boussignault, Ann. chim. phys. (2) 67. 408. — Oser. Wiener Acad. Ber. 72. 165. — Vogel, J. techn. Chem. 13. 383. — Sprengel, N. Jahrb. Pharm. 7. 367. — C. Böttinger, Ann. Chem. Pharm. 202. 269.)

Die Eicheln, Früchte des Eichbaumes, sind sehr stärkmehlreich (34%), reich an Zucker, Gerbsäure 7%, enthalten Fett 3—4%, Citronensäure (Braconnot), den Quercit (Eichelzucker). (v. Bibra, bayer. Academie. techn. Commission. 2. 309. — Löwig, Repert. Pharm. 38. 169. — Braconnot, Ann. chim. phys. 131. 27. 392.

Aschenanalysen der einzelnen Theile des Eichbaumes liegen vor von: Graham, J. Chem. M. 1856. 815. — Hofmann und Campbell, Ebendas. — Kleinschmidt, Ann. Chem. Pharm. 50. 417. — Leclerc, Gémard, Jahresb. Agric.-Chem. 18. 21. 6. 55. —

Die hier im Vorstehenden erwähnten Bestandtheile beziehen sich besonders auf die Species Quercus ilex, sessiliflora, pedunculata, esculus, robur, racemosa, Cerris.

Quercus tinctoria enthält in seiner Rinde ausserdem Quercitrin.

Eichengerbsäure. $C_{17}H_{16}O_9$ (Etti). — Literatur: Stenhouse, Ann. Chem. Pharm. 45. 16. — Rochleder, Ebendas. 43. 205. — Eckert, J. Chem. M. 1864. 608. — Johansen, Arch. Pharm. (3) 9. 210. — Grabowsky, Ann. Chem. Pharm. 145. 1. — Oser, Wiener Acad. Ber. 72. (1876.) 165. — C. Etti, Monatsh. Chem. 1. 262. — C. Böttinger, Ann. Chem. Pharm. 202. — J. Loewe, Zeitschr. anal. Chem. 20. 208.

Die von Berzelius früher mit Galläpfelgerbsäure identisch gehaltene Eichengerbsäure ist mit der Galläpfelgerbsäure (Tannin) nicht zu identifiziren. Die Arbeiten von Stenhouse, Rochleder und

Eckert gaben nicht genügende Aufklärung über das Wesen dieser Gerbsäure; Grabowsky und Oser beschäftigten sich eingehender damit und stellten die Säure nach folgender Methode dar:

Die wässrige Abkochung der Rinde wurde fractionirt mit Bleizuckerlösung gefällt, von welchen Fällungen der letzte, hellgelbe mit Schwefelwasserstoff in Wasser zerlegt wurde. Die concentrirte wässrige Lösung wurde mit Aether und Essigäther gereinigt und im Vacuum verdunstet. —

Die Eichengerbsäure bildet nach Grabowsky und Oser eine amorphe, gelbbraune Masse von der Formel $C_{20}H_{20}O_{11}$, leicht löslich in Wasser und Alkohol, fällbar aus wässriger Lösung durch Leim, Brechweinstein, Chinin, auch Schwefelsäure in rothen Flocken.

Mit Eisenchlorid entsteht eine tiefschwarze Flüssigkeit, die mit kohlensaurem Natron roth wird. In wässriger, besonders alkalischer Lösung, wird dieselbe sehr schnell oxydirt. Beim Kochen mit verdünnter Schwefelsäure wird dieselbe unter Aufnahme von Wasser in Eichenroth $C_{14}H_{10}O_6$ und Zucker $C_6H_{12}O_6$ (Oser) verwandelt. Grabowsky giebt dem Eichenroth die Formel $C_{14}H_{10}O_7$ (siehe Seite 262—263 Phlobaphene).

Johansen versuchte die Eichengerbsäure nach drei Methoden zu isoliren:

1) aus wässriger Lösung der Rinde durch fractionirte Fällung mit Bleizucker, wobei die mittleren Fällungen nur zur Isolirung mittelst H_2S benutzt wurden,
2) durch Extraction der Rinde mit 85 % Alkohol, Abdestilliren des letzteren, Aufnahme mit Wasser, Fractionirung durch Bleizuckerfällung wie bei 1,
3) durch Ausziehen der Rinde mit Wasser, Verdampfen, Aufnahme mit 85 % Alkohol, Aufnahme in Wasser, dann wieder in Alkohol u. s. f.

Die durch Verdampfen der Lösungen im Vacuum erhaltenen Gerbsäuren hatten noch 0,7—1,3 % Stickstoff und im Mittel 54,61 C, 5,32 H und 40,07 O, welche Zusammensetzung annähernd der Formel $C_{14}H_{16}O_8$ entspricht. Bei Einwirkung von verdünnter Schwefelsäure wurden nur Spuren von Gallussäure erhalten, bei der trocknen Destillation etwas Pyrogallussäure und Brenzcatechin, schmelzendes Kali gab damit Protocatechusäure neben Essig- und Buttersäure.

C. Böttinger stellt auf Grund seiner Studien über die Eichengerbsäure, sowie Eichenroth und Phlobaphene, über die Zerlegung der Eichengerbsäure durch Säuren etc. die Gleichung auf:

$$C_{20}H_{22}O_{12} = C_6H_{12}O_6 + C_{14}H_{10}O_6$$

Der hier auftretende Zucker ist Traubenzucker.

C. Etti hat Eichengerbsäure auf folgende Weise isolirt: Die gröblich zerkleinerte Eichenrinde, bei 10—50° getrocknet, dann feiner pulverisirt und zuletzt durch ein nicht allzu feines Sieb zur Entfernung der Bastfasern geschlagen, wird mit verdünntem Alkohol wiederholt extrahirt, der colirte Auszug mit Aether versetzt, so dass ein kleiner Theil des Aethers ungelöst bleibt und dann mit Essigäther ausgeschüttelt. Die Essigätherlösung wird bei möglichst niederer Temperatur vom Essigäther befreit. Aus dem Rückstande scheidet sich Ellagsäure aus. Das Filtrat wird zur Trockne verdampft und dieser Rückstand zuerst wiederholt von Gallussäure durch Aether befreit und hierauf durch Ausziehen mit einem weingeistfreien Gemisch von 3 Th. Essigäther, 1 Aether vom Phlobaphen getrennt.

Eigenschaften. Die so erhaltene Lösung liefert die Gerbsäure als ein röthlich weisses Pulver, das bis 130^0 C. ohne Zersetzung erhitzt werden kann. Formel $C_{17}H_{16}O_9$. Unter Austritt von H_2O entsteht aus der Säure bei $130—140^0$ das Anhydrid $C_{34}H_{30}O_{17}$. Dieses Anhydrid ist identisch mit dem Eichenphlobaphen. Dasselbe reducirt Fehling'sche Lösung, und liefert beim Kochen mit verdünnter Schwefelsäure Eichenroth, das Anhydrid.

Die Eichenrindengerbsäure ist kein Glycosid, dieselbe liefert keine Phenole beim Erhitzen im geschlossenen Rohre und keine andere Säure als Gallussäure; mit HCl im zugeschmolzenen Rohre entsteht Chlormethyl. Die Gerbsäure der Eichenrinde ist demnach ein Anhydrid der Gallussäure, in dem noch 3 Hydroxylwasserstoffe durch 3 Methyl vertreten sind.

J. Löwe hat ebenfalls constatirt, dass die Eichengerbsäure kein Glycosid ist, aber in 2 Formen in der Eichenrinde auftritt, einer in Wasser löslichen $C_{28}H_{28}O_{14}$ und darin schwer löslichen $C_{28}H_{24}O_{12}$. Beide gehen unter Austritt von Wasser in Eichenroth $C_{28}H_{22}O_{11}$ über. —

Die Ursache, warum Böttinger u. A. die Eichengerbsäure für ein Glycosid erklärten, liegt darin, dass wegen des in der Eichenrinde durch Etti nachgewiesenen Lävulin's die Darstellungsmethoden keine zuckerfreie Gerbsäure liefern konnten.

Eichenroth, Eichenrindenphlobaphen (siehe S. 262.)

Quercin. — Der von Geiger (Berz. Jahresb. **24.** 536) in der Rinde nachgewiesene krystallisirbare Bitterstoff, Quercin, ist nach Husemann (Arch. Pharm. (2) **34.** 167) wohl unreiner Quercit gewesen.

Galläpfelgerbsäure. Eichengerbsäure. Gerbsäure. Tannin.

— Literat.: Chemische: Pelouze, Ann. Chim. Phys. (2) **54.** 337; **56.** 303. — Liebig, Ann. Chim. Pharm. **10.** 172; **26.** 128. 162;

39. 97. — Guibourt, Ann. Chem. Pharm. 48. 359. — Robiquet,
Ann. Chim. Phys. (2) 64. 385. — Wackenroder, Arch. Pharm. (2)
27. 217; 28. 38. — Stenhouse, Ann. Chem. Pharm. 45. 1. — Hünefeld, Journ. pract. Chem. 16. 361. — Mulder, ebend. 48. 90. —
Luboldt, ebendas. 77. 357. — Strecker, Ann. Chem. Pharm. 81.
248; 90. 328. — Knop, Chem. Centralbl. 1852. 417; 1854. 855; 1855.
657. 737.; 1856. 513; 1857. 370; 1860. 278. — Rochleder und Kawalier, Wien. Akad. Ber. 22. 558.; 29. 28; 30. 159. — Löwe,
Journ. pract. Chem. 102. 111. — Zeitschr. anal. Chem. 11. 365. —
Hlasiwetz Annal. Chem. Pharm. 143. 205. — Schmidt, Arch.
Pharm. (2) 134. 213. — O. Rothe, ebendas. 142. 232. — Wetherill, Journ. pr. Chem. 42. 247. — H. Schiff Ann. Chem. Pharm.
170. 43. 109. 165. 175. 165. Berl. Ber. 5. 291a. 13. 455. 12. 33. 1927.
4. 231. 967. 5. 438. 642. 6. 1202. — Frehda, ebendas. 12. 1576. —
Quibourt, Ann. Chem. Pharm. 48. 350. — Leconnot, ebendas.
18. 179. — Mohr, Ann. Chem. Pharm. 61. 352. — Sandrock, Arch.
Pharm. (2) 72. 265. — Schönbein, J. pr. Chem. 81. 12. Ann. chem.
Pharm. 110. 86. — Liebig, Ann. Chem. Pharm. 10. 176. — Cahours, Ann. chim. phys. 19. 507. — Millon, Compt. rend. 19.
272. — Hunefeld, J. pr. Chem. 16. 361. — Büchner, Ann. Chem.
Pharm. 45. 14. 53. 175. — Wöhler & Frerichs, ebendas. 65. 335.
— Gerland, Zeitschr. anal. Ch. 2. 419. Tam, Chem. News. 24. 207.
— Wittstein, Vierteljschr. pr. Pharm. 2. 72. — Pavesi & Rotondi, Berl. Ber. 1874. 590. — Cop, Helm, Vierteljschr. pr. Pharm.
8. 589. 11. 99. — Stenhouse, Berl. Ber. 7. 1653. — Benedikt,
ebendas. 9. 126. — Schützenberger, ebend. 2. 556. — v. Gorup,
Ann. Chem. Pharm. 110. 86.

Medicinische: Cavarra, Bull. Thérap. 12. 6; Behrends Repert.
3. 19. 220. — Mitscherlich, Preuss. Ver. Ztg. 52. 1843. — Schroff,
Pharmacol. 1. Aufl. 127. — Hennig, Arch. physiol. Heilkd. 12. 599.
— Raulin, De l'emploi thérapeutique de Tannin. Paris 1865. —
Tomowitz, Wien. militärärztl. Ztg. 46. 1870. — Emmert, Schweiz.
Corrsbl. 14. 1875. — Hock, Oestr. Jahrb. 2. 97. 1875. — Fornari, Rac-
coglit. med. 517. 1876. — Rosenstirn, Würzb. pharm. Unt. 2. 78.
1876. — Fikentscher, Ueber die Wirkung von Adstringentien auf
die Gefässe der Zungenschleimhaut. Erlangen 1877. — Lewin, Arch.
pathol. Anat. 81. 76. 1880.

Die von Deyeux (1793) und Seguin (1795) entdeckte Gall- *Entdeckung und Vorkommen.*
äpfelgerbsäure, die wichtigste unter den zahlreichen Gerbsäuren
des Pflanzenreichs ist mit Sicherheit nur in den Asiatischen
und Türkischen Galläpfeln, den an den jungen Zweigen
der in Kleinasien wachsenden *Quercus infectoria Oliv.* auf den
Stich der Gallwespe, *Cynips gallae tinctoriae,* entstehenden Auswüchsen, in den auf ähnliche Weise an jungen Zweigen und
Blättern verschiedener südeuropäischer Quercusarten sich erzeugenden
Europäischen Galläpfeln, in den auf *Rhus semialata s. Rhus*

javanica L. (Fam. Cassuvieae) in China, Japan und Nepal durch den
Stich von *Aphis chinensis* hervorgebrachten Chinesishen Galläpfeln, und endlich in den Knoppern, sowohl den sog. natürlichen oder orientalischen, den Fruchtbechern von *Quercus Aegi-
lops L.,* als auch den unnatürlichen, durch den Stich von *Cynips
Quercus calycis* veranlassten Auswüchsen an den Eicheln unserer
nordeuropäischen Quercusarten, aufgefunden worden.   Die Verbreitung der Gallusgerbsäure in anderen Vegetabilien wird bei einzelnen
Gattungen noch Erwähnung finden.

Darstellung.   Von den zahlreichen zur Darstellung der Gerbsäure aus Türkischen Galläpfeln empfohlenen Methoden heben wir als besonders zweckmässig die auch von Schmidt bei einer vergleichenden
Prüfung derselben für die beste und vortheilhafteste erklärte Vorschrift der „*Pharmacopoea borussica Ed. VII.*" hervor die auch
von Flückiger (Pharm. Chem. S. 303).   Man zieht 8 Theile
fein gepulverter Galläpfel zwei Mal nach einander mit einer
Mischung von je 12 Th. Aether und 3 Th. 90—91 proc. Weingeists
unter öfterem Schütteln macerirend aus, schüttelt die vereinigten
Auszüge eine Zeit lang mit einem Drittel ihres Volumens Wasser,
überlässt dann der Ruhe, nimmt die oben abgeschiedene Aetherschicht ab, schüttelt sie noch zweimal mit Wasser aus, filtrirt die
vereinigten wässrigen Flüssigkeiten und bringt sie im Wasserbade
zur Trockne.   Die Ausbeute beträgt durchschnittlich 50 %, kann
sich aber bei guten Galläpfeln bis auf 77 % steigern.   Das Präparat ist zwar nicht völlig rein, löst sich aber wenigstens klar in
Wasser. — Von Oscar Rothe wird als besonders vortheilhaft für
Darstellungen in grossem Maasstabe das folgende Verfahren bezeichnet: Man extrahirt die Galläpfel (8 Th.) in der oben angegebenen Weise, vermischt die durch 24stündige Ruhe geklärten
vereinigten Auszüge mit 12 Th. Wasser, darauf destillirt man den
Aetherweingeist ab.   Auf der Oberfläche des Destillationsrückstandes
schwimmt nun eine compacte grüne harzartige Masse, die abfiltrirt
wird, worauf man das Filtrat im vollen Dampfbade zur Trockne bringt.

Das früher vielfach zur Anwendung gebrachte, von Pelouze, Guibourt, Brandes, Mohr u. A. empfohlene Extrahiren der gepulverten
Galläpfel mit käuflichem wasser- und weingeisthaltigem Aether im Verdrängungsapparate, wobei dann die ablaufende Flüssigkeit sich in zwei
Schichten sonderte, eine untere schwere syrupdicke Lösung von Gerbsäure
in ätherhaltigem Wasser und eine obere dünnflüssige ätherische Schicht, die
nur wenig Gerbsäure, dagegen die Gallussäure, Harz, Fett u. s. w. enthielt,
liefert zwar die Gerbsäure ziemlich rein, ist aber nicht vortheilhaft, da die
Ausbeute nicht über 40 % zu betragen pflegt.

Sehr unreine Gerbsäure, das Tannin des Handels, wird gewöhnlich
durch blosses Ausziehen der Galläpfel mit einem Gemisch gleicher Volum-

theile Aethers und 90 proc. Weingeists und Eindunsten des Auszugs zur Trockne bereitet. In der neuesten Zeit werden aus den chemischen Fabriken, besonders E. Schering u. Comp. in Berlin, sehr reine Tanninpräparate geliefert. —

Die gleichfalls bis zu 77 % enthaltenden und dabei viel billigeren Chinesischen Galläpfel hatten sich früher als nicht besonders geeignet zur Darstellung von Gerbsäure erwiesen, sind aber jetzt in der Grossindustrie allgemein als Rohmaterial benützt. Schmidt erhielt daraus bei Befolgung der oben beschriebenen Vorschrift der neuesten Preussischen Pharmacopoe nur etwa 10 % eines allerdings recht reinen Präparates, während er im Durchschnitt eine Ausbeute von 65 % bei Anwendung des folgenden Verfahrens erzielte: Man digerirt 100 Th. der gröblich zerstossenen Chinesischen Galläpfel 2 Mal nach einander, das erste Mal mit 100 Th. Aether und 25 Th. Weingeists, das zweite Mal mit etwa der Hälfte von beiden 2—3 Tage lang, colirt, presst den Rückstand scharf aus, filtrirt die vereinigten Auszüge, fügt 15—20 Th. Wasser hinzu und destillirt den Aetherweingeist im Wasserbade ab. Die rückständige Flüssigkeit wird im Wasserbade zur Trockne gebracht, die gebliebene Masse in der 1½ fachen (nicht mehr!) Menge Wasser wieder gelöst, die Lösung 1 bis 2 Stunden lang unter Ersetzung des verdampfenden Wassers auf 60 ° erwärmt, nach dem Erkalten und Klären filtrirt und dann auf dem Wasserbade zur Trockne verdunstet.

Von Hennig (Chem. Centralbl. 1870. 115) werden die sehr billigen und 45 % Ausbeute gebenden Myrobalanen zur Darstellung der Gerbsäure empfohlen.

Zur Reinigung der oft sehr unreinen käuflichen Gerbsäure empfiehlt Heinz (Pharmaceut. Zeitschr. f. Russl. VI. 469. 1867) als besonders einfach und zweckmässig, sie in ihrem doppelten Gewicht warmen Wassers zu lösen und die Lösung nach tüchtigem Zusammenschütteln mit $\frac{1}{12}$ bis $\frac{1}{6}$ Theil Aether einige Stunden der Ruhe zu überlassen. Die fremden Beimischungen sondern sich dann in coagulirten Massen ab, worauf filtrirt und zur Trockne gebracht wird. — Auch durch Behandlung mit wasserfreiem Aether lässt sich der käuflichen Gerbsäure Gallussäure, Fett und Harz entziehen. Uebergiesst man die rohe Säure mit 1 Th. Wasser und 2—3 Th. Aether, so bilden sich nach dem Schütteln drei Schichten, von denen die untere beim Abdampfen gereinigte Gerbsäure liefert, während die mittlere und obere neben wenig Gerbsäure hauptsächlich die Verunreinigungen enthalten (Luboldt).

Zur Reindarstellung wurde auch von J. Löwe die Methode der Dialyse vorgeschlagen, auch die Ausfällung des Tannins aus wässriger Lösung mittelst Kochsalz und Ausschütteln mit Essigäther. (Siehe auch Eichengerbsäure).

Die gereinigte Säure ist noch immer keine reine Verbindung, sondern enthält, wie namentlich Rochleder und Kawalier gezeigt haben, noch Gallussäure, Essigsäure und Zucker. Um ein Präparat zu erhalten, welches beim Behandeln mit verdünnten Säuren keine Ellagsäure (wenn auch noch etwas Zucker) liefert, unterwarfen sie die wässrige Lösung einer fractionirten Füllung mit Bleizucker in drei Antheilen. Die mittlere Portion des Bleiniederschlags wurde unter Wasser durch Schwefelwasserstoff zerlegt, das Filtrat durch eingeleitete Kohlensäure vom überflüssigen Schwefelwasserstoff befreit, dann mit Brechweinstein unter Zusatz von etwas Ammoniak ausgefällt, der mit heissem Wasser gewaschene Niederschlag ganz nach Art des Bleiniederschlags wieder zerlegt und die abfiltrirte Flüssigkeit, nachdem sie heiss mit Kohlensäure behandelt und nach dem Erkalten nochmals filtrirt war, im Vacuum verdunstet.

Eigenschaften. Die reine Gallusgerbsäure ist eine farblose, aber am Lichte sich gelb färbende, amorphe, glänzende, leicht zerreibliche, wenig hygroskopische Masse, ohne Geruch, von stark zusammenziehendem, aber nicht bitterem Geschmack, deutlich saurer Reaction und ohne Rotationsvermögen. Sie löst sich leicht in Wasser zu einer farblosen schäumenden Flüssigkeit, aus der sie aber durch Salmiak, Kochsalz und andere Salze, sowie durch concentrirte Mineralsäuren wieder gefällt wird. Von wässrigem Weingeist wird sie reichlicher gelöst als von absolutem, von wasserfreiem Aether nur wenig. Mit wasserhaltigem Aether übergossen erzeugt sie nach kurzer Zeit zwei Schichten, von denen die untere schwere aus Gerbsäure, dem Wasser des Aethers und sehr wenig Aether, die obere aus Aether mit nur wenig Gerbsäure besteht (Pelouze). Beim Zusammenschütteln mit Aether und nicht zu viel Wasser ($1\frac{1}{2}$—2 Th. Aether auf 1 Th. Wasser) bilden sich drei Schichten, von denen die untere syrupartige wasserhaltige Gerbsäure mit wenig Aether, die mittlere Wasser, welches Gerbsäure und Aether, die obere endlich Aether ist, der Wasser und Gerbsäure aufgenommen hat. Die Gerbsäure löst sich in 6 Th. Wasser, 0,6 Weingeist, 6 Th. Glycerin, ist unlöslich in Chloroform, Benzol, Schwefelkohlenstoff, ätherischen Oelen, reinem Aether.

Umwandlungen. Die Einwirkung von Luft resp. Sauerstoff veranlasst allweilige Zersetzung unter Absorption von Sauerstoff und Bildung von Gallussäure, Kohlensäure, auch Oxalsäure (v. Gorup) und eines Kupferoxyd in alkalischer Lösung reducirenden Körpers. Fermente, Bierhefe etc. verwandeln Tannin in wässriger Lösung in Kohlensäure und Gallussäure neben wenig Ellagsäure. Antiseptica verhindern diese Umwandlung. Im Organismus erleidet dasselbe ebenfalls die Umwandlung in Gallussäure, auch Pyrogallussäure. Durch Einwirkung von Wärme, über 160°, zerfällt Tannin in Wasser, Pyrogallussäure und Kohlensäure, auch Melangallussäure ($C_6H_4O_2$), welcher Körper ausschliesslich bei zu raschem Erhitzen auf 250^0 C. entsteht.

Concentrirte Schwefelsäure wandelt Tannin sehr rasch um, bei 70—80° nach Schiff in Rufigallussäure, nach Löwe in ein amorphes Product. Verdünnte Schwefelsäure spaltet in der Wärme in Gallussäure und rechtsdrehenden Traubenzucker. Salpetersäure liefert Oxalsäure. Die Einwirkung von Kaliumpermanganat, Chlor, Brom, Bromsäure, Jodsäure, Chromsäure, Manganhyperoxyd etc. veranlasst unter Kohlensäurebildung tief gehende Zersetzungen, die noch wenig erforscht sind. Das Erhitzen mit Arsensäure liefert Ellagsäure. —

Alkalien verwandeln Tannin in der Wärme in Gallussäure (Liebig), bei Luftzutritt ausserdem in Tannomelansäure. Nach Berzelius verwandelt verdünnte Kalilauge Tannin in Rothgerbsäure oder Tannoxylsäure (Büchner), Barythydrat liefert Gallussäure und glycerinsaures Barium. Knop versuchte die Einwirkung von schwefligsaurem Ammon und erhielt im ersteren Falle (1 Th. Tannin, 1 Th. kryst. schwefligsaures Ammon, 12 Th. Wasser) von 100 Th. Gerbsäure 75—94 Gallussäure neben einem zuckerähnlichen Körper, im zweiten Falle 2 Amide der Gallussäure. Auch erhielt derselbe mit Aceton und Ammoniak eine Verbindung. Schiff beobachtete, dass Tannin Eisen-, Kupferoxydsalze, sowie Quecksilber und Silbersalze reducirt, die Einwirkung von Acetylchlorid eine Pentacetylgerbsäure $C_{14}H_5(C_2H_3O)_5O_9$ liefert, eine weisse harzige Masse, kaum löslich in Wasser, bei 137^0 schmelzend, ohne Eisenreaction. —

Pentacetylgerbsäure.

Die Gallusgerbsäure treibt die Kohlensäure aus ihren Salzen aus und bildet mit Kalium, Natrium, Ammonium, Eisenoxydul und Eisenoxyd lösliche Salze, mit Antimon, Barium, Blei, Cadmium, Calcium, Kupfer, Magnesium, Quecksilberoxydul, Quecksilberoxyd, Wismuth, Zink und Zinn in Wasser unlösliche Verbindungen. Diese Salze sind hinsichtlich ihrer Zusammensetzung noch sehr unsicher, so dass mit Sicherheit sich Formeln kaum aufstellen lassen. Dieselben sind nicht krystallinisch, sondern amorph. (Büchner, Mulder, Schiff, Gerland, Tam, Wittstein, Harff, Cop, Helm.)

Die alte Formel der Gallusgerbsäure ist nach Berzelius und Pelouze $C_{18}H_9O_{12}$, nach Liebig $C_{18}H_8O_{12}$, Wetherill $C_{14}H_6O_{10}$, Mulder $C_{14}H_{10}O_9$. Die Arbeiten von Strecker und Hlasiwetz geben über die Constitution Aufschluss, Strecker, der die Formel $C_{40}H_{28}O_{18}$ aufstellte, erkannte dieselbe als Glycosid $C_{54}H_{44}O_{34}$, bei dessen Zersetzung, durch Säuren oder Fermente veranlasst, unter Aufnahme von 8 H_2O 6 Gallussäure und 2 Zucker entstehen. Die verschiedenen Zuckermengen, die aber bei den Spaltungen be-

Zusammensetzung. Constitution.

obachtet wurden, sowie die verschiedene Ausbeute an Gallussäure veranlassten Hlasiwetz, Tannin als Digallussäure aufzufassen, $C_{14}H_{10}O_9 - C_7H_5O_4 . O . C_7H_5O_4$. Schiff bestätigte durch seine eingehenden Forschungen diese Auffassung und fasst die Gerbsäure als ein ätherartiges Anhydrid der Gallussäure auf, $C_6H_2(OH)_3 CO . O . CH_2 .(OH)_2 . COOH$. Die gewöhnliche Gerbsäure, natürlich vorkommend, liefert, wie ausser Zweifel steht, bei der Zersetzung Zucker, ist daher als ein Gemenge von einer Digallussäure mit einem Glycosid der Digallussäure anzusehen, so dass nach Schiff für das Glycosid der Name Tannin, für die Digallussäure der Name Gerbsäure festzustellen wäre.

Künstliche Bildung.

Löwe, der früher die Galläpfelgerbsäure für ein Oxydationsproduct der Gallussäure hielt, stimmt, nach genauer Prüfung der Arbeiten Schiff's, demselben bei.

Beim Erhitzen von Gallussäure mit Phosphoroxychlorid auf 130^0 ist Schiff die Bildung der Gerbsäure gelungen. Die von demselben durch Erhitzen von Gallussäure mit wenig Arsensäure in wässriger Lösung beobachtete Bildung der Gerbsäure scheint, nach Versuchen von Freda, ja auch wiederholten Versuchen Schiff's, noch nicht ganz sicher gestellt zu sein. Durch Einwirkung von Schwefelwasserstoff soll Digallussäure in Gallussäure umgewandelt werden.

J. Schel (Botan. Jahrb. 1875. 872) bespricht in einer ausführlichen Arbeit die physiologische Wirkung der Gerbsäure in der Pflanze, und unterscheidet mit Nägeli und Schwendner 2 Arten von Gerbsäuren, eisengrünende und eisenbläuende.

Anwendung und Wirkung.

Das Tannin gehört zu den wichtigsten Medicamenten aus der Abtheilung der reinen Pflanzenstoffe, indem es jetzt fast ausschliesslich da Verwendung findet, wo früher adstringirende Rinden und Pflanzensäfte oder deren Präparate (Abkochungen und Extracte) gebraucht wurden. Die Wirkung ist auf die chemische Affinität zu Leim und Eiweiss und die Anziehung von Wasser aus den Geweben, vielleicht auch, soweit es sich um entfernte Action handelt, auf die begierige Sauerstoffanziehung der gerbsauren Alkalien zurückzuführen.

Die durch Tannin in Eiweiss- und Leimlösungen erzeugten Niederschläge lösen sich im Ueberschusse dieser Solutionen wieder auf, ferner in verdünnter Milchsäure und kohlensauren und kaustischen Alkalien. Alkalitannat wirkt nicht mehr sichtbar auf Eiweiss ein, ruft jedoch auf der Zunge dieselbe Empfindung der Adstriction hervor wie Gerbsäure. Pepsin und Peptone werden durch Tannin ebenfalls gefällt; doch wird das Präcipitat leicht von Salzsäure gelöst und entsteht bei Gegenwart freier Salzsäure überhaupt nicht. Blut und Lymphe bilden mit Tanninlösungen an den Berührungs-

stellen Niederschläge von Tanninalbuminat, die sich jedoch so lange wieder
auflösen, wie die Alkalescenz der Flüssigkeiten besteht; das Blut wird heller,
scharlachroth, beim längeren Stehen unter Auftreten von saurem Hämatin
braun (Lewin).

Als Gift hat die Gerbsäure wenig Bedeutung; doch muss man im Auge
behalten, dass bei grösseren Dosen, wenn die in den Verdauungssäften, Secreten u. s. w. vorhandenen Proteïnstoffe zur Bindung nicht ausreichen, auch
die Eiweissstoffe u. s. w. des Körpers in Anspruch genommen und so die
Schleimhäute im Tractus so zu sagen gegerbt werden. Bei Thieren bedingen indess nur sehr grosse Gaben den Tod oder auffälligere Symptome, bei
Kaninchen 3 selbst 4 Gm. (Schroff) höchstens hartnäckige Verstopfung.
Bei Kaninchen, welche nach wiederholten grossen Dosen starben oder getödtet wurden, fand Schroff im Magen die Schleimschicht an einzelnen
Stellen mit der obersten Schicht der Schleimhaut auf das innigste verbunden, graugelb, rissig, wie gegerbt, die Muskelhaut intact, den Magen blutarm, den Darmcanal zusammengezogen; die peristaltische Bewegung war
nicht afficirt. Auch beim Menschen beschränken sich die Symptome meist
auf hartnäckige Verstopfung, wie sie schon Cavarra bei sich auf die Dauer
von 8 Tagen durch 3 Tage hindurch fortgesetztes Einnehmen von 3 Pillen
von 0,15 erzeugte. Ein Vergiftungsfall aus Oppolzer's Klinik, wo ein
Mädchen nach einer sehr grossen Menge Tannin, gegen Diarrhoe auf einmal eingenommen, Schmerzen im Magen und Unterleib, hartnäckiges Erbrechen und Obstipation, welche erst nach 14 Tagen durch wiederholte
Clystiere beseitigt wurde, von Mattigkeit und Fiebererscheinung begleitet,
bekam und wo selbst nach dieser Zeit noch Leibschmerzen und Trägheit
des Stuhles, dem bisweilen Blut und Eiter beigemengt war, mehrere Wochen
persistirten, ist von Rollett (Wien. med. Wchschr. 97. 1865) mitgetheilt;
die Darmschlingen konnten hier stellenweise als cylindrische Wulste durch
die Bauchdecken gefühlt werden; der Urin war sparsam und dunkel gefärbt.
Wie übrigens auch vom Menschen erhebliche Dosen ohne besondere Störung
ertragen werden, lehrt Tully (Bull. de l'Acad. I. 285), der nach eine Woche
hindurch genommenen 4 Dosen von 0,6 nur etwas Nausea und Beeinträchtigung des Appetits, aber nicht einmal Obstipation bekam und bei Hämo-
ptysikern Gaben von einem gehäuften Theelöffel voll nie schädlich werden
sah. Bayes und Burn sahen bei Chlorotischen nach 4—8 Gm. nur 2 tägige
Verstopfung. Indessen giebt es nach meiner Erfahrung Personen, die schon
nach 0,2 Magenschmerzen, Druck, belegte Zunge und insbesondere Aufstossen und Durst bekommen, wie denn solche Erscheinungen oft nach den
kleinsten Dosen, wenn dieselben nüchtern genommen werden, auftreten.
Hennig, der 0,6 nüchtern ohne Störung der Defäcation nahm, fühlte dagegen schon nach 0,25, nach der Mahlzeit genommen, Schneiden in den
Dünndärmen, Drang zum Stuhl ohne Befriedigung; durch 0,6 nüchtern
steigerte sich die habituelle Hämorrhoidalcongestion.

Als örtliche Wirkungen der Gerbsäure ergeben sich folgende: Auf
Schleimhäute und Wundflächen applicirt vergrössern Tanninlösungen die absolute Festigkeit derselben und erhöhen die Widerstandsfähigkeit gegen Zug
(Crawford). Das darunter liegende Bindegewebe schrumpft durch Fällung
der Albuminate zusammen, und zwar in einer um so grösseren Tiefe, je
weniger concentrirt die Lösung ist. Muskeln zeigen in conc. Tanninlösungen
Abnahme an Länge und Dicke, künstliche Dehnung derselben ist weniger

Toxische
Wirkung.

Oertliche
Wirkung.

ergiebig als beim normalen Muskel, während nach Aufhebung der Dehnung
der Muskel seiner ursprünglichen Länge näher als ein normaler Muskel
kommt (Hennig). Das Verhalten des Muskels gleicht einem solchen, dem
durch Blutzufuhr längere Zeit O entzogen wurde (Lewin). Nerven sterben
in Tanninlösung allmählich ab, wahrscheinlich weil die Veränderungen in
Neurilem ein Vordringen zur Nervensubstanz verhindern (Eckhard, Ztschr.
rat. Path. 322. 1851). Auf Gefässe wirkt Tanninlösung bei trockner Application je nach der Concentration verschieden, bei sehr diluirten Lösungen
wohl gar nicht (H. Weber, Arch. Anat. Physiol. 361. 1852), mitunter als
einfacher Reiz contrahirend (Daniels, De remediis stypticis. Bonn. 1864),
meist bei einiger Concentration dilatirend (Rosenstirn, R. Fikentscher)
oder zuerst verengernd und später dilatirend (Lewin); die Dilatation scheint
nicht als Folge von Paralyse der Gefässnerven, sondern als die der schon
von Hennig beobachteten Stase durch Tanninapplication betrachtet werden
zu müssen (Lewin). Im Munde entsteht herber, bitterlich süsser Geschmack
und zusammenziehende Empfindung, um so später, aber auch um so
intensiver, je concentrirter die Lösung ist, am stärksten bei Tanninpulver;
daneben besteht in Zunge und Rachen das Gefühl einer gewissen Steifigkeit,
die bei Tanninpulver oder conc. Lösung auf Gerbung der äussersten Schichten
beruht und beim Contact organischer Gebilde mit Gerbsäure um so sicherer
eintritt, je blutreicher dieselben sind, bei schwächeren Lösungen auf Beeinträchtigung des Muskelgewebes, in welches Lösungen endosmatisch eindringen,
zu beziehen ist. Tannin in Substanz bewirkt Hervorschiessen des Speichels,
besonders aus den Stenon'schen Gängen; Lösungen scheinen Vermehrung
des Mundschleims und Verminderung des Speichels in der Mundhöhle zu
bedingen (Hennig). Obschon die künstliche Verdauung von Eiweiss unter
dem Einflusse des Tannins normal verläuft, indem in Folge der anwesenden
freien Salzsäure weder die Peptonbildung gehindert, noch Alteration des bereits gebildeten Peptons stattfindet, noch das Pepsin gefällt wird (Lewin),
beeinträchtigt Pepsin doch mitunter die Digestion und stört den Appetit;
die entleerten Fäces sind an Masse nicht verringert, haben keinen Geruch und sind trocken. Die desodorisirende Wirkung giebt sich auch bei
Zusatz zu faulendem Eiweiss zu erkennen, die Mischung und das gefällte
Tanninalbuminat widerstehen der Fäulniss wochenlang; letzteres schliesst
bewegungslose Bacterien ein, die offenbar in Folge der wasserentziehenden
Wirkung structural verändert sind, was auch bei Contact mit Hefezellen
statt hat, deren Proliferation und Fermentwirkung durch Tannin sistirt wird
(Lewin).

Dass die Gerbsäure nicht allein am Orte ihrer Application, sondern auch an entfernten Orten ihre adstringirende Wirkung ausübt, ist nach den neuesten Untersuchungen von Lewin zweifellos,
da die Veränderungen, welche Gerbsäure örtlich an Muskeln bedingt,
auch an entfernten Muskeln sowohl nach Tannin als nach Alkalitannat auftreten. Es wird dieselbe meist als bedingt betrachtet
nicht durch die Säure selbst, die sowohl als Albuminat in überschüssigem Eiweiss gelöst oder als Peptonat im Magen und als
Alkalitannat im Darme (Mialhe, Lewin) in das Blut gelangen
kann, sondern durch deren Umwandlungsproducte im Darm, von

Einzelnen durch die Gallussäure, welche neben Pyrogallussäure und huminartigen Stoffen nach Incorporation von Gerbsäure im Urin erscheint (Wöhler und Frerichs). Die Resorption des Tannins erfolgt nicht nur von Wunden und Schleimhäuten, sondern auch bei wiederholter Application auf ein und derselben Stelle der Oberhaut (Lewin). Schroff konnte bei Kaninchen, die er mit Tannin vergiftete, im Aetherauszuge der Eingeweide wohl Gallussäure, aber keine Gerbsäure nachweisen. Clarus glaubt, dass Tanninalbuminate in den Gedärmen mit Fett emulgirt werden und so zur Resorption gelangen, Hennig erklärt dieselben für in späteren Digestionsstadien löslich werdend, Headland supponirt, um die entfernte Action des Tannins zu erklären, eine Rückverwandlung der im Darm gebildeten Gallussäure im Blute durch Beihülfe der Glycose zu Tannin (?). In den Fäces findet man nach Clarus den grössten Theil der Gerbsäure an Eiweiss gebunden oder als Gallussäure wieder, weshalb offenbar die entfernte Wirkung eine viel schwächere als die örtliche sein muss. Im Blute fand Hennig Spuren von Tannin. Lewin fand im sauren Harn mit Hafer gefütterter Kaninchen Tannin, so dass eine vollständige Umwandlung des Tannins in Gallussäure jedenfalls nicht stattfindet. Bisweilen scheinen nach Gerbsäure nur humusartige Körper im Urin aufzutreten (Bartels, Deutsche Klin. 52. 1851.), bisweilen solche ganz zu fehlen. In Lebersecret, pancreat. Saft, Schweiss (Hennig) und Speichel (Hennig, Lewin) geht Tannin nicht über. — Der Uebergang in den Urin erfolgt nach Cavarra selten vor 2 Stunden, in welcher Zeit ungefähr (in 100 Min.) nach Garnier auch die Sputa bei Phthisikern schwarz gefärbt werden sollen. Nach Hennig erscheinen nach nüchtern eingenommenem Tannin die Umsetzungsproducte schon in 1 Stunde im Urin und können 6—15 Stunden nachgewiesen werden. Der Urin scheint bei normalem Verhalten des Körpers gemindert (Mitscherlich; Hennig; Lewin); Harnsäure und Phosphate scheinen vermehrt (Hennig).

Als besondere physiologische Wirkung des Tannins bezeichnen Küchenmeister und Hennig Verkleinerung der Milz, die jedoch unbedeutender als beim Chinin ist und vermuthlich mit der Wirkung auf die Muskeln im Zusammenhange steht.

Die hauptsächlichste Affectionen, bei denen die Gerbsäure in Anwendung gezogen wird, sind:

Therapeutische Anwendung der Gerbsäure.

1) Hämorrhagien, bei denen sie sowohl direct applicirt, als auch, wenn die betreffenden Theile nicht unmittelbar zugänglich sind, innerlich dargereicht wird.

Bei äusseren Blutungen hat besonders Bühring (Med. Centralztg. 23. 81. 1854) das Tannin in Substanz nach Erfahrungen am Krankenbett und Versuchen an Thieren als ein in Fällen, wo Gefässunterbindung nicht thunlich, nicht im Stiche lassendes Medicament bezeichnet, dessen Action nicht nur in rascher Pfropfbildung, sondern auch darin bestehe, dass es bei seiner Auflösung eine stark klebende, sich den Wundflächen fest anhängende Masse, die am besten mit alkoholischer Auflösung von Colophonium zu vergleichen sei, bilde und dass es vor andern hämostatischen Mitteln den Vorzug besitze, auch bei massenhafter Application auf Wundflächen weder Schmerz noch entzündliche Reizung zu bedingen, vielmehr den Heilungsprocess zu fördern.

Bei parenchymatösen Blutungen und bei Blutungen aus Höhlen (Rachen, Nase, Scheide, Mastdarm) übertrifft die Gerbsäure, in geeigneter Weise angewendet, nach Bübring sogar das Glüheisen an Sicherheit der Wirkung. Diese Angaben sind von Macke (ibid. 23. 94), Mund (ibid. 24. 14), Reil (Mat. med. 185), der Tannin bei Tamponade der Choanen, Blutegelstichen und geborstenen Varicen besonders empfiehlt, im ganzen Umfange bestätigt. Die interne Anwendung bei Blutungen entfernter Organe, z. B. bei Metrorrhagien, Haemoptysis, geschah von Seiten Italienischer Aerzte, wie Ricci (Esculapio, 1. 6), Perta (Arch. méd. 25. 427. 1827), Ferrario, Cavarra. Dass der interne Gebrauch nicht immer zum Ziele führt, wie dies schon H. A. Richter angab und besonders Hennig betont, ist ein Factum, das sich aus der nur geringen Resorption der Gerbsäure erklärt. Die ersten Empfehler beschränken die Anwendung auf passive Hämorrhagien. Auch gegen Menstruatio nimia (Stevenson, Alison Scott, Kipp) und selbst bei Hämophilie (Alison Scott) soll sich die Gerbsäure als Haemostaticum bewährt haben.

2) Teleangiektasien, Varicen, Hämorrhoidalknoten und zu Blutungen praedisponirende Geschwürsbildungen, wo die günstige Wirkung durch Coagulation der Albuminate statthat.

3) Mastdarmfissuren, Excoriationen, Intertrigo, wunde Brustwarzen (Druitt), wo die Wirkung auf Bildung einer schützenden Decke beruht.

4) Hypersecretionen der verschiedensten Organe, wo die Wirkung ebenfalls bei unmittelbarem Contact sich günstiger herausstellt. Es fallen unter diese Rubrik besonders chronische Diarrhöen und Dysenterien, Fluor albus und Gonorrhoe, chronische Lungen- und Luftröhrenkatarrhe, wogegen seit der Empfehlung Cavarra's die Gerbsäure unzählige Male erfolgreich benutzt ist; ferner Keuchhusten, gegen den sie zuerst durch Geigel (1840) mit Benzoësäure gegeben, später für sich von Fuchs, Schlesier, Aberle, R. Meyer u. A. empfohlen wurde, wo Tannin vielleicht durch Herabsetzung der Reizempfindlichkeit der Muskeln, vielleicht auch antiseptisch wirkt, und Heufieber, wo Melville (Lancet, Juli 30. 1864) Tanninlösung mit eclatantem Erfolge in die Nase injicirte; Nachtschweisse der Phthisiker, die Charvett (Bull. Thér. 18. 247. 1840), Luithlen u. A. danach abnehmen und schwinden sahen; Fussschweisse, acute und chronische Bindehautentzündungen und Blenorrhöen (Hüter, Desmarres, Hairion, Emmert u. A. m.), endlich Blasenkatarrh (Piéplu, Gaz. Hop. 119. 1859). Ueberall hat die örtliche Application den Vorzug. Minder begründet scheint die Empfehlung bei Cholera (Gräfe, Tannin als Choleramittel; Berlin 1848), und Diabetes (Giadorew). Hierher gehört ferner die äusserliche Application bei stark citernden oder torpiden Geschwüren (Fornari), woran sich auch die Empfehlung gegen specifische Geschwüre, Schanker, Condylome (Friedrich), gegen Brand und Carcinom (Guttceit, Michaelson) reiht, wo man dem Tannin theils deletere Action auf Contagien, theils eine prophylactische Wirkung gegen weiteren Zerfall u. s. w. zuschrieb.

5) Locale Hyperämien mit Gewebserschlaffung, bei denen örtlich angewandtes Tannin die Festigkeit der Gewebe erhöhen und

indirect die Gefässe contrahiren soll. Es gehört dahin chronische Entzündung von Schleimhäuten, z. B. Conjunctiva, der Pharyngeal- und Trachealschleimhaut, ferner phlyctanulöse Hornhautinfiltration und büschelförmige Keratitis (Hock), dann Pernionen, gegen welche Tannin ein souveränes Mittel ist (Berthold, Gött. Nachr. 1854), Acne sebacea (Cazenave), Eczema chronicum (Friedrich, N. med. chir. Ztg. 6. 1851; Fornari) und Herpes tonsurans (Malherbe). Martin (Brit. med. Journ. March. 20. 1869) empfiehlt conc. Gerbsäurelösung zur Abstumpfung der Empfindlichkeit der Haut als Prophylacticum gegen Decubitus, Wundwerden der Füsse u. a. Hieran reiht sich auch die zuerst von Loiseau (Gaz. des Hôp. 1848) vorgeschlagene Behandlung der Angina diphtheritica mit Tannin, welche von Tüffert (Union méd. 1864. 84), Guillemaud, Cassali (L'Imparziale. Gingno 1863) und Americanischen Aerzten, besonders nach Erfahrungen in einer Epidemie zu New Yersey, empfohlen, von Barthez als wenig erfolgreich bezeichnet wurde, neuerdings jedoch von Köhler, der freilich Jod mit Tannin verbindet, befürwortet wird, um in Diphtheritisepidemien die Entwicklung des Belags auf den Tonsillen zu verhüten. Theoretisch wird die Anwendung durch die deletere Wirkung auf Bacterien und Fäulnissproducte gestützt.

6) **Hydrops und Albuminurie** (Frerichs, Alison Scott, Garnier, Gamberini u. A.). Auffallend ist in manchen Fällen die grosse Abnahme des Eiweissgehaltes nach wenigen Dosen. Die diuretische Wirkung, auch bei pleurit. Exsudat von Duboué (Gaz. hebdem. 52. 1872) constatirt, wird von d'Ormay (ebendas.) dadurch erklärt, dass andere Secretionen, wie Schweisse, durch das Mittel beseitigt werden. d'Ormay rühmt es bei Nierenaffectionen, Blasenkrankheiten und Chylosurie.

7) **Vergiftungen mit Alkaloiden und alkaloidhaltigen Substanzen**, wie Opium, Pilzen (Chansarel), mit Digitalin und Digitalis, sowie mit Brechweinstein. Ueber die Anwendbarkeit bei Vergiftungen mit Pflanzengiften ist bei Atropin, Morphin, Coniin, Strychnin, Nicotin, Muscarin, Amanitin, Digitalin das Nöthige gesagt; gegen Brechweinsteinvergiftung, wo es schon Berthollet empfahl, ist Tannin nach Bellini (Virchow-Hirsch, Jahresber. 1866. I. 300) den Abkochungen gerbstoffhaltiger Rinden entschieden vorzuziehen, da nur conc. Gerbsäurelösungen ein Präcipitat in Brechweinsteinsolutionen geben; auch hier ist, da das Antimontannat nicht völlig unlöslich, dasselbe mechanisch zu entfernen. Bei Metallsalzvergiftungen ist Tannin vermöge Bildung schwerlöslicher Tannate brauchbar, hat aber dem Eiweiss gegenüber nur secundären Werth. Man hüte sich bei der Darreichung des Antidots vor allzu energischen Dosen! Hieher gehört auch die Anwendung gegen Hyperemese durch Ipecacuanha (Emetin); auch ist Tannin als Prophylakticum von de la Tour de Pin (Rév. méd. Mai 1866) gegen Nicotianismus (Lösung von Tannin und Citronensäure, womit ein Wattepfropf imprägnirt wird, den man in der Pfeifendose anbringen soll) benutzt.

Geringeren Werth scheint das Tannin bei einer Reihe andrer Affectionen zu besitzen, gegen welche es Anwendung fand. Dass es kein Specificum gegen Marasmus, Chlorose, Tuberculose, Scrophulose ist, wogegen es zuerst 1807 — allerdings in noch unreinem Zustande — von Pezzoni in Constantinopel, später von Bayes, Barral u. A. angewendet wurde, liegt auf der Hand; doch kann es durch Beschränkung colliquativer Secretionen indirect kräftigend wirken. Woillez will Cavernen durch innerliche Darreichung von Tannin zur Vernarbung gebracht haben. Schon Pezzoni empfahl es gegen Wechselfieber, wo es trotz neuerer Lobpreisung von Chansarel und Leriche und trotz seiner milzverkleinernden Wirkung dem Chinin weit nachsteht; die Empfehlung gegen Helminthen hat dem Santonin keine Concurrenz geschaffen. Zur Verhütung der Narbenbildung bei Pocken empfiehlt es Homolle, zum Schutz der Nasenöffnung bei Pocken Clenborne (Amer. Journ. Febr. 1862), zur Verhütung von Erysipel und der Umgebung von Vaccinepusteln Loiseau. Gegen Caries und cariösen Zahnschmerz haben es Alison, Blasius und Druitt gerühmt; bei Pyämie Woillez, während Hervieux gar keinen Erfolg sah. J. Clarus will von Tannin auch Nutzen bei abnormer Säurebildung in den ersten Wegen bei kleinen Kindern, sowie bei Neurosen in der Bahn des Vagus (Asthma, Spasmus glottidis), wobei er jedoch gleichzeitig Moschus anwandte, gesehen haben; Kiwisch bei Amenorrhöen, die von vicariirenden Secretionen abhängig sind, Lauderer gegen das Ausfallen der Haare.

Dosis u. Anwendung der Gerbsäure. Aeusserlich wird Tannin als blutstillendes Mittel zweckmässig in Substanz verwendet, und zwar in der von Bühring angegebenen Weise, dass man weiche Schwämme mit Gerbsäure dick bestreut als nächstes Verbandstück an der blutenden Stelle liegen lässt. Bei Epistaxis und hartnäckiger Coryza wird es auch als Schnupfpulver verwerthet. Ausserdem kann es in Lösung und in Salben benutzt werden. Von letzterer macht man besonders bei Leiden der äussern Haut, Pernionen, Geschwüren, aber auch Augenentzündungen und bei chronischer Vaginitis in Form von Tampons, die mit Tanninsalbe (1 Th. zu 5 Th. Schmalz oder Ungt. Glycerini) bestrichen sind, Gebrauch. Zu Fomentationen bei Krebs- u. a. Geschwüren, zu Collyrien bei Ophthalmoblennorrhoe u. s. w. dienen concentrirtere Lösungen (1 : 3—8—10); zu Collyrien bei Keratitis, Katarrhen, zu Klystiren und zur Injection schwächere Lösungen in Wasser (1 : 20—120);' Solutionen in Glycerin (1 : 40) sind vorzüglich von Bayes empfohlen. Besondere Formen sind die Tanninstifte von Becquerel, aus 4 Th. Acid. tannicum, 1 Th. Traganth und Mica panis q. s. zu geschmeidiger Masse geformt, die bei Metrorhagien in Folge von Schleimhautwucherungen im Collum uteri per speculum eingeführt und 3—4 Tage lang durch einen mit conc. Tanninlösung getränkten Charpietampon bis zu ihrer Auflösung zurückgehalten werden, und die bei schweissiger Haut, Intertrigo und Pruritus pudendorum benutzte Tanninseife, Sapo tannini (1 : 8.) Bei Caries dentium empfiehlt Druit Lösung von 1,2 Tannin und 0,3 Mastix in 8 Gm. Aether auf Baumwolle in den Zahn zu bringen. Ricord benutzt zur Injection bei chronischem Tripper Lösung von 1 Th. Tannin in 200 Th. Rothwein; die von Ternowitz empfohlenen Bacilli aus 2,0 Tannin, 0,12 Opium und 2 Tropfen Glycerin heilen bei Tripper nicht rascher als Einspritzungen.

Innerlich giebt man Gerbsäure in Pulver oder Pillen, seltener (wie Gräfe bei Cholera) in Auflösung in Wasser, die leicht in der Wärme schimmelt, oder in mucilaginösen Decocten, aromatischen Wässern und Wein. Zur Erhöhung styptischer Wirkung wird Tannin nicht selten mit Opium oder Alaun verbunden. Lewin empfiehlt, um die Nebenwirkungen der Tanninpulver auf den Magen zu verhüten, Tanninalbuminat in überschüssigem Eiweiss oder in Natriumcarbonatsolution gelöst oder Lösung von Tannin in alkalischen Solutionen, welche verkorkt zu halten und nach 1—2 Tagen neu zu verordnen sind. Für Pulver ist Pulvis aromaticus ein angenehmes Vehikel. Die Dosis beträgt, je nach Dringlichkeit des Falles, 0,03—0,12—0,25 stündlich oder 2—3 mal täglich; die höchsten Dosen sind namentlich bei Vergiftung mit Alkaloiden indicirt, dürfen aber nicht zu oft applicirt werden. Metallsalze und organische Basen sind zu meiden, wo nicht, wie zur Darstellung von Blei-, Zink-, Wismuthtannat, eine Bindung geradezu beabsichtigt ist. Die letztgenannten Verbindungen wirken als Metallsalz und nicht durch die Gerbsäure allein adstringirend. Dagegen scheint Demolon's Jodgerbsäuresyrup (Sirop-jodo-tannique) nach Gibert (Bull. Acad. **33.** 188) durch die Gerbsäure bei chronischen Catarrhen zu 15—30 Gm. pro die nützlich. Bei sonstigen Verbindungen mit Jod zum äusseren Gebrauche (Socquet, Siegmund) scheint Jod die Hauptsache.

Gerbsäuren. Gerbstoffe. — Wenn auch bei der Besprechung der einzelnen Pflanzengattungen für die Folge die verschiedenen Stoffe, welche nach den gemachten Beobachtungen den Gerbsäuren zuzuzählen sind, specielle Erwähnung finden werden, so scheint doch hier bei der Wichtigkeit dieser Classe chemischer Verbindungen eine allgemeine Characteristik, mit specieller Berücksichtigung der Darstellungsmethoden und der Nachweisung, auch quantitativen Bestimmung am Platze. —

Mit dem Namen Gerbsäuren, Gerbstoffe fasst man jene Classe chemischer Verbindungen zusammen, welche, in grosser Verbreitung in den Rinden der Bäume, den Blättern, Samen, krankhaften Erzeugnissen der Vegetabilien, ja wohl vielleicht in einer jeden phanerogamen Pflanze in gewissen Stadien der Entwicklung verbreitet und eine Rolle spielend, als schwache Säuren, sich zunächst auszeichnen durch einen zusammenziehenden Geschmack, Löslichkeit in Wasser und Alkohol und sonstige Eigenschaften, die bereits S. 16 in der allgemeinen Uebersicht über die Pflanzenstoffe Erwähnung gefunden haben. — Die Versuche, dieselben gegenüber ihrem Verhalten gegen Eisensalze in bestimmte Classen abzutheilen, sowie je nach ihrer Verwendung in der Industrie als Gerbmaterialien in physiologische (als Gerbmaterialien brauchbare) und pathologische (dazu unbrauchbare, medicinisch wichtige) nach R. v. Wagner sind nicht beachtenswerth, wie überhaupt bei der mangelhaften Kenntniss der Constitution der verschiedenen Gerbsäuren momentan eine Classificirung nicht gerechtfertigt erscheint. Als allgemeine Darstellungsmethoden der Gerbsäuren aus den Vegetabilien lassen sich feststellen:

a. Die Ausfällung der wässerigen Auszüge mit Lösungen von Bleizucker, Bleiessig, essigsaurem Kupfer oder auch Brechweinsteinlösung und Zerlegen der Niederschläge mittelst Schwefelwasserstoff;

b. Die Ausfällung der wässerigen Auszüge mit Chininsalzen, am besten essigsaurem Chinin, dessen Fällung in alkoholischer Lösung mit Bleiacetat wieder mit Schwefelwasserstoff zerlegt wird;

c. Die Berzelius'sche Methode der Ausfällung der Gerbsäuren mit concentr. Schwefelsäure und Zerlegung dieser Niederschläge mit kohlensaurem Blei oder Baryt.

Das Verdampfen der Gerbsäurelösungen geschieht am besten im Vacuum. Die Reinigung durch Behandlung mit Aether und Essigäther.

Quantitative Bestimmung: Bei dem Umstande, dass die Gerbsäuren, welche bis jetzt isolirt wurden, keine reine chemische Verbindungen sind, sondern Farbstoffe, Pectinkörper, auch Kohlenhydrate, Glycoside etc. in kleinen Mengen enthalten, auch die Fällungsmittel, wie Alkaloïde, Metallsalze, Leimlösungen, welche zum Ausfällen der Gerbsäuren benutzt werden, nicht im Stande sind, nur die Gerbsäure aus den Lösungen wegzunehmen, ist die Aufstellung absolut zuverlässiger Methoden der Bestimmung der Gerbsäuren unmöglich. Trotzdem ist unsere Literatur reich an Vorschlägen zur quantitativen Bestimmung, welche auch Beachtung verdienen müssen, da es sich bei der Untersuchung von Gerbmaterialien darum handelt, den relativen Werth 2 oder mehrerer gleichartiger oder auch ungleichartiger solcher Materialien festzustellen. In einer kurzen Uebersicht folgen die hervorragendsten Methoden:

Die älteren gewichtsanalytischen Bestimmungsmethoden rühren her von Davy, Müntz, Ramspacher (Compt. rend. **79.** 380), auf die Fähigkeit der Gerbsäure gegründet, von thierischer Haut, Hausenblase etc. aufgenommen zu werden, von Risler-Bennat, Fällen der Gerbsäurelösung mit Zinnchlorürlösung und Glühen des erhaltenen Niederschlages (Zinnoxyd), aus dem die Menge der Gerbsäure und des Zinnoxydul's respect. -chlorür's berechnet werden kann, von Fleck (Wagner's Jahrb. 1861. 625) und Pavesi und Rotondi (Berl. Ber. 1874. 590) Schiff und Pribram (Zeitschr. anal. Chem. 1866. 566), Fällen mittelst essigsaurem Kupfer ohne oder mit Gegenwart von kohlensaurem Ammon, Glühen des Niederschlages an der Luft (100 Th. CuO = 130,4, 136 od. 145 Gerbsäure), Gerland (Zeitschr. anal. Chem. 1863. 419), Fällen mit Brechweinsteinlösung, Trocknen des Niederschlages bei 100°, Hammer (Zeitschr. analyt. Chem. 1868. 70), Bestimmung des specif.

Gewichtes der Gerbstofflösung und der von Gerbstoff befreiten Lösung.

Volumetrische Methoden: mittelst Anwendung von Leim- oder Hausenblasenlösung (Fehling, J. Chem. M. 1853. 683, Müller, Dingl. Journ. **151**. 69, Fr. Schulze, ebendas. **182**. 155, Salzer, Zeitschr. anal. Chem. 1868. 70, Lipowitz, Wagner's Jahresb. 1861. 624), mittelst Cinchoninsalzlösung bei Anwendung von Rosanilinsalz als Indicator (v. Wagner, Zeitschr. anal. Chem. 1866. 8), mit Anwendung einer alkoholischen Bleiacetatlösung und alkoholischer Gerbsäurelösung bei Anwendung von Jodkalium als Indicator. Das Kaliumpermanganat, welches von Monier (Compt. rend. 46. 447) als volumetrisches Reagens eingeführt wurde, hat zunächst weitere Einführung von Löwenthal (Journ. pract. Chem. **81**. 150) erfahren, sowie später von Neubauer (Zeitschr. analyt. Chem. 1871. 1) und ist von Kothreiner nach eingehenden vergleichenden Untersuchungen als das beste Reagens empfohlen worden. (Dingler's Journ. 227. 481. Zeitschr. analyt. Chem. 1879. 112.) Dieses Princip gründet sich darauf, dass ein Gemenge von Gerbstoff, Indigo durch Kaliumpermanganat oxydirt wird, so dass mit dem Verschwinden der blauen Farbe das Ende der Reaction angezeigt wird. —

Weitere volumetrische Methoden sind vorgeschlagen von Carpené (Dingler's Journ. 216. 452) mit ammoniakalischer Zinkacetatlösung, Mittenzwey und Terreil (Journ. pract. Chem. **91**. 81 und Compt. rend. **78**. 790), Limpkin mit ammoniakalischer Kupferacetatlösung (J. Chem. M. 1875. 989), Grassi, Ausfällung mit Barythydrat, Lösen des Baryttannates in verdünnter Schwefelsäure und Titration mit übermangansaurem Kali (Berl. Ber. 1875. 257), Prudhomme (Bull. soc. chim. (2) **21**. 169), Chlorkalklösung mit Rosanilinlösung als Indicator, Jean (Zeitschr. analyt. Chem. **16**. 123) mit Jodlösung in alkalischer Flüssigkeit, Macagno mit Quecksilbernitrat (Berl. Ber. **7**. 360).

Gallussäure. $C_7H_6O_5 + H_2O$. — Literatur: Pelouze, Ann. Chem. Pharm. **10**. 155. — Liebig, ebendas. **26**. 126. 10. 676. Büchner, ebendas. **53**. 175. — Hlasiwetz, Journ. pr. Chem. **101**. 113. — Lautemann, Ann. Chem. Pharm. **120**. 299. — Schiff, Ann. Chem. Pharm. **163**. 299. Berl. Ber. 1871. 231. Ann. Chem. Pharm. **163**. 209. — 170. 43. — Kawalier, Ann. Chem. Pharm. **82**. 241. — Strecker, Ann. Chem. Pharm. **81**. 248. — Stass, ebendas. **30**. 205. Robiquet, Compts. rend. **35**. 19. 472. Journ. pract. Chem. **62**. 419. — van Tieghem, Compts. rend. **65**. 1091. — Barth & Sennhofer, Ann. Chem. Pharm. **164**. 109. — Stenhouse, Gmelin's 6. Auflage.

310. Ann. Chem. Pharm. **177.** 189. — Wetherill, Journ. pract. Chem. **42.** 247. — Horsby, ebend. **72.** 192. — S. Gale, Pharm. Journ. Trans. (3) **4.** 441. — Wackenroder, Arch. Pharm. (2) **28.** 39. — Städeler, Ann. Chem. Pharm. 111. 217. — Schreder, ebendas. **177.** 282. — Grimaux, Compts. rend. **64.** 976. Bull. soc. chim. (2). **2.** 94. — Priwoznick, Berl. Ber. **3.** 642. — Monier, J. Chem. M. 1858. 629. — Böttger, Pogg. Ann. 1874. 156. — Knop, J. pr. Chem. **102.** 111. — Oser & Flögl, Wiener Acad. Ber. **72.** 165. — C. Barfoed, J. pr. Chem. **102.** 314. — Löwe, ebend. **103.** 464. — Rembold, Ann. Chem. Pharm. **156.** 116. — Ernst & Zwenger, Ann. Chem. Pharm. **159.** 27. — Oser & Kahlmann, Monatsh. Chem. **2.** 50. — Jaffé, Berl. Ber. **3.** 694. — Baeyer, Berl. Ber. **5.** 1096. — Seuberlich, ebendas. **10.** 38.

Die von Scheele zuerst rein dargestellte Gallussäure ist als Pflanzenbestandtheil zu betrachten und bis jetzt nachgewiesen worden in den Galläpfeln, Dividivischoten, Sumach, in Wurzelrinde von Punica Granatum, Rinde von Strychnos, im Thee, hie und da im Rothwein, Blättern von Arctostaphylos, Blüthen von Arnica, Ipecacuanhawurzel, Wurzeln von Helleborus niger, Veratrum, Colchicum.

Darstellung. Die Darstellung der Säure aus Vegetabilien, welche nebenher Gerbsäure enthalten, gelingt aus dem wässrigen Auszug, nachdem mittelst Leim die Gerbsäure abgeschieden ist, durch Verdampfen, Extraction des Rückstandes mit Alkohol, abermaliges Verdampfen dieser Lösung und Aufnahme mit Aether, der die Gallussäure aufnimmt. — Aus Galläpfeln gelingt die Darstellung dadurch, dass man die wässrigen Auszüge (1:3) gähren lässt (4—6 Wochen) und dieselben concentrirt, wobei sich die Gallussäure ausscheidet, die durch Umkrystallisiren gereinigt wird. (Scheele, Braconnot, Steer, Wittstein). Aus Gerbsäure lässt sich die Gallussäure leicht durch 1tägiges Erhitzen mit verdünnter Schwefelsäure (1:8 oder 1:4) bilden und beim Verdampfen zur Ausscheidung bringen (Stenhouse, Horsley, Wetherill); auch mit Kalilauge lässt sich diese Umwandlung bewerkstelligen.

Zusammensetzung, Constitution. Künstliche Darstellung. Die Analysen der Säure von Liebig und Pelouze ergaben die Formel $C_7H_6O_5$. Hlasiwetz erklärte auf Grund der Zusammensetzung des Barytsalzes $C_7H_2O_5Ba_2$ die Säure für eine 4basische. Schiff bestätigte die Vierwerthigkeit der Säuren durch Darstellung der Triacetyl- und Tribenzoylverbindung der Gallussäure und stellte die Formel auf $C_6H_2(OH)_3$ CO OH, welche auch noch bestätigt wird durch die Darstellung des Triacetylgallussäureäther und einer Bleiverbindung $(C_7H_2(C_2H_5)O_5)_2$ Pb_2. Die früher schon erwähnte Umwandlung der Gerbsäure in Gallussäure durch verdünnte Säuren, Alkalien, Fermente (besonders Penecillium und Aspergillus v. Tieghem) ist von Liebig, Robiquet, Stass,'Schiff, Strecker näher studirt worden. — Lautemann ist die künstliche Darstellung der Gallussäure durch Einwirkung von Kalilauge auf Dijod- odor Bromsalicylsäure gelungen, wodurch d Zusammenhang der Gallussäure mit der Benzoësäure festgestellt ist. Hierbei entsteht auch Pyrogallussäure. Barth und Sennhofer stellten die Säure durch Schmelzen von Monobromdioxybenzoësäure oder Bromprotocatechusäure mit Kalihydrat her.

Die Gallussäure bildet farblose, seidenglänzende Nadeln, ohne Geruch, von schwach säuerlichem Gesehmacke, löslich in Alkohol und Aether, in 100 Th. kaltem und 3 Th. heissem Wasser, etwas löslich in Glycerin. Bei 100° geht 1 Mol. Wasser weg. Gegen die Wärme verhält sich dieselbe der Gerbsäure analog, es entsteht bei höherer Temperatur Kohlensäure, Pyrogallussäure. In Lösungen zersetzt sich die Säure allmählich bei Luftzutritt, rascher in alkalischer Lösung unter Braun- bis Schwarzfärbung, welche Lösungen mit verdünnter Säure braun-schwarze Produkte ausscheiden.

Die Salze der Gallussäure, die besonders von Büchner, Hlasiwetz, Bley, Harff u. A. dargestellt und untersucht wurden, sind zahlreich und nicht beständig. Die Alkalisalze sind löslich, während die Verbindungen mit Barium, Calcium, Magnesium, Strontium, Antimon, Blei, Eisen, Cobaltoxydul, Kupferoxydul, Nickeloxydul, Quecksilberoxydul-oxyd, Wismuth, Zink, Zinnoxydul unlöslich sind. Grimaux und Ernst & Zwenger stellten Gallussäureäthylester $C_6H_2(OH)_3$ CO $OC_2H_5 + 2\frac{1}{2}H_2O$, Schiff Triacetylgallussäureester, Ernst & Zwenger Gallussäureamylester her. — Chlor liefert mit Gallussäure nach Städeler Pentachloraceton, nach Schreder bei Anwendung von Salzsäure und chlorsaurem Kali Isotriglycerinsäure $C_3H_3Cl_3O_4$. Grimaux & Hlasiwetz erhielten bei Einwirkung von Brom auf die Säure Monobromgallussäure und Dibromgallussäure, welche mit Acetylchlorid nach Priwoznick Dibromtetracetylgallussäure mit Silberoxyd Pyrogallussäure liefert. Salpetersäure verwandelt Gallussäure in Oxalsäure. Die Einwirkung von Schwefelsäure (1 5) veranlasst unter Entstehung gelbbrauner bis weinrother Färbungen die Bildung von Rufigallussäure. Eisenoxydsalze, Kupferoxydsalze werden zu Oxydulsalzen durch Gallussäure reducirt unter Entstehung blauer oder blauschwarzer Färbungen oder Niederschläge, ebenso werden die edlen Metallsalze reducirt. — Uebermangansaures Kali wirkt in schwach sauren Lösungen der Säure oxydirend und es bildet sich, wie es scheint, ein Condensationsproduct

$C_{14}H_{10}O_8$ (Oser, Flögl). Baeyer erhielt bei Einwirkung von Formalaldehyd auf Gallussäure eine Verbindung $C_{12}H_{12}O_{10}$ und auch $C_{16}H_{14}O_{11}$. Durch Einwirkung von schwefligsaurem Ammonium bildet sich das Amid der Gallussäure (Knop). Die reducirenden Wirkungen der Gallussäure und ihrer Salze auf salpetersaures Silberoxyd sind von J. Löwe und C. Barfoed studirt worden, ohne bestimmte, greifbare Resultate zu liefern.

Wirkung und Anwendung der Gallussäure. Die Gallussäure entfernt sich in ihrer physiologischen Wirkung von der der Gerbsäure ziemlich bedeutend und nähert sich einigermassen der der Mineralsäuren; doch steht sie in ihrer kaustischen Action selbst dem Tannin nach (Schroff), obschon sie nach Versuchen von Jüdell (Med. chem. Unters. 1. 3. 422; Ueber das Verhalten der Gallussäure und Pyrogallussäure im Organismus. Göttingen. 1870.) bei Thieren manchmal Veränderungen der Mucosa und der Epithelien und flache Geschwürsbildung erzeugt. Kaninchen tolerirеn 5,0 unter sehr kurz dauernden Erscheinungen (Unruhe, Dyspnoë, Verlangsamung und Irregularität des Athmens) oder ohne jede Symptome (Schroff, Jüdell), Frösche 0,1 subcutan oder per os (Jüdell). Beim Menschen sind 2,0—4,0 ungiftig (Bayes); grössere Dosen können Syncope, Schwindel und Ohrensausen bedingen (Reil). Sie erscheint bei Menschen und Kaninchen als solche unverändert im Harne wieder; nach 5,0—15,0 per die können bei Kranken nach Cantani und Primavera (Ligur. med. 68. 1871) schwarzgefärbte Oxydationsproducte auftreten. Antiseptische Effecte kommen der Gallussäure nicht oder nur in sehr beschränktem Masse zu (Bovet). Die Gallussäure ist als Substitut der Gerbsäure besonders zur Erzielung entfernter styptischer Wirkung benutzt, auch örtlich bei Darm-, Uterin- und Hämorrhoidalblutungen, bei Pyrosis, chronischem Darmkatarrh, aphthösen Geschwüren und Tripper (Stevenson). In Deutschland empfahl sie Hamburger (Bad. Mitth. 1848) bei Hämoptoë als die Gerbsäure an Zuverlässigkeit übertreffend; besonders gerühmt bei Blutungen wurde sie durch Simpson (Monthl. Journ. 3. 161. 1843), Bayes (Gaz. de Paris. 49. 49. 1854), Hart (Boston Journ. Febr. 16. 1856), Holden (Pract. 8. 117. 1872), der die Verstäubung als sicherstes Mittel bei Hämoptoë bezeichnet; bei Darmblutungen durch Little (Dubl. Journ. 5. 1872), bei Hämaturie durch Hughes und Stevenson; auch wird die blutstillende Action der Acqua emostatica von Ruspini darauf zurückgeführt (Dubl. Journ. Febr. 1847). Bei Albuminurie fand sie durch Neale, Sampson, Bayes und Gubler, durch letzeren auch bei Nierenhyperämie Empfehlung. Sampson gab sie innerlich bei chronischem Tripper, Bayes bei Rachitis und Tabes mesaraica, Grantham bei Purpura hämorrhagica. Man giebt Acidum gallicum zu 0,2—1,5 3mal täglich in Pulvern oder Pillen, auch in Lösung, bei Blutungen nach Bayes alle 10 Min. in 1—2 Essl. einer Mixtur von 4,0 Ac. gall., 8,0 Sp. v. rfss. und 100,0 Aq.; äusserlich in Lösung als Mundwasser (1 : 25—50), Collyrium (1 : 50) oder als Salbe (1 10).

Rufigallussäure. Die schon in ihrer Bildung oben erwähnte Rufigallussäure besitzt die Formel $C_{14}H_8O_8$ $(C_7H_4O_4$ Robiquet). Die Säure wird durch Erhitzen von 1 Gallussäure mit 5 Th. Schwefelsäure bis 140° dargestellt. Beim Eingiessen des so erhaltenen, weinrothen Breies in Wasser scheiden sich flockig krystallinische Massen ab, die beim Umkrystallisiren aus Alkohol

kleine glänzende, kermesrothe Krystalle liefern, in 3500 Theilen Wasser löslich. Schiff stellte die Säure auch durch Einwirkung von Schwefelsäure
auf Digallussäure, Gallussäureäther und Triacetylgallussäure her. Beim Erhitzen mit Kalk liefert die Säure Pyrogallussäure, beim Schmelzen mit Kali
Kohlensäure und Oxychinon (Malin), bei der Destillation mit Zinkstaub Anthracen, sowie bei reducirender Einwirkung von Natriumamalgam Alizarin.

Die hier erwähnten Umwandlungsproducte berechtigen zur Festhaltung
der Robiquet'schen Formel; Jaffé betrachtet dieselbe als Hexaoxyanthrachinon, Schiff als Digallussäureanhydrid wegen der nicht vor
handenen sauren Eigenschaften und der Entstehung eines Triacetylderivates.

Wagner, Chem. Centrbl. 1861. 67. — Klobukowsky & Nölting,
Berl. Ber. 8. 819. 931. — Widmann, Bull. soc. chim. (2) 24. 359. —
Schiff, Berl. Ber. 3. 231. 967.

Beim Erhitzen von Gallussäure, Gerbsäure, auch Pyrogallussäure bildet
sich eine amorphe, geruch-geschmacklose Masse von schwarzer Farbe, unlöslich in Wasser, Alkohol und Aether, löslich in alkalischem Wasser. Dieselbe
entsteht auch beim Erhitzen von Gallussäurelösungen mit Quecksilberoxyd,
schwefelsaurem Kupfer, neutralem chromsaurem Kalium.

Mahla, Jahresb. Ch. Min. 1859. 195. — Pelouze, Ann. Chem. Pharm.
10. 167.

Gallhumin-
säure.

Ellagsäure. $C_{14}H_6O_8$. — $C_{14}H_8O_9$ Hydrat (Schiff). — Literatur:
Chevreul, Annal. Chim. Phys. (2) 9. 329. — Braconnot, ebendas.
9. 187. — Pelouze, ebendas. 54. 356. — Guibourt, Ann. Chem.
Pharm. 48. 360.; Journ. Pharm. (3) 10. 87. — Merklein u. Wöhler,
Ann. Chem. Pharm. 55. 129. — Wöhler, 67. 361. — F. Göbel, ebendas. 79. 83. — A. Göbel, ebendas. 83. 280. — Rembold, ebendas.
143. 285.; 145. 5. Berl. Ber. 8. 1494. — Löwe, Journ. pract.
Chem. 103. 469. — Lipowitz, Simons Beiträge zur pathol. u. phys.
Chem. 1. 464. — Schiff, Ann. Chem. Pharm. 170. 43. — Griessmayer, Ann. Chem. Pharm. 160. 40. — Zwenger, ebend. 159. 127.
— Barth & Goldschmidt, Berl. Ber. 2. 846.

Entdeckung,
Vorkommen
u. Bildung.

Ob diese zuerst von Chevreul aus den Galläpfeln erhaltene von Braconnot als eigenthümlich erkannte, später von Grischow (Kastn. Arch. I.
481) auch in der Tormentillwurzel, von Merklein und Wöhler in den
orientalischen Bezoaren und von Wöhler im Castoreum aufgefundene Säure
fertig gebildet im Pflanzenreich vorkommt, ist mehr als zweifelhaft. In den
Galläpfeln scheint sie bei Gegenwart von Wasser erst durch einen Gährungs-
oder Spaltungsprocess zu entstehen und zwar nach den Versuchen von
Rochleder und Kawalier nicht aus Galläpfelgerbsäure, wie Braconnot
und Andere angenommen haben, sondern aus einem derselben beigemengten Stoff. Auch in der Tormentillwurzel, die nur sehr wenig davon
liefert, kommt sie nach Rembold wahrscheinlich nicht fertig gebildet vor.
Rembold erhielt sie künstlich durch Spaltung der Granatgerbsäure, die
beim Kochen mit verdünnter Schwefelsäure in Ellagsäure und Zucker zerfällt
und Löwe glaubt sie unter den Producten der Oxydation der Gallussäure
mittelst salpetersaurem Silberoxyd (man vergl. Galläpfelgerbsäure) bemerkt
zu haben.

Darstellung:
aus
Galläpfeln;

Zur Darstellung aus Galläpfeln lässt man diese nach Braconnot im gepulverten und angefeuchteten Zustande bei mässiger Wärme in weinige Gährung übergehen, presst dann die Masse zwischen Leinwand, kocht den Rückstand mit Wasser, colirt und presst heiss und bringt die durchgelaufene, von ausgeschiedener Ellagsäure milchig trübe Flüssigkeit noch heiss auf ein Filtrum. Es hinterbleibt dann ein gelblich weisses Pulver von unreiner Ellagsäure, das man mit verdünnter Kalilauge digerirt, worauf die filtrirte Lösung beim Verdunsten an der Luft (oder nach Einleiten von Kohlensäure [Merklein und Wöhler]) grünweisse Schuppen von ellagsaurem Kali absetzt, das man mit kaltem Wasser wäscht, aus kochendem Wasser umkrystallisirt und dann durch Salzsäure zerlegt. Die gefällte Ellagsäure wird mit kaltem Wasser gewaschen und getrocknet.

aus Bezoaren.

Bezoare wurden von Merklein und Wöhler zerrieben in einem luftdicht schliessenden Gefässe mit mässig starker Kalilauge in nicht zu grossem Ueberschuss ausgezogen, die klare kalische Lösung durch Einleiten von Kohlensäure gefällt und das ausgeschiedene ellagsaure Kali, wie angegeben, weiter behandelt.

Eigen-
schaften.

Die Ellagsäure bildet ein bassgelbes leichtes krystallinisches Pulver (Merklein und Wöhler), das bei rascher Zersetzung des Kalisalzes mittelst Salzsäure aus hellgelben kleinen Säulen, bei sehr langsamer Zersetzung seiner sehr verdünnten wässrigen Lösung bei 60° dagegen aus hochgelben seideglänzenden gekrümmten Nadeln besteht (A. Göbel). Sie ist geschmacklos, reagirt schwach sauer und hat ein specif. Gew. von 1,667 (Merklein und Wöhler). Die lufttrockne Säure enthält 3 Molecüle Krystallwasser ($3H_2O$), von dem $2/3$ bei 120°, der Rest aber erst bei 200—215° entweicht. Bei stärkerem Erhitzen sublimirt ein Theil, ohne zu schmelzen, unzersetzt in feinen schwefelgelben Nadeln, die grössere Menge verkohlt (Merklein und Wöhler. A. Göbel). Wasser löst auch beim Kochen nur wenig, ebenso Weingeist, Aether löst gar nicht. Conc. Schwefelsäure giebt bei gelindem Erwärmen damit eine gelbe Lösung, aus der Wasser (selbst wenn nach Robiquet auf 140° erhitzt wurde) die Säure unverändert fällt. Mit Eisenchlorid färbt sich die Säure erst grünlich, dann schwarzblau. (Merklein und Wöhler.)

Zusammen-
setzung.

Pelouze gab die Formel $C_7H_3O_4$, Merklein und Wöhler fanden die Formel $C_{14}H_6O_8$, die Rochleder und Schwarz und auch A. Göbel bestätigten und die jetzt verdoppelt wird.

Ver-
bindungen.

Die nach der Formel $C_{14}H_4M_2O_8$ zusammengesetzten Salze der Ellagsäure sind im feuchten Zustande leicht zersetzbar. Mit den Alkalien, deren Salze allein in Wasser löslich sind, bringt sie auch basische Salze hervor.

Zersetzungen.

Conc. Salpetersäure färbt Ellagsäure beim Erwärmen dunkelroth und verwandelt sie in der Hauptsache in Oxalsäure. Wenn unterchlorigsaures Kali auf ellagsaures Kali einwirkt, oder Ellagsäure in kalischer Lösung der Luft dargeboten wird, so tritt blutrothe Färbung ein und bei passender Concentration scheidet sich ein blauschwarzes Krystallpulver von glaucomelansaurem Kali, $C_{12}H_4K_2O_7$, ab, aus dem die Glaucomelansäure nicht isolirt werden konnte, und das bei weitergehender Oxydation in Kohlensäure, Oxalsäure und eine nicht näher untersuchte zerfliessliche Säure zersetzt wird. (Merklein und Wöhler.) Eisenchlorid wirkt zersetzend unter Reduction zu Eisenchlorür.

Rembold studirte die Zersetzungsproducte der Ellagsäure in alkalischer

Lösung durch Natriumamalgam, wobei nach der Extraction mit Aether 2 Producte erhalten wurden, ein in Wasser leicht löslicher Körper, Glauco-hydroellagsäure, und ein in salzsäurehaltigem Wasser schwer löslicher Körper, die Rufohydroellagsäure, $C_{14}H_8O_6$, sternförmige, farblose Nadeln. Ein Tetraacetylderivat ist ebenfalls hergestellt. — Bei der Destillation der Ellagsäure mit Zinkstaub entstehen neben anderen Körpern 2 Kohlenwasserstoffe, von denen der eine, roth, nicht näher untersucht, der andere, als blättrig krystallinische, farblose Masse erhalten wurde, löslich in heissem Alkohol, Aether, Benzol, Eisessig, Schmpkt. 88°. Derselbe hat nach Rembold die Zusammensetzung $C_{14}H_{10}$, nach Barth & Goldschmidt $C_{13}H_{14}$, welch' letztere denselben identisch mit Fluoren (Diphenylmethan) erklären.

Pyrogallussäure. $C_6H_6O_3$.

— Die Pyrogallussäure entsteht, wie oben bereits angegeben, am besten durch Erhitzen der Gallussäure bis ca. 215—220°. Dieselbe krystallisirt in glänzenden, weissen Blättchen, bei 115° schmelzend, bei 210° sublimirend unter theilweiser Zersetzung, welche neutral reagiren. Sie löst sich in $2^1/_2$ Th. Wasser, schwerer in Alkohol und Aether; die wässrige Lösung färbt sich mit Eisenchlorid braunroth, mit Eisenvitriol tiefblau. Die Pyrogallussäure, besser Pyrogallol genannt, ist

keine Säure, sondern ein Trihydroxybenzol $C_6H_3\begin{cases}OH\\OH\\OH\end{cases}$ isomer mit Phloro-

glucin, wodurch auch die Beziehungen zu Benzol und Gallussäure festgestellt sind. Obgleich Pyrogallol kein Pflanzenbestandtheil ist, sei dennoch hier auf die hervorragendste Literatur dieser chemischen Verbindung verwiesen.

(Petersen, Constitution Berl. Ber. 6. 375. 377. — Böke, ebendas. 6. 487. — Bildung: Reim, ebendas. 4. 432. — Schiff, ebendas. 4. 969. — Bedeutung bei dem photographischen Processe: Vogel, ebendas. 6. 89. 8. 96. — Zersetzende Einflüsse von Cl und JCl_3: Böke, Ruoff, Groves & Stenhouse, 6 487. 9. 1048. 1498. 8. 780. — Farbstoffe, Bildung von Galleïn, Verbindungen mit Benzaldehyd, Aldehyd, Furfurol etc.: Baeyer, ebendas. 4. 457. 663. 5. 26. 281. — Wichelhaus, ebendas. 5. 847. — Reichl, 9. 1429. — Beziehungen zu Pittakal, Eupion, Einwirkung auf Cörulignon: C. Liebermann, ebendas. 9. 337. 6. 386.)

Die Pyrogallussäure nähert sich in ihren Wirkungen in mancher Beziehung dem Phenol. So namentlich in Bezug auf die ihr nach Bovet (Lyon méd. 2. 3. 1879) zukommenden antiseptischen Effecte, wonach sie in 1% Lösung Fäulniss und Bacillenbildung in Pankreas 20 Tage verhindert, in $2^1/_2\%$ Lösung faulendes Pankreas und Fleisch sofort desodorisirt und von Mikroorganismen befreit, endlich in 2% Lösung Hefegährung sistirt und die ammoniakalische Harngährung aufhebt. Bacillen werden in 3% Lösung sofort bewegungslos. Auch für höher organisirte Thiere und den Menschen ist Pyrogallussäure intensiv giftig. Nach Personne (Compt. rend. 69. 744) und Jüdell (Med. chem. Unters. 1. 422) bedingt Pyrogallussäure bei Fröschen zu 0,1 subcutan klonische Krämpfe und in $^1/_2$ Std. Herzstillstand, bei Hunden zu 2,0—4,0 innerlich (nicht zu 0,5 bei Infusion) Erbrechen, Collaps und Tod in 50—60 Std. Nach Neisser (Zeitschr. f. klin. Med. 1. 88. 1879) sterben Kaninchen durch Dosen von 0,2 per Kilo in $^3/_4$—2 Std., durch 1,0—1,5 in 3—10—18—24 Std., während Dosen unter 1,0 per K. rasches Sinken der

Temperatur, Beschleunigung von P. und R., Schläfrigkeit und Apathie, aber nicht den Tod herbeiführen. Bei massiven Gaben erfolgt der Tod wahrscheinlich durch directe Beeinflussung der Nervencentren; continuirlicher Tremor, convulsivisches Zucken, Fallen auf die Seite und Sinken der Temperatur und des Pulses gehen demselben voraus. Bei mittleren letalen Mengen ist der Haupteffect des Gifts und die Todesursache offenbar die Auflösung der rothen Blutkörperchen, deren Residuen als ganz matte Schatten oder kleine bröckliche Fragmente im Blute sich reichlich finden, welches letztere selbst nach nicht letalen Dosen missfarbig und in den arteriellen Gefässen dunkel, bei tödtlichem Ausgange thonartig erscheint; bei protrahirtem Verlaufe enthält der Harn Hämoglobin, Methämoglobin und Hämatin und sind die Harncanälchen in den schwarzbraunroth gefärbten, etwas turgescenten Nieren mit hellrothgelben bis schwarzen Pigmentmassen (Hämoglobincylindern) gefüllt; in diesen Fällen tritt nach Voraufgehen der Symptome der nichttödtlichen Intoxication in 3—4 Std. heftiger Schüttelfrost mit grosser Athembeschleunigung und starker Herabsetzung der Reflexerregbarkeit ein, der entweder in einigen Stunden zum Tode führt oder nach vollständiger Erholung in 18—24 Std. recidivirt. Ganz analog erscheint Symptomatologie und Leichenbefund in einem in Breslau vorgekommenen Vergiftungsfalle eines an Psoriasis universalis leidenden Kranken, dem nach einem warmen Seifenbade Brust und linke Seite mit Unguentum acidi pyrogallici eingerieben waren, worauf nach 2 Std. Unwohlsein und Diarrhoe und 4 Std. später Schüttelfrost mit nachfolgendem Collaps, Temperatursteigerung und anhaltendem Tremor auftrat. Auch hier folgte nach vorübergehender Remission in 40 Std. ein zweiter Anfall, dann Anurie, Coma und Tod und wurde spectroskopisch, chemisch und mikroskopisch das Vorhandensein von Hämoglobinurie und Nephritis hämoglobinica nachgewiesen (Neisser). Dieser Fall beweist, dass Pyrogallussäure von krankhaften Hautpartien aus zur Resorption gelangt, ein Factum, welches auch der schwarzgefärbte Harn bei manchen mit Pyrogallussäure behandelten Psoriasiskranken darthut (Kaposi). Auch der Harn mit kleinen Dosen vergifteter Kaninchen ist stark gebräunt, manchmal wie schwarz, ohne Hämoglobin zu enthalten (Neisser). Nach Jüdell erscheint Pyrogallussäure in einigen Stunden als solche wieder, verschwindet aber ziemlich rasch (beim Menschen nach 0,5 in 12 Std., bei vergifteten Thieren auch bei noch lange fortdauernder Intoxication) und ist ausserdem in Blut und Galle nachweisbar.

Abgesehen von ihrer ursprünglichen Verwendung als Haarfärbemittel (Wimmer) hat die Pyrogallussäure neuerdings äusserlich versuchsweise als Antisepticum und als Mittel bei verschiedenen Hautkrankheiten, insbesondere bei Psoriasis, Anwendung gefunden. Bovet heilte Ozaena mit 2%, Lösung unter Anwendung der Nasendouche in 4 T. und desodorisirte dadurch ein ulcerirendes Carcinom; Kocher benutzte Pyrogallol als Ersatz des Phenols beim Lister'schen Verbande mit günstigem Erfolge. Rosa Engert (Wien. Wochenschr. 41. 1879) fand die Pyrogallussäure höchst wirksam in einem Falle von lupusähnlicher Affection im Gesichte und bei Folliculärentartung der Vaginalportion. Gegen Psoriasis fanden Hebra und Jarisch (Wien. med. Blätter 16. 1879) dasselbe rasch heilend, wo Chrysophansäure sich unwirksam gezeigt hatte, ohne bei gehöriger Anwendung in gleicher Weise wie jene irritirend zu wirken. Jarisch sah ausserdem besonders günstigen Erfolg bei Eczema marginatum und Lupus; bei letzterem werden constant nach 8tägiger Application die Zelleninfiltrate zerstört, während die gesunde Haut kaum beeinträchtigt wird. Auch gegen hypertrophische Narben bei cauterisirtem Lupus empfiehlt Jarisch (Oesterr. med. Jahrb. 511. 1878) das Mittel. Innerlich will Vesey (Dubl. Journ. 470. 1878) Pyrogallussäure mit ausgezeichnetem Erfolge bei Lungen- und Magenblutungen in Dosen von 0,05 mehrstündlich gegeben haben.

Bei externer Anwendung wird man nach den Erfahrungen von Neisser sich wohl zu hüten haben, zu grosse Stellen der Körperoberfläche mit Pyrogallussäure in dauernde Berührung zu bringen, während kleinere Hautpartien ohne Gefahr vor der Resorption toxischer Mengen damit behandelt werden können. Als einzig rationelles Mittel bei Pyrogallussäurevergiftung erscheint die von Neisser vorgeschlagene Transfusion. Als Applicationsform ist vorzugsweise Salbe gebräuchlich, mit Unguentum simplex oder Vaselin bereitet, bei Psoriasis und Lupus im Verhältniss von 1:10, bei folliculärer Entartung der Vaginalportion von 1:20; letztere Proportion ist auch bei Dermopathien von Individuen mit zarter Haut anzuwenden, wo stärkere Salbe tiefere Excoriationen an den Psoriasisplaques und Blasen in deren Umgebung hervorruft. Die Salbe wird zweimal täglich mittelst Borstenpinsels aufgetragen und die eingeriebene Stelle mit Watte geschützt. Wässrige Lösungen scheinen auf der Haut stärker reizend zu wirken als Salben und sind deshalb in geringerer Concentration (2 %) anzuwenden.

Quercit. $C_6 H_{12} O_5$.

— Literatur: Braconnot, Ann. Chim. phys. (3) 27. 392. — Dessaignes, Compt. rend. 33. 308. 462. — Prunier, Compt. rend. 84. 184. Berl. Ber. 10. 239. 11. Bull. soc. chim. (2) 28. 64. — Homann, Ann. chem. pharm. 190. 282. — Lenarmont, J. Chem. N. 1857. 505. — Fitz, Berl. Ber. 11. 45. — Scheibler, ebend. 5. 845.

Der Quercit, der zuerst von Braconnot in den Samen von Quercus sessiliflora, Robur und racemosa aufgefunden und für Milchzucker gehalten wurde, wurde später, von Dessaignes untersucht, als 5atomiger Alkohol erkannt, $C_6 H_7 (OH)_5$. —

Seine Darstellung gelingt am besten auf diese Weise, dass die zerstossenen Eicheln mit kaltem Wasser vollkommen ausgezogen werden und dieser Auszug bei 40° langsam verdampft wird. Ein Bierhefezusatz bezweckt die Beseitigung des Zuckers, worauf nach vollendeter Gährung die Gerbstoffe mit Bleiacetat ausgefällt werden und das Filtrat, mittelst Schwefelwasserstoff zerlegt, zur Krystallisation verdunstet wird. Durch Umkrystallisiren aus Alkohol oder verdünnter Salzsäure wird derselbe gereinigt. Darstellung.

Quercit bildet farblose, süss schmeckende, klinorhombische Prismen, löslich in 8—10 Theilen Wasser und schwachem Weingeist, unlöslich in Aether und kaltem absolutem Alkohol. Spec. Gew. 1,5845 (Prunier). Schmpkt. 225°, rechtsdrehend $(\alpha)_D = + 24,16°$. Beim Erhitzen auf 100° geht derselbe in einen Körper $C_{24} H_{46} O_{19}$ über, bei 240° in Wasser und ein Sublimat $C_{12} H_{22} O_9$. Der hierbei erhaltene Rückstand enthält etwas Quercinat und einen Körper

$C_{24}H_{46}O_{19}$. Bei 280—290° im Vacuum entstehen aus Quercit Chinhydron, $C_{12}H_{10}O_4$, Chinon, Hydrochinon, ein bei 215° schmelzender Körper und Pyrogallol (?).

Verbindungen. Quercit verbindet sich mit Gyps zu einem krystallinischen Körper $2(C_6H_{12}O_5) . CaSO_4 + 2H_2O$; mit Salpetersäure (1 Theil Quercit, 4 Thle. conc. Salpetersäure, 10 Thle. Schwefelsäure während 24 Stunden) entsteht Pentanitrat $C_6H_7(NO_3)_5$, ein harziger, explosibler Körper (Homann). Mit Schwefelsäure erhitzt, entsteht Quercitschwefelsäure, nicht krystallisirbar, Salze bildend (Scheibler), bei Einwirkung von Eisessig und Essigsäureanhydrid entstehen bei höheren Temperaturen verschiedene Acetylverbindungen: Mono-, Di-, Tri-, Tetra- und Pentaacetat, die alle isolirt wurden (Prunier), auch Esterverbindungen sind hergestellt worden, Mono-Tributyrat, Pentabutyrat (Prunier). Distearat (Berthellot).

Bei Einwirkung von concentrirter Salzsäure in höheren Temperaturen entstehen keine salzsauren Verbindungen, sondern Chlorhydrine, und zwar Monochlor-, Trichlor- und Pentachlorhydrin $C_6H_{11}ClO_4$, $C_6H_7Cl_3O_4$, $C_6H_7Cl_5$, ausserdem salzsaures Quercitan $C_8H_9ClO_3$, eine zähe Masse, unlöslich in Aether, löslich in absolutem Alkohol, süss schmeckend, welche beim Behandeln mit Baryt in Quercitan übergeht, nicht krystallisirbar, löslich in Wasser und Alkohol, unlöslich in Aether. —

Bei Einwirkung von Oxydationsmitteln entstehen: mit Salpetersäure Oxalsäure, mit Braunstein und Schwefelsäure Chinon; beim Kochen mit Jodwasserstoffsäure Benzol, Phenol, Hexan, Chinon, Hydrochinon (Prunier), mit Bromwasserstoffsäure Quercitbromhydrin, das weiter beim Erhitzen Phenonchinon, gebromte Chinone, Phenol etc. liefert. Mit Kali bei 225—240° erhitzt, entstehen unter Wasserstoffentwicklung Chinon, Hydrochinon, Kohlensäure, Ameisensäure, Essigsäure, Oxalsäure, Malonsäure (?). Bierhefe (Fitz) ist ohne Einwirkung, dagegen wandeln Schizomyceten bei Gegenwart von Kreide Quercit um unter Bildung von Buttersäure (nicht Alkohol). —

Lävulin. C. Etti (Berl. Ber. 14. 1826) hat bei seinen Untersuchungen über die Ursachen der Herstellung zuckerhaltiger Eichenrindengerbsäure von Seiten Böttinger's u. Anderer interessante Resultate über die Bestandtheile der Eichenrinde erhalten und hierbei namentlich zweifellos Lävulin nachgewiesen. Nachdem nämlich aus dem weingeistigen Auszuge der Eichenrinde mittelst Aether Gallussäure, ein amorphes grünlichbraunes Terpenharz, ein amorpher Bitterstoff und etwas Ellagsäure extrahirt waren durch Ausschütteln mit Essigäther die Gerbsäure und durch Concentration der Lösung das Phlobaphen beseitigt waren, wurde ein Filtrat erhalten, welches nach Beseitigung der letzten Antheile Gerbstoff mittelst Bleicarbonat Quercit, Lävulin und kleine Mengen eines nicht krystallisirbaren Zuckers, sowie eines löslichen **rothen**, **amorphen** Farbstoffes enthielt. Quercit ist in geringer Menge vorhanden.

Beim Destilliren von zerquetschten Eicheln mit Wasser erhielt man ein butterartiges, auf Wasser schwimmendes ätherisches Oel. (Bennerscheidt, Arch. Pharm. **36**. 255.) Aetherisches Eichelöl.

Quercitrin. Quercitrinsäure. Quercimelin. $C_{36}H_{38}O_{20}$. —

Literat.: Bolley, Ann. Chem. Pharm. **37**. 101; **62**. 136. — Rigaud, ebendas. **90**. 283. — Hlasiwetz (und Pfaundler), ebendas. **96**. 123; **112**. 96; **115**. 44; **124**. 358; **127**. 362; **142**. 237; Chem. Centralbl. 1864. 881; Berl. Ber. **5**. 800. — Rochleder (und Kawalier), Wien. Akad. Ber. **33**. 565; **55**. 46; auch Chem. Centralbl. 1859. 166; 1867. 501. — Stein, Journ. pract. Chem. **85**. 351; **88**. 280. — Zwenger und Dronke, Ann. Chem. Pharm. Suppl. **1**. 266. — C. Liebermann und Hamburger, Berl. Ber. **12**. 1178. — A. Gautier, Compt. rend. **90**. 1003. — J. Löwe, Zeitschr. anal. Chem. **14**. 233. **21**. 128. — Fr. R. Smith, Americ. journ. Pharm. **51**. 118. — Neubauer, Berl. Ber. **5**. 800. — Brunner, Ebend. **6**. 97.

Dieser von Chevreul (Journ. chim. méd. **6**. 158) und Brandt (Arch. Pharm. **21**. 25) zuerst beobachtete, dann von Bolley genauer untersuchte, von Rigaud als Glycosid erkannte, am eingehendsten von Hlasiwetz studirte Farbstoff findet sich in der von *Quercus tinctoria Mich.* stammenden Quercitronrinde. Er ist nach Hlasiwetz in den chinesischen Theeblättern vorhanden, ferner auch nachgewiesen in den Weinblättern (Neubauer), dem Sumach (Löwe), Carya tomentosa (Smith). Ob der in den Blättern, Blüthen und Cotyledonen der Rosskastanie vorhandene als Quercaescitrin bezeichnete Stoff mit Quercitrin völlig übereinstimmt, ist aus Rochleder's Angaben nicht deutlich zu entnehmen. Die eine Zeit lang für identisch mit dem Quercitrin gehaltenen Farbstoffe Rutin und Robinin, so wie auch Morindin, Rhamnin und Thujin (s. diese) sind bestimmt als verschieden erkannt. Entdeckung u. Vorkommen.

Das Quercitrin wird aus der Quercitronrinde am einfachsten nach dem Verfahren von Rochleder dargestellt. Man erhitzt die Rinde mit so viel Wasser, dass sie davon einige Linien hoch bedeckt ist, zum Sieden, presst aus und lässt den Absud erkalten. Es setzt sich dann unreines Quercitrin ab, welches man mit wenig Weingeist von 35° B. zum Brei anreibt, im Wasserbade erhitzt, auf Leinwand sammelt und auspresst und nun in kochendem Weingeist löst, worauf man das aus der heiss filtrirten und mit kochendem Wasser bis zur Trübung versetzten Lösung beim Erkalten sich abscheidende reinere Präparat noch einmal der gleichen Behandlung unterwirft. Die Mutterlauge vom unreinen Quercitrin, sowie die Darstellung.

zweite Abkochung der Rinde, die nur noch sehr wenig Quercitrin ausscheidet, kann auf Quercetin (s. dies.) verarbeitet werden. Aus Sumach wird das Quercetrin erhalten, indem man denselben mit Alkohol extrahirt, den Alkohol abdestillirt, den Rückstand in Wasser löst, die Lösung filtrirt, das Filtrat verdunstet, mit heissem Wasser aufnimmt und mit 90 % heissem Alkohol behandelt, den Quercitrin aufnimmt und dasselbe beim Erkalten und Verdunsten in Krystallen ausscheidet (Löwe).

Eigenschaften. Das aus Wasser oder wässrigem Weingeist krystallisirte wasserhaltige Quercitrin bildet schwefel- bis chromgelbe mikroskopische Tafeln, die zerrieben ein blass citronengelbes Pulver geben (Bolley) und bei 100° nur einen Theil des Krystallwassers, den Rest bei 165—200° verlieren. Es reagirt neutral, ist geruchlos und im trocknen Zustande geschmacklos, schmeckt aber in heiss bereiteter wässriger oder in weingeistiger Lösung deutlich bitter. Es schmilzt bei 160—200° zu einer harzigen, amorph wieder erhärtenden Masse. (Zwenger und Dronke). Von kaltem Wasser erfordert es nach Stein 2485 Th., von kochendem 143 Th., nach Rigaud dagegen 425 Th. zur Lösung, von absolutem Weingeist nach Stein kalt 23,3 Th., kochend 3,9 Th. Aether löst nur wenig, warme Essigsäure reichlich. Sehr leicht wird es von wässrigen Alkalien und Ammoniak aufgenommen. Die wässrige oder weingeistige Lösung färbt sich mit Eisenchlorid dunkelgrün. (Rigaud.) Bleizucker und Bleiessig fällen es ziemlich vollständig, jedoch löst sich der Niederschlag in Essigsäure (Zwenger und Dronke).

Zusammensetzung. Bolley gab für das krystallisirte (bei 100° getrocknete) Quercitrin die Formel $C_{16}H_9O_{10}$. Rigaud stellte die Formel $C_{36}H_{20}O_{21}$ und Stein $C_{18}H_{10}O_{10}$ auf. Zwenger und Dronke gelangten dann für das lufttrockne Quercitrin zu der Formel $C_{38}H_{18}O_{20} + 6HO$, für das bei 100° getrocknete zu $C_{38}H_{18}O_{20} + 3HO$ und für das anhaltend auf 165° erhitzt gewesene und damit entwässerte zu $C_{38}H_{18}O_{20}$. Die Untersuchungen von Hlasiwetz und Pfaundler stellten die Formeln $C_{33}H_{30}O_{17}$ (bei 200° getrocknet und wasserfrei) und $C_{33}H_{30}O_{17} + 3H_2O$ (lufttrocken) als wahrscheinlich heraus, die in den neuesten Analysen von Kawalier (und Rochleder) ihre Bestätigung finden. Liebermann und Hamburger geben endlich dem Quercitrin die Formel $C_{36}H_{38}O_{30}$, auf Grund eingehender Untersuchungen des wohl gereinigten Materiales. —

Zersetzungen. Bei der trocknen Destillation liefert das Quercitrin neben brenzlichen Producten auch ein Sublimat von Quercetin (Zwenger und Dronke). Beim Erwärmen mit Salpetersäure entsteht vorwiegend Oxalsäure (Rigaud), mit Braunstein oder Kalium-

chromat und Schwefelsäure Ameisensäure (Bolley. Rigaud).
Es scheidet aus Gold- und Silberlösungen schon in der Kälte Metall
ab, reducirt aber kalische Kupferoxydlösung erst bei anhaltendem
Kochen (Zwenger und Dronke). Durch verdünnte Mineral-
säuren wird es gespalten, nach Rigaud in Quercetin und Zucker,
Hlasiwetz und Pfaundler dagegen in Quercetin und einen mit
dem Dulcit isomeren Süssstoff, den sie Isodulcit nennen, nach der
Gleichung: $C_{33}H_{30}O_{17} + H_2O = C_{27}H_{18}O_{12} + C_6H_{14}O_6$. —

J. Löwe bestreitet die Glycosidnatur des Quercitrin's, indem
er dasselbe, mit Wasser im Rohre bei 110° erhitzt, ohne Zuckerbildung angeblich in Quercetin überführte. Letzteres hat die Zusammensetzung $C_{15}H_{12}O_7$, Quercitrin — $2H_2O$. Auch hält derselbe Rutin, Robinin etc. identisch mit Quercitrin. Liebermann
und Hamburger haben nun ausser Zweifel gestellt, dass Quercitrin
sich im Quercetin (60,76 %) und Isodulcit (46,08 %) spaltet,
wodurch Löwe's Schlüsse vollkommen werthlos geworden sind
$C_{36}H_{38}O_{20} + 3H_2O = 2(C_6H_{14}O_6) + C_{24}H_{16}O_{11}$. Dieselben
Forscher haben noch zahlreiche Derivate dargestellt, welche zur
Feststellung und Aufklärung der chemischen Natur der Quercitron-
farbstoffe etc. beigetragen haben. Sie stellten dar: Acetylquercetin
Schmpkt. 196—198°, Bibromquercetin, Quercetinnatrium,
Bibromacetylquercitrin, Tetrabromquercitrin, welches mit
verdünnter Schwefelsäure Tetrabromquercetin und Isodulcit liefert
u. A. Es steht ausser Zweifel, dass das Quercitrin ebensoviel saure
Hydroxylwasserstoffe (2) enthält, wie Quercetin, eine auffallende That-
sache, da nach der allgemeinen Annahme in den Glycosiden die
Zuckerreste mittelst der Hydroxylsauerstoffe ätherartig an die Säure-
reste gebunden sind. Dieselbe Thatsache von den Verfassern auch
bei Xanthorhamnin beobachtet, weist darauf hin, dass an der
Salzbildung der Glycoside zum Theil die Zuckerhydroxyle betheiligt
sind. Die Verfasser leiten endlich einige Beziehungen zwischen den
Quercitronfarbstoffen und Farbstoffen der Gelbbeeren ab: Rhamnetin
$C_{24}H_{18}O_{10}$, Quercetin $C_{24}H_{16}O_{11}$; die leichte Löslichkeit des
Rhamnetins und Schwerlöslichkeit des Quercitrins erklären sich, wo
beide Stoffe denselben Zucker enthalten, dadurch, dass auf die
gleiche Menge Farbstoff (je Mol. zu 24 At. C gerechnet) im Xanthor-
rhamnin 4, im Quercitrin 2 Isodulcitmolecüle kommen und die grössere
Zahl derselben dann dem Glycosid eine grössere Löslichkeit als die
kleinere verleihen muss. —

Quercetin. Meletin. $C_{24}H_{16}O_{11}$. — Literat.: Rigaud, Ann.
Chem. Pharm. 90. 283. — Hlasiwetz (und Pfaundler), ebendas.

82. 197; **112**. 96; Journ. pract. Chem. **94**. 65. — Z w e n g e r und D r o n k e, Ann. Chem. Pharm. Suppl. **1**. 261 und **123**. 153. — R o c h l e d e r (und K a w a l i e r), Journ. pract. Chem. **74**. 8; **77**. 34; **98**. 379; **100**. 247. — S c h ü t z e n b e r g e r und P a r a f, Zeitschr. Chem. **5**. 41. — B o l l e y, Journ. pract. Chem. **91**. 238. — S t e i n, ebendas. **106**. 1. — J. L ö w e, Zeitschr. anal. Chem. **12**. 127. — N e u b a u e r, Berl. Ber. **5**. 800. — H l a s i w e t z, Ebendas. **5**. 800. — S c h ü t z e n b e r g e r, Ebend. **8**. 379. — K o c h, Ebend. **5**. 285. — L i e b e r m a n n und T r o s c h k e, Ebend. **8**. 379. —

Entdeckung und Vorkommen.

Das Quercetin wurde zuerst von R i g a u d 1854 durch Spaltung des Quercitrins (s. dies.) erhalten. Es findet sich aber auch fertig gebildet im Pflanzenreich. Mit ziemlicher Bestimmtheit wurde sein Vorkommen nachgewiesen von B o l l e y in den Persischen Gelbbeeren (Fam. Rhamneae). Im Fisetholz, dem Kernholz von *Rhus cotinus L.* (Fam. Cassuvieae) und in den Beeren von *Hyppophaë rhamnoides L.* (Fam. Elaeagneae), von R o c h l e d e r in der Stammrinde des Apfelbaums (Fam. Pomaceae), in den Blättern und namentlich in den Blüthen der Rosskastanie (Fam. Hippocastaneae), in den grünen Theilen der *Calluna vulgaris Salisb.* (Fam. Ericeae), von S t e i n in den Blüthen von *Cornus mascula L.* (Fam. Corneae) in den Weinblättern (N e u b a u e r), im Catechu (L ö w e), in den Theeblättern (H l a s i w e t z). Wahrscheinlich ist es viel verbreiteter, wenn auch die Ansicht F i l h o l's (Journ. Pharm. (3) **41**. 451), es finde sich neben Quercitrin in den grünen Blättern und in den Blüthen aller Pflanzen, wohl zu weit geht.

Künstliche Bildung.

Künstlich wurde das Quercetin bis jetzt durch Abspaltung aus den Glycosiden Quercitrin (R i g a u d), Robinin (Z w e n g e r und D r o n k e) und Rutin (H l a s i w e t z) erhalten. Nach S t e i n ist auch das Rhamnetin nichts anderes als Quercetin und R o c h l e d e r und K a w a l i e r, wie auch Hlasiwetz vermuthen das Gleiche vom Thujetin, dem Spaltungsproduct des Thujins (s. dies).

Darstellung.

Die Darstellung des Quercetins ergiebt sich aus dem beim Quercitrin, Rutin und Robinin Angeführten. — Um aus Quercitronrinde neben Quercitrin auch Quercetin vortheilhaft zu gewinnen, vereinigt man die Mutterlauge von dem aus dem ersten Absud ausgeschiedenen Quercitrin (man vergl. S. 468) mit dem zweiten Absud, versetzt kalt mit Salzsäure, filtrirt, erhitzt zum Kochen und sammelt das noch vor völligem Erkalten der Flüssigkeit (da später nur noch wenig und unreines ausfällt) sich absetzende Product. Aus Catechu isolirt man das Quercetin aus dem wässrigen Extract, der mit Aether geschüttelt wird. Die ätherische Lösung wird verdunstet, der Rückstand mit Wasser aufgenommen und nun mit 90 % Alkohol ausgekocht. Diese Lösung liefert, mit heissem Wasser versetzt, hellgelbe Nadeln von Quercetin.

Das Quercetin bildet feine, lebhaft gelbe Nadeln oder ein citronengelbes Pulver mit 7—10 Proc. bei 120° entweichendem Krystallwasser. Es reagirt neutral, ist geruchlos und für sich geschmacklos, während es in wässriger Lösung nach Zwenger und Dronke herbe, nach Stein bitter schmeckt. Bei raschem Erhitzen schmilzt es nach Zwenger und Dronke über 250°, ohne Zersetzung zu erleiden, und erstarrt dann krystallinisch wieder; in höherer Temperatur sublimirt es unter theilweiser Verkohlung (Hlasiwetz). Von kaltem Wasser wird es fast gar nicht und auch von kochendem nur in geringer Menge mit gelblicher Farbe gelöst. Wässriger Weingeist löst es bei weitem besser. Von absolutem Weingeist sind bei Siedhitze nach Stein 18,2 Th., in der Kälte 229,2 Th. zur Lösung erforderlich. Aether löst viel weniger. Aus warmer Essigsäure, die es reichlich aufnimmt, scheidet es sich beim Erkalten fast ganz wieder ab. Wässrige Alkalien und Ammoniak lösen es leicht mit goldgelber Farbe; die ammoniakalische Lösung wird an der Luft dunkler. (Rigaud. Zwenger und Dronke). Die Lösungen des Quercetins färben Leinwand lebhaft gelb (Rigaud). Bleizucker fällt die weingeistige Lösung ziegelroth (Bolley), Eisenchlorid färbt sie auch bei grosser Verdünnung dunkelgrün, beim Erwärmen dunkelroth (Rigaud. Zwenger und Dronke). Aus einer concentrirten Lösung von 1 Th. Quercetin und 5 Th. Natrium- oder 3 Th. Kaliumcarbonat krystallisiren die Verbindungen Na_2O, $C_{27}H_{18}O_{12}$, resp. K_2O, $C_{27}H_{18}O_{12}$ (Hlasiwetz und Pfaundler).

Für die Zusammensetzung des Quercetins gab Rigaud die Formel $C_{24}H_9O_{11}$, welche von Hlasiwetz durch $C_{46}H_{16}O_{20}$, dann von Zwenger und Dronke durch $C_{26}H_{10}O_{12}$ ersetzt wurde. Später gelangten Hlasiwetz und Pfaundler zu der auch von Stein bestätigten Formel $C_{27}H_{18}O_{12}$. Sie glauben darin Morin und Quercetinsäure als präexistirend annehmen zu sollen ($C_{27}H_{18}O_{12}$ (Quercetin) $= C_{12}H_8O_5$ (Morin) $+ C_{15}H_{10}O_7$ (Quercetinsäure). Liebermann hat die Formel $C_{24}H_{16}O_{11}$ aufgestellt.

Durch Kochen mit wässriger Salzsäure wird das Quercetin nicht zersetzt, nur nimmt die Lösung eine dunkler gelbe Farbe an (Hlasiwetz). Beim Erhitzen mit Salpetersäure wird Oxalsäure und nur wenig Pikrinsäure gebildet. Silber-, Gold- und kalische Kupferoxydlösung werden dadurch in der Kälte langsam, beim Kochen rascher reducirt (Zwenger und Dronke. Stein). Bei monatelangem Stehen seiner ammoniakalischen Lösung oder bei 12stündigem Erhitzen auf 145—150° wird es in Quercetinamid, einen amorphen dunkelbraunen Körper verwandelt (Schützenberger und Paraf). — Wird Quercetin mit starker Kalilauge gekocht oder mit 3 Th. Kalihydrat nur so lange geschmolzen, bis die wässrige Lösung einer herausgenommenen Probe an den Rändern eine purpurrothe Färbung annimmt, so enthält die Masse Phloroglucin, Quercetinsäure, $C_{15} H_{10} O_7$, und ein intermediäres, auf Zusatz von Salzsäure sich in grünlich gelben Flocken ausscheidendes, als **Paradiscetin**, $C_{15} H_{10} O_6$, bezeichnetes Product. Wird aber das Erhitzen fortgesetzt, bis die Lösung einer Probe in Wasser nicht mehr goldgelbe, sondern fahlgelbe, an der Luft rascher in Roth übergehende Farbe zeigt, so ist statt der Quercetinsäure oder neben derselben Quercimerinsäure, $C_8 H_6 O_5$, und Protocatechusäure vorhanden ($C_{15} H_{10} O_7 + H_2 O + O = C_8 H_6 O_5 + C_7 H_6 O_4$), und bei sehr anhaltendem Schmelzen findet sich endlich neben Phloroglucin nur noch Protocatechusäure ($C_8 H_6 O_5 + O = C_7 H_6 O_4 + CO_2$). Das von Hlasiwetz aus Quercetin dargestellte Phloroglucin (Querciglucin) ist nicht identisch mit dem Phloroglucin, aus Phloridzin gewonnen. Dasselbe krystallisirt mit $^2/_3$ Molec. Wasser, ist wenig löslich in Wasser, schmilzt bei 174° und giebt mit Eisenclorid keine Reaktion (Gautier). Die Quercetinsäure, $C_{15} H_{10} O_7 + 3 H_2 O$, bildet feine seideglänzende, in der Wärme verwitternde, beim Erhitzen zum Theil sublimirende Nadeln von herbem Geschmack und schwach saurer Reaction, die sich nur wenig in kaltem, leicht in kochendem Wasser, Weingeist und Aether lösen. Die Quercimerinsäure, $C_8 H_6 O_5 + H_2 O$, krystallisirt in farblosen Körnern oder kleinen Prismen und löst sich ausser in Weingeist und Aether auch in Wasser leicht. (Hlasiwetz und Pfaundler.) Eine der Quercimerinsäure isomere, nicht identische Säure ist die

Isonoropiansäure (Aldehydoprotocatechusäure ($C_8 H_6 O_5$, $C_6 H_2 \begin{cases} CO.OH \\ OH \\ COH, \end{cases}$

durch Erhitzen von Aldehydovanillinsäure mit Salzsäure gewonnen. (Tiemann & Herzfeld, Berl. Ber. **10**. 63 u. 393.) — Wirkt Natriumamalgam in der Wärme auf eine verdünnte alkalische Lösung von Quercetin, so entstehen neben Phloroglucin zwei krystallisirbare, wie jenes der Flüssigkeit durch Ausschütteln mit Aether zu entziehende und davon durch Fällung mittelst Bleizucker zu trennende Körper, von denen der eine, nach der Formel $C_{13} H_{12} O_5$ zusammengesetzte, in Wasser schwer löslich ist, daraus in zarten, schwach sauer reagirenden Prismen krystallisirt und sich in weingeistiger Lösung mit Eisenchlorid dunkel violettroth färbt, während der andere, $C_7 H_8 O_3$, in Wasser leicht lösliche, körnige Krystalle bildet, deren wässrige Lösung mit Eisenchlorid eine grüne Farbe erzeugt, die durch kohlensaures Natron in Purpurviolett übergeht (Hlasiwetz und Pfaundler). Bei Einwirkung von Natriumamalgam auf eine saure Quercetin-Lösung entsteht ein rother, mit Alkalien sich grün färbender Körper, den Stein **Paracarthamin** nennt.

Isodulcit. $C_6 H_{14} O_6$. Die beim Kochen von Quercitrin oder Xanthorhamnin mit verdünnter Schwefelsäure entstehende Zuckerart, Isodulcit, lässt sich nach Neutralisation mit kohlensaurem Baryum aus dem

Filtrat durch Verdampfen desselben erhalten, wobei derselbe auskrystallisirt. Er bildet grosse monokline Krystalle, löst sich in circa 19 Theilen Wasser, leicht in absolutem Alkohol, gährt nicht mit Hefe. Schmpkt. 92—93°, rechtsdrehend $(\alpha)_D = + 8,07$. Bei 100° geht ein H_2O weg und bleibt Isodulcitan zurück $C_6H_{12}O_5$. Durch Einwirkung von Salpeterschwefelsäure bildet sich Nitroisodulcit $C_6H_9(NO_2)_3O_5$, unlöslich in Wasser, durch Oxydation mit Salpetersäure entsteht Isodulcitsäure. Mit Natriumalkoholat bildet sich Isodulcitnatrium. (Hlasiwetz & Pfaundler. Ann. chem. Pharm. **127**. 362. — Liebermann & Hörmann Ann. chem. Pharm. **196**. 323. — Liebermann und Hamburger Berl. Ber. **12**. 1186.)

Nitroiso-
dulcit.

b. Juglandaceae.

Juglans.

Die Wallnussblätter enthalten nach Turner (Arch. Pharm. (3.) **14**. 75) 5,3 % Asche, Fett, Gallussäure und Gerbsäure. —

Juglon. (Nucin). — Dieser 1856 von A. Vogel jun. u. Reischauer (N. Repert. [Pharm. 5. 106; 7. 1) in den grünen Schalen der Wallnüsse entdeckte Farbstoff wird darin von einem amorphen, der Pyrogallussäure verwandten Körper begleitet, der ihn bei Zutritt der Luft rasch bräunt und zerstört und daher seine Reindarstellung sehr erschwert. Den Entdeckern gelang letztere in der Weise, dass sie die abgelösten und kaum zerkleinerten Schalen 2 Stunden mit Aether macerirten, den Auszug zur Zerstörung des begleitenden Körpers mit wässrigem Kupfernitrat, in dem sich etwas Kupferoxydhydrat befand, schüttelten, bis er sich blutroth gefärbt hatte, ihn dann von der wässrigen Kupferlösung trennten und unter einer Glocke über Schwefelsäure verdunsteten. Wurde das rückständige Nucin nun mit Quarzsand gemischt bei 80—90° der Sublimation unterworfen, so resultirte bei wochenlang fortgesetztem Erhitzen ein reichliches Sublimat von reiner Substanz.

Das Nucin bildet rothgelbe glänzende spröde, bis $\frac{1}{2}$ Zoll lange Nadeln oder kleine, anscheinend quadratische Säulen, die sich unzersetzt bei 90° sublimiren lassen, sich nicht in Wasser, schwierig in Weingeist, aber leicht in Aether, auch in Chloroform, Benzol und Schwefelkohlenstoff lösen. Auch von wässrigem Ammoniak, wässrigen kaustischen, phosphorsauren und borsauren Alkalien, sowie von Bleiessig wird das Juglon mit purpurrother Farbe gelöst und daraus mit Säuren in braunrothen Flocken gefällt. Die Elementaranalyse ergab $C = 69,23$ $H = 3,87$. Juglon und essigsaures Kupfer in alkoholischer Lösung zusammengebracht, liefert eine broncefarbige Ausscheidung einer Kupferverbindung mit 15,83 % Cu, was mit der Formel $C_{18}H_6O_6$ nicht übereinstimmt. (Reischauer, Berl. Ber. **10**.)

Regianin.

Phipson (Compt. rend. **69**. 1372) beschreibt einen als Regianin bezeichneten, aus den grünen Wallnussschalen erhaltenen Stoff, der nichts Anderes ist als Juglon. Er soll sich in wenigen Stunden in eine amorphe Masse von schwarzer Farbe, die Regiansäure, $C_6H_6O_7$, verwandeln, die mit Alkalien lösliche purpurfarbige Salze bildet.

Nucitannin.

Im Episperma der Wallnuss findet sich nach Phipson ein besonderer Gerbstoff, das Nucitannin, der durch Mineralsäuren in Zucker, Essigsäure und Rothsäure $C_{14}H_6O_7$ zerlegt wird, welche letztere mit den Alkalien dunkelrothe Salze bildet. —

Juglansäure. Thiband (Americ. journ. Pharm. (4) **42**. 253) hat in der Rinde von Juglans cinerea eine flüchtige Säure nachgewiesen, im wässrigen und Benzin-auszug, die wohl ebenfalls mit Juglon identisch ist. Auch Dawsov (Ebendas. (5). **46**. 167) erhielt bei einer erneuten Untersuchung von Juglans cinerea im Ganzen dieselben unfertigen Resultate.

Nucit. Tanret und Villiers (Compt. rend. **84**. 393) isolirten aus den Nuss-blättern eine Zuckerart, Nucit, in klinorhombischen Prismen, bei 208° schmelzend, nicht gährungsfähig, von der Formel $C_6H_{12}O_6 + 2H_2O$. Derselbe reducirt alkalische Kupferlösung nicht und liefert bei der Oxydation mit Salpetersäure weder Oxalsäure noch Schleimsäure, sondern einen noch nicht näher untersuchten Körper. Die Beziehungen zu Inosit sind sehr nahe, ja es liegt wohl Identität vor. — Eine spätere Arbeit derselben Forscher (Ann. Chim Phys. (5) **23**. bestätigt das Auftreten von Inosit in der 389) im August gesammelten Blättern von Juglans regia sowie die Identität von Nucit mit Inosit.

Juglandin. Tanret will ebenfalls ein Alkaloid aus Juglansblättern isolirt haben, krystallinisch, leicht löslich in Wasser, Alkohol, Aether und Chloroform, leicht zerzetzbar an der Luft. (Jahresber. Pharm. 1876. 198.)

Glycyrrhizin. Sestini (Speriment. agrar. ital. **7**. 10.) stellte aus der Wurzel von Juglans reichlich Glycyrrhizin her, das wohl als Kalium- und besonders als Calciumverbindung darin enthalten ist.

Wallnussöl. Das fette Oel der Kerne von Juglans regia ist frisch grünlich, hellgelb werdend, geruchlos, von angenehm mildem Geschmacke, spec. Gew. von 0,928, bei — 18 erstarrend, ist ein trockenes Oel. Es enthält nach Mulder (J. Chem. M. 1865. 323) Leinölsäure, Myristin- u. Laurinsäure. (Aschen-analysen von Holz, der Rinde u. den Blättern von Juglans regia E. Staffel J. Chem. M. 1850.)

Carya.

Die Gattung Carya enthält Quercitrin. (Frank, R. Smith, Americ. journ. Pharm. **51**. 118.)

C. Myricaceae.

Myrica.

Gagelöl. Die frischen Blätter von *Myrica Gale L.* liefern 0,65 % eines bräunlich-gelben, schon bei + 12° völlig erstarrenden, angenehm balsamisch riechenden ätherischen Oels von 0,876 spec. Gew. bei 17°, das gegen 70 % Stearopten enthält und sich erst in 40 Th. Weingeist von 0,875 spec. Gew. löst (Rabenhorst, Repert. Pharm. '60. 214).

Myricatalg. Der durch Auskochen der Beeren von *Myrica cerifera L.* mit Wasser erhaltene Myricatalg ist blassgrün, durchscheinend, von gewürzhaftem Geruch und Geschmack, schmilzt bei 47-49°, hat das spec. Gew. 1,005 und giebt eine sehr feste weisse Seife. Weingeist löst auch beim Kochen nur unvollständig, von kochendem Aether sind 4 Th. zur Lösung erforderlich. Nach Moore (Chem. Centralbl. 1862. 779) enthält der Myricatalg viel Palmitinsäure und wenig Myristinsäure, zum grössten Theil frei, zum kleineren Theile als Glyceride.

d. Salicaceae.

Salix.

Die Rinden der verschiedenen Species der Gattung Salix enthalten als Hauptbestandtheile Gerbsäure und Salicin, sind reich an Mineralbestandtheilen, unter denen auffallender Weise in den jüngeren Rinden ein hoher Mangangehalt (1,53 %) vorkommt. (E. Reichardt, Chem. pharm. Centralbl. 1853. 268. 567).

E. Johanson (Arch. Pharm. (3) 9. 210) hat bei seinen vergleichenden Untersuchungen über die Gerbsäuren der Ulmen und Eichen auch die Weidenrindengerbsäure aus Salix nigricans berücksichtigt. Dieselbe ist nach demselben schwer rein darzustellen. Die Analysen ergaben 1,63 % Asche, 1,5—1,8 Stickstoff und 10 % Wasser, im Mittel $C = 51,13$ $H = 4,78$. Neben dieser wurde auch Gallusgerbsäure und ausserdem ein Körper nachgewiesen, der mit Säuren, Zucker und Benzoësäure neben salicyliger Säure liefert, demnach Benz'ohelicin ist, das Piria durch Oxydation von Populin erhielt, bisher noch nicht in einer Pflanze beobachtet war. — Auch galläpfelartige Auswüchse auf Blättern von Salix alba, viridis, fragilis, fragili-alba untersuchte Johanson (Arch. Pharm. (3) 13. 103) im Vergleiche mit den Blättern und constatirte in Beiden reichlich Zucker, wenig Gerbsäure, etwas Gallussäure, Catechin und quercetrinartige Substanz.

Salicin. $C_{13}H_{18}O_7$. — Literat.: Chemische: Leroux, Ann. Chim. Phys. (2) 43. 440. — Braconnot, ebendas. 44. 296; Journ. Chim. méd. 7. 17. — Pelouze und Gay-Lussac, Ann. Chim. Phys. (2) 44. 220; 48. 111. — Peschier, ebendas. 44. 418. — Lasch, Chem. Centralbl. 1835. Nr. 41. — Herberger, Jahrb. Pharm. 1. 157. — Duflos, Schweigg. Journ. 67. 25. — Erdmann, Berl. Jahrb. 33. 1. 136. — Piria, Ann. Chim. Phys. (2) 69. 281; (3) 14. 251. 272; 44. 366. — Mulder, Journ. pract. Chem. 18. 356. — Bouchardat, Compt. rend. 18. 299; 19. 602; 20. 110. 1635. — Gerhardt, Ann. Chim. Phys. (3) 7. 215. — Wöhler, Ann. Chem. Pharm. 67. 360. — Wicke, ebendas. 83. 175; 91. 274. — Tischanowitsch, Chem. Centralbl. 1861. 613. — O. Schmidt, N. Jahrb. Pharm. 23. 81. — Lisenko, Zeitschr. Chem. 1864. 577. — Moitessier, Jahresber. d. Chem. 1866. 676. — O. Hesse, Ann. Chem. Pharm. 176. 89.

Medicinische: Heylideij, Diss. sist. hist. principii Salicini. Traj. ad Rhen. 1832 — Blaincourt, Essai sur la salicine et sur son empl. dans les fièvres interm. Paris. 1830. — P. J. Blom, Med. Beobacht. und Beitr. über die Salicine. A. d. Holl. von D. Salomon. Potsdam. 1835. — Auerbach, Nonn. de Salicino novo medic. cum Chinin. sulfur. compar. Berl. 1831. — Besser, De Salicino. Berl. 1835. — Cerri, De Salicino. Pavia. 1831. — G. E. Stam, Spec. med. pract. de Salicino. Groning. 1833. — v. d. Busch, Hufel. Journ. 77. 2. p. 50. — Kanzler, Diss. sist. exp. circa Salicinae virtutem febrifugam. Prag. 1834. — Pleischl, Oesterr. med. Jahrb. 15. 441. — Gabr. Pakarowitz, De Salicina. Pesth. 1836. — Mianowsky, Schmidt's Jahrb. 28. 124. — Laveran et Millon, Ann. Chim. Phys. (3) 12. 135. — H. Ranke, Prakt. chem. Unters. über das Verhalten einiger Stoffe im

Org. Erl. 1851. — Wilh. Scheffer, Das Salicin. Marburg. 1860. — Maclagan, Lanc. March 4 und 11. Apr. 15. Oct. 28. 1876; Pract. Nov. 1877. — Senator, Berl. kl. Wchschr. 14. 15. 1877. — Ringer u. Bury, Journ of Anat. 589. 1877. — Stricker, Dtsch. mil. Zeitung, 1. 1877. — Marmé, Gött. Nachr. 279. 373. 1878. — Buchwald, Ueber Wirkung und therapeutischen Werth des S. Breslau. 1878.

Entdeckung und Vorkommen. Dieser 1830 von Leroux entdeckte, von Piria als Glycosid erkannte und genauer untersuchte Körper findet sich in der Rinde vieler, jedoch nicht aller Weiden- und Pappelarten, in geringerer Menge auch in den Blättern, jungen Zweigen und weiblichen Blüthen der Weiden und den Blättern der Pappeln. Da verschiedene krautartige Spiraeaceen, sowie die Synantheree *Crepis foëtida L.* beim Destilliren mit Wasser salicylige Säure liefern, so vermuthet Wicke, dass sie primär Salicin enthalten. Wöhler fand auch im wässrigen Auszug des *Castoreum canadense* Salicin.

Darüber, welche Salix- und Populus-Arten Salicin enthalten, und welche nicht, haben die Untersuchungen von Herberger, Braconnot, Lasch, Peschier u. A. zu den grössten Widersprüchen geführt. Wir verweisen daher bezüglich ihrer Angaben auf die oben citirten Original-Abhandlungen, sowie auf eine Zusammenstellung derselben in Gmelin's Handbuch 7. 858 und 8. 70. Da das Salicin stark bitter schmeckt und mit conc. Schwefelsäure eine charakteristische Rothfärbung hervorbringt, so wird jede Weiden- und Pappelrinde, welche nicht bitter schmeckt und sich mit conc. Schwefelsäure nicht röthet, als salicinfrei oder doch sehr salicinarm zu betrachten sein. Am reichsten an Salicin sind nach Herberger die bis zu 3 und 4 Procent enthaltenden Rinden von *Salix Helix L., S. pentandra L.* und *S. praecox Hoppe.* Die Pappelrinden fand Herberger im Allgemeinen ärmer an Salicin als die Weidenrinden, aber die Reindarstellung des Glucosids soll aus ersteren leichter gelingen. Junge Rinden enthalten nach ihm mehr davon als ältere u. weniger von anderen, die Reindarstellung erschwerenden Stoffen.

Künstliche Bildung. Das Salicin kann auch aus Populin (man vergl. dies.), einem zweiten dasselbe in der Pappelrinde begleitenden Glycosid erhalten werden, welches beim Erhitzen mit Baryt- oder Kalkwasser in Benzoësäure und Salicin gespalten wird (Piria). Auch lässt sich ein Derivat des Salicins, das Helicin (s. unten) nach Lisenko durch Digeriren seiner wässrigen Lösung mit Natriumamalgam in Salicin zurückverwandeln ($C_{13}H_{16}O_7 + 2H = C_{13}H_{18}O_7$).

Darstellung. Die Darstellung des Salicins macht wenig Schwierigkeiten. Am einfachsten engt man nach Duflos die wässrige Abkochung von 1 Th. trockner zerschnittener Rinde auf 3 Th. Wasser ein, digerirt 24 Stunden mit ⅓ Th. geschlämmter Bleiglätte und verdunstet das Filtrat zur Syrupsdicke. Aus der Mutterlauge vom angeschossenen Salicin wird nach nochmaliger Behandlung mit Bleiglätte noch mehr gewonnen, worauf es durch Umkrystallisiren gereinigt wird. — Peschier fällt die wässrige Abkochung der Rinde mit Bleiessig, kocht das Filtrat bis zur beendeten Zersetzung des überschüssigen Bleisalzes mit Kreide, verdunstet das farblose Filtrat zum Extract, zieht dieses mit Weingeist von 34° aus und bringt die Lösung zum Krystallisiren. — Erdmann zieht 1 Th. der Rinde zweimal nach einander in der Weise mit einer aus je ⅛ Th. Kalk bereiteten Kalkmilch aus, das er damit zuerst 24 Stunden macerirt, dann ½ Stunde kocht, engt die vereinigten und durch Decantiren geklärten Auszüge ein und bringt sie nach Zusatz von ½ Th. Knochenkohle zur Trockne. Der gepulverte Rückstand wird mit 82 proc. warmem Weingeist erschöpft und von den erhaltenen Tincturen mit Weingeist abdestillirt. Er schiesst dann beim Stehen der rückständigen Flüssigkeit das Salicin in blassgelben Körnern an, die man durch Umkrystallisiren mit Hülfe von Thierkohle reinigt.

Das Salicin bildet tafelförmige oder breitsäulenförmige Krystalle des orthorhombischen Systems, die aber meistens als weisse glänzende Nadeln, Schuppen und Blättchen erscheinen. Es ist geruchlos, schmeckt sehr bitter und reagirt neutral. Seinen Schmelzpunkt fand Piria etwas über 100°, O. Schmidt bei 198°, sein spec. Gew. Piria zu 1,426 bis 1,434 bei 26°. Es löst sich nach Piria in 29—30 Th. Wasser von 11°,5 sehr reichlich und vielleicht in jedem Verhältniss in kochendem Wasser, leichter noch als in Wasser in wässrigen Alkalien, gut in Essigsäure, in Weingeist nicht reichlicher als in Wasser, gar nicht in Aether (Braconnot). Es ist linksdrehend und $[\alpha]j = -71,7$ bis $73,4°$ nach Bouchardat, nach Hesse, $[\alpha]j = -63,3 - 64,5$. — Aus heissem wässrigem Salicin fällt Bleiessig bei tropfenweissem Zusatz Salicin-Bleioxyd, $C_{13}H_{14}Pb_4O_7$, nach dem Trocknen ein weises leichtes Pulver (Piria).

Die Zusammensetzung des Salicins wurde von Piria durch Untersuchung seiner Zersetzungsproducte festgestellt.

Bei fortgesetztem Schmelzen wird das Salicin gebräunt und harzartig brüchig (Gay-Lussac und Pelouze). Bei der trocknen Destillation entsteht neben anderen Producten viel salicylige Säure (Gerhardt). — Der galvanische Strom von 400 Bunsen'schen Elementen zerlegt das Salicin in Glycose und Saligenin (s. unten), welches dann bei längerer Einwirkung in salicylige Säure und Salicylsäure verwandelt wird (Tischanowitsch). — Bei Behandlung mit Bleihyperoxyd oder Braunstein und verdünnter Schwefelsäure liefert das Salicin Ameisensäure und Kohlensäure, während bei Einwirkung von Kaliumbichromat und Schwefelsäure neben denselben auch salicylige Säure und, wenn Schwefelsäure im Ueberschuss zur Anwendung kam, auch Saliretin (s. unten) gebildet wird (Piria). — Aus einer Lösung von Salicin in kalter conc. Salpetersäure (von 20° B.) schiessen beim Stehen in einem offnen Gefässe Krystalle von Helicin an, oder, wenn die Säure schwächer (12° B.), auch wohl Krystalle von Helicoidin, während in verschlossenen Gefässen, die das Entweichen der Untersalpetersäure verhindern, langsam Nitrosalicylsäure auskrystallisirt

(Piria) und bei Anwendung eines grossen Ueberschusses von Salpetersäure in der Wärme salicylige Säure, Pikrinsäure und Oxalsäure gebildet werden (Braconnot. Gerhardt).

Helicin.   Das Helicin, $C_{13}H_{16}O_7$, das Glycosid der salicyligen Säure, krystallisirt aus Wasser in weissen, büschlig oder strahlig vereinigten Nadeln mit ¾ At. H_2O, das bei 100° entweicht. Es schmeckt schwach bitter, reagirt neutral, schmilzt bei 175° zu einer öligen, krystallinisch erstarrenden Flüssigkeit, löst sich in 64 Th. Wasser von 8°, sehr reichlich in kochendem Wasser, gut in Weingeist, gar nicht in Aether. Beim Kochen mit wässrigen Säuren oder Alkalien oder bei Berührung seiner wässrigen Lösung mit Emulsin, langsamer mit Hefe, zerfällt es in Glycose und salicylige Säure ($C_{13}H_{16}O_7 + H_2O = C_6H_{12}O_6 + C_7H_6O_2$). Seine Darstellung gelingt am besten, wenn 10 Gm. Salicin mit 80 Gm. Untersalpetersäure enthaltender Salpetersäure von 1,09 sp. Gew. übergossen werden und zwar auf flachen Gefässen; auch entsteht dasselbe durch Kochen von Benzohelicin (siehe Populin) mit Magnesia unter Wasseraufnahme. (Schiff. Ann. Chem. Pharm. 154. 18. 163. 223).

Durch Einwirkung von Chlorgas entstehen Monochlorhelicin, mit Brom die Monobromverbindung. Salpetersäure liefert rasch Salicylaldehyd, verdünnte Säuren spalten dasselbe in Glycose und salicylige Säure, ebenso verdünnte Alkalien, Emulsin, Bierhefe; reducirende Agentien erzeugen daraus wieder Salicin. Erwähnenswerth sind noch die dargestellten Acetyl- und Benzoylverbindungen, sowie die Produkte der Einwirkung von Anilin und Toluidin, Glycosalhydranilid und Glycanilosalhydranilid etc. — Michael (Compt. rend. 89. 357) hat Helicin künstlich durch Einwirkung von Acetochlorhydrose auf Salicylaldehyd-Kali hergestellt. $C_6H_7ClO_5 (C_2H_3O)_4 + C_6H_4O . Ka = 4 C_2H_6O + KCl + 4 C_2H_3O_2 . C_2H_5 + C_6H_7O . C_7H_5O_2 . (OH)_4$

Helicoidin.   (Helicin). Aus dieser Darstellung ist die Constitution des Helicin als Orthoformylphenylglycosid gerechtfertigt. — Das Helicoidin, $C_{26}H_{34}O_{14} + 1\frac{1}{2} H_2O$, gleicht dem Helicin, zerfällt aber bei Behandlung mit Säuren und Alkalien in Glycose, salicylige Säure und Saliretin, statt dessen bei Zerlegung mittelst Emulsin Saligenin auftritt. (Piria.) Dasselbe ist als eine Verbindung von Salicin und Helicin zu betrachten.

Chlor- und Bromsalicin.   Leitet man Chlor über trocknes Salicin, so verwandelt es sich unter Freiwerden von Salzsäuregas in eine rothe terpentinartige Masse; bei Gegenwart von Wasser entstehen Chlor-, Bichlor- und Trichlorsalicin, sämmtlich krystallisirbare Producte (Piria). Bei allmäligem Zusatz von Brom zu einer Lösung von Salicin in 20 Th. Wasser bis zur bleibenden Gelbfärbung erzeugt sich ein Krystallbrei von Monobromsalicin, $C_{13}H_{27}BrO_7$, das aus Wasser in langen vierseitigen Prismen mit 2 At. H_2O krystallisirt (Schmidt). Auch mit Chlorjod erstarrt wässriges Salicin zu einem Brei von weissen jodhaltigen, noch näher zu untersuchenden Nadeln (Stenhouse, Ann. Chem. Pharm. 134. 217).

Rutilin.   Von kalter conc. Schwefelsäure wird das Salicin mit schön rother Farbe gelöst und auf Zusatz von wenig Wasser scheidet die Lösung unter Entfärbung einen rothen pulvrigen, von Braconnot als „Rutilin" bezeichneten Körper ab. Nach Mulder enthält

die auf etwa 30° erwärmte Lösung drei verschiedene Substanzen, die er
„Olivin, Rutilin und Rufinschwefelsäure" nennt und von denen er
die beiden letzteren als Verbindungen eines Radikals C_7H_6 mit wechselnden
Mengen von Sauerstoff und Schwefelsäure betrachtet. Sie bedürfen genauerer
Untersuchung.

Wird Salicin mit verdünnter Schwefelsäure oder Salz-
säure vorsichtig erwärmt, so zerfällt es zunächst in Glycose und
Saligenin $(C_{13}H_{18}O_7 + H_2O = C_7H_8O_2 + C_6H_{12}O_6)$, welches
letztere aber bei fortdauerndem Erhitzen rasch durch Austritt von
Wasser in Saliretin übergeführt wird. (Piria.) Auch beim
Kochen mit starker Natronlauge entsteht aus dem Salicin Sali-
retin neben Salicylsäure und etwas salicyliger Säure (Bouchardat).
Bringt man wässriges Salicin bei einer 40° nicht übersteigenden
Temperatur mit Emulsin zusammen, so wird innerhalb 12 Stunden
eine vollständige Spaltung in Glycose und Saligenin herbeigeführt,
ohne das zugleich Saliretin gebildet wird (Piria). Aehnlich dem
Emulsin wirkt Speichel (Städeler, Journ. pract. Chem. 72. 350); auch
Bierhefe bedingt innerhalb einiger Wochen bei Gegenwart von doppelt-
kohlensaurem Natron Zersetzung unter Bildung von Saligenin und salicyliger
Säure (Ranke, Journ. pract. Chem. 56. 1), aber Diastase ist nach Städeler ohne Einwirkung. — Eine wässrige Lösung von Salicin erleidet an
der Luft bald Schimmelbildung und zeigt dann Reaction auf Zucker und
Saligenin (Moitessier).

Das Saligenin, $C_7H_8O_2$, bildet weisse perlglänzende Tafeln oder farb- Saligenin.
lose Rhomboëder, wird aber beim freiwilligen Verdunsten seiner wässrigen
Lösung gewöhnlich als weisse, fettig anzufühlende, aus kleinen irisirenden
Blättchen zusammengesetzte Masse erhalten. Es schmilzt bei 82° und sublimirt bei 100° in zarten glänzenden Blättchen. Es löst sich in 15 Th. kaltem
und fast in jedem Verhältniss in kochendem Wasser, sehr leicht in Weingeist
und Aether. Mit conc. Schwefelsäure giebt es eine intensiv rothe Lösung
und mit Eisenoxydsalzen färbt sich seine wässrige Lösung indigblau (Salicin giebt damit braune Färbung). Beim Erwärmen mit verdünnten Säuren zerfällt es in Saliretin und Wasser. (Piria.) Saligenin
ist Salicylalkohol $C_6H_4 \left\{ \begin{array}{l} CH_2 \cdot OH. \\ OH \end{array} \right.$ Folgende Literaturangaben sind für dieses
Spaltungsprodukt des Salicins noch beachtenswerth:

Tiemann. Berl. Ber. S. 1125. Darstellung aus Salicylaldehyd, Canni-
zaro & Körner, Ebendas. Bildung von Skethylsaligenin, Schützenberger,
Ebendas. 2. 284, Einwirkung von Triacetylglycose, W. H. Greene, Compt.
rend. 90. 40. Synthese desselben aus Methylenchlorid 3, Phenol 3, und
Natriumhydrat 4 Th., Giacosa, Journ. pract. Chem. N. F. 21. 221. Bildung von
Salireton aus Saligenin mit Mannit, Glycerin etc. K. Botsch, Monatsh.
Chem. 1. 621. — Das Saliretin, C_7H_6O, ist ein weisser oder gelblicher Saliretin.
harzartiger schmelzbarer Körper, der sich nicht in Wasser, aber in conc.
Essigsäure, Weingeist und Aether löst und von conc. Schwefelsäure gleich-
falls mit rother Farbe aufgenommen wird (Piria).

In Berührung mit Chloracetyl verwandelt sich das Salicin schon in der Kälte in eine krystallisirbare Verbindung von Tetracetylsalicin mit Chloracetyl, $C_{13}H_{14}(C_2H_3O)_4O_7, C_2H_3OCl$ (Moitessier).

Wirkung.

Das Salicin, unstreitig das fiebervertreibende Princip verschiedener früher gegen Wechselfieber benutzter Weidenrinden, äussert nur in höheren Dosen leichte toxische Wirkungen auf den Organismus des Menschen und der Thiere.

Selbst bei Knaben sind Dosen von 4,0 oder mehrere stündliche Dosen von 2,0 erforderlich, um Störungen hervorzurufen, doch tritt bei öfterer Wiederholung Toleranz ein, selbst für 12,0; die Erscheinungen nach sehr grossen Dosen sind Tendenz zum Rothwerden des Gesichts auf geringe Anlässe, Ohrensausen, Schwerhörigkeit, Kopfschmerz, in schwereren Fällen auch Tremor, Muskelschwäche, leichte spasmodische Zuckungen, grosse Irritabilität bei Berührung, Kriebeln in den Gliedmassen, heisere Stimme, beschleunigte, anscheinend dyspnoëtische Respiration und Acceleration des Pulses (Ringer u. Bury). Bei medicinischer Anwendung hat schon von dem Busch bei einer Frau nach 8 Dosen von 0,3 Nebel- und Funkensehen, die nach Aussetzen des Mittels erst in 6 Tagen schwanden und bei einem Phthisiker nach dreitägigem Gebrauche von 4stündlich 0,2 Nebelsehen und Wüstheit im Kopfe wahrgenommen. Stricker beobachtete bei einem Rheumatismuskranken, welcher 30,0 in 14 Stunden erhalten hatte, neben profusen Schweissen, Taubheit und furchtbarem Ohrensausen Angst und geistige Verwirrung, später Diarrhoe und Erbrechen. Im Breslauer Hospitale wurden bei Kranken 12,0—15,0 pro die innerhalb weniger Std. ohne Schaden verbraucht, nur in 2 F. von schwerem Typhus trat Collaps ein (Buchwald). Mehrfache Wiederholung grosser Dosen kann Magenkatarrh und in Folge davon Fieber bedingen, während einmalige Darreichung unbedeutende und kurzdauernde Herabsetzung der Temperatur zur Folge hat, die bei fortgesetzter Zufuhr immer geringer ausfällt (Ringer und Bury).

Auch Thiere ertragen grosse Dosen ohne Intoxication selbst bei Einspritzung in die Jugularis 4,0 (Buchwald), Kaninchen subcutan 1,0—2,0 (Th. Husemann). Nach grossen Dosen tritt auch hier Sinken der Temperatur ein (Marmé). Auf der Zunge bedingt S. in Verdünnung von 1:1500 (Buchheim und Engel) oder selbst 1:800 (Falck) bittere Geschmacksempfindung. Auf die Eiweisskörper-Verdauung im Magen wirkt es wenig beschränkend (Buchheim und Engel). Steigerung des Blutdrucks bedingen weder kleine noch grosse Dosen bei Katzen, Hunden und Kaninchen (Marmé). Infusorien werden durch Salicinlösung von 1:40 nicht getödtet; 1 % Salicin hemmt die Fäulniss von Bohnenmehl und Heuaufguss nicht (Binz und Herbst). Die Milz wird durch Salicin verkleinert (Küchenmeister).

Verhalten im Thierkörper.

Salicin unterliegt im Organismus einer Umwandlung und erscheint theilweise als solches im Harn wieder. Während bei kleinen Dosen in demselben gepaarte Schwefelsäure auftritt (Baumann), erscheinen nach grossen Dosen, neben unzersetztem Salicin, Saligenin, salicylige Säure, Salicylsäure und vielleicht auch Salicylursäure.

Salicylige Säure und Salicylsäure sind zuerst von Lavoran und Millon, Saligenin neben denselben von Ranke aufgefunden. Die von Staedeler als Zersetzungsproduct angegebene Carbolsäure dürfte kaum davon abstammen.

Die Umsetzung in die genannten Producte erfolgt bei interner Darreichung sowohl bei Herbivoren als bei Omnivoren und Carnivoren, während letztere bei Einführung von Salicin in das Blut dieses nicht oder doch nur spurenweise umsetzen (Falck und Scheffer). Nicht nur Säugethiere (Kaninchen, Hunde, Katzen) und Vögel (Krähen), sondern auch Kaltblüter zersetzen das Salicin und zwar innerhalb der Blutbahn und selbst nach Entfernung von Leber, Milz und Hautdrüsen und bei Ausschluss der Nieren und Lungen. Bei interner Einführung beginnt die Zersetzung bereits im oberen Theile des Dünndarms, in welchem bald hernach mit Sicherheit Saligenin nachweisbar ist (Marmé). Die Bildung erscheint von Fermenten abhängig, welche dem obern Theile des Darms angehören; Einführung in das Rectum bedingt zwar ebenfalls Auftreten der Zersetzungsproducte im Harn, doch finden sich dieselben nicht im Rückstande der Injectionsflüssigkeit (Falck und Scheffer). Die von Staedeler constatirte Spaltung des Salicins in Saligenin und Zucker durch Ptyalin scheint für den Process irrelevant, da nach Falck erst in 12 Stunden Spuren von Saligenin bei Digestion mit Speichel eintreten, während schon viel früher Salicylsäure im Harn erscheint, nach Senator beim Menschen nach 1,5—2,0 schon in 15—20 Min. Die Salicylsäure und Salicylursäure müssen wir aber doch wohl vom Saligenin ableiten, dessen directe Einführung zu 4,5 nach Nencki (Arch. Anat. Physiol. 399. 1870) schon in 10 Min. Violettfärbung des Harns durch Eisenchlorid zur Folge hat; die Ausscheidung ist hier eher vollendet (bei Nencki nach 2 Dosen von 4,5 in 43 Stunden) als bei Einführung von Salicin, wo sie nach 8,0—9,0 oft 50—60 Stunden dauert (Senator), vielleicht in Folge der weit leichteren Oxydationsfähigkeit des durch Ozonwirkung leicht in salicylige Säure übergeführten Saligenins. Salicylige Säure erscheint bei sehr grossen Gaben Salicin im Harn in relativ grösseren Mengen als Salicylsäure. Künstliche Circulation in Leber und Nieren bedingt keine Veränderung des Salicins. Die Ausscheidungsproducte im Urin werden nach 20 Stunden merklich geringer (Scheffer). Kleinere Mengen derselben erscheinen auch im Pfotenschweiss der Katze; im Speichel, in den Thränen und der Milch (Marmé). Beim Menschen soll der Schweiss durch Salicin alkalisch werden (Ringer und Bury). Buchwald, der bei Hunden nach Infusion von Salicin keine Salicylsäure im Urin fand, constatirte nach 5,0—12,0 beim Menschen unzersetztes Salicin in demselben, wenn der Harn sehr blass war, Umsatzproducte mit Sicherheit nach 1½ St., am stärksten nach 5—20 St., nicht mehr nach 34 St., dagegen im Pilocarpinschweisse weder freies Salicin noch Producte seiner Metamorphose.

Das Salicin findet vorzugsweise Anwendung bei Intermittens als Surrogat des Chinins und beim Rheumatismus acutus als Ersatzmittel der Salicylsäure. Therapeutische Anwendung

Schon vor der Publication von Leroux gebrauchten nach Pollini (Froriep Not. 16. 16. 1827) viele italienische Aerzte den von Rigatelli zu Verona isolirten, aber wohl nicht reinen Bitterstoff der Weidenrinde und 1830 bezeichneten Gay-Lussac und Magendie das Salicin als hinsichtlich seiner febrifugen Eigenschaften dem Chininsulfat nahestehend. Die erste Anwendung scheint Miguel in Paris (Arch. gén. Janv. 1830) gemacht zu haben, dem in Frankreich Bally, Husson, Gerardin, Cagnou, Richelot u. A., in Deutschland Buchner, Graff (Heidelb. klin. Ann. 7. 4), Bluff (ibid. 9. 3. 430), Linz, Stegmayer, Hufeland (Journ. pract. Heilk. 72. 113), Ame-

lung (ibid. 73. p. 50), Krombholz und von dem Busch, in den Nieder-
landen G. E. Stam (Spec. chem. med. pract. inaug. de Salicino. Groning.
1830), S. J. Galama von Sneek und P. J. Blom bald folgten. Wenn aus
den Beobachtungen auch hervorgeht, dass in der That dem Salicin antitypische Wirksamkeit innewohnt, die bei geeigneter Dosirung und Anwendung
Heilung von Intermittenten, welchen Typus sie auch haben, dadurch erwarten lässt, wie z. B. Fiorio damit 108 Fieberkranke rasch heilte und nur
bei 2 Fällen weder vom Salicin noch vom Chininsulfat Erfolg sah, während
Sokolow (Med. Ztg. Russl. 1852. 86) von 29 Fieberkranken 22, Fenner
(New Orleans med. Journ. 2. 415) von 20 elf und L. Lévy von 32 zwanzig
heilte, dass das Salicin darin vor dem Chininsulfat Vorzüge besitzt, dass es
auch in grossen Dosen vertragen wird, endlich, dass das Fehlschlagen vieler
Salicincuren darauf bezogen werden muss, dass die betreffenden Aerzte das
Mittel in zu kleiner Dosis verordneten: so lässt sich doch nicht leugnen,
dass namentlich in schwereren perniciösen Fällen das Chininsulfat wegen
seiner rascheren Wirkung den Vorrang hat, dass Salicin auch in leichteren
Fällen manchmal seine Dienste versagt (Wunderlich u. A.) und Recidiven
nicht sicherer als Chinin vorbeugt und dass wegen der viel höheren Dosirung
des Salicins ein pecuniärer Vortheil der Chininbehandlung gegenüber kaum
erwächst. Es ist daher bei uns, wo Wunderlich und Clarus und in
allerneuster Zeit Senator Salicin (Senator hatte selbst von 8,0—12,0 wenige
Stunden vor dem Anfalle gegeben bei frischer Tertiana und Quotidiana in
der Hälfte der Fälle keinen Effect) gaben, fast verlassen, während man es
in Spanien und Italien noch mehr anzuwenden scheint, wie z. B. Macari
(Journ. Pharm. Chim. 27. 393) in Sardinien noch 1854 dasselbe als in allen
Verhältnissen und selbst bei Gravidae, dagegen nicht bei perniciösem Fieber
zu benutzendes Chininsurrogat preist.

Von der Ansicht, dass der acute Gelenkrheumatismus als Malariakrank-
heit dem Salicin ebenso gut wie dem Chinin weichen müsse, hat Maclagan
das Salicin zu 0,9 dreistündlich mit vorzüglichem antipyretischen und symp-
tomatischem Erfolge in Anwendung gebracht. Später empfahl Senator,
welcher das Mittel wegen seiner Umwandlung in Salicylsäure nicht allein
beim acuten Gelenkrheumatismus, sondern bei vielen andern febrilen Affectionen versucht hatte, dasselbe als Antipyreticum an Stelle der Salicylsäure.
Der antipyretische Effect im Typhus ist jedoch nie so gross wie bei Natriumsalicylat (bei Petacchialtyphus nach Buchwald erst durch 12,0) und bei
hohen Fiebertemperaturen Salicin deshalb unzuverlässig, dagegen fehlen
die unangenehmen Nebenwirkungen, namentlich Erbrechen und Collaps.
Dies macht Salicin besonders brauchbar bei fiebernden Phthisikern, bei
denen das schon früher von Mattison (Philad. med. Rep. Febr. 1. 1873)
zu 0,35 dreistündlich bei Diarrhoe empfohlene Salicin bestehende Durchfälle
beseitigt. In den Jahrgängen 1876 und 1880 der Lancet und des British
med. Journ. finden sich zahlreiche Aufsätze von Brew, Shofield, May,
Ralfe, Pears, Curnow, Laffan, Biden, Myers, Paul, Foster, Jacob,
Sinclair und Young, welche die günstigen Wirkungen des Salicins in
vielen Fällen bestätigen, doch stellt es Foster ebenso wie bei uns Stricker
hinter die Salicylsäure, durch deren Bildung im Organismus trotz Widerspruchs
von Maclagan (1879) die antirheumatische Wirkung des Salicins sich erklärt.

Weitere Empfehlung fand Salicin in Hinblick auf seine Bitterkeit als
Stomachicum bei Verdauungsschwäche (Linz, Blom, v. d. Busch)

und bei Catarrhen verschiedener Schleimhäute, wie bei chronischer Diarrhoe Erwachsener und Kinder (Rahn und Rahn-Escher, Mattison), wo indess v. d. Busch keinen besonderen Effect sah, bei Schleimfiebern (Stegmayer), bei Coryza (Maclagan), die danach in einem Tage schwinden soll, chronischem Husten (Linz), Keuchhusten (v. d. Busch) und Fluor albus (Blom). Bei Cystitis putrida hat es keinen Erfolg (Senator, Buchwald), ebensowenig bei Diabetes insipidus (Buchwald), bei Heufieber nur palliativen, dagegen bei Neuralgien, besonders typischen und bei Lumbago selbst besseren als Chinin (Maclagan).

Als Antitypicum und Antipyreticum bedarf das Salicin grosser Dosen. Die älteren Aerzte gaben bei Wechselfieber meist 0,3—0,5 dreistündlich in der Apyrexie und rechneten circa 5 Th. auf 1 Th. Chinin (Scheffer). Stegmayer verband Salicin mit Brechweinstein, Duhalde und Halmagrand mit Ferrocyankalium. Maclagan gab bei typischen Neuralgien selbst 5,0 pro die. Zur Erzielung antipyretischer Effecte sind meist 8,0—10,0 pro die erforderlich. (Senator). Als Stomachicum giebt man 0,1—0,3. Man verordnet Salicin in Pulverform, bei grossen Dosen für sich in Oblate, bei kleinen als Zucker oder Vehikel; auch ist Pillenform (Wavasseur, Mattison) und Solution (Macari) zulässig. In einer Mandelemulsion würde es sich in Saligenin umsetzen. Connay (Virg. med. monthly Journ. Jan. 1881) empfiehlt Salicin, zu 0,2—0,5 local in der Larynx eingeblasen, gegen Diphtherie; bei Widerstand gegen die Einblasung applicirt er es alle 3—4 Std., so lange Fieber vorhanden ist.

(Randnotiz: Dosis und Gebrauchsweise.)

Populus.

Das Pappelholz wurde von F. Bente (Berl. Ber. 8. 476) hinsichtlich seiner Constitution untersucht; in den Pappelknospen wies Piccard ätherisches Oel, Populin, Salicin, Harz, Chrysin und Tectochrysin nach. Aschenanalysen des Pappelholzes liegen vor von verschiedenen Species. (Durocher und Malaguti, Liebig's Agric.-Chemie. 8. Aufl. 371.)

Populin. $C_{20}H_{22}O_8$. — Literat.: Braconnot, Ann. Chim. Phys. (2) 44. 296; Journ. Chim. méd. 7. 21. — Herberger, Report. Pharm. 55. 214. — Piria, Ann. Chim. Phys. (3) 34. 278; 44. 366; auch Ann. Chem. Pharm. 81. 245; 96. 375. — Biot und Pasteur, Compt. rend. 34. 606. — H. Schiff, Zeitschr. Chem. 1869. 1. — E. O. Lippmann, Berl. Ber. 12. 1648. Piccard, Berl. Ber. 6. 891.

Dieses 1831 von Braconnot entdeckte, besonders von Piria untersuchte Glycosid findet sich, wie es scheint, stets begleitet von Salicin, in der Rinde und den Blättern verschiedener, aber nicht aller Pappelarten, insbesondere von *Populus tremula L.*, *P. alba L.*, *P. graeca Ait.* (Braconnot). Nach Braconnot sind die Blätter von *P. tremula* reicher daran als die Rinde.

(Randnotiz: Entdeckung und Vorkommen.)

Verwandlung von Salicin in Populin gelang Schiff in der Weise, dass er ersteres in Helicin und dieses durch Behandlung mit Benzoylchlorür in ein Benzoylhelicin überführte, aus welchem dann nascirender Wasserstoff Populin erzeugte.

(Randnotiz: Künstliche Bildung.)

Zur Darstellung wird die wässrige Abkochung der Rinde mit Bleiessig ausgefällt, das mittelst Schwefelsäure entbleite Filtrat mit

(Randnotiz: Darstellung.)

Thierkohle behandelt, stark eingeengt, das beim Stehen herauskrystallisirende Salicin entfernt und die Mutterlauge mit kohlensaurem Kali versetzt, worauf sich das Populin ausscheidet, das man aus kochendem Wasser umkrystallisirt. — Verarbeitet man Blätter von *Populus tremula,* welche nur wenig Salicin enthalten, so schiesst aus dem mit Bleiessig ausgefällten und zum Syrup eingedunsteten wässrigen Absud Populin an, das man auspresst und in 60 Th. kochendem Wasser löst. Die mit Thierkohle behandelte und heiss filtrirte Lösung lässt dann beim Erkalten reines Populin auskrystallisiren. (Braconnot.)

Eigenschaften. Das Populin krystallisirt aus Wasser in leichten weissen seideglänzenden verfilzten Nadeln (Braconnot) mit 2 At. H_2O, das schon unter 100° vollständig entweicht. Entwässert schmilzt es bei 180° zu einer farblosen Flüssigkeit, die glasartig wieder erstarrt (Piria). Es schmeckt süss. Von kaltem Wasser erfordert es gegen 2000 Th., von kochendem 70 Th. zur Lösung (Braconnot). Es löst sich ferner bei 15° in 100 Th. absolutem Weingeist, in kochendem Wasser (Biot und Pasteur), kaum in Aether. Von conc. Essigsäure und anderen nicht zu concentrirten Säuren wird es in der Kälte leicht und ohne Zersetzung gelöst und daraus theilweise durch Wasser, vollständig durch Alkalien wieder gefällt (Braconnot). Metallsalze fällen die wässrige Lösung des Populins nicht (Braconnot). Sein Molecularrotationsvermögen (links) entspricht der Menge von Salicin, die es bei Zersetzung mit Alkalien liefert (Biot und Pasteur).

Zusammensetzung. Die Zusammensetzung des Populins wurde durch Piria ermittelt. Es kann auf Grund seiner Zersetzungserscheinungen als Benzoyl-Salicin, $C_{13}H_{17}(C_7H_5O)O_7$, betrachtet werden

Zersetzungen. Bei der trocknen Destillation liefert das Populin brenzliches Oel, aus dem beim Erkalten Benzoësäure krystallisirt (Braconnot). Beim Erwärmen mit Kaliumbichromat und verd. Schwefelsäure tritt viel salicylige Säure auf (Piria).

Benzohelicin. Aus seiner Auflösung in kalter Salpetersäure von 1,3 spec. Gew. krystallisirt beim Stehen das dem Helicin entsprechende Benzohelicin, $C_{20}H_{20}O_8$, in feinen Nadeln heraus, während beim Erwärmen Pikrinsäure, Nitrobenzoësäure und Oxalsäure gebildet werden (Piria). Von conc. Schwefelsäure wird es mit dunkelrother Farbe gelöst und Wasser scheidet aus dieser Lösung eine rothe Substanz (Rutilin; vergl. Salicin) ab (Braconnot). — Wird Populin mit verdünnten Mineralsäuren gekocht, so zerfällt es zu Saliretin (s. bei Salicin), Benzoësäure und Glycose ($C_{20}H_{22}O_8 + 2H_2O = C_7H_8O_2 + C_7H_6O_2 + C_6H_{12}O_6$), wobei jedoch primär statt des Saliretins Saligenin (vergl. b. Salicin) gebildet wird. In Berührung

mit faulem Käse, Wasser und kohlensaurem Kalk erfolgt langsam
Zersetzung unter Bildung von Saligenin, benzoësaurem und milch-
saurem Kalk. (Piria.) E. O. Lippmann hat mit Bestimmtheit
nachgewiesen, dass der bei der Spaltung des Populin's auftretende
Zucker wirklich Glycose ist. — Beim Kochen von Populin mit wässrigem Baryt oder Kalk werden Salicin und benzoësaures Salz
($C_{20}H_{22}O_8 + H_2O = C_7H_6O_2 + C_{13}H_{18}O_7$), beim Erwärmen mit weingeistigem Ammoniak Salicin, Benzamid und Benzoësäure-Aethyl-
äther (Piria), beim Schmelzen mit Kalihydrat oxalsaures Kali gebildet (Braconnot).

Durch Dampfdestillation mit Wasser ist aus den Pappelknospen von
Piccard (Berl. Ber. **6.** 890. **7.** 1485) ein ätherisches Oel dargestellt worden,
(aus 2 Pfd. 5—6 CC.) spec. Gew. 0,9002, Sdpkt. 260°, von der Zusammensetzung $C_{20}H_{32}$, ein Diterpen von der Dampfdichte 8,94, rechtsdrehend. (Siehe
auch Herzog und Wittstein, Jahresb. Pharm. 1857. 81.)

Aetherisches Oel.

Chrysin. (Chrysinsäure.) $C_{15}H_{10}O_4$. — Literatur: Piccard, Berl.
Ber. **6.** 884. 890. 1180; Ebend. **10.** 176; Journ. pr. Chem. **93.** 369.

In den Knospen von Populus nigra, pyramidalis und balsamea
hat Piccard einen gelben Farbstoff entdeckt, der, zuerst Chrysinsäure genannt, später als Chrysin bezeichnet, sich als Phenolderivat
charakterisirte, als ein Phloroglucin, in welchem 1 Atom Essigsäure
und 1 At. Benzoësäure eingetreten und 3 At. H_2O ausgetreten sind.

Zur Darstellung des Chrysins werden 100 Th. Pappelknospen
mit Alkohol extrahirt, dieser Lösung 12 Th. Bleizucker zugesetzt
und nun filtrirt. Das Filtrat, von Blei mit Schwefelwasserstoff befreit, liefert beim Verdampfen das rohe Chrysin, das zur Reinigung
zuerst mit wenig kochendem, absolutem Alkohol, dann mit Aether
und hierauf mit Schwefelkohlenstoff von Fett, Harzen und Schwefel,
dann auch nochmals durch siedendes Wasser von Populin und Salicin
befreit wird. Nun folgt die Behandlung mit Benzin, welches einen
Körper Tectochrysin (siehe unten) extrahirt, worauf der Rückstand
bis 275° erhitzt und dann aus Alkohol wiederholt umkrystallisirt
wird. Das so erhaltene Chrysin bildet gelbe, glänzende, tafelförmige
Krystalle, kaum löslich in Wasser, Benzol, Chloroform, Schwefelkohlenstoff, schwerlöslich in Aether und Alkohol, leicht löslich in
Eisessig und Anilin. Es schmilzt bei 275°, sublimirt bei höheren
Temperaturen, löst sich in alkalischem Wasser, aus welcher Lösung
Säuren es wieder fällen, ebenso wird es durch Chlorcalcium und Chlorbaryum in Form gelber krystallinischer Niederschläge gefällt. Eisenchlorid färbt die alkoholische Lösung violett. Bleizucker fällt theilweise.—
Lösungen von Chrysin in Alkohol geben mit Brom, Jod und Chlor Verbindungen, $C_{15}H_8J_2O_4$, $C_{15}H_8Cl_2O_4$, $C_{15}H_8Br_2O_4$. Concentrirte Sal-

Darstellung.

Eigen-schaften.

Ver-bindungen. Umwand-lungen.

Nitrochrysin. petersäure liefert damit **Nitrochrysin** $C_{15}H_8(NO_2)_2O_4$, hellgelbe Masse, in Eisessig löslich und daraus krystallisirend. Durch concentrirte Kalilauge entstehen in der Wärme Benzoësäure, Essigsäure, Phloroglucin neben sich verflüchtigendem Methylphenylketon.

Tectochrysin. $C_{16}H_{12}O_4$. — Wie oben schon erwähnt, geht bei der Darstellung von Chrysin ein neuer Körper, von Piccard Tectochrysin genannt, in die Benzinlösung, aus welcher derselbe auskrystallisirt in grossen, gelben, klinorhombischen Krystallen, löslich in Chloroform, Schmpkt. 130°, mit Brom ebenfalls eine Verbindung bildend. Die Bildung dieses Körpers gelang auch Piccard durch Einwirkung von Jodmethyl auf Chrysin in methyl-äthyl-amylalkoholischer Kalilösung am Rückflusskühler. Er stellte so **Methylchrysin**, Schmpkt. 164, **Aethylchrysin**, Schmpkt. 146°, **Amylchrysin**, Schmpkt. 73,93°, her, welche alle krystallisationsfähig, in Benzol und Chloroform leicht löslich sind, durch Alkalien aber nur schwer angegriffen werden. Aus diesen Resultaten ergiebt sich, dass Chrysin eine Phenolverbindung mit einem Hydroxyl ist, das Tectochrysin (Methylchrysin) und seine Homologen esterartige Verbindungen sind.

d. Piperaceae.

Piper. Cubeba.

Die Früchte von Piper nigrum, longum, enthalten Piperin und Chavicin (Buchheim), scharfes Harz und wenig ätherisches Oel, Piper Cubeba ätherisches Oel, Cubebin, Cubebensäure als Hauptbestandtheile. Die Blätter von Matico. Piper angustifolium, Matico, enthalten circa 2,7% eines ätherischen Oeles, welches in der Kälte beim Stehen Krystalle absetzt, schmelzbar bei 103°. (Pharmacographia. Flückiger & Hanbury 590), ausserdem hat Marcotte eine krystallisirbare Säure, die Artanthinsäure nachgewiesen, sowie Hodges (Philos. Mag. 25. 202) daraus eine extractartigen Bitterstoff, das Maticin, dargestellt. — Das ätherische Oel von Piper nigrum, noch wenig untersucht, scheint zu den Terpenen zu gehören. Zahlreiche Untersuchungen behandeln die Beschaffenheit der im Handel vorkommenden Pfeffersorten hinsichtlich der Reinheit, des Gehaltes an löslichen und Mineralbestandtheilen. Blyth (Chem. News (3) 5. 682) untersuchte 7 Pfeffersorten und fand 16—20% in Wasser lösliches Extract, 6—7 in Alkohol lösliches Extract, 3,3—7% Mineralbestandtheile mit durchschnittlich 8,5% Phosphorsäure. Weitere Arbeiten in dieser Richtung sind: Chevallier, Annal. d'hyg. publ. (2) 89. 79. — Wentz, Arch. Pharm. 1876. 209. — Hilger, ebendas. 196. — Collin, Bull. soc. pharm. Bruxelles. 1876. - Landrin, Repert. d. Pharm. 4. — Heräus. Arch. Pharm. (3) 12. 442. — Van der Burg. Pharm. Weekbl. 14. 39.

Piperin. $C_{17}H_{19}NO_3$. — Literat.: Für Chemie: Oerstedt, Schweigg. Journ. 29. 80. — Pelletier, Ann. Chim. Phys. (2) 16. 344; 51. 199. —

Varrentrapp u. Will, Ann. Chem. Pharm. **39**. 283. — Th. Wertheim, Ann. Chem. Pharm. **70**. 58. — Anderson, Ann. Chem. Pharm. **75**. 82; **84**. 345. — Gerhardt, Compt. rend. 1849. 375; Ann. Chim. Phys. (3) **7**. 253. — Cahours, Ann. Chim. Phys. (3) **38**. 76. — Stenhouse, Ann. Chem. Pharm. **95**. 106. — Hinterberger, Ann. Chem. Pharm. **77**. 204. — v. Babo u. Keller, Journ. pract. Chem. **72**. 53. — Strecker, Ann. Chem. Pharm. **105**. 317. — Hager, Pharm. Centralhalle. **13**. 1. — Cazeneuve & Caillol, Journ. pharm. Chim. (4) **25**. 421. — Jörgensen, Berl. Ber. **2**. 463.

Medicinische: Meli, Nuove esperienze ed osserv. sul modo di ottenere dal pepe nero il peperino e l' olio acre, o sull' azione febrifuga di queste sostanze. Milano. 1823. — Riecke, Die neueren Arzneimittel. 3. Aufl. Stuttgart. 1842. p. 523. — Friedländer, Med. Jahrb. des Oesterr. Staates. **25**. 631. — Hartle, Edinb. med. Journ. 1841. Jan. — Blondi, Oesterr. med. Wchschr. 1843. 13. — Greiner, Rusts Magazin. **37**. 3. p. 574. — Werneck, Clarus und Radius wöchentl. Beitr. **3**. 9.

Das Piperin wurde 1819 von Oerstedt entdeckt. Es findet sich im schwarzen Pfeffer, den unreifen getrockneten Früchten, und im weissen Pfeffer, den Samen der reifen Beeren des auf Malabar wild wachsenden, auf den Sundainseln, in Malakka, Siam, Westindien u. s. w. cultivirten *Piper nigrum L.*, ferner im langen Pfeffer, den Fruchtkolben der in Indien, auf den Sundainseln und den Philippinen vorkommenden *Chavica officinarum Miq.* und *Ch. Roxburghii Miq.*, und im westafrikanischen schwarzen Pfeffer, den Früchten von *Cubeba Clusii Miq.* Landerer (Viertelj. pract. Pharm. **11**. 72) will Piperin in den Beeren von *Schinus mollis*, einer Terebinthacee, und Bouchardat in der Rinde von *Liriodendron tulipifera L.*, einer Magnoliacee, aufgefunden haben, welche Angaben aber sehr der Bestätigung bedürfen.

Am leichtesten lässt sich das Piperin aus weissem Pfeffer rein darstellen. Man extrahirt ihn mit Weingeist von 0,833 spec. Gew., destillirt aus der Tinctur den Weingeist ab und behandelt den extractartigen Rückstand mit Kalilauge, die ein Harz löst und unreines grün gefärbtes Piperin zurücklässt. Dieses wird mit Wasser gewaschen und durch wiederholtes Umkrystallisiren aus Weingeist von 0,833 spec. Gew., nöthigenfalls unter Beihülfe von Thierkohle, gereinigt (Poutet, Journ. Chim. méd. **1**. 531. Pelletier).

Zur Darstellung aus schwarzem Pfeffer erschöpft man grobes Pulver mit kaltem Wasser, digerirt den Rückstand wiederholt mit 80 proc. Weingeist, concentrirt die weingeistigen Auszüge durch Destillation und Eindampfen zur Dicke eines Extractes, wäscht dieses nach mehrtägigem Stehen mit kaltem Wasser aus, digerirt das Ungelöste unter Zusatz von $\frac{1}{16}$ des angewandten Pfeffers an Kalkhy-

drat 24 Stunden mit Weingeist, verdampft das Filtrat zur Krystallisation und reinigt die erhaltenen Krystalle durch Zerreiben und
Waschen mit Aether und nochmaliges Umkrystallisiren aus Weingeist unter Zuhülfenahme von Thierkohle (Wittstein, Darstell. u.
Prüf. chem. u. pharm. Präparate).

Eine Methode, auch zur quantitativen Bestimmung geeignet,
das Piperin zu isoliren haben Cazeneuve & Caillol angegeben.
Der gepulverte Pfeffer wird mit seinem doppelten Gewichte gelöschten Kalkes und der hinreichenden Menge Wassers zum dünnen Brei
angerührt, kurze Zeit zum Kochen erhitzt und auf dem Wasserbade
eingetrocknet. Diese Masse wird mit Aether extrahirt und dieser
Auszug zuerst theiweise durch Destillation von Aether befreit, dann
freiwillig verdunstet. Die ausgeschiedenen Krystalle werden aus
heissem Alkohol umkrystallisirt.

Die Ausbeute an Piperin war nach dieser Methode bei Sumatra
8,1 %, bei Singapore schwarz 7,1 %, weiss 9,15 %, Penang 5,24 %.

Eigen-
schaften.Das Piperin krystallisirt in farblosen glasglänzenden vierseitigen
schief abgestumpften Prismen, die nach Schabus dem monoklini-
schen System angehören. Es ist im reinen Zustande fast geschmacklos, während es unrein scharf schmeckt. Es reagirt nicht
alkalisch und besitzt kein Molecularrotationsvermögen. Bei 100^0
(Pelletier) schmilzt es zum klaren gelblichen Oel, das harzartig
wieder erstarrt; in höherer Temperatur erfolgt Zersetzung. Von
Wasser wird es auch bei Siedhitze nur wenig gelöst; von kaltem
Weingeist erfordert es 30 Th., von kochendem nur sein gleiches Gewicht zur Lösung (Wittstein), von kaltem Aether 60—100 Theile.
Auch von flüchtigen Oelen, von Benzol, Chloroform und Kreosot
wird es gelöst.

Zusammen-
setzung. Pelletier stellte für das Piperin $C_{40}H_{24}NO_8$ als erste Formel auf; spätere Formeln sind $C_{40}H_{22}NO_8$ (Liebig), $C_{70}H_{38}N_2O_{12}$ (Gerhardt), $C_{70}H_{39}N_2O_{12}$
(Wertheim), $C_{70}H_{40}N_2O_{12}$ (v. Babo und Keller) und $C_{34}H_{19}NO_6$ (Regnault). Die letzte Formel wurde auch von Laurent bestätigt und durch
Strecker als richtig erwiesen. Auf Grund der unten erwähnten Zersetzung
durch weingeistiges Kali könnte man dem Piperin nach Strecker die
rationelle Formel $\left.\begin{array}{c}C_{12}H_9O_3\\ C_5H_5\end{array}\right\}$ N beilegen. (siehe unten.)

Ver-
bindungen. Das Piperin ist nur eine sehr schwache Salzbasis. Von verdünnten Mineralsäuren wird es kaum merklich gelöst und verbindet
sich mit ihnen nicht. Dagegen sind einige Doppelsalze des Piperins
dargestellt worden.

Ueberlässt man eine Mischung von weingeistigem Piperin, einer conc.
weingeistigen Lösung von Platinchlorid und rauchender Salzsäure der freiwilligen Verdunstung, so schiessen grosse morgenrothe monoklinische Krystalle

von chlorwasserstoffsaurem Piperin-Platinchlorid, $2 C_{17} H_{19} NO_3$, $HCl, PtCl_2$, an, die über 100^0 schmelzen und sich zersetzen, von Wasser kaum und nur unter Zersetzung, dagegen reichlich von kochendem Weingeist gelöst werden. (Varrentrapp und Will. Wertheim). In gleicher Weise wurde von Hinterberger chlorwasserstoffsaures Piperin-Quecksilberchlorid, $2 C_{17} H_{19} NO_3, HCl, 2 HgCl$, in gelben durchsichtigen triklinischen Krystallen erhalten, die sich nicht in Wasser, schwer in conc. Salzsäure und kaltem Weingeist, besser in kochendem Weingeist lösen. Endlich hat Galletley (Chem. Centralbl. 1856. 606) noch ein chlorwasserstoffsaures Piperin-Kadmiumchlorid, $2 C_{17} H_{19} NO_3, 2 HCl, 9 CdCl$ $+ 2 H_2 O$, in strohgelben Nadeln dargestellt, Jörgensen ein Piperintrijodid.

Durch den electrischen Strom wird Piperin in säurehaltigem Wasser nach Hlasiwetz und Rochleder heftig angegriffen. Conc. Salpetersäure verwandelt es in ein orangerothes Harz, das sich mit wässrigem Kalihydrat blutroth färbt und beim Kochen damit Piperidin (s. unten) entwickelt (Anderson). Durch wässriges Kali wird Piperin nach Gerhardt selbst beim Kochen nicht zersetzt, aber durch längeres Erhitzen mit weingeistigem Kali zerfällt es nach v. Babo und Keller in Piperidin und piperinsaures Kali, welche Spaltung Strecker durch die Gleichung $C_{17} H_{19} N O_3 + H_2 O = C_5 H_{11} N + C_{12} H_{10} O_4$ erklärt. Auch beim Erhitzen des Piperins mit Kali- oder Natron-Kalk wird Piperidin entwickelt.

Das Piperidin, $C_5 H_{11} N$, — welches man entweder durch trockne Destillation von Piperin mit dem 3fachen Gewicht Kalikalk, Entwässern des Destillats mit festem Kalihydrat und Rectificiren desselben erhält, oder indem man die Mutterlauge von dem nach längerem Kochen von Piperin mit weingeistigem Kali sich ausscheidenden piperinsaurem Kali in vorgelegte Salzsäure destillirt und das gebildete salzsaure Piperidin in geeigneter Weise zerlegt — ist eine klare, farblose, nach Ammoniak und Pfeffer riechende, ätzend schmeckende, stark alkalisch reagirende, bei 106^0 siedende Flüssigkeit, die sich in Wasser und Weingeist nach allen Verhältnissen löst und als starke Base mit den Säuren gut krystallisirende Salze bildet (Wertheim. Anderson. Cahours. v. Babo und Keller). Cahours hat eine grosse Anzahl von Derivaten dieser Base dargestellt. (Methyl-, Aethyl-, Benzoylpiperidin.)

Die v. Babo und Keller entdeckte Piperinsäure, $C_{12} H_{10} O_4$, wird aus ihrem beim Kochen von Piperin mit weingeistigem Kali entstehenden Kalisalz durch Salzsäure abgeschieden und durch Umkrystallisiren aus Weingeist gereinigt. Sie bildet haar.feine gelbliche, kaum sauer reagirende Nadeln, die bei 150^0 schmelzen, bei 200^0 theilweise unzersetzt sublimiren und sich kaum in Wasser, schwer

in kaltem, leicht in kochendem Weingeist lösen. Ihre Salze sind
gut krystallisirbar (v. Babo und Keller). Ausführlichere Studien
über die Piperinsäure sind von Foster und Matthiesen (Ann.
Chem. Pharm. **124.** 115) und namentlich von Mielck (Beiträge
zur Kenntniss der Piperinsäure. Göttinger Dissertation 1869) und
Fittig ausgeführt worden, welche die Constitution der Piperinsäure
folgendermassen feststellten:

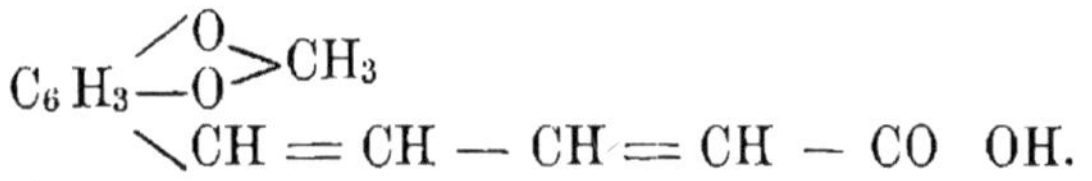

$$C_6H_3 \underset{\diagdown}{\overset{\diagup O}{\underset{O}{\diagup}}} \overset{>CH_3}{} $$
$$\diagdown CH = CH - CH = CH - CO\ OH.$$

Zur Kenntniss des Piperidins, der Piperinsäure sind noch nachstehende
Literaturangaben beachtenswerth:

Gal, Berl. Ber. **6.** 767; die Isomerie des Piperidins mit Allylamidoäther.
— Baeyer und Jäger, Ebendas. **8.** 893; Verbindungen mit Diazobenzol. —
Brühl, ebendas. **4.** 738. **9.** 41; Derivate, Studien über die Constitution. —
A. W. Hofmann, ebendas. **12.** 984; Beziehungen zwischen Pyridin und
Piperidin. — W. Königs. ebendas. **12.** 2341; Ueberführung von Piperidin
in Pyridin. — Th. Hjortdahl, Berl. Ber. **12.** 1730. — Kraut, Ann. Chem.
Pharm. **157.** 66. — Die Arbeiten von W. Königs sind für die Constitution
des Piperidins sowie Piperins massgebend. Derselbe erhielt beim
Behandeln von 1 Mol. Piperidin mit Silberoxyd (aus 6 Mol. Nitrat)
neben einer Säure Pyridin.

Diese Umwandlung gelang auch mittelst Ferricyankalium und
am besten durch Einwirkung concentrirter Schwefelsäure auf Piperidin, bei circa 300°, analog der Bildung von Cymol aus Terpen. Auf
Grund dieser Thatsachen gelangt Königs zu folgenden Beziehungen
des Pyridins zu Piperidin, wie folgt ausgedrückt:

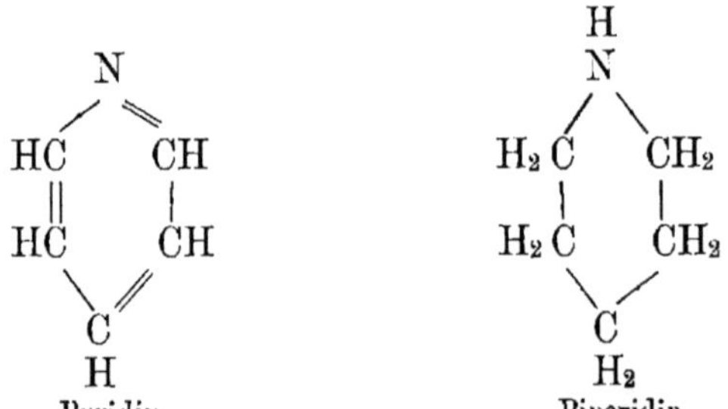

$$
\begin{array}{cc}
\begin{array}{c}
N \\
HC\quad CH \\
HC\quad CH \\
C \\
H
\end{array}
&
\begin{array}{c}
H \\
N \\
H_2C\quad CH_2 \\
H_2C\quad CH_2 \\
C \\
H_2
\end{array}
\\
\text{Pyridin} & \text{Piperidin.}
\end{array}
$$

Das Piperin spaltet sich, wie bekannt, mittelst alkoholischer
Kalilauge in Piperidin und Piperinsäure, letztere ist von Fittig bezüglich ihrer Constitution (siehe oben) aufgeklärt worden, folglich
kann das Piperin dem Benzoylpiperidin analog betrachtet werden nach
der Formel $C_5H_{10}N\ CO.C_{11}H_9NO_2$. Die Constitution des Piperins
ist demnach hiedurch mit ziemlicher Sicherheit festgestellt, da die
Struktur der Reste $(C_5H_{10}N)$, sowie $(CO.C_{11}H_9NO_2)$ aufgeklärt ist. —

In conc. Schwefelsäure löst sich das Piperin mit gelber Farbe, die bald in Dunkelbraun, und nach 20 Stunden in Grünbraun übergeht (Dragendorff). — Sehr verdünnte Piperinlösungen werden durch Phosphormolybdänsäure braungelb und flockig (Sonnenschein), durch Phosphorantimonsäure gelb (Schulze), durch Kaliumquecksilberjodid gelblich-weiss (Delffs) gefällt.

Das Piperin, welches medicinisch als Surrogat des Chinins periodisch in Ansehen stand, ist bezüglich seiner physiologischen Wirkung noch weiterer Studien bedürftig. Versuche an Thieren fehlen. Von Menschen können grosse Dosen ertragen werden, so nahm Eberbach (Ueber den vorzugsweise wirksamen Bestandtheil des schwarzen Pfeffers. Dorpat 1860) 2,5 Gm. ohne andere Erscheinungen wie brennende und prickelnde Gefühle an Händen und Füssen. Sicher sind diese Erscheinungen nicht Folge einer Spaltung im Organismus, da nach Buchheim (Arch. path. Arat. 53. 1.) Piperidin nach Art der Ammoniakalien wirkt und Piperidinsäure unwirksam ist. Buchheim sieht in dem Piperin den Hauptgrund der scharfen Wirkung des Pfeffers, an der noch eine zweite Base, Buchheims Chavicin, participiren soll. Für scharfe Wirkung des Piperins scheinen auch die Beobachtungen einzelner Aerzte über Nebenwirkungen höherer Gaben zu sprechen; doch sind die Notizen von Chiappa, dass nach Dosen von 10—20 Gran brennendes Gefühl in Magen und Rachen, nicht selten Hitze im After und ganzen Unterleibe, bisweilen Röthung der Augen und Anschwellung der Lider, Nase und Lippen eintreten, von Blom, der brennende Hitze im Magen und Schweiss auf der Oberlippe bei mit Piperin behandelten Patienten wahrnahm, und von A. L. Richter, der nach endermatischer Anwendung heftiges Brennen und Röthung der wunden Stelle und etwas Brennen im Magen beobachtet haben will, vielleicht, was Blom ausdrücklich hervorhebt, auf ein noch mit Harz verunreinigtes Piperin zu beziehen, wie solches noch im Handel vorkommt.

Da schon seit alten Zeiten der Pfeffer als Mittel gegen Intermittens gilt, kam Meli auf den Gedanken, das Piperin gegen diese Krankheit zu versuchen, und auf seine Empfehlung hin, da er es im Krankenhause zu Ravenna mit vielem Erfolge gab, dass es milder, schneller und sicherer als schwefelsaures Chinin wirke und, da im Durchschnitt 2—2½ Scrupel hinreiche, auch billiger anzuwenden sei, wurde das Piperin zunächst in Italien, dann auch ausserhalb Italiens von einer Reihe Aerzten, jedoch mit widersprechenden Resultaten, geprüft. Den Empfehlungen von Miccoli, Bertini, Simonetti, Gordini, der in Livorno durch Piperin Wechselfieber schwinden sah, die dem Chinin nicht wichen, und welcher auch nicht so oft Recidive danach auftreten sah, wie nach letzterem, von Tonelli, demzufolge das Piperin zwar dem Chininum purum nachsteht, aber das Chininum sulfuricum an Wirkung übertrifft, u. A. steht in Italien besonders Chiappa entgegen, der nur in einem Viertel der damit behandelten Fälle Erfolg erzielte. Ausserhalb Italiens scheint zuerst Blom (Utrecht) ausgiebigen Gebrauch von Piperin gemacht zu haben; er will es besonders bei phlegmatischem Temperamente, träger Verdauung und allgemeiner Schwäche sowohl Chinin als Salicin an Wirksamkeit übertreffend und bei häufigeren Recidiven wirksam gefunden haben, während er es bei catarrhalischen und rheumatischen Fiebern mit intermittirendem Charakter contraindicirt erachtet. Gastrische Erscheinungen sollen dadurch leicht vermehrt und Nausea und Erbrechen hervorgerufen werden. Hartle fand in Port of Spain Piperin in hartnäckigen Fällen, wo Chinin erfolglos blieb, rasch, wenn es zusammen mit Chinin zur Nachcur gegeben wird, sicher wirksam, und von Deutschen Aerzten haben es Friedländer und Greiner als rasch und sicher heilend empfohlen. Andrerseits fehlt es nicht an Deutschen Aerzten, welche zu entgegengesetztem Resultate gelangten; Richter fand das Piperin endermatisch zu 1—2 Gm. in 6 Fällen nur einmal wirksam, Lucas erklärt das reine Piperin in derselben Dosis innerlich für unwirksam, ebenso Wutzer in der Gabe von 0,12—0,2 Gm., während er auch bei Dosen von 0,5—0,6 Gm. nicht alle Intermittenten dadurch beseitigen konnte, obschon dadurch sicherer Recidive verhütet werden sollen. Nach Werneck und Radius steht es dem Chinin an Sicherheit der Wirkung weit nach. So ist das Mittel der Vergessenheit anheimgefallen; obschon antitypische Wirkung ihm in grösseren Dosen nicht abgesprochen werden kann und die Erfolglosigkeit zum Theil gewiss auf Gebrauch ungenügender Dosen und unzweckmässiger Methoden (endermatisch) zurückzuführen ist, wird das Mittel von den meisten Pharmakologen verworfen (nur Reil räth dazu in Fällen, wo Chinin fehlschlägt), und von Einzelnen, z. B. Wood, wird das reine Piperin für wirkungslos erklärt, und die antitypische Wirkung des im Handel befindlichen auf das anhaftende Harz bezogen, womit dann ein directer Gegensatz zu Meli gegeben ist, der die Wirkung des ätherischen Pfefferöls durch das diesem anhaftende Piperin erklärt.

Magendie's Vermuthung, Piperin könne wie Cubeben bei Tripper gute Dienste leisten, fand Werneck nicht bestätigt.

Dosis. Die Dosis des Piperins bei Intermittens ist 0,4—0,5, 2 mal in der Apyrexie gereicht (Gordini); kleinere Gaben sind meist unwirksam, doch gab es Hartle stündlich zu 0,06 im Anfange des Schweissstadiums bis zum Verbrauch von 1,2 Gm., dann am folgenden Tage dieselbe Quantität 3 stündlich mit Erfolg. Am zweckmässigsten erscheint die Pulverform (Gordini), daneben die meist gebräuchliche Pillenform. Man soll übrigens bis nahezu 4,0 pro die geben können, ohne dass dadurch Inconvenienzen entstehen (St. André).

Cubebensäure. $C_{13}H_{14}O_7$ (Schmidt). $C_{28}H_{30}O_7$ (Schulze). —

Literat.: Bernatzik, Wochenschr. d. Wien. Aerzte. 1863. 27; Prag. Vierteljschr. 1864. II. 1. p. 9; 1865. II. 1. p. 81; auch N. Repert. Pharm. 14. 98. — E. A. Schmidt, Arch. Pharm. (2) 141. 1. 35. — Schulze, Arch. Pharm. 202. 388.

Entdeckung und Vorkommen. Diese schon von Monheim (Repert. Pharm. 44. 199) beobachtete, von Bernatzik genauer beschriebene, kürzlich von Schmidt ausführlich untersuchte Harzsäure findet sich in den Cubeben, den Früchten von *Cubeba officinalis Miq. s. Piper Cubeba L. fil.*

Darstellung. Zur Darstellung extrahirt man die durch wiederholte Destillation mit Wasser so vollständig als möglich von ätherischem Oel befreiten gröblich gepulverten Cubeben heiss mit 92 procent. Weingeist und destillirt aus dem Auszuge den Weingeist ab. Bei Behandlung des Rückstandes mit kaltem Wasser hinterbleibt dann eine braungrüne klebrige Masse, die sich nach längerer Ruhe in eine flüssige dunkelgrüne Schicht von fettem Oel und in eine festere rothbraune harzige Schicht sondert. Diese hält noch flüchtiges und fettes Oel beigemengt, von denen das erstere durch wiederholte Destillation mit Wasser entfernt, letzteres bei 12stündigem Stehen der Auflösung des dann resultirenden Products in 3 Th. verdünntem Weingeist (einer Mischung von 5 Th. 90procent. Weingeists und 2 Th. Wasser) als grüne Oelschicht abgeschieden wird. Die rothbraune weingeistige Lösung hinterlässt nun beim Verdunsten das eigentliche, etwa $6\frac{1}{2}$ % vom Gewicht der Cubeben betragende Cubebenharz, ein Gemenge von Cubebensäure, Cubebin und indifferentem Harz. Man digerirt dasselbe mit seinem dreifachen Gewicht starker Kalilauge (1 4) unter häufigem Umrühren bei 50° und wiederholt diese Operation noch einige Mal mit kleineren Mengen der Lauge. Es hinterbleibt dann im Wesentlichen Cubebin (s. dieses), während Cubebensäure und das indifferente Harz in Lösung gehen und daraus als Gemenge durch Uebersättigen mit Salzsäure wieder abgeschieden werden können. Um daraus die Cubebensäure zu isoliren, kann man das Gemenge wiederholt mit wässrigem Ammoniak digeriren, wodurch alle Säure und nur ein geringer Theil des indifferenten Harzes in Lösung gebracht wird, die klare Lösung mit Chlorcalcium fällen und den gut ausgewaschenen Niederschlag mit Wasser angerieben durch Salzsäure zerlegen. Es scheidet sich alsdann die Cubebensäure in Flocken ab, die man auswäscht, abpresst und im Exsiccator über Schwefelsäure trocknet (Schmidt). — Ein anderer Weg zur Trennung der Cubebensäure vom indifferenten Harz besteht darin, dass man das Gemenge beider in seinem doppelten Gewicht Weingeist löst und die Lösung mit Chlorcalcium und soviel Ammoniak, dass dadurch nur eine ganz schwache Trübung bewirkt wird, versetzt. Innerhalb einiger Tage scheidet sich dann der cubebensaure Kalk vollständig ab, der wie angegeben zerlegt wird (Schmidt). Zur vollständigen Reinigung wird die auf die eine oder andere Weise gewonnene gelbbräunliche Säure in weingeistiger Lösung mit Thierkohle behandelt, nochmals durch Eindampfen derselben und Zusatz von Chlorcalcium und Ammoniak in das Kalksalz übergeführt, daraus wieder durch Salzsäure abgeschieden und bei möglichstem Luftabschluss getrocknet. (Schmidt).

Die Ausbeute beträgt etwa 1,7 % vom Gewicht der Cubeben.

Die reine Cubebensäure bildet eine weisse harzartige, unter den Fingern erweichende, bei 56° schmelzende Masse, (bei 45° Schulze), dia sich an der Luft allmälig braun färbt. Sie ist fast geschmack-los und reagirt nur schwach sauer. Von Wasser wird sie nicht, da-gegen leicht von Weingeist, Aether, Chloroform und conc. wässrigem Ammoniak oder ätzendem Alkali gelöst. (Bernatzik. Schmidt).

Ver-bindungen. Die Salze der Cubebensäure sind sämmtlich amorph; nur diejenigen der Alkalimetalle sind in Wasser löslich. Die durch Fällung der weingeistigen oder ammoniakalischen Lösung der Säure mit den Salzen der Erdalkali-metalle und der schweren Metalle zu erhaltenden Niederschläge entsprechen getrocknet der Formel $C_{13}H_{12}M_2O_7$. (Schmidt.) Schulze hat nach Schmidt's Methode Cubebensäure dargestellt und ausserdem ein Natronsalz von der Zusammensetzung $NaO, C_{28}H_{30}O_7 + 4H_2O$, sowie er auch die Formel der Säure zu $C_{28}H_{30}O_7 . H_2O$ annimmt.

Zersetzungen. Von conc. Schwefelsäure wird die Cubebensäure nach Ber-natzik mit purpurvioletter, nach Schmidt mit carmoisinrother Farbe gelöst, die auf Zusatz von wenig Wasser kirschroth wird, bei stärkerem Wasserzusatz ganz verschwindet. Neutrales Kalium-chromat verwandelt die Farbe der Schwefelsäure-Lösung in Grün. — Conc. Salzsäure ist ohne Einwirkung auf Cubebensäure, ebenso conc. Salpetersäure in der Kälte, während sie in der Wärme bräunt und zer-setzt. (Schmidt.)

Wirkung und Anwendung. Nach Bernatzik bewirkt die Cubebensäure (zu 10,0 in getheilten Dosen binnen 6—8 Stunden genommen) bei Gesunden häufiges Aufstossen, Blähungen, vermehrtes Wärmegefühl, geringe Zunahme der Pulsfrequenz und Körper-temperatur, endlich stark vermehrte Harnsäureausscheidung in dem unter leichtem Gefühl von Brennen und Harnzwang entleerten Urin. Schmidt fand die Säure, zu 0,6, 15 Stunden lang in 2stündigen, später 1st. Intervallen genommen, Wärme im Magen, Kopf- und Leibschmerzen und starke Diurese, bei Tripperkranken auch Brennen in der Harnröhre bedingend. Im Urin und im Stuhle fand Bernatzik die Säure, jedoch nur in sehr geringer Menge, wieder. Derselbe sieht in der Cubebensäure, die er in Pillenform (mit Sapo med. und Pulv. Alth.) reichen will, nach therapeutischen Versuchen das antiblennorhagische Princip der Cubeben. Schmidt konnte bei Tripper keinen Heileffect damit erzielen.

Cubebin. $C_{10}H_{10}O_3$. — Literat.: Cassola, Journ. Chim. méd. **10**. 685; auch Arch. Pharm. (2) **3**. 303. — Monheim, Repert. Pharm. **44**. 199. — Steer; ebendas. **61**. 85; **71**. 119. — Soubeiran und Capitaine, Journ. Pharm. (2) **25**. 355; auch Repert. Pharm. **67**. 413. — Schuck, N. Repert. Pharm. **1**. 213. — Engelhardt, ebendas. **3**. 1. — Vergl. auch die Lit. der Cubebensäure. — Pharmacograph. Flückiger. 527. — Weidel, Wiener acad. Sitzber. (2) **74**. 377.

Entdeckung und Vor-kommen. Dieser von Cassola und Monheim etwa gleichzeitig entdeckte, von Soubeiran und Capitaine zuerst rein erhaltene krystallisir-

Ausbeute. bare indifferente Stoff findet sich nach Schmidt zu etwa 2,5 % in den Cubeben.

Zur Darstellung wird der beim Behandeln des gereinigten Cubebenharzes mit Kalilauge unlöslich gebliebene blassgelbliche bröckliche Rückstand (man vergleiche Cubebensäure) wiederholt aus Weingeist umkrystallisirt (Soubeiran und Capitaine. Schmidt).

Das Cubebin bildet feine weisse Nadeln oder seidenglänzende Blättchen von neutraler Reaction, ohne Geruch und für sich geschmacklos (Soubeiran und Capitaine), aber in weingeistiger Lösung bitter schmeckend (Schmidt). Es schmilzt nach Schuck bei 120°, nach Schmidt vollständig erst bei 125 bis 126° und erstarrt wieder bei 110° zu einer harzigen Masse. In kaltem Wasser ist es gar nicht, in heissem nur wenig löslich. Von absolutem Weingeist erfordert es bei 20° 76 Th., von solchem von 0,85 spec. Gew. 140 Th., von Aether bei 12° 26,6 Th. (nach Schmidt bei 15° 30 Th.) zur Lösung. Es löst sich ferner in Essigsäure, namentlich heisser, in Chloroform, flüchtigen und fetten Oelen (Soubeiran und Capitaine). Die Lösung in Chloroform dreht den polarisirten Lichtstrahl links.

Soubeiran, Capitaine und Weidel stellten für das Cubebin die Formel $C_{10}H_{10}O_3$, Schmidt die oben angeführte auf, welche auch mit den Analysen der erstgenannten Forscher besser in Uebereinstimmung ist. Ludwig (Arch. Pharm. (2) 141. 32) schlägt die Formel $C_{30}H_{30}O_8$ vor.

Bei stärkerem Erhitzen wird das Cubebin zerstört. Conc. Schwefelsäure löst es mit blutrother Farbe (Soubeiran und Capitaine), die auf Zusatz von Kaliumbichromat in Braun und darauf beim Erwärmen in Dunkelgrün übergeht (Schmidt). Phosphorsäureanhydrid färbt blau, später violett (Flückiger). Von conc. Salpetersäure wird es beim Erwärmen unter Entwicklung rother Dämpfe mit braunrother Farbe gelöst. Beim Kochen mit conc. Salzsäure verwandelt es sich in eine harzige Substanz, ohne Zucker zu liefern (Schmidt).

Weidel konnte keine Salze mit Metallen, auch keine charakterisirbaren Derivate mit Acetyl-Benzylchlorid oder Jodäthyl herstellen. Salpetersäure lieferte Oxal- und Pikrinsäure, salpetrige Säure krystallinisches Nitro-Cubebin $C_{10}H_9(NO_2)O_3$. Brom liefert in Chloroformlösungen des Cubebins in Xylol lösliches Tribromcubebin $C_{10}H_7Br_3O_3$. Kalihydrat liefert, mit Cubebin geschmolzen, Kohlensäure, Essigsäure, Protocatechusäure (letztere in reichlichem Masse). Die Beziehungen des Cubebins zu Eugensäure $C_{10}H_{12}O_2$, ebenso zu Ferulasäure $C_{10}H_{10}O_4$, welche beide ebenfalls Kohlensäure, Essigsäure, Protocatechusäure beim Schmelzen mit Kalihydrat liefern, sind hiermit festgestellt.

Nach Bernatzik bewirkt Cubebin, selbst zu 4mal 4 Gm. in 24 Stunden genommen, keine Störung des Befindens, geht zu geringen Mengen in den Harn über und ist ohne Einfluss auf die Heilung von Gonorrhoe. Mit kohlensaurem Kali zusammengeschmolzen hat es nach Schmidt ähnliche physiologische Action wie die Cubebensäure (vergl. S. 494).

Cubebén. Cubebenöl.

— Literat.: Sell und Blanchet, Ann. Chem. Pharm. 6. 294. — Winckler, ebendas. S. 203. — Soubeiran und Capitaine, Journ. Pharm. (2) 26. 73. — Aubergier, ebendas 27. 278. — Schär und Wyss, Arch. Pharm. (3) 6. 316. — E. Schmidt, Berl. Ber. 10. 188. — Oglialore, ebendas. S. 1357. Vgl. auch die Literatur der Cubebensäure.

Das ätherische Oel frischer Cubeben beträgt bei vollständiger Erschöpfung nach Schmidt über 14 % derselben und besteht nur aus 2 Kohlenwasserstoffen von der Formel $C_{15}H_{24}$. Der eine, das *leichte Cubebenöl*, befindet sich bei der Destillation der Cubeben mit Wasser vorwiegend in den ersten Destillaten. Es ist dünnflüssig, siedet constant bei 220°, hat das specif. Gew. 0,915 und bricht das Licht sehr stark. Der andere, das *schwere Cubebenöl*, ist dickflüssiger, siedet bei 250°, hat das specif. Gew. 0,937 und bricht das Licht weniger stark. Beide sind stark linksdrehend ($[\alpha]j = -40°$), riechen schwach aromatisch, schmecken brennend und campherartig. Sie lösen sich klar und in jedem Verhältniss in Aether, Benzol, Schwefelkohlenstoff, Chloroform, flüchtigen und fetten Oelen, ferner in 27 Th. gewöhnlichen und in 18 Th. absoluten Weingeists. 1 Pfund Wasser löst 0,039 Grm. (Schmidt).

Oglialore hat aus 50 Kilogr. Cubeben 2 Liter rohes Cubebenöl erhalten, das bei der Fractionirung lieferte: a. ein Tereben, 158—165° siedend, linksdrehend, b. ein Sesquitereben $C_{15}H_{24}$, Sdpkt. 264—265, linksdrehend, spec. Gew. 0,9289; das daraus erhaltene Chlorhydrat $C_{15}H_{24}$, 2 HCl krystallisirt in Nadeln, Schmpkt. 118°, c. einen Kohlenwasserstoff, Sdpkt. 262—263°, nicht mit HCl verbindungsfähig.

Leitet man getrocknetes Salzsäuregas in Cubebenöl, so erstarrt es allmälig zu einer Krystallmasse, welche nach wiederholtem Umkrystallisiren aus Weingeist in farblosen langen schiefwinkligen Prismen erhalten wird von der Formel $C_{15}H_{24}$, 2 HCl. Diese Krystalle sind geruch- und geschmacklos, neutral und von 0,801 spec. Gew. (Soubeiran und Capitaine). Sie schmelzen bei 120—125° und zersetzen sich in höherer Temperatur. Sie lösen sich nur wenig in kaltem, dagegen sehr leicht in heisem Weingeist, etwas auch in Aether, Chloroform, Schwefelkohlenstoff, flüchtigen und fetten Oelen (Schmidt).

Versetzt man das Cubebenöl mit einer reichlichen Menge Jod, so erfolgt Temperaturerhöhung und lebhaftes Fulminiren; beim Erwärmen färbt sich die Mischung blaugrün, dann rein blau, zuletzt violett. Beim Vermischen einer Lösung von Cubebenöl in gleichen Theilen Schwefelkohlenstoff mit einem abgekühlten Gemenge von gleichen Theilen concentr. Schwefelsäure und Salpetersäure entsteht eine blaue Färbung. Conc. Schwefelsäure färbt das Oel grünlichgelb, dann orange und braunroth, bei gelindem Erwärmen carmoisinroth. Conc. Salpetersäure verwandelt es in ein gelbbraunes Harz, das sich in Kali theilweise mit rother Farbe löst (Schmidt).

Das Oel älterer Cubeben scheidet bei mehrtägigem Abkühlen auf —12 bis —20° Krystalle des zuerst von Blanchet und Sell genauer untersuchten *Cubebencamphers*, $C_{15}H_{26}O$, aus, der sich nach Schmidt wahrscheinlich erst an der Luft aus leichtem Cubebenöl bildet. Schmidt erhielt davon 6,5 Grm. aus 100 Grm. Oel. Aus Weingeist umkrystallisirt bildet er schöne farblose durchsichtige glasglänzende Krystalle des rhombischen Systems.

Er riecht nur schwach nach Cubeben und schmeckt campherartig kühlend, aber nicht brennend. Er schmilzt bei 65°, krystallinisch wieder erstarrend, siedet constant bei 148° und sublimirt unzersetzt in weissen Nadeln. In Wasser, wässrigen Alkalien und verdünnter Essigsäure löst er sich nicht, leicht dagegen in Weingeist, Aether, Chloroform, Schwefelkohlenstoff, flüchtigen und fetten Oelen. Die weingeistige Lösung dreht links. (Soubeiran und Capitaine. Schmidt).

Schaer und Wyss stellten bei ihren Untersuchungen des Cubeben- camphers die Formel $C_{30}H_{52}O_2$ auf. — E. Schmidt wiederholte, veranlasst durch O. Hesse's Aeusserung, Echicerin in Alstonia sei mit Cubebencampher isomer, die Untersuchungen des Cubebencamphers, stellte die Formel $C_{15}H_{26}O$ auf, Schmpkt. 66,5° und beobachtete, dass derselbe schon beim Stehen über Schwefelsäure, schnell mit Wasser bei 200°, in Wasser und den bei 250 bis 260° siedenden Theil des Cubebenöles zerfällt, dessen Hydrat er ist. *Zusammen-setzung.*

Bei Kaninchen wirkt Cubebenöl nach Goedecke (De oleo cubebarum exp. nonn. Berol. 1850; Pr. Ver.-Ztg. 34. 35. 1850) zu 24,0 intern stark toxisch und zu 30,0 je nach der Grösse des Thieres in 24-74 Stunden tödlich, ist somit stärker giftig als Copaivaöl, mit dem es bezüglich der Sympto- matologie und des Leichenbefundes übereinstimmt; im Urin, der den eigen- thümlichen Geruch des Oeles darbietet und häufiger und vermehrt ausge- schieden wird, kommt danach Eiweiss in grösserer Menge vor, auch finden sich post mortem Nieren und Harnblase geröthet (Goedecke). Beim Menschen sah Bernatzik nach 2 stündlichen Dosen von 40 Tr., bis 6 Gm. genommen, Ructus, Blähungen, Schwindel und etwas Reiz zum Harnlassen; 10,0 in 6 St. genommen bedingten lebhaftere Reizung der Harnwege und des Tractus, sowie Steigen der Pulsfrequenz und der Körperwärme, doch keine Diarrhoe und Erbrechen, auch keine Albuminurie. Im Harn und in den Excrementen konnte er trotz des Geruches nach dem Oele nicht dieses als solches, sondern nur in verharztem Zustande wiederfinden. Schmidt bekam nach sieben 2 stünd. Dosen von 10 Tropfen Brennen im Magen, Ein- genommenheit des Kopfes, Schwindel, Abneigung gegen Speisen, erschwertes Schlucken, Erbrechen, Kollern und Leibschmerzen, Diarrhoe, Schmerzen beim Harnlassen, Fieberhitze, unruhigen Schlaf und mehrtägiges Unwohlsein. — Der Empfehlung gegen Tripper von Pickford (Ztschr. rat. Med. 7. 20) und Pereira stehen die völlig negativen Versuche von Bernatzik und Schmidt gegenüber. *Wirkung und Anwendung.*

Methysticin oder Kawahin.

— Nach Cuzent (Compt. rend. 50. 436; 52. 205; auch N. Repert. Pharm. 10. 440) schiessen aus dem wein- geistigen Auszuge der Wurzel von *Macropiper methysticum Miq. s. Piper methysticum Forst.*, der Hawa oder Ava, dem Berauschungsmittel der Poly- nesier, beim Verdunsten Krystalle an, die durch Umkrystallisiren aus stär- kerem Weingeist mit Beihülfe der Thierkohle als lange weisse seideglänzende, bei 120—130° schmelzende Nadeln erhalten werden, geschmacklos sind, neutral reagiren und sich kaum in kaltem, besser in kochendem Wasser und wässrigen Säuren, sehr leicht in Weingeist und Aether lösen. Sie sind stickstofffrei und enthalten 65,85% Kohlenstoff und 5,64% Wasserstoff (Cu- zent). Gobley (Journ. Pharm. (3) 37. 20), der sie in gleicher Weise er- hielt (etwa zu 1%), giebt eine ähnliche Beschreibung, fand aber 1,12% Stickstoff darin. Sie lösen sich nach ihm in conc. Schwefelsäure mit schön violetter Farbe und färben sich mit conc. Salpetersäure gelb oder orange. Die Empfehlung gegen Blennorrhöe und Lungentuberculose, zu 0,1 Gm. pro dosi (Cuzent), hat kaum Beachtung gefunden.

Nölting und Kopp (Jahrb. Ch. Min. 1874. 912.) isolirten aus der Wurzel noch einen zweiten Körper, stickstofffrei, in Nadeln krystallisirend, der ebenfalls bei der Oxydation Benzoësäure liefert.

Holz. Kork.

Die Veränderungen, welche die Cellulose während des Entwickelungsprocesses der Pflanze erfährt, sind mannigfacher Art. Entweder werden die Cellulosemembranen gelöst und im Protoplasma in Stärke, Zucker etc. oder direckt in Harze, ätherische Oele, Gummi, etc. verwandelt, oder die Cellulosemembranen erfahren mit zunehmendem Alter Veränderungen, die sich durch steigenden Kohlenstoff- und sinkenden Sauerstoffgehalt auszeichnen, ferner in grösserer Widerstandsfähigkeit sichtbar werden, veranlasst durch chemische Veränderungen, Einlagerungen von fremden, stickstoffhaltigen Körpern etc. Die letzteren Verhältnisse zeigen die cuticularisirten, verholzten Membranen, der Kork, Bestandtheile des Holzes, womit man die Gewebtheile der Stämme, Aeste und Wurzeln der Bäume, Sträucher bezeichnet. Die Stämme und Aeste lassen in ihrem Gewebe eine äusserste Hülle, die Rinde unterscheiden, darunter den Bast, aus Gefässen und Faserzellen bestehend, dann das junge Holz, den Splint, endlich das reife, innere Holz, Kernholz, Herz, in dessen Mittelpunkt das Mark, ein lockeres Gewebe, liegt, das häufig nach der Epidermis durch die sog. Markstrahlen führt. — Wenn hier, sich anreihend an die Familie der Cupuliferae, eine chemische Charakteristik der Holz- und Korksubstanz versucht wird, so scheint dies durch die Thatsache gerechtfertigt, dass gerade diese Pflanzenfamilie reichlich Holzpflanzen, Bäume liefert, deren Bedeutung als Brenn- und Nutzholz zur Genüge bekannt ist.

Die physikalischen Eigenschaften des Holzes können hier keine Besprechung finden, wesshalb nur die hervorragendste Literatur Erwähnung finden soll.

Specifisches Gewicht: von 0,694—1,048 im frischen, von 0,353—0,920 im trocknen Zustande schwankend (Rumford, N. J. f. Chem. Schweigg. 8. 168. — Nördlinger, techn. Eigensch. der Hölzer, Stuttgart, 1860. — Karmarsch, J. pr. Chem. 2. 207. — Muspratt. Chemie. 3. 886. — Winckler, Journ. pract. Chem. 17. 65. — Mader, Dingler's Journ. 166. 224.)

Wassergehalt: v. 18,6% (Hainbuche) bis 51,8% (bei d. Schwarzpappel) im frischen Zustande schwankend, im Duchschnitt 37%, mit Zurechnung von 10% hygroscopischem Wasser 47%. (Schübler & Hartig. Journ. pr. Chem. 7. 35. — Th. Hartig, Botan. Zeit. 1858, 61 u. 1868. Forst- und Jagdzeitung 1871 u. 1876. — Nördlinger, Centrlbl. ges. Forstwesen. 1879. 409. — v. Bauer, N. Gelzenow, Bot. Jahresb. 1876. 708. — G. Kraus, Bot. Zeit. 1877. 37. — Ebermayer, phys. Chem. d. Pflanzen. 1882. 4—26.) —

Mineralbestandtheile (Asche). Der Gehalt an Mineralbestandtheilen schwankt zwischen 0,2—5%. Aschenanalysen von Saussure, Violette, Ann. Chim. phys. (3) 10. 156. — Berthier, Dingl. Journ. 22. 150. — Karsten. Chevandier, Hertwig, Bödinger Ann. Chem. Pharm. 46. 97; 50. 407; 127. 116. 17. 139. Handwörterbuch d. Chemie. III. Bd. 682.

— Ebermayer, physiol. Chem. 1882. 727 etc. — Die Elementarzusammensetzung des Holzes wurde von verschiedenen Forschern ermittelt, besonders von Schödler & Petersen (Ann. Chem. Pharm. 17. 139), Gay Lussac, Prout etc. Chevandier (Dingl. Journ. 91. 372) fand den Stickstoffgehalt von 0,81% bis 1,15% bei Eichenholz und die mittlere Zusammensetzung des trocknen und aschenfreien Holzes: $C = 50$ $H = 6$ $O = 44$. Der Gehalt an organischen Stoffen beträgt im Mittel 85—87% im lufttrocknen Holze.

Die Holzmasse enthält als hervoragenden Bestandtheil Cellulose, mit etwas verränderten Eigenschaften und Zuständen. Trotzdem zahlreiche Untersuchungen der Holzcellulose vorliegen, sind wir noch nicht in der Lage eine bestimmte, chemische Charakteristik der Holzcellulose, Lignin, zu geben. Payen (Compt. rend. 8. 51) studirte zuerst die inkrustirende Substanz der Cellulose, stellte jedoch dieselbe nicht rein dar. Fremy (Compt. rend 48. 202. 862; 66. 456) tritt der Existenz einer incrustirenden Substanz entgegen und behauptet, es existirten verschiedene Holzcellulosen, Fibrose, Membranen der Holzzellen, Paracellulose im Marke und den Markstrahlen, Vasculose, die Membranen der Gefässe, Cuticularschichte, sämmtliche verschieden gegen chemische Agentien sich verhaltend. F. Schulze (Chem. Ctrbl. 1857. 321) stellt ein besonderes Lignin auf, als incrustirende Substanz und nimmt an, dass bei unseren Nutzhölzern die Holzsubstanz aus reiner Cellulose und Lignin bestehe, etwa zu gleichen Theilen. Dem Lignin wird die Formel $C_{19}H_{24}O_{10}$ gegeben oder $C_{18}H_{24}O_{10}$. Die charakterischen Eigenschaften und chemischen Reaktionen von Lignin, zum Unterschiede von Cellulose, sind besonders folgende: Lignin wird leichter von Chlor, Chromsäure, Königswasser und conc. Salpetersäure angegriffen und auch von der Schulze'schen Flüssigkeit leichter gelöst, ebenso auch von Kali oder Natronlauge. Conc. Schwefelsäure schwärzt Lignin, Kupferoxydammoniak löst Lignin nicht, Jod und Schwefelsäure färbt dasselbe gelb bis braun. Zur mikrochemischen Erkennung von Lignin dient das Wiesner'sche Reagens, eine mit Schwefelsäure angesäuerte Lösung von schwefelsaurem Anilin, oder eine mit Salzsäure stark angesäuerte Lösung von salzsaurem Anilin, welche Anilinsalze Holz oder verholzte Gewebe gelb bis orangegelb färben, auch salzsaures Naphtylammin, das sich orangegelb färbt, oder auch Phloroglucin mit Salzsäure, das mit Holzsubstanz roth bis violett wird. Auch können noch hier erwähnt werden die Grünfärbung des Holzes mit salzsaurer Phenollösung (Höhnel), sowie die Färbungen mit conc. Salzsäure und Schwefelsäure (siehe Sachsse, Farbstoffe, Kohlenhyrate etc. 1876. S. 145). F. Erdmann (Ann. Chem. Pharm. 138. 1. Supplb. 5. 223) hält die incrustirende Materie Payen's für eine constante chemische Verbindung, stellte dieselbe aus den Concretionen der Birne her und nannte sie Glucodrupose, $C_{24}H_{36}O_{16}$, isolirte ebenfalls aus Tannenholz eine 2te Substanz Glucolignose, $C_{30}H_{46}O_{21}$, welche mit Salzsäure eine Spaltung in Glycose und Lignose, $C_{18}H_{20}O_{11}$ erfährt. Verdünnte Salzsäure spaltet daraus reine Cellulose ab, Kali liefert beim Schmelzen mit Lignose und Drupose Brenzcatechin, woraus Erdmann den Schluss zieht, dass Drupose durch Oxydation Cellulose und Brenzcatechin liefere. F. Bente (Berl. Ber. 8. 476) bezweifelt die Existenz der Erdmann'schen Körper. (Wegen des Holzgummi's von Thomsen und der weiteren Charakteristik der Cellulose siehe Artikel „Cellulose"; auch R. Sachsse, Farbstoffe, Kohlenhydrate, Eiweissstoffe, 1876. 144, ebenso

Stackmann Dissertation, Zusammensetzung der Hölzer. Dorpat. 1878.
Jahresb. Pharm. 1878. 387. Ebermayer, phys. Chem. 1882. 174.) Ausser
den erwähnten Bestandtheilen des Holzes muss noch erwähnt werden, dass
geringe Mengen von Eiweissstoffen, Gerbstoffe, Harz, Stärke (besonders in
Markstrahlen und Parenchymzellen des jüngeren Holzes), organische Säuren,
Zucker, Gummi selten fehlen.

Bei der trocknen Destillation des Holzes entstehen gasförmige Produkte,
Kohlensäure, Kohlenoxyd, Methan, Aethylen und seine Homologen, Acetylen
etc., ausserdem flüssige Stoffe, welche sich in 2 Schichten absondern.
Die specifisch leichtere, wässrige enthält Methylalkohol, Methylacetat, Aceton,
Aldehyd, Dimethylacetat, Furfurol, Benzol, Toluol, Xylol, Ameisen-, Propion-,
Butter- und Valeriansäure, Croton-Angelicasäure, Ammoniak, Methylammin,
Brenzcatechin, Phenol, Kresol, Kreosot etc.

Der Holztheer, der sich als zähe, braune bis braunschwarze, syrupartige, mit empyreumatisch-eigenthümlichem Geruche versehene Flüssigkeit
aus den Destillationsprodukten ausscheidet, enthält Toluol, Xylol, Cumol,
Naphtalin, Chrysen, Reten, Pyren, Paraffin, Tereben, Phenol, Kresol, Phlorol,
Quajacol, Kreosol, Brenzcatechin, Dimethyläther der Pyrogallussäure, der
Methylpyrogallussäure, der Propylpyrogallussäure, Oxydationsprodukte des
pyrogallussauren Dimethyläthers (Reichenbach's Cedrired, Pittacall).

Kork. Das Korkgewebe (Borke als ältere Bildung) ist in hervorragender
Weise bei der Korkeiche, Quercus Suber, entwickelt und bildet einen Ersatz
für die Epidermis mit der Aufgabe, die darunter liegenden Pflanzentheile
vor Aufnahme und Abgabe der Feuchtigkeit zu schützen. Das spec. Gew.
eines Korkes schwankt zwischen 0,12—0,19. Die chemische Charakteristik des
Korkgewebes ist aus nachstehenden Literaturangaben zu ersehen: Die Arbeiten
von Chevreul (J. Chem. M. 1871. 1191) nennen als Bestandtheil des Korkes

Cerin. das Cerin oder Korkwachs. Boussignault (J. Chem. Min. 1847 729) und
Döpping (ebend. 1849. 824) haben ebenfalls einen harzigen oder wachsähnlichen
Körper isolirt, ersteren mittelst Aether von der Formel $C_{10}H_{26}O$, letzteren von
der Zusammensetzung $C_{25}H_{40}O_3$. Döpping hat den Kork mit Alkohol, Aether,
verdünnter Schwefelsäure und Wasser extrahirt und den erhaltenen Rückstand von der Zusammensetzung 67,8% C, 8,7% H, 2,3% N, und 21,1% O gefunden. Mitscherlich (Würtemb. naturw. Jahrb. 1847. 254) nimmt die Zusammensetzung des gereinigten Korkes zu $C_{65,7}H_{8,5}O_{29,5}N_{1,5}$. — Siewert
(Chem. Centrbl. 1856. 553) hat aus der kochend alkoholischen Lösung des
Korkes, die circa 10% Bestandtheile entzieht, zuerst das Cerin erhalten,

Phellylalko-
hol.

das er Phellylalkohol nennt $C_{17}H_{18}O$, in 500 Th. siedendem Alkohol löslich.
Später schied sich aus derselben Lösung eine gelblichweisse Masse ab,

Desacryl-
säure.

in 52 Th. heissem Alkohol löslich, löslich in Kalilauge, die Desacrylsäure, $C_{10}H_{18}O_2$. Die Flüssigkeit, nach Ausscheidung der Desacrylsäure,
zur Trockne verdampft, giebt an Wasser Bestandtheile ab, während eine

Eulysin.

fettähnliche Masse, das Eulysin zurückbleibt, $C_{24}H_{36}O_3$. Die wässrige
Lösung soll noch eine Säure, die Corticinsäure $C_{12}H_{10}O_6$, in braunen
Flocken sich ausscheidend und das saure Salz einer Gerbsäure $C_{27}H_{22}O_{17}$
enthalten.

Die Korksubstanz bildet mit Salpetersäure Oxalsäure und Korksäure
auch Bernsteinsäure, neben einem öligen Körper, der Cerinsäure Döpping's $C_{42}H_{68}O_{13}$, unlöslich in Wasser, leicht löslich in Alkohol, auch soll
sich hiebei reine Cellulose bilden.

Die Korksubstanz ist löslich in Kalilauge. Chromsäure löst den Kork sehr schwer.

Korksäure (Suberinsäure). $C_8H_{14}O_4$. — Die Korksäure, eine 2basische der Oxalsäurereihe zugehörige Dicarbonsäure ist zuerst aus Kork durch Oxydation mit Salpetersäure hergestellt worden (Brugniatelli). Ausserdem entsteht dieselbe durch Oxydation von Ricinusöl, Leinöl, Mandelöl, Cocosfett, Wallrath, Palmkernfett, Stearinsäure, Oelsäure, des Paraffins und anderer Glieder der Oel- und Fettsäurereihe (Bromeis, Sacc, Tilley, Arppe, Dale, Schorlemmer, Winz, Gantter und Hell, Schröder, Ann. chem. Pharm. 28. 258; 39. 166; 51. 226; 120. 289; 124. 86; 132. 244; 199. 146; 120. 292; 35. 96; 115. 149; 28. 258; 143. 33; Berl. Ber. 13. 1165).

Die Darstellung der Korksäure gelingt entweder aus Kork durch Oxydation mit Salpetersäure 1,3 (4 Theile) oder noch besser durch Erwärmen von 1 Th. Ricinusöl mit 2 Th. Salpetersäure (1,25) in einer geräumigen Retorte innerhalb 2 Tagen worauf man die sauren Flüssigkeiten zur Trockne verdampft und aus heissem Wasser wiederholt umkrystallisirt. Die Krystallmasse, ein Gemenge von Korksäure und Azelaïnsäure wird entweder nach Grote mit Ammoniak gelöst und mit Chlorcalcium fractionirt gefällt, wobei die 2te Fällung fast reines Korksäuresalz enthält, das leicht zerlegt werden kann, oder mittelst Aether nach Arppe. (Ann. Chem. Pharm. 120. 288; 124. 89.) Die Säure bildet oft zolllange Nadeln oder tafelförmige Krystalle, schwerlöslich in Wasser (100 Th. = 0,142), schwerlöslich in Aether, Schmpkt. 140°, sublimationsfähig, destillirt bei 300° ohne Anhydridbildung und liefert beim Destilliren mit Kalk Suberon, Wasser und Kohlensäure. Von Salzen sind hergestellt die Verbindungen mit Ammon, Kalium, Natrium, der alkalischen Erden, ferner mit Zk, Cd, Hg, Al, Pb, Fe, Mn; Co, Ni, Cu, Ag, ebenso ist der Methylester von Laurent hergestellt, ferner der Aethylester, sowie die Chlor- und Bromkorksäure. (Ganther und Hell, Berl. Ber. 13. 1166), Hell, (ebendas. 6. 28; 7. 319; 10. 2229.) Schröder (Ann. Chem. Pharm. 143. 34) hat aus Palmitolsäure durch Salpetersäure den Aldehyd der Korksäure hergestellt, Arppe eine Suberamminsäure. Hell und Mühlsäuser (Berl. Ber. 13. 475) haben beim Kochen von Brombuttersäureäthylester mit Sieber die Ester 2er isomerer Korksäuren erhalten, aus denen mit Bromwasserstoffsäure die reinen Säuren erhalten wurden, α) Säure, 184° Schmpkt.; β) Säure, Schmpkt. 127°   *Suberon.*   *Isomere Korksäure.*

Die, wie oben erwähnt, bei der Oxydation des Korkes, wie der Fette, Ricinusöl, Cocosöl, auch chinesischen Wachses sich bildende Azelaïnsäure bildet grosse Blätter oder Nadeln, Schmpkt. 106°, löslich in 700 Th. Wasser, leicht löslich in Aether. (Wirz, Arppe, Grote, Dale und Schorlemmer, Ann. Chem. Pharm. 104. 211; 124. 86; 130. 209; 199. 149.)   *Azelaïnsäure.*

2. Urticinae.

I. Urticaceae.

a. Urticeae.

Die in diese Familie gehörigen Pflanzengattungen sind wichtig als Gespinnstpflanzen. Die Bastfasern der Gattung Urtica spielen eine wichtige Rolle in Amerika und Indien, Urtica dioica in Europa bis zur Verbreitung der Baumwollpflanze. Boehmeria nivea liefert das Chinagras, Boehmeria tenacissima und sanguinea liefern die wichtig gewordene Ramiéfaser. —

Die Nesselarten, speciell Urtica urens und dioica, sind reich an Kalisalzen und enthalten in ihren Drüsenhaaren freie Ameisensäure (v. Gorup), die auch in tropischen Species Urtica stimulata und crenulata reichlich nachgewiesen wurde.

Ameisen-säure.

b. Moreae.

Die Gattung Broussonetia (Japan) liefert vortreffliches Material für die Papierfabrikation.

Morus.

In den Früchten von Morus nigra, den Maulbeeren, hat Fresenius nachgewiesen neben Zucker 9%, Aepfelsäure 1,86%. Analysen der Blätter, des bekannten wichtigen Nahrungsmittels der Seidenraupe, sind reichlich vorhanden (Bechi, Sestini, Gueymard u. A., Jahresb. Agricchem. 10. 68; 11. 163; 13. 14. 111. 56). Die Aschenanalysen der einzelnen Theile der Pflanze sind ausgeführt worden von Berthier, Liebig Agriculturch. 8. Aufl. 1. 349. Peligot, Journ. pr. Chem 55. 442. Karmrodt, Henneb. Journ. Landw. 1859. 2, 238. F. Dronke, Ann. Landw. 1866. Reichenbach, Ann. Chem. Pharm. 143. 83. Heidepriem, Landw. Versstat. 10. 379.

Das Stammholz des Färbermaulbeerbaumes, Morus tinctoria, Maclura tinctoria Nutt., unter dem Namen „Gelbholz" allgemein bekannt, wird schon seit Jahren in der Färberei benutzt wegen seiner Fähigkeit der Auszüge, mit Eisensalzen schwarze, mit anderen Metallsalzen unter Umständen gelbe oder braune Farben zu liefern. Als Bestandtheile des Gelbholzes sind nachgewiesen: 2 Farbstoffe, Morin oder Moringerbsäure oder Maclurin, neben etwas Phloroglucin, nach Löwe noch ein amorpher Körper die Moringerbsäure $C_{15}H_{12}O_7$. Im Allgemeinen lassen sich diese Bestandtheile auf diese Weise isoliren, dass der wässrige Auszug des Gelbholzes nach Auskrystallisiren des Morin's, mit Essigäther geschüttelt, an diesen 2 Stoffe abgiebt, welche nach Verdampfen des Essigäthers beim Kochen mit Wasser in Lösung gehen, aus welcher Lösung Kochsalz die Moringerbsäure Löwe's zuerst abscheidet, während aus dem Filtrat das Maclurin erhalten wird. — Zu Färbezwecken kommt das Extract des Holzes als Cubaextract oder Gelbholzextract im Handel vor. Goppelsröder giebt an, dass der alkoholische Auszug des Holzes im durchfallenden Lichte granatroth, im auffallenden dunkelgrün erscheint und im verdünnten Zustande mit Alaunlösung eine Fluorescenz wie Uranglas besitzt.

Morin oder **Morinsäure.** $C_{12}H_8O_5$. — Literat.: Chevreul, Journ. Chim. méd. 6. 158. — R. Wagner, Journ. pract. Chem. 51. 82; 52. 449. — Hlasiwetz und Pfaundler, ebendas. 90. 445; 94. 65. — Löwe, Zeitschr. analyt. Chem. 1875. 117.

Entdeckung u. Vorkommen.

Von Chevreul 1830 entdeckt, von Wagner, zuletzt von Hla

siwetz und Pfaundler genauer untersucht, findet sich dasselbe begleitet von Maclurin (s. dies.), im Gelbholz, dem Stammholz der westindischen *Morus tinctoria Jacq. s. Maclura tinctoria Nuttall.*

Zur Darstellung verdunstet man nach Wagner den Absud des geraspelten Gelbholzes bis auf ein dem angewandten Holz etwa gleiches Gewicht und trennt den nach 1—2 Tagen ausgeschiedenen gelben Bodensatz von der das Maclurin enthaltenden Flüssigkeit. Der ausgepresste gelbe Satz wird in heissem Weingeist aufgenommen und die Lösung in die 10fache Menge Wasser eingegossen. Es scheiden sich dann gelbbraune Flocken von Morinkalk aus, den man durch Waschen mit kaltem Wasser und mehrfach wiederholtes Ausfällen durch Wasser aus weingeistiger Lösung reinigt und endlich in heisser weingeistiger Lösung mit einem Achtel seines Gewichts krystallisirter Oxalsäure zersetzt. Die heiss filtrirte Lösung lässt man in viel Wasser einfliessen, fällt das sich ausscheidende Krystallpulver nochmals aus weingeistiger Lösung durch Wasser und trocknet es im Vacuum. — Hlasiwetz und Pfaundler dampfen den wässrigen Absud des Gelbholzes stärker, nämlich bis auf die Hälfte des angewandten Holzes, ein und lassen mehrere Tage stehen. Der alsdann gebildete Absatz enthält neben dem Morin auch den grössten Theil des Maclurins. Er wird abgepresst und zweimal mit Wasser ausgekocht, wobei jedesmal siedend heiss filtrirt wird. Dadurch wird das Maclurin ausgezogen und der Rückstand ist rohes Morin mit etwas Morinkalk. Man erhitzt ihn mit Wasser unter Zusatz von Salzsäure, um die Kalkverbindung zu zersetzen, wäscht ihn dann gut aus, löst ihn in kochendem Weingeist und vermischt die Lösung noch heiss mit $^2/_3$ ihres Volumens an heissem Wasser. Beim Erkalten krystallisirt dann fast alles Morin in gelben Nadeln heraus. Um es fast farblos zu erhalten, krystallisirt man es zunächst einige Mal aus schwachem Weingeist um, versetzt dann die wässrig-weingeistige Lösung mit etwas Bleizucker und leitet nach vorgängigem Erwärmen Schwefelwasserstoff ein. Das durch das niederfallende Schwefelblei entfärbte Filtrat liefert jetzt nur noch schwach gelblich gefärbte Krystalle..

Das Morin krystallisirt aus Weingeist in glänzenden, 1 bis 3 Linien langen, häufig zu Büscheln verwachsenen wasserhaltigen Nadeln ($C_{12}H_8O_5 + H_2O$), die ihren Wassergehalt erst bei 250° oder durch längeres Trocknen im Luftstrom bei 100° vollständig verlieren (Hlasiwetz und Pfaundler). Es schmeckt schwach bitter, nicht herbe und reagirt in Lösung schwach sauer. Es erfordert von kaltem Wasser 4000 Th., von kochendem 1060 Th. zur Lösung, löst sich aber leicht in Weingeist (Wagner), weniger gut in Aether und gar nicht in Schwefelkohlenstoff (Hlasiwetz und Pfaundler). Wässrige Säuren lösen es besser als Wasser, wässrige ätzende und kohlensaure Alkalien, sowie andere alkalisch reagirende Salze derselben schnell und reichlich mit tief gelber Farbe. Kalische Kupfer- und ammoniakalische Silberlösung reduciren das Morin (Wagner). Seine weingeistige Lösung wird durch Eisenchlorid tief olivengrün gefärbt (Hlasiwetz und Pfaundler).

Zusammen-
setzung.

Wagner gab für das wahrscheinlich nicht völlig entwässert gewesene Morin die Formel $C_9H_8O_5$, statt welcher Hlasiwetz und Pfaundler neuerdings die Formel $C_{12}H_8O_5$ für das entwässerte und $C_{12}H_{10}O_6$ für Morinhydrat aufstellen.

Verbin-
dungen.

Die Lösung des Morins in warmem wässrigem kohlensaurem Kali setzt beim Erkalten weissgelbe, nach dem Trocknen grünlichbraune, mit Wasser sich zersetzende und nur aus wässrigem kohlensaurem Kali umkrystallisirbare Nadeln von Morinkali, $C_{12}H_9KO_6$, ab. Morinkalk, $C_{12}H_9CaO_6$, ist ein gelber, aus dem Morinkali durch Fällung mit Chlorcalcium zu erhaltender Niederschlag. Morinzink, $C_{12}H_9ZnO_6$, bildet citronengelbe, in Wasser unlösliche, in heissem Weingeist lösliche Nadeln (Hlasiwetz und Pfaundler)

Zersetzungen.

Beim Erhitzen über 300° hinaus sublimirt ein Theil des Morins (Hlasiwetz und Pfaundler), der grössere Theil aber zersetzt sich unter Bildung von Kohlensäure, Carbolsäure und Brenzcatechin. Conc. Schwefelsäure löst es mit dunkelbraungelber Farbe und zersetzt beim Erhitzen unter Entwicklung von Kohlensäure und Carbolsäure. Conc. Salpetersäure erzeugt damit eine rothe Lösung, die beim Verdampfen gelblichweisse Tafeln von Styphninsäure hinterlässt (Wagner). Beim Zusammenreiben von Morin mit Brom entsteht Brommorin, $C_{12}H_7Br_3O_6$, das aus Weingeist in mikroskopischen, büschelförmig vereinigten Nadeln krystallisirt. — In alkalischer Lösung wird Morin durch Natriumamalgam, indem die Flüssigkeit sich dabei zuerst indigblau, dann grün und endlich gelb färbt, in Phloroglucin verwandelt ($C_{12}H_{10}O_6 + 2H = 2C_6H_6O_2$); versetzt man jedoch eine weingeistige, mit Salzsäure angesäuerte Morinlösung mit Natriumamalgam, so entsteht zwar, indem sie zuerst purpurroth, dann gelb wird, endlich auch Phloroglucin, giesst man aber vor beendigter Reaction die noch purpurroth gefärbte Lösung vom Natriumamalgam ab und verdunstet sie im Wasserbade, so schiessen daraus purpurrothe Prismen von

Isomorin.

Isomorin an, die gleiche Zusammensetzung mit dem Morin besitzen und in dieses wieder übergehen, wenn sie für sich oder in weingeistiger Lösung erhitzt, oder rascher, wenn sie mit Alkalien behandelt werden. Auch bei Behandlung mit schmelzendem Kalihydrat entsteht aus dem Morin Phloroglucin neben etwas Oxalsäure. (Hlasiwetz und Pfaundler.) Benedict (siehe Maclurin) erhielt aus Morin bei der trocknen Destillation das isomere Paramorin.

Moringerbsäure oder Maclurin. $C_{13}H_{10}O_6$. — Literat.: R. Wagner, Journ. pract. Chem. 51. 82; 52. 449. — Delffs, N. Jahrb. Pharm. 14. 166. — Hlasiwetz und Pfaundler, Ann. Chem. Pharm. 127. 357; Journ. pract. Chem. 94. 74. — Löwe, Zeitschr. anal. Chem. 1875. 117. — Goppelsröder, Journ. pract. Chem. 104. 10. — Benedict, Ann. Chem. Pharm. 185. 114.

Entdeckung u.
Vorkommen.

Von Wagner 1850 entdeckt und untersucht, von Delffs dann irrthümlich für ein Gemenge eines gelben unkrystallisirbaren Gerbstoffs mit Morin gehalten, von Hlasiwetz und Pfaundler zuletzt untersucht und als „Maclurin" bezeichnet. Findet sich, begleitet von Morin, im Gelbholz (man vergl. Morin) und kommt öfters darin bereits in schmutziggelben und fleischrothen Stücken abgelagert vor.

Zur Darstellung bediente sich Wagner der eben erwähnten Ablagerungen. Darstellung.
Dieselben wurden wiederholt aus kochendem Wasser umkrystallisirt, endlich
in kochendem salzsäurehaltigem Wasser gelöst. Die Lösung trübt sich beim
Erkalten durch Abscheidung von röthlichem Harz und setzt dann nach sorgfältiger Filtration das Maclurin als hellgelbes Krystallpulver ab. — Hlasiwetz und Pfaundler stellten die Moringerbsäure dar, indem sie den aus
dem eingedampften Absud des Gelbholzes sich ausscheidenden Bodensatz
einige Mal mit Wasser auskochten (man vergl. Morin) und die heiss filtrirten
Flüssigkeiten etwas eindusteten. Beim Abkühlen fiel der grösste Theil heraus
und der wahrscheinlich als Kalksalz noch in Lösung befindliche Rest wurde
auf Zusatz von Salzsäure ausgeschieden. Zur Reinigung wurde wiederholt
aus schwach mit Salzsäure angesäuertem Wasser umkrystallisirt; auch kann
man die beim Morin angegebene Reinigungsmethode anwenden.

Benedict bezeichnet als bestes Material für die Darstellung von Maclurin jene schlammigen Bodensätze, welche sich beim Erkalten heiss bereiteter, wässriger Gelbholzauszüge bilden und das Maclurin rein neben der
Calciumverbindung enthalten. Dieselben werden mit verdünnter Salzsäure
angerührt, abgepresst und aus heissem Wasser umkrystallisirt, nochmals gelöst und mit Bleizuckerlösung behandelt, der Niederschlag mit Schwefelwasserstoff zerlegt.

Völlig rein bildet die Moringerbsäure farblose Krystallisationen, Eigen-schaften.
weniger rein ein hellgelbes, aus mikroskopischen durchsichtigen
Nadeln bestehendes Pulver (Wagner), das erst bei 140° völlig zu
entwässern ist (Hlasiwetz und Pfaundler), bei 200° schmilzt
und in höherer Temperatur sich zersetzt. Sie schmeckt süsslich
adstringirend, reagirt schwach sauer, löst sich mit gelber Farbe in
6,4 Th. Wasser von 20°, 1:190 nach Benedict und in 2,14 Th.
kochendem Wasser, leicht in Weingeist, Holzgeist und Aether, nicht
in ätherischen und fetten Oelen (Wagner).

Die Moringerbsäure löst sich leicht in wässrigen ätzenden und kohlen- Ver-bindungen.
sauren Alkalien, aus letzteren beim Kochen die Kohlensäure austreibend.
Moringerbsaurer Kalk wurde von Wagner durch Kochen von wässriger
Moringerbsäure mit kohlensaurem Kalk, Lösen der beim Erkalten der heiss
filtrirten Flüssigkeit sich ausscheidenden gelbbraunen Flocken in Weingeist
und Eingiessen des weingeistigen Filtrats in Wasser in mikroskopischen
gelben Krystallen erhalten. Die durch heisse Fällung mit Bleizucker dargestellte krystallinische Bleiverbindung ist nach Hlasiwetz und Pfaundler $C_{13}H_9PbO_6 + PbHO$. — Die wässrige Lösung der Moringerbsäure fällt
Eisenoxydul- und Eisenoxydsalze schwarzgrün, Brechweinstein gelbbraun,
Zinnchlorür gelb; Leim schlägt daraus die Säure vollständig nieder
(Wagner).

Bei stärkerem Erhitzen liefert die Moringerbsäure ähnliche Produkte, Zersetzungen.
wie das Morin; ebenso bei Behandlung mit conc. Salpetersäure. Ihre
braungelbe Auflösung in conc. Schwefelsäure setzt nach längerem Stehen
eine rothe Substanz ab, die Wagner als Rufimorinsäure ($C_{14}H_7O_8$) be- Rufi-morinsäure.
zeichnet und die auch aus der rothen Lösung sich abscheidet, welche beim
Kochen der Moringerbsäure mit verdünnter Salzsäure entsteht. Beim Zusammenreiben mit Bleihyperoxyd tritt Entzündung ein, mit Braunstein

und wässriger Schwefelsäure findet heftige Zersetzung unter Bildung von Kohlensäure und Ameisensäure statt. Kupferoxyd- und Quecksilberoxydsalze werden durch Moringerbsäure zu Oxydul, Gold- und Silbersalze zu Metall reducirt. Ihre alkalischen Lösungen färben sich an der Luft durch Sauerstoffaufnahme bald dunkelbraun. (Wagner). Dampft man nach Hlasiwetz und Pfaundler die Moringerbsäure mit 3 Th. Kalihydrat in wässriger Lösung in einer Silberschale ein, bis die Masse breiförmig geworden ist, so hat sie sich unter Aufnahme von Wasser in Protocatechusäure und Phloroglucin gespalten ($C_{13}H_{16}O_6 + H_2O = C_7H_6O_4 + C_6H_6O_3$). Erhitzt man sie mit Zink und verdünnter Schwefelsäure, so entsteht eine anfangs hochrothe, dann weingelbe Lösung, die nun Phloroglucin und einen wegen seiner eigenthümlichen Farbenveränderungen **Machromin**, $C_{14}H_{10}O_5$, genannten Körper (Hlasiwetz und Pfaundler) enthält. Letzterer kann der Lösung durch Ausschütteln mit Aether unter Zusatz von etwas Weingeist entzogen und durch Ausfällung des mit Wasser zersetzten Verdunstungsrückstandes mit Bleizucker, Zerlegung des Niederschlages unter heissem Wasser mit Schwefelwasserstoff, Nachwaschen des Schwefelbleis mit verdünntem Weingeist, Eindunsten der vereinigten Filtrate im Vacuum und Umkrystallisiren der erhaltenen krümlichen Krystallmasse aus heissem wässrigem Weingeist in farblosen flimmernden Kryställchen erhalten werden. Das Machromin färbt sich unter der Einwirkung von Luft und Licht bald dunkelblau. Auch seine heiss bereitete wässrige Lösung wird an der Luft bald blau und giebt dann mit Salzsäure einen amorphen indigoblauen Niederschlag; ebenso färbt sich die Lösung mit Ammoniak oder ätzenden Alkalien blau, ferner mit Eisenchlorid erst violettroth, dann königsblau. Die Lösung in conc. Schwefelsäure ist anfangs orangeroth, wird dann gelb, nach dem Erwärmen smaragdgrün und nach dem Uebersättigen mit Alkalien violett. Hlasiwetz und Pfaundler sind der Ansicht, dass das Machromin durch Wasserstoffaufnahme aus der als Spaltungsproduct der Moringerbsäure auftretenden Protocatechusäure nach der Gleichung: $2\,C_2H_6O_4 + 4\,H = C_{14}H_{10}O_5 + 3\,H_2O$ seine Entstehung nimmt. — Bei Behandlung von wässriger Moringerbsäure mit Natriumamalgam haben Hlasiwetz und Pfaundler neben Phloroglucin einen gleichfalls durch Wasserstoffaufnahme aus Protocatechusäure hervorgehenden amorphen Körper von der Formel $C_{14}H_{12}O_5$ erhalten. Beim Erhitzen von Moringerbsäure mit Chloracetyl wird ein Acetyl-Derivat, $C_{13}H_8(C_2H_3O)O_6 + \tfrac{1}{2}H_2O$, als dickflüssiges, in Wasser unlösliches Oel gebildet (Hlasiwetz und Pfaundler).

Benedict stellte ein Tribrommaclurin $C_{13}H_7Br_3O_6 + H_2O$ dar, erhielt bei Einwirkung verdünnter Schwefelsäure glatt Protocatechusäure und Phloroglucin, mit concentrirter Schwefelsäure Rufimorinsäure und Diphloroglucin. Das α Phloretin und α Maclurin von Hlasiwetz hält derselbe identisch mit Diphloroglucin. (Siehe auch Rothauer, Dissertation, über Maclurin, Tübingen, 1878, sowie die Arbeiten von Weselzky, Berl. Ber. 9. 217 über die Einwirkung von Kaliumnitrit und Toluidinnitrat auf Morin, von Baeyer, Ebend. 4. 664. über die Einwirkung von Phtalsäureanhydrid und Schwefelsäure auf Morin.)

Wagner hielt die Moringerbsäure isomer mit Morin, Hlasiwetz und Pfaundler stellten die oben angeführte Formel auf, Löwe stellt neue Formeln auf, die aber von Benedikt zurückgewiesen werden, auf Grund der Thatsachen, dass das Maclurin aus kohlensauren Erdalkalien die für ein einbasisches Maclurin erforderliche Menge Kohlensäure frei macht, ferner dasselbe sich glatt in Phloroglucin und Protocatechusäure spaltet.

Die Constitution ist demnach:

$$C_6H_3(OH)_2 \quad O \cdot C_6H_3 \diagdown^{O}\diagup_{CO \cdot OH}$$

die Salze folgendermassen zusammengesetzt: Barytsalz

$$C_6H_3(OH)_2 \quad O \cdot C_6H_3 \diagup^{OH}\diagdown_{CO \quad OBa}$$

Bleisalz von Hlasiwetz:

$$C_6H_3(OH)_2 \quad O \cdot C_6H_3 \diagdown^{O}\diagup_{CO \cdot O}\diagdown Pb,$$

von Löwe:

$$C_6H_3 \cdot {O \atop O}\!\!>\!Pb \qquad O \cdot C_6H_3 \diagup^{OPb \cdot OH}\diagdown_{CO \cdot OPb.}$$

c. Artocarpeae.

Antiaris.

Antiarin. $C_{14}H_{20}O_5$. — Literat.: Pelletier und Caventou, Ann. Chim. Phys. (2) 26. 57. — Mulder, Journ. pract. Chem. 15. 422. — De Vrij und E. Ludwig, ebendas. 103. 253.

Der giftige Bestandtheil in dem zur Darstellung des Pfeilgiftes Antjar und wahrscheinlich auch des Siren-Boom auf Borneo benutzten Milchsaft des sog. javanischen Giftbaums, *Antiaris toxicaria Leschen*, wurde zuerst durch Pelletier und Caventou isolirt, dann von Mulder genauer untersucht.

Man erhält ihn, indem man den durch Zusatz von Weingeist haltbar gemachten Milchsaft nach dem Abdestilliren des Weingeists und weiterem Eindampfen mit kochendem Weingeist erschöpft, den Auszug nach dem Erkalten, wobei er Wachs und Harz ausscheidet, zum Extract verdunstet, dieses in kochendem Wasser aufnimmt und das beim Erkalten der Lösung auskrystallisirende Antiarin durch Abspülen und Umkrystallisiren reinigt. Die Ausbeute beträgt 3,5 % des trocknen Saftes (Mulder). — De Vrij und Ludwig behandelten den beim Eindampfen des Milchsaftes bleibenden, etwa 38 % betragenden festen Rückstand zuerst mit Benzol oder leichtflüssigem Steinöl, wodurch etwa 30 % an Wachs, Harz und Caoutchouc gelöst wurden, dann mit absolutem Weingeist, der gegen 23 % in Lösung brachte. Der Verdunstungsrückstand der weingeistigen Lösung wurde in Wasser aufgenommen, die Lösung mit Bleiessig ausgefällt, das entbleite Filtrat zur

Krystallisation verdunstet und so etwa 4 % des eingetrockneten Saftes an
Antiarin gewonnen.

Das aus Wasser oder wässrigem Weingeist krystallisirte Antiarin bildet
farblose silberglänzende Blättchen, die 2 At. H_2O enthalten, welches bei 100°
entweicht. Es ist geruchlos, reagirt neutral, schmilzt bei 220°,6 zu einer
durchsichtigen, glasartig wieder erstarrenden Flüssigkeit und wird in höherer
Temperatur zersetzt. Die Krystalle lösen sich in 254 Th. Wasser von 22°,5
und in 27,4 Th. kochendem, ferner bei 22°,5 in 70 Th. Weingeist und in
2792 Th. Aether. Wässrige Säuren und Alkalien lösen es leichter als Wasser.
Conc. Salzsäure und Salpetersäure geben farblose, conc. Schwefelsäure gelbbraune Lösung. (Mulder.) Die wässrige Lösung wird durch Metallsalze
(De Vrij und Ludwig) und Gerbsäure (Mulder) nicht gefällt, reducirt
aber beim Erwärmen ammoniakalische Silberlösung.

Beim Erwärmen des Antiarins mit verd. Mineralsäuren wird es in
Zucker und ein sich ausscheidendes gelbes Harz gespalten. (De Vrij und
Ludwig.)

Antiarin tödtet nach Pelletier und Andral Kaninchen zu 15–30 Mgm.
in die Pleura gespritzt unter Erbrechen und clonischen Krämpfen in 4 Min.
Nach van Hasselt wirken schon 6 Mgm. von Wunden aus letal, nach
Mulder 0,25 Mgm. heftig toxisch. Es ist ein nach Art der Digitalisglykoside wirkendes Herzgift, welches wahrscheinlich das einzige toxische Princip
des Pfeilgifts Antjar und einiger diesem verwandten ostasiatischen Pfeilgifte
bildet. C. von Schroff (Med. Jahrb. 259. 1874) fand nach Infusion bei
Kaninchen und Hunden Blutdruckssteigerung und im letzten Stadium der
Antiarinwirkung Arhythmie neben Herabsetzung der Erregbarkeit der peripheren Vagusendigungen; der Herztod erfolgte dabei nach 0,2–0,36 Mgm.
bei Kaninchen in 12 Min., bei Hunden nach 1 Mgrm. durchschnittlich in
3—9 Min. J. Müller (Beiträge zur Antiarinwirkung. Bern 1873) constatirte,
dass Durchschneidung von Vagus und Sympathicus die nach Antiarin resultirende anfängliche Beschleunigung und spätere Retardation des Herzschlags
nicht beeinflusst und dass das fortpulsirende Herz eines an Erstickung zu
Grunde gegangenen Warmblüters durch locale Application von 0,01—0,05
Antiarin sofort zum Stillstand gebracht wird, wobei, wie bei der Antiarin-
vergiftung, die Ventrikel zuerst afficirt werden. Ueber die Wirkung des
Upas Antiar auf das Froschherz vgl. auch Foster (Journ. of Anat. 186.
April 1876), über dessen Einwirkung auf die Muskelaction Valentin (Arch.
ges. Physiol. 1. 455. 2. 518).

Antiaretin. — So wollen wir das von De Vrij und Ludwig in
dem Benzol-Auszuge des eingetrockneten Milchsafts von *Antiaris toxicaria*
(vergl. Antiarin) aufgefundene krystallisirbare Harz nennen. Wird der Verdunstungsrückstand dieses Auszuges mit Natronlauge verseift, die mit Kochsalz ausgesalzene Seife mit Weingeist ausgezogen und der beim Verdunsten
der weingeistigen Lösung bleibende Rückstand mit Aether behandelt, so
scheidet die ätherische Lösung beim Eindunsten weisse federförmige seideglänzende Krystalle ab, die erst weit über 100° schmelzen und sich aus
Aether, kochendem Weingeist oder Steinöl umkrystallisiren lassen. Die
Analyse ergab 83,86 % Kohlenstoff und 11,88 % Wasserstoff. In der Mutterlauge bleibt neben ölsaurem Natron noch ein amorphes Harz. (De Vrij und
Ludwig).

Galactodendron.

Der in Südamerika heimische Kuhbaum, Galactodendron utile, liefert beim Einschneiden in den Stamm einen der Thiermilch ähnlichen Saft von schwach saurer Reaction, beim Stehen an der Luft Coagulum ausscheidend. Boussignault (Compts. rend. 87. 577) untersuchte den frischen Saft und fand darin vorwiegend ein wachsartiges, bei 50^0 schmelzendes Fett, Zucker- und gummiähnliche Substanzen und einen Eiweisskörper, dem Albumin ähnlich, $0,5 \%$ Mineralbestandtheile.

Artocarpus.

Der Brodfruchtbaum liefert Früchte mit 40% Stärke, 3% Eiweiss, 19% Kleber und 63% Wasser.

Ficus.

Die Gattung Ficus gehört zu den Kautschuk liefernden Pflanzen, liefert in der Species Ficus Carica die reifen Blüthenboden, als Feigenfrucht vielfach bekannt, auch Schellack (Ficus Tsjela). Ficus rubiginosa enthält ein Harz, in welchem nachstehende Körper nachgewiesen wurden:

Essigsäure-Sycoceryläther. $C_{20} H_{32} O_2 = C_{18} H_{29} \quad O$

$C_2 H_3 O$. — Findet sich nach Warren de la Rue und Müller (Lond. R. Soc. Proc. 10. 298; Chem. Soc. Qu. J. 15. 62; auch Ann. Chem. Pharm. 116. 255 und Journ. pract. Chem. 139. 221) zu etwa 14% im Harz der in New South Wales wachsenden *Ficus rubiginosa.* Zur Darstellung entzieht man demselben durch kalten Weingeist das Sycoretin (s. dies.) und behandelt den Rückstand mit kochendem Weingeist, der den Aether löst und beim Erkalten auskrystallisiren lässt. Um ihn von einer gegen Ende des Krystallisirens sich beimengenden flockigen Substanz zu befreien, nimmt man die vor völligem Erkalten angeschossenen Krystalle in einer zur vollständigen Lösung nicht ganz genügenden Menge Aether auf, wobei die flockige Substanz zurückbleibt und bringt die Lösung zur Krystallisation.

Der Aether krystallisirt aus Weingeist in dünnen glimmerartigen Blättchen, aus Aether in flachen sechsseitigen spröden Tafeln, die beim Reiben sehr stark electrisch werden. Er schmilzt bei $118-120^0$, erstarrt aber erst bei 80^0 zu einer nur langsam wieder krystallinisch werdenden Masse. In höherer Temperatur destillirt er unverändert. Er reagirt neutral und ist unlöslich in Wasser, leicht löslich in Weingeist, Aether, Chloroform, Benzol, Essigsäure und Aceton. Seine weingeistige Lösung wird durch weingeistiges Blei- und Kupferacetat nicht gefällt.

Beim Behandeln mit Salpetersäure, sowie mit Chlor, Brom und Jod werden harzige Producte gebildet. Kochende Kalilauge ist ohne Einwirkung, aber eine Lösung von Natrium in Weingeist zerlegt schon bei 30^0 unter Bildung von Natriumacetat und Sycocerylalkohol, $C_{18} H_{30} O$. Dieser bildet dünne, wawellitartig gruppirte Krystalle, die bei 90^0 schmelzen, sich nur theilweise unzersetzt verflüchtigen, sich nicht in Wasser, leicht in Weingeist, Aether, Chloroform und Benzol lösen. (Warren de la Rue und Müller).

Sycoretin. — Zu etwa 30 % neben Essigsäure - Sycoceryläther
(s. dies.) und etwas Kautschuk im Harz von *Ficus rubiginosa*, den in kaltem
Weingeist löslichen Bestandtheil desselben bildend und daraus durch Wasser
wieder ausfällbar. Durch wiederholtes Lösen in Weingeist und Wiederausfällen durch Wasser wird es farblos erhalten. Es ist amorph, spröde, neutral,
wird beim Reiben sehr electrisch, schmilzt schon in kochendem Wasser, für
sich aber erst bei 300° und wird in höherer Temperatur zersetzt. Von
Wasser, wässrigen Säuren und Alkalien wird es nicht, von Weingeist, Aether,
Chloroform und Terpentinöl leicht gelöst. Blei- und Kupferacetat fällen seine
weingeistige Lösung nicht. Aus seiner grünen Lösung in conc. Schwefelsäure, die keinen Zucker enthält, fällt Wasser eine braune Substanz. Salpetersäure löst erst beim Kochen und erzeugt eine Nitroverbindung. (Warren
de la Rue und Müller).

Die reifen Blüthenboden von Ficus Carica sind reich an Zucker, der
unkrystallisirbar ist, enthalten Fett und Proteinstoffe sowie ein peptonisirendes
Ferment. (Siehe S. 240). (Albini, Gazz. chim. 1. 211).

Das Wachs von Ficus gummiflua hat F. Kessel (Berl. Ber. 11. 2113)
untersucht. Dasselbe, braun von Farbe, in Wasser dieselbe verlierend, enthält 2 Bestandtheile, einen in Aether leicht löslichen $C_{15}H_{30}O$, 73° Schmpkt.
und einen in Aether schwer löslichen $C_{37}H_{56}O$, Schmpkt. 62. —

Kautschuk.

In dem Milchsafte zahlreicher Pflanzen, besonders der Artocarpeen
(Ficus elastica, indica, Acropia), der Apocyneae (Unceola, Hancornia), der
Euphorbiaceae (Siphonia, Hevea) findet sich die Kautschukmasse in ähnlicher Weise wie die Butter in der thierischen Milch. Dieser Milchsaft, der an
der Luft beim Stehen gerinnt, enthält nach Faraday 31,7% Kautschuk,
7,1 Bitterstoff, Eiweiss 1.9. Der Saft des Stammes von Ficus enthält Kautschuk, die Blätter und Zweige dagegen ein Harz. Die Handelssorten des
Kautschuk, wie solche bei uns eintreffen, sind keine reine Kautschuksubstanz,
sondern enthalten noch sämmtliche Beimengungen des Saftes. Die Reindarstellung führt Faraday dadurch aus, dass er den Saft mit der 4fachen
Menge Wasser verdünnt, den sich ausscheidenden Rahm mit Wasser und
verdünnter Salzsäure wäscht und hierauf auf poröser Unterlage trocknet,
oder man benutzt die Methode Payen's (Compt. rend. 34 2), welcher den
rohen Kautschuk in kleineren Stücken trocknet und mit dem 5fachen Gewichte
wasserfreiem Schwefelkohlenstoff übergiesst, allmälig mit 6% absolutem Alkohol versetzt und diese Lösung in das doppelte Volumen Alkohol eingiesst,
wodurch der Kautschuk gefällt wird. Der reine Kautschuk ist bei gewöhnlicher Temperatur weich, spec. Gew. 0,94, struckturlos, leitet die Electricität
nicht, wird durch Reiben electrisch, ist diffusionsfähig für Flüssigkeiten,
Gase (Aronstein, Lirks Zeitschr. Chem. 1865. 260. — Graham, Poggend.
Annal. 129. 548), unlöslich in Wasser. Die Lösungsmittel desselben veranlassen eine unvollständige Lösung, indem der gelöste Theil den nur aufgequollenen Theil suspendirt enthält. Solche Lösungsmittel sind Aether (66%),
Terpentinöl (49%), Schwefelkohlenstoff, besonders Mischung von 100 Th.
Schwefelkohlenstoff mit 6—8 Th. absoluten Alkohols, ferner schmelzendes
Naphtalin, die Steinkohlentheeröle, Lavendelöl, etc. Kautschuk schmilzt bei
120°, nimmt Theerconsistenz an und bleibt nach dem Erkalten schmierig.

Von den verdünnten Säuren, Alkalien, concentrirter Salzsäure und Salzsäuregas wird Kautschuk wenig angegriffen, dagegen energisch von concentrirter
Schwefelsäure, Chlorgas und concentr. Salpetersäure unter Bildung von Stickstoff, Kohlensäure, Cyanwasserstoff, und eines fettartigen Körpers, der in
Camphresinsäure übergeht (Schwanert, Ann. Chem. Pharm. **128**. 123).
Gegen Schwefel zeigt derselbe ein eigenthümliches Verhalten, er wird elasti-
scher und behält diese Elastizität von — 20 bis + 180°, widerstandsfähiger,
so dass er dadurch die mannigfaltigste Verwendung in der Industie, dem gewöhnlichen Haushalte, chemischen Laboratorien, sowie auch in der Medicin
erhalten hat. (Vulcanisiren des Kautschuk's.)

Der gereinigte Kautschuk ist eine Verbindung von Kohlenstoff mit
Wasserstoff und besitzt nach Payen und Faraday die Formel C_4H_7, nach
Soubeiran C_6H_{10}, oder nach Williams C_5H_8 (Journ. chem. Soc. **15**. 110. 121.
Journ. pr. Chem. **83**. 188). Die Produkte der trocknen Destillation sind von
folgenden Forschern untersucht worden: Cloëz & Girard, Compt. rend.
50. 874, Williams (siehe oben), Himly, Ann. chem. Pharm. **27**. 40, Dalton,
Journ. pr. Chem. **10**. 121, Gregory, ebendas. **9**. 387, Bouchardat, Bull.
soc. chim. (2) **24**. 108; Berl. Ber. **8**. 904; Compt. rend. **89**. 1117.

Wenn auch die hierbei gewonnenen Resultate durchaus nicht übereinstimmend sind, so möge dennoch eine kurze Uebersicht der wesentlichen
Resultate versucht werden. Unter den Produkten des Destillationsprocesses
sind Kohlensäure, Salzsäure, Schwefelwasserstoff, Kohlenoxyd flüssige Produkte (das Kautschuköl, Kautschukin, das Kautschuk sehr gut löst), welche
bei Temperaturen von 33—215° und höher die verschiedensten Produkte
liefern. Himly giebt den bei 33—44° siedenden Theilen den Namen Fara-
dayin, 0,654 spec. Gew., den schwer flüchtigen Krautschin von der Formel
$C_{10}H_{16}$, 171° Sdpkt. Bouchardat unterschied zuerst in den flüchtigsten
Theilen, Butylen C_4H_8, (Kautschen) isomer mit Butylen, und Eupion, in
den schwerer flüchtigen Theilen, bei 315° siedend, das Heveen. Williams
isolirte durch Fractionnirung aus den leichten Oelen das Isopren, C_5H_8,
0,622 spec. Gewicht., 37° Sdpkt. Bouchardat's weitere Studien stellen fest,
dass sämmtliche Destillationsprodukte Polymere des Isoprens sind, indem
er Isopren in einer Kohlensäureatmosphäre auf 280—290° erhitzt, wobei
dasselbe theilweise in einen Kohlenwasserstoff, $C_{10}H_{16}$, theilweise in höher
siedende Produkte verwandelt wird. Der Kohlenwasserstoff siedet bei 176
—181°, spec. Gew. 0,854 und liefert in Salzsäuregas in ätherischer Lösung
2 Chlorhydrate $C_{10}H_{16}$, HCl, $C_{10}H_{16}$, 2 HCl. Es gelang sogar, durch Einwirkung von flüssiger Salzsäure auf Isopren künstlichen Kautschuk herzustellen, d. h. einen Körper der alle Eigenschaften des natürlichen Kautschukes
besitzt. (1 Th. Isopren + 12—15 Th. bei 0° gesättigte HCl im geschlossenen
Rohre in einer Kältemischung). Girard (Zeitschr. f. Chem. 1869. 66. 1871.
335. Bullet. soc. chim. **21**. 220) hat aus Kautschuk noch folgende interessante Körper isolirt:

Dambonit. $C_8H_{16}O_6 + 3H_2O$. — Der Dimethyläther der Dambose
$C_6H_{10}(CH_3)_2O_6 — 3H_2O$, aus Kautschuk von Gabon durch Auspressen und
Verdampfen des Saftes gewonnen. Prismen, Schmpkt. 195°, sublimirt bei
200°, optisch inaktiv, liefert mit Salzsäure Oxalsäure und Ameisensäure, zerfällt mit Jodwasserstoff in Jodmethyl und Dambose. —

Bornesit. $C_7 H_{24} O_6$. — Der Monomethyläther der Dambose, $C_6 H_{11}$ $(CH_3) O_6$, im Kautschuk von Borneo beobachtet und, wie bei Dambonit angegeben, isolirt. Rhombische Prismen, 175° Schmpkt., sublimirbar, leicht löslich in Wasser, Rechts drehend, liefert mit Salpeterschwefelsäure eine Nitroverbindung und mit Jodwasserstoff wie oben Dambose.

Dambose. $C_6 H_{12} O_6$. — Diese Zuckerart entsteht am besten aus Dambonit mittelst rauchender Jodwadserstoffsäure und Fällen mit Alkohol, bildet sechsseitige Prismen, Schmpkt. 212°, optisch inaktiv, leicht löslich in Wasser, unlöslich in absosutem Alkohol. Salzsäure liefert damit Oxalsäure, ammoniakalische Bleizuckerlösung fällt denselben, neutrale nicht, derselbe ist nicht gährungsfähig und giebt Schwefelsäure eine Sulfonsäure.

Matesit. $C_{10} H_{20} O_9$. — Dieser Stoff, aus Kautschuk von Madagaskar, wie oben erwähnt, isolirt, bildet Krystallwarzen, Schmpkt. 181°, sublimirbar, leicht löslich in Wasser, weniger leicht in Alkohol, rechts drehend, liefert mit Jodwasserstoff Jodmethyl und **Matezodambose**, isomer mit Dambose.

Medicinischer Gebrauch. Die mannichfachen Verwendungen des Kautschuk sind bekannt. In der Medicin und Chirurgie findet Kautschuk und namentlich vulkanisirtes Kautschuk besonders als Material zu vielen Instrumenten und Apparaten (Schlundsonden, Kathetern, Bougies, Pessarien, Saughütchen, Brustwarzendeckeln, Luftkissen, elastischen Binden, Gummistrümpfen, Saugpumpen u. s. w.) Anwendung. Der innerliche Gebrauch des früher mit Unrecht für giftig gehaltenen Stoffes (Tussac) zu 0,1—0,2 Gm. mehrmals täglich gegen Phthisis, von M. Haller (Oesterr. Wchschr. 25. 27. 28. 1845) empfohlen, ist bald verlassen, weil man sich überzeugte, dass die gereichten Pillen und Kautschukblättchen (Leroy) mit dem Stuhlgange unverändert wieder abgingen. Eine Lösung in 2 Th. Terpentinöl substituirte Hannon (Presse méd. Belge. 1861. 6) als Mittel gegen profuse Bronchialsecretion und Phthisis, das er zu 1—5—6 Gm. auf 30 Gm. Roob Sambuci nehmen liess, dem reinen Kautschuk; doch ist in dem Mittel wohl nur das Terpentinöl wirksam (J. Clarus). Eine Lösung in Ammoniak oder Chloroform ist zur Bildung einer impermeablen Decke gegen Erysipel, Verbrennung, Hauteruptionen benutzt und dient zur Befestigung des Senfmehls in Rigollot's Senfpapier. Zur Darstellung eines fest anhaftenden und nicht leicht abfallenden Pflasters benutzte Mille mit 10 Gewichtstheilen Oleum Terebinthinae digerirtes Kautschuk.

d. Cannabineae.

Cannabis.

Der gewöhnliche Hanf, Cannabis sativa, wurde mit Berücksichtigung der Mineralbestandtheile wiederholt von Kane, Reich, Schlesinger (Journ. pr. Chem. 32. 355, Rep. Pharm. 71. 190, Ann. Chem. Pharm. 50. 416) untersucht. Fettes Hanföl. Anderson wies in den Samen 31,8% Fett nach, dem Lefort die Formel $C_{11} H_{23} O_2$ giebt, (Journ. pr. Chem. 58. 139) und das grünlichgelb von Farbe, mildem Geschmacke, spec. Gew. 0,928 ist. Dasselbe ist in 30 Theilen Alkohol löslich, trocknend, schwierig verseifbar. — Die kaum verblühte Aetherisches Hanföl. Pflanze liefert ein ätherisches Oel, (0,3%) blassgelb, nach Personne aus Cannaben $C_{18} H_{20}$ und Cannabenwasserstoff bestehend $C_{18} H_{22}$, fest, krystallinisch. L. Volente (Gazz. chim. 10. 540) hat aus Cannabis sativa ein ätherisches Oel dargestellt, Sdpkt. 256—258°, 0,9289 sp. G., $C_{15}H_{24}$, Rotationsvermögen $(\alpha)_D = -10,81$. — Im indischen Hanf ist dasselbe Oel enthalten.

Ein harziges, braunes alkoholisches Extrakt halten T. und H. Smith, für das wirksame Präparat des indischen Hanfes, dessen Spitzen vor Beginn der Fruchtentwicklung nach dem Trocknen für sich, oder mit Tabak gemengt, auch in anderer Zubereitung den Hashish, jenes indische Narcoticum, liefert. Aus diesem harzigen Extrakte, Cannabin genannt, hat Martius (Studien über Hanf. Erlangen 1855) ein bitter schmeckendes in Alkohol, Aether und ätherischen Oelen lösliches Harz als wirksamen Bestandtheil isolirt, das mit Salpetersäure ein krystallinisches Produkt, das Oxycannabin, $C_{20}H_{20}N_2O_7$ liefert. Der wirksame Bestandtheil des indischen Hanfes ist noch nicht mit Sicherheit festgestellt; Peltz (Pharm. Zeitchr. Russl. 15. 705) nimmt nach einer Arbeit von Preobraschensky (Dorpat. Dissertation 1876) einen alkaloïdähnlichen Körper, Nicotin?, als wirksamen Bestandtheil an. L. Siebold und Brodbury (Pharmac. Journ. Trans. (3) 590. 1881. 326) haben mit Bezugnahme auf diese Angabe den indischen Hanf einer Prüfung unterzogen und die Methode in Anwendung gezogen, welche bei Darstellung von Coniin oder Nicotin benutzt wird (Destillation des wässrigen Auszuges mit Alkali, Behandeln des Destillates mit Oxalsäure, Trennung des Ammonoxolates mit Alkohol etc. etc.). Dieselben erhielten ein Alkaloid von dicker, öliger Consistent, von gelber Farbe, über Schwefelsäure zu einem durchsichtigen Firniss austrocknend, das Salze bildet, mit Platinchlorid eine gelbe Fällung giebt, die sich beim Erhitzen wieder löst, dann beim Erkalten ausscheidet, Fällungen mit Jod in Jodkalium, Quecksilberchlorid, Tannin, Chlorwasser mit concentr. Mineralsäure keinerlei Färbung giebt. Dasselbe wird Cannabinin vorläufig genannt und unterscheidet sich von Coniin oder Nicotin durch die physikalische Beschaffenheit, die Platinchloridreaktion, Reaktionen mit Tannin und Chlorwasser. — Godeffroy hat einen Haschisch aus Cairo analysirt (Zeitschr. östr. Apothekver. 12. 399). Auffallend ist der hohe Gehalt des indischen Hanfes an salpetersaurem Kali.

Humulus.

Die Hopfenpflanze, Humulus Lupulus, liefert in ihren weiblichen, unbefruchteten Blüthenkätzchen, dem Hopfen, das wichtige Rohmaterial für die Bierfabrikation. Diese Kätzchen oder Dolden enthalten ferner unter den dachziegelförmigen Blättchen oder Schuppen goldgelbe, kleine klebrige Körner, Drüsen, die sich durch Abklopfen oder Sieben von den Blüthen trennen lassen. Diese Körner führen den Namen Lupulin, oder Hopfenmehl. Die chemische Charakteristik der einzelnen Hopfenbestandtheile ist trotz der zahlreichen Arbeiten, welche vorliegen, noch eine mangelhafte.

Arbeiten über die Mineralbestandtheile des Hopfens liegen vor von Lermer (Chem. Centralbl. 1865. 32), der 8% Asche in bei 100° getrocknetem Hopfen nach wies, ferner von Way & Ogston, F. C. G. Wheeler, H. Watts, M. Lienert (J. Chem. Min. 1847, 1072. 1849. 1850. 1865. 636; Journ. pr. Chem. 44. 124; Chem. Centrbl. 1870. 180), Giebert, Werner (Jahresb. Agriculturchem. S. 114. 70. 69). Hopfenanalysen sind von E. Peters, v. Gohren, (Jahresb. Agriculturchem. S. 114; 9. 105; 5. 58. Biscel, Americ. Journ.

Pharm. (4) 49) u. A. ausgeführt worden. Ives (Americ. Journ. of scienc. 2. 303) beobachtete zuerst das Lupulin, welches nach ihm 5 Th. Gerbstoff, 11 Th. Bitterstoff, 12 Th. Wachs, 36 Th. Harz in 120 Th. enthält.

Aetherisches Hopfenöl.

— Durch Destillation mit Wasser lässt sich aus dem Lupulin nach Payen & Chevallier (Journ. Pharm. (2) 8. 214. 533) 2%, aus den Hopfenzapfen nach v. Wagner (Journ. prakt. Chem. 58. 352) 0,8% eines ätherischen Oeles herstellen, wasserhell, dünnflüssig, von scharfem, brennendem Geschmack, spec. Gew. 0,91, 125—135° Sdpkt.

Nach v. Wagner besteht dasselbe aus einem sauerstofffreien Campher $C_{10}H_{16}$, Sdpkt. 175° und einem sauerstoffhaltigen Oele $C_{10}H_{18}O$, Sdpkt. 210°. Personne (Journ. Pharm. (3). 26. 241. 329. 21) erhielt bei der Oxydation mit Salpetersäure daraus Valeriansäure und ein gelbes Harz, beim Auftröpfeln auf schmelzendes Kali valeriansaures und kohlensaures Kali und einen Körper C_5H_8, und betrachtet dasselbe als ein Gemenge von $C_{10}H_{16}$ und Valerol $C_{12}H_{10}O$. Kühnemann (Berl. Ber. 10. 2231) hält das ätherische Hopfenöl für ein Gemenge mehrerer Kohlenwasserstoffe und sauerstoffhaltiger Körper und behauptet, dass das Oel aus geschwefeltem Hopfen mit Säuren Schwefelwasserstoff liefere. —

Hopfenharz.

— Der Hopfen enthält circa 14% eines Harzes, das bei der Bierfabrication in der Würze des Bieres reichlich gelöst wird und bei der Gährung der Würze neben dem Oele des Hopfens sicher eine wichtige Rolle spielt, von bitterem Geschmacke, von der Zusammensetzung nach Vlandeeren (J. Chem. Min. 1858. 448) $C_{54}H_{70}O_{11}\,.\,H_2O$.

Hopfengerbsäure. Hopfenbitter.

— Die sogen. Hopfengerbsäure ist von v. Wagner zuerst, der 2—5 % in den Hopfensorten annimmt, untersucht worden, der sie für identisch mit der Moringerbsäure hielt. C. Etti (Ann. Chem. Pharm. 180. 223. Dingl. Journ. 228. 354) hat sich eingehend mit der Untersuchung der Hopfenzapfen, spec. der Gerbsäure beschäftigt. Derselbe extrahirte den Hopfen zuerst mit Aether, dann mit 70 % Alkohol, welche Lösung fractionirt mit Bleiacetat gefällt wurde. Die letzte Fällung, mit Schwefelwasserstoff in wässriger Lösung zerlegt, wurde verdampft und mit Essigäther die Gerbsäure aus diesem Rückstande extrahirt. Die so erhaltene Gerbsäure ist rehfarben, in Wasser, Alkohol, Essigäther löslich, unlöslich in Aether und giebt in wässriger Lösung Fällungen mit Eiweisslösung, Chlornatrium, Mineralsäuren, nicht mit Brechweinsteinlösung. Mit Eisenchlorid wird dieselbe grün und reducirt alkalische Kupferlösung. Mit verdünnter Schwefelsäure wurde Zucker erhalten, mit Kali geschmolzen Phloroglucin und Protocatechusäure gebildet. Die Formel $C_{25}H_{24}O_{13}$ stellte der Verfasser auf und hält diese Gerbsäure für identisch mit der Gerbsäure der Eichenrinde, der Rathaniawurzel, des Rhizomes von Filix mas und der Rinde von China nova. Auf Grund späterer Arbeiten wird von Etti die Gerbsäurenatur dieses Körpers bezweifelt, da Leimlösungen die wässrige Lösung der sogen. Gerbsäure nicht fälle und ferner beim Erhitzen bis auf 120—130° unter Wasserverlust, auch beim längeren Erhitzen der alkoholischen Lösungen unter Rothfärbung einen Körper liefere, der Leimlösung fällt und Phlobaphen der Hopfenzapfen genannt wird.

Die Formel dieses Phlobaphens, das in dem Hopfen fertig gebildet vorkommen soll und zwar in dem rothen mehr als in dem grünen, $C_{50}H_{46}O_{25}$ erklärt sich durch die Bildung aus 2 Molek. Gerbsäure unter Austritt von 1 Molek. H_2O. (Hinsichtlich der Darstellung desselben siehe die Originalarbeit). —

Hinsichtlich des Hopfenbitters machte Etti die Beobachtung, dass die ätherische Lösung der Hopfenzapfen neben ätherischem Oele, dem Wachs, Chlorophyll, ein weisses krystallinisches und ein braunes Harz enthalte, welch' letzteres den Bitterstoff einschliesse. Der Rückstand der ätherischen Lösung, mit 90 % Alkohol behandelt, nimmt das braune Harz und den Bitterstoff auf. Zur Trennung der beiden wird die alkoholische Lösung so lange mit Wasser verdünnt, als sich braunes Harz abscheidet, das wieder in Alkohol gelöst und mit Wasser vermischt wird, welche Manipulation überhaupt so lange fortgesetzt wird, bis das Harz von Bitterstoff frei ist. Die wässrigen Lösungen im Vacuum abgedampft, werden mit 90 % Alkohol wieder aufgenommen, wiederholt verdunstet und aufgenommen, bis sich beim Verdampfen Krystalle bilden, welche den Bitterstoff repräsentiren.

Aus diesen Beobachtungen schliesst der Verfasser, dass die Annahme, als ob das bittere Harz des Hopfens nur mit Hilfe von Zucker, Gerbsäure, Gummi, ätherischem Oele etc. in Lösung gebracht werden könne, unrichtig ist. Das amorphe, braune Harz und das Hopfenbitter sind 2 verschiedene Substanzen. —

Es gelang 1863 Lermer (Dingl. polytechn. Journ. **169**. 54; auch Viertelj. pract. Pharm. **12**. 504) den als schwache Säure fungirenden Bitterstoff des Hopfens, der Früchte von *Humulus Lupulus L.*, im reinen Zustande darzustellen. — Man erschöpft frischen Hopfen mit seinem 4fachen Gewicht Aether, behandelt den schwarzgrünen schmierigen Destillationsrückstand des Auszugs mit kaltem 90proc. Weingeist, wobei Wachs ungelöst bleibt, und nimmt den Verdunstungsrückstand der weingeistigen Lösung wieder in Aether auf. Die ätherische Lösung wird zur Entfernung harziger Stoffe wiederholt und so lange mit sehr starker Kalilauge geschüttelt, als diese sich noch gelb färbt und dann mit reinem Wasser behandelt, welches den an Kali gebundenen Bitterstoff aufnimmt. Man fällt die wässrige Lösung mit Kupfervitriol, löst den mit etwas Aether gewaschenen Niederschlag in mehr Aether und zersetzt durch Schwefelwasserstoff. Der beim Verdunsten des ätherischen Filtrats im Kohlensäurestrom hinterbleibende Syrup erstarrt beim Stehen zu einem Krystallbrei, aus welchem man die braune Mutterlauge durch Anrühren mit Nitrobenzol und Auftragen auf eine Gypsplatte entfernt. — In die zum Ausschütteln des Harzes dienende Kalilauge geht ein nicht näher untersuchter in feinen weissen Nadeln krystallisirender Körper über und im Aether steckt nach dem Ausziehen des Hopfenbitterkalis noch ein dritter als weiche Krystallmasse hinterbleibender Körper.

Das Hopfenbitter krystallisirt in stark glasglänzenden spröden rhombischen Säulen, die für sich geschmacklos sind, aber in weingeistiger Lösung stark und rein bitter schmecken und saure Reaction zeigen. Es löst sich nicht in Wasser, dagegen sehr leicht in Weingeist, Aether, Chloroform, Schwefelkohlenstoff, Benzol und Terpentinöl. An der Luft wird es bald gelb, weich und zum Theil amorph. — Für die Kupferverbindung berechnet Lermer die Formel $C_{16}H_{25}CuO_4$.

Hopfenbitter. Die neuesten Arbeiten von M. Issleib (Arch. Pharm. **13.** 345) über Hopfenbitter und Harze geben uns zuverlässigere Mittheilungen über den Bitterstoff des Hopfens, der in den Zapfen in einer Menge von 0,004 %, in den Drüsen von 0,11 % enthalten ist. Aus letzteren wird derselbe am besten dargestellt, indem dieselben, mit Quarzsand zerrieben, mit kaltem Wasser erschöpft werden. Diese Auszüge werden solange mit Thierkohle digerirt, bis der bittere Geschmack verschwunden ist, die Thierkohle, welche den Farbstoff aufgenommen hat, mit Alkohol ausgekocht, der Alkohol abdestillirt und der Rückstand mit Wasser aufgenommen zur Abscheidung des Harzes und die wässrige Lösung mit Aether ausgeschüttelt, der den Bitterstoff aufnimmt. Die ätherische 'Lösung hinterlässt denselben nach dem Verdampfen als hellgelben, amorphen, in Wasser, Alkohol, Benzol, Schwefelkohlenstoff, Aether löslichen Körper von der Formel $C_{29}H_{46}O_{10}$. Mit verdünnter Schwefelsäure zerfällt der Bitterstoff in 2 Spaltungsproducte ohne Zuckerbildung:

$$2(C_{29}H_{46}O_{10}) + 3H_2O = C_{10}H_{16}O_4 + C_{48}H_{82}O_{19}.$$

Lupuliretin   Lupulinsäure.

Lupuliretin.
Lupulinsäure. Das Lupuliretin ist ein braunes aromatisch riechendes Harz, amorph; die Lupulinsäure giebt mit Baryum ein krystallisirbares Salz. Verfasser spricht die Ansicht aus, dass das Lupuliretin zu dem Harze und ätherischen Oele des Hopfens in Beziehung stehe.

Hopfenharz. $C_{10}H_{14}O_3 + H_2O = C_{10}H_{16}O_4$ (Lupuliretin),
— Das Hopfenharz entsteht durch Oxydation des ätherischen Oeles:
$C_{10}H_{18}O + 4O = C_{10}H_{14}O_3 + 2H_2O$. — Der in Aether unlösliche
Körper, der im Wasser zurückblieb, wurde mit der Formel $C_{10}H_{18}O_6$
belegt und lässt sich ebenfalls durch Oxydation (mittelst 5O) ent-
standen denken, so dass die Annahme gestattet ist, dass bei der
Oxydation des ätherischen Hopfenöles zuerst Harz, dann der noch
sauerstoffreichere, in Aether unlösliche Körper entsteht.

Hopfenwachs. — Der Inhalt der Hopfendrüsen besteht nach
Lermer vorwiegend aus Wachs, das aus Palmitinsäure — Melissi-
nester besteht, ausserdem palmitinsaurem Myricyl. —

Alkaloïde des Hopfens. — Nach V. Griessmayer (Dingl.
Journ. **212.** 67) sollen in den Hopfensorten 2 Alkaloïde enthalten
sein, ein flüssiges und auch wahrscheinlich ein festes, krystallisirendes, mit Wasserdämpfen destillirendes. Auch wurde von demselben Trimethylamin als Bestandtheil des Hopfens nachgewiesen. —
Bei der Destillation des Lupulins (der Drüsen) beobachteten Winkler
und Personne Valeriansäure. (Compts. rend. **38.** 309. — J.
Chem. Min. 1861. 778).

V. Griessmayer hat in dem Hopfen Rechtstraubenzucker,
circa 3 %, nachgewiesen.

II. Ulmaceae.

Ulmus.

Die Gerbsäure der Ulmenrinde wurde von Johansen (Dissertation.
Dorpat. 1875) näher untersucht, jedoch nicht rein dargestellt. Die Uebereinstimmung mit Eichen- und Weidenrindengerbsäure scheint vorzuliegen, mit
dem Unterschiede, dass Eisenchlorid mit diesem Gerbstoff eine schmutzig
grüne Farbe giebt. Kali liefert mit dieser Gerbsäure Brenzcatechin, Essig-
Buttersäure. (Aschenanalysen der Rinde von Church, Jahresb. Agricchem.
18. 132).

III. Platanaceae.

Platanus.

Aus den Knospen der Platane (Platanus orientalis) haben E. Schulze
und Barbieri (Berl. Ber. 14. 1602) neben Asparagin Allantoïn nachgewiesen. Die jungen Platanentriebe wurden getrocknet, mit heissem
Wasser extrahirt, diese Lösung mit Bleiessig gefüllt, das Filtrat entbleit und concentrirt. Nach 12 - 24 stündigem Stehen krystallisirte ein
Gemenge von Allantoïn und Asparagin heraus, welche leicht durch fractionnirte

Krystallisation getrennt werden können oder auch dadurch, dass Asparagin eine schwerlösliche Kupferverbindung bildet. Das Allantoïn, $C_6H_4N_4O_3$, krystallisirt in glasglänzenden Prismen, schwer löslich in Wasser (1 186), leicht löslich in heissem Wasser, wenig in Alkohol, löslich in Kalilauge, daraus fällbar mit Essigsäure. Charakteristisch ist besonders zur Erkennung von Allantoïn die Fähigkeit desselben, mit salpetersaurem Quecksilberoxyd eine weisse Fällung zu geben, sowie auch mit ammoniakalischer Silberlösung. Mit Barytwasser erhitzt entstehen nach Baeyer Ammon, Oxalsäure, Kohlensäure, Hydantoïnsäure, mit Jodwasserstoff Hydantoïn und Harnstoff. Die Ausbeute an Allantoïn betrug in den Platanentrieben $0{,}5 - 1\,\%$ an lufttrocknem Materiale. —

3. Centrospermae.

I. Polygonaceae.

Die dieser Pflanzenfamilien angehörigen Gattungen sind sämmtlich reich an Oxalsäure, speziell oxalsaurem Kalke, der sich in den Wurzeln besonders anreichert. Als charakteristische Bestandtheile sind zu nennen Chrysophansäure, Gerbsäure, auch Indigo. — Die Gattung Polygonum ist reich an Stärke in den Wurzelstöcken und Samen, Polygonum tinctorium liefert Indigo, Polygonum barbatum ist Färberpflanze. Die Samen von Polygonum fagopyrum, tataricum (der Buchweizen) enthalten nach W. Pilletz (Zeitschr. anal. Chem. 1872. 46) $77{,}64\%$ Stärkmehl, $2{,}89\%$ Fett, $4{,}67\%$ Proteïnstoffe, $1{,}7\%$ Asche. Die Gattung Rumex ist besonders reich an Oxalsäure in den einzelnen Pflanzentheilen, Rumex Acetosa (Sauerampher) enthält nach A. W. Dahlen (Landw. Jahrb. 1874. 321 und 723) $92{,}18\%$ Wasser, $0{,}479$ Fett, $0{,}821$ Asche, $2{,}421\%$ Proteïn. Rumex patientia 93% Wasser, $2{,}1\%$ Proteïn, $0{,}29\%$ Fett.

Coccoloba uvifera lieferte früher das westindische Kino, das jetzt aus dem Handel verschwunden ist.

Rheum.

Die Wurzeln der einzelnen Species der Gattung Rheum, welche als Rhabarberwurzeln medicinische Bedeutung besitzen, sind vielfach Gegenstand chemischer Untersuchung gewesen. Die älteren Arbeiten von Herberger, Brandes, Geiger, Rebling, Hornemann, Henry, Luca, Bley und Diesel über die Zusammensetzung der Wurzeln dürften hier in ihren Einzelnheiten übergangen werden. Eingehende Untersuchungen liegen von Dragendorff (Pharm. Zeitschr. Russl. 17. 65 u. 97) vor, nachdem die chemische Differenzirung der Rhabarberbestandtheile mehr geklärt war, der 5 Rhabarbersorten analysirte mit folgendem allgemeinen Resultate: Feuchtigkeit $8{,}6-11{,}2\%$, Mineralbestandtheile $3{,}2-24\%$ Schleimstoffe (Arabinsäure, Paraberabinsäure, Pectinstoffe etc.) $11-17\%$, Zucker $3{,}9-5{,}5\%$, Zellstoff $4{,}2-8{,}6\%$, Aepfelsäure und Oxalsäure $1{,}2-5{,}6\%$, Chrysophan und Gerbstoff $4{,}83-17{,}13\%$, Rheumharze $1{,}15-6{,}29\%$.

M. J. Schmidt (Geneesk. Tijdschr. 98. 1874) hat chinesische und javanische Rhabarber untersucht mit folgendem Resultate:

	Chinesisch	javanisch
Gerbsäure	2,106 %/5	0,43 %
Phaeoretin	0,65	0,09
Chrysophan	0,05	0,10
Chrysophansäure	4,70	1,64
Emodin	0,50	2,00
Asche	12,15	6,2—6,9.

Skraup (Wien. Acad. Anzeiger 118. 1874) zeigt, dass die östreichische Rhabarberwurzel mindestens ebensoviel Chrysophansäure und Emodin enthält, wie die chinesische.

Zur Werthbestimmung eines Rhabarber benutzt Hussonfils (Union pharm. 16. 99) die Fähigkeit seiner Abkochung, Jod in einer Form zu binden, welche nicht gefärbt ist.

Chrysophansäure. $C_{15}H_{10}O_4$. — (Rheïn, Rheïnsäure, Chrysophan, Rheïngelb, Parietinsäure, Rhabarberin, Rheumin, Lapathin, Rumicin, Rhabarbersäure, Rhaponticin). Literat.: Brandes, Geiger, Dulk, Rochleder nnd Heldt, Schlosberger und Döpping, Thann, Graebe und Liebermann, Ann. Chem. Pharm. 9. 35. 9. 90. 304. 48. 12. 50. 215. 107. 324; Supplb. 7. 306. — Hornemann, Jahrb. Pharm. 1822. 262. — Herberger, Buchn. Repert. 67. 179. — Thomsen, Jahresb. Berzel. 25. 679. Grothe, Pogg. Ann. 113. 190. — Pilz, Journ. pr. Chem. 84. 336. — Warren de la rue und Müller, Journ. pr. Chem. 73. 433. — Rochleder, Berl. Ber. 1869. 373. — Skraup, Wien. acad. Ber. 1874. 238. — Liebermann und Fischer, Berl. Ber. 8. 1102. — Liebermann und Giesel, Ebend. 8. 1643. — Liebermann und Seidler, Ebend. 11. 1603. — E. Kreussler, Pharm. Zeitschr. Russl. 17. 257. 289. 321. 353. — Bourgoin und Bouchut, Compt. rend. 73. 1449. — Kubly, Zeitschr. Pharm. Russl. 6. 603. — J. Laker Macmillon, Pharm. Journ. Trans. (3) 455. 755. — H. Enell, Ebend. 9. 363. — Rosenstiehl, Berl. Ber. 7. 1547. — Petersen, Ebend. 4. 304. — Liebermann und Troschke, Ebend. 8. 382.

Die schon 1819 von Schrader in der *Parmelia parietina Ach.* Vorkommen. wahrgenommene, aber daraus erst 1843 von Rochleder und Heldt rein dargestellte und untersuchte Chrysophansäure (von χρυσός, Gold, und φαινω, ich scheine) wurde später von Thompson noch in einer anderen Flechte, der *Squamaria elegans,* dann von Schlossberger und Döpping in dem Rhabarber, den Wurzeln verschiedener *Rheum*-Arten, von Geiger, v. Thann und Grothe in den Wurzeln, in geringerer Menge in den Blättern und Blüthenstielen verschiedener Species der Gattung *Rumex* aufgefunden. Die Chrysophansäure ist ferner noch nachgewiesen in Rumex obtusifolius, patientia, palustris, acutus, in den Sennesblättern. Die Identität von Rumicin und Lapathin mit Chrysophansäure wurde von Thann festgestellt. Nach Th. Peckolt (Arch. Pharm. (2) **134**. 37) soll sie sich auch in der Rinde der brasilianischen *Cassia bijuga Vogel* finden, eine Angabe, die um so mehr der Bestätigung bedarf, als auch ihr von Martius angenommenes Vorkommen in den von mehreren anderen *Cassia*-Arten abstammenden Sennesblättern widerlegt worden ist.

Bildung.

Nach Kubly findet sich die Chrysophansäure nur in geringer Menge fertig gebildet im Rhabarber, entsteht jedoch durch Abspaltung aus dem enthaltenen Glycosid Chrysophan.

Darstellung.

Zur Darstellung extrahirt man *Parmelia pariëtina* oder gepulverte Rhabarberwurzel mit schwachem kalihaltigen Weingeist, sättigt die abgeseihte und abgepresste Flüssigkeit mit Kohlensäure, löst den entstandenen Niederschlag unter Zusatz von etwas Kali in 50prozent. Weingeist, fällt die filtrirte Lösung durch Essigsäure, löst den abfiltrirten Niederschlag in kochendem starkem Weingeist, filtrirt heiss und versetzt mit Wasser. Es scheidet sich dann die Chrysophansäure in gelben Flocken aus. Man reinigt sie durch wiederholtes Umkrystallisiren aus Weingeist oder vollständiger, indem man ihre weingeistige Lösung mit Bleizucker ausfällt, aus dem mittelst Schwefelsäure entbleiten Filtrat sie durch Wasser wieder abscheidet und sie dann einige Mal aus Weingeist umkrystallisirt. — Warren de la Rue und Müller empfehlen zur Darstellung aus Rhabarber die zerkleinerten, mit kaltem Wasser angezogenen und wieder getrockneten Wurzeln im Verdrängungsapparat mit Benzol zu erschöpfen. Der durch Destillation von dem meisten Benzol wieder befreite Auszug erstarrt beim Abkühlen zu einem Krystallbrei, den man abpresst und nochmals in heissem Benzol aufnimmt, wobei ein beigemengter röthlich-gelber Körper (Emodin) theils ungelöst bleibt, theils aus der Lösung sich beim Abkühlen zuerst abscheidet. Man verdunstet das Filtrat zum Krystallisiren und reinigt die erhaltenen Krystallisationen durch wiederholtes Umkrystallisiren, zuerst aus Benzol, dann aus Eisessig oder Weingeist. — Ueber Darstellung aus Rhabarber vergl. man auch „Chrysophan."

Aus der Wurzel von Rumex obtusifolius wird dieselbe nach Thann durch Extraction der gröblich gepulverten Wurzel mittels Aether, Abdestilliren des Aethers, Lösen des hier erhaltenen Rückstandes in 90% Alkohol und nochmaliges Umkrystallisiren oder Fällen mit Wasser erhalten.

Eigenschaften.

Die Chrysophansäure krystallisirt aus Weingeist in orangegelben goldglänzenden verfilzten Nadeln (Rochleder und Heldt), aus Benzol in blass- bis orangegelben sechsseitigen klinorhombischen Tafeln (Warren de la Rue und Müller). Die bei 100° getrocknete Säure enthält noch etwas Wasser, entsprechend der Formel $4\,C_{14}H_{10}O_4 + H_2O$, welches bei 115° entweicht (Rochleder). Sie ist geruchlos und fast geschmacklos, schmilzt bei 162°, krystallinisch wieder erstarrend und lässt sich in höherer Temperatur zum kleineren Theile in goldgelben Nadeln sublimiren. Sie löst sich kaum in kaltem, etwas mehr und mit gelber Farbe in kochendem Wasser, bei 30° in 1125 Th., beim Siedepunkt in 224 Th. Weingeist von 86%, ferner in Aether, Eisessig und Amylalkohol und besonders

gut in Benzol und Steinkohlentheeröl (Warren de la Rue und
Müller). Von conc. Schwefelsäure wird sie mit rother Farbe aufgenommen und daraus durch Wasser in gelben Flocken unverändert
wieder abgeschieden (Schlossberger und Döpping).

Von wässrigen Alkalien und Ammoniak wird sie leicht und mit
schön rother Farbe gelöst, doch lässt die ammoniakalische Lösung
beim Verdunsten die Säure unverändert zurück, während die kalische
Lösung beim Eindampfen rothe Flocken eines Kalisalzes abscheidet.
Aus weingeistiger Lösung fällt Bleiessig gelbliches, beim Trocknen zinnober-
roth werdendes Bleisalz, Bleizucker giebt keine Fällung (Rochleder und
Heldt. Rochleder). Die Salze der Chrysophansäure werden schon durch
die Kohlensäure der Luft zersetzt. — Mit Zinnbeize versehene Seiden-,
Wollen- und Leinenstoffe, sowie mit Alaun gebeizte Baumwolle werden durch
Chrysophansäure gefärbt (Grothe).

Ver-
bindungen.

Bei starkem Erhitzen wird der grösste Theil der Chrysophansäure verkohlt, ein kleinerer verflüchtigt. — Verdünnte Salpetersäure ist selbst
beim Kochen ohne Einwirkung, aber aus einer Auflösung in rauchender Salpetersäure krystallisiren nach einigen Tagen grosse Blätter von Chrysamminsäure, $C_7 H_2 N_2 O_6$, identisch mit der aus Aloë (s. diese) zu erhaltenden.
Nach Liebermann und Giesel ist diese Chrysamminsäure eine Tetranitrochrysophansäure, $C_{15} H_6 (NO_2)_4 O_4$, gelbe Blättchen, mit Kali, Natron,
Baryt, Magnesia rothe Salze bildend, ohne den Metallglanz der chrysamminsauren
Salze. Brom und Chlor wirken nur wenig ein, aber Königswasser oder
eine Mischung von chlorsaurem Kali und Salzsäure verwandeln die
Chrysophansäure in der Wärme in eine flüssige, mit Alkalien sich noch roth
färbende Substanz. Bei gelindem Erwärmen mit Phosphorsuperchlorid
entsteht ein wie das Chlorid der Chrysophansäure sich verhaltender Körper
(Warren de la Rue und Müller). — Beim Schmelzen mit Kalihydrat
scheinen unter Wasserstoffentwicklung Valerian- und Capronsäure gebildet
zu werden (Hesse). Durch Einwirkung von wässrigem Ammoniak auf
Chrysophansäure im zugeschmolzenen Rohre bei 200° erhielten Liebermann
und Fischer Amidochrysophansäure, $C_{15}H_{11}NO_3 = C_{15}H_7O_2 . OH . NH_2$,
gelbe Blättchen. Bei 150° entsteht neben Amidochrysophansäure ein in
metallgrünen Nadeln krystallisirender Körper, $C_{15}H_{13}N_2O_2$, der als Ammoniakverbindung des Chrysophansäureimid zu betrachten ist: $C_{15}H_{13}O \ O_2 .$
$NH . NH_2$. Beide Amidverbindungen geben unter Entwicklung von Ammoniak wieder Chrysophansäure; mit Essigsäureanhydrid liefert bei 170° die
Imidverbindung ein Acetylchrysophansäureimid. — Durch Einwirkung
von Acetylchlorid, sowie Essigsäureanhydrid auf Chrysophansäure bildet
sich eine Acetylverbindung, hellgelbe Blättchen, Schmelzpunkt 202—240°,
$C_{15}H_8(C_2H_3O)_2O_4$, von Benzoylchlorid eine Benzoylchrysophansäure,
$C_{15}H_8(C_7H_5O)_2O_4$, Schmpkt. 200°. Brom liefert in Schwefelkohlenstofflösung
mit der Säure ein Bromsubstitutionsprodukt, wahrscheinlich $C_{15}H_6Br_4O_4$, eine
Tetrabromverbindung. — Mit Zinkstaub erhitzt entsteht aus Chrysophansäure Methylanthracen, das Methylanthrachinon und Anthrachinoncarbon-
säure zu liefern im Stande ist (Liebermann und Fischer).

Zer-
setzungen.

Rochleder und Heldt haben die Formel $C_{10}H_8O_3$ aufgestellt,
die Gerhardt in $C_{14}H_{10}O_4$ umänderte. Graebe und Lieber-

Zusammen-
setzung.
Constitution.

mann zeigten, dass die Säure 2 Hydroxylgruppen enthalte, reducirten diese Säure mit Zk zu Anthracen und stellten daher die Formel $C_{14}H_8O_4$ auf, welche von Rochleder bekämpft wurde. Skraup kam ohne Motivirung zur Formel $C_{32}H_{22}O_{10}$. Die Thatsache, dass Chrysophansäure mit Zinkstaub Methylanthracen liefert, ferner dass 2 Hydroxylgruppen darin enthalten sind, dass ausserdem 2 Sauerstoffatome den Charakter von Chinonsauerstoffen besitzen, berechtigte Liebermann zur Aufstellung der Formel $C_{15}H_{10}O_4$ und Annahme, dass die Chrysophansäure als Dioxymethylanthrachinon zu betrachten sei. —

(Siehe Chrysarobin, Goapulver, Bestandtheile der Sennesblätter Senna, sowie der Gattung Rhamnus.)

Wirkung. Ueber die Wirkung der Chrysophansäure sind die Angaben widersprechend. Nach Schlossberger (Ann. Chem. Pharm. **66.** 83) wirkt Chrysophansäure aus Parmelia parietina nicht purgirend, und nach verschiedenen Experimenten von Buchheim (vergl. Sawicky, Quaed. de efficaci fol. Sennae et rad. Rhei substantia. Dorp. 1857), Meykow (Comparatae de radice Rhei aliisque quibusd. subst. investigat. Dorp. 1858) und v. Auer (De rad. Rhei. Dorp. 1859) ist Chrysophansäure aus Rheum selbst zu 0,5 auf den Tractus ohne Einwirkung. Schroff (Wien. ärztl. Wchbl. 16. 17. 1856) sah dagegen in einem Versuche nach 0,5 reiner Chrysophansäure aus Parmelia parietina Ructus und wiederholte breiige Stuhlentleerungen, letztere zuerst nach 24 Stunden eintretend und sich bis zum 5. Tage hinziehend, bis zu welcher Zeit auch Appetitmangel, Eingenommensein des Kopfes, Schwindel und Mattigkeit bestanden. Schlossberger leugnet den Uebergang der Chrysophansäure in den Harn und will die Gelbfärbung des Urins nach Rhabarber, die bei Alkalescenz in Purpurroth übergeht, durch Phäoretin und Erythroretin (s. unten) bedingt wissen, während Schroff und Buchheim Gelbfärbung des Urins nach Chrysophansäure constant wahrnahmen, selbst bis zum 3. Tage anhaltend, und Meykow sie bei den Rheum-Harzen nur dann concedirt, wenn diese mit Chrysophansäure verunreinigt sind. Die purgirende Action des Rhabarbers ist bei dem geringen Gehalte an Chrysophansäure (und Chrysophan) offenbar nicht von dieser abhängig und auch nur zum Theil dem erst in grösseren Mengen purgirend wirkenden Phäoretin (Kubly) zuzuschreiben, während das Aporetin ohne Einfluss auf den Tractus zu sein scheint (Meykow); die tonische Action scheint durch die Rheumgerbsäure und vielleicht die Rheumsäure bedingt (Kubly). Die neueren Angaben über unreine Chrysophansäure beziehen sich auf Chrysarobin aus Araroba und dessen Zersetzungsprodukte und werden später besprochen.

Rheumgerbsäure. $C_{26}H_{26}O_{14}$. — Findet sich in der Rhabarberwurzel und wird daraus nach Kubly (Russ. Zeitschr. Pharm. **6.** 603; auch Arch. Pharm. (2) 134. 7) erhalten, wenn man den absolut-weingeistigen Auszug des kalt bereiteten wässrigen Extrakts derselben nach vorgängiger Concentration durch Ausfällen mit Aether reinigt, vom Filtrat den Aetherweingeist abdestillirt, den Rückstand nach Zusatz von Wasser mit Bleizucker im

Ueberschuss ausfällt, den Phäoretin und Rheumgerbsäure enthaltenden Niederschlag einige Mal mit Wasser, dann mit starkem Weingeist auskocht, nun mit kaltem Wasser wäscht und endlich unter Wasser durch Schwefelwasserstoff zersetzt. Die abfiltrirte Flüssigkeit enthält, da das Phäoretin beim Schwefelblei bleibt, jetzt nur die Gerbsäure, die beim Verdunsten zurückbleibt.

Sie ist ein gelblich braunes hygroscopisches Pulver von herbem Geschmack, das sich nicht in Aether, aber leicht in Wasser und Weingeist löst. Die braune wässrige Lösung reagirt sauer, fällt Eisenchlorid schwarzgrün, reducirt Gold- und Silbersalze schon in der Kälte, fällt Leim und Eiweiss, dagegen Brechweinsteinlösungen nicht.

Durch Kochen mit verdünnten Mineralsäuren wird die Rheumgerbsäure $Rheumsäure.$ in gährungsfähigen Zucker und in R h e u m s ä u r e, $C_{20} H_{16} O_9$ $(C_{26} H_{26} O_{14}$ $+ H_2 O = C_{20} H_{16} O_9 + C_6 H_{12} O_6)$, ein amorphes rothes, kaum in kaltem Wasser, besser in heissem Wasser und in Weingeist lösliches, in Aether unlösliches, sauer reagirendes Pulver, gespalten (Kubly).

Chrysophan. — Behandelt man nach Kubly Rhabarber in der bei Rheumgerbsäure (s. diese) angegebenen Weise, so enthält das Filtrat vom Bleiniederschlage noch Chrysophan, Chrysophansäure und einen noch genauer zu untersuchenden, bis jetzt nicht benannten farblos krystallisirenden Körper. Es wird mit Schwefelwasserstoff behandelt, wobei (vorausgesetzt, dass genug überschüssiges Blei vorhanden ist, wofür gesorgt werden muss) die genannten Körper zugleich mit Zucker und etwas Fett mit dem sich abscheidenden Schwefelblei niedergeschlagen werden. Der Niederschlag wird bis zur völligen Entfernung des Zuckers mit kaltem Wasser ausgewaschen und dann so lange mit starkem Weingeist ausgekocht, als dieser sich noch färbt. Die vereinigten Auszüge werden durch Abdestilliren des meisten Weingeists concentrirt, vom auskrystallisirenden Schwefel befreit und nun mit etwas Wasser verdünnt, wodurch ein Gemenge von Chrysophansäure (s. diese) und Fett in gelben Flocken ausgeschieden wird. Beim Verdunsten der abfiltrirten Flüssigkeit hinterbleibt endlich ein Gemenge von orangefarbigen mikroskopischen Prismen des Chrysophans und von dem farblose Krystalle bildenden Körper, zu deren Trennung man dasselbe mit Wasser und einigen Tropfen Weingeist versetzt, bis sich das orangegelbe Chrysophan gerade aufgelöst hat. Der zurückbleibende farblos krystallisirende Körper wird durch Behandeln mit warmem ammoniakalischem Wasser gereinigt und aus heissem Wasser umkrystallisirt. — Die Ausbeute an Chrysophan beträgt nur 0,6—0,7 Grm. aus 1 Pfund Kron-Rhabarber.

Das Chrysophan bildet nach dem Trocknen im Vacuum ein dem Goldschwefel gleichendes orangefarbiges krystallinisches Pulver von rein bitterem Geschmack, das bei 145° schmilzt und sich in höherer Temperatur zersetzt. Es färbt sich beim Uebergiessen mit kaltem Wasser braun und löst sich dann darin allmälig mit gelber Farbe. In warmem oder heissem Wasser löst es sich sehr leicht, in verdünntem Weingeist besser als in starkem, nicht in Aether, leicht und mit schön rother Farbe in wässrigen Alkalien. Conc. Schwefelsäure giebt damit eine bräunlich gefärbte Lösung, aus der Wasser grüne Flocken abscheidet. Die wässrige Lösung entfärbt blaues Lackmuspapier, giebt mit Bleizucker gelben flockigen, in Essigsäure äusserst leicht löslichen, mit anderen Metallsalzen auf Ammoniakzusatz röthlichen Niederschlag. — Die Analyse führte zu der Formel $C_{16}H_{18}O_8$.

Beim Kochen mit verdünnter Schwefelsäure oder Salzsäure spaltet sich das Chrysophan in Zucker und Chrysophansäure (Kubly.)

Emodin, Phäoretin, Aporetin und Erythroretin. —

Stellt man Chrysophansäure aus Rhabarber nach der Methode von Warren de la Rue und Müller dar, so besteht der in Benzol schwer lösliche Rückstand in der Hauptsache aus Emodin. Man löst ihn vollständig in heissem Benzol auf und krystallisirt das beim Erkalten sich Ausscheidende aus heissem Eisessig oder Weingeist. (Warren de la Rue und Müller, Journ. pract. Chem. 73. 441).

Nach Rochleder ist die aus Rhabarber dargestellte Chrysophansäure stets mit Emodin verunreinigt, welches leicht durch Behandeln mit heisser Sodalösung in Lösung gebracht und aus der blutrothen Lösung durch Säuren in gelben Flocken wieder gefällt und durch Umkrystallisiren aus kochendem Weingeist rein erhalten wird. Das Emodin bildet rothgelbe, seidenglänzende Nadeln, monoklinisch, leichter löslich als Chrysophansäure in Alkohol, Eisessig, Amylalkohol, weniger löslich in Benzol, Schmpkt. 250°, sublimationsfähig. In Alkalien löst sich dasselbe mit kirschrother Farbe, mit Essigsäureanhydrid bildet es eine Mono- und Triacetylverbindung.

Das Emodin, früher mit der Formel $C_{40}H_{30}O_{13}$ versehen, ist nach Liebermann (Berl. Ber. 8. 970) $C_{15}H_{10}O_5$, Trioxymethylanthrachinon $C_{14}H_4 . CH_3 . (OH)_8 . O_2$, identisch mit Frangulinsäure aus Faulbaumrinde (Rhamnus). (Liebermann und Waldstein. Berl. Ber. 9. 1775).

(Siehe Emodin bei Rhamnus).

Wegen der harzartigen Produkte Phäoretin, Aporetin und Erythroretin, die aus der Rhabarberwurzel seiner Zeit isolirt wurden, siehe die Arbeiten von Schlossberger und Döpping (Ann. Chem. Pharm. 50. 213), sowie von Kubly.

II. Chenopodiaceae.

Die Gattungen Salicornia, Atriplex, Salsola sind reich an Mineralbestandtheilen (10—30%) und enthalten als Meeresstrandpflanzen und Steppenpflanzen sehr viel Natronsalze, auch Brom und Jodverbindungen. Die Aschen dieser Pflanzen, sowie verschiedener Meeresalgen liefern die natürlichen Sodasorten Salicor, Kelp, Varecq, Alikante. Nach Göbel enthält die Asche von Atriplex 4,8 Natronsulfat, 3,2 Natroncarbonat, 24,6 Chlornatrium; nach Botom (Jahresb. Pharm. 1875. 134) sind in der Asche von Salicornia herbacea enthalten: 74,636 % Chlornatrium, 2,3 % Brommagnesium und Spuren von Jodmagnesium.

Chenopodium.

Chenopodium Quinoa liefert von seinem Samen eine Mehlsorte, für Südamerika wichtig. Die Samen enthalten nach Payen 46,1 % Stärke, 6,1 Zucker, 5,7 fettes Oel.

Chenopodium ambrosioïdes, das mexicanische Traubenkraut ein ätherisches Oel, farblos, dem Pfeffermünzöl ähnlich schmeckend, 0,90 spec. Gew., 180° Siedepkt.

Chenopodium maritimum ist durch hohen Aschengehalt 24—31 % ausgezeichnet, mit 71 — 76 % Chlornatrium. — In Chenopodium Vulvaria ist Trimethylammin zuerst von Dessaignes, in Chenopodium Olidum von Chevallier und Lossaignes nachgewiesen worden. — Die Chenopodeen sind reich an salpetersauren Salzen.

Chenopodin. $C_6H_{13}NO_4$. — Literat.: H. Reinsch, N. Jahrb. Pharm. 20. 268 und 27. 193.

Wurde 1863 von Reinsch im weissen Gäusefuss, *Chenopodium album L.*, aufgefunden. — Man verdampft den durch Erhitzen vom Eiweiss befreiten frisch ausgepressten Saft der jungen vor dem Blühen gesammelten Pflanze bis zur dünnen Extractconsistenz, behandelt den Rückstand wiederholt mit heissem Weingeist, lässt aus der weingeistigen Tinctur den Salpeter herauskrystallisiren, engt sie dann zur Syrupsdicke ein und überlässt der Ruhe. Das nach einigen Tagen in Körnern abgeschiedene Chenopodin wird abgepresst, mit Aether gewaschen und aus heissem Weingeist krystallisirt.

Es bildet ein weisses körniges, aus mikroskopischen zu Kugeln vereinigten Nadeln bestehendes, geruch- und geschmackloser Pulver, das bei 180 –225° unter vorhergehender Schmelzung und Entwicklung eines widrigen Geruchs vollständig in schneeweissen krystallinischen Flocken sublimirt. Es löst sich in 11 Th. kaltem und in 3—4 Th. kochendem Wasser, in 202 kaltem und 77 Th. kochendem Weingeist von 90 %. Die Lösungen reagiren neutral. Die Zusammensetzung wurde durch Analyse der freien Base und des salzsauren Salzes ermittelt. — Das salzsaure Salz krystallisirt in Würfeln, das schwefelsaure und salpetersaure Salz in rhombischen Nadeln. Die Lösung des salzsauren Salzes wird durch Platinchlorid gefällt.

Dragendorff (s. Bergmann, Das putride Gift, Dorpat. 1868) hält das Chenopodin, das Reinsch auch in faulender Hefe aufgefunden haben will, für identisch mit Leucin, $C_6H_{13}NO_2$, was auch von v. Gorup (Berl. Ber. 9. 147) bestätigt wird.

Trimethylamin. C_3H_9N. — Liter. Chemische: Hofmann, Ann. Chem. Pharm. 79. 11 und 83. 116; Compt. rend. 47. 558 und 49. 880. — Winkles, Ann. Chem. Pharm. 93. 321. — Anderson, Edinb. Trans. 20. 1. 57. — Th. Wertheim, Wien. Akad. Ber. (1851) 6. 113. — Dessaignes, Compt. rend. 33. 358 und 43. 670; Journ. Pharm. (2) 32. 43. — Walz, Jahrb. Pharm. 24. 227 und 242; N. Jahrb. Pharm. 2. 32. — Wittstein, Viertelj. pract. Pharm. 2. 402 und 8. 33. — Reckenschuss, Ann. Chem. Pharm. 83. 344. — Wicke, Ann. Chem. Pharm. 124. 338. — O. Hesse, Journ. pr. Chem. 70. 60; Ann. Chem. Pharm. 129. 254. — E. Ludwig, Wien. Akad. Ber. (1867) 56. 287.

Das Trimethylamin wurde längere Zeit mit dem isomeren Propylamin verwechselt, dessen Darstellung erst 1862 Mendius (Ann. Chem. Pharm. 121. 129) aus Cyanäthyl gelang. Die erste Pflanze, in der es 1851 von Dessaignes aufgefunden wurde, war *Chenopodium Vulvaria L.* Walz traf es bald darauf auch im Mutterkorn und im Brand verschiedener Getreidearten an. Wittstein fand es in den Blüthen von *Crataegus monogyna Jcq.*, *Sorbus aucuparia L.* und *Pyrus communis L.*, Wicke in den Blüthen von *Crataegus Oxyacantha L.*, (sämmtlich Pomaceae,) Hesse im Saft der Runkelrübenblätter (Fam. Chenopodieae) und in der *Arnica montana L.* (Fam. Synanthereae), Hétet (Compt. rend. **59.** 29) in *Cotyledon Umbilicus* (Fam. Crassulaceae), Kussmaul und Bornträger im Fliegenschwamm (Fungi) und Brandl und Rakowiecki (Viertelj. pr. Pharm. **13.** 333) zeigten, dass die flüchtige Base (Herberger's Fagin) in den Samen der Buche, *Fagus sylvatica L.* (Fam. Cupuliferae), auch Trimethylamin sei. Es ist zu erwarten, dass diese Base, welche auch im Menschenharn und im Kalbsblut (Dessaignes), im Leberthran (Winkler), in Flusskrebsen und Maikäfern (Ihlo) angetroffen, und zuerst überhaupt in der Häringslake (Wertheim) aufgefunden wurde, noch in manchen anderen Pflanzen vorkommt. Dass dieselbe nicht etwa erst bei der Destillation des pflanzlichen Materials mit Alkalien oder Kalk entsteht, sondern in den lebenden Pflanzen bereits existirt, zeigen die Beobachtungen von Wicke, welcher fand, dass die Blätter von *Chenopodium Vulvaria* die Base aus besonderen Drüsenorganen aushauchen und dass der von der drüsigen Oberfläche des Blüthenbodens von *Crataegus Oxyacantha* ausgeschwitzte alkalische Saft gleichfalls freies Trimethylamin enthält. Trimethylamin ist in den Destillationsprodukten der Gehirnmasse, (Selmi, Berl. Ber. **9.** 1127) sowie in dem Destillat der Melasserückstände nachgewiesen worden, (Vincent, Berl. Ber. **10.** 490) sowie auch als Spaltungsprodukt des Betaïns und Cholins aus menschlicher Galle erkannt (Scheibler, Berl. Ber. **3.** 155, Jacobsen, Ebend. **6.** 1029.

Darstellung aus Pflanzen. — Um das Trimethylamin aus pflanzlichem Material zu erhalten, destillirt man dasselbe mit Wasser unter Zusatz von Kali, Natron oder Kalk, sättigt das Destillat mit Schwefelsäure, verdampft zur Trockne, behandelt die rückständige Salzmasse mit Aetherweingeist, der nur das schwefelsaure Trimethylamin aufnimmt, verdunstet das Filtrat und bringt den Rückstand in concentrirter wässriger Lösung durch ein Trichterrohr in eine mit Aetzkalkstücken ganz angefüllte und mit einigen stark abgekühlten U-förmigen Röhren luftdicht verbundene Retorte. Die Zersetzungswärme genügt zur Verflüchtigung der Base, die sich in den U-Röhren condensirt.

Künstliche Bildung und Darstellung. — Das Trimethylamin ist kurz vor seiner Auffindung in der Häringslake und in *Chenopodium Vulvaria* schon künstlich dargestellt worden.

Anderson erhielt es 1850 durch Erhitzen von Codein mit überschüssigem Kali- oder Natronhydrat, Wertheim gleichzeitig auf
dem nämlichen Wege aus Narcotin. Hofmann beobachtete 1851
das jodwasserstoffsaure Salz unter den Producten der Einwirkung
von Jodmethyl auf Ammoniak und erhielt die reine Base später auch
beim Erwärmen von Cyansäure-Methyläther mit Natriummethylat.
Ferner ist dann Trimethylamin auch unter den Producten der
trocknen Destillation der Knochen (Anderson), sowie der Zersetzung
der Hefe (A. Müller, J. pract. Chem. **70.** 65) wahrgenommen
worden. Die letztgenannte Bildungsweise erklärt wohl sein Vorkommen im Wein, in welchem (österreichische Landweine) es neuerdings von E. Ludwig nachgewiesen wurde. Veith (Berl. Ber. **8.**
460) hat dasselbe aus Methylalkohol und Ammoniumchlorid erhalten.

Am vortheilhaftesten gewinnt man das Trimethylamin aus
Häringslake. Diese wird mit Kalk einer Dampfdestillation unterworfen und das Destillat in der oben beschriebenen Weise weiter
behandelt mit der Abänderung, dass bei der schliesslichen Destillation
mit trocknem Aetzkalk zwischen der Retorte und den zur Verdichtung
des Trimethylamins dienenden U-Röhren eine zweihalsige, nicht ab-
zukühlende Vorlage eingeschaltet wird, welche die in der Häringslake vorhandenen schwerer flüchtigen Basen zu condensiren bestimmt
ist (Winkles und Hofmann). *(Darstellung aus Härings-lake.)*

Das Trimethylamin ist eine wasserhelle, zwischen 4 und 5° *(Eigen-schaften.)*
siedende, stark ammoniakalisch und zugleich fischartig riechende
Flüssigkeit. Es löst sich in Wasser, Weingeist und Aether in jedem
Verhältniss und sein Dampf wird von Wasser und Weingeist so
heftig wie Ammoniakgas verschluckt. Es reagirt stark alkalisch.
Flammende Körper entzünden es und selbst eine Mischung mit der
gleichen Menge Wassers ist noch brennbar.

Dass die von Wertheim aus Häringslake erhaltene flüchtige Base *(Zusammen-setzung.)*
nicht, wie dieser Forscher glaubte, Propylamin, also eine primäre Aminbase

$$\text{sei, sondern die tertiäre Aminbase Trimethylamin} = \left.\begin{array}{c} CH_3 \\ CH_3 \\ CH_3 \end{array}\right\} N,\ \text{wurde unter}$$

Leitung Hofmann's von Winkles bewiesen. Damit war es wahrscheinlich
geworden, dass auch die in den verschiedenen oben aufgeführten Pflanzen
vorkommende Base nicht Propylamin, wie anfangs allgemein angenommen
wurde, sondern gleichfalls Trimethylamin sei. Der directe Beweis dafür
fehlte indess noch, bis 1862 von Mendius (Ann. Chem. Pharm. **121.** 129)
unzweifelhaftes Propylamin aus Cyanäthyl dargestellt wurde. Dieses bildet
eine farblose, leicht bewegliche, stark ammoniakalisch riechende, brennbare, *(Unterschei-dung vom Propylamin.)*
erst bei 49°,7 siedende Flüssigkeit und liefert ein in kleinen rhombischen
Tafeln krystallisirendes Platindoppelsalz, während das Platindoppelsalz des
Trimethylamins (und dies wurde auch von Dessaignes, Wicke und An-

deren an dem aus der flüchtigen Base der untersuchten Pflanzen gewonnenen Platindoppelsalz beobachtet) Oktaëder bildet.

Salze.

Das im Handel vorkommende käufliche Chlorhydrat, wie solches jetzt in grösserem Massstabe nach Vincent bei der Verarbeitung der Melasserückstände gewonnen wird, enthält Methyl-, Dimethyl-, Propyl- und Butylamin etc. Zu erwähnen sind noch die Arbeiten von Jacobsen (Berl. Ber. **10**. 491 u. 493). Die Zersetzung des Trimethylamins durch Salzsäure, Verhalten gegen Metallsalze, von Wallach und Claisen (Berl. Ber. S. 1238), die Oxydation, besonders auch von J. L. Eisenberg (Berl. Ber. **13**. 1667) über die Trennung des Trimethylamins von seinen verwandten Aminbasen.

Trennung u. Bestimmung.

Eisenberg benutzt die Schwerlöslichkeit des Platindoppelsalzes $PtCl_6$ $H_2[N(CH_3)_3]_2$ in absolutem Alkohol zur Trennung des Trimethylamins und auch zum Nachweise (100 Th. kochender absoluter Alkohol lösen 0,026—0,028) des Platindoppelsalzes. Die von Eisenberg empfohlene Methode der Trennung von den verwandten Homologen, Aminen und Ammonsalzen ist folgende: Die zur Trockne verdampften Chlorhydrate werden mit absolutem Alkohol (des Handels) aufgenommen, welche Lösung beim längeren Stehen Salmiakkrystalle ausscheidet, die abfiltrirt werden. Das Filtrat von Alkohol befreit wird mit Aetzkali vorsichtig erwärmt, die zwischen 20 und 30° auftretenden Dämpfe in verdünnte Salzsäure geleitet. Diese salzsauren Verbindungen werden eingedampft, in absolutem Alkohol gelöst und mit Platinchlorid gefällt. Das erhaltene krystallinische gelbe Doppelsalz wird 4—5mal mit absolutem Alkohol ausgekocht, bis der Platingehalt constant ist, welch' letzterer für das Salz obiger Zusammensetzung 37,16% beträgt.

Das **chlorwasserstoffsaure Trimethylamin** ist ein weisses zerfliessliches Salz. — Das **chlorwasserstoffsaure Trimethylamin-Platinchlorid**, C_3H_9N, HCl, $PtCl_4$, krystallisirt in schönen orangefarbenen Oktaëdern (Winkles). — Ueberlässt man eine gemischte wässrige Lösung von schwefelsaurem Trimethylamin und schwefelsaurer Thonerde der freiwilligen Verdunstung, so entstehen grosse völlig wasserklare oktaëdrische Krystalle von **schwefelsaurem Trimethylamin-Aluminiumoxyd**, $2 C_3H_{10}N$, $SO_4 + 4Al$, $2SO_4 + 24H_2O [C_6H_9N, HO, SO_3 + Al_2O_3, 3SO_3 + 24 HO]$, die sich leicht in Wasser lösen und süsslich zusammenziehend schmecken. (Reckenschuss.)

Zersetzungen.

Durch den Funkenstrom des Ruhmkorff'schen Inductionsapparates wird gasförmiges Trimethylamin nur langsam unter Ausscheidung einer theerartigen Substanz und Bildung von Stickstoff- und Wasserstoffgas zerlegt (Buff und Hofmann, Ann. Chem. Pharm. **113**. 129). — Durch Behandlung der Base mit Jodmethyl, Bromäthylen, Chloräthylen und Jodmethylen ist von Hofmann eine grosse Anzahl von Derivaten dargestellt worden, bezüglich derer wir auf die oben citirten Originalabhandlungen verweisen.

Wirkung.

Das aus Pflanzen dargestellte Trimethylamin ist physiologisch nicht geprüft, dürfte aber der aus thierischem Material gewonnenen Base gleichen, welche im Wesentlichen nach Art der Verbindungen des Ammoniaks, jedoch minder stark auf den Organismus einwirkt. Oertlich wirkt es auf Haut und Schleimhaut selbst in 10 % Lösung, irritirend, jedoch weit minder intensiv wie Ammoniak (Guibert, Selige); bei Kaninchen ruft es zu 1,0 (etwa 0,6—0,7 pr. Kilo) Anfälle von tonischen und klonischen Krämpfen und Coma mit tödlichem Ausgange in 1—3 Stunden hervor; die bei Ammoniakalien den Krämpfen vorausgehende Steigerung von Puls und Athemfrequenz scheint minder bedeutend zu sein, wenn nicht Trimethylamin direkt in's Blut gespritzt wird; die Eigenwärme sinkt. Der Tod ist Folge respiratorischer Lähmung, der Herzstillstand diastolisch. Genaueres über die Wirkung unter Bezugnahme auf sämmtliche früheren Arbeiten cf. bei: Selige, Einige Versuche über Trimethylamin. Göttingen. 1875 und Th. Husemann, Arch. exp. Pathol. und Pharmakol. 6. 55.) Das Trimethyl- *Anwendung.* amin ist zuerst von Awenarius (Petersb. med. Ztschr. 1858. 6) als Mittel gegen Rheumatismus acutus und chronicus warm empfohlen und scheint nach Erfahrungen von Guibert (Hist. nat. des nouv. médicamens. 303); Lagrange (Essais thérapeutiques sur la triméthylamine, Strasb. 1870), Béhier und Roger (vergl. Aïssa Hamdy (Étude chimique et physiol. sur la propylamine et triméthylamine, Paris. 1873, Spence (Practitioner. 14. 90. 161), Dujardin-Beaumetz (Bull. gén. de Thérap. 1873. Avr. 30. Mai 15.). Peltier (Progrês méd. 2. 1875). Loewer (Deutsche militairärztl. Ztschr. Nov. 1874). Leo (Berl. klin. Wochenschr. 42. 1875) bei beiden (beim Gelenkrheumatismus fieberherabsetzend und schmerzlindernd, vielleicht auch den Verlauf abkürzend) günstig zu wirken. Bezüglich der Details müssen wir auf die Originalabhandlungen verweisen, um so mehr als die Trimethylaminbehandlung des acuten Rheumatismus seit Einführung des salicylsauren Natrons in die Therapie nur historisches Interesse besitzt und als bei vielen Beobachtungen offenbar unreine Praparate (Propylamin des Handels) in Anwendung kamen. Inwieweit das aus Vegetabilien gewonnene Trimethylamin therapeutische Wirksamkeit hat, ist um so mehr fraglich, als Awenarius nur von den aus Häringslake bereiteten Propylamin, nicht von dem aus Leberthran gewonnenen, Wirkung gesehen haben will. Misserfolge Einzelner dürften auf die ungenaue Dosirung der als Trimethylamin im Handel vorkommenden wässrigen Lösungen, welche in ihrem Procentgehalte sehr differiren (nach Hirsch 8—22 %), zu beziehen sein; ebenso sind die Nebenerscheinungen (Magenschmerzen, Erbrechen) wohl nur zu vermeiden, wenn nicht zu starke, etwa 10 % Lösungen, benutzt werden. Auf solche *Gebrauchs-* Lösungen bezieht sich auch wohl die ursprüngliche Vorschrift von Awenarius: *weise.* Propylamin 1,0, Aq. dest. 200,0, Elaeosacch. Menth. pip. 8,0 5stdl. 1 Essl., doch ist die entsprechende Dosis von französischen Aerzten erheblich überschritten (von Delioux de Savignac sogar bis zu 7,5—10,0). Nebenerscheinungen lassen sich übrigens auch nach dem Vorschlage von Dujardin-Beaumetz durch Anwendung des nicht kaustischen Trimethylaminum hydrochloricum, welches dieselben physiologischen und therapeutischen Effecte, jedoch erst in doppelter Dosis hat, vermeiden. — Guibert empfahl Trimethylamin äusserlich gegen Aphthen, ohne Anklang zu finden.

Beta.

Die Wurzeln der Beta vulgaris L. Beta Cicla, Runkelrübe, Zuckerrübe, Mangold dienen als Rohmaterial für die Rohrzuckerfabrikation, sowie auch als Futtermittel. Die normalen Bestandtheile der Wurzel, des Saftes der Futter- und Zuckerrübe sind:

Rohrzucker (10—18%), Arabinsäure, 2—3% Salze, darunter viel Kaliumsalze und auch salpetersaure Verbindungen, stickstoffhaltige Substanzen in Form von löslichen und unlöslichen Eiweissstoffen, Betaïn (einer Base), Glutamin, Asparagin (Asparaginsäure), Salpetersäure und Ammon (E. Schulze und Urich, Landw. Versuchsst. 20. 193. 139), auch Citronensäure (Michaëlis, Dingl. Journ. 125. 57), Aepfelsäure (Buchner, Repert. Pharm. 95. 175), Weinsäure, Oxalsäure, Gerbstoff. In den unreifen Rüben, sowie auch im Rübensafte während der Verarbeitung zu Rohrzucker, auch in den Niederschlägen der Verdampfungsapparate wurden nachgewiesen Tricarballylsäure, Schmpkt. 165—168°, (E. v. Lippmann, Berl. Ber. 11. 707. — Friedr. Weyr, Berl. Ber. 12. 1651). Aconitsäure (E. v. Lippmann, Ebend. 12. 1649). Meier (Repert. Pharm. 95. 157) spricht von 2 eigenthümlichen Farbstoffen im Rübensafte, einem gelben, Xanthobetinsäure, und einem rothen Erythrobetinsäure.

Rübengummi. Das sog. Rübengummi (Froschlaich), das sich oft in lästiger Weise für die Zuckergewinnung während der Verarbeitung bildet, ist nach Scheibler ein Pflanzenprotagon mit Mannit und anderen Beimengungen, nach Cienkonzky eine Varietät von Ascococcus Bilrothii. Nach Bunge ist dasselbe Dextran, rechtsdrehend (+ 221,6°), von der Formel $C_6H_{10}O_5$, welches auf Kosten des Zuckers (Feltz und Durin) sich in den Säften bildet.

Die frischen Rüben enthalten 0,5—3% und mehr Asche, die Blätter sind reicher (14% u. mehr), die Samen 4—6%. Ueber die Aschenbestandtheile der Runkel- und Zuckerrübe, des Rübensaftes siehe: E. v. Wolff Aschenanalysen 1871. 76 und 1879; auch Agriculturch. Jahresbericht 1—24.

Betaïn. $C_5H_{11}NO_2$. — Literat.: Scheibler, Berl. Ber. 2. 292; 3. 155. —

Frühling und Schulz, ebend. 10. 1070. — P. Gries, ebend. 8. 1406; 6. 586. — Brühl, ebend. 8. 480. — Liebreich, ebend. 2. 12. 167; 3. 161; 4. 735. — Arth. H. Meyer, ebend. 4. 736. — K. Kraut, Ann. Chem. Pharm. 182. 180.

Darstellung. Die Darstellung des Betaïns gelingt am besten aus Rübensaft oder verdünnter Melasse, welche mit Bleiessig in geringem Ueberschusse versetzt werden. Das Filtrat des Niederschlages wird mit verdünnter Schwefelsäure entbleit, die schwach saure Lösung mit phosphorwolframsaurem Natron versetzt, der hier erhaltene Niederschlag mit Kalkmilch zersetzt und aus der Lösung das Betaïn durch Abdampfen und Umkrystallisiren aus Alkohol gereinigt. (Ausbeute in unreifen Rüben 1000 Th. = 2,5, reife 1 Th. Melasse 3%).

Eigenschaften. Das Betaïn bildet grosse, glänzende Krystalle, geruchlos, kühlend süsslich schmeckend, an der Luft zerfliesslich, leicht löslich in Wasser *Salze.* und Alkohol, reagirt nicht alkalisch, liefert mit Säuren Salze. Von den Salzen des Betaïns sind dargestellt:

Das Chlorwasserstoff-Betain $C_5H_{11}NO_2 . HCl$, grosse, monokline Krystalle, das Golddoppelsalz, $C_5H_{11}NO_2 , HCl , AuCl_3$, das Platindoppelsalz $(C_5H_{11}NO_2 . HCl)_2 . PtCl_4$, das Oxalat, Phosphat und Nitrat (zerfliessliches Salz). Das Chlorwasserstoff-Betaïn bildet auch mit den Chloriden von Quecksilber, Cadmium und Zink Doppelsalze.

Das Betaïn, krystallisirt $C_5H_{11}NO_2 , H_2O$, ist von Liebreich Zusammensetzung. Syntheso. als Oxyneurin, $C(CH_3)_3 CH_2 O . CO$ erkannt und durch Oxydation des Neurin dargestellt worden, sowie durch Einwirkung von Trimethylammin auf Monochloressigsäure. P. Griess hat dasselbe auch durch Einwirkung von Jodmethyl auf alkalische Glycochollösung, Kraut durch Einwirkung von Glycinsilber auf Jodmethyl erhalten. Meier hat die entsprechende Phosphinverbindung, $(CH_3)_3 , C_2H_2PO_2$, durch Einwirkung von Monochloressigsäure auf Trimethylphosphin erhalten.

Jodwasserstoff und Chromsäure lassen Betaïn unverändert, Kali- Zersetzungen. lauge liefert in der Wärme reichlich Trimethylammin und andere nicht flüchtige Basen.

III. Amaranthaceae.

In Amaranthus ruber fand A. Boutin (Compts. rend. 78. 261) lufttrocken 16 % salpetersaures Kali, in Amaranthus atropurpureus 22,77 %.

IV. Phytolaccaceae.

G. Claussen (Pharmacist. 1879. 466) stellte aus den Samen von Phytolacca decandra durch Extraction mit Alkohol, Destillation des Alkohol, Eintrocknen des Rückstandes nach dem Waschen mit Petroleumäther, Lösen dieses Rückstandes in Chloroform oder Aether und Verdunsten dieser Lösung einen Körper, Phytollaccin her. Derselbe bildet seidenglänzende Krystalle, Phytolaccin. unlöslich in Wasser, löslich in Alkohol, Aether, Chloroform, frei von Stickstoff. (Siehe auch M. Balland, Journ. pharm. chim. (5). 3. 282).

A. Tereil (Compts. rend. 91. 856) hat in den Beeren von Phytolacca Phytolaccinsäure. Kämpferi und decandra eine Säure, die Phytolaccinsäure, eine unkrystallisirbare, gelbbraune, gummiähnliche Masse, nachgewiesen, löslich in Wasser und Alkohol, wenig löslich in Aether, von saurer Reaktion, mit Salz und Schwefelsäure gelatinirend, Silbernitrat reducirend. Die Darstellung geschah durch Extraction der Beeren durch 40—50 % Alkohol, welcher Auszug eingedampft, wieder mit 90 % Alkohol aufgenommen, abermals verdampft, mit Wasser aufgenommen wurde. Die wässrige Lösung, mit wenig Essigsäure und Bleizucker ausgefällt, liefert im Filtrate mit basisch-essigsaurem Blei eine Fällung, welche nach Zerlegung mit Schwefelwasserstoff die Säure an Wasser abgiebt.

Der Farbstoff der Beeren von Phytolacca decandra, sowie auch der Gattungen Beta, Chenopodium Quinoa, Amarantus salicifolius wurde spectroscopisch von H. Bischoff (Landwirthsch. Versuchsst. 23. 465) untersucht.

V. Caryophyllaceae.

Den Caryophyllaceae kann wohl das Saponin als chsrakteristischer Bestandtheil zugetheilt werden, das in den Gattungen Saponaria, Lychnis, Agrostemma u. A. nachgewiesen wurde. — Die Mineralbestandtheile dieser Familie zeichnen sich durch hohen Kaligehalt aus, wie die Analysen von Spergula arvensis (E. v. Wolff, J. pr. Chem. 51. 24; **52**. 86), Lychnis, Scleranthus (E. v. Wolff, Aschenanalysen. 1881. 144. 145) beweisen.

Eine Analyse von Arenaria rubra ist von F. Vigier (Journ. pharm. chim. (4). **30**. 371) ohne besonders beachtenswerthe Resultate ausgeführt worden.

Saponin. $C_{32}H_{54}O_{18}$. — Literat.: Bussy, Ann. Chim. Phys. (2) 51. 390. — Fremy, ibid. **58**. 101. — Quevenne, Journ. Pharm. (2) **22**. 460; **23**. 270. — Malapert, Journ. Pharm. (3) **10**. 339. — Le Beuf, Compt. rend. **31**. 652. — Scharling, Ann. Chem. Pharm. **74**. 351. — Rochleder und Schwarz, Journ. pract. Chem. **60**. 291. — Bolley, Ann. Chem. Pharm. **90**. 211; **91**. 417. — Overbeck, Arch. Pharm. (2) **77**. 134. — Rochleder und v. Payr, Wien. Akad. Ber. **45**. 7; auch Chem. Centralbl. 1862. 117. — Rochleder, Wien. Akad. Ber. **56**. 97; auch Journ. pract. Chem. **102**. 98 und Chem. Centralbl. 1867. 925. — Köhler, Jahresber. Pharm. 1873. 582. — Christophsohn, Dissert. 1874. Dorpat. — A. Petermann, Berl. Ber. **13**. 1951. — Natanson, Jahresber. Pharm. 1867. 538.

Entdeckung und Vorkommen. Dieses von Schrader im Anfang dieses Jahrhunderts in der Wurzel von *Saponaria officinalis L.* aufgefundene Glycosid kommt noch in einer Anzahl anderer Sileneen vor, insbesondere in der Wurzel von *Gypsophila Struthium L.* (Bussy), in mehreren Dianthus-, Lychnis- und Silene-Arten und in *Agrostemma Githago L.* (Malapert), in den Wurzeln der Polygaleen *Polygala Senega L.* (Bolley) und *Monnina polystachia R. et P.* (Le Beuf), in der Rinde der Spiraeaceen *Quillaja Saponaria Mol.* (Le Beuf) und in der die Monesiarinde liefernden Sapotee *Chrysophyllum glycyphlaeum Cas.*

Es wurde je nach der Abstammung zuerst als Struthiin, Quillajin, Senegin, Polygalin, Githagin, Monninin, und Monesin bezeichnet. Wahrscheinlich findet es sich noch in manchen anderen Pflanzen, jedoch sind die darüber vorliegenden Angaben zu wenig begründet, beruhen sogar meistens nur auf Vermuthungen. Der früher für Saponin gehaltene, Niesen erregende Stoff in den Cotyledonen der Rosskastanie ist Rochleder's Aphrodaescin (s. dieses).

Darstellung. Zur Darstellung des Saponins benutzt man die Wurzeln von *Saponaria officinalis* oder *Gypsophila Struthium*, oder für gewerbliche Zwecke nach Le Beuf sehr gut auch die Quillaja-Rinde. Man erschöpft das zerkleinerte Material heiss mit Weingeist von 0,824 specif. Gew., sammelt den aus den heiss filtrirten Auszügen nach 24 Stunden abgeschiedenen Niederschlag, wäscht ihn mit Aether und Weingeist und trocknet ihn bei 100° (Rochleder und Schwarz. Le Beuf). Chrystophsohn benutzte bei seinen vergleichenden Untersuchungen über das Saponin in Gypsophila, Saponaria, Quillajarinde und Samen von Agrostemma Githago folgende Methode der Darstellung: Die gepulverten Droguen wurden mit Wasser 3mal extrahirt, diese Auszüge eingedampft, getrocknet und mit Alkohol (83% Tralles) so lange heiss extrahirt, bis sich dieser Alkohol nach dem Erkalten nicht mehr trübte. Nach 24 stündigem Stehen der alkoholischen Lösungen schied sich das unreine Saponin aus, das gewaschen und bei 50° getrocknet wurde. Diese Masse wurde in wenig Wasser gelöst und mit Barytwasser als Saponin aus der Lösung gefällt und diese Fällung mit Barytwasser ausgewaschen, mit Kohlensäure zerlegt. Die nun erhaltenen wässrigen Lösungen des Saponins wurden eingedampft, in wenig Wasser gelöst und in concentrirter Lösung mit Alkohol gefällt, abermals gelöst und die erwähnte Barytfällung mehrmals wiederholt, bis das Saponin eine weisse Farbe erhielt. Bei Agrostemma wurden die Samen zuerst mit Petroleumäther von Fett befreit. Verfasser constatirte als Resultat seiner Arbeiten, dass das Saponin der vier erwähnten Pflanzen vollkommen identisch ist, war jedoch nicht im Stande, dasselbe vollkommen aschenfrei herzustellen. Ein Versuch, nach der erwähnten Methode, das Saponin in den einzelnen Pflanzentheilen quantitativ zu bestimmen, lieferte das Resultat, dass

Quillaja . . . . = 8,82% Saponin
Gypsophila I. . . . . . . = 15,0 „   „
„   II. . . . . . . = 13,2 „   „
Käufliche Saponaria rubra = 5,09 „   „
Githagosamen . . . . = 6,51 „   „

liefern, mithin Gypsophila das beste Material für die Darstellung von Saponin ist.

Das Saponin ist ein weisses amorphes Pulver von neutraler Reaction, ohne Geruch, aber heftig zum Niesen reizend und von anfangs süsslichem, hinterher anhaltend scharfem und kratzendem Geschmack. Es löst sich leicht in Wasser und giebt eine noch bei $^1/_{1000}$ Gehalt beim Schütteln wie Seifenwasser schäumende Lösung. Von kaltem starkem Weingeist wird es nur schwierig, leichter von kochendem, von Aether gar nicht gelöst. Conc. Schwefelsäure löst es mit rothgelber, später lebhaft rother Farbe. Die wässrige Lösung wird durch Bleiacetat, die concentrirte auch durch Barytwasser weiss gefällt (Rochleder und Schwarz).

Zusammensetzung.

Die Zusammensetzung des Saponins ist noch nicht ganz sicher festgestellt. Bolley stellte die Formel $C_{18}H_{28}O_{12}$ auf. Rochleder giebt, nachdem er mit Schwarz zu der Formel $C_{12}H_{20}O_7$, mit v. Payr zu der Formel $C_{64}H_{106}O_{36}$ gelangt war, neuerdings die Formel $C_{32}H_{54}O_{18}$. Christophsohn erhielt als Mittel aus 11 Elementaranalysen von Saponin C 54,117 %, H 8,251 und O 37,632.

Zersetzungen.

Beim Erhitzen wird das Saponin zerstört. — Seine wässrige Lösung trübt sich an der Luft, entwickelt Kohlensäure und scheidet weisse Flocken ab. — Durch Kochen mit verdünnten Säuren wird es gespalten, jedoch nur schwierig vollständig. Bei vollständiger Spaltung zerfällt es in Sapogenin, $C_{14}H_{12}O_2$, und Zucker (nach Rochleder gemäss der Gleichung: $C_{32}H_{54}O_{18} + 2H_2O = C_{14}H_{22}O_2 + 3C_6H_{12}O_6$), während bei nicht lange genug fortgesetztem Kochen auch intermediäre Spaltungsproducte, darunter ein gelatinöses, dem Chinovin ähnliches von der Formel $C_{20}H_{32}O_7$ erhalten werden (Rochleder).

Von Christophsohn wurden Spaltungen von Saponin mittelst verdünnter Salzsäure vorgenommen und folgende Resultate erhalten:

	Saponin aus Gypsophila		Quillaja		Saponaria	Githago
	I.	II.	I.	II.		
Zucker	64,3 %	63,8 %	63,7	63,6	63,3	63,6
Sapogenin	35,4	35,7	35,8	36,2	35,9	35,9

Sapogenin.

Das Sapogenin, $C_{14}H_{12}O_2$, krystallisirt aus Weingeist bei langsamem Verdunsten in concentrisch gruppirten Nadeln. Es löst sich auch in Aether und verdünntem wässrigem Kali und wird aus letzterem durch stärkere Lauge als flockiges Sapogenin-Kali gefällt (Rochleder). — Durch conc. Salpetersäure wird es leicht gelöst und beim Erwärmen damit in Schleimsäure, Oxalsäure und ein schwefelgelbes Harz verwandelt (Crawfurd, Viertelj. prakt. Pharm. 6. 361). — Aus alkalischer Kupferoxydlösung scheidet es beim Kochen nur wenig Kupferoxydul ab (Bolley).

A. Petermann benutzt den Saponinnachweis im Mehle zur Erkennung der Samen von Lychnis Githago als Beimengung im Mehle und extrahirt das Mehl zu diesem Zwecke mit heissem Alkohol, der verdampft, mit Wasser aufgenommen, wieder mit Alkohol gefällt wird, wobei ein Niederschlag entsteht, der in wässriger Lösung das charakteristische Schäumen, reducirende Wirkung auf Silber- und Kupfersalze zeigt.

Gerichtlich chemischer Nachweis.

Köhler giebt in seiner Monographie über Saponin an, dass der physiologische Vergiftungsnachweis bei Saponin, die eigenthümliche locale Anästhesirung, das zuverlässigste sei, da scharfe chemische Reaktionen fehlen. Unter den zahlreichen Reaktionen, welche angegeben werden, seien noch folgende erwähnt.

In kaustischen und kohlensauren Alkalien löst sich Saponin unter Schäumen und wird aus diesen Lösungen mit verdünnten Säuren wieder gefällt, Galläpfeltinktur fällt Saponin, Kupfer und Silberlösung in alkalischer Form werden allmälig reducirt, Essigsaures Zink, Eisenchlorid, Chlorzinn, arsenige Säure, Millou'sches Reagens erzeugen in der Kochhitze nicht wieder verschwindende Trübungen.

(Siehe: „Cyclamin". „Smilacin.")

Das Saponin ist ein besonders durch seine locale Wirkung auf die quergestreiften Muskeln und eine eigenthümliche örtlich anaesthesirende Action interessante Substanz, welche jedoch wegen ihrer gleichzeitigen localentzündlichen Action und Störungen der Functionen anderer Organe therapeutischer Benutzung kaum fähig scheint. Thiere werden dadurch erst bei relativ grossen Dosen unter vorwaltend paralytischen Erscheinungen getödtet. Man vindicirt dem Saponin quantitative Differenzen der Giftwirkung nach den Pflanzen, aus denen es dargestellt wurde; doch sind die Angaben verschieden. Nach Pelikan und Natanson soll Githagin am stärksten, Quillajin am zweitstärksten, Senegin am schwächsten wirken; Böhm fand Quillajin stärker als Saponin aus Kornrade_samen und Wurzeln von Saponaria und Gypsophila Struthium, welche gleich wirkten. Githagin tödtet zu 0,5 Kaninchen (Natanson), zu 1,0 Hühner, zu 8,0 Hunde; (Malapert und Bonneau), Kanarienvögel zu wenigen Tropfen wässriger Lösung (1 : 300), während 0,5 bei Hunden nur emetisch wirkt (Scharling). Als Vergiftungssymptome bezeichnen Malapert und Bonneau Abgeschlagenheit, Frostschauer und Zittern der Hinterbeine, schon nach 1½ St. sich einstellend, Erbrechen, beschwerliches Athmen, beschleunigten irregulären Herzschlag, Einnehmen der Seitenlage, Senken des Kopfes und schleimigen Stuhl; nach einigen St. folgt tiefes Coma und Insensibilität. Bei der Section fanden sie Magen und Dickdarm sehr stark entzündet. Quillajin bedingt bei Fröschen zu 2,5 Mgm. subcutan in 40 Min. totale Lähmung der Willkürbewegung und Anästhesie bei Integrität der Nervenerregbarkeit; andre Saponine wirken erst zu 5 Mgm. und darüber (Böhm). Beim Menschen bedingt Saponin aus Polygala Senega zu 0,02—0,2 ekelhaften, etwas bitteren Geschmack und Kratzen am Gaumen, zu 0,1—0,2 Hustenreiz und mehrstündige Schleimabsonderung in den Luftwegen; Diaphorese und Diurese werden nicht alterirt (Schroff). Riechen an einer Saponin (Githagin) enthaltenden Flasche erregt Niesen und mehr als 1 Std. anhaltende Reizung hinter dem Sternum (Malapert und Bonneau). Saponin (Monesin) verursacht im Contact mit einer Continuitätstrennung der Haut oder Schleimhäute lebhaften Schmerz und nach einigen Std. Absonderung plastischen Exsudats, die Ulceration bedeckt sich mit einem grauen Häutchen, das beim Monesin dicker und consistenter als bei anderem Saponin ist (Derosne, Henry und Payen, Exam. chim. et méd. du Monésia 1841; Schmidt's Jahrb. 30. 287). Smilacin bewirkte in einem Selbstversuche von Pallotta zu 0,12 herben bitteren Geschmack und Zusammenziehen im hinteren Theile der Mundhöhle, zu 0,4 Magenbeschwerden und Abnahme der Pulsfrequenz um 6 Schläge, zu 0,5 Ekel, Brechneigung und weitere Abnahme der Pulszahl, welche Wirkung in einigen Min. schwand, zu 0,6 ausserdem Erbrechen, Constriction im Halse, Mattigkeit und Schweiss und zu 0,8 noch Husten, Schwäche und Ohnmacht. Patienten Cullerier's vertrugen Smilacin zu 0,4, während es zu 0,6 Schwere im Epigastrium, Ekel, Brechneigung und in einem Falle Abführen bewirkte; dagegen nahm auf Veranlassung von Boecker (Journ. Pharmacodyn. Toxik. 2. 1) Groos 4 T. hintereinander 0,5 ohne das geringste Symptom und namentlich ohne Steigerung der Diurese und Diaphorese.

Die Giftigkeit des Saponins für Menschen erhellt aus den wenigen Versuchen, welche mit subcutaner Injection zu therapeutischen Zwecken bisher angestellt wurden. Eulenburg sah nach 0,02 an der Einstichstelle nicht unerheblichen Schmerz und sofortige Röthung ohne Herabsetzung der tactilen und electrocutanen Sensibilität, des Schmerzgefühls und des Ortssinns, ausserdem anhaltende Uebelkeit und Abends Frostgefühl eintreten; in einem zweiten Falle nach 0,06 Schmerz, der nach vorübergehender Abnahme der Sensibilität in den nächsten Stunden sehr heftig wurde; ausserdem 4malige Ohnmacht, Kopfschmerzen, Uebelkeit und einmaliges Erbrechen, 5 Std. später Frost mit nachfolgender Hitze und Schweiss, Gefühl von Taubsein in den Beinen, Kriebeln in den Armen, Flimmern vor den Augen und Undeutlichsehen; an der Einstichstelle entwickelte sich im ersten Falle eine 5 Tage anhaltende schmerzhafte Induration, im zweiten Oedem und Pseudoerysipalas. In einem dritten Falle Eulenburg's kam es nach Einspritzung von 0,06 in der Hinterkopfsgegend zu heftiger localer Entzündung und Mattigkeit, am folgenden Morgen zu Frost, Uebelkeit und Gefühl von Taubsein in den Beinen. Bei Keppler bewirkte 0,1, an der Innenfläche des Oberschenkels injicirt, sofort· unerträglichen Schmerz, Todtenblässe des Gesichts, kalten Stirnschweiss und 2—3 Min. anhaltende Bewusstlosigkeit; es folgte eine erysipelatöse Entzündung, mit intensiver Schmerzhaftigkeit, 5 Cm. im Umkreise der im Einspritzungscentrum gebildeten bläulichen Blase, in den ersten 24 Std. zunehmend, dann 24 Std. auf der Höhe sich haltend und nun rasch absinkend, wobei somatische und psychische Depression, Frösteln, manchmal zu Schüttelfrost sich steigernd, Schlummersucht, Lichtscheu, Klopfen in den Zähnen, Speichelfluss und Nausea, Exophthalmos und Strabismus an der Seite der Injection eintrat. Auffallend waren in Keppler's Falle die Verhältnisse der Temperatur und des Pulses; erstere stieg in den ersten 3 Std. um 2,4 %, sank in den nächsten 24 St. zur Norm, hatte am 2. Tage einen remittirenden Charakter, wobei sie jedoch nie über 38,6 % hinausging, blieb am 3. und 4. Tage etwas über der Norm und sank am 5. T. tief unter dieselbe auf 34,2 % (am tiefsten an der Seite der Injection); der Puls sank kurz nach der Einspritzung auf 70, stieg später auf 100 und betrug am 5. Tage 70—80 Schläge in der Min.

Die interessanteste physiologische Wirkung des Saponins, wonach dasselbe örtlich als Muskelgift und als Anaestheticum wirkt, ist von Pelikan (Berl. klin. Wochenschr. 36. Gaz. méd. Paris 45. 1867) zuerst entdeckt und später von H. Köhler (Die locale Anaesthesirung durch Saponin. Exp. pharmakol. Studien. Halle. 1873) u. A. bestätigt. Nach Subcutaninjection von 4—6 Th. conc. wässriger Saponinlösung zeigt sich beim Frosche in 5—6 Min. an der betreffenden Extremität beträchtliche Schwäche, begleitet von Verschwinden der Sensibilität, so dass Reflexbewegungen durch die stärksten mechanischen, chemischen und elektrischen Reize nicht ausgelöst werden; der N. ischiadicus verliert allmälig sein Vermögen, die vergifteten Muskeln zur Contraction zu bringen, während Reizung des oberen Endes Schmerzäusserung und Reflexe hervorruft. Aortenklemme, Ligatur der Schenkelgefässe und Ischiadicusdurchschneidung, nicht aber Curarisirung verlangsamen den Eintritt der localen Anaesthesie, die auch an nach der Gefässligatur abgeschnittene Extremitäten, jedoch erst in 5mal längerer Zeit eintritt, während sie vollständig nach interner Application oder Infusion von Saponin fehlt. Die Muskeln werden in 20—25 Min. völlig unerregbar und todtenstarr, ohne Structurveränderungen zu erleiden, die auch an den Nerven nicht hervortreten, deren Erregbarkeit, und zwar sowohl die der sensibeln als die der motorischen durch 6% Saponinlösung herabgesetzt und schliesslich vernichtet wird und zwar unabhängig von den Nervencentren (H. Köhler). Nach Przybyszewski (Arch. exp. Path. Pharm. 5. 137. 1875) bleiben die Muskeln nicht vollständig intact, sind vielmehr in der Umgebung der Injectionsstelle der Querstreifung beraubt, brüchig und selbst structurlos wie bei Myositis. Nach P. erzeugt übrigens Saponin nach Art von Chloroform und anderen Anaesthetica sowohl bei localer Application als bei directer Infusion globulöse Stase und tritt bei directem Zusatze von 4% Saponinlösung zu verschiedenen Thierblutarten Erblassen des Blutkörperchenstroma und Verschwinden bis auf ein kernartiges lymphoides Gebilde ein. Nach Uebergang des Saponins in die Blutbahn tritt zu der localen Lähmung auch Schwäche und Paralyse in entfernten Theilen, später auch Herzstillstand, der auch bei directer Application auf das ausgeschnittene oder im Körper belassene Froschherz oder auf ein in der Nähe des letzteren belegenes Organ nach vorgängiger starker Verlangsamung, welche weder durch Vagusdurchschneidung noch durch Halsmarkzerstörung modificirt wird, resultirt und zwar in Systole, wobei die Contraction der Vorhöfe die des Ventrikels überdauert. Directe Einführung in Bauchhöhle oder Darm bei Fröschen oder Kaninchen bewirkt rasche Lähmung der Darmmusculatur. Beim Kaninchen erfolgt nach Injection von Saponinlösung in die Jugularis Verlangsamung der Pulszahl, bei Hunden hochgradige Beschleunigung mit stetigem Sinken des Blutdrucks; die Herzmusculatur wird rasch starr, ohne mikroskopische Veränderungen zu zeigen; bei grossen Dosen kann dem Sinken des Blutdrucks kurzes Steigen vorangehen. Ausser dem vasomotorischen Centrum lähmt Saponin auch das Athemcentrum und zwar in grossen Dosen plötzlich, so dass der Tod nach wenigen Athemzügen erfolgt, während das Herz noch pulsirt, bei kleineren allmälig unter stetigem Sinken der Athemfrequenz; bei Thieren mit durchschnittenem Vagi ist letzteres noch ausgesprochener, während die durch Saponin sinkende Athemfrequenz durch Vagussection abermalige plötzliche Verminderung erfährt. Das Verhalten der Pupille ist variabel, constant ist Taumel und Trägheit der Bewegungen, sowie bedeutendes Sinken der Temperatur, was auch durch Rückenmarkszerstörung nicht geändert wird. Die bei saponisirten Warmblütern vorkommenden klonischen und tonischen Krämpfe scheinen nur Folge der Veränderungen der Herz- und

Athemfunction. Post mortem kommt in einzelnen Fällen Hirnhyperämie, gewöhnlich entzündliche Röthung im Magen und Darm vor (H. Köhler).

Nach Köhler (Arch. exp. Pharm. und Path 1. 138. 1873) existirt ein Antagonismus des Saponins und Digitalins; insofern Digitalin durch starke Erregung der musculomotorischen Ganglien das durch Saponin zum Stillstand gebrachte Froschherz wieder in Bewegung setzen kann, während Saponin durch Herabsetzung der erregten Hemmungsvorrichtungen Digitalinherzstillstände aufhebt; ebenso ruft Digitalin nach Saponin und Saponin nach Digitalininjection Beschleunigung der auf's Aeusserste retardirten Herzaction hervor. Digitalin bedingt am Saponinherzen Verstärkung der Contractionen und hält nach Saponisirung die Lähmung der Vagusendigungen und Hemmungscentren im Herzen, das Sinken des Blutdrucks, ja selbst die Herabsetzung des Athemcentrums lange Zeit hintan, insbesondere bei nicht allzugrossen Dosen, stets jedoch nicht definitiv. Das Sinken der Körpertemperatur durch Saponin wird durch Digitalis nicht verringert. Nach Böhm und Christophsohn (Vergleichende Untersuchungen über das Saponin u. s. w. Dorpat 1874) beruht die Herzwirkung des Saponins übrigens vorzugsweise auf begleitenden Stoffen, welche auch bei Fröschen centrale Lähmung bedingen, jedoch nicht local zu wirken scheinen.

Anwendung.	Eine Verwerthung des Saponins als local anaesthesirendes Mittel ist nach den Erfahrungen von Eulenburg und Keppler (Berl. klin. Wochenschr. 32—84. 1878) kaum möglich. Die von Keppler angedeutete Benutzung als Antipyreticum zum Ersatz der Cantharidenbehandlung bei Pneumonie, Pleuritis, Pericarditis und Endocarditis, wobei Saponin selbst subcutan, jedoch höchstens zu 0,06 angewendet werden soll, dürfte kaum zur Nachahmung auffordern. Als reine Substanz ist Saponin bisher nur von Martin St. Ango therapeutisch benutzt worden und zwar als Monesin gegen Gebärmutterblutung; im Allgemeinen sind unreine Präparate saponinhaltiger Pflanzen (Extracte von Senega, Monesia u. s. w.) theils innerlich als Expectorantien, theils äusserlich als Adstringentien gebraucht worden. Wichtiger ist die von Le Beuf (Union méd. 49—51. 1851) hervorgehobene Eigenschaft des Saponins, in Alkohol lösliche Stoffe sehr fein zu vertheilen und mit ihnen verbunden, dieselben auch im Wasser chemisch unverändert suspendirt zu erhalten; doch dient zur Darstellung derartiger Saponinemulsionen, z. B. des Coaltar saponiné, nicht reines Saponin, sondern Tinctura Quillajae.

Spergula.

Spergulin. $C_5H_7O_2$. — C. O. Harz beobachtete in den Samenschalen von Spergula v. Bönningh und Spergula maxima W. ein stark blau fluorescirenden Körper, das Spergulin, welches durch wiederholtes Auskochen der Samenschaale mit absolutem Alkohol, Abdestilliren des Alkoholes bis auf $^1/_4$, und Ausfällen mit Bleiessig gefällt wurde. Der Bleiniederschlag, mit kochendem Alkohol entfettet, wurde mit verdünnter Schwefelsäure zerlegt, das ausgeschiedene Rohspergulin wieder in Alkohol gelöst, die alkoholische Lösung eingedampft, und die breiige Masse mit einer Mischung von 1 Th. Wasser und 2 Th. Aether geschüttelt. Die ätherische Lösung hinterliess beim Verdampfen das reine Spergulin, eine braune Masse, löslich in Alkohol mit tief dunkelblauer Fluorescenz, ebenso löslich in Methylalkohol, Petroleum, Aether, unlöslich in fetten Oelen, Terpentinöl, Chloroform, Benzin,

Schwefelkohlenstoff, verdünnten Säuren, löslich in conc. Schwefelsäure mit tiefblauer Farbe. Zusatz von Aetzkali zur alkalischen Lösung veranlasst smaragdgrüne Fluorescenz. Zeigt dieser Körper auch Verwandtschaft mit einem Chlorophyllderivat, dem Phyllocyanin, so ist andererseits das spectroscopische Verhalten von Chlorophyll verschieden. (Botan. Zeitg. 1877. 1.)

4. Polycarpicae.

a. Lauraceae.

Laurus.

Die älteren Analysen der Früchte von Laurus nobilis geben als Bestandtheile an: nach Bonastre (Journ. Pharm. **10**. 30) ätherisches Oel, Harz, ein flüssiges und festes Fett (Stearin), Laurin, eine Kampherart, nach Grosourdi (J. Chem. M. 1851. 562), der das Pericarpium, die Cotyledonen getrennt untersuchte, neben Stärke, flüchtigem Oele, Laurostearin, Lauretin, Lauretinsäure etc. Die späteren Untersuchungen haben zur Charakteristik der Laurinsäure, des Laurostearines und ätherischen Oeles als wesentliche Bestandtheile des Lorbeerfettes geführt.

Lorbeerfett. (Ol. laurinum, Unguent. laurin.) Das Lorbeerfett, welches durch Auspressen oder Auskochen der Früchte von Laurus nobilis L. gewonnen wird, ist gelbgrün, butterartig, körnig oder dickölig, von Geruch und Geschmack des ätherischen Lorbeeröles. Dasselbe ist vollkommen löslich in Aether und theilweise löslich in kaltem Weingeist. Bonastre (Journ. Pharm. (2). **10**. 30) fand darin ausser flüssigem, grünen nicht näher untersuchten Fette und Harze, Laurostearin, dem ätherischen Oele der Laurineencampher, das Laurin, das nach Delffs (Ann. Chem. Pharm. **88**. 354) aus den heiss dargestellten alkoholischen Lösungen der Lorbeeren, nach Ausscheidung des festen Laurostearin's beim Verdunsten der Lösung in weissen, orthorhombischen Krystallen erhalten wird, ohne Geruch, von bitterem, scharfem Geschmacke, in kochendem Alkohole und Aether löslich, von der Formel $C_{22}H_{30}O_3$. Dieses Laurin wurde später weder von Marson noch von A. Staub (Inauguraldissert. „Bestandtheile des Lorbeeröles", Erlangen, 1879) beobachtet. Letzterer hat das käufliche Lorbeerfett einer eingehenden Untersuchung unterzogen und darin neben dem ätherischen Oele, Chlorophyll, etwas freier Essigsäure und einem Körper $C_{22}H_{44}O_3$ die Glycerinester der Essigsäure, Oelsäure, Leinölsäure, Stearinsäure, Palmitinsäure, Myristinsäure, Laurinsäure nachgewiesen. *(rechte Marginalie: Laurin.)*

Lorbeerfett wird zu reizenden Einreibungen bei rheumatischen Schmerzen, Verstauchung, Paralysen, Koliken, Alopecie, Taubheit, Krampfhusten (Otto), auch gegen Krätze benutzt und bildet einen Bestandtheil des Ungt. nervinum verschiedener Pharmakopöen. *(rechte Marginalie: Anwendung.)*

Das ätherische Lorbeeröl, aus den Früchten von Laurus nobilis hergestellt, nach Bley in einer Ausbeute von 0,23 %, ist farblos oder gelblich, riecht nach Lorbeeren, schmeckt stark und bitter, hat das spec. Gew. 0,88, wird bei 0° fest. *(rechte Marginalie: Lorbeeröl.)*

Nach Gladstone ist dasselbe ein Gemenge von einem bei 171° siedenden Campher und Nelkensäure. Blas (Ann. Chem. u. Pharm. **134**. 1) fand darin keine Nelkensäure, sondern Laurinsäure und erwähnt als Bestandtheile ein bei 164° siedendes Campher, 0,908 spec. Gew., — 23,35° drehend, und einen Kohlenwasserstoff $C_{15}H_{24}$, bei 250° Sdpkt. 0,925 spec. Gew. — 7,22 drehend. A. Staub hat in dem durch Destillation des käuflichen Lorbeeröles gewonnenen ätherischen Oele nachgewiesen: 4 sauerstoffhaltige Körper, einen Kohlenwasserstoff 171° Sdpkt., 0,8897 spec. Gew., linksdrehend 22,598, $C_{10}H_{16}$ und einen Kohlenwasserstoff $C_{15}H_{24}$, 0,926 spec. Gew., 250—255° Siedepunkt.

Laurinsäure. $C_{12}H_{24}O_2$.

     — Literat.: Marsson, Ann. Chem. Pharm. 41. 33. — Sthamer, Ann. Chem. Pharm. 53. 393. — Görgey, Ann. Chem. Pharm. 66. 303. — Schlippe, Ann. Chem. Pharm. 105. 114. — Heintz, Poggend. Annal. 92. 429. 588; 93. 519. — Oudemanns, Journ. pract. Chem. 81. 356. 367. — Bolley, Ann. Chem. Pharm. 106. 229. — A. Staub, Inauguraldissert. 1879. Erlangen. — F. Krafft, Berl. Ber. 13. 1415. — Gorkom, Tydschr. niederl. Ind. — A. Müller, Journ. pr. Chem. 58. 469. — H. Schiff. 7. 781.

Entdeckung u. Vorkommen.   Die 1842 von Marsson im Lorbeerfett, dem Fett der Frucht von *Laurus nobilis L.* entdeckte Laurinsäure findet sich nach Sthamer auch im Fett der Früchte von *Laurus Pichurim*, den Pichurimbohnen, nach Gorkom in den Früchten von *Cylicodaphne sebifera* (Fam. Laurineae), ferner nach Schlippe im Crotonöl von *Croton Tiglium* (Fam. Euphorbiaceae), nach Oudemanns im sogen. Dikabrot, der Frucht von *Mangifera Gabonensis* (Fam. Cassuvieae), nach Moore (Chem. Centr. 1862. 779) im Wachs der Beeren von *Myrica cerifera* (Fam. Myriceae), nach Görgey und Oudemanns im Cocosnussöl (*Palmae*). Wahrscheinlich wird man sie noch in anderen Pflanzenfetten antreffen. Von Fetten thierischer Abkunft ist sie bis jetzt nur im Wallrath und in dem von *Coccus Axin* stammenden Age oder Axin, einem salbenartigen mexikanischen Fett nachgewiesen worden. (Hoppe-Seyler).

Darstellung.   Am vortheilhaftesten stellt man die Laurinsäure aus dem Laurostearin (s. unten) dar, welches man aus Loorbeeren oder Pichurimbohnen oder aus dem käuflichen Lorbeerfett gewinnt. Man verseift dasselbe mit Kalilauge, scheidet aus dem gebildeten Seifenlein durch Kochsalz weisse spröde Natronseife ab, zersetzt diese in heisser wässriger Lösung mit Weinsäure oder Salzsäure, reinigt die sich als farbloses Oel oben abscheidende Laurinsäure durch wiederholtes Umschmelzen mit Wasser und krystallisirt sie endlich aus schwachem Weingeist. Nach Krafft verseift man Lorbeeröl mit starker Kalilauge und destillirt die freien Fettsäuren unter vermindertem Drucke so lang über, bis das Destillat noch rasch erstarrt. Die so erhaltene flüchtige Säure wird durch Rectificiren gereinigt.

Eigenschaften.   Die Laurinsäure bildet, aus schwachem Weingeist krystallisirt (aus starkem krystallisirt sie nur bei 0°, Görgey), weisse büschlig vereinigte seideglänzende Nadeln und Schuppen ohne Geruch und Geschmack. Ihr spec. Gew. ist 0,883 bei 20° (Görgey). Sie schmilzt bei 43°,5—43°,6 (Oudemanns. Heintz) und verflüchtigt sich beim Kochen mit Wasser mit den Wasserdämpfen (Oudemanns. Görgey). In Wasser ist sie völlig unlöslich, dagegen sehr leicht löslich in Weingeist und Aether. Die weingeistige Lösung reagirt sauer. Spec. Gew. 0,883, Sdpkt. 225° bei 100 mm.

Von den nach der Formel $C_{12}H_{23}MO_2$ zusammengesetzten Salzen der Laurinsäure sind die der Alkalimetalle amorph und leicht löslich in Wasser, die übrigen zum Theil krystallisirbar und schwerlöslich oder unlöslich (Oudemanns). *Verbindungen.*

Das Laurostearin oder Laurinsäureglycerid wird aus gepul- *Laurostearin.* verten Lorbeeren erhalten, indem man sie einige Mal kochend heiss mit Weingeist auszieht und die heiss filtrirten Auszüge erkalten lässt (Masson), oder aus Pichurimbohnen, indem man diesen zunächst mit kaltem Weingeist flüchtiges Oel, Pichurimcampher und andere Stoffe entzieht und sie dann in gleicher Weise mit kochendem Weingeist behandelt. In beiden Fällen scheidet sich das Laurostearin beim Erkalten als gelbliche Masse ab, die durch Waschen mit kaltem Weingeist und Umkrystallisiren aus kochendem Weingeist oder Aetherweingeist gereinigt wird. — Nach Bolley erhält man dasselbe aus käuflichem Lorbeeröl, indem man dieses auf weissen, mit Glasscheiben bedeckten Porcellantellern dem Sonnenlicht aussetzt, bis die grüne Farbe verschwunden ist und sich aus der durch die Sonnenwärme geschmolzenen Fettmasse braune harte Klümpchen von Laurostearin ausgeschieden haben. Man filtrirt sie ab und reinigt sie durch Umkrystallisiren aus Weingeist oder durch Ausfällen aus weingeistiger Lösung mittelst Wasser. — Das Laurostearin bildet weisse feine stern- oder baumförmig gruppirte Nadeln, die bei 44—46° schmelzen, erst bei 23° wieder erstarren und sich nicht in Wasser, schwer in kaltem, besser in heissem Weingeist, leicht in Aether lösen. (Sthamer.) Nach den Elementaranalysen von Masson und *Zusammensetzung.* Sthamer hat das Laurostearin die Formel: $C_{27}H_{50}O_4 = C_3H_8O_3 + 2C_{12}H_{24}O_2$ — $3H_2O$, wonach nach unserer Anschauungsweise die Formel: $C_3H_4(O.C_{12}H_{23}O)_2$ aufzustellen wäre. H. Schiff hat eine Revision der Analysen mit Benützung des Atomgewichtes $C = 12$ vorgenommen, welche zum Resultate führte, dass das Laurostearin ein Trilaurylglycerin, ein dreisäuriges Glycerinderivat ist $C_3H_5(O . C_{12}H_{23}O_2)_3$.

Laurinaldehyd, $C_{12}H_{24}O$ wurde von F. Krafft dargestellt. (Berl. *Laurinaldehyd.* Ber. 13. 1413.)

Laurinsaurer Kalk zerfällt bei der trockenen Destillation in *Zersetzungen.* Laurostearon, $C_{23}H_{46}O$, das in blendend weissen, bei 66° schmelzenden Schuppen sublimirt, und in kohlensaurem Kalk (Overbeck, Poggend. Annal. 86. 591).

Nectandra.

Die Cotyledonen von Nectandra Puchury major und minor N. et Mart., Pichurymbohnen, sind reich an Stärke, Fett (— 30 %), enthalten ätherisches Oel und Harz.

Pichurymfett.

Das Pichurymfett ist dunkelbraun, butterartig und enthält neben ätherischem Oele Laurostearin (siehe oben) und einen Campher, der nach Gerhardt mit dem wohl kaum existirenden Laurin identisch ist.

Aetherisches Oel.

Aus den Cotyledonen von Nectandra Puchury minor hat Müller (Journ. pr. Chem. 58. 463) ein ätherisches Oel gewonnen, von gelbgrüner Farbe, das bei der wiederholten Fractionirung ein farbloses Oel bei 150°, von den Blüthen von Teucrium ähnlichem Geruche, ein farbloses Oel von dem Terpentinöl ähnlichem Geruche, bei 165—170°, C_5H_8, ein gelblichgrünes Oel, bei 235—240° und endlich ein blau gefärbtes Oel bei 260—265 von der Zusammensetzung $C_{38}H_{58}O$.

Bibirsäure. Bebirinsäure. Bebirusäure.

— Wurde 1845 von Maclagan (Ann. Chem. Pharm. 48. 106) in der Bibirurinde und dem Bibirusamen von *Nectandra Rodiaei Schomb.* aufgefunden. Zu ihrer Darstellung erschöpft man den Samen mit Wasser, die Rinde mit essigsäurehaltigem Wasser, fällt die Auszüge zur Abscheidung des Bibirins (Buxins) und Sipirins mit Ammoniak und die abfiltrirte Flüssigkeit mit Bariumnitrat. Den letzteren Niederschlag wäscht man etwas mit kaltem Wasser aus und krystallisirt ihn dann aus seiner Lösung in kochendem Wasser. Die erhaltenen, durch Umkrystallisiren gereinigten Krystalle werden wieder in kochendem Wasser gelöst, um aus dieser Lösung durch Bleizucker das Bleisalz der Bibirsäure zu fällen, das dann unter Wasser durch Schwefelwasserstoff zersetzt wird. Das im Vacuum verdunstete Filtrat hinterlässt eine braune Masse, aus der Aether die reine Säure auszieht, die beim Verdunsten der Aetherlösung zurückbleibt.

Die Bibirsäure ist eine weisse wachsglänzende Krystallmasse, die an der Luft rasch zerfliesst, bei 150° schmilzt, bei 200° in Büscheln von weissen Nadeln sublimirt. Ihre Alkalisalze sind zerfliesslich, die übrigen Salze schwer löslich.

Nectandrin. $C_{20}H_{23}NO_4$. (Bibirin, Buxin, Sipirin, Bebeerin).

— Nach Maclagan und Gamgee (Pharm. Journ. Trans. 11. 19. 1869) enthält das Holz von *Nectandra Rodiaei Schomb.*, dessen Rinde das unter dem Namen Buxin besprochene Alkaloid Bibirin und nach Maclagan ausserdem eine zweite, von ihm als Sipirin bezeichnete, von Flückiger aber angezweifelte basische Substanz führt, nicht weniger als drei vom Bibirin verschiedene Pflanzenbasen. Die genannten Forscher erhielten ein Gemenge der Sulfate dieser Basen, indem sie das Holz dem zur Darstellung von schwefelsaurem Bibirin aus Bibirurinde gebräuchlichen Verfahren unterwarfen und isolirten daraus zunächst eine durch ihre Löslichkeit in Chloroform ausgezeichnete Base, die sie Nectandrin nennen.

Das Nectandrin ist ein weisses unkrystallinisches Pulver von sehr bitterem Geschmack, welches in kochendem Wasser schmilzt, in Aether schwerer löslich ist als Bibirin, nämlich 250 Th. zur Lösung erfordert und mit concentrirter Schwefelsäure und etwas Braunstein eine schön grüne, allmälig in reines Violett übergehende Färbung erzeugt. Die Analysen führten zur Formel $C_{20}H_{23}NO_4$. — Nach Planta (Ann. Chem. Pharm. 77. 333) ist die Basis Bebirin = $C_{19}H_{21}NO_3$. Flückiger (N. J. pr. Pharm. 31. 257) hält das Bebirin identisch mit Pelosin (aus Cissampelos Pareira L.) und stellt die Formel $C_{18}H_{21}NO_3$ auf, die aber für Bebirin doch noch nicht sicher erwiesen scheint. Ueber Wirkung und Anwendung des Bebirins ist unter Buxin das Nöthige mitgetheilt.

Sassafras.

Aus dem Holze und der Rinde der Wurzel von Sassafras officinalis Nees. lässt sich ein ätherisches Oel (1—$1^1/_2$ %) darstellen, frisch farblos, gewöhnlich röthlichgelb, von fenchelartigem Geruche, scharfem Geschmacke, spec. Gew. 0,85, 1,072 (Symes), rechtsdrehend $+$ 2,64. Bei starker Abkühlung scheidet sich daraus Sassafrascampher ab, ausserdem enthält dasselbe das mit Campher isomere Safrol und das rechtsdrehende bei 155—157° siedende Safren, ein Campher vom spec. Gew. 0,835. (Grimaux und Ruott, Compts. rend. 68. 923. — Saint-Evre, Ann. Chim. Phys. (3). 12. 107. — Reinsch, Repert. Pharm. 39. 180. — Faltin, Ann. Chem. Pharm. 87. 376.)

Das Sassafrasöl findet jetzt viel weniger Anwendung als früher. Die Lobpreisungen Fr. Hoffman's als antikatarrhalisches Mittel veranlassten Wolff und Sachs zum Gebrauche gegen Blennorrhoe der Bronchien und des Darmkanals. Neuerdings empfahl es Shelby (Amer. Journ. Pharm. Sept. 1869) als Antidot des Nicotins, Hyoscyamins und der Gifte der Bienen, Wespen, Spinnen, Mosquitos und selbst der Giftschlangen (Copperhead). Aeusserlich dient es gegen rheumatische Affectionen.

Sassafrascampher. $C_{10} H_{10} O_2$. — Krystallisirt aus mittelst

einer Kältemischung abgekühltem Sassafrasöl (s. dies.) und wird durch Abpressen, Schmelzen und nochmaliges Erstarrenlassen in einer Kältemischung gereinigt (Binder (1821), Repert. Pharm. 11. 346; Saint-Evre, Ann. Chim. Phys. 12. 107). Die weissen harten vier- oder sechsseitigen Säulen knistern beim Zerdrücken und haben ein spec. Gew. von 1,245 bei 6°, geschmolzen von 1,11 bei 2°,5. Sie schmelzen zwischen 5 und 17°, erstarren bei 7°,5 und sieden bei 231—233°. Sie riechen nach Sassafras und schmecken süsslich und hinterher brennend. Wasser und wässriger Weingeist löst wenig davon, absoluter Weingeist löst sie leicht (Binder). An der Luft verändern sie sich rasch (Saint-Evre). Die Zusammensetzung wurde durch Saint-Evre ermittelt.

Safrol. $C_{10} H_{10} O_2$. — Dieser mit dem Sassafrascampher isomere

Bestandtheil des Sassafrasöls destillirt daraus nach Grimaux und Ruotte (Chem. Centralbl. 1870 Nr. 21) zwischen 230 und 236° über. Er ist eine bei 231—233° siedende, bei —20° noch nicht erstarrende, dem rohen Oel ähnlich riechende, in Wasser unlösliche Flüssigkeit von 1,1141 spec. Gew. bei 0°.

Persea.

Das fette Oel von Persea gratissima Gärtn. besteht nach Oudemanns (Journ. pr. Chem. 99. 407) aus 70 % Oleïn und 21,9 % Palmitin. Das ätherische Oel der Rinde der brasilianischen Persea caryophyllacea Mart. ist hellgelb, schwerer als Wasser, enthält wahrscheinlich Nelkensäure. Analysen der einzelnen Theile von Persea gratissima liegen noch vor von L. Glutz (Arch. Pharm. (2). 146. 114. — Journ. chemic. Soc. (2). 9. 727).

Die Rinde der Persea Lingue enthält nach P. N. Arata (Gazz. chimic. 11. 245) 24,63 % Tannin von röthlich weisser Farbe, $C_{17} H_{17} O_9$, das bei der trocknen Destillation Brenzcatechin, mit Salpetersäure Picrinsäure und Oxalsäure, mit Kali geschmolzen Phloroglucin und Protocatechusäure liefert.

Cylicodaphne.

Das sogen. Tangkallakfett, aus den Früchten von Cylicodaphne sebifera dargestellt, in Indien zur Kerzenfabrication benützt, besteht nach Oudemanns fast ganz aus Laurostearin und wenig Oleïn.

Cinnamomum.

Die Rinde, sowie auch, wenn auch in geringerem Maasse das Holz und die übrigen Theile der Pflanzen der Species von Cinnamomum sind reich an ätherischem Oele, auch Campher. Die ätherischen Oele, die Zimmtöle des Handels, spielen eine bedeutende Rolle in der Parfümerie, auch Liqueurfabrication und sind im Wesentlichen als ein Gemenge von Zimmtaldehyd mit Kohlenwasserstoffen, auch kleinen Mengen von Zimmtsäure zu betrachten. Die einzelnen bekannt gewordenen Handelssorten sind folgende:

Cassiaöl.   Das Cassiaöl oder das chinesische oder gemeine Zimmtöl wird aus der Zimmtcassie, dem Bast von *Cinnamomum aromaticum Nees*, auch wohl aus den Zimmtblüthen, den unentwickelten Blüthen von *C. Loureirii Nees* gewonnen. Die Ausbeute beträgt im Durchschnitt 1 % aus der Zimmtcassie, und 1½ % aus der Zimmtblüthe. Es ist gelblich bis bräunlich, etwas dickflüssig, riecht angenehm aromatisch und schmeckt süsslich und brennend. Sein specif. Gew. ist 1,03—1,09, sein Siedepunkt liegt bei 225°. Unter 0° wird es fest und schmilzt dann erst wieder bei + 5°. Es besitzt kein oder nur schwaches Rotations- aber ein starkes Lichtbrechungsvermögen. Auch von gewöhnlichem Weingeist wird es leicht gelöst. Sein Hauptbestandtheil ist Zimmtaldehyd. Das an der Luft braun gewordene Oel giebt bei der Destillation Zimmtaldehyd und Zimmtsäure und hinterlässt ein Harz, das sich nach Mulder (Journ. pract. Chem. 18. 385) durch kalten Weingeist in ein darin lösliches Alphaharz von der Formel $C_{30}H_{15}O_4$ und ein sich nicht lösendes Betaharz $C_{12}H_5O$ zerlegen lässt. Das bei längerem Stehen sich aus dem Oel abscheidende Stearopten krystallisirt nach Rochleder und Schwarz (Chem. Centralbl. 1851. 46 und 1854. 507) aus absolutem Weingeist in farblosen glänzenden geruchlosen Blättchen und ist nach der Formel $C_{56}H_{29}O_{10}$ zusammengesetzt.

Wirkung und Anwendung.   Das Cassiaöl dient, ausser zu Parfümerien und Liqueuren, medicinisch als Zusatz zu Zahnpulver und Oelzucker. Von Schneider (Ctrztg. 23. 26) ist es gegen Cholera empfohlen. Zu 24,0 tödtet es Kaninchen in 5 Stunden, 4,0 erregen mehrtägige Krankheit und Obstipation, der Urin ist sparsam und riecht nach dem Oele. Auf der gesunden Oberhaut erregt es nur schwaches Prickeln und Röthe (Mitscherlich).

Ceylonisches Zimmtöl.   Das Ceylonische Zimmtöl wird auf Ceylon selbst aus den Rindenabfällen des Ceylon-Zimmts (*Zinnamomum zeylanicum Nees*) gewonnen. Es ist goldgelb, nach längerem Aufbewahren röthlichgelb, dickflüssig und gleicht bis auf den feineren Geruch und Geschmack durchaus dem Cassiaöl, mit dem es auch in der Zusammensetzung übereinstimmt. Spec. Gew. 1,035, Sdpkt. 220°.

Zimmtblätteröl.   Das Zimmtblätteröl, aus den Blüthen des Ceylon-Zimmtbaums, gleicht dem Nelken- und Pimentöl. Es ist braun, von durchdringend gewürzhaftem Geruch, beissendem Geschmack, saurer Reaction und dem specif. Gew. 1,053.

Nach Stenhouse (Ann. Chem. Pharm. 95. 103) ist es ein Gemenge von Nelkensäure, Benzoësäure und einem dem Cymol ähnlich riechenden Campher von 0,862 specif. Gew. und einem Siedepunkt von 160—165° (siehe auch Kuhn, Jahresb. Pharm. 1877/80). — Das Massoyöl, aus der Rinde des auf Java einheimischen *Cinnamomum Kiamis Nees*, trennt sich durch Wasser in ein leichtes, fast farbloses Oel von gewürzhaftem Geruch und scharfem stechendem Geschmack, und in ein schweres dickflüssiges, schwächer riechendes und schmeckendes Oel. Beide Oele lösen sich leicht in Weingeist. (Bonastre, Journ. Pharm. (2) 15. 204). — Das Culilawanöl, aus der Rinde von *Cinnamomum Culilawan Nees* ist farblos, schwerer als Wasser und riecht nach Cajeput- und Nelkenöl (Daryk).

Das ätherische Zimmtöl liefert mit Salpetersäure und zwar bei Anwendung von 1 Th. Zimmtöl, 4 Th. Schwefelkohlenstoff und 1 Th. Salpetersäure von 1,33 sp. Gew. bei 40° Krystalle von der Zusammensetzung C_9H_8O,NO_3H, ebenso, mit Lösungen von Natrium- oder Kaliumbisulfit geschüttelt, die krystallinische Aldehydverbindung, mit andern Oxydationsmitteln neben Zimmtsäure auch Benzoësäure, Bittermandelöl, auch Essigsäure. Ueber die Löslichkeit des Zimmtöles in Alkokol verschiedener Verdünnung mit Wasser zum Zwecke der Prüfung auf Reinheit, siehe Dragendorff, Repertor. Buchner. 22. 1—28; auch Jahresb. Pharm. 1873. 411. Woodland (Chimist. and Druggist. 1881. 15. 81. Pharm. Zeit. 26. 653) behandelt das Verhalten gegen Salpetersäure zur Prüfung auf Reinheit des Zimmtöles und erwähnt, dass Zimmtöl die blaue Jodstärkeverbindung zerstöre.

Die Prüfung der käuflichen Zimmtöle (Ol. Cassiae, Ol. Cinnamon. zeylanic.) gründet sich zunächst auf das erwähnte Verhalten gegen Natriumbisulfit, und Salpetersäure, auch das spec. Gewicht und das Verhalten gegen das polarisirte Licht. Es muss hier uamentlich auch hingewiesen werden auf die Arbeiten von Symes (Pharm. Journ. Trans. 71. 481. 207) über das Drehungsvermögen der ätherischen Oele. Die Formel des spec. Drehungsvermögens, welche dieser

Verfasser entgegen derjenigen von Hoppe-Seyler aufstellt, ist $(\alpha) = \dfrac{A}{\varepsilon.\, l.}$

β, worin A den beobachteten Winkel, ε das Gewicht der in der Einheit enthaltenen Substanz, β das spec. Gew. der Lösung und l die Länge der Röhre bedeutet. Das spec. Drehungsvermögen von Ol. Cassiae rectific. (spec. Gew. 1,053) und venale (spec. Gew. 1,021) $= -1°$ und $+2,02°$, bei Ol. Cinnamon. Zeylan. (spec. Gew. 1,025) und e foliis (1,060 spec. Gew.) $= 0$.

Zimmtaldehyd. Cinnamylwasserstoff. C_9H_8O. — $C_8H_7.CHO$.

— Literat.: Blanchet und Sell, Poggend. Annal. 33. 53. — Dumas und Péligot, Ann. Chim. Phys. (2) 57. 305. — Mulder, Poggend. Annal. 41. 398; Ann. Chem. Pharm. 34. 147. — Bertagnini, Ann. Chem. Pharm. 85. 271. — Strecker, ebendas. 93. 370. — Chiozza, ebendas. 97. 350. — Piria, ebendas. 100. 104. — Perkin, Chem. Soc. Journ. 1877. 408. — J. Ossikovsky, Berl. Ber. 14. 826. — Matomots, ebendas. S. 1144. — Engler und Leist, ebendas. 6. 257. — Bischoff, ebendas. 7. 1079.

Bildet, wie zuerst Dumas und Péligot (1834) fanden und gegenwärtig feststeht, den Hauptbestandtheil des Ceylonischen Zimmtöls (von *Cinnamomum zeylanicum Nees s. Laurus Cinnamomum L.*), des chinesischen oder gemeinen Zimmtöls oder Cassiaöls (von *Cinnamomum aromaticum Nees s. L. Cassia Blume*) und des Zimmtblüthenöls (von *Cinnamomum Laureirii Nees*). Dem entgegen ist Mulder der Ansicht, dass diese Oele primär die Verbindung $C_{20}H_{11}O_2$ enthalten und Zimmtaldehyd erst als Zersetzungsproduct liefern.

Künstliche Bildung. Künstlich erzeugt sich der Zimmtaldehyd bei Berührung von Zimmtalkohol (Styron) mit Platinmohr und Luft (Strecker), bei der trocknen Destillation eines Gemenges von zimmtsaurem und ameisensaurem Kalk (Piria), sowie bei Einwirkung von Salzsäuregas auf ein Gemenge von Bittermandelöl und Acetaldehyd (Chiozza), bei der Fibrinverdauung durch Pankreas etc.

Darstellung. Zur Abscheidung aus käuflichem Zimmt- oder Cassiaöl, in denen es von Kohlenwasserstoffen, Zimmtsäure und harzartigen Zersetzungsproducten begleitet ist, vermischt man dieselben nach Dumas und Péligot mit concentrirter kalter Salpetersäure, worauf sich innerhalb einiger Stunden grosse Krystalle von salpetersaurem Zimmtaldehyd ausscheiden, die Mischung auch wohl ganz zu einem Krystallbrei erstarrt. Man lässt diese Verbindung abtropfen, presst sie zwischen Fliesspapier und zersetzt sie dann durch Wasser, das daraus reinen Zimmtaldehyd ölförmig abscheidet. — Nach Bertagnini schüttelt man das Oel zweckmässiger mit seinem 3—4fachen Volumen einer wässrigen Lösung von zweifach-schwefligsaurem Kali von 1,25—1,27 spec. Gew. zusammen, lässt die nach kurzer Zeit gebildete Krystallmasse auf einem Trichter abtropfen, trocknet sie an der Luft, pulvert sie dann mit kaltem verdünntem Weingeist, so lange dieser sich noch gelb färbt, trocknet wiederum und löst nun bei gelinder Wärme in verdünnter Schwefelsäure, worauf sich unter Entwicklung von schwefliger Säure der Aldehyd als Oel oben abscheidet.

Eigenschaften. Der Zimmtaldehyd ist ein farbloses Oel von angenehmem Geruch und brennendem Geschmack. Er ist etwas schwerer als Wasser und lässt sich im Vacuum oder mit Wasserdämpfen unzersetzt destilliren. Er löst sich nur sehr wenig in Wasser, leicht in Weingeist und Aether. Siedepkt. 247—248 (Perkin).

Zersetzungen. Der Zimmtaldehyd geht mit Salzsäure und Salpetersäure lose Verbindungen ein, von denen die mit letztgenannter Säure in farblosen durchsichtigen, 2 bis 3 Zoll langen klinorhombischen Säulen erhalten werden kann (s. oben) (Mulder). Er verbindet sich ferner nach Art der Aldehyde mit den zweifach-schwefligsauren Salzen der Alkalimetalle und des Ammoniums zu krystallisirbaren, durch Säuren und Alkalien leicht zersetzbaren Verbindungen (Bertagnini).

An der Luft verwandelt sich reiner Zimmtaldehyd durch Sauerstoffaufnahme rasch in Zimmtsäure (Dumas und Péligot. Mulder). Bei Behandlung mit heisser Salpetersäure, Chromsäure, Chlorkalklösung und anderen energisch wirkenden Oxydationsmitteln entsteht vorwiegend Benzoësäure, während beim Schmelzen mit Kalihydrat unter Wasserstoffentwicklung zimmtsaures Kali gebildet wird. Sättigt man den Aldehyd in der Wärme mit Chlorgas, so entsteht Tetrachlorcinnamyl, $C_9H_4Cl_4O$. (Dumas und Péligot.) — Bei Behandlung mit trocknem Ammoniakgas verwandelt er sich in Hydrocinnamid, $C_{27}H_{24}N_2$ (Laurent, Journ. pract. Chem. 27. 309).

Durch Einwirkung von Salzsäure und Blausäure auf Zimmtaldehyd entsteht Phenyloxycrotonsäure. (Matsmoto). Engler und Leist erhielten bei Einwirkung von Natrium auf Zimmtaldehyd eine Natriumverbindung, die mit Jodmethyl im Rohre bei 130—140° erhitzt Acetocinnamon lieferte. Auch durch Einwirkung von molecularen Mengen von Zimmtaldehyd und Methylalkohol bei Gegenwart von Chlorzink wurde Acetocinnamon erhalten.

Camphora.

Camphol oder Gemeiner Campher. Japancampher. Laurineencampher. $C_{10}H_{16}O$. — Literat.: Chemische: Bouillon-Lagrange, Crell. Annal. 1799. 2. 301. — Saussure, Ann. Chim. Phys. (2) 13. 275. — Blanchet und Sell, Ann. Chem. Pharm. 6. 304. — Dumas, ebendas. 6. 259. — Laurent, Ann. Chim. Phys. (2) 63. 207; (3) 7. 291; Compt. rend. 10. 532; 20. 511; Rev. scient. 11. 263; 19. 159. — Claus, Journ. pract. Chem. 25. 259. — Delalande, Ann. Chim. Phys. (3) 1. 120. — Gerhardt, ebendas. 7. 282. — Descloizeaux, ebendas. 16. 220. — Bineau, ebendas. 24. 337. — Berthelot, ebendas. 56. 78; 47. 266; 79. 1094; 80. 1425; Bull. soc. chim. (2) 11. 98. — Chautard, Compt. rend. 44. 66. — Baubigny, Compt. rend. 63. 221. — Pfaundler, Ann. Chem. Pharm. 115. 29. — Schwanert, ebendas. 123. 298. — Tollens und Fittig, ebendas. 129. 371. — Th. Swarts, Instit. 1862. 63; 1866. 287. — Wheeler, Sillim. Amer. Journ. 45. 48; auch Chem. Centralbl. 1868. 247. — Ann. Chem. Pharm. 146. 73. — Schlebusch, Berl. Ber. 1870. 591. — Liebig, Ann. Chem. Pharm. 31. 72. — Rochleder, Ann. Chem. Pharm. 44. 1. 3. 9. — Persoz, Compt. rend. 13. 433. — Vohl, Arch. Pharm. (2) 74. 16. — Faltin, Ann. Chem. Pharm. 87. 376. — Döpping, Ann. Chem. Pharm. 49. 353. — Biot, Ann. Chim. Phys. (3) 54. 417. — D'Arcet, ebendas. (2) 66. 110. — Fittig, Köbrich, Jilke, Ann. Chem. Pharm. 145. 129. — Ribau, Compt. rend. 80. 1382; Bull. soc. chim. 24. 17. — Oppenheim, ebendas. 21. 472. Berl. Ber. 5. 631. — Kachler, Ann. Chem. Pharm. 164. 77; 162. 268; 169. 85; 191. 143. Berl. Ber. 11. 460. — Kraut, Arch. Pharm. (2) 116. 41. — Fremy, Ann. chim. phys. (2) 59. 15. — Ronnier, Ann. Chem. Pharm. 152. 125. — Claus, Journ. pr. Chem. 25. 257. 264. — Montgolfier, Bull. soc. chim. (2) 23. 253. Berl. Ber. 6. 200. 9. 195. 1445. Compt. rend. 84. 445; 85. 961. — Perkin, Ann. Chem. Pharm. Suppl. 4. 124; 88. 915; 89. 102. 103. — De Santos und Silva, Berl. Ber. 6. 1093. — Fleischer und Kekulé, Berl. Ber. 7. 935. — Weyl, Berl. Ber. 3. 94. — Pott, Chem. Centrlbl. 1869.

850. — Flesch, Berl. Ber. 6. 478. — Kullhem, Ann. Chem. Pharm.
163. 231. — Hlasiwetz und Malin, Ann. Chem. Pharm. 145. 201.
Berl. Ber. 4. 539. — Barth, Zeitschr. Chem. 1867. 508. — Bineau,
Ann. Chem. Pharm. 60. 159. — V. Meyer, Berl. Ber. 4. 121; 3. 120.
— Kekulé, Berl. Ber. 6. 929. — Fittica, ebendas. 8. 323. — O. Hesse,
Ann. Chem. Pharm. 176. 89. — Landolt, Berl. Ber. 9. 914. — Lan-
dolph, Berl. Ber. 10. 1312. — Wreden, Berl. Ber. 10. 714. — O.
Zeidler, Chem. Ctrlbl. 1877. 565. — F. V. Spitzer, Berl. Ber. 11.
818. Ann. Chem. Pharm. 196. 259. — H. E. Armstrong und Mat-
tews, Chem. News. 37. 4; 89. 284. Berl. Ber. 11. 150. — Al. Haller,
Compt. rend. 87. 843. 929. — H. Schrötter, Berl. Ber. 13. 1621. —
C. Koller, Arch. Pharm. (3) 13. 288. — R. Raymann und Preis,
Berl. Ber. 13. 1402. — P. Cazeneuve und Joubert, Bull. soc. chim.
34. 209. — R. Schiff, Berl. Ber. 13. 346. 1407. — J. Kachler und
Spitzer, Berl. Ber. 13. 1412. — M. Ballo, Berl. Ber. 12. 1597.

Camphoronsäure: Kachler, s. oben. — R. Kissling, Ignauguraldissertat.
1878. Göttingen.

Campholsäure: Malin, Ann. Chem. Pharm. 145. 201. — Kachler, Ann.
Chem. Pharm. 162. 259. 268. — Barth, Ann. Chem. Pharm. 107. 249.
— Delalande, Ann. Chim. phys. (3) 1. 920.

Camphersäure: Wreden, Ann. Chim. phys. (2) 64. 151. u. oben Berl.
Ber. 10. 714. — Jungfleisch, Berl. Ber. 6. 268. 280. — Walter,
Ann. Chim. phys. (2) 75. 212. — Gille, Ann. Chem. Pharm. 169. 196.
— Moitissur, Ann. Chem. Pharm. 120. 252. — Kachler, siehe oben.
— Brodie, Walter, siehe oben. — Malaguti, Ann. chim. phys. (2)
64. 152; 70. 360. — Loir, Jahresb. Chem. Min. 1853. 431. — P.
Maissen, Gazz. chim. 10. 280. — E. Hjelt, Berl. Ber. 13. 797. —
M. Ballo, Berl. Ber. 12. 324. — Anschütz, Berl. Ber. 10. 1881. —
Beckett und Wright, 8. 779. —

    Medicinische: Menghini, Comment. Bonon. 4. 199; Mur-
ray, App. med. 4. 445. — Dieffenbach (Hertwig), Transf. d. Blutes.
Berl. 1828. p. 75. — Malewski, Dorp. camph. etc. Dorp. 1855. — W. Hoffmann, Beitr. z. Kenntn. d. physiol. Wirk. der Carbolsäure u. d. Camphers. Dorp. 1866. — Foissac, Du camphre Thèse. Paris. 1866. —
Jos. Baum, Med. Centrlbl. 70. 1870 — Wiedemann, Arch. exp.
Path. 6. 216. 1876. — Harley, Pract. 210. Oct. 1872. — Bourneville,
Progr. méd. 25. Gaz. des Hôp. 101. 1875. — Lawson, Pract. Dec.
1875. — Pathault, Des propriétés physiologiques du bromure de
camphre et de ses usages thérapeutiques. Paris 1876.

Vorkommen u.
Gewinnung.

Dieser zuerst durch die Araber nach Europa gekommene Körper
findet sich in allen Theilen (im Holz bisweilen in grösserer Menge
abgeschieden) des in China, Cochinchina und Japan einheimischen,
auf den Sundainseln cultivirten Campherbaums, *Camphora officinarum
Nees.* s. *Laurus Camphora L.*, und wird an Ort und Stelle gewöhnlich in der Weise gewonnen, dass man Holz, Wurzeln oder

Zweige im zerkleinerten Zustande in einem eisernen Kessel mit Wasser kocht und den dabei sich verflüchtigenden Campher in einem helmartigen mit Reisstroh angefüllten Aufsatz sammelt. Zur Reinigung wird er dann, meistens erst in Europa, einer nochmaligen Sublimation (Raffinage) mit Kalk oder Kreide unterworfen (bezügl. der Raffinage vergl. man Perret, Bull. Soc. chim. (2) **7**. 313. Flückiger, Pharmacographia. 2. Aufl. 510.)

Auch künstlich lässt sich gemeiner Campher durch Behandlung von Borneol oder Borneocampher oder von Campheröl mit Salpetersäure erhalten. Auch scheiden die ätherischen Oele von Matricaria, Origanum, Mentha, Salbei, Majoran u. anderer Pflanzen beim Stehen an der Luft campherähnliche Substanzen ab. Bei der Einwirkung von Salpetersäure auf die ätherischen Oele von Salbei, Rainfarren, Valerianwurzel, Wurmsamen, auf den bei 210° siedenden Bestandtheil von Spicköl, auf Bernstein entstehen Campher. Die oxydirende Einwirkung von Chromsäure oder Kaliumpermanganat auf Rainfarrenöl, sowie auf Terpentinöl und dessen feste Camphene, die Destillation des mit Chlor behandelten und Kalkmilch versetzten Sassafrasöles, die Oxydation von Terpencymol uud Citrencymol, liefern ebenfalls Campher, die die chem. Zusammensetzung des Laurineen-Camphers besitzen, mit verschiedenen optischen Eigenschaften versehen. Rechtsdrehender Campher entsteht bei Einwirkung von Salpetersäure auf Borneol und Campheröl, bei Behandlung von Borneol oder Borneolchlorid mit unterchloriger Säure, bei der Oxydation der Camphene mit Chromsäure etc.

Der Campher bildet eine weisse durchscheinende körnigkrystallinische zähe Masse. Bei sehr langsamem freiwilligen Sublimiren werden sechsseitige Tafeln des hexagonalen Systems erhalten (Descloizeaux). Er besitzt einen eigenthümlichen starken Geruch und brennenden bitterlichen Geschmack. Sein specif. Gew. ist 1,00 bei 0°, 0,992 bei 10—12° (Brisson), sein Brechungsexponent 1,4804 (Pfaundler). Er schmilzt bei 175° und siedet bei 204° (Gay-Lussac), verdampft aber schon bei gewöhnlicher Temperatur. Auf Wasser geworfene Stückchen desselben schwimmen und zeigen eine rasche rotirende Bewegung. Von kaltem Wasser erfordert er 1000 Th. zur Lösung (Giese); von Weingeist von 0,806 specif. Gew. bei 12° nur $^5/_6$ Th. (Saussure). Reichlicher noch lösen ihn Holzgeist, Aether und Chloroform und Eisessig. Auch Schwefelkohlenstoff, Aceton, Benzol und ätherische und fette Oele lösen ihn in reichlicher Menge. Das Rotationsvermögen ist in weingeistiger Lösung rechtswirkend und $[\alpha]j = 37°,4$ (Biot), nach Hesse αj in 80 Vol. % Alkohollösung + 38,65 bis 40,9, in Chloroformlösung = 44,20, spec. Drehung (20°) $(\alpha)_D = 55,6° = 0°,4$ (Landolt).

Mit Brom und Jod vermag sich der Campher direct zu vereinigen (Claus. Laurent). Der Bromcampher, $C_{10}H_{10}O, Br_2$, wurde von Laurent in rothen orthorhombischen, sehr leicht an der Luft zerfliessenden und sich zersetzenden Säulen erhalten (siehe S. 551). Schweflige Säure, Salzsäuregas und Untersalpetersäure werden von Campher in beträchtlicher, jedoch nach Druck und Temperatur wechselnder Menge absorbirt (Bineau.) — Erwärmt man eine Lösung von Campher in Toluol oder einem andern mit Natrium gereinigten Kohlenwasserstoff mit Natrium vorsichtig auf 90°, so krystallisirt beim Erkalten unter gleichzeitiger Bildung von Borneol leicht zersetzbarer Natriumcampher, $C_{10}H_{15}NaO$, der in Wechselwirkung mit Jodäthyl leicht Aethylcampher $C_{10}H_{15}(C_2H_5)O$, eine farblose, campherartig riechende, bei 226° siedende Flüssigkeit, und mit Essigsäureanhydrid Acetylcampher, $(C_{10}H_{15}(C_2H_3O)O$, ein bei 230° siedendes Liquidum, erzeugt. In ähnlicher Weise wurden auch Methyl- und Amylcampher erhalten (Baubigny). — Mit zweifach-schwefligsauren Alkalien verbindet der Campher sich nicht, er kann daher nicht als der Aldehyd des Borneols oder Borneocamphers angesehen werden (Tollens und Fittig).

Der Campher lässt sich leicht entzünden und verbrennt mit russender Flamme. Leitet man ihn in Dampfform durch ein glühendes Glas- oder Porcellanrohr, so zerfällt er in brennbares Gas und ein flüchtiges, in Weingeist leicht lösliches Oel (Saussure). Bei langsamem Ueberleiten von Campherdampf über rothglühendes Eisen entstehen Benzol oder doch ein isomerer Kohlenwasserstoff und Naphtalin.

Von conc. Schwefelsäure wird Campher in grosser Menge gelöst und daraus durch Wasser grösstentheils wieder abgeschieden. Wird derselbe aber mit seinem 4fachen Gewicht von jener Säure 5—6 Stunden auf 100° erhitzt, so verwandelt er sich unter Entwicklung von sckwefliger Säure in Camphren (Chautard. Schwanert).

Camphren.   Das Camphren, $C_9H_{14}O$ (Chautard gab die Formel $C_8H_{12}O$) ist isomer mit dem Camphoron oder Phoron, einem bei der trocknen Destillation des camphersauren Kalks auftretenden Producte, und bildet eine farblose, angenehm gewürzhaft riechende, scharf schmeckende, bei 230—235° siedende, optisch unwirksame, in Wasser unlösliche, in Weingeist und Aether leicht lösliche Flüssigkeit von 0,9614 specif. Gew. bei 20°, die bei Behandlung mit Phosphorsäureanhydrid ein bei 170—175° siedendes Cymol, liefert und bei längerer Einwirkung von Salpetersäure in Camphrensäure, $C_9H_8O_4$, eine in blassgelben Wärzchen krystallisirende Säure übergeführt wird (Schwanert). — Beim Destilliren mit Phosphorsäureanhydrid zerfällt der Campher nach Delalande in Cymol und Wasser $(C_{10}H_{16}O = C_{10}H_{14} + H_2O)$. Die nämliche Zersetzung will Gerhardt beim Schmelzen mit Chlorzink beobachtet haben, aber nach Fittig, Köbrich und Jilke entstehen dabei ausser Cymol auch noch die Kohlenwasserstoffe C_7H_8, C_8H_{10}, C_9H_{12} und $C_{11}H_{16}$, auch Phenol (Rommier), beim Leiten über glühenden Thon Kohlensäure und vorwiegend Cymol (Kraut).

Chlorgas wirkt selbst im Sonnenlichte auf Campher kaum merkbar ein. Leitet man aber in eine erwärmte Lösung von Campher in Phosphorchlorür anhaltend Chlor, so werden Tetra- und Hexachlorcampher, beides unkrystallisirbare Producte, gebildet (Claus). Durch Behandlung des Camphers mit conc. wässriger unterchloriger Säure hat Wheeler einen undeutlich krystallinischen, dem Campher im Geruch und Geschmack äusserst ähnlichen, bei 95° schmelzenden und über 200° sich zersetzenden Monochlorcampher, $C_{10}H_{15}ClO$, erhalten, welcher beim Erhitzen mit weingeistigem Kali zum Theil in Oxycampher, $C_{10}H_{16}O_2$, isomer mit der Camphinsäure (s. unten) und in Nadeln krystallisirend, zum Theil in Phoronylsäure, $C_{10}H_{14}O_3$, einen syrupförmigen Körper, verwandelt wird. — Phosphorsuperchlorid zersetzt den Campher leicht. Wirken beide zu gleichen Aequivalenten auf einander, so scheidet Wasser aus der resultirenden Masse $C_{10}H_{15}Cl$ in weissen Flocken ab, die aus Weingeist krystallisiren, bei 60° schmelzen und leicht sublimiren. Bei Anwendung von 2 Aequiv. des Chlorids auf 1 Aequiv. Campher entsteht die krystallisirbare, bei 70° schmelzende Verbindung $C_{10}H_{16}Cl_2$ (Pfaundler).

Beim fortgesetzten Erhitzen mit Phosphorperchlorid entstehen Kohlenwasserstoffe. Wirkt Chlor noch länger auf eine Lösung von Campher in Phosphorperchlorid ein, so entstehen ein salbenartiges Oel, 4fach Chlorcampher $C_{10}H_{12}Cl_4O$, und Sechsfachchlorcampher $C_{10}H_{10}Cl_6O$, eine wachsartige Masse (Claus).

Die Arbeiten von Spitzer zeigen, dass sich ein Bichlorid, $C_{10}H_{16}Cl_2$, Schmpkt. 155°, bildet, wenn Phosphorperchlorid auf Campher 12—14 Tage in der Kälte einwirkt. Dieses Bichlorid liefert mit Natrium ein Camphen, Sdpkt. 158—159°, Schmpkt. 57—58°, Spec. Gew. 0,8345 bei 99° C., rechtsdrehend 55,14°, das mit Salzsäure ein Additionsprodukt, Schmpkt. 150°, und mit Natrium und Aethyl-Butyljodid flüssige Verbindungen, Aethyl und Butylcampher, liefert. Die Bildung eines Monochlorides gelang Spitzer nicht. — Die Einwirkung von Brom auf Campher (Perkin, Swarts, Mongolfier, Spitzer, Schiff) führte zu folgenden Resultaten: Brom mit festem Campher oder Chloroformlösung desselben in Berührung gebracht bildet ein rothes krystallinisches Pulver $C_{10}H_{16}Br_2O$, das beim Erhitzen sich zersetzt und je nach der Temperatur wieder in Campher oder Monobromcampher $C_{10}H_{16}BrO$ übergeht, der sich am besten bildet, wenn Brom mit Campher destillirt wird, Campherdibromid bei 100° in geschlossenen Gefässen, oder Bromcamphercarbonsäure ($C_{11}H_{15}BrO_3$) mit Wasser oder verdünnten Alkalien erhitzt wird. Der Monobromcampher bildet farblose Krystalle, 76° Schmpkt., 274° Sdpkt., mit denselben Löslichkeitsverhältnissen, wie der Campher, zersetzbar durch Silberoxyd, löslich in concentr. Schwefelsäure ohne Zersetzung, durch Natriumamalgam zu Campher regenerirbar. Dibromcampher entsteht, wenn 2 At. Brom mit Monobromcampher in geschlossenen Gefässen auf 120°, oder 4 At. Brom mit At. Campher in geschlossenen Röhren direct erhitzt werden. Schmpkt. 114°, Sdpkt. 285°, löslich in Alkohol. Armstrong und Matthews erhielten bei Einwirkung von Salpetersäure auf Monobromid Camphersäure, mit Dibromid keine Reaction. H. Schiff erhielt durch Einwirkung von 4 Th. Salpetersäure auf Bromcampher Bromnitrocampher $C_{10}H_{14}BrNO_3$, der mit alkoholischem Kali einen granatrothen phenolartigen Körper $C_{10}H_{15}NO_3$ lieferte, bei weiterer Oxydation mit Salpetersäure Camphersäure, Camphersäureanhydrid, Ammoniak liefert. Dieser Nitrocampher giebt mit Natriumamalgam in alkalischer Lösung einen Amidocampher, Schmpkt. 246°, eine Base primärer Natur, die Silber-, Kupfer-, Quecksilbersalze reducirt. Die salzsaure Verbindung dieser Amidoverbindung liefert mit Wasserdämpfen einen bei 160° schmelzenden Körper $C_{20}H_{31}NO_2$ und eine starke Basis von Coniin ähnlichem Geruche $C_{10}H_{15}N$. In dem Bromcampher nimmt Schiff eine OBr Gruppe an. — Chlorzink liefert nach demselben Verfasser bei Einwirkung bei 150—

160° 2 Körper, einen Kohlenwasserstoff, C_8H_{16}, 137° Sdpkt., **Hexahydroparaxylol**, mit Salpeterschwefelsäure Trinitroparaxylol bildend und ein Phenol, identisch mit **Kékulés Thymol** aus Jod und Campher ($C_{10}H_{15}BrO$ — HBr $= C_{10}H_{14}O$ (Thymol)). Chlorcampher giebt mit Brom **Chlorbromcampher**, prachtvoll krystallisirend (**Armstrong** und **Matthews**). — (Ueber die Darstellung von Monobromcampher siehe noch C. **Keller**, Arch. Pharm. (3) **13**. 288. **Dubois** l'institut **213**. Jahresb. Pharm. 1874. 313.)

Einwirkung von Jod. — **Jod** giebt mit Campher zu gleichen Theilen beim Zusammenreiben eine braune, dickflüssige Masse, 120° Sdpkt., die bei höheren Temperaturen in einem Rückstand **Camphoresin** und ein Destillat liefert, in dem **Camphin**, ein Kohlenwasserstoff, 167—170° siedend, ferner **Camphokreosol** (Oxycymol!) und **Colophen** enthalten sind. (**Claus**). **Fleischer** und **Kékulé** erhielten bei Einwirkung von ⅕ Jod auf Campher in der Wärme einen Kohlenwasserstoff (**Claus**, Camphin), aus dem sich eine Jodwasserstoffverbindung von Campher ausschied, ausserdem im Destillationsrückstand **Oxy-Cymol**, $C_{10}H_{14}O$, 232° Sdpkt., identisch mit Carvacrol und dem **Pott**'schen Cymolphenol, mit Pentasulphid Cymol und Thiocymol bildend.

R. **Raymann** und K. **Preis** haben beim längeren Erhitzen von Campher mit Jod auf 250° dieselben Kohlenwasserstoffe erhalten, die bei Cymol und Terpentinöl unter ähnlichen Verhältnissen beobachtet worden sind. Cymol scheint zuerst aufzutreten. A. **Haller** erhielt bei Einwirkung von Jodcyan auf Borneolnatrium in Benzol gelöst in der Wärme den Körper $C_{10}H_{15}OJ$.

Benzoylchlorideinwirkung. — Die Einwirkung von Benzoylchlorid auf Campher liefert Salzsäure, und ein Destillat, aus einem Kohlenwasserstoff und zwei Körpern $C_7H_{10}O$ und $C_{10}H_{14}O$ bestehend (**Tommasi**). **Haller** erhielt bei Einwirkung von Cyan-*Cyancampher.* — gas auf Natriumcampher einen **Cyancampher**, $C_{10}H_{15}(CN)O$, löslich in Alkohol, Aether etc., Schmpkt. 127—128°, Sdpkt. 250°, in Schwefelkohlenstofflösung mit Brom Cyanbromcampher bildend. Cyancampher liefert mit conc. Kalilauge das Kaliumsalz einer **Hydroxy-Camphocarbonsäure** $C_{11}H_{16}O_4K_2$. — **Phosphorpersulfid** liefert mit Campher fast reines Cymol (**Pott**, **Flesch**).

Wirkung reducirender Agentien. — Die reducirenden Wirkungen von **Jodwasserstoff** erzeugen aus Campher Kohlenwasserstoffe, C_9H_{16} 140° Sdpkt., $C_{10}H_{18}$ 163° Sdpkt., $C_{10}H_{20}$ 170° Sdpkt., verbindungsfähig mit Brom, aromatische Säuren bei der Oxydation liefernd (**Weyl**). **Berthellot** spricht von durch diese Einwirkung entstehenden Terpilenwasserstoff, Decylenwasserstoff und Amylwasserstoff.

Die Destillation des Camphers mit Zinkstaub lieferte nach H. **Schrötter** **Benzol**, **Toluol**, **Paraxylol** und **Cymol** und einen zwischen 164—167° siedenden Kohlenwasserstoff, **Pseudocymol**, der auch von **Fittig**, **Köbrig** *Laurol.* — und **Jilke** beobachtet wurde, unter dem Namen **Laurol** beschrieben. Die soeben genannten Forscher haben bei Einwirkung von schmelzendem Chlorzink auf Campher die oben erwähnten Kohlenwasserstoffe **Schrötter**'s erhalten. **Dumas** und **Gerhardt** erhielten bei Einwirkung von Chlorzink auf Campher Cymol. Verbindungen von Chloralhydrat mit Campher werden ebenfalls angenommen (P. **Cazeneuve** und **Joubert**, **Zeidler**, F. **Brown**, Pharm. Journ. Trans. (3) **194**. 729.)

Das Erhitzen des Camphers mit Kalk bei Roth- oder Weissglühhitze lieferte ein Oel Camphron(?) und später CO, Naphtalin etc. (**Fremy**).

Die Einwirkung von Kalium und Natrium im metallischen Zustande erzeugt nach **Hlasiwetz**, **Malin** und **Kachler** Borneol $C_{10}H_{18}O$ und campholsaures Kali, bei Natrium ein Gemenge von Camphernatrium und Borneolnatrium, das nach Behandlung mit Kohlensäure, bei 90—100°, sich in Camphocarbonsäure umsetzt, $C_{11}H_{16}O_3$, die, in Wasser schwer, in Alkohol und Aether leicht löslich, bei 119° schmilzt, und beim Erhitzen in Campher und Kohlensäure zerfällt. Brom liefert damit eine Bromcamphocarbonsäure, weisses krystallinisches Pulver, deren Salze leicht in Bromcampher und kohlensaures Salz zerfallen. Die Camphocarbonsäure, Schmpkt. 123—124°, ist unter 100° zersetzlich, liefert mit PCl_5 ein Chlorid (Kachler, Spitzer). — Die Natriumverbindungen von Campher und Borneol liefern auch mit Aethylenbromid mannigfache Zersetzungsprodukte. Die Methyl-, Aethyl- und Amylverbindung des Jodes liefern mit Campher die entsprechenden Campherverbindungen mit Methyl etc. (Kachler).

Analoge Reaktionen finden statt, wenn alkoholische Kalilösung auf Campher einwirkt. Es entstehen Borneol, Campholsäure, nach Berthelot camphinsaures Salz, $C_{10}H_{15}O_2$, Ka, neben Borneol. Die Camphinsäure ist nach Kachler eine Mischung von Campholsäure und Harz, was von Berthelot nnd Montgolfier nicht anerkannt wird, die die Camphinsäure als selbstständige Säure betrachten, $C_{10}H_{16}O_2$. Diese Camphinsäure giebt bei der Destillation mit ameisensaurem Kalke Campher zurück, neben einer bei 230—238° siedenden Flüssigkeit, des Camphrens, eines Homologen des Camphers, isomer mit Phoron (Montgolfier). —

Oxydationsprodukte des Camphers. (Kachler, Schwanert, Kullhem, Montgolfier, Wreden, Kissling, Armstrong u. Matthews, Maissen, Ballo).

Als Oxydationsprodukte des Camphers durch Salpetersäure (1,37), auch Chromsäure lassen sich nun nach den bis jetzt gemachten Erfahrungen aufstellen: Camphoronsäure, $C_9H_{12}O_5$, H_2O, Camphersäure, $C_{10}H_{16}O_4$, ausserdem Dinitrohephtylsäure, $C_6H_{10}N_2O_6$, von Kullhem zuerst beobachtet, Mesocamphersäure, $C_{10}H_{16}O_4$, isomer mit Camphersäure (die beiden letzten in Wasser schwerlöslich), Hydrooxycamphoronsäure, $C_9H_{14}O_6$, in Wasser löslich, ausserdem noch andere schwer krystallisirbare Säuren. Die Camphresinsäure Schwanert's ist ein Gemenge von Camphersäure und Camphoronsäure. Die von Ballo als Oxydationsprodukt erwähnte Adipinsäure ist nach Kachler nicht bei der Oxydation des Camphers wahrzunehmen. Die wichtigsten Repräsentanten dieser Oxydationsprodukte lassen wir in kurzer Charakteristik folgen:

Camphoronsäure. $C_9H_{12}O_5$.

— Diese durch Oxydation von Campher mit Salpetersäure hergestellte Säure lässt sich aus der Mutterlauge nach Abscheidung der Camphersäure in Form des schwerlöslichen Barytsalzes abscheiden, das mit Schwefelsäure leicht zersetzt werden kann und mittelst Aether sich isoliren lässt. Dieselbe bildet weisse mikroskopische Nadeln, leicht löslich in Wasser, Alkohol, Aether, linksdrehend — 19°, Schmpkt. 110—115°, liefert, mit Kalihydrat geschmolzen, Buttersäure, mit Kalk erhitzt ein Keton, und ist eine 3basische Säure, von deren Salzen gekannt sind, die Verbindung mit Ammonium, Barium, Blei, Calcium, Silber, Kupfer, Zink. (Kachler.) — Mit Brom auf 130° erhitzt bildet dieselbe Oxycamphoronsäure $C_9H_{12}O_6$ (Kachler), monokline Prismen, leicht löslich in Wasser, Alkohol, Aether, Schmpkt. 210°, 2basische Säure. — Die neueren Untersuchungen Kissling's nehmen den Schmelzpunkt zu 137° an und zeigen ferner, dass das Kaliumsalz mit Jodäthyl eine Monoäthylcamphoronsäure, das Silbersalz mit Jodäthyl eine Diäthylcamphoronsäure bildet. Letztere Verbindung ist leicht zersetzbar. Der Monoäthyläther, sowie der Diäthyläther liefern Amide, das erstere 140° Schmpkt., das letztere 165—170° Schmpkt. Beim Schmelzen mit Kali entstehen Essigsäure, Kohlensäure, *Constitution.* Isobuttersäure. Nach Kissling ist die Camphoronsäure eine 2basische, 3atomige Hydroxysäure, welche eine Isopropylgruppe, sowie ein Keton oder auch äthylenoxydartig gebundenes Sauerstoffatom enthält und in naher Beziehung zur Terebinsäure steht. —

Dinitrohephtylsäure. $C_6 H_{10} N_2 O_6$. — Die von Kullhem zuerst bei der Oxydation des Campher's mit Salpetersäure beobachtete Säure krystallisirt in weissen Blättchen, wird nach Kachler [in alkoholischer, sowie wässriger Lösung durch Natriumamalgam zu Mononitrohephtylsäure $C_6 H_{11} NO_4$ reducirt, welche die Meyer'sche Reaktion der Pseudonitrole in Kalilauge gelöst, mit Kaliumnitrat und Schwefelsäure eine tiefblaue Farbe giebt. Durch Zinn und Salzsäure wird dieselbe reducirt unter Kohlensäureabspaltung zu Methylisopropylketon. (Widersprechend der von Jacobsen festgestellten Stellung des Propyl's im Cymol als Normalpropyl).

Camphersäure. (Camphylsäure.) $C_{10} H_{16} O_4 = C_8 H_{14} . CO . OH . CO . OH$. (Nach Wreden Tetrahydrometaxyloldicarbonsäure.) — Dieses Oxydationsprodukt des Camphers, schon Lemery 1675 bekannt, eingehender namentlich durch Kachler, Wreden, Jungfleisch etc. studirt, entsteht allgemein durch längere Einwirkung von Salpetersäure auf die verschiedenen Campherarten, weshalb auch eine grössere Anzahl isomerer Säuren existiren.

a) Rechtscamphersäure. Dieselbe entsteht durch längeres Erhitzen (50 Stunden) von 150 Gm. Campher mit 2 Liter Salpetersäure von 1,27 spec. Gew., Eindampfen der Lösung, Auskochen mit Wasser und Umkrystallisiren. Farblose, geruchlose Säulen und Blättchen in 88 Th. Wasser (12°) löslich, ebenso in Alkohol, Aether, Oelen, Chloroform, Schwefelkohlenstoff löslich, Schmpkt. 170—175°. Mit Phosphorpentachlorid entsteht daraus Chlorcamphoryl (Moitissier), mit Benzoylchlorid neben Salzsäure Benzoësäure- und Camphersäureanhydrid. Die Bromverbindungen dieser Säure sind bekannt. Die Einwirkung reducirender Stoffe, Natriumamalgam, Jodwasserstoff sind von Wreden, Berthelot, Weyl studirt, Kalihydrat liefert beim Schmelzen Pimelinsäure, Baldriansäure, Buttersäure.

b) Linkscamphersäure entsteht in analoger Weise aus dem Campher von Matricaria, dem linksdrehenden, durch Oxydation mit Salpetersäure. Die Eigenschaften dieser Säure sind analog denen der Rechtscamphersäure mit dem Unterschiede, dass die Linksdrehung dieser Säure vorliegt.

c) Mesocamphersäure, optisch inactiv, filzige Nadeln bildend, leichter löslich als die Rechtscamphersäure, Schmpkt. 113°, entsteht bei Einwirkung von Jodwasserstoffsäure oder concentr. Salzsäure auf Camphersäure im zugeschmolzenen Rohre. — Auch ist Paracamphersäure von Wreden beschrieben. (Ann. Chem. Pharm. 127. 121.) Die 2basische Camphersäure bildet zahlreiche Salze, von denen bekannt geworden sind, die Verbindungen mit Ammon, Aluminium, Silber, Strontium, Barium, Calcium, Magnesium, Kupfer, Natrium, Quecksilber etc.

Von weiteren Derivaten der Camphersäure sind bekannt geworden:

Das Anhydrid $C_8H_{14}\genfrac{}{}{0pt}{}{CO}{CO}O$, durch Erhitzen des Hydrates für sich oder mit Phosphorperchlorid, oder Erhitzen verschiedener camphersaurer Salze gewonnen (Montgolfier, Brodil, Wreden), Oxycamphersäure, $C_{10}H_{14}O_4$, $2H_2O$, durch Kochen von Bromcamphersäureanhydrid mit Wasser erhalten, federartige Krystalle, Schmpkt. 201°, leicht löslich in Alkohol und Aether, Amidocamphersäureanhydrid, $C_{10}H_{13}(NH_2)O_3$, durch Erhitzen von Bromcamphersäureanhydrid mit Ammoniak erhalten, Sulfocamphersäure, von Walter durch Einwirkung von Schwefelsäureanhydrid oder rauchender erhalten.

Auch sind Camphersäureäther und Amidverbindungen von Malaguti, Loir, Laurent, Gerharat und Anderen hergestellt worden.

Noch erwähnenswerth bleiben die oben schon bei der Literatur angegebenen Arbeiten von E. Iljelt über die Einwirkung von Ammoniak auf die Aethylester der Camphorsäure, sowie die Versuche über die Einwirkung von wasserentziehenden Substanzen auf die Camphersäure und ihre Amide von M. Ballo.

Camphoron. (Phoron Gerhardt, Camphoryl Laurent),

$C_9H_{14}O$. — Durch Erhitzen des camphersauren Calciums, auch durch Erhitzen von Vogelbeersaft mit Calciumoxyd, Traubenzucker mit Kalk, Metaceton mit Phosphorsäureanhydrid, Kalk mit Aceton (Fittig, Ann. Chem. Pharm. 110. 33) entsteht ein farbloses, dünnflüssiges Oel, 0,93 spec. Gew., von pfeffermünzähnlichem Geruch, löslich in Alkohol, Aether, Sdpkt. 208.

Campholsäure. (Malin, Kachler, Delalande). $C_{10}H_{18}O_2$. —

Beim Eintragen von Kalium in kleine Mengen in eine nicht unter 130° siedende Lösung von 1 Th. Campher in 3 Th. Steinöl, und Zersetzen des ausgeschiedenen Salzes mit Salzsäure, auch durch Erhitzen von alkoholischer Kalilauge mit Campher, sowie durch Ueberleiten von Campherdämpfen über bis auf 400° C. erhitzten Kali-Kalk bildet sich eine Säure, Campholsäure, weisse Prismen oder Blättchen, löslich in heissem Wasser, leicht löslich in Alkohol und Aether, Schmpkt. 80° (Delalande), 95° (Kachler), welche als 1 basische Säure Salze bildet, beim Erhitzen mit Phosphorsäureanhydrid Campholen, C_9H_{16}, mit Salpetersäure Camphoronsäure liefert.

Dem als Arzneimittel von den Zeiten Avicennas bis auf den heutigen Tag geschätzten und vielfach benutzten Campher kommt eine örtlich irritirende und eine entfernte, besonders auf das Gehirn und Medulla oblongata gerichtete, erregende und später in das Gegentheil umschlagende Wirkung zu. In geeigneten Gaben wirkt er auf Menschen und Thiere giftig. Wirkung.

Die örtliche Wirkung zeigt sich bei Einreibung auf die äussere Haut als Gefühl von Stechen und Brennen, selbst als Erythem bei zarter Haut, bei subcutaner Application als Röthung und Schmerz ohne nachfolgende Eiterung, auf die entblösste Cutis gebracht, bedingt Campher heftigen Schmerz; kürzerer Contact mit der Mundschleimhaut und der Zunge erzeugt anfangs brennenden Geschmack, dann ein kurzdauerndes Gefühl von Kälte, reichliche Speichel- und Schleimsecretion, längerer ($\frac{1}{2}$ Stunde) intensive Hitze und Entzündung. Auch im Magen kann Campher in Substanz Schmerz und Kältegefühl bedingen.

Die toxische Wirkung bei Thieren ist schon im vorigen Jahrhundert durch Menghini, Carminati, Brumwell u. A. ermittelt. Nach den Erstgenannten erliegen kleine Thiere aller Klassen schon den Dämpfen des Camphers, so Fliegen, Ameisen, Wespen, Flöhe, Läuse, Milben, Spinnen, Scorpione, Kornwürmer, Motten (die erst concentrirteren Dämpfen erliegen, während andre Gliederthiere schon von sehr geringen Mengen afficirt werden, weshalb bei Anwendung und Conservirung von Sammlungen in geschlossenen Kästen nur sehr wenig nöthig ist), auch Frösche (Carminati) und Sperlinge. Entozoën erliegen spät (Küchenmeister). Von Menghini und Carminati wurde die toxische Action intern applicirten Camphers ermittelt für Frösche, Schwalben, Staare, Drosseln, Hühner, Tauben, Kaninchen, Katzen, Hunde und Schafe. Letztere erholen sich nach 15 Gm.; Katzen sterben schon nach $1\frac{1}{2}$, Kaninchen nach 8 Gm,, Vögel nach einigen Granen. Vom Mastdarm aus fand Carminati die nämliche Dosis bei Kaninchen letal. Auch vom Unterhautzellgewebe aus kann Vergiftung bewirkt werden (Orfila). Von neueren Experimentatoren konnte W. Hoffmann eine Katze mit 1,2 tödten, während Hunde sich bei nicht unterbundener Speiseröhre selbst nach 4,5 erholten. Ein Pferd will Viborg durch Infusion von 1 Gm. rasch getödtet haben, während Hertwig nach 4 Gm. in derselben Weise den Tod in einigen Tagen folgen sah. Campher in Substanz, namentlich in grossen Stücken, bewirkt vom Magen aus langsamer (oft erst in 3—4 Tagen) den Tod, als in Oel gelöster (Orfila).

Als Symptome der Vergiftung bei niederen Thieren (Articulaten u. s. w.) beobachteten Menghini und Carminati starke Unruhe, von Erschlaffung gefolgt, Sopor oder auch convulsivische Bewegungen; bei höheren Thieren heben sie die Inconstanz der Erscheinungen hervor, indem bald ein rauschartiger, bald ein an Hydrophobie erinnernder Zustand, bald Betäubung, bei einigen Angst, Röcheln, Wimmern, Geheul, bei anderen Zittern und epileptiforme Convulsionen, bei einzelnen Entleerungen (Erbrechen, Stuhl, Speichelfluss, Diurese) sich einstellten, bei andren nicht. Hertwig und Orfila geben als Symptome besonders Beschleunigung des Athmens und Dyspnoe, sowie des Pulses und Herzschlages, Unruhe und wankenden Gang, Zittern, Convulsionen, anfangs der Gesichtsmuskeln, später der gesammten Musculatur, Opisthotonos, Trismus, Kreisbewegungen, Schäumen des Mundes, Hervorgetriebensein der Bulbi und Unempfindlichkeit der Iris gegen Lichtreiz an; der Genesung pflegt Mattigkeit und Apathie voraufzugehen, dem Tode Verlust der willkürlichen Bewegung und Paralyse. — Exquisite Aufregung mit Hallucinationen und Delirien, Steigerung der Reflexerregbarkeit neben paroxystischen tonischen und klonischen Krämpfen, Dyspnoe und Schäumen des Mundes notirt auch Hoffmann, der die von Brumwell hervorgehobene Aehnlichkeit einzelner Intoxicationsfälle bei Hunden mit Lyssa durch die Beobachtung gesteigerter Beisslust bestätigt. Bei nicht tödlichen Dosen geht die Vergiftung rasch vor 24 Stunden vorüber. Die Pupillenveränderungen sind inconstant; ebenso die Frequenz des Pulses und der Respiration, dagegen scheint bei Hunden und Katzen die Temperatur selbst um mehrere Grade zu sinken (Hoffmann). Der Athem der vergifteten Thiere riecht stets stark nach Campher. — Campher in Substanz soll weniger ausgesprochen Convulsionen als gelöster, dagegen bisweilen Ulcerationen im Magen bedingen (Orfila).

Bei Fröschen, wo nur paralytische Erscheinungen und keine Muskelzuckungen vorkommen (Carminati), wird durch starke, aber nicht letale Dosen die Reflexerregbarkeit herabgesetzt (Jos. Baum).

Der Sectionsbefund mit Campher vergifteter Thiere hat nichts Characteristisches und Constantes. Hoffmann beobachtete Hyperämien in den Körperhöhlen, Blässe der Schleimhäute und coagulirtes Blut; von Hertwig wird das Blut als hellroth und nicht coagulirend, von Anderen als dunkel und flüssig oder nur in einzelnen Gefässen geronnen (Menghini) bezeichnet; auch finden sich Ekchymosirung im Endocard und in der Blase, sowie Entzündung des Urogenitalapparats (Saudery) und des Magens (Menghini) angegeben. Leichen-
befund.

Der Campher ist Gegenstand einer Reihe von physiologischen Prüfungen am Menschen gewesen und hat ausserdem zu einer Anzahl von Vergiftungen geführt, worunter zwei tödliche durch Campherpulver (Schaaf, Gaz. méd. de Strasbourg. Mai. 1850, und Buddeus, Blumenb. med. Bibl. 3. 4. 694. 1795), erstere bei einem kleinen Kinde, angeblich durch 2 Gm. in 36 Stunden, letztere vor Ablauf von 12 St. bei einer Erwachsenen, wo von dem in abortiver Absicht genommenen Campher noch in den ersten Wegen über $3\frac{1}{2}$ Gm. vorgefunden wurde. In einem dritten Falle erfolgte nach 12 Gm. in Spiritus Abortus und durch diesen der Tod (Bull. de Thérap. 56. 343). In den meisten Vergiftungsfällen wurden viel grössere Dosen ertragen, z. B. von einem 3jährigen Kinde 5 Gm. emulgirten Camphers vom Mastdarm aus (Buisard, Journ. de chim. méd. Mars. 1869. 121), von Erwachsenen 8 Gm. in Thee (Siemerling, Pr. Ver. Ztg. 7. 2), 10 Gm. als Campherspiritus (Wendt, Rust's Magaz. 25. 88), selbst 40 Gm. im Clystier (Lemaistre Florian, Gaz. des Hôp. 41. 1851). Die Dosis toxica des Camphers ist vom Alter, von Idiosynkrasien und namentlich von der Form abhängig. Bemerkenswerth ist die starke Wirkung alkoholischer Campherlösungen, von denen nach Trousseau selbst 10 Tropfen vergiftend wirken können. Die neuere englische Literatur enthält eine grössere Anzahl Fälle, in denen solche concentrirte Campherlösungen, die, als homöopathische Mittel (z. B. Epps concentrated solution of camphora) gegen Rheumatismus, Erkältung oder Zahnschmerzen genommen, zu wenigen Tropfen, z. B. in einem Falle von Johnson (Brit. med. Journ. Febr. 6. 1875) zu 7 Tropfen, entspr. 0,35 Campher, in einem Falle von Ellerton (ibid. Febr. 20. 1875) sogar durch wiederholte Application von 2 Tropfen in einen hohlen Zahn, Vergiftung herbeiführte, die gewöhnlich den Character des Collapsus, bisweilen den von Convulsionen und Coma (Legat) trugen. Harley beobachtete nach 0,3 in einem und erst nach 1,0 Campher (in wenig Alkohol gelöst) in einem anderen Falle 10 Min. bis $1\frac{1}{2}$ Std. dauernden Schwindel, nach 1,2 im ersten Falle ausserdem Schlafneigung, ohne dass Circulation und andere Functionen gestört wurden, während im zweiten Falle erst 2,0 Schlaf bedingte. Toxische
Wirkung beim
Menschen.

Nach 0,6 intern bekam Heisterberg (Jörg's Material. z. e. neuen Arzneimittell. Jena. 1827) Röthe und Hitze im Gesicht, Benommenheit des Kopfes, etwas Schwindel und Zittern der Hände, $\frac{1}{2}$ Stunde dauernd, Buchheim ebenfalls leichten Schwindel, nach 1 und 2 Gm. von Unfähigkeit zu geistiger Arbeit begleitet, Malewski ein eigenthümliches Gefühl von Kitzeln, von den Füssen sich über den ganzen Körper verbreitend, das auch nach 1 und 1,25 Gm. bei ihm sich einstellte, wo gleichzeitig Schwindel eintrat, zu dem nach 2 Gm. noch Schweiss im Gesicht, Verdunklung des Gesichts, Verlust des Bewusstseins, nach Rückkehr desselben grosse Angst, geistige Symptome.

Verwirrtheit, Luftmangel, Trockenheit im Schlunde ohne Durst, Nausea und ein gegen 9 Stunden anhaltender Kopfschmerz traten. Bei Buchheim und Malewski wird Abnahme der Pulszahl, wie dies früher schon Fr. Hoffmann, Tralles, Collin und Cullen nach Dosen bis 2 Gm. beobachtet hatten, bei Malewski nach 2 Gm. Irregularität und Kleinheit des Pulses angegeben. Dagegen reden Scudery, Pasquali und Mezzotti von Zunahme der Frequenz und Vollwerden des Pulses nach denselben Gaben, gleichzeitig mit Röthung der Wangen, Trockenheit der Haut, Kopfschmerz, Glanz der Augen, Empfindlichkeit derselben gegen Licht, Erregung in der Geschlechtssphäre, während nach 2,5 vorübergehende Abnahme der Pulsfrequenz mit Nausea und Röthung des Gesichts eintraten. Purkyne (N. Bresl. Samml. 1829. 418) hatte nach 0,7 angenehmes Gefühl von Wärme über den ganzen Körper, Erregung des Nervensystems und des Gehirns, Ekstase, Tendenz zu religiösem Fühlen, denen nach $1\frac{1}{2}$ Stunden die Rückkehr zur Norm, ohne Depression, folgte; nach 2,5 Unruhe, eigenthümliches Gefühl von Leichtigkeit in den Gliedern, Abstumpfung der Sensibilität gegen äussere Eindrücke, Ideenflucht, Unfähigkeit, die Aufmerksamkeit auf einen Gegenstand zu richten, Störung des Sehvermögens bei intaktem Gehör, Erbrechen, wodurch zeitweise Erleichterung geschafft wurde, warmen Schweiss, endlich Verlust des Bewusstseins, schwache convulsivische Bewegungen, nach Rückkehr des Bewusstseins Unfähigkeit seine Umgebung zu erkennen, aber keine Erschöpfung. Im Wesentlichen erscheinen die in wenigen Minuten bis zu einer $\frac{1}{2}$ Stunde, je nach der Applicationsweise (Lösung, Pulver), auftretenden Symptome bei den eigentlichen Vergiftungen, deren die Literatur eine beträchtliche Anzahl aufzuweisen hat (Fr. Hoffmann, Consult. et resp. Sect. 1. cas. 19, W. Alexander, Med. Vers. u. Erf. A. d. Engl. Hann. 1773, Callisen, Act. reg. Soc. med. Hafn. 1. 418, Whytt, Works, p. 646, Cullen, Mat. med. Uebers. von Hahnemann. 2. 322, Pluskal, Oesterr. W. 1843. 19, Eichhorn, Amer. Journ. med. sc. 11. 241, Reynolds, Monthly Journ. Sept. 1846, Muscarel, Union méd. 1851. 12, Aran, Journ. chim. méd. 647. 1851, Lecoq, Gaz. des Hôp. 138. 1858, Woodson, Amer. Journ. July 1858. p. 284, Braithwaite, Med. Times and Gaz. Jun. 25. 1859, Feuerly, Gaz. méd. d'Orient. 2. 12. 1859, Woods, Dubl. Journ. 31. 467, Lemchen, Journ. Kinderkr. 290. 1865. Menzies, Edinb. med. Journ. Mai 1873, Johnson, Brit. med. Journ. 22. 617. 1873, Klingelhöffer, Berl. klin. Wochenschr. 1873, Pollack, Wien. med. Presse. 12. 1875, Lederer, ibid. 6. 1875) entweder als Steigerung der Excitationsphänomene oder als intensive Depressionserscheinungen, als ersteres z. B. das Aufführen wilder Tänze in nacktem Zustande (Reynolds), Irrereden (Pluskal), groteske Hallucinationen des Gesichtssinns und heiteres Delirium (Lemaistre Florian), als letztere entweder nach Excitation oder sofort auftretende Schläfrigkeit, Ohnmacht, Prostration und Coma. Oertliche Erscheinungen, wie Schmerzen im Leibe, intensives Kältegefühl im Abdomen (Lemaistre Florian), aber auch über den ganzen Körper sich verbreitend (Duteau), finden sich in einzelnen Fällen; ebenso kommen Micturition und Schmerz im Verlauf der Samenstränge (Reynolds) ausnahmsweise vor, häufig Angst und Erstickungsgefühl, erschwerte Respiration und sehr heftige Krämpfe, oft den Charakter der epileptischen tragend (mit Schäumen des Mundes u. s. w.) oder als Opisthotonos mit Trismus. In manchen Fällen, z. B. bei Aran, folgt auf bedeutende Kühle des Körpers und Blässe lebhafte Hitze und Röthung. Der Zustand der Pupillen ist inconstant; die Bewusstlosigkeit oft derart, dass die Kranken sich des Geschehenen nicht erinnern. Camphergeruch ist constant im Athem, ausnahmsweise in Urin und Schweiss (Reynolds); in einzelnen Fällen, wo die Vergiftung per clysma geschah, wurde auch vom Patienten Camphergeschmack wahrgenommen. Die Erholung erfolgt auch bei schwerer Intoxication sehr rasch, oft schon vollständig nach wenigen Stunden, und nur selten persistiren Kopfschmerz, Mattigkeit, Unbesinnlichkeit oder Irritabilität des Magens und der Blase (Reynolds). — Der Sectionsbefund kann Entzündung und Ekchymosirung im Magen (Buddeus), aber auch Abwesenheit jeder Inflammation constatiren. In beiden letalen Fällen wurden Campherpartikelchen in den ersten Wegen gefunden. *Leichenbefund.*

Auch durch Einathmung von Campherdämpfen sollen Intoxicationen, charakterisirt durch Coma und Dyspnoe, bedingt werden können (Settegast, Rust's Magaz. 14. 3. 582; Frank in seinem Mag. 1. 413; Journez, Journ. de Brux. 30. 504). Endlich berichtet Leroy d'Etiolles (Union méd. 46. 1857) von chronischer Camphervergiftung in Folge fortgesetzten Tragens eines nussgrossen Stückes Campher im Munde als Präservativ der Cholera, wodurch paralytische Erscheinungen, Zittern der Hände, Stammeln und Schwäche entstanden sein sollen. *Chronische Vergiftung.*

Die Beobachtungen an Menschen und Thieren lassen die entfernte Wirkung des Camphers als vorzugsweise auf das Gehirn gerichtet erscheinen, und zwar primär auf das Grosshirn, dann auf das Kleinhirn und verlängertes Mark. Die durch Campher bedingten Krämpfe bei Warmblütern, früher von Magendie und Delille fälschlich als spinale gedeutet, aber keineswegs reflectorischer Art, sind nach Wiedemann durch Reizung der Krampfcentren im verlängerten Mark zu erklären. Selbst bei den reizbarsten Sommerfröschen kommt es nur zu Andeutungen von Krämpfen, ähnlich wie bei Carbolsäure, kurz vor Eintritt der Lähmung, in welcher die Reflexaction lange Zeit intact bleibt. Wiedemann leitet das Ausbleiben der Krämpfe beim Frosche theils von frühzeitiger Lähmung der peripherischen Nervenendigungen, theils von der bei Warmblütern nicht vorkommenden Paralyse der Längs- und Querleitung im Rückenmarke vor Eintritt hochgradiger Erregung der Krampfcentren ab. In wie weit die Hirnerscheinung durch directe chemische Einwirkung oder indirect vermöge Einwirkung auf das Herz resultiren, bedarf näherer Untersuchung, doch ist ersteres wahrscheinlich, da ein constanter Einfluss des Camphers auf das Herz bei Warmblütern nicht stattzufinden scheint. Nach Heubner (Arch. Heilkd. 334. 1870) ist Campher in kleinen Dosen ein Erregungsmittel für die Energie der Herzcontractionen beim Frosche und für die Geschwindigkeit des Blutstroms, wobei sich jedoch leicht Abstumpfung der Wirkung ergiebt, während grosse Dosen herabsetzend und lähmend auf die Herzaction wirken; die Erregung ist eine directe, da weder Muscarin noch Vagus oder Sinusreizung Herzstillstand bewirken (Harnack und Witkowski, Wiedemann). Heubner fand bei Warmblütern nach Infusion wässriger Lösungen keine besondere Blutdrucksveränderung; starke Dosen bedingen dagegen nach Wiedemann periodische Blutdruckssteigerungen durch Reizung des vasomotorischen Centrums, welche nach vorheriger Vagusdurchschneidung ausbleiben. Campher wirkt herabsetzend auf die *Wesen und Wirkung.*

Körpertemperatur, selbst in Dosen, welche das Herz nicht paralysiren, am stärksten bei fiebernden Thieren. (Jos. Baum). Auf die amöboide Bewegung der weissen Blutkörperchen wirkt er wie Chinin, jedoch schwächer (Binz und Scharrenbroich). Die fäulnisswidrige Wirkung des Camphers wurde bereits von Pringle betont, welcher den Campher 8mal so stark antiseptisch wie Kochsalz fand. Schimmelbildung wird dadurch nicht beeinträchtigt, obschon der Campher auch auf höhere Pflanzen toxisch wirkt.

Verhalten im Organismus. Campher wird in's Blut aufgenommen und theilweise wenigstens, namentlich durch die Lungen eliminirt. Beim Hunde findet sich nach Campher im Harn eine eigenthümliche stickstoffhaltige Säure (Wiedemann). Im Pfortaderblute constatirten Tiedemann und Gmelin Camphergeruch, dagegen nicht im Chylus und Urin; in letzterem, wie im Schweiss und in der Milch, will ihn Hertwig bei Thieren, in Harn und Schweiss Reynolds bei einem Vergifteten und im Schweiss Pluskal noch am 22. Tage nach einer Intoxication beobachtet haben. Im Urin konnten nach 2 Gm. Buchheim und Malewski Campher nicht nachweisen; in demselben fand sich Hippursäure. Im Athem ist von allen Experimentatoren bei Thieren und Menschen Camphergeruch constatirt.

Behandlung der Intoxication. Bei Behandlung der Camphervergiftung ist mechanische Entfernung des Giftes durch Emetica (oder ekkoprotische Clystiere bei Vergiftung durch Campher im Clysma) Hauptsache; die im Allgemeinen günstige Prognose rechtfertigt ein expectatives oder symptomatisches (je nach den Umständen Antiphlogose, die Hertwig empfahl, oder Excitantien, besonders äusserlich) Verfahren. Essig, als dynamisches Antidot empfohlen, und Oleosa (bei Magendarmentzündung) sind bei Vergiftung mit Campher in Substanz zu meiden, weil sie dessen Lösung und Resorption befördern. Scudery behauptet einen Antagonismus des Camphers und des Nitrum, Dieu und Hufeland einen solchen des Opium. Die naheliegende Ansicht, dass innerlich gegebene Excitantien, z. B. Kaffee, bei dem Collapsus e camphora unwirksam bleiben würden (Phöbus), bezeichnet Aran als unrichtig. Von dem durch Phöbus als Antidot empfohlenen Chlorwasser scheint nie Anwendung gemacht zu sein.

Medicinische Anwendung. Der Campher findet seine hauptsächlichste medicinische Verwendung:

1) als Mittel bei Collapsus im Verlaufe und im Gefolge acuter Krankheiten. So namentlich bei Lungenentzündung, wenn der Auswurf stockt, im Typhus und acuten Exanthemen (besonders sogenannten putriden Formen), Puerperalfieber, Pyämie, Tetanus, bei Intoxicationen mit narkotischen Substanzen, endlich Strychnin. Der alte Gebrauch des Camphers im Typhus (Ettmüller sagt z. B.: Remedium in febribus malignis sine camphora est instar militis sine gladio) stützt sich namentlich auf die antiputriden Eigenschaften des Camphers, während man neuerdings dabei besonderes Gewicht auf die Excitationsphänomene legt, welche durch kleine Dosen im Gegensatze zu den toxischen hervorgerufen werden. Die als Wirkung kleiner Gaben behauptete Steigerung der Pulsfrequenz ist keineswegs constant, und wenn neuerdings bei Thieren auch Sinken der Temperatur nach nicht toxischen Dosen beobachtet ist, so ergeben sich allerdings Anhalts-

punkte für die Anschauung der Contrastimulisten, die im Campher überhaupt ein hyposthenisirendes Mittel sehen.

2) als die Fäulniss beseitigendes und verhinderndes Medicament, besonders äusserlich. So bei brandigen und scorbutischen Geschwüren, Decubitus, Abscessen, Eiterungen, Caries und Nekrose, scorbutischem Zahnfleisch, Ozäna, Geschwüren, bei Milzbrand u. s. w. Neuerdings wird Campher besonders gegen Hospitalbrand, wo 3—4 tägiges wiederholtes Aufstreuen fein gepulverten Camphers gründlich reinigend wirkt (Netter, Lyon méd. 17. 1872), empfohlen. Auch zu antiseptischen Verbänden überhaupt fand er in Frankreich in Verbindung mit Carbolsäure als Camphre phéniqué ($2\frac{1}{2}$ Th. C. in 1 Th. flüssiger Carbolsäure gelöst) in Soulez (vgl. Bull. de Thérap. Sept. 30. 1876) einen Lobredner.

3) als reizendes und ableitendes, zum Theil auch als sedatives Mittel äusserlich, besonders zu Einreibungen. So bei Rheumatismus und Gicht, wo man auch innerlich den Campher, um diaphoretisch zu wirken, gebraucht hat, bei sonstigen schmerzhaften Affectionen, Luxationen, Quetschungen, Drüsengeschwülsten, Lähmungen, Anästhesien, Anasarka, Pernionen. Als ableitendes und kühlendes Mittel zugleich ist er bei Meningitis (zwischen 2 Compressen, stets mit Wasser befeuchtet), als Reizmittel bei Amblyopie (Cunier), Photophobie benutzt.

4) als parasitentödtendes Mittel in wirklichen und vermeintlichen parasitären Affectionen. Hier ist das Medicament besonders durch Raspail, der alle contagiösen Krankheiten von parasitärer Einwanderung ableitet, als Prophylacticum, vorzüglich in der Form der Camphercigaretten, in Gebrauch gekommen und Volksmittel in Frankreich geworden. Wirkung gegen Spulwürmer wollen Chomel, Alibert, Schwilgué gefunden haben. Auch gegen Favus und Soor ist Campher benutzt. Krätzmilben tödtet Campher nicht.

5) als sedirendes Mittel bei Nervenleiden, vorzüglich krampfhaften und schmerzhaften Affectionen, besonders der Urogenitalorgane (Strangurie, Erectionen Tripperkranker, Satyriasis, Nymphomanie, Spermatorrhoe), daher auch bei Cantharidenvergiftung. Der Nutzen in allen diesen Affectionen ist sehr wenig bewiesen, zum Theil geradezu bestritten, so bei Keuchhusten, Chorea, Epilepsie offenbar accidentell. Gegen Palpitationen rühmt es neuerdings wieder Foissac. Dass Campher selbst Reizung der Urogenitalorgane unter gewissen Umständen herbeiführt, lehren die Vergiftungen; dass er bei Chorda und Erectionen Tripperkranker häufig erfolglos bleibt, ja scheinbar das Leiden steigert, ist Factum. Ob der alte Salernitaner Spruch: „Camphora per nares castrat odore mares" auf Wahrheit beruhe und ob es den Mönchen älteren und neueren Datums gelungen sei, durch das Tragen von Camphersäckchen ihre Keuschheit zu bewahren, ist problematisch, wenn auch einzelne neuere Beobachtungen für Anwendung grosser Campherdosen bei Satyriasis zu sprechen scheinen. In früherer Zeit benutzte man Campher als Corrigens der Wirkung verschiedener auf Nieren irritirend wirkender Substanzen (Canthariden, Scilla, Kellerhals).

6) bei Manie und Melancholie, wo ihn schon Paracelsus, später Auenbrugger und Pereira empfahlen.

7) zur Beförderung des Auswurfs bei Bronchial- und Lungen-affectionen (Emphysem, Tuberculose etc.).

Sonstige Anwendungen des Camphers sind von untergeordneter Bedeutung, theilweise auch geradezu irrationell. Es gehört dahin der Gebrauch gegen Apoplexie (Chomel), als hämostatisches Mittel (Cullen), als Emmenagogum, als Mittel zur Verhütung des Quecksilberspeichelflusses, bei chronischen Arsen-, Antimon- oder Bleivergiftungen, als Verstärkungsmittel der Emese durch Tartarus stibiatus, zumal bei narkotischer Vergiftung, bei Cholera (Pereira), endlich bei chronischem Magenkatarrh, der ihn eher contraindicirt.

Dosis und Gebrauchsweise. Der Campher ist sowohl für sich als in Solution officinell und ausserdem Bestandtheil verschiedener zusammengesetzter Präparate zum äusseren und inneren Gebrauche, in welchen er zum Theil das Hauptmittel bildet. Als Lösung ist überall officinell der meist äusserlich zu reizenden Einreibungen und Waschungen benutzte Spiritus camphoratus (filtrirte Solution von 1 Th. C. in 7 Sp. v. rfss. und 2 Th. Wasser), der mit $^1/_{12}$ Tinct. Croci versetzt den als Einreibung bei Frostbeulen geschätzten Spiritus camphorato-crocatus giebt. Manche Pharmakopöen enthalten auch andre Solutionen, so z. B. Germ. das Oleum camphoratum (1 9 Ol. provinc. oder Amygdal.), gleichfalls zu Einreibungen bei Rheuma u. s. w., aber auch zur Darstellung von Campheremulsionen benutzt; andre das Acetum camphoratum (1 160 Sp. v. rfss. und 180 Essig), als Riechmittel und zu Fomentationen bei Decubitus dienend, auch theelöffelweise bei Typhus gegeben, und der Aether camphoratus (1 : 3), innerlich und subcutan als Analepticum angewendet. Beliebter ist die auch in Pharm. Germ. officinelle Emulsion in Vinum gallicum album (Camph., Gi. arab. aa 1 Th. auf 48 V.), als Vinum camphoratum bezeichnet, sowohl innerlich als Reizmittel, z. B. bei Cholera, als äusserlich bei brandigen Geschwüren, bei Dammriss, Quetschungen u. s. w. benutzt und den hier und da gebräuchlichen, zum inneren Gebrauche bestimmten Mixtura Camphorae, Mixtura camphorata acida, Aqua Camphorae und Mixtura Camphorae c. Magnesia, deren Camphergehalt schon der Bereitungsweise nach sehr schwankt, vorzuziehen. Als belebendes Riechmittel und zu Einreibungen wird hier und da eine Lösung von Campher, Citronen- und Nelkenöl in Essigsäure unter dem Namen Acidum aceticum aromaticum camphoratum gebraucht. Mehr oder minder durch den Camphergehalt wirken Linimentum ammoniato-camphoratum, Linimentum saponato-camphoratum (Opodeldok), Unguentum Plumbi hydrico-carbonici camphoratum, Tinctura Opii benzoïca u. a. m.

Campher in Substanz giebt man meist in Pulverform, in welche er sich durch Verreibung mit etwas Alkohol (sog. Camphora trita) bringen lässt, am besten mit Gi. arab., in Pillen oder Bissen (mit Süssholzextract und Gi. arab.), oder in Emulsion, die man jedoch zweckmässiger aus Oleum camphoratum darstellen lässt. Die Dosis ist 0,03—0,4; letztere Gabe besonders, wo deprimirende oder sedative Action gewünscht wird. Es richtet sich danach auch die Dosirung der officinellen Solutionen und Mixturen. Aeusserlich kommt Campher in Substanz mannigfach in Gebrauch, so als Kaumittel (bei

Angina gangraenosa, als Präservativ gegen Cholera), zu Zahnpulvern, die jedoch nach St. Martin (Journ. connaiss. méd. 76. 1852) und Bouchardat unzweckmässig sind, da sie die Zähne bröcklig machen, Schnupfpulvern (Raspail), Streupulvern bei gangränösen Geschwüren. In Kräuterkissen (0,6 auf 30 Gm. Spec. aromat.) bei Rheumatismus und Erysipelas, in Campherbeuteln, die man als Antaphrodisiacum am Perineum applicirt, in Baumwolle in das Ohr gesteckt bei rheumatischem Zahnweh wirkt der Campher durch seine Dämpfe, die man intensiver in Form der Räucherung durch Verdampfung von heissen Metallplatten (nicht von Kohlen, wo er verbrennt!) bei Rheumatismus einwirken lassen kann, gegen welches Leiden auch mit Campherdämpfen imprägnirter Flanell (Lana camphorata) oder mit Campherspiritus besprengte Baumwolle, sowie die verschiedenen Linimente vielfach in Anwendung kommen. Bei Hautaffectionen ist auch Sapo camphoratus (1 8 Th. Sapo med.) benutzt. Der Cigarettes camphrées von Raspail wurde oben schon gedacht; will man Campher auf andere Weise inhaliren lassen, so geschieht dies am besten durch kleine Glascylinder, in denen der Campher durch Wattepfröpfe gehalten wird. Die subcutane Application ist bei Collapsus sehr wirksam; Eulenburg bedient sich zu einer Solution von 1 Th. C. in aa 6 Th. Aether und Wasser (pro dosi 0,05 Campher). Infusion in die Venen (zu 0,4 Gm.) will Hunnius (Hufel. Journ. 1840. 5. 77) mit Erfolg bei Sopor angewendet haben. Zum Clystier empfiehlt Bouchardat 0,25 bis 1 Gm. mit Eidotter emulgirt auf 300 Gm. Dec. Althaeae.

Pharmaceutischen Zwecken dient Campher als Zusatz zu Gummiharze haltenden Pflastern, die er weich und geschmeidig macht. Zusatz zu Cantharidenpflastern, um deren Wirkung auf die Harnwege zu hemmen, ist illusorisch.

Als ein die sedative Wirkung des Broms und des Camphers verbindende Substanz ist der Monobromcampher zuerst 1871 von Deneffe (Press méd. Belge 50) zu 3—4 Gm. pro die Pillenform bei Delirium tremens benutzt und später in einer Reihe anderer mit Erregung verbundener Nervenkrankheiten versucht. So empfahl ihn 1872 Hamilton (Am. med. Journ. Oct.), der schon 0,35 bei Säuferwahnsinn Schlaf herbeiführen sah, statt des Camphers bei Chorda, 1874 Goss (Philad. med. Rep. Oct. 28) zu 0,2—0,3 Abends oder 3—4 mal täglich bei Spermatorrhoe und Nymphomanie, bei Collaps und Incontinentia urinae, hier bei Kindern zu 0,03; 1875 Desnos und Gallard bei Chorea, Vulpian, Mathieu und Potain bei Hysterischen mit Palpitationen, letzterer auch bei Dyspnoe, Desnos bei Prosopalgie, Lannelongue, Desnos und Vulpian bei schmerzhaften Affectionen der Blase und Valenta y Vivo (Journ. de Pharm. 1878. 364) bei Strychnismus. Charcot und Bourneville wollen auch bei Epilepsie eine Verringerung der Zahl der Anfälle danach eintreten gesehen haben. Nicht so günstig urtheilt Lawson über das Mittel, welches in Pariser Hospitälern entweder in Form von Dragées oder in Gallertkapseln verabreicht wird, weil dasselbe sehr leicht Irritation des Magens und Magenkatarrh bedingt. Auch waren die Effecte bei psychischen Erregungszuständen nicht dauernd oder unbedeutend. Bei Thieren bewirkt Monobromcampher Schlaf, Herabsetzung der Puls- und Athemzahl sowie der Temperatur (die drei letzten Wirkungen zeigen sich nach Bourneville auch zu 0,6—0,2, ohne dass Hypnose eintrifft, bisweilen Horripilationen, Contraction der Ohr- und Bindehautgefässe und bei fortgesetzter Darreichung Abnahme der Fresslust und des Körpergewichts (Lawson). Auch auf Menschen wirken grosse Dosen toxisch. In einem von Rosenthal (Wien.

Monobrom-
camphor.

med. Bl. 44. 1881) beschriebenen Vergiftungsfalle stellte sich nach 1,0 Schwere im Kopfe, Kurzathmigkeit, Pulsverlangsamung, allgemeine Abgeschlagenheit und hochgradige Gemüthsverstimmung ein, in einem zweiten kam es nach 3,0 zu heftigen Kopfschmerzen, Kurzathmigkeit, Druck in der Herzgegend, Convulsionen und mehrstündige Bewusstlosigkeit bei Leichenblässe, Kühle des Körpers und Verlangsamung von Puls und Athmung.

Borneol. Baros-, Borneo- oder Sumatracampher, Barascampher. $C_{10}H_{18}O$. — Literat.: Pelouze, Compt. rend. **11.** 365; auch Ann. Chem. Pharm. **40.** 326. — Gerhardt, Ann. Chim. Phys. (3) **7.** 286; auch Ann. Chem. Pharm. **45.** 38. — Berthelot, Ann. Chim. Phys. (3) **56.** 78; auch Ann. Chem. Pharm. **112.** 363. — Berthelot und Buignet, Ann. Chem. Pharm. **125.** 224. — Baubigny, Zeitschr. Chem. 1867. 71. — Jeanjean, Ann. Chem. Pharm. **101.** 94. — Malin, Ebend. **145.** 201. — V. Meyer, Berl. Ber. **3.** 116. — Illasiwetz, Ebend. 539. — Deschaizeaux, Chem. Centrlbl. 1870. 418. — Martius, Ann. Chem. Pharm. **27.** 61. — Kachler, Ebend. 197. 86. — Montgolfier, Compts. rend. 89. 102. 103. — Berl. Ber. **11.** 460.

<table><tr><td>Vorkommen.</td><td>

Dieser in Indien sehr hoch geschätzte Campher findet sich fertig gebildet in den Höhlungen alter Stämme (junge Bäume enthalten nur wenig davon, dafür aber Borneocampheröl (s. dies.) von *Dryobalanops Camphora Coolerb. aromatica. Gärtn.* einem namentlich auf Sumatra (in der Provinz Baros), spärlicher auf Borneo vorkommenden Baume. Er wurde zuerst von Pelouze (1840) untersucht.

</td></tr></table>

Künstliche Darstellung.

Er kann auch künstlich dargestellt werden und zwar sowohl aus dem im Borneocampheröl und im Valerianöl fertig gebildet vorkommenden, aus dem Borneocampher selbst als Zersetzungsproduct zu erhaltenden (s. unten) Kohlenwasserstoff Borneen, $C_{10}H_{16}$, welcher nach Gerhardt sich bei längerem Digeriren mit wässrigem Kali unter Aufnahme der Elemente des Wassers in Borneol verwandelt — als auch aus gemeinem Japancampher, der beim Erhitzen mit weingeistigem Kali nach Berthelot entweder unter Sauerstoffentwicklung ($C_{10}H_{16}O + H_2O = C_{10}H_{18}O + O$) oder unter gleichzeitiger Bildung von Camphinsäure ($2C_{10}H_{16}O + H_2O = C_{10}H_{18}O + C_{10}H_{16}O_2$), nach Baubigny auch bei Einwirkung von Natrium neben Natriumcampher Borneol liefert. Endlich sind noch von Berthelot und Buignet beim Destilliren von Bernstein mit vielem Wasser und Kali, sowie von Jeanjean aus dem beim Gähren der Krappwurzeln gebildeten Fuselöl Körper erhalten worden, die bis auf ihr abweichendes optisches Verhalten mit dem Borneocampher übereinstimmen.

Eigenschaften.

Das Borneol bildet weisse durchsichtige zerreibliche krystallinische Massen, Octaëder, Prismen, riecht dem gewöhnlichen Campher sehr ähnlich, schmekt brennend, schmilzt bei 198° und siedet unzersetzt bei 212° (Pelouze). Es löst sich nicht in Wasser, auf dem es schwimmt, leicht in Weingeist und Aether. Die Lösungen besitzen Molecularrotationsvermögen. Es ist $[\alpha]$ für das natürlich vorkommende $= + 33°,4$ (Biot), für das aus Japancampher erhaltene $= + 44°,9$

(Berthelot), für das aus Bernstein dargestellte $= + 4,5^0$ und für das von Jeanjean aus Krapp erhaltene $= - 33^0,4$.

Beim Destilliren mit Phosphorsäureanhydrid zerfällt das Borneol in Wasser und Borneen (Pelouze), während es beim Erwärmen mit mässig conc. Salpetersäure in gewöhnlichen Campher ($C_{10}H_{16}O$) übergeführt wird (Pelouze. Berthelot). — Phosphorperchlorid, auch Salzsäure, liefern ein Chlorid, $C_{10}H_{17}Cl$, 132° Schmpkt., Jodwasserstoff liefert die schon von Berthelot beim Laurineencampher erwähnten Kohlenwasserstoffe. Baubigny und Berthelot haben Borneoläthyläther, Benzoë-Borneoläther, Stearinsäureäther hergestellt. *Zersetzungen.*

Einige ätherische Oele, wie Cajeputöl, Hopfenöl, Corianderöl, indisches Geraniumöl, das Oel von Osmitopses enthalten dem Borneol isomere Verbindungen. Isomer mit Borneol ist ferner der aus dem Krappfuselöle erhaltene Campher, der Linksdrehung zeigt, auch ist der Ngaï-Campher von Blumea wahrscheinlich linksdrehendes Borneol. Das aus Campher durch Einwirkung von alkoholischer Kalilauge gewonnene Borneol ist nach Montgolfier (Compt. rend. 84. 445; 89. 102. 103. Berl. Ber. 12. 2155) ein Gemenge eines rechtsdrehenden, beständigen, sowie eines linksdrehenden unbeständigen Borneols, das sich durch Erhitzen in rechtsdrehendes verwandelt. Ebenso gelang es, Krappcampher allmälig in gewöhnlichen Campher, diesen in Camphol und zuletzt wieder in Campher umzuwandeln. Kachler (Berl. Ber. 11. 460) erhielt bei vergleichenden Untersuchungen des natürlichen Borneoles mit dem aus Laurineencampher nach Baubigny dargestellten künstlichen Borneols folgende Resultate: Die Chloride beider lassen sich durch Phosphorpentachlorid oder concentr. Salzsäure herstellen, sind identisch, $C_{16}H_{17}Cl$, Schmpkt. 147—148°. Diese Chloride liefern beim Erhitzen mit Wasser im Rohre bei 100° Salzsäure und ein festes Camphen, $C_{10}H_{16}$, Schmpkt. 51—52°, Sdpkt. 160°. — Das Borneol steht zum gewöhnlichen Campher im Verhältnisse eines secundären Alkoholes zu dem Keton. (V. Meyer, Hlasiwetz.) *Isomere des Borneoles.*

Mit Verweisung auf den Abschnitt Terpene (Siehe S. 354) scheinen hier auch einige Angaben über die Entstehung der Camphene (Terpene), $C_{10}H_{16}$, aus den Campherarten am Platze. Ribau (Bull. soc. chim. 24. 17) erhielt durch Umwandlung des Camphers in Borneol, Behandlung des letztern mit rauchender Salzsäure und Zerlegen des so gebildeten $C_{10}H_{16}$, HCl mit Wasser bei 100° ein festes Camphen, Schmpkt. 47°, Sdpkt. 157°. *Camphene aus Campher.*

Durch Einwirkung von Phosphorsäureanhydrid auf Borneol entsteht ein Kohlenwasserstoff (Pelouze), das Borneen, $C_{10}H_{16}$, farblose Flüssigkeit, leicht löslich in Alkohol und Aether, 165° Sdpkt., links drehend. Das Campheröl von Dryobalanops enthält denselben Kohlenwasserstoff, auch das Baldrianöl, das den Sdpkt. 160° besitzt (Valeren). Mit wässriger Kalilauge liefert Borneen Borneol unter Wasseraufnahme, mit Salpetersäure in der Kälte $C_{10}H_{16}O_2$. J. Montgolfier (Compt. rend. 85. 286. Jahresb. Agricch. 1877. 149) stellte aus dem Campherchlorid durch Einwirkung von Natrium ein Camphen, $C_{10}H_{16}$, her, Schmpkt. 57—59, Rotation $(\alpha)_D = + 44^0, 20'$. — F. V. Spitzer (Berl. Ber. 11. 1815) hat aus dem bei 155° schmelzenden Campherbichlorid ein Camphen erhalten, Schmpkt. 57,5—58,8, Sdpkt. 158—149°, $(\alpha)_D = + 55,14$. *Borneen.*

Kachler und Spitzer (Ann. Chem. Pharm. 200. 940. Jahresb. Agric.

Chem. 1879. 118) haben als Resultate ihrer Versuche über die Camphene des Camphers und Borneoles mitgetheilt:

1) Die aus Campher und Borneol erhaltenen Camphene sind identisch, 2) die daraus dargestellten HCl-Verbindungen sind sowohl unter einander als mit Borneolchlorid identisch. 3) Borneol entsteht durch Anlagerung der Elemente von Wasser an Camphen, 4) Der Campher lässt sich als Additionsprodukt von Camphen und Sauerstoff auffassen, 5) Das Camphen ist ein ungesättigter Kohlenwasserstoff, der den eigentlichen Kern der Körper aus der Camphergruppe bildet. —

Hydro-camphen.   Dieselben Verfasser (Berl. Ber. **13**. 615) erhielten bei Einwirkung von Natrium auf Borneolchlorid in Benzollösung neben dem Campher $C_{10}H_{16}$ einen Kohlenwasserstoff, $C_{10}H_{18}$, Hydrocamphen, Schmpkt. 140°, leicht löslich in Aether, sehr resistent, nicht verbindungsfähig mit Salzsäure.

Die isomeren Campher der ätherischen Oele, der Blumeacampher etc. werden nähere Besprechung in dem Systeme bei den entsprechenden Pflanzengattungen finden.

Constitution des Campher.   Die Constitution der Camphergruppe ist durch zahlreiche Forscher vollkommen klar zu stellen versucht worden, ohne dass jedoch das Ziel bis jetzt sicher erreicht worden wäre. Aus diesem Grunde darf wohl eine gedrängte Uebersicht über die verschiedenen Constitutionsformeln, welche von den einzelnen Forschern aufgestellt wurden, eine Stelle finden. V. Meyer (Berl. Ber. **3**. 121), H. Hlasiwetz (ebendas. 539), Kachler (Ann. Chem. Pharm. **164**. 92; **169**. 185), Kékulé (Berl. Ber. **6**. 929), Armstrong und Tilden (Siehe Terpene S. 356), Ballo (Berl. Ber. **42**. 1597), auch Kissling (Inauguraldissertation. Bonn) haben Beiträge zur Constitution der Camphergruppe geliefert. Die Structurformeln, welche von Meyer, Hlasiwetz und Kachler aufgestellt wurden, sind nachstehende:

$$
\text{Meyer:} \qquad\qquad \text{Hlasiwetz:} \qquad\qquad \text{Kachler:}
$$

$$
\begin{array}{ccc}
\begin{array}{c}
C_3H_7 \\
| \\
C \\
\diagup\diagdown \\
H_2C \quad CH \\
| \qquad | \\
\quad\; O \\
H_2C \quad CH \\
\diagdown\diagup \\
C \\
| \\
CH_3
\end{array}
&
\begin{array}{c}
H_2C - CH_2 \\
\diagdown\;\;\diagup \\
C \\
\diagup\;\;\diagdown \\
H_2C \quad CH_2 \\
| \qquad | \\
H_2C \quad CH_2 \\
\diagdown\;\;\diagup \\
C \\
\diagup\;\;\diagdown \\
H_2C - O - CH_2
\end{array}
&
\begin{array}{c}
CH_2 \\
\diagup\;\;\diagdown \\
H_2C \quad C - C_3H_7 \\
| \qquad\quad | \\
\qquad\quad CO \\
H_2C \quad CH \\
\diagdown\;\;\diagup \\
CH_2.
\end{array}
\end{array}
$$

Kékulé war bemüht mit Berücksichtigung der Thatsachen, dass Cymol durch wasserentziehende Mittel aus Campher gebildet wird, ebenso daraus die schon oben erwähnten Cymolderivate Oxycymol und Thiocymol darstellbar sind, ferner die Entstehung der einbasischen Campholsäure durch Alkalieinwirkung erfolgt, die 2basische Camphersäure durch wirkliche Oxydation entsteht, nicht minder die Entstehung des als Alkohol zu betrachtenden Borneol analog der Bildung eines secundären Alkoholes aus einem Keton stattfindet, eine ketonartige Formel aufzustellen, in welcher das Propyl der Seitenkette als Normalpropyl (Fittica) angenommen ist, die Stellung des

Sauerstoffes und der doppelten Bindung aber sowohl zu einander als auch in
Bezug auf die Seitenketten vorläufig unsicher bleibt. Mit Hilfe dieser Formel lassen sich nachstehende Structurverhältnisse aufstellen:

Campher.

$$
\begin{array}{c}
C_3H_7 \\
| \\
CH \\
\diagup\;\diagdown \\
H_2C \quad CH_2 \\
| \qquad | \\
HC \quad CO \\
\diagdown\;\diagup \\
C \\
| \\
CH_3
\end{array}
$$

Borneol.

$$
\begin{array}{c}
C_3H_7 \\
| \\
CH \\
\diagup\;\diagdown \\
H_2C \quad CH_2 \\
| \qquad | \\
HC \quad CHOH \\
\diagdown\;\diagup \\
C \\
| \\
CH_3
\end{array}
$$

Campholsäure.

$$
\begin{array}{c}
C_3H_7 \\
| \\
CH \\
\diagup\;\diagdown \\
H_2C \quad CH_3 \\
| \\
HC \quad CO\;OH \\
\diagdown\;\diagup \\
C \\
| \\
CH_3
\end{array}
$$

Camphersäure.

$$
\begin{array}{c}
C_3H_7 \\
| \\
CH \\
\diagup\;\diagdown \\
H_2C \quad CO\,.\,OH \\
| \\
HC \quad CO\;OH \\
\diagdown\;\diagup \\
C \\
| \\
CH_3
\end{array}
$$

Cymol.

$$
\begin{array}{c}
C_3H_7 \\
| \\
C \\
\diagup\;\diagdown \\
HC \quad CH \\
| \qquad | \\
HC \quad CH \\
\diagdown\;\diagup \\
C \\
| \\
CH_3
\end{array}
$$

Die Oxydation des Camphers, die Entstehung der Campher- und Camphoronsäure giebt Kissling durch folgende Formeln:

$$
\begin{array}{c}
C_3H_7 \\
| \\
CH \\
\diagup\;\diagdown \\
H_2C \quad CH_2 \\
| \qquad | \\
HC \quad CO \\
\diagdown\;\diagup \\
C \\
| \\
CH_3
\end{array}
\; + 3\,O \; = \;
\begin{array}{c}
C_3H_7 \\
| \\
CH-CO\,.\,OH \\
| \\
CH_2 \\
| \\
CH \\
\| \\
C-CO\,.\,OH \\
| \\
CH_3
\end{array}
$$

Campher.   Camphersäure.

$$
\text{oder} \; + 5\,O \; = \;
\begin{array}{c}
C_3H_7 \\
| \\
CH\,.\,CO\,.\,OH \\
\diagup \\
OC \\
| \\
CH_2 \\
\diagdown \\
CH\,.\,OH - CO\,.\,OH
\end{array}
$$

Camphoronsäure.

Ballo hält die Meyer'sche Formel für die den meisten Thatsachen entsprechende, welche den Campher als tertiären, das Borneol als secundären Alkohol erklärt. — Schliesslich mögen noch, mit Verweisung auf die Terpene die Campherformeln von Armstrong und Tilden folgen:

Armstrong:

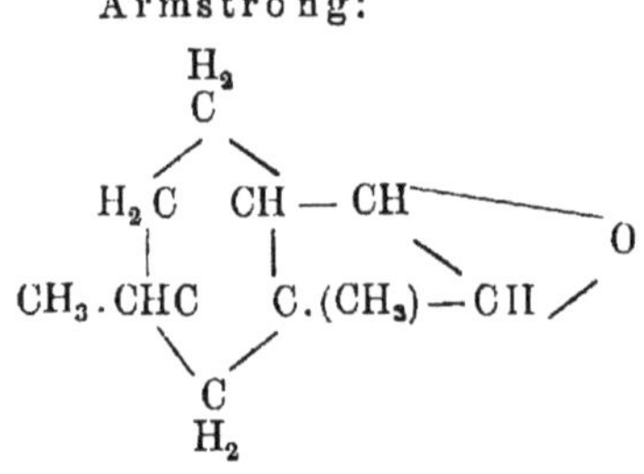

Tilden:

$$(CH_3)_2 \overset{\overset{\textstyle CH_3}{|}}{CH} - CH - CH = CH - CH = CH - CHO.$$

Campheröl. In allen Theilen des Baumes (Camphora), besonders der jüngeren Bäume, Zweigen, Blättern, findet sich nach Martius und Vriesse ein dickflüssiges Oel, 0,945 sp. Gew., von campherähnlichem Geruche, das nach Martius ein Destillat von der Formel $C_{20}H_{16}O_2$ liefert, nach Mulder, Gerhardt, Pelouze ein Gemenge von $C_{10}H_{16}$ mit Campher ist. Lallemand (Ann. Chim. Phys. (3) 57. 411) untersuchte ein Campheröl, rechts polarisirend dünnflüssig, das beim Erhitzen bei 180° einen Kohlenwasserstoff und bei 205° reinen Japancampher lieferte. (Martius und Ricker, Arch. Chem. Pharm. 27. 64. — Mulder, ebendas. 31. 71.)

Oreodaphne.

Heamy (Americ. Journ. Pharm. (5) 47. 105) erhielt aus den Blättern von Orodaphne californica 4% ätherisches Oel, welches einen bei 175° siedenden Kohlenwasserstoff 0,894 spec. Gew., einen sauerstoffhaltigen bei 210° siedenden Bestandtheil von 0,960 spec. Gew. und einen bei 240° siedenden Körper 0,934 spec. Gew. enthält.

Cotorinde.

Seit ungefähr 10 Jahren kommt unter dem Namen „Cotorinde" eine Drogue im Handel vor, die, aus Bolivia eingeführt, von einer Laurinee abzustammen scheint. Neben dieser Rinde kommt noch eine Rinde unter dem Namen Paracotorinde vor. — Wittstein (Arch. Pharm. (3) 4. 219), der zuerst die Cotorinde untersuchte, fand ein blassgelbes Oel, Weichharz, Hartharz, Ameisen-, Essig-, Buttersäure, Gerbsäure, Stärke, Zucker, Gummi und eine flüssige Base.

J. Jobst (N. Report. Pharm. 25 23) stellte daraus circa 1,5% eines krystallisirbaren Körpers, Cotoïn, dar, sowie aus der sog. Paracotorinde das Paracotoïn. Jobst und Hesse (Ann. Chem. 199. 17) haben diese beiden Rinden einer eingehenden Untersuchung unterzogen, deren wesentliche Resultate folgen.

Cotoïn, $C_{22}H_{18}O_6$, Bestandtheil der ächten Cotorinde, wird durch Extraction der gröblich gepulverten Rinde mit kaltem Aether, Vermischen dieser Lösung mit Petroleumäther, welcher eine schwarzbraune, ölig-harzige Substanz abscheidet, und Verdunstenlassen dieser Lösung gewonnen. Die ölig-harzige Masse liefert nach dem Auskochen mit Kalkwasser und Versetzen dieser Lösung mit Salz- oder Essigsäure ebenfalls noch Auscheidungen von Cotoïn. Das Rohcotoïn wird aus kochendem Wasser mit Zuhilfenahme von Thierkohle wiederholt umkrystallisirt. Das Cotoïn bildet blassgelbe, meist Eigen-
schaften. gekrümmte Prismen oder, aus Alkohol krystallisirt, grosse Prismen und Tafeln von beissend scharfem Geschmacke, leicht löslich in Alkohol, Chloroform, Benzin, Aceton, Schwefelkohlenstoff, nahezu unlöslich in Petroleumäther, auch in ätzenden kohlensauren und schwefligsauren Alkalien, aus welchen Lösungen Säuren, auch Kohlensäure das Cotoïn unverändert fällen. Concentr. Salpetersäure färbt dasselbe blutroth, concentr. Schwefelsäure braungelb, die neutral reagirende wässrige Lösung reducirt Silber-Goldsalze, auch Fehling'sche Lösung in der Wärme, wird gefällt durch Bleiessig, durch Eisenchlorid schwarzbraun. Schmpkt. 130°. Von Derivaten und Verbindungen des Cotoïn's sind hergestellt das **Tribleicotoïn**, $C_{22}H_{12}Pb_3O_6$, **Tribromcotoïn**, $C_{22}H_{15}Br_3O_6$, das **Triacetylcotoïn**, $C_{22}H_{15}O_3,(C_2H_3O_2)_3$. Einwirkung von concentr. Salzsäure auf Cotoïn veranlasst Bildung von Benzoësäure, schmelzendes Kalihydrat, (1:5) ebenfalls dieselbe Säure. Durch wiederholte Behandlung des Rohcotoïn mit kochendem Wasser bilden sich blättrige Krystalle, **Dicotoïn**, die als das Anhydrid des Cotoïn's von Jobst Dicotoïn. und Hesse betrachtet werden, $C_{44}H_{34}O_{11}$, Schmpkt. 74—77°, von derselben Löslichkeit wie Cotoïn, mit Kalihydrat in Cotoïn übergehend.

Paracotoïn. $C_{19}H_{12}O_6$. — Die zerkleinerte Paracotorinde giebt an Aether ein Gemenge von **Paracotoïn**, **Oxyleucotin**, **Leucotin**, **Dibenzoylhydrocoton** ab, welches nach Abdestilliren des Aethers aus dem Destillationsrückstande beim Stehen krystallinisch erstarrt. Aus der heissen alkoholischen Lösung krystallisirt zuerst **Paracotoïn** aus, das durch Umkrystallisiren gereinigt wird und im reinen Zustande mit concentrirter Salpetersäure nicht mehr blaugrün gefärbt wird.

Das Paracotoïn krystallirt in blassgelben, glänzenden Blättchen, Schmpkt. Eigen-
schaften. 152°, löslich in Aether, Chloroform, kochendem Alkohol, Aceton, Benzin, neutral reagirend, geschmacklos, ohne Wirkung auf das polarisirte Licht, sublimirbar. Das Paracotoïn liefert, mit Kalilauge gekocht, **Paracumar-** Zer-
setzungen. **hydrin** (5%), farblose nach Coumarin riechende Blättchen, Schmpkt. 82—83°, und **Paracotoïnsäure**, leicht löslich in Alkohol und Aether, fast unlöslich in Wasser $C_{19}H_{14}O_7$. $(C_{19}H_{12}O_6 + H_2O = C_{19}H_{14}O_7)$. Durch Schmelzen mit Kalihydrat (1:4) entstehen Ameisensäure, Protocatechusäure.

Leucotin. $C_{34}H_{32}O_{10}$. — Das oben erwähnte Krystallgemisch mit Eisessig behandelt, giebt an letzteren Leucotin ab, das aus dem Verdampfungsrückstand dieser Eisessiglösung durch Umkrystallisiren aus Alkohol gereinigt wird und in grösster Menge in der Rinde vorkommt. Weisse, leichte Prismen, leicht löslich in Alkohol, Aether, Aceton, Chloroform, Eisessig, schwerlöslich in Wasser, Schmpkt. 97°, neutral reagirend, mit concentrirter Salpetersäure eine blaugrüne Lösung liefernd. Dasselbe nimmt kein Acetyl auf, giebt mit Brom Dibromleucotin und Tetrabrom-

Cotogenin.

leucotin. Bei Einwirkung von schmelzendem Kali entstehen Benzoësäure, Protocatechusäure, Ameisensäure, ausserdem Cotogenin, $C_{14}H_{14}O_5$, weisse Nadeln, leicht löslich in Wasser, Alkohol, Aether, Schmpkt. 143° und

Hydrocoton.

Hydrocoton, $C_{18}H_{24}O_6$, ein flüchtiger Körper, weisse Prismen, 48—49° Schmpkt., leicht löslich in Aether, Aceton, Chloroform, Alkohol, mit Chromsäure sich allmälig blau färbend, mit Salpetersäure eine Dinitroverbindung bildend, die sich mit blauer Farbe löst.

$$(C_{34}H_{32}O_{10} + 5H_2O = C_{18}H_{24}O_6 + C_{14}H_{14}O_5 + 2CH_2O_2.$$

Leucotin.   Hydrocoton.   Cotogenin.

$$C_{34}H_{32}O_{10} + 4H_2O = C_{18}H_{24}O_6 + 2(C_7H_6O_2) + 2(CH_2O_2))$$

Hydrocoton.   Benzoësäure.

Oxyleucotin. $C_{34}H_{32}O_{12}$.

— Wie bereits erwähnt, scheidet die alkoholische Lösung des Krystallgemisches zuerst Paracotoïn aus, dann folgt Oxyleucotin, mit Paracotoïn gemengt, welch' letzteres mit verdünnter Kalilauge leicht beseitigt werden kann. Dasselbe bildet schwere, grosse, weisse Prismen, 133½° Schmpkt., unlöslich in Alkalien und Ammon, schwerlöslich in kaltem Chloroform, Aether, Benzin, leicht löslich in kochendem Eisessig und Alkohol. Concentr. Salpetersäure färbt dasselbe blaugrün. Die Di- und Tetrabromverbindung sind hergestellt; schmelzendes Kali erzeugt Hydrocoton, Cotogenin, Protocatechusäure, Protocatechualdehyd, Benzoësäure, Ameisensäure.

Dibenzoylhydrocoton. $C_{32}H_{32}O_8$.

— Dieser Körper ist in der 3. Fraction der schon erwähnten alkoholischen Lösung des Krystallgemisches neben Rohleucotin enthalten und lässt sich von letzterem dadurch trennen, dass man das Gemenge mit wenig Eisessig behandelt und dann durch Ueberführung in die Dibromverbindung die Substanz vollkommen reinigt, — Weisse, meist wetzsteinförmig gekrümmte Prismen, Schmpkt. 113°, destillirbar, leicht löslich in kochendem Alkohol. Schmelzendes Kalihydrat zerlegt diesen Körper in Benzoësäure und Hydrocoton (45%). Die Dibrom- und Tetrabromverbindungen sind hergestellt.

Hydrocotoïn. $C_{15}H_{14}O_4$.

— Aus der Mutterlauge jenes Destillationsrückstandes, aus dem sich die bis jetzt erwähnten Begleiter des Paracotoïns ausgeschieden haben, erhält man diesen Körper dadurch, dass man mit verdünnter Kalilauge oder Natronlauge extrahirt und mit Salzsäure im Ueberschuss versetzt. Diese Masse, die sich hier ausscheidet, wird in heissem Alkohol gelöst, der beim Verdunsten die Krystalle von Hydrocotoïn ausscheidet. Blassgelbe, grosse Prismen, in Aether, besonders Chloroform löslich', neutral reagirend, fällbar durch Bleizuckerlösung. Concentr. Salpetersäure giebt damit die Färbung wie Cotoïn, auch Eisenchlorid. Schmpkt. 98°. Mono- und Dibromverbindungen sind hergestellt, ebenso die Acetylverbindung, $C_{15}H_{10}(C_2H_3O_2)O_4$. Concentrirte Salzsäure zerlegen dasselbe in Chlormethyl und Benzoësäure. Kali liefert damit beim Schmelzen Benzoësäure mit geringer Menge von Hydrocoton.

Piperonylsäure. $C_8H_6O_4$.

— Die Rückstände der Extraction der Paracotorinde mit Aether lieferten bei Behandlung mit Kalk und Wasser eine Lösung, die nach Ansäuerung mit Salzsäure und Ausschüttelung mittelst Aether an diesen Piperonylsäure abgiebt, die sich krystallinisch ausscheidet und aus Alkohol umkrystallisirt wird. Schmpkt. 229°, sublimirt bei 210°, Verfasser stellten von der Peperonylsäure folgende Verbindungen her:

Die Salze von Kalium, Ammonium, Baryum, Calcium, Blei, Kupfer, Silber, Chinin, Conchinin, Aethyläther, Nitropiperonylsäure. — Nach der Verfasser Anschauung lassen sich von den hier erwähnten Bestandtheilen der Paracoto- und Cotorinde 3 Gruppen unterscheiden: 1) Die Hydrocotongruppe mit dem Hydrocoton einem sechssäurigen Alkohol, der mit Salpetersäure blau wird, ein nitrirtes Chinon, das Dinitrocoton bildend, polymer zu dem Propylpyrogallol. Derivate des Hydrocoton sind: Dibenzoylhydrocoton $C_{18}H_{22}O_4 . 2\,C_7H_5O_2$, Leucotin (Diformyldibenzoylhydrocoton) $= C_{18}H_{20}O_2 . \begin{cases} 2\,C_7H_5O_2 \\ 2\,CHO_2 \end{cases}$, Oxyleucotin (Diformylbenzoylprotocatechylhydrocoton) $= C_{18}H_{20}O_2 \begin{cases} C_7H_5O_2 \\ C_7H_5O_4 \\ 2\,CHO_2 \end{cases}$; 2) Gruppe Cotoïn, Dicotoïn, Hydrocotoïn in alkoholischer Lösung mit Eisenchlorid eine dunkelbraunrothe Färbung gebend, mit Salpetersäure blutroth werdend. Die Constitution des Cotoïn wird zu $CHO . C_{14}H_9 . \begin{cases} 3\,OH \\ O . C_7H_5O \end{cases}$ angenommen. 3) Die Gruppe Paracotoïn und Paracotoïnsäure mit concentrirter Salpetersäure gelb bis braungelb werdend. Das Paracotoïn ist wohl ein Derivat der Protocatechusäure.

Das ätherische Oel der Paracotorinde.

— Durch Destillation der Paracotorinde mit überhitztem Wasserdampf wurde ein ätherisches Oel erhalten, farblos, neutral, von angenehmem Geruche, spec. Gew. 0,9275, 212° linksdrehend, Sdpkt. 78° bis 250°. Die Produkte der fractionirten Destillation waren folgende:

1) α Paracoten, 160° Sdpkt., 0,8727 spec. Gew., Drehungsvermögen $\alpha_D = + 9,34$ $C_{12}H_{18}$, mit Schwefelsäure roth werdend.

2) β Paracoten, 0,8846 spec. Gew., $\alpha_D = - 0,63$, Sdpkt. 170—172° $C_{11}H_{18}$.

3) α-Paracotol, Sdpkt. 220—222°, spec. Gew. 0,9262, $\alpha_D = - 11,87°$. $C_{15}H_{24}O$, isomer mit dem wasserfreien Cubebenöle.

4) β-Paracotol, Sdpkt. 236°, farblos, 0,9526 spec. Gew. $\alpha_D = - 5,98$, $C_{26}H_{40}O_2$.

5) γ-Paracotol, Sdpkt. 240—242°, $\alpha_D = - 0,52°$, spec. Gew. $= 0,965$, $C_{28}H_{40}O_2$.

Verschiedene Cotostoffe, insbesondre Cotoïn und Paracotoïn, sind wegen ihrer eigenthümlichen obstipirenden Wirkung Gegenstand der Aufmerksamkeit der Aerzte geworden.

Cotoïn wirkt nach Burkart (Würtb. med. Corrsbl. 20. 1876) zu 0,1 —1,0 subcutan nicht toxisch auf Kaninchen. Nach Pribram (Prag. med. Wochenschr. 31. 33. 32. 1880) hebt dasselbe in sehr kleinen Mengen zugesetzt die Pankreasfäulniss auf oder verzögert dieselbe, ebenso retardirt es die Milchsäuregährung, stört dagegen die peptische und diastatische Verdauung nicht. Möglicherweise steht damit die von Burkart und Pribram constatirte ausgezeichnete antidiarrhoische Wirksamkeit des Mittels im Zusammenhange, die dasselbe sowohl bei Erwachsenen als namentlich bei Säuglingen als ein in sehr kleinen Gaben wirksames und die sonst üblichen Arzneimittel an Wirksamkeit übertreffendes, gut ertragenes und keinerlei Nebenerscheinungen bedingendes Medicament erscheinen lassen. In letzterer Be-

ziehung steht es namentlich auch über dem Cotorindenpulver und der Coto-
tinctur. Burkart gab dasselbe bei Darmcatarrh Erwachsener zu 0,05
—0,08 pro die in Mixturform (120,0 Aq. dest., 30,0 Syrup, 10 Tr. Spir. rect.,
stündlich 1 Essl. voll). Pribram giebt es bei Säuglingen in Pulverform
(in den ersten Lebenswochen 0,2 pro dosi, später mit dem Alter steigend).
— Das Cotoïn geht in den Harn über (Burkart, Pribram), dagegen nicht
in die Milch und scheint die Indicanausscheidung im Harne zu beschränken.

Paracotoïn.　　Paracotoïn wirkt nach Burkart (Berl. klin. Wochenschr. 20. 1877)
antidiarrhoisch und stuhlverstopfend wie Cotoïn (vgl. dass.), Oxycotoïn, Leu-
Oxycotoïn, cotoïn und Hydrocotoïn und übertrifft die drei letztgenannten an Activität,
Leucotoïn u. während es dem Cotoïn nachsteht. Während Oxycoteïn, Leucotoïn und Hydro-
Hydrocotoïn. cotoïn bei Erwachsenen mindestens zu 0,3 mehrmals täglich und bei Kindern
zu 0,15 gegeben werden müssen, erfordert Paracotoïn 0,1 resp. 0,05 mehrmals täglich. Subcutan wirkt es zu 1,0 in alkoholischer Lösung bei Kaninchen
nicht giftig. Im Harn erscheint es auch bei interner Anwendung in 4—6 Std.
(Burkart). Auf Pankreasfäulniss und Milchsäuregährung wirkt es hemmend
wie Cotoïn, jedoch viel schwächer (Pribram, Prag. Wochenschr. 1880). Die
von Burkart constatirte günstige Wirkung bei Durchfällen von Phthisikern
und subacutem Darmkatarrh der Kinder bestätigten Fronmüller (Allgem.
med. Centr. 55. 1878) und Pribram (a. a. O.). Görtz in Yokohama (Med.
Centrbl. 27. 1878) benutzte Paracotoïn mit Erfolg in fünf leichten und
mittelschweren Fällen von Cholera.

b. Berberidaceae.

Berberis.

Die Beeren von Berberis wurden von E. Lenssen (Berl. Ber. 3. 966)
näher untersucht und darin reichlich Zucker 3,57 %, Aepfelsäure 6,62 %, dagegen keine Essigsäure gefunden. Die Wurzelrinde enthält Berberin, ebenso
das Holz und die Blüthen, die noch ätherisches Oel und Oxyacanthin enthalten.

Berberin. $C_{20}H_{17}NO_4$. — Literat.: Chemische: Chevallier und
Pelletan, Journ. chim. méd. 2. 314. — Hüttenschmidt, Mag. Pharm.
7. 287. — Buchner, Repert. Pharm. 52. 1 u. 56. 177. — Kemp,
Repert. Pharm. 73. 118. — Fleitmann, Ann. Chem. Pharm. 59. 160.
— Bödeker, Ann. Chem. Pharm. 69. 37. — Perrins, Phil. Mag. (4)
4. 99, auch Ann. Chem. Pharm. 83. 276; Pharm. Journ. Trans. (2) 3.
546 u. 567, auch Chem. Centr. 1862. 890; Chem. Soc. Qu. J. 15. 339,
auch Ann. Chem. Pharm. Suppl. 2. 171. — Mahla, Sill. Amer. Journ.
83. 43. — Stenhouse, Pharm. Journ. Trans. 14. 455, auch Ann. Chem.
Pharm. 95. 108; Chem. Soc. Qu. J. (2) 5. 187; Ann. Chem. Pharm. 129.
26. — Henry, Ann. Chem. Pharm. 115. 132. — Hlasiwetz und
v. Gilm, Ann. Chem. Pharm. 115. 45 und Suppl. 2. 191; Wien.
Akad. Ber. 49. 1. — Gastell, N. Repert. Pharm. 14. 211. — Kemp,
Repert. Pharm. 73. 118. — Procter, Chem. News. 9. 112. — H. Weidel, Berl. Ber. 12. 410. — H. Fürth, Monatsh. Chem. 2. 416. —
Klunge, Jahresb. Pharm. 1875. 360. — Beach, Americ. Pharm.
Journ. 48. 306. — Lloyd, Arch. Pharm. 15. (3) 561. — Wrampel-
meyer, ebend. 266. — Neppach, Americ. Journ. Pharm. (4).
50. 373.

Medicinische: L. Koch, Buchner's Repertor. 55. 51; 58. 32. — Guenste, De Columbino et Berberino observationes. Marb. 1851. Falck, D. Klin. 14. 15. 1854. — Berg, De nonnullarum materiarum in urinam transitu. Dorpat. 1858. — Koth, Berberin und Columbin. Marb. 1862. (Kritisch u. zusammenstellend). — Macchiavelli, Ann. univ. 1870. Sett. p. 620. — Curci, Il Racroglitore. Luglio. 1880. — Hüttenschmidt, Diss. sistens analysin chemicam corticis Geoffroyae Jamaicensis nec non Geoffroyae Surinamensis. Heidelb. 1824.

Das Berberin ist unter dem Namen Xanthopicrit, dessen *Geschichte.* Identität mit Berberin Perrins 1862 zeigte, zuerst von Chevallier und Pelletan aus der Rinde von *Xanthoxylum clava Herculis L.* dargestellt worden. L. A. Buchner fand es 1835 in *Berberis vulgaris L.* auf, Bödeker 1845 in der Columbowurzel (*Cocculus palmatus L.*). Perrins u. A. trafen es später noch in verschiedenen anderen Pflanzen. Gastell wies 1866 nach, dass auch Hüttenschmidt's Jamaicin Berberin gewesen ist. Die basische Natur des Berberins wurde zuerst von Kemp (1839) angedeutet, dann von Fleitmann bewiesen. Letzterer machte die erste ausführlichere Untersuchung desselben.

Das Berberin ist eines der wenigen Alkaloide, die nicht nur über *Vorkommen.* verschiedene Gattungen der nämlichen Pflanzenfamilie verbreitet sind, sondern selbst in Pflanzen der verschiedensten Familien vorkommen. Es findet sich in der Jamaikanischen Wurmrinde, der Rinde von *Geoffroya jamaicensis Murr.*, oder *Andira inermis Knth.* (Fam. Caesalpineae) nach Gastell, in der Rinde von *Xanthoxylum clava Herculis L.* (Fam. Xanthoxyleae) nach Perrins, in *Podophyllum peltatum?*, *Leontice thalictroides* und *Jeffersonia diphylla* (Fam. Papaveraceae) nach F. F. Mayer (Amer. Journ. Pharm. 35. 97), in der westafrikanischen Abeocouta-Rinde, von *Coelocline polycarpa De C.* (Fam. Anonaceae) nach Stenhouse, in den Wurzeln von *Hydrastis canadensis L., Xanthorrhiza apiifolia Herit.* und *Coptis Teeta* (Fam. Ranunculaceae) nach Mahla und Perrins, in der Columbowurzel, der Wurzel von *Cocculus palmatus De C.* und in dem Ceylonischen Columboholz, dem Holz von *Coscinium fenestratum Colebr.* (Fam. Menispermeae) nach Bödeker und Perrins, in Wurzel, Rinde, Blüthen, unreifen Beeren und Blättern von *Berberis vulgaris L.*, in dem Rhizom von *Berberis nervosa*, sowie auch in indischen und mexikanischen Berberis-Arten (Fam. Berberideae) nach Buchner, Polex, Ferrein, Solley, Wittstein und Anderen, nach Perrins endlich auch in der St. Johannswurzel vom Rio grande, in der Rinde des Pachnclo-Baumes von Bogota und in einem von den Eingeborenen Woodunpar genannten gelben Farbholz aus Oberassam. — Die Berberis- und

Columbowurzel lassen nach Bödeker unter dem Mikroskop starke goldgelbe Verdickungsschichten der Zellen und Gefässe erkennen. Betupft man einen zarten Schnitt mit Weingeist und dann mit etwas Salpetersäure, so erhält man vorzüglich schöne Krystallisationen von salpetersaurem Berberin.

Darstellung:
aus Berberis-
wurzelrinde;

Aus Berberiswurzelrinde erhält man das Berberin, indem man den mit kochendem Wasser bereiteten Auszug zum weichen Extract verdunstet und dieses mit Weingeist auskocht. Die weingeistige Lösung wird nach Zusatz von etwas Wasser vom meisten Weingeist durch Destillation befreit, worauf sie bei mehrtägigem Stehen in der Kälte eine reichliche aus feinen gelben Nadeln bestehende Krystallisation von salzsaurem Berberin (welches Buchner für reines Berberin hielt) absetzt. Dieses wird, nachdem es durch Auspressen und Umkrystallisiren aus heissem Wasser oder Weingeist gereinigt ist, nach Fleitmann durch Behandlung mit verdünnter Schwefelsäure in schwefelsaures Salz übergeführt, dessen wässrige Lösung man mit Barytwasser bis zur alkalischen Reaction versetzt. Hierauf leitet man Kohlensäure ein, verdampft zur Trockne, entzieht dem Rückstande die freie Base mit Weingeist, schlägt sie daraus durch Aether nieder und krystallisirt sie aus kochendem Wasser um.

aus Columbo-
wurzel;

Von der Columbowurzel stellt man nach Bödeker ein weingeistiges trocknes Extract dar, zieht dies mit heissem Kalkwasser aus, neutralisirt die filtrirte Lösung mit Salzsäure, filtrirt vom ausgeschiedenen amorphen Niederschlage ab und versetzt mit überschüssiger Salzsäure. Das nach zweitägigem Stehen ausgeschiedene krystallinische salzsaure Berberin wird zur Reinigung aus weingeistiger Lösung durch Aether gefällt und mit etwas Aether gewaschen. Seine Ueberführung in reines Berberin wird in der von Fleitmann angegebenen Weise bewirkt.

aus Columbo-
holz;

Von fein gemahlenem Columboholz kocht man nach Stenhouse 20 Th. mit einer (durch Erhitzen von 1 Th. Bleizucker und 1 Th. Bleiglätte mit 3 Th. Wasser und nachherigem Zusatz von 100 Th. Wasser bereiteten) Lösung von basisch-essigsaurem Bleioxyd 3 Stunden hindurch, colirt und verdunstet das noch mit etwas Bleiglätte versetzte Filtrat, bis daraus beim Erkalten Berberin in dunkelbraunen Nadelbüscheln anschiesst. Der Rest der Base kann aus der Mutterlauge durch überschüssige Salpetersäure als darin schwer lösliches salpetersaures Salz gefällt und durch Behandlung mit Kalkhydrat in freies Berberin verwandelt werden. Zur Reinigung des so gewonnenen rohen Berberins löst man dasselbe in kochendem Wasser, fällt die Lösung mit Bleizucker aus und filtrirt noch heiss, worauf es beim Erkalten in gelben Nadeln auskrystallisirt. Zur Entfernung von anhängendem Blei wird es dann nochmals in kochendem Wasser gelöst und die Lösung nach Behandlung mit Schwefelwasserstoff, Abfiltriren des Schwefelbleis und Ansäuern mit etwas Essigsäure der Krystallisation überlassen.

Die Wurzel von *Hydrastis canadensis* erschöpft man nach Perrins mit kochendem Wasser, zieht das beim Verdunsten des Auszugs bleibende Extract mit Weingeist aus, destillirt von der erhaltenen Tinctur den meisten Weingeist ab und versetzt den Rückstand mit Salpetersäure, worauf nach 1—2 Tagen salpetersaures Berberin anschiesst, während salpetersaures Hydrastin (das zweite Alkaloid der Wurzel) in Lösung bleibt. aus der Wurzel von Hydrastis canadensis;

Aus der Jamaikanischen Wurmrinde hatte Hüttenschmidt (Mag. Pharm. **7**. 287) 1824 die von ihm als Jamaicin bezeichnete, von Gastell (N. Repert. Pharm. **14**. 211) neuerdings aber als Berberin erkannte Base erhalten, indem er den Verdunstungsrückstand des weingeistigen Auszugs in Wasser aufnahm, die Lösung mit Bleiessig versetzte und, ohne zu filtriren, mit Schwefelwasserstoff bis zur Ausfällung des Bleis behandelte. Aus dem Filtrat schieden sich auf Zusatz von Schwefelsäure, namentlich beim Concentriren, Körner des schwefelsauren Salzes ab, das in wässriger Lösung durch Digestion mit kohlensaurem Baryt zersetzt wurde, worauf aus der siedend filtrirten Flüssigkeit das Alkaloid beim Erkalten krystallisirte. aus der Rinde von Geoffroya jamaicensis.

Das aus Wasser krystallisirte Berberin verliert bei 100° nach Fleitmann 19,26 Proc. Krystallwasser. Es bildet feine glänzende gelbe Nadeln und Prismen von bitterem Geschmack und neutraler Reaction. Bei 120° schmilzt es zu einer rothbraunen Harzmasse. In kaltem Wasser ist es schwer, in kochendem ziemlich leicht löslich; Alkohol löst es gut, Benzol schwierig, Aether und Petroleumäther gar nicht. Durch Kohle wird es aus wässriger Lösung niedergeschlagen, durch Weingeist der Kohle aber wieder entzogen. Die Lösungen besitzen kein Rotationsvermögen. Eigenschaften.

Die Zusammensetzung des Berberins ist noch immer nicht als sicher festgestellt zu betrachten. Fleitmann, der zuerst das reine Alkaloid analysirte, gab für das bei 100° getrocknete die Formel $C_{42}H_{18}NO_9 + 2HO$ und schrieb das krystallisirte lufttrockne $C_{42}H_{18}NO_9 + 2HO + 10$ Aq. Nach Komp (Repert. Pharm. **73**. 118) ist die Formel $C_{42}H_{17}NO_7$, nach Stas (Institut. 1859, 402) aus Henry's Analysen berechnet $C_{44}H_{19}NO_{10}$, nach Henry (bei 120 bis 140° getrocknet) $C_{42}H_{19}NO_{10}$. Perrins wurde durch die Analyse der Berberinsalze zu der oben angegebenen Formel $C_{40}H_{17}NO_8$ geführt, welche zugleich am besten die Ueberführung des Berberins in Hydroberberin (s. unten) erklärt. Zusammensetzung.

Ver-
bindungen.

Einfache
Salze.

Das Berberin bildet mit den Säuren krystallisirbare, meistens goldgelbe, bitter schmeckende, zum Theil neutral reagirende Salze. — Das chlorwasserstoffsaure Berberin, $C_{20}H_{17}NO_4$, HCl $+$ $2H_2O$, bildet ein glänzend hellgelbes krystallinisches Pulver oder lange zarte seideglänzende goldgelbe Nadeln; es löst sich in Wasser und Weingeist in der Kälte schwer, leicht beim Kochen, nicht in Aether und Schwefelkohlenstoff. — Bromwasserstoffsaures Berberin, $C_{20}H_{17}NO_4$, HBr $+ 1\frac{1}{2}H_2O$, scheidet sich aus mit Bromwasserstoffsäure übersättigtem wässrigem Berberin, oder aus einer mit Essigsäure und Bromkalium versetzten Lösung von salpetersaurem Berberin als gelber, aus Weingeist in feinen fahlgelben Nadeln krystallisirender Niederschlag ab (Perrins. Henry). — Das in gleicher Weise zu erhaltende jodwasserstoffsaure Berberin, $C_{20}H_{17}NO_4$, HJ, bildet kleine röthlichgelbe, in Wasser sehr schwer lösliche, in Weingeist fast unlösliche Nadeln (Henry). — Versetzt man die weingeistige Lösung eines Berberinsalzes mit Jod in geringem Ueberschuss, so scheiden sich rothbraune, bei 100° unveränderliche Prismen von jodwasserstoffsaurem Jod-Berberin, $C_{20}H_{17}NO_4$, J_2, HJ, ab, neben denen, wenn statt des freien Jods Zweifach-Jodkalium in Anwendung kommt, auch schwarzgrüne, metallglänzende, rothbraun durchscheinende dünne Blättchen von gleicher Zusammensetzung erhalten werden (Perrins). — Salpetersaures Berberin, $C_{20}H_{17}NO_4$, HNO_3, bildet rein hellgelbe, bei 100° unveränderliche Nadeln (Perrins). — Saures schwefelsaure Berberin, $C_{20}H_{17}NO_4$, SH_2O_4, scheidet sich aus einer mit verdünnter Schwefelsäure versetzten Lösung von salzsaurem Berberin nach einigem Stehen in feinen rothgelben Krystallen ab (Fleitmann). — Chlorsaures Berberin, $C_{20}H_{17}NO_4$, $ClHO_3$, aus wässrigem salzsaurem Berberin durch chlorsaures Kali als gelber voluminöser Niederschlag gefällt, krystallisirt aus Weingeist in grünlichgelben, durch Schlag explodirbaren Krystallen (Fleitmann). — Beim Abkühlen einer kochend heiss mit Kaliumbichromat versetzten wässrigen Berberinsalzlösung krystallisirt saures chromsaures Berberin, $C_{20}H_{17}NO_4$, $Cr_2O_6 + \frac{1}{2}H_2O$ in gelben Krystallen (Perrins). — Auf Zusatz von Cyankalium zu wässrigem salzsaurem Berberin scheiden sich schmutziggelbe Flocken von cyanwasserstoffsaurem Berberin, $C_{20}H_{17}NO_4$, HCy, ab, die aus Weingeist in braungelben rhombischen Blättchen krystallisiren (Henry). — Das durch Fällung einer heissen conc. Lösung von salzsaurem Berberin mit Schwefelcyankalium als grüngelber pulvriger Niederschlag zu erhaltende schwefelcyanwasserstoffsaure Berberin, $C_{20}H_{17}NO_4$, CNHS, schiesst aus kochendem Weingeist in braungelben, aus kochendem Wasser in zeisiggelben Nadeln an, die sich in 4500 Th. kaltem Wasser und in 470 Th. kaltem Weingeist lösen (Henry). — Das oxalsaure Salz, $C_{20}H_{17}NO_4$, $C_2H_2O_4$ bildet bräunliche, zu Warzen vereinigte, das bernsteinsaure, $C_{20}H_{17}NO_4$, $C_4H_6O_4$ bräunliche und das weinsaure, $C_{20}H_{17}NO_4$, $C_4H_6O_6 + \frac{1}{2}H_2O$ lange zeisiggelbe seideglänzende Nadeln (Henry).

Chlorwasserstoffsaures Berberin-Platinchlorid, $C_{20}H_{16}NO_4$, HCl, PtCl_4 wird aus heissem wässrigem salzsaurem Berberin durch Platinchlorid in kleinen Nadeln gefällt. — Das kalt als amorpher brauner Niederschlag zu fällende chlorwasserstoffsaure Berberin-Goldchlorid, $C_{20}H_{17}NO_4$, HCl, AuCl_3, krystallisirt aus heissem verdünntem Weingeist in kastanienbraunen Nadeln (Perrins). — Aus einer kochendheissen salzsäurehaltigen weingeistigen Berberinlösung krystallisiren nach Zusatz von weingeistigem Quecksilberchlorid beim Abkühlen schön gelbe seideglänzende Nadeln von chlorwasserstoffsaurem Berberin-Quecksilberchlorid, $C_{20}H_{17}NO_4$, HCl, HgCl (Hinterberger, Ann. Chem. Pharm. 82. 314.) — Vermischt man salpetersaures Berberin, unterschwefligsaures Natron und Silbernitrat in heisser weingeistiger Lösung, so scheiden sich beim Erkalten kleine citronengelbe Prismen von unterschwefligsaurem Berberin-Silberoxyd, $C_{20}H_{17}NO_4$, S_2HAgO_3, ab (Perrins). — Kocht man Berberin mit kalt gesättigter Brechweinsteinlösung und filtrirt vom ausgeschiedenen Antimonoxyd ab, so krystallisiren faserige wawellitartige Massen von weinsaurem Berberin-Antimonoxyd, $C_{20}H_{17}NO_4$, $C_4H_5(SbO)O_6$ (Stenhouse).

Bei 160—200° zersetzt sich das Berberin unter Entwicklung Zersetzungen. gelber, ölartig sich verdichtender Dämpfe. — Bei mehrtägigem Erhitzen mit Wasser im zugeschmolzenen Rohr auf 190 bis 200° wird es unkrystallisirbar und dunkelbraun (Hlasiwetz). — Leitet man Chlor in eine wässrige Lösung von Berberin, so färbt sich diese erst braun, dann hellorange und scheidet endlich Klumpen einer gelblichen amorphen Substanz aus (Henry), — Salzsaures Berberin färbt sich sowohl trocken als in Lösung mit Chlor blutroth (Buchner. Henry); aus letzterer fällt Ammoniak einen schwarzen pulvrigen Niederschlag (Henry). Bei Destillation von Berberin mit unterchlorigsaurem Natron soll nach Kletzinsky (Zeitschr. Chem. 1866, 120) Propylamin (Trimethylamin?) übergehen und eine stark gelb färbende stickstofffreie Substanz zurückbleiben. — Auch mit Brom färbt sich Berberin, wenn beide in verdünnter wässriger Lösung zusammentreffen, nach Henry blutroth unter gleichzeitiger Ausscheidung von gelbem bromwasserstoffsaurem Berberin. Durch Kochen mit verdünnten Säuren wird das Berberin nicht zersetzt (Henry). Conc. Salpetersäure löst salzsaures Berberin mit rother Farbe: die zum Syrup eingedunstete Lösung scheidet auf Wasserzusatz ein gelbes schwer lösliches Wachs ab (Fleitman). — Weingeistiges Kali ist auch bei mehrtägigem Kochen ohne Einwirkung. Schmilzt man dagegen das Berberin mit Kalihydrat, so entwickelt sich neben Wasserstoff ein bräunlicher, nach Chinolin riechender Dampf und die geschmolzene Masse enthält nun zwei Säuren, von denen die eine in farblosen, in warmen Wasser, Weingeist und Aether leicht löslichen Nadeln krystallisirt und eine der Formel $C_8H_8O_4 + H_2O$ entsprechende Zusammensetzung besitzt, also der Protocatechusäure homolog ist — während die andere in irisirenden Blättchen oder verwachsenen Nadeln zu erhaltende, theilweise unverändert sublimirbare, in Weingeist leicht, aber in Aether kaum lösliche Säure wahrscheinlich nach der Formel $C_9H_8O_5 + H_2O$ zusammengesetzt ist (Hlasiwetz und v. Gilm). Lloyd (Pharm.

Journ. Trans. 1881. 590) hat Thymol mit Berberin zu vereinigen gesucht und erhielt angeblich eine Verbindung. — Durch nascirenden Wasserstoff wird Berberin in **Hydroberberin**, $C_{20}H_{21}NO_4$ verwandelt. Am besten erhitzt man zu diesem Zweck 6 Th. Berberin und eine Mischung von 10 Th. conc. Schwefelsäure, 20 Th. Eisessig und 100 Th. Wasser mit granulirtem Zink und einigen Stücken Platinblech so lange (1 bis 2 Stunden) in einem mit aufsteigendem Kühlrohr verbundenen Kolben zum Sieden, bis die Farbe der Lösung hell weingelb geworden ist, fügt dann überschüssige gesättigte Kochsalzlösung hinzu und zersetzt das niederfallende sehr schwer lösliche salzsaure Hydroberberin in weingeistiger Lösung mit weingeistigem Ammoniak, worauf das Hydroberberin herauskrystallisirt. Es bildet nach dem Umkrystallisiren farblose oder gelbliche, körnige oder nadelförmige Krystalle des klinorhombischen Systems, die sich an der Luft dunkler färben. Aus den Lösungen seiner meistens gut krystallisirenden Salze wird es durch Kali oder Ammoniak in weissen käsigen Flocken gefällt. Wird eine warme Lösung von Hydroberberin mit weingeistiger Salpetersäure versetzt, so entwickeln sich rothe Dämpfe und beim Erkalten krystallisirt salzsaures Berberin heraus (Hlasiwetz und v. Gilm).

H. Weidel hat durch Oxydation des Berberins mit concentrirter Salpetersäure eine stickstoffhaltige Säure, die **Berberonsäure**, isolirt, farblose, prismatische Krystalle, schwerlöslich in kaltem, leicht löslich in siedendem Wasser, wenig löslich in heissem Alkohol, unlöslich in Benzol, Aether, Chloroform. Die Formel dieser 3basischen Säure ist $C_8H_5NO_6 + 2H_2O$, deren Silber-Cadmium-Kalksalze hergestellt wurden, welches letztere beim Erhitzen Pyridin liefert. Vergleichende Studien dieser Säure mit der Cinchomeronsäure ergeben die Verschiedenheit dieser Beiden. Fürth studirte diese Säure näher und zeigte, dass dieselbe mit Eisenvitriol eine blutrothe Färbung giebt, von Kupferacetat in concentrirter Lösung gefällt wird, ebenso mit Silbernitrat und Bleiacetat, Schmpkt. 243°, sich roth färbend, mit Salzsäure eine schon bei 100° sich zersetzende Verbindung bildend. Die 3 Kaliumsalze (primäre, secundäre, tertiäre) wurden hergestellt. Im Wasserstoffstrome bei 215° zerfällt die Berberonsäure in Kohlensäure, und sublimirende Nicotinsäure ($C_6H_5NO_2$), über den Schmelzpunkt erhitzt, in Kohlensäure und Isonicotinsäure (γ Pyridincarbonsäure). Das secundäre Kaliumsalz zersetzt sich beim Erhitzen auf 285° unter Entweichen von Nicotinsäure und Kohlensäure in neutrales berberonsaures Kalium, das primäre Kalisalz Kohlensäure und isonicotinsaures Kalium. Beim Erhitzen mit Eisessig auf 140° liefert die Berberonsäure eine neue Pyridincarbonsäure $C_7H_5NO_4$, in feinen, weissen Nadeln, Schmpkt. 263°, schwer löslich in kaltem Wasser und Weingeist, leichter in heissem, mit Eisenvitriol keine Reaction gebend, Fällung gebend mit Silbernitrat, Bleiacetat und Kupferacetat. Diese

Pyridincarbonsäure ist nach dem Verfasser wohl die sechste der isomeren theoretisch vorhergesehenen Pyridincarbonsäuren.

Beim Erhitzen von weingeistigem Berberin mit Jodäthyl entsteht nach Perrins nur jodwasserstoffsaures Berberin, während Henry die sich ausscheidenden gelben Nadeln nach seiner Analyse für jodwasserstoffsaures Aethylberberin hält. Aethylberberin.

Von conc. Schwefelsäure wird Berberin mit anfangs schmutzig olivengrüner, später heller werdender, von conc. Salpetersäure mit dunkelbraunrother Färbung gelöst. — Verdünnte Lösungen der Berberinsalze geben mit Gerbsäure geringe, auf Zusatz von Salzsäure zunehmende Trübung, mit Pikrinsäure amorphe, allmälig krystallinisch werdende Fällung, mit Phosphormolybdänsäure schmutziggelben, in wässrigem Ammoniak mit blauer Farbe löslichem Niederschlag; Kaliumkadmiumjodid erzeugt gelblichen amorphen, Platinchlorid gelben, Goldchlorid orangefarbigen, Quecksilberchlorid starken gelben amorphen, Kaliumbichromat gelben amorphen, gelbes Blutlaugensalz grünlichbraunen krystallinischen, rothes Blutlaugensalz hellgrünbraunen Niederschlag. Wässriges Jod-Jodkalium fällt wässrige Berberinsalzlösungen kermesfarbig, während weingeistige Lösungen mit dem Reagens, wenn in geringer Menge angewandt, sehr characteristische grüne haarförmige Krystalle, bei Ueberschuss gelbbraune Krystalle (s. oben) abscheiden. Verhalten gegen Reagentien.

Stark mit Schwefelsäure und Salzsäure angesäuerte Berberinlösungen werden mit Chlorwasser blutroth (Klunge). — Beach stellte fest, dass 1 CC. der Mayer'schen $^1/_{10}$ Normal Kaliumquecksilberjodidlösung 0,0425 Berberin fälle.

Nach Untersuchungen von C. Ph. Falck und Guenste wirkt Berberin auf Thiere toxisch und tödtet vom Unterhautbindegewebe aus Kaninchen zu 0,5 — 1,0 im Verlaufe von 8—40 Stunden. Die Symptome der tödtlichen Intoxication bei Kaninchen sind Störungen der Respiration, welche frequenter und anfangs vertieft, später kurz und oberflächlich wird, Zittern, Parese, besonders an den Hinterbeinen, und convulsivische Bewegungen einige Zeit vor dem Tode, dem auch Salivation und Epiphora, sowie Anästhesie vorausgehen können; Mydriasis scheint in geringem Grade ziemlich frühzeitig vorzukommen. Die Section zeigt Gelbfärbung, Hyperämie und plastische Exsudation an der Applicationsstelle, venöse Hyperämie der Unterleibsorgane und der Lungen, welche auch Randemphysem und Extravasate zeigen, Füllung des Herzen, namentlich rechts, mit dunklem Blut (Erstickungstod) bei Contraction der Milz und der Gedärme und Integrität des Magen und des Gehirns. — Beim Hunde konnten Falck und Guenste den Tod durch Berberin, wovon nach und nach innerlich 2,75 Gm. eingeführt wurden, nicht erzielen; auch überstand derselbe die Injection von 5 Spritzen einer klaren wässrigen Lösung von salzsaurem Berberin (je $^5/_4$ Unze) in das Blut. Die innere Application bewirkte nur vorübergehendes Zittern, etwas Unruhe, erhöheten Durst und mehrere dünne Stuhlgänge; nach zweimaliger Infusion in die Venen erfolgte zunächst Salivation und dünner Stuhlgang, auf die weiteren Infusionen heftiges convulsivisches Zittern, dann Paralyse, insonderheit der hinteren Extremitäten, und Respirationsbeschwerden bei frequenterem Athem, welche Symptome sich allmälig verloren und unter denen Zittern in schwächerem Physiologische und toxische Wirkung:
bei Thieren:

Grade am längsten angehalten zu haben scheint. — Bei Tauben und Hühnern nahmen Falck und Guenste nach wiederholter Einspritzung in den Kropf Erbrechen, dünne Stühle, frequentere Respiration und Verminderung des Appetits wahr, auch bei Application in Pillen (mit der gewöhnlichen Nahrung) zu 0,25—0,5 täglich bewirkte Berberin Verminderung bis zu völligem Verluste des Appetits und in Folge davon Inanition. Auch das wahrscheinlich mit Berberin identische Alkaloid Jamaicin aus Geoffroya Jamaicensis bewirkt nach Hüttenschmidt bei Vögeln (Sperling, Taube) Zittern und Abführen.

Auch Maggiorani und Macchiavelli betonen die in den Versuchen von Falck und Guenste hervorgetretene Contraction der Milz bei Thieren, Curci die eigenthümliche Contraction der Gedärme. Letztere ist nach Curcis Versuchen die Folge einer örtlichen Action, welche das Berberin auch als Salz (Sulfat) in wässriger Lösung (1 : 100) neben Gelbfärbung der damit in Contact kommenden Substrate hervorruft. Nach Curci wirkt Berberinsulfat auf rothe Blutkörperchen in der Weise ein, dass der Inhalt körnig wird, der Kern deutlicher hervortritt und Verkleinerung der Zelle erfolgt; auch weisse Blutkörperchen verkleinern sich, werden körnig und verlieren ihre amöboide Bewegung. Auf dünne Stellen (Froschzunge, Mesenterium) applicirt, bedingt Berberinsulfatlösung Stillstand des Kreislaufes in den der Applicationsstelle zunächst befindlichen Capillaren, später auch in den Arterien und Venen, ohne dass eine Contraction der Gefässwandungen nachweisbar ist. Auf quergestreifte Muskelfasern wirkt Berberin stärker ein als auf glatte; bei ersteren tritt die Querstreifung deutlicher hervor, bei anscheinender Zunahme des Volums und in Zwischenräumen auftretender deutlicher knotiger Anschwellung. Bei subcutaner Einspritzung tritt Oedem, Blutextravasation und Thrombose in den Gefässen ein; bei mehrfacher Wiederholung entwickelt sich Hyperplasie und lederartige Induration des Bindegewebes ohne Eiterung. Directe Injection in den Darm (0,01) bewirkt sogleich Zusammenziehung des Lumens auf $^1/_{10}$, Vermehrung der Schleimsecretion und Entleerung des Inhalts.

bei Menschen.   Dass die Wirkung auf Menschen selbst nach grossen Dosen keine erhebliche ist, wird von den meisten Beobachtern hervorgehoben. Buchner fand es bei sich selbst zu 0,2—0,3—0,6 appetitvermehrend, zu 1,0—1,25 einige breiige Stühle ohne Leibschmerzen hervorrufend. Das (von Herberger dargestellte) Berberin bewirkte bei Wibmer und Herberger, zu 0,25 nüchtern genommen, nach 10 Min. einige Ructus und nach einigen Stunden Stuhldrang ohne Schmerz, weitere 0,06 bedingten wiederum die nämlichen Erscheinungen und riefen später gelindes Leibschneiden und Kollern hervor, worauf im Laufe des Vormittags drei flüssige Kothausleerungen erfolgten; 0,24 zeigten bei Herberger keine purgirenden Wirkungen, 0,6 bei Wühr Leibweh und mehrere dünne Oeffnungen. W. Reil bezeichnet es als in kleinen Dosen tonisirend und Stuhl anhaltend; auch nach viertägigem Gebrauche von 20 Tropfen einer alkoholischen conc. Berberinlösung trat am zweiten Tage Stuhlverstopfung ein, welche 3 Tage anhielt. Berg nahm 1,0; 1,5; 2,0; 2,5 und 4 Gm. reines salzsaures Berberin — jedoch in Pillenform, welche vielleicht die örtliche Einwirkung beschränkte — ohne Störung des Befindens. Nach Macchiavelli bedingt selbst monatelanger Gebrauch bei einem Gesammtverbrauch von 50,0 keine Störungen.

Verhalten im Organismus.   Ueber die Schicksale des Berberins im Organismus wissen wir nichts Genaues. Berg nimmt eine Verbrennung im Körper an, da es ihm

nicht gelang, trotz wiederholter Untersuchungen des Urins nach grösseren
Dosen das Alkaloid nachzuweisen, während er auch in den Excrementen nur
sehr geringe Mengen constatirte und andrerseits im Urin eine ungewöhnlich
grosse Quantität Harnstoff, die indess nicht quantitativ bestimmt wurde,
sich fand.

Das Berberin ist zuerst von Buchner als Stomachicum, besonders in der Reconvalescenz nach Fiebern, auch als auf die Gal-
lenabsonderung nach Art des Rhabarbers wirkend empfohlen. In
ganz ähnlicher Weise gebrauchte es Koch bei Verdauungsstörungen verschiedener Art (Dyspepsie, Icterus, Diarrhoe), der noch besonders die Benutzung bei Cholerakranken hervorhebt, wo es nach gestillter Cholera-
diarrhoe bei noch sparsamer und mangelhafter Gallensecretion Gutes leisten
soll. An diese älteren Erfahrungen schliessen sich aus neuerer Zeit die
des Schweden Altin bei Dyspepsie, Cardialgie, Gastricismus und
Durchfall nach Cholera oder sonst und W. Reils bei Diarrhoea infantum
scrophulosa und Diarrhoe der Phthisiker, bei denen häufig danach etwas
Verstopfung bei Hebung der Digestion und des Appetits eintreten soll. Wir
haben selbst ausgedehnte Erfahrungen über die Wirkung des Mittels als
Tonicum amarum und können nicht umhin, dasselbe zu empfehlen; in Fällen
von chronischen Verdauungsstörungen mit Appetitmangel leistet es manchmal
Vorzügliches. Auch Curci sah günstigen Einfluss von Berberinsulfat bei chro-
nischen Gastrointestinalkatarrhen nach Dosen von 0,03—0,06—0,1 2—3 mal täg-
lich. Nach den von ihm gemachten Versuchen über die örtliche Einwirkung auf
Gewebsbestandtheile glaubt er das Medicament besonders bei chronischer
Dysenterie indicirt, um auf die bestehenden Geschwüre einen vernarbenden
Einfluss auszuüben. Einen ähnlichen Effect glaubt derselbe bei äusserlicher
Application auf atomische Hautgeschwüre erwarten zu können. Erfahrungen
liegen hierüber nicht vor.

Dagegen ist in Italien das Berberin seit der Empfehlung des
Berberitzenextractes gegen Milztumoren durch Maggiorani (1867)
vielfach gegen Malariamilzgeschwülste angewendet worden. Zuerst
von Macchiavelli, der unter Gebrauch von Berberinum hydrochloricum in
52 Fällen 36 mal vollständige Heilung und 16 mal wesentliche Besserung eintreten sah. Aehnliche günstige Erfolge hatte Maggiorani (Gazz. clin.
Palermo. Genn. 1870), ferner Petraglia und Badaloni (Il Morgagni. 467.
1876), der dem Mittel auch neben der milzverkleinernden eine vorzügliche
Wirkung gegen die Fieberanfälle in rebellischen Malariafiebern vindicirt.
Der verkleinernde Einfluss des Berberins auf Malariamilztumoren führte auch
zu Anwendung und anscheinend günstigen Erfolgen bei acutem Milztumor
(Bufalini) und Milzgeschwülsten nach Typhus (Cesari). Völligen Misserfolg
bei Milztumoren und Malaria hatten übrigens Poletti (Medicina militare 1871)
und Tortora (Il Morgagni 1878).

Man giebt bei uns das Alkaloid bei Erwachsenen zu 0,1—0,25 mit
Chokolade; auch in Alkohol gelöst. (0,3 : 30,0) zu 20—50 Tr; bei Kindern 0,003
—0,03 (Reil). Bei Chlorose mit Verdauungsstörung, wo Eisen allein nicht
vertragen wird oder nicht ausreicht, empfiehlt Altin Berberin und Ferrum
lacticum. Von Salzen sind Berberinum hydrochloricum und Berberinum
sulfuricum angewandt, von denen das letztere wegen seiner leichten Löslichkeit in Wasser (1 100) vorzuziehen sein dürfte. Chlorwasserstoffsaures

Berberin gab Macchiavelli zu 0,2—1,0 pro die in wässrigalkoholischer Lösung.

Oxyacanthin. Vinetin. — Literat.: Polex, Arch. Pharm. (2) 6. 271. — Wittstein, Repert. Pharm. 86. 258. — Wacker, Viertelj. pract. Pharm. 10. 177.

Entdeckung u. Vorkommen. Dieses 1836 von Polex aufgefundene Alkaloïd kommt neben Berberin in der Wurzelrinde von *Berberis vulgaris L.*, auch in der Rinde einer unbestimmten mexikanischen Berberisart vor. Wacker hat dafür, um eine Verwechslung mit dem Bitterstoff Oxyacanthin in Crataegus Oxyacantha zu vermeiden, den Namen Vinetin (von vinetier, der französ. Benennung der Berberitze) vorgeschlagen.

Darstellung. Zur Darstellung wird die Mutterlauge von der Berberinbereitung nach möglichst vollständigem Auskrystallisiren des Berberins und vorhergegangener Verdünnung mit dem 4—5fachen Gewicht Wassers mit kohlensaurem Natron gefällt, der Niederschlag mit verdünnter Salzsäure ausgezogen, die filtrirte Lösung mit Ammoniak übersättigt und der jetzt erhaltene Niederschlag nach dem Waschen, Trocknen und Pulvern im Verdrängungsapparate mit Aether erschöpft. Das in Lösung gegangene und beim Verdunsten derselben unrein zurückbleibende Oxyacanthin wird durch wiederholtes Umkrystallisiren seines salzsauren Salzes und endliches Zersetzen desselben mit Ammoniak rein erhalten. Ein nicht unbeträchtlicher Rest der Base bleibt in dem mit Aether ausgezogenen Niederschlage stecken und kann demselben erst nach vorgängiger heisser Behandlung mit Sodalösung durch Aether entzogen werden. (Polex. Wittstein. Wacker). — *Ausbeute.* Wittstein erhielt aus 350 Pfund frischer Berberiswurzelrinde 13 Drachmen Oxyacanthin.

Eigenschaften. Das Oxyacanthin ist ein blendend weisses amorphes Pulver, welches jedoch nach Buchner durch Uebergiessen mit wenig Aether oder Weingeist in feine Nadeln und Prismen verwandelt wird und auch beim Verdunsten seiner weingeistigen, nicht ganz bis zur Trübung versetzten Lösung in krystallinischen Rinden sich abscheidet (Polex). Es schmeckt rein bitter und reagirt alkalisch. Bei 139° schmilzt es zur gelblichen Flüssigkeit und wird in höherer Temperatur zersetzt. In Wasser löst es sich kaum, von kaltem Weingeist erfordert es 30 Th., von kochendem 4 Th. zur Lösung. Chloroform löst es in jedem Verhältniss, und auch von flüchtigen und fetten Oelen wird es aufgenommen.

Zusammensetzung. Die Zusammensetzung des Oxyacanthins steht noch nicht fest. Wacker berechnet aus seinen Analysen die jedenfalls unzulässige, vielleicht zu verdoppelnde Formel $C_{32}H_{28}NO_{11}$.

Salze. Die Salze dieser Base sind leicht krystallisirbar und in Wasser und Weingeist löslich. Das salzsaure Oxyacanthin (nach Wacker: $C_{32}H_{23}NO_{11}$, $HCl + 4HO$) bildet nach Wacker neutral reagirende weisse Warzen, nach Polex Nadelbüschel. Das schwefelsaure Salz (nach Wacker $C_{42}H_{23}NO_{11}$, HO, SO_3) gleicht dem vorhergehenden. Das schwerer in Wasser lösliche salpetersaure Salz (nach Wacker: $C_{32}H_{23}NO_{11}$, HO, NO_5) bildet Warzen und Nadeln, das oxalsaure gleichfalls schwer lösliche Nadeln; das essigsaure ist nicht krystallisirbar. Das Platindoppelsalz (nach Wacker: $C_{32}H_{23}NO_{11}$, $HCl, PtCl_2$) ist ein blass graugelber Niederschlag.

Verhalten gegen Reagentien. Das Oxyacanthin löst sich in conc. Schwefelsäure mit braunrother, beim Erwärmen erst lebhaft roth, dann braun werdender Farbe. Conc.

Salpetersäure löst es mit gelber, in der Wärme mit schön purpurrother Farbe. Chlorwasser giebt damit eine gelbe Lösung, die durch Ammoniak nicht getrübt aber dunkler wird. Jodsäure wird dadurch unter Abscheidung von Jod reducirt. — Die Lösung des salzsauren Oxyacanthins wird durch Jodkalium, Quecksilberchlorid, Schwefelcyankalium und Kaliumeisencyanür weiss, durch Gerbsäure und Phosphormolybdänsäure gelbweiss, durch Pikrinsäure citronengelb, durch rothes Blutlaugensalz schwefelgelb, durch Platinchlorid graugelb, durch Goldchlorid lehmfarben, durch salpetersaures Palladiumoxydul orangegelb gefällt. Die essigsaure Lösung giebt auch mit Silbernitrat, Zinnchlorür und Brechweinstein Fällungen. Ammoniak, ätzende und kohlensaure Alkalien, auch Kalkwasser fällen aus den Salzlösungen weisses Oxyacanthin, das sich im Ueberschuss des Ammoniaks, besser noch in Kalilauge löst. (Wäcker. Polex).

Oxyacanthin scheint gegen Intermittens gebraucht zu sein, doch fragt es sich, ob das Alkaloid aus Berberis vulgaris oder der mit demselben Namen belegte Bitterstoff, welchen Leroy in Crataegus Oxyacantha fand und dem besser der Namen Crataegin gegeben wird (Reil, Mat. med. 239), benutzt wurde. Schroff constatirte bei physiologischer Prüfung nach 0,1, 0,2 und 0,5 bitteren, ekelhaften Geschmack, häufiges Aufstossen, vermehrte Speichelabsonderung und nach 0,5 Schmerzen in der Magengegend. *Anwendung.*

Podophyllum.

Literatur: Squibb, Americ. Journ. Pharm. 16. 1. — Credner, Dissertation. Giessen. 1869. — F. F. Mayer, Americ. Journ. Pharm. 35. 97. Cadbury, Pharm. Journ. Trans. 18. 179. — Maisch, ebend. 1880. 621. — Busch, Americ. Journ. Pharm. (4) 49. 548. — Th. Husemann, Jahresb. Pharm. 1878. 145. — Power, Americ. Journ. Pharm. (4) 50. 369. — 46. 227. — J. Quareschi, Berl. Ber. 12. 683. — Lloyd, Pharm. Journ. Trans. (3) 10. 70. — Buchheim, Arch. Heilkunde. 13. 1872. — Diehl, Proc. amer. Pharm. Soc. 1872. — v. Podwyssotzki, Arch. Pharmak. u. experim. Path. 13. 29.

Die Wurzel von Podophyllum peltatum, die nach Maisch kein Berberin *Podophyllin.* enthält, ist reich an Harz, dem sogen. Podophyllin, das aus der alkoholischen Lösung mit Wasser ausgefällt wird, (2,5—3,75 % Ausbeute), löslich zu 54—75 % in Aether; der unlösliche Theil ist braun, sehr bitter. Der lösliche Theil lässt sich durch Kalilauge in ein darin lösliches saures und dicht damit verbindbares Harz, gelbes Harz zerlegen. (Cadbury, Credner).

Die Untersuchungen Power's von selbstbereitetem und käuflichem Podophyllin zeigen merkwürdige Differenzen in den Löslichkeitsverhältnissen gegen Aether, Chloroform, Kalilauge, Alkohol, zeigen auch, dass kein Alkaloïd in dem Rhizom enthalten sei. Nach Biddle enthält das Rhizom im Frühjahre die grösste Menge Harz. — J. Quareschi betrachtet Podophyllin als Gemenge von einem in Aether löslichen Harze (70 %) mit einem darin unlöslichen Glycosid, welches durch Emulsin, verdünnte Schwefelsäure gespalten wird.

Das Podophollin ist stickstofffrei, die wässrige Lösung reagirt schwach sauer und reducirt Silbersalze. Kali liefert beim Schmelzen Protocatechusäure, Paraoxybenzoësäure, Brenzcatechin.

Maisch bestätigt wiederholt, dass das Rhizom von Podophyllum zu keiner Jahreszeit irgend welches Alkaloïd enthalte.

Die Harze des Handels, die als Podophyllin circuliren, werden meistens aus der alkoholischen Tinctur durch Fällen mit salzsäurehaltigem Wasser oder Alaunlösung dargestellt. Buchheim hielt das Prodophyllin für das Anhydrid einer unwirksamen Säure, der Podophyllinsäure, die durch Einwirkung von Kali auf Podophyllin entsteht.

Podwyssotzki beschäftigte sich eingehend mit der Erforschung der Bestandtheile des Podophyllins, wie des Rhizomes von Podophyllum peltatum und kam dabei zum Resultate, dass das Rhizom von Podophyllum sowie das käufliche Podophyllin neben einer krystallinischen Fettsäure, reichlich grünes Oel, eine in gelben Nadeln krystallisirende Substanz mit der Eigenschaft des Quercetins, Podophyllotoxin, Pikropodophyllin, Podophyllinsäure.

Die Methode der Isolirung der einzelnen Bestandtheile war fogende:

Die Podophylline wurden 6—8mal mit heissem Chloroform extrahirt, die Auszüge abdestillirt und die erhaltenen Rückstände mit Petroleumäther wiederholt zur Beseitigung der Fettmassen extrahirt. Die Rückstände dieser Extraction werden nochmals in Chloroform gelöst, diese Auszüge 2—3 Tage stehen gelassen, wobei sich stets Quercetin ausscheidet, und hierauf in das 100fache Volu-

Podophyllo-
toxin.

men Petroleumäther eingegossen. Podophyllotoxin fällt hiebei heraus, das durch dieselbe Manipulation gereinigt werden kann. Dasselbe bildet ein weisses, amorphes Pulver, kaum in Wasser löslich, löslich in Aether, Chloroform und Alkohol, welche Lösungen schwach sauer reagiren, Schmpkt. 115—120 °. (Dieser Körper wurde auch aus der entfetteten alkoholischen Lösung des Chloroformauszuges durch Verdampfen mit Bleioxydhydrat und Extraction mit Aether erhalten, aus welchem derselbe beim Verdunsten krystallinisch erhalten wird.) —

Podophillin-
säure.

Die Darstellung des Pikropodophyllin gelang am Besten in der Weise, dass der entfettete Chloroformauszug des Podophyllins mit wenig 85 % Spiritus gelöst dann mit frisch gelöschtem Kalke zur Trockne verdampft wurde. Der gepulverte Rückstand wurde wiederholt mit 95 % Alkohol extrahirt, welche Lösungen der freiwilligen Verdunstung überlassen wurden. Es schieden sich Krystallisationen aus, die durch wiederholtes Umkrystallisiren gereinigt wurden.

Das Pikropodophyllin, das in einer Ausbeute von 8—10 % so erhalten wird, krystallisirt in farblosen makroskopischen Krystallen, (Prismen), leicht löslich mit heissem Alkohol, Chloroform, Essigäther, Aether, unlöslich in Wasser, Petroleumäther und Benzin, löslich in fetten Oelen und Seifenlösungen. Schmpkt. 195—200⁰. Die Elementaranalyse ergab:

$$C = 67,71 \%$$
$$H = 5,88 \text{ „}$$
$$O = 26,41 \text{ „}$$

Dies entfettete Chloroformextract des Podophyllins mit Aether behandelt, liefert eine gelbe Lösung, welche mit Kalkwasser geschüttelt, nach Verdunstung des Aether, auf Zusatz von Essigsäure (auch Kohlensäure) die **Podophyllinsäure**, eine amorphe Substanz, ohne bitteren Geschmack, abscheidet, die durch wiederholtes Lösen in Kalkwasser und Abscheiden mit Essigsäure gereinigt werden kann. Ueber die weiteren Eigenschaften dieser Substanz, sowie überhaupt den chemischen Charakter der erwähnten Podophyllinstoffe werden die weiteren in Aussicht gestellten Forschungen Aufschluss geben.

Das Podophyllin ist ein von nordamerikanischen Aerzten zu 0,03—0,12 vielgepriesenes Drasticum und Cholagogum. In Deutschland wies **Ernst Schmidt** (Bayr. Intell. Bl. 13. 1866) auf die auffallend gallige Beschaffenheit der Stuhlgänge (und bei grösseren Dosen auch des Erbrochenen), die anthelmintische Action des Mittels und den Umstand, dass die Wirkung sich nicht leicht abstumpft, hin und empfahl es zu 5—18 Mgm. als Purgans bei habitueller Obstipation. **Mader** (Wien. med. Bl. N. 16. 1879) fand bei vielen Versuchen an Hartleibigen 0,06—0,08 in Pillen zur Erzeugung von 1—3 anfangs oft sehr festen, später breiigen Stühlen in 12 St. ausreichend. **Bufalini** (Lo Sper. 185. 1877) empfiehlt es, wie schon früher 1873 **Paul** und 1874 **Kobryner**, zu 0,02 mit 0,01 Extr. Bellad. 3—4 stdl. bei Cholelithiasis und Torpor der Peristaltik, in kleineren Dosen als Cholagogum bei Intestinalkatarrh. **Marchant** (Bull. gén. Thérop. Août 30. 1874), der Podophyllin zu 0,01—0,03 in 7—10 Std. halbflüssige Stühle ohne Kolikschmerzen hervorrufen sah, giebt bei habitueller Obstipation Pillen aus 0,03 mit 0,02 Extr. Hyosc. und 0,02 Sap. med. alle 12—24 Stunden. Auch **Phillips** (Practit. Nov. 1871) hält die Verbindung mit Bilsenextract zweckmässig, da Podophyllin für sich häufig Schmerzen und Koliken selbst für die Dauer von 1—2 Tagen bedinge, giebt übrigens bei Dyspepsie und gestörter Leberfunction, besonders chron. Erbrechen post coenam, nur 0,006, bei Hypochondrie mit Schlaflosigkeit 0,01 6 stdl. und bei habitueller Obstipation 0,005 bis 0,01 Morgens und Abends. Das von **Dyes** bei Rheumatismus acutus gegebene Ppt. ist nach **Phillips** nicht antipyretisch, aber im Typhus, wenn ein mildes Laxans indicirt ist, in mässigen Dosen von Nutzen, und ausserdem bei Säuglingen zu 2—3 Mgm. alle 6 Std. ganz besonders geeignet, um lettige Stühle oder Prolapsus ani zu beseitigen. Nach Versuchen von **Percy** (Amer. med. Times 4. 243) scheint Podophyllin bei Hunden auch bei subcutaner Application in kalischer Lösung nach einigen Stunden Kolik, Tenesmus und Vomituritionen bedingen zu können, wie auch **Anstie** (Med. Times. 326. 1863) bei Einbringung alkohol. Lösung von 0,12 Podophyllin nach 10 St. Brechdurchfälle und Tod bei Hunden auftreten sah, wobei die Section keine Peritonitis, dagegen Bluterguss im Magen und ulcerative Entzündung des Dünndarms, besonders des Duodenums, nachwies. Der bei Menschen bis-

Wirkung und Anwendung.

weilen nach Podophyllin vorkommenden Salivation wird nach Stille durch Darreichung in Pillen oder Gallertkapseln vorgebeugt. Während Bennett (Brit. med. Journ. May 8. 1869) dem Podophyllin cholagoge Wirkung auf Grund physiologischer Versuche absprach, vindicirt ihm Rutherford (Practit. Nov.-Dec. 1879) eine stark erregende Wirkung auf die Lebersecretion, die jedoch bei purgirenden Dosen weniger hervortrete als bei kleinen. Zu 0,25—0,4 Gm. bedingt Podophyllin Leibschneiden, Uebelkeit, Schwindel, profuse Schweisse und anhaltende wässrige Stühle, jedoch keine eigentliche Gastroenteritis (Schmidt). Beim Pulverisiren soll es in americanischen Drogengeschäften öfters Chemose und Myose bewirken (Webster). Nach Buchheim und Credner wirkt auch der von Harvey Allen als unwirksam bezeichnete in Aether unlösliche Theil des Podophyllins zu 0,1 Gm. stark abführend, ebenso zu 0,025 Gm. das nicht mit Kali verbindbare Harz des in Aether löslichen Antheils, während das saure, in Kalilauge lösliche Harz zu 0,2 Gm. nicht purgirt.

Von den durch Podwyssotzki isolirten Stoffen ruft das Podophyllotoxin bei Thieren (Hunden, Katzen) bei interner Application in 3—7 Std. Leckbewegungen, Unruhe, heftiges Erbrechen und wiederholte Darmentleerungen von anfangs breiigen, häufig stark gallig gefärbten, später schleimigen, gegen das Ende des Lebens blutig tingirten Massen hervor; mitunter kommt es auch zu profuser Salivation. Bei Subcutanapplication entsteht in $1^1/_2$—2 Std. Coordinationsstörung in den hinteren Extremitäten, rasch zunehmende Schwäche, die nicht immer in geradem Verhältnisse zu der Intensität der gastrointestinalen Symptome steht, enorme Frequenz der Respiration, bedeutendes Sinken der Temperatur, Coma und Tod, dem häufig klonische Convulsionen vorausgehen. Bei der sofort nach dem Tode vorgenommenen Section besteht die Herzthätigkeit noch fort; im Uebrigen findet sich starkfleckige Röthung, Succulenz und mässige Schwellung der Magenschleimhaut, weniger intensive Hyperämie, aber starke Durchfeuchtung der mit Schleim und abgestossenem Epithel bedeckten Darmschleimhaut in ihrer ganzen Ausdehnung, Substanzverluste im Ileum (bei Hunden), starke Contraction der Gedärme, auffallende Kleinheit der Leber bei sehr dunkler Färbung und Blutreichthum, häufig pralle Füllung der Gallenblase. Schon 1—5 Mgm. können eine Katze tödten.

Das Pikropodophyllin wirkt auf Katzen und Hunde emetokathartisch, jedoch nur bei interner Anwendung in Oellösung; bei Subcutanapplication erfolgt keine Resorption und auch im Darme wird nur ein kleiner Theil resorbirt, während ein anderer mit dem Fäces wieder abgeht. Zur Tödtung einer Katze sind 0,3 erforderlich. Podophyllinsäure ist unwirksam (Podwyssotzki).

c. Menispermaceae.

Jateorhiza (Menispermum, Cocculus).

Die sog. Columba oder Columbowurzel (Jateorrhiza palmata Miers) enthält einen Bitterstoff, das Columbin, und eine Säure, die Colombosäure.

Columbin. $C_{21}H_{22}O_7$. — Literat.: Wittstock, Poggend. Annal. 19. 298. — Lebourdais, Ann. Chim. Phys. (3) 24. 63. — Bödeker,

Ann. Chem. Pharm. **69**. 47. — Paterno und Oglialora, Berl. Ber. **12**. 685.

Dieser von Wittstock in der Columbowurzel entdeckte Bitter-stoff findet sich nach Bödeker in deren Zellen zum Theil in Krystallen abgelagert. *Entdeckung u. Vorkommen.*

Wittstock erhielt das Columbin, indem er den ätherischen oder wein-geistigen Auszug der Wurzel zur Krystallisation brachte. Er erhielt so 0,8% vom Gewicht der Wurzel. — Lebourdais filtrirte den wässrigen Auszug durch Thierkohle und entzog dieser das darauf niedergeschlagene Columbin durch Auskochen mit Weingeist. — Nach Bödeker zieht man am besten die Wurzel mit Weingeist aus, nimmt den Verdunstungsrückstand der Auszüge in Wasser auf und schüttelt die trübe dickflüssige Lösung mit Aether aus. Das beim Verdunsten der abgehobenen Aetherschichten auskrystallisirende Columbin wird mit kaltem Aether gewaschen, abgepresst und so lange aus kochendem absolutem Aether umkrystallisirt, bis es frei von Fett ist und sich völlig in heisser Essigsäure löst. *Darstellung.*

Das Columbin krystallisirt nach G. Rose (Poggend. Annal. **19**. 441) in weissen oder durchscheinenden Säulen oder feinen Nadeln des orthorhombischen Systems. Es ist geruchlos, von sehr bitterem Geschmack, von neutraler Reaction und schmilzt beim Erwärmen wie Wachs. Schmpkt. 182° (Paterno). Es löst sich kaum in Wasser, nur sehr wenig in kaltem Weingeist, Aether und flüchtigen Oelen, reichlicher in kochendem Aether, in etwa 30—40 Th. kochendem Weingeist und etwa eben so leicht in conc. Essigsäure. Auch von wässrigen Alkalien wird es gelöst und durch Säuren daraus wieder gefällt. Die Lösungen werden weder durch Bleizucker noch durch andere Metallsalze gefällt (Wittstock). Paterno und Oglialora glauben, dass bei Einwirkung von Kalilauge auf Columbin eine Säure entstehe. *Eigenschaften.*

Die Zusammensetzung wurde durch Liebig (Pogg. Annal. **21**. 80) und Bödeker ermittelt. Paterno hält Columbin nicht identisch mit Limonin. (C. Schmidt). *Zusammensetzung.*

Bei stärkerem Erhitzen wird das Columbin zerstört. Conc. Schwefelsäure löst es mit dunkelrother Farbe und Wasser fällt aus dieser Lösung rost-farbigen Niederschlag. Salpetersäure löst erst beim Erwärmen unter Ent-wicklung rother Dämpfe. (Wittstock.) *Zersetzungen.*

Columbin ist zu 0,1—0,2 beim Menschen (Schroff) und intern und sub-cutan bei Katzen und Kaninchen (Falck und Guenste) ungiftig. Bei In-fusion wirkt Columbin nach H. Köhler auf den Blutdruck in kleinen Dosen nach vorübergehendem Sinken steigernd, in grösseren herabsetzend wie Cetrarin (vgl. daselbst).

Columbosäure. — Wurde von Bödeker (Ann. Chem. Pharm. **69**. 47) in der Columbowurzel nachgewiesen. Ein blassstrohgelbes Pulver,

amorph, von bitterem Geschmacke, saurer Reaktion, fast unlöslich in Wasser, wenig löslich in kaltem Aether, leichter löslich in Alkohol, Essigsäure und wässrigen Alkalien. Die Formel ist nach Bödeker für die lufttrockne Substanz $C_{21}H_{22}O_6$. Die Darstellung dieser Säure gelingt auf diese Weise, dass das alkoholische Extract mit Kalkwasser ausgekocht, diese Lösung mit Salzsäureüberschuss versetzt wird. Die erhaltene Ausscheidung, mit Wasser zur Beseitigung von Berberin, mit Aether zur Abscheidung von Columbin behandelt, in Kalilauge gelöst und aus dieser Lösung die Columbosäure mittelst Salzsäure gefällt.

Anamirta.

Die Früchte von Anamirta Cocculus (Wight und Arnod) oder paniculata Colebroke, die Kokkelskörner, eine wegen ihrer toxischen Wirkungen schon längst bekannte Frucht, enthalten Fett, Alkaloïd (Menispermin?) und einen sogen. Bitterstoff, das Pikrotoxin als Hauptbestandtheile.

Pikrotoxin. Pikrotoxinsäure. Coccculin. — Literat.: Chemische: Boullay, Journ. Pharm. **5.** 1; **11.** 505; auch Repert. Pharm. **7.** 76; **23.** 166. — Merck, Trommsdorff's N. Journ. Pharm. **20.** 1. 134. — Duflos. Schweigg. Journ. **64.** 222. — Pelletier und Couerbe, Ann. Chim. Phys (2) **54.** 181; auch. Ann. Chem. Pharm. **10.** 183. — Barth, Journ. pract. Chem. **91.** 155. — Köhler, Berl. klin. Wochenschr. 1867. 489; N. Repert. Pharm. **17.** 198. — Böhnke-Reich, Arch. Pharm. **201.** 498. — Paterno und Oglialora, Berl. Ber. **10.** 83; **12.** 685. 1698. Gazz. chim. **9.** 57. 119; **11.** 36. — E. Schmidt und Löwenhardt, Berl. Ber. **14.** 817. — Barth und Kretschy, Wien. acad. Ber. **81.** II. 7. — Selmi, Berl. Ber. **6.** 142. Medicinische: J. v. Tschudi, Die Kokkelskörner und das Pikrotoxin. Mit Benutzung von Dr. C. K. Vosslers hinterl. Vers. St. Gallen. 1847. — Glover, Lancet. Jan. 11. 47; Monthly Journ. 306. 1851. — Bonnefin und Brown-Séquard, Gaz. Hôp. No. 126. 1851. — Falck, D. Kl. N. 47—52. 1853. — Roeber, Arch. Anat. Physiol. 30. 1869. — Planat, Journ. Thérap. N. 10—12. 1872. — Crichton Browne, Brit. med. Journ. (1) 409. 442. 476. 506. 540. 1875. — Amagat, Journ. Thér. 379. 1876. — Chirone nnd Testa, Ann. univ. di med. 289. 1880.

Entdeckung u. Vorkommen. Wurde 1820 von Boullay in den Kokkelskörnern aufgefunden.

Darstellung. Methoden zur Darstellung sind von Boullay, Voget (Arch. Pharm. **20.** 250), Pelletier und Couerbe, Kukle (Zeitschr. f. Pharm. **5.** 339), Wittstock (Berzel. Lehrb. (3. Aufl.) **3.** 289) und Anderen angegeben worden. Am zweckmässigsten geschieht dieselbe nach dem von Barth etwas modificirten Verfahren nach Voget. Man extrahirt die gepulverten Kokkelskörner (Wittstock wandte die entschälten und durch Pressen vom weissen Fett befreiten Kerne an) durch zweimaliges Auskochen mit Weingeist, destillirt von den Auszügen den Weingeist ab, kocht den sehr viel Fett enthaltenden Rückstand mehrfach mit vielem Wasser aus, reinigt die braunen wässrigen Flüssigkeiten durch Ausfällen mit etwas Bleizucker, concentrirt das entbleite Filtrat durch Eindampfen und krystallisirt das daraus anschiessende Pikrotoxin so oft aus Wasser um, bis es farblos ist.

Es bildet, aus reinen Lösungen krystallisirend, farblose glänzende, meistens sternförmig gruppirte krystallwasserfreie Nadeln; aus gefärbten Flüssigkeiten schiesst es in verfilzten schwammigen Fäden an, die sich erst allmälig in solidere Nadeln, seltener in Blättchen verwandeln (Barth). Es ist geruchlos, schmeckt sehr bitter und reagirt neutral. Von kaltem Wasser erfordert es nach Pelletier und Couerbe 150 Th., nach Duflos 162 Th., von kochendem nach Ersterem 25 Th.. nach Letzterem 54 Th. Von kochendem Weingeist von 0,81 spec. Gew. sind nach Boullay 3 Th. zur Lösung, die beim Erkalten zu einer seideglänzenden Masse gesteht, von Aether von 0,7 spec. Gew. 250 Th. erforderlich; auch Amylalkohol und Chloroform lösen. Concentrirte Essigsäure löst es nach Merck ziemlich gut, ebenso wässrige Alkalien und Ammoniak, aus deren Lösungen es durch Säuren unverändert wieder abgeschieden wird (Boullay, Pelletier und Couerbe). Eine weingeistige Lösung dreht die Ebene des polarisirten Lichts nach links und zwar ist $[\alpha]j = -28,1^{\circ}$ (Bouchardat und Boudet). Schmpkt. 199—201°.

Eigenschaften.

Das Pikrotoxin verhält sich starken Basen gegenüber als schwache Säure. Seine Verbindungen mit den Alkalien und alkalischen Erden sind gummiartig und nicht leicht rein zu erhalten (Barth). Auch die durch anhaltendes Kochen mit überschüssigem Bleioxyd und wenig Wasser zu erhaltende Blei-Oxyd-Verbindung ist unkrystallisirbar, dagegen können Verbindungen mit Chinin, Cinchonin, Morphin, Strychnin und Brucin im krystallisirten Zustande erhalten werden (Pelletier und Couerbe).

Verbindungen.

Bei stärkerem Erhitzen wird das Pikrotoxin zerstört. — Bei anhaltendem Kochen mit verdünnter Schwefelsäure verwandelt es sich unter Aufnahme von Wasser in eine schwache gummiartige Säure, die aus ihrem firnissartigen Bariumsalz abgeschieden und bei 130° getrocknet der Formel $C_{12}H_{16}O_6$ entspricht (Barth). — Salpetersäure oxydirt es zu Oxalsäure, aber aus seiner Lösung in Salpeterschwefelsäure fällt Wasser Flocken von Nitropikrotoxin, $C_{12}H_{13}(NO_2)O_5$, das aus verdünntem Weingeist in kleinen Nadeln krystallisirt, nicht explosiv ist, aber schon bei 100°, sowie beim Kochen seiner Lösungen zersetzt wird (Barth). — Bei Behandlung mit Brom entsteht ein leicht zersetzbares, aus Weingeist in weichen Krystallaggregaten anschiessendes Brompikrotoxin, $C_{12}H_{12}Br_2O_5$, das durch Silberoxyd in eine syrupartige Säure übergeführt wird (Barth). — Conc. wässrige Alkalien und Ammoniak zersetzen, das Pikrotoxin beim Erwärmen vollständig (Pelletier und Couerbe). — Es reducirt alkalische Kupferlösung (Becker. Ludwig. Barth) und färbt wässriges Kaliumbichromat schön grün (Duflos).

Zersetzungen.

Die neueren Arbeiten über Pikrotoxin lassen leider noch keine be-

stimmte, sichere Charakteristik des Pikrotoxins zu, wenn auch nicht zu
läugnen, dass manche Klärung der Verhältnisse zu constatiren ist. Aus diesem
Grunde scheinen hier kurze Referate über die neueren Arbeiten in historischer
Entwicklung dem Interessenten und Sachverständigen den besten Einblick zu gewähren. Eine Arbeit von Reich-Böhnke, im Jahre 1861 ausgeführt, erst später
veröffentlicht, giebt eine Uebersicht über die verschiedenen für Pikrotoxin
aufgestellten Formeln und zwar nach Couerbe und Pellet, Regnault,
Francis, $C_{12}H_{14}O_5$, Oppermann, $C_5H_6O_2$, Barth, $C_{24}H_{28}O_{10}$, Reich,
$C_{20}H_{24}O_8$. Reich stellte mittelst Bleihyperoxyd eine Pikrotoxinsäure dar
$C_{10}H_{16}O_6$. —

Paterno und Oglialora haben für öfters umkrystallisirtes, bei 199—
200° schmelzendes Pikrotoxin die Formel $C_9H_{10}O_4$ isomer mit Veratrinsäure,
Hydrocaffeïnsäure etc. aufgestellt. Durch Einleiten von Salzsäuregas in eine

Pikrotoxid. ätherische Lösung des Körpers wurde eine krystallinische Verbindung, Pikrotoxid, Schmpkt. 310°, hergestellt. $C_{27}H_{28}O_{11}$ (3 Pikrotoxin — H_2O), die auch
durch Einwirkung von Acetylchlorür auf Pikrotoxin entsteht. Ausserdem
erhielten dieselben bei Einwirkung von Brom auf Pikrotoxin in ätherischer
Lösung neben einem Bromprodukt einen Körper $C_{16}H_{18}O_7$, der auch entsteht, wenn man eine weingeistige Lösung von Pikrotoxin mit Salzsäure sättigt, den Alkohol abdestillirt, den Rückstand in Wasser löst, das mit Aether
ausgeschüttelt, diesen Körper an Aether abgiebt. Derselbe wird Pikrotoxidhydrat genannt. Auf Grund des Studiums der Bromverbindungen des

Pikrotoxid-
hydrat. Pikrotoxides, sowie der Acetyl- und Benzoylderivate des Pikrotoxid-
hydrates wird für das Pikrotoxid die Formel $C_{15}H_{16}O_6$ aufgestellt. Das erwähnte Pikrotoxidhydrat verhält sich gegen Salpetersäure, Pikrinsäure,
alkalisches Kupfertartrat, Chromsäuremischung und Kali wie das Pikrotoxin.

Barth und Kretschy stellten durch fractionirte Krystallisation aus
Wasser und Benzol aus dem käuflichen Pikrotoxin 3 Bestandtheile her:
Pikrotoxin, Pikrotin und Anamirtin im Mengenverhältniss 32 : 65 : 2.
Pikrotoxin, Schmpkt. 201°, bitter, $C_{15}H_{16}O_6 + H_2O$, Liebert- und Feh-

Pikrotin.
Anamirtin. ling'sche Lösung reducirend, sehr giftig. Pikrotin, in Benzol schwerlöslich,
Schmpkt. 250°, $C_{25}H_{30}O_{12}$, wahrscheinlich identisch mit dem oben erwähnten
Pikrotoxidhydrat. Anamirtin, am leichtesten löslich, neutral, ohne gif-
tige Wirkung, nicht reducirend wirkend, $C_{19}H_{24}O_{10}$. Paterno und Og-
lialora äussern sich später dahin, dass das Pikrotoxidhydrat und das
Pikrotoxin Barth's identisch sind, für das Pikrotoxin die Formel $C_{30}H_{34}O_{13}$
aufzustellen ist, für das Pikrotin Barth's aber die Formel $C_{15}H_{16}O_6$. Das
Pikrotoxid halten dieselben für ein Polymeres des Barth'schen Pikrotoxin's,

Pikrotoxinin. Schmpkt. 201°, und schlagen für dasselbe den Namen Pikrotoxinin vor.
Das Pikrotoxin halten sie für einen einheitlichen Körper, mit der Formel
$C_{30}H_{34}O_{13}$, der leicht zerfällt in Pikrotoxin Barth's und Pikrotin.
$(C_{30}H_{34}O_{13} = C_{15}H_{18}O_7 + C_{15}H_{16}O_6)$ Folgende Verbindungen der Gruppe
Pikrotoxin existiren demnach:

	Pikrotin (Pikrotoxidhy- drat) $C_{15}H_{18}O_7$. Schmpkt. 250°.	Acetyl-Benzoylderivat. Pikrotinessigsäurean- hydrid.
Pikrotoxin. $C_{30}H_{34}O_{13}$. Schmpkt. 200°.	Pikrotoxinin. $C_{15}H_{16}O_6$. (Pikrotoxin Barth's.) Schmpkt. 201°.	Monobromverbindung, Pi- krotoxininessigsäureanhy- drid, die Bibromverbindung des letzteren.
	Pikrotoxid. n $C_{15}H_{16}O_6$. Schmpkt. 310°.	

E. Schmidt und Löwenhardt, welche sich längere Zeit mit dem Studium des Pikrotoxin beschäftigt hatten, bestätigen mit Barth, dass das käufliche und nach den üblichen Methoden dargestellte Pikrotoxin durch Behandlung mit Benzol (wiederholtes 6 stündiges Auskochen mit 50 Th.) in den leicht löslichen Körper Pikrotoxinin, $C_{15}H_{16}O_6$ (Paterno und Oglialaro), 200—201° Schmpkt., und schwer löslichen, krystallwasserfreien, das Pikrotin, Schmpkt. 240—245° zerfällt, dessen Formel nicht feststehend betrachtet wird. Ueber Eigenschaften und Löslichkeitsverhältnisse, Reaktionen des Pikrotoxinin's und Pikrotin geben die Verfasser einige Angaben. Pikrotoxinin krystallisirt mit 1 Mol. H_2O, 100 Th. Wasser lösen bei 15—18° 0,138—0,141, 100 Th. Benzol bei 21—22° 0,316—0,353 davon. Concentr. Schwefelsäure färbt orangeroth, die Langley'sche Reaktion (siehe unten) zeigt dasselbe.

Pikrotin, kein Krystallwasser, 100 Th. Wasser lösen 0,159—0,153, 100 Th. Benzol 0,0199—0,0226 davon. Concentr. Schwefelsäure färbt dasselbe erst allmälig und beim Erhitzen orangegelb und ist indifferent gegen die Langley'sche Reaktion. — Pikrotoxin steht hinsichtlich seiner Löslichkeitsverhältnisse und Verhalten gegen Agentien in der Mitte zwischen beiden und besitzt nach den gemachten Erfahrungen die Formel $C_{36}H_{40}O_{16}$, die die Spaltung in Pikrotin und Pikrotoxinin am klarsten darlegt, ohne dass vorläufig dieselbe wirklich als sicher feststehend betrachtet werden soll. ($C_{36}H_{40}O_{16} = C_{15}H_{16}O_6 + C_{21}H_{24}O_{10}$). Die Verfasser erwähnen noch einen anderen Körper, aus Kokkelskörnern dargestellt, nicht bitter schmeckend, schwer löslich in Wasser und fast unlöslich in kaltem Wasser, Alkohol und Aether, $C_{19}H_{26}O_{10}$ (als vorläufig zu betrachten), der Cocculin genannt wurde, *Cocculin.* und dessen allenfallsige Indentität mit Barth's Anamirtin in Frage steht.

Das aus den entschälten Samen von Anamirta Cocculus in der Wärme *Fett der Kokkelskörner.* gepresste Fett ist weiss, geruchlos, von mildem Geschmack, Schmpkt. 22—25°. wenig löslich in kochendem Alkohol, leicht in Aether, aus dem es krystallisirt. Dasselbe besteht aus Oelsäure-, Palmitinsäure- und Stearinsäureglyceriden, neben freier Stearinsäure. (Boullay, Bull. Pharm. 4. 21. — Croneder, Phil. Mag. (4) 4. 21. — Francis, Ann. Chem. Pharm. 42. 255. — Szteyner, Jahresb. 1878, 141. — E. Schmidt und Löwenhardt, Berl. Ber. 14. 812.)

Kalte conc. Schwefelsäure löst das Pikrotoxin mit schön goldgelber *Verhalten gegen Reagentien.* bis safrangelber Farbe, die durch eine Spur Kaliumbichromat in Violett, durch mehr in Braun übergeführt wird. Mengt man Pikrotoxin mit der dreifachen Menge Salpeter, durchfeuchtet das Gemenge mit conc. Schwefelsäure und setzt nun überschüssige starke Natronlauge hinzu, so tritt eine nicht sehr dauerhafte ziegelrothe Färbung auf (Langley. Köhler). Die Lösungen des Pikrotoxins werden durch Quecksilber-, Platin- und Goldchlorid, durch Kaliumbijodid, Rhodan- und Ferridcyankalium, durch Pikrin- und Gerbsäure nicht gefällt (Köhler).

Bezüglich der Auffindung von Pikrotoxin in organischen Gemengen ist *Gerichtlich chemischer Nachweis.* zu beachten, dass es schon aus sauren wässrigen Flüssigkeiten in Aether und Amylalkohol übergeht. Man vergl. auch S. 39. Zur Nachweisung im Bier, das wohl damit verfälscht wurde, sind Methoden von Herapath *Nachweis im Bier.* (Hill Hassall's: Food and its adulterations. Lond. 1855. 630), W. Schmidt (Pharm. Zeitschr. f. Russl. 1. 304), Dragendorff (gerichtl. chemisch. Ermittel. von Giften p. 357), Wittstein, Arch. Pharm. (3) 6. 25.

— Hoffstedt, Jahresb. Pharm. 1873. 602. — Kubicky, Zeitschr. Pharm. Russl. 15. 16. Jahresb. Ph. 1873. 604. — Dragendorff, Jundsill, Arch. Pharm. (2). 4. Jahresb. Pharm. 1874. 502 und Köhler angegeben worden. Letzterer empfiehlt, das zu untersuchende Bier mit Ammoniak zu versetzen bis es deutlich darnach riecht, die vom Niederschlag abgegossene oder abfiltrirte Flüssigkeit mit conc. Bleizuckerlösung auszufällen, den Niederschlag, um ihm mit niedergerissenes Pikrotoxin zu entziehen, etwas mit heissem Weingeist auszusüssen, das mit der weingeistigen Waschflüssigkeit vereinigte wässrige Filtrat mittelst Schwefelwasserstoff zu entbleien, dann zum Syrup zu concentriren, diesen mit Aether vollständig auszuschütteln und die ätherische Lösung zu verdunsten. Das Pikrotoxin hinterbleibt alsdann beim Verdunsten in gelblichen sternförmig gruppirten Nadeln, die durch Anfeuchten mit Wasser, Abpressen zwischen Fliesspapier und Umkrystallisiren aus Weingeist leicht völlig rein erhalten werden. Auch durch direkte Ausschüttelung des Bieres mit Chloroform oder Amylalkohol geht Pikrotoxin in Lösung, welche Lösungsmittel letzteres beim Verdampfen zurücklassen.

Wirkung. Das Pikrotoxin ist der active Stoff der Kockelskörner und namentlich auch verschiedener Arten Cocculus, welche in S.-Am. als Zusatz zu einzelnen Curaresorten dienen, und bildet den Hauptrepräsentanten der sogen. Hirnkrampfgifte. — **Thierspecies.** Die Wirkung bleibt bei manchen wirbellosen Thieren (Sipunculus, Actinien, Gastropoden, auch Blutegeln, die 1 Mgm. subcutan toleriren) aus (Chirone und Testa), erstreckt sich dagegen auf manche Articulaten (nach Vossler auf Fliegen und Flöhe) und wie es scheint, auf alle Wirbelthiere. Nachdem zuerst Boullay (Diss. sur l'hist. nat. et chim. de la coque du Levant. Paris. 1818) die Toxicität für Hunde festgestellt, wurde dieselbe für Katzen (Vossler), Kaninchen (Glover), Hasen, Meerschweinchen, Tauben (Falck), diverse kleine Vögel (Chirone und Testa), Frösche und Kröten, Goldfische (Glover) und Weissfische (Falck) dargethan. Die Angabe Vosslers, dass Kaninchen weniger empfindlich sind als Carnivoren, gründet sich wohl nur auf das späte Auftreten der Symptome bei interner Application, die sich durch die starke Fällung des Magens erklärt; nach Chirone und Testa stellt sich die letale subcutane Dose auf 0,03 bei Meerschweinchen, dagegen nur auf 0,02 bei doppelt so schweren Kaninchen, bei Fröschen und Kröten auf 0,01. Am empfindlichsten sind kleine Vögel, die schon nach einigen Zehntelmilligr. zu **Applicationsstellen.** Grunde gehen. Aeltere Autoren geben, vielleicht in Folge der Benutzung weniger reiner Präparate und wegen der internen Verabreichung und der danach bei Hunden und Katzen constanten Emese, die letalen Dosen weit höher. So fanden Boullay und Orfila 0,6 resp. 0,3 bei Hunden nicht immer letal. Bei Vossler tödteten intern 0,12 gelöst eine Katze in $^1/_2$ St., in Substanz erst in 2 St., ein Hund erholte sich nach derselben Dosis in 8 St. Bei Falck starben junge Hunde nach 0,06 intern in 25 Minuten. Während Orfila den Tod eines Hundes nach Injection von 0,1 in die Jugularis in 24 Min. erfolgen sah, reichten 0,06 bei Vossler und 0,03 bei Falck aus, um in dieser Weise in 17—20 Min. zu tödten. Vom Unterhautzellgewebe ist die Wirkung rascher und energischer als vom Magen aus, vom Rectum aus kräftiger als von einer Wunde aus (Falck). Vom Mesenterium aus tödtete 0,12 einen Hund in $1^1/_2$ St. (Vossler).

Symptome der Vergiftung bei Thieren. Als hauptsächlichste Erscheinungen der Pikrotoxinvergiftung

zeigen sich bei allen Thierklassen Krampfanfälle von epileptiformer
Art, periodischer Stillstand des Zwerchfells und Verlangsamung des
Herzschlages. Der Wechsel tonischer und klonischer Krämpfe,
welche letztere überdies in seltsamen Dreh- und Schwimmbewegungen
bestehen können, geben dem Intoxicationsbilde ein eigenthümliches,
nicht zu verkennendes Gepräge.

Fische zeigen windende und bohrende Bewegungen, mit ruhigem
Schwimmen abwechselnd, öffnen Maul und Kiemendeckel häufig und fallen
auf die Seite (Falck). — Bei Fröschen ist ausser den mit Pausen von
Erschöpfung abwechselnden Krämpfen das schon von Falck beobachtete,
neuerdings von Roeber sehr betonte Aufgetriebensein des Bauches in Folge
von Ueberfüllung der Lungen mit Luft besonders charakteristisch. Kleinere
Dosen ($\frac{1}{2}$—1 Ccm. $\frac{1}{2}$ % Lösung nach Roeber) bedingen unmittelbar nach
der Injection Unruhe, in 8—10 Min. Schwerfälligkeit der Bewegungen, Zu-
sammensinken mit eingezogenen Augen, Somnolenz, Aufhebung der spontanen
Bewegung und Herabsetzung, bisweilen Vernichtung der Reflexerregbarkeit,
die später wieder deutlich wird; nach weiteren 15 Min. Anfälle von Opisthotonos mit trommelartiger Auftreibung des Bauches, sich alle 30—40 Sec.
wiederholend, schnelles Fortschieben auf dem kugelförmig aufgetriebenen
Abdomen und Halbdrehung im Kreise, dann unter heftigem Ausstrecken der
Beine plötzliches Abschwellen des Abdomens bei aufgesperrtem Maule und
laut knarrendem, gedehntem Geräusche, hierauf höchste Erschöpfung; später
wieder Emprosthotonos mit den wunderlichsten Stellungen der Hinterbeine,
Ueberschlagen, Kreisbewegungen, Rückwärts- oder Seitwärtsschieben, schliesslich Orthotonos; die Anfälle nehmen an Zahl und Stärke bis zum Tode ab,
der nach mehreren Stunden, ja erst nach 2—3 Tagen, selbst nach 5 Tagen (Th.
Husemann) erfolgen kann. Die Herzbewegung ist während des Tetanus stark verlangsamt und steht selbst minutenlang still, die Capillaren überfüllt (Roeber).
Bei Vögeln (Tauben) constatirte Falck Zittern, Keuchen, Drehen im Kreise
mit ausgebreiteten Flügeln, zahlreiche tetanische Anfälle, die sich in klonische
Krämpfe, Schwimmbewegungen und masticatorischen Krampf auflösen, endlich Speichelfluss. — Bei Säugethieren tritt anfangs ebenfalls häufig
ein Zustand von Unruhe ein, bei Hunden bisweilen Würgen und Erbrechen
schleimiger oder schaumiger Massen (auch bei subcutaner Application), auch
Salivation und Abgang pulpöser Faeces, später Zittern, Sträuben der Haare,
abwechselnde tonische und klonische Krämpfe (Schwimmbewegungen, Stoss-
krämpfe, Rückwärtsschieben, Rollen um die Körperaxe), die manchmal erst
auf einen Zustand von Sopor folgen und mit beschwerlichem und verlangsamtem Athmen und Herzschlag einhergehen. (Vossler, Glover, Falck).
Die Pupillen sind in den Anfällen oft verengt, gegen das Ende der Vergiftung erweitert. Die Angabe von Tschudi, dass tetanische Krämpfe
selten und meist erst kurz vor dem Tode beobachtet würden, findet weder
in Falcks noch in unseren eignen Versuchen Bestätigung.

Als Sectionsbefund ergiebt sich constant bei Säugethieren Hyperämie
der Meningen, meist bei Anämie oder normalem Blutreichthum der Nervencentra, starke Füllung der Venae cavae und des schlaffen Herzens, insonderheit rechts, mit dunklem Blute, meist Blutreichthum der Lungen, in denen
oft zahlreiche apoplektische Herde gefunden werden, Emphysem (bisweilen
Oedem), Schleimmassen in Mund, Trachea und Bronchien. Im Tractus findet

sich keine Entzündung; bisweilen kommt Hyperämie der Speicheldrüsen (Falck, Vossler) vor. Strotzende Füllung der Gallenblase (Tschudi) ist keinesweges constant.

Physiolo-
gische Wir-
kung. Das Pikrotoxin erregt sämmtliche in dem verlängerten Marke belegenen motorischen und reflexhemmenden Centren in hochgradiger Weise, insbesondre das respiratorische und Vaguscentrum (Roeber), ausserdem auch verschiedene in den vorderen Hirnpartien belegene Centren (Cr. Brown).

Die Unabhängigkeit der Pikrotoxinkrämpfe von den peripheren Nerven und Muskeln zeigten zuerst Bonnefin und Brown-Séquard. Glover betonte die Analogie der Krämpfe mit Zwangsbewegungen. Dass nicht das Rückenmark (Falck) primär betheiligt ist und nicht das Intoxicationsbild auf Steigerung der Reflexfunction desselben bei Verminderung der Sensibilität und Verlust der Coordination der Bewegungen, wie Cayrade (Ann. de Thérap. 27. 9) meint, zu beziehen ist, kann keinem Zweifel unterliegen, da nur in den Anfällen, nicht in der Zwischenzeit, Steigerung der Reflexerregbarkeit besteht, in letzterer vielmehr gradezu Sensibilität und Reflexaction herabgesetzt sind. Roeber führt für die vorzugsweise Wirkung auf die Medulla oblongata an, dass die Krämpfe auch nach Zerstörung des Grosshirns eintreten, durch Zerstörung der Lobi optici gemindert, dagegen durch Destruction der Med. obl. aufgehoben werden; im letzteren Falle bildet sich nur Coma ohne Verminderung der Reflexaction und ohne erhebliche Alteration des Herzschlages aus. Dass neben den motorischen Centren in der Med. oblong. solche des Hirns, und zwar früher als diese, gereizt werden, soll nach Crichton Browne die Reihenfolge der afficirten Muskeln zeigen. Hiernach afficirt Pikrotoxin zunächst die im Gebiete der mittleren Hirnarterie belegenen Centra, und zwar zu allererst eine Stelle an der Unterfläche der Frontallappen des Grosshirns (Bewegungen der Ohren und des Kopfes); dann ein Centrum in der Nähe, dessen Reizung Bewegungen der Lider, Augenbrauen, des Mundes und der Vorderpfoten bedingt, hierauf ein an den letzten Verzweigungen der Arterie belegenes Centrum (Krampf der Hinterbeine); erst später kommt es zu Reizung der Corpora quadrigemina (Opisthotonos), des Kleinhirns (Nystagmus) und der Med. oblong. (allgemeiner Krampf). Chirone und Testa sprechen dem Pikrotoxin erregende Wirkung auf die psychomotorischen Centren ab, weil die Wirkung bei Tauben nach Abtragen des Grosshirns sich weit intensiver geltend mache, und betrachten dasselbe als dem Strychnin insofern näher verwandt, als der primären Action auf das verlängerte Mark eine direct auf das Rückenmark gerichtete folge. Ch. u. T. betonen namentlich das Vorwalten tonischen Krampfes bei Pikrotoxinvergiftung und die constante Starre der Nacken- und Rückenmuskeln, die stets mehr als die der Extremitäten afficirt seien (im Gegensatze zu den auf die im Hirn belegenen Krampfcentren wirkenden Stoffe, wie Cinchonidin), ferner den tonischen Charakter der Krämpfe nach Abtragung des Bulbus oder in paralysirten Gliedern, um die directe Betheiligung des Rückenmarks wahrscheinlich zu machen. Eine Betheiligung des Gehirns deutet übrigens auch der frühzeitige, bei Eintritt des Krampfes verschwindende Stupor an, ebenso das spätere Coma. Die Herabsetzung der Reflexerregbarkeit ist auf Reizung der Setschenow'schen Centren zu beziehen, da Durchschneidung des Cerebellum an der Grenze der Lobi optici und der Medulla die gesunkene

Erregbarkeit zur Norm zurückführt (Roeber). In Bezug auf die Einwirkung auf das Herz muss neben der Vaguscentrumreizung auch noch eine directe lähmende Action auf das Herz angenommen werden; denn die Bewegung ausgeschnittener Froschherzen wird in Pikrotoxinlösungen rasch sistirt und directe Application auf das Herz verlangsamt den Herzschlag sehr (Falck). Bei durchschnittenen Vagi oder Lähmung der peripherischen Endigungen durch Nicotin kommt bei Fröschen und Kaninchen im Krampfanfalle zwar starke Herzverlangsamung, aber nie completer Herzstillstand zu Stande (Roeber). Der Herzstillstand ist diastolisch. Der Blutstrom in den Capillaren sistirt bei Fröschen im ersten Krampfanfalle und hört bald vollständig auf, auch wenn die Herzthätigkeit wieder in Gang kommt (Planat). Die anscheinend constanten Effecte auf Speichelsecretion und Stuhl (Falck, Crichton Browne) sind physiologisch nicht studirt. Die Pupille ist in den Anfällen meist verengt, bei Hunden erweitert (Chirone und Testa).

Bei Pikrotoxinvergiftung ist Tannin als Antidot unbrauchbar, da es Pikrotoxinlösung nicht fällt. Morphin (Tschudi) und Tabaksrauchklystiere (Mitchell), welche als dynamische Antidote empfohlen sind, stehen dem Chloralhydrat nach, welches nach Cr. Browne bei Kaninchen, selbst nach Eintritt der Krämpfe gegeben, die 5fache, nach Amagat sogar die 8fache minimal letale Dosis Pikrotoxin überwindet und selbst bei höheren Dosen bedeutend lebensverlängernd wirkt. Behandlung
d. Vergiftung.

Der physiologische Nachweis einer Vergiftung mit pikrotoxinhaltigen Substanzen dürfte am besten an Fröschen zu führen sein, die ein durch die Krämpfe und das eigenthümliche Aufgeblasensein des Abdomens ganz besonders charakteristisches Intoxicationsbild liefern. Da wo man geringere Massen zur Verfügung hat, ist die subcutane Application die beste Methode. Bei grösseren Mengen können auch Fische (Depaire) sowie Katzen und Kaninchen benutzt werden, die ebenfalls ein sehr auffallendes Bild der Vergiftung (siehe oben) zeigen. Physiologischer Nachweis einer Pikrotoxinvergiftung.

Tschudi hat auf Vorzüge, welche das Pikrotoxin vor dem Strychnin hinsichtlich der Behandlung örtlicher oder allgemeiner Lähmungen, und insonderheit der Lähmung des Sphincter ani et vesicae, besitze, hingewiesen, die indess rein theoretisch sind. Die Empfehlung Tschudis als Antidot des Morphins und bei mangelhafter Gallensecretion ist ohne Bedeutung. Bei Chloralvergiftung ist es ohne Wirkung (Cr. Browne). Gubler hat das Mittel subcutan zu 1 Mgm. mit Erfolg in einem Falle von Glossopharyngealparalyse gebraucht, wodurch jedoch local indolente Knoten von längerer Dauer entstanden. Dujardin-Beaumetz fand es in steigenden Gaben von ¼—3 Mgm. sehr nützlich bei Epilepsie, dagegen erfolglos bei Paralysis agitans (Gaz. méd. 51. 1875). Planat rühmt es bei Epilepsie, Hysteroepilepsie, hysterischer Contractur, Chorea, Hemichorea und Zwerchfellkrampf. Innerlich könnte man es zu 1—6 Mgm. in Pillenform administriren. Aeusserlich hat nach Hamilton's Vorgange Jäger (Rust's Magaz. 2. 105. 1823) eine Salbe, die 0,3 auf 3 Gm. Fett enthält, gegen Kopfgrind benutzt und will diese Affection mit 45 Gm. in 4 Wochen geheilt haben. Dies Verfahren erheischt die höchste Vorsicht, da bei Anwendung von Salben aus Kokkelskörnern bei Kopfausschlägen mehrfach Intoxication, selbst mit letalem Ausgange, vorkam, die auf Resorption des Pikrotoxins von exulcerirten Stellen zu beziehen ist. Anwendung in
der Medicin.

38*

Alkaloïde der Kokkelskörner. Menispermin. $C_{18}H_{24}N_2O_2$.

— Diese Base findet sich neben einer zweiten, dem Paramenispermin in den Schalen der Kokkelskörner, den Samen von *Menispermum Cocculus L.*, deren Kern den Bitterstoff Pikrotoxin enthält. Ihre Entdecker sind Pelletier und Couerbe (1834. Annal. Chim. Phys. 54, 196, auch Ann. Chem. Pharm. 10. 198). Zu ihrer Darstellung erschöpft man die mit der Schale zerkleinerten Kokkelskörner mit kochendem Weingeist von 36°, entzieht dem Destillationsrückstande des Auszugs mit kochendem Wasser das Pikrotoxin, dann durch säurehaltiges Wasser die beiden Alkaloide, die man durch Ammoniak wieder niederschlägt. Der braune Niederschlag wird in sehr verdünnter Essigsäure aufgenommen und die filtrirte Lösung wieder mit Ammoniak gefällt. Den jetzt erhaltenen körnigen Niederschlag schüttelt man nach dem Trocknen mit etwas kaltem Weingeist, um eine gelbe harzige Substanz zu entfernen und behandelt ihn dann mit Aether, der das Menispermin löst, das Paramenispermin als schlammige Substanz ungelöst zurücklässt. Beide Alkaloide werden aus ihrer Lösung in absolutem Weingeist beim Verdunsten in gelinder Wärme in Krystallen erhalten.

Das Menispermin bildet weisse, halb durchsichtige, vierseitige, zugespitzte Prismen, die bei 120° schmelzen, in höherer Temperatur sich zersetzen, keinen Geschmack besitzen, sich nicht in Wasser, gut in warmem Weingeist und Aether lösen. — Es löst sich ferner in verdünnten Säuren unter Bildung von Salzen. Das Krystallwasser enthaltende schwefelsaure Menispermin, $C_{18}H_{24}N_2O_2$, SH_2O_4, krystallisirt in Nadeln und Prismen, die bei 105° schmelzen (Pelletier und Caventou). — Die oben aufgeführte Formel des Menispermins ist noch sehr zweifelhaft.

Szteyner (siehe oben) hat sich mit der Darstellung von Menispermin nach folgender Methode beschäftigt. Die zerstossenen Früchte wurden mit salzsäurehaltigem Wasser ausgekocht, die Lösung zur Hälfte eingedampft, zuerst mit Aether zur Entfernung von Farbstoff und Paramenispermin ausgeschüttelt, dann mit Ammon alkalisch gemacht, mit Amylalkohol und Aether extrahirt, welche Lösungsmittel das Menispermin beim Verdunsten zurückliessen, das aus Alkohol durch Umkrystallisiren gereinigt wurde. Farblose Prismen wurden erhalten, welche mit Säuren zahlreiche, wohl krystallisirbare Salze bilden. — Das Menispermin ist auf Menschen zu 0,1—
Wirkung. 0,3 (Schroff), selbst zu 0,4 (Pelletier und Couerbe) ohne jede Wirkung.

Chondrodendron (Botryopsis). Cissampelos. Tinospora.

Die Wurzel von Chondrodendron tomentosum Ruiz et Pav. liefert die ächte Radix Parcirae bravae, in welcher nach den Untersuchungen von Hanbury, Wiggers ein Alkaloid Pelosin enthalten ist, das nach Flückiger mit Buxin, Bibirin identisch ist. Hanbury ist geneigt, die Selbstständigkeit des Pelosin, Chondrodendrin aufrecht zu erhalten. (Siehe hierüber ausführlich Buxin, Fam. Euphorbiaceae.) — (Pharmac. Journ. Trans. (3) 4. 81 u. 102. Hanbury.)

Eine falsche Radix Parcirae bravae wurde von Morrison (Americ. Journ. Pharm. (4). 50. 430) untersucht und darin 2 Alkaloide nachgewiesen.

Unter dem Namen Gulancha kommt die Wurzel von Tinospora cordifolia Miers vor, deren chemischer Bestandtheil noch nicht untersucht ist, wie überhaupt über die chemischen Verhältnisse der Gattungen Cissampelos, Chondrodendron und Tinospora noch keine absolute Klarheit herrscht. (Siehe hierüber „Pharmakographia." Flückiger. 2. Aufl. S. 25 – 34.)

d. Myristicaceae.

Myristica.

Die Früchte spec. die Samen der Gattung Myristica sind reich an ätherischem und fettem Oele, welch' letzteres besonders im Endosperm vorkommt. Auch der Samenmantel (Macis) enthält ein ätherisches Oel.

Myristinsäure. $C_{14} H_{28} O_2$. — Literat.: Playfair, Ann. Chem. Pharm. 37. 153. — Heintz, Journ. pract. Chem. 66. 1. — Uricöchea, Ann. Chem. Pharm. 91. 369. — Schlippe, Ann. Chem. Pharm. 105. 1. — Oudemanns, Journ. pract. Chem. 81. 356 u. 367. — F. Masino, Ann. Chem. Pharm. 203. 172. — Kraft, Berl. Ber. 12. 1699. — Marosse, Berl. Ber. 2. 861.

Diese zuerst von Playfair im Muskatbalsam, dem ausgepressten Fett der Samenkerne von *Myristica moschata Thunb.*, welches sie als Glycerid (Myristin) enthält, aufgefundene Säure, findet sich in gleicher Verbindungsform auch im Fett von *Myristica Otoba H. et B.* (Uricöchea) und sehr reichlich im Fett der Samen von *Mangifera gabonensis* (Fam. Cassuvieae), des sogen. Dikabrots (Oudemanns), in kleinen Mengen nach Görgey auch im Cocosnussöl (Fam. Palmae), nach Schlippe im Crotonöl (Fam. Euphorbiaceae) und nach Heintz in der Kuhbutter, nach Flückiger im Irisstearopten. Dieselbe entsteht auch beim Schmelzen von Stearolsäure mit Kali. *Entdeckung u. Vorkommen.*

Zur Darstellung aus Muskatbalsam löst man denselben in 4 Th. kochendem Weingeist und verseift das beim Erkalten herauskrystallisirende Myristin (s. unten) mit conc. Natronlauge, wäscht die Seife mit Kochsalzlösung und zerlegt sie in heisser wässriger Lösung mit Salzsäure. Die als farbloses, beim Erkalten erstarrendes Oel abgeschiedene Myristinsäure wird so lange aus Weingeist umkrystallisirt, bis ihr Schmelzpunkt 53°,8 beträgt (Playfair). In ähnlicher Weise kann die Säure nach Oudemanns aus Dikafett, in welchem sie mehr als die Hälfte der darin enthaltenen Fettsäuren ausmacht, erhalten werden. *Darstellung.*

Die Myristinsäure bildet weisse glänzende Krystallblättchen, die bei 53°,8 schmelzen und beim Erkalten schuppig-krystallinisch wieder erstarren (Heintz). Sie reagirt sauer, ist in Wasser unlöslich, aber leicht löslich in heissem Weingeist, aus dem sie beim Erkalten krystallisirt, und in Aether (Playfair). *Eigenschaften.*

Von den nach der Formel $C_{14}H_{27}MO_2$ zusammengesetzten Salzen der Myristinsäure sind die der Alkalien in Wasser löslich und werden dadurch nicht unter Bildung saurer Salze zersetzt. Die übrigen Salze sind in Wasser unlöslich.

Das Myristinsäure-Glycerid oder Myristin, $C_3H_5(C_{14}H_{27}O)_3O_3$, wird aus Muskatbalsam nach Playfair am besten in der Weise erhalten, dass man den in kaltem Weingeist unlöslichen Theil desselben in kochendem Aether löst und die beim Erkalten anschiessende Krystallisation so lange aus Aether umkrystallisirt, bis der Schmelzpunkt constant geworden ist. Es bildet eine weisse glänzende, bei 31° schmelzende, in heissem Weingeist schwieriger, in heissem Aether dagegen nach allen Verhältnissen lösliche Krystallmasse.

Masino hat sich durch wiederholte Versuche überzeugt, dass der Schmelzpunkt des reinen Myristin bei 53° liegt. —

Beim Erhitzen wird die Myristinsäure theilweise zersetzt, zu einem Theil unverändert verflüchtigt. Bei der trocknen Destillation von myristin-

saurem Kali entsteht Myriston, $C_{27}H_{54}O$, ein in weissen perlglänzenden, geruch- und geschmacklosen, bei 75° schmelzenden Schuppen krystallisirender Körper (Overbeck, Ann. Chem. Pharm. 84. 289). — Bei Behandlung des

Kalisalzes mit Phosphoroxychlorid entsteht Myristinsäureanhydrid, $C_{28}H_{54}O_3$, ein undeutlich krystallinischer Körper; bei Einwirkung von Chlorbenzoyl bildet sich Benzoëmyristinsäureanhydrid, $C_{21}H_{32}O_3$ (Chiozza und Malerba, Ann. Chem. Pharm. 91. 104).

Masino hat Myristamid, $C_{14}H_{27}, ONH_2$ durch Einwirkung von alkoholischem Ammoniak auf Myristin, sowie auch Myristinanilid durch

längeres Einwirken von Anilin auf Myristinsäure hergestellt. Auch gelang demselben die Darstellung von Myristolsäure, $C_{14}H_{24}O_2$, Schmpkt. 12°.

Becuibin. — Wird der Saft der frischen Rinde von *Myristica Bicuhiba Schott. s. M. officinalis Mart.*, das sogen. Becuibablut, mit Wasser vermischt und der Verdunstungsrückstand der filtrirten Flüssigkeit zuerst mit Aether und darauf mit heissem Weingeist ausgezogen, so scheidet die weingeistige Lösung beim Erkalten ziegelrothe Körner ab, die sich noch reichlicher aus dem heissen weingeistigen Auszuge des wässrigen Extracts der frischen Rinde selbst absetzen. Werden dieselben mit kaltem absolutem Weingeist gewaschen und dann aus kochendem umkrystallisirt, so erhält man glänzende, röthlich schimmernde, geschmack- und geruchlose, schwach sauer reagirende Blättchen; die sich nicht in kaltem Wasser und Weingeist, wohl aber darin bei Siedhitze lösen, auch in Chloroform und wässrigem Ammoniak und mit braunrother Farbe in concentrirter Schwefelsäure, dagegen nicht in Aether und Kalilauge. (Peckolt, Arch. Pharm. (2) 107. 158).

Fette, Balsame und ätherische Oele der Gattung Myristica. — Das Muskatblüth- oder Macisöl wird aus dem Arillus der Muskatnüsse, der Samenkerne von *Myristica moschata Thunb. s. M. aromatica Lam.* bis zu $7,7\%$ gewonnen. Es ist nach Koller (Viertelj. pract. Pharm. 13. 507; N. Jahrb. Pharm. 23. 136) durchaus identisch mit dem Muskatnussöl. Von diesem werden durch Destillation der zerstossenen Nüsse mit

Wasser gegen 6% gewonnen, aber eine völlige Erschöpfung der letzteren gelingt nach Cloëz (Journ. Pharm. (3) 45. 150; auch Ann. Chem. Pharm. 131. 210) nur in der Weise, dass man sie mit Schwefelkohlenstoff oder Aether extrahirt und den butterartigen Verdampfungsrückstand der Auszüge im Oelbade auf 200° erhitzt oder besser im Dampfstrom destillirt. Es ist wasserhell, riecht und schmeckt gewürzhaft und destillirt zwischen 160 und 210°. Der unter 175° übergehende und gegen 95% betragende Antheil ist ein Camphen von 0 8533 specif. Gew. bei 15°, welcher nach der Rectification über Natrium bei 165° siedet, ein nach links wirkendes Rotationsvermögen von 13°,5 besitzt, mit Salzsäure eine flüssige, optisch inactive, bei 194° ohne Zersetzung destillirende Verbindung erzeugt, dagegen in Berührung mit Salpetersäure und Weingeist kein krystallisirtes Hydrat hervorbringt, auch durch Chlor und Brom in keine krystallisirbaren Producte verwandelt wird (Cloëz). Der zweite sauerstoffhaltige Bestandtheil des Muskatnussöls hat nach Gladstone einen Siedepunkt von 224° und das specif. Gew. 0,9466. — Nach Koller setzt weder das Muskatblüth- noch das Muskatnussöl bei starker Abkühlung einen krystallinischen Körper ab, aber John, Bley und Mulder (Journ. pract. Chem. 17. 102) haben einen Muskatcampher beschrieben, der sich aus dem Muskatnussöl abscheidet und nach John in wasserhellen dünnen Tafeln oder Nadeln, nach Mulder in zerbrechlichen weissen Halbkugeln krystallisirt, in höherer Temperatur in feinen weissen Nadeln sublimirt und der Formel $C_{16}H_{16}O_5$ entspricht. Die Arbeiten von Wright (Pharmac. Journ. Trans. (3) 4. 311. Jahresb. Pharm. 1873. 426) über das ätherische Oel der Samen (Ol. nucum moschatorum) zeigen, dass bei der Rectification dieses Oeles zuerst ein bei 163° siedendes Terpen und wahres Cymol abdestillirt, dann Gladstone's Myristicol, $C_{20}H_{32}O_2$, folgt, das übereinstimmt mit dem analogen Körper aus Orangenöl, endlich 2 sauerstoffhaltige Oele, wovon das eine bei 260—280°, das andere bei 280—290° überging, $C_{20}H_{26}O_2$; 2 Proc. eines Harzes bleiben zurück. Mit Zinkchlorid spaltet sich Myristicol in Wasser und Cymol, mit Phosphorsuperchlorid in Salzsäure, Phosphoroxychlorür, und eine Chlorverbindung, $C_{20}H_{30}Cl_2$, die beim Erhitzen HCl und Cymol liefert. Das Terpen des Muskatöles, $C_{20}H_{32}$, bildet mit Brom $C_{20}H_{32}Br$, das beim Erhitzen ebenfalls in Bromwasserstoff und wahres Cymol zerfällt. — Flückiger hatte Gelegenheit, das Stearopten des Muskatöles, das sog. Myristicin zu untersuchen und dasselbe in Krystallen aus Alkohol erhalten, Schmpkt. 54°, löslich in Eisessig, die im Mittel bei der Elementaranalyse C = 75,4% und H = 12,28% lieferten. — Das Mus- Wirkung und
Anwendung. katnussöl kann grosse Kaninchen zu 8,0 in 5 Tagen und zu 24,0 in 13 St., kleine zu 4,0 in 30 St. tödten; der Harn nimmt dabei eigenthümlichen, nicht dem Oele entsprechenden Geruch an, auch riecht die Expirationsluft nicht nach Muskatnussöl. Grössere nicht tödtliche Dosen hinterlassen längere Obstipation. Auf der menschlichen Haut erzeugt es Brennen und in 30 Min. Röthung wie Senföl (Mitscherlich, Preuss. Ver. Ztg. 29. 1848). In der Medicin wird das aus Macis und Muskatnüssen erhaltene Oel innerlich bei Magenkatarrh, Hyperemese u. s. w. zu 1—5 Tr. selten gebraucht.

Die Muskatbutter oder der Muskatbalsam wird durch Auspressen Muskatbutter. der Muskatnüsse gewonnen. Sie bildet eine bräunlichgelbe, durch körnig-krystallinische Ausscheidungen marmorirt erscheinende Masse von stark gewürzhaftem Geruch und Geschmack, schmilzt bei 41—51°, hat das specif. Gew. 0,995, löst sich in 4 Th. kochendem, schwierig in kaltem Weingeist, leichter, aber auch nicht vollständig in Aether, Chloroform und Benzol. Sie besteht nach **Koller** in 100 Th. aus 6 Th. Muskatnussöl, 70 Th. Myristin (s. S. 598), 20 Th. Oleïn, 1 Th. Butyrin und 3 Th. eines sauren Harzes. (Man vergl. auch **Playfair**, Ann. Chem. Pharm. **37.** 152 u. 163; **Ricker**, N. Jahrb. Pharm. **19.** 17; **Bollaret**, Quart. J. of Sc. **18.** 317). — Das fette Oel der Muskatnüsse dient entweder für sich als Oleum Nucistae s. nucis moschatae expressum oder in einer Mischung mit Wachs und Oel, der, wie auch dem Oele selbst, der Namen Balsamum Nucistae beigelegt wird, zu Einreibungen bei gastrischen Störungen, Flatulenz, Koliken, Kopfschmerzen etc., auch als Ingrediens von Salben (Ungt. Rorismarini comp., Ungt. aromaticum s. Balsamum stomachale Wacheri u. a.) und des früher vielgebrauchten Emplastrum aromaticum.

Das **Bicuhibafett** oder der **Bicuhibabalsam**, durch warmes Auspressen der Früchte von *Myristica officinalis Mart. s. M. Bicuhiba Schott.* gewonnen, ist der Muskatbutter ähnlich und wird in Brasilien wie diese benutzt, schmeckt säuerlich scharf, schmilzt bei 47⁰ und hat bei 25⁰ das spec. Gew. 0,956. Es ist verseifbar und liefert eine bröckliche Seife, die neben flüchtigen und anderen nicht flüchtigen Säuren die aus kochendem Weingeist in farblosen Nadeln krystallisirende, bei 55⁰ schmelzende **Bicuhibastearinsäure** enthält. (**Peckolt**, Arch Pharm. (2) **107.** 285; **107.** 14.

Das **Otobafett** aus den Muskatnüssen von *Santa Fé*, den Früchten von *Myristica Otoba H. et B.*, ist fast farblos, butterartig, riecht frisch nach Muskatnuss, schmilzt bei 38⁰ und enthält Myristin, Oleïn und **Otobit**, welches beim Verseifen mit in die Seife übergeht, von der Myristinsäure durch kalten Weingeist, in dem es schwer löslich ist, getrennt werden kann und aus kochendem Weingeist oder Aether in farblosen glänzenden geruch- und geschmacklosen, bei 133⁰ schmelzenden, in höherer Temperatur sich zersetzenden Prismen anschiesst (**Uricoechea**, Ann. Chem. Pharm. **91.** 369).

Der **Virolatalg** oder das **Ocubawachs**, durch Auskochen der geschälten Mandeln von *Virola sebifera Aubl. s. Myristica sebifera Lam.* dargestellt, bildet gelbliche Kuchen, schmilzt bei 44—50⁰, löst sich vollständig in Weingeist und Aether, zur Hälfte auch in wässrigem Ammoniak, ist nur theilweise verseifbar (**Bonastre**, Ann. Chem. Pharm. **7.** 49).

e. Anonaceae.

Xylopia longifolia liefert Früchte, die von **Hanausek** untersucht sind, ätherisches Oel, reichlich Stärkemehl und Kleber enthalten. (Zeitschr. Apothekver. Oestr. **15.** 571).

f. Magnoliaceae.

Liriodendron.

Liriodendrin. — Findet sich nach **Emmet** (Journ. Pharm. (2) **17.** 400; auch Report. Pharm. **75.** 88) zu 2—3 % in der frischen, im Winter gesammelten Wurzelrinde des Tulpenbaums, *Liriodendron Tulipifera.* Zur Darstellung erschöpft man die gepulverte Rinde mit warmem Weingeist und concentrirt den Auszug stark, worauf sich gelbe, beim Erkalten erstarrende Tropfen des Liriodendrins ausscheiden. Der Rest desselben wird aus der

noch stärker eingeengten Flüssigkeit durch Ammoniak gefällt. Es wird mit
verdünnter Kalilauge gewaschen, bis diese sich nicht mehr gelb färbt, dann
in warmem Weingeist gelöst und die Lösung mit warmem Wasser bis zur
milchigen Trübung versetzt. Beim Erkalten und weiterem Verdunsten der
Flüssigkeit schiesst es alsdann in wasserhaltigen farblosen Säulen, Nadeln
und Schuppen an, welche bitter schmecken, neutral reagiren, bei 82°
schmelzen, bei etwas höherer Temperatur unter theilweiser Zersetzung sublimiren und sich kaum in kaltem, viel reichlicher in kochendem Wasser, leicht
in Weingeist und Aether lösen. Conc. Schwefelsäure löst das Liriodendrin
mit orangegelber Farbe und Wasser fällt es daraus als festes geschmackloses
Harz; Salpetersäure löst es leicht, ohne Färbung und Gasentwicklung. Heisse
Salzsäure zersetzt unter Ausscheidung einer grünen Substanz. Bei Einwirkung von Chlor auf die weingeistige Lösung entsteht ein sehr bitteres, beim
Verdunsten in durchsichtigen Körnern sich absetzendes Harz. (Emmet).

Illicium.

Die Früchte von Illicium anisatum Lour., welche reich an Zucker und
fettem Oele, auch Schleimsubstanzen sind, enthalten ein ätherisches Oel
(4—5 %), wasserhell, von anisartigem Geruche und Geschmacke, spec. Gew.
0,970, leicht löslich in Weingeist und Aether. Dasselbe enthält neben einem
Terpen vorwiegend festes und flüssiges Anethol. (Siehe Anisöl und Anethol).
— In Folge der ·in letzter Zeit wiederholt vorgekommenen Untermengung
des Starnanis, der Früchte von Illicium anisatum mit den giftig wirkenden
Früchten von Illicium religiosum (japan. Sikimi) hat J. F. Eykmann (Pharm.
Journ. Transact. 1881. 1050. Pharm. Zeitschr. Russl. 1881. 334) eine chemische
Untersuchung der Blätter, des ätherischen Oeles und der Samen vorgenommen. Das ätherische Oel der Blätter (0,44 %), spec. Gew. 1,006, Rotation
(α) $=$ — 8,6, besteht aus einem Terpen, Sdpkt. 176°, 0,885 spec. Gew.,
mit Rotation — 22,5 und 25 % flüssigem Anethol, das bei 174° schmelzende
Nitranissäure liefert. Die Samen, welche 52 % fettes Oel lieferten, lieferten
nach der Entfettung mit Petroleumäther einen Körper, Sikimin, nach
folgender Methode. Die entfetteten Samen wurden mit Essigsäure enthaltendem Spiritus extrahirt, dieses Extract mit Chloroform ausgezogen, dessen
Verdunstungsrückstand mit Wasser aufgenommen wurde. Diese Lösung, mit
Petroleumäther gereinigt, liefert nach dem Uebersättigen mit Kaliumcarbonat
und Extrahiren mit Chloroform eine Flüssigkeit, die nach dem Verdampfen
einen amorphen Rückstand hinterlässt, der mit Salzsäure krystallinisch wird,
welche Verbindung den Schmpkt. 175° zeigt. Diese nicht glycosidische, stickstofffreie Substanz scheint gleichzeitig irritirend und nach Art des Pikrotoxins zu
wirken und bedingt bei Hunden zu 12 Mgm. Unruhe, Kratzen des Bauches und
der Brust mit den Hinterbeinen, Dyspnoe, Salivation, Schäumen des Maules,
Zucken des Kopfes und tonische und klonische Krämpfe der Extremitäten,
wiederholtes Erbrechen, mitunter Abführen, schliesslich Collaps und Tod in
1—2 Stunden. Da das reine fette Oel ungiftig, das ätherische Oel aber erst
in sehr hohen Gaben (8,0—10,0) letal bei Thieren wirkt, ist das in heissem
Wasser, Alkohol und Chloroform leicht lösliche Sikimin als toxisches Princip
anzusehen. Das ätherische Oel der Blätter von Illicium religiosum bedingt
bei Kaninchen zu 1,0—5,0 Beschleunigung von Herzschlag und Athmung,
später Sinken der Respiration und der Temperatur, Salivation, Störung des
Sehvermögens und Lähmung der Hinterbeine, bei 5,0 mehrere Tage an-

haltend; nach 10,0 —15,0 treten zu diesen Erscheinungen nach einigen Stunden starke Convulsionen, Paralyse, Collapsus, Coma und Tod in 12—24 Stunden. Vermehrte Diurese findet nicht statt. (Eykmann).

g. Monimiaceae.

Atherosperma.

Atherospermin. — Wurde von Zeyer (Viertelj. pract. Pharm. **10.** 504) 1861 in der als Theesurrogat dienenden und etwas purgirenden Rinde von *Atherosperma moschatum*, einer südaustralischen Drogue, aufgefunden. — Zur Darstellung kocht man die Rinde mit schwefelsäurehaltigem Wasser aus, reinigt den Absud durch Ausfällen mit Bleizucker, fällt das entbleite Filtrat mit Ammoniak, zieht den entstehenden Niederschlag mit Weingeist aus, nimmt den Verdunstungsrückstand der weingeistigen Lösung in verdünnter Salzsäure auf, fällt nochmals mit Ammoniak und behandelt den erhaltenen und getrockneten Niederschlag mit Schwefelkohlenstoff. Dieser löst das Alkaloid, das nach dem Abdunsten des Lösungsmittels noch einmal in salzsäurehaltigem Wasser aufgenommen und mit Ammoniak wieder niedergeschlagen wird.

Das Atherospermin ist ein weisses oder grauweisses, leichtes, sehr electrisches Pulver von rein bitterem Geschmack und alkalischer Reaction, das bei 128° schmilzt und in höherer Temperatur unter Entwicklung des Geruchs nach Trimethylamin zersetzt wird. Von Wasser erfordert es mehr als 6000 Th. zur Lösung, von Weingeist von 93° Tr. bei 16° 32 Th., beim Siedepunkt 2 Th. Es löst sich ferner in Schwefelkohlenstoff, Chloroform, flüchtigen und fetten Oelen, sehr wenig nur in Aether. — Die Zusammensetzung des Atherospermins wird nach Zeyer's Analysen durch die Formel $C_{30}H_{40}N_2O_5$ ausgedrückt. — Seine Lösungen in verdünnten Säuren trocknen zu firnissartigen Massen ein. Conc. Schwefelsäure löst das Alkaloid farblos, conc. Salpetersäure braungelb. Die Lösung in conc. Schwefelsäure wird auf Zusatz von chromsaurem Kali grün. Jodsäure wird durch das Alkaloid reducirt. Aus seinen Salzlösungen schlagen Ammoniak, ätzende und kohlensaure Alkalien die freie Base nieder. Jodkalium, Schwefelcyankalium, gelbes Blutlaugensalz und Quecksilberchlorid geben damit weissen, Goldchlorid, Platinchlorid, Palladiumnitrat und Pikrinsäure gelben, Gerbsäure gelbweissen, Phosphormolybdänsäure schmutziggelben und Jod-Jodkalium braungelben Niederschlag (Zeyer).

Atherospermagerbsäure. — Wurde nach Art der Darstellung der Anacahuitgerbsäure (s. diese) aus der als Theesurrogat benutzten Rinde der südaustralischen *Atherosperma moschatum R. Br.* von Zeyer (Viertelj. pr. Pharmac. **10.** 511) dargestellt. Sie schmeckt schwach sauer und herbe, grünt Eisenchlorid und wird durch überschüssiges Kalkwasser in Flocken gefällt. Ihr bei 110° getrocknetes Bleisalz entsprach der Formel $C_{16}H_{14}Pb_2O_9$.

Peumus. (Boldoa).

Die Blätter dieser in Chili heimischen Pflanze enthalten ein ätherisches Oel, röthlichgelb, vollkommen klar, scharfem Geschmacke und gewürzhaftem

Geruche, spec. Gew. 0,9183, ein Gemenge zwischen 180—300° siedender Oele, ausserdem ein noch nicht näher untersuchtes Alkaloïd, Boldin, löslich in Aether, Alkohol, angesäuertem Wasser, fällbar mit Alkalien und Jod in Jodkalium. (Bourgoin u. Verne, Journ. pharm. chim. 16. 192. — Bot. Jahresb. 1873. 290. 1877. 659. 837. — Hanausek, Zeitschr. östr. Apothekver. 1881. 155. 1877. 280). — Aetherisches Boldoöl wirkt auf Hunde zu 2,0 nicht wesentlich ein, doch nimmt der Harn den Geruch des Oeles an; grössere Dosen bedingen Erbrechen und Diarrhoe. Bei Menschen bewirkt 1,0 ähnliche Empfindung wie Pfefferminzöl im Munde, Wärme im Epigastrium, Steigerung der Pulsfrequenz und des Appetits; 2,0 (in Kapseln sogar 0,4) erzeugen Brennen im Magen, Aufstossen, Erbrechen und Durchfall und vermehrte Absonderung eines nach dem Oel riechenden Harns. Auch prolongirter Gebrauch kleiner Gaben führt zu Vomitus und Durchfall. Zu 2—5 Tropfen mehrmals täglich während der Mahlzeit gegeben, hat es bei Cystitis günstige Erfolge (Dujardin-Beaumetz, Bull. gén. de Thérap. Mars. 15. 1875).

Boldin.

h. Ranunculaceae.

I. Clematideae.

Clematis.

Bei der Destillation mit Wasserdämpfen geben verschiedene Species der Gattung Clematis, Clematis flammula, Cl. vitalba u. A. ein Destillat, aus dem sich weisse Schuppen eines scharf nach Rettig riechenden Körpers, Clematiscampher, ausscheiden (vielleicht Anemonin). (Braconnot, Pogg. Annal. 2. 415. 3. 288).

Clematis
camphor.

II. Anemoneae.

Anemone.

Anemonsäure. $C_{15}H_{14}O_7$. — Literat.: Heyer, Crell's Chem. Journ. 2. 102; Crell's N. Entd. 4. 42. — Schwarz, Mag. Pharm. 10. 193; 19. 168. — Rabenhorst, Arch. Pharm. (2) 27. 93. — Fehling, Ann. Chem. Pharm. 38. 278. — O. L. Erdmann, Journ. pract. Chem. 75. 209.

Diese von Heyer entdeckte Säure scheint nicht fertig gebildet vorzukommen, sondern neben Anemonin (s. dieses) aus einem flüchtigen scharfen Oel zu entstehen, welches aus verschiedenen Ranunculaceen durch Destillation gewonnen werden kann. Destillirt man nämlich das frische Kraut von *Anemone pratensis L. (Pulsatilla pratensis Mill.)* und *A. nemorosa L.,* oder von *Ranunculus flammula L., R. bulbosus L. und R. sceleratus L.* mit Wasser, so setzt das klare brennend scharf schmeckende Destillat, namentlich wenn es durch Cohobiren concentrirt wurde, nach Wochen oder Monate langem Stehen Krystalle von Anemonin und zugleich ein weisses Pulver von Anemonsäure ab, wobei es seine Schärfe verliert. Beide Körper können durch Weingeist, der nur das Anemonin löst, getrennt werden. (Heyer. Schwarz). Wird das Destillat mit Aether geschüttelt, so nimmt dieser ein goldgelbes schweres Oel auf, welches beim Aufbewahren oder in Berührung mit Wasser oder Chlorcalcium in Anemonin und Anemonsäure zerfällt (Erdmann).

Die Anemonsäure ist ein weisses amorphes geruch- und geschmackloses Pulver von saurer Reaction, das sich weder in Wasser und verdünnten Säuren noch in Weingeist, Aether und ätherischen Oelen löst. Die oben angeführte Formel gab Fehling. — Sie verbindet sich mit den Basen zu Salzen und löst sich in wässrigen Alkalien und Ammoniak mit gelber Farbe. Auch Baryt- und Kalkwasser färben die Säure gelb. (Heyer. Schwarz. Fehling). — Beim Erhitzen wird sie zersetzt, durch Salpetersäure unter Gelbfärbung gelöst, durch conc. Schwefelsäure geschwärzt, durch Chlor, Jod und Salzsäure nicht merklich verändert. (Schwarz. Rabenhorst).

Die Anemonsäure ist sowohl an der narkotischen als an der scharfen Wirkung der sie enthaltenden Ranunculaceen unbetheiligt (Clarus, Ztschr. Wien. Aerzte. 18. 33. 1858), 0,1 Gm. ist bei Menschen wirkungslos (Schroff.)

Anemonin. Anemonencampher. Pulsatillencampher.

$C_{15} H_{12} O_6$. — Literat.: Die bei der „Anemonsäure" aufgeführte und ausserdem: Löwig und Weidmann, Ann. Chem. Pharm. **32**. 276. — Vauquelin und Robert, Journ. Pharm. (2) **6**. 229. — Dobraschinsky, Journ. Pharm. (4) **1**. 319. — Frankenheim, Arch. Pharm. (2). **63**. 1.

Entdeckung, Vorkommen und Darstellung. Ueber Vorkommen und Darstellung dieses zuerst von Heyer beobachteten Körpers vergl. man Anemonsäure. Dobraschinsky stellte ihn neuerdings dar, indem er das über das frische blühende Kraut der *Anemone pratensis L.* abdestillirte Wasser mit $\frac{1}{10}$ Chloroform schüttelte und den Verdunstungsrückstand des Chloroformauszuges in heissem Weingeist löste, der alsdann das Anemonin in Krystallen absetzte.

Eigenschaften. Das Anemonin bildet farblose glänzende orthorhombische Prismen, welche leicht zerreiblich, schwerer als Wasser, geruchlos und von neutraler Reaction sind und fast beinahe gar nicht, im geschmolzenen Zustande dagegen höchst brennend schmecken und einige Tage anhaltende Taubheit der Zunge bewirken. Es löst sich wenig in kaltem Wasser und Weingeist, leichter in beiden Flüssigkeiten beim Kochen. Kalter Aether löst es gar nicht, kochender nur wenig. Es löst sich ferner in Chloroform, sowie in heissem Lavendel- und Baumöl.

Zusammensetzung. Löwig und Weidmann gaben für das Anemonin die Formel $C_7 H_3 O_4$, Fehling die oben angeführte.

Verbindungen. Kocht man Anemonin mit Bleioxyd oder kohlensaurem Silberoxyd und Wasser, so krystallisiren beim Erkalten der heiss filtrirten Lösung Anemonin-Bleioxyd, $C_{15} H_{12} O_6$, Pb O, resp. Anemonin-Silberoxyd (Fehling).

Zersetzungen. Das Anemonin ist nach Fehling im Gegensatz zu älteren Angaben nicht flüchtig, sondern erweicht bei 150°, entwickelt Wasser und stechend riechende Dämpfe und verkohlt über 300°. — Salpetersäure erzeugt damit beim Erhitzen Oxalsäure und beim Destilliren mit Braunstein und verdünnter Schwefelsäure wird Ameisensäure erhalten (Fehling). Beim Erwärmen mit conc. Salzsäure oder beim Kochen mit wässrigen kaustischen Alkalien oder alkalischen Erden wird das Anemonin, *Anemoninsäure.* wie es scheint unter Wasseraufnahme in Anemoninsäure verwandelt, welche nicht identisch mit Anemonsäure ist, und nach Löwig und Weidmann eine amorphe spröde braune Masse bildet.

Wirkung. Das Anemonin besitzt vorzugsweise oder ausschliesslich eine herabsetzende Wirkung auf das Gehirn und verlängertes Mark, steht aber hinsichtlich seiner Giftigkeit anderen neurotischen Stoffen aus Ranunculaceen nach.

Buchheim zog (1872) aus theoretischen Gründen die auf Thierversuchen basirte Angabe von J. Clarus (Journ. Pharmakod. I. 439) in Zweifel, wonach das Anemonin das narkotische Princip verschiedener Arten Pulsatilla, Anemone und Ranunculus (z. B. R. sceleratus) sei, deren scharfe Wirkung auf Tractus und Nieren durch ein ätherisches Oel und Harz bedingt sei, und vindicirte dem Anemonin als Anhydrid eine scharfe Action. Dass es wirklich narkotisch wirkt, beweisen übrigens neuere Versuche von Curci (Lo Sperim. 58. Luglio 1876), in denen übrigens vielleicht in Folge nicht ganz reinen Präparats bei Subcutaninjection örtliche Entzündung und selbst Gangrän, bei interner Application Diarrhoe und Erbrechen eintraten. Nach Clarus wirkte bei.Kaninchen intern in Lösung 0,3 toxisch, 0,6 in 3—4 Stunden letal, wobei als besondere Erscheinungen Abnahme des Herzschlages an Zahl und Stärke, der bisweilen eine Steigerung der Frequenz voranging, Abnahme der Respirationszahl, schliesslich Dyspnoe und stertoröses Athmen, Sinken der Körperwärme, lähmungsartige Schwäche der Hinter- und später der Vorderbeine, Stupor, Mydriasis und in Agone Myosis wahrgenommen wurden und der Tod ohne Voraufgehen der bei Extractum Pulsatillae stets bemerkten Convulsionen erfolgte. Die Section wies völlige Integrität des Tractus, Leber, Milz und Nieren, mässigen Blutreichthum und stärkeres oder schwächeres Oedem der Lunge, Schlaffheit des Herzmuskels, dessen Höhlen wie die grossen Gefässstämme mit dunklem geronnenem Blute erfüllt waren, während das Blut sonst im Körper fast überall flüssig war, starke Hyperämie der Hirn- und Rückenmarkshäute, namentlich in der Nähe der Med. oblong. nach. Letzteres bestätigt auch Curci, der bei kleinen Säugethieren im Lähmungsstadium auch Muskelzuckungen und Rückwärtsbewegungen beobachtete und bei Fröschen nach Anemonin Verlust der Willkürbewegung und Schlaf bei Persistenz der Reflexaction und der Nerven- und Muskelreizbarkeit erfolgen sah. In Hinsicht auf die örtliche Wirkung sah Clarus bei Instillation von Anemoninlösung auf Kaninchenaugen nur geringe Conjunctivitis. Auf der Zunge bewirkt es nur gelindes Brennen. Nach Murray (Appar. med. 3. 94) erregte an der Flamme geschmolzenes Anemonin heftiges Stechen auf der Zunge mit nachbleibendem Gefühl von Betäubung und weissen Flecken, nach Heyer (Crells Journ. 2. 105) der Dampf des auf glühendes Eisenblech gestreuten Pulsatillacamphors intensive entzündliche Reizung von Augen und Nase. Schroff und Clarus sahen bei Gaben bis 0,1 bei Menschen keine Befindensänderung. Hiernach dürfte die von Clarus für etwaige Anwendung bei Hustenreiz, Keuchhusten, Asthma empfohlene Dosis von 0,03—0,06 richtig gewählt sein, während die Beobachtung eines Hamburger Arztes, der von Heyer erhaltenes Anemonin zu 2mal täglich 0,03 gegen Amaurose gab, wonach es erstaunliches Reissen im Kopfe und häufigen Urinabgang bedingte, welche Erscheinungen beim Aussetzen des Mittels sich verloren, beim Wiedergebrauch von Neuem auftraten, etwas zweifelhaft erscheint.

Thalictrum.

Die verschiedenen Species der Gattung Thalictrum, besonders die europäischen, zeichnen sich durch einen auffallenden Lithiongehalt aus, der nach

Focke (Verhandl. naturw. Ver. Bremen. 1873. — Botan. Jahresber. 1873. 291) nicht als zufällig zu betrachten ist.

M. Hanriot u. E. Doassans (Bull. soc. chim. **34**. 83—85) haben aus Thalictrum macrocarpum durch Extraction der gepulverten, getrockneten Wurzeln mit kaltem Alkohol Destillation des Alkoholes, Lösen der erhaltenen Rückstände in wenig Alkohol und Abscheidung mit Wasser lange, gelbe Nadeln erhalten, *Macrocarpin.* löslich in Wasser, Alkohol und Amylalkohol unlöslich, das Macrocarpin. Zusammensetzung. $C = 58{,}15$, resp. 58,36, $H = 5{,}87$, resp. 5,48. Aus dem unreinen Makrocarpin isolirte Doossans noch durch Extraction mit Aether eine in strahligen Krystallen auftretende Base, in Wasser und Alkohol unlöslich, *Wirkung.* welche Thalictrin genannt wird.

Thalictrin wirkt nach Bochefontaine und Doassans (Compt. rend. **90**. 1432. 1880) dem Aconitin ähnlich, jedoch weit schwächer und mehr lähmend, aber weniger brechenerregend und Athemstörung bedingend. 2—5 Mgm. tödten Frösche, bei denen zuerst die spontane Bewegung und hierauf die Reflexe aufgehoben werden, wonach Retardation und Irregularität der Herzaction und schliesslich diastolischer Herzstillstand folgt. Bei Hunden bedingt Thalictrin zuerst Schwäche und Somnolenz, dann wiederholte Emese, Defäcation und Diurese, ferner Sinken des Blutdrucks, Athem- und Pulsbeschleunigung, Anästhesie und schliesslich einen convulsivischen Anfall mit Mydriasis und Stillstand des Herzens, worauf noch einige Athemzüge folgen. Die elektrische Reizbarkeit des Herzens ist unmittelbar nach dem Tode erloschen, die der willkürlichen Muskeln bedeutend herabgesetzt. Die scharfe Wirkung der Thalictrumextracte scheint weder dem Thalictrin noch dem auch sonst unwirksamen Macrocarpin zuzukommen.

Adonis.

F. Linderos (Ann. Chem. Pharm. **182**. 365) hat in den Blättern von *Aconitsäure.* Adonis verualis Aconitsäure, an Calcium und Kalium gebunden nachgewiesen, circa 10 %. Adonis venalis enthält ein starkes Herzgift (Bubnow).

III. Ranunculeae.

Ranunculus.

Die wenigen Untersuchungen der Species der Gattung Ranunculus scheinen die Gegenwart von Anemonin, besonders in Ranunculus sceleratus und acris zu beweisen. (Erdmann, Journ. pr. chem. **75**. 209. — Toscani).

IV. Helleboreae.

Coptis.

Die Wurzeln von Coptis trifolia, Tecta und anemonaefolia enthalten reichlich Berberin, auch Coptin? (Buchner, N. Repert. **21**. 244. — Gross, Americ. Journ. Pharm. (4) **3**. 193.) — Coptin soll eine farblose Basis sein, in Schwefelsäure unverändert löslich, beim Erhitzen purpurroth werdend. (Gross).

In den Gattungen Eranthis und Xanthorrhiza ist ebenfalls Berberin nachgewiesen worden.

Caltha.

Nach Johanson (Jahresb. Pharm. 1878. 142) enthält Caltha palustris zur Zeit der Blüthe ein flüchtiges Alkaloïd, dass in seinen Reactionen theilweise mit Nicotin übereinstimmt.

Cimicifuga.

Die Untersuchungen von Trimble (Americ. Journ. Pharm. (4) 50. 468) und Conard (Jahresb. Pharm. 1871. 152) geben keine bestimmten Aufschlüsse über die Bestandtheile von Cimicifuga racemosa Bart.

Hydrastis.

Die Wurzel von Hydrastis canadensis L. ist von Lerchen (Americ. Journ. Pharm. (2). 50. 470) untersucht worden, der als Bestandtheile angiebt, neben den allgemein verbreiteten Stoffen, einen Aschengehalt von 10%, Berberin, Hydrastin und ein drittes Alkaloid, das aus der Mutterlauge nach Abscheidung vor Hydrastin durch Ammoniak gefällt wurde. Diese Fällung, aus Alkohol umkrystallisirt, bildet orangegelbe Krystalle, löslich in heissem Alkohol, unlöslich in Aether u. Choroform. Der Name Xantho- puccin wird gewählt. Lloyd (Pharm. Journ. Trans. 477. 125) stellte aus der getrockneten Pflanze Berberin dar durch Auskochen mit Alkohol und Zusatz von Schwefelsäure zu diesem Auszuge. Das schwefelsaure Berberin schied sich aus, das in Ammon gelöst in 32 Th. kochenden Alkohol gegossen wurde, um schwefelsaures Ammon abzuscheiden. Das Filtrat lieferte auf Zusatz von Aether Berberinkrystalle. In der Flüssigkeit, aus welcher das schwefelsaure Berberin auskrystallisirt war, wurde mit Wasser Oel und Harz abgeschieden, und hierauf mit Ammoniak das Hydrastin gefällt.

Xanthopuccin.

Das von Lerchen oben erwähnte 3. Alkaloid wurde auch von Hall (Americ. Journ. Pharm. 14. 247) beobachtet, sowie auch von Prescott (ebendas. (5). 47. 481) beschrieben, jedoch ohne nähere Angaben über Formel etc. Salpetersäure soll damit beim Erwärmen eine rothe, Schwefelsäure eine rothbraune Färbung geben.

Hydrastin. $C_{22}H_{23}NO_6$. — Literat.: Durand, Amer. Pharm. Journ. 23. 112. — Perrins, Pharm. Journ. Trans. (2) 3. 546, auch N. Jahrb. Pharm. 18. 143. — Mahla, Sillim. Amer. Journ. 86. 57, auch Journ. pract. Chem. 91. 248.

Dieses schon von Durand 1851 beobachtete, aber erst von Perrins 1862 näher untersuchte Alkaloid, findet sich neben Berberin in der Wurzel des nordamerikanischen *Hydrastis canadensis L.* — Zur Darstellung versetzt man die bei Gewinnung des Berberins resultirende Mutterlauge vom salpetersauren Berberin so lange vorsichtig mit Ammoniak, bis der entstehende Niederschlag constant bleibt. Es scheidet sich dann ein Harz aus, welches durch Filtration getrennt wird. Auf weiteren Zusatz von Ammoniak zum Filtrat wird dann Hydrastin als rehfarbener Niederschlag gefällt, den man wäscht und nach entfärbender Behandlung mit Thierkohle aus heissem Weingeist umkrystallisirt. — Die Ausbeute beträgt $1\frac{1}{2}$ Proc. der getrockneten Wurzel (Perrins).

Entdeckung u. Vorkommen.
Darstellung.
Ausbeute.

Das reine Hydrastin bildet nach Mahla weisse glänzende vierseitige Prismen des rhombischen Systems, die beim Trocknen durchsichtig werden, bei 135° schmelzen, alkalisch reagiren und für sich geschmacklos sind, in

Eigenschaften.

Lösungen aber bitter schmecken. In Wasser löst es sich kaum, dagegen leicht in Weingeist, Aether, Chloroform und Benzol.

Zusammensetzung. Mahla leitete aus seiner Analyse die Formel $C_{22}H_{24}NO_6$ ab, wofür Kraut in Gmelin's Handbuch die eben so gut mit Mahla's analytischen Resultaten stimmende und dem Gesetz der paaren Atomzahlen entsprechende Formel $C_{22}H_{23}NO_6$ aufstellt.

Salze. Die einfachen Salze des Hydrastins sind meistens nicht krystallisirbar, leicht löslich und von sehr bitterem Geschmack. Das salzsaure Hydrastin, $C_{22}H_{23}NO_6, HCl$, hinterbleibt beim Verdunsten seiner blau fluorescirenden wässrigen Lösung als gummiartige Masse (Mahla). Pikrinsaures Hydrastin krystallisirt aus starkem Weingeist in gelben wawellitartig gruppirten Nadeln (Perrins).

Zersetzungen. In höherer Temperatur wird das Hydrastin zersetzt unter Entwicklung des Geruches nach Carbolsäure. Kochende Kalilauge ist ohne Einwirkung (Mahla).

Conc. Schwefelsäure löst das Hydrastin mit gelber Farbe. Die Lösung wird beim Erwärmen roth, durch chromsaures Kali braun. Conc. Salpetersäure färbt sich damit roth. Die Lösungen der Hydrastinsalze werden durch Platinchlorid gelbroth, durch Goldchlorid rothgelb, durch Jodkalium und gelbes Blutlaugensalz weiss, durch chromsaures Kali gelb, durch Jod-Jodkalium braun gefällt (Mahla). Ammoniak und Alkalien fällen weiss; der durch Ammoniak entstehende körnige Niederschlag wird bald krystallinisch (Perrins).

Wirkung und Anwendung. Das Hydrastin soll ein tonisches Antiperiodicum sein, das wie Chinin in grossen Dosen leicht Ohrensausen veranlasse und und den Puls herabsetze, dagegen nie Störungen im Magen und Darm, nur angenehmes Wärmegefühl im Epigastrium bedinge, und das man innerlich zu 0,12, aber auch bis 0,6 in Amerika gegen typhöses Fieber mit colliq. Schweissen und Neigung zu Diarrhoe oder Sepsis, gegen Intermittens, Sonnenstich und chronische Dyspepsie, sowie in Salbe (1,2 auf 8,0 Fett) oder Lösung (1 50), bei Ulcerationen der Scheide, des Mutterhalses, Hämorrhoiden, Hautkrankheiten, Aphthen, Stomacace, Ptyalismus und Ophthalmien erfolgreich gegeben haben will. Man darf das Alkaloid nicht verwechseln mit einem gleichfalls Hydrastin genannten, in Wasser und Alkohol schwer löslichen, rein bittren Resinoide aus Hydrastis Canadensis, welches abführend wirken soll und als Amarum purum oder bei habitueller Obstipation alter Leute zu 0,2 Verwendung findet (Positive med. agents. 101. Reil, Mat. med. 195).

Helleborus.

Die Wurzeln und Wurzelblätter der Gattung Helleborus enthalten als Hauptbestandtheile Helleboreïn und Helleborin, Glycoside, neben fettem Oele, scharfen Harzen und anderen Bestandtheilen.

Helleboreïn. $C_{26}H_{44}O_{15}$. — Literat.: A. Husemann u. W. Marmé, Ann. Chem. Pharm. 135. 55. — W Marmé, Zeitschr. f. rat. Medic. (3) 26. 1.

Entdeckung u. Vorkommen. Dieses 1864 von Marmé entdeckte Glycosid findet sich in den Wurzeln und Wurzelblättern von *Helleborus viridis, niger* und *foetidus L.*

Zur Darstellung fällt man die wässrige Abkochung der zer- Darstellung
kleinerten Wurzeln oder die Mutterlauge von der Darstellung des
Helleborins (s. dies.) mit nicht überschüssigem Bleiessig, dann das
mittelst Glaubersalz entbleite und stark concentrirte Filtrat mit
Gerbsäure aus. Der erhaltene Niederschlag wird ausgepresst, mit
Wasser angerichtet und nochmals gepresst. Dann zerreibt man ihn
mit Weingeist zu dünnem Brei, versetzt mit so viel Bleioxyd, dass
nach dem Eintrocknen im Wasserbade eine Probe an kochenden
Weingeist keine Eisenchlorid färbende Substanz mehr abtritt, kocht
die trockne Masse mit Weingeist aus, concentrirt den Auszug stark
und fällt nun daraus durch Aether das Helleboreïn in Flocken,
das durch wiederholtes Lösen in Weingeist und Fällen mit Aether
zu reinigen ist. An Stelle der Gerbsäure können auch, jedoch weniger
vortheilhaft, Phosphormolybdänsäure, Phosphorwolframsäure und Metawolframsäure als Fällungsmittel benutzt werden, wo dann die erhaltenen Niederschläge durch Eintrocknen mit Barium- oder Calciumcarbonat zu zersetzen
sind, übrigens aber in gleicher Weise verfahren wird.

Das Helleboreïn schiesst aus sehr concentrirter weingeisti- Eigen-
schaften.
ger Lösung in der Ruhe in durchsichtigen, fast farblosen, aus
feinen Nadeln bestehenden Warzen an, die an der Luft rasch kreide-
weiss werden. Beim Verdunsten seiner wässrigen Lösung hinterbleibt es als gelbliches durchsichtiges Harz, das ein blass graugelbes,
stark zum Niesen reizendes Pulver giebt. Es ist geruchlos, schmeckt
süsslich, reagirt kaum merklich sauer, und zieht aus der Luft be-
gierig Wasser an. Es löst sich sehr leicht in Wasser, schwieriger
in Weingeist und gar nicht in Aether. Von conc. Schwefelsäure
wird es mit braunrother, in's Violette ziehender Farbe gelöst. Die
wässrige Lösung wird durch Metallsalze, mit Ausnahme des salpetersauren Quecksilberoxyduls, nicht gefällt, dagegen durch Gerbsäure, Phosphormolybdänsäure und die anderen oben genannten
Säuren.

Beim Erhitzen bräunt sich das Helleboreïn, wird teigig, bei Zer-
setzungen.
280° zähflüssig und verkohlt dann. Durch Kochen mit wässrigen
Alkalien und Baryt wird es nicht verändert, dagegen beim Erhitzen
mit verdünnten Säuren rasch in Zucker und Helleboretin,
$C_{14}H_{20}O_3$, gespalten ($C_{26}H_{44}O_{15} = C_{14}H_{20}O_3 + 2 C_6 H_{12} O_6$):
Letzteres scheidet sich dabei in dunkelblauen Flocken ab, die zu einem Helleboretin.
graugrünen, geruch- und geschmacklosen Pulver austrocknen, welches sich
nicht in Wasser und Aether, mit violetter Farbe in Weingeist und mit
braunrother in conc. Schwefelsäure löst. (Husemann und Marmé.)

Das Helleboreïn bedingt die auf das Herz gerichtete und zum Physiolog.
und toxische
Wirkung.
grössten Theile die drastische Action der dasselbe enthaltenden Helleborus-Arten; es ist eins der intensivsten Herzgifte, zeigt aber Dif-

ferenzen der Giftigkeit nach den Species, von denen es stammt, indem das aus Helleborus viridis dargestellte das aus Helleborus niger weit übertrifft. Vom Helleborcïn der grünen Nieswurz in Lösung tödten 1—5 Mgm. subcutan Frösche in wenigen Minuten; 3—6 Cgm. Tauben beiEinbringung in den Kropf in wenigen Minuten bis zu 1 Stunde; 3 Cgm. subcutan Kaninchen in ¼ Stunde; 18—30 Cgm. vom Magen aus in 3 St., 12 Mgm. von einer Vene aus in 5 Minuten; 8—12 Cgm. subcutan Katzen in 20 Min., 23—30 Cgm. vom Magen aus in 2 St. und 12 Mgm. von der Vene aus in 5 Min.; 12 Cgm. subcutan Hunde in ¼ St., 36 Mgm. bis 9 Dgm. in 3 St. bis 3 Tagen und 6—10 Mgm. vom Blute aus in ¼ Stunde. Vom Helleboreïn der schwarzen Nieswurz in Lösung sterben bei Subcutanapplication Frösche nach 6 Cgm. erst in mehreren Stunden, Tauben nach 12 Cgm. in ¼ St., Kaninchen nach 4—6 Dgm. in 2—5 St., ebenso Katzen nach 2—4 Dgm. und Hunde nach 4 Dgm. in mehreren Stunden. Die Wirkung des Helleboreïns ist eine örtlich irritirende und eine entfernte, welche letztere als die Folge des unzersetzt resorbirten Helleboreïns anzusehen ist, da das Spaltungsproduct, das Helleboretin, zu 1—2 Gm. auf Hunde ohne jede Action ist und im Magen, Darm und Harn chemisch nicht nachgewiesen werden kann. Diese Wirkungen werden durch Darreichungsform und Applicationsstellen modificirt. Verdünnte wässrige Lösung fördert den Eintritt der entfernten Wirkung; concentrirte Lösung oder Darreichung in Substanz begünstigt die Localaction und beschränkt die Resorption. Unter den Applicationsstellen ist die äussere Haut ganz indifferent, am geeignetsten zu rascher Wirkungsentfaltung die Blutbahn selbst, hierauf seröse Häute, Unterhautbindegewebe und Hautwunden, während Magen und Darmschleimhaut die Resorption verzögern und die locale Wirkung begünstigen. Die irritirende Wirkung des Helleborcïns äussert sich besonders auf Schleimhäute und namentlich auf den Tractus. Die äussere Haut wird dadurch nicht irritirt und subcutane Application bedingt nur etwas Hyperämie der Umgebung. Auf der Augenbindehaut erzeugt Helleboreïn Röthung, Schwellung, stark gesteigerte Schleimsecretion, Thränenfliessen und indirect Myosis; auf der Nasenschleimhaut Reiz zum Niesen, doch viel schwächer als Veratrin; im Munde in Folge seines Geschmacks bei Säugern Lecken und Zähneknirschen und ausserdem bei Carni- und Omnivoren vermehrte Speichelsecretion. Im Magen wirken sehr kleine Gaben nicht nachtheilig, nach wiederholter Darreichung kündigt sich aber bald cumulative Wirkung durch Verlust des Appetits, Uebelkeit und Erbrechen an, die nach Sistirung des Gebrauches rasch schwindet, andernfalls ebenso wie grosse Gaben Schmerzen, vermehrte Secretion und selbst Gastroenteritis herbeiführt. Vielleicht wird diese Wirkung nicht so intensiv durch das Helleborcïn der schwarzen Nieswurz bedingt. Auf die Darmschleimhaut wirkt das Helleborcïn der grünen Nieswurz gleichfalls reizend ein und kommt es nach kleinen Gaben zu vermehrter Se- und Excretion und nach wiederholten kleinen, sowie nach grossen Dosen zu dysenterischen Darmentleerungen und selbst zu ulcerativer Enteritis. Dem entsprechend zeigen sich als Vergiftungssymptome Leibschmerz, Brechbewegungen, selbst Blutbrechen, flüssige Dejectionen, selbst blutiger Stuhlgang mit Tenesmus (bei Hunden) und als Sectionsbefund die verschiedensten Grade der Irritation in allen Theilen des

Tractus. Die entfernte Wirkung des Helleboreïns ist vorzugsweise auf Entfernte Wirkung. das Herz gerichtet und steht qualitativ ganz der des Digitalins gleich. Helleboreïn wirkt wie Digitalin in sehr kleinen und wiederholten Dosen verlangsamend, in grösseren beschleunigend und meist plötzlich sistirend auf die Herzaction, verhält sich gegen den N. vagus genau wie dieses und hat sowohl während der Verlangsamung als während der Beschleunigung Steigen des Blutdruckes zur Folge. Nach dem Tode ist das Herz sofort oder sehr rasch, und zwar zuerst die Ventrikel, gelähmt, der Ventrikel bei Fröschen contrahirt und leer, bei Säugern schlaff und wie die grossen Blutgefässe der Brust, des Bauches und Beckens strotzend mit Blut gefüllt, das in einigen Stunden locker gerinnt. Die Respiration überdauert die Herzaction. Daneben wirkt es auf die Respiration und auf die Secretionsorgane, in specie Speicheldrüsen und Nieren, vielleicht auch auf den Uterus. Das Athmen ist anfangs beschleunigt, später verlangsamt und erschwert; die Lungen post mortem etwas blutreicher. Speichelfluss findet sich auch bei subcutaner Application. Auf nicht tödtliche Dosen erfolgt reichlichere Diurese, auf tödtliche findet sich bisweilen Hyperämie der Nieren, namentlich der Rindensubstanz. Bei weiblichen Thieren kommt constant starke Anfüllung der Uterusgefässe mit Injection der Schleimhaut nach Helleboreïnvergiftung vor. Auf das Nervensystem wirkt Helleboreïn in der Weise, dass sich constant lähmungsartige Schwäche, Zittern, Herabsinken des Kopfes, Ausgleiten der Extremitäten und schwächere, nach rascher Einwirkung grosser Dosen heftigere Convulsionen einstellen. Pupillenveränderungen sind nicht constant; kurz vor dem Tode besteht meist Mydriasis; der Leichenbefund im Hirn ist negativ. (Marmé). Im Harne ist Helleboreïn von Marmé Verhalten im Organismus. bei vergifteten Thieren nicht gefunden. Bis jetzt ist in praxi von dem Helleboreïn kein Gebrauch gemacht worden. Als Substitut des Digitalins Medicinische Anwendung. würde es sich wegen seiner leichten Löslichkeit in Wasser und der energischen Wirkung sehr kleiner Dosen besonders zur Subcutaninjection bei Herzaffectionen und Hydrops eignen; dagegen ist es als Drasticum (wegen der dazu erforderlichen grossen oder wiederholten kleinen Gaben und der mit diesen verbundenen gefährlichen Wirkung) und als Emmenagogum wohl nicht zu empfehlen.

Helleborin. $C_{36}H_{42}O_6$. — Literat.: W. Bastick, Pharm. Journ. Trans. **12**. 74; auch Viertelj. pract. Pharm. **2**. 388. — A. Husemann und W. Marmé, Ann. Chem. Pharm. **135**. 61. — W. Marmé, Zeitschr. f. rat. Medic. (3) **26**. 1.

Ein zweites, das Helleboreïn in *Helleborus viridis, niger* und Entdeckung u. Vorkommen. *foetidus L.* begleitendes Glycosid. Von Bastick 1853 zuerst wahrgenommen, von Husemann und Marmé genauer untersucht.

In der schwarzen und stinkenden Nieswurz findet es sich nur spurweise; Gehalt der Nieswurzarten an Helleborin. etwas reichlicher, jedoch der Menge nach weit hinter dem Helleboreïn zurückstehend, kommt es in der grünen Nieswurz, namentlich in alten dicken Wurzeln vor, von denen 25 Pfund 4—5 Grm. lieferten. (Husemann und Marmé).

Darstellung.

Es wird erhalten, indem man die zerkleinerten Wurzeln mit Weingeist erschöpft, aus den vereinigten Auszügen den Weingeist abdestillirt, den Helleborin, Helleboreïn und ein grünes fettes Oel enthaltenden Rückstand wiederholt mit beträchtlichen Mengen kochenden Wassers, in welchem sich bei Gegenwart von Helleboreïn das Helleborin löst, behandelt und die wässrigen Flüssigkeiten nach Entfernung des aufschwimmenden Oels stark concentrirt. Beim Erkalten krystallisirt alsdann das Helleborin heraus, theils sich als krystallinischen Bodensatz absetzend, theils in kleinen Krystalldrusen auf der Oberfläche schwimmend. Es wird mit Wasser gewaschen und so oft aus kochendem Weingeist umkrystallisirt, bis es blendend weiss geworden ist. (Husemann und Marmé.)

Eigen-
schaften.

Es bildet glänzend weisse, concentrisch-gruppirte Nadeln ohne Geruch und von neutraler Reaction, die im trocknen Zustande geschmacklos sind, in weingeistiger Lösung aber sehr scharf brennend schmecken. Von kaltem Wasser wird es nicht gelöst, auch von Aether und fetten Oelen nur schwierig, dagegen leicht von Weingeist und Chloroform. Mit concentrirter Schwefelsäure färbt es sich schön hochroth und giebt damit eine Lösung, aus der es durch Wasser in weissen Flocken wieder abgeschieden wird. (Husemann und Marmé.)

Zer-
setzungen.

Es schmilzt erst über $250^{\,0}$ und verkohlt dann. — Beim Kochen mit verdünnten Mineralsäuren wird es nur schwierig und unvollständig, beim Erhitzen mit conc. Chlorzinklösung dagegen Helleboresin. vollständig in Zucker und Helleboresin, $C_{30}H_{38}O_4$, gespalten $(C_{36}H_{42}O_6 + 4H_2O = C_{30}H_{38}O_4 + C_6H_{12}O_6)$. Letzteres scheidet sich dabei als braunes zinkhaltiges Harz aus, das durch Auskochen mit Salzsäure, Lösen in kochendem Weingeist und Ausfällen mit Wasser rein erhalten wird. Es bildet nach dem Trocknen und Zerreiben ein grauweisses geschmackloses Pulver, das bei 140—150° unter Bräunung erweicht, sich nicht in Wasser, kaum in Aether, aber leicht in Weingeist löst. (Husemann und Marmé.)

Wirkung.

Das Helleborin ist die Ursache der narkotischen Eigenschaften der dasselbe enthaltenden Helleborus-Arten und participirt ausserdem an der Wirkung derselben auf den Darm. Trotz geringer Löslichkeit in Wasser wirken schon kleine Dosen sehr energisch giftig. Frösche sterben nach 0,08 (subcutan); Tauben schon nach innerlich 0,04, Kaninchen nach 0,15—0,4, Hunde erkranken schwer nach 0,07 und können nach 0,24 sterben; bei Raben kann nach 0,12, bei Katzen nach 0,14 Oertliche
Wirkung. Erholung stattfinden. Auf Entozoën wirkt es nicht. Auf die äussere Haut wirkt Helleborin nicht, auf Schleimhäute nicht so intensiv wie das Helleboreïn. Ausser unangenehmer Geschmacksempfindung bedingt es bei Säugern bei Application per os Lecken, Kauen, Zähneknirschen, etwas ver-

mehrte Speichelabsonderung bei Hunden und Katzen, bei Vögeln und Hunden
Erbrechen, bei Hunden und Kaninchen wahrscheinlich Schmerzen im Abdomen, bei Hunden Drang zur Darmentleerung. Post mortem sind Mund und
Oesophagus bei Säugern intact, bei Tauben der Kropf stets ausgedehnt entzündet, im Magen und Darm von Säugern Zeichen der Reizung von einfacher
Vermehrung der Secretion bis zu hochgradiger, mit Blutextravasation einher-
gehender Entzündung. Die entfernte Wirkung deutet auf Affection
der Nervencentra, in specie des Gehirns, durch deren Lähmung der
Tod erfolgt. Bei Thieren tritt nach Aufregung und Unruhe sehr bald Parese
der Hinterbeine mit Zittern und Hin- und Herschwanken des ganzen Körpers,
dann bei starker Einwirkung tiefste Betäubung mit fast absoluter Anästhesie
ein, aus welcher sich nur Katzen relativ rasch erholen. Nach dem Tode
findet sich reichliche Hyperämie der Hirn- und Rückenmarkshäute, bei
Kaninchen Verminderung der Consistenz des Rückenmarks und Blutextra-
vasate in der Schädelhöhle. Die Functionen der übrigen Organe verhalten
sich während der Helleborinwirkung ziemlich wie unter dem Einflusse der
Narcotica überhaupt. Die Harnmenge ist nur bei Katzen nach überstandener
Intoxication etwas vermehrt; die Respiration in der Narkose verlangsamt, in
den Lungen post mortem locale Hyperämien und Hypostase, bei Hunden
vielleicht in Folge des heftigen Vomitus subpleurale Blutergüsse; die Herzaction nur bei intensiverer Einwirkung verlangsamt, besonders bei Hunden
und Fröschen, wo erst spät Herzstillstand eintritt; die Pupillen bei starker
Narkose sehr erweitert, auf elektrischen Reiz p. m. sich contrahirend.
(W. Marmé.)

Nigella.

Die Samen von Nigella sativa sind schon öfter Gegenstand der chemischen
Untersuchung gewesen. Das Nigellin von Reinsch, mit Fluorescenz ver-
sehen (Jahrb. Pharm. 4. 384) ist keinenfalls ein reiner Körper gewesen.
Weitere Arbeiten liegen vor von Flückiger (Jahrb. Pharm. (3) 2. 161) und
H. E. Greenish (Pharm. chem. soc. 1880. II. 1718. Pharm. Zeitschr. Russl.
20. 180).

Die Samen enthalten ein ätherisches Oel, circa 1.5 %, wasserhell, fluores- *Aetherisches Oel.*
cirend (Reinsch, Flückiger), aus einem Terpen und dem Körper $C_{20}H_{24}O$
bestehend.

Das fette Oel, ca 35 %, besteht nach Flückiger und Greenish aus *Fettes Oel.*
Myristinsäure-, Palmitinsäure- oder Stearinsäureglycerid, ist
orangegelb, spec. Gew. 0,92.

Ausserdem wurden nachgewiesen: ein glycosidähnlicher Körper, der mit
Salzsäure den Geruch nach Ericinol liefert, ein nicht isolirbares Alkaloïd,
endlich ein Glycosid, aus der alkoholischen Lösung abgeschieden, ein amorpher
Körper, das Melanthin, in heissem Alkohol löslich, fast unlöslich in Aether, *Melanthin.*
Chloroform, Benzol, Wasser, Petroläther, Schwefelkohlenstoff, krystallisirt
aus Alkohol in Nadeln, schäumt stark, mit Wasser geschüttelt. Mit 1 %
Salzsäure wird dasselbe in Zucker und eine harzige Masse Melanthigenin *Melan-thigenin.*
gespalten ($C_{20}H_{33}O_7 + H_2O = C_{14}H_{23}O_2 + C_6H_{12}O_6$). Durch Einwirkung von
conc. Schwefelsäure entsteht eine rosarothe Färbung. Das Melanthin nebst
seinem Spaltungsproduct sind mit Parillin und Parigenin sehr nahe verwandt,

ebenso andererseits mit Helleboreïn und Helleborin. Eine Revision dieser Arbeiten ist wünschenswerth.

Delphinium.

Die Samen von Delphinium Staphisagria enthalten neben etwas ätherischem und fettem Oele als wirksame Bestandtheile Delphinin und Staphisagrin, ausserdem Delphinoidin und Delphisin (Marquis).

Delphinin. Staphisagrin. Literat.: Chemische: Brandes, Schweigger's Journ. Chem. Phys. **25**. 369. — Lassaigne und Feneulle, Ann. Chim. Phys. (2) **12**. 358. — Feneulle, Journ. Pharm. (2) **9**. 4. — O. Henry, Journ. Pharm. (2) **18**. 663. — Couerbe, Ann. Chim. Phys. (2) **52**. 359, auch Ann. Chem. Pharm. **6**. 100. — J. Erdmann, Arch. Pharm. (2) **117**. 43. — Studer, Schweiz. Wochenschr. 1872. 32. — Serck, Dissert. Dorpat. 1874. — Marquis, Pharm. Zeitschr. Russl. **16**. 449 etc. — Fresenius, Ann. Chem. Pharm. **61**. 152.

Medicinische: Turnbull, On the medical properties of the natural order Ranunculaceae. London 1835. — Soubeiran, Journ. Pharm. Juin 1837. — Roerig, de effectu Delphinini in organismum animalem. Marburg. 1851. — Dorn, Diss. de Delphinino, observationes et experimenta. Bonn. 1857. — Dardel, Recherches chimiques et cliniques sur les alcaloïdes du Delphinium Staphisagria. Montpellier. 1864.

Entdeckung u. Vorkommen.　Dieses Alkaloid wurde 1819 beinahe gleichzeitig von Brandes und von Lassaigne und Feneulle in den Stephanskörnern, den Samen des in Südeuropa, in der Levante und auf den Canarischen Inseln wachsenden *Delphinium Staphisagria L.*, aufgefunden, in denen es, wie später Couerbe nachwies, begleitet von Staphisagrin, einer zweiten Pflanzenbase vorkommt.

Darstellung:　Nach den älteren Darstellungsmethoden von Brandes, Lassaigne und Feneulle und Henry wurde ein Gemenge von Delphinin und Staphisagrin erhalten. — Nach Couerbe behandelt man *nach Couerbe;* zur Darstellung des Delphinins das durch Ausziehen mit heissem Weingeist bereitete Extract des Samens in der Wärme mit schwefelsäurehaltigem Wasser, fällt die durch Filtration vom Fett getrennte Lösung mit Kali oder Ammoniak, entfärbt den erhaltenen Niederschlag in weingeistiger Lösung mit Thierkohle, nimmt deren noch viel Harz enthaltenden Verdunstungsrückstand in sehr verdünnter Schwefelsäure auf, scheidet mit in Lösung gegangenes Harz durch Eintröpfeln von Salzsäure oder Salpetersäure ab, decantirt nach 24 Stunden die klare Flüssigkeit und fällt mit Kalilauge. Den Niederschlag wäscht man mit etwas kochendem Wasser aus, löst ihn dann in absolutem Weingeist, verdunstet die Lösung und behandelt den gelben harzartigen Rückstand mit Aether, der nur das Delphinin löst, das Staphisagrin ungelöst zurück lässt.

J. Erdmann erwärmt die zerkleinerten und mit etwas Wasser zum dünnen Brei angerührten Stephanskörner einige Stunden im Wasserbade, presst die warme Masse zur Entfernung des Fettes tüchtig aus, erschöpft den Rückstand durch 6—8stündige Digestion mit starkem Weingeist, nimmt den ölig-harzigen Verdunstungsrückstand der weingeistigen Tinctur in salzsäurehaltigem Wasser auf, fällt das Filtrat mit Ammoniak, behandelt das ausgeschiedene Gemenge der Basen nach dem Waschen und Trocknen mit Aether, der unreines Staphisagrin zurücklässt und reinigt das beim Verdunsten der Aetherlösung bleibende Delphinin durch Auflösen des gewaschenen und getrockneten Niederschlages in Aether und Verdunsten dieser Lösung. — Erdmann erhielt etwa $^1/_{10}$ % vom Gewicht des Samens.

Studer hat auf Veranlassung von Flückiger Delphinin und Staphisagrin dargestellt und zwar auf folgende Weise. Die unzerkleinerten Stephanskörner wurden mit essigsäurehaltigem verdünntem Alkohol extrahirt, der Alkohol abdestillirt, mit Wasser verdünnt und die klare Flüssigkeit mit Ammoniak versetzt. Der Niederschlag wurde in Aether gelöst, diese Lösung mit salzsäurehaltigem Wasser ausgeschüttelt, diese saure Lösung wieder mit Ammon gefällt, abermals in Aether gelöst, der beim Verdunsten weisses Delphinin zurückliess.

Staphisagrin erhielt derselbe Verfasser aus den zerkleinerten Samen nach derselben Methode, indem der in Aether unlösliche Theil der Ammoniakfällung in angesäuertem Wasser aufgelöst wurde, mit Bleiacetat die fremden Stoffe niedergeschlagen, das Filtrat entbleit, eingedampft, wieder mit Wasser aufgenommen, mit Ammoniak gefällt, der Niederschlag aus Alkohol umkrystallisirt wurden, wobei rosarothe Krystalle sich zeigten. Delphinin ist demnach vorwiegend in der Schale, Staphisagrin im Eiweiss der Samen und den Cotyledonen enthalten. — Serck behauptet hinsichtlich der Verbreitung der beiden Alkaloïde gerade das Gegentheil und hält Delphinin für einen leicht zersetzbaren Körper.

Das Delphinin ist im gefällten Zustande eine amorphe weisse Masse, die beim Verdunsten ihrer ätherischen Lösung harzartig wird, aus Aether krystallisirend (Studer). Es schmeckt anhaltend scharf und reagirt in Lösung stark alkalisch. Sein Schmelzpunkt liegt bei 120°, 90° (Studer). In Wasser löst es sich sehr wenig. Von kaltem Weingeist von 80 %, Richt. erfordert es bei 15° 10 Theile zur Lösung, von kochendem erheblich weniger (Casselmann). Auch Aether, Chloroform und Benzol lösen es gut. Durch Benzol und Chloroform wird es schon der sauren wässrigen Lösung, durch Petroleumäther nur der alkalischen entzogen (Dragendorff).

Zusammen-
setzung.

Couerbe leitete aus seiner Analyse des Delphinins die Formel $C_{27}H_{19}NO_2$ ab, die Henry bestätigte. Erdmann's Untersuchung führte zu der oben angegebenen Formel $C_{24}H_{35}NO_2$.

Ver-
bindungen.

Die einfachen Salze des Delphinins sind amorph und zerfliesslich. Chlorwasserstoffsaures Delphinin-Platinchlorid, $C_{24}H_{35}NO_2, HCl, PtCl_2$, wird aus der Lösung des salzsauren Salzes durch Platinchlorid als hellgelber, nach dem Trocknen fast weisser, in Wasser, Weingeist und Aether unlöslicher, aber in Salzsäure leicht löslicher Niederschlag gefällt (Erdmann. v. Planta).

Zersetzungen.

Ueber den Schmelzpunkt hinaus erhitzt zersetzt sich das Delphinin. Heisse conc. Salpetersäure verharzt es. Chlorgas ist bei gewöhnlicher Temperatur ohne Einwirkung, bei 150 bis 160° aber entsteht unter Salzsäure-Entwickelung eine zuerst grüne, dann braune zerreibliche, in Weingeist und Aether nur theilweise lösliche Masse.

Verhalten
gegen
Reagentien.

Mit conc. Schwefelsäure giebt das Delphinin eine bleibend hellbraune Lösung, die auf Zusatz von etwas Bromwasser röthlichviolett wird, einen gelben Niederschlag bildet (Studer). — In verdünnten Lösungen seiner Salze erzeugt Gerbsäure starke weisse Trübung, beim Kochen mit Salzsäure theilweise verschwindend. Pikrinsäure fällt gelb und bleibend amorph, Phosphormolybdänsäure fällt bei Gegenwart freier Säure graugelb, Kaliumquecksilberjodid giebt gelbweissen, Kaliumkadmiumjodid weissen amorphen, Quecksilberchlorid gleichfalls weissen amorphen, Platinchlorid graugelben amorphen, Goldchlorid citronengelben amorphen, Natriumiridiumchlorid rothbraunen Niederschlag. Jod-Jodkalium fällt kermesfarben, Jodkalium gelbweiss, Schwefelcyankalium hellroth. Ammoniak, ätzende und kohlensaure Alkalien fällen flockiges oder gallertartiges, im Ueberschuss unlösliches Delphinin.

Die Arbeiten von Marquis haben 4 Alkaloïde als Bestandtheile der Stephanskörner festgestellt, deren Darstellung und charakteristische Eigenschaften folgen. — Die gemahlenen Samen wurden einer wiederholten Extraction mit weinsäurehaltigem Alkohol unterzogen, diese alkoholischen Auszüge der Destillation unterworfen, wobei sich eine grüne Oelschichte auf der sauren, wässrigen Lösung abschied. Diese letztere wird mit Petroleumäther ausgeschüttelt, dann mit Natriumbicarbonat alkalisch gemacht und mit Aether ausgeschüttelt, der beim Verdunsten Krystalle von Delphinin liefert, das durch Umkrystallisiren aus Aether gereinigt werden kann. Die wässrige Lösung, welche nach der Ausschüttelung mit Aether zurückbleibt, wird zur Gewinnung von Staphisagrin mit Chloroform ausgeschüttelt, das Letzteres aufnimmt und nach dem Verdunsten zurücklässt.

Aus den Mutterlaugen, aus welchen das Delphinin auskrystallisirte, konnte entweder Delphisin, in Warzen krystallisirend, oder Delphi-

noidin erhalten werden, letzteres durch Wiederauflösen in weinsäurehaltigem Wasser, Ausschütteln mit Aether, Verdunsten der
ätherischen Lösung, Wiederaufnahme des Rückstandes mit Chloroform und Verdunstenlassen.

Die Verarbeitung der oben erwähnten sich ausscheidenden grünen
Fettmasse geschieht in analoger Weise.

Die von Marquis und Dragendorff auf diese Weise isolirten
Alkaloïde lassen sich folgendermassen charakterisiren:

1) Delphinin, krystallisationsfähig, löslich in Alkohol (1 20,8),
   Aether (1 11), Chloroform (1 15,8), von bitterem Geschmack,
   schwach alkalischer Reaction, fällbar aus Lösungen mit dem
   bekannten Fällungsmittel der Alkaloïde, in Schwefelsäure,
   Fröhde's Reagens ohne charakteristische Erscheinung löslich.
   Zusammensetzung: $C_{28}H_{37}NO_5$. Dargestellt wurden die
   Platinchloridverbindung, Verbindungen mit Goldchlorid, Queck-
   silberjodid, das Sulfat-, Nitrat-salzsaure Salz.

2) Delphinóïdin, amorph, löslich in Aether, Alkohol, Chloroform, stark alkalisch reagirend, Schmpkt. 110—120°. Reactionen: mit Schwefelsäure rothbraun, Fröhde's Reagens
   blutroth, später tief kirschroth, mit Zucker und Schwefelsäure
   braun bis grün werdend, mit Schwefelsäure und Bromwasser
   prachtvoll violett werdend. Zusammensetzung: $C_{42}H_{68}N_2O_7$.
   Dargestellt sind die Platinchlorid-, Goldchlorid- und Queck-
   silberjodidverbindung, Sulfat, nitrat, Acetat und salzsaure Salz.

3) Delphisin, in Warzen krystallisirend, löslich in Aether,
   Alkohol, Chloroform, von der Zusammensetzung $C_{27}H_{46}N_2O_4$.

4) Staphisagrin, nur amorph erhalten, löslich in Wasser
   (1 200), Aether (1 855), leicht löslich in Chloroform, Alkohol, von bitterem Geschmack, Schmpkt. 90°, in weingeistiger
   Lösung alkalisch reagirend, von der Zusammensetzung:
   $C_{32}H_{33}NO_5$. Reactionen: mit Schwefelsäure je nach der
   Reinheit roth in's Violette sich färbend, mit rauchender
   Salpetersäure blutroth. Von den Salzen und Verbindungen
   sind die analogen wie bei Delphinin etc. hergestellt und
   untersucht worden.

Das Delphinin ist eine intensiv giftige Substanz, welche besonders Wirkung.
auf die Respiration und Circulation (Herz, Gefässnerven), daneben auch
auf das Rückenmark und in weniger ausgesprochener Weise auf die peripherischen motorischen Nerven wirkt. Obschon es den Herzmuskel und
die Herznerven rasch lähmt, kann es doch nicht als ein eigentliches
Herzgift (Falck und Roerig) angesehen werden, sondern stellt sich

als ein asphyxirendes Gift dar, das in seiner Wirkung auf die Respiration dem Aconitin nahe steht und dessen tödtlicher Effekt durch künstliche Respiration zwar nicht völlig überwunden, aber längere Zeit verzögert werden kann. Ausserdem kommt dem Delphinin ausgesprochene örtliche irritirende Action auf Haut und Schleimhäute zu.

Wirkung bei Thieren. Versuche über krystallisirtes Delphinin liegen bis jetzt nur von Böhm und Serck (Arch. exp. Pathol. 5. 311. 1876) vor; doch scheint dasselbe quantitativ und qualitativ dem im Handel vorhandenen amorphen Alkaloide, soweit solches nicht erhebliche Mengen Staphisagrin enthält, gleich zu wirken. Zu 0,1 Mgm. bewirkt es bei Fröschen complete Paralyse in 10—15 Min. Die Reihenfolge der Erscheinungen bei Hunden und Katzen ist nach 0,01—0,03 in einigen Minuten bis $\frac{1}{2}$ Std. Verlust der Munterkeit, wiederholte Schlingbewegungen und Ablecken der Schnauze, dann Speichelfluss, heftige Würg- und Brechbewegungen, oft mit lautem Stöhnen und mehrmaliger Defäcation, unsicherer, taumelnder Gang, Abnahme der Sensibilität und der Reflexaction, dann bei zunehmender Schwäche paroxysmenweise heftige tonische und klonische Krämpfe, dann Tod in einem Anfalle nach 2—24 Std.; schon frühzeitig tritt Verlangsamung und Vertiefung der Athemzüge auf, die sich allmählich zu Dyspnoe mit kurzer Inspiration und stark verlängerter Exspiration steigert; an den Krämpfen participirt auch das Zwerchfell. Die Pupille ist nicht constant verändert; das Herz findet sich post mortem meist in diastolischem Stillstande, mitunter noch einige rudimentäre Contractionen ausführend. Bei Fröschen sind in der Adynamie intensive fibrilläre Muskelzuckungen, in den Bauchmuskeln beginnend, bemerkenswerth

Delphinin des Handels. Die älteren toxikologischen Untersuchungen über Delphinin, wie sie von Orfila, Roerig und Falck (Arch. physiol. Heilk. 11. 528), L. van Praag (Arch. path. Anat. 6. 365. 435. 1854); Albers (Allg. Ztschr. Psych. 15. 348. 1858) und F. Dardel angestellt wurden, beziehen sich auf amorphes Digitaliu und meist auf Gemenge von Staphisagria-Alkaloiden, sind jedoch in ihren Resultaten bis auf wenige Punkte sowohl unter einander als mit den neuesten Versuchen über die Action des krystallinischen Delphinins ziemlich übereinstimmend. Orfila sah bei Hunden nach 0,36 in 60,0 Wasser gelöst und intern verabreicht schon nach wenigen Minuten Würgen, Brechen und Durchfall, nach zwei Stunden Unruhe, Schwindel, Schwäche, Seitenlage, etwas später leichte Convulsionen in den Beinen und Kiefermuskeln und in 1—3 weiteren Stunden unter völliger Integrität des Gehörs und Gesichts Tod eintreten und constatirte bei der Section geringe Entzündung der Magenschleimhaut, dunkle Farbe des Blutes im linken Herzen und einen Verdichtungszustand der Lungen; die Magenentzündung fehlte bei gleichen Dosen Acetat, wo jedoch der Tod schon zwischen 40 und 50 Min. eintrat. Eine starkere Wirkung der Delphininsalze gegenüber dem Alkaloide, wenn letzteres in Pulverform angewendet wird, constatirten Albers und Dorn, doch ist nach den ausführlichen Versuchen von Falck und Roerig nicht daran zu zweifeln, dass das Alkaloid, wenn es in gelöster Form, zumal in alkoholischer Solution eingeführt wird, stärker toxisch ist als die offenbar unter gleichen Bedingungen nur nach Massgabe ihres Gehalts an Alkaloid giftigen Salze, unter denen Falck und Roerig das Nitrat als das stärkste bezeichnen. Die Giftigkeit des unreinen Delphinins und seiner Salze ist an sämmtlichen Wirbelthierclassen dargethan, von Roerig und Falck für Weissfische,

Frösche, Tauben, Hühner, Kaninchen, Hunde und Katzen, ausserdem für
Meerschweinchen (Dardel), Salamander (Albers), Cyprinus rutilus, Frin-
gilla Chloris und Parus major (v. Praag). Die Dosis letalis stellt
sich auch bei Anwendung der unreinen Delphininsorten sehr niedrig. So
starben Weissfische nach 2—3 Mgm. binnen 15—39 Min. (Roerig und
Falck), Rothflosser nach 15—3 Mgm., in alkoholischer Lösung auf die
Kiemen gestrichen in 30, 11 und 10 Min., nach 0,75 Mgm. von einer Rückenwunde aus in 7, vom Magen aus in 7—14 Min. und nach 1,5 Mgm. vom
Rectum aus in 8 Min. In den Versuchen von Roerig und Falck gingen
Frösche nach 3 Mgm. in Alkohol gelösten Delphinins, von einer Rückenwunde aus in 9, nach 5 Mgm. Delphininnitrat in 35—49 Min. zu Grunde;
Tauben und Hühner bei interner Application weingeistiger Lösungen von
0,1—0,5 in 23—8 Min., nach 0,06 Delphininnitrat in 1 Std., nach 0,1 Hydrochlorat, Citrat und Tartrat in 2—24 Stunden; Kaninchen bei Application
weingeistiger Solution in den Anus nach 0,8 in 8 Min. und nach 0,2 in
6½ Min., Hunde und Katzen bei derselben Applicationsweise nach 0,5 resp.
0,1 in 28—8 Min., während 0,1 bei Injection in die Jugularis einen Hund
schon in 1 Min. tödtete. v. Praag sah bei Kaninchen 0,3 per os in 30 Min.
tödtlich werden, während die Injection derselben Delphininmenge in die
Drosselvene erst nach 5 Min. Vergiftung und in 20 Min. Tod bedingte; bei
Hunden wirkten vom Magen aus 0,015 toxisch und 0,03 in 12—15 Min. letal.
Grünlinge gehen durch 8 Mgm. intern schon in 20 Sec., durch 4 Mgm. in 6
Min., Kohlmeisen durch 5 Mgm. in 3 Min. zu Grunde.

Als Symptome bei Fischen beobachteten Falck und Roerig übereinstimmend mit L. v. Praag schwierige, beengte, träge Respiration und zunehmende Adynamie, ausserdem v. Praag constant Beben und Zuckungen
der Muskeln und Zittern und leichte Zuckungen in Flossen und Schwanz,
während Falck und Roerig dies nur ausnahmsweise sahen. Falck und
Roerig constatirten bei der Section Anfüllung der Rückenvenen, der Leber
und des Herzens mit schwarzem, au der Luft sich rasch röthendem und
spät coagulirendem Blute, starke Auftreibung der Schwimmblase mit Luft
und dunkelrothe Färbung der Kiemenbögen ohne Ekchymosirung. — Nach
Falck und Roerig folgten bei Fröschen der Application anfangs etwas
Unruhe, dann aber rasch Liegenbleiben auf dem Bauche mit unbeweglichen
schlaffhängenden Gliedern, wobei die willkürliche Bewegung nicht gehemmt
war, da Versuche der Fortbewegung stattfanden, während durch Reize nach
einiger Zeit keine Bewegungen mehr hervorgerufen wurden. Zugleich wurde
die Respiration und der Herzschlag entschieden abgeschwächt und zeigte
letzterer ziemlich plötzlich unvollkommene Contractionen und Häsitationen,
worauf wiederum einige Contractionen und dann Stillstand folgten. Dem
Tode ging Beben und Zittern der Muskeln voran. Sowohl L. v. Praag als
Albers stellen den Stillstand des Herzens, das sie noch mehrere Stunden,
wenn auch geschwächt, fortschlagen sahen, in Abrede. v. Praag giebt an,
dass Adynamie und Gefühllosigkeit zuerst an den Hinterbeinen auftreten und
nicht stets gleich stark bleiben, sondern Remissionen eintreten. Albers betont die Schaumentleerung aus dem Munde, hebt hervor, dass im Anfange
der Vergiftung leicht einige Zuckungen entstehen, dass die Muskeln der
Gliedmassen meist etwas früher afficirt werden als die des Rumpfes und dass
die Extremität, in welche das Gift eingeführt wird, am frühesten leidet,
und bezeichnet als besonders characteristisch das Fehlen aller Reflexbe-

wegungen, sowie das Muskelzittern, das sich zunächst in den Hinterbeinen, dann in den Bauchmuskeln, hierauf in den Vorderbeinen und schliesslich in den Kiefer- und in den Herzmuskeln entwickelt.

Bei Tauben und Hühnern sahen Falck und Roerig bei schnell tödtlichen Gaben Brechreiz, Schütteln des Kopfes, rasch zunehmende Adynamie in Pfoten, Flügeln, Halsmuskeln, endlich Hinfallen mit ausgebreiteten Flügeln, anfangs Beschleunigung der Respiration, später Dyspnoe, Luftschnappen, Singultus und Ausfluss dicken zähen Schleimes aus dem Schnabel, Abnahme der Sensibilität, zuerst an den Füssen, zuletzt am Kopfe, während Bewusstsein und Thätigkeit der Sinnesorgane erst gegen Ende des Lebens schwanden. Bei kleineren Dosen entwickelte sich die Adynamie später und wurden die ersten Wege stärker afficirt, so dass Brechreiz, Schütteln des Kopfes und Kothentleerung während der ganzen Vergiftung stattfanden. Bei der Section fanden Falck und Roerig nach raschem Tode Blutstockung in den Lungen und selbst hämorrhagische Infarcte; sonst Blutreichthum der Hirnhäute, das Herz gleich nach dem Tode sich nicht mehr contrahirend, die Herzwände schlaff, die Herzohren mit dunklem zähem Blute gefüllt, die Lungen an der Oberfläche scharlachroth, die Unterleibsvenen und die Lebervenen mit dunklem Blute gefüllt, den Motus peristalticus gleich nach dem Tode langsam und durch Reize nicht zu beschleunigen. v. Praag fand auch bei Vögeln nicht immer den Herzschlag gleich nach dem Tode völlig erloschen, venöse Hyperämie in den Muskeln und in den Brustmuskeln, Extravasate in der Haut, einige Male starke Hyperämie des Gehirns.

Bei Hunden beobachteten Falck und Roerig beim Einbringen in den Magen Erbrechen, bei Application per anum, wo zunächst Kothentleerungen entstehen, oder durch eine Wunde Speichelfluss, dann zunehmende Adynamie, Anästhesie, Pupillenerweiterung, jedoch erst kurz vor dem Tode, Epiphora, keuchende, mit Heulen begleitete Respiration, Anhäufen von zähem Schleim in Stimmritze und Kehlkopf; bei Katzen anfangs tolle Sprünge, später auch Adynamie, bei Kaninchen Lecken, Schluckbewegungen, beschwerte Respiration, Adynamie, Opisthotonos. Die Section zeigte bei Katzen und Kaninchen Anhäufung dicken Schleims im Kehlkopf, Luftröhre und Bronchien, Anfüllung der Herzvenen, Atrien, Herzohren, Leber und Milz, Schlaffheit der Herzwandungen; bei Hunden ausserdem Hyperämie der Arachnoidea, des kleinen Hirns, der Medulla und der Sinus, sowie Entzündung im Rectum und S. romanum. L. v. Praag giebt noch an, dass bei grösseren Gaben der Puls an Frequenz zunahm, während er bei kleineren sank, dass ungeordnete wilde Sprünge auch bei Hunden vorkamen, dass Reiben der Schnauze mit eigenthümlichem Streichen der Füsse um Mund und Backengegend und ein sonderbares Wälzen über den Boden, das sich jedoch nicht überall fand, auffallend waren, dass die Anästhesie sich nicht überall zeigte, dagegen Pupillenerweiterung und Protrusion der Bulbi, dass das Sensorium commune ungetrübt blieb, dass heftiger Brechreiz und wirkliches Erbrechen, lebhafte Darmbewegungen, so dass selbst Prolapsus ani resultirte, und unwillkürliche wiederholte Defäcation, mehrmals auch reichlicher Urinabgang, in 3 Fällen Speichelfluss auftraten und dass das Erbrechen sich auch einstellte, wenn das Gift direct in den Kreislauf gebracht wurde. Häufig trat der Tod unter Opisthotonos ein. Als Sectionsergebniss führt L. v. Praag venöse Blutanhäufung als Folge passiver Stase an ohne Zeichen von Irritation, die auch in den Gedärmen sich nicht fanden, wo er 2 mal Ekchymosen constatirte; die

Hirnhäute und namentlich die Sinus venosi waren stets, ebenso Luftröhre, Nieren und Leber, auch die Musculatur hyperaemisch, Herz und die grösseren Venenstämme mit schwarzem gallertartigem Blute gefüllt, das Hirn meist anämisch. Albers hebt nach seinen Versuchen an Säugethieren als frappantes Symptom den Speichelfluss hervor, der in allen seinen Experimenten vorkam, jedoch nicht bis zum Ende der Vergiftung anhielt, unter abnormen Empfindungen im Rachen (Brechreiz) erfolgte, von keiner Hyperämie begleitet war und bei subcutaner Einführung selbst reichlicher eintrat als bei directer Application in den Mund; der Speichel war normal. Auch beobachtete Albers mehrfach vermehrte Diurese. Ferner betont er auch bei Säugethieren die Abwesenheit der Reflexe und bringt sie mit einem durch die Section constatirten anämischen Zustande des Rückenmarks in Zusammenhang, weist auf das dem Speichelfluss vorausgehende Lecken, auf das Zähneknirschen und die erweiterte Pupille hin, leitet den Tod von der zunehmenden, auch die Athemmuskeln ergreifenden Lähmung ab, während er auch bei den Säugethieren das Aufhören der Respiration vor das Erlöschen der Herzthätigkeit setzt. Besonders rasch zeigte sich in Albers Versuchen die Todtenstarre bei Kaninchen.

Die mit reinem Delphinin angestellten physiologischen Versuche von Böhm und Serck ergaben, dass die Paralyse bei Fröschen nicht durch Lähmung der peripherischen Nerven bedingt ist, obschon die Reizbarkeit der letzteren, wie dies auch Albers, Weyland (Eckhards Beitr. 1869) und Rabuteau (Gaz. méd. de Paris. 428. 1875) bereits angaben, herabgesetzt wird. Die Reizbarkeit der quergestreiften Muskeln überdauert die der Nerven (Dardel, Weyland, Rabuteau); die Muskelcurve zeigt nichts Abnormes (Böhm). Sensibilität und Reflexerregbarkeit scheinen früher aufgehoben zu werden als die willkürliche Bewegung (Falck und Roerig, Böhm und Serck). Die Sensibilität bleibt in einer unterbundenen Extremität länger intact; die Nerven scheinen in der Richtung vom Centrum zur Peripherie abzusterben (Dardel). Die glatten Muskeln werden nicht afficirt (Rabuteau). Strychninkrämpfe hebt Delphinin auf; nicht aber Strychnin die durch Delphinin bewirkte Herabsetzung der Reflexaction (Böhm und Serck). Die Wirkung auf das Froschherz giebt sich zunächst durch Herabsetzung der Zahl der Herzschläge (Falck und Roerig, Dardel, Böhm), mit oder meist ohne vorgängige Beschleunigung, und Verlängerung der Diastolen zu erkennen, worauf Unregelmässigkeiten, jedoch nicht so ausgesprochen wie beim Aconitin, und ein in 20—60 Secunden sich wieder lösender diastolischer Herzstillstand, hierauf Abnahme der Energie, zunächst an den Ventrikeln, bis der Stillstand in halber Diastole erfolgt, während die Bewegung der Vorhöfe regelmässig den Tod des Thieres überdauert (Albers, Böhm). Auf den stillstehenden Ventrikel sind mechanische oder elektrische Reize ohne allen Einfluss; die Vagi verlieren bei Delphininvergiftung sehr rasch ihren Effect; Muscarin, Atropin, Nicotin und Aconitin modificiren die Herzwirkung des Delphinins in keinem Stadium, Delphinin hebt die durch Muscarin und Digitalin bedingten Herzstillstände (Böhm, Studien über Herzgifte 1870) auf. Nach Infusion von 5 Mgm. bei Säugethieren erfolgt continuirliches Sinken des Blutdrucks bis zur Nulllinie und Tod in 3 Min., kleinere Gaben setzen den Blutdruck nach vorheriger Steigerung herab, der Puls sinkt unmittelbar nach Einführung des Giftes beträchtlich, steigt dann auf das Doppelte und sinkt wieder unter die Norm. Die primäre Abnahme der

Physiologische Wirkung.

Pulszahl beruht, da sie nicht bei durchschnittenem Vagi eintritt (Böhm und Serck), auf centraler Vagusreizung und wird im weiteren Laufe der Vergiftung die anfangs intacte Reizbarkeit der Vagi vernichtet.

Reizung sensibler Nerven erzeugt nur anfangs schwache Blutdrucksteigerung, später nicht mehr; Halsmarkdurchtrennung verhütet die primäre Blutdrucksteigerung nicht. Die durch Delphinin bedingte Dyspnoe wird durch nachträgliche Vagusdurchschneidung aufgehoben, und bei vorheriger Trennung der Vagi resultirt an Stelle von Verlangsamung Beschleunigung des Athems. (Dardel, Böhm und Serck). Das tödtliche Ende der Vergiftung kann durch künstliche Respiration längere Zeit hinausgeschoben werden. (Böhm und Serck).

Wirkung beim Menschen. Vergiftungen durch Delphinin beim Menschen liegen bisher nicht vor, da der in Rom vorgekommene angebliche Giftmord des Generals Gibbone sich als eine Mystification herausgestellt hat. Ueberhaupt existiren über die Wirkung des Delphinins auf den menschlichen Körper in der Literatur nur wenige, noch dazu meist auf die Applicationswirkung unreiner Präparate bezügliche Angaben, welche jedoch eine Schärfe des Präparats nicht verkennen lassen.

Nach Turnbull bedingt es bei Einreibung mit Fett oder Alkohol ein Gefühl von Hitze und Prickeln, das von dem durch Veratrin erregten durch grössere Dauer und Intensität sich unterscheidet und sich dem bei einem Vesicator entstehenden Brennen nähert. Auch Soubeiran vindicirt dem Delphinin bei Einreibungen Erregung von Wärme, Prickeln, Röthe und einer Art Gänsehaut. In die Nase gebracht ruft Delphinin Niesen hervor, auf der Bindehaut Schmerz und Röthung. Turnbull, der von seinem unreinen Präparate mitunter 0,18—0,25 pro die reichte, fand dasselbe in einzelnen Fällen auf den Darmcanal wirkend, ausserdem diuretisch und Gefühl von Brennen und Prickeln in verschiedenen Körpertheilen hervorrufend. Falck und Roerig beobachteten nach Application von 1—3 Mgm. in alkoholischer Lösung auf der Zunge sofort widrig bitteren Geschmack, gleichzeitig an Galle und ranziges Fett erinnernd, dann 1½ Stunden anhaltendes Kriebeln und Brennen in der nichtgerötheten und geschwollenen Zunge; ebenso trat bei Einbringung in eine Hautwunde Gefühl von Brennen ein. Schroff fand Delphinin zu 6—10 Mgm. ausser intensiv bitterem Geschmacke und Brennen an Zunge und Unterlippe vermehrte Speichelabsonderung, Aufstossen, Uebelkeit, Druck im Magen und Veränderung der Pulsfrequenz bedingend. Albers beobachtete bei einem an Hirntorpor und erhöhter Reizbarkeit des Rückenmarks leidenden Kranken nach mehrtägigem Gebrauche von 4 mal täglich 0,015 Delphinin Speichelfluss, Brennen, Röthung und Entzündung des ganzen Rachens, Ekel, Brechreiz, verminderte Esslust, Stuhldrang ohne Entleerung, Drang zum Harnen mit brennendem Gefühle ohne besondere Vermehrung der Harnabsonderung, Jucken und Stechen der ganzen Haut, so dass der Kranke nicht im Bett liegen konnte, endlich kleinen, sonst normalen Puls; der gedrückte Gemüthszustand des Kranken wurde nicht gemindert, dagegen Sicherheit der Bewegung und die Arbeitslust gemehrt.

Behandlung der Vergiftung. Als chemisches Antidot kann Gerbsäure, welche Delphininlösung präcipitirt, in Anwendung gezogen werden. Künstliche Respiration ist nach den Versuchen von Böhm und Serck angezeigt, wenn auch nicht zur Lebensrettung ausreichend. Ein excitirendes Verfahren dürfte wie beim Aconitismus am Platze sein.

Delphinin gehört zu den selten gebrauchten Medicamenten, denen kaum grössere Ausdehnung der Anwendung prognosticirt werden kann. Wenig Bedenken hat die äussere Anwendung nach Art des Veratrins bei schmerzhaften Affectionen, besonders rheumatischen Schmerzen und Neuralgien. Hier benutzte zunächst Turnbull Delphinin, das er bei Tic douloureux, wo sich die Zungenspitze oder der Ramus infraorbitalis besonders afficirt zeigt, vor Veratrin bevorzugt, weil man es besser in die Schleimhaut der Zunge und der Wange einreiben könne als dieses, was wohl nur von Turnbull's unreinem Präparate gegenüber reinem Veratrin gilt, da weder die Erfahrungen bei Thieren noch bei Menschen die Application reinen Delphinins oder alkoholischer Delphininlösung in angenehmem Lichte erscheinen lassen. Bestätigung fand die günstige Wirkung durch Soubeiran und Reil (Mat. med. 153). Turnbull und Soubeiran empfahlen auch bei Zahnschmerzen einige Tropfen Delphininlösung in die Höhle des cariösen Zahnes zu bringen oder das Zahnfleisch damit zu reiben. Ferner fand Turnbull die örtliche Application auch bei Otalgie nützlich. Turnbull hat Delphinin ausserdem bei Lähmungen und Rheumatismus benutzt (innerlich und äusserlich), Soubeiran bei Hydrops, da es die Resorption der hydropischen Ergüsse fördere. Albers hielt es indicirt bei gesteigerter Reizbarkeit des Rückenmarks und den diese begleitenden wunderbaren Empfindungsstörungen, bei gestörter Verdauung (!) und verminderter Harnabsonderung; doch sind die oben angedeuteten Effecte nicht ermuthigend. Vielleicht am besten begründet sich die Empfehlung van Praags bei acutem Rheumatismus, die er auf die deprimirende Wirkung des Medicaments auf die Circulation, das Muskelsystem und das peripherische Nervensystem begründet.

Aeusserlich ist Delphinin in alkoholischer Lösung oder in Salbenform anzuwenden; die alkoholische Lösung natürlich bei Application in der Mundhöhle. Man rechnet auf Solution und Salbe 1 Th. Delphinin auf 60 resp. 15—8 Th. Alkohol oder Fett. Unzweckmässig ist, zum Unguent Jod- oder graue Salbe zu verwenden, wie dies Turnbull oder Magendie thun, da hier Zersetzung des Delphinins nothwendig eintritt.

Zum innerlichen Gebrauche kann man sich des Delphinins oder seiner Salze bedienen, von denen Turnbull das Delphininum tartaricum zu 0,02—0,03 4mal täglich zu reichen räth. In derselben Dosis reichte er auch Delphinin, doch war das Präparat sehr unrein. Albers sah von der Hälfte der Dosis des reinen Alkaloids keine beunruhigenden Intoxicationsphänomene. Ob nach den von L. van Praag bei fieberhaften Affectionen befürworteten Dosen von 0,006 — 0,008 3—4 mal täglich Herabsetzung des Fiebers eintritt, steht dahin. Als Arzneimittel ist nur die Pillenform zulässig, da die alkoholische Lösung seitens des Geschmackes zu starke Inconvenienzen darbietet.

Delphininsalze werden in wässriger Lösung ausserordentlich leicht zersetzt und eignen sich deshalb zu medicinischer Verwendung in dieser Form nicht.

Das Staphisagrin steht in seiner Giftigkeit dem Delphinin nach und ist ohne Wirkung auf das Herz.

Therapeutische Anwendung.

Dosis und Anwendungsweise.

Behandlung der Vergiftung.

Staphisagrin.

Nach den Versuchen von Böhm und Serck wirkt es zu 0,2—0,3 auf Hunde, zu 0,1—0,2 auf Katzen, zu 0,03 auf Kaninchen tödtlich. Als Symptome treten besonders Störungen der Respiration hervor, während direkte Wirkung auf den Blutdruck fehlt und die Veränderungen des Pulsschlages von den Athemstörungen abhängig sind; das Herz bleibt stets reizbar, pulsirt unmittelbar nach dem Tode noch lebhaft, auch fehlt der terminale soporös-comatöse Zustand der Delphininvergiftung. Staphisagrin erzeugt bei Fröschen keine fibrillären Zuckungen, bei Warmblütern keine Convulsionen, lähmt dagegen die motorischen Nerven schon viel früher als Delphinin, wobei die Paralyse häufig die vorderen Extremitäten mehr als die hinteren ergreift.

Staphisin. Vermuthlich ist das von Dardel physiologisch untersuchte „Staphisin" mit dem Staphisagrin identisch, welches zu 5 Mgm. ein Meerschweinchen tödtete und besonders die Respiration, dagegen fast gar nicht den Kreislauf afficirte. Das von Dardel geprüfte Staphisagrin, welches schon zu 1—5 Mgm. auf Meerschweinchen, Kaninchen und Katzen toxisch wirkte und hier wie bei Fröschen die Erscheinungen des Delphinins erzeugte, wobei sich p. m. constant Hyperämie in der Höhe des verlängerten Marks gefunden haben soll,

Delphinoidin und Delphisin. war vielleicht mit einem der von Marquis als Delphinoidin und Delphisin bezeichneten Alkaloide, welche quantitativ und qualitativ dem Delphinin gleichwirken sollen, identisch.

Aconitum.

Aconitin. — Literat.: Chemische: Geiger und Hesse, Ann. Chem. Pharm. 7. 276. — v. Planta, Ann. Chem. Pharm. 74. 257. — Hottot u. Liégois, Journ. Pharm. (2) 44. 130, auch Chem. Centralbl. 1864. 558. — Hottot, Journ. Pharm. (2) 45. 169 u. 304. — Procter, N. Jahrb. Pharm. 23. 37. — C. Frisch, N. Jahrb Pharm. 23. 140. — Hübschmann, Schweiz. Wochenschr. Pharm. 1868. 189. — Zenoffsky, Pharm. Zeitschr. Russl. 11. 74. — Squible, Proceed. americ. pharm. Assoc. 1872. 229; Jahresb. Pharm. 1873. 128. — Patrouillard, Jahresb. Pharm. 1873. 131. — Groves, Pharm. Journ. Trans. (3) 4. 293. — Dragendorff, Jahresb. Pharm. 1874. 133. — Wright, Pharm. Journ. Trans. (3) 7. No. 326. 256; Agricchem. Jahresb. 1876. 182; 8. No. 399. 659. — Wright und Seef, Journ. chem. Soc. 33. 151. 318; 35. 387. — Paul und Kingzett, Pharm. Journ. Trans. 8. No. 375. 172; Jahresb. Pharm. 1877. 147. — v. Wasowicz, Arch. Pharm. (3) 11. 175. — Dragendorff, Beiträge zur gerichtl. Chemie 1871. S. 55. — Die chem. Werthbest. scharf wirkender Droguen 1874. 7. — Schoonbroodt, Jahresb. Pharm. 1869. 12. — Diehl, Niew. Tijdschr. voor d. Pharm. 1876. 2.

Medicinische: Turnbull, On the preparation and medical employment of Aconitina by the endermatic method in the treatment of tic douloureux and other painful affections. London 1834. On the medical properties of the nat. order Ranunculaceae, and more particularly on the uses of Sabadilla-seeds, Delphinium Staphysagria and Aconitum Napellus and their alcaloids etc. London 1835. — Alex. Fleming, An inquiry into the physiol. and med. properties of the Aconitum Napellus. Edinb. 1845.   F. W. Schulz, De Aconitini effectu in org. anim. Marburg. 1846. — Schroff, Prag. Viertljschr.

42. 129. 1854. Wchbl. d. Gesellsch. Wien. Aerzte. 18. 1855; 14. 1866. Journ. Pharmacod. 1. 3. 335. 1857. Med. Jahrb. 17. 57. 161. 1861. — L. v. Praag, Arch. path. Anat. 7. 3. u. 4 438. 1854. — Achscharumow, Arch. Anat. Phys. 2. 255. 1866. Headland, On the action of medicines. 4 ed. London, 1867. — Dyce Duckworth, Brit. med. Journ. March. 2. 224. 1861. — Liégeois und Hottot, Journ. de Physiol. 520. 1861. Hottot. ibid. 113. 1864. — Gubler, Bull. Thérap. May 15. 1864. 612. — Hahn, Essai sur l'Aconite. Strassb. 1863. — Adelheim, Forensisch-chemische Untersuchungen über die wichtigsten Aconitumarten und ihre wirksamen Bestandtheile. Dorpat. 1869. — Buchheim und Eisenmenger. Eckhard's Beitr. 1870. — C. v. Schroff jun., Beitrag zur Kenntniss des Aconit. Wien. 1871. — Böhm, Studien über Herzgifte. Würzburg. 1871. — Böhm und Wartmann, Würzb. Verhandl. 3. 63. 1872. — Ewers, Ueber die physiologischen Wirkungen des aus Aconitum ferox dargestellten Aconitin (Pseudaconitin). Dorpat. 1873. — Böhm, Arch. exp. Pharmakol. 1. 385. — Molènes, De l'Aconitine cristallisée et de son azotate. Paris, 1874. — L. Lewin, Experimentelle Untersuchungen über die Wirkungen des Aconitins auf das Herz. Berlin. 1875. — Giulini, Experimentelle Untersuchungen über die Wirkung des Aconitins. Erlangen. 1876. — v. Anrep, Arch. Anat. Physiol. 161. 1880. Suppl.

Diese Base wurde 1833 von Geiger und Hesse im Kraut von *Aconitum Napellus L.* aufgefunden. Sie findet sich ausser in der genannten Sturmhutart, die sie auch in der Wurzel enthält, in geringerer Menge noch in *Aconitum Stoerkianum Reichb.*, *A. variegatum L.*, *A. paniculatum L.* und *A. Anthora L.*, begleitet — wenigstens im *A. Napellus* — nach Hübschmann von Acolyctin, nach T. und H. Smith (Pharm. Journ. 1864. 5. 317) von einer gut krystallisirenden Base, die sie Aconellin nennen, aber, wie auch Jelletet (Chem. News 1864 Apr.), für identisch mit Narcotin halten. Dagegen enthält *Aconitum Lycoctonum L.* nach Hübschmann kein Aconitin, sondern neben dem eben genannten Acolyctin noch eine andere Base, das Lycoctonin.

Zur Darstellung extrahirten Geiger und Hesse die trocknen Blätter mit Weingeist, filtrirten nach einiger Zeit, neutralisirten das Filtrat mit verdünnter Schwefelsäure, trennten vom ausgeschiedenen Gyps und entfernten den Weingeist zum grössten Theile durch Abdestilliren, den Rest nach Zusatz von etwas Wasser durch gelindes Erwärmen. Sie fällten alsdann aus der rückständigen Lösung durch kohlensaures Kali unreines Aconitin, welches sie zum Zweck völliger Reinigung zunächst zwischen Papier pressten und in weingeistiger Lösung mit Thierkohle behandelten, dann nach dem Eintrocknen nochmals in verdünnter Schwefelsäure aufnahmen, mit Kalkhydrat ausfällten und aus dem Niederschlage durch Schütteln mit Aether auszogen. Da die ätherische Lösung schwierig vollständig austrocknet, so nimmt v. Planta den zurückbleibenden Syrup in absolutem Weingeist auf, wodurch das Aconitin in Flocken gefällt wird, die man mit Wasser wäscht und im Vacuum trocknet. — C. Frisch zieht die Wurzel mit Wasser aus, reinigt die Auszüge durch Ausfällen mit Bleiessig und behandelt die vom Blei befreite Lösung mit Thierkohle, die das Alkaloid aufnimmt und nach dem Waschen mit Wasser an kochenden Weingeist abtritt. — Hottot und Liégeois unterwerfen den mit schwefelsäurehaltigem Weingeist bereiteten

Auszug der Wurzel der Destillation, trennen das auf dem Rückstande schwimmende grüne Oel durch Abheben und entfernen den Rest desselben durch Schütteln mit Aether. Nachdem sie darauf Magnesia im Ueberschuss hinzugefügt haben, behandeln sie abermals wiederholt mit Aether, der beim Verdunsten die unreine Base hinterlässt. Diese wird in verdünnter Schwefelsäure aufgenommen, die Lösung mit Thierkohle entfärbt und kochend heiss mit Ammoniak gefällt. Wird der getrocknete Niederschlag zuerst in Aether und der beim Verdunsten der filtrirten Lösung bleibende Rückstand nochmals in wässriger Schwefelsäure gelöst und nun tropfenweise verdünntes wässriges Ammoniak hinzugefügt, so fällt anfangs gefärbtes, später reines Aconitin nieder. Das nach dem Verfahren von Hottot und Liégeois dargestellte Aconitin ist das sogen. französische Aconitin, das in seinem chemischen Verhalten mit dem Deutschen ziemlich übereinstimmt, dagegen (s. unten) abweichendes physiologisches Verhalten zeigt.

Ausbeute. Die Ausbeute an Aconitin aus der Wurzel von *A. Napellus* beträgt nach Frisch 0,85 % nach Procter 0,42 % aus amerikanischen, 0,20 % aus europäischen Knollen, nach Hager (Pharmac. Centralh. 4. 1003) in den besten Knollen des Handels 1,25 %, in den schlechtesten 0,64 %. Hottot erhielt aus 10 Kilogrm. Wurzeln 4—6 Grm. Aconitin. Aus 250 Grm. frischen Blättern erhielt Schoonbroodt (Viertelj. pract. Pharm. 18. 73) 0,30 Grm. eines in feinen Nadeln krystallisirenden Alkaloïds (nach ihm vielleicht Smith's Aconellin) und fast ebenso viel von einer öligen Base, die er für unreines wirkliches Aconitin hält.

Eigenschaften. Das Aconitin ist nach v. Planta ein farb- und geruchloses, luftbeständiges, in Wasser untersinkendes, stark bitter und hinterher brennend scharf schmeckendes Pulver. Hübschmann beschreibt das aus frischen Aconitwurzeln von ihm dargestellte Alkaloïd als ein weisses amorphes, etwas körniges und nicht an Papier haftendes Pulver, das sehr bitter und kaum brennend schmeckt. Nach Planta schmilzt es bei 80° ohne Gewichtsverlust und erstarrt beim Erkalten glasartig. Nach Hübschmann erweicht es in siedendem Wasser so, dass es knetbar wird und erhärtet beim Erkalten zu einer spröden Masse. In höherer Temperatur zersetzt es sich. Es reagirt stark alkalisch und zeigt nach Buignet (Journ. Pharm. (2) 90. 252) schwaches Linksdrehungsvermögen. Es löst sich kaum in Wasser, in 4,25 Th. Weingeist, 2 Th. Aether, $2\frac{1}{2}$ Th. Chloroform (Hübschmann), leicht auch in Benzol (Hottot) und in Amylalkohol, jedoch nicht in Petroleumäther (Dragendorff). Aus allen diesen Lösungsmitteln hinterbleibt es beim Verdunsten als farblose glasglänzende amorphe Masse (Hübschmann).

Zusammensetzung. Die Zusammensetzung wurde von v. Planta durch Analyse der möglichst gereinigten freien Base und einiger Salze ermittelt und der oben angeführten Formel $C_{30}H_{47}NO_7$ entsprechend gefunden.

Verbindungen. Das Aconitin neutralisirt die Säuren vollständig unter Bildung unkrystallisirbarer Salze. Das salzsaure Aconitin hat die Formel $C_{30}H_{47}NO_7, 2HCl$; das salzsaure Aconitin-Goldchlorid, $C_{30}H_{47}NO_7, HCl, AuCl_3 + H_2O$, ist ein dichter amorpher gelbweisser Niederschlag, der sich nicht merklich in Salzsäure löst. (v. Planta).

Verhalten gegen Reagentien. Conc. Schwefelsäure löst das Aconitin mit hellgelbbrauner, nach 24 Stunden in rehbraun übergehender Farbe; auf Zusatz von etwas Salpetersäure wird die Lösung hellgelb. Conc. Salpetersäure giebt mit Aconitin eine kaum schwach gelb gefärbte Lösung (Dragendorff). — Löst man das

Alkaloïd in wässriger Phosphorsäure und verdampft über einer kleinen
Flamme mit grosser Vorsicht, so entsteht eine characteristische violette Färbung, die in ähnlicher Weise nur von Digitalin und Delphinin (von denen
es sich durch sein negatives Verhalten bei der Schwefelsäure-Bromwasser-
probe leicht unterscheidet) hervorgebracht wird. Verdünnte Schwefelsäure
verhält sich ähnlich. (Herbst, Otto's Ausmittel. d. Gifte 1867. S. 33). —
Verdünnte Lösungen der Aconitinsalze werden durch Pikrinsäure und
Platinchlorid nicht gefällt; dagegen giebt Phosphormolybdänsäure
hellgelben flockigen, Jod-Jodkalium kermesfarbigen, Kaliumquecksilberjodid und Kaliumkadmiumjodid weissen amorphen, Goldchlorid citronengelben, Quecksilberchlorid weissen, anfangs käsigen,
später krystallinischen Niederschlag; Gerbsäure erzeugt Trübung, die auf
Salzsäurezusatz zunimmt, beim Erwärmen dann verschwindet, aber beim
Erkalten wiederkehrt (Dragendorff). — Ammoniak, ätzende und einfach-kohlensaure Alkalien fällen daraus weisses Aconitin, das sich in
grösserem Ammoniaküberschuss löst; zweifach-kohlensaure Alkalien fällen
kalt nicht, wohl aber in der Wärme (v. Planta). (Die hier erwähnten
Reaktionen haben keine absolute Zuverlässigkeit.)

Ueber die Abscheidung des Aconitins aus organischen Massen bei gerichtlichen Untersuchungen vergl. man die Einleitung zu den Alkaloïden. Da
von den chemischen Reactionen keine so characteristisch ist, um zur sicheren
Erkennung zu genügen, so muss der mikroskopische und physiologische Nachweis stets zu Hülfe genommen werden. Bezüglich des
ersteren giebt Helwig (Analyt. Zeitschr. 3. 52) an, dass Aconitin in kleiner
Menge nach dem S. 42 beschriebenen Verfahren erwärmt ein aus Körnern und
Fetttröpfchen bestehendes Sublimat liefert, welches sich nach dem Betupfen
mit wässrigem Ammoniak und erfolgtem Verdunsten in zarte, häufig recht-
winklich gekreuzte Nadeln verwandelt. Salzsäure führt das Sublimat in ein
Aggregat von scharf ausgebildeten Octaëdern, Kreuzchen und Sternchen über,
während Schwefelsäure damit sehr feine Nädelchen und grössere vierseitige
Platten und Salpetersäure eine reichere Krystallisation von sehr kleinen
Octaëdern erzeugt.

Englisches Aconitin (Marson's Napellin oder Aconitine pure,
Hübschmann's Pseudoaconitin, Flückiger's Nepalin). — Dieses Präparat
wird in England in der Fabrik Morson's nach einem geheim gehaltenen
Verfahren dargestellt; denn eine in Poggend. Annal. 17. 175 mitgetheilte
Bereitungsweise nach Morson scheint nicht echt zu sein. Nach Hübschmann (Schweiz. Wochenschr. Pharmac. 1868. 189) besitzt das aus Morson's Fabrik von ihm bezogene Präparat folgende Eigenschaften: Es ist ein
höchst fein zertheiltes, schmutzig weisses und sehr anhaftendes Pulver,
welches brennend aber nicht bitter schmeckt, alkalisch reagirt und völlig
verbrennt. Es schmilzt nicht in kochendem Wasser. Es löst sich in 20 Th.
kochendem Weingeist unter Abscheidung brauner Flocken und krystallisirt
aus der filtrirten Lösung leicht in farblosen Krystallen. Auch aus Aether,
von dem es in der Siedhitze 100 Th. zur Lösung erfordert, schiesst es leicht
in Krystallen an. Von Chloroform erfordert es 230 Th. zur Lösung und von
Benzol wird es nur in der Wärme gelöst. Es sättigt die Säuren. Conc.
Schwefelsäure färbt sich damit nicht, auch nicht auf Zusatz von etwas
Salpeter.

Gerichtlich-
chemischer
Nachweis.

Englisches
Aconitin.

Acolyctin und Lycoctonin.

Acolyctin und Lycoctonin. — Nachdem Hübschmann 1857 im *Aconitum Napellus L.* und anderen Sturmhutarten ein zweites als „Napellin" bezeichnetes Alkaloid, dann 1865 im gelbblühenden *Aconitum Lycoctonum L.* statt des darin fehlenden Aconitins zwei neue, von ihm Acolyctin und Lycoctonin genannte Basen aufgefunden hatte, erklärte derselbe 1867 das nur in sehr kleiner Menge im A. Napellus vorkommende Napellin mit dem im A. Lycoctonum viel reichlicher auftretenden Acolyctin für wahrscheinlich identisch. In der That stimmen die von beiden angeführten Eigenschaften sehr nahe mit einander überein.

Den zuerst Napellin genannten Körper erhielt Hübschmann aus dem rohen Aconitin des Handels. Er entzog demselben mit wenig Aether das Aconitin, löste den Rückstand in absolutem Weingeist, fällte die Lösung mit Bleizucker, entfernte aus dem Filtrat den Bleiüberschuss durch Schwefelwasserstoff, verdampfte mit kohlensaurem Kali zur Trockne, zog mit absolutem Weingeist aus und verdunstete den mit Thierkohle gereinigten Auszug, der alsdann das Napellin hinterlassen sollte (das aber hiernach jedenfalls mit essigsaurem Kali verunreinigt sein musste).

Zur Darstellung von Acolyctin nnd Lycoctonin verdunstet man den zuerst mit Kalk und dann mit Schwefelsäure behandelten weingeistigen Auszug der Wurzeln von A. Lycoctonum, entfernt das sich ausscheidende Harz, entfärbt mit Thierkohle, bringt mit kohlensaurem Natron in schwachem Ueberschuss zur Trockne und zieht den Rückstand mit Chloroform oder absolutem Weingeist aus. Die nach Zusatz von etwas Wasser zum Syrup verdunstete Lösung giebt an Aether das Lycoctonin ab, während das reichlicher vorhandene Acolyctin in der wässrigen Schicht bleibt und durch Verdunsten derselben gewonnen wird.

Das Acolyctin ist ein weisses, rein bitter schmeckendes (das Napellin sollte hinterher brennend schmecken), alkalisch reagirendes und die Säuren neutralisirendes, in Wasser, Weingeist und Chloroform leicht lösliches, in Aether unlösliches Pulver, dessen wässrige und saure Auflösung von kohlensauren Alkalien gefällt wird, mit Ammoniak nach längerem Stehen gallertartig erstarrt und auch mit Gerbsäure, Phosphormolybdänsäure und Goldchlorid Niederschläge giebt. Conc. Schwefelsäure färbt sich damit nicht.

Das Lycoctonin scheidet sich aus ätherischer Lösung in mattweissen Warzen ab, schmeckt sehr bitter, reagirt alkalisch, neutralisirt die Säuren, löst sich wenig in Wasser, leicht in Weingeist, schwierig in Aether (Hübschmann).

An die älteren in Vorliegendem mitgetheilten Angaben über die in Aconitum enthaltenen Alkaloïde reihen sich jene Arbeiten an, welche nach dem Jahre 1871 über denselben Gegenstand erschienen sind. Zwar ist wohl festgestellt, dass durch die Arbeiten besonders von Wright und Luff, Manches aus früherer Zeit über die Aconitbasen hinfällig geworden ist, trotzdem glauben wir, die Gesammtliteratur in ihrer weiteren Entwicklung über diesen Gegenstand hier berücksichtigen zu sollen, da eben eine absolute Klarheit über die Aconitbasen noch nicht existirt.

Zenoffsky beschäftigte sich damit, in Aconitum Napellus, Stoerkianum, variegatum, und zwar in Wurzeln, dem Stengel, den Blättern, Blüthenknospen und Blüthen den Gehalt an Aconitin zu bestimmen und zwar mittelst der Mayer'schen Quecksilberjodid-Kaliumjodidlösung.

Aconitin (resp. Gemenge der Aconitbasen) wurde isolirt aus den Aconitumarten und die Fällung mittelst der Mayer'schen Lösung hergestellt, deren Quecksilberbestimmung den Verfasser zur Annahme der v. Planta'schen Aconitinformel führt $C_{60}H_{90}NO_{14}$. Die quantitativen Bestimmungen des Aconitins in den Pflanzentheilen wurden theils in mit Schwefelsäure angesäuerten alkoholischen oder wässrigen Lösungen ausgeführt.

Duquesnel (Broschüre 1872) hat das krystallisirte Aconitin näher untersucht und folgende Eigenschaften festgestellt. Schmpkt. 140°, etwas löslich in Wasser, reichlich löslich in Alkohol, Aether, Essigäther, Benzin, Chloroform. Die von Otto schon angeführte violette Färbung mit Phosphorsäure wird bestätigt. Alkalien, kohlensaure Alkalien, Pikrinsäure, Gerbsäure, Goldchlorid, Platinchlorid geben Fällungen, Jod in Jodkalium. Von Salzen wurden krystallinisch hergestellt: Schwefelsaures-, salzsaures-, salpetersaures-, aconitsaures Aconitin.

Patrouillard meint, dass das deutsche oder wahre Aconitin von dem englischen oder Pseudoaconitin (Napellin) verschieden sei, beide Basen aber unreine Varietäten des reinen Aconitin seien.

Groves unterzog das krystallisirte Aconitin, das amorphe, krystallisirte Pseudoaconitin, amorphe Pseudoaconitin, Aconitin von Morson, Napellin von Hübschmann einer vergleichenden Untersuchung, wobei der Schmelzpunkt, die Löslichkeitsverhältnisse, das Verhalten der ammoniakalischen Lösungen etc. bestimmt wurden. Von den gewonnenen Resultaten scheint der Mittheilung zunächst werth, dass Groves mit Phosphorsäure keinerlei Färbungen mit den Alkaloïden erhielt. Alle Aconitbasen machen aus Lösungen von Ammoniaksalzen Ammoniak frei. Der Verfasser ist der Ansicht, dass nur 2 Reihen von verwandten Aconitbasen existiren, wovon das Aconitum Napellus, die eine, Aconitum ferox oder andere indische Arten die andere erzeugt. Er unterscheidet daher:

Krystallisirtes Aconitin.	Krystall. Nepaulin (Napellin).
Amorphes Aconitin.	Amorphes Nepaulin.
Napellin.	Napellin.

Droughton will in Aconitum heterophyllum ein neues Alkaloïd, Atisin, aufgefunden haben. (Jahresber. Pharm. 1874. 135).

Paul und Kingzett haben nach der Methode Duquesnels (Extraction mit weinsäurehaltigem Alkohol) eine japanische Aconitknolle untersucht und eine aus Aether krystallisirende Basis erhalten, schwer löslich in Wasser, leicht löslich in Alkohol, von der Formel $C_{29}H_{44}NO_9$.

v. Wasowicz untersuchte Aconitum heterophyllum und ermittelte ein Fett, aus Oel-Palmitin- und Stearinsäure bestehend, ausserdem Gerbsäure, Rohrzucker, Schleim und ein Alkaloïd, dem Atisin nahekommend, von der Formel $C_{46}H_{74}N_2O_4$.

Die Arbeiten von Wright und Luff, dazu bestimmt, Klarheit in die verworrenen Verhältnisse zu bringen, führten zu folgenden Resultaten:

1) Die Wurzeln von Aconitum Napellus enthalten ein sehr wirksames, krystallinisches Alkaloïd, das Aconitin $C_{33}H_{43}NO_{12}$, neben einem weniger wirksamen, dem Pseudaconitin

$C_{36}H_{49}NO_{11}$. Ausserdem werden stets bei der Darstellung der beiden Alkaloïde Spaltungsprodukte Aconin und Pseudaconin erhalten und ein nicht krystallinisches Alkaloïd, mit höherem Kohlenstoffgehalte.

2) Die Wurzeln von Aconitum ferox enthalten neben grossen Mengen von Pseudaconitin Aconitin in geringer Menge und ein 3tes Alkaloïd, das möglicherweise mit dem Planta'schen Körper $C_{30}H_{47}NO_7$ identisch ist.

3) Aconitum Lycoctonum scheint ebenfalls Aconitin und Pseudaconitin zu enthalten; die von Hübschmann dargestellten Acolyctin und Lycoctonin sind mit Aconin und Pseudaconin identisch.

4) Die Aconitine des Handels sind Gemenge von Aconitin und Pseudaconitin nebst den Spaltungsprodukten Aconin und Pseudaconin.

5) Bei der Darstellung der Alkaloïde ist allein die Dusquenelssche Methode zu empfehlen. (Extraction mit weinsäurehaltigem Alkohol).

6) Die japanische Aconitwurzel enthält ein Alkaloïd, Japaconitin, $C_{66}H_{88}N_2O_2$.

Die Darstellung, welche zur Herstellung eines pharmaceutischen Präparates von constanter Zusammensetzung angewandt werden sollte, besteht in Extraction mit weinsäurehaltigem Alkohol, Verdunsten dieser Lösung im Vacuum, Aufnahme mit Wasser, Ausfällen der Base mit kohlensaurem Kali oder Natron, Aufnahme dieser Fällung in Aether, Auskrystallisirenlassen, Umwandlung in bromwasserstoffsaures Salz, abermaliges Fällen mit kohlensaurem Kali, nochmaliges Lösen in Aether zum Zwecke der Krystallisation.

Beim Ausziehen der Wurzel von Aconitum Napellus mit salzsäurehaltigem Alkohol wurde gegen Ende nur wenig Aconitin, dagegen eine grosse Menge eines amorphen, nicht giftigen Körpers erhalten, $C_{31}H_{45}NO_{10}$, Pikroaconitin.

Aconitin, Pseudaconitin und deren Spaltungsprodukte.

— Beim Erhitzen von Aconitin in einem geschlossenen Rohre mit Wasser auf 140—150° zehn bis 24 Stunden lang wird dasselbe in Benzoësäure und Aconin zerlegt, welch' letzteres aus der wässrigen Flüssigkeit, die durch Aether von Benzoësäure befreit wurde, durch schwaches Uebersättigen mit kohlensaurem Natron, Ausschütteln mit Aether, Verdampfen der wässrigen Lösung bis zur Trockne, Aufnahme mit Alkohol oder Chloroform dargestellt wurde, aus welcher Lösung sich das Aconin abschied. Dasselbe, von der Formel $C_{26}H_{39}NO_{11}$, ist löslich in Alkohol und Chloroform, unlöslich in

Aether, fällbar aus Lösungen durch Goldchlorid, Bleiacetat, Tannin, bitter schmeckend. (Uebereinstimmung mit Hübschmann'schem Acolyctin.)

Das Pseudaconitin, $C_{36}H_{49}NO_{11}$, ebenso der Einwirkung von Wasser ausgesetzt, liefert als Spaltungsprodukte, in analoger Weise isolirt, Dimethylprotocatechusäure und Pseudaconin, $C_{27}H_{41}NO_8$, eine harzartige, krystallinische Masse (Hübschmanns Lycoctonin). Es ist daher zunächst Aconitin als Benzoylaconin: $C_{26}H_{38}(C_7H_5O)NO_{11}$ zu bezeichnen.

Das Pseudaconitin ist die wirksame krystallinische Basis von Aconitum ferox, Schmkpt. 104—105°, die mit verdünnter Salzsäure leicht entwässert werden kann, wobei dieselbe in Apopseudaconitin $C_{36}H_{47}NO_{11}$ übergeht. Das Pseudaconitin bildet ein gut krystallisirendes Nitrat; mit alkoholischer Kalilauge im zugeschmolzenen Rohre auf 140° erhitzt, zerfällt es in Apopseudaconitin Schmpkt. 102 —103° nach der Gleichung: $C_{36}H_{47}NO_{11} + H_2O = C_9H_{10}O_4 + C_{27}H_{39}NO_8$.

Pseudaconin und Apopseudaconin sind amorphe Basen, ihre Salze sind ebenfalls amorph. Mit Eisessig erhitzt liefert Pseudaconitin Acetyl-apopseudaconitin, Schmpkt. 115°, krystallisationsfähig, mit Benzoësäureanhydrid bildet sich $C_{36}H_{46}(C_7H_5O)NO_{11}$. Das Aconitin geht durch Wasserentziehung beim Erhitzen mit Weinsäure in Apoaconitin $C_{33}H_{41}NO_{11}$ über. Mit Essigsäure- und Benzoësäureanhydrid entstehen die entsprechenden Acetyl- und Benzoylverbindungen. Folgende Structurformeln leiten die Verfasser für die erwähnten Körper ab:

Aconitin $C_{26}H_{35}NO_7$ $(OH)_3\,O\,.\,(CO\quad C_6H_5)$

$$\text{Apoaconitin } C_{26}H_{35}NO_7 \begin{cases} =O \\ -\,OH \\ -\,O\,.\,(CO\quad C_6H_5) \end{cases}$$

Aconin $C_{26}H_{35}NO_7$ $(OH)_4$

$$\text{Dibenzoyl-Apoaconitin } C_{26}H_{35}NO_7 \begin{cases} =O \\ -\,O\,(CO\quad C_6H_5) \\ -\,O\,(CO\quad C_6H_5) \end{cases}$$

$$\text{Apoaconin } C_{26}H_{35}NO_7 \begin{cases} =O \\ -\,OH \\ -\,OH \end{cases}$$

$$\text{Pseudaconitin } C_{27}H_{37}NO_5 \begin{cases} \diagup OH \\ \diagup OH \\ -\,OH \\ \diagdown O\quad CO\,.\,C_6H_3(OCH_3)_2 \end{cases}$$

$$\text{Apopseudaconitin } C_{27}H_{37}NO_5 \begin{cases} O \\ -OH \\ O . CO . C_6H_3(OCH_3)_2 \end{cases}$$

$$\text{Pseudaconin } C_{27}H_{37}NO_5(OH)_4$$

$$\text{Apopseudaconin } C_{27}H_{37}NO_5 \begin{cases} O \\ -OH \\ OH \end{cases}$$

Japaconitin.

Das Japaconitin, $C_{66}H_{88}N_2O_2$, welches, wie oben erwähnt, aus der japanischen Aconitwurzel nach der Duquesnel'schen Methode dargestellt wurde, Schmpkt. 185—186°, giebt bei Verseifen Benzoësäure neben Japaconin, $C_{26}H_{41}N_2O_2$, ausserdem mit Benzoësäurehydrid eine Tetrabenzoylverbindung. Verfasser nehmen eine dieser beiden erwähnten Basen zu Grunde liegende Base an:

Japaconin.

$$C_{26}H_{39}NO_7 \begin{cases} O . C_7H_5O \\ -OH \\ -OH \\ OH \end{cases}$$

von Aconitin durch 4 H-Atome unterschieden. Das Japaconitin wäre demnach aus 2 Molekülen dieser hypothetischen Base unter Austritt von 3 H_2O entstanden und hätte die Structurformel:

$$C_{26}H_{39}NO_7 = O \begin{cases} OH \\ OH \end{cases}$$

Aus Aconitum ferox dargestelltes käufliches Aconitin enthielt:

    70   % Pseudaconitin
    0,6 „ Aconitin
    24,8 % Pseudaconin und amorphe Base
    4,2 % Wasser.

Das amorphe Pseudaconitin von Groves:

    64,8 Pseudaconitin
    1,2 Aconitin
    29,8 Pseudaconin
    4,2 Wasser.

Das im Droguenhandel, aus Aconitum ferox dargestellt, vorkommende Extract enthält 60—80% Pseudaconitin und sehr viele amorphe Basis.

Aconitbasen.

Wirkung und Anwendung der Aconitbasen. Bei dem Umstande, dass die Aconitbasen, wie sie im Handel vorkommen, offenbar reine Stoffe nicht sind, sondern Gemenge von verschiedenen qualitativ und quantitativ different wirkenden Basen, auf deren Bildung die Darstellungsweise entschiedenen Einfluss hat, ist das literarische Material über die Action derselben ein Chaos schwer zu gruppirender Facta.

Alkaloide aus Aconitum Napellus. — Aconitin. —

Es gilt dies namentlich von der Hauptbase aus Aconitum Napellus, dem Aconitin, dessen verschiedene Handelssorten in ihrer giftigen Action nicht nur quantitativ, sondern theilweise auch qualitativ so sehr differiren, dass eine gemeinsame Darstellung etwas sehr Missliches hat. Selbst wenn wir, wie es Sitte ist, die Stoffe nach ihrer Provenienz als Deutsches, Englisches und Französisches Aconitin getrennt abhandeln, sind die Schwierigkeiten nicht ganz beseitigt, insofern neuerdings auch einige in Deutschland dargestellte Sorten Differenzen von dem früheren Präparate zeigen und indem der allgemeinen Annahme zufolge verschiedene als Englisches Aconitin bezeichnete Präparate überhaupt nicht zum Aconitin aus Aconitum Napellus, sondern zum Pseudaconitin aus Aconitum ferox gehören. Das stärkstgiftigste Aconitin ist das Französische Aconitin von Duquesnel, während die schwächste Giftigkeit den älteren Sorten von deutschen Aconitin zukommt; zwischen beiden stehen die meisten englischen Präparate, von denen einzelne dem Französischen Aconitin in ihrer Toxcität ausserordentlich nahe stehen.

Deutsches Aconitin. — Die von den verschiedensten Forschern angestellten physiologischen Vesuche lassen keinen Zweifel darüber obwalten, dass die Deutschen Aconitine Präparate darstellen, welche einen Anästhesie und Paralyse durch Einwirkung auf die Medulla spinalis und Herabsetzung der Respiration bedingenden, vielleicht auch direct die Herzthätigkeit herabsetzenden Stoff mit anderen Substanzen gemischt enthalten, die diese Wirkung zum Theil abschwächen, z. Th. modificiren, z. Th. auch neue Erscheinungen, wie periphere Paralyse, hinzutreten lassen. Von den übrigen Aconitinen unterscheidet sich das Deutsche Aconitin wesentlich durch das **Fehlen örtlicher Reizung** bei Application auf Schleimhäute oder die Haut z. B. des Menschen, und die geringere Toxicität, welche für manche Sorten geringer ist als die des alkoholischen Extracts der Wurzel von A. Napellus, **dessen actives Princip das deutsche Aconitin somit bestimmt nicht ist.**

Von ziemlich gleicher Giftigkeit haben sich die Aconitinsorten erwiesen, welche zu den Versuchen von F. W. Schulz (1846), Schroff (Aconitin von Merck), v. Praag (Trommsdorff'sches Aconitin), Achscharumow (Aconitin von Merck, Trommsdorff und Schering), Böhm und Wartmann (1872) und Giulini (Aconitin von Merck) dienten, während sehr erhebliche grössere Toxicität ein von v. Aurep (1880) untersuchtes Präparat (von Schuchardt in Görlitz) darbot. Hier ist jedenfalls die Darstellung von wesentlichem Einflusse, da, wie z. B. C. v Schroff jun. angiebt, ein nach der Methode von Dragendorff aus Napellusextract dargestelltes Aconitin stärker giftig ist als das Aconitin des Deutschen Handels.

Die Giftigkeit des deutschen Aconitins wurde von Geiger für Sperlinge und von Schulz bereits für Fische (Weissfisch, Flussbarsch), Amphibien (Blindschleiche, Natter, Frosch), Vögel (Taube, Dohle, Hahn) und Säugethiere (Kaninchen, Igel, Katze) festgestellt; später für Hunde (Schroff), Fringilla montifringilla, Sturnus vulgaris und Cyprinus Tinca (v. Praag), Kröten und Ratten (Giulini). Von Fischen starben Weissfisch und Barsch in 15—20 Min., wenn ihnen 0,03 salzsaures Aconitin in den Mund oder auf die Kiemen gestrichen war (Schulz), Cyprinus Tinca bei Application von 0,06 in Alkohol gelöst per anum in 21 Min., auf die Kiemen in $1\frac{1}{2}$ St. Nattern starben nach 0,06 A. muriat. in 36 Min. resp. 80 Min.

(Schulz). Frösche sah Achscharumow durch 0,01 resp. 0,005 subcutan in 2—3 St., durch 0,001 in 5 Tagen und vom Magen aus nach 0,01 ebenfalls in 5 Tagen sterben. In Adelheims Versuchen gingen Frösche nach 1 Mgm. zu Grunde. Böhm und Wartmann fanden, wie Giulini bei Kröten, 0,5 Mgm. bei Rana temporaria lähmend; dagegen stellte sich die tödtliche Gabe in den Versuchen v. Anrep's auf 0,05 Mgm. und zuweilen noch geringer. In v. Praag's Versuchen erlag Fringilla Montifringilla 7,5 Mgm. in alk. Lösung in 1½—2 St., Sturnus vulgaris der internen Application von 0,06 in ungelöstem Zustande in 40 Min., eine Taube der nämlichen Dosis erst in 3 Tagen (v. Praag); Tauben starben bei subcutaner Application von 0,01 in 30 Min. (Achscharumow), bei interner Darreichung von 0,12—0,15 A. nitr. in 23—60 Min. (Schulz). Eine Dohle starb nach innerer Application von 0,12 nicht (Schulz). 0,18 A. nitr. tödteten von einer Rückenwunde einen jungen Hahn in 28 Min. Von Säugethieren sah Schulz Kaninchen durch interne Application von weniger als 0,12 Gm. essigs. A. in 2 Min., von 0,06 in 6 Min., einen Igel nach 0,1 Aconit. muriat. von einer Wunde aus in 7 Min., eine Katze noch 0,12 bei derselben Applicationsweise in 6 St. zu Grunde gehen. Aus Schroff's Versuchen geht hervor, dass Kaninchen von 0,1—0,2 Grm. ungelösten Aconitins in 1½ Stunden wiederhergestellt wurden, während eine alkoholische Solution von 0,8, in 3 Portionen je ½ Min. nach einander eingegeben, sofort, dieselbe Quantität ungelöst, erst in 24 Stunden den Tod herbeiführte; 0,4 in alkoh. Lösung bewirkten nicht den Tod. 0,2 riefen bei einem Hunde nur Erbrechen hervor. v. Praag sah Kaninchen Acon. in alk. Solution vom Magen aus schon zu 0,03—0,06 in 3½ Min. resp. 40 Secunden tödten. Achscharumow fand subcutan 0,05 in 30 Minuten bei Kaninchen letal wirkend, während vom Magen aus 0,8 tödteten und 0,03 subcutan ertragen wurden. — Böhm und Wartmann fanden bei Kaninchen 0,01 in 1—1½ St. tödtlich, Giulini dieselbe Gabe im Laufe von 5—10 Min. letal. v. Anrep setzt 0,5 Mgm. (subcutan) als letale Gabe des von ihm benutzten Deutschen Aconitins, wonach der Tod gewöhnlich in 15—20 Min., spätestens am Ende der ersten Stunde eintrat. Adelheim fand Deutsches Aconitin zu 0,24 bei einer Katze nur Vomituritionen erregend und zu 0,5 in vertheilten Dosen (2 mal 0,05, je einmal 0,2 und 0,03 in 6 Tagen) bei einem Hunde nur Erbrechen und Durchfälle bedingen. In Schroff's Versuchen riefen 0,2 bei einem Hunde nur Erbrechen hervor. v. Praag sah Hunde nach weniger als 0,02 intern ausser Erbrechen keine Symptome darbieten, während Injection von 0,1 in alkoholischer Lösung in die Drosselader den Tod in 11 Min. herbeiführte.

Symptome bei Thieren; Bei Fischen sind als Symptome der Wirkung des Deutschen Aconitins Seitenlage, stossweises Schwimmen und stark verlangsamte mühsame Respiration (Schulz, v. Praag), als Sectionsbefunde grössere Gefässfülle im Hirn und Mark, Röthung und Hyperämie der Kiemen, Purpurfärbung des Herzventrikels und Anfüllung der Atrien mit starken Gerinnseln, dunkle Färbung und Füllung der Vasa dorsalia (Schulz) angegeben; v. Praag fand in Gehirn und Nieren bald Hyperämie, bald Anämie, die stärkeren Aderstämme mit flüssigem Blute gefüllt, in den Därmen mässige Gefässinjection. Bei Fröschen tritt zuerst kurz dauernde allgemeine Unruhe, dann Trägheit der Bewegungen ein; bei den kleinsten toxischen Dosen erfolgt im Laufe von 3—5 Std. Lähmung auf die Dauer von 1—4 Tagen, während deren die Reflexe herabgesetzt sind und nur seltene mühsame Athemzüge das Leben verrathen. Bedeutender Hydrops und Veränderung der Hautfarbe dauern bis in die Reconvalescenz (v. Anrep). Auch bei grösseren Dosen gehen Erregungs-erscheinungen (Quaken, Schmerzäusserungen) der allgemeinen Schwäche und Lähmung voraus auf die Unruhe folgt unbewegliches Verharren in loco, mit gesunkenem Kopfe und geschlossenen Augen bei abnorm vermehrter Hautsecretion und erhaltener Reaction auf äussere Reize, hierauf Cessiren der Athmung, dann Verlust des Vermögens das Gleichgewicht zu bewahren und coordinirte Bewegungen auszuführen, starke Abschwächung der Reflexe, kurzdauernde flimmernde Muskelzuckungen, mitunter tonischer Krampf (v. Praag, v. Anrep; bisweilen findet starke Harnentleerung statt (v. Anrep). Das Herz zeigt während der Vergiftung unregelmässige Häsitationen und Contractionen, bis es in Diastole mit dunklem Blute gefüllt stehen bleibt (Schulz, Achscharumow, Böhm, v. Anrep), wo es durch die stärksten elektrischen Ströme häufig nicht mehr erregbar ist; die Darmgefässe sind stark mit Blut gefüllt.

Bei Vögeln sind nach v. Praag Respiration und Circulation wenig afficirt, während Depression der Muskelkraft vorwaltet, wobei nur am Schlusse klonische Krämpfe hinzutreten und die Adynamie von ausgeprägter Apathie begleitet wird (Schläfrigkeit, Stumpfsinn); Pupillenerweiterung war incon-stant; ebenso Brechreiz und Speichelfluss. Schulz constatirte bei Vögeln Erbrechen, Unvermögen zu gehen, Abnahme der Empfindlichkeit gegen Nadelstiche, Wanken und Schwanken, Hinfallen, Abnahme der Respiration, Sinken der Temperatur und convulsivische Bewegungen vor dem Tode; bei der Section Anfüllung der Herzkammern und der Atrien, der Hohl- und Drosselvenen mit dunklem Blute, Leberhyperämie und etwas Gehirnhyperämie, die Lungen waren dunkelroth und zeigten blutigen Schaum, der untere Theil der Trachea war geröthet. Achscharumow sah bei Tauben Dyspnoe, Erweiterung der Pupille, Vomituritionen, Zittern, Parese und Convulsionen, bei der Section fand er stellenweise Röthung und Extravasation in Magen und Kropf.

Bei Kaninchen sah Schroff nach kleinen Dosen (0,1—0,2) ausser Ver-minderung der Respiration und des Pulses, früher oder später eintretender Salivation und anfangs schnellem Wechsel der Pupillengrösse, später con-stanter Mydriasis keine bemerkenswerthen Erscheinungen, besonders weder Verminderung der Sensibilität noch Steigerung der Motilität. Bei grösseren Gaben (0,4) trat bald bedeutende Verminderung der Respiration und des Pulses ein, später abwechselnd Vermehrung und Verminderung der Puls-schläge und der Respiration, Injection und Warmwerden der Ohren, nach einiger Zeit grosse Schläfrigkeit des Thieres mit Verminderung der Tem-peratur und erweiterter Pupille. In grossen Dosen (0,8) erfolgte der Tod ohne besondere Symptome sofort, oder bei längerer Dauer der Vergiftung resultirte Zunahme der Pulsfrequenz, Dicrotie, später unregelmässiges Schwanken der Pulsfrequenz, seltene, grosse, mit Brust- und Bauchmuskeln vollzogene Respiration, die nicht im Verhältnisse zur Pulszahl stand, schwache Kaubewegungen in den ersten 25 Minuten, dann Unruhe und unstäte Be-wegungen vor- und rückwärts, nach 35 Minuten zuckende Bewegungen des Kopfes nach rückwärts, 2 Minuten anhaltende und nach $^1\!/_4$ Stunde in schwächerem Grade sich wiederholende, zuletzt in öfteres Vibriren der Haut-decken sich auflösende Convulsionen, mehrmals wiederholte Diurese, Mydriasis, dünnbreiige Stuhlentleerungen, Adynamie und ruhiges, schläfriges Verhalten.

In tödtlichen Fällen zeigte die Section den Magen beim Eintritte des Oesophagus im Umfange von 1¹/₂ Zoll deutlich gleichmässig geröthet, nicht sugillirt noch geätzt, Injection des Dünndarms, das Blut im ganzen Venensystem und in beiden Herzhälften flüssig, bräunlichroth, die Gefässe des Herzens vom Blute strotzend, Leber, Milz und Nieren blutreich. Bei einem Hunde sah Schroff Erbrechen und Wiederherstellung. — v. Praag beobachtete bei Säugethieren mehr oder minder starke Retardation der Respiration, jedoch keine bemerkenswerthe Hemmung derselben, bald eintretende Unregelmässigkeit des Herzschlages, Erschlaffung der Muskeln, Trägheit, Scheu vor Bewegung, Kauen und Lecken, ausnahmsweise Opisthotonos oder tonische und klonische Convulsionen vor dem Tode, Indolenz, Apathie, Schwinden des Bewusstseins, etwas Abstumpfung des Allgemeingefühls, ausnahmsweise bis zu vollständiger Anästhesie, ausgeprägte Pupillenerweiterung, Abnahme der Empfindlichkeit der Augen, Brechreiz mit heftigem Würgen und Kollern im Leibe, sowie Erbrechen (bei Hunden), ausnahmsweise Speichelfluss und Kothabgang, nie vermehrte Diurese. Von Sectionsresultaten hebt derselbe hervor: Blutreichthum der Hirnhäute und des Gehirns, Strotzen der Drosseladern von Blut, das in einzelnen Fällen Faserstoffgerinnsel zeigte, meist flüssig war, nicht besondere Hyperämie der Leber, sowie Mangel von Entzündung im Magen und Darm. — Schulz hebt als Sectionsresultate bei Säugethieren Anfüllung des Herzens mit flüssigem Blute, Hyperämie der Meningen, der Plexus, des Cerebellum, der Lungen, Leber, Nieren und Abdominalgefässe hervor. — Achscharumow constatirte bei Kaninchen und Hunden nach sehr starken Dosen (0,8 intern) Fallen auf die Seite, heftige Convulsionen (asphyctischer Tod); — bei nicht so rasch tödtlichen Dosen (0,05 subcutan) unmittelbar nach der Vergiftung Verlangsamung der Herzschläge und der Respiration, Dyspnoe, Abnahme des Herzschlags an Energie, Sinken der Temperatur, dann wieder Beschleunigung der Herzschläge, gleichzeitig paralytische Symptome, vor deren vollkommener Ausbildung wieder Sinken der Herzthätigkeit, Unregelmässigkeit und Intermittenz des Pulsschlages sich zeigt, Convulsionen, Tod durch Asphyxie; — bei mittleren und kleineren Dosen (0,03—0,01 subcutan) Speichelfluss, erschwertes Athmen, leichte cyanotische Erscheinungen, Verlangsamung der Herzschläge, Sinken der Temperatur, Parese der Extremitäten, und entweder ein Zustand von Schlummer, dem nach 2 bis 4 Stunden völlige Genesung folgt, oder Zunahme der paralytischen Symptome, der Athem- und Herzstörungen und Tod nach einigen klonischen Krämpfen, die bei sehr starker Paralyse auch fehlen können. Endlich bemerkt Achscharumow, dass bei Vergiftung vom Magen aus gewöhnlich starke Vomituritionen vorkommen und dass in einem Falle die Harnabsonderung sehr vermehrt war. — Böhm & Wartmann bezeichnen, abgesehen von den Erscheinungen seitens der Respiration Herabsetzung der Circulation, Sensibilität und Motilität als constante Aconitinwirkung, ebenso Vermehrung der Harn- und Speichelsecretion, als häufig vorkommend vermehrte Defäcation und Diarrhoe und lebhafte Uterusbewegungen. — Nach v. Anrep bleiben nach subcutaner Aconitineinspritzung Kaninchen einige Minuten ganz ruhig, dann folgt Unruhe, abwechselnd mit Betäubung, Senken des Kopfes und Schliessen der Augen, vorübergehende Verengung der Ohrgefässe, die sich später erweitern, anfangs beschleunigtes oberflächliches Athmen, dem Verlangsamung der Respiration und stets zunehmende Dyspnoe mit seufzender Inspiration folgt, Kaubewegungen, sehr oft Speichelfluss und Harnentleerung, bedeutende Muskelschwäche, Hinfallen, zeitweises Zucken nnd Zittern, klonische und tonische Krämpfe, starke Herabsetzung der Sensibilität und Erweiterung der Pupille; bei kleinen Dosen gehen dem Tode ausgesprochene Erstickungskrämpfe voraus, die bei grossen völlig fehlen könn en. Bei nichttödtlicher Vergiftung kommt es nur zu Dyspnoe, nicht zur Lähmung. Bei Hunden tritt nicht selten Erbrechen, auch nach subcutaner Application ein. Post mortem fand v. Anrep das Herz meist nicht complet gelähmt, die Vorhöfe noch kräftig pulsirend, die Vertrikel blutarm, den linken Ventrikel fast blutleer, gewöhnlich im diastolischen Stillstande, bisweilen sich noch contrahirend, nach dem Herzstillstande an Vorhöfen und Ventrikeln langdauernde fibrilläre Zuckungen, jedoch keine Contractionen bei direkter Electrisation; ferner normalen Blutreichthum oder unbedeutende Hyperämie der Lungen, ausserordentlich starke Blutfüllung der Bauchgefässe, Hyperämie der Nieren, Leber und Milz, venöse Beschaffenheit des Blutes, das an der Luft sich wieder röthet, endlich Integrität der Magen- und Darmschleimhaut, sowie der elektrischen Reizbarkeit der Muskeln und der Nervi ischiadici und phrenici.

In Bezug auf die örtliche Wirkung auf Schleimhäute fand Schulz nach Application conc. Lösung von Aconitin mur. auf die Nasenschleimhaut von Hunden stärkere Füllung der Capillaren, Steigerung der Secretion, heftiges Niesen und Lecken; auf die Conjunctiva gebracht, entstanden danach Zusammenkneifen der Palpebrae, Rollen des Bulbus, starke Gefässinjection, Röthung, Thränen, daneben rasch Pupillenerweiterung, die sich bald wieder verlor. Achscharumow sah von concentrirter wässriger Aconitinlösung bei einer Taube auf der Conjunctiva keine besonderen Veränderungen, nur anfangs stärkere Beweglichkeit der Pupille und Empfindlichkeit gegen Licht, beim Kaninchen etwas Blinzeln, Empfindlichkeit und etwas Röthung, keine Mydriasis; die Wirkung war in 24 Stunden verschwunden.

Vergiftungsfälle durch Deutsches Aconitin sind bisher nicht vorgekommen. Unsere Kenntniss von den dadurch bedingten Erscheinungen bei Menschen beschränkt sich auf die Mittheilungen von Schroff über die von Dworzak und Heinrich und von W. Reil und Achscharumow über die von ihnen selbst vorgenommene physiologische Prüfung des Stoffes. Dass übrigens ziemlich erhebliche Dosen genommen werden können, ohne Vergiftungserscheinungen hervorzurufen, beweist das von Th. Husemann (Handb. Toxikol. 571) erwähnte Factum, dass eine junge, keineswegs besonders kräftige Frau 0,05 Grm. pro dosi (im Ganzen 0,35 Grm. in 3 Tagen) erhielt, ohne danach irgend welche Störungen des Befindens zu manifestiren. Lorent sah selbst bei hypodermatischer Injection von 0,045 Grm. keine Symptome.

Dworzak und Heinrich nahmen Deutsches Aconitin einigemal in Substanz, mehrmals in alkohol. Lösung, aus der es jedoch jedesmal durch den Speichel niedergeschlagen wurde. Der Geschmack war intensiv bitter, lange anhaltend und, nachdem die Bitterkeit verschwunden, blieb bei grösseren Dosen kurze Zeit an Lippen und Zunge ein beissendes, brennendes Gefühl zurück. Sogleich nach dem Einnehmen stellte sich Aufstossen und Kollern im Bauche ein; Kopf und Gesicht wurden plötzlich sehr warm, die Wärme verbreitete sich auch auf den übrigen Körper, war in der Magengegend und am Bauche am intensivsten und von Schweiss begleitet; es stellte sich ein eigenthümliches ziehendes, drückendes Gefühl in Wangen, Oberkiefer und Stirne, kurz im Gebiete des Trigeminus ein, an Intensität wachsend und anfangs in remittirenden, herumwandernden, hierauf in continuirlichen Schmerz übergehend. Der Puls war anfangs, gleichzeitig mit dem Eintreten der Wärme, frequenter, sank dann tief unter die Norm: wurde klein, schwach, zeitweise dicrot. Die Pupille zeigte anfangs ungewöhnliche Beweglichkeit, war bald grösser, bald kleiner, hierauf aber vergrösserte sie sich so, dass von der Iris kaum ein schmaler Saum blieb; dieses Symptom trat constant ein, mochte Aconitin innerlich genommen oder direct auf die Conjunctiva angewendet werden. Die Eingenommenheit des Kopfes erreichte einen hohen Grad, es trat Ohrensausen, Gefühl von Druck in den Ohren, Schwindel und Unbesinnlichkeit ein; der Gang der Ideen wurde träge, längeres Nachdenken unmöglich, nach den geringsten geistigen Anstrengungen Kopf- und Gesichtschmerz sehr intensiv. In den Gelenken trat eine gewisse Laxität ein, jede geringe Muskelanstrengung, z. B. das Hinaufsteigen einer Treppe, war von ungewöhnlicher Mattigkeit, Abgeschlagenheit, sowie von Zunahme des Kopf- und Gesichtschmerzes begleitet. Die Diurese war stark vermehrt. — Was den Unterschied der Erscheinungen in Bezug auf die Dosis betraf, so waren Aufstossen und Kollern im Bauche, das spannende Gefühl im Gebiete des Trigeminus und das anfängliche Steigen und darauf folgende Sinken des Pulses constant. Bei 0,004 trat bereits Wärme, Eingenommenheit und Schmerz des Kopfes ein, dauerte jedoch nur einige Stunden; während diese Symptome nach 0,01 auch den Tag nach dem Versuche in Folge geistiger oder körperlicher Thätigkeit wiederkehrten. Bei 0.02 und 0,03 traten ausserdem die übrigen Erscheinungen auf, wie sie oben beschrieben wurden; der Puls sank auf circa $^2/_3$ der Norm, und diese Retardation hielt über 24 Stunden an, ebenso Kopf- und Gesichtschmerz, Mattigkeit, Gedächtnissschwäche, und erst am zweiten Tage nach den Versuchen wurde der Zustand normal. Bei 0,05 stellte sich bei Heinrich folgender Symptomencomplex ein: Geschmack unangenehm, widerlich bitter, in 10 Min. Brennen auf der Zungenspitze und an den Lippen; Puls anfangs frequenter, dann retardirt, von 52—47 Schlägen binnen $1^1/_2$ St.; der ganze Körper wurde warm, es trat Schweiss ein; Kopf eingenommen, dabei Abgeschlagenheit, Mattigkeit; Kriebeln im Gesichte und ein Gefühl von Losschälung der Epidermis; Haut durch rothe Flecken wie punktirt; Pupille erweitert; Kopf- und Gesichtschmerz, Ohrensausen, Muskelschwäche, Erschwerung der Respiration; Aufstossen und Kollern im Bauche erst 2 St. nach dem Einnehmen; nach dem Abendessen Brennen auf der ganzen Mundschleimheit. Kopf- und Gesichtschmerz dauerte den ganzen Abend, ebenso die Mattigkeit; der Schlaf war unruhig. Den Tag nach dem Versuche trat Morgens wieder Kopf- und Gesichtschmerz ein, Vergesslichkeit, Zittern der Glieder. Bei sämmtlichen kleineren Dosen waren constant anfängliches Steigen und späteres Fallen der Pulsfrequenz, Brennen auf der Zunge, Kopf- und Gesichtschmerz (besonders im Verlaufe des Supraorbitalis), bei 0,004 waren Kopf- und Gesichtschmerz angedeutet, bei 0,01 kam Hustenreiz, Husten mit erleichterter Expectoration, Trockenheit im Halse, Aufstossen und Abgeschlagenheit vor.

Reil hebt nach Versuchen, in denen er von einer Lösung von 0,1 Aconitin in 200 Tropfen Alkohol allmälig steigend 5—30 Tropfen in etwas Wasser nahm, als constante Symptome hervor: Gefühl von Congestion nach den Backen und Schläfen, welches in einen spannenden, später kriebelnden, prickelnden Schmerz überging, Klopfen der Temporalarterien, Kopfschmerz, welcher zum Verschieben der Stirnhaut nöthigte, Drücken in den Augen,

Pupillenerweiterung, Schwachsichtigkeit, Engbrüstigkeit und Neigung zum Tiefathmen, Ohrensausen, vermehrten Harndrang, etwas Wärmegefühl im Magen und Aufstossen. Besonders auffallend war Reil der Eintritt von Pollutionen, drei Nächte hintereinander.

Achscharumow nahm Trommsdorff'sches Aconitin in Dosen über 0,06 und bekam danach unangenehmes Aufstossen, leichten Schwindel und Schwäche an sich, dagegen keine Schmerzen in Gesicht und Kopf.

Ausser diesen Beobachtungen über die Wirkung Deutschen Aconitins beim inneren Gebrauche, liegen noch solche über dessen Einwirkung auf Pupille und Haut bei Menschen nach externer Application vor. Beim Einbringen einer geringen Quantität auf das Auge (mit Cacaobutter) sah Schroff heftiges Brennen, Lichtscheu, Thränenfluss, 5 Minuten anhaltend, abnorme Beweglichkeit der Iris, so dass die Pupillen bald grösser, bald kleiner erschienen, nach $2\frac{1}{2}$ Stunden Erweiterung der Pupille, die den ganzen Tag anhielt; eher trat die Mydriasis bei Anwendung alkoholischer Solution ein. Auf die Haut eingepinselt übt Deutsches Aconitin keinen Einfluss, selbst bei sehr concentrirten Solutionen und grossen Mengen (Schroff, Achscharumow). Wir können die letztere Thatsache aus eigner Erfahrung bestätigen, indem wir mehreren Personen bei zufälligem Ausgegangensein des Veratrinvorraths in einer ländlichen Apotheke statt Veratrinsalbe Aconitinsalbe verschrieben haben, wonach sich bei keinem der Patienten ein irgendwie bemerkbares Prickeln einstellte, wie es ihnen die später substituirte Veratrinsalbe machte.

Nach den obigen Beobachtungen an Thieren und Menschen ist zwar nicht zu läugnen, dass das Deutsche Aconitin sowohl eine örtliche als eine entfernte Wirkung besitzt, aber die erstere, vielleicht nur bedingt durch geringe Beimengung eines scharfen Alkaloids, tritt vor letzterer in den Hintergrund und äussert sich nur bei der Application von Deutschem Aconitin auf die Schleimhäute, während auf der äusseren Haut dadurch keine Phänomene bewirkt werden. Wesen der Wirkung des Deutschen Aconitin.

In Bezug auf die Resorptions- und Eliminationsverhältnisse des Aconitins haben Dragendorff und Adelheim gefunden, dass nur ein Theil des Alkaloids im Magen resorbirt wird, während grössere Mengen mit den diarrhoeischen Fäces fortgehen und dass die Elimination durch die Nieren sehr bald nach der Vergiftung beginnt und einige Zeit fortdauert. Der Speichel mit Aconitin vergifteter Kaninchen wirkt auf Frösche nicht giftig.

Als das durch das Deutsche Aconitin vorzugsweise afficirte Organ betrachtete Schroff das Gehirn, da das Gift in zureichender Gabe Betäubung bewirke, ohne Convulsionen zu bedingen, woneben es dann noch eine deprimirende Wirkung auf Herz- und Lungenthätigkeit äussere. v. Praag summirt die Wirkung des Aconitin dahin, dass es einen retardirenden Einfluss auf die Respiration, eine lähmende Action auf das willkürliche Muskelsystem und eine deprimirende auf das Gehirn ausübe, während er eine herabstimmende Wirkung auf den Blutkreislauf bestreitet. Diese letztere wird dagegen von Achscharumow in den Vordergrund gestellt, und während Schulz den Tod nach Aconitin im Allgemeinen als asphyktischen, hervorgehend aus einer Affection der Medulla oblongata und des Rückenmarks, und v. Praag den Tod bei rascher Aconitinvergiftung als asphyktischen, bei langsamer als Erschöpfungstod bezeichnet, nennt ihn Achscharumow asphyktisch in Folge von Lähmung des Herzens, indem die motorischen Ganglien des Herzens selbst paralysirt werden, und fasst die Wirkung dahin zusammen, dass A. zuerst Reizung der Medulla oblongata veranlasst, die den Vagi mitgetheilt wird, welche durch die fortwährende Reizung endlich unwirksam werden, dass es ferner Lähmung sämmtlicher cerebrospinaler Nerven bewirkt, während deren Ausbildung Lähmung der motorischen Centren der Herzsubstanz und Herzstillstand erfolgt, dass die peripherischen Nervenendigungen und Nervenstämme endlich ganz gelähmt werden und dadurch alle willkürlichen Bewegungen cessiren, während die Muskelsubstanz selbst intact bleibt, dass das Gehirn, sowie die Reflexfunction des Rückenmarks und die Leitungsfähigkeit sensibler Fasern unverschrt bleiben, während der Halsstamm des Sympathicus wahrscheinlich in einen gereizten Zustand versetzt werde, und dass endlich rasche Herabsetzung der Körpertemperatur und des Blutdrucks durch das Gift veranlasst wird. Achscharumow sah Reflexe auch noch in der vorgeschrittenen Depressionsperiode, so lange nur irgend ein Körpertheil nicht gelähmt war; die Herzschläge zuerst verlangsamt, dann beschleunigt und abgeschwächt, schliesslich immer seltner, die Bewegung der Atrien die der Ventrikel überdauernd und schliesslich das ganze Herz, mit venösem Blute erfüllt, gelähmt, bei stärkeren Dosen vor der allgemeinen Paralyse. Das ausgeschnittene Froschherz wurde in 2 Minuten zum Stillstand gebracht. Nervenstämme starben vergiftet in $^1/_2$ Proc. Kochsalzlösungen bald ab und waren schon nach 65 Min. elektrisch todt. Mikroskopisch zeigte sich an der Schwimmhaut zwar Verlangsamung der Circulation, aber keine merkliche Veränderung der Gefässe selbst. Bei Kaninchen constatirte er Dyspnoe und Veränderungen des Herzschlages vor den Lähmungserscheinungen, so dass der asphyktische Tod nicht von Lähmung der Athemmuskeln herrühren kann. Das Sinken der Temperatur zeigte sich besonders im Mastdarm (um 1,4—2,8°), weniger stark an der Körperoberfläche (1,3—2,4°) und war auch an den Ohren wahrzunehmen, obschon dieselben roth und blutreich waren. Dass der Tod durch Herzlähmung erfolgt, schliesst Achscharumow namentlich daraus, dass die künstliche Respiration den Tod nicht verhinderte. Die grosse Veränderlichkeit der Pupille, welche Achscharumow wie Schroff u. A. bei Kaninchen beobachtete, blieb stets an der entsprechenden Seite aus, wenn der Sympathicus am Halse durchschnitten war. Der abgesonderte Speichel (Ptyalismus kam nur in Fällen mit günstigem Ausgange vor) war dünnflüssig, durchsichtig, leicht klebrig, alkalisch (Reizung des Ramus lingualis trigemini?).

Auf das Herz des Frosches wirkt Aconitin von Merck nach Böhm zu 5—20 Mgm. subcutan in der Weise, dass nach wenigen Minuten Uuregelmässigkeiten der Herzcontractionen, zuerst an den Vorhöfen, auftreten, die sich nach einiger Zeit zu Anfällen von Herzkrämpfen steigern, welche durch Intervalle von mehr oder weniger rhythmischer Herzthätigkeit, wobei jedoch die Vorhöfe 3—6 mal mehr als die Ventrikel pulsiren, getrennt werden und auf welche nach einiger Zeit vorübergehende, immer länger werdende Stillstände in Erschlaffung bis zum definitiven diastolischen Stillstande, der zuerst den Ventrikel betrifft, folgen. Minimale Dosen von 0,1—1 Mgm. bedingen Herzbeschleunigung, welche entweder in Erholung oder in Herzkrampf mit folgendem diastolischem Herzstillstande übergeht. Reizung des Vagus bringt noch einige Zeit deutliche Verlangsamung, aber keinen Herzstillstand mehr hervor, und ist später ganz ohne Einfluss; ebenso Sinusreizung; elektrische oder mechanische Irritation der Ventrikelspitze bleibt ohne Wirkung, während die der Vorhöfe oft einzelne Contractionen bedingt. Muscarin ruft im Stadium der Beschleunigung Stillstand des Herzens, zunächst des Ventrikels, hervor; Atropin wirkt auf das stillstehende Aconitinherz nicht, beschleunigt aber im Stadium der Verlangsamung die Bewegung und verlängert die Pausen zwischen den Stillständen, ohne das Absterben lange zu verzögern. Das mit Nicotin vergiftete Herz gelangt durch Atropin früher zum Stillstande, kann aber durch Vagusreizung wieder völlig zum Schlagen gebracht werden. Die Wirkung auf das Herz würde hiernach darin bestehen, dass das Aconitin zunächst auf die excitomotorischen Centra beschleunigend, dann auf die Erregbarkeit des Hemmungsnervensystem herabsetzend und schliesslich auf den Herzmuskel selbst lähmend wirkt.

Böhm und Wartmann bezeichnen die Wirkung des Deutschen Aconitins als zunächst auf die Centralorgane des Rückenmarks gerichtet, wodurch in erster Linie Abnahme des Reflexvermögens der sensiblen Rückenmarksganglien entsteht, die sich mit einer etwas später beginnenden Erregbarkeitsabnahme der motorischen Ganglien zu einer totalen Lähmung aller willkürlichen und reflectorischen Bewegungen summirt. Eine herabsetzende Wirkung auf die Erregbarkeit der peripheren Nerven und Veränderungen der Muskelcurven wurden nicht constatirt. Die Aconitinlähmung begann an den Hinterextremitäten und ging anscheinend mit Störung der Coordination der Bewegungen einher. Im allerersten Anfange scheinen kleine Dosen häufig Reizung einiger motorischer Rückenmarksnerven zu bewirken und klonische Krämpfe und brechbewegungenähnliche Bauchmuskelkrämpfe, die bei Fröschen manchmal den Magen zum Rachen hinaustreiben, hervorrufen zu können. Bei curarisirten Thieren sind in Folge des Fehlens der respiratorischen Störungen grössere Dosen Aconitin zur Erzielung des Herzstillstandes nöthig; Digitalin vermag im Stadium des gesunkenen Druckes und der Steigerung der Pulsfrequenz die letztere um ein Drittel bis zur Hälfte zu reduciren und ersteren um das Drei- bis Vierfache zu heben, wobei der Mitteldruck nicht wesentlich verändert wird. Das vasomotorische Centrum wird erst kurz vor dem Tode gelähmt. Die Aufhebung des Reflexes von den sensiblen Ganglien zum Gefässnervencentrum hat ihren Grund in einer Lähmung der letzteren.

Bei Hunden, Katzen und Kaninchen fanden Böhm und Wartmann Deutsches Aconitin in grossen Dosen zu bedeutender Verminderung der Herzschlagzahl führen, die in completen Herzstillstand, bisweilen nach vorübergehender Beschleunigung endet; der mittlere Blutdruck war bei Kaninchen meist im Anfange erhöht, bei Hunden und Katzen immer stark vermindert, die durch den einzelnen Herzschlag geleistete Arbeit stets vermehrt; im letzten Stadium war der Blutdruck immer sehr niedrig. Bei kleinen Dosen zeigten sich die Wirkungen auf das Herz in eigenthümlichen, von ganz normalen Stadien getrennten Paroxysmen (Herzkrämpfen). Centrale Vagusreizung schien nicht vorhanden zu sein, weil die Herzwirkung auch bei durchschnittenen Vagi gleichblieb, und wenn auch häufige diastolische Stillstände auf Erregung der intracardialen Hemmungscentren hindeuteten, so wurde doch die Wirkung des Aconitins auf das Herz nicht durch Atropin aufgehoben. Bei Kaninchen war Abnahme der Vaguserregbarkeit bis zur völligen Unerregbarkeit Regel, doch bedingte in einigen Versuchen Vagusreizung nur Verlangsamung des Herzschlages, dagegen kein Sinken des Druckes oder sogar Drucksteigerung; bei Hunden blieb die Vaguserregbarkeit entweder unverändert oder wurde völlig aufgehoben, in anderen Fällen bedingte Vagusreizung Blutdruckssteigerung bei Pulsverlangsamung, in noch anderen Sinken des Drucks und Zunahme der Pulsfrequenz.

Die durch Aconitin hervorgerufenen Respirationsstörungen (unmittelbar nach der Injection längere Athempause, dann nach stürmischen Bewegungen, allmälige Verlangsamung bis auf ein Drittel des ursprünglichen Rhythmus mit einer längeren Pause nach jeder Expiration und starker Betheiligung der Bauchmuskeln) sind nach Böhm und Ewers durch Einwirkung des Aconitins auf die peripherischen Vagusendigungen und das Athemcentrum zu erklären; Durchschneidung der Vagi oder auch nur des einen Vagus im Beginne der Intoxication hebt die Dyspnoe auf und verzögert den Erstickungstod, ohne ihn zu verhindern; Durchschneidung der Nervi laryngei inf. und sup. ist ohne Einfluss, während Atropin wie Vagusdurchschneidung wirkt. Auch die Salivation kommt nach Vagussection nicht zu Stande oder wird durch dieselbe sistirt.

Nach Lewin bedingt Deutsches Aconitin bei Fröschen continuirliche Herabsetzung der Herzschlagzahl, Irregularität des Herzens und Herzstillstand, nach dessen Eintritt bisweilen noch elektrische Reizbarkeit fortdauert, sowie Herabsetzung der Reizbarkeit der peripherischen Nerven. Bei Warmblütern konnte Lewin durch künstliche Respiration, während deren Salivation und andere Secretionsvermehrungen unverändert fortdauern, das tödtliche Ende viele Stunden hinausschieben. Das Vorkommen einer doppelten Reihe von Anomalieen der Herzaction bei curarisirten und nicht curarisirten Thieren, die einmal Analogieen mit Digitalin zeigt, andererseits unter Abnahme der Herzenergie rapide sinkt, will Lewin daraus erklären, dass die Läsion der Herzganglien bald mit Integrität, bald mit Reizung oder Lähmung der intracardialen Vagusendigungen sich verbinde, welche Differenz theils von individuellen Verhältnissen, theils von Verschiedenheit des nicht als einfacher Körper anzusehenden Alkaloids abhänge. Die durch Aconitin verursachte Arhythmie bezieht Lewin auf ungleichzeitige und ungleichstarke Einwirkung auf die verschiedenen Herzcentren.

Giulini will namentlich in Bezug auf den periodischen Betäubungszustand bei Fröschen das Gehirn als bei der Vergiftung mit Aconitin mitbetheiligt ansehen und betrachtet die bedeutende Herabsetzung der Sensibilität als Folge von Lähmung der sensiblen Rückenmarksganglien, da Anasthesie auch nach Durchtrennung des Rückenmarks unterhalb der Med. obl. und nach einseitiger Unterbindung der Iliaca comm. eintritt. G. bestätigt die Angaben Böhms über den lähmenden Einfluss auf die motorischen Rückenmarksganglien und den reflectorischen Apparat und die Integrität der peripheren Nerven (bei nicht zu später Prüfung). Während er die fibrillären Zuckungen auf Reizung der Nervenendigungen bezieht, erklärt er die Wirkung auf das Herz so, dass geringe Dosen das Vaguscentrum in der Med. obl. reizen, in Folge wovon Verlangsamung des Pulses eintritt, die nach Durchschneidung der beiden Vagi in Acceleration übergeht, welche durch weitere kleine Aconitinmengen nicht wieder beseitigt wird, und dass grössere Dosen den Vagus und die peripheren Vagusendigungen, aber auch sehr schnell die Ganglien im Herzen lähmen, woraus in erster Linie die Abnahme des Vagustonus und die (nicht auf Reizung der excitomotorischen Ganglien beruhende) Acceleration resultirt, in zweiter die Verlangsamung, die bei sehr rascher Ausbildung der Lähmung der Herzganglien ohne vorgängige Acceleration eintreten kann. Zweimal wurde mit Bestimmtheit eine Lähmung des Nervus phrenicus constatirt, während das Zwerchfell selbst wie alle übrigen Muskeln elektrisch reizbar war. Giulini glaubt die hinsichtlich der Wirkung der künstlichen Athmung bestehenden Widersprüche so erklären zu können, dass bei langsamer Resorption der Phrenicus gelähmt wird und dadurch Dyspnoe entsteht, deren tödtlicher Ausgang durch künstliche Athmung verhütet werden kann, dass auch die Vaguslähmung und secundär die Kohlensäureanhäufung im Blute zu Dyspnoe führt, die durch Respiratio arteficialis beseitigt wird, dass aber durch letztere bei eintretender Herzlähmung keine ordentliche Decarbonisation mehr zu Stande komme und der Tod an den Folgen der Herzlähmung und Kohlensäureintoxication eintritt.

Nach v. Anrep lähmt Deutsches Aconitin die N. vagi beim Frosche nach grossen Gaben bald vollständig, in kleinen mitunter nicht oder sehr unvollkommen, und ist die bedeutende Acceleration nach kleinen Mengen auf hochgradige Reizung der motorischen Herzganglien zu beziehen, da sie bei Atropinanwendung in noch stärkerem Masse auftritt. Die Herzkrämpfe bezieht v. Anrep auf hochgradige Reizung der intracardialen Ganglien, jedenfalls sind dieselben von den Nervencentren, den peripherischen Vagusendigungen und dem Herzmuskel unabhängig. Bezüglich der Einwirkung auf die Reflexaction fand v. Anrep, dass dieselbe erst weit später als gewöhnlich, mehrere Stunden nach dem Herzstillstande, erlischt und dass bei mittleren und kleinen Gaben der Verminderung eine Erhöhung vorausgeht. Im Uebrigen erklärt v. Anrep als am frühesten und intensivsten beim Frosche das Athemcentrum angegriffen, dann das Grosshirn, das verlängerte Mark, das Herz, das Rückenmark, die sensiblen Nerven, am wenigsten und am spätesten die motorischen Nerven (vielleicht als Folge der Circulationsunterbrechung), gar nicht jedoch die Muskulatur. Die grossen Gaben lähmen von Anfang an die motorischen Herzcentren, die mittleren erregen sie zuerst und lähmen sie dann; die allerkleinsten Gaben wirken nur erregend. Die allgemeinen Krämpfe hängen von der Reizung des Rückenmarks und hauptsächlich von der Reizung des verlängerten Marks ab; die stets auftretenden fibrillären Muskelzuckungen haben einen centralen Ursprung. Zu den spätesten Wirkungen gehört Lähmung der Harnblase, und vielleicht ist eine vermehrte Harnproduktion anzunehmen. Die Herzwirkung des Aconitin bei Warmblütern bezeichnet v. Anrep als vorzugsweise lähmend; sehr spät wird der Vagus gelähmt, während bei grössern Gaben Erregung der Herzvagusperipherie vorkommt. Es greift das vasomotorische Centrum an, indem es erst eine reizende, dann eine ausgesprochene schwächende (keine vollständig lähmende) Wirkung auf dasselbe hat. Auf das Krampfcentrum scheint das Aconitin eine direct reizende Wirkung zu haben, welche aber das schnelle Sinken des Blutdruckes jedenfalls wesentlich unterstützt, auf welches auch der erste Eintritt der Dyspnoe zu beziehen ist, da durch künstliche Steigerung des Druckes bis zur normalen Höhe (Bauchaortacompression) die Dyspnoe vorläufig beseitigt werden kann. Weil aber später die künstliche Blutdruck-Erhöhung sie nicht mehr beseitigt und eine Aenderung der Gasverhältnisse des Blutes weder bewiesen noch wahrscheinlich ist, so muss für dieses Stadium eine directe reizende Wirkung auf das Athmungscentrum zugestanden werden. Die künstliche Respiration hat entschieden einen günstigen Einfluss bei Vergiftungen mit kleinen Gaben, indem im Falle der künstlichen Respiration der Eintritt des Todes verschoben werden kann. Muskelschwäche und Lähmungserscheinungen lassen sich auf Anämie des Hirns und Rückenmarkes zurückführen. Die Pupillenerweiterung bei innerlicher Anwendung ist zum grössten Theile eine dyspnoische. Als nächsten Grund des Todes fand v. Aurep meist Herzlähmung, doch ging bei kleinen Dosen die Athmungslähmung vorher.

Die **Behandlung der Aconitinvergiftung** würde sich nach den allgemeinen Regeln zu richten haben. Als chemische Antidote sind Tannin und Jodjodkalium zulässig. Der Nutzen der künstlichen Respiration ist nicht zu verkennen, obschon bei Thieren Lebensrettung dadurch nicht nach colossalen Dosen erzielt wird (Achscharumow), insoweit wenigstens ein Hinausschieben des tödtlichen Endes (Lewin) und bei kleinen Dosen Lebensrettung (Giulini) stattfindet. Als organische Antidote hält Achscharumow Stimulantien und Strychnin indicirt; nicht ungerechtfertigt erscheint, namentlich in Rücksicht auf die eigenthümliche Störung der Respiration, die Anwendung von Atropin und nach den antagonistischen Effecten am Herzen die des Digitalin.

Die Anwendung des physiologischen Nachweises des Deutschen Aconitins zur Constatirung einer forensischen Vergiftung scheint ohne Bedeutung, da Dragendorff und Adelheim stets negative Resultate erhielten, während Pseudaconitin positive Ergebnisse lieferte.

Das Aconitinum Germanicum ist häufig in Folge von Verwechslung mit dem Englischen als örtlich anästhesirendes Mittel zu Einreibungen gebraucht worden; da es eine solche Wirkung auf die gesunde Haut nicht äussert, so sind die Angaben über günstige Effecte bei Neuralgien, Prurigo, Odontalgia rheumatica (Reil) als auf Täuschung beruhend oder doch als nicht constant zu betrachten, und wir selbst haben von der Application der Aconitinsalbe ebenso wenig Erfolg gesehen wie Erlenmeyer und Pletzer mit der hypodermatischen Anwendung. Palliativen Erfolg geben Eulenburg und Lorent bei Gelenkrheumatismus an, wo die Schmerzen oft Stunden lang verschwinden sollen, Ersterer auch bei Ziehen und Reissen im Ohr und der rechten Gesichtshälfte eines Syphilitischen. Wie es sich mit der anästhetischen Wirkung auf Schleimhäute, z. B. bei Pruritus vaginae und haemorrhoidalis (Reil), verhält, wissen wir nicht.

Innerlich scheint M. Frank (Canst. Jahresber. 1856. **3.** 120) nach dem Vorgange von Blanchet (Rév. de Thérap. Janv. 1856. 1), der wahrscheinlich ein dem Aconitinum Germanicum in seiner Wirkung nachstehendes Französisches Präparat benutzte, das Deutsche Aconitin gegen Ohrenklingen (neben äusserlicher Application) mit Erfolg in Anwendung gezogen zu haben.

Aeusserlich mag man Deutsches Aconitin als Salbe oder in Alkohol oder Glycerin gelöst anwenden; Schroff empfiehlt die letztere Solution (0,035 in 8,0). Blanchet begann mit 0,01 und stieg bis auf 0,03; Pillen sind, wo nicht sehr rasche Wirkung erwartet wird, der Lösung vorzuziehen. Subcutan gebrauchte man 0,01 und mehr in Lösungen von 0,12 bis 0,35 in 8,0 Aq. destillata.

b. Englisches Aconitin.

Die in Enggland fabricirten Aconitinsorten stellen im Allgemeinen ein Gemenge von Aconitbasen dar, welches sich einerseits durch seine weit grössere Toxicität, andererseits durch eine hervorragende Schärfe bei Application auf die Haut auszeichnet. Die Ansicht, dass das sogenannte

Englische Aconitin uns insbesondere das am meisten geprüfte Aconitine pure von Morson Pseudaconitin (aus Aconitum ferox dargestellt) sei, muss als irrig bezeichnet werden, obschon die eigenthümliche Schärfe der Wirkung diesem zukommt und das Pseudaconitin das Deutsche Aconitin an Activität übertrifft. Von dem höchst intensiv giftigen Aconitin von T. und H. Smith wissen wir mit Sicherheit, dass es von Aconitum Napellus stammt. Ausnahmsweise kommt übrigens auch Englisches Aconitin vor, welches dem Deutschen an Wirksamkeit nachsteht; so fand von Anrep Frösche 0,2 Mgm. Englisches Aconitin mitunter ertragen, während dieselben regelmässig nach 0,05 Deutschem Aconitin zu Grunde gingen. Von sonstigen Angaben über die Giftigkeit des Englischen Aconitins heben wir hervor, dass Turnbull ein Meerschweinchen nach 0,2 in alkoholischer Lösung in wenigen Minuten und Christison ein Kaninchen nach 0,06 eines aus Napellusblättern dargestellten Aconitins in 10 Min. zu Grunde gehen sah. Harley tödtete ein Pferd mit 0,025 in Weingeist gelöstem Aconitin von Morson subcutan in 160 Min., einen jungen Schäferhund in 32 Min. mit 0,3 Mgm., Katzen mit 0,12 Mgm. in $3^3/_4 - 7^1/_2$ Std. und mit 7,5 Mgm. in 10 Minuten. In Fleming's Versuchen erfolgte der Tod bei einem 3 Monate alten Kaninchen nach 7,5 Mgm. (mit Hülfe von Salzsäure gelöst) vom Unterhautbindegewebe aus in 4 Min., bei einem anderen nach 5 Mgm. in 11 Min.; als aconitsaures Salz tödtete dieselbe Menge ein ausgewachsenes Kaninchen in 17 Min., die doppelte Menge (0,015) mit Fett in die Bauchhöhle gebracht in $1^1/_2$ Std., in die Pleura oder in den Magen als Hydrochlorat injicirt in 7 resp. 8 Minuten. Mit Fett in den Magen gebracht sah Fleming von derselben Gabe gar keine Wirkung, ebensowenig von der endermatischen Application von 0,03 mit Fett, während vom Rectum aus 0,015 in derselben Weise applicirt den Tod in 8 Min. herbeiführten. Bei Hunden bewirkten 0,03 innerlich Erbrechen und mehrstündige Erkrankung, dagegen bei Oesophagusligatur 0,015 Gm. Tod in 4 Stunden und 0,03 in 65 Minuten. Einspritzung von 0,045 resp. 0,015 Gm. in die Vena femoralis tödtete Hunde in 8 resp. 23 Secunden. Duckworth sah bei Katzen selbst 0,002 von der Conjunctiva aus Ptyalismus und Respirationsstörungen bedingen. Schroff sah den Tod eines grossen Kaninchen nach 0,05 (innerlich in alkoholischer Lösung), den eines anderen nach 0,01 in 6 und den eines dritten nach 0,008 sogar in 4 Minuten eintreten, während 0,1 und 0,2 Mgm nur 1—2 Std. abnormen Zustand herbeiführten. Die starke Giftigkeit ist abgesehen von den erwähnten Wirbelthieren auch für Regenwürmer und Infusorien festgestellt (Fleming).

Bei vergleichenden Untersuchungen mit Morson'schem und Merckschem Aconitin an Kaninchen beobachtete Schroff nach 1 Mgm. Mors. Acon. fortwährende Kaubewegungen, Wischen des Maules mit den Vorderpfoten, beschwerliche Respiration, unbedeutende Pupillenerweiterung, sehr frequenten Herzschlag u. Erholung in 1 Stunde; nach 2 Mgm. Wärme der Ohren, Pupillenverengung, starke Hautkrämpfe; nach 5 Mgm. Zunahme der Häufigkeit der Respiration und des Herzschlages, grosse Unruhe, Hautjucken, Bauchlage, Dyspnoe; nach 6 Mgm. Salivation, vermehrte Diurese, starke Frequenz der Respiration, ungemeine Dyspnoe, grosse Hinfälligkeit, Bauchlage, keine eigentliche Narkose; nach 0,01 starke Kaubewegungen, Mydriasis, mühsame Respiration, Undeutlichkeit des Herzschlages, starke Hautkrämpfe, klägliche Töne, Convulsionen u. Tod. Bei der Section constatirte Schroff $^1/_4$ Stunde post mortem keine Herzbewegung, auch nicht auf mechanische Reize, und strotzende Füllung der rechten Herzhälfte und der grossen Gefässe mit braunrothem

Blute. — Fleming constatirte bei 0,015 subcutan in 2 Min. erschwerte
Respiration, von schwachem Schreien begleitet, theilweise Paralyse der Extremitäten und etwas Myosis; in 6 Min. Convulsionen, Aufhebung der Sensibilität, so dass Schneiden und Stechen an Gliedern, Nase oder Ohr nicht bemerkt wurde, in 15 Min. Schwächerwerden der Convulsionen, stertoröses
Athmen, Pupillenerweiterung vor dem Tode; die Cornea blieb bis zum Tode
sensibel. Gleich nach dem Tode zogen sich die Muskeln auf mechanischen
oder besser auf galvanischen Reiz zusammen, das Herz schlug noch, starke
venöse Hyperämie in Hirn und Hirnhäuten, keine Entzündung an der Applicationsstelle. Bei einer Katze riefen 0,015 subcutan Hin- und Herlaufen,
Ausfliessen von vielem Schaume aus dem Munde, in 10 Min. Erbrechen,
grosse Schwäche, Athemnoth, convulsivische Bewegungen, Paralyse, Verlust
der Sensibilität, Pupillencontraction und Tod nach leichten Krämpfen hervor;
auch hier contrahirte sich gleich nach dem Tode der rechte Vorhof noch,
das Herz war wie die grossen Venenstämme stark mit Blut gefüllt, die Injectionsstelle nicht entzündet, die Peristaltik noch 20 Minuten anhaltend.
Fleming erwähnt auch, dass directes Bestreichen des Darmes mit Aconitinlösung die Peristaltik hemmt.

Duckworth bezeichnet als Symptome der Vergiftung von Kaninchen und
Katzen verschiedener Altersstufen mit Aconitin von Morson und T. und
H. Smith, die er beide als „infinitely superior" einem ebenfalls versuchten aus-
ländischen Aconitin gegenüber bezeichnet, unangenehmes Gefühl auf der
Zunge und im Halse, Salivation, besonders bei Katzen, Störungen der Respi-
ration, mühsames und spasmodisches Athmen, dann Erbrechen, das einige
Zeit anhält, und das Duckworth mit Headland einer Wirkung auf den
Vagus zuschreibt, gänzlichen ·Verlust des Gefühls, Wälzen, Sprünge, vergeb-
liche Fortbewegungsversuche, Prostration, Convulsionen, allgemeine Paralyse,
Tod. Ueber das Verhalten der Pupille bemerkt Duckworth, dass während
der Vergiftung Myosis besteht, aber 2—3 Min. vor dem Tode Mydriasis eintritt, die einige Zeit andauert, oft bis 12 Stunden post mortem, dauert, aber
auch früher zur Norm zurückgeht. Den Tod bezeichnet Duckworth als
synkoptisch oder durch Sedation des Nervensystems erfolgend bei grossen
Dosen, als gemischt asphyktisch-synkoptisch bei kleineren Dosen.

Harley sah bei Pferden, nach den kleinsten wirksamen Dosen (0,6 Mgm.)
subcutan Lähmung des Dilatator narium bei starker Fülle und Irregularität
des Pulses, bei der doppelten Dosis dieselben Erscheinungen mit nachfolgender Schwäche des Pulses, allgemeine Muskelschwäche und Durst; bei
grösseren Dosen (5 Mgm.) starkes Sinken der Respiration, mit langgezogener
Inspiration, die später spasmodisch wurde und sich mit Verlangsamung und
mühsamer Expiration verband, Acceleration des Pulses, Muskelschwäche,
profuse Perspiration, Entleerung von Koth, Hinstürzen, intensiver Krampf
aller willkürlichen Muskeln bei stridulösem Athem und höchst beschleunigtem
Pulse, gesteigerte Reflexerregbarkeit und Salivation; bei tödtlicher Dosis
(0,03) wiederholte Anfänge von Suffocation bei andauerndem Bewusstsein und
unveränderter Pupille. P. m. fanden sich die Lungen vollständig collabirt,
blass rosenroth und zum grössten Theile nicht crepitirend, die linke Herzhälfte fest zusammengezogen, die rechte und die grossen Gefässe mit sehr
dunklem, aber bald coagulirendem Blute gefüllt, Diaphragma erschlafft, die
Wandungen des Oesophagus fest contrahirt; Rigor mortis trat hier wie bei
anderen Versuchsthieren in kurzer Zeit ein.

Die Differenzen in der Qualität der Wirkung zwischen Deutschem und Englischem Aconitin bestehen nach Schroff darin, dass letzteres durch Einwirkung auf das verlängerte Mark und das Rückenmark die heftigsten Convulsionen und in der kürzesten Zeit durch Lähmung des Herzens und der Respirationsmuskeln den Tod, dagegen nicht wie ersteres deutliche Narkose bewirkt, die auch bei kleineren Gaben, welche stundenlang grosse Athemnoth bewirken, aber, so lange keine Convulsionen danach erfolgen, nicht tödten, fehlt, während beiden gemeinsam eine deprimirende lähmende Einwirkung auf Herz- und Lungenthätigkeit ist. In auffallender Weise scheint es die Sensibilität herabzusetzen, so dass schmerzerregende Operationen ungefühlt ertragen werden. Eine eigentliche entzündungserregende Wirkung auf Schleimhäute vindicirt Schroff dem Englischen Aconitin nicht, wenn auch nicht in Abrede gestellt werden könne, dass es viel reizender als das Deutsche wirke.

Harley schreibt dem Aconitin nach Massgabe seiner Thierversuche eine central erregende und herabsetzende Wirkung zu, welche erstere sich durch Spasmen zu erkennen giebt, die ihren Ursprung von einer Erregung eines Gebietes ableitet, dessen Centrum die Medulla in der Gegend der Ursprünge des Vagus, Hypoglossus und Accessorius liegt und das nach vorn bis zu den Ursprüngen des Oculomotorius und nach hinten zu denen des Phrenicus reichen. Harley betont, dass während die Centren des Wirkungsbezirks im Erregungszustande sich befinden, die Grenzen bisweilen im Depressionszustande, bisweilen im Excitationszustande sind, so dass während eines Krampfes, an welchem in der Regel sämmtliche Muskeln der vorderen Körperhälfte participiren, die Pupille im Anfalle contrahirt, dagegen in den Intervallen und immer nach kleinen Dosen erweitert sein kann, wie auch das Zwerchfell durch kleine Dosen geschwächt wird und nach grossen abwechselnd im krampfhaften oder Erschöpfungszustande sich befindet. Die Wirkung des Alkaloides auf die Sensibilität erklärt Harley für vollkommen parallel mit derjenigen auf die Motilität, so dass Anaesthesie in den nämlichen Grenzen an Kopf und Nacken eintritt, während die übrige Körperoberfläche nur theilweise oder gar nicht afficirt ist. Opticus und Acusticus werden nicht afficirt; ebensowenig das Gehirn, insoweit nicht geringe Somnolenz in den Intervallen der Anfälle als Folge der Asphyxie als indirecte Hirnwirkung anzusehen ist. Der Sympathicus ist nach Harley ebenfalls unafficirt; da im Momente des Todes die Pupille sich kräftig erweitert und das Herz entweder nach dem Tode weiter pulsirt oder wenn das rechte Herz durch Distension still steht, dessen Action durch Entfernung des Blutes wieder belebt werden kann. Harley hält es für bewiesen, dass das Herz nur in Folge der Respirationsstörung mitleidet und leitet den Tod ausschliesslich von Asphyxie und progressivem Collaps der Lungen ab, welche erstere er dem spasmodischen Verschlusse der Luftwege und der Lähmung der Inspirationsmuskeln zuschreibt, während er den letzteren auf Lähmung der Inspirationsmuskeln und insbesondere des Zwerchfelles zurückführt.

Physiologische Versuche über Englisches Aconitin liegen von Mackenzie (Pract. 20. 109. 185. 273. 22. 109. 168) vor, wobei Aconitin von Morson und T. und H. Smith benutzt wurde. Mackenzie vindicirt dem Alkaloide allmälige Herabsetzung und schliessliche Vernichtung der Function der peripheren sensiblen Nerven, welche centripetal fortschreite, selbst bei letalen Dosen nicht unmittelbar auftrete und bisweilen sogar auf eine Periode gesteigerter Sensibilität folge und fand die sensiblen peripheren Nerven schon vollständig gelähmt, während noch Muskelcontraction auf elektrische Reizung der Vorder- und Hinterstränge des Rückenmarks auftrat und mitunter noch Willkürbewegung bestand. Die psychomotorischen und motorischen Centren des Gehirns fand M. nicht afficirt, dagegen die Medulla spinalis, insoweit die bei Fröschen ausserordentlich markirten Krämpfe nach Abtrennung der Med. obl. eine Steigerung erfahren, doch sind die Zuckungen theils peripheren Ursprungs, da sie in nicht unterbundenen Extremitäten weit stärker auftreten. Mackenzie betrachtet die Lähmungserscheinungen nicht als primär, sondern als Folge übermässiger Erregung der peripheren sensiblen Nerven, die namentlich an Hunden durch gleichzeitige Steigerung der Reflexerregbarkeit sich zu erkennen giebt, und der motorischen Nerven, deren Reizung beim aconitisirten Frosche und in vergifteten Extremitäten dauernderen Effect als in unvergifteten hat. Als die wichtigste Wirkung des Englischen Aconitins bei Warmblütern bezeichnet Mackenzie die Beeinflussung der Respiration, die sich durch Sinken der Athemzahl proportional der Dosis, bisweilen mit voraufgehender Steigerung, und dyspnoischem Charakter mit intercurrenten Erstickungskrämpfen, in denen die Pupille sich erweitert, zu erkennen giebt. Die Erscheinungen, welche den Veränderungen der Circulation vorausgehen, gleichen den Symptomen der Vagusdurchschneidung vollkommen; Tracheotomie, bei der sich complete Anaesthesie der Luftröhrenschleimhaut ergiebt, hat keinen Einfluss auf das Zustandekommen der Athemveränderungen. Die motorischen Vagusfasern sind elektrisch reizbar. Künstliche Respiration verhütet nach Mackenzie die Krämpfe nicht, wohl aber tiefe Chloralnarkose. Bezüglich der Herzwirkung betont M., dass das Herz nach dem Erlöschen der Athmung fortschlagen kann und dass die Alteration des Herzschlages bei Warmblütern von den Störungen der Athemfunction abhängig erscheint, wie auch directe Application von Aconitin auf das Froschherz die Herzaction nicht sistirt. Nach M. bedingt Englisches Aconitin weder bei Fröschen noch bei Kaninchen Gefässerweiterung durch vasomotorische Lähmung und erzeugt ebensowenig Muskelparalyse, vielmehr ist die Muskelirritabilität in dem ersten Stadium der Vergiftung geradezu erhöht. Als Todesursache bezeichnet Mackenzie theils Asphyxie, theils jene Varietät des Collaps, die aus starker Verminderung der Athmung in Folge einer eigenthümlichen Wirkung auf das Athemcentrum entsteht.

Auf Englisches Aconitin beziehen sich die Versuche von Sidney Ringer (Journ. of Physiol. 2. 536. 1880), wonach Atropin die durch Aconitin verlangsamte geschwächte und incoordinirte Herzaction beschleunigt und kräftigt und Aconitinherzstillstände aufhebe, falls die Wirkung nicht eine gar zu tiefe war und dass auch die combinirte Wirkung von Aconitin mit Muscarin oder Pilocarpin durch Atropin beseitigt würde. Ringer hebt bezüglich der Wirkung auf den Frosch hervor, dass die allgemeine Depression von directer Wirkung auf die Nervencentren, nicht aber von der geschwächten Circulation sich ableite und dass der Effect auf das Rückenmark weit ausgesprochener als auf das Herz sei, das, allerdings unregelmässig, aber häufig noch ziemlich kräftig bis zum Tode fortschlage. Nach v. Anrep ist Englisches Aconitin dem Deutschen in Bezug auf Symptomatologie und physiologisches Verhalten gleich, nur scheint Verfärbung der Haut und Vermehrung der Hautsecretion bei Fröschen stärker zu sein.

Die intensive giftige Wirkung sehr kleiner Mengen Englischen Aconitins ist auch für den Menschen wiederholt constatirt. Nach Pereira brachte 1,5 Mgm. eine ältliche Frau in schwere Lebensgefahr. In einem nicht tödlich verlaufenen Falle von Aconitinvergiftung, wo 0,15 absichtlich, vielleicht zur Prüfung der Symptome genommen wurden (Golding Bird, Med. Gaz. 41. 30), scheint frühzeitiges und sehr reichliches Erbrechen den Tod abgewandt zu haben, wenn es sich nicht um ein schwächeres Präparat handelte. In Pereiras Falle ist die Symptomatologie nicht angegeben und bemerkt derselbe nur, dass selbst sehr kleine Dosen Hitze und Jucken auf der Körperoberfläche, bisweilen auch Diurese bewirken. In dem von Golding Bird referirten Vergiftungsfalle trat sofort heftiges Erbrechen und Hinfallen ein, dann erfolgte ein Zustand von Collapsus, in welchem der Kranke 8 Stunden nach der Vergiftung gefunden wurde; kalte Schweisse, allgemeine Blässe, kaum fühlbarer Herzschlag wurde constatirt, die Pupillen waren gegen Lichtreiz empfindlich, das Sensorium trotz der Erschöpfung ungetrübt, die Sensibilität war nicht erloschen, ebensowenig bestand motorische Paralyse. Die Haupterscheinung war Erbrechen eigenthümlicher Art, unter einem allgemeinen Krampfanfalle, wobei sich Bauchmuskeln und Zwerchfell spasmodisch contrahirten, alle 1—2 Minuten repetirend. Bei dem Versuche Flüssigkeit schlucken zu lassen, trat ein heftiger Schlundkrampf wie bei Hydrophobie ein, die convulsivischen Bewegungen und das krampfhafte Erbrechen stellte sich auch durch Berührung ein. Nach einem heissen Bade, einem Sinapismus im Epigastrium und einem Terpenthinclystier besserte sich in 1 Stunde der Zustand so weit, dass der Puls wieder fühlbar wurde, doch bewirkte jeder Versuch zu schlucken noch immer die hydrophobischen Anfälle. Trotz eines Clystiers aus Beaftea und 10 Tr. Laudanum verlief die Nacht sehr unruhig; doch besserten sich die Zufälle und am Nachmittag darauf konnte der Kranke als genesen betrachtet werden. In einem Versuche am Gesunden hat Harley nach 0,5 Mgm. Herabgehen der Athemzahlen und des Pulses ohne erhebliche Allgemeinerscheinungen gesehen, dagegen kam bei Petecchialtyphuskranken wiederholt leichter Collaps vor, wenn die Gabe von 0,3 Mgm. statt 1mal im Tage 2mal verabreicht wurde. Bei einem schwächlichen Individuum traten nach 1 Mgm. Schwäche und Schläfrigkeit, so dass dasselbe weder den Kopf aufrecht noch die Augen offen halten konnte, Schwindel, Unvermögen ohne Hülfe zu gehen, Undeutlichsehen, Uebelkeit bei Aufrechterhaltung, Schwierigkeit beim Schlucken, Schmerzen an der Hinterfläche des Halses und hinter den Kiefern in der Ohrspeicheldrüsengegend, endlich Kriebeln über dem ganzen Körper, Dysurie und bisweilen Harnverhaltung ein; Schmerz im Hypogastrium; Schwäche und Schwindel persitirten 6—8 Stunden. Dosen von 0,8—1,2 Mgm. brachten bei Gesunden stets Gefühl von Ameisenlaufen und Eingeschlafensein, besonders im Gesichte, Schwindel, Nausea, Somnolenz und Muskelschwäche hervor (Harley).

Sonst sind uns über Englisches Aconitin Notizen bezüglich dessen Einwirkung auf Haut, Schleimhäute und Pupille bekannt. Was Turnbull von seinem in keiner Weise reinen Aconitin angiebt, dass es äusserlich applicirt ungefähr wie Veratrin wirke und in dem eingeriebenen Theile ein Gefühl von Wärme und Kriebeln bedinge, worauf ein solches von Erstarrung und Zusammenziehung folge, das 2—12 Stunden anhalte, dass es in den Mund gebracht stundenlange Erstarrung der Zunge bewirke und dass es bei Application auf das Auge Pupillenverengung bedinge, wird auch von späteren Experimentatoren mit Morson's Aconitin im Wesentlichen bestätigt. Pereira giebt das Gefühl von Erstarrung in der Haut sogar als 12 bis 18 Stunden dauernd an und bemerkt, dass ein geringes Quantum einer aus 0,06 Aconitin und 8,0 Fett bereiteten Salbe in dem Auge neben Myosis unerträgliche Hitze hervorrufe. Fleming sah nach Application von Aconitinsalbe auf die Conjunctiva bei Thieren und Menschen Pupillenverengerung, dagegen bei Einreibung in die Schläfen hie und da auch Mydriasis, und hebt hervor, dass bei der Einwirkung auf Haut und Schleimhäute weder beim Aconitin noch bei Sturmhutpräparaten sich Röthe oder Schwellung zeige, so dass das Mittel zwar scharf, aber nicht eigentlich entzündungserregend sei. Duckworth brachte 1,5 Mgm. in wässriger Lösung auf die Conjunctiva in zwei Fällen und sah danach jedesmal leichte Congestion und Photophobie, sowie kriebelndes Gefühl, das in einem Fall 6 Stunden anhielt, wobei zugleich der Bulbus $\frac{1}{8}$ Zoll vorgetrieben erschien; jedesmal war Myosis, jedoch in leichtem Grade, vorhanden. Die hervorragende Schärfe des Englischen Aconitin empfand Schroff beim öfteren Nahebringen zur Nase, wonach heftiges Niesen und ein unangenehmes bohrendes Gefühl in der Nase, nach einigen Stunden starkes Brennen auf der Zunge, im weichen Gaumen mit Hustenreiz und besonders an den Lippen, wo es am stärksten auftrat, wenn etwas Warmes getrunken worden war, auftrat. Die letztere Erscheinung beobachtete Schroff auch ohne absichtliche Annäherung zur Nase an jedem Tage, wo er mit Englischem Aconitin arbeitete. Nach zufälligem Eindringen einer kleinen Quantität in's Auge entstand sehr bald starker Thränenfluss, heftiges Brennen, Hitze im Auge, Anschwellung und Röthung des oberen Augenlides, Lichtscheu, bei nicht auffallender Veränderung der Pupille, welche Zufälle mehrstündige Anwendung von kalten Umschlägen erforderten. Zu 0,05 in spir. Lösung auf einen Theil der Innenfläche der Vorderarme aufgepinselt, bewirkte Englisches Aconitin sogleich vorübergehend Empfindung des Ameisenlaufens, welche sich nach 1 St. wiederholte, einige Minuten andauerte, dann wieder $\frac{1}{2}$ Stunde aussetzte, um, genau die eingepinselte Stelle einnehmend, nochmals aufzutauchen und länger als früher anzudauern. Dasselbe Resultat lieferte ein mit concentrirterer Lösung vorgenommener Versuch; in beiden Fällen behielt die bestrichene Hautstelle dieselbe Farbe und Temperatur, wie die übrige Haut.

In Hinsicht der antidotarischen Behandlung gilt das beim Deutschen Aconitin Bemerkte. Headland bezeichnet als das zweckmässigste Antidot die Thierkohle, die in reichlichen Mengen mit Wasser darzureichen sei, um das Aconitin zu fixiren, und will erst nach dem Gebrauche dieses Antidots Zinkvitriol als Emeticum gereicht wissen.

Therapeutische Anwendung.Das Aconitinum Anglicum hat Anwendung besonders äusserlich bei Neuralgien und andren schmerzhaften Affectionen, wie Gicht, Rheumatismus, Coxalgie und Scirrhus mammae, gefunden, wobei man es entweder in alkoholischer Solution (1 : 120) oder in Salbenform auf die leidende Stelle applicirte. Eine solche Salbe bildet das Unguentum Aconitinae der British Pharmacopoeia, welche aus 0,5 Aconitin, 2,0 Alkohol und 30,0 Adeps suill. besteht. Hauptempfehler des Mittels, das schon 1837 in die Londoner Pharmacopoe Aufnahme fand, sind, ausser Turnbull, Skey (Lond. med. Gaz. 19. 181), der das Morson'sche Aconitin gegen Prosopalgie (zu 0,3 auf 24,0 Cerat, täglich 1—2mal $\frac{1}{2}$—1 Min. lang mit der Fingerspitze längs der Nerven einzureiben) mit Erfolg benutzte, während Französisches, von Pelletier in England eingeführtes Aconitin völlig nutzlos blieb, W. Coulson (On the diseases of hip joint. London 1837), der es bei sehr schmerzhafter Coxalgie rühmt, Brookes (Lancet, 1. 14. 184), der die aus 0,12 in Alkohol gelöstem Aconitin und 8,0 Fett bereitete Salbe bei Tic douloureux erprobte, Pereira, Hilton (Med. Times a. Gaz. Dec. 1854), der es wenigstens (in einer sehr schwachen Salbe von 0,12 auf 30,0 Fett) palliativ bei einer nach Amputation der Hand aufgetretenen intensiven Neuralgia ulnaris wirksam fand, Roots u. A.

Ausserdem empfahl Turnbull Einreibungen von Aconitinlösung in die Stirngegend — abwechselnd mit Veratrin- und Delphininlösung, angeblich um die Empfänglichkeit des Körpers für jedes der drei Mittel zu erhalten — gegen Augenaffectionen (Iritis, Amaurose, Trübungen der Hornhaut, sogar Capselstaar) und Einträuflungen in das Ohr, sowie Einreibungen vor und hinter das Ohr gegen Ohrenaffectionen, namentlich auch gegen Mangel von Ohrenschmalz und nervöse Otalgie, endlich Bepinselung der Tonsillen bei Taubheit in Folge von Mandelanschwellung oder Verstopfung der Tuba Eustachii. Hilton will durch Einreibung von Aconitinsalbe in die Lenden- und Sacralgegend Incontinentia urinae beseitigt haben.

In Hinsicht der innerlichen Anwendung des Englischen Aconitins sind die Ansichten getheilt. Pereira meint, dass man überhaupt wegen der Stärke der Wirkung von dem internen Gebrauche Abstand zu nehmen habe; Headland dagegen will alle Aconitinpräparate verbannt wissen, da sie wegen ihres inconstanten Gehaltes an wirksamem Princip auch in ihrer Wirkung unsicher seien und schlägt eine Lösung von Aconitin (Liquor Aconitiae) von einer bestimmten Stärke vor. Der Letztere scheint die Anwendung auf Neuralgien und schmerzhafte Affectionen, um Herabsetzung der Sensibilität zu erzielen, zu beschränken. Harley gab es als Antifebrile ohne besondern Erfolg bei Scharlach und Petecchialtyphus zu 0,3 Mgm. und warnt, diese Dose mehr als einmal im Tage zu verabreichen, da sonst Nausea, Erbrechen, mitunter Diarrhoe und partieller Collaps eintrete.

c. Französisches Aconitin.

Wir belegen mit diesem Namen nicht das von Pereira erwähnte, nach ihm sehr oft im Englischen Handel vorkommende und besonders aus Frankreich stammende, graugelbe, in Alkohol und Aether nicht vollkommen lösliche, beim Verbrennen auf Platinblech einen kalkhaltigen Rückstand hinterlassende, angeblich verfälschte, vielleicht mit dem Aconitin von Berthemot identische Präparat, von dem Pereira 0,06 nahm, ohne danach Wirkung zu sehen, noch das von Skey bei Prosopalgie nutzlos gefundene Präparat, sondern die als Aconitin von Hottot und Aconitin von Duquesnel bezeichneten Sorten, die die Englischen Aconitine an Giftigkeit selbst noch übertreffen sollen, deren scharfe Wirkung sie theilen.

Physiologische Wirkung.

Aconitin von Hottot. — Hottot giebt an, dass sein Aconitin zu 3 Mgm. einen Frosch in 3 Min. vergifte, während Morson's krystallinisches Aconitin, selbst wenn es dreimal umkrystallisirt war, dies erst zu 5 Mgm. in 30 Min. thue. Hahn berichtet über Versuche von Strohl mit einem durch Hepp in Strassburg nach Hottot bereiteten Aconitin an

Kaninchen, die durch 3 und selbst 2 Mgm. zu Grunde gingen; der Tod
erfolgte selbst von der Conjunctiva aus und durch geringere Dosen bei subcutaner Application (nach 3 Mgm. in 14 Min.) als vom Magen aus. Liégeois bezeichnet das Aconitin von Hottot als narkotisch scharfes Gift,
welches seine scharfe Wirkung besonders auf den Schleimhäuten entfalte,
vom Magen aus sehr rasch resorbirt werde und auf das centrale Nervensystem, zunächst auf die Medulla oblongata, dann auf das Rückenmark und
zuletzt auf das Gehirn wirke, so dass zuerst die Respiration, dann die Sensibilität und Reflexfunction, schliesslich die willkürliche Bewegung aufgehoben
werde, dass es ferner die Herzaction durch Einwirkung auf die Substanz des
Herzens selbst beeinträchtige und anfangs die Zahl der Herzschläge ver-
mehre, später sie rasch vermindere, dass es die peripherischen Nerven erst
später als die Nervencentra afficire und die Reizbarkeit der Nervenendungen
früher als die der Nervenstämme aufhebe. Als Symptome bei Kaninchen
giebt Hahn nach Strohl Abnahme der Zahl der Respirationen mit gleichzeitiger Irregularität, manchmal ohne Dyspnoe, bisweilen zeitweise Suspension
der Athmung, Verminderung und Unregelmässigkeit des Herzschlages, bei
tödtlichem Verlaufe mit steigender Abnahme der Herzkraft, keine Störung
des Sensoriums, auch wenn in Folge von Muscularschwäche eine gewisse
Somnolenz bestand, Schwäche der Musculatur, zunächst in den hinteren,
später auch in den vorderen Extremitäten, bisweilen totale Paralyse, Convulsionen, welche nur kurz vor dem Tode auftreten, Verlust der Sensibilität
erst nach Eintreten completer Paralyse, Pupillenverengung (nach Hottot
dilatirt sein Präparat die Pupille), Kau- und Schluckbewegungen, auch nach
Subcutanapplication, jedoch später, Salivation, keine vermehrte Diurese.
Application auf die Conjunctiva rief Röthung der Palpebrae bei Kaninchen
und anfangs Myosis, später Mydriasis hervor. Bei der Section fanden sich
die Schleimhaut in Mund, Magen und Darm nie entzündet, die Lungen bald
normal, bald etwas hyperämisch, ödematös und emphysematös, das Herz
und die grossen Gefässe von dunklem Blute strotzend, gleich nach dem
Tode die Ventrikel unbeweglich. — Nach dem Einnehmen des Mittels,
wobei er nach und nach bis auf 0,003 Grm. stieg, beobachtete Hottot so-
fortiges Gefühl von Schärfe und Wärme in der ganzen Mundschleimhaut,
sich auf Pharynx und Magen verbreitend und heftiger werdend, wobei
Zunge, Lippen und Pharynx wie eingeschlafen erscheinen; Salivation,
Schwäche, Schwere des Kopfes, Nausea, häufiges Gähnen, Oppression, ausgesprochene Muscularschwäche, unbedeutende Zunahme der Pulsfrequenz,
feuchte Haut, Ameisenkriechen auf verschiedenen Theilen des Körpers, besonders Gesicht und Extremitäten; eine Zeit hernach Zunahme der Abgeschlagenheit, Cephalalgie, lancinirende Schmerzen im Verlaufe des Trigeminus, bisweilen Erbrechen, Gefühl von Eingeschlafensein der Glieder, Sinken
des Pulses, mühsame Respiration, reichliche Schweisse; später allgemeine
Prostration und Erschöpfung bei langsamer tiefer Respiration, ohne Somnolenz,
selten mit Neigung zum Schlaf; Erweiterung der Pupille, die sich erst langsam entwickelt und bei heller Beleuchtung verschwindet. Diese Symptome
persistirten 10—16 Stunden, am längsten das Brennen im Halse, der Kopfschmerz und die Mattigkeit. Gubler beobachtete ähnliche Symptome, insbesondere Kopfschmerz, Druck in den Schläfen, subjective Wärme, Ameisenkriechen in den Extremitäten, Abnahme der tactilen Sensibilität und der
Gefühlsperception an der Zungenspitze, so dass Zucker nicht geschmeckt

wurde, Sinken der Temperatur und Blässe nach zu hohen Dosen bei Kranken. Als Antidot bei Vergiftung, wie solche Desnos (Bull. gén. Thérap. Nov. 19. 1880) noch 4 Granules Hottotschem Aconitin beobachtete, empfiehlt Hottot das Jodjodkalium, das ihm zufolge mit seinem Präparate einen minder leicht löslichen Niederschlag wie Gerbsäure giebt: Excitantien sind jedenfalls am Platze.

Aconitin von Duquesnel (Aconitine cristallisé). Nach den ersten Mittheilungen von Gréhant und Duquesnel (Bull. gén. Thérap: 492. 1871) tödtet dieses Non plus ultra der Aconitine zu $\frac{1}{20}$ Mgm. subcutan Frösche, zu 1 Mgm. Kaninchen, und ist ein nach Art von Curare die Nervenendigungen primär lähmendes Gift, welches in kleinen Dosen und bei künstlicher Respiration die Herzaction nicht afficirt, dagegen nach grossen Dosen (1 Mgm. beim Frosche) Herzstillstand und Hemmung der Circulation bedingt, wo denn in Folge des gehemmten Giftzutritts die Lähmung der Nervenendigungen nicht zu Stande kommt. Molènes fand Aconitin und Aconitinnitrat von Duquesnel von höchst deleterer Wirkung, so dass sie zu $\frac{1}{2}$ Mgm. Kaninchen und Meerschweinchen in 4—30 Min. tödten und vindicirt ihnen neben örtlich irritirender Action auf Unterhautbindegewebe und Schleimhäute, Vermehrung der Speichelsecretion und Harnabsonderung, Herabsetzung der Respiration und schliesslichem Sistiren derselben in Folge einer Einwirkung auf die Medulla oblongata noch eine Action auf das Herz, dessen Schlagzahl anfangs vermehrt, später herabgesetzt wird; die Sensibilität schwand in seinen Versuchen vor der Motilität, doch traten bei Warmblütern frühzeitig incoordinirte Bewegungen ein, später auch Convulsionen asphyktischen Ursprungs. Nach v. Anrep (1881) ist die Giftigkeit des Duquesnel'schen Aconitins noch grösser, so dass für Kaninchen $\frac{1}{4}$ Mgm., für Hunde $\frac{1}{2}$ Mgm. sicher in 20—40 Min. tödtlich wirkt. Bei Fröschen fand von Anrep schon 0,02 Mgm. häufig, 0,03 Mgm. constant tödtlich. Bei Fröschen treten gleich nach Subcutanapplication dauernde und starke Schmerzäusserungen, Quaken, Wischbewegungen an der Injectionsstelle, lebhaftes Hüpfen und hochgradige Vermehrung der Hautsecretion auf; dann folgt Betäubung, Muskelschwäche und allgemeine Lähmung, starke Verlangsamung der vorher beschleunigten Athmung und schliesslich Stillstand derselben; Krämpfe und flimmernde Muskelzuckungen fehlen in keinem Stadium der Vergiftung. Die Hautfarbe wird bedeutend dunkler oder schwarz, die Harnsecretion entschieden vermehrt, das Körpergewicht stark herabgesetzt. Von Deutschem und Englischem Aconitin unterscheidet sich die Wirkung des Duquesnel'schen Aconitins beim Frosche dadurch, dass es die Herzganglien nicht erregt, sondern Zahl und Stärke der Contractionen herabsetzt, bis diastolischer Stillstand, an dem Ventrikel und Vorhöfe fast gleichzeitig participiren, und complete Herzlähmung eintritt und dass es nicht nur das Rückenmark und die sensiblen Nerven, sondern auch, allerdings später, in etwas erheblichen Dosen die Endigungen der motorischen Nerven lähmt. Bei Eintauchen des Ischiadicus in eine $\frac{1}{20}$ % Aconitinlösung bleibt dieser stundenlang reizbar, während ein in dieselbe Lösung eingetauchter Muskel nach $\frac{1}{2}$—$\frac{3}{4}$ St. indirect nicht mehr reizbar ist, während bei directer Irritation anscheinend normale Zuckungen eintreten (von Anrep).

In Bezug auf die Erscheinungen beim Menschen hebt Molènes bei Darreichung von Granules Wärmegefühl im Magen und selbst Nausea, wenn das Mittel während der Digestion verabreicht wurde, später Salivation,

Stechen und Kältegefühl auf der Zunge und am Gaumensegel, hervor, bei subcutaner Injection intensives Brennen; constant kam es zum Sinken der Pulszahl, ausnahmsweise zu Ohrensausen und Pupillenerweiterung, niemals zu vermehrter Diurese und Schweiss.

Von besonderem Interesse für die giftige Wirkung des Aconitins von Duquesnel ist die von Haakma Tresling (Weekbl. Nederl. Genesk. 231. 1880) und Busscher (Berl. kl. Wchschr. 338. 356. 1880) beschriebene Vergiftung mehrerer Personen in Winschoten, welche an Stelle Deutschen Aconitins das Französische Aconitinnitrat erhielten und wobei ein übrigens schwächlicher Erwachsener nach 3,0—3,6 Mgm. des Duquesnel'schen Präparats in $4\frac{1}{2}$ Std. zu Grunde ging, während schon 0,3 Mgm. bei einer anderen Kranken Constriction vom Munde bis zum Magen und Kältegefühl im ganzen Körper, eine 2 Std. später genommene Dosis von 1—2 Mgm. Eiseskälte, von den Füssen aufwärts steigend, Brennen in der Kehle, klebrigen kalten Schweiss, schweres und röchelndes Athmen, Taubheit, Schwindel und enorme Ermattung hervorrief, welche Symptome nach spontanem Erbrechen sich besserten, jedoch am folgenden Tage nach 3 in mehrstündigen Zwischenräumen genommenen gleichen Mengen jedesmal wieder auftraten und bis zum Eintritt von Erbrechen anhielten, und die nach einer vierten Dose mit Krämpfen der Glieder, Blindheit, Schliessen der Augenlider und des Mundes, Oppression der Brust und entsetzlichem Frostgefühl sich verbanden, um auch diesmal bis auf Mattigkeit und Störung in der Empfindung der Zurge nach eingetretenem Erbrechen wieder zu verschwinden und am nächsten Tage nach 0,6 Mgm. nochmals zu repetiren. In dem tödtlich verlaufenen Falle, wo das Gift unmittelbar nach der Mahlzeit genommen wurde, traten die Erscheinungen mit Schwindel, Neigung zum Hinfallen und Unfähigkeit zu aufrechter Stellung erst nach $1\frac{1}{2}$ Stunden auf; nach $3\frac{1}{2}$ Std. bestand extreme Blässe, kleiner frequenter, unregelmässiger Puls, Pupillenverengung, schmerzhaftes Zusammenschnüren vom Munde bis in das Abdomen, Brennen und Schwellung der Zunge, Präcordialangst, Dysphagie, Geschmacksverlust, Schwierigkeit bei Bewegungen, besonders der Beine, heftiger Kopfschmerz und intensives Frostgefühl; später steigerte sich trotz excitirender Mittel und trotz wiederholten Erbrechens die Schwere des Falls; intercurrente Pupillenerweiterung und Dunkelheit vor den Augen, stetes Ausfliessen von Schleim aus dem Munde, dann ein convulsivischer Anfall mit Röthung des Gesichts und der Bindehaut, schnarchender Athmung und Oppression, dem trotz Aetherinjection zwei weitere folgten, kamen hinzu und nach dem dritten Anfalle blieb die Pupille weit und unempfindlich, während die Athmung langsamer und der Puls kleiner und undeutlicher bis zum Eintritt des Todes wurde. Bei der Section fand sich Blässe der Haut und der Muskeln bei starker Hyperämie der inneren Organe, namentlich der Eingeweide vom Magen bis zum Colon, der Leber und der Milz, Collaps der hyperämischen Lungen, bei sehr hohem Stande des Zwerchfells, diastolischer Herzstillstand und Füllung der rechten Herzhälfte mit dünnem Blute, starke Ueberfüllung der Gefässe der Pia mater, an einzelnen Stellen subarachnoidcale Exsudate, blutiges Serum in den Hirnhöhlen und blutiges Exsudat auf dem Plex. chor. lateralis; das Blut war überall kirschroth und dunkel.

Therapeutische Anwendung des Französischen Aconitins.

Beide Arten des Französischen Aconitins sind von Gubler bei verschiedenen Affectionen mit Erfolg gebraucht, insbesondere bei congestiven

und acrodynischen Neuralgien. Gubler betrachtet das Mittel als
indicirt bei Angina pectoris, nervösen Palpitationen, Asthma spasmodicum,
bei Gastralgie auf nicht entzündlicher Basis, bei Erysipelas, Rheumatismus
acutus und Gicht, endlich bei Hydrops, da er mehrfach diuretische Wirkung
danach constatirte.

Innerlich ist nach Gubler Aconitin von Hottot zu $\frac{1}{2}$ Mgm., anfangs
zweimal täglich, dann vorsichtig steigend bis auf die Tagesgabe von 2—3 Mgm.,
zu reichen; doch soll man in einzelnen Fällen zur Bekämpfung von Neuralgien
sogar 7 Mgm. als Tagesgabe nöthig haben. Gubler empfiehlt als beste
Form die von Hottot bereiteten Granules, deren jedes $\frac{1}{4}$ Mgm. enthält;
doch lässt er auch eine alkoholische Lösung (1 : 100) zu, wovon die Einzel-
gabe 2 Tropfen beträgt. Zum externen Gebrauche empfiehlt Gubler 0,1
auf 30,0 Schmalz, Baumöl oder Glycerin. Die Subcutaninjection, wozu
Gubler 0,2 % alkoholische Lösung und die Dosis von $\frac{1}{3}$—1 Mgm. ver-
wendete, ist wegen heftigen und anhaltenden Brennens zu widerrathen. Letzteres gilt auch nach Molènes von Duquesnel's Präparate, als dessen
interne Dosis bei Neuralgien höchstens $\frac{1}{2}$ Mgm. pro die zu bezeichnen ist, da grössere Dosen Schwindel und Schwäche in den Beinen und
Collaps bedingten.

Nach Seguin (1878) ist die Brauchbarkeit des Aconitins von Duquesnel bei Gesichtsschmerz nicht zu bezweifeln und fehlt nur ausnahmsweise
ein palliativer Effect, doch ist die Empfänglichkeit gegen das Präparat,
welches im Allgemeinen zu 0,5 Mgm. die besten Dienste leistet, sehr verschieden,
da schon durch die Hälfte dieser Dosis bei einzelnen Personen sehr erhebliche Nebenerscheinungen eintreten, während von anderen Patienten 0,8 Mgm.
3 stündlich ohne Störung genommen wurde. Vielleicht handelt es sich selbst
bei diesem am intensivsten wirkenden Aconitin um Präparate verschiedener
Reinheit und Toxicität, da nach Laborde (Gaz. des Hôp. 1125. 1875) aus
Schweizer Napellussknollen stärkeres Aconitin als aus solchen aus der
Dauphiné resultiren soll und aus letzteren wiederum stärkeres als aus
solchen von den Vogesen; die beiden ersten tödteten zu 1 Mgm. Hunde in
43 resp. 95 Min., während letzteres in dieser Dosis nicht tödtlich wirkte.

Aconellin. — Th. und H. Smith fanden das Aconellin zu 0,3 bei
einer Katze nicht toxisch, was bei Identität mit Narcotin nicht auffällt.

Pseudaconitin. — Mit wirklichem Pseudaconitin aus Aconitum ferox
hat zunächst Headland gearbeitet, der 15 Mgm. für Mäuse, 0,5—1 Mgm. für
kleine Vögel, die nach der letzteren Dosis sofort zu Grunde gehen, und 3 Mgm.
für Katzen, die von 5—6 Mgm. in 20—30 Minuten constant getödtet wurden,
letal fand. Als Reihenfolge der Symptome bei Katzen bezeichnet Headland Speichelfluss, Erbrechen, Delirien, Störungen der Motilität und schein-
baren Verlust des Gefühls, Convulsionen, Dyspnoe, Pupillenerweiterung und
Aufhören der Respiration; bei der Section fand er die Lungen gesund, aber
blutleer und collabirt, in der Trachea vielen Schaum, das Herz mit dunklem
Blute gefüllt und die Magenschleimhaut blass, weshalb er das Erbrechen
nicht auf Magenentzündung, sondern auf Affection des Vagus beziehen will.
Adelheim fand Pseudaconitin doppelt so stark wie nach Dragendorff's
Methode dargestelltes Aconitin, indem es zu $\frac{1}{2}$ Mgm. Frösche lähmte, deren
Herzschlag erst 1—2 Std. nach Cessiren des Athmens sistirt wurde, und vin-

dicirt dem Alkaloide eine entzündungserregende Wirkung auf den Darm-
tractus und mydriatische Wirkung bei interner Vergiftung oder bei localer
Application sehr concentrirter Solution. Böhm und Ewers bezeichnen nach
Versuchen mit einem ebenfalls von Dragendorff dargestellten Pseudaconitin
die Wirkung desselben im Allgemeinen qualitativ mit der des Aconitins aus
Napellusknollen übereinstimmend, dagegen quantitativ weit bedeutender, so
dass es bei Einspritzung in die Venen oder das Unterhautbindegewebe zu
0,5 Mgm. Kaninchen und Katzen tödtet und zu 0,3 Mgm. Frösche paia-
lysirt, wonach dieses Präparat allerdings nur doppelt so stark wie Napellus-
aconitin wirkt. Diese quantitative Differenz zeigt sich auch hinsichtlich der
Action auf die Nervenirritabilität, die bei Rana temporaria nach Pseudaconitin
viel rascher erlischt, obschon sie auch hier stets viel später als die offenbar als
spinal aufzufassende Lähmung eintritt. Charakteristisch für Pseudaconitin
dem Aconitin gegenüber ist nach Böhm und Ewers ein kurzes Stadium
centraler Erregung des Hemmungsvagus, welches sich durch Sinken der Pulsfrequenz und des Blutdrucks zu erkennen giebt, worauf rasch Steigen, dann
Schwanken und endlich Sinken des Blutdrucks bis zum Eintritte des diastolischen Herzstillstandes folgen; Vagusdurchschneiden lässt das primäre Sinken
der Pulsfrequenz nicht eintreten. Als ein qualitativer Gegensatz wird von
Ewers die Herabsetzung der Tast- und Temperaturempfindung an Stellen
der Haut, wo alkoholische Lösung des Pseudaconitins angewendet wurden,
bei verschiedenen Individuen erkannt, dagegen ist der Einfluss des Pseudaconitins auf die Athmung genau derselbe wie des deutschen Aconitins (siehe
oben), wonach Atropin als Antidot bei etwaigen Intoxicationen wirkt. —
Böhm und Ewers haben in einem Falle von Supraorbitalneuralgie günstigen
Erfolg von Pseudaconitin (extern) gesehen.

Napellin und Alkaloide von Aconitum Lycoctonum. —

Bei Versuchen mit zwei verschiedenen Proben vom Napellin Hübschmann's konnte Schroff sen. keine wesentliche Abweichung von der
Wirkung des Deutschen Aconitins constatiren. Bei Dworzak, Heinrich
und Dillnberger rief 0,002 keine Wirkung hervor, bei grösseren Dosen
(bis 0,04) zeigte sich ausser intensiv bitterem Geschmacke vermehrte
Speichelabsonderung, Gefühl von Wärme im Magen, Aufstossen, Kollern im
Leibe, Wärmegefühl im Gesichte und Kopfe, Eingenommenheit des letzteren,
Ohrenklingen und Sausen, Brennen und Trockenheit im Schlunde, Stechen,
später Taubheit und Pelzigsein auf der Zunge, Mattigkeit und Abgeschlagenheit,
unruhiger Schlaf und Sinken der Pulszahl um mehrere Schläge in den beiden
ersten Stunden. 0,5 innerlich tödteten Kaninchen (in 8 Stunden); die nach
$1/_4$ Stunde hervortretenden Symptome waren häufiges Würgen und sehr
mühsame, seltene Respiration; bei einzelnen fand sich p. m. Enteritis. C.
v. Schroff jun. fand bei Prüfung späterer Handelssorten von Napellin starke
Differenzen der Wirkungsintensität des älteren Hübschmann'schen Na-

pellins und späterer vermuthlich mit Acolyctin identischer Handelswaaren. Bei
Krueg bedingte 0,03 älteres Napellin bittere zusammenziehende Geschmacks-
empfindung, an der Zungenspitze $1/_2$ Stunde anhaltend, in 20 Min. Einge-
nommenheit des Kopfes, schwachbrennendes Gefühl im Oesophagus, Sinken des
Pulses um 4 Schläge, nach 30 Min. leises Klopfen in den unteren Schneidezähnen,
Stechen am linken Scheitel- und Schläfenbein und Druck über dem Stirn-

beine, nach 40 Min. Klopfen über und unter dem linken Auge, Kälte der
Wangen und Brechneigung, nach 75 Minuten Prickeln auf der Stirne und den
Lippen, weitere Abnahme der Pulsfrequenz, später Kriebeln am ganzen
Körper und mässige Pupillenerweiterung, endlich 4 Stdn. währende Abge-
schlagenheit. Bei Kaninchen war das Napellin von Merck und Gehe drei-
mal schwächer als das von Hübschmann, welches zu 0,4 subcutan
Kaninchen in 12 Minuten tödtete.

Buchheim und Eisenmenger fanden 8 Mgm. Napellin von Merck
für Frösche nicht toxisch und vindiciren demselben als unterscheidendes
Merkmal vom Aconitin totale Abwesenheit jeder Einwirkung auf die Muskel-
contractilität, die freilich nach Böhm und Wartmann auch durch Aconitin
nicht modificirt wird. Murray (Philad. med. Times 339. 364. 388 1878) hat
bei physiologischen Versuchen mit Napellin von Trommsdoff die Willkürbewegung bei Fröschen durch 5 Mgm. subcutan schwinden sehen, wobei die
Lähmung an den vorher flimmernde Zuckungen darbietenden Bauchmuskeln
beginnt und nach einander die Athemmuskeln, die Muskeln der Hinterbeine
und schliesslich die der Vorderextremitäten ergreift, während das Herz nicht
gelähmt, sondern nur in seinen Bewegungen beeinträchtigt wird. Bei Kaninchen und Hunden resultirt nach Napellin verlangsamte Athmung mit ver-
tiefter Inspiration, Würgen und klonische Contraction der Bauchmuskeln,
dann Zusammenziehungen des ganzen Muskelsystems und tonischer Krampf
einzelner Muskelgruppen, endlich Paralyse, wobei die Athemmuskeln später
als die übrigen ergriffen wurden, die nach 0,5 subcutan oft stundenlang in
Halblähmung verharren. Die anfangs auf Lichtreiz träge reagirenden Pupillen
sind später bisweilen contrahirt und im paralytischem Stadium meist dilatirt; die Temperatur sinkt um 3,5° und darüber. Nach dem Tode, welchem
besondere Krämpfe nicht vorausgehen, findet sich das Herz in starker Diastole und dessen rechte Hälfte und die grossen Venen mit dunklem, schlecht
gerinnendem Blute gefüllt; die Contractilität der quergestreiften Muskeln bleibt
erhalten. Der Blutdruck wird durch Napellin bisweilen nach vorübergehendem
Steigen herabgesetzt, während gleichzeitig der Herzschlag sich verlangsamt;
Vagusdurchschneidung ändert hieran nichts, doch wird die Vaguserregbarkeit im Laufe der Vergiftung stark herabgesetzt; Atropin und Curarin sind
ebenfalls ohne Einfluss; Durchschneidung der Vagi, Depressores und Sym-
pathici, sowie des Halsmarks modificiren die Verlangsamung des Pulses
nicht; doch wird das vasomotorische Centrum in seiner Empfindlichkeit auf
directe oder indirecte Reize schliesslich ebenfalls gelähmt, ohne dass jedoch
das frühzeitig Sinken des Blutdrucks darauf zurückzuführen wäre. Murray
stellt das Napellin in seiner Wirkung im Ganzen dem Aconitin gleich, doch
wirke letzteres stärker toxisch und bringe schon in kleinen Dosen Lähmung
der Vagi hervor, was Napellin erst in mittleren Gaben thue. Auch lähme
Aconitin das Froschherz, Napellin nicht. Mit dem Aconitin theilt Napellin
die während der Vergiftung zu beobachtenden Schwankungen des Pulses und
des Blutdrucks und den Antagonismus gegenüber dem Digitalin, so dass erst
eine zehnfach letale Dosis Napellin letal wirkt und in Napellinlösung ge-
tauchte und gelähmte Froschherzen durch Digitalin wieder zu schlagen
anfangen. Lycoctonin.

Lycoctonin bedingte in Versuchen von C. v. Schroff jun. (1871)
beim Menschen zu 0,05 nur etwas Erhöhung der Pulsfrequenz, die auch bei
Kaninchen neben vorübergehender Erschwerung und Verlangsamung der

Athmung und Pupillenerweiterung vorkommt. Frösche werden dadurch paralysirt, wobei das Herz noch 8 Tage lang fortschlagen kann. Nach Ott (Philad. med. Times 1875) vernichtet Lycoctonin (von Trommsdorff) bei Fröschen die Nervenirritabilität oder setzt dieselbe herab, alterirt die Herzaction nicht wesentlich, wirkt nicht auf Sensibilität und Rückenmarksfunction und verlängert die Muskelcurve nicht. Bei Säugethieren wirkt es weit minder giftig als Aconitin und tödtet durch Respirationsstillstand, zeigt jedoch neben der Wirkung auf die Athmung auch eine Action auf den Kreislauf, indem es die Herzschlagzahl unabhängig von den Vagis, welche nur durch sehr grosse Dosen gelähmt werden, verlangsamt und den Blutdruck unabhängig vom vasomotorischen Centrum, das selbst nach sehr grossen Dosen direct oder reflectorisch erregbar bleibt, herabsetzt, auch in kleinen Mengen Arhythmie erzeugt, welche Atropin nicht aufhebt.

Alkaloid aus Aconitum septentrionale. Ein von C. v. Schroff jun. aus Aconitum septentrionale Kölle (blaublühende Varietät von Aconitum Lycoctonum) dargestelltes weder mit den Alkaloiden von Aconitum noch mit Aconitin identisches Alkaloid von rein bitterem Geschmacke, aber ohne Schärfe wirkte zu 9 bis 20 Mgm. in $^1/_4$—$^1/_2$ Std. unter Erscheinungen von Narkose und Depression und unter Herabsetzung der Respiration und der Herzthätigkeit tödtlich.

Alkaloide aus Japanesischen Aconitknollen. — Sog. Japaconitin ist nach Langaard giftiger als die stärksten europäischen Aconitinsorten, indem $^1/_{20}$ Mgm. in 2 Stunden und $^1/_5$ Mgm. schon in 19 Min. beim Frosche Herzstillstand erzeugt, während Kaninchen nach $^1/_{10}$ Mgm. in $^1/_2$ Std. und nach 1 Mgm. in 8 Min. sterben und nach $^1/_{40}$ Mgm. heftige Krämpfe bekommen. Das Japaconitin wirkt örtlich stark irritirend, hebt beim Frosche zuerst die Willkürbewegung auf, setzt die Sensibilität herab, vernichtet die Reflexerregbarkeit und Leitungsfähigkeit des Rückenmarks, reizt die intramusculären Nervenendigungen anfangs und lähmt sie später, ohne die Erregbarkeit der quergestreiften Muskeln zu vernichten. Beim Kaninchen fehlen die beim Frosche ausgesprochenen Lähmungserscheinungen, vielleicht in Folge zu rascher Beeinträchtigung des Athems und des Herzens. Der Herzlähmung geht Reizung und spätere Lähmung der Vagusendigungen im Herzen und des musculomotorischen Centrums voraus. (Langaard, Arch. path. Anat. 79. 229. 1880). — Das von Langaard neben dem Japaconitin der Kusu-Usuknollen aufgefundene Aconitin der japanischen Seu-Usuknollen wirkte weniger stark örtlich und überhaupt weit schwächer giftig.

Aconitsäure. $C_6 H_6 O_6$. — Literat.: Peschier, Trommsdorff's N. Journ. 5. 1. 93; 8. 1. 266. — L. A. Buchner, Repert. Pharm. 63. 145. — Crasso, Ann. Chem. Pharm. 34. 56. — Baup, Ann. Chim. Phys. (3) 30. 312. — Wicke, Ann. Chem. Pharm. 90. 98. — Pebal, Ann. Chem. Pharm. 98. 71. — Dessaignes, Compt. rend. 31. 342; 42. 494 u. 524; 55. 510. — Wichelhaus, Ann. Chem. Pharm. 132. 62. — Behr, Berl. Ber. 10. 351. — Lippmann, ebendas. 12. 1650. — Linderos, Ann. Chem. Pharm. 182. 365. — Kämmerer, Jahresb. Chem. M. 1869. 269. — Pawolleck, Ann. Chem. Pharm. 178. 153. — Hunaeus, Berl. Ber. 9. 1751. — Conen, ebendas. 12. 1655. — Hergt, Jahresb. Chem. M. 1873. 576.

Entdeckung u. Vorkommen. Diese Säure wurde 1820 von Peschier im Kraut von *Aconitum*

Napellus L. entdeckt. Sie wurde dann später auch in *Aconitum variegatum L. s. A. Störkeanum Reich.* (Rennerscheidt) und in den Ranunculaceen *Delphinium Consolida L.* (Wicke) und *Helleborus niger* (Bastick, Journ. Pharm. [3] **23**. 208) aufgefunden. Ferner haben Baup und Dessaignes nachgewiesen, dass die von Bracounot aus verschiedenen Equisetum-Arten (Fam. *Equisetaceae*) erhaltene und von ihm als „Equisetsäure" bezeichnete, von Regnault (Ann. Chim. Phys. [3] **62**. 208) aber für Maleïnsäure gehaltene Säure Aconitsäure gewesen ist, und als solche erkannte. Hlasiwetz (Wien. Akad. Ber. **24**. 268. 1857) auch Zanon's aus *Achillea Millefolium L.* (Fam. *Synanthereae*) dargestellte Achilleasäure. Aconitsäure ist ferner in Adonis vernalis (Linderos), dem Runkelrübensafte (Lippmann) und im Zuckerrohrsaft und Colonial-Zucker nachgewiesen. — Die Säure findet sich in den Aconitum-Arten und im Delphinum hauptsächlich an Kalk, in den Equisetum-Arten theils an Magnesia und Kalk, theils an ein fixes Alkali gebunden. Im Extract von *Aconitum Napellus* findet sich häufig aconitsaurer Kalk in körnigen Krystallen ausgeschieden.

Zur Darstellung der Säure aus *Aconitum Napellus* kocht man den frisch ausgepressten Saft der Blätter und Stengel zur Abscheidung von Eiweiss und Chlorophyll ½ Stunde lang und lässt das zur Honigconsistenz eingedampfte Filtrat an einem kühlen Orte so lange stehen, bis die Menge des in körnigen Krystallrinden sich ausscheidenden aconitsauren Kalks nicht mehr zunimmt. Dieser wird mit Wasser, dann mit Weingeist gewaschen und in salpetersäurehaltigem Wasser gelöst. Bleizucker fällt aus dieser Lösung aconitsaures Blei, welches man unter Wasser durch Schwefelwasserstoff zersetzt. Der Verdampfungsrückstand des Filtrats wird in Aether aufgenommen, und die beim Verdunsten der ätherischen Lösung hinterbleibende Säure durch Behandeln ihrer wässrigen Lösung mit Thierkohle und Krystallisirenlassen in Vacuum über Schwefelsäure gereinigt (Buchner).

Darstellung: aus Aconitum Napellus.

Wicke stellte die Säure aus dem ausgepressten Safte von *Delphinium Consolida* dar, indem er daraus zuerst den Kalk durch oxalsaures Kali abschied, dann mit Bleizucker fällte und den Niederschlag wie Buchner weiter behandelte.

Darstellung aus Delphinium Consolida:

Baup gewann sie aus *Equisetum fluviatile L.*, indem er den ausgepressten Saft nach dem Absetzen mit Bleizucker ausfällte, den gewaschenen Niederschlag durch verdünnte Schwefelsäure zerlegte, aus dem Filtrat die Gerbsäure durch Leimlösung niederschlug und nun mit kohlensaurem Kalk neutralisirte. Aus der zur Syrupsdicke abgedampften Flüssigkeit krystallisirte beim Stehen saurer äpfelsaurer Kalk, von dem er die überstehende Flüssigkeit trennte und mit Bleizucker ausfällte. Der Niederschlag wurde mit Schwefelsäure zersetzt, aus dem Filtrat durch etwas Bleinitrat färbende und

aus Equisetum fluviatile.

fremdartige Substanzen niedergeschlagen, dasselbe dann wieder mit Blei-zucker ausgefällt und das nun reine Bleisalz unter Wasser durch Schwefel-wasserstoff zerlegt.

Die Aconitsäure kann auch, wie zuerst Dahlström (Journ. pract. Chem. 14. 355) gezeigt hat, künstlich aus Citronensäure dargestellt werden ($C_6 H_8 O_7 = C_6 H_6 O_6 + H_2 O$), und zwar entweder durch Erhitzen derselben für sich bis zum Auftreten eines brenzlichen Geruchs (Liebig, Dahlström), oder durch anhaltendes Kochen derselben mit Wasser oder mehrstündiges Erhitzen mit Salzsäure (Dessaignes), oder indem man sie mit wässriger Jodwasserstoffsäure erhitzt, wobei gleichzeitig Kohlensäure und Citrakonsäure gebildet werden (Pebal; Kämmerer, Ann. Chem. Pharm. 149. 269) oder endlich, indem man die Citronensäure durch Behandlung mit Phosphorsuper-chlorid in Oxychlorcitronsäure verwandelt, die dann beim Erhitzen weiter in Aconitsäure und Salzsäure zerfällt. — Um Aconitsäure aus Citronensäure darzustellen, erhitzt man nach Crasso am besten eine nicht zu grosse Menge der letzteren (etwa 85 Gm.) in einer Retorte so rasch, wie es das Aufschäumen erlaubt, bis das neben Kohlenoxydgas und Aceton entwickelte Wasser aus dem Retortenhalse abzufliessen beginnt. Den erkalteten Rückstand löst man in wenig Wasser, verdampft die Lösung bis zur Salzhautbildung und extrahirt die nach dem Erkalten erstarrte Masse in Aether. Dieser lässt die grösstentheils unzersetzt gebliebene Citronensäure ungelöst und hinterlässt beim Verdunsten citronen-säurehaltige Aconitsäure. Um diese völlig rein zu erhalten, löst man sie in 5 Th. absolutem Weingeist und sättigt die Lösung mit trocknem Salzsäure-gas. Es entsteht dann nur Aconitsäure-Aethyläther (kein Citronensäure-Aether), den man durch Wasser als schweres Oel abscheidet, durch Erwärmen mit weingeistiger Kalilösung zersetzt, um das gebildete Kalisalz dann weiter durch Ausfällen seiner wässrigen Lösung mit Bleizucker in das Bleisalz überzuführen und dieses unter Wasser durch Schwefelwasserstoff zu zer-setzen. (Siehe Darstellung von Pawolleck, Hunaeus).

Eigen-schaften.   Die Aconitsäure krystallisirt aus Wasser in weissen warzigen Krystallrinden und nur bei sehr langsamem Krystallisiren in klaren vierseitigen Blättchen (Baup, Pebal) oder zarten Nadeln (Buchner). Auch aus ätherischer Lösung wird sie nur in Krystallrinden erhalten. Sie ist farb- und geruchlos und schmeckt stark und rein sauer. Sie löst sich nach Baup in 3 Th. Wasser von 15°, leichter in heissem, nach Wichelhaus in 5,37 Th. von 13°. Von 88 proc. Weingeist erfordert sie bei 12° nach Baup 2 Th. zur Lösung; in Aether ist sie leicht löslich. Schmpkt. 186°.

Salze.   Die Aconitsäure ist eine dreibasische Säure und bildet Salze von den Formeln $C_6 H_5 M O_6$, $C_6 H_4 M_2 O_6$ und $C_6 H_3 M_3 O_6$. Die meisten derselben sind löslich und krystallisirbar. — Das im Aconitum fertig gebildet vorkommende und aus dem Extract auskrystallisirende Kalksalz $C_6 H_3 Ca_3 O_6$ bildet farb-lose rhombische Krystalle, die sich sehr schwer in kaltem, besser in kochen-dem Wasser lösen und schwach alkalisch reagiren.

Dargestellt sind ferner der Methylester, $(CH)_3 \cdot C_6 H_3 O_6$, Sdpkt. 270 bis 271° und der Aethylester $(C_2 H_5)_3 \cdot C_6 H_3 O_6$, Sdpkt. 275.

Zersetzungen.   Beim Erhitzen tritt schon bei 130° Färbung, bei 140° Schmel-zung und bei 160° Sieden ein, wobei sie in Itaconsäure und Kohlensäure ($C_6 H_6 O_6 = C_5 H_6 O_4 + CO_2$) zerfällt, welche letztere sich zum Theil weiter in Wasser und Citraconsäureanhydrid zerlegt. (Crasso. Man vergl. Citronensäure). Die Zersetzung in Itaconsäure und Kohlensäure tritt auch beim Erhitzen mit Wasser auf 180° ein. — Bei der Electrolyse einer concentrirten stark alkalischen Lösung des Kaliumsalzes werden Sauerstoff, Kohlenoxyd und etwas Acetylen entwickelt (Berthelot). — Conc. Salpetersäure zersetzt die Säure unter Entwicklung rother Dämpfe (Dessaignes). — Bei Einwirkung von Natriumamalgam auf wässrige Aconitsäure entsteht nach Dessaignes eine wasserstoffreichere Säure, die nach Wichelhaus die auch aus Cyanallyl zu erhaltende Carballylsäure, $C_6 H_8 O_6$, ist. — Aconitsaurer Kalk geht bei der durch Caseïn eingeleiteten Gährung in bernsteinsauren Kalk über (Dessaignes).

Die Aconitsäure zersetzt sich beim Erhitzen in Kohlensäure und Itaconsäure. —

Die freie Aconitsäure fällt Baryt-, Kalk, Silberoxyd-, Bleioxyd-, Kupferoxyd-, Eisenoxyd- und Quecksilberoxydsalzlösungen nicht, aber Chlorzink und salpetersaures Quecksilberoxydul. Aconitsaurer Kalk oder Natron fällen auch Silber-, Blei- und Eisenoxydsalze. Verhalten gegen Reagentien.

Die Aconitsäure scheint wenig wirksam; 2 Gm. in Dilution subcutan bedingen bei Kaninchen nur $\frac{1}{2}$stündige Unruhe (Fleming). Wirkung.

V. Paeonieae.

Paeonia.

Jagi (Arch. Pharm. (3) **13**. 335) stellte aus der Wurzel von Paeonia Moutan eine in Weingeist und Aether lösliche, bei 45° schmelzende krystallinische Substanz her, die der Caprinsäure nahe stehen soll. — Dragendorff (Mandelin und Johannsen) haben die Samen von Paeonia peregrina untersucht und darin als wesentliche Bestandtheile gefunden: fettes Oel, Zucker, ein Alcaloïd, in weinsäurehaltigem Weingeist fast unlöslich, Pectin und Arabinsubstanzen, ein indifferentes Harz $C_{24}H_{34}O_3 + H_2O$, Päoniaharzsäure $C_{48} H_{70} O_7 + 2\frac{1}{2} H_2 O$, ein Gerbstoff, Päoniatannin, ein Phlobaphen, Päoniabraun $C_{12} H_{12} O_4$ fluorescirende Substanz $C_{12} H_{10} O_2 + H_2 O$.

Auch quantitativ wurden die einzelnen Bestandtheile festzustellen versucht. — Die Wurzel der Paeonia wurde im geschälten und ungeschälten Zustande analysirt, ohne gerade irgend welchen charakteristischen Bestandtheil zu beobachten. Wegen der Anschauungen Dragendorff's über die Bedeutung und Entstehungsweise der einzelnen Bestandtheile siehe das Original. (Arch. Pharm. (3) **14**. 412. 531. — Jahresb. Pharm. 1879.)

Nachtrag.

Pinus. (Seite 336). — A. Atterberg hatte Gelegenheit, das ätherische Oel von Pinus Pumilio (der Latschenkiefer) näher zu untersuchen und isolirte zunächst durch Fractionirung daraus:

1) ein Terpen, Sdpkt. 156—160°, 0,871 spec. Gew. (17,5°), Rotationsvermögen — 6,66, identisch mit der linksdrehenden Modification des Terpentinöles, dem Terebenten.

2) ein Terpen, Siedep. 171—176°, spec. Gew. 0,859 (17,5°), Rotation — 5,38, kein krystallisirendes Chlorhydrat bildend, wohl identisch mit Sylvestren.

3) eine wohlriechende Flüssigkeit, gegen 250° siedend, nicht unzersetzt destillirbar, von der Formel $C_{15}H_{24}$, ein Sesquiterpen, mit der Rotation — 6,2°, endlich eine dickflüssige, nicht flüchtige Flüssigkeit, ein etwas oxydirtes, polymeres Terpen. (Berl. Ber. 17. 2530).

Castanea. (Seite 439). — S. de Luca (Gazz. chimic. 1881. 257) hat in allen Theilen des Baumes, mit Ausnahme der Samen, Tannin nachgewiesen.

Gallussäure. (Seite 457). — Die Gallussäure wird nach Baumann z. Th. als solche, z. Th. als Kalisalz ihrer Monätherschwefelsäure im Harne ausgeschieden, deren neutrale Lösung durch Eisenchlorid blaugrün gefärbt wird. In ähnlicher Weise scheint sich auch die Pyrogallussäure zu verhalten.

Camphora. (Seite 560). — Nach Schmiedeberg und H. Meyer (Zeitschr. physiol. Chemie 3. 422) lassen sich nach Fütterung von Hunden mit Kampher drei verschiedene Säuren im Harne nachweisen, von denen die eine, die α-Kamphoglykuronsäure, $C_{16}H_{24}O_8 + H_2O$, krystallisirt, die zweite, β-Kamphoglykuronsäure, nicht krystallisirt und die dritte, ebenfalls amorphe, stickstoffhaltig ist (Uramido-Kamphoglykuronsäure?). Die Kamphoglykuronsäuren werden durch Säuren in Kampherol, $C_{10}H_{16}O_2$, und Glykuronsäure, $C_6H_{10}O_7$, gespalten.

Persea. — In der Rinde von Persea Lingue hat P. N. Arata (Gazz. chim. 1881. 245) 24,63 % eines Tannins nachgewiesen, von der Zusammensetzung $C_{17}H_{17}O_9$, das bei der trocknen Destillation Brenzcatechin, mit Salpetersäure Picrinsäure und Oxalsäure, mit Kalihydrat Phloroglucin und wahrscheinlich Protocatechusäure liefert.

Alpinia. (Seite 422). — E. Jahns (Berl. Ber. 16. 2385) hat einen Beitrag zur Kenntniss des Brandes'schen Kämpferid geliefert, den er aus 3 verschiedenen Stoffen, Kämpferid, Galangin und Alpinin, zusammengesetzt fand.

Der Rohkämpferid wurde zunächst auf diese Weise gewonnen, dass die zerkleinerte Galangawurzel 3mal mit 90 % Weingeist extrahirt, das alkoholische Extract abdestillirt, hierauf mit Aether ausgezogen, wieder verdunstet, dann mit Wasser angerührt, wobei nach einigen Tagen ein Krystallbrei entstand, der mit Chloroform, 50.% Alkohol gewaschen und nochmals aus 90 % Weingeist umkrystallisirt wurde. Dieses sog. Rohprodukt wurde in der 30—40fachen Menge heissen 75 % Weingeistes gelöst, welche Lösung beim Erkalten fast nur Kämpforid in gelben Nadeln abschied; das Filtrat lieferte mit $^{1}/_{5}$ Wasser eine weitere Ausscheidung von Alpinin und Galangin, welches Gemenge durch fractionirte Krystallisation isolirt wurde.

Das Galangin krystallisirt in sechsseitigen Tafeln oder gelblichweissen Nadeln, Schmpkt. 214—215°. Das Alpinin, noch nicht rein erhalten, schmilzt zwischen 180 und 190°. Der Kämpferid krystallisirt in schwach schwefelgelben Nadeln, Schmpkt. 221—222.°, theilweise sublimirbar, unlöslich in Wasser, löslich in circa 400 Th. kaltem, leichter in heissem Alkohol, löslich in Aether, Eisessig, auch in Alkalien. Conc. Schwefelsäure löst denselben ebenfalls mit gelber Farbe, die bei rauchender Säure weinroth wird, etwas fluorescirend. Die alkoholische Lösung wird durch Bleiacetat gefällt und reducirt alkalische Silber- und Kupferlösungen. Die Formel ist $C_{16}H_{12}O_6 +$ H_2O. Verfasser stellte Verbindungen mit Blei, $C_{16}H_{10}O_6Pb$ und $C_{16}H_{10}O_6Pb$ $+ PbO$, mit Baryt, Kalk her, ausserdem Diacetylkämpferid $C_{16}H_{10}O_6(C_2H_3O)_2$, Dibromkämpferid $C_{16}H_{10}Br_2O_6$. — Natriumamalgam verwandelt Kämpferid in einen purpurrothen, durch Säuren fällbaren Farbstoff.

Concentrirte Schwefelsäure liefert eine Sulfosäure, Salpetersäure (1,18) Anissäure und Oxalsäure, Kali (schmelzendes) wahrscheinlich Phloroglucin, Oxalsäure, Ameisensäure.

Kohlenhydrate.

Levulose. (Seite 154). — Jungfleisch & Lefranc (Compts. rend. 93. 547) gelang es, Levulose kristallisirt zu erhalten und zwar aus dem Linkszucker des Inulin, sowie des Rohrzucker, indem die durch Einwirkung verdünnter Schwefelsäure erhaltenen Lösungen mit Baryt oder Kalkwasser behandelt, mit Thierkohle entfärbt und nur im Vacuum eingedampft wurden. Der erhaltene Syrup wurde durch wiederholte Behandlung mit absolutem Alkohol entwässert, und hierauf in verschlossenen Gefässen sich selbst überlassen. Es schieden sich farblose, seidenglänzende Nadeln aus, Schmpkt. 95°.

Traubenzucker. (Seite 144). — A. Emmerling und Lages (Pflüger's Archiv) haben bei der Einwirkung von Kalihydrat auf Traubenzucker einen dem Acetol ähnlichen Körper nachgewiesen. — J. Habermann und M. König haben die Einwirkung von Kupferoxydhydrat auf Zuckerarten studiert und als Oxydationsprodukte bisher erhalten Kohlensäure, Ameisensäure, Glycolsäure und einen amorphen Rest. (Wiener Anz. 1881.)

Maltose. (Seite 160). — H. Yoshida (Chem. News. **43**. 29—31. Berl. Ber. **16**. 365.) erhielt bei der Einwirkung von Salpetersäure auf Maltose Zuckersäure, mit Chlor Gluconsäure. E. Külz (Pflüger's Arch. **24**. 1881) untersuchte Maltose, aus Glycogen mit Fermenten hergestellt und stellte die Formel auf $C_{12}H_{22}O_{11} + H_2O$ mit der spec. Drehung $+ 148,4°$.

Inosit. (Seite 159). — Nach Versuchen von E. Külz (1876) wird Inosit bei massenhafter Zufuhr (30,0—50,0) nur in sehr geringer Menge im Harn ausgeschieden, so dass in der 24stündige Harnmenge nach 30,0 nur 0,225 und nach 50,0 nur 0,446 ausgeschieden wurden. Die Elimination verhält sich beim Gesunden gerade so wie beim Diabetiker, bei welchem auch Vermehrung des Traubenzuckers nicht stattfindet. Dosen von der angegebenen Grösse bedingen dünnbreiige Entleerungen, vielleicht in Folge von Milchsäurebildung im Tractus.

Ulminverbindungen. (Seite 188). — F. Sestini (Landw. Versuchsst. **27**. 163) hat seine Untersuchungen über Ulminverbindungen fortgesetzt und berichtet über Sacculminsäure, durch Einwirkung von kalten Lösungen von Potasche oder Soda auf Sacculm erhalten nach nachheriger Abscheidung mit Salz- oder Schwefelsäure, eine schwarze glänzende Masse, löslich in Alkohol, von der Formel $C_{11}H_{10}O_4$ der n $(C_{11}H_{10}O_4)$. Baryum- und Silberverbindungen wurden untersucht. Ausserdem wurden, durch Einwirkung von χ 5% Kali- oder Natronlauge auf Sacculm, sacculmige Säure und Sacculmin erhalten, welchem letzteren die Formel $C_{44}H_{18}O_{15}$ wahrscheinlich zukommt.

Bestellzettel.

Bei der Buchhandlung ....

....

bestellt der Unterzeichnete

.... **Pictet**, Die Pflanzenalkaloïde und ihre chemische
Konstitution. In Leinwand gebd. Preis ℳ 6,—.

(Verlag von Julius Springer in Berlin.)

Name und genaue Adresse: